人工智慧－現代方法(第三

ARTIFICIAL INTELLIGENCE:
A MODERN APPROACH 3/E

STUART RUSSELL、PETER NORVIG　原著

歐崇明、時文中、陳 龍　　編譯

全華圖書股份有限公司

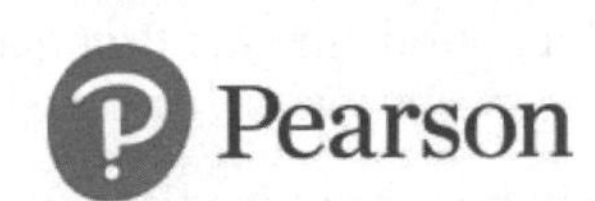

國家圖書館出版品預行編目資料

人工智慧-現代方法 / Stuart Russel, Peter Norvig 原著 ;
歐崇明, 時文中, 陳龍編譯. -- 二版. -- 新北市 : 全華圖
書, 2018.08
面 ; 公分
譯自 : Artificial intelligence : a modern approach,
3rd ed.
ISBN 978-986-463-901-4(平裝附光碟片)
1. 人工智慧
312.83 107012585

人工智慧-現代方法(第三版)(附部分內容光碟)

ARTIFICIAL INTELLIGENCE: A MODERN APPROACH, 3/E

原著 / Stuart Russel・Peter Norvig
編譯 / 歐崇明・時文中・陳龍
發行人 / 陳本源
執行編輯 / 張麗麗
出版者 / 全華圖書股份有限公司
郵政帳號 / 0100836-1 號
印刷者 / 宏懋打字印刷股份有限公司
圖書編號 / 06148017
初版三刷 / 2019 年 10 月
定價 / 新台幣 800 元
ISBN / 978-986-463-901-4 (平裝附光碟片)

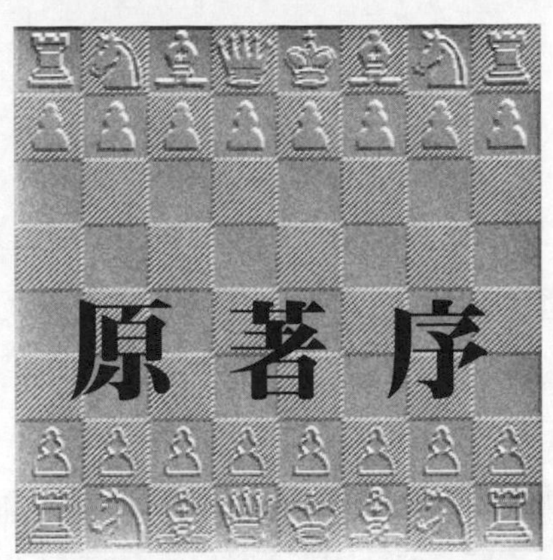

人工智慧(Artificial Intelligence, AI)是一個龐大的領域，而這也是一本龐大的書。我們試圖探索這個領域的所有層面，包括邏輯、機率和連續數學；感知、推理、學習和行動；以及從微電子設備到行星探測機器人等一切鉅細問題。這本教科書之所以龐大也因為我們探討達到一定深度。

本書的副標題是「現代方法」。這個相當空洞的短語企圖表達的是，我們試圖將已知的進展整合到一個共同的框架中，而不是試圖在各自的歷史脈絡下解釋人工智慧的各個子領域。有些子領域的描述篇幅會因此變得較少，我們為此致歉。

本版新特色

第三版內容包括從 2003 年的前一版以來，在 AI 領域裡所發生的種種變化。有 AI 技術的許多重要應用，諸如實際語音識別、機器翻譯、無人載具及居家機器人等廣泛的使用。有演算法的里程碑，如跳棋遊戲的解決方式。還有大量的理論進展，尤其在機率推理、機器學習及電腦視覺等領域。對我們而言，最重要的是我們對這門學科的思考方式，以及因而我們對這本書的編排方式等的持續演變。主要改變如下：

- 我們更著重可部分觀察且非確定之環境，尤其在搜尋及規劃的非機率設定。在這些設定中，引進了**信度狀態**(一組可能世界)以及**狀態評估**(保持信度下)的概念；本書稍後加進機率論。
- 除了討論環境及代理人的種類，現在更深入涵蓋一個代理人能使用的**表示法**種類。我們區分了**原子**表示法(atomic representations)(其中，世界的每一狀態視為一黑盒子)、**因式**表示法(factored representations)(其中，一個狀態是一組屬性/價值對)、以及**結構**表示法(structured representations)(其中，世界是由物件及物件間的關係所組成)。
- 對規劃的說明部分則更深入描述在部分可觀察環境中的臨時規劃(contingent planning)，並包括階層規劃(hierarchical planning)的新方法。
- 我們也增加一階機率模型的新內容，包括物件存在具不確定性下的**開放宇宙**模型。
- 我們全新重寫了入門性質的機器學習章節，強調更多更近代的種種學習演算法，並將其置於更紮實的理論基礎上。
- 擴充了網路搜尋、資訊萃取、以及利用超大資料集的學習技術等的涵蓋內容
- 本版的引用資料中，20%是屬於 2003 年後發表的工作。
- 我們估計約有 20%的內容為全新。剩下的 80%反映舊的工作成果，但也有大幅改寫，以呈現出這個領域更一體的一致圖像。

本書綜覽

本書主要的統一主題是**智慧型代理人**的觀念。我們將人工智慧定義為，對從環境中接收感知資訊並執行行動的代理人的研究。每個這樣的代理人都實作了一個把感知序列映對到行動的函數。而我們討論了表達這些函數的各種不同方法，諸如反應式代理人、即時規劃器、以及決策理論系統等。依照我們的解釋，學習所扮演的角色是讓設計者的影響能伸展到未知環境中，並且我們說明了這個角色是如何限制代理人設計，使其傾向於使用明確的知識表示和推理。我們並不把機器人學和視覺當作各自獨立定義的問題對待，而是把它們視為共同存在於目標達成中的服務工具。我們強調了在選擇適當代理人設計的過程中，任務環境的重要性。

我們的首要目標是傳達在過去50年間的人工智慧研究和過去兩千年的相關工作中，所湧現出來的觀念。在表達這些觀念的過程中，我們設法保持精確，但也同時盡力避免過量的正規形式。本書加入了虛擬碼(pseudocode)演算法，以使這些觀念更具體；我們所使用的虛擬碼在附錄B中有說明。

本書主要是供大學課程或系列課程所使用。本書共有27章，每一章都需要大約一周來講授；因此完整學習本書的全部內容需要兩學期的系列課程。若為一學期課程，可選擇部分章節來配合教師及學生所需或感興趣的部分。本書也可用於研究生程度的課程(或許需要加上參考文獻註釋中所建議的一些主要資料)。課程大綱範本可參考本書官網：aima.cs.berkeley.edu。唯一的必要先決條件是要熟悉資訊科學中的基本概念(演算法、資料結構、複雜度)，熟悉程度要達到大學二年級以上。大一的微積分及線性代數對若干主題很有幫助；附錄A提供所需的數學背景基礎。

各章末均有習題。我們用**鍵盤**( )圖示標示需要大量程式設計的習題。這些習題可借助 aima.cs.berkeley.edu 的程式碼庫而充分解決。其中足夠龐大的習題可當作學期專案。另有一些需要對文獻進行調查研究的習題；我們用**書本**( )圖示標示。

原文書會使用一個**手指**( )圖示來標示重點。納入大約6000項的索引條目，讓搜尋本書內容更容易。新的術語在第一次作定義時，也會在側旁作一個標示。

關於官網

本書官網 aima.cs.berkeley.edu 包含有：

- 本書中的演算法以數種程式語言完成的實作範例，
- 超過1000所採用本書的學校清單，許多都附有線上課程的內容及大綱等的連結，
- 超過800個關於人工智慧的有用網站連結的清單(附有註記說明)，
- 逐章列出補充材料和連結的清單，
- 關於如何加入本書討論群組的說明，
- 關於如何聯繫作者，提出問題和建議的說明，
- 關於如何回報本書錯誤及錯誤存在的可能項目等的說明，以及
- 教師用的投影片及其他材料。

誌謝

許多未能於封面提及的人名，若無其貢獻，本書便無法誕生。

Jitendra Malik 及 David Forsyth 撰寫了第 24 章(電腦視覺)，而 Sebastian Thrun 撰寫了第 25 章(機器人學)。Vibhu Mittal 撰寫了第 22 章(自然語言)的一部份。

Nick Hay、Mehran Sahami 及 Ernest Davis 撰寫了部分習題。

Zoran Duric (George Mason)、Thomas C. Henderson (Utah)、Leon Reznik (RIT)、Michael Gourley (Central Oklahoma)及 Ernest Davis (NYU) 協助校閱了原稿，並提供許多幫助極大的建議。

感謝 Ernie Davis，尤其是他能孜孜不倦地閱讀多份草稿，幫助改進本書。

Nick Hay 整頓了參考文獻及資料，在交期當天還熬夜寫程式碼到凌晨 5:30，只為了讓本書更好。

Jon Barron 繪製並改進本版之圖示，而 Tim Huang、Mark Paskin、及 Cynthia Bruyns 則是協助舊版的圖示及演算法。

Ravi Mohan 及 Ciaran O'Reilly 撰寫及維護官網上的 Java 程式碼範例。

John Canny 撰寫了第一版機器人學的章節，而 Douglas Edwards 研究調查了該章的歷史註釋。

西書商培生的 Tracy Dunkelberger、Allison Michael、Scott Disanno、及 Jane Bonnell 盡其所能保持我們的製作進度，也提供許多有用建議。

其中助益最力者當屬 Julie Sussman, P.P.A.，其閱讀所有每一章節，然後提供了大量的改進處。在舊版中，當我們漏掉一個逗號，以及要寫「*that*」卻寫成「*which*」時，校對者會提醒告訴我們；Julie 則會在我們漏掉負號，以及要寫「x_j」卻寫成「x_i」時，提醒告訴我們。對於書中可能留有的每個排版打字錯誤或令人困惑的解釋，請放心 Julie 都至少檢查了五次。她甚至在停電沒有 LCD 光而不得不用小手提燈時，也堅持工作。

Stuart 感謝他的父母不斷的支持和鼓勵，感謝他的妻子 Loy Sheflott 的無盡耐心和無窮智慧。Stuart 也希望因他長久埋首工作而已忘掉他的 Gordon、Lucy、George 及 Isaac 將可很快讀到此書。一如既往，RUGS(Russell's Unusual Group of Students，羅素的非常學生小組)提供了非同尋常的幫助。

Peter 感謝他的父母(Torsten 和 Gerda)幫助他邁出第一步，感謝他的妻子(Kris)、孩子(Bella 及 Juliet)、同事和朋友們，在他長時間的寫作與更長時間的改寫過程給予的鼓勵和寬容。

我們也感激柏克萊、史丹佛、MIT 以及 NASA 的圖書館員，以及 CiteSeer、Wikipedia 和 Google 的開發人員，是他們為我們帶來了研究方式的徹底變革。我們無法一一感謝所有使用過本書並為本書提出過建議的讀者，不過我們在此還是要感謝來自下頁這些讀者的特別有益的意見：

Gagan Aggarwal, Eyal Amir, Ion Androutsopoulos, Krzysztof Apt, Warren Haley Armstrong, Ellery Aziel, Jeff Van Baalen, Darius Bacon, Brian Baker, Shumeet Baluja, Don Barker, Tony Barrett, James Newton Bass, Don Beal, Howard Beck, Wolfgang Bibel, John Binder, Larry Bookman, David R. Boxall, Ronen Brafman, John Bresina, Gerhard Brewka, Selmer Bringsjord, Carla Brodley, Chris Brown, Emma Brunskill, Wilhelm Burger, Lauren Burka, Carlos Bustamante, Joao Cachopo, Murray Campbell, Norman Carver, Emmanuel Castro, Anil Chakravarthy, Dan Chisarick, Berthe Choueiry, Roberto Cipolla, David Cohen, James Coleman, Julie Ann Comparini, Corinna Cortes, Gary Cottrell, Ernest Davis, Tom Dean, Rina Dechter, Tom Dietterich, Peter Drake, Chuck Dyer, Doug Edwards, Robert Egginton, Asma'a El-Budrawy, Barbara Engelhardt, Kutluhan Erol, Oren Etzioni, Hana Filip, Douglas Fisher, Jeffrey Forbes, Ken Ford, Eric Fosler-Lussier, John Fosler, Jeremy Frank, Alex Franz, Bob Futrelle, Marek Galecki, Stefan Gerberding, Stuart Gill, Sabine Glesner, Seth Golub, Gosta Grahne, Russ Greiner, Eric Grimson, Barbara Grosz, Larry Hall, Steve Hanks, Othar Hansson, Ernst Heinz, Jim Hendler, Christoph Herrmann, Paul Hilfinger, Robert Holte, Vasant Honavar, Tim Huang, Seth Hutchinson, Joost Jacob, Mark Jelasity, Magnus Johansson, Istvan Jonyer, Dan Jurafsky, Leslie Kaelbling, Keiji Kanazawa, Surekha Kasibhatla, Simon Kasif, Henry Kautz, Gernot Kerschbaumer, Max Khesin, Richard Kirby, Dan Klein, Kevin Knight, Roland Koenig, Sven Koenig, Daphne Koller, Rich Korf, Benjamin Kuipers, James Kurien, John Lafferty, John Laird, Gus Lars-son, John Lazzaro, Jon LeBlanc, Jason Leatherman, Frank Lee, Jon Lehto, Edward Lim, Phil Long, Pierre Louveaux, Don Loveland, Sridhar Mahadevan, Tony Mancill, Jim Martin, Andy Mayer, John McCarthy, David McGrane, Jay Mendelsohn, Risto Miikkulanien, Brian Milch, Steve Minton, Vibhu Mittal, Mehryar Mohri, Leora Morgenstern, Stephen Muggleton, Kevin Murphy, Ron Musick, Sung Myaeng, Eric Nadeau, Lee Naish, Pandu Nayak, Bernhard Nebel, Stuart Nelson, XuanLong Nguyen, Nils Nilsson, Illah Nourbakhsh, Ali Nouri, Arthur Nunes-Harwitt, Steve Omohundro, David Page, David Palmer, David Parkes, Ron Parr, Mark Paskin, Tony Passera, Amit Patel, Michael Pazzani, Fernando Pereira, Joseph Perla, Wim Pijls, Ira Pohl, Martha Pollack, David Poole, Bruce Porter, Malcolm Pradhan, Bill Pringle, Lorraine Prior, Greg Provan, William Rapaport, Deepak Ravichandran, Ioannis Refanidis, Philip Resnik, Francesca Rossi, Sam Roweis, Richard Russell, Jonathan Schaeffer, Richard Scherl, Hinrich Schuetze, Lars Schuster, Bart Selman, Soheil Shams, Stuart Shapiro, Jude Shavlik, Yoram Singer, Satinder Singh, Daniel Sleator, David Smith, Bryan So, Robert Sproull, Lynn Stein, Larry Stephens, Andreas Stolcke, Paul Stradling, Devika Subramanian, Marek Suchenek, Rich Sutton, Jonathan Tash, Austin Tate, Bas Terwijn, Olivier Teytaud, Michael Thielscher, William Thompson, Sebastian Thrun, Eric Tiedemann, Mark Torrance, Randall Upham, Paul Utgoff, Peter van Beek, Hal Varian, Paulina Varshavskaya, Sunil Vemuri, Vandi Verma, Ubbo Visser, Jim Waldo, Toby Walsh, Bonnie Webber, Dan Weld, Michael Wellman, Kamin Whitehouse, Michael Dean White, Brian Williams, David Wolfe, Jason Wolfe, Bill Woods, Alden Wright, Jay Yagnik, Mark Yasuda, Richard Yen, Eliezer Yudkowsky, Weixiong Zhang, Ming Zhao, Shlomo Zilberstein, and our esteemed colleague Anonymous Reviewer.

關於封面

編註：此處指原文書封面，可至官網 aima.cs.berkeley.edu 點小圖放大瀏覽。繪製靈感來自 1997 年棋王 Garry Kasparov 與 IBM 電腦程式「深藍」(DEEP BLUE) 對奕的第 6 場決賽。因與中譯封面較無關聯，在此保留原文敘述不贅譯。

The cover depicts the final position from the decisive game 6 of the 1997 match between chess champion Garry Kasparov and program DEEP BLUE. Kasparov, playing Black, was forced to resign, making this the first time a computer had beaten a world champion in a chess match. Kasparov is shown at the top. To his left is the Asimo humanoid robot and to his right is Thomas Bayes (1702–1761), whose ideas about probability as a measure of belief underlie much of modern AI technology. Below that we see a Mars Exploration Rover, a robot that landed on Mars in 2004 and has been exploring the planet ever since. To the right is Alan Turing (1912–1954), whose fundamental work defined the fields of computer science in general and artificial intelligence in particular. At the bottom is Shakey (1966– 1972), the first robot to combine perception, world-modeling, planning, and learning. With Shakey is project leader Charles Rosen (1917–2002). At the bottom right is Aristotle (384 B.C.–322 B.C.), who pioneered the study of logic; his work was state of the art until the 19th century (copy of a bust by Lysippos). At the bottom left, lightly screened behind the authors' names, is a planning algorithm by Aristotle from De Motu Animalium in the original Greek. Behind the title is a portion of the CPSC Bayesian network for medical diagnosis (Pradhan et al., 1994). Behind the chess board is part of a Bayesian logic model for detecting nuclear explosions from seismic signals.

Credits: Stan Honda/Getty (Kasparaov), Library of Congress (Bayes), NASA (Mars rover), National Museum of Rome (Aristotle), Peter Norvig (book), Ian Parker (Berkeley skyline), Shutterstock (Asimo, Chess pieces), Time Life/Getty (Shakey, Turing).

關於作者

Stuart Russell

於 1962 年生於英國樸資茅斯(Portsmouth)。他於 1982 年以優異成績在牛津大學獲得物理學學士學位，並於 1986 年在史丹佛大學獲得資訊科學的博士學位。之後他加入加州大學柏克萊分校，任資訊科學系教授、智慧系統中心主任，並獲聘為 Smith-Zadeh 工程學講座教授。1990 年他獲得國家科學基金會的「青年研究者總統獎」(Presidential Young Investigator Award)，1995 年他是「電腦與思維獎」(Computer and Thought Award)的共同得獎者之一。他是加州大學 1996 年的 Miller 講座教授 (Miller Professor)，並於 2000 年被指定為首席講座教授(Chancellor's Professorship)。1998 年他在史丹佛大學受邀作 Forsythe 紀念演講(Forsythe Memorial Lecture)。他是美國人工智慧學會的成員和前執行委員會委員。發表過 100 多篇論文，內容涵蓋人工智慧領域的廣泛課題。他的其他著作包括《在類比與歸納中使用知識》(The Use of Knowledge in Analogy and Induction)，以及(與 Eric Wefald 合著的)《做正確的事：有限理性的研究》(Do the Right Thing: Studies in Limited Rationality)。

Peter Norvig

目前是 Google 公司的研發主管，之前於 2002 至 2005 擔任核心網路搜尋演算法(the core Web search algorithms)的負責主管。他是美國人工智慧學會及國際計算機器學會(the Association for Computing Machinery)的成員。以前，他曾任 NASA Ames 研究中心的計算科學部主任，在那監督 NASA 於人工智慧和機器人學領域的研發，也曾任 Junglee 公司首席科學家，在那幫助開發了最早的網際網路資訊擷取服務之一。他在布朗(Brown)大學獲得應用數學學士學位，並在加州大學柏克萊分校獲資訊科學的博士學位。他在柏克萊獲頒「卓越校友及工程創新獎」(the Distinguished Alumni and Engineering Innovation awards)，並在 NASA 獲頒「特殊成就獎」(the Exceptional Achievement Medal)。他也曾任南加州大學的教授以及柏克萊大學研究員。他的其他著作有《人工智慧程式設計典範：Common Lisp 語言的案例研究》(Paradigms of AI Programming: Case Studies in Common Lisp)，《Verbmobil：一個面對面對話的翻譯系統》(Verbmobil: A Translation System for Face-to-face Dialog)，以及《UNIX 的智慧協助系統》(Intelligent Help System for UNIX)。

原文封底評語

第二版的《人工智慧：現代方法》內容遠勝第一版，並加強了其作為最可靠的AI學習資源的地位。此一經典作品受100個國家中超過1000所大學採用，並翻譯成13種語言，被全球教師評為該領域中極為卓越的一本教科書。以下是使用者感想：

「如果你只能擁有一本關於AI的書，這就是你應該有的那本。其內容廣泛全面，翔實靡遺，充滿有趣又實用之洞察。」

— **Avi Pfeffer** 教授(哈佛大學)

「我對兩位作者第一版之反應為：『這顯然是市面上最棒的書，但不是不可能寫本更好的。』我對第二版的反應則是：『沒有人能寫一本更好的AI教科書了』，而我仔細閱讀後，完全確認了我的看法。這是本偉大的教科書，具有驚人的深度及廣度，等級跟The Feynman Lectures on Physics一樣。這不只是一本AI類別的教科書；它對理性思考及理性行動的理論作了一個空前的全面審視。」

— **Ernie Davis** 教授(紐約大學)

「你們又再一次做到了，寫出一本又更優秀得多的優秀教科書。對於你們透過直觀又清晰的描述而簡單呈現複雜課題，而且是在整個如此廣泛的主題上均如此達成的巧妙方法，對此我致上最高敬意。我確信，當前對AI重新燃起興趣的現象也與我們這領域中能有如此傑出的教科書關係密切。」

— **Wolfgang Bibel** 教授(達姆施塔特科技大學, TU Darmstadt)

「了不起的成就，真正完美的書！」

— **Selmer Bringsjord** 教授(壬色列理工學院, RPI)

「對AI新領域洋溢著自信、樂觀、及富感染力的激動，且沒有捨棄此領域之複雜度及深度。無論學生或老師都會歡迎及享受這本書。」

— **Sholmo Zilberstein** 教授(麻州大學 Amherst 分校)

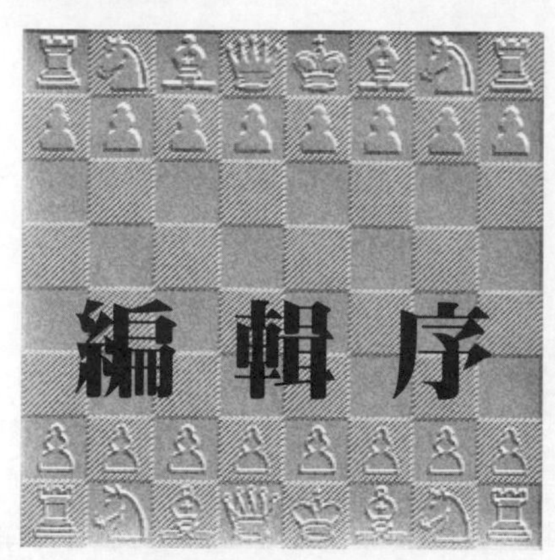

「系統編輯」是我們的編輯方針，我們所提供給您的，絕不只是一本書，而是關於這門學問的所有知識，它們由淺入深，循序漸進。

本書以詳盡和豐富的資料，從理性代理人的角度，全面闡述了人工智慧領域的核心內容，並深入介紹了各個主要的研究方向，是一本難得的綜合性教材。本書涵蓋範圍全面並且收錄了大量而詳細的演算法、資料結構與複雜度，適合科大、私立大學資工、電子、電機系之高年級「人工智慧」、「人工智慧概論」等課程使用。全書分為七大部分：

- 第一部分(1~2 章)的**人工智慧**：

  圍繞在智慧型代理人，即能夠決定要做什麼然後執行行動的系統；
- 第二部分(3~6 章)的**解決問題**：

  專注討論當一件事情需要提前思考若干步驟時，如何決定要做什麼；
- 第三部分(7~12 章)的**知識、推理與規劃**：

  如何表示有關世界的知識，以及如何使用這些知識進行邏輯推理；規劃則討論了如何利用這些推理方法來決定要做什麼；
- 第四部分(13~17 章)的**不確定知識及推理**：

  不確定知識與推理與第三部分類似，不過它專注不確定因素時的推理與決策；
- 第五部分(18~21 章)的**學習**：

  學習則描述了為這些決策元件產生所需知識的方法；
- 第六部分(22~25 章)的**通訊、感知及行動**：

  通訊、感知及行動描述了智慧型代理人如何能夠透過視覺、觸覺、聽覺還是語言理解，來感知其環境，以瞭解正在進展的各種情況；
- 第七部分(26~27 章)的**結論**：

  結論分析了人工智慧的過去與未來，以及人工智慧的哲學與倫理意涵。

最後，在各方面有任何問題時，歡迎隨時連繫，我們將竭誠為您服務。

- **客服信箱**：book@ms1.chwa.com.tw
- **免費服務電話：0800-021-551**
- **傳真：(02)2262-8333**

全華編輯部　謹致

所標示之部分收錄於隨書 CD，共計 4、6、10、11、20、22、23、24 等八章，及附錄與參考書目

PART I 人工智慧

PART II 問題求解

附錄及參考書目均收錄於隨書 CD

附 錄

參考書目

PART I

Artificial Intelligence

第一部分

人工智慧

INTRODUCTION

1

緒論

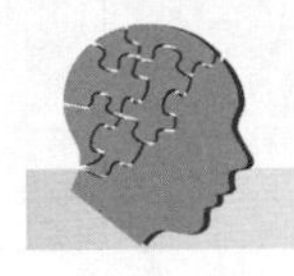

本章中，我們將試著解釋人工智慧究竟是什麼，以及我們為何認為它是一項極為值得研究的課題。在進入正題，這兩個問題是值得先做決定的。

我們自稱 *Homo sapiens*——智慧的人——因爲我們的**智慧**對於我們是那麼重要。數千年來，我們一直試圖理解我們怎樣思考；也就是說，人體的一小堆材料怎麼能夠感知、理解、預測和操縱一個遠比本身龐大且複雜得多的世界。**人工智慧**(Artificial Intelligence，簡稱 AI)領域的目標還不只於此：它不僅試圖理解智慧實體，還想建造智慧實體。

人工智慧是科學及工程中的最新領域之一。眞正的研究工作在第二次世界大戰結束後迅速展開，直到 1956 年，它被正式命名爲「人工智慧」。如同分子生物學，AI 往往被其他領域的科學家譽爲「我最想參與的研究領域」。物理系的學生有理由感覺到，所有好的研究想法早已被伽利略、牛頓、愛因斯坦等物理學家想盡了。然而在 AI 的領域中，還有出現幾個新愛因斯坦的餘地。

現在，AI 的研究包含了許多不同的子領域，涵蓋的範圍從通用領域(學習和感知)到特定領域，例如下西洋棋、證明數學定理、作詩、在擁擠街道駕駛汽車以及診斷疾病。其研究領域已經涉及任何與智力相關的事項。AI 的確是一個普遍的研究領域。

1.1 什麼是人工智慧？

我們已經聲稱人工智慧是令人興奮的，但是還沒有談及它是什麼。在圖 1.1，我們看到沿著兩個維度，有八個 AI 被展示出來。粗略地說，在圖上半部的所定義關心的是思維過程和推理，而下半部的定義則強調行爲。左側的定義根據對人類技能的保眞度來衡量其成功與否，而右側的定義則根據所謂**理性**的理想效能測量來進行衡量。一個系統如果能夠在它所知的範圍內做「正確的事」，它就是理性的。

本書將說明在歷史上探討 AI 所使用的全部四種研究途徑，其中每一種研究途徑都是由不同人以不同方法所做的。以人爲中心的研究途徑，在某種程度上必然是一種經驗科學，它會牽涉到與人類行爲有關的觀察和假說。而理性主義[1]研究途徑則涉及數學與工程的結合。這些不同的研究群體彼此將互相批判與幫助對方。讓我們更仔細地看看這四種方法。

像人一樣思考的系統	理性地思考的系統
「令人興奮的新努力，要使電腦能夠思考……即有心靈的機器一詞的完整字面意義。」(Haugeland, 1985) 「決策、解題、學習等與人類思考相關的活動〔的自動化〕。」(Bellman, 1978)	「使用計算模型對心智能力的研究。」(Charniak and McDermott, 1985) 「對使知覺、推理和行動成爲可能的計算的研究。」(Winston, 1992)
像人一樣行動的系統	**理性地行動的系統**
「一種藝術，用來創造機器，以執行人必須用智慧才能完成的功能。」(Kurzweil, 1990) 「研究如何讓電腦能夠做到那些比目前人做得更好的事情。」(Rich and Knight, 1991)	「計算智慧要研究的是智慧型代理人的設計。」(Poole *et al.*, 1998) 「AI ……關心的是人工製品中的智慧行爲。」(Nilsson, 1998)

圖 1.1　一些人工智慧的定義，整理分成 4 種類型

1.1.1　類人行為：圖靈測試方法

圖靈測試(Turning Test)由艾倫・圖靈(Alan Turing)提出(1950)，設計的目的是爲智慧提供一個令人滿意的操作型定義。如果人類詢問者在以書面方式提出一些問題後，無法判斷答案是否由人寫出，那麼電腦就通過了測試。第 26 章將再詳細討論圖靈測試，以及通過測試的電腦是否真的就具有智慧。目前我們要記住，要設計出能通過測試的程式還是一件龐大的工作。電腦尚需具有以下能力：

- **自然語言處理**，使得電腦可以成功用英文溝通；
- **知識表示**，儲存它知道的或聽到的資訊；
- **自動推理**，運用儲存的資訊來回答問題並得出新的結論；
- **機器學習**，能適應新的環境並能偵測和推斷新的模式(pattern)。

圖靈測試有意避免詢問者與電腦之間的直接實體接觸，這是因爲人類身體和生理的模擬對於智慧是不必要的。當然，所謂的**完全圖靈測試**還讓詢問者利用視頻信號來測試對方的感知能力，並「透過窗口」傳遞物體給受測物件。要通過完全圖靈測試，電腦還需要具有：

- **電腦視覺**，可以感知物體；
- **機器人技術**，可以操縱和移動物體。

這六個領域構成了 AI 的大部分內容，而圖靈應爲設計出這個在 60 年後仍具重要性的測試而倍受讚揚。然而 AI 研究者們並沒有花很大的精力來嘗試透過圖靈測試，因爲他們相信研究智慧的根本原則遠比複製樣本更重要。對於「人造飛行」的探索是，在萊特兄弟(Wright brothers)和其他研究者停止模仿鳥類，並且開始運用風洞和學習空氣動力論之後，才獲得成功的。航空工程的教材不會把其領域的目標定義爲製造「可以完全像鴿子一樣飛行的機器，以致它們可以騙過其他眞正的鴿子」。

1.1.2 類人思考：認知模塑方法

如果我們要說某個程式像人一樣地思考，那麼我們得要有某種辦法確定人是怎樣思考的。我們需要深入人類心靈眞正的運作方式。要達到這個目的有三種途徑：透過內省——以便試圖捕捉我們本身的思維過程。透過心理實驗——以便觀察在運作中的個人心智活動。以及透過腦部圖像——以便觀察在運作中的腦部活動。一旦我們有了一個足夠精確的理論來描述心靈，就有可能透過電腦程式來表達它。如果電腦的輸入/輸出以及即時的控制與人類行爲一致，就證明了程式的某些機制可能是按照人類模式運轉的。例如，設計了 GPS，即「通用問題解決機」(**G**eneral **P**roblem **S**olver)(Newell 及 Simon，1961)的紐威爾(Allen Newell)和西蒙(Herbert Simon)並不滿足於僅讓程式正確地解決問題。他們更加關心的是，當程式和人類在解決同一個問題時，它們的推理步驟有何不同。跨領域的**認知科學**結合了 AI 的電腦模型與心理學的實驗技術，試圖對人類的心靈建立精確且可檢驗的理論。

認知科學本身是一個令人著迷的的領域，值得爲它出版好幾本教科書以及至少一套百科全書(Wilson 和 Keil，1999)。我們將會在適當場合，針對 AI 技術與人類認知之間的異同進行評論。然而，眞正的認知科學必須立足於實際人類或動物的實驗探討的基礎上。由於本書假定讀者只有電腦方面的實驗課程，所以關於認知科學，將留給其他書籍作說明。

在 AI 研究的早期，不同取徑之間經常出現混淆：某作者可能會辯稱，因爲一個演算法能夠有效執行一項任務，所以它就是一個好的人類行爲模型，或者反之亦然。現代作者把兩類主張區分開來；這種區別使得 AI 和認知科學都可以更快地發展。而且兩個領域持續地彼此激盪，使對方的內容更豐富，這在電腦視覺這個子領域表現得最明顯；電腦視覺研究人員已經將神經生理學的證據結合到計算機模型裡面。

1.1.3 理性地思考：「思維法則」方法

古希臘哲學家亞里斯多德是首先試圖嚴格定義「正確思考」的人之一。他將其定義爲不可駁斥的推理過程。他的**三段論**提供了一種論證形式，可以保證在前提正確時必定能推出正確結論——例如：「蘇格拉底是人；所有的人都會死；因此，蘇格拉底也會死。」這些思維法則被認爲支配著意識活動；其研究開創了邏輯學的領域。

19 世紀的邏輯學家發展出一套精確的標記法，用來描述世界上的一切事物及其彼此之間的關係(可與一般的算術符號作對照，後者僅供關於數字的陳述式使用)。到了 1965 年，已經有程式在原則上可以解任何用邏輯符號描述的可解問題(雖然如果沒有解答存在，這個程式可能會永遠地執行迴圈運算)。人工智慧領域中的**邏輯**傳統希望透過設計上述程式來建立智慧系統。

這種邏輯的方法有兩個障礙。首先，把非正規的知識用正規的邏輯符號表示並不容易，在知識不是百分之百可靠的情況下尤其如此。其次，在「原理上」求解一個問題，以及在實務中求解問題之間，存在著很大差異。甚至，即使只是要解決僅牽涉幾十條事實的問題，如果沒有一個方法來導引推理步驟的施行順序，都可能把任何電腦的計算資源榨乾。儘管任何建立計算推理系統的嘗試都會碰到這兩個障礙，它們最先在傳統邏輯主義中出現。

1.1.4 理性地行動：理性代理人方法

代理人(agent)就是某種能夠行動的東西(agent 這個英文單詞源於拉丁語 *agere*，意爲「去做」)。當然，所有的電腦程式都能執行某些事情，但是人們期望電腦代理人能做得更多：自律地操作，能感知其環境，持續一段延長的時期，能適應變化，以及創建和追求目標。**理性代理人**則要能透過行動獲得最佳結果，或者在不確定的環境中，獲致最佳期望結果。

AI 的「思維法則」方法所強調的是正確的推論。做出正確推論有時也是理性代理人的部分功能，因爲作出理性行動的一個途徑就是透過邏輯推理的結論，得知哪項行動能夠達成哪項目標，再將行動付諸實施。另一方面，正確的推論並不總是全然理性的。在某些情形下是沒有任何能被證明爲正確的事情可加以執行的，但是某些事情仍然必須被執行。還有一些理性行動的方式不能說與推論過程有關。例如，從灼熱的火爐上拿開手，雖是一種反射活動，通常卻要比經過仔細思考後採取的緩慢的行動更爲有效。

圖靈測試法所需要用到的全部技巧，也允許代理人理性地行動。知識的表述與推理能夠讓代理人取得好決策。我們必須能夠產生可理解的自然語言語句，以便在複雜社會中生存。我們需要學習，其原因不僅是爲了擁有更多學問，也因爲它能夠改善我們用於產生有效行爲的能力。

與其他研究途徑相比，理性代理人研究途徑有兩個優點。首先，它比「思維法則」方法更加通用，因爲正確的推論只是達到理性的幾種可能的機制之一。其次，對科學發展而言，它比那些立基於人類行爲與人類思維的研究途徑，更能經得起檢驗。理性的標準在數學上已經很好地被定義了，具有完全的普遍性，而且能加以「拆開」(unpacked)，而產生可證明能達成它的代理人設計。另一方面，人類行爲可以針對一個特定環境加以良好適應，而且能用人所做全部事情的總和予以完好地定義。所以本書會將注意力放在理性代理人的一般性原則，以及放在去建構它們的構成要素。我們將會看到，儘管對這個問題描述起來似乎非常簡單，眞的要解決問題的時候就會遇到各式各樣的困難。第 2 章裡將進一步勾勒出這些困難。

應該牢記的一個重點是：我們很快就會看到，要達到完美的理性——即總能做正確的事情——在複雜的環境下是不可行的。這對運算能力的要求實在太高了。不過，在本書的大部分內容中，我們將採取以下的假設，即完美理性是分析的合適出發點。這樣可以簡化問題，並爲 AI 領域中大多數基本素材提供適當的背景設定。第 6 章和第 17 章將明確討論**有限理性**的問題——即在時間不足以完成全部計算時，如何採取適當的行動。

1.2 人工智慧的基礎

在這一節，我們將介紹一些學科的簡要歷史，這些學科爲 AI 貢獻了想法、觀點和技術。如同任何史書，這段歷史也不得不只重點介紹少數的人物、事件和想法，而忽略其他一些也很重要的東西。我們圍繞一系列的問題組織這段歷史。我們當然不希望造成這樣一種印象，即這系列問題是這些學科的唯一目標，或者這些學科的發展都以 AI 作爲其終極成果。

1.2.1 哲學

- 正規規則(formal rules)能用來得出有效的結論嗎？
- 精神的意識是如何從物質的大腦產生出來的？
- 知識從哪裡來？
- 知識如何導致行動？

亞理斯多德(Aristotle，384-322 B.C.)是對於支配人類心智的理性部分，系統性地整理出一組明確法則的第一個人；本書也因此將他的半身像放在封面上。爲了正確推理，他發展出一套非正規的三段論系統，這種系統原則上允許人在已知初始前提的條件下機械地推導出結論。很久以後，Ramon Lull(逝於 1315 年)提出一種想法，認爲有用的推理確實可以用機械裝置完成。霍布斯(Thomas Hobbes，1588-1679)倡言推理就如同數字計算，「我們在寂靜的思維中加加減減」。計算的自動化在那時已經不斷前行；在 1500 年左右，達文西(Leonardo da Vinci，1452-1519)設計了機械計算器，不過沒能建造出來；最近的重建工作顯示他的設計是可行的。已知的第一台電腦器係由德國科學家 Wilhelm Schickard(1592-1635)於 1623 年左右所造，但巴斯卡(Blaise Pascal，1623-1662)在 1642 年建造的 Pascaline 更著名。巴斯卡寫道：「算術機器產生的效果顯然更接近於思維，而不同於其他的動物活動。」萊布尼茲(Gottfried Wilhelm Leibniz，1646-1716)建造了一個機械裝置，試圖執行對概念而非數字的操作，不過其應用範圍是相當有限的。萊布尼茲建造了一部能執行加法、減法、乘法和開根號的計算器，而 Pascaline 則只能執行加法和減法運算，所以在這方面，萊布尼茲確實超越了巴斯卡。有些人因此推斷機器可能不只能夠計算，而是它們本身可以思考和行動。霍布斯(Thomas Hobbes)在其 1651 年出版的書《利維坦》(*Leviathan*)中提出「人造動物」的想法，他爭論著「爲什麼心不過是彈簧。而神經呢，不過是許多的細線。關節呢，則是許多的滾輪。」

說心智至少部分地根據邏輯規則而運作，然後想要建造能仿眞這些規則其中一些的實體系統，這是一回事。然而，說心智本身就是這樣的實體系統，則是另外一回事。笛卡爾(René Descartes，1596-1650)最先討論了意識和物質之間的區別以及由此引起的問題。把意識看作純粹的物理概念帶來的一個問題是，這個看法幾乎不給自由意志任何存在空間：如果心靈完全由物理定律所支配，那麼似乎它擁有的自由意志並不比一塊「決定」掉向地心的岩石更多。在瞭解世界的心智活動中，笛卡兒強調理性(reasoning)的力量，這種哲學觀點現在稱爲**理性主義**(rationalism)，笛卡兒堅信這種觀點，而亞理斯多德和萊布尼茲的觀點也被視爲屬於理性主義。不過，笛卡兒同時也是**二元論**(dualism)的擁護者。他堅持心靈(或靈魂，或精神)的一部分是超脫於自然之外的，不受物理定律影響。而另一方面，動物不擁有這種二元性質；它們可以被當作機器對待。相對於二元論的另一種觀點是**唯物論**，它認爲大腦依照物理定律運轉而構成了意識。自由意志不過就是大腦知覺到了出現在選擇過程中的可能眾多可能選項。

有了能處理知識的物理心靈，下一個問題就是確立知識的來源。自培根(Francis Bacon，1561-1626)的《新工具論》(*Novum Organum*)[2]始的**經驗主義**運動，可用 John Locke(1632-1704)的一句話揭示：「人所理解之事無非先由知覺而來。」休謨(David Hume，1711-1776)的《論人類天性》(*A Treatise of Human Nature*)(Hume，1739)提出現在周知的**歸納原理**：普遍性規則是人重複經歷形成規則的元素之間的關聯而習得的。奠基於維根斯坦(Ludwig Wittgenstein，1889-1951)和羅素(Bertrand Russell，1872-1970)的成果上，著名的維也納學派由 Rudolf Carnap(1891-1970)領導發展出**邏輯實證論**(logical positivism)學說。該學說認爲所有的知識都可以用最終連結到**觀察語句**的邏輯理論來刻畫，觀察語句則對應了知覺輸入。這種邏輯實證論將經驗主義和理性主義結合起來[3]。卡納普(Carnap)和韓佩爾(Carl Hempel，1905-1997)的**確證理論**(confirmation theory)則試圖要分析如何由經驗取得知識。Carnap 的著作《世界的邏輯結構》(*The Logical Structure of the World*)(1928)明確定義了一個可從基本經驗中抽取知識的計算過程。它很可能是第一個把意識當作計算過程的理論。

在關於意識的哲學學說中，最後一個元素是知識與行動之間的聯繫。這個問題對於 AI 極爲重要，因爲推理和行動兩者都是智慧的一環。而且，唯有理解形成行動的推理方式，我們才能理解如何去建造一個代理人，使其行動有根據(justifiable)。亞里斯多德辯稱[見《De Motu Animalium》(論動物運動)]，行動的根據是來自目標與關於行動結果的知識間的邏輯聯繫(以下摘錄的最後一部分也出現在原文書封面的左下角，爲希臘原文)：

> 但是，為何思維有時伴隨著行動而有時沒有，有時伴隨著運動而有時沒有呢？看來幾乎同樣的事情也發生在對不變事物進行推理和推論的情況下。不過在該情況下最終得到的是純思索的命題……然而這裡從兩個前提導致的結論是一個行動。... 我需要遮蓋物。斗篷是遮蓋物。我需要斗篷。凡是我所需要的，我就必須製作；我需要斗篷。故我必須製作斗篷。結論「我必須製作斗篷」是一個行動。

在《尼各馬科倫理學》(*Nicomachean Ethics*)(Book III. 3，1112b)中，亞里斯多德進一步詳細闡述了這個論題，並提出一個演算法：

> 我們要深思的不是目的，而是手段。對醫生而言，他不用深思是否應該治癒病人，對雄辯家而言，他不用深思是否應該說服，……。他們會認定目的，並且思索如何與藉由什麼方法來實現，以及它看起來是否簡單，以及因此形成最佳方案。如果目的只能藉由一個方法實現，他們會思索，藉著這個方法，它將如何被達成，以及藉由什麼方法，這個方法可以被實現，如此直到他們達到第一因(first cause)，……。而且在分析次序上的最後一個似乎是發生次序上的第一個。而且如果遇到不可能的事項，那麼我們可以放棄進一步搜尋的動作，例如，如果我們需要錢，而這是無法取得的。但是如果一件事情似乎是可能的，我們就試圖去做。

亞里斯多德的演算法在 2300 年後被紐威爾和西蒙的 GPS 程式實作了。我們現在會稱它爲迴歸規劃系統(regression planning system)(見第 10 章)。

基於目標的分析是很有用的，但它沒有說明，當多個行動可達到目標時，抑或沒有一個行動可以完全達到目標時，該要如何行事。Antoine Arnauld(1612-1694)正確地描述了一條量化的公式，可在類似上述的情況下決定該採取什麼行動(參見第 16 章)。米勒(John Stuart Mill，1806-1873)的著作《功利主義》(*Utilitarianism*)(Mill，1863)把理性決策的準則發揚到人類行為的各個層面。更正規的決策理論將在後面的章節中討論。

1.2.2 數學

- 什麼是能導出有效結論的正規規則？
- 什麼可以被計算？
- 我們如何用不確定的知識進行推理？

哲學家們佔據了 AI 的大部分重要觀念，但是 AI 要躍為一門正式的科學，就必須在三個基礎領域完成一定程度的數學正規化：邏輯、計算和機率。

形式邏輯的觀念可以追溯到古希臘哲學家(參見第 7 章)，但是其數學的發展其實是從布爾(George Boole，1815-1864)的工作開始的，他制定出了命題邏輯——也稱布林邏輯(Boole，1847)的細節。在 1879 年，弗雷格(Gottlob Frege，1848-1925)擴展了布林邏輯，使其包含物件和關係，從而創立了今日所使用的一階邏輯[4]。Alfred Tarski(1848-1925)引進一種指涉理論，說明如何把邏輯物件與現實世界的物件聯繫起來。

下一步，便是要確定邏輯和計算能做到的極限。一般認為第一個值得重視的**演算法**是歐幾里德(Euclid)用來計算最大公因數的演算法。演算法一字(及研究它們想法)來自 9 世紀的波斯數學家 al-Khowarazmi，他的著述還把阿拉伯數字和代數引進了歐洲。布爾和其他人探討了邏輯演繹的演算法，而到了 19 世紀晚期，把一般的數學推理正規化為邏輯演繹的努力已經展開。在 1930 年，哥德爾(Kurt Gödel，1906-1978)證明了雖然一個有效程序可以證明羅素和黑格爾的一階邏輯中的任何真語句，但是一階邏輯不能表示數學歸納法原則，而該原則是描述自然數所需要的。1931 年，哥德爾證明演繹法的極限確實存在。他的**不完備定理**(incompleteness theorem)告訴我們，在任何像皮亞諾算術(自然數的基本理論)這樣強勢的形式理論中，會存在著無法判定的真語句，此處所謂的無法判定，是指在其理論中這些真語句將會無法證明。

這個根本性的結果還有進一步的詮釋：有某些整數的某些函數無法用演算法表示——也就是它們是不可計算的。這給了圖靈(1912-1954)一個研究動機，試圖去精確地定出哪些函數是**可計算**的——能夠被加以計算。但此觀念事實上有點問題，因為計算或者有效過程的概念實際上是無法正規定義的。然而，邱池-圖靈論題(Church-Turing thesis)，即圖靈機(Turing machine)(Turing，1936)能夠計算任何可計算的函數，也就作為一種充分的定義而被大家所接受。圖靈還說明了有一些函數是沒有圖靈機可以計算的。例如，沒有通用的圖靈機可以判斷一個給定的程式對於給定的輸入能否返回答案或者永遠執行下去。

雖不可判定性和不可計算性對於理解計算是很重要，但**難解性**(intractability)的影響還要更重要得多。粗略地說，如果解決一個問題需要的時間隨問題的規模成指數級增長，那麼該問題被稱爲難解的。多項式級與指數級增長的區別最先在 1960 年代中期得到重視(Cobham，1964；Edmonds，1965)。這個區別很重要，因爲指數級增長意味著即便是規模稍大的問題實例都無法在合理的時間內解決。因此，應該致力於如何把產生智慧行爲的概觀問題分解成易解的子問題，而不是難解的子問題。

如何才能辨認難解問題？由 Steven Cook(1971)和 Richard Karp(1972)開拓的 **NP-completeness** 理論提供了一種方法。Cook 和 Karp 證明一大類的傳統組合搜尋和推理問題屬於 NP-complete 問題。任一類的問題，只要有 NP-complete 問題可化簡成該類，就很可能是難解的(儘管未有證明確定 NP-complete 問題必然難解，大多數理論家相信如此)。這些結果與大眾媒體歡迎第一台電腦的樂觀態度——「比愛因斯坦更快」的「電子超級大腦」！——呈現強烈對比。雖然電腦的速度遽增，對資源的謹慎使用爲智慧系統的一特徵。粗略地說好了，世界就是個極大的問題實例！近年來，AI 幫助解釋了爲什麼 NP-complete 問題的一些實例很難解，而另外一些比較容易(Cheeseman *et al.*, 1991)。

在邏輯和計算之外，數學對 AI 的第三個卓越貢獻是**機率理論**。義大利人 Geroamo Cardano(1501-1576)首先勾勒了機率想法的架構，以賭博事件的可能結果來描述它。帕斯卡(Blaise Pascal，1623-1662)在 1654 年寫給費馬(Pierre Fermat，1601-1665)的信中，說明了如何預測尚未結束的賭局未來的走勢，並且指定賭局的平均收益。機率很快成爲所有量化科學的無價之寶，負責對付不確定的測量和不完備的理論。伯努利(James Bernoulli，1654-1705)、拉普拉斯(Pierre Laplace，1749-1827)以及其他數學家將這個理論進一步推展，並且引進新的統計方法。有出現在本書封面的貝葉斯(Thomas Bayes，1702-1761)提出了一個用於按照新證據，更新相關機率值的法則。貝氏法則(Bayes' rule)形成在 AI 系統中，對不確定推論的大部分現代研究途徑的基礎。

1.2.3 經濟

- 我們如何作決策以獲得最大收益？
- 當在他人不合作時，如何作這樣的決策？
- 當在遙遠的未來方能有所收益時，如何作這樣的決策？

在 1776 年，蘇格蘭哲學家亞當史密斯(Adam Smith，1723-1790)出版了《國富論》(*An Inquiry into the Nature and Causes of the Wealth of Nations*)一書，經濟學的科學研究便從那年開始。雖然古希臘人和其他一些人也對經濟學想法有所貢獻，史密斯卻是第一個把經濟當作科學對待的，他認爲經濟是由一群追求自身的經濟利益最大化的個體代理人組成。很多人認爲經濟學就是關於金錢，但是經濟學家會說他們眞正研究的是人們如何進行選擇以達到所偏好的結果。當麥當勞以一美元價格供應一個漢堡時，他們主張的是，他們會偏好美元並且希望顧客將會偏好漢堡。對於「偏好的結果」或稱效用(**utility**)的數學處理，最先是由Léon Walras(發音爲 Valrasse)(1834-1910)完成正規化，並由蘭西(Frank Ramsey，1931)加以改進，以及由後來的馮．諾依曼(John von Neumann)和 Oskar Morgenstern 在他們的著述《賽局理論與經濟學行爲》(*The Theory of Games and Economic Behavior*)中進一步改進(1944)。

結合了機率理論和效用理論的**決策理論**(decision theory)，爲在不確定條件下進行(經濟學或其他的)決策提供了正規且完整的骨架——不確定性意指決策制定者的環境唯有用機率式描述方能恰當捕捉。這對總體經濟的情況是適合的：在總體經濟中，每一名代理人都無需注意其他代理人的行動。但「微觀」經濟的情況更像一個**賽局**：某個參與者的行動會顯著地(以正面或負面的方式)影響其他參與者的效用。馮・諾依曼和 Morgenstern 對**賽局理論**(參見 Luce 及 Raiffa，1957)的發展中有一項令人驚訝的結果：在某些賽局中，理性代理人應該按隨機方式行動(或至少看起來)。不同於決策理論，賽局理論並未提供用於選擇行動的明確規定(unambiguous prescription)。

大體上，經濟學家不會提到上面列出的第三個問題，也就是，當收益不是單一行動的立即結果，而是數個依序採行的行動的結果時，要如何制定理性決策。此議題屬於**作業研究**領域的範疇。作業研究出現於第二次世界大戰期間，源自英國爲最佳化雷達配置所做的努力，後來被平民用來作複雜的管理決策。理查・貝爾曼(Richard Bellman)(1957)整理稱爲**馬爾可夫決策過程**的循序決策問題；我們將在第 17 和 21 章中探討。

經濟學和作業研究的成果對於我們的理性代理人很有貢獻，然而 AI 研究多年以來一直沿著完全獨立的道路發展。一個原因就是制定理性決策具有明顯的複雜性。赫伯特・西蒙(Herbert Simon，1916-2001)，AI 的先驅者，於 1978 年獲得諾貝爾經濟學獎，正是因爲他早年的工作成果發現，基於滿意度的模型——即制定「足夠好」的決策——比起費力計算出最佳化決策更能描述眞實的人類行爲(Simon，1947)。到了 1990 年代，對於在代理人系統中使用決策理論技術的興趣開始復甦(Wellman, 1995)。

1.2.4 神經科學

- 大腦是如何處理資訊的？

神經科學研究的是神經系統，特別是大腦。雖然大腦讓思維能運作的精確過程，是科學史上的一大秘密，但是大腦確實讓思維成爲可能的這項事實，人類在數千年前就已經察知，最明顯的證據就是，對腦部予以重擊會導致心智失能。人類大腦多少有些與眾不同也早已爲人所知了：約西元前 335 年，亞里斯多德寫道：「在所有的動物中，人擁有相對於其體型比例而言最大的大腦。[5]」然而，直到 18 世紀中期人們才廣泛地承認大腦是意識的居所。在那之前，也有認爲存在於心臟及脾臟。

布洛卡(Paul Broca，1824-1880)在 1861 年針對腦部功能受損的病患，所進行的失語症研究中顯示，大腦內部存在著特定區域會承擔特定的人類認知功能。特別是，他證明了語言乃是由處於大腦左半球，現在稱爲布魯卡區(Broca's region)[6]的一部分負責。到那時候爲止，已經知道大腦是由神經細胞或**神經元**組成的，但是直到 1873 年 Camillo Golgi(1843-1926)開發出一項染色技術，才使人們能夠觀察大腦的個別神經元(參見圖 1.2)。該技術被 Santiago Ramon y Cajal(1852-1934)用於他對大腦神經元結構[7]的先驅研究中拉謝甫斯基(Nicolas Rashevsky，1936，1938)則是第一個將數學模型運用於神經系統研究的人。

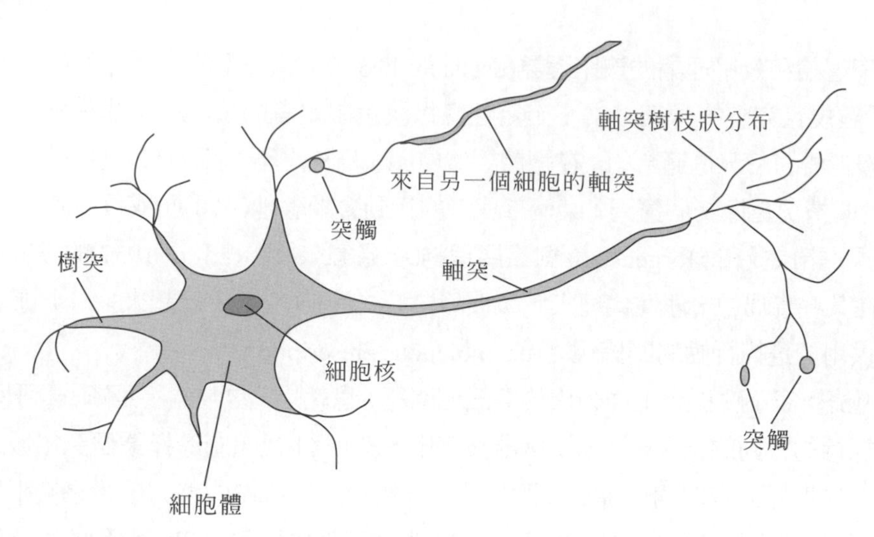

圖 1.2 神經細胞或神經元的組成部分。每個神經元由一個細胞體(cell body 或 soma)組成，而細胞體又包含一個細胞核。從細胞體伸展出若干數量的神經纖維稱為樹突，另有一根長的神經纖維稱為軸突。軸突向外延伸很長距離，遠比圖中所示比例要長。典型的軸突有 1cm 長(是細胞體直徑的 100 倍)，但是更長的能夠達到 1 公尺。一個神經元與 10 至 10^5 個其他神經元相連接，其連接處稱為突觸。信號透過複雜的電化學反應從神經元傳播到神經元。信號控制大腦的短期活動，也能夠使神經元的連接發生長期改變。這些機制被認為形成了大腦學習的基礎。大多數資訊處理在大腦皮層即大腦的外層進行。基本的組織單元看來是一個直徑大約 0.5mm 的柱狀組織，包含約 20,000 個神經元，且延伸到皮層的全部深度(人類的大腦皮層深度約為 4mm)

我們現在有一些資料顯示出大腦的區域和軀體部分之間的關係。這些軀體部分或者被大腦控制，或者提供知覺輸入給大腦。這樣的對映能夠在數周的時間內發生根本性的改變，而一些動物看來具有多重對映。另外，我們尚不完全瞭解其他區域如何能夠接管一個受損區域的原有功能。能說明單獨的記憶如何保存的理論則幾乎不存在。

對於完整無損的大腦活動的測量，則是在 1929 年 Hans Berger 發明了腦電圖記錄儀(EEG)之後開始。近來開發的功能性核磁共振造影(functional magnetic resonance imaging，fMRI)(Ogawa *et al.*, 1990)爲神經科學家們提供了空前細緻的大腦活動影像，依此進行的測量結果與受測者正在進行中的認知過程很有趣地相符。對單一神經元細胞活動的記錄技術的進步，更強化了以上的進展。個別神經元可以使用電學方法、化學方法或者甚至光學方法(Han 和 Boyden，2007)予以刺激，而這可以讓我們繪製出神經元的輸入-輸出關係圖。但即使有這些進步，距離實際理解上面任何一個認知過程的運作方式，我們還有長路要走。

眞正令人震驚的結論是簡單細胞的集合能夠導致思維、行動和意識，或者換句話說，大腦產生意識(Searle，1992)。

除此之外唯一的理論選擇是神秘主義：心智在某種神秘的領域中運作，而對這個神秘領域的探討已經超出物質科學的能力。

大腦和數位電腦具有某種程度不同的性質。圖 1.3 顯示電腦所具有的週期時間，比人腦快了百萬倍。另一方面，針對這種弱點，人腦相比於高階個人電腦，卻具有比較多的記憶體和互連(interconnection)，因而在功能上得到了彌補，雖然，最大的超級電腦所具有的記憶體容量與人腦相當(不過請注意，人腦似乎不會同時使用到其所有神經元)。未來主義者很重視這些數據，他們指出一個漸進奇異點，在這個奇異點狀況中，電腦效能會達到超人般的水平(Vinge，1993；Kurzweil，2005)，但是這種粗糙的比較並不具有特別的教育性。即使我們擁有一部近乎無限效能的電腦，我們仍然不知道如何達到人腦水平的智能。

	超級電腦	個人電腦	人腦
計算單元數	10^4 個 CPU，10^{12} 個電晶體	4 個 CPU，10^9 個電晶體	10^{11} 個神經元
儲存單元數	10^{14} 位元的 RAM 10^{15} 位元的磁碟	10^{11} 位元的 RAM 10^{13} 位元的磁碟	10^{11} 個神經元 10^{14} 個神經元
運算週期時間	10^{-9} 秒	10^{-9} 秒	10^{-9} 秒
每秒運算次數	10^{15}	10^{10}	10^{17}
每秒的記憶體更新次數	10^{14}	10^{10}	10^{14}

圖 1.3 IBM 藍色基因(BLUE GENE)超級電腦，2008 年一般個人電腦，以及人腦的各項計算資源的粗略比較。人腦的數據基本上是固定的，然而超級電腦的數據大約每五年會增加 10 倍，這使得超級電腦已經能夠達到和人腦旗鼓相當的水準。個人電腦除了在週期時間之外，在各方面都落後

1.2.5 心裡學

- 人類和動物是如何思考和行動的？

科學的心理學的起源通常要追溯到德國物理學家 Hermann von Helmholtz(1821-1894)和他學生 Wilhelm Wundt(1832-1920)的研究工作。Helmholtz 應用科學方法研究人類的視覺，而他的《生理光學手冊》(*Handbook of Physiological Optics*)現在甚至被描述爲「對人類視覺的物理學和生理學唯一最重要的論述」(Nalwa，1993，第 15 頁)。在 1879 年，Wundt 在萊比錫大學開設了第一座實驗心理學的實驗室。 Wundt 堅持進行仔細控制的實驗，在實驗中他的實驗者們在進行行知覺的或者聯想的工作時，同時自省其思考的過程。如此的仔細的控制使得心理學變成科學的過程邁進了一大步，不過資料的主觀本性使得實驗不太可能去證明自己的理論的不確。另一方面，研究動物行爲的生物學家們，由於欠缺內省資料，反而發展出一種客觀的方法論，就如 H. S. Jennings(1906)在其具影響力的著作《低等生物的行爲》(*Behavior of the Lower Organisms*)中所描述。John Watson(1878-1958)領導的**行為主義**運動把這種觀點應用到人類。行爲主義基於內省不能提供可靠證據的背景立場，拒絕任何涉及精神過程的理論。行爲主義者堅持只研究對動物的感知(或刺激)和它引發的行動(或反應)的客觀度量。行爲主義發現了大量關於老鼠和鴿子的事實，但對人類的理解就不那麼成功了。

認知心理學的研究工作至少可以回溯到詹姆斯（William James，1842-1910），這個研究領域將人腦視爲資訊處理裝置。Helmholtz 也堅持感知涉及某種形式的無意識邏輯推論。認知觀點在美國很大程度上被行爲主義遮蔽了，但是在 Frederic Bartlett(1886-1969)領導的劍橋大學應用心理學小組，認知模型得以蓬勃發展。由 Bartlett 的學生和繼承者 Kenneth Craik(1943)所撰寫的《解釋的本質》(*The Nature of Explanation*)，有力地恢復了諸如信念和目標這種「精神」語詞的合法地位，並爭辯說它們正如溫度和壓力：我們明知組成氣體的分子沒有溫度和壓力兩個屬性，但我們仍然認爲使用壓力和溫度談論氣體是符合科學的。Craik 指出了基於知識的代理人的三個關鍵步驟：(1) 刺激必須翻譯成內部的知識表示，(2) 認知過程藉由處理既有的表示來得到新的內部知識表示，及(3) 新的知識表示被翻譯回行動。他清晰地解釋了爲什麼這是設計代理人的一個好方案：

> 如果生物體在腦中擁有一個關於外部現實以及它自己可能的行動的「小規模模型」，它就能夠嘗試各種替代方案，斷定哪個是其中最好的，在未來的環境出現前做出反應，利用過去事件的知識對付現在和未來，並在每一個方面依照更全面、更安全且更適當的方式應對其所面臨的緊急情況。(Craik，1943)

在 1945 年 Craik 死於自行車事故後，他的工作由 Donald Broad-bent 接續下去。Broad-bent 的著作《知覺與通訊》(*Perception and Communication*)(1958)是將心理學現象模擬成資訊處理的最早期工作之一。同時在美國，電腦模型的發展導致**認知科學**的建立。該領域可以說始於 1956 年 9 月麻省理工學院(MIT)的一個研討會。(我們應該注意到這發生在 AI 本身「誕生」的那次學術會議之後僅僅兩個月)。在這次研討會上，喬治・米勒(George Miller)介紹了「魔法數字 7」(*The Magic Number Seven*)，諾姆・杭士基(Noam Chomsky)介紹了「語言的三種模型」(*Tree Models of Language*)，而艾倫・紐威爾和赫伯特・西蒙介紹了「邏輯理論機」(*The Logic Theory Machine*)。這三篇影響深遠的論文顯示出電腦模型如何可以分別用來表達記憶、語言和邏輯思維的心理狀態。「認知理論應該像電腦程式」(Anderson，1980)現在已經是心理學家之間常見的一種觀點(雖然離普遍觀點還很遙遠)。換言之，認知理論應該詳細描述一個資訊處理機制，然後利用這個機制，可以實作出某種認知功能。

1.2.6 電腦工程

- 我們如何才能製造出有效率的電腦？

要使人工智慧獲得成功，需要兩樣東西：智慧和人工製品。電腦就是被選中的人工製品。現代的數位電子電腦由第二次世界大戰時三個參戰國的科學家所獨立且幾乎同時地發明出來的。第一台可運作的電腦是電動機械式的，名爲 Heath Robinson[8]，是由艾倫・圖靈的研究組 1940 年所造出，其唯一目的是：解密德國人的訊息。同一個研究小組在 1943 年開發出功能強大、而且是用眞空管製造的的通用機器「巨像」(Colossus)[9]。第一部可操作的可程式化電腦是 Z-3，1941 年由肅斯(Konrad Zuse)在德國設計出來。Zuse 還發明了浮點數和第一個高階語言：Plankalkül。第一台電子電腦，ABC，於 1940 年到 1942 年間由 John Atanasoff 和他的學生 Clifford Berry 在愛荷華大學裝配成功。Atanasoff 的研究很少得到支持或承認；在賓夕法尼亞大學作爲秘密軍事專案的一部分開發出來的 ENIAC，才被公認是對現代電腦最具影響力的先驅，其開發小組包括 John Mauchly 和 John Eckert。

從那時起，每一代的電腦硬體都帶來速度和容量的提升，以及價格的下降。大約 2005 年，電腦的功率消耗問題導致電腦製造商開始朝著將 CPU 核心數量增加的方向，而不是朝著增加時脈速度的方向，直到此時每 18 個月左右電腦效能就會增加一倍。目前對電腦發展趨勢的預期是，未來電腦效能的增加主要來自巨量平行處理化(massive parallelism)——而令人好奇的，這個趨勢恰好與人腦的思維性質是一致的。

當然，在電子電腦之前也有一些計算裝置。最早的自動機器應該從十七世紀算起，這點我們曾在 1.2.1 節討論過。第一台可程式的機器是 1805 年 Joseph Marie Jacquard(1752-1834)設計的一台紡織機，它使用打孔卡片儲存對應於要編織的圖案的指令。在 19 世紀中葉，Charles Babbage(1792-1871)設計了兩台機器，都沒有完成。差分機(Difference Engine)是設計用於，替工程或科學專案計算數學表格。它最終於 1991 年被建造出來，並在倫敦的科學博物館展覽，證明它是可以工作的(Swade，2000)。Babbage 的另一台機器「分析機」更野心勃勃：它包含可定址記憶體、儲存的程式以及條件跳躍，而且是第一台能夠進行通用計算的人工製品。Babbage 的同事 Ada Lovelace，也是詩人拜倫爵士的女兒，可能是世界上第一個程式師。(程式語言 Ada 就是以她的名字命名的)。她爲未完成的分析機編寫了程式，甚至設想機器可以下西洋棋或者創作音樂。

AI 也接受了來自資訊科學在軟體方面的恩惠，因爲軟體技術提供了作業系統、程式語言以及寫作現代程式(和關於它們的論文)需要的工具。不過這也是恩惠得到了回報的一個領域：AI 領域的工作開拓了很多觀念，並反過來對主流資訊科學產生影響。這些觀念包括分時技術、互動式直譯器(interactive interpreter)、使用視窗和滑鼠的個人電腦、快速開發環境、鏈結串列(linked list)資料型別、自動儲存管理以及符號式、函數式、動態的和物件導向程式設計的關鍵概念。

1.2.7 控制論與模控學

- 人工製品怎樣才能在自己的控制下運作？

亞歷山卓的凱西比奧(Ktesibios of Alexandria，約西元前 250 年)建造了第一台自我控制的機器：一部具有能維持固定流率的調節器的水鐘。這項發明改變了，人工製品可以作什麼的定義。之前，只有具有生命的事物能夠相應於環境的變動，而修正自己的行爲。自我調整回饋控制系統的例子還包括詹姆斯．瓦特(James Watt，1736-1819)創造的蒸汽機調速器，Cornelis Drebbel(1572-1633)發明的自動調溫器(他還發明了潛水艇)。穩定回饋系統的數學理論在 19 世紀得以發展。

創造了現在所稱的**控制論**的中心角色是諾伯特．維納(Norbert Wiener，1894-1964)。維納是個出色的數學家；在他對生物和機械控制系統以及它們與認知的聯繫的產生興趣之前，曾與伯特蘭．羅素等人一起工作過。像 Craik(他也用控制系統作爲心理學模型)一樣，維納和同事 Arturo Rosenblueth 以及 Julian Bigelow 對行爲主義者的正統學說發起挑戰(Rosenblueth *et al.*,1943)。他們將有目的的行爲，視爲調節機構試圖最小化「誤差」——即當前狀態與目標狀態的差距——的行爲。到了 1940 年代晚期，維納和 Warren McCulloch、Walter Pitts 以及約翰．馮．諾依曼一起組織策劃了一系列有影響力的會議，來探索對認知的數學和計算的新模型。維納的著作《模控學》(*Cybernetics*)(1948)成爲暢銷書，喚醒了人們對人工智慧機器的可能性的興趣。與此同時，在英國的艾許比(W. Ross

Ashby)(Ashby，1940)也倡導類似的理念。艾許比、Alan Turing、Grey Walter 和其他人甚至成立了「在維納的書出版之前就已經擁有維納想法的人」的「比率俱樂部」(Ratio Club)。艾許比的理念是智能可以藉著運用**自我平衡**(homeostatic)裝置而建造出來，其中的自我平衡裝置應該含有適當的反饋回路，以便達成穩定的適應性行為；艾許比針對人腦的設計(1948，1952)詳盡說明了他的理念。

現代控制論，特別是隨機最佳化控制的分支，把目的訂在設計出能隨時間變化使**目標函數**最大化的系統。這大略地符合了我們對 AI 的觀點：設計行為表現最佳化的系統。那麼為什麼 AI 和控制論是兩個不同的領域，特別是他們的奠基者之間還有著緊密的聯繫？答案就在於，這兩個領域需要的數學技術，與其各自世界觀下的問題集合有著的緊密耦合。微積分和矩陣帶代數是控制理論的工具，可運用於能夠藉由連續性變數的固定集合加以描述的系統，然而 AI 在某種程度則是被建造來當作，跳脫這些我們已經察覺到的限制的一種方法。邏輯推理與計算的工具允許 AI 的研究者們思考一些諸如語言、視覺和規劃這些完全在控制理論家眼界之外的問題。

1.2.8 語言學

- 語言如何與思維連結？

1957 年，史金納(B. F. Skinner)出版了《語言行為》(*Verbal Behavior*)。該書是行為主義對於語言學習的一個全面和詳細的陳述，由領域內最領先的專家撰寫。但令人感到好奇的是，針對這本書的一篇評論變得和該書本身一樣有名，並幾乎幫助撲滅了對行為主義的研究興趣。評論的作者是諾姆．杭士基；他剛剛出版了自己的理論著作，《句法結構》(*Syntactic Structures*)。杭士基闡明了行為主義理論如何不能表達語言中創造性的概念——該理論無法解釋孩童怎麼能理解和構造他以前從沒聽過的句子。杭士基的理論——基於可追溯到印度語言學家帕尼尼(Panini，約西元前 350 年)的語法模型——則能解釋這個現象。且不同於以往的理論，他的理論足夠正規，因此原則上可以用程式實作。

於是現代語言學與 AI 差不多同時「誕生」，一起長大，並交織形成了一個被稱為**計算語言學**或**自然語言處理**的混合領域。語言理解的問題很快就被發現比 1957 年時所想的要複雜得多。理解語言需要對主題內容與脈絡的理解，而不只是理解句法結構就夠了。這看起來或許很明顯，但是在 1960 年代以前並不被廣泛接受。**知識表示**(對如何把知識轉換成電腦可用於推理的形式的研究)的很多早期工作和語言有緊密的連結，並從語言學的研究中獲取資訊，語音學又與語言的哲學分析工作有數十年的聯繫。

1.3 人工智慧的歷史

透過我們已有的背景材料，我們可以開始回顧 AI 本身的發展歷程。

1.3.1 人工智慧的孕育期(1943-1955)

一般認為 AI 的最早研究是 Warren McCulloch 和 Walter Pitts(1943)所進行的。他們汲取了三種資源：基礎生理學和對腦神經元功能的知識，羅素和懷海德對命題邏輯的正規分析，以及圖靈的計算理論。他們提出一種人工神經元模型，模型中的每個神經元具有「開」和「關」的特性，當有足夠多的鄰近神經元啓動時，就會轉爲「開」狀態。神經元的反應狀態被視爲「與實際狀況下引起足夠刺激的等價命題」。例如，他們證明，任何可計算的函數都可以透過某種由神經元連接成的網路進行計算，而且所有邏輯連接符(AND、OR、NOT 等等)都可以用簡單的網路結構實作。McCulloch 和 Walter Pitts 還提出適當設計的網路能夠學習。唐納德．海布(Donald Hebb)展示了一種簡單的更新規則(1949)，用於修改神經元之間的連接強度。他的規則被稱爲**海布學習**(Hebbian Learning)，到現在仍是一種有影響力的模型。

哈佛大學的兩位大學生明斯基(Marvin Minsky)和愛德蒙(Dean Edmonds)在 1950 年建造了第一個神經網絡電腦。這台被稱爲 SNARC 的電腦，使用了 3000 個眞空管和一個從 B-24 轟炸機上拆下來的自動駕駛裝置來模擬一個由 40 個神經元構成的網路。稍後明斯基在普林斯敦，以類神經網絡研究通用計算。明斯基的博士論文口試委員們很懷疑這種工作是否算是數學，不過傳言馮．諾依曼說「就算它現在不是，總有一天也會是」。明斯基後來提出一些有力的定理，證明了類神經網路研究的侷限性。

早期的一些研究成果可以視爲 AI 的例子，但是艾倫．圖靈的視野或許是最具影響力的。早在 1947 年他就開始在倫敦數學學會(London Mathematical Society)進行相關主題的演講，並且在其 1950 年的論文《計算機器與智能》(*Computing Machinery and Intelligence*)中，明確表達了一份具說服力的有待努力事項表。在該文中，他提出了圖靈測試、機器學習、基因演算法和回饋式學習(reinforced learning)。他提出「兒童方案」(Child Programme)，認爲「與其嘗試著去創造一份模擬成人心智的方案，不如試著去創造一份模擬兒童心智的方案」。

1.3.2 人工智慧的誕生(1956)

普林斯敦是 AI 領域另一個具影響力人物麥卡錫(John McCarthy)的家。1951 年他在普林斯敦拿到博士學位，並且在那裡當了兩年講師後，他搬到史丹佛，然後搬到達特茅斯學院(Dartmouth College)，使得達特茅斯學院變成這個領域的官方發源地。麥卡錫說服了明斯基、向儂(Claude Shannon)和羅切斯特(Nathaniel Rochester)幫助他召集全美國對於自動機理論、類神經網路和智慧研究有興趣的研究者們。他們於 1956 年夏天在達特茅斯組織了一個爲期兩個月的研討會。其提案這樣陳述著[10]：

> 我們提議在美國新罕布夏州漢諾威的達特茅斯學院，於 1956 年夏季期間舉辦為期兩個月、人工智慧的十人研討會。研討會是以對於學習的每個面向或對於智能的任何其他功能的推測為基礎來進行，而且這些推測在原則上還必須能夠如此精準地描述，以致於我們能夠製造出機器來模擬它。我們將進行嘗試去找出如何讓機器使用語言，形成抽象過程和形成概念，解決目前留待人類解決的問題，以及能改進機器自身等事情的方法。我們認為若仔細篩選出一群科學家，使他們共同研究上述問題一個夏天，那麼這些問題中的一個或更多個問題將能夠取得長足的進展。

一共有十位與會者參加，包括來自普林斯頓大學的 Trenchard More、IBM 公司的亞瑟・薩繆爾(Arthur Samuel)，以及來自 MIT 的 Ray Solomonoff 和 Oliver Selfridge。

兩位來自卡內基工業技術大學[11]的研究者，紐威爾和西蒙，幾乎搶盡了所有的風頭。雖然其他人也有自己的想法以及一些特定的應用程式(例如跳棋程式)，紐威爾和西蒙卻已經完成了一個推理程式：邏輯理論家(Logical Theorist，LT)。正如西蒙宣稱的：「我們發明了一個電腦程式，它能夠進行非數值化的思考，並且因此可以解決古老的精神-肉體問題。」[12]很快在會議之後，他們的程式就能夠證明羅素和懷特海德著述的《數學原理》(*Principia Mathematica*)第 2 章中的大多數定理了。據說西蒙向羅素展示程式給出的一個數學原理的定理證明，寫得比書中的證明還短；羅素看了非常高興。《符號邏輯期刊》(*Journal of Symbolic Logic*)的編輯則不爲所動；他們拒絕了紐威爾、西蒙討論邏輯理論家一篇論文。

達特茅斯會議並未帶來新突破，但是它確實讓所有主要的人物認識彼此。在接下來的 20 年中，這個領域將受到這些人以及他們在 MIT、CMU、史丹佛和 IBM 的學生和同事支配。

看看《達特茅斯會議提案》(麥卡錫等人，1955)，我們就能理解爲什麼 AI 有必要成爲一個單獨的領域。爲什麼 AI 所做的事不能全部列在在控制論，或者作業研究，或者決策理論的名號下？畢竟它們的目標和 AI 很相近。或者，爲什麼 AI 不是數學的一個分支？第一個答案是 AI 從一開始就擁抱了複製創造性、自我改進和語言這些人類能力的想法。沒有另外一個領域涉及這些問題。第二個答案是方法論。AI 是這些領域中唯一一個明確屬於資訊科學的分支(儘管作業研究也同樣強調電腦模擬)，而且只有 AI 這個領域試圖建造在複雜的和變化的環境中自主運作的機器。

1.3.3 早期的熱情，巨大的期望(1952-1969)

在 AI 研究的早期充滿了成功——在有限的範圍內。在那個電腦和程式設計工具都很原始，並且僅僅在幾年前電腦還被視爲只能做算術的時代，電腦就算只做了稍稍聰明事情都能令時人震驚。大體上，主流的觀念更願意相信「一台機器永遠不能做 *X*」(參見第 26 章中圖靈搜集的一份列出各式各樣的 *X* 的清單)。AI 研究者們的自然反應是，展示電腦可以做到一個又一個的 *X*。麥卡錫把這段時期稱爲「看，就這麼簡單！」時期。

「通用問題解決機」(GPS)延續了紐威爾和西蒙早期的成功。不同於邏輯理論家，這個程式的設計一開始就是要模仿人類解問題的方式。在能處理的有限類別的問題中，它顯示出程式思考子目標和可能行動時採取的順序，與人類解同樣問題的順序是類似的。因此，GPS 很可能是第一個採取「類人思考」途徑的程式。GPS 以及作爲認知模型的後繼程式的成功，使得紐威爾和西蒙整理出了著名的**實體符號系統**假設，宣稱「一個實體符號系統具有充份且必要的方法產生一般智慧行爲」。他們的意思是任何展現出智慧的系統(不論是人類或機器)運行的方式必然是操作由符號組成的資料結構。我們後面可以看到這個假設遭到了多方而來的挑戰。

在 IBM 公司，羅切斯特和他的同事們製作了一些最初的 AI 程式。格蘭特(Herbert Gelernter，1959)建造了幾何定理證明機，能夠證明令許多數學系的學生都感到頭疼的定理。從 1952 年開始，薩繆爾寫了一系列西洋跳棋程式；這些程式最終透過學習達到了業餘高手的等級。在這個過程中，他反駁了認爲電腦只能做人讓它做的事情的觀念： 他的程式很快就學會下得比其創造者更好。這個程式於1956年2月在電視上進行了展示，給人留下非常深刻的印象。就像圖靈一樣，薩繆爾很難找到可用的計算時間。他在夜間工作，使用的機器是仍在IBM的製造廠裡測試的電腦。第5章討論了博弈，第21章則闡釋薩繆爾使用的學習技術。

麥卡錫從達特茅斯搬到了 MIT，並在 1958 年這個歷史性的一年做出了三項決定性的貢獻。在MIT 人工智慧實驗室的第一號備忘錄上，麥卡錫定義了高階語言 **Lisp**，它將成爲未來 30 年內首要的人工智慧程式語言。有了 Lisp，麥卡錫就擁有了他所需要的工具，但是取得稀少而昂貴的計算資源仍然是個嚴重的問題。爲此，他和其他 MIT 的人發明了分時技術。同樣在 1958 年，麥卡錫發表了題爲《有常識的程式》(*Programs with Common Sense*)的論文，在文中他描述了「建議採納者」(Advice Taker)，這個假想程式可以被視爲第一個完整的人工智慧系統。如同邏輯理論家和幾何定理證明機，麥卡錫的程式也被設計來利用知識尋找問題的解。不過不同於其他的系統，它要收錄的是世界的一般性知識。例如，他解說了如何用一組簡單公理使得程式能產生開車到機場趕飛機的計畫。該程式還設計成可以在平常的運作過程中得到新的公理，從而允許該程式無需重新設計就能在新領域裡施展能力。這樣建議採納者就實現了知識表示和推理的中心原則：擁有一個對世界和其運作的形式化明確表示方式，以及能夠以演繹程序來操作該表示方式，是很有用的。不平常的是，這篇發表於1958年的論文有相當多的部分甚至到今天仍有重要意義。

1958年也是明斯基搬到MIT的一年。不過他和麥卡錫最初的合作並未延續下去。麥卡錫著重研究形式邏輯裡的表示和推理，而明斯基對如何使程式成功運作更感興趣，並最終形成了反邏輯的態度。1963 年，麥卡錫創辦了史丹佛的 AI 實驗室。他用邏輯方法建造「超級建議採納者」的計畫因羅賓遜(J. A. Robinson)發現的解消法(resolution method，一階邏輯定理證明的一個完整演算法；參見第9章)而得到改進。史丹佛的工作著重於邏輯推理的通用方法。邏輯學的應用包括格林(Cordell Green)的問題解答與規劃系統(Green，1969b)，以及史丹佛研究院(Stanford Research Institute)的 Shakey 機器人計畫。後者第一次展示了邏輯推理和實體行爲的完整整合。第25章將進一步討論 Shakey。

明斯基指導了一系列學生；他們選擇研究顯然需要智慧才可以解決的有限問題。這些有限領域被稱爲**微世界**。James Slagle 的 SAINT 程式(1963a)能夠解決大學一年級課程中典型的封閉型積分問題。Tom Evans 的 ANALOGY 程式(1968)能夠解決會出現於 IQ 測驗中幾何類推問題。Daniel Bobrow 的 STUDENT 程式(1967)可以解代數故事問題，例如以下的問題：

> 如果湯姆招攬到的顧客數目是他做的廣告數目的20%的平方的兩倍，而他做的廣告數目是45，那麼湯姆能招攬到多少顧客？

最著名的微世界是積木世界，由一組放置在桌面(或者更經常地，一個模擬的桌面)上的實心積木組成，如圖 1.4 所示。這個世界的典型任務是使用一個每次只能拿起一塊積木的機械手按照特定方式重新擺放積木。積木世界是很多研究工作的源泉，包括霍夫曼(David Huffman)的視覺研究計畫(1971)，David Waltz 的視覺和限制傳播(constraint propagation)研究(1975)，Patrick Winston 的學習理論(1970)，Terry Winograd 的自然語言理解程式(1972)，和 Scott Fahlman 的規劃器(1974)。

早期基於 McCulloch 和 Pitts 的類神經網路之上的研究也十分蓬勃。Winograd 和 Cowan 的成果(1963)說明大量的單元如何能共同表示一個單獨的概念，同時使系統強韌度和平行能力隨單元數量提升。海布的學習方法則被 Bernie Widrow 自已稱作 **Adaline** 的網路(Widrow 及 Hoff，1960；Widrow，1962)以及 Frank Rosenblatt 的**感知機**(1962)加以改進。**知覺聚斂定理**(perceptron convergence theorem)(Block *et al.*, 1962)告訴我們，學習的演算法可以調整知覺的連結強度，以便匹配任何輸入的資料，不過其前提是這樣的匹配是存在的。這些題目將在第 20 章中討論。

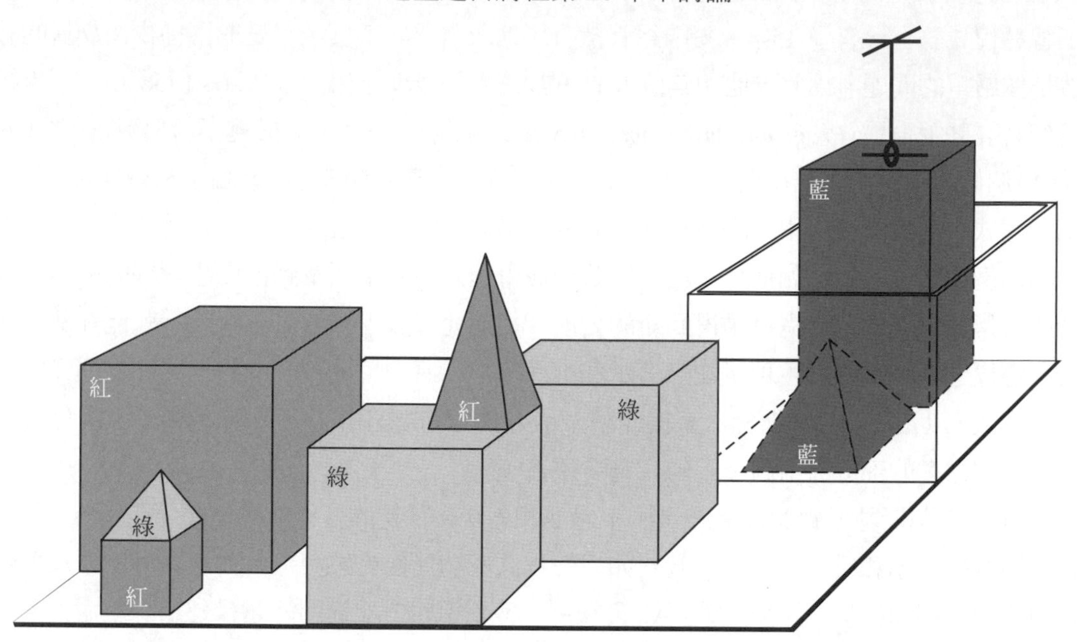

圖 1.4　積木世界的一景。SHRDLU(Winograd，1972)**剛好完成了一條命令，「找到一塊比你拿著的那塊高的積木並把它放到盒子裡。」**

1.3.4　現實的困難(1966-1973)

從一開始，AI 的研究者們就並不羞於預言未來的成功。下面這段西蒙 1957 年的陳述經常被引用：

> 我的目標不是使你訝異或者震驚——但我能做的最簡單總結是，現在世界上就有機器能思考、學習和創造。而且，它們做這些事情的能力——在可見的未來——將快速增長，直到它們能處理的問題範圍擴展到與人類心靈能處理的範圍等同。

「可見的未來」這種話可以有各種詮釋方式，不過西蒙又做出了一個更具體的預言：10 年內電腦將成爲西洋棋冠軍，並且一個重要的數學定理將由機器完成證明。這些預言花了 40 年才成眞(或幾乎成眞)，而非 10 年。西蒙過度自信的由來，應歸於早期 AI 系統在簡單實例上令人感到大有可爲的性能表現。然而，幾乎在所有案例下，這些早期的系統在試圖解決範圍更大且更難的問題時，最終都悲慘地失敗了。

因爲早期的大部分程式完全不知道其主題的題材，而這導致第一類困難：它們的成功只是藉由簡單的句法處理達成。一個典型的故事發生在早期的機器翻譯的努力中。這是由美國國家研究委員會慷慨資助的專案，試圖加速俄語科學論文的翻譯，以跟上 1957 年史潑尼克(Sputnik)人造衛星的腳步。他們最初設想，利用基於俄文和英文文法的簡單句法轉換、以及根據電子詞典的詞語替換，就足以保留語句的確切意義。事實是，準確的翻譯需要背景知識，以消除歧義並確立語句的內容。在一個著名的二次翻譯例子中，句子「the spirit is willing but the flesh is weak」(心有餘而力不足)透過英俄和俄英翻譯以後，變成了「the vodka is good but the meat is rotten」(伏特加酒很好但肉爛掉了)，可見遭遇的困難。1966 年，一份顧問委員會的報告斷定「用機器翻譯一般科學文本的方法仍不存在，也沒有立即實現的前景」。所有美國政府資助的學術性的翻譯計劃都被取消了。時至今日，機器翻譯仍然是一個不完善的工具，但已廣泛用於處理技術、商業、政府以及網際網路上的文件。

第二類困難是 AI 試圖解決的問題很多都是難解的。大部分早期的 AI 程式解問題的方式是嘗試各步驟的不同組合，直到找到解爲止。這種策略起先是奏效的，因爲微世界包含的物體很少，使得可能行動不多，解的序列也很短。在計算複雜度理論發展起來之前，人們廣泛認爲要加大問題的規模，只需要更快的硬體和更大容量的記憶體就可以了。然而這樣的樂觀態度，例如人們一開始對解析法定理證明的樂觀，在研究者們連要證明涉及超過數十條事實的定理中都遭到失敗的時候，很快就受到打擊。程式原則上能夠找到解，並不意味著程式包含任何實際上可以找到解的機制。

無限計算能力的幻覺不僅限於解問題程式的領域。早期的**機器進化**(現在稱爲**基因演算法**)實驗(Friedberg，1958；Friedberg *et al.*, 1959)建立在一個無疑正確的信念上，即透過對一段機器程式碼程式做出一系列適當的小突變，就可以針對任何特定的簡單任務產生性能良好的程式。那時它的觀念是嘗試隨機的突變，並透過一個選擇機制保留看來有用的突變。然而，儘管花費了上千小時的 CPU 時間，機器進化幾乎沒有顯示出任何進展。現代基因演算法使用了更好的表示方法，而得到較大的成功。

對付不了「組合爆炸」是萊特希爾報告(Lighthill，1973)對 AI 的主要批評之一。基於這個報告，英國政府決定終止支持所有大學的 AI 研究，除了兩所大學之外。(傳言描繪了一幅略有不同但色彩更豐富的畫面，不過與政治野心和個人恩怨有關的描述不是我們要討論的主題)。

第三類困難源自用於產生智慧行爲的基本結構的某些基礎限制。例如，明斯基和 Papert 的書《感知機》(*Perceptrons*)(1969)證明了，儘管感知機(類神經網路的一種簡單形式)可被證明能夠學習能表示的任何東西，但是它能表示的東西很少。尤其特別的是，雙輸入知覺(被限定在比 Rosenblatt 原本研究的對象更簡單的情形)無法在其兩個輸入是不同時，加以訓練成辨別得出來。雖然他們的結果並不適用於更複雜的、多層的網路，但神經網路研究的研究經費仍然很快縮減到幾乎沒有。諷刺的是，用於多層網路的新式逆向傳播學習演算法在 1980 年代晚期才引發神經網路研究的大復興，但實際上這種演算法首次發現早在 1969 年(Bryson 及 Ho，1969)。

1.3.5 基於知識的系統：力量之鑰？(1969-1979)

AI 研究的第一個 10 年中，解問題的方法大抵上是一種通用的搜尋機制，試圖透過串接基本的推理步驟來尋找完全的解。這樣的方法被稱為**弱方法**，因為儘管通用，但是它們的效能跟不上問題的規模以及困難度。弱方法的替代方案是使用更強有力的、領域相關的知識，以允許更大量的推理步驟，並使得處理範圍狹窄的專門領域裡出現的典型案例更為容易。有人也許會說：要解決一個難題，你必須已經差不多知道答案。

DENDRAL 程式(Buchanan *et al.*, 1969)是採取此方法的早期例子。在開發它的史丹佛大學中，費根鮑(Ed Feigenbaum，曾是西蒙的學生)、Bruce Bushanan(轉行研究資訊科學的哲學家)以及 Joshua Lederberg(曾獲諾貝爾獎的遺傳學家)組成團隊，為的是找出一個方法，可以根據質譜儀提供的資訊推斷分子結構。程式的輸入由分子式(例如，$C_6H_{13}NO_2$)和質譜組成，質譜給出了被電子束轟擊產生的各種分子碎片的質量。例如，質譜可能在 $m = 15$ 的地方有一個尖峰，對應於一個甲基(CH_3)碎片的質量。

一個簡單版本的程式先產生出和分子式相符的全部可能結構，然後預測每個結構能觀察到的質譜，再與眞實質譜相比較。一如人們所預期，對於大小像樣的分子而言，這個問題是難解的。DENDRAL 研究者們請教了分析化學家，發現他們工作的方式是在質譜中尋找已知的尖峰出現模式，而這些模式暗示了分子中的普通子結構。例如，以下是用來識別酮基(C=O，分子量 28)的規則：

若 在 x_1 和 x_2 處有兩個尖峰，使得
(a) $x_1 + x_2 = M + 28$ (M 是整個分子的質量)；
(b) $x_1 - 28$ 是一個高峰；
(c) $x_2 - 28$ 是一個高峰；
(d) x_1 和 x_2 至少有一個是高峰。
則 存在一個酮基

一旦知道分子包含特殊子結構，就可以大量減少可能候選者的數量。DENDRAL 功能強大是因為

> 所有能用於解決這些問題的理論知識，都被從[質譜預測部分](「基本原理」)中的一般形式，對應到了高效率的特殊形式(「食譜秘訣」)(Feigenbaum *et al.*, 1971)

DENDRAL 的意義在於，它是第一個成功的知識密集系統：它的專業知識來自大量的專用規則。後來的系統還融合了麥卡錫的建議採納者方法的主要特色——把知識(以規則形式表現)和推理元件清楚地劃分開來。

有了這個經驗，費根鮑姆和史丹佛的其他一些人開始了啓發式程式設計計畫(Heuristic Programming Project，HPP)，以探索**專家系統**這個新方法論在人類專家知識的其他領域的可以應用到什麼程度。下一個主要的努力則是在醫學診斷領域。費根鮑姆、Buchanan 和 Shortliffe 博士開發了用於檢測血液感染的 MYCIN 系統。透過大約 450 條規則，MYCIN 能夠表現得和專家一樣好，而且比初級醫生好相當多。它還有兩項與 DENDRAL 不同的主要差別。首先，與 DENDRAL

的規則不同地，沒有一個普遍理論模型能演繹出 MYCIN 的規則。只能從與專家進行的深度面談中得到，而專家又是從教科書、其他專家以及病例的直接經驗中得到這些規則。其次，規則必須反映出醫學知識的不確定性。MYCIN 納入了一種被稱爲**確定性因子**的不確定性計算法(參見第 14 章)，看來(在當時)看來和醫生評估診斷證據的效果的方法不謀而合。

領域知識的重要性在理解自然語言的領域也同樣明顯。儘管 Winograd 的用於理解自然語言的 SHRDLU 系統引發很大的迴響，不過對句法分析過度依賴，導致出現一些在早期機器翻譯工作中的一樣問題也一樣出現。它是能夠克服歧義性並理解代名詞指涉，但這主要是因爲它主要是爲了積木世界這個領域而特別設計的。一些研究者，包括 Eugene Chaniak(Winograd 在 MIT 帶的一個研究生)，主張強韌的語言理解能力需要關於世界的一般知識，以及使用知識的一般方法。

在耶魯，語言學家出身的 AI 研究者 Roger Schank 強調這一點。他宣稱「沒有語法這樣的東西」。這句話雖然激怒了很多語言學家，但是確實開啓了一場有用的討論。Schank 和他的學生們建造的一系列程式(Schank 及 Abelson，1977；Wilensky，1978；Schank 及 Riesbeck，1981；Dyer，1983)，都進行理解自然語言的任務。然而，他們強調的重點不在語言本身，而更是在於如何表示理解語言所需要的知識，以及如何用它來做推理。這樣的問題包括情境樣板的表示(Cullingford，1981)，人類記憶組織方式的描述(Rieger，1976；Kolodner，1983)，以及對計畫和目標的理解(Wilensky，1983)。

基於知識的系統在現實世界問題的應用的廣泛成長，同時也造成對可行的知識表示法的需求增加。大量不同的表示法和推理的語言被開發出來。有些是基於邏輯的——例如，Prolog 語言開始在歐洲流行，PLANNER 家族在美國流行。其他的方法追隨明斯基**框架**的觀念(1975)，採用了更結構化的方法，將關於特定物件和事件類型的事實組合起來，並把這些類型安置在一個類似於生物分類學的大型分類階層中。

1.3.6 AI 成為工業(1980-現在)

第一個成功的商用專家系統 R1 在迪吉多(DEC)開始運轉(McDermott，1982)。該程式幫助設定新電腦系統的訂單；到 1986 年爲止，估計每年爲公司節省了 4 千萬美元。到 1988 年爲止，DEC 的 AI 研究小組配置了 40 個專家系統，還有一些正在進行中。杜邦公司有 100 個專家系統在使用中，而 500 個在開發中，每年估計節省 1000 萬美元。幾乎每個主要的美國公司都有自己的 AI 研究小組，並且不是正在使用就是在探索專家系統。

1981 年，日本公佈了「第五代電腦」計畫。這是一項爲期 10 年的計畫，目的是建造執行 Prolog 語言的智慧型電腦。爲了回應，美國組建了微電子和電腦技術公司(MCC)作爲保證國家競爭力的研究集團。在這兩個案例中，AI 是廣泛研究計畫的一部分，這些研究計畫還包括晶片設計和人機介面研究。在英國，艾爾維報告(Alvey report)恢復了因賴特希爾報告(Lighthill report)[13]而停止的投資。不過所有這些國家的研究計畫，都不曾達到其宏偉的目標。

總體上，AI 工業從 1980 年的數百萬美元，暴增到 1988 年的數十億美元，其中包括數百家公司所建造的專家系統，視覺系統，機器人，及專門設計用於這些用途的軟體和硬體。在那之後，很快就出現了一個被稱爲「人工智慧的冬天」的時期，在此期間很多公司都會承受它們承諾過度的苦果。

1.3.7 類神經網路的回歸(1986-現在)

在 1980 年代中期至少有四個研究團隊專注於重新研發，由 Bryson 和 Ho 在 1969 年最先發現的**反向傳播**學習演算法。該演算法被應用於很多資訊科學和心理學中的學習問題，而文集《平行分散式處理》(*Parallel Distributed Processing*)(Rumelhart 及 McClelland，1986)中的結果的廣泛流傳引產生了廣大的迴響。

這些被稱爲**連接主義**(connectionist)的智慧系統模型被視爲是紐威爾和西蒙所倡導的符號模型以及麥卡錫等人主張的邏輯方法的直接競爭者(Smolensky，1988)。也許在某些層次上人類看起來是在處理符號——事實上，Terrence Deacon 的著作《符號的物種》(*The Symbolic Species*)(1997)主張這就是定義人類的特質，但是大多數激烈的連接主義者質疑在精細的認知模型中，符號操作是否眞的能解釋什麼。這個問題迄今仍無答案，不過當前的觀點認爲連接主義方法和符號方法乃是彼此互補，而非彼此競爭。隨著 AI 和認知科學兩個領域的分離獨立發展，現代類神經網絡研究也分支成兩個領域，其中一個領域專注於建造有效的網路架構和演算法，以及瞭解它們的數學性質，另一個領域專注於建立實際神經元和多神經元集體效應的經驗性質的模型。

1.3.8 AI 採用科學方法(1987-現在)

人工智慧的研究在近年來不論是內容或方法論都有革命性的改變[14]。目前比較常見的作法是，在既存的定理上建立理論而不是提出全新的架構，將研究的主張建基於嚴整的定理或可靠的實驗證據而不是建基於個人直觀感覺，以及讓研究成果顯示出其與實際世界的應用的關連性而不是顯示出其與刻意操控的範例的關連性。

AI 的建立，部分是出於對類似控制論和統計學等既有理論的侷限性的反叛，但是它現在開始擁抱那些領域了。正如 David McAllester(1998)所指出：

> 在 AI 的早期，符號計算的新形式——例如框架和語義網路——使得很多經典理論過時。這導致一種孤立主義形成，使得 AI 與資訊科學的其他領域之間出現巨大的鴻溝。這種孤立主義目前正在逐漸被揚棄。人們開始認識到，機器學習不應該和資訊理論分離，不確定推理不應該和隨機模型分離，搜尋不應該和古典的最佳化與控制理論分離，自動推理不應該和正規方法與靜態分析分離。

就方法論而言，AI 終於完全採行科學方法。假設必須經過嚴格的經驗性實驗方能被接受；結果必須經過統計分析方能被判爲顯要(Cohen，1995)。在這個領域，藉由將分享的測試資料和法則予以重建而複製實驗，目前已經是可行的。

語音識別的領域正例證了這種模式。在 1970 年代，人們嘗試了各種各樣的不同架構與方法。這些方法多半都相當脆弱，而且往往只限用於特定的場合，也僅用了很少的選定樣本進行展示。近年來，基於**隱藏式馬可夫模型**(hidden Markov Model，HMM)的方法開始稱霸這個領域。HMM 的兩個方面是重要的。首先，它建立在嚴謹的數學理論基礎上。這使語音的研究者們可以奠基於其他領域發展了數十年的數學成果。其次，它是用儲存眞實語音資料的大型語料庫訓練出來的。如此保證了它的強韌性能，且在嚴格的盲目測試中，HMM 的得分一直穩定地提高。語音技術和與其相關的手寫字元辨識已經開始轉入業界，廣泛使用於工業和消費性的應用。另外請注意，沒有任何科學性主張曾斷言人類能運用 HMM 去辨識語音。我們可以更確切地說，HMM 提供了用於瞭解問題的數學架構，並且替它們能夠在實務方面執行得很不錯這樣的說法，作了工程上的有力辯護。

機器翻譯的發展路徑與語音辨識很類似。在 1950 年代，這個領域的研究者對於以文字串列為基礎這樣的研究途徑，展現出初生之犢的熱情。對於這個研究途徑的熱情在 1960 年代便冷卻下來了，不過在 1990 年代末人們又對它重拾信心，而現在這個研究途徑已經是這個領域的顯學。

類神經網路也符合這個趨勢。人們在 1980 年代做了很多類神經網路方面的工作，目的是劃定類神經網路的能力範圍，以及瞭解它與「傳統」技術之間到底有何差別。透過改進過的方法論和理論架構，對這個領域的理解達到了一個新的程度，以致於類神經網路可以和統計學、圖形辨識、機器學習等領域的對應技術比較，以選出前景最佳的技術用在各個應用程式上。這些發展結果之一的所謂資料探勘技術促生了一個活力十足的新產業。

隨著研究興趣的復甦 Perter Cheeseman(1985)在文章「為機率辯護」(*In Defense of Probability*)中描繪了其梗概)，Judea Pearl(1988)的《智慧系統中的機率推理》(*Probabilistic Reasoning in Intelligent Systems*)導致了 AI 對機率和決策理論的重新接納。**貝氏網路**的正規型式被發明出來讓針對不確定知識的表示更有效率，推理更嚴謹。這個方法克服了 1960 及 1970 年代的機率推理系統的很多問題；它目前支配了關於不確定推理和專家系統的 AI 研究。這種方法使程式能從經驗學習，並且結合了傳統 AI 和類神經網路最好的部分。Judea Pearl(1982a)以及 Eric Horvitz 和 David Heckerman(Horvitz 及 Heckerman，1986；Horvitz *et al.*, 1986)的論文提倡規範式專家系統的觀念：根據決策理論的法則理性地行動，而不試圖模仿人類專家的思考步驟。Windows™ 作業系統就包含了數個用於糾正錯誤的規範式診斷用專家系統。第 13 章到第 16 章將論及這個領域。

類似的溫和的革命也發生在機器人技術、電腦視覺、知識表示領域。對於問題及其複雜度的更佳理解，加上更加精細的數學，引出了可行的研究目標和強韌的方法。雖然逐漸增強的形式化和專門化，已經讓像電腦視覺和機器人學這樣的領域，變得有點脫離了 1990 年代 AI 的主流，但是隨著取自機器學習的工具在許多問題上證明是有效的，近年來這個趨勢已經逆轉。而這個重新整合的過程已經產生明顯的效益。

1.3.9 智慧化代理人的出現(1995-現在)

也許是被解決人工智慧子問題的進展所鼓舞，研究者們重新開始審視「整個代理人」的問題。紐威爾、John Laird 和 Paul Rosenbloom 等人所發展的 SOAR 系統(Newell，1990；Laird *et al.*, 1987)是完整代理人結構的最著名例子。最重要的智慧化代理人環境之一就是網際網路。AI 系統在全球資訊網的應用中變得如此普通，以致用「-bot(機器人)」結尾的字已經進入日常用語。此外，AI 成為許多 Internet 工具的底層技術，諸如搜尋引擎、推薦系統，以及網站構建系統。

建造完整代理人的嘗試帶來了一種認識，即 AI 的目前孤立的子領域們需要重整，使它們的結果能聯繫在一起。尤其是，知覺系統(如視覺、聲納、語音辨識等等)已被普遍認爲不能理想地傳達關於環境的可靠資訊。因此，推理和規劃系統必須也能處理不確定性。代理人觀點的第二個主要影響是使 AI 與其他涉及代理人的領域——例如控制論和經濟學——有更密切的接觸。最近在自動車的控制這方面所取得的進展，源於若干研究的混合應用，諸如較佳的感測器，感測控制理論的整合，定位與對映，以及高階規劃的等級等等。

即使有了這些成就，某些具有影響力的 AI 奠基者仍然表示出對 AI 的進展感到不滿意，其中包括 John McCarthy(2007)，Marvin Minsky(2007)，Nils Nilsson(1995，2005)，和 Patrick Winston(Beal 和 Winston，2009)。他們認爲 AI 應該不必太強調，對那些在特定工作上表現得很好的應用，建立能持續改進的版本，其中這些特定工作包括駕駛車輛、玩西洋棋或辨識語音等等。他們的看法是，他們相信 AI 應該回到其原本奮鬥的根源，以 Simon 的話來說就是，「能思考、能學習與能創造的機器。」並且稱呼這種努力的成果爲**高階 AI** (human-level AI)或簡稱 HLAI。這些人爲此在 2004 年舉辦第一個座談會(Minsky *et al.*, 2004)。而這些努力的成果需要非常大的知識根基。Hendler 和其他人(1995)討論了這些知識根基可以從何處取得。

這其中有一個相關概念是**人工一般智慧**(Artificial General Intelligence，簡稱 AGI)這個子領域(Goertzel 和 Pennachin，2007)，此子領域在 2008 年召開第一次研討會，並在同一年出版了期刊《Journal of Artificial General Intelligence》。AGI 試圖尋找一個能用於在任何環境下，學習和動作的普遍演算法，其根源可以溯自 Ray Solomonoff(1964)，此人也是原本 1956 年達特茅斯研討會的與會者之一。此外，確保我們所創建的是**親和 AI**，也是需要留意的要點(Yudkowsky，2008；Omohundro，2008)，關於這個概念，第 26 章會進一步討論。

1.3.10 極大資料集合的可利用性(2001-現在)

回顧電腦科學的整個 60 年代歷史，對演算法的注重是其研究的主題。但是對 AI 近來的一些研究成果顯示，對於許多問題，多注意資料而不要太挑剔用什麼演算法，可能更具有意義。因爲極大的資料來源所逐漸形成的可利用性問題，讓這種看法變得更切合事實：舉例而言，數兆的英文字以及網路上數十億的影像檔等等(Kilgarriff 和 Grefenstette，2006)。或者數十億的基因組序列鹼基對(Collins 和其他人，2003)。

就這個主題的一系列發展而言，Yarowsky 關於消除文字意義含糊性的研究(1995)是一篇很有影響力的論文：在一個句子中用了英文字「plant」，那麼此時這個字指的是植物或工廠？對於這個問題，先前的研究途徑依靠的是人工標記的範例，搭配機器學習演算法。Yarowsky 證明了這個工作可以在根本不運用人工標記範例的情形下，得到超過 96%準確度的執行成果。他採取的作法是，提供一個極大的未加註記的文本素材，以及這兩個意思的字典定義——「工廠」(works、industrial plant)和「植物」(flora、plant life)——在這個文本素材中標記出範例，並且在這個基礎上以**拔靴法**(bootstrap)學習能幫助標記新範例的新形態。Banko 和 Brill(2001)已經證明，當可資利用的文本數量由數百萬字增加到數十億字時，像這樣的技術可以表現得更好，他們也證明了，由運用更多資料所取得的效能增加量，會超過對演算法的選擇所造成的差異。一個中等的演算法，如果搭配運用未加標記、未修整的資料的一億個英文字，則其執行效能會超過，運用一百萬個英文字的最好的演算法。

這裡可以提供另一個例子，Hays 和 Efros(2007)有探討過在相片的缺洞中填入東西的問題。假設我們想使用 Photoshop 將一張集體相片中的一位前朋友掩蓋掉，但是現在有需要在被掩蓋掉的區域，以某種事物填入，而且填入的事物必須與背景吻合。Hays 和 Efros 定義了一個演算法，這個演算法能夠搜尋一堆照片，以便找出符合條件的某種事物。結果發現當使用的搜尋照片只有一萬張時，演算法的效能頗差，但是當使用的照片達到兩百萬張時，演算法的效能就跨進優等的門檻。

類似這個研究的研究成果提醒我們，在 AI 中的「知識瓶頸」——即如何表示出一個系統所需要的全部知識的問題——在許多應用中，這個問題可以藉著學習方法而不是藉著手工編寫知識的工程而得到解決，不過其前提是用於學習的演算法必須具有足夠的資料來持續進行 (Halevy 和其他人，2009)。有些通訊員已經注意到這股新應用的浪潮，並且寫道：「AI 的寒冬」或許正在孕育出新的春天(Havenstein，2005)。例如 Kurzweil(2005)這樣描述，「今天，成千上萬的 AI 應用深深地嵌入每個產業的基礎建設中」。

1.4 當前發展水準

今日的人工智慧能做什麼？想要簡潔的回答會有困難，因為在如此多的子領域中有如此多的活動進行著。這裡我們只取幾個應用作例子；其他的例子散見整本書中。

自動車輛：

一部稱為史坦利(STANLEY)的無人駕駛自動車以時速 22 mph 迅速穿過摩哈維沙漠不平的地面，率先完成 132 英里的路程，贏得 2005 年 DARPA 大挑戰競賽(DARPA Grand Challenge)。史坦利是一部福斯公司車型 Touareg 的汽車，配備了照相機、雷達和雷射測距儀以便感測其環境，另外也在車上配備軟體以便控制其駕駛、煞車和加速(Thrun，2006)。次年 CMU 的 BOSS 贏得大都會挑戰賽(Urban Challenge)，這部車在封閉的空軍基地街道中，安全地行駛通過車陣，整個過程中，它必須遵守交通規則，並且迴避行人和車輛。

語音辨識：

打電話給聯合航空預定機票的旅客，其整個對話過程可以透過自動語音辨識和對話處理系統加以引導。

自主規劃和排程：

在遠離地球一百萬公里的太空，NASA(美國太空總署)的遠端代理人程式成為第一個在機上控制太空飛行器工作排程的自主規劃程式(Jonsson *et al.*, 2000)。遠端代理人程式根據地面所傳送來的高階目標進行規劃，並且監督這些計畫的執行狀況——當有問題發生時，負責檢測、診斷以便回復正常狀態。後繼的程式 MAPGEN(Al-Chang *et al.*, 2004)用於對 NASA 火星探測車漫遊者號日常運作進行規劃，而程式 MEXAR2(Cesta *et al.*, 2007)用於執行歐洲太空署火星快遞(Mars Express)任務的規劃，其規劃範圍包含後勤和科學兩部分。

下棋：

IBM 公司的深藍成為第一個在西洋棋比賽中擊敗世界冠軍的電腦程式。它在一次公開比賽中以 3.5 比 2.5 的分數戰勝了卡斯帕羅夫(Garry Kasparov)(Goodman 及 Keene，1997)。卡斯帕羅夫說他從棋盤對面感到了「一種新智慧」。《新聞週刊》(*Newsweek*)雜誌把比賽描述為「人腦的最後抵抗」。IBM 的股票繼而升值 180 億美元。接下來的人類冠軍鑽研了卡斯帕羅夫失算之處，因而能在後續幾年裡挽回一點頹勢，但是最近的人腦-電腦競賽中，電腦都贏得令人心悅誠服。

與郵件濫發搏鬥：

具學習能力的演算法每天都會將超過十億的郵件分類成濫發的郵件，因而拯救收件者免於刪除垃圾郵件，如果不用演算法預先分類郵件，許多人收到的郵件中有 80%或 90%是濫發的郵件。因為濫發郵件的人持續地在改進其技巧，所以對於靜態編寫程式的途徑而言，要保持不落後會有其困難，而具學習能力的演算法則可以取得最好的成效(Sahami *et al.*, 1998；Goodman 和 Heckerman，2004)。

後勤規劃：

在 1991 年的波斯灣危機中，美國軍隊配備了一個動態分析和重規劃工具，DART(Cross 及 Walker，1994)，用於自動的後勤規劃和運輸排程。這項工作同時涉及到 50,000 個車輛、貨櫃和人，而且必須考慮起點、目的地與路徑，還要化解所有參數之間的衝突。AI 規劃技術使得一個規畫可以在幾小時內產生，而用舊的方法需要花費幾個星期。美國國防先進研究計畫局(DARPA)宣稱僅此一項應用的價值就已超過 DARPA 在 AI 方面 30 年的投資。

機器人技術：

iRobot 公司已經售出超過兩百萬台家用的 Roomba 自動真空吸塵器。這個公司也調度了更堅固耐用的 PackBot 到伊拉克和阿富汗，用於處理危險的物品，清理爆裂物，以及找出狙擊手的位置。

機器翻譯：

某個電腦程式自動將阿拉伯文翻譯成英文，這可以讓講英語的人看懂這個頭條新聞「Ardogan 證實土耳其不會接受任何壓力，強烈要求他們承認賽浦路斯」。這個程式使用一個統計模型，此模型建基於阿拉伯文轉英文的翻譯範例，以及建基於含有總共兩兆個英文字的英文文本範例(Brants *et al.*, 2007)。研發團隊裡面沒有任何電腦科學家能講阿拉伯文，但是他們確實瞭解統計學和機器學習演算法。

這些只是現有人工智慧系統的少數例子。它們不是魔術或者科幻小說，而是科學、工程學、數學——後面幾項才是本書要介紹的領域。

1.5 總結

本章定義了人工智慧並確立了它賴以發展的文化背景。下面是一些要點：

- 不同的人研究 AI 時，心裡可能有不同的目標。兩個要問的重要問題是：你關注的是思考還是行爲？你希望以人爲模型還是從理想標準下手？
- 在本書中，我們採取的觀點是智慧主要與**理性行動**相關。理想上，**智慧型代理人**要採取在一個狀況下最好的可能行動。我們將要研究如何建造在這個意義上具備智慧的代理人。
- 哲學家們(回溯到西元前 400 年)藉由思索以下的想法，使人工智慧變得想像可及：心靈在某些方面與機器類似、心靈在以內在語言編碼的知識之上運作、以及思維可以用來選擇要採取的行動。
- 數學家們提供了工具，可以處理確定性的邏輯陳述以及不確定的、機率的陳述。他們還爲對計算的理解和對演算法的推論打下了基礎。
- 經濟學家們正規化了制定決策以提供決策者最佳期望結果的問題。
- 神經科學家發現，關於大腦如何運作的某些事實，以及大腦的運作類似於和不同於電腦的地方。
- 心理學家們採納了人與動物都是資訊處理機器的想法。語言學家們證實了語言的使用符合這個模型。
- 電腦工程師提供了更強而有力的機器，使得 AI 的應用成爲可能。
- 控制理論處理的是如何設計在環境提供回饋的基礎上做出最佳行動的裝置。在一開始，控制論的數學工具與 AI 相當不同，但是兩個領域正越來越接近。
- AI 的歷史上有許多從成功，到錯置的樂觀，最後導致熱情和資金流失的輪迴。但也有很多迴圈是，引入有創意的新方法，再系統性地精煉其中最好的方法。
- AI 在過去十年間更快速的進步，因爲它在對各種方法的實驗和比較中更大量地使用了科學方法。
- 近來對於智慧的理論基礎的理解與眞實系統的能力攜手並進。AI 的子領域們開始變得更加整合，而且 AI 也找到了與其他領域的共同基礎。

參考文獻與歷史的註釋 BIBLIOGRAPHICAL AND HISTORICAL NOTES

西蒙在他著的《人造物的科學》(*The Sciences of the Artificial*)(1981)中探討了人工智慧在方法論上的狀態；書中討論了有關複雜人工製品的研究領域。它解釋了 AI 如何可被視爲既是科學又是數學。Cohen(1995)提供了對 AI 中的實驗方法論的概觀。

Shieber(1994)以及 Ford 和 Hayes(1995)都有探討圖靈測試法(Turing，1950)，Shieber 在角逐 Loebner 獎項時嚴厲地批判圖靈測試法的例示的用處，Ford 和 Hayes 則論辯測試法本身對 AI 並不是很有用。Bringsjord(2008)提出對圖靈測試法判斷的建議。Shieber(2004)以及 Epstein 和其他人(2008)收集關於圖靈測試法的一些論文。人工智慧：John Haugeland(1985)著的《人工智慧：其觀念本身》(*Artificial Intelligence: The Very Idea*)對於 AI 的哲學與現實問題作了一份的易讀的陳述。AI 重要的早期論文由 Webber 和 Nilsson (1981)以及 Luger(1995)編纂成冊。《AI 百科全書》(*The Encyclopedia of AI*)(Shapiro，1992)中幾乎包括了 AI 領域裡每個主題的綜覽性文章。這些文章通常爲每個主題的研究文獻提供了很好的入門資訊。Nils Nillson(2009)編寫一份頗有洞見且取材廣泛的 AI 歷史，而此人是這個領域的先驅。

最新的成果則會出現於主要 AI 會議的論文集：兩年一次的 AI 國際聯合會議(IJCAI)，年度的 AI 歐洲會議(ECAI)，以及(美國)AI 全國會議——更常以其贊助組織的名字 AAAI 爲人所知。主要的綜合性 AI 雜誌有《人工智慧》(*Artificial Intelligence*)，《計算智慧》(*Computational Intelligence*)，《IEEE 模式分析與機器智慧學報》(*IEEE Transactions on Pattern Analysis and Machine Intelligence*)，《IEEE 智慧系統》(*IEEE Intelligent Systems*)，以及電子式的《人工智慧研究期刊》(*Journal of Artificial Intelligence Research*)。還有很多專門領域的會議和期刊；我們將在適當的章節論及。AI 的主要專業協會有美國人工智慧協會(AAAI)，ACM 人工智慧特別專題小組(SIGART)，以及人工智慧與行爲模擬協會(AISB)。AAAI 的《AI 雜誌》(*AI Magazine*)包含很多熱門話題和教學性的文章，而其 aaai.org 網站，則包含新聞和背景資訊。

❖ 習題 EXERCISES

這些習題的目的是激發討論，而有些或許可以作為學期專案。或者，你現在可以先對這些題目作初步的嘗試，等到看完本書之後再來回顧先前的想法。

1.1 試使用自己的話定義下列名詞：(a) 智慧，(b) 人工智慧，(c) 代理人 (agent)，(d) 合理性，(e) 邏輯推理。

1.2 Loebner 獎每年頒發給最接近通過某一版本圖靈測試的程式。尋找並報告 Loebner 獎最近一個得主。該程式使用了什麼技術？它對 AI 目前的發展水平有什麼推展？

1.3 反射動作(例如從熱火爐上將手縮回)是合理的嗎？它們是智慧的嗎？

1.4 有幾類眾所周知的難題對電腦而言是難解(intractable)的，而甚至有幾類問題是不可判定(undecidable)的。這是否意味著 AI 不可能？

1.5 Aplysia 海參的神經構造已經被廣泛地研究過(諾貝爾獎得主 Eric Kandel 是第一位研究者)，其原因是這種海參只有大約 20,000 個神經元，其中大部分神經元都頗大而且易於操控。假設 Aplysia 神經元的週期時間約略與人類神經元相同，試從每秒的記憶體更新速率這個面向，比較其計算能力與圖 1.3 所描述的高端電腦之間的優劣？

1.6 內省——即對自己內心想法的描述——怎麼可能不精確？我會搞錯我在想什麼嗎？請討論。

1.7 下列電腦系統具有何種特性，使它可以算是人工智慧的實例：

- 超級市場的條碼掃描器。
- 聲控電話選單。
- 微軟公司 Word 軟體的拼字與文法修正功能。
- 能對網路狀態動態反應的網際網路路由演算法。

1.8 已經被提出的認知活動的許多電腦模型，牽涉到相當複雜的數學運算，例如像是以高斯函數捲積影像或者尋找熵函數的最小值。大部分人類(以及所有牲畜)根本從未學過這類數學，在進大學之前也幾乎沒有人學習過它，而且幾乎沒有人能夠在大腦內計算一個函數與高斯函數的捲積運算。那麼當我們說「視覺系統」正在執行這種數學運算，然而實際的個人卻對如何執行它毫無概念的時候，這樣會具有什麼意義呢？

1.9 有些作者宣稱感知和運動技能是智慧最重要的部分，而「高階」的能力必然是寄生的——只是這些底層能力的附加功能。的確，進化的大半過程和腦的大部分都投入到感知和運動技能之中，然而對 AI 而言，諸如博弈和邏輯推導的許多工作，在很多方面都比現實世界中的感知和行動更容易。你認爲傳統 AI 是不是把關注錯置在高階認知能力上？

1.10 AI 是科學或工程呢？或者兩者都不是或者兩者都是呢？請解釋自己的觀點。

1.11 「電腦肯定沒有智慧——它們只能照程式師告訴它們的做。」後面的敘述是眞的嗎？它蘊含前面的敘述嗎？

1.12 「動物肯定沒有智慧——它們只能照基因告訴它們的做。」後面的敘述是眞的嗎？它蘊含前面的敘述嗎？

1.13 「動物、人類和電腦肯定都沒有智慧——它們只能照物理法則告訴它們組成原子的做。」後面的敘述是眞的嗎？它蘊含前面的敘述嗎？

1.14 檢視 AI 的文獻，去找出下列哪些任務現在電腦能夠解決：

a. 打一場不錯的乒乓球比賽。

b. 在埃及的開羅市中心開車。

c. 在加州的 Victorville 開車。

d. 在市場購買可用一周的雜貨。

e. 在全球資訊網上購買可用一周的雜貨。

f. 打一場不錯的橋牌比賽，該比賽有一定程度的競爭性。

g. 發現並證明新的數學定理。

h. 故意寫一則搞笑的故事。

i. 在特定的法律領域提供有用的法律建議。

j. 即時把從英文口語翻譯成西班牙文口語。

k. 完成複雜的外科手術。

對於目前不可行的任務，試著找出困難所在，並預測如果可能克服的話，它們什麼時候會被克服。

1.15 藉著定義標準任務以及邀請研究者來盡力完成它，AI 的各個子領域會舉辦各種競賽。其例子包括爲了發展自動車而舉行的 DARPA 大挑戰賽，國際規劃競賽(International Planning Competition)，機器人足球聯盟 Robocup，TREC 的資訊擷取比賽，以及機器翻譯、語音辨識所舉辦的比賽。試探討這類競賽中的五個比賽，並且說明這幾年來這些競賽所取得的科學進展。這種競賽將 AI 的技藝推展到什麼樣的程度？這種競賽使得能量由新的想法中被抽取出來，這對這個領域產生什麼程度的傷害？

本章註腳

[1] 我們要指出，在區分人類和理性行為的時候，我們並非暗示人性必然(在「情緒不穩定」或「瘋狂」的意義下)是「不理性」的。只是要注意，我們並非完美：並不是所有棋手都是大師，以及很不幸地，不是每個人考試都能得 A。Kahneman 等人對一些人類推理中的系統性錯誤進行了分類(1982)。

[2] 《新工具》(*Novum Organum*)是亞里斯多德的《工具論》(*Organon*)的升級版。因此亞理斯多德可以同時視為經驗主義者和理性主義者。

[3] 在這個圖像中，一切有意義的陳述均可透過實驗或字組意義分析來證明或證偽。因為這種觀點排除了很多形而上學的概念，邏輯實證論在一些學圈中甚不受歡迎。

[4] Frege 所提出的一階邏輯——文本特徵和幾何特徵的神秘結合——這個觀念從未普及過。

[5] 自從那時起，人們發現樹鼩(Scandentia)具有更高的大腦質量對身體質量的比值。

[6] 很多人提及 Alexander Hood(1824)可能是更早的來源。

[7] Golgi 堅信大腦的功能基本上是在嵌有神經元的連續介質裏完成的，而 Cajal 提出了「神經元學說」。兩人分享了 1906 年的諾貝爾獎，卻發表了針鋒相對的獲獎演說。

[8] Heath Robinson 是一個漫畫家，以描繪的古怪和荒謬的複雜裝置著稱，這些複雜裝置用於諸如給烤麵包塗黃油這樣的日常任務。

[9] 戰後一段時期，圖靈想用這些電腦進行 AI 的研究——例如，最早的國際象棋程式之一(圖靈等人，1953)。他的努力被英國政府阻止了。

[10] 這是麥卡錫的名詞人工智慧的第一次正式使用。或許「計算理性」(Computational Rationality)會更精確且較不嚇人，不過「AI」已經根深蒂固了。在達特茅斯研討會五十週年慶典上，麥卡錫陳述，為了尊崇 Norbert Weiner 的想法，他排斥詞彙「電腦」或「計算的」；Weiner 宣揚的是類比控制(cybernetic)裝置，而不是數位電腦。

[11] 現在是卡耐基梅隆大學(CMU)。

[12] 紐厄爾和西蒙還發明了一種串列處理語言即 IPL 來編寫 LT。他們沒有編譯器，而是手工把程式翻譯成機器代碼。為了避免錯誤，他們同時進行一樣工作，且在編寫每條指令的時候大聲告訴對方指令的二進位碼，確認雙方都同意。

[13] 為了減少尷尬，被稱為 IKBS(基於知識的智慧系統)的新領域被發明出來，因為人工智慧的研究已經被正式取消了。

[14] 有人把這種變化刻畫為優雅派(neats)(即那些認為 AI 理論應該建立在嚴格數學基礎之上的人)對於雜亂派(scruffies)(那些寧可嘗試很多思想，然後寫些程式評估哪種想法奏效的人)的勝利。兩種途徑都是重要的。偏向優雅的轉變意味著這個領域達到了一個穩定和成熟的階段。而穩定性是否會被新的雜亂派思想擾亂則是另一個問題了。

INTELLIGENT AGENTS

2

智慧型代理人

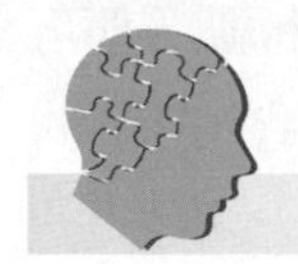

本章討論代理人的本質，其完美與否，環境的多樣性，以及因而產生的各式代理人。

第一章認識到**理性代理人**的概念攸關我們對人工智慧的研究方法。在本章中，我們要把這個概念進一步具體化。我們將會看到，理性的概念可被用於在一切可想像的環境下工作的各式各樣代理人。我們計畫在本書中用這個概念發展出一小套設計原則，用以建造成功的代理人——即可以合理地被稱爲**智慧型**系統。

我們會從分析代理人、環境和它們之間的關係入手。觀察到某些代理人比其他代理人表現得更爲出色，便自然會引出理性代理人——即表現盡可能出色的代理人——的概念。一個代理人的表現好壞取決於其所在的環境的本性；有些環境比其他環境更難處理。本章中我們將對環境進行粗略的分類，並說明環境的特性如何影響設計適應環境的代理人的方法。我們將描述幾個代理人的基本設計「骨架」，並會在本書其餘的部分填上血肉。

2.1 代理人和環境

代理人即一切能透過**感測器**(sensor)感知所處**環境**並透過**執行器**(actuator)對該環境產生作用的東西。這個簡單的概念如圖 2.1 所示。人類代理人具有眼睛、耳朵和其他器官作爲感測器，也具有手、腳和身體的其他部位作爲執行器。機器人代理人則可能用攝影機、紅外測距儀作爲感測器，各種馬達作爲執行器。軟體代理人接受鍵盤敲擊、檔案內容和網路封包作爲感測器輸入，並透過螢幕顯示、寫檔和發送網路封包作用於環境。

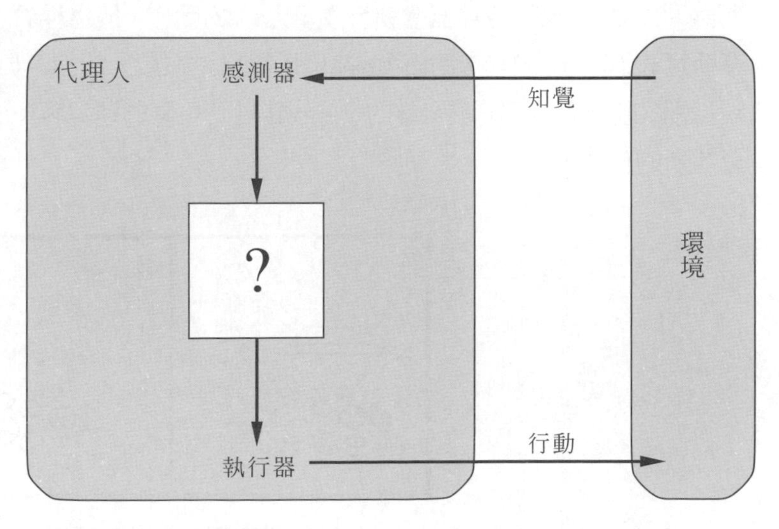

圖 2.1　代理人透過感測器和執行器與環境進行交互作用

我們用**知覺**(percept)來表示在任何給定時刻時代理人的感知輸入。代理人的**知覺序列**是該代理人所收到的所有輸入資料的完整歷史。一般而言，代理人在任何給定時刻的行動選擇，可取決於到那時爲止該代理人的整個知覺序列，但無法仰賴未感知到之任何事物。如果我們指定在每個可能的知覺序列下該代理人的行動選擇，則我們多少可以說我們瞭解該代理人的一切。從數學上看，我們會說代理人的行爲是由**代理人函數**所描述，該函數把任意給定的知覺序列對映到行動。

對於任一個代理人，我們都可以想像用列表的方式製作代理人函數來描述它；對大多數代理人而言，這將是一張很龐大的表格——事實上是無限大的，除非我們對所要處理的知覺序列的長度設限。原則上，我們透過實驗將所有可能的知覺序列餵給代理人，並記錄該代理人的回應行動，便可以建構出這個表[1]。當然，該表格是從外部描繪了代理人的特性。從內部來看的話，人造代理人的代理人函數則是透過**代理人程式**(agent program)實作。區分這兩個概念是很重要的。代理人函數是一個抽象的數學表示；代理人程式則是一個具體的實作，於代理人架構上執行。

我們用一個很簡單的例子來說明這些觀念——圖 2.2 所示的吸塵器世界。這個世界如此簡單，以致我們能夠描述發生的每個事件；同時它又是一個虛構的世界，因此我們可以創造很多變種。這個特殊的世界只有兩個地點：方格 A 和 B。一個吸塵器代理人可以感知它處於哪個方格中，以及該方格是否有泥土。它可以選擇向左移動，向右移動，吸掉泥土，或者什麼也不做。依此，可以寫出一個非常簡單的代理人函數：如果當前地點有泥土，那麼吸走，否則移動到另一處地點。圖 2.3 所示爲這個代理人函數的部分表列，而實作這個函數的代理人程式則顯示於圖 2.8。

觀察圖 2.3，我們可以看出，僅僅透過改變表格的右邊的填法就可以定義不同的吸塵器世界代理人。那麼，一個顯然的問題是：怎樣填才是最好的填法？換句話說，是什麼決定了一個代理人的好壞和智愚？我們在下一節回答這個問題。

在結束本節之前，我們要強調，代理人的概念只是用來分析系統的一個工具，而不是用來把整個世界劃分成代理人和非代理人的絕對特性。例如我們可以把一個袖珍計算機視爲代理人：當知覺序列爲「2 + 2 =」時，計算器會執行顯示「4」的動作，但這種看法幾乎無助於我們對計算機的理解。就某種意義而言，所有的工程領域都可以視爲是在設計能與世界進行互動的人工製品；AI 則是在這個頻譜裡 (創作者認爲) 最有趣的一端，其具有可觀的運算資源，而且也有環境要求其進行有價值的決策判斷的任務。

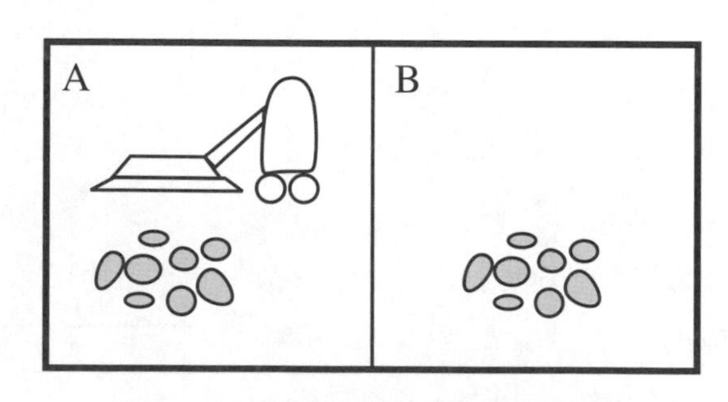

圖 2.2　只有兩個地點的吸塵器世界

圖 2.3 針對圖 2.2 所示吸塵器世界所設計的一個簡單代理人函數的部分列表

知覺序列	行動
$[A, Clean]$	$Right$
$[A, Dirty]$	$Suck$
$[B, Clean]$	$Left$
$[B, Dirty]$	$Suck$
$[A, Clean], [A, Clean]$	$Right$
$[A, Clean], [A, Dirty]$	$Suck$
⋮	⋮
$[A, Clean], [A, Clean], [A, Clean]$	$Right$
$[A, Clean], [A, Clean], [A, Dirty]$	$Suck$
⋮	⋮

2.2 好的行為表現：理性的概念

理性代理人是做對的事的代理人——從概念上來說，就是代理人函數表格的右邊各項都塡寫正確的代理人。顯然做對的事要比做錯事好，但是「做正確的事」是什麼意思呢？

我們要以一種古老的方式來回答這個古老的問題：藉由考慮代理人行爲的後果。當代理人被投到一個環境中後，它會依照收到的感知訊息而產生一系列行動。該行動序列將導致環境經歷一個狀態序列。如果該狀態序列是令人期許的，那麼代理人執行的效果是良好的。期許度(desirability，或渴望度)的概念可以藉著對任何給定的環境狀態序列進行評估，所得到的**效能指標**而獲得。

請注意我們說的是環境狀態，而不是代理人狀態。如果我們是根據代理人對其自身效能的意見來定義其行動成功的程度，那麼代理人只要藉著欺瞞自己其效能是完善的，就能達到完美的理性。人類代理人由於「酸葡萄」心理作祟，這種現象尤其令人詬病——即在無法得到某事物(例如諾貝爾獎)之後，變得相信自己並不是眞的想要得到該事物。

明顯地，對於所有任務和代理人，並無一個固定的效能指標方式；一般而言，代理人設計者會想出一套專屬於所處周圍環境的量度方式。這沒有像它聽起來那樣簡單。考慮上一節提出的吸塵器代理人。我們可以依據八小時的輪值時間內清理的泥土量來度量它的效能。當然，你跟理性代理人要什麼，它就會給你什麼。所以，一個理性代理人可能會一面清潔泥土一面把泥土倒回地面，再清潔，以此類推，藉以最大化測量出來的效能。更合適的效能指標應該是獎勵保持地面清潔的代理人。例如，在每個單位時間，有一個乾淨的方格就獎勵一分(也許加上電力消耗和噪音帶來的懲罰)。一般的規則是，最好根據在這個環境中實際想得到的結果來設計效能指標，而非根據我們認爲代理人應該表現的行爲。

即使避開明顯陷阱，仍然會有一些複雜難解的問題需要克服。例如，前段描述的「乾淨地板」概念乃是以一段時間中的平均清潔度作爲基準。但一直工作但都做得不怎麼樣的代理人，和另一個精力十足地打掃後休息很久的代理人，得到的平均清潔度可能相同。哪種工作模式更可取看起來似乎只是清潔科學的細微爭點，但事實上它是一個深刻的哲學問題，有著深遠的意涵。哪個更好——橫衝直撞、起伏不定的生命，還是安全但是單調的生活？哪個更好——人人生活在中度貧困中的經濟，還是有人生活富足而其他人卻一貧如洗的經濟？這些問題我們將留給勤奮的讀者自己思考。

2.2.1 理性

在任何指定的時刻中，什麼是理性的取決於下面四個方面：

- 定義成功標準的效能指標。
- 代理人對環境的先驗知識(prior knowledge)。
- 代理人能執行的行動。
- 代理人到那時爲止的知覺序列。

這可以導出一個**理性代理人定義**：

> 對於每串可能的知覺序列，根據該知覺序列與代理人內建的先驗知識所提供的證據，理性代理人應該選擇預期能使其效能指標最大化的行動。

考慮一個簡單的吸塵器代理人：如果所在區域內有泥土，它就清潔，否則就移動到另一個區域；這就是在圖 2.3 的表中所列出的代理人函數。它是個理性代理人嗎？很難說！首先，我們需要說明如何度量效能，該代理人對環境有何瞭解，以及它擁有什麼樣的感測器和執行器。讓我們作下列假設：

- 效能指標是，在 1,000 個單位時間的「壽命」中，每單位時間內有一塊清潔的區域就給一分。
- 環境的「地理」一開始就是已知的(圖 2.2)，但泥土的分佈和代理人的初始位置未知。乾淨的方格一直都乾淨，而吸塵的動作會清乾淨目前的方格。*Left* (左)和 *Right*(右)的行動使代理人向左和向右移動，除非會使代理人移出該環境；在這種狀況下代理人會保持原位。
- 能採取的行動只有往左、往右和吸塵。
- 代理人能正確地感測自己的位置及其所在地是否有泥土。

我們宣稱在這些條件下該代理人的確是理性的；它預期的效能至少和其他代理人一樣高。習題 2.1 要求你證明這個說法。

顯而易見的，同樣的代理人在不同的情況下會變得非理性。例如，一旦所有的泥土都被吸收乾淨了，該吸塵器就會毫無必要地在兩邊來回搖擺；如果效能指標包括每次左右移動罰一分的話，該代理人的效能評價就會相當糟糕。這種情況下，一個更好的代理人在它確信所有的方格都乾淨了以後就應該什麼都不做。如果方格可能會再次被弄髒，該代理人就應該不定期地檢查並在必要的時候重新清理。如果環境的地理未知的話，該代理人還需要去探索其他區域而不是固守方格 A 和 B。習題 2.1 要求你設計在這些情況下運作的代理人。

2.2.2 全知，學習和自主性

我們需要仔細辨別理性和**全知**的概念。一個全知的代理人知道它的行動產生的實際結果並且做出相對應的動作；但全知在現實中是不可能的。考慮下面的例子：有一天我沿著香榭麗舍大道散步，此時我看到街對面的一位老友。當時附近沒有車輛，我也沒有別的事情，所以根據理性，我開始穿過馬路。同時在 33,000 呎的高空中，一扇貨艙門從一架路過的班機[2]上掉了下來，並且在我到達馬路對面之前把我擊倒在地。我穿過馬路的決定難道是不理性的嗎？我的訃告中應該不會寫著「白痴試圖穿越馬路」。

這個例子說明理性不等於完美。理性是使期望的效能最大化，而完美是使實際的效能最大化。放棄要求完美，並不只是合理對待代理人的問題而已。重點是如果我們期待一個代理人會採取事後諸葛來看最好的行動，滿足這樣要求的代理人將不可能被設計出來——除非我們能改進水晶球或者時光機的效能。

於是我們對理性的定義並不要求全知，因為理性的選擇只取決於到當時為止的知覺序列。但我們也必須確保我們並沒有因漫不經心而讓代理人進行肯定愚蠢的活動。例如，如果一個代理人穿越繁忙的馬路前沒有先看兩邊的來車，那麼它的知覺序列就不可能告訴它有大卡車正以高速接近。我們對理性的定義會說現在可以穿過馬路嗎？絕對不會！首先，根據這個資訊不全的知覺序列穿行馬路是不理性的：不觀察就穿越時發生事故的風險太大了。其次，理性代理人應該在走進街道之前選擇「觀察」行動，因為觀察有助於最大化期望效能。採取行動以修改未來的知覺——有時稱為**資訊收集**——是理性的重要部分；我們將在第十六章中深入討論它。吸塵器代理人在初始未知的環境中所需要的探索，則為我們提供了資訊收集的第二個例子。

我們對於理性的定義不僅要求代理人收集資訊，而且要求代理人從它所感知的東西**學習**到盡可能多的東西。代理人的最初設定可能反映了對環境的一些先驗知識，但隨著代理人獲得經驗，這些知識可以被改變或擴充。在一些極端的情況中環境從一開始就被完全瞭解了。在這樣的情況下，代理人不再需要感知和學習；它只要正確地行動就可以。當然，這樣的代理人是相當脆弱的。考慮一下低等的蟑螂。蟑螂做窩並產卵後，會從附近的糞堆取回一個糞球堵住窩的入口。如果糞球在途中脫離了它的掌握，蟑螂還會繼續趕路，並比手畫腳地用不存在的糞球塞住入口，而不會注意到糞球已經不見了。進化在蟑螂的行為裡內建了一個假設，當該假設被破壞時，不成功的行為便發生了。細腰蜂則要稍微聰明一些。雌蜂先挖一個地洞，出去叮一隻毛蟲並拖回地洞旁，再次進入地洞查看妥貼後，把毛蟲拖到洞裡，然後產卵。毛蟲作為其孵卵期間的食物來源。到目前為止一切順利，但是假如一個昆蟲學家在雌蜂檢查地洞的時候把毛蟲挪開幾英尺，雌蜂就會回到計畫中「拖毛蟲到地洞」的步驟，繼續進行計畫而不做任何修改，甚至在發生過數十次毛蟲被移動的干擾後仍然如此。雌蜂無法知道它天生的計畫在失敗，因而也不會改變計畫。

若一個代理人依賴於設計者給的先驗知識而不是它本身的知覺，我們就說該代理人缺乏**自主性**。理性代理人應該是自主的——它應該盡可能地學習，以彌補不全面的或者不正確的先驗知識。例如，一個吸塵器代理人如果學會預見額外的泥土出現的地點和時間，顯然就能比不會預見的代理人做得好。實踐中，代理人很少被要求從一開始就完全自主：當一個代理人沒有或者只有很少經驗時，它往往只能隨機地行動，除非設計者提供一些幫助。因此，就如進化為動物提供了足夠的內建的反射，以使它們能生存夠長的時間來進行學習一樣，為人工智慧的代理人提供一些初始知識以及學習能力是合理的。當得到關於環境的充分經驗後，理性代理人的行為才會有效地獨立於它的先驗知識。因此，學習能力的納入使得設計一種在各式各樣環境下都能成功的理性代理人成為可能。

2.3 環境的本質

既然已經知道了理性的定義，我們幾乎算是準備好去思索如何建造理性代理人。不過在那之前，我們必須先考慮到**任務環境**，本質上也就是以理性代理人作為「解答」的「問題」。我們從闡述如何訂定任務環境入手，並透過一些例子描述這個過程。然後我們將說明任務環境的各種不同風格。任務環境的風格直接影響到代理人程式的適當設計。

2.3.1 訂定任務環境

在我們討論簡單的吸塵器代理人的理性時，我們必須制定效能指標、環境，以及代理人的執行器和感測器的規格。我們將把所有這些歸為一組，置於**任務環境**的名下。根據首字母縮寫，我們稱之為 **PEAS**(**P**erformance，**E**nvironment，**A**ctuators，**S**ensors；效能、環境、執行器、感測器)描述。設計代理人時，第一步一定是訂定任務環境的規格，而且要盡可能地全面。

吸塵器的世界比較簡單；讓我們來考慮一個更複雜的問題：自動計程車司機。在讀者開始警覺之前，我們應該指出，全自動計程車目前仍在一定程度上超過現有技術的能力所及(第 1.4 節已經提過現存的駕車機器人)。完全自動駕駛任務是極端開放的。新的狀況組合會毫無限制地不斷地產生——這也是我們選擇自動駕駛作為討論焦點的另一個原因。圖 2.4 總結了計程車任務環境的 PEAS 描述。我們將在接下來的段落中更詳細地討論每個元素。

代理人種類	效能指標	環境	執行器	感測器
計程車司機	安全, 快速, 守法, 舒適的旅途, 利潤最大化	道路, 其他車輛, 行人, 顧客	方向盤, 油門, 剎車, 信號燈, 喇叭, 顯示器	攝影機, 聲納, 速度計, GPS, 里程計, 加速計, 引擎感測器, 鍵盤

圖 2.4 一個自動化計程車的任務環境的 PEAS 描述

首先，我們希望我們的自動駕駛員去追求的**效能指標**是什麼？值得擁有的品質包括：正確地到達目的地、油量消耗和磨耗程度最小；路途的時間和/或花費最少；對交通法規的觸犯和對其他司機的干擾最少；安全性和乘客舒適度最高；利潤最高。很明顯地，其中有一些目標是互相抵觸的，所以有必要加以取捨。

其次，計程車要面對的駕駛**環境**是什麼？任何計程車司機都必須對付各式各樣的道路，從鄉間小路到城市街巷，到 12 線道的高速公路。道路上可能有其他的車輛、行人、遊蕩的動物、道路施工、警車、卵石、坑洞等。計程車還要與潛在的和實際的乘客互動。還有一些非強制的選項。例如計程車如果在南加州行駛，雪就幾乎不是問題；如果它在阿拉斯加行駛，那麼雪就幾乎一定是問題。它可以永遠都是靠右側車道駕駛，或者我們也可以讓它更有彈性，使它能夠在英國或日本靠左側車道駕駛。顯然，對環境的限制越多，設計代理人就越容易。

全自動計程車的**執行器/致動器**包括那些可以讓人類駕駛者運用的部分：透過油門對引擎的控制，以及對轉向和剎車的控制。另外，它需要顯示螢幕或者語音合成器來對乘客回答，也許還需要某種途徑與其他車輛進行不一定有禮貌的交流。

此計程車的**感測器**包括一個以上的可控制視訊攝影機，以便讓車子能看見路；如果再配備紅外線或聲納感測器來偵測其他汽車或障礙物的距離，效果將會更好。爲了避免超速受罰，這種全自動計程車應該配備速度計，而且爲了妥善控制車輛行進，尤其是在彎曲車道處，它應該還要配備加速度計。此外，爲了評估車輛的機械狀態，這種計程車也需要一系列引擎、燃料和電子系統的感測器。和許多人類駕駛員一樣，它或許也會需要一套全球衛星定位系統(Global Positioning System，GPS)，以免發生迷路的狀況。最後，也需要一個鍵盤或者麥克風供乘客指示要前往的地方。

在圖 2.5 中，我們勾勒了其他一些代理人類型的基本 PEAS 元素。更多的例子會在習題 2.4 中出現。有些讀者可能會感到驚訝的是，我們的代理人類型的清單中，包括了一些在完全人造的環境中運作的程式，其由鍵盤輸入及螢幕字元輸出所定義。「當然，」有人可能會說，「這不是一個眞實的環境，對不對？」事實上，重要的不是「眞實」環境和「人造」環境的區別，而是代理人行爲、環境產生的知覺序列和效能指標之間關係的複雜性。有些「眞實」的環境事實上是相當簡單的。例如，一個設計用來檢測傳送帶上的零件的機器人，可以採取一些簡化的假設：照明一直保持不變，傳送帶上只會有它瞭解的一類零件，以及只有接受或者拒絕兩種行動。

反之，一些**軟體代理人**[或稱**軟體機器人**(softbots)]卻存在於豐富的、無限制的環境中。請想像一個設計用於掃瞄網際網路新聞來源的網點操作軟體機器人，在販售廣告以便創造營業收入的過程中，它會向使用者展示所收集其感興趣的項目。要做得好，它得要有一些自然語言處理能力，要能瞭解每個使用者的興趣，還要能動態地改變它的計畫——像是在舊的新聞來源斷線或者新的來源上線時。網際網路是一個複雜性堪與現實世界匹敵的環境，而其居民包括很多人工的代理人。

代理人類型	效能指標	環境	執行器	感測器
醫學診斷系統	恢復健康的病人，費用最小化，最少訴訟	病人，醫院，職員	顯示 問題、檢驗、診斷、治療，轉診	鍵盤輸入 症狀、檢查結果、病人的回答
衛星影像分析系統	正確的影像分類	軌道衛星下行線路(downlink)	顯示場景的分類	彩色像素陣列
揀選零件的機器人	放進正確的箱子的零件的百分比	載有零件的輸送帶箱子	有關節的手臂和手掌	攝影機，關節角度感測器
精煉廠控制器	最大化純度、產量、安全性	精煉廠，操作員	閥門，幫浦，加熱器，顯示器	溫度、壓力、化學感測器
互動式英語教師	最大化學生的考試成績	一群學生，測驗機構	顯示 練習、建議、糾正	鍵盤輸入

圖 2.5 代理人種類的例子，與其 PEAS 描述

2.3.2 任務環境的性質

在人工智慧中可能出現的任務環境顯然涵蓋了廣大的範圍。然而，我們可以定義數量不多的維度，用來對任務環境進行分類。這些維度在很大程度上決定了適當的代理人設計，以及和用來實作代理人的各個主要技術類型的適用性。首先，我們列出這些維度，然後我們會分析幾個任務環境來說明這些觀念。這裡的定義是非正規的；後面的章節將會給出更精確的陳以及和每種環境的例子。

完全可觀察 vs. 部分可觀察

如果一個代理人的感測器在每個時間點上都能讓它取得環境的完整狀態，那麼我們就說這個任務環境是完全可觀察的。不過，只要感測器能夠檢測所有與行動選擇相關的層面，那麼這個任務環境在效果上就是完全可觀察的；相關性則取決於效能指標。有完全可觀察的環境是方便的，因為代理人不需要保有任何內部狀態來記錄世界的狀況。環境若是部分可觀察的，原因可能是雜訊和不精確的感測器，或是部分的狀態根本不在感測器資料裡——例如，只有一個局部泥土感測器的吸塵器代理人無法判斷另一個方格是否有泥土，自動計程車也無法瞭解別的司機在想什麼。如果代理人根本沒有配備感測器，那麼環境將是完全**無法觀察**的。有人可能會認為，在這樣的情況下，代理人的窘境是完全無望解決的，但是如同第四章將會討論到的，此時代理人的目標仍然有可能達成。

單代理人 vs. 多代理人

單代理人和多代理人環境之間的區別看起來似乎很簡單。例如，一個獨自解決字謎遊戲的代理人顯然處於單代理人環境中，而一個下棋的代理人就處於雙代理人環境中。不過，這裡有一些微妙之處。首先，我們已經說明了什麼樣的實體可以被視為代理人，但我們並沒有解釋哪些實體必須被視為代理人。代理人 A(例如計程車駕駛員)是否必須把物體 B(另外一輛車)當作代理人對待，還是可以僅僅把它當作一個隨機行動的物體，類似於海灘上的波浪或者風中搖擺的樹葉？區別的關鍵是，B 的行為是否該被視為追求最大化某一績效指標，而此指標的數值又取決於另一個代理人 A 的行為。例如，下棋的時候，對手 B 試圖最大化它的效能指標，而根據西洋棋的規則，同時也就是在最小化代理人 A 的效能指標。因此，西洋棋是一個**競爭的**多代理人環境。另一方面，在計程車駕駛的環境中，對衝撞的避免能夠最大化所有代理人的效能指標，所以它是一個部分**合作的**多代理人環境。它同時也是部分競爭的，因為舉例而言，一輛車只能佔據一個停車位。在多代理人環境中產生的代理人設計問題往往與來自單代理人環境的相差甚遠；例如，**通訊**經常作為理性行為出現在多代理人環境中；在一些部分可觀察的競爭環境中，**隨機行為**是理性的，因為它可以避免掉進可預測性的陷阱。

確定性的(deterministic) vs. 隨機的(stochastic)

如果環境的下一個狀態完全取定於當前的狀態和代理人執行的動作，那麼我們說該環境是確定性的；否則，它是隨機的。原則上，代理人在完全可觀察的、確定的環境中無需考慮不確定性。(在我們的定義中，我們忽略了在多代理人環境下，純粹由其他代理人的行動所引起的不確定性，因此雖然每個代理人可能無法預測其餘代理人的行動，但是賽局可能是確定的。)不過如果該環境是部分可觀察的，那麼它可能看起來是隨機的。

而大部分的眞實狀況是如此的複雜，以致於要對所有無法觀察的面向保持記錄，是不可能做到的；因此爲了切合實際，它們須視爲隨機的。在這個意義上，計程車駕駛的環境顯然是隨機的，因爲無人能夠確切預測交通狀況；且車子爆胎或引擎失靈都是無預警的。根據我們的描述，吸塵器世界是確定性的，但是它的變種可以加入一些隨機元素，例如隨機出現的塵土和不可靠的抽氣機構(習題 2.13)。如果一個環境不是完全可觀察的或不是確定的，那麼我們稱此環境是**不確定的**(uncertain)。最後請注意：我們所選用的詞彙「隨機的」，一般而言隱含著一種關於結果上的不確定性，而且該不確定性可以利用機率概念定量地表示出來；而**不確定性**環境指的是，在此環境中的行動可以用其可能造成的諸結果來描述其特徵，但是諸結果之間沒有機率上的關連性。不確定性環境的描述通常與效能指標有關連，而且此效能指標會要求代理人的行動必須成功地達成所有可能結果。

片段式(Episodic) vs. 延續式(sequential)

在片段式的任務環境中，代理人的經驗被切成了一個個原子片段。在每個片段中，代理人會接收到對環境的感知，然後執行單一行動。最重要的是，下一個片段與之前的片段中採取的行動無關。許多分類的任務都屬於片段式的。例如，裝配線上檢測瑕疵零件的機器人只需就當前的零件進行決定，而不用考慮以前的決策；而且，當前的決策也不會影響到下一個零件是否有瑕疵。然而，在延續式環境中，當前的決策會影響到所有未來的決策[3]。下棋和計程車駕駛都是延續式的：在這兩種情況下，短期的行動都會有長期的效果。片段式環境要比延續式環境簡單得多，因爲代理人不需要前瞻。

靜態 vs. 動態

如果環境在代理人思考的時候會變化，那麼我們稱該環境對於那個代理人是動態的；否則，該環境是靜態的。靜態的環境比較容易對付，因爲代理人既不需要在決定行動的時候保持對世界的觀察，也不需要顧慮時間的流逝。相反地，動態的環境持續地問代理人要做什麼；如果代理人還沒有決定要做什麼，就等於它決定什麼也不做。如果環境本身不隨時間的流逝變化，但是代理人的效能評價隨時間變化，那麼我們稱這個環境是**半動態**(semidynamic)。計程車駕駛明顯是動態的：當駕駛演算法對下一步行動不知所措時，其他車輛和計程車本身都持續地在移動。西洋棋，當比賽的採用計時制時，是半動態的。縱橫字謎遊戲是靜態的。

離散 vs. 連續

離散/連續的區別可被應用於環境的狀態，時間的處理方式，以及代理人的知覺和行動。舉例而言，西洋棋環境具有數目有限的不同狀態(不考慮計時制)。西洋棋中的知覺和行動也都是離散的。開計程車是一個連續狀態和連續時間的問題：計程車和其他車輛的速度和位置都在一個連續值範圍內，隨時間平滑地變化。開計程車的行動也是連續的(轉向角度等等)。雖然嚴格來說，來自數位攝影機的輸入信號是離散的，但通常當作對連續變化的亮度和位置的表示來處理。

已知 vs. 未知

嚴格來說，這個環境區分方式與環境本身並無關連，而是與代理人 (或設計者) 對於環境的「物理定律」的知識狀態有關。在已知的環境中，所有行動的結果 (或結果的機率，如果環境是隨機的話) 都已經給定了。顯然地，如果環境是未知的，則代理人有必要去瞭解環境是如何運作的，以便取得好的決策。請注意，已知環境和未知環境的區別，與完全可觀察的環境和部分可觀察環境之間的區別並不相同。已知的環境相當有可能是部分可觀察的環境——例如，在新接龍撲克牌遊戲中，我們知道規則，但是仍然無法看到尚未翻轉過來的牌。相反地，未知的環境卻可以是完全可觀察的——例如在新的視訊遊戲中，雖然螢幕可以顯示整個遊戲狀態，但是直到我們試驗每個按鈕之前，我們都不會知道各按鈕的作用。

一如預期，最難對付的情況就是部分可觀察的、隨機的、延續式的、動態的、連續的和多代理人的環境。就任何意義上來說，計程車的駕駛行動都是困難的，除非駕駛員的環境在最大程度上都是已知的。在一個新的國家中，不熟悉的地理環境和交通規則，都使得要駕駛一輛租來的汽車，變得刺激許多。

圖 2.6 列舉了一些常見環境的性質。需要指出的是這些答案並非總是可以在一切情況下套用。舉例而言，因為檢選零件的機器人通常都將每個零件視為各自獨立，所以檢選零件的機器人是片段式的。但是如果某天有一大批瑕疵零件出現，機器人應該能從若干個觀察，瞭解到瑕疵零件的分佈已經發生變化，因此應該修正針對後續零件的行為方式。這個表格並未含括已知／未知這一欄位，因為如同稍早之前已經解釋過的，嚴格來說這並不是環境的一個性質。對某些環境而言，例如像是西洋棋或撲克牌遊戲，要對代理人輸入有關規則方面的完整知識，是相當容易的，但是關於去思考代理人在沒有這樣的知識情形下，會如何玩這類遊戲，依然令人感到興趣。

任務環境	可觀察性	確定性	片段性	靜態性	離散性	代理人
縱橫字謎游戲	完全	確定性的	延續式的	靜態的	離散的	單
計時棋賽	完全	策略的	延續式的	半動態的	離散的	多
撲克牌	部分	策略的	延續式的	靜態的	離散的	多
西洋雙陸棋	完全	隨機的	延續式的	靜態的	離散的	多
計程車駕駛	部分	隨機的	延續式的	動態的	連續的	多
醫學診斷	部分	隨機的	延續式的	動態的	連續的	單
影像分析	完全	確定性的	片段式的	半動態的	連續的	單
揀選零件的機器人	部分	隨機的	片段式的	動態的	連續的	單
精煉廠控制器	部分	隨機的	延續式的	動態的	連續的	單
互動式英語教師	部分	隨機的	延續式的	動態的	離散的	多

圖 2.6　任務環境的例子與其特徵

表格中的若干回答會與任務環境如何定義有關。我們把醫療診斷任務列爲單代理人環境，因爲把病人的疾病過程當作代理人模型並沒有好處；但是醫學診斷系統還可能還得應付不聽話的病人和疑心的職員，所以環境有多代理人的面向。再者，如果認爲醫療診斷就是根據已知的症狀清單挑選診斷結果，那麼醫療診斷是片段式的；然而如果任務還包括提出一系列的檢驗、對治療的進展進行評價等等，那麼這個問題就變成延續式的了。還有很多環境在高於代理人單一行動的層次上是片段式的。例如，一次西洋棋巡迴賽包含一系列比賽；每局比賽是一個片段，因爲(大體上)每局比賽中的棋步對代理人整體表現的貢獻不會受到它之前對局的棋步的影響。不過，單局比賽之內的決策當然是延續式的。

本書的程式碼庫中(網址：aima.cs.berkeley.edu)含有一些環境的實作，以及一個通用的環境模擬器。環境模擬器可以把一個或者多個代理人放置在模擬的環境中，隨著時間觀察它們的行爲，並根據給定的效能指標對它們進行評價。這些實驗通常不是針對單一環境進行的，而是針對一個**環境類別**下的眾多環境進行的。例如，要在模擬的交通中評價計程車自動駕駛員，我們會想要在不同的交通狀況、照明情況和天氣條件下進行多次模擬。如果我們只針對單一的環境設計代理人，我們也許能夠利用特定環境的特殊性質，但是無法得到一個能在一般情況下駕駛的良好設計。由於這個理由，程式碼庫裡還包括一些**環境產生器**，可以根據一定的可能性從一個環境類別中選出一個特殊環境，給代理人在其中執行。例如，吸塵器環境產生器會隨機地初始化泥土分佈和代理人的位置。於是我們對代理人在環境類別上的平均效能感興趣。針對一個給定環境類別而設計的理性代理人能使這個平均效能達到最大化。習題 2.9 到 2.13 將帶領你體驗開發環境類別並評價在其中執行的各種代理人的過程。

2.4 代理人的結構

迄今爲止我們透過描述行爲——在任一給定的知覺序列下所採取的行動——討論了代理人。現在，我們得要硬著頭皮討論代理人內部是如何工作的。AI 的任務是設計**代理人程式**，用它實作把知覺對映到行動的代理人函數。我們假設該程式會在某種具備實體感測器和執行器的計算裝置上執行——我們稱該計算裝置爲**架構**。

代理人 = 架構 + 程式

顯然地，我們選擇的程式必須要適合架構。如果程式要能夠進行像行走這樣的行動，那麼架構最好有腿。架構也許只是一台普通的個人電腦，或者是一輛自動駕駛汽車，車上裝載有數台電腦、攝影機和其他感測器。一般來說，架構爲程式提供來自感測器的知覺，執行程式，並把程式產生的行動選擇餵進執行器。本書大多數章節都是關於代理人程式的設計，儘管第二十四章和第二十五章直接處理了感測器和執行器的問題。

2.4.1 代理人程式

本書中我們設計的代理人程式都具有同樣的骨架：它們從感測器得到當前的知覺作為輸入，然後傳回一個行動給執行器[4]。注意代理人程式和代理人函數之間的差別：代理人程式以當前的知覺為輸入，而代理人函數是以整個知覺歷史作為輸入。代理人程式只把當前的知覺作為輸入是因為從環境中得不到別的東西；如果代理人的行動取決於整個知覺序列，那麼該代理人就得記憶住知覺。

我們將用一段的簡單虛擬碼語言(附錄 B 中定義)來描述代理人程式。(線上程式碼庫裡面有用真正的程式語言所實作的程式)。例如，圖 2.7 顯示了一個頗為瑣細的代理人程式，它用於持續紀錄知覺序列，然後利用它來檢索一個行動表格，以便判斷要做什麼。圖 2.3 提供了一個例子，那是關於吸塵器世界的表格；這種行動表格明確地描繪出代理人函數，另一方面，代理人函數則可以用代理人程式予以具體化。作為設計者，我們若要用這種方式來建造理性代理人，就必須建構一個表，使其對每個可能的知覺序列都有一個對應的適當行動。

```
function TABLE-DRIVEN-AGENT(percept) returns an action
  static: percepts, a sequence, initially empty
          table, a table of actions, indexed by percept sequences, initially fully specified

  append percept to the end of percepts
  action ← LOOKUP(percepts, table)
  return action
```

圖 2.7 每次收到一個新的知覺，TABLE-DRIVEN-AGENT 程式便被呼叫，並回傳一個行動。它會將完整的知覺序列保留在記憶體內

思考為何用表驅動(table-driven)的方法來建造代理人註定要失敗，可以給我們一些啓發。令 P 為可能的知覺的集合，T 為代理人的壽命(即代理人收到的知覺的總量)。對照表將包括個條目。考慮到自動計程車的情況：來自單一攝影機的視訊以大約每秒 27MB 的速度輸入(每秒 30 個畫面，640×480 像素，24 位元色彩資訊)。這將使 1 個小時的駕駛所對應的對照表條目數超過 $10^{250,000,000,000}$。即使是西洋棋——現實世界的一個微小的、表現正常的片斷——的對照表也將包含至少 10^{150} 個條目。這些表令人望而生畏的容量(在可觀察的宇宙中，原子的數目小於 10^{80})意味著：(a) 這個宇宙中沒有一個實體代理人有空間可以儲存該表，(b) 設計者沒有時間來建立該表，(c) 沒有代理人能夠從經驗中學到該表的所有正確條目，(d) 即使環境簡單到可以建出一個容量在可行範圍之內的表，設計者對於如何填這個表中的條目，仍是一頭霧水。

儘管有以上的問題，TABLE-DRIVEN-AGENT 確實能做到我們所需要的：它實作了所需的代理人函數。AI 的關鍵挑戰就是要找出如何編寫程式，才能盡可能從少量的程式碼而非大量的列表中產生出理性行為。有很多例子告訴我們這種做法在其他領域中是可行的：例如，1970 年代以前工程師和學童使用的巨大的平方根表，現在已經被電子計算機中的五行的牛頓法程式取代了。問題是，AI 在一般智慧行為上能像牛頓法在算平方根上的做得一樣好嗎？我們相信答案是肯定的。

本節剩餘部分們將概述四種基本的代理人程式，它們涵括了近乎所有智慧系統的基礎原則：

- 簡單的反射型代理人；
- 以模型為基礎的反射型代理人；
- 基於目標的代理人；
- 基於效用的代理人。

每一種代理人程式都會以特定方式，組合特定的構成要素來產生行動。第 2.4.6 節將會以一般性詞彙，說明如何將所有這些代理人，轉換成能夠改進其構成要素的效能、藉此產生更好的行動的學習型代理人。最後，第 2.4.7 節將說明，能夠在代理人內部將其組成要素表示出來的各式各樣的方式。表示方式的這種多樣性，為這個領域和其介紹書籍提供了主要的組織原則。

2.4.2 簡單反射型代理人

最簡單的代理人是**簡單反射型代理人**(simple reflex agents)。代理人基於當前的知覺選擇自己的行動，忽略其餘的知覺歷史。例如，代理人函數如圖 2.3 中所列的吸塵器代理人就是一個簡單反射型代理人，因為它的決策只取決於當前的位置，以及該位置是否有泥土。圖 2.8 顯示了該代理人的一個代理人程式。

```
function REFLEX-VACUUM-AGENT([location,status]) returns an action
  if status = Dirty then return Suck
  else if location = A then return Right
  else if location = B then return Left
```

圖 2.8　兩狀態吸塵器環境中的簡單反射型代理人的代理人程式。此程式實作圖 2.3 中表列的代理人函數

可以注意到，吸塵器的代理人程式與對應的表格相比確實要小得多。最顯著的縮減來自對知覺歷史的忽略；忽略知覺歷史後，可能情況的數量從 4^T 減少到只有 4。進一步的少量縮減來自以下事實：如果當前方格有泥土，那麼行動與所在的地點無關。

即使在更複雜的環境中，也會發生簡單的反射行為。再想像你自己是自動計程車的駕駛員。如果前方的車輛刹車，它的刹車燈亮了起來，那麼你應該注意到這點，並開始刹車。換句話說，視覺輸入經過某種處理後，建立了我們稱為「前方的車輛在刹車」的條件。然後觸發了代理人程式中預先建立的連結，引起「開始刹車」的行動。我們稱這種連結為**條件-行動規則**[5]，可以寫作

若 前方的車輛在刹車，**則** 開始刹車。

人類也有許多這樣的連結，有些是習得的反應(如駕駛技巧)，有些是先天反射(例如當有東西接近眼睛時會眨眼)。在本書中，我們將看到有數個不同的方法可以習得和實作這樣的連結。

圖 2.8 中的程式是針對一個特定的吸塵器環境的。更普遍和靈活的方法是先爲條件-行動規則建造一個通用的直譯器(interpreter)，再對特定任務環境建立相對應的規則集合。圖 2.9 是該通用程式的基礎結構；該圖顯示了條件-行動規則如何允許代理人建立從知覺到行動的連結。(如果這顯得太簡單了，別擔心；很快它就會變得更有趣)。我們用矩形表示代理人決策過程的內部狀態，橢圓形表示該過程中用到的背景資訊。代理人程式，如圖 2.10 所示，同樣也是很簡單的。INTERPRET-INPUT 函數根據知覺產生一個當前狀態的抽象描述，然後 RULE-MATCH 函數傳回規則集合裡符合已知狀態描述的第一條規則。注意「規則」和「符合」的描述是純概念性的；眞正的實作可以如同用一組邏輯閘實作的布林電路一樣的簡單。

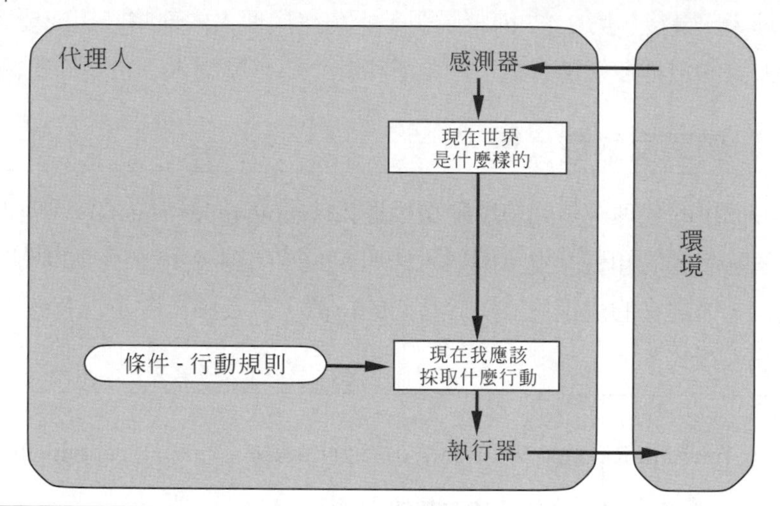

圖 2.9
簡單反射型代理人示意圖

```
function REFLEX-AGENT-WITH-STATE(percept) returns an action
  static: state, a description of the current world state
          rules, a set of condition–action rules
          action, the most recent action, initially none

  state ← UPDATE-STATE(state, action, percept)
  rule ← RULE-MATCH(state, rules)
  action ← RULE-ACTION[rule]
  return action
```

圖 2.10 簡單反射型代理人它根據條件符合當前狀態(由知覺定義)的規則而行動

簡單反射型代理人具有結構簡單這項令人稱道的特性，但是它們的智慧終究非常有限。圖 2.10 中的代理人只有在僅根據當前知覺就可以作正確決定的情況下——亦即，只有在環境完全可觀察的情況下——才能工作。即使有少量不可觀察的情況也會引起嚴重的問題。舉例而言，稍早之前提出的煞車守則具有這樣的前提：條件「前方汽車正在煞車」可以由目前的知覺判斷出來；而目前的知覺則是來自單一個視訊畫面。如果前方汽車有安裝在中間的煞車燈，這個前提就能成立。不幸的是，舊型的車有不同的尾燈、刹車燈和轉向燈的配置方式，因此前車是否在刹車，並不總能從單一影像上判斷。在這樣的車輛後面駕駛的簡單反射型代理人，將經常地且毫無必要地刹車，或者更糟糕的是，根本不刹車。

我們可以看到類似的問題也出現在吸塵器世界中。假設一個簡單反射型吸塵器代理人的位置感測器被取走，而只剩一個泥土感測器。這樣的代理人只有兩種可能的知覺：[髒](*Dirty*)和[乾淨](*Clean*)。它對[髒]的反應是吸塵；它對[乾淨]的反應是什麼呢？如果它剛好從方格 *A* 開始，向左移動會(永遠)失敗，而如果它碰巧從方格 *B* 開始，向右移動會(永遠)失敗。對簡單反射型代理人而言，在部分可觀察環境中，產生無窮迴圈通常是無法避免的。

如果代理人的行動能夠**隨機化**，就有可能避免無限迴圈。例如，當吸塵器代理人感知到[乾淨]時，它可能透過拋硬幣選擇向左還是向右。該代理人平均用兩步就可以到達另一個方格，這點並不難證明。然後，如果該方格有泥土，代理人會進行清潔，並完成清潔任務。因此，隨機化的簡單反射型代理人在效能上，有可能勝過確定性的簡單反射型代理人。

我們在第 2.3 節中提到過，適當的隨機行為在某些多代理人環境中可以是理性的。在單代理人環境中，隨機化通常則不是理性的。儘管在某些情況下隨機化是可以幫助簡單反射型代理人的有用技巧，但是在大多數情況下我們用更複雜精巧的確定性代理人可以做得好很多。

2.4.3 基於模型的反射型代理人

對付部分可觀測環境的最有效的方法是讓代理人追蹤記錄現在已經看不到的那部分世界。也就是說，代理人應該保有某種取決於知覺歷史的**內部狀態**，藉以反映出當前狀態的某些不可觀察的方面。對於剎車問題，記錄內部狀態的代價並不昂貴——只要記錄攝影機的前一個畫面，讓代理人能偵測什麼時候車輛邊緣的兩盞紅燈同時點亮或關閉，這樣就好了。而對於像轉換車道這樣的駕駛任務，在無法一次看到全部車輛的情況下，代理人需要追蹤記錄其他車輛的位置。而且，要讓任何駕駛動作真的能發生，代理人還需要記錄下鑰匙的位置。

要隨著時間更新這個內部狀態資訊，就要在代理人程式的程式碼中加入兩種類型的知識。第一，我們需要某些關於世界如何獨立於代理人而演變的資訊——例如，正在超車的汽車一般來說在此刻落後自己的距離會比前一刻更短。第二，我們需要某些關於代理人本身的行動如何影響世界的資訊——例如，當代理人順時針轉動方向盤的時候，汽車向右轉，或者在沿著高速公路向北行駛五分鐘後，汽車通常應該會在五分鐘前的位置的北方大約五英里的地點。這種關於「世界如何運作」的知識——無論是以簡單的布林電路還是以完備的科學理論實作——被稱為世界的**模型**。使用這樣的模型的代理人被稱為**基於模型的代理人**。

圖 2.11 顯示的是保有內部狀態且基於模型的反射型代理人，圖中顯示目前的知覺如何與原有的內部狀態結合起來，然後根據代理人所具有的世界如何運作的模型，產生目前狀態的更新描述。該種代理人的代理人程式則可見於圖 2.11。有趣的部分是 UPDATE-STATE 函數，它負責建立新的內部狀態描述。至於模型和狀態如何表示的細節，會隨著環境的類型與代理人被設計時所使用的特定技術，而有很大的變異。有關模型和更新演算法的詳細說明範例，將會出現於第 4、12、11、15、17 和 25 章。

不過不論其所使用的表示方式為何，代理人很少能夠在部分可觀察環境中精確判斷出目前的狀態。在這種情形下，可以採取的作法是，以標示著「世界現在像什麼」的框框(圖 2.11)來表示代理人的「最佳猜測」(或者有時候是若干個最佳猜測)。舉例而言，在一部停著的大卡車後面的全自動計程車將無法看得見路況，此時計程車只能猜測可能是什麼原因造成堵塞。因此，關於目前狀態的不確定性可能是無法避免的，但是代理人仍然必須做出決定。

關於由基於模型的代理人所儲存的內部「狀態」，有一點或許不是那麼明顯，那就是並沒有必要原原本本地描述「世界現在像什麼」。舉例而言，計程車可能正在開回家，而且其內部有一個規則告訴它，在回家的路上，除非油箱是半滿以上，否則就必須去加滿油。雖然「開回家」看起來可以只是世界狀態的一個面向，但是計程車的目的地這個事實，實際上是代理人內部狀態的一個面向。如果讀者對剛剛說的論點覺得困惑，請想一想計程車有可能在相同時間點位於完全相同的地點，但是它卻要抵達不一樣的目的地。

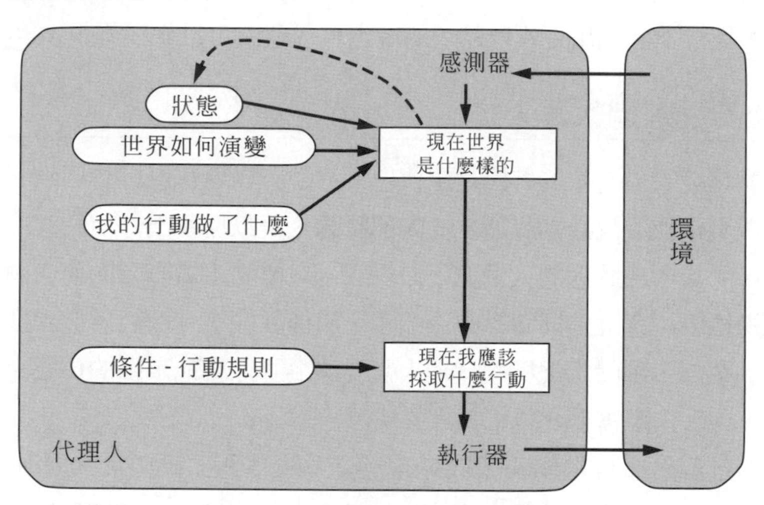

圖 2.11　基於模型的反射型代理人

```
function REFLEX-AGENT-WITH-STATE(percept) returns an action
  static: state, a description of the current world state
          rules, a set of condition–action rules
          action, the most recent action, initially none

  state ← UPDATE-STATE(state, action, percept)
  rule ← RULE-MATCH(state, rules)
  action ← RULE-ACTION[rule]
  return action
```

圖 2.12　基於模型的反射型代理人；它使用一個內部模型追蹤記錄世界的當前狀態。然後它用與反射型代理人同樣的方式選擇行動

2.4.4 基於目標的代理人

知道環境的目前狀態的某些事情，並不總是足以判斷出來要採取什麼行動。舉例而言，在交叉路口上，計程車有可能左轉、右轉或直走。正確的決策取決於計程車要去哪裡。換句話說，代理人不僅需要當前狀態的描述，而且需要某種**目標**資訊來描述想要達到的狀況——例如，要到達乘客的目的地。代理人程式可以將這項資訊與模型(與基於模型的反射型代理人使用的資訊相同)組合起來，以便選擇能達到目標的行動。圖 2.13 表示了基於目標的代理人的結構。

有時基於目標的行動選擇是簡單直接的——例如，當單一行動能立刻造成目標被滿足的結果時。有時行動選擇則需要更多技巧——例如，當代理人必須考慮一條曲折而漫長的行動序列，來找到達成其目標的途徑時。**搜尋**(第 3 到 5 章)和**規劃**(第 10 和 11 章)這兩個 AI 的子領域，便致力於尋找能達成代理人目標的行動序列。

注意此類決策與前面描述的條件-行動規則有根本的不同，因爲它涉及到對未來的考慮——就像是「如果我如此這般地做了會發生什麼？」在反射型代理人設計中，這種資訊沒有被明確表示出來，因爲內建的規則直接把知覺對映到行動。反射型代理人在看到剎車燈的時候就剎車。原則上，基於目標的代理人則會作此推理：如果前面的車輛剎車燈亮起，就表示它將要減速。基於對世界通常演變方式的了解，能夠達到不碰撞其他車輛的目標的唯一行動就是剎車。

儘管基於目標的代理人似乎效率較差，但是它更靈活有彈性，因爲支持它決策的知識都被明確地表示，並且可更改。如果開始下雨，代理人將會更新關於它的剎車操作效率的知識；這將使得所有相關行爲自動被變更以適應新的條件。在另一方面，對於反射型代理人，我們就得要重寫很多條件-行動規則。基於目標的代理人行爲可以僅只是透過指明某個不同目的地作爲目標，就能夠輕易地修改而往該目的地行進。而反射型代理人決定什麼時候轉彎和什麼時候直行的規則，則僅對於單一目的地可行；若要前往某個新地點，所有規則都得換掉。

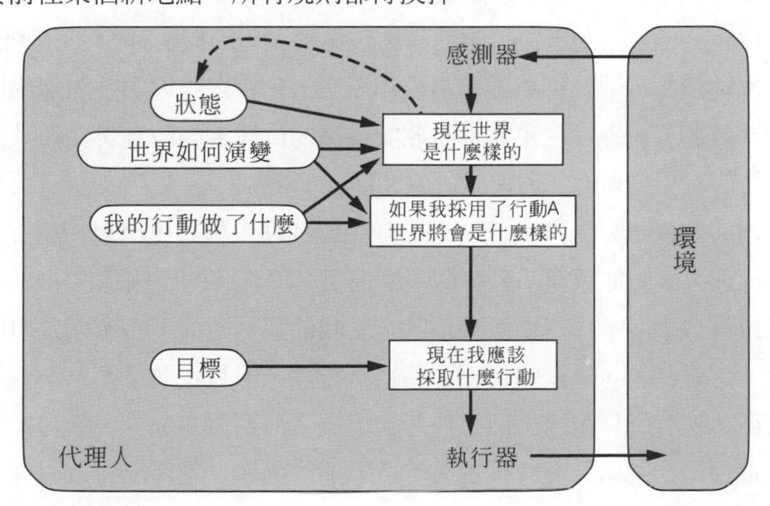

圖 2.13 基於模型和目標的反射型代理人；它既追蹤記錄世界的狀態，也記錄它要達到的一組目標，並選擇(最終)能導致其目標被達成的行動

2.4.5 基於效用的代理人

單靠目標其實不足以在大多數環境中產生高品質的行爲。例如，有很多行動序列可以讓計程車到達它的目的地(因而達成目標)，但有些會比其他的更快、更安全、更可靠，或者更便宜。因此目標只是提供了「快樂」與「不快樂」狀態之間一個約略的二元區分。而一個更一般性的效能指標，應該允許代理人根據世界狀態能讓代理人達到什麼樣的快樂程度，來對不同的世界狀態進行比較。因爲「快樂」聽起來不是非常科學，所以經濟學家和電腦科學家改而採用**效用**(utility)這個詞彙[6]。

我們已經知道效能指標會對任何給定的環境序列，指定一個分數，所以它可以輕易地針對到達計程車的目的地，區分出比較想要和比較不想要的方式。因此代理人的**效用函數**本質上就是效能指標的內部化。如果內部的效用函數和外部的效能指標一致，那麼選擇了行動來極大化其效用的代理人，根據外部效能指標的標準，它就是理性的。

這裡再強調一次，這並不是成爲理性的唯一方式；我們已經看過眞空世界的理性代理人程式(圖2.8)，該程式對於效用函數根本毫無概念；但是，就像基於目標的代理人的情形一樣，在彈性和學習等方面，基於效用的代理人具有許多優點。此外，在兩種情形下，以目標作爲衡量標準並不適當，但是基於效用的代理人仍然能夠做出理性的決策。第一，當有多個互相衝突的目標，而只有其中一部分目標可以達到時(例如速度和安全性)，效用函數確定了適當的折衷。第二，當代理人想要追求好幾個目標，卻沒有把握達到任何一個時，效用函數提供了一種方式，可以在目標的重要性和成功的可能性之間作一權衡。

部分可觀察性和隨機性在眞實世界中是普遍存在的，所以決策行爲也會因此在不確定的情形下發生。就技術上而言，理性的基於效用的代理人，會選擇出使行動結果的**預期效用**極大化的行動，其中所謂行動結果的預期效用就是，在每個結果的機率和效用已知的情形下，代理人預期行動將取得的效用(附錄 A 更明確地定義了期望這個概念)。在第十六章裡，我們將會展示任何理性的代理人必定都表現出如同擁有一個效用函數並試圖使其期望値最大化的樣子。擁有明確(explicit)的效用函數的代理人可以做出理性決策，而且可以透過不依賴於最大化特定效用函數的通用演算法做到。用這種方法，對理性的「整體」定義——也就是將效能最高的代理人函數宣告爲理性的——就轉變爲可以用簡單的程式表達的、對於理性代理人設計的「局部」限制。

基於效用的代理人結構如圖 2.14 所示。基於效用的代理人程式會出現在第五部分，在該部分中我們所設計的決策代理人，將能處理部分可觀察環境所必然具有的不確定性。

在此處，讀者或許會納悶，「有那麼簡單嗎？」我們只是建構了將預期效用極大化的代理人，這樣就完成了嗎？」這是眞的，這樣的代理人將很有智慧，但是它並不簡單。基於效用的代理人必須對其環境建立模型，並且進行記錄，而這些任務已經牽涉到對知覺、表示、推理和學習等等方面相當大量的研究。這種研究的結果形成了本書許多章節的內容。選擇出將效用極大化的行動行程，也是一項困難的任務，這需要精巧的演算法，而這又佔用了本書更多篇幅。即使有了這些演算法，因爲計算上的複雜度，在實務上完美的理性通常也是很難達到的，這在第 1 章已經提起過。

圖 2.14 基於模型和效用的反射型代理人；它使用了一個世界的模型，以及一個評斷它對各個世界狀態的偏好程度的效用函數。然後它選擇會導致最佳期望效用的行動。最佳期望效用可藉由計算所有可能結果狀態的加權平均值得到，其權重為結果的機率。

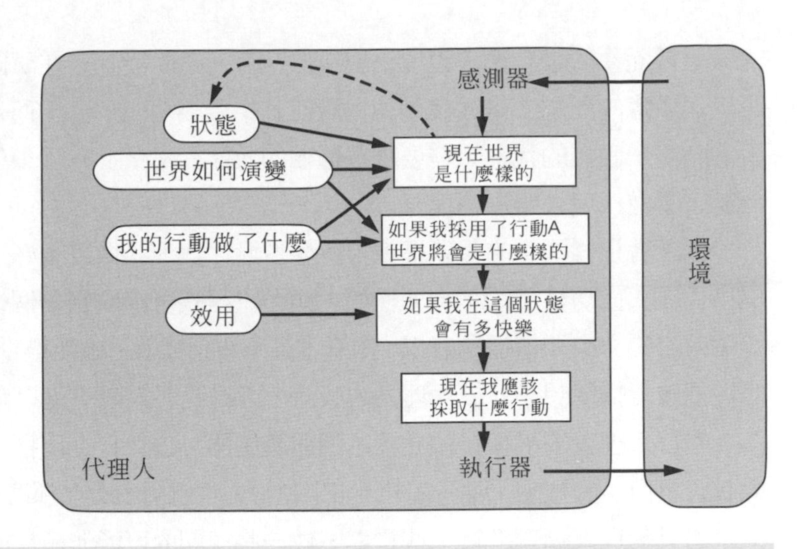

2.4.6 學習型代理人

我們已經描述了依照各種不同方法選擇行動的代理人程式。不過至今我們還沒有說明這些代理人程式是如何形成的。在圖靈的一篇早期的著名論文中(1950)，他考慮過用手動寫程式的方式實作他的智慧型機器。

他估計了可能的工作量之後，結論是「看來需要某種更迅速的方法。」他提出的方法是建造會學習的機器，然後教育它們。在人工智慧的許多領域中，這已是打造具有最新技術水平的系統的首選方法。如我們前面提到的，學習還有另一個優點：它使得代理人可以在初始未知的環境中運作，並逐漸變得比只有初始知識的時候更有能力。在本節中，我們簡要地介紹學習代理人的主要觀念。而在整本書中，我們會針對在特定種類代理人中需要學習的時機和方法進行評論。第六部分將更深入地討論各種學習演算法本身。

學習代理人可被劃分爲四個概念上的元件，如圖 2.15 所示。最主要的區分出現在**學習元件**(learning element)和**執行元件**(performance element)之間：學習元件負責做出改進，而執行元件負責選擇外部動作。這裡的執行元件就相當於先前所想的整個代理人：它接受知覺並決定行動。**批評者**(critic)評價代理人做得如何之後，學習元件利用來自批評者的回饋來決定應該如何修改執行元件，以在未來做得更好。

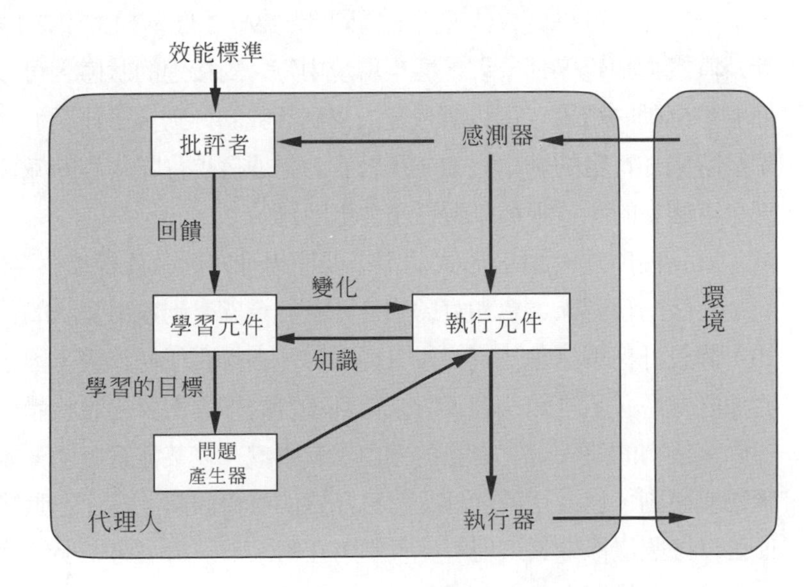

圖 2.15 一般的學習型代理人

學習元件的設計很大程度上取決於執行元件的設計。在試圖設計能學習特定功能的代理人時，第一個面臨的問題不是「我們如何能使其學習該功能？」，而是「一旦代理人知道怎麼做了，在學習的時候，我們的代理人需要哪些種類的效能元素？」有了一個代理人設計之後，就可以建構學習機制來改進代理人的每個部分。

批評者根據固定的效能標準告訴學習元件代理人做得多好。批評者是必要的，因知覺本身不能提供代理人成功程度的指標。例如，西洋棋程式可接收到一個知覺，指出已經將死對手，但它需要一個效能標準來知道這是好棋；知覺本身不會這樣說。效能標準要固定，這點很重要。概念上來說，應該把效能標準想成外於代理人的東西，因爲代理人絕不可以修改效能標準去適應它自己的行爲。

學習代理人的最後一個元件是**問題產生器**。它負責提出探索的行動，使代理人可以從中得到新而有資訊價值的經驗。要點在於，如果執行元件自行其是，那麼它將一直採取自己所知的最佳行動。但是如果代理人願意進行一些探索，做一些短期內可能非最佳的行動，那麼它可能發現對長期而言好得多的行動。問題產生器的任務就是提示這些探索性的行動。科學家進行實驗時也是這樣做的。伽利略不認爲把石頭從比薩斜塔上扔下來的動作本身具有價值。他不是要打破那些石頭，也不是要修改那些不幸路人的腦袋。他的目的是透過確認一種更好的物體運動理論而修改自己的大腦。

爲了使整體設計更爲具體，讓我們回到自動計程車的例子。執行元件由計程車用來選擇駕駛行動的全部知識和程序所構成。有了這個執行元件，計程車便出門上路。批評者觀察世界並把資訊傳給學習元件。例如，在汽車快速左轉橫越三條車道之後，批評者觀察到其他司機令人震驚的語言。從這次經歷，學習元件便能制定出一條規則表示這是一個不好的行動，並安裝該規則以修改執行元件。問題產生器可能會找出需要改進的某些行爲領域，並建議進行實驗，像是在不同條件的路面上測試刹車。

學習元件可以更改代理人結構圖(圖 2.9、2.11、2.13 和 2.14)中的「知識」元件。最簡單的情況涉及直接從知覺序列學習。觀察環境中每一對接連的狀態，可以讓代理人學到「世界如何演變」，而觀察行動的結果，可以讓代理人學到「我的行動做了什麼」。例如，如果計程車在潮濕的路面上駕駛時施加特定的刹車壓力，那麼它會迅速發現實際達到的減速度是多少。顯然地，如果環境只是部分可觀察的，這兩種學習任務會更困難。

前一段所述的學習形式並不需要使用外在的效能標準——在某種意義上，這個標準就是全能者，它做的預測永遠會和實驗相符。對於希望學到效用資訊的代理人而言，情形稍微有點複雜。例如，假設計程車駕駛代理人沒有從乘客那裡得到任何小費，因爲乘客在路途中被嚇壞了。這時外在的效能標準必須告知代理人，未得到小費的損失將對它的整體效能有負面影響；然後代理人也許能學到，暴力的駕駛對它自己的效用沒有貢獻。在某種意義上，效能標準將新進知覺的一部分辨別爲**獎勵**或**懲罰**，也就是對代理人行爲品質的直接回饋。寫死在動物中的效能標準，像是疼痛和饑餓，便可以按照這種方式來理解。我們將在第二十一章中進一步討論這個問題。

總之，代理人具有各種元件，而這些元件在代理人程式中可以用很多方式表示，因此學習方法顯然也有眾多的變種。不過，有唯一的統一主題。智慧型代理人的學習可以被歸結爲代理人的每個元件的修改過程，修改使得各元件與能得到的回授資訊更加一致，從而改善代理人的整體效能。

2.4.7 代理人程式的構成要素如何運作

我們已經 (用非常高階的術語) 將代理人程式描述成是由若干構成要素所組成，這些構成要素的功能可以回答像下列這樣的疑問：「世界現在像什麼？」「我們現在應該執行什麼行動？」「我們的行動做了什麼？」下一個針對 AI 學生的疑問是「在人世間，這些構成要素是如何運作的？」要適切地開始回答那個疑問，將花費大約千百頁的篇幅，但是此處我們要將讀者的注意力引導至，代理人所處在的環境能夠被其構成要素所表示的各種方法之間的一些基本區別。

粗略而言，我們可以將這些表示方式，沿著逐漸增加的複雜度和表達力(**原子、因式、結構**)的軸加以放置。為了說明這些理念，仔細思考一個特定的代理人構成要素，將會有所幫助，比如說，用於處理「我的行動做了什麼？」的構成要素。這個構成要素用於描述，採取某個行動之後所造成的環境變化，圖 2.16 以概要圖說明，這樣的變化可以如何表示出來。

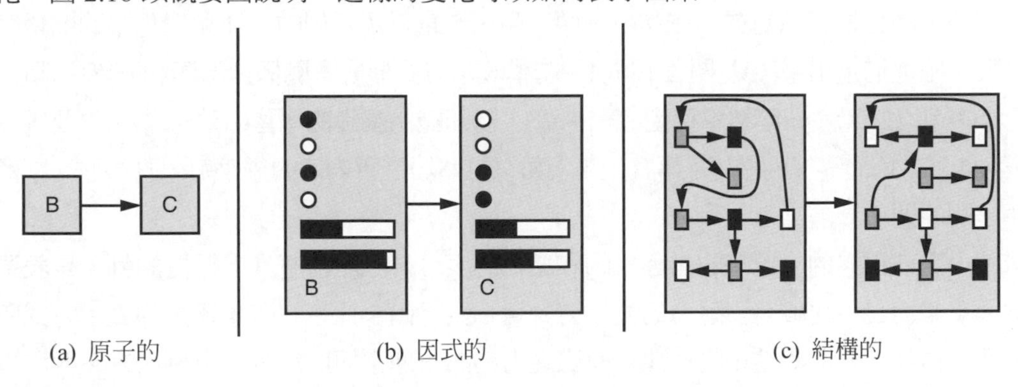

圖 2.16　表示兩個狀態以及它們之間的變化的三種方式。(a) 原子表示法：狀態(例如 B 和 C)是一個沒有內部結構的黑箱。(b) 因式表示法：狀態由各屬性值的向量所組成；屬性值可以是布林值、實數值或固定的符號集合中的一個符號。(c) 結構表示法：狀態由若干物件所組成，其中每個物件可以具有自己的屬性以及和其他物件的關係。

在一個**原子表示方式**中，世界的每個狀態是不可分割的，換言之——它沒有內部結構。讓我們仔細想想，尋找從某個國家的一端經由某個城市序列，開車到此國家另一端的路徑這個問題(讀者可以參考圖 3.2)。就解答這個問題而言，將世界的狀態簡化成我們所在城市的名稱就已經足夠，其中城市的名稱即為對該城市的認識的單一原子；「黑箱」的唯一可區別的性質為其名稱，它會完全相同於或不同於另一個黑箱。**搜尋**和**玩賽局**(第 3 至 5 章)、**Hidden Markov 模型**(第 15 章)和 **Markov 決策程序**(第 17 章)等的構成基礎的演算法全都是利用原子表示法——或者至少可以這麼說，它們都將表示方式處理成像是原子表示法。

現在讓我們針對相同問題，仔細想想一個更符合眞實狀況的情況，這時候不止需要留意各城市的原子位置；還要留意油箱燃料還有多少，目前的 GPS 座標，油料警示燈是否正常運作，還有多少備用零錢可以用於各收費站，收音機正在收聽哪個廣播台等等。**因式表示方式**將每個狀態切割成若干**變數**或**屬性**的固定集合，每個變數或屬性可以有**值**。兩個不同的原子狀態並沒有任何共同的性質，它們只是兩個不同的黑箱，可是兩個不同的因素狀態可以共有某些屬性 (例如像是處於某些特定的

GPS 位置)，而其他屬性則不同(例如像是有很多油料或沒有油料)；這樣會使得如何從一個狀態轉換成另一個狀態，變得容易許多。在使用因式表示方式的時候，我們也可以利用它來表示不確定性——例如，想要忽略油箱內的油料量，可以藉由讓該屬性空白來表示。AI 有許多重要領域是以因式表示方式爲基礎，其中包括**限制滿足演算法**(constraint satisfaction algorithms)(第 6 章)，**命題邏輯**(propositional logic)(第 7 章)，**規劃**(第 10 和 11 章)，**貝式網路**(Bayesian networks)(第 13 至 16 章)，以及第 18、20 和 21 章的**機器學習**演算法。

基於許多目的，我們也會需要將世界理解成，在其內部具有彼此相關的事物，而不僅僅是具有值的變數而已。舉例而言，我們可能注意到，在我們前方的大卡車正在倒轉進入乳牛牧場中的私人道路，但是有一頭牛沒有被關住，並且正擋住大卡車的去路。因式表示方式不可能預先準備了其值爲眞或僞的 TruckAheadBackingIntoDairyFarmDrivewayBlockedByLooseCow 屬性。可採取的替代作法是，我們需要一種**結構表示方式**，在其中，像乳牛、卡車以及它們的各種和變化中的關係等等的物件，可以很明確地描述出來[參見圖 2.16(c)]。結構表示方式形成了**關係資料庫**和**一階邏輯**(first-order logic)(第 8、9 和 12 章)，**一階機率模型**(第 14 章)，**以知識為基礎的學習**(第 19 章)，以及許多**自然語言理解**(第 22 和 23 章)等等的基礎。事實上，人類以自然語言所表達的幾乎每一件事物，都牽涉到物件和物件之間的關係。

如同稍早之前提過的，原子的、因式的和結構的表示方式所沿著其上擺置的軸，是**表達力**逐漸增加的軸。粗略而言，比較有表達力的表示方式可以表示出，比較沒有表達力的表示方式所能表達的一切，然後再加上一些其他事物。比較有表達力的語言通常簡明許多，舉例而言，西洋棋的規則可以用結構表示方式的語言，在一兩頁的篇幅內寫完，例如像是一階邏輯這樣的語言，但是在使用因式表示方式的語言撰寫的時候，將需要數千頁的篇幅，例如像是命題邏輯這樣的語言。另一方面，隨著表示方式表達力的增加，其推理和學習也變得更複雜。爲了取得具有表達力的表示方式的優勢，同時也能避免其缺點，眞實世界的智能系統可能需要在沿著軸的所有點上同時操作。

2.5 總結

本章走馬看花地介紹了人工智慧；我們視其爲代理人設計的科學。値得回顧的要點如下：

- **代理人**是可以感知環境並在環境中行動。**代理人函數**指定代理人回應任何知覺序列時所採取的行動。
- **效能指標**評價代理人在環境中的行爲表現。對於目前爲止它能看到的知覺序列，**理性代理人**的行動是爲了使它的效能指標的期望值最大化。
- **任務環境**的規格包括效能指標、外部環境、執行器、感測器。設計代理人時，第一步一定是訂定任務環境的規格，而且要盡可能地全面。
- 任務環境沿著幾個顯著的維度作變化。它們可能是完全或部分可觀察的，確定性的或隨機的，片段式的或延續式的，靜態的或動態的，離散的或連續的，單代理人或多代理人的。

- **代理人程式**實作了代理人函數。有各種基本的代理人程式設計，反映出明確表示並用於決策過程的資訊種類。這些設計在效率、簡潔性和彈性等方面各有不同。適當的代理人程式設計取決於環境的本質。
- **簡單反射型代理人**直接對知覺做出反應，而**基於模型的反射型代理人**保有內部狀態，追蹤記錄世界中不能從當前的知覺得知的各個層面。**基於目標的代理人**的行動是為了達到目標，而**基於效用的代理人**試圖最大化它們自己期望的「快樂」。
- 所有代理人都可以透過學習來改進它們的效能。

參考文獻與歷史的註釋 BIBLIOGRAPHICAL AND HISTORICAL NOTES

視行動為智慧裡的中心角色——即實用推理(practical reasoning)的概念——可以追溯到亞里斯多德的《尼各馬科倫理學》。實用推理也是麥卡錫(1958)有影響力的論文《有常識的程式》(*Programs with Common Sense*)的主題。機器人學和控制理論領域，就其最純粹的本質，主要關注的是建構實體的代理人。控制理論中的**控制器**(controller)概念和人工智慧中代理人的概念是一致的。也許會令人驚訝的是，AI 在它的大部分歷史中一直專注於代理人的孤立元件——問答系統，定理證明系統，視覺系統，等等——而不是完整的代理人。在 Genesereth 和 Nilsson(1987)的教材中對代理人的討論是個具影響力的例外。完整代理人的觀念現已被廣為接受，並且是近來教材的中心主題(Poole et al., 1998，Nilsson，1998；Padgham 及 Winikoff，2004；Jones，2007)。

第一章追溯了哲學和經濟學中的理性概念的根源。在 AI 領域，這個概念在 1980 年代中期以前並沒有引起人們的重視和興趣，之後開始充斥於關於 AI 領域的適當技術基礎的大量討論。Jon Doyle(1983)發表了一篇論文，預言理性代理人的設計將被視為人工智慧的核心任務，其他流行的主題則會分出而形成新的學科。

為了設計理性代理人而仔細觀察環境屬性和它們的影響，是最明顯地出現在控制理論傳統中的一種做法——例如，傳統控制系統(Dorf 及 Bishop，2004)處理的是完全可觀察的、確定性的環境；隨機最佳化控制(Kumar 及 Varaiya，1986)處理的是部分可觀察的、隨機的環境；混合控制(Henzinger 及 Sastry，1998)處理的是既包含離散元素也包含連續元素的環境。完全和部分可觀察環境的區別也是作業研究領域中**動態規劃**(dynamic programming)文獻的中心內容(Puterman，1994)，我們將在第十七章加以討論。

反射型代理人是心理學中行為主義者的基本模型，例如史金納(Skinner，1953)試圖把生物體的心理狀態嚴格地化簡為輸入/輸出映對或者刺激/反應映對。心理學領域從行為主義到機能主義(functionalism)的進步——這至少部分是受代理人的電腦隱喻的應用所驅使(Putnam，1960；Lewis，1966)——把代理人的內部狀態引入整個圖像之中。大部分 AI 的研究工作認為有狀態的純反射型代理人的想法過於簡單，起不了多大的作用，但是 Rosenschein(1985)和 Brooks(1986)的研究對此假設提出了質疑(參見第二十五章)。近年來，大量工作被投入在尋找能夠有效掌握複雜環境的演算法(Hamscher 等人，1992)。控制「深太空一號」(Deep Space One)太空船的遠端代理人程式(1.4 節)是一個令人印象深刻的例子(Muscettola *et al.*,. 1998；Jonsson *et al.*, 2000)。

從亞里斯多德的實用推理觀點，到麥卡錫早期關於邏輯人工智慧的論文，都預設了基於目標的代理人。機器人 Shakey(Fikes 及 Nilsson，1971；Nilsson，1984)是第一個承載著邏輯的、基於目標的代理人的機器人。對基於目標的代理人的完整邏輯分析出現在 Genesereth 和 Nilsson(1987)的文章中，而 Shoham(1993)開發出一種以目標爲基礎的程式設計方法論，稱爲「代理人導向程式設計」。以代理人爲基礎的研究取向現在在軟體工程中極受歡迎 (Ciancarini 及 Wooldridge，2001)。它同時也滲透到若干作業系統的領域，在這類作業系統中，**自律計算**與電腦系統和網路有關連，它們利用知覺-行動迴圈和機器學習方法，來監控和控制自身(Kephart 及 Chess，2003)。請注意，設計用於在多代理人環境中，能一起良好運作的若干個代理人程式，需要規劃成具有模組性，所謂模組性是指，這些程式不會共用內部狀態，它們之間的溝通都是透過環境來進行；在**多代理人系統**的領域中，將單一代理人的代理人程式設計成若干個自律的次代理人，是很常見的情況。在某些情形下，我們甚至可以證明，所產生的系統提供了和單石設計(monolithic design)同樣最佳的解決方案。

基於目標的觀點也支配著認知心理學傳統中的問題求解領域，從極有影響力的《人類問題求解》(*Human Problem Solving*)(Newell 及 Simon，1972)開始，貫串紐威爾後來的全部工作(Newell，1990)。目標，進一步被分析爲願望(desire)(一般性的目標)和意圖(intention)(當前追求的目標)，是由 Bratman(1987)所發展的代理人理論的中心。這種理論在自然語言理解和多代理人系統領域都頗有影響力。

Horvitz 等人(Horvitz *et al.*, 1988)明確建議使用設想爲最大化期望效用的理性，作爲人工智慧的基礎。Pearl(1988)編寫的教材第一個深入討論了機率和效用理論；它對在不確定條件下進行推理的和決策實際方法的解說，很可能是促使 1990 年代的研究朝基於效用的代理人迅速轉變的一個最大因素(參見第五部分)。

圖 2.15 中描繪的學習代理人的一般設計是機器學習文獻中的經典(Buchanan *et al.*, 1978；Mitchell，1997)。用程式實作的設計例子，至少可以追溯遠至 Arthur Samuel(1959，1967)設計來下西洋跳棋(checkers)的學習程式。學習型代理人將在第五部分深入討論。

近年來對於代理人和代理人設計的興趣迅速升起，部分是因爲網際網路的成長，以及對自動且能移動的軟體機器人(Etzioni 及 Weld，1994)感受到的需要。相關的論文被收錄在《代理人研究讀本》(*Readings in Agents*)(Huhns 及 Singh，1998)和《理性代理人基礎》(*Foundations of Rational Agency*)(Wooldridge 及 Rao，1999)。專門討論多代理人系統的文獻，通常能對代理人設計的許多面向提供不錯的介紹(Weiss，2000a；Wooldridge，2002)。有若干個專門研究代理人的研討會系列，起始於 1990 年代，其中包括 International Workshop on Agent Theories、Architectures 及 Languages(ATAL)、International Conference on Autonomous Agents(AGENTS)、及 International Conference on Multi-Agent Systems(ICMAS)。這三個研討會在 2002 年合併成 International Joint Conference on Autonomous Agents and Multi-Agent Systems(AAMAS)。《Autonomous Agents and Multi-Agent Systems》這本期刊創刊於 1998 年。最後，《蟑螂的生態》(*Dung Beetle Ecology*)(Hanski 及 Cambefort，1991)提供了關於蟑螂行爲的大量豐富有趣的資訊。YouTube 也有刊載以他們的活動爲主題的有趣視訊資料。

❖ 習題 EXERCISES

2.1 假設效能指標只和環境的第一 T 時間單位有關，並且忽略隨後的任何事物。試證明理性代理人的行動可能不只和環境的狀態有關，也和它達到的時間單位有關。

2.2 讓我們考察各種吸塵器代理人函數的理性：

a. 說明圖 2.3 所述的簡單吸塵器代理人函數在第 2.2.2 節列出的假設下確實是理性的。

b. 針對代理人每個移動的代價是一分的情形，描述理性代理人函數。對應的代理人程式需要內部狀態嗎？

c. 討論在乾淨的方格可能變髒和環境的地理不明的情況下可能的代理人設計。在這些環境下代理人從經驗中學習有意義嗎？如果有，該學習什麼？如果沒有，原因為何？

2.3 針對下列每個主張，說出它為真或偽，並且以幾個適當的例子或反例來支持你的看法。

a. 一個只能感知狀態的部分資訊的代理人不可能是完全理性的。

b. 能使得沒有任何純反射型代理人可以理性地行為的任務環境，是存在的。

c. 使得每個代理人都是理性的任務環境，是存在的。

d. 代理人程式的輸入，與代理人函數的輸入是相同的。

e. 藉由一些程式/機器的組合，將能實作出每個代理人函數。

f. 假設某個代理人隨機地從一組可能的行動中，均勻地選擇其行動。能讓這個代理人是理性的確定性任務環境，是存在的。

g. 對於某個給定的代理人，要使其在兩個不同任務環境中完全理性，是有可能的。

h. 在無法觀察的環境中，每個代理人都是理性的。

i. 完全理性的玩撲克牌代理人絕對不會輸。

2.4 針對下列每個行動，提供任務環境的一個 PEAS 描述，並且根據第 2.3.2 節列舉的性質來描述其特徵。

- 演出一個體操地板動作。
- 探索土衛六的的次表面海洋。
- 玩足球。
- 在網際網路上選購有用到的 AI 書籍。
- 對著牆壁練習網球。
- 演出一個跳高動作。
- 在拍賣會上為某個物項出價。

2.5 用你自己的話定義下列術語：代理人、代理人函數、代理人程式、理性、自主、反射型代理人、基於模型的代理人、基於目標的代理人、基於效用的代理人、學習代理人。

2.6 這道習題要探討的是代理人函數與代理人程式的區別：

a. 是否有不止一個代理人程式可以實作給定的代理人函數？請舉一個例子，或者說明為什麼不可能。

b. 有沒有無法用任何代理人程式實作的代理人函數？

c. 假設機器架構固定，每個代理人程式會剛好實作一個代理人函數嗎？

d. 給定一個有 *n* 位元儲存空間的架構，其中有多少種可能的不同代理人程式？

e. 假設我們讓代理人程式保持固定，但是讓機器的速度增爲兩倍。這會改變代理人函數嗎？

2.7 請寫出基於目標和基於效用的代理人的虛擬碼代理人程式。

下面的習題皆與吸塵器世界的環境和代理人的實作相關。

2.8 爲圖 2.2 和第 2.2.2 節描述的吸塵器世界實作一個可以進行效能指標的環境模擬器。你的實作應該是模組化的，以使感測器、執行器和環境特徵(大小、形狀、泥土放置等)易於修改[**提示**：對於某幾種程式語言和作業系統，線上程式碼庫(aima.cs.berkeley.edu)中已經有實作程式]。

2.9 在習題 2.8 的吸塵器環境中實作一個簡單反射型代理人。對於每個可能的初始泥土分佈和代理人位置，都執行一次環境模擬器和代理人。記錄每種情況的效能評分和總體平均評分。

2.10 考慮習題 2.9 中的吸塵器環境的一個修改版本，代理人每次移動要扣掉 1 分。

a. 簡單反射型代理人在此環境下可能是完美理性的嗎？請解釋自己的觀點。

b. 含有內部狀態的簡單反射型代理人呢？設計一個這樣的代理人。

c. 如果代理人的知覺能告訴它環境中每一個方格的「乾淨/髒」狀態，你對 **a** 和 **b** 兩小題的回答會有何改變？

2.11 考慮習題 2.9 中的吸塵器環境的一個修改版本，其環境中的地理情況——即範圍、邊界和障礙物——和初始的泥土狀況一樣是未知的[代理人既可上下(*Up* 及 *Down*)移動也可以左右(*Left* 及 *Right*)移動]。

a. 簡單反射型代理人在此環境下可能是完美理性的嗎？請解釋自己的觀點。

b. 具有隨機代理人函數的簡單反射型代理人可能優於簡單反射型代理人嗎？設計一個這樣的代理人，並在幾種環境下測量它的效能。

c. 你能設計一個環境使得你的隨機型代理人在其中效能很差嗎？說明你的結果。

d. 具有狀態的反射型代理人能勝過簡單的反射型代理人嗎？設計一個這樣的代理人，並在幾種環境下測量它的效能。你能設計一個這種類型的理性代理人嗎？

2.12 重覆習題 2.11，但用「碰撞」感測器替代位置感測器的。碰撞感測器可以偵測到代理人移向障礙物或者穿越環境邊界的嘗試。假設碰撞感測器失靈了，那麼代理人應該怎麼做？

2.13 前面習題中的吸塵器環境都是確定性的。討論下列每種隨機版本下可能的代理人程式：

a. 墨非定律：在 25%的時間裡，*Suck*(吸塵)行動在地面爲骯髒下無法清潔地面，且在地面爲乾淨下還會讓地面有灰塵。如果泥土感測器有 10%的錯誤率，你的代理人程式將受到什麼影響？

b. 調皮的小孩：在每段單位時間裡，每個乾淨的方格有 10%的機會被弄髒。你能設計出這種情況下的理性代理人嗎？

本章註腳

[1] 如果代理人使用某種隨機機制選擇它的行動，那麼我們就必須對每個序列進行多次嘗試來確定每個行動的機率。或許有人會覺得隨機地動作十分愚蠢，但是在本章後面我們會發現它其實可以是很明智的。

[2] 參見 N. Henderson 的「波音 747 大型噴射客機急需新的門閂」，刊登於 1989 年 8 月 24 日的《華盛頓郵報》(*Washington Post*)。

[3] 「延續式的」，其英文單詞「sequential」(循序的)在電腦科學中也被用作「平行」的反義詞。這兩種含義基本上沒有關連。

[4] 代理人程式的骨架還有其他的選擇：例如，我們可以讓代理人程式成為數個**協同程式**(coroutine)，它們與環境非同步地執行。每個協同程式都有一個輸入和一個輸出埠，並由一個從輸入埠讀取知覺再把行動寫進輸出埠的迴圈構成。

[5] 也稱為**情況-行動規則**，**產生式**(production)，或者**若-則**(if-else)**規則**。

[6] 此處「效用」意指「有用的品質程度」，而非電子公司或水利工程的用法。

PART II

Problem-solving

第二部分 解決問題

3 SOLVING PROBLEMS BY SEARCHING

用搜尋法對問題求解

本章中，我們來看看當代理人沒有單獨的行動可以解決問題的時候，它如何找到一個行動序列以完成它的目標。

在第二章中討論過最簡單的代理人是反射型代理人，它們把行動建立在從狀態直接對應到行動的基礎上。此類代理人在對應狀況太多而無法儲存或需要過長時間才能習得的環境中是無法運作得很好的。另一方面，目標導向代理人則可以透過思考之後的行動和對行動後果的考量而成功運作。

本章將敘述目標導向代理人的其中一種，稱爲**問題求解代理人**(problem-solving agent)。問題求解代理人使用**原子**表示法，如 2.4.7 節中所述——也就是世界的所有狀態被視爲一整體，對問題-解決演算法沒有可見的內部結構。基於目標的代理人使用更進階的**因式**或**結構**表示法時，通常被稱爲**規劃代理人**，討論於第七和第十章。

解決問題的討論開始於精確定義出**問題**和**解答**，並舉幾個例子來說明這些定義。然後，我們描述了幾個通用搜尋演算法，可用於解決這些問題。我們會看到幾個**不完全資訊(無資訊)**的搜尋演算法——演算法只有該問題的定義相關資訊，其餘資訊均付之闕如。雖然其中一些演算法可以解決任何可解的問題，但它們都不能處理得如此有效率。另一方面，**有資訊**搜尋演算法在提供尋找解答的導引後，可以做的不錯。

在這一章中，我們限制自己在最簡單的一種任務環境，其中對問題的解答恆爲一組固定的行動序列。更一般的情況——代理人的未來行動可能取決於未來的知覺——討論於第四章。

本章使用漸近複雜度[即 $O()$符號]與 NP-完備的概念。不熟悉這些概念的讀者應參照附錄 A。

3.1 問題求解代理人

智慧型代理人應該最大化自己的效能指標。如同我們在第二章中提到的，如果代理人能夠採納一個**目標**(goal)並朝滿足其需求而行動，則可以簡化達到最大化效能的過程。讓我們先看看代理人爲什麼，以及如何能這麼做。

想像一個代理人正在羅馬尼亞的一個城市 Arad 享受旅遊假期。此時代理人的效能指標包括許多因素：它會想要曬黑一些，提高它的羅馬尼亞語水準，欣賞風景，享受夜生活(確實如此)，還要避免宿醉等等。這個決策問題相當複雜，涉及對許多事情的取捨且須仔細閱讀旅遊指南。現在，假設代理人有一張隔天由 Bucharest 起飛的機票，而且票不能退。在這種情況下，代理人採納前往 Bucharest 的**目標**是合理的。會導致不能及時到達 Bucharest 的行動方案，不需深入思考就可否決掉，因此大幅簡化了代理人的決策問題。目標幫助對行為作組織，因為限制了代理人試圖達成的目標，遂也限制了需要考慮的行動。因此，基於目前的情形和代理人的效能指標來進行**目標正規化**，是問題求解的第一個步驟。

我們將考慮的目標是一個世界狀態的集合——唯有在那些狀態中，才可達到該目標。智慧型代理人的任務，是找出現在及未來如何行動，以達到目標狀態。在它能夠這樣做之前，它需要先決定(或我們需要代表它作決定)其應該考慮何種行動及狀態。如果代理人試圖在諸如「左腳前移1 英吋」或「將方向盤向左旋轉 1 度」的層次上考慮行動，它將可能永遠無法找到走出停車場的路，更別說去 Bucharest 了，因為在那麼精細的程度上，會有太多的不確定因素，而問題的解也將包含過多的步驟。**問題正規化**就是在已知目標下，決定需要考慮哪些行動和狀態的過程。稍後面我們將再詳細地討論這個過程。目前，就讓我們先假設代理人將在開車從一個主要城鎮到另一個城鎮的層次上考慮行動。因此，每個狀態對應於處於一個特定城鎮。

我們的代理人現在採納了開車去 Bucharest 的目標，並且正在考慮要從 Arad 先往何處去。有三條路可以離開 Arad：一條前往 Sibiu，一條前往 Timisoara，另一條前往 Zerind。這三條道路都不能直接到達最終目標，所以除非代理人對羅馬尼亞的地理非常熟悉，它不會知道該走哪條路[1]。換句話說，代理人不知道它哪個可能的行動是最佳的，因為它對由每個行動所導致的狀態瞭解得不夠多。如果代理人沒有額外的訊息——亦即，如 2.3 節定義方式下的**未知**環境——它只好隨機選擇一個行動嘗試。這種悲慘的情況在第四章討論。

但考慮代理人有一張羅馬尼亞的地圖。地圖上的每個點都可以提供代理人可到達的狀態以及可選擇的行動資訊。代理人可以利用這些資訊考慮途經上述三個城鎮中的每一個城鎮的後續假想旅程，試圖找到最終能到達 Bucharest 的旅程。一旦它在地圖上發現從 Arad 到 Bucharest 的路徑，它就可以完成對應於旅程的各段路程的駕駛行為，達到它的目標。一般而言，當一個代理人擁有多個未知值的當前選項時，可先檢驗最終會導致已知值的狀態的未來行動，然後再決定要作什麼。

要更具體地了解我們所稱的「檢驗未來行動」，我們就必須更具體瞭解環境的性質，如 2.3 節所定義。現在，我們假定環境是**可觀測的**，所以代理人總是知道當前狀態。對於代理人在羅馬尼亞開車，可合理假設每個城市在地圖上有一個符號對前來的駕駛指出其存在。我們還假設環境是離散的，因此在任何給定的狀態下，僅有有限個行動可以選擇。這適用於在羅馬尼亞中駕駛，因為每個城市是連接到少數其他城市。我們將假設環境是**已知**的，所以代理人知道每個行動到達哪個狀態。(擁有一個精確地圖足以滿足駕駛問題的這個條件)。最後，我們假設環境是**確定性的**，所以每個行動都恰有一個結果。在理想條件下，這對在羅馬尼亞的代理人為真——這意味著，如果選擇開車從 Arad 到 Sibiu，它確實在 Sibiu 結束。當然，情況並不總是理想的，如我們第 4 章所示。

在這些假設下，任何問題的解答是一組固定的行動序列。「當然！」可能有人會說，「還會是怎樣？」一般而言，它可能是一個分支策略，其依據知覺結果來建議不同的未來行動。例如，在不到理想條件下，代理人可能規劃開車從 Arad 到 Sibiu，然後再到 Rimnicu Vilcea，但可能還需要有一個應變規劃，以防意外抵達 Zerind 而非 Sibiu。幸運的是，如果代理人知道初始狀態，且環境為已知及確定的，它可知道第一個行動後的確切位置，以及會感知到什麼。由於第一個行動後只可能有一個感知，解只能指出一個可能的第二行動，依此類推。

尋找達成目標的一組行動序列稱為**搜尋**。搜尋演算法把問題作為輸入，並以行動序列的形式傳回問題的**解**(solution)。一旦找到一個解，那麼它所建議的行動就可以付諸實施。這就是**執行**階段(execution phase)。因此，我們對代理人有了一個簡單的設計方式，即「正規化、搜尋、執行」，如圖 3.1 所示。在把目標和待求解的問題正規化之後，代理人就呼叫搜尋程序對此問題求解。然後代理人用得到的解來引導它的行動，按照解的建議去執行下一步驟——通常是序列中的第一個行動——再從序列中刪除掉。一旦將解執行完畢，代理人將正規化新的目標。

注意到，當代理人在執行解序列時，它會在選擇一個行動時忽略其知覺，因為已預先知道其為何。我們可以說，這個代理人是閉著眼睛在執行計畫的，所以它必須對發生中的事情十分有把握(控制理論學家稱此為**開迴圈**系統(open-loop system)，因為忽略知覺將會打破代理人和環境之間的迴路)。

我們首先敘述問題正規化的過程，然後用本章的大部分篇幅專門介紹搜尋函數的各種不同演算法。本章中將不會進一步討論 UPDATE-STATE 和 FORMULATE-GOAL 這兩個函數的相關研究。

```
function SIMPLE-PROBLEM-SOLVING-AGENT(percept) returns an action
  persistent: seq, an action sequence, initially empty
              state, some description of the current world state
              goal, a goal, initially null
              problem, a problem formulation

  state ← UPDATE-STATE(state, percept)
  if seq is empty then
      goal ← FORMULATE-GOAL(state)
      problem ← FORMULATE-PROBLEM(state, goal)
      seq ← SEARCH(problem)
      if seq = failure then return a null action
  action ← FIRST(seq)
  seq ← REST(seq)
  return action
```

圖 3.1　一個簡單的問題求解代理人。它首先正規化目標和問題，再搜尋能夠解決該問題的行動序列，然後依次執行這些行動。這個過程完成之後，它會正規化另一個目標並重複上述步驟

3.1.1 定義良好的問題和解答

一個**問題**可形式定義爲五個組成部分：

- 代理人起始時的**初始狀態**(initial state)。例如，在羅馬尼亞問題中我們的代理人的初始狀態可以敘述爲 *In*(*Arad*)。
- 代理人可得的所有可能**行動**的敘述。已知一個特定狀態 *s*，ACTIONS(*s*)回傳可在 *s* 執行的行動集合。我們稱每一個行動在 *s* 中爲**可執行**(applicable)。例如，從狀態 *In*(*Arad*)，可執行的行動爲{*Go*(*Sibiu*), *Go*(*Timisoara*), *Go*(*Zerind*)}。
- 每個行動的作爲描述；其正式名稱爲**轉移模型**，由函數 RESULT(*s*, *a*)所指明，該函數回傳在狀態 *s* 執行行動 *a* 所致的狀態。我們也使用**後繼者**一詞，來指從一給定狀態藉由單一行動所可達之任意狀態[2]。例如，我們有

RESULT(*In*(*Arad*), *Go*(*Zerind*)) = *In*(*Zerind*)

整體觀之，初始狀態、行動、和轉移模型三者暗示出問題的**狀態空間**定義——從初始狀態藉由任意行動序列所可達之所有狀態集合。狀態空間形成一個**圖**，其中節點是狀態，節點之間的有向弧就是行動(如果我們把每條道路視爲代表著兩個駕駛行動，每個行動各走一個方向，圖 3.2 所示的羅馬尼亞地圖就可以被解釋爲一個狀態空間圖)。狀態空間中的一條**路徑**就是透過行動序列連結起來的一個狀態序列。

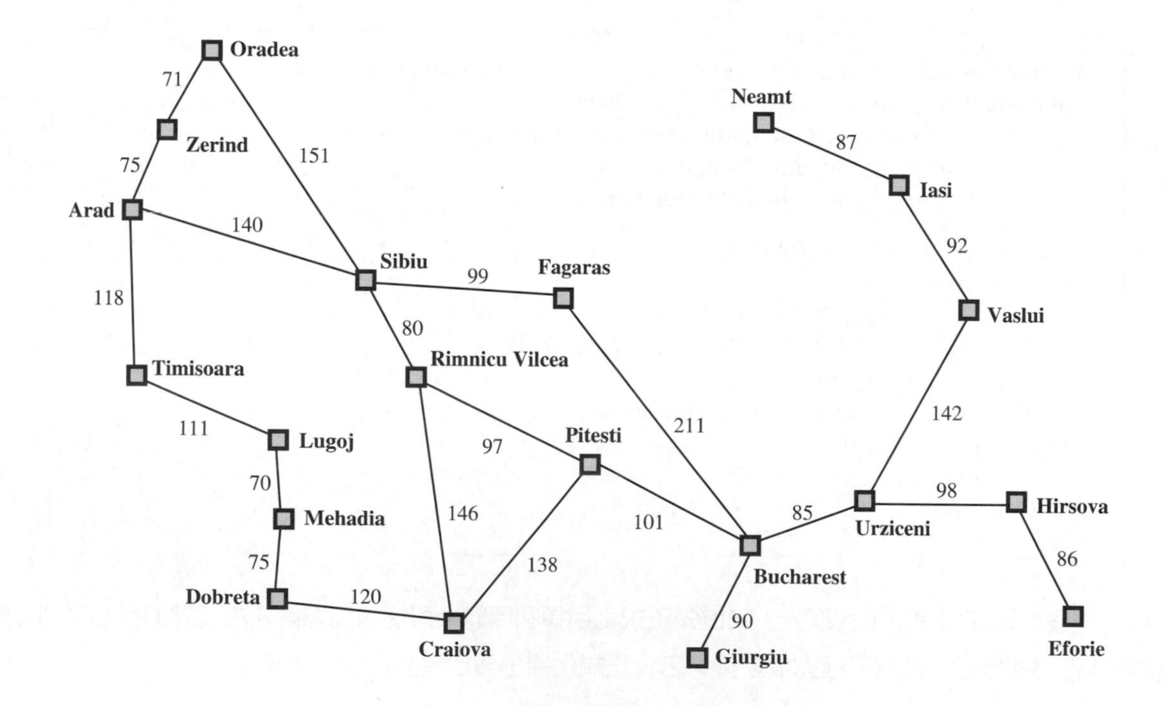

圖 3.2 一個簡化的羅馬尼亞部分道路圖

- **目標測試**(goal test)，用來確定給定的狀態是不是目標狀態。有時候可能的目標狀態是非常明確的集合，目標測試只需要簡單地檢查給定的狀態是否屬於此目標狀態集合。在羅馬尼亞問題中，目標狀態集合是一個單元素集合{*In*(*Bucharest*)}。而有時候目標狀態是由抽象性質來定義的，而不是一個明確的可列舉目標集。例如，在西洋棋中，目標是要達到一個被稱爲「將軍」(checkmate)的狀態，即對方的國王遭受攻擊且無路可逃。
- **路徑成本**(path cost)函數，用來爲每條路徑分配一個數值化的成本。問題求解代理人選擇能反映它本身效能指標的成本函數。對於試圖到達 Bucharest 的代理人，時間是一個基本要素，所以它的路徑成本可以是用公里數表示的路徑長度。在本章中，我們假設一條路徑的成本值可以被敘述爲沿該路徑的每個行動的成本值總和[3]。從 s 狀態採取行動 a 而到達狀態 s' 之**單步成本**我們表示爲 $c(s, a, s')$。如圖 3.2 所示，在羅馬尼亞問題中的單步成本用單步路程表示。我們假設單步成本不爲負值[4]。

上述元素定義了一個問題，可以把它們集合成單一的資料結構，作爲問題求解演算法的輸入。問題的**解**就是從初始狀態到目標狀態的行動序列。解的品質由路徑成本函數測量，而**最佳解**就是所有的解裡路徑成本最小的解。

3.1.2 問題正規化

上一節我們用初始狀態、後繼函數、目標測試和路徑成本來對到達 Bucharest 這個問題作正規化。這種正規化看來是合理的，但其仍爲一個模型——一個抽象的數學描述——而不是實體之物。把我們選擇的簡單狀態敘述 *In*(*Arad*)和一次實際的越野旅行比較一下，實際的世界狀態包括許多事情：旅行同伴、收音機裡正播放的節目、途中窗外的景色、執法員警在附近、離下一個休息點的距離、道路狀況、天氣等等。所有這些需要考慮的事項都被拋在我們的狀態敘述之外，因爲它們與找到前往 Bucharest 的路徑這個問題無關。將這些細節從表示法中去除的過程稱爲**抽象化**(abstraction)。

除了抽象化狀態敘述之外，我們還需要抽象化行動本身。一個駕駛行動會有很多後果。除了改變車輛和它的乘客的位置之外，它還會耗費時間、消耗汽油、產生污染，以及改變代理人(有句話說的好，讀萬卷書不如行萬里路)。我們的正規化只考慮位置的變化。同時，我們也一併忽略了許多其他行動：打開收音機、看窗外的景色、遇到警察而減速等等。當然，我們更不會將行動詳細指定到「把方向盤向左轉 3 度」這種層次上。

我們能夠更精確地定義出適當的抽象層次嗎？想想看，剛才所選的抽象狀態和抽象行動，都對應到詳細的世界狀態和行動序列的龐大集合。現在考慮抽象問題的一個解：例如，從 Arad 依序經過 Sibiu、Rimnicu Vilcea、Pitesti，最後到 Bucharest 的路徑。這個抽象解對應於大量的更詳細的路徑。例如，我們可以在從 Sibiu 開往 Rimnicu Vilcea 的途中開著收音機，然後在剩下的旅途中將收音機關掉。如果我們能夠把任何抽象解展開成爲更詳細的世界中的解，這樣的抽象化就是有效的；其充分條件之一是對於每個對應於「在 Arad」的詳細狀態中都有一條詳細路徑到達對應於「在 Sibiu」的詳細狀態，以此類推[5]。如果完成解中的每個行動比原始問題容易，那麼這種抽象化就是有用的；在這種情況下，解中的行動容易到一般水準的駕駛代理人不用更進一步地搜尋或者規劃就能執行了。因此，選擇一個好的抽象化方法，需要在儘可能去除細節的同時仍保持有效性，並保證抽象化的行動能夠很容易完成。若不能建構有用的抽象概念，代理人將會被現實世界完全淹沒。

3.2 範例問題

問題求解方法已經應用於許多工作環境。我們在這裡列出一些大家最熟知的問題，以區別玩具問題和現實世界問題。**玩具問題**(toy problem)用來闡述或練習各種問題求解方法。它們可以有一個精簡且精確的敘述，因此不同研究者可用來比較演算法的效能。**現實世界問題**(real-world problem)的解則是一般人眞正關心的。這類問題往往沒有共識下的單一敘述，但我們可以提出具一般性的正規化表示法。

3.2.1 玩具問題

我們檢視的第一個例子是首先在第二章中介紹過的吸塵器世界(vacuum world)(參見圖 2.2)。這個問題可以正規化如下：

- **狀態**：狀態由代理人位置和灰塵位置決定。代理人處於兩個地點的其中之一，其中每個地點可以有或沒有灰塵。因此，一共有 $2 \times 2^2 = 8$ 個可能的世界狀態。一個包含 n 個位置的大規模環境有 $n \cdot 2^n$ 個狀態。
- **初始狀態**：初始狀態可以爲任何狀態。
- **行動**：在這個簡單的環境中，每個狀態僅有三個行動：左，右，吸。大一點的環境可能還包含上跟下。
- **轉移模型**：行動會有其預期效果，除了在最左邊方格左移，在最右邊方格右移，在乾淨方格中吸塵這三者沒有效果。完整的狀態空間如圖 3.3 所示。
- **目標測試**：用來檢查是否所有的方格都是乾淨的。
- **路徑成本**：每一步的成本爲 1，因此整個路徑的成本就是路徑中的步數。

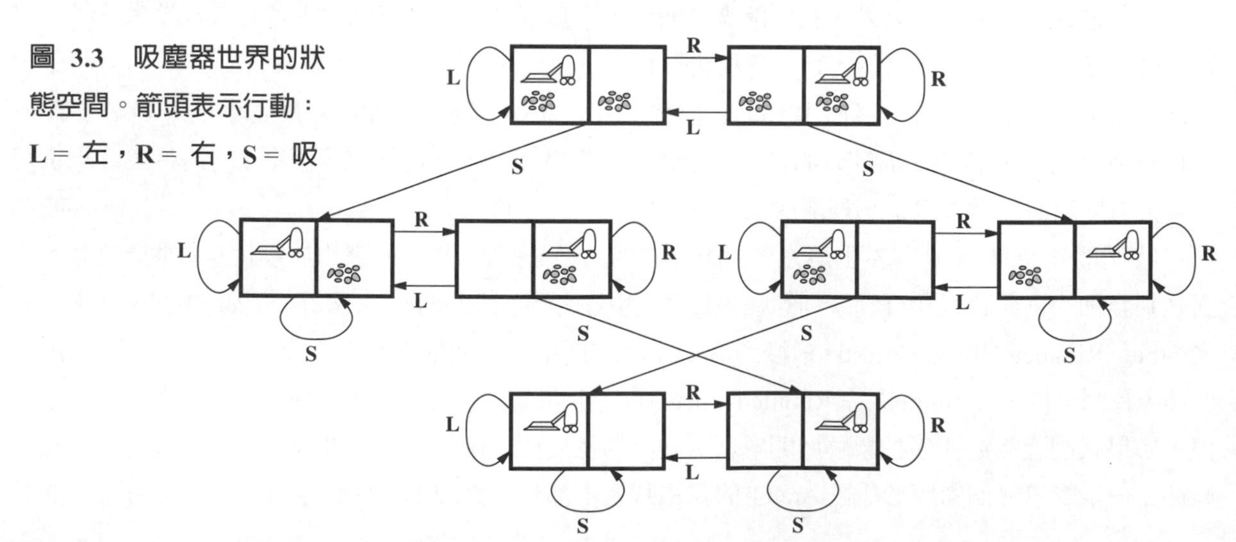

圖 3.3 吸塵器世界的狀態空間。箭頭表示行動：L＝左，R＝右，S＝吸

同現實世界比較，此玩具問題具有離散的地點、離散的灰塵、可靠的清潔過程，且一旦打掃乾淨就不再變髒。第 4 章會放鬆這些假設。

八方塊遊戲(8-puzzle)包括一 3×3 棋盤，上面擺放 8 個寫有數字的方塊，及一個空格，如圖 3.4 中所示。與空格相鄰的方塊可以滑動到空洞中。遊戲的目的是要達到一個特定的目標狀態，如圖中右側所示。標準的正規化如下：

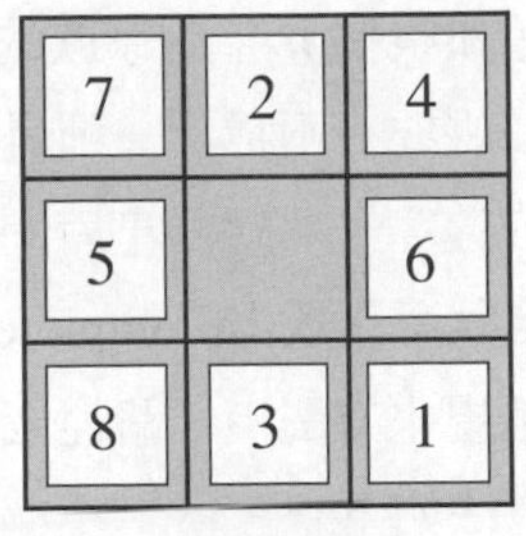

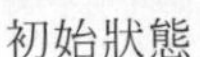

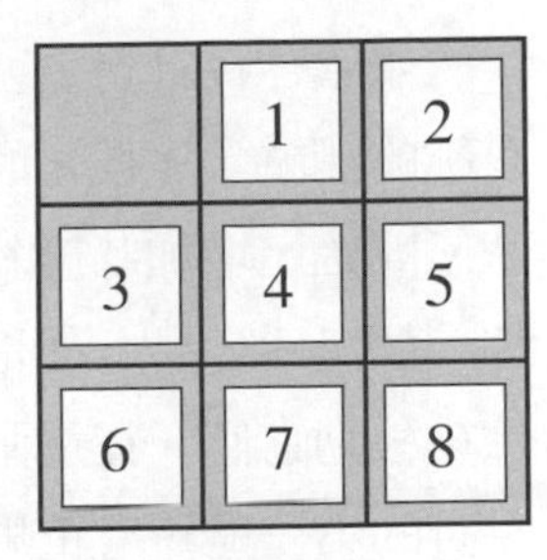

圖 3.4　八方塊遊戲的一個典型實例

- **狀態**：狀態敘述指定了 8 個方塊中的每一個以及空格在棋盤的 9 個方格上的分佈。
- **初始狀態**：初始狀態可以為任何狀態。注意：所有可能的初始狀態中，恰有一半能抵達任意一個指定的目標狀態(習題 3.5)。
- **行動**：最簡單的形式化將行動定義為：空格的移動 *Left*、*Right*、*Up*、*Down*。可能有不同子集，視空格所在。
- **轉移模型**：給定一狀態和行動，會傳回所得狀態；例如，我們在圖 3.4 內對初始狀態用 *Left*，所得狀態有 5 且轉換了空格。
- **目標測試**：用來檢查狀態是否符合目標組態，例如圖 3.4 中所示(其他目標組態是可能的)。
- **路徑成本**：每一步的成本為 1，因此整個路徑的成本就是路徑中的步數。

這裡的抽象化包括了什麼？行動都被抽象化為它們的開始和結束狀態，忽略了當方塊滑動時所處的中間位置。我們同時也去除掉一些行動，諸如方塊粘住的時候晃動棋盤，或者用小刀把方塊摳出來再放回去。我們只保留和遊戲規則相關的敘述，而避開所有實際操作的細節。

八方塊遊戲屬於**華容道遊戲**(sliding-block puzzles)家族，這類問題經常被用於測試新的 AI 搜尋演算法。這類問題已知為 NP-完備問題，因此不要期望能找到一個方法在最壞情況下顯著好於本章和下一章所敘述的搜尋演算法。八方塊遊戲共有 9!/2 = 181440 個可達到的狀態，這是很容易求解的。十五方塊問題(在 4×4 的棋盤上)則有大約 1.3 兆個狀態，用最好的搜尋演算法最佳化地求解一個隨機的問題則需要幾毫秒。24 方塊(在 5×5 棋盤上)具有約 10^{25} 個狀態，且隨機實例耗費數小時作最佳解。

八皇后問題(8-queens problem)的目標是將八個皇后放置在西洋棋棋盤中，使得任何一個皇后都不會攻擊到其他皇后(皇后可以攻擊和它在同一列、同一行或者同一對角線中的任何棋子)。圖 3.5 展示了失敗的嘗試解：在最右下角的皇后正遭到左上角的皇后攻擊。

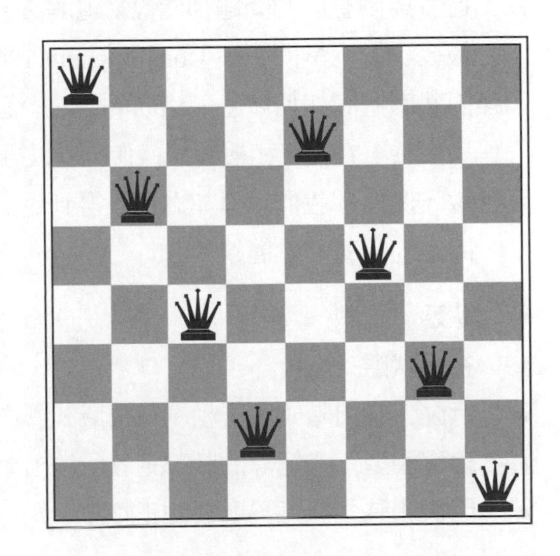

圖 3.5　皇后問題中一個已接近是解答的局面(解留作習題)

儘管存在針對這個問題和整個 n 皇后家族的高效專用演算法，但其對於搜尋演算法而言仍是個有趣的測試。正規化的方法主要有兩種。一種是**漸增正規化**(incremental formulation)，包括了從空狀態開始，增加狀態敘述的運算子；對八皇后問題而言，這就表示每次行動就會在現有狀態中再增加一個皇后。另一種是**完全狀態正規化**(complete-state formulation)，從八個皇后都在棋盤上開始，然後移動它們。在這兩種正規化方法中，路徑成本是沒有影響的，因為只有最終狀態有意義。可以嘗試的第一種漸增正規化方法如下：

- **狀態**：把 0 到 8 個皇后放在棋盤上的任何一種擺放方式都是一個狀態。
- **初始狀態**：棋盤上沒有皇后。
- **行動**：把一個皇后放到棋盤上的任一空格。
- **轉移模型**：傳回之棋盤有一個皇后被加到特定空格。
- **目標測試**：8 個皇后都在棋盤上，並且互相攻擊不到。

在這個正規化中，我們有 $64\times63\times\ldots\times57 \approx 1.8\times10^{14}$ 個可能序列來探究。更好的正規化方法是禁止把一個皇后放到任何一個目前已暴露在其他皇后的攻擊範圍格子裡：

- **狀態**：擺放 n 個皇后($0 \le n \le 8$)的所有可能方式，最左邊 n 行裡每行都有一個皇后，且沒有一個皇后能攻擊另一個。
- **行動**：把一個皇后放到最左側的空行中任一格子內，但該格不能被其他皇后攻擊。

這樣的正規化把八皇后問題的狀態空間從 1.8×10^{14} 一口氣降到了只有 2057，解就很容易找到了。另一方面，若有 100 個皇后，則從約 10^{400} 個狀態縮至約 10^{52} 個狀態(習題 3.6)——相當大的改進，但不足以使問題可簡單處理。第 4.1 節將敘述完備狀態正規化方法，而第 6 章將提供一個簡單的演算法，甚至連百萬個皇后的問題都能輕易地解決。

最後一個玩具問題由 Donald Knuth(1964)設計，且展示無限狀態空間如何產生。Knuth 推測，從 4 開始，藉由一連串階乘、方根、和樓層式操作，可以得到任何欲求的正整數。例如，我們可以如右從 4 得到 5。

$$\left\lfloor \sqrt{\sqrt{\sqrt{\sqrt{\sqrt{(4!)!}}}}} \right\rfloor = 5$$

問題的定義非常簡單：

- **狀態**：正數。
- **初始狀態**：4。
- **行動**：應用階乘、方根，或樓層式操作(階乘只限整數)。
- **轉移模型**：如運算的數學定義所給出。
- **目標測試**：狀態為所要的正整數。

就我們所知，在到達給定目標的過程中，對於可能建構出的一個數字並沒有上限——例如，在 5 的表示式中，產生了數字 620,448,401,733,239,439,360,000——狀態空間為無限大。這種狀態空間經常出現於當任務涉及數學表示式的產生、電路、證明、程式、和其他遞迴定義之物件。

3.2.2 現實世界問題

我們已經看到**尋徑問題**(route-finding problem)如何以特定位置及彼此間的轉換連結而定義。尋徑演算法被用於許多應用當中。其中一些(如網站和提供駕駛方向之車上系統)都是羅馬尼亞例子的直接延伸。還有其他如電腦網路的影像路由資料串、軍事行動規劃、及飛機航線規劃系統，都涉及更複雜得多的規定。考慮一個飛機航線旅行問題，其須由旅行規劃網站解決：

- **狀態**：每個狀態由位置(如機場)和目前的時間來表示。再者，因爲一個行動(航段)的成本可能取決於前一航段、其票價基準、其屬國內線或國際線，所以狀態必須額外記錄「歷史」面的資訊。
- **初始狀態**：由使用者的詢問所指明。
- **行動**：從目前位置搭乘任意航班，選任意艙等，且在目前時間後離開，以及預留足夠的機場內轉機時間(若有需要)。
- **轉移模型**：搭乘班機所致的狀態將以班機目的地爲目前位置，以班機到達時間爲目前時間。
- **目標測試**：我們是否在使用者指定的最終目的地？
- **路徑成本**：取決於金錢的花費、等待的時間、飛行時間、通過海關和入境的程序、座位的品質、一天中的哪個時段、飛機類型、飛行常客的哩程酬賓，等等。

商務旅行建議系統使用了類似這種正規化的方法，同時還要考慮很多附加的複雜因素以應付航空公司強加的難懂又複雜的收費結構。然而，任何有經驗的旅客都知道，並非所有的航班旅行都能按計劃順利進行的。一個眞正好的系統應該包含應變計畫——諸如後備的替代航班——其範圍取決於成本以及原計畫失敗的可能性。

■ 旅行問題(touring problem)

與尋徑問題非常相關，但是有個很重要的區別。想想看這個例題：「以 Bucharest 爲起點和終點，拜訪圖 3.2 中的每個城市至少一次」。跟尋徑問題一樣，行動還是對應於相鄰城市間的旅行。然而，狀態空間就非常不同了。每個狀態不僅必須包括目前所在的位置，還必須包括代理人已經拜訪過的城市集合。因此初始狀態應該是 *In Bucharest*, *Visited*({*Bucharest*})，一個典型的中間狀態可能是 *In Vaslui*, *Visited*({*Bucharest*, *Urziceni*, *Vaslui*})，而目標測試應該是檢查代理人是否在 Bucharest 並且已拜訪過所有 20 個城市。

■ 旅行推銷員問題(traveling salesperson problem，TSP)

是每個城市都剛好拜訪一次的旅行問題。它的目標是找到最短的旅程。這個問題已知是 NP-Hard 的問題，但還是有很多人做了大量的努力來改良 TSP 演算法。除了爲旅行推銷員規劃旅程之外，這些演算法還用於諸如規劃自動電路板鑽孔機和商店裝貨機的移動等等的問題。

■ 超大型積體電路佈局問題(VLSI layout problem)

其要求爲，在一個晶片上放置上數百萬個元件以及連線，以最小化晶片面積、電路延遲、雜散電容，並最大化製造產出量。這個佈局問題出現在邏輯設計階段之後，且通常會被劃分爲兩部分：**單元佈局**(cell layout)和**通道繞線**(channel routing)。在單元佈局中，基本元件被歸類成單元，每個單元執行某個認可的功能。每個單元都有固定的佔用區域(大小和形狀)並需要和其他單元之間有一定數量的連線。目標是能把這些單元放置在晶片上而不互相重疊，並且留有足夠的空間來佈設單元之間的連線。通道繞線是找到一特定路線，讓每一導線穿過單元之間的間隔。這些搜尋問題極端複雜，但很明顯地是值得解決的。本章稍後，我們提出一些有能力解決這類問題的演算法。

■ 機器人導航問題(robot navigation)

是前述尋徑問題的概括結果。機器人可以在連續的空間上運動，並且(原則上)可能的行動和狀態的集合都是無限的，而不是離散的路徑集合。對於一個在平面上運動的圓形機器人而言，空間基本上是二維的。當機器人有需要控制的手臂、腳或者輪子的時候，搜尋空間就變成多維的了。因此需要先進的技術才能使它的搜尋空間為有限。我們將在第二十五章中考察一些這樣的技術。除了問題的複雜度之外，眞實機器人還必須處理感測器數值和馬達控制的錯誤。

■ 自動組裝排序(automatic assembly sequencing)

最早展示讓機器人完成對複雜物體的自動組裝排序的是 FREDDY(Michie，1972)。從那時起這個問題的研究進展一直是慢而可靠的，在組裝諸如電動馬達這樣的複雜物體方面，都已經達到了在經濟上可行的程度。在組裝問題中，目標是找到將零件組裝成特定物體的次序。如果選擇了一個錯誤的組裝次序，遲早會遇到若不撤銷前面已完成的工作，就無法安裝序列中下一個零件的情況。檢查安裝序列中某一步的可行性是一個類似機器人導航問題的困難幾何搜尋問題。因此，產生合法後繼是組裝排序中開銷最大的部分。任何實用的演算法都必須只搜尋狀態空間中的一小部分，而避免搜尋所有的狀態空間。另外一個重要的組裝問題是**蛋白質設計**(protein design)，它的目標是尋找一個氨基酸的序列，使其能疊放在三維的蛋白質結構中，並具有能夠治癒某些疾病的合適特性。

3.3 對解的搜尋

在正規化某些問題之後，我們現在必須對它們求解。解答為一個行動序列，所以搜尋演算法藉由考慮各種可能行動序列而運作。從初始狀態開始的可能行動序列形成一棵**搜尋樹**(初始狀態在根節點)；分支為行動，**節點**對應問題的狀態空間中的狀態。圖 3.6 中顯示出，為尋找從 Arad 到 Bucharest 的路徑而使搜尋樹增長的頭幾個步驟。搜尋樹的根節點對應於初始狀態 *In*(*Arad*)。第一步是檢查該節點是否即為目標狀態。很明顯的它不是，但是這樣的檢查是很重要的，因為它可以解決像「從 Arad 出發，到達 Arad」這樣的麻煩問題。然後我們必須考慮採取各種行動。這是透過**展開**(expand)目前狀態完成的；就是說，把後繼函數用於目前狀態，因而**產生**(generate)一個新的狀態集合。在這種情況下，我們從**父節點** In(Arad)增加三個新分支，通往三個新的**子節點**：*In*(*Sibiu*)、*In*(*Timisoara*)、*In*(*Zerind*)。現在我們必須從這三種可能性中選擇其一繼續考慮。

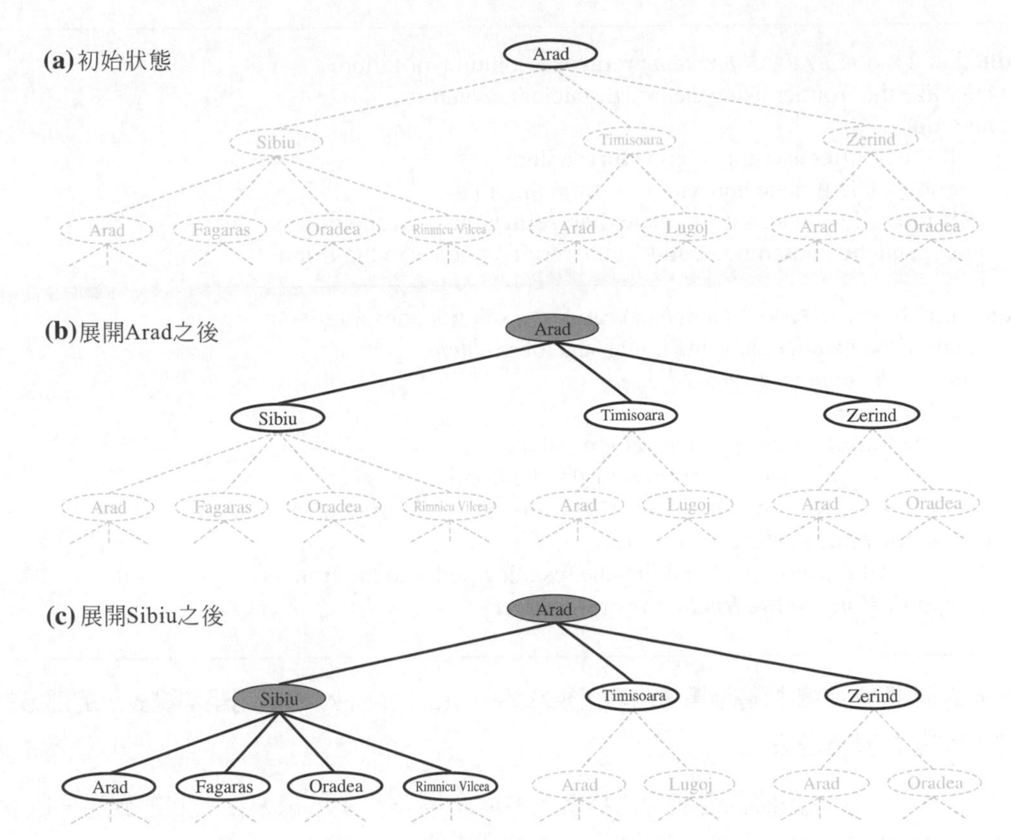

圖 3.6　尋找從 Arad 到 Bucharest 的路徑中的部分搜尋樹。已被展開過的節點用陰影表示；已經產生但是還未展開的節點用粗實輪廓線表示；尚未產生的節點用淺色虛線表示

搜尋的本質是——繼續處理其中一個選項，其他的選項先擱置不理，留待稍後之用，萬一發現第一個選項不能通往問題的解時再考慮。假設我們先選擇 Sibiu。我們檢查它是否爲目標狀態(不是)，然後展開它得到四個狀態：*In*(*Arad*)、*In*(*Fagaras*)、*In*(*Oradea*)、*In*(*RimnicuVilcea*)。之後我們可以選擇這四個狀態之一，或者回頭並選擇 Timisoara 或 Zerind。邊緣的每個元素都是**葉節點**(leaf node)，即搜尋樹中沒有後繼的節點。在任意給定點作展開時，可得的所有葉節點的集合稱作**邊緣**(frontier)。[許多作者稱之**開放列表**(open list)，這在地理上較不具喚起效果也不準確，因爲其他資料結構比起列表均較佳]。在圖 3.6 中，每棵搜尋樹的邊緣由粗輪廓線表示的節點所組成。

在邊緣展開節點的過程持續直到找到解或沒有狀態可以展開。在圖 3.7 中提供了一般樹搜尋演算法的非正規敘述。搜尋演算法均共用此基本架構；之間的不同變化主要根據如何選擇接下來哪個狀態作展開——亦即所謂的**搜尋策略**。

眼尖的讀者會注意到圖 3.6 中搜尋樹一個特別地方。其包含從 Arad 到 Sibiu 再回到 Arad 的路徑！我們稱 *In*(*Arad*)爲搜尋樹的一個**重複狀態**，此例中是由**迴圈路徑**所產生。考慮迴圈路徑是指，羅馬尼亞的完備搜尋樹是無窮的，因爲對穿過迴圈的次數是沒有限制的。另一方面，狀態空間——圖 3.2 的地圖——僅有 20 個狀態。如同在 3.4 節所討論，迴圈會造成某些演算法失敗，同時使可解問題變成無解。幸運地，我們並不需要考慮迴圈路徑。我們可以用直覺外的方式來處理：因爲路徑成本爲外加的，且每一步成本爲非負，所以對任何狀態的迴圈路徑永遠不會比沒有迴圈的相同路徑好。

```
function TREE-SEARCH(problem) returns a solution, or failure
  initialize the frontier using the initial state of problem
  loop do
      if the frontier is empty then return failure
      choose a leaf node and remove it from the frontier
      if the node contains a goal state then return the corresponding solution
      expand the chosen node, adding the resulting nodes to the frontier
```

```
function GRAPH-SEARCH(problem) returns a solution, or failure
  initialize the frontier using the initial state of problem
  initialize the explored set to be empty
  loop do
      if the frontier is empty then return failure
      choose a leaf node and remove it from the frontier
      if the node contains a goal state then return the corresponding solution
      add the node to the explored set
      expand the chosen node, adding the resulting nodes to the frontier
         only if not in the frontier or explored set
```

圖 3.7 一般的樹-搜尋及圖-搜尋演算法的非正規敘述。GRAPH-SEARCH **用粗斜體表示的部分為字體為需要處理重複狀態的額外部分**

迴圈路徑是更一般的**多餘路徑**概念的特例，多餘路徑會發生於只要從一狀態到另一狀態的路徑不只一個的時候。考慮路徑 Arad-Sibiu(長 140 公里)和 Arad-Zerind-Oradea-Sibiu(長 297 公里)。明顯的，第二路徑是多餘的——其爲到達同一狀態較糟的路。若你擔心目標的到達，沒有理由對一已知狀態保留超過一個以上的路徑，因爲任何能以展開一路徑而到達的目標狀態同樣能以展開其他路徑展開而到達。

某些情況下，有可能定義問題本身，以便消除多餘路徑。例如，若我們正規化 8 皇后問題(3.2.1 節)，使皇后可以放在任一行，則具有 n 個皇后的每個狀態可以從 $n!$個不同路徑到達；但若是重新正規化這個問題，使得每個新皇后被放在最左邊的空行，則每一狀態只能由單一路徑到達。

在其他情況中，多餘路徑並無法避免。這包括了行動爲可逆的所有問題，例如尋徑問題和華容道問題。在**方塊格**上尋徑(如圖 3.9 中所示)是電腦遊戲中特別重要的一個例子。在一個網格上，每個狀態有四個後繼，所以包括重複狀態的搜尋樹有 4^d 個葉節點；然而對於任一給定的狀態在 d 步以內只有約 $2d^2$ 個不同的狀態。當 $d = 20$ 的時候，這就表示上兆個節點中只包含 800 個不同的狀態。因此，依循多餘路徑可能使一個簡單問題變得複雜不易解。即使對於知到如何避免無窮迴圈的演算法也爲眞。

如俗話說，遺忘歷史的演算法註定要重複歷史。避免探索多餘路徑的方法就是記住曾經去過哪裡。爲達到這個目標，我們增強 TREE-SEARCH 演算法，用的是稱作**探索集合**(也稱爲**封閉列表**)的資料結構，其記憶住每一展開的節點。與之前生成的節點相配的新生成節點——在探討集合或邊緣——可以被丟棄，而不是被加到邊緣。這個新的演算法稱爲 GRAPH-SEARCH，如圖 3.7 所示的非正規形式。本章所述的特定演算法就利用這個一般設計。

顯然，GRAPH-SEARCH 演算法構建的搜尋樹最多包含每個狀態的一個副本，所以我們可以把它視爲直接在狀態-空間圖形上成長一棵樹，如圖 3.8 所示。該演算法還有一個良好的性質：邊緣將狀態-空間圖**分隔**成探索區及未探索區，所以從初始狀態到一個未探索狀態的每一路徑必須通過邊緣的一個狀態(如果這似乎是完全明顯的事，可以嘗試習題 3.14)。這性質於圖 3.9 說明。隨每移一步從邊緣的一狀態到探索區域，同時也移動幾個未探索區域的狀態到邊緣，我們看到演算法是系統地檢驗狀態空間的狀態，一個接一個，直到找到一解。

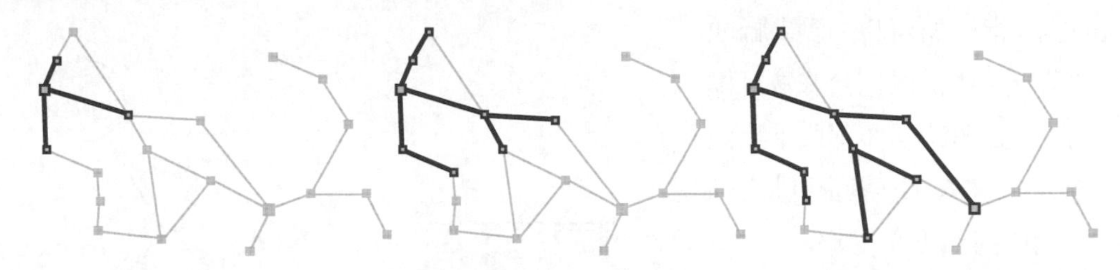

圖 3.8 一個搜尋樹序列，由圖 3.2 的羅馬尼亞問題作圖形搜尋生成。在每個階段，我們延伸每一路徑一步。注意在第三階段，最北端的城市(Oradea)已成為一個死狀態：其後繼者都已經透過其他路徑探索過

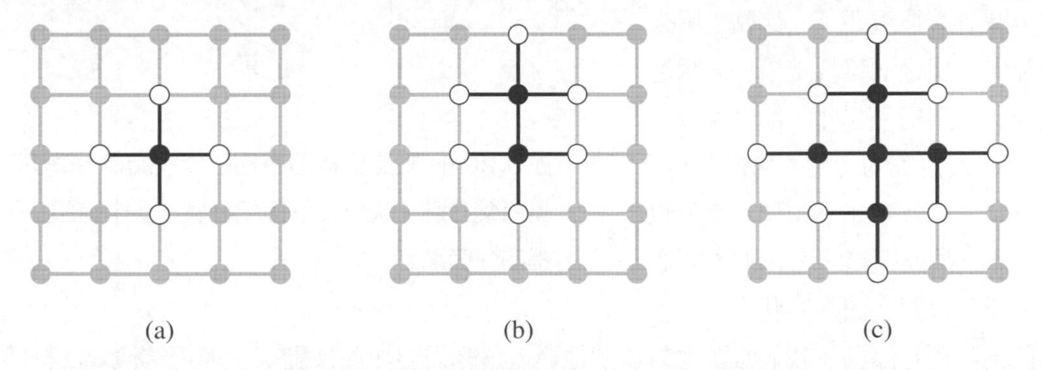

圖 3.9 GRAPH-SEARCH 的分離特性，說明於一個矩形網格問題。邊緣(白色節點)總是分隔狀態空間的探索區域(黑色節點)和未探索地區(灰色節點)。在(a)，只有根作展開。在(b)，一個葉節點已展開。在(c)，根節點的後繼者以順時針展開

3.3.1 搜尋演算法的基礎結構

搜尋演算法需要一個資料結構來追踪正在構建的搜尋樹。對於樹的每個節點 n，我們有一個結構，其包含四個部分：

- *n*.STATE：狀態空間中該節點所對應的狀態；
- *n*.PARENT：搜尋樹中產生該節點的節點(即父節點)；
- *n*.ACTION：由父節點產生該節點所用的行動；
- *n*.PATH-COST：傳統上表示爲 $g(n)$，爲從初始狀態到該節點的路徑成本，可由父節點指標推得。

若已知父節點的元件，很容易看出如何計算子節點必要的元件。函數 CHILD-NODE 需要一個父節點和一個行動，並傳回產生的子節點：

```
function CHILD-NODE(problem, parent, action) returns a node
  return a node with
      STATE = problem.RESULT(parent.STATE, action),
      PARENT = parent, ACTION = action,
      PATH-COST = parent.PATH-COST + problem.STEP-COST(parent.STATE, action)
```

圖 3.10 敘述了節點的資料結構。請注意，PARENT 指標如何將節點串聯成為一個樹結構。這些指標也允許當目標節點被發現時，對解路徑作萃取；我們使用函數 SOLUTION 來傳回行動序列(依循父節點指標回到根所得)。

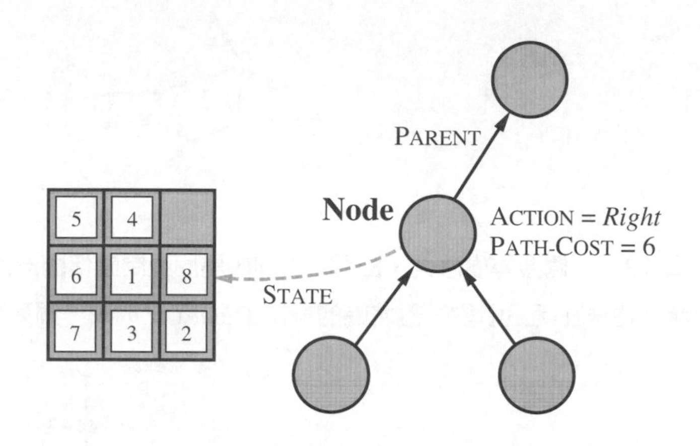

圖 3.10　節點是建構搜尋樹的資料結構。每個節點都具有父節點、狀態和各種記錄域。圖中箭頭由子節點指向父節點

到現在為止，我們還沒有很仔細區分節點和狀態，但在詳細寫出演算法時，明確區分就很重要了。節點是用來表示搜尋樹的記錄型資料結構。一狀態對應於世界的架構。因此，節點處於由父-節點指標所定義的特定的路徑上，而狀態則不是。此外，如果一個狀態可以透過兩條不同的路徑產生，兩個不同的節點就可能包含同一個世界狀態。

現在，我們有節點，我們需要地方放置他們。邊緣需要如此被儲存：讓搜尋演算法根據其偏好策略，能很容易地選擇下一個節點來展開。對此，適當的資料結構為一**佇列**。佇列的操作方法如下：

- EMPTY?(*queue*)當且僅當佇列中沒有元素時傳回為真。
- POP(*queue*)刪除並回傳佇列的第一個元素。
- INSERT(*element*, *queue*)插入一個元素，並傳回所得佇列。

佇列由它們對插入節點的儲存順序所定義。三種常見的佇列版本為是先入先出 **FIFO 佇列**(其拋出佇列中最舊的成分)；後進先出 **LIFO 佇列**(也稱為**堆棧**，其拋出佇列中最新的成份；以及**優先佇列**(其拋出某順序含樹下具有最高優先順序的佇列成分)。

探索集可以用雜湊表來實作，以便有效地檢查重複狀態。在良好實作下，插入和查找都可以在約略固定的時間內完成，無論多少狀態被儲存。我們必須以在狀態間的正確等號來小心執行雜湊表。例如，在旅行推銷員問題(3.2.2 節)中，雜湊表需要知道訪問城市集合{Bucharest, Urziceni, Vaslui}是同於{Urziceni, Vaslui, Bucharest}。有時，可以這樣來最簡單達到：就是堅持狀態的資料結構必須是一種標準形式；亦即，邏輯等價的狀態應該映射到同樣的資料結構。例如，在以集合描述狀態的情況下，一個位元-向量表示或不重複的排序列表將是標準的，而一個未排序的列表不是。

3.3.2 測量問題求解的效能

在我們學會設計出特定的搜尋演算法之前，我們需要考慮可以用來選擇其一的準則。我們將透過以下四種途徑來評估一個演算法的效能：

- **完備性**(completeness)：當問題有解時，這個演算法是否保證能找到解？
- **最佳性**(optimality)：該策略是否會找到最佳解，如 3.1.1 節所定義？
- **時間複雜度**(time complexity)：找到一個解需要花費多長時間？
- **空間複雜度**(space complexity)：在執行搜尋的過程中需要多少記憶體？

時間複雜度和空間複雜度一定會與問題困難度的指標有關。在理論計算機科學中，典型的度量是狀態空間圖的大小 $|V| + |E|$，其中 V 是圖形頂點(節點)的集合，E 為邊(連接)的集合。當圖形是被輸入到搜尋程式的明確資料結構時，這是合適的(羅馬尼亞地圖就是一個例子)。在 AI 中，圖往往是由初始狀態、行動、轉移模式三者所暗示出，且經常是無窮的。基於這些原因，複雜度以三個量表示出：b，**分支因數**，或任一節點的最大後繼個數；d，最淺的目標節點**深度**(亦即，沿著從根出發的路徑下的步數)；還有 m，狀態空間中任一路徑的最大長度。我們經常用搜尋過程中產生的節點數目來測量時間，以儲存在記憶體中的最大節點數來測量空間。在大多數情況下，我們描述在一棵樹上搜尋的時間和空間複雜度，答案取決於該狀態空間中的路徑有多「多餘」。

在評估一個搜尋演算法的有效性時，我們可以只考慮**搜尋成本**(search cost)——搜尋成本通常取決於時間複雜度，不過也可以包含記憶體的使用量。或者，我們可以使用總成本(total cost)：將已知解的搜尋成本和路徑成本相加。對於尋找從 Arad 到 Bucharest 路徑的問題，搜尋成本是搜尋所需的時間，而解成本是路徑總長度的公里數。因此，若要計算總成本，我們不得不把公里數和毫秒數相加。這兩者之間沒有「官方兌換率」，但既然如此，利用估計的汽車平均速度把公里數轉換為毫秒數(因為代理人關心的是時間)可能會是說得通的。這使得代理人能夠找到一個最佳的折衷點，使得任何偏離這點尋找更短路徑的進一步計算都變得無益。更一般的不同利益之間的折衷問題將在第十六章中討論。

3.4 無資訊的搜尋策略

這一節包括**無資訊搜尋**(uninformed search)[也稱為**盲目搜尋**(blind search)]策略中的五種搜尋策略。這個術語就表示這類搜尋策略除了問題提供的定義之外，完全沒有任何關於狀態的額外資訊。他們唯一可以做的事情只有產生後繼，並區分目標狀態與非目標狀態。所有這些搜尋策略是以展開節點的次序來區分的。知道一個非目標狀態是否比其他狀態「更有希望」接近目標的策略被稱為**有資訊搜尋**(informed search)策略或**啟發式搜尋**策略；它們將在 3.5 節中討論。

3.4.1 廣度-優先搜尋

廣度優先搜尋(breadth-first search)是一個簡單的策略：先展開根節點，接著展開根節點的所有後繼，然後再展開它們的後繼，依此類推。一般而言，在展開下一層的任一節點之前，搜尋樹上本層深度的所有節點都已經展開。

廣度-優先搜尋為一般圖形-搜尋演算法(圖 3.7)的一例，其中最淺的未展開節點被選到並展開。對邊緣使用 FIFO 佇列可非常簡單地達到這個。因此，新的節點(恆比其父節點更深)會到佇列後端，而舊節點(比新的節點淺)會被先展開。對一般圖形搜尋演算法有一個輕微的調整，就是目標測試被應用於每個節點是在其被產生時，而非其被選到作展開時。這決定如下解釋，其中我們討論時間複雜度。還要注意到，依循圖形搜尋一般模式的演算法會拋棄通往已在邊緣或探索集的一個狀態的任何新路徑，；很容易看出，任何這樣的路徑必須至少深達已發現的路徑。因此，廣度-優先搜尋總是有最淺路徑通往邊緣上每一節點。

偽代碼於圖 3.11 中給出。圖 3.12 顯示了一個簡單二元樹的搜尋過程。

```
function BREADTH-FIRST-SEARCH(problem) returns a solution, or failure
  node ← a node with STATE = problem.INITIAL-STATE, PATH-COST = 0
  if problem.GOAL-TEST(node.STATE) then return SOLUTION(node)
  frontier ← a FIFO queue with node as the only element
  explored ← an empty set
  loop do
     if EMPTY?(frontier) then return failure
     node ← POP(frontier)  /* chooses the shallowest node in frontier */
     add node.STATE to explored
     for each action in problem.ACTIONS(node.STATE) do
        child ← CHILD-NODE(problem, node, action)
        if child.STATE is not in explored or frontier then
           if problem.GOAL-TEST(child.STATE) then return SOLUTION(child)
           frontier ← INSERT(child, frontier)
```

圖 3.11　對一圖的廣度-優先搜尋。

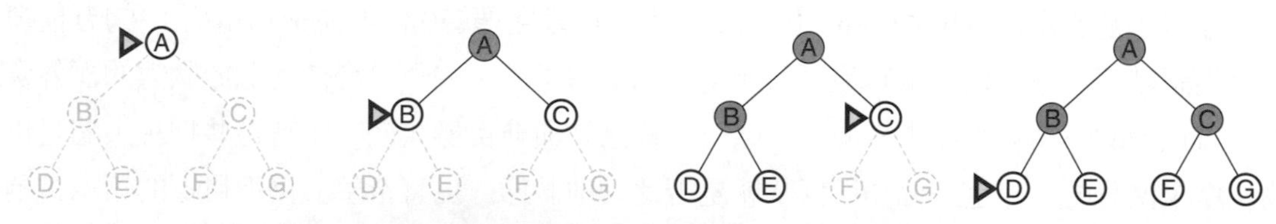

圖 3.12　簡單二元樹上的廣度優先搜尋。在每個階段，箭頭會指出下一個要展開的節點

廣度-優先搜尋如何根據上一節的四項標準作評價？我們可以很輕易知道廣度優先搜尋是完備的——如果最淺的目標節點處於一個有限的深度 d，廣度優先搜尋在展開完比它淺的所有節點(倘若分支因數 b 是有限的)之後，一定能找到這個目標節點。請注意，只要一個目標節點生成，我們就知道這是最淺的目標節點，因爲所有較淺節點必須已生成且未通過目標測試。最淺的目標節點不一定就是最佳的目標節點；嚴格來說，如果路徑成本是節點深度的非遞減函數，廣度優先搜尋才是最佳的。最常見的情景是所有的行動本有同樣成本。

到目前爲止，關於廣度優先搜尋的評價都是好的。對時間和空間的評價沒有這麼好。試想搜尋一棵每一狀態均有後繼的均勻樹。搜尋樹的根節點產生第一層的 b 個子節點，每個子節點又產生 b 個子節點，在第二層總共有 b^2 個節點。第二層的每個節點再產生 b 個子節點，在第三層則得到 b^3 個節點，依此類推。現在假設解的深度爲 d。在最壞的情況下，是最後的節點產生在這深度。這時已經產生的節點數爲：

$$b + b^2 + b^3 + \ldots + b^d = O(b^d)$$

[如果演算法是將目標測試應用於選爲展開的節點上，而非應用於節點產生時，在深度 d 的整層節點會在目標被偵測前展開，而間複雜度將是 $O(b^{d+1})$。]

至於空間複雜度：對於任何類型的圖形搜尋(儲存探索集中的每一展開節點)，空間複雜度恆小於時間複雜度的 b 倍。尤其對於廣度-優先圖形搜尋，每一個生成節點仍然在記憶中。於探索集內將有 $O(b^{d-1})$節點，於邊緣則有 $O(b^d)$個節點，所以空間複雜度爲 $O(b^d)$，亦即，由邊緣大小來控制。切換到一個樹搜尋不會節省很多空間，且在有許多多餘路徑的狀態空間中，作切換可能耗費許多時間。

如 $O(b^d)$的指數複雜度上限是十分嚇人的。圖 3.13 說明了原因。它列出了當分支因數 b = 10 的時候，廣度優先搜尋演算法搜尋到不同的深度 d 所需要的時間和空間。表中假設電腦每秒鐘能夠產生 1 個節點，並且儲存一個節點需要 1000 位元組。許多搜尋問題在現代個人電腦上執行的時候粗略符合這樣的假設(可再乘或者除以 100)。

深度	節點	時間	記憶體
2	110	0.11 毫秒	107 K 位元組
4	11,110	11 毫秒	10.6 M 位元組
6	10^6	1.1 秒	1 G 位元
8	10^8	2 分鐘	103 G 位元組
10	10^{10}	3 小時	10 T 位元組
12	10^{12}	13 天	1 P 位元
14	10^{14}	3.5 年	99 P 位元組
16	10^{16}	350 年	10 E 位元組

圖 3.13 廣度優先搜尋的時間和記憶體需求。顯示的數據建立在如下假設上：搜尋樹的分支因數為 b = 10；1 **個節點/秒**；1000 **位元組/節點**

由圖 3.13 可學習到兩件事。第一是，在廣度優先搜尋演算法中記憶體的需求是比執行時間更大的問題。有人可能會等待 13 天，等一個搜尋深度 12 的重要問題的解答出來，但沒有個人電腦擁有所需的 P 位元組級的記憶體。幸運的是，其他策略需要較少的記憶體。

第二個是，時間仍然是個主要因素。如果你的問題在第 16 層有一個解，那麼(按照我們所給的假設)廣度優先搜尋(或者甚至任何一種無接收資訊搜尋)需要花費 350 年的時間才能找到它。一般而言，除了極小型的實例以外，指數級複雜度的搜尋問題不能用無資訊的方法解決。

3.4.2 成本一致搜尋

當所有步成本相等時，廣度優先搜尋是最佳的，因爲它總是先展開深度最淺的未展開節點。透過簡單的擴充，我們就可以找到一個對任何單步成本函數都是最佳的演算法。**成本一致搜尋**(uniform-cost search)展開的是路徑成本 $g(n)$最低的節點 n，而非深度最淺的節點。作法是將邊緣儲存爲一個由 g 排序的優先佇列。該演算法如圖 3.14。

除了依路徑成本的佇列順序，廣度-優先搜尋還有兩個顯著差異。第一個是，目標測試是應用於被選中展開的節點(如圖 3.7 所示的一般圖形-搜尋演算法)，而不是應用在節點第一次被產生時。原因是生成的第一個目標節點可能是在次佳路徑。第二個區別是，當發現一個正在邊緣的節點有更佳路徑時，會加入一個測試。

這兩項修改開始發揮作用的例子如圖 3.15 所示，其中問題是要從 Sibiu 到 Bucharest。Sibiu 的後繼是 Rimnicu Vilcea 和 Fagaras，成本分別爲 80 和 99。最小-成本節點 Rimnicu Vilcea 接著被展開，並增加 Pitesti，而成本爲 80 + 97 = 177。最小-成本節點現在爲 Fagaras，所以其被展開，並增加 Bucharest，成本爲 99 + 211 = 310。現在，已生成一目標節點，但均勻成本搜尋演算法保持運行，並選擇 Pitesti 來展開，且添加第二個路徑到 Bucharest，成本爲 80 + 97 + 101 = 278。現在演算法檢查這個新路徑是否比舊的好；是這樣沒錯，所以舊的被丟棄。Bucharest(現在其 g-成本爲 278)被選擇展開，而解被回傳。

很容易看出，成本一致搜尋一般是最佳的。首先，我們觀察到，每當成本一致搜尋選擇一個節點 n 來展開，到該節點的最佳路徑就會被發現。(若不是這樣，就必須有另一邊緣節點 n' 在從起始節點到 n 的最佳路徑上，這是圖 3.9 的圖分離特性；根據定義，n' 將有小於 n 的較低 g-成本，並會被先選取)。然後，因爲步成本爲非負，路徑在增加節點時永遠不會變短。這兩個事實一起意味著，成本一致搜尋以其最佳路徑成本的順序來展開節點。因此，選來展開的第一個目標節點必須是最佳解。

成本一致搜尋注意的並非單一路徑的步數，而是所經步驟的總成本。因此，它會陷在一個無窮迴圈，若有一個路徑具有無窮序列的零成本行動——例如，一個 *NoOp* 行動的序列[6]。完備性的保證是假若每一步成本超出某個小的正值常數 ε。

成本一致搜尋是由路徑成本所引導，而非深度，所以它的複雜度不能簡單地用 b 和 d 來刻畫。相反的，我們可以令 C^* 爲最佳解的成本，並假設每個行動的成本至少爲 ε[7]。那麼這個演算法在最壞情況下的時間和空間複雜度爲 $O(b^{1+\lfloor C^*/\varepsilon \rfloor})$，要比 b^d 的值大得多。這是因爲成本一致搜尋在探索包含成本大但也許有用的步驟的路徑之前，可能會(而且經常會)先探索包含成本小的步驟所構成的大樹。當所有步成本相等時，$b^{1+\lfloor C^*/\varepsilon \rfloor}$剛好為 b^{d+1}。當所有步成本相同時，成本一致搜尋類似於廣度-優先搜尋，除了後者只要生成一個目標就停止，而成本一致搜尋檢查所有在目標深度的節點，看是否具有較低的成本；因此成本一致搜尋確實沒必要在深度 d 展開節點而作更多工作。

```
function UNIFORM-COST-SEARCH(problem) returns a solution, or failure
  node ← a node with STATE = problem.INITIAL-STATE, PATH-COST = 0
  frontier ← a priority queue ordered by PATH-COST, with node as the only element
  explored ← an empty set
  loop do
     if EMPTY?(frontier) then return failure
     node ← POP(frontier)   /* chooses the lowest-cost node in frontier */
     if problem.GOAL-TEST(node.STATE) then return SOLUTION(node)
     add node.STATE to explored
     for each action in problem.ACTIONS(node.STATE) do
        child ← CHILD-NODE(problem, node, action)
        if child.STATE is not in explored or frontier then
           frontier ← INSERT(child, frontier)
        else if child.STATE is in frontier with higher PATH-COST then
           replace that frontier node with child
```

圖 3.14　對一圖的成本一致搜尋。該演算法等同於圖 3.7 的一般圖形搜尋演算法，除了使用一個優先佇列，並增加一個額外檢查，以防發現一個較短路徑可通往一個邊緣狀態。邊緣的資料結構需要支持有效的成員檢測，所以它應該結合一個優先佇列和一個雜湊表的能力

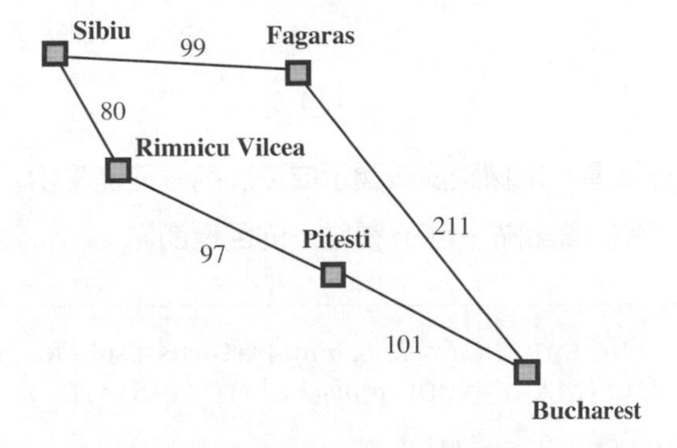

圖 3.15　部分的羅馬尼亞狀態空間，選擇用以說明成本一致搜尋

3.4.3　深度-優先搜尋

深度優先搜尋(depth-first search)總是展開搜尋樹目前的邊緣中最深的節點。搜尋過程如圖 3.16 所示。搜尋直接推進到搜尋樹的最深層，直到節點沒有後繼節點為止。當那些節點展開完後，就把它們從邊緣中移除，然後「向上回到」下一個仍未展開的最深節點繼續搜尋。

深度-優先搜尋演算法為圖 3.7 的圖形-搜尋演算法的一實例；而廣度-優先-搜尋使用 FIFO 佇列，深度-優先搜尋使用 LIFO 佇列。LIFO 佇列意味著最新生成的節點被選擇展開。這一定是最深的未展開節點，因為其深度超過父節點——而其便為被選到時的最深未探索節點。

通常在實作深度優先搜尋演算法時，會用對目前節點的子節點呼叫自己的遞迴函數，以作為可替代 TREE-搜尋的實作方案(結合深度限制的遞迴深度優先演算法如圖 3.17 所示)。

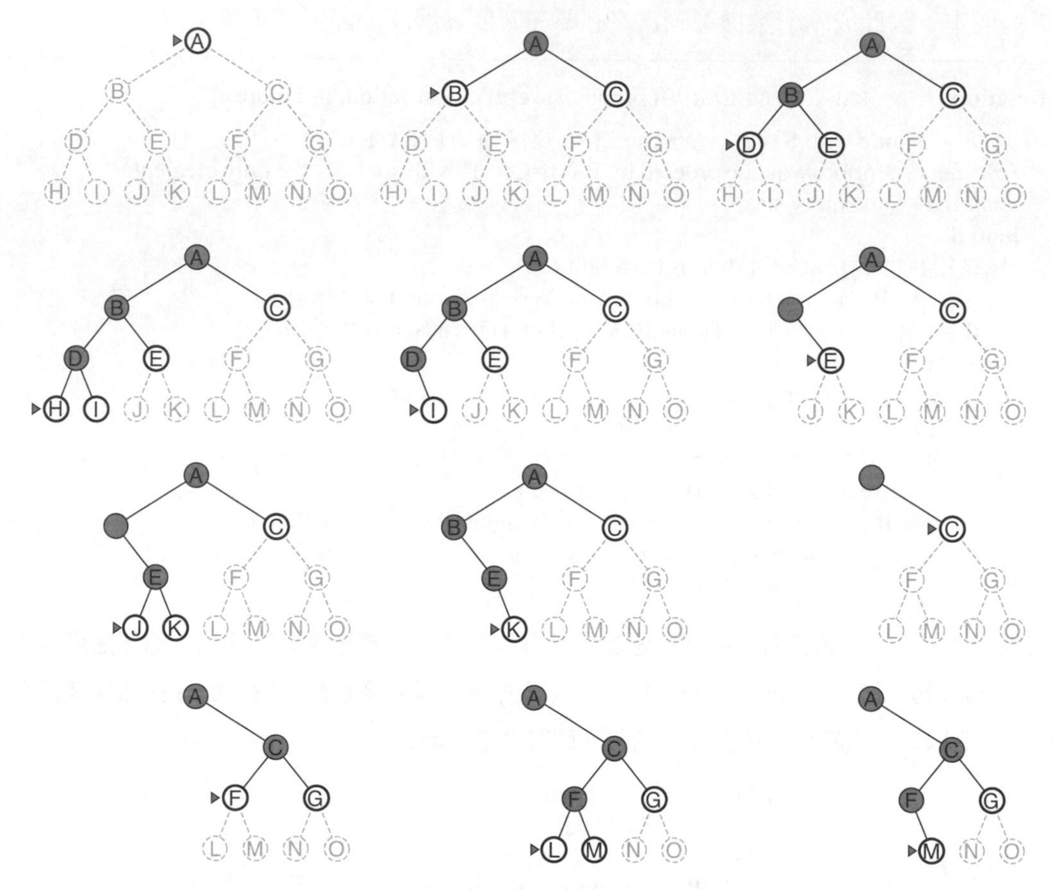

圖 3.16　對二元樹作深度優先搜尋。未探索區域顯示成淺灰色。在邊緣中，沒有後繼的探索節點從記憶中被刪除。在深度 3 的節點沒有後繼節點，且 *M* 是唯一的目標節點

```
function DEPTH-LIMITED-SEARCH(problem, limit) returns a solution, or failure/cutoff
   return RECURSIVE-DLS(MAKE-NODE(problem.INITIAL-STATE), problem, limit)

function RECURSIVE-DLS(node, problem, limit) returns a solution, or failure/cutoff
   if problem.GOAL-TEST(node.STATE) then return SOLUTION(node)
   else if limit = 0 then return cutoff
   else
       cutoff_occurred? ← false
       for each action in problem.ACTIONS(node.STATE) do
           child ← CHILD-NODE(problem, node, action)
           result ← RECURSIVE-DLS(child, problem, limit − 1)
           if result = cutoff then cutoff_occurred? ← true
           else if result ≠ failure then return result
       if cutoff_occurred? then return cutoff else return failure
```

圖 3.17　一個有限深度搜尋的遞迴實作

深度-優先搜尋的性質強烈取決於是否使用圖形-搜尋或樹-搜尋。圖-搜尋版本(其避免重複狀態和多餘路徑)是在有限狀態空間中完備，因爲它最終會展開每個節點。另一方面，樹-搜尋版本不是完備——例如，在圖 3.6，演算法會永遠依循 Arad-Sibiu-Arad-Sibiu 迴圈。深度-優先樹搜尋可以修改，而無需額外的記憶成本，所以它會檢查那些新的狀態而不是從根到當前節點的狀態；這避免了有限狀態空間中的無窮迴圈，但沒有避免多餘路徑的增生。在無窮狀態空間中，若碰到一個無窮的非-目標路徑時，兩個版本都會失敗。例如，在 Knuth 的四個問題中，深度-優先搜尋會永遠保持階乘操作。

基於類似原因，兩版本都不是最佳化。例如，在圖 3.16 中，儘管 C 是目標節點，深度優先搜尋還是會先探索整個左側子樹。若節點 J 亦爲目標節點，則深度-優先搜尋會將其(而不是 C)傳回而作爲解；因此，深度-優先搜尋不是最佳。

深度-優先圖搜尋的時間複雜度被狀態空間(當然可能是無窮)的大小限制。另一方面，深度-優先樹搜尋可能在搜尋樹中產生所有 $O(b^m)$節點，其中 m 是任何節點的最大深度；這能比狀態空間的大小更大很多。注意到，m 本身可比 d(最淺解的深度)大很多，且若搜尋樹是無限的，則 m 也是無限的。

到目前爲止，深度-優先搜尋似乎沒有明顯的優點比廣度-優先搜尋好，所以爲什麼我們要包含它？理由是空間複雜度。對於一個圖搜尋，其沒有什麼優勢，但深度-優先樹搜尋僅需儲存一個從根到葉節點的路徑，連同該路徑上各節點的其餘未展開的兄弟節點。一旦展開一個節點，當它的所有後代都被完全探索過後，這個節點就可以從記憶體中刪除(參見圖 3.16)。對一個分支因數爲 b，最大深度爲 m 的狀態空間，深度優先搜尋只需要儲存 $O(bm)$個節點。當我們使用與圖 3.13 相同的假設，並且假設與目標節點在同一深度的節點沒有後繼節點時，我們發現對深度 $d = 16$ 的深度優先搜尋只需要 156 KB，而不是 10 EB，前者僅需後者約百億分之一的空間。這導致了深度-優先樹搜尋被採用做爲 AI 許多領域的基本運作法，包括約束滿足問題(第六章)，命題可滿足性(第七章)，和邏輯程式設計(第 9 章)。對於本節的其餘部分，我們主要側重於深度-優先搜尋的樹-搜尋版本。

深度優先搜尋的另外一種變形稱爲**回溯搜尋**(backtracking search)，所用的記憶體空間更少。(細節可參見第 6 章)。在回溯搜尋中，每次只產生一個後繼節點，而非所有的後繼節點；每個被部分展開的節點要記住下一個要產生的節點是哪個。用這種方法，只需要 $O(m)$的記憶體而不是 $O(bm)$。回溯搜尋還促進了另一個節省記憶體(和節省時間)的技巧：直接修改目前的狀態敘述，而不是先對它進行複製來產生後繼節點。這把記憶體需求減少到只有一個狀態敘述以及 $O(m)$個行動。爲了讓這個演算法能運作，當我們要回溯展開下一個後繼節點的時候，我們必須能夠取消每次修改。對於具有大量狀態敘述的問題，例如機器人自動組裝問題，這些技巧是成功的關鍵。

3.4.4 有限深度搜尋

深度-優先搜尋在無窮狀態空間令人尷尬的失敗，可以用具有先決深度限制 ℓ 的深度-優先搜尋來改善。就是說，把深度爲 ℓ 的節點當作沒有後繼節點來看待。這種方法稱爲**有限深度搜尋**(depth-limited search)。深度限制解決了無窮路徑的問題。不幸的是，如果我們選擇的 $\ell < d$，即最淺的目標節點的深度超過了深度限制，那麼它又引入了不完備性(這在 d 未知的情況下不是不可能發生的)。如果選擇的 $\ell > d$ 的話，有限深度搜尋也不會是最佳的。其時間複雜度爲 $O(b^\ell)$，空間複雜度爲 $O(b\ell)$。深度優先搜尋可看作是有限深度搜尋的一種特殊情況，其 $\ell = \infty$。

有時候，深度限制可建立在對問題的認識上。例如，在羅馬尼亞的地圖上有 20 個城市。因此，我們知道如果有解的話，其路徑長度最多為 19，所以 $\ell = 19$ 是一個可能的選擇。但是實際上，如果我們仔細研究地圖，我們會發現從任何一個城市到達另外一個城市最多只需要 9 步。這個數字被稱為狀態空間的**直徑**(diameter)，給了我們一個更好的深度限制，導致更有效的有限深度搜尋。然而對大多數的問題而言，我們要直到解決問題，才會知道好的深度限制到底為何。

有限深度搜尋可實作為一個視為樹-搜尋或圖-搜尋演算法的簡易修改版本。另外，它可實作為一個簡單的遞迴演算法，如圖 3.17 所示。注意有限深度搜尋可能會因為兩類失敗而終止：標準的 *failure* 傳回值表示無解；*cutoff* 值表示在深度限制內無解。

3.4.5 疊代深入的深度優先搜尋

疊代深入搜尋(iterative deepening search，或疊代深入深度優先搜尋)是一個用來尋找最佳深度限制的一般策略，它經常和深度優先搜尋結合使用。它的作法是，逐步增加限制——先是 0，然後 1，然後 2，依此類推——直到找到一個目標。當深度限制達到 d(最淺目標節點的深度)時，就能找到目標節點。該演算法如圖 3.18。疊代深入會結合深度-優先和廣度-優先搜尋兩者的好處。如同深度優先搜尋，其記憶需求不太大：確切地說，為 $O(bd)$。它的空間需求和深度優先搜尋一樣小，它和廣度優先搜尋一樣當分支因數有限時是完備的，當路徑成本是節點深度的非遞增函數時則是最佳的。圖 3.19 表示了在一個二元搜尋樹上 ITERATIVE-DEEPENING-搜尋函數 4 次疊代的情況，在第 4 次疊代時找到解。

疊代深入搜尋也許看來比較浪費，因為有些狀態會被產生許多次。但結果證明它成本並不高。原因是一棵每層的分支因數都相同(或者近似相同)的搜尋樹中，大多數的節點都在底層，所以產生多次上層節點影響不大。在疊代深入搜尋中，底層(深度 d)節點只產生一次，倒數第二層的節點產生兩次，依此類推，一直到根節點的子節點，它被產生 d 次。所以在最壞的情況中所生成的節點總數是

$$N(\text{IDS}) = (d)b + (d-1)b^2 + \ldots + (1)b^d$$

其給出一個時間複雜度 $O(b^d)$——漸進同於廣度-優先搜尋。多次產生較上層會有一些額外成本，但並不大。例如，若 $b = 10$ 且 $d = 5$，數值為

$$N(\text{IDS}) = 50 + 400 + 3{,}000 + 20{,}000 + 100{,}000 = 123{,}450$$

$$N(\text{BFS}) = 10 + 100 + 1{,}000 + 10{,}000 + 100{,}000 = 111{,}110$$

如果你眞的擔心重複現象又重複，你可以使用一個混合方法，其運行廣度- 優先搜尋，直到幾乎耗完所有可用的記憶，然後從該邊緣所有節點運行疊代深入。一般而言，當搜尋空間很大而且解的深度未知時，疊代深入搜尋是優先使用的無接收資訊搜尋方法。

疊代深入搜尋和廣度優先搜尋在一點上是類似的：每次疊代進行到下一層之前，會把整層新節點全都探索過。發展成本一致搜尋類似的疊代搜尋似乎是值得的，因為在繼承成本一致搜尋的最佳化保證的同時可避免大量的記憶體需求。其構想是用漸增的路徑成本限制代替漸增的深度限制。習題 3.18 探討了按照這種概念所產生的演算法，即**疊代延長搜尋**(iterative lengthening search)。不幸的是，我們發現與成本一致搜尋相比，疊代延長搜尋反而帶來大量負擔。

```
function ITERATIVE-DEEPENING-SEARCH(problem) returns a solution, or failure
   for depth = 0 to ∞ do
      result ← DEPTH-LIMITED-SEARCH(problem, depth)
      if result ≠ cutoff then return result
```

圖 3.18　疊代深入搜尋演算法，它反覆用逐漸增加的深度限制來進行有限深度搜尋。它在兩種情況下會終止：找到解，或是有限深度-搜尋傳回 *failure*，即無解

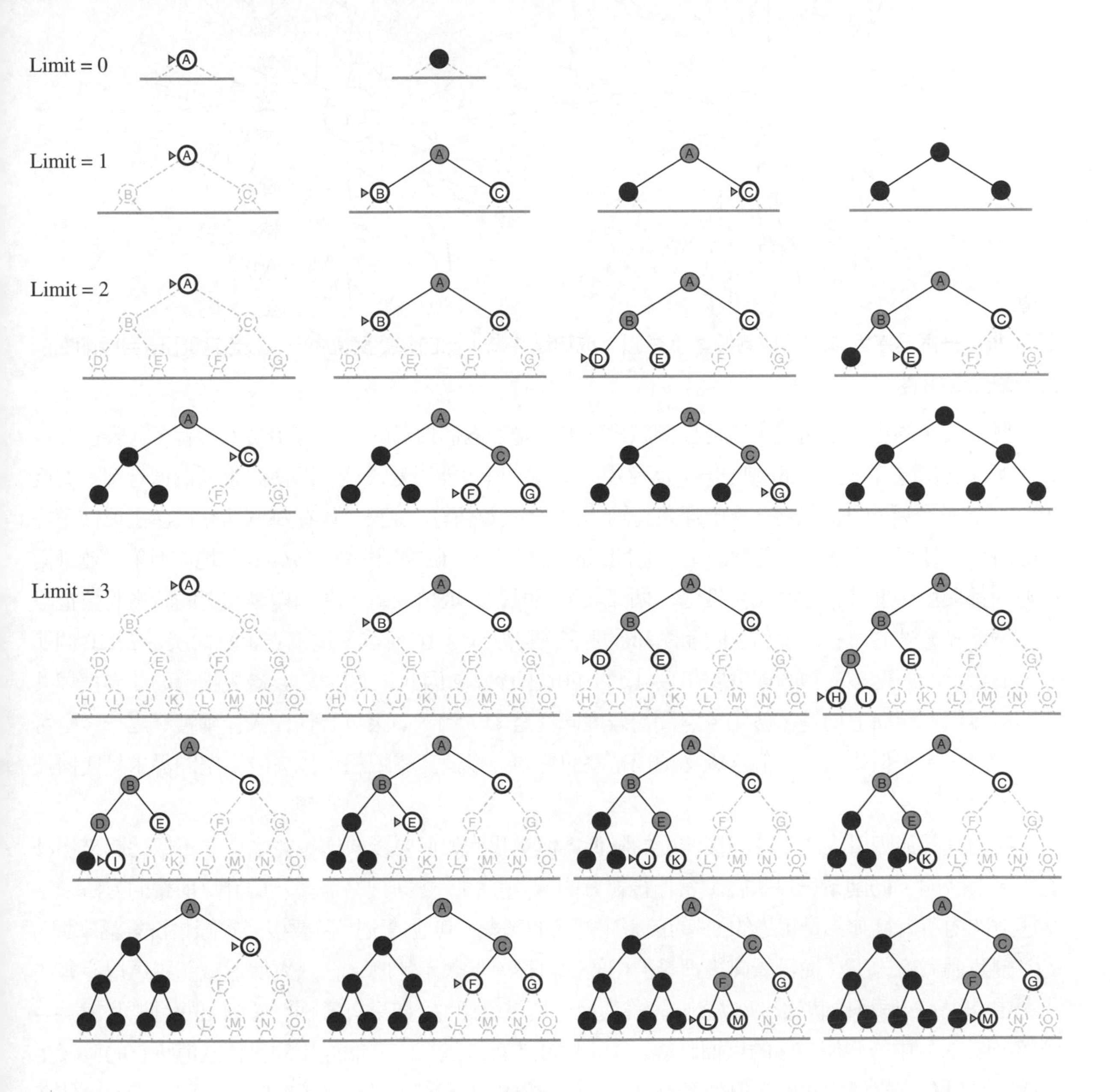

圖 3.19　疊代深入搜尋在一棵二元樹上的 4 次疊代

3.4.6 雙向搜尋

雙向搜尋的概念是同時執行兩個搜尋——其中一個從初始狀態前向搜尋，而另一個從目標狀態後向搜尋，當它們在中間相遇時搜尋終止(圖 3.20)。這個概念的動機是 $b^{d/2} + b^{d/2}$ 要比 b^d 小得多，或者說如圖中所示，兩個小圓的面積之和比以起點爲中心達到目標的大圓的面積要小得多。

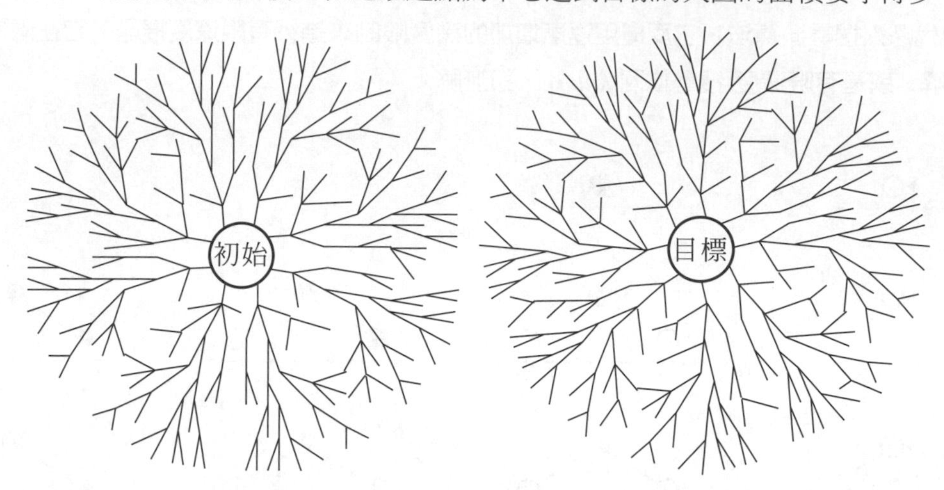

圖 3.20 一個已接近成功的雙向搜尋示意圖，成功條件為：出自起始節點的一個分支與出自目標節點的另一個分支相遇

雙向搜尋的實作是透過，將目標測試換成檢查是否兩個搜尋的邊緣有相交；若有，代表已經找到一個解答(重要的是要瞭解到，第一個發現的這樣的解可能不是最佳，即使如果兩個搜尋都是廣度-優先；這就需要額外的搜尋，來確保沒有別的捷徑跨越鴻溝)。檢查可以在每個節點被產生或被選擇展開時作，且利用雜湊表下花費固定的時間。例如，如果一個問題在深度 $d = 6$ 的地方有解，並且兩個方向都使用廣度優先搜尋每次搜尋一個節點，那麼在最壞情況下，兩個搜尋相遇的時候將會把除了一個節點之外的所有深度爲 3 的節點都展開完。對於 $b = 10$ 而言，這就表示總共產生 2,220 個節點，而標準的廣度優先搜尋則需要產生 1,111,110 個節點。因此，使用廣度-優先搜尋的雙向搜尋其時間複雜度在雙向上均是 $O(b^{d/2})$。空間複雜度同樣是 $O(b^{d/2})$。如果以疊代深入作兩搜尋之一，是可以大約降一半，但是最少一個邊緣必須保留在記憶內，以使交錯驗證可以完成。空間需求是雙向搜尋最顯著的弱點。

雙向搜尋最吸引人處是時間複雜度的降低，但是我們如何要後向搜尋呢？這並不像聽起來那麼簡單。令狀態 x 的**前輩**爲以狀態 x 當作後繼者的所有狀態。雙向搜尋需要一個計算前輩的方法。當狀態空間內所有行動都是可逆的，x 的前輩正是它的後繼。其他情況則需要根據實際情況靈活掌握。

讓我們考慮一下「從目標向後搜尋」中的「目標」就表示什麼。在八方塊遊戲和羅馬尼亞尋徑問題中，只有一個目標狀態，所以後向搜尋與前向搜尋很類似。如果有幾個明確列出的目標狀態——例如，圖 3.3 中的兩個乾淨的目標狀態——那麼我們可以建構出一個虛擬的目標狀態，它的直接祖先節點是所有實際目標狀態。但如果目標是一個抽象描述，如「沒有女王攻擊另一個女王」這個在 n 皇后問題中的目標，雙向搜尋將很難使用。

3.4.7 無資訊搜尋策略的比較

圖 3.21 根據第 3.3.2 節中提出的四項評量標準比較了各搜尋策略。這比較是對樹-搜尋版本。對於圖搜尋，主要的區別在於，深度-優先搜尋是完備的(對於有限狀態空間)，還有空間和時間複雜性被限制於狀態空間大小。

評價標準	廣度優先	均勻成本	深度優先	有限深度	疊代深入	雙向搜尋 (如果可用)
是否完整？	是^a	是^{a,b}	否	否	是^a	是^{a,d}
時間	$O(b^d)$	$O(b^{1+\lceil C^*/\epsilon \rceil})$	$O(b^m)$	$O(b^\ell)$	$O(b^d)$	$O(b^{d/2})$
空間	$O(b^d)$	$O(b^{1+\lceil C^*/\epsilon \rceil})$	$O(bm)$	$O(b\ell)$	$O(bd)$	$O(b^{d/2})$
是否最佳？	是^c	是	否	否	是^c	是^{c,d}

圖 3.21 b **是分支因數；**d **是最淺的解的深度；**m **是搜尋樹的最大深度；**l **是深度限制。上標的含義如下：**^{a} **如果** b **是有限的，則是完備的；**^{b} **如果對於正值常數** ε**，所有單步成本** $\geq \varepsilon$**，則是完備的；**^{c} **如果單步成本都是相同的，則是最佳的；**^{d} **如果兩個方向的搜尋都使用廣度優先搜尋**

3.5 有資訊(啓發式)搜尋策略

這一節展示了**有資訊搜尋**策略——在問題本身的定義之外還利用問題特定的知識——如何能夠比無資訊搜尋策略更有效地找到解。

我們考慮的通用演算法稱爲**最佳優先搜尋**。最佳優先搜尋是一般的 TREE-搜尋和圖形-搜尋演算法的一個實例，它要擴展的節點是基於**評價函數** $f(n)$進行選擇的。評價函數就被解釋爲成本估計，因此最低評價的節點被先展開。最佳-優先圖搜尋的實作等同於成本一致搜尋的情形(圖 3.14)，除了用f取代 g 來排序優先佇列。

f 的選擇會決定出搜尋策略(例如，如習題 3.22 所示，最佳-優先樹搜尋將深度-優先搜尋納爲一特例)。大部分的最佳-優先演算法包含一個**啓發式函數**作爲f的一組成，記爲 $h(n)$：

$h(n)=$ 從節點 n 到目標節點的最便宜路徑的成本估計值。

[注意到，$h(n)$取一個節點當作輸入，但不像 $g(n)$，其僅取決於該節點的狀態]。例如，在羅馬尼亞問題中，可以透過從 Arad 到 Bucharest 的直線距離來估計從 Arad 到 Bucharest 的最便宜路徑的成本值。啓發函數是問題給予演算法額外資訊的一種最普通的形式。我們將在 3.6 節中更深入地研究啓發函數資訊。到目前，我們考慮其爲任意、非負、問題特定函數，並具有一個限制：如果 n 是目標節點，那麼 $h(n) = 0$。本節剩下的部分將討論用啓發函數引導搜尋的兩種方式。

3.5.1 貪婪最佳-優先搜尋

貪婪最佳優先搜尋[8]試圖擴展離目標節點最近的節點，建立在這樣可能很快找到解的基礎上。因此，其僅使用啓發式函數來評價節點；也就是，$f(n) = h(n)$。

我們來看看這個演算法在羅馬尼亞尋徑問題中是怎樣進行的，它使用**直線距離**啓發式，我們稱之爲 h_{SLD}。如果目標是 Bucharest，我們需要知道到達 Bucharest 的直線距離，如圖 3.22 所示。例如，$h_{SLD}(In(Arad)) = 366$。注意 h_{SLD} 的值不能由問題本身的描述計算得到。此外，透過一定的經驗可以得知 h_{SLD} 和實際路程相關並因此是一個有用的啓發式。

圖 3.23 顯示了使用 h_{SLD} 的貪婪最佳優先搜尋尋找從 Arad 到 Bucharest 的路徑的過程。從 Arad 出發最先擴展的節點是 Sibiu，因爲它到 Bucharest 的距離比 Zerind 和 Timisoara 都近。下一個擴展的節點是 Fagaras，因爲它是離目標最近的節點。Fagaras 接下來產生了 Bucharest，也就是目標節點。對於這個特殊問題，使用 h_{SLD} 的貪婪最佳優先搜尋在沒有擴展任何不在解路徑上的節點的情況下就找到了問題的解；因此，它的搜尋代價是最小的。然而它不是最佳的：經過 Sibiu 到 Fagaras 到 Bucharest 的路徑比經過 Rimnicu Vilcea 到 Pitesti 到 Bucharest 的路徑要長 32 公里。這說明了爲什麼這個演算法被稱爲「貪婪的」——在每一步它都要試圖找到離目標盡可能最近的節點。

貪婪最佳-優先樹搜尋也不完備，即使在有限狀態空間中，這相當類似深度-優先搜尋。考慮從 Iasi 到 Fagaras 的問題。由啓發式建議先擴展 Neamt，因爲它離 Fagaras 最近，但是這是條死路。解決方案是先到 Vaslui——根據啓發式實際上是離目標較遠的一步——然後繼者續前往 Urziceni，Bucharest，到 Fagaras。演算法永遠無法找到這個解，然而，因爲展開 Neamt 會把 Iasi 放回邊緣，所以 Iasi 比 Vaslui 更靠近 Fagaras，因此 Iasi 將再次展開，導致無窮迴圈。(圖形搜尋版本在有限空間爲完備，在無窮空間則否)。在最壞情況下，它的時間複雜度和空間複雜度都是 $O(b^m)$，其中 m 是搜尋空間的最大深度。然而，如果有一個好的啓發函數，複雜度可以得到實在的降低。下降的振幅取決於特定的問題本身和啓發函數的品質。

Arad	366	**Mehadia**	241
Bucharest	0	**Neamt**	234
Craiova	160	**Oradea**	380
Drobeta	242	**Pitesti**	100
Eforie	161	**Rimnicu Vilcea**	193
Fagaras	176	**Sibiu**	253
Giurgiu	77	**Timisoara**	329
Hirsova	151	**Urziceni**	80
Iasi	226	**Vaslui**	199
Lugoj	244	**Zerind**	374

圖 3.22 h_{SLD} **的值——到 Bucharest 的直線距離**

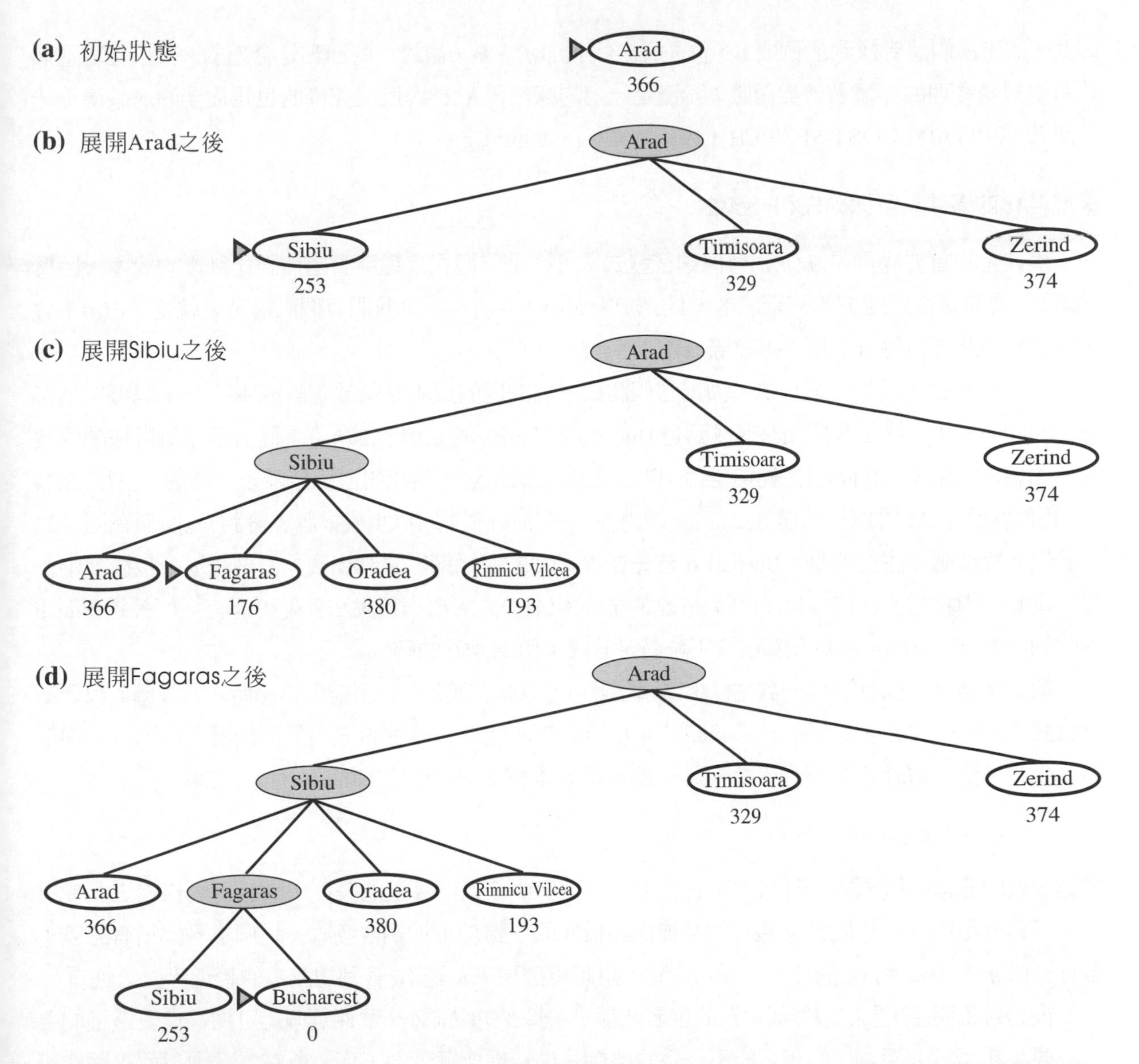

圖 3.23　使用直線距離啓發式 h_{SLD} 的貪婪最佳優先搜尋，尋找前往的 Bucharest 的最短路徑的幾個階段。節點都標明了該節點的 h 值

3.5.2　A*搜尋：最小化總的估計解成本

最佳優先搜尋的最廣爲人知的形式稱爲 **A*搜尋**(發音爲「A-Star 搜尋」)。它把到達節點的成本 $g(n)$和從該節點到目標節點的成本 $h(n)$結合起來對節點進行評價：

$$f(n) = g(n) + h(n)$$

因爲 $g(n)$給出了從起始節點到節點 n 的路徑成本，而 $h(n)$是從節點 n 到目標節點的最便宜成本的估計成本，因此

$$f(n) = \text{經過節點 } n \text{ 的最便宜解的估計成本}$$

因此，如果我們想要找到最低成本，首先嘗試找到 $g(n)+h(n)$值最小的節點是合理的。可以發現這個策略不只是合理的：倘若啓發函數 $h(n)$滿足一定的條件，A*搜尋既是完備的也是最佳的。該演算法等同於 UNIFORM-COST-SEARCH，除了 A*用 $g+h$ 取代 g。

最佳化的條件：可採納性和一致性

最佳化的首要條件是 $h(n)$為**可採納啓發式**。可採納啓發式永遠不會超估到達目標的成本。因為 $g(n)$為沿當前路徑到達 n 的實際成本，且 $f(n)=g(n)+h(n)$，所以我們有個直接結果就是，$f(n)$不會超估沿當前路徑經過 n 的解答其實際成本。

可採納啓發式天生是最佳的，因為它們認為求解問題的成本是低於實際成本的。一個可採納啓發式的明顯例子，就是我們用來尋找到達 Bucharest 的路徑的直線距離 h_{SLD}。直線距離是可採納啓發式，因為任何兩點之間的最短路徑是這兩點之間的直線距離，所以用直線距離不會高估。在圖 3.24 中，我們顯示了 A*樹搜尋到達 Bucharest 的過程。g 值從圖 3.2 的單步成本計算得到，h_{SLD} 值在圖 3.22 中給出。特別應該注意的是，Bucharest 首先在步驟(e)的邊緣節點集裡出現，但是在這一步擴展中並沒有選它，因為它的 f-成本(450)比 Pitesti 的 f-成本(417)高。換一種說法就是可能有一個經過 Pitesti 的解的成本低至 417，所以演算法將不會滿足於成本值為 450 的解。

第二個稍強的條件稱作**一致性**(有時稱**單調性**)，只有在應用 A*至圖形搜尋時才需要[9]。我們稱啓發式 $h(n)$是一致的，如果對於每個節點 n 和透過任何行動 a 產生的 n 的每個後繼者節點 n'，從節點 n 到達目標的估計成本不大於從 n 到 n' 的單步成本與從 n' 到達目標的估計成本之和：

$$h(n) \le c(n, a, n') + h(n')$$

這是一般的**三角不等式**的一種形式，它保證了三角形中任何一條邊的長度不大於另兩條邊之和。這裡，三角形是由 n，n' 和離 n 最近的目標節點構成的。對於可採納啓發式，這個不等式很有意義：若有一由 n 經過 n' 到 G_n 的路徑比 $h(n)$便宜，這將會破壞 $h(n)$是 G_n 其到達成本的較低界限之性質。

很容易證明(習題 3.32)每個一致的啓發式都是可採納的。雖然一致性是個比可採納性更嚴格的要求，要設計滿足可採納性的但可能不一致的啓發式仍然需要艱苦的工作。所有本章中我們討論的可採納啓發式都是一致的。例如，考慮 h_{SLD}。我們知道當每邊都用直線距離來度量時是滿足一般的三角形不等式的，而且 n 和 n' 之間的直線距離不超過 $c(n, a, n')$。因此，h_{SLD} 是一個一致的啓發式。

It is not a question

At the quesiton period after a Dirac lecture at the University of Toronto, somebody in the audience remarked:

"Professor Dirac, I do not understand how you derived the formula on the top left side of the blackboard."

"This is not a question," snapped Dirac, "it is a statement. Next question, please."

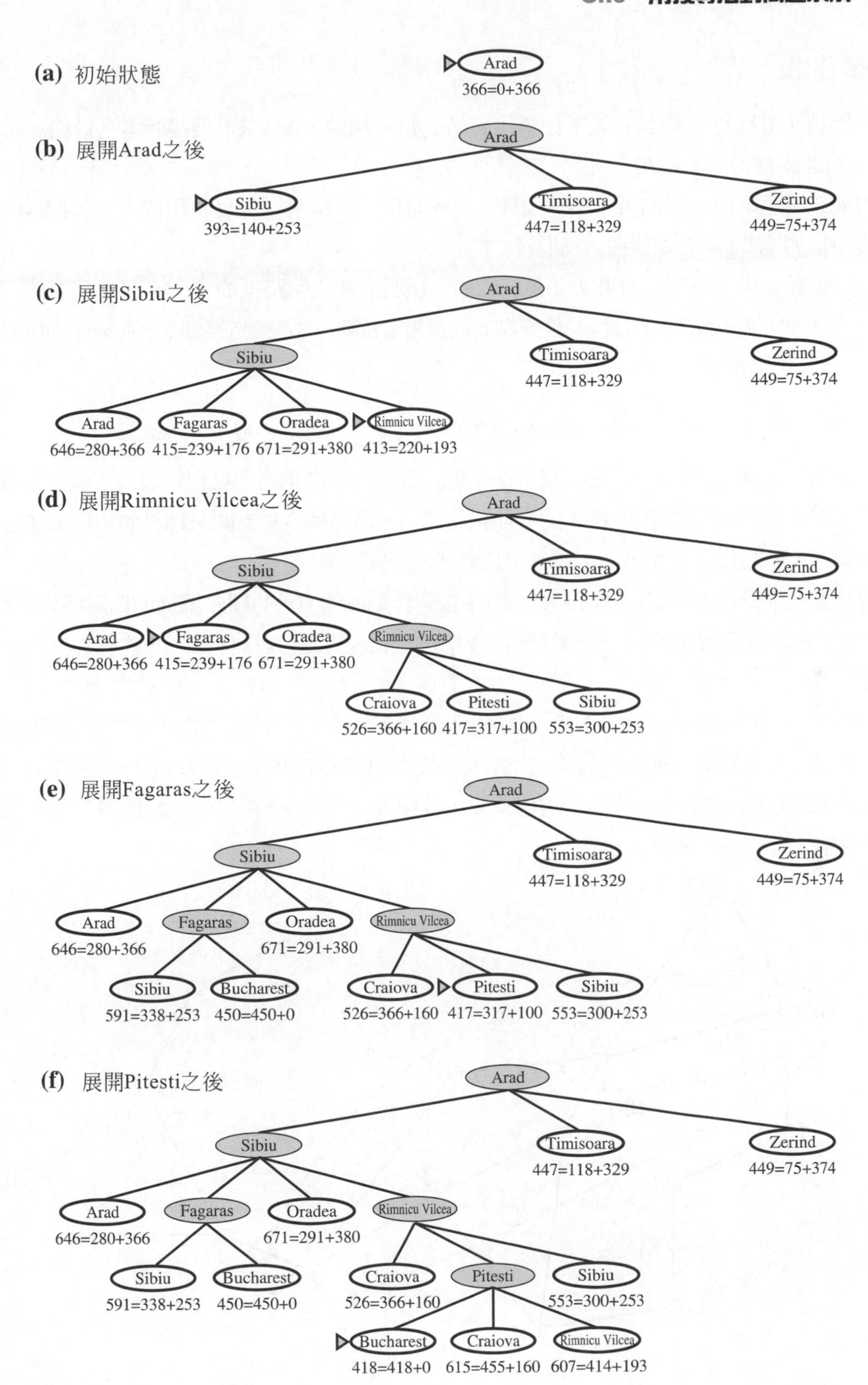

圖 3.24 使用 A*搜尋，尋找前往 Bucharest 的最短路徑的幾個階段。節點都用 $f = g + h$ 標明。h 值是來自圖 3.22 的到 Bucharest 的直線距離

A*的最佳化

如我們稍前所提及，A*具有以下性質：若 $h(n)$爲可採納，A*的樹-搜尋版本爲最佳，而當 $h(n)$爲一致時，圖形-搜尋版本爲最佳。

我們來證明這兩個論述的第二個，因爲它比較有用。論證基本上反映出成本一致搜尋的最佳化論證，其中以 f 取代 g——如同在 A*演算法本身。

第一步是建立以下事項：如果 $h(n)$是一致的，那麼沿著任何路徑的 $f(n)$值是非遞減的。證明是直接由一致性的定義得到的。假設 n' 是節點 n 的後繼者節點；那麼對於某個行動 a，有 $g(n') = g(n) + c(n, a, n')$，於是我們得到

$$f(n') = g(n') + h(n') = g(n) + c(n, a, n') + h(n') \geq g(n) + h(n) = f(n)$$

下一步是證明每當 A*選擇一個節點 n 來展開，到該節點的最佳化路徑就已被發現。若不是這樣，則必有邊緣節點 n' 位於從起始節點到 n 的最佳化路徑上，這是圖 3.9 的圖分離性質；因爲 f 沿任何路徑都不會減小，n' 將比 n 有更低的 f-成本，且會被先選擇。

它的必然結果是使用圖形-搜尋的 A*演算法按照非遞減的 $f(n)$的順序擴展的節點序列。因此，第一個選來展開的目標節點必須是一個最佳解，因爲 f 是目標節點(其具有 $h = 0$)的眞實成本，且之後的目標節點會至少一樣貴。

f-成本值沿著任何路徑都是非遞減的事實也意味著我們可以在狀態空間上繪製**等高線**。圖 3.25 給出了一個例子。在標稱 400 的等高線內，所有節點的 $f(n)$值都小於或等於 400，依此類推。那麼，因爲 A*演算法擴展的是最低 f-成本的邊緣節點，我們可以看到 A*搜尋由起始節點散開，以同心帶狀增長 f-成本的方式添加節點。

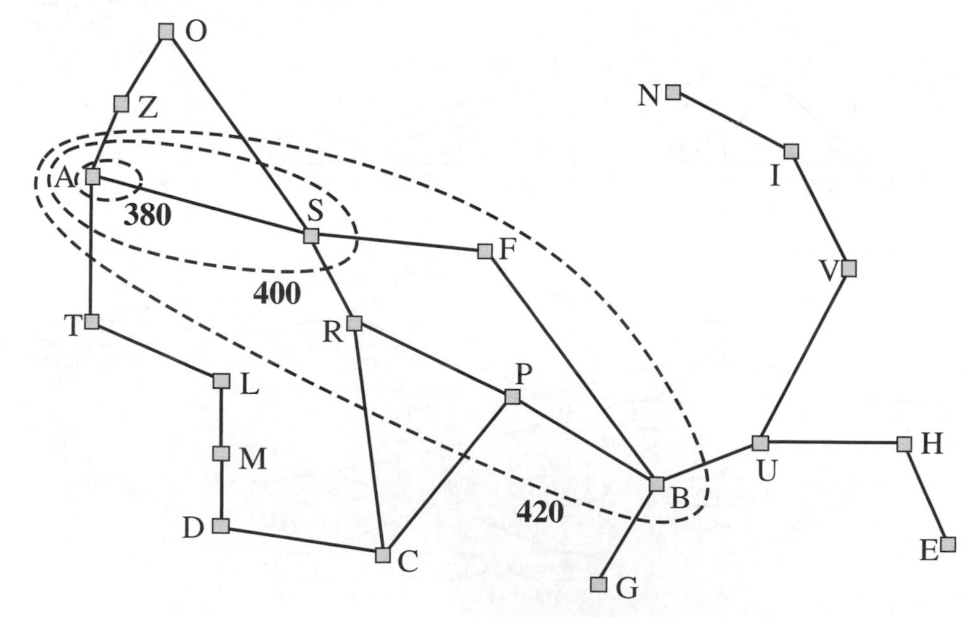

圖 3.25　羅馬尼亞地圖顯示的等高線 $f = 380$，$f = 400$ 和 $f = 420$，以 Arad 為初始狀態。在給定的等高線內的節點的 f 耗散值小於等於線上的值

使用成本一致的搜尋[A*搜尋中令 $h(n) = 0$]，同心帶是以起始狀態爲圓心的「圓形」。使用更精確的啓發式，同心帶將向目標節點方向拉伸，並且在最佳路徑的周圍彙聚變窄。如果 C^*是最佳解路徑的成本，那麼我們可以得到：

- A*演算法擴展所有 $f(n) < C^*$ 的節點。
- A*演算法在擴展目標節點前可能會擴展一些正好處於「目標等高線」[$f(n) = C^*$]上的節點。

完備性要求只存在有限個成本小於等於 C^*的節點，如果所有的單步成本都大於一個有限的數 ε 並且 b 是有限的，那麼這個條件是成立的。

注意 A*演算法不擴展 $f(n) > C^*$的節點——例如，圖 3.24 中 Timisoara 儘管是根節點的子節點，也沒有被擴展。我們說在 Timisoara 下的子樹被**剪枝**了；因爲 h_{SLD} 是可採納的，搜尋演算法可以安全地忽略這棵子樹，仍然能保證最佳性。剪枝這個概念——不需要檢驗就直接把它們的可能性從考慮中排除——在 AI 的很多領域中都是很重要的。

最後一個觀察結果是，在這種的最佳化演算法中——從根延伸出搜尋路徑且使用相同啓發式資訊的演算法的演算法——A*對任何已知的一致啓發式爲**效率最佳化**。就是說，沒有其他的最佳演算法保證擴展的節點少於 A*演算法[除了可能搜尋 $f(n) = C^*$的節點]。這是因爲任何不擴展所有 $f(n) < C^*$的節點的演算法都要冒漏掉最佳解的風險。

A*搜尋在所有此類演算法中是完備的、最佳的，也是最佳有效的，這很令人滿意。不幸的是，這不意味著 A*演算法是對我們全部的搜尋需要的答案。困難的地方在於，對於大多數問題而言，在搜尋空間中處於目標等高線內的節點數量仍然是解答長度的指數。分析的細節超出本書範圍，但基本結果如下。對於固定步成本的問題，計算時間其以最佳解深度 d 爲函數之增加在被分析時，是根據啓發式的**絕對誤差**或**相對誤差**。絕對誤差定義爲 $\Delta \equiv h^* - h$，其中 h^*爲根到目標的實際成本，而相對誤差定義爲 $\varepsilon \equiv (h^* - h)/h^*$。

複雜度結果強烈取決於狀態空間的相關假設。被研究的最簡單模型是，具有單一目標且基本上爲可逆行動樹的一個狀態空間。(八方塊滿足第一和第三個假設)。此情形中，A*的時間複雜度會與最大絕對誤差呈指數關係，即 $O(b^{\Delta})$。對於固定步成本，可寫成 $O(b^{\varepsilon d})$，其中 d 爲解深度。對於幾乎所有實際使用的啓發式，絕對誤差至少正比於路徑成本 h^*，因此 ε 爲定值或增長，而時間複雜度與 d 呈指數關係。我們同樣可以看到更準確的啓發式其效果：$O(b^{\varepsilon d}) = O((b^{\varepsilon})^d)$，所以有效分支因數(下一節會較正式定義)爲 b^{ε}。

當狀態空間有許多目標狀態——特別是接近-最佳化目標狀態——搜尋過程可能從最佳化路徑偏離，且會有額外成本正比於目標數量，其成本在最佳化成本的 ε 倍以內。最後，在圖形的一般情況中，情況會更差。即使當絕對誤差不會超過一常數，仍然可能有指數多的狀態其 $f(n) < C^*$。例如，考慮吸塵世界的一版本，其中代理人能以單位成本清除任何方格而不需要造訪它：此時，方格能以任何順序清除。若有 N 個初始骯髒方格，有 2^N 個其某子集被清潔的狀態，它們全部都在一最佳化解答路徑上——因此符合 $f(n) < C^*$——即使當啓發式有誤差 1。

A*的複雜度使堅持尋找最佳化解答變得不實際。可以使用 A*演算法的變種快速地找到次最佳解，或者有時候可以設計更準確但不是嚴格可採納的啓發函數。在任何情況下，與使用無資訊搜尋相比，使用好的啓發函數還是能節省了大量的時間和空間。在第 3.6 節中，我們將探討如何設計好的啓發函數。

然而，計算時間還不是 A*演算法的主要缺點。因爲它在記憶體中保留了所有產生的節點(如同演算法圖形-搜尋那樣)，A*演算法往往在計算完之前就用完了它的空間。由於這個原因，A*演算法對於許多大規模問題是不實用的。然而，存在演算法在不犧牲最優性和完備性下，以執行時間的小代價來克服空間的問題。接下來將討論這些。

3.5.3 記憶體受限制的啓發函數搜尋

A*演算法減少記憶體需求的最簡單辦法就是將疊代深入的想法用在啓發函數搜尋內容上，形成**疊代深入 A*(IDA*)**演算法。IDA*和典型的疊代深入演算法最主要的區別就是所用的截斷值是 f-成本(g+h)而不是搜尋深度；每次疊代，截斷值是超過上一次疊代截斷值的節點中最小的 f-成本。IDA*演算法對很多單步成本的問題都是實用的，而且可以避免與有序節點的佇列相聯繫的實際系統負擔。不幸的是，它也會在實數成本的情況下遇到與習題 3.18 中描述的疊代版本的成本一致搜尋相同的困難。本節將簡要考察兩種記憶受限的演算法，稱爲 RBFS 和 MA*。

遞迴最佳優先搜尋(RBFS)是一個模仿標準的最佳優先搜尋的遞迴演算法，但是它只使用線性的儲存空間。該演算法如圖 3.26。其結構類似於遞迴深度優先搜尋，但是它不沿著當前路徑繼續無限下去，而是使用 f 限制變數來紀錄從當前節點的祖先可得到的最佳替換路徑的 f 值。如果當前節點超過了這個限制，遞迴將轉回到替換的路徑上。當遞迴回溯時，對回溯前的當前路徑上的每個節點，RBFS 用其子節點的最佳 f 值——**備份值**(backed-up value)——替換其 f 值。這樣，RBFS 能記住被它遺忘的子樹中的最佳葉節點的 f 值，並因此能夠在以後某個時刻決定是否值得重新擴展該子樹。圖 3.27 顯示了 RBFS 是怎樣到達 Bucharest 的。

```
function RECURSIVE-BEST-FIRST-SEARCH(problem) returns a solution, or failure
   return RBFS(problem, MAKE-NODE(problem.INITIAL-STATE), ∞)

function RBFS(problem, node, f_limit) returns a solution, or failure and a new f-cost limit
  if problem.GOAL-TEST(node.STATE) then return SOLUTION(node)
  successors ← [ ]
  for each action in problem.ACTIONS(node.STATE) do
     add CHILD-NODE(problem, node, action) into successors
  if successors is empty then return failure, ∞
  for each s in successors do  /* update f with value from previous search, if any */
     s.f ← max(s.g + s.h, node.f))
  loop do
     best ← the lowest f-value node in successors
     if best.f > f_limit then return failure, best.f
     alternative ← the second-lowest f-value among successors
     result, best.f ← RBFS(problem, best, min(f_limit, alternative))
     if result ≠ failure then return result
```

圖 3.26 遞迴最佳優先搜尋演算法

RBFS 演算法比 IDA*演算法效率更高，但是它還是需要重複產生大量節點。在圖 3.27 所示的例子中，RBFS 首先沿著經過 Rimnicu Vilcea 的路徑，然後「改變主意」去嘗試 Fagaras，然後又「回心轉意」了。這些主意改變會發生是因爲，每次當前最佳路徑被延伸時，其 f 值很可能會增加——對於靠近目標的節點，h 通常不那麼樂觀。這種情況發生時，次佳路徑可能變成最佳路徑，所以搜尋必須回溯來依循它。每次主意的改變都對應於 IDA*中的一次疊代，並且可能需要重新擴展已經遺忘的節點來重建最佳路徑，然後再擴展下一個節點。

像 A*演算法一樣，如果啓發函數 $h(n)$是可採納的，那麼 RBFS 演算法是最佳的。其空間複雜度與最深的最佳解深度呈線性，但其時間複雜度相當難以難定義：既取決於它的啓發函數的準確性，又取決於當擴展節點時改變最佳路徑的頻率。

IDA*和 RBFS 的問題在於利用的記憶體過於小了。在兩次疊代之間，IDA*只保留一個數字：當前的 f-成本值限制。RBFS 在記憶體中保留的資訊多一些，但它只使用線性空間：即便有更多可用的記憶體，RBFS 也沒有辦法利用。因爲他們忘掉大部分已做過的工作，兩個演算法最後會重新展開相同狀態許多次。甚者，會遭遇到複雜度可能以指數的增長情形，其關於圖中的多餘路徑(見 3.3 節)。

因此，充分利用可用記憶體的看來是更明智的。有兩個這樣做的演算法，**MA***演算法(記憶體受限制 A*演算法)和 **SMA***演算法(簡化 MA*演算法)。SMA*較爲簡單，所以我們會描述它。SMA*演算法像 A*演算法一樣，擴展最佳葉節點直到記憶體內存放滿爲止。到了這個程度，不丟棄一個舊節點它就無法在搜尋樹上加入一個新節點。SMA*總是丟棄最差的一個葉節點——即 f 值最高的一個。像 RBFS 一樣，然後 SMA*把被遺忘節點的值備份到父節點。如此一來，被遺忘子樹的祖先節點可以瞭解那棵子樹中最佳路徑的質量。只有當所有其他路徑看來比被遺忘路徑要差的時候，SMA*才會利用這個資訊重新產生該子樹。換個方式來說，如果節點 n 的所有子孫節點都被遺忘了，我們將不知道從 n 該走哪條路，但是我們將仍知道從 n 去別處是否値得。

完整的演算法太複雜了以致無法在此重現，但是有一個細節值得注意[10]。我們說過 SMA*演算法擴展最佳葉節點並且刪除最差葉節點。如果所有的葉節點都有相同的 f 值會怎樣？爲了避免刪除跟展開選到同一節點，SMA*展開最新的最佳葉節點，且刪去最舊的最差葉節點。當僅有一個葉節點時會一致，但在該情形中，目前的搜尋樹須爲從根到葉的單一路徑並塡滿所有記憶體。如果葉節點不是目標節點，那麼即使它在最佳解的路徑上，這個解在可用的記憶體上也是不可達到的。因此，該節點應該被丟棄，就如同它沒有後繼者一樣。

如果有可達到的解——也就是說，如果最淺的目標節點的深度 d 小於記憶體大小(由節點數來表示)，那麼 SMA*演算法是完備的。如果任何最佳解是可達到的，那麼這個演算法也是最佳的；否則演算法會返回可達到的最佳解。實際上，SMA*是尋找最佳解答的一個相當強力的選擇，特別是在狀態空間爲一圖形，步成本不一致，且節點生成相較於維護邊緣和探索集的經常費用是較貴時。

然而在一些非常困難的問題中，通常的情況是 SMA*演算法將會在候選解路徑集裡的路徑之間換來換去，只有一個很小的子集可以放到記憶體中(這很像硬碟分頁排程系統遇到的記憶體反覆**調入調出**問題)。那麼重複產生相同節點需要的額外時間意味著一個在具備無限的記憶體的條件下能被 A*演算法實際解決的問題，對於 SMA*演算法會成爲不可操作的。就是說，記憶體限制從計算時間的角度能使問題難解。雖然沒有理論能闡明時間和記憶體之間的折衷，看來這是一個不可逃避的問題。唯一出路就是放棄最最佳化的要求。

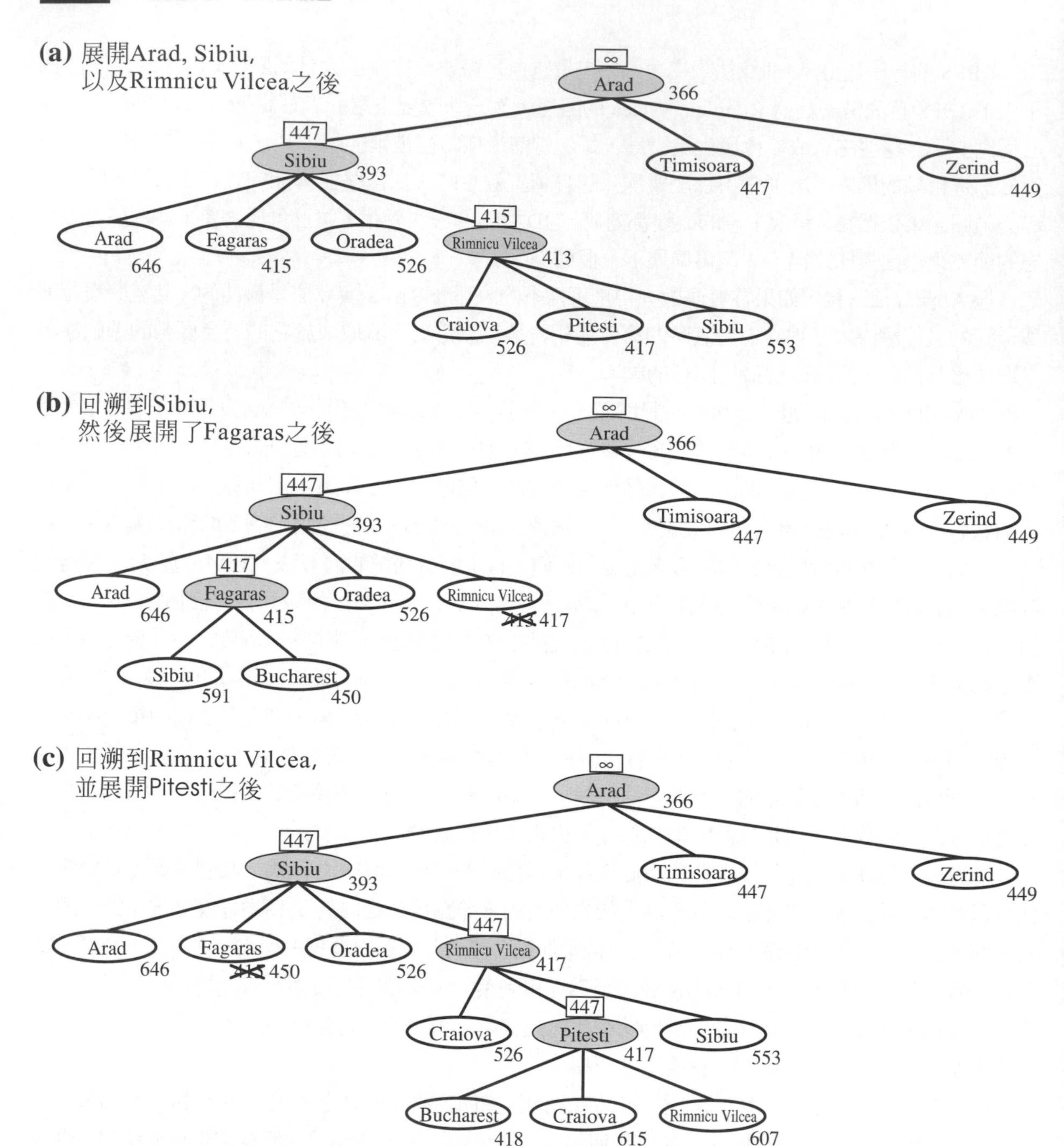

圖 3.27 使用 RBFS 搜尋，尋找到 Bucharest 的最短路徑的幾個階段。每個遞迴呼叫的 f-限制之值顯示於每個當前節點的頂部，且每個節點標以其 f-成本。(a) 沿著經過 Rimnicu Vilcea 的路徑，直到當前最佳葉節點(Pitesti)的值差於最佳替代路徑(Fagaras)。(b) 遞迴回溯，把被遺忘子樹的最佳葉節點值(417)備份到 Rimnicu Vilcea；然後擴展 Fagaras，顯示最佳葉節點值是 450。(c) 遞迴回溯，把被遺忘子樹的最佳葉節點值(450)備份到 Fagaras；再擴展 Rimnicu Vilcea。這次，因為最佳替代路徑(經過 Timisoara)的成本至少是 447，繼續擴展到 Bucharest

3.5.4 為了更好地搜尋而學習

我們已經提出了幾個固定的搜尋策略——廣度優先，貪婪最佳優先，等等——已經由電腦專家設計完成了。代理人能夠學習如何更好地搜尋嗎？答案是肯定的，其方法依賴於一個稱爲後設狀態層狀態空間的重要概念。在**後設狀態層狀態空間**(metalevel state space)中的每個狀態都要捕捉一個程式的內部(可計算的)狀態，程式搜尋的範圍則是諸如羅馬尼亞問題中的**目標層狀態空間**(object-level state space)。例如，A*演算法的內部狀態由當前的搜尋樹組成。後設狀態層狀態空間中的每個行動是一個改變內部狀態的計算步驟；例如，A*演算法中每個可計算的步驟都擴展一個葉節點並把它的後繼者節點加入搜尋樹。因此，顯示出不斷增大的搜尋樹的序列的圖 3.24 可以視爲描述了一條後設狀態層狀態空間中的路徑，其中路徑上的每個狀態是一棵目標層的搜尋樹。

現在，圖 3.24 中的路徑有五步，包括不是很有用的擴展 Fagaras 的那一步。對於更難的問題，會有很多這樣的錯誤步驟，**後設狀態層學習**(metalevel learning)演算法可以從這些經驗中學到怎樣避免探索沒有希望的子樹。用於這類學習的技術將在第二十一章中描述。學習的目標是使問題求解的**總成本**(total cost)最小化，在計算開銷和路徑成本之間取得折衷。

3.6 啓發函數

在本節中，將看看八方塊遊戲的啓發函數，以使啓發函數的一般化性質清楚明白地顯現出來。

八方塊遊戲是最早的啓發函數搜尋問題之一。如在第 3.2 節中提到的，這個遊戲的目標是把棋子水平或者垂直地滑動到空格中，直到棋盤組態和目標組態一致(圖 3.28)。

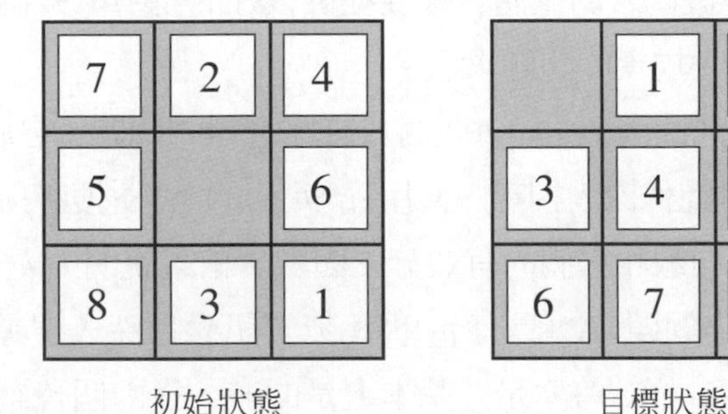

圖 3.28 八方塊遊戲的一個典型實例它的解長度為 26 步

一個隨機產生的八方塊遊戲實例的平均解步數是 22 步。分支因數約爲 3。(當空格在棋盤正中間的時候，有四種可能的移動；而當它在四個角上的時候只有兩種可能；當在四條邊上的時候有三種可能)。這意味著，深度達 22 的窮舉樹搜尋將考慮大約 $3^{22} \approx 3.1\times10^{10}$ 個狀態。圖形搜尋可以減低大約 170,000 倍，因爲只有 9!/2 = 181,440 個狀態可能到達(參見習題 3.5)。這還是一個容易管理的數目，但是對應於 15 方塊遊戲的數目是大約 10^{13}，因此下面要做的是找到一個好的啓發函數。如果我們想用 A*演算法找到最短的解路徑，我們需要一個絕不會高估到達目標的步數的啓發函數。15 方塊遊戲的啓發函數有很長的歷史，這裡有兩個常用的候選者：

- h_1 = 不在位的棋子數。對於圖 3.28，所有的八個棋子都不在正確的位置，因此起始狀態的 $h_1 = 8$。h_1 是一個可採納的啓發函數，因爲要把不在位的棋子都移動到正確的位置上，每個錯位的棋子至少要移動一次。
- h_2 = 所有棋子到其目標位置的距離和。因爲棋子不能斜著移動，我們計算的距離是水平和垂直的距離和。這有時被稱爲**城市距離**或**曼哈頓距離**。h_2 也是可採納的，因爲任何移動能做的最多是把棋子向目標移近一步。在開始狀態的棋子 1 到 8 給出曼哈頓距離爲

$$h_2 = 3 + 1 + 2 + 2 + 2 + 3 + 3 + 2 = 18$$

如我們所預期，這兩個啓發函數都不會超過實際的解成本 26。

3.6.1 啓發函數的精確度對性能的影響

有效分支因數(effective branching factor) b^*是一個描述啓發函數的質量的途徑。如果對於一個特殊問題，A*演算法產生的總節點數爲 N，解的深度爲 d，那麼 b^*就是深度爲 d 的一致搜尋樹，爲了能夠包括 $N+1$ 個節點所必需的分支因數。因此，

$$N+1 = 1+ b^* + (b^*)^2 + \ldots +(b^*)^d$$

例如，如果 A*演算法使用 52 個節點在第 5 層找到一個解，那麼有效分支因數是 1.92。有效分支因數可能根據問題實例發生變化，但是通常在足夠難的問題中它是相當穩定的。(有效分支因數的存在是來自稍前提及的結果：A*所展開的節點數隨解深度呈指數增加)。因此，在小規模問題集合上實驗地測量出 b^*的值，可以對研究啓發函數的總體有效性提供很好的指導。一個良好設計的啓發函數會使 b^*的值接近於 1，允許對相當大規模的問題求解。

爲測試啓發函數 h_1 和 h_2，我們隨機產生 1200 個八方塊遊戲的問題，它們解的長度從 2 到 24(每個偶數值有 100 個例子)，分別用疊代深入搜尋、使用 h_1 與 h_2 的 A*樹搜尋對這些問題求解。圖 3.29 給出每種搜尋策略擴展節點的平均數和它們的有效分支因數。結果說明 h_2 好於 h_1，並且遠好於使用疊代深入搜尋。即使是 $d = 12$ 的小問題，A*(具有 h_2)仍比無資訊疊代深入搜尋有高 50,000 倍的效率。

有人可能會問，h_2 是否總比 h_1 好？答案是「基本上是的」。從兩個啓發函數的定義很容易看出來，對於任意節點 n 有 $h_2(n) h_1(n)$。因此我們說 h_2 比 h_1 **佔優勢**。優勢直接轉換成效率：使用 h_2 的 A*演算法絕不會比使用 h_1 的 A*演算法擴展更多的節點[除了可能有某些節點 $f(n) = C^*$]。論證很簡單。回憶一下第 3.5.2 節的結論，每個 $f(n) < C^*$的節點都必將被擴展。同樣可以說，每個 $h(n) < C^* - g(n)$ 的節點必將被擴展。但是因爲對於所有的節點 h_2 都至少和 h_1 一樣大，每個被使用 h_2 的 A*搜尋擴展的節點必定也會被使用 h_1 的 A*所擴展，而 h_1 還可能引起其他節點的擴展。因此，使用值更高的啓發函數總是更好的，只要它不會過高估計成本，而且該啓發函數花費的時間不是太多。

	搜尋成本			有效分支因數		
d	IDS	$A^*(h_1)$	$A^*(h_2)$	IDS	$A^*(h_1)$	$A^*(h_2)$
2	10	6	6	2.45	1.79	1.79
4	112	13	12	2.87	1.48	1.45
6	680	20	18	2.73	1.34	1.30
8	6384	39	25	2.80	1.33	1.24
10	47127	93	39	2.79	1.38	1.22
12	3644035	227	73	2.78	1.42	1.24
14	–	539	113	–	1.44	1.23
16	–	1301	211	–	1.45	1.25
18	–	3056	363	–	1.46	1.26
20	–	7276	676	–	1.47	1.27
22	–	18094	1219	–	1.48	1.28
24	–	39135	1641	–	1.48	1.26

圖 3.29　對 ITERATIVE-DEEPENING-搜尋、以及使用 h_1 和 h_2 的 A*演算法的搜尋代價和有效分支因數的比較。圖中的資料是透過八方塊遊戲的 100 個實例計算的平均值，分別對應於不同長度的解

3.6.2　從鬆弛的問題產生可採納啓發式。

我們已經看到 h_1(不在位的棋子數)和 h_2(曼哈頓距離)對於八方塊遊戲是相當好的啓發函數，並且 h_2 更好。h_2 可能是如何被提出來的？電腦是否可能機械式地設計這樣的啓發函數？

h_1 和 h_2 評估的是八方塊遊戲中剩餘路徑的長度，但是對於遊戲的一個簡化版本它們也是非常精確的路徑長度。如果遊戲的規則改變爲每個方塊可以隨便移動，而不是只能移動到與其相鄰的空洞上，那麼 h_1 將給出最短解的確切步數。類似地，如果一個方塊可以向任意方向移動一步，甚至移到一個已經被其他棋子佔據的位置上，那麼 h_2 也將給出最短解的確切步數。降低了行動限制的問題稱爲**鬆弛問題**(relaxed problem)。鬆弛問題的狀態-空間圖形爲原始狀態空間的超圖形，因爲移除限制時會在圖形增加邊緣。

因爲鬆弛問題在狀態空間增加許多邊緣，任何對原始問題的最佳解答根據定義也同樣爲鬆弛問題的解答；但是鬆弛問題也許有更好的解答，條件是增加的邊緣提供捷徑。一個鬆弛問題的最佳解的成本是原問題的一個可採納的啓發函數。由於得到的啓發函數是鬆弛問題的確切成本，它一定遵守三角不等式，因而是**一致的**(參見第 3.5.2 節)。

如果問題的定義是透過形式化語言描述的，那麼自動地構造它的鬆弛問題是可能的[111]。例如，如果八方塊遊戲的行動描述如下：

若 A 為水平或是垂直地鄰接 B **且** B 為空格，則棋子可以從 A 移動到 B。

我們藉由移除一個或兩個情況來產生三個鬆弛問題：

(a) 一個棋子可以從方格 A 移動到方格 B，如果 A 和 B 相鄰。

(b) 一個棋子可以從方格 A 移動到方格 B，如果 B 是空的。

(c) 一個棋子可以從方格 A 移動到方格 B。

由(a)，我們可以得到 h_2(曼哈頓距離)。原因是如果我們依次將每個棋子移入其目的地，那麼 h_2 就是相對應的步數。由(b)得到的啓發函數將在習題 3.34 中討論。由(c)我們可以得到 h_1(不在位的棋子數)，因爲如果把不在位的棋子一步移到其目的地，h_1 就是相對應的步數。注意至關重要的是：用這種技術產生的鬆弛問題本質上不用搜尋就能求解，因爲鬆弛規則使原問題分解成八個獨立的子問題。如果鬆弛問題很難求解，使用對應的啓發函數就得不償失了[12]。

一個稱爲 ABSOLVER 的程式可以從原始問題的定義出發，使用「鬆弛問題」方法和各種其他技術自動地產生啓發函數(Prieditis，1993)。ABSOLVER 能夠爲八方塊遊戲產生比以前已有的啓發函數都好的新啓發函數，並且爲著名的魔術方塊遊戲找到了第一個有用的啓發函數。

產生新啓發函數的一個問題是經常不能找到「無疑最好的」啓發函數。如果一個可採納啓發函數的集合 $h_1, ..., h_m$ 對問題是可用的，並且其中沒有哪個比其他的有優勢，我們應該選擇哪個？其實我們不用選擇。我們可以得到所有世界中最好的，藉由定義：

$$h(n) = \max\{h_1(n), ..., h_m(n)\}$$

這種合成的啓發函數使用的是對應於問題中節點的最精確的函數。因爲它的每個成員啓發函數都是可採納的，所以 h 也是可採納的；也很容易證明 h 是一致的。此外，h 也比所有成員啓發函數更有優勢。

3.6.3 從子問題產生可採納啓發式：模式資料庫

可採納的啓發函數也可以得至問題的**子問題**的解成本。例如，圖 3.30 顯示了圖 3.28 所示的八方塊遊戲實例的一個子問題。這個子問題涉及使棋子 1、2、3、4 移動到正確的位置。顯然，這個子問題的最優解的成本是完整問題的成本下界。在某些情況下這實際上比曼哈頓距離更準確。

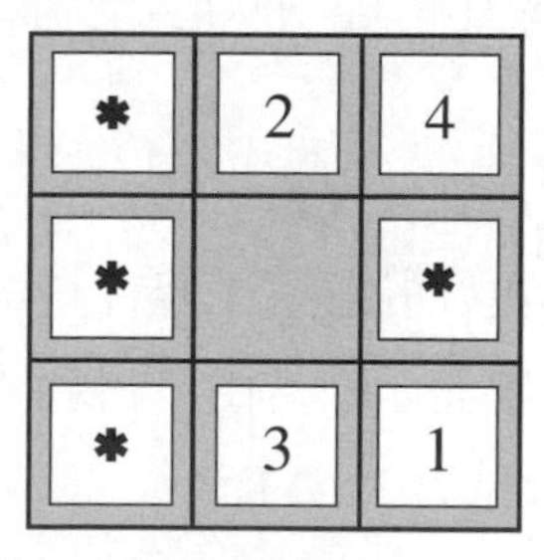

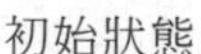

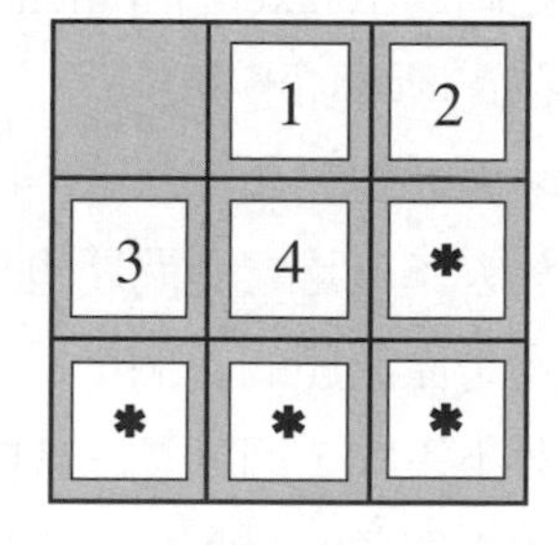

圖 3.30　圖 3.28 所示的八方塊遊戲實例的一個子問題。它的目標是將棋子 1、2、3 和 4 移到正確的位置上，而不考慮其他棋子的情況

模式資料庫的想法就是儲存每個可能的子問題實例——在我們的例子中，就是四個棋子和一個空洞組成的每個可能局面——的精確解成本。(注意其他四個棋子的位置與解決這個子問題是無關的，但是移動那四個棋子的成本也要算在總成本裡)。然後，我們對搜尋中遇到的每個完全狀態，在資料庫裡尋找出相對應的子問題佈局，都能計算出一個可採納的啓發函數 h_{DB}。該資料庫本身的構造是透過從目標狀態，向後搜尋並記錄下每個新遇到模式的成本完成的；這個搜尋的開銷分攤到許多子問題實例上[13]。

1-2-3-4 的選擇是相當隨意的；我們也可以構造 5-6-7-8 或者 2-4-6-8 的資料庫，等等。每個資料庫都能產生一個可採納的啓發函數，這些啓發函數可以像前面所講的那樣取最大值的方式組合使用。這種組合的啓發函數比曼哈頓距離要精確得多；求解隨機的 15 方塊遊戲時所產生的節點數要比用曼哈頓距離作爲啓發函數擴展的節點數少 1000 倍。

有人可能會想，1-2-3-4 資料庫和 5-6-7-8 資料庫的子問題看起來沒有重疊，從它們得到的啓發函數是否可以相加？相加得到的啓發函數是否還是可採納的？答案是否定的，因爲對於給定的狀態 1-2-3-4 子問題的解和 5-6-7-8 子問題的解幾乎肯定有一些重複的移動——不移動 5-6-7-8，1-2-3-4 也不可能移入正確位置，反之亦然。不過如果我們不計這些移動又會怎樣？就是說，我們記錄的不是求解那麼很容易看出來兩個子問題的成本之和仍然是求解整個問題的成本的下界。這個想法就是**無交集的模式資料庫**。用這樣的資料庫，我們可以在幾毫秒內解決一個隨機的 15 方塊遊戲——與使用曼哈頓距離相比產生的節點數減少了 10,000 倍。對於 24 方塊遊戲則可以加速百萬倍。

無交集的模式資料庫在滑動棋子問題上是可行的，因爲問題可以如此劃分，使得每次移動只影響其中的一個子問題——因爲一次只移動一個棋子。對於諸如魔術方塊這樣的問題，這種劃分是不可行的，因爲每步移動都會影響到 26 個立方體中的 8 塊或 9 塊。對於累加的且可採納的啓發式的更一般定義，是已被提出且應用在 Rubik 方塊(Yang 等人，2008)，但是並未產生啓發式能優於該問題的最佳非累加啓發式。

3.6.4 從經驗裡學習啓發函數

啓發函數 $h(n)$是用來估計從節點 n 出發的解成本的。代理人如何才能構造這樣的一個函數？一個方案已經在上一節中給出——即設計一個很容易找到最佳解的鬆弛問題。另一個方案是從經驗裡學習。例如，「經驗」在這裡意味著求解大量的八方塊遊戲。每個八方塊遊戲的最優解都提供了可學習 $h(n)$的實例。每個實例都包括解路徑上的一個狀態和從這個狀態到達解的成本。從這些例子中，一個歸納學習演算法可以用於構造能夠(有運氣)預測搜尋過程中所出現的其他狀態的解成本的函數 $h(n)$。用神經元網路、決策樹還有其他一些方法完成這項工作的技術將在第十八章中介紹。(第二十一章中描述的強化學習方法也是可行的)。

歸納學習方法在提供了與其評價相關的狀態**特徵**的情況下是最可行的，比使用未加工的狀態描述好。例如，特徵「不在位的棋子數」對於預測從一個狀態到目標狀態的眞實距離是有用的。我們稱之爲特徵 $x_1(n)$。我們可以選取 100 個隨機產生的八方塊遊戲佈局，收集它們實際的解成本的統計資料。我們會發現當 $x_1(n)$是 5 的時候，平均解成本約爲 14，等等。由這些資料，x_1 的值可以用來預測 $h(n)$。當然，我們可以使用多個特徵。第二個特徵 $x_2(n)$可以是「現在相鄰並且在目標狀態中也相鄰的棋子對數」。如何將 x_1 和 x_2 結合起來預測 $h(n)$？通常的方法是使用線性組合：

$$h(n) = c_1x_1(n) + c_2x_2(n)$$

常數 c_1 和 c_2 用來調整結果，以最符合解成本的實際資料。我們預期 c_1 和 c_2 爲正，因爲錯位的棋子和不正確相鄰對會使問題難以解決。注意到，這個啓發式滿足條件：目標狀態的 $h(n) = 0$，但不必然爲可採納或一致的。

3.7 總結

本章介紹了在確定性的、可觀察的、靜態的和完全已知的環境下，代理人可以用來選擇行動的方法。在這種情況下，代理人可以建構達到目標的行動序列；這個過程稱爲**搜尋**。

- 在代理人可以開始搜尋解答前，目標必須作確認，定義良好的**問題**也必須正規化。
- 一個問題由四個部分組成：**初始狀態**、**行動**集合、**轉移模型**(描述這些行動的結果)、**目標測試**函數、及**路徑成本**函數。問題的環境用**狀態空間**表示。一條從初始狀態穿過狀態空間到達目標狀態的**路徑**是一個**解**。
- 搜尋演算法將狀態及行動視爲**原子**：他們不考慮任何可能擁有的內部結構。
- 一般的 TREE-SEARCH 演算法考慮所有可能路徑來尋找解答，而 GRAPH-SEARCH 演算法避免考慮多餘路徑。
- 搜尋演算法的評判建立在**完備性**(completeness)、**最佳性**(optimality)、**時間複雜度**(time complexity)和**空間複雜度**(space complexity)的基礎上。複雜度取決於狀態空間中的分支因數 b，和最淺解的深度 d。
- **無資訊搜尋**僅可使用問題定義。基本演算法如下：
  - **廣度-優先搜尋**先展開最淺的節點；其爲完備且單步成本最佳化，但具有指數空間複雜度。
  - **成本一致搜尋**展開具有最低路徑成本的節點 $g(n)$，且對一般步成本爲最佳。
  - **深度-優先搜尋**先展開最深的未展開節點。其不完備也未最佳化，但具有線性空間複雜度。**有限深度搜尋**增加深度界限。
  - **疊代深入搜尋**使用有限深度搜尋並逐漸增加深度限制，直到找到目標爲止。其爲完備且對單步成本爲最佳化，具有堪比廣度-優先搜尋的時間複雜度，且具有線性空間複雜度。
  - **雙向搜尋**可以大大地降低時間複雜度，然而它並不總是可行的，而且可能需要太多空間。
- **有資訊搜尋法**可以利用**啓發函數** $h(n)$從 n 估計解的成本。
  - 普遍**最佳-優先**搜尋演算法根據**評價函數**選擇節點來展開。
  - **貪婪最佳優先搜尋**擴展 $h(n)$最小的節點。它不是最佳的，但經常效率較高。
  - **A*搜尋**擴展 $f(n) = g(n) + h(n)$最小的節點。如果我們保證 $h(n)$是可採納的(對於 TREE-搜尋)或是一致的(對於圖形-搜尋)，A*演算法既是完備的也是最佳的。但 A*其空間複雜度非常高。
  - **RBFS**(遞回最佳優先搜尋)和 **SMA***(簡化的記憶有限 A*)是穩健的、最佳的搜尋演算法，它們只使用有限的記憶體；如果給它們足夠的時間，它們能求解 A*演算法因爲記憶體不足而不能求解的問題。
- 啓發函數搜尋演算法的性能取決於它的啓發函數的品質。好的啓發函數有時可以透過鬆弛問題的定義來構造，透過預先計算模式資料庫中的子問題的解答成本，或者學習自問題類型的經驗。

參考文獻與歷史的註釋 BIBLIOGRAPHICAL AND HISTORICAL NOTES

狀態-空間搜尋的主題大概以其當前形式起源自 AI 早期階段。這些研究工作以及 Newell 和 Simon 在 Logic Theorist(1957)和 GPS(1961)上的工作，使得搜尋演算法成為 1990 年代中 AI 研究者武器庫中的首要武器，並使得問題求解成為 AI 的經典問題。貝爾曼(Bellman)的作業研究方面的工作顯示出，簡化最佳化演算法的附加路徑成本的重要性。Nils Nilsson(1971)的自動化問題求解的書在穩固的理論基礎上建立起該領域。

我們在本章中分析的大多數狀態空間搜尋問題在文獻中都有很長的歷史，而且它們並不像看起來那麼簡單。習題 3.9 中的傳教士和食人族問題被 Amarel(1968)仔細地分析過。早先已考慮過這問題——Simon 和 Newell(1961)在 AI 領域中，以及 Bellman 和 Dreyfus(1962)在作業研究領域中也考慮過該問題。

八方塊為 15 方塊的縮小版，其歷史最終由 Slocum 和 Sonneveld (2006)重新細數。普遍認為其由著名的美國遊戲設計師 Sam Loyd 所發明，基於其所稱從 1891 年起的影響(Loyd，1959)。其實，這是由 Noyes Chapman 發明，一位在紐約 Canastota，1870 年代中期的郵政局長。(Chapman 不能為其發明申請專利，因為一保護較廣的專利涵蓋了有字母/數字/圖片的滑動方塊，且在 1878 年授予 Ernest Kinsey)。它很快也吸引了許多數學家(Johnson and Story，1879；Tait，1880)的注意。《美國數學期刊》(*American Journal of Mathematics*)的主編聲稱「十五方塊遊戲在前幾周裡儼然出現在美國公眾面前，說它吸引了百分之九十的人的注意是毫無爭議的，無論男女老少以及社會地位。Ratner 和 Warmuth(1986)證明了由十五方塊問題衍生得到的 $n \times n$ 版本則屬於 NP-完備問題。

八皇后問題首先在 1848 年匿名發表於德國西洋棋雜誌《*Schach*》；後來作者被認為是 Max Bezzel。1850 年再版，且在當時引起傑出數學家高斯的注意，其試圖枚舉所有可能解答；一開始高斯只發現 72，但最終他找到了正確答案 92，儘管 Nauck 在 1850 年先出版了所有 92 個解答。Netto(1901)將該問題一般化為 n 皇后問題，而 Abramson 和 Yung(1989)找到了一個複雜度 $O(n)$的演算法。

在本章中列出的每個現實中的搜尋問題都是經過大量研究的主題。選擇最佳飛機航班的方法絕大部分仍是專利，但是 Carl de Marcken(在私人信件中)指出由於航班票價和限制如此複雜，使得選擇最佳航班問題是形式上不可判定的。旅行推銷員問題(TSP)是資訊科學理論中一個標準的組合問題(Lawler，1985、Lawler 等人，1992)。Karp(1972)證明了 TSP 是一個 NP-hard 的問題，不過已發展出有效的啓發式近似法(Lin and Kernighan，1973)。Arora(1998)發明了一個針對歐幾里德 TSP 的完全多項式近似方案。Shahookar 和 Mazumder 調查了 VLSI 的佈局方法(1991)，並且在 VLSI 期刊上有大量關於佈局最佳化的論文。機器人自動導航和組裝問題將在第二十五章中討論。

問題求解的無資訊搜尋演算法，是古典計算機科學(Horowitz 和 Sahni，1978 年)及作業研究(operations research)(Dreyfus, 1969)的一個中心主題。Moore(1959)用廣度優先搜尋正規化並解決迷宮問題。**動態規劃**(dynamic programming)方法(Bellman and Dreyfus，1962)有系統地依長度漸增順序記錄了的所有子問題的解，可視為圖的廣度優先搜尋的一種形式。Dijkstra(1959)的兩點最短路徑演算法是成本一致搜尋的起源。這些作品也引進探索集和邊緣集(封閉及開放列表)的概念。

設計用以有效利用棋鐘的疊代深入版本最早是由 Slate 和 Atkin(1977)在 CHESS4.5 賽局程式中使用。Martelli 的演算法 B(1977 年)包括一個疊代深入面向，也以可採納但不一致的啓發式而優於 A* 的最壞情況下效能。疊代深入技術在 Korf(1985a)的工作中成爲重要一環。由 Pohl(1969，1971)提出的雙向搜尋在一些情況下也十分有效。

啓發函數資訊在問題求解中的應用出現在西蒙和紐厄爾(1958)的一篇早期論文中，但是「啓發函數搜尋」的術語和估計到目標的距離的啓發函數，卻出現得比較晚(紐厄爾和 Ernst，1965；Lin，1965)。Doran 和 Michie(1966)對啓發式搜尋進行了廣泛的實驗研究。儘管他們分析了路徑長度和「穿透」(路徑長度比至今檢驗的總節點的比例)，他們似乎忽視了路徑成本 $g(n)$提供的信息。Hart，尼爾森和 Raphael(1968)提出了 A*演算法，將當前路徑長度與啓發函數搜尋相結合，後來又做了一些修正(Hart 等人，1972)。Dechter 和 Pearl(1985)展示了 A*演算法的最佳效率。

最初的 A*演算法論文介紹了啓發函數的一致性條件。Pohl(1977)介紹了一個更簡單的代替一致性的單調性條件，但是 Pearl(1984)證明了兩種條件是等價的。

Pohl(1970，1977)率先對啓發函數的誤差和 A*演算法的時間複雜度之間的關係進行了研究。樹搜尋獲得了單步成本和單一目標節點(Pohl，1977；Gaschnig，1979；Huyn 等人，1980；Pearl，1984)下和多目標節點(Dinh 等人，2007)下的基本結果。「有效分枝因式」是由尼爾森(1971)提出，其爲效率的一個經驗量測；它相當於假設一個時間成本爲 $O((b^*)^d)$。對於樹搜尋應用到圖形，Korf 等人(2001)認爲，時間成本可較佳模擬成 $O(b^{d-k})$，其中 k 取決於啓發式準確性；但這分析已引起了一些爭議。對於圖形搜尋，Helmert 和 Röger (2008)指出，幾個著名問題包含最佳解路徑上有指數多的節點，這意味著 A*具有指數時間複雜度，即使常數絕對誤差在 h。

A*演算法有很多變種。Pohl(1973)提出了動態加權的辦法，它用當前的路徑長度與啓發函數的加權和$f_w(n) = w_g g(n) + w_h h(n)$作爲評價函數，而不是 A*簡單的$f(n) = g(n) + h(n)$。權重 w_g 及 w_h 隨搜尋進展而動態調整。Pohl 的演算法被證明是 ε 可採納的——就是說保證找到的解在最佳解的 $1+\varepsilon$ 倍以內——ε 是提供給演算法的一個參數。在 A_ε^*演算法中也有同樣的性質(Pearl，1984)，它可以從邊緣節點集中選取f-成本值在邊緣節點最低f-成本的 $1 + \varepsilon$ 倍之內的節點來擴展。這種選取可以使搜尋成本最小化。

A*的雙向版本已被研究；雙向 A*及已知地界標的組合被用在更有效率地找尋駕駛路線，如微軟的線上地圖服務(Goldberg 等人，2006 年)。將地界標間的路徑集合作暫存後，該演算法可在美國 2400 萬點圖形內任兩點間找到一個最佳化路徑，其搜尋低於圖形的 0.1%。雙向搜尋的其他方法包括一個廣度-優先搜尋，從目標作後向追溯到一固定深度，接著一前向 IDA*搜尋(Dillenburg 和 Nelson，1994；Manzini，1995)。

A*演算法和其他狀態空間搜尋演算法與作業研究(Lawler 和 Wood，1966)中的分支界限技術有很近的關係。狀態搜尋和分支界限兩者之間的關係廣爲學者深入地研究(Kumar 和 Kanal，1983；Nau 等人，1984；Kumar 等人，1988)。Martelli 和 Montanari(1978)論證了動態規劃(參見第十七章)與特定類型的狀態空間搜尋之間的聯繫。Kumar 和 Kanal(1988)嘗試把啓發函數搜尋、動態規劃和分支界限技術「大統一」爲 CDP——「複合決策過程」。

由於在 20 世紀 50 年代末到 60 年代初，電腦只有不超過幾千位元組的主記憶體，因此記憶體受限的啓發式搜尋是早期研究的一個主題。最早的一個搜尋程式圖尋訪者(Doran 和 Michie，1966)在搜尋後提交一個在記憶體限制內最好的結果。IDA*演算法(Korf，1985a，1985b)是第一個廣泛應用的最佳的、記憶體受限的啓發式搜尋演算法，並且該演算法也發展出很多變化。Patrick 等人(1992)分析了 IDA*演算法的效率和使用實數值啓發式的困難。

RBFS 演算法(Korf，1993)實際上要比圖 3.26 中所示的演算法更複雜，它更接近於一個獨立發展出來的**疊代擴展**演算法，或稱 IE(羅素，1992)。RBFS 用到了一個上限和一個下限；這兩個演算法使用可採納啓發式時表現是相同的，但是 RBFS 甚至使用非可採納啓發式的時候也按照最佳優先的順序擴展節點。記錄最佳可選路徑的想法，最先出現在 Bratko(1986)爲實作 A*演算法所編寫的優雅的 Prolog 程式中和 DTA*演算法中(羅素和 Wefald，1991)。後者的工作也討論了後設狀態層狀態空間和後設狀態層學習。

MA*演算法出現在 Chakrabarti 等人(1989)的論文中。**SMA***，即簡化的 **MA***出現在實作 **MA***作爲 **IE** 的比較演算法的嘗試中(羅素，1992)。Kaindl 和 Khorsand(1994)用 **SMA***產生了一個雙向搜尋演算法，該演算法確實比以前的演算法要快得多。Korf 和 Zhang(2000)描述了分治法，而 Zhou 和 Hansen(2002)引入有限記憶 A*圖形搜尋和切換至廣度-優先搜尋，以提高記憶效率(Zhou 和 Hansen，2006 年)。Korf(1995)綜述了記憶體受限的搜尋技術。

Held 和 Karp(1970)開創性地提出了可採納啓發式可以透過問題的鬆弛而產生，他們用了一個最小產生樹啓發函數來求解 **TSP** 問題。(參見習題 3.33)。

Prieditis(1993)在他和 Mostow(Mostow 和 Prieditis，1989)早期工作的基礎上成功地實作了問題鬆弛過程的自動化。Holte 和 Hernadvolgyi(2001)描述了自動化處理的最近進程。用模式資料庫來產生可採納啓發式係歸功於 Gasser(1995)以及 Culberson 和 Schaeffer(1998)；Korf 和 Felner(2002)描述了無交集的模式資料庫；使用符號模式的類似方法則歸於 Edelkamp (2009)。Felner 等人(2007)展示了如何壓縮模式資料庫以節省空間。Pearl(1984)以及 Hansson 和 Mayer(1989)深入地調查了啓發式的概率解譯。

迄今爲止關於啓發式和啓發式搜尋演算法的最全面的資料是 Pearl 的教材《啓發式》(*Heuristics*)(1984)。這本書全面地涵蓋了 A*演算法的廣泛分支和變種，包括其性質的嚴格證明。Kanal 和 Kumar(1988)提出一個關於啓發式搜尋的重要文章選集，而 Rayward-Smith 等人(1996)作品則涵蓋作業研究的方法。新演算法的相關論文——新演算法令人注目地持續被發現——會出現在諸如 *Artificial Intelligence* 及 ACM 的期刊上。

平行搜尋演算法的主題沒有在本章論及，部分是因爲這需要包括對平行電腦體系結構的很長的討論。平行搜尋在 1990 年代於 AI 及理論計算機科學(Mahanti 和 Daniels，1993 年；Grama 和 Kumar，1995；Crauser 等人，1998 年)兩領域中均成爲一個熱門主題，並在多核與團的新架構時代正捲土重來(Ralphs 等人，2004 年；Korf 和 Schultze，2005)。也越來越重要的是，需要磁盤儲存的對極大圖形的搜尋演算法(Korf，2008)。

❖ 習題 EXERCISES

3.1 解釋爲何必須先作目標的正規化之後才能作問題的正規化。

3.2 你的目標是使機器人離開迷宮。機器人一開始在迷宮中央面向北邊。可將機器人轉向東西南北。你可以令機器人向某方向前進某距離，雖然它會在撞到牆之前停下來。

a. 正規化此問題。這個狀態空間有多大？

b. 在迷宮中，需要轉彎的地方只有在兩個或多個通道的相交處。使用此觀察結果來重新正規化這個問題。這個狀態空間有多大？

c. 從迷宮中每個點，我們可以移動往四個方向任一，直到碰到轉彎點，這也是我們唯一需要作的行動。使用這些行動重新正規化問題。我們現在需要紀錄機器人的面向方位嗎？

d. 在一開始描述這個問題時，我們已從眞實世界脫離，限制行動且移除細節。列出三個我們作的簡化。

3.3 假設兩朋友住在地圖上不同城市，如圖 3.2 的羅馬尼亞地圖。每一回，我們可以同時移動每個朋友到地圖上的鄰近城市。從城市 i 移動到鄰近城市 j 的所需時間等於城市間的距離 $d(i, j)$，但每一回合中，先到的朋友須等另一人到達(然後打第一個朋友手機)，下一回才能開始。我們希望兩人儘可能早點遇到。

a. 對這個搜尋問題寫出詳細的正規化方法。(你會發現定義一些形式符號會有幫助)。

b. 令 $D(i, j)$爲城市 i 跟 j 間的直線距離。下列哪一個啓發式函數爲可採納的？
(i) $D(i, j)$；(ii) $2 \cdot D(i, j)$；(iii) $D(i, j)/2$。

c. 完全連接卻沒有解存在的地圖會存在嗎？

d. 所有解都需要朋友造訪同樣城市兩次的地圖是否存在？

3.4 證明八方塊狀態被分離成兩不交集集合，使得同一集合內可從任一狀態到達任何另一狀態，但另一集合內從任一狀態都無法到達任何狀態[**提示**：參見 Berlekamp 等人的論文(1982)]。寫出一個方法，可以決定一個已知狀態在哪個集合，並解釋爲何在產生隨機狀態時有用。

3.5 請用第 3.2.1 節中提供的「高效」漸增正規化方法處理 n 皇后問題。解釋爲何狀態空間最少有 $\sqrt[3]{n!}$ 個狀態，並估計窮舉探索法所能到的最大 n (**提示**：透過考慮一個皇后在每行中能夠攻擊到的最大格數來導出分支因數的下限)。

3.6 對底下每一問題給出完整的問題正規化。請用精確到足以實作的正規化方式。

a. 僅使用四色，你必須對一平面圖著色，且兩相鄰區域不能同色。

b. 一隻 3 英呎高的猴子在房內，房內高 8 英呎之天花板垂下一些香蕉。猴子想吃香蕉。房內有兩個可堆疊，可移動，可攀爬的 3 英呎高箱子。

c. 你的程式會在輸入某一輸入記錄檔時，輸出訊息「違法輸入記錄」。你知道對每個記錄的處理均獨立於其他記錄。你想找出哪個記錄爲違法。

d. 你有三個水壺，容量爲 12 加侖、8 加侖、3 加侖，還有一個水龍頭。你可以把水壺加滿，或者以倒到其他水壺或地上來倒空。你需要精確測出一加侖。

3.7 考慮在一平面中尋找兩點之間的最短路徑問題，其間有許多凸多邊形障礙物，如圖 3.31 中所示。這是機器人在擁擠環境中解決道路導航問題的一種理想化情況。

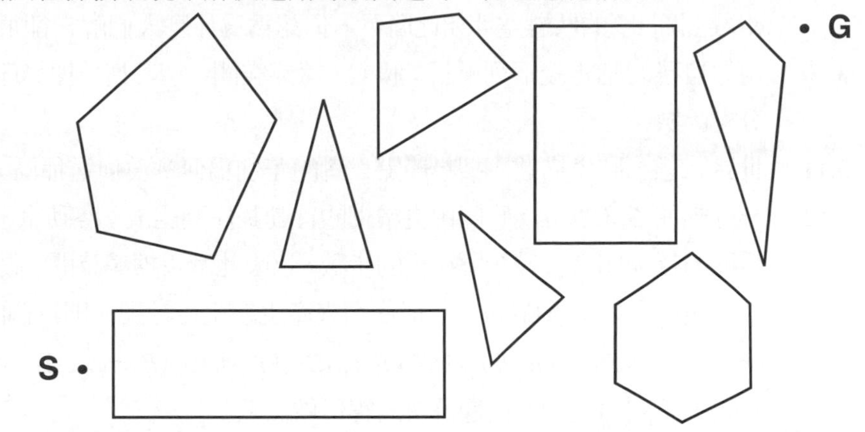

圖 3.31　一個有多邊形障礙物的場景。S 和 G 為開始和目標狀態。

a. 假設狀態空間由平面上所有的點(x, y)組成。其中共有多少個狀態？共有多少條路徑可抵達目標？

b. 簡要解釋爲什麼在這個場景中從一個多邊形的頂點到另一個頂點的最短距離必然由連結某些多邊形的頂點的直線段組成。現在定義一個好的狀態空間。這個狀態空間有多大？

c. 定義必要的函數以實作搜尋問題，其包含一個 ACTIONS 函數來將頂點當作輸入，且傳回一組向量集合，每個向量將當前頂點對至能以直線到達的頂點之一(不要忘記該頂點所在多邊形的相鄰頂點)。用直線段的長度作爲啓發函數。

d. 應用本章的一種或多種搜尋演算法來求解這個領域內的一系列問題，並評估它們的效能。

3.8 在 3.1.1 節，我們說過不考慮路徑成本爲負值的問題。在這道習題裡，我們進行更深入的探索。

a. 假設行動可以有任意大的負成本值；解釋爲何此種可能性會迫使任何最佳的演算法都必須探索整個狀態空間。

b. 若我們堅持單步成本必須大於或等於某個負常數 c 是否有所幫助？考慮樹和圖的情況。

c. 假設行動集合在狀態空間中形成一迴圈，使得以某順序執行該集合會對該狀態無淨影響。如果所有這些運算子都有負的成本值，在此環境下這對代理人的最佳行爲就表示什麼？

d. 即使在諸如尋徑問題這樣的領域中，也可以很容易想像有高負成本的運算子存在。例如，某些路段可能有非常美麗的景色，以至於比一般的時間和汽油成本更有份量。以精確的術語解釋，在狀態空間搜尋的脈絡中，爲什麼人類不會無盡地繞著某地觀光，並解釋在尋徑問題中如何定義狀態空間和行動，使得人造代理人也能避免迴圈。

e. 你是否能想到一個實際的領域，在其中單步成本能夠導致迴圈？

3.9 **傳教士和食人族**(missionaries and cannibals)問題通常敘述如下：三個傳教士和三個食人族在河的一邊，還有一艘能載一至二個人的船。請找出一個辦法能讓所有的人都渡到河的另一岸，但在任一地方食人族數都不能多於傳教士的人數(可以只有食人族沒有傳教士)。這個問題在 AI 領域中很著名，因爲它是第一篇從分析的觀點來探討問題正規化的論文主題(Amarel，1968)。

a. 精確地正規化此問題，只敘述確保此問題有解所必需的特性。畫出問題的完全狀態空間圖。

b. 實作合適的搜尋演算法並求出此問題的最佳解。檢查重複狀態是個好主意嗎？

c. 這個問題的狀態空間如此簡單，你認爲爲什麼人們解它卻很困難？

3.10 用你自己的話定義下列術語：狀態、狀態空間、搜尋樹、搜尋節點、目標、行動、後繼函數、分支因數。

3.11 世界狀態、狀態描述、搜尋節點三者的差別爲何？爲何這種區分有用？

3.12 一行動如 *Go*(*Sibiu*)，實際由更精細的行動長序列組成：啓動車子，放開煞車，加速前進之類。這種的行動組合會減少解序列的步數，也因此減少搜尋時間。假設我們將這個取到邏輯極限，作法是從 *Go* 行動的每一可能序列來產生超組合行動。則每個問題實例被單一超組合行動解決，如 *Go*(*Sibiu*)*Go*(*Rimnicu Vilcea*)*Go*(*Pitesti*)*Go*(*Bucharest*)。解釋以這種正規化下搜尋如何有效。請問這是加速問題解決的實用做法嗎？

3.13 證明 GRAPH-SEARCH 滿足圖 3.9 的圖分離性質。(**提示**：先證明該性質於開始時成立，然後證明，若其在演算法疊代前成立，其後也都會成立)。舉出一種破壞這種性質的搜尋演算法。

3.14 下面這些話哪些是正確的？哪些是錯誤的？解釋你的答案。

a. 深度-優先搜尋的展開節點數總是至少跟可採納啓發式的 A*搜尋一樣多。

b. $h(n) = 0$ 爲八方塊的可採納啓發式。

c. A*對機器人無用，因爲感知、狀態、行動是連續的。

d. 廣度-優先搜尋是完備的，即使允許步成本爲零。

e. 假設城堡可在棋盤上以直線移動任意方格數，垂直或水平，但不能跳過其他部分。Manhattan 距離是移動城堡從方格 A 到方格 B 的最小移動次數問題的可採納啓發式。

3.15 考慮一狀態空間，其中初始狀態爲數字 *1*，且每個狀態 k 有兩個後繼：數字 $2k$ 和 $2k+1$。

a. 畫出狀態 1 到 15 的部分狀態空間圖。

b. 假設目標狀態爲 11。列出用以下演算法拜訪節點的順序：廣度優先搜尋，深度限制爲 3 的有限深度搜尋，以及疊代深入搜尋。

c. 雙向搜尋在這問題上如何有用？在雙向搜尋中兩個方向上的分支因數各爲何？

d. 對(c)的回答是否能重新對此問題正規化，使你幾乎可以從狀態 1 不用搜尋來求解就可以到達目標狀態？

e. 稱從 k 到 $2k$ 的行動爲 Left，而到 $2k+1$ 的行動爲 Right。你能找到一種演算法，其完全沒作任何搜尋便輸出問題的解？

3.16 基本的木製鐵道組包含圖 3.32 所示的片段。任務是將這些片段接成一條鐵路，沒有重疊的軌道，且沒有讓火車不會跑出去地面的零星部分。

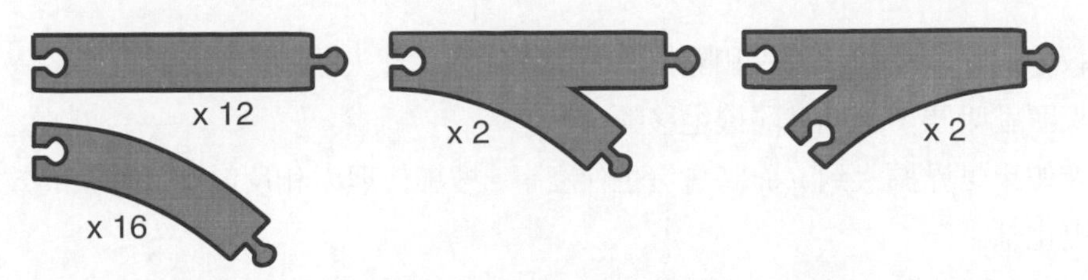

圖 3.32 木製鐵道組的軌道片段；每個都標以鐵道組裡的數量。注意到彎曲片段和「叉」片段(「轉向」或「指向」)可以翻過來而彎向另一邊。每個彎曲其弧角 45 度。

a. 假設片段彼此精確接合而無鬆脫。給出作爲搜尋問題的此任務的正確正規化方法。

b. 找出此任務的一個適當的無資訊搜尋演算法並解釋你的選擇。

c. 解釋爲何移除任何「叉」片段會使問題無解。

d. 給出用你正規化方法定義的狀態空間之總大小上限(**提示**：考慮建構過程的最大分支因數和最大深度，忽略重疊和零星部分的問題。開始時，假設每一片都是唯一的)。

3.17 在第 3.4.5 節，我們提到過疊代延長搜尋(iterative lengthening search)，一種成本一致搜尋的類似疊代法。它的概念是使用漸增的路徑成本限制。如果產生節點的路徑成本大於目前的限制，則馬上放棄該節點。在每次疊代的時候，限制值被設爲上次疊代中拋棄的所有節點中最低的路徑成本值。

a. 證明這個演算法對於一般路徑成本是最佳的。

b. 考慮一個分支因數爲 b、解深度爲 d、單一步驟成本的成本一致搜尋樹。疊代延長搜尋需要經過多少次疊代才能找到解？

c. 現在考慮連續範圍$[\varepsilon, 1]$的步成本，其中 $0 < \varepsilon < 1$。在最壞情況下需要經過多少次疊代才能找到解？

d. 實作此演算法，並將其用於八方塊遊戲和旅行推銷員問題的實例。比較該演算法與成本一致搜尋的效能，並評估你的結果。

3.18 敘述一個狀態空間，其中疊代深入搜尋比深度優先搜尋的效能要差很多[例如，一個是 $O(n^2)$，另一個是 $O(n)$]。

3.19 寫出一個程式，當輸入兩個網頁的 URL 後，能找到從一個網頁到另一個網頁的連結路徑。什麼樣的搜尋策略是合適的？雙向搜尋是好主意嗎？能用搜尋引擎實作一個前導函數(predecessor function)嗎？

3.20 考慮圖 2.2 中定義的吸塵器世界問題。

a. 在本章定義的演算法哪一個適合這個問題？演算法應該用樹搜尋或圖形搜尋？

b. 應用你選擇的演算法來計算 3×3 世界的最佳行動序列，其初始狀態爲上方的三個方格裡有灰塵，代理人在中心的方格裡。

c. 爲吸塵器世界製作一個搜尋代理人，並在一個 3×3 世界集合裡中評價它的效能，其中每個方格裡有塵土的機率是 0.2。在效能指標中不僅要包括路徑成本，也要以一個合理的轉換比率包括搜尋成本。

d. 比較你最好的搜尋代理人和隨機的簡單反射型代理人的效能。後者的策略是如果目前位置有灰塵就吸塵，否則就隨機地移動。

e. 考慮如果世界擴大到 $n \times n$ 時會發生什麼事。搜尋代理人和反射型代理人的效能會如何隨 n 值變化？

3.21 證明下列每個陳述，或給一個反例：

a. 廣度優先搜尋是成本一致搜尋的一特例。

b. 深度-優先搜尋為最佳-優先樹搜尋的一特例。

c. 成本一致搜尋是 A*搜尋的一種特殊情況。

3.22 在一些隨機產生的八方塊遊戲(用曼哈頓距離)和 TSP(用 MST——參見習題 3.33)問題上比較 A*演算法和 **RBFS** 演算法的性能。討論你的結果。在八方塊遊戲中，如果在啓發值上加一個很小的亂數會對 **RBFS** 的性能有何影響？

3.23 跟蹤 A*搜尋演算法用直線距離啓發函數求解從 Lugoj 到 Bucharest 問題的過程。按順序列出演算法擴展的節點和每個節點的 f、g、h 值。

3.24 設計一個狀態空間，在其中用圖形-搜尋的 A*演算法返回的是次最佳解，如果它的啓發函數 $h(n)$是可採納的但不是一致的。

3.25 **啓發式路徑演算法**(Pohl，1977)為最佳-優先搜尋，其評價函數為 $f(n) = (2-w)g(n) + wh(n)$。哪個 w 值使其完備？哪個值為最佳化，假設 h 可採納？對 $w = 0$、$w = 1$、$w = 2$ 使用哪種搜尋？

3.26 考慮圖 3.9 所示的一般 2D 格點的無界版本。開始狀態在原點(0, 0)，目標狀態在(x, y)。

a. 此狀態空間中的分支因數 b 為何？

b. 在深度 $k(k > 0)$有多少相異狀態？

c. 廣度-優先樹搜尋的節點所展開的節點數最大值為何？

d. 廣度-優先圖形搜尋所展開的節點數最大值為何？

e. 是否 $h = |u - x| + |v - y|$ 對於在(u, v)的一狀態為可採納啓發式？請解釋。

f. 以 h 的 A*圖形搜尋展開多少節點？

g. 是否 h 保持可採納，若某些連結被移除？

h. 是否 h 保持可採納，若某些連結被增加到不相鄰的狀態？

3.27 有 n 部車輛在 $n \times n$ 格點上，佔據(1, 1)到$(n, 1)$(即最底列)的方格。車輛必須被移到頂列，但要反向順序；所以，從$(i, 1)$開始的車輛 i 需停在$(n - i + 1, n)$。在每一時間步，這 n 台車每一輛可以上下左右移動一格；或不動；但如果一台車不動，相鄰的另一車(但不超過一台)可跳過它。兩車不能佔據同一方格。

a. 計算狀態空間大小，以 n 為函數。

b. 計算分支因數，以 n 為函數。

c. 假設車輛 i 在(x_i, y_i)；寫出一個對於到目標位置$(n - i + 1, n)$的移動步數的非顯然可採納啓發式 h_i，假設格點沒有其他車輛。

d. 下列哪一個啓發式對於移動所有 n 台車輛到各自目的地的問題爲可採納？請解釋。

(i) $\sum_{i=1}^{n} h_i$

(ii) $\max\{h_1, \ldots, h_n\}$

(iii) $\min\{h_1,\ldots, h_n\}$

3.28 設計一個啓發函數，使它在八方塊遊戲中有時會估計過高，並說明它在什麼樣的特殊問題下會導致次最優解(可以借助電腦的幫助)。證明：如果 h 被高估的部分從來不超過 c，A*演算法返回的解的成本比最佳解的成本多出的部分也不超過 c。

3.29 證明如果一個啓發函數是一致的，它肯定是可採納的。構造一個非一致的可採納啓發函數。

3.30 旅行推銷員問題(TSP)可以透過最小產生樹(MST)啓發函數來解決，如果部分旅行已經構造出來，最小產生樹用於估計完成一次旅行的成本。一群城市的 MST 耗散是連接所有城市的樹中最小的連接成本和。

a. 對於鬆弛的 TSP 問題如何產生這個啓發函數。

b. 證明 MST 作爲啓發函數比直線距離有優勢。

c. 寫一個 TSP 問題實例的問題產生器，城市的位置用在單位正方形內的隨機點表示。

d. 在文獻中找到一個構造 MST 的有效演算法，並且搭配 A*圖形搜尋來解決 TSP 問題實例。

3.31 在第 3.6.2 節，我們定義了鬆弛的八方塊遊戲，其中如果 B 是空的，一個棋子可以直接從方格 A 移到方格 B。這個問題的精確解定義了 **Gaschnig 啓發函數**(Gaschnig，1979)。解譯爲什麼 Gaschnig 啓發函數至少和 h_1(不在位棋子數)一樣精確，並說明它比 h_1 和 h_2(曼哈頓距離)更精確的情況。解釋如何有效計算 Gaschnig 啓發式。

3.32 關於八方塊遊戲我們給出了兩個簡單的啓發函數：曼哈頓距離和不在位棋子數。文獻中的幾個啓發函數聲稱是有所提高的——例如，參見尼爾森(1971)，Mostow 和 Prieditis(1989)，Hansson 等人(1992)。實作這些啓發函數並比較演算法的性能，以檢驗這些宣稱。

本章註腳

[1] 我們假設大多數的讀者都處於同樣的位置，並且很容易想像自己和這個代理人一樣缺乏線索。我們對不能融入這個教學情境的羅馬尼亞讀者表示歉意。

[2] 許多問題解決的處理(包含本書的前版)是使用後繼函數，其傳回所有後繼的集合，而不是區別 ACTIONS 和 RESULT 函數。後繼函數使得描述一個知道能試什麼行動但不知道能達成什麼的代理人這件事變得困難。同樣，注意到某些作者使用 RESULT(a, s)代替 RESULT(s, a)，而有些用 DO 代替 RESULT。

[3] 這假設是演算上方便，但理論上也合理——見第十七章 17.2 節。

[4] 成本為負值的含義將在習題 3.8 中探討。

[5] 參見 11.2 節中，定義和演算法的更完備集合。

[6] *NoOp* 或「no operation」為組合語言中代表不行動的指令名。

[7] 此處，且貫穿全書，C^*的「星號」代表 C 最佳值。

[8] 我們的第一版中稱之為**貪婪搜索**；其他一些作者稱之為最佳優先搜索。我們對後者更通常的用法是遵從 Pearl(1984)的。

[9] 以可採納但不一致的啟發式，A*需要額外紀錄以保證最佳化。

[10] 在本書的第一版裡描述了一個粗略的輪廓。

[11] 在第八章和第十一章中，我們將描述適合這個任務的形式語言；通過可操作的形式化描述，可以自動地構造其鬆弛問題。現在，我們先使用自然語言。

[12] 注意一個完美的啟發式可以簡單地通過允許 h「秘密地」運行一個完全的廣度優先搜索得到。因此，在啟發函數的精確度和計算時間之間要有一個折衷。

[13] 藉由從目標反向操作，所遭遇的每一實例的精確解成本都可立即獲得。這是動態編程的範例，在第十七章會再進一步討論。

第 4 章收錄於隨書光碟

ADVERSARIAL SEARCH

5

對抗搜尋

本章考察有其他代理人計畫與我們對抗的世界中，我們試圖預先計畫時產生的問題。

5.1 賽局

在第二章中我們介紹了**多代理人環境**，其中任何代理人需要考慮到其他代理人的行動，及其對自己利益的影響。其他代理人的不可預測性使得**偶發性**產生於第 4 章討論的代理人解決問題的過程。本章中，我們涵蓋**競爭**環境，在競爭的環境中，每個代理人的目標是衝突的，於是就引出了**對抗搜尋**問題——通常被稱為**賽局**。

數學中的**賽局論**(也是經濟學的一個分支)將任一多代理人環境看成是一種賽局遊戲，其中每個代理人對其他代理人的影響是「顯著的」，與代理人是合作的還是競爭的無關[1]。人工智慧中「賽局」通常是更特定的種類——專指賽局論專家們所稱之決定性的、輪流行動的、有**完整資訊**的雙人**零和遊戲**。在我們的術語中，這意味著在決定性的、完全可觀察的環境中兩個代理人必須交替行動，在遊戲結束時效用值總是相等並且符號相反。例如下西洋棋，一個遊戲者贏了(+1)，則另一個一定輸了(–1)。正是這種代理人之間效用函數的對立導致環境是對抗的。

從人類文明產生以來，賽局就和人類智慧密不可分——有時甚至到了令人擔憂的程度。對於人工智慧學者來說，賽局的抽象本性成為他們感興趣的研究對象。賽局遊戲中的狀態很容易表示，代理人通常限定於少數幾個行動，而行動的輸出被精確的規則所定義。而體育遊戲，例如檯球和冰上曲棍球，則有複雜得多的描述，有更大範圍的可能行動，也有相當不精確的規則來定義行動的合法性。所以除了足球機器人，體育遊戲目前還沒有吸引人工智慧領域的很大興趣。

遊戲不同於第三章中研究的大多數玩具問題，它們因為難求解而更加令人感興趣。例如西洋棋的平均分支因數大約是 35，一盤棋一般每個遊戲者走 50 步，所以搜尋樹大約有 35^{100} 或者 10^{154} 個節點(儘管搜尋圖「只」有 10^{40} 個不同的節點)。如同現實世界，遊戲要求，即使無法計算出最佳決策的情況下，也能做出某種決策的能力。遊戲對於低效率有嚴厲的懲罰。在其他條件相同的情況下，一種只有一半效率的 A*搜尋演算法的實作意味著執行兩倍長的時間，於是一個只能以一半效率利用可用時間的西洋棋程式，就很可能被擊敗。所以，賽局研究也產生了一些有趣的想法，如何盡可能好好利用時間。

我們以最佳棋步的定義及尋找出最佳的棋步演算法開始。然後我們討論當時間有限時，如何選擇好棋步的技術。**剪枝**允許我們忽略那些不影響最後決定的部分搜尋樹，而啓發式的**評價函數**允許我們在不進行完整搜尋的情況下，近似估計一個狀態的眞實效用值。5.5 節討論了諸如雙陸棋這類包含機率因素的遊戲；我們還討論了橋牌，它包含**不精確資訊**因素，因爲橋牌中每個人都不能看到所有的牌。最後我們看看最先進技術的的賽局程式，如何與人類對手抗衡，以及未來的發展方向。

我們現在只考慮兩個遊戲者：MAX 和 MIN(至於爲什麼這樣命名，一會兒就顯而易見了)。MAX 先行，然後兩人輪流出招，直到遊戲結束。在遊戲最後，給優勝者加分，給失敗者罰分。遊戲可以正式定義成含有下列組成部分的搜尋問題：

- S_0：
  初始狀態，它敘明了開始的時候賽局是如何被安排的。
- PLAYER(s)：
  定義於某個狀態下輪到哪一個遊戲者下棋。
- ACTION(s)：
  於某個狀態下返回到合法的棋步。
- RESULT(s, a)：
  轉移模型，定義了某個棋步的結果。
- TERMINAL-TEST(s)：
  終止測試，當賽局結束時爲眞，否則爲假。遊戲結束的狀態稱終止狀態。
- UTILITY(s, p)：
  效用函數(也稱爲目標函數或是收益函數)，定義遊戲者 p 結束在終止狀態 s 的賽局最後數值。在西洋棋中，結果是贏、輸或平，分別賦予數值+1，0 或 1。有些遊戲有更多的可能結果，例如雙陸棋的收益範圍從 0 到 +192。**零和賽局**(令人困惑地)定義爲對每一場賽事，所有遊戲者的總收益都相同的賽局。西洋棋是零和因爲每一個賽局收益是 0 + 1，1 + 0 或是$\frac{1}{2}+\frac{1}{2}$。「常和」(constant-sum)會是一個更好的字眼，但零和是具有傳統和有意義的，如果你想像每個遊戲者被收取參賽費用$\frac{1}{2}$。

初始狀態，ACTIONS 函數，與 RESULT 函數定義了賽局的賽局樹——樹的節點是賽局狀態且樹枝是棋步。圖 5.1 給出井字棋(圈叉遊戲)的部分賽局樹。在初始狀態，MIN 有 9 個可能的棋步。遊戲交替進行，MAX 下 X，MIN 下 O，直到我們到達了樹的葉節點對應的終止狀態，也就是說一方的三個棋子連成一條直線或者所有棋位元都塡滿了。葉節點上的數位指示了這個終止狀態對於 MAX 來說的效用值；值越高被認爲對 MAX 越有利，而對 MIN 則越不利(這也是遊戲者得以如此命名的原因)。

井字棋的賽局樹相對而言是小的——少於 9! = 362,880 個終止節點。但西洋棋有多達 1040 個節點，因此該賽局樹最好看成是一個我們無法在實體世界實現之理論架構。但是不管賽局樹的大小，搜尋好的棋步是 MAX 的責任。我們使用**搜尋樹**這個名詞來稱呼在整棵賽局樹中重疊部份的樹，並檢視足夠的節點讓遊戲者能判斷該做出什麼棋步。

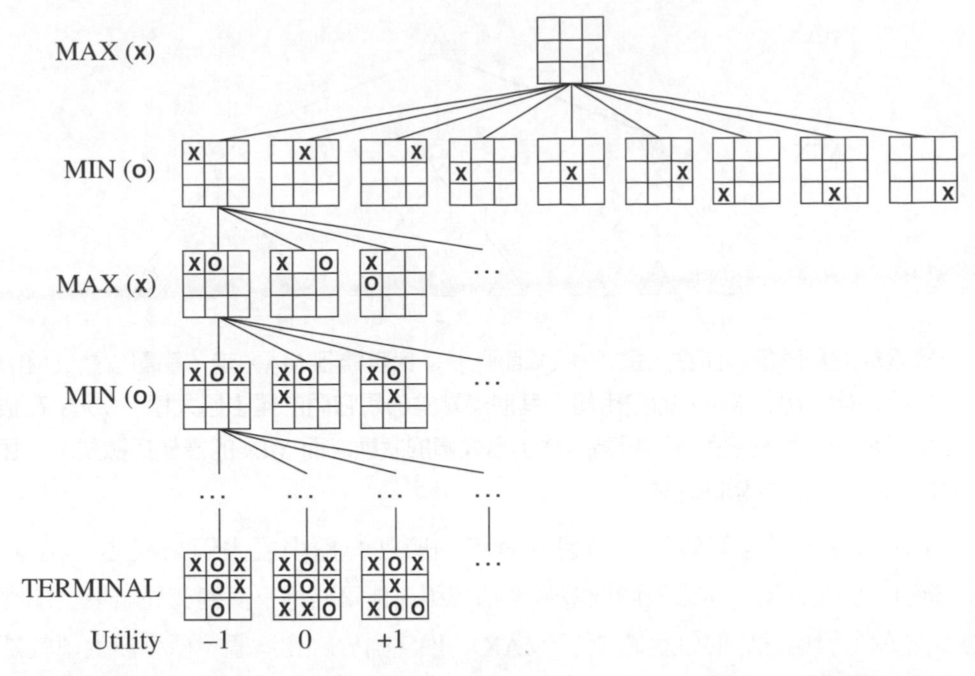

圖 5.1 井字棋遊戲的(部分)搜尋樹。頂層的節點是初始狀態，MAX 先走棋，放置一個 X 在空洞上。我們顯示了搜尋樹的一部分，給出 MIN(O)和 MAX(X)的交替棋步過程，直到我們最終到達終止狀態。可按照遊戲規則對終止狀態賦予了效用值

5.2 賽局的最佳化決策

在一般的搜尋問題中，最佳解爲一系列棋步並導致一目標狀態——取勝的終止狀態。於對抗搜尋，MIN 有些關於自身的話要說。因此 MAX 必須找到一個應變**策略**，制定出 MAX 初始狀態下應該採取的棋步，然後是在 MIN 每種可能應對造成的狀態下 MAX 應該採用的棋步，接著是在 MIN 對 MAX 的那些棋步的每種可能應對造成的狀態下 MAX 應該採用的棋步，依此類推。這完全類似 AND-OR 搜尋演算法(圖 4.11)以 MAX 扮演 OR 的角色而 MIN 等於 AND。粗略地說，當對手不犯錯誤的時候，最佳策略能夠導致至少不比任何其他策略差的結果。我們先從展示如何找出這最佳的策略開始。

即使是如井字棋這樣簡單的遊戲，畫出它的整個賽局樹對我們也太複雜了，所以我們將轉而討論一個更簡單的遊戲，如圖 5.2 所示。在根節點 MAX 的可能棋步被標爲 a_1，a_2 和 a_3。對於 a_1，MIN 可能的對策有 b_1，b_2 和 b_3，依此類推。這個特別的遊戲在 MAX 和 MIN 各走完一步後結束。(按照賽局的說法，我們說這棵賽局樹的深度是一個棋步深，包括兩個單步，每一個單步稱爲一層。這個遊戲終止狀態的效用值範圍從 2 到 14。

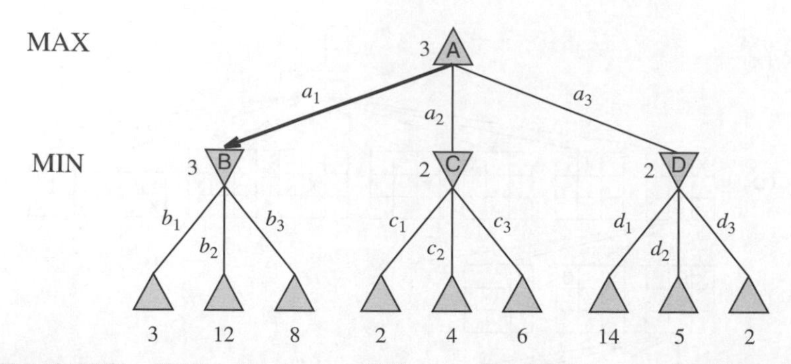

圖 5.2 **一棵兩層的賽局樹。節點△是「MAX 節點」，代表輪到 MAX 走；節點▽是「MIN 節點」。終止節點標示出了 MAX 的效用值；其他節點標的是它們的極小極大值。MAX 在根節點的最佳棋步是 a_1，因為它引向有最高的極小極大值的狀態，而 MIN 的最佳招數是 b_1，因為它引向有最低的極小極大值的狀態。**

給定一棵賽局樹，最佳策略可以透過檢查每個節點的**極小極大值**來決定，這裡我們記爲 MINIMAX-值(n)。假設在某一步以後兩個遊戲者都按照最佳策略進行直到賽局結束，那麼這一個節點的極小極大值就是對應狀態的效用值(對於 MAX)。顯然對於終止狀態，極小極大值就是它的效用值。此外，已知一個選擇，MAX 將優先選擇移動到一個有極大值的狀態，而 MIN 選擇移動到有極小值的狀態。所以我們得到如下公式：

$$\text{MINMAX}(s) = \begin{cases} \text{UTILITY}(n) & 當\ \text{TERMINAL-TEST}(s) \\ \max_{s \in Successors(n)} \text{MINIMAX}(\text{RESULT}(s, a)) & 當\ \text{PLAYER(s)} = \text{MAX} \\ \min_{s \in Successors(n)} \text{MINIMAX}(\text{RESULT}(s, a)) & 當\ \text{PLAYER(s)} = \text{MIN} \end{cases}$$

讓我們運用這些定義於圖 5.2 的賽局樹。最底一層之終止節點的效用值得自賽局的 UTILITY 函數。第一個 MIN 節點標記爲 B，有三個後繼者，值分別是 3、12 和 8，所以它的極小極大值是 3。同樣，其他兩個 MIN 節點的極小極大值都是 2。根節點是一個 MAX 節點，它的後繼者節點分別有極小極大值 3、2 和 2，所以它的極小極大值是 3。最後，我們可以確定出在根節點的**極小極大決策**：對於 MAX 來說 a_1 是最優選擇，因爲它引向具有最高極小極大值的狀態。

對 MAX 的最佳棋步的定義假設了 MIN 也按最佳棋步行動——可以最大化 MAX 的最壞情況結果。如果 MIN 沒有按最佳棋步行動怎麼辦？顯而易見(習題 5.7)MAX 可以做得更好。其他對付非最佳對手的策略，可能會比極小極大策略好，但這些策略若對付最佳化對手就必定較差。

5.2.1 極小極大值演算法

極小極大值演算法(圖 5.3)從當前狀態計算極小極大決策。它使用了簡單的遞迴演算法，計算每個後繼者的極小極大值，直接實作定義方程式。遞迴演算法自上而下一直前進到樹的葉節點，然後隨著遞迴回溯，透過樹把極小極大值**回傳**。例如，在圖 5.2 中，演算法先遞迴到三個底層的葉節點，對它們呼叫 UTILITY 函數發現它們的值分別是 3、12 和 8。然後取三個值中的最小值 3 作爲回傳值返回給節點 B。類似的過程分別把回傳值 2 賦給 C 和 D。最後我們在 3、2 和 2 中選取最大值 3 作爲回傳值返回給根節點。

極小極大演算法對賽局樹執行了一個完整的深度優先探索。如果樹的最大深度是 m，在每個節點合法的棋步有 b 個，那麼極小極大演算法的時間複雜度是 $O(b^m)$。對於一次性產生所有的後繼者節點的演算法，空間複雜度是 $O(bm)$，而對於每次產生一個後繼者的演算法(參見第 3.4.3 節)，則爲 $O(m)$。當然，對於眞的遊戲，這樣的時間成本全不實用，不過這個演算法可以作爲對遊戲進行數學分析的基礎和其他實用演算法的基礎。

```
function MINIMAX-DECISION(state) returns an action
  return arg max_{a ∈ ACTIONS(s)} MIN-VALUE(RESULT(state, a))
─────────────────────────────────────────────
function MAX-VALUE(state) returns a utility value
  if TERMINAL-TEST(state) then return UTILITY(state)
  v ← −∞
  for each a in ACTIONS(state) do
    v ← MAX(v, MIN-VALUE(RESULT(s, a)))
  return v
─────────────────────────────────────────────
function MIN-VALUE(state) returns a utility value
  if TERMINAL-TEST(state) then return UTILITY(state)
  v ← ∞
  for each a in ACTIONS(state) do
    v ← MIN(v, MAX-VALUE(RESULT(s, a)))
  return v
```

圖 5.3　計算極小極大值決策的演算法。其回傳最佳可能棋步對應的行動，亦即在對手的棋步是為了使效用最小的假設下，能夠導致最佳效用值結果的棋步。函數 MAX-VALUE 和 MIN-VALUE 穿過整個賽局樹一直到葉節點，以決定每一個狀態的回傳值。符號 $\text{argmax}_{a \in S} f(a)$ 計算集合 S 中使 $f(a)$ 有最大值的元素 a。

5.2.2　多人遊戲中的最佳決策

許多流行的遊戲允許多於兩個的參加者。讓我們來看一看如何把極小極大想法推廣到多人遊戲中。這在技術觀點上看比較直接，但產生了一些有趣的符號問題。

首先我們需要把每個節點上的單一值替換成一個向量值。例如在一個有三個人 A，B 和 C 的遊戲中，每個節點都與一個向量 $\langle v_A, v_B, v_C \rangle$ 相關聯。對於終止狀態，這個向量給出了從每個人角度出發得到的狀態效用值。(在兩人的零和遊戲中，由於效用值總是正好相反，所以二維向量可以簡化爲一個單一值)。最簡單的實作方法是讓函數 UTILITY 傳回一個效用值向量。

現在我們來看非終止狀態。考慮在圖 5.4 中的賽局樹上標爲 X 的節點。於那個狀態，遊戲者 C 選取該怎麼做。兩個選擇會引領至具有效用向量 $\langle v_A = 1, v_B = 2, v_C = 6 \rangle$ 與 $\langle v_A = 4, v_B = 2, v_C = 3 \rangle$ 之終止狀態。由於 6 比 3 大，所以 C 應該選擇第一種走法。這也意味著如果到達了狀態 X，後繼者的棋步會走到效用值向量爲 $\langle v_A = 1, v_B = 2, v_C = 6 \rangle$ 的終止狀態。因此 X 的回傳值就是這個向量。節點 n 的回傳值恆爲該遊戲者在 n 選擇的效用值最高的後繼狀態的效用值向量。任何玩過諸如 Diplomacy(外交遊戲)這樣的多人遊戲的人，很快會意識到這比雙人遊戲要複雜得多。多人遊戲通常會涉及在遊戲者之間，出現正式或者非正式的**聯盟**(alliances)的情況。隨著遊戲的進行，聯盟也建立或者解散。我們如何去理解這種行為呢？是否在多人遊戲中對每個遊戲者來說，聯盟是最佳策略的一個自然結果？看起來可能是這樣的。例如 A 和 B 相對比較弱，而 C 很強。那麼對於 A 和 B 而言，它們一起進攻 C 比等 C 逐個消滅它們要好，這樣通常是最佳的。如此，合作從純自私的行為中湧現出來。當然，一旦 C 在聯合攻擊下被削弱，聯盟就失去了價值，於是 A 或者 B 就會破壞協定。某些情況下，外在的聯盟僅僅是把將要發生的具體化。在另一些情況下，違反盟約會損害社會聲譽，所以遊戲者要在毀約得到的直接利益，和被認為不可信任而帶來的長期弊端之間，尋求平衡。在第 17.5 節中我們會有更詳細的討論。

如果遊戲是非零和的，那麼合作也可能發生在兩人遊戲中。例如，假設有一個終止狀態的效用值向量是 $\langle v_A = 1000, v_B = 1000 \rangle$，並且 1000 對於兩個遊戲者都是最高的可能效用值。那麼雙方的最佳策略就是做一切可能，來到達這個狀態——也就是說，雙方會自動合作來達到共同渴望的目標。

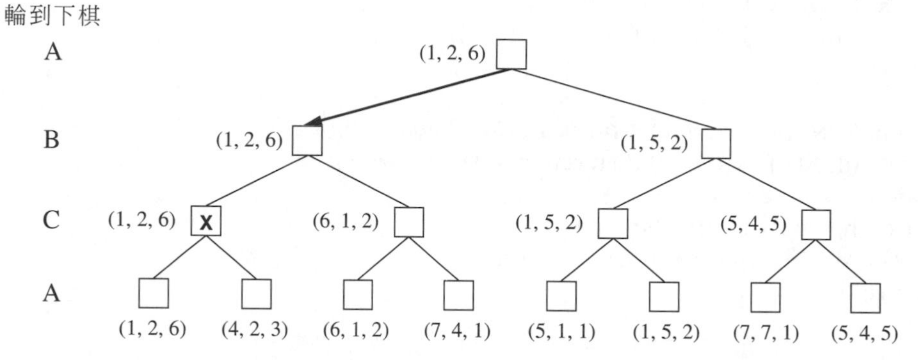

圖 5.4　有三個遊戲者(A, B, C)的賽局樹中的前三層。每個節點標有從每個遊戲者角度出發的值。根節點標示了最佳步驟

5.3　α-β 剪枝

極小極大值搜尋的問題是必須檢查的遊戲狀態的數目，隨著棋步的數量指數增長。不幸的，是我們沒有辦法消除這種指數增長，不過我們可以有效地將其減半。這裡的技巧是有可能不需要尋訪賽局樹中每一個節點就可以計算出正確的極小極大值策略。於是，我們借用第 3 章中的**剪枝**技術，從考慮中消除搜尋樹的很大一部分。我們要考察的特別技術稱為 ***α-β* 剪枝**。應用到一棵標準的極小極大值樹上，它剪裁掉那些不可能影響最後決策的分支，仍然可以得到和極小極大值演算法同樣的結果。

重新考慮圖 5.2 中的兩層賽局樹。讓我們再次全面觀察最佳決策的計算過程，這一次仔細注意過程中的每個節點。圖 5.5 顯示了每一步的解譯。結果是我們可以在不評價其中兩個葉節點的情況下，就可以確定極小極大值決策。

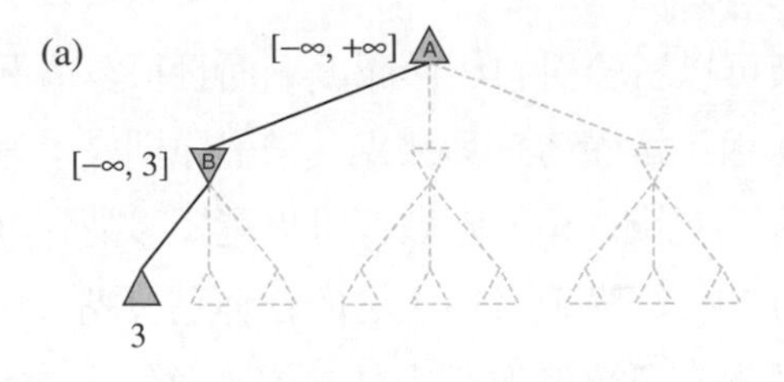

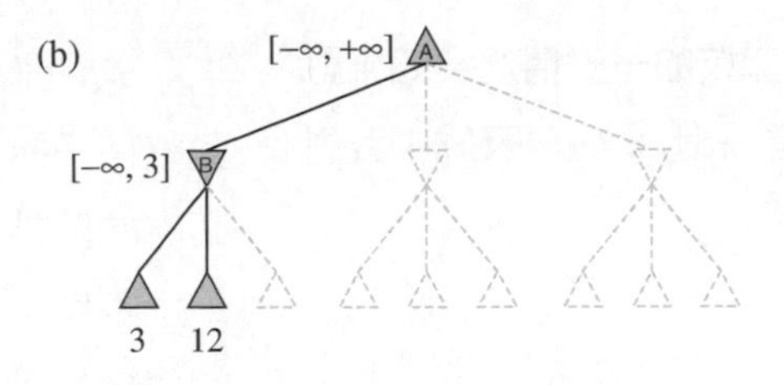

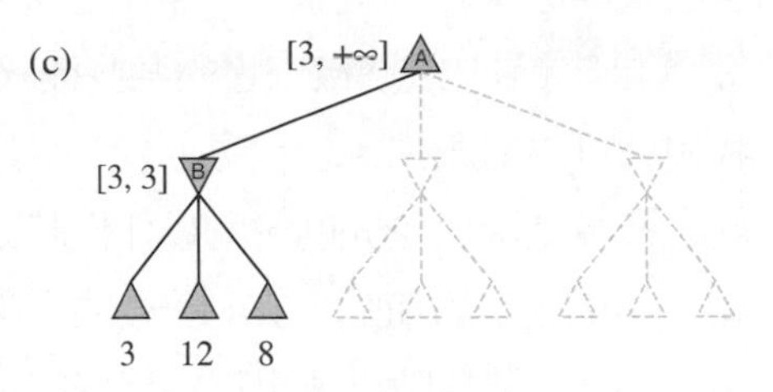

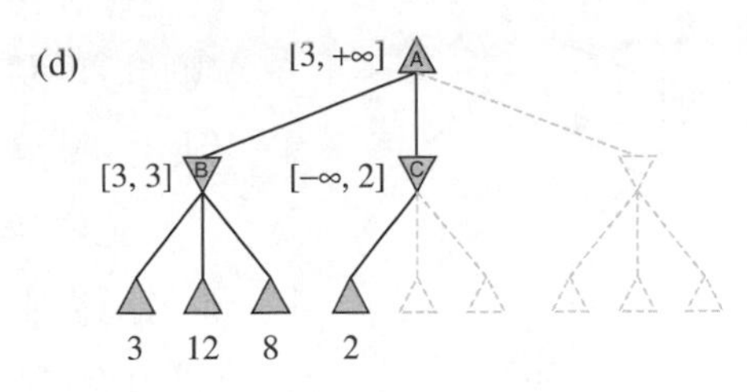

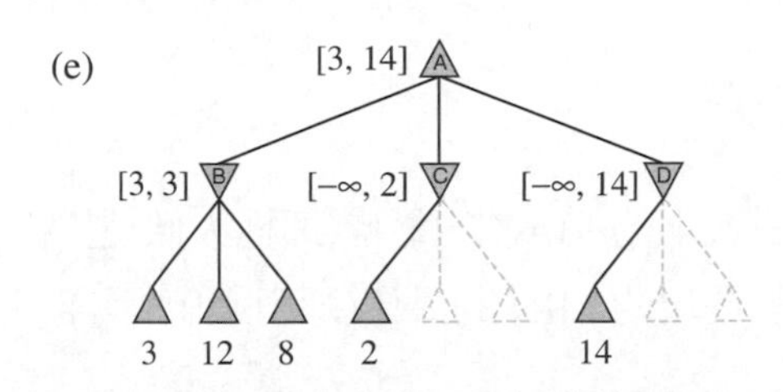

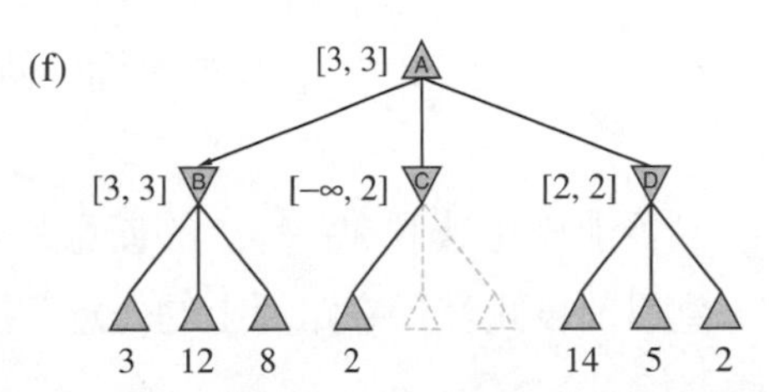

圖 5.5 計算圖 5.2 中賽局樹的最佳決策的各階段。在每一點，我們顯示了每個節點的可能值範圍。

(a) *B* 下面的第一個葉節點具有 3 的值。因此，*B* 這個 MIN 節點的值至多為 3。

(b) *B* 下面的第二個葉節點具有 12 之值；MIN 不會採用這個棋步，所以 *B* 的值仍然至多為 3。

(c) *B* 下面的第三個葉節點具有 8 之值；我們已經觀察過 *B* 的所有後繼狀態，所以 *B* 的值正是 3。現在，我們可以推斷根節點的值至少為 3，因為 MAX 在根節點有一個值為 3 的選擇。

(d) *C* 下面的第一個葉節點之值為 2。因此，*C* 這個 MIN 節點的值至多為 2。不過我們已經知道 *B* 的值是 3，所以 MAX 絕不會選擇 *C*。因此，再考察 *C* 的其他後繼狀態已經沒有意義了。這就是 α-β 剪枝的一個例子。

(e) *D* 下面的第一個葉節點之值為 14，所以 *D* 的值至多為 14。這比 MAX 的最佳選擇(即 3)還高，所以我們必須繼續探索 *D* 的其他後繼狀態。還要注意到，我們現在知道根的所有後繼者的界限，所以根節點的值也至多為 14。

(f) *D* 的第二個後繼者之值為 5，所以我們又必須繼續探索。第三個後繼者之值為 2，所以 *D* 的值就正是 2 了。於是 MAX 在根節點的決策是移動到值為 3 的 *B*

從另一個角度來看，可以把這個過程視爲對 MINIMAX 公式的簡化。令圖 5.5 中節點 *C* 的兩個未被評價的後繼者的值是 x 與 y。根節點的值由下面公式給出：

$$\begin{aligned}\text{MINMAX}(root) &= \max(\min(3,\ 12,\ 8),\ \min(2,\ x,\ y),\ \min(14,\ 5,\ 2)) \\ &= \max(3,\ \min(2,\ x,\ y),\ 2) \\ &= \max(3,\ z,\ 2) \qquad \text{其中 } z = \min(2, x, y) \le 2 \\ &= 3\end{aligned}$$

換句話說，根節點的值以及因此做出的極小極大值決策獨立於被剪枝的葉節點 x 和 y。

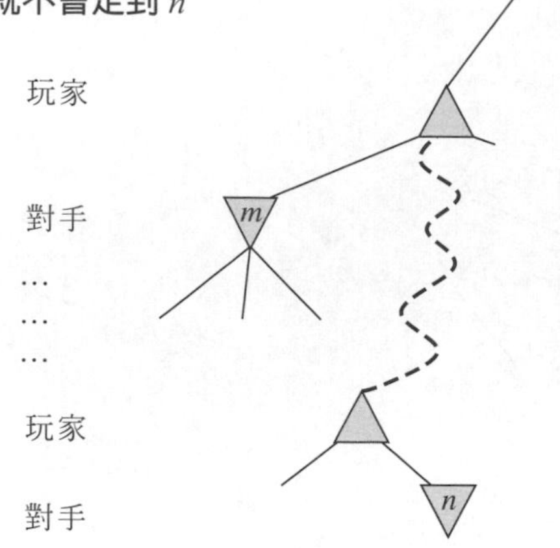

圖 5.6 α-β 剪枝的一般情況。如果對於遊戲者而言 m 比 n 好，賽局中我們就不會走到 n

α-β 剪枝可以用於樹的任何深度，而且很多情況下可以剪裁整個子樹，而不是僅剪裁葉節點。一般原則是：考慮在樹中某處的節點 n(參見圖 5.6)，遊戲者可以選擇移動到該節點。如果遊戲者在 n 的父節點或者更上層的任何選擇點，有一個更好的選擇 m，那麼在實際的遊戲中就永遠不會到達 n。所以一旦我們發現關於 n 的足夠資訊(透過檢查它的某些後代)，能夠得到上述結論，我們就可以剪裁它。

記住極小極大搜尋是深度優先的，所以任何時候我們不得不考慮樹中一條單一路徑上的節點。α-β 剪枝的名稱就是從下面兩個參數得來的，這兩個參數描述出現在這條路徑上任何地方之備份值的上下界：

α = 到目前為止我們在路徑上的任意選擇點發現的 MAX 的最佳(即極大值)選擇

β = 到目前為止我們在路徑上的任意選擇點發現的 MIN 的最佳(即極小值)選擇

沿著為 MIN 的路徑。α-β 搜尋不斷更新 α 和 β 的值，並且當某個節點的值分別比目前的 MAX 的 α 或 MIN 的 β 值更差的時候，便剪裁這個節點剩下的分支(即終止遞迴呼叫)。完整的演算法由圖 5.7 給出。我們鼓勵讀者跟蹤把這個演算法用於在圖 5.5 中的樹上的行為表現。

```
function ALPHA-BETA-SEARCH(state) returns an action
  v ← MAX-VALUE(state, −∞, +∞)
  return the action in ACTIONS(state) with value v
-----------------------------------------------------------
function MAX-VALUE(state, α, β) returns a utility value
  if TERMINAL-TEST(state) then return UTILITY(state)
  v ← −∞
  for each a in ACTIONS(state) do
    v ← MAX(v, MIN-VALUE(RESULT(s,a), α, β))
    if v ≥ β then return v
    α ← MAX(α, v)
  return v
-----------------------------------------------------------
function MIN-VALUE(state, α, β) returns a utility value
  if TERMINAL-TEST(state) then return UTILITY(state)
  v ← +∞
  for each a in ACTIONS(state) do
    v ← MIN(v, MAX-VALUE(RESULT(s,a) , α, β))
    if v ≤ α then return v
    β ← MIN(β, v)
  return v
```

圖 5.7 α-β 搜尋演算法。注意到，這些常式和圖 5.3 中的 MINIMAX 函數一樣，除了在 MIN-VALUE 和 MAX-VALUE 中維護 α 和 β 值的兩行(還有用來傳遞這些參數的記錄)

5.3.1 棋步排序

α-β 剪枝的效率很大程度上取決於檢查後繼者的順序。例如，圖 5.5(e)和(f)中，我們根本不能剪掉 D 的任何後繼者，因為首先產生了最差的後繼者(從 MIN 的角度)。如果 D 的第三個後繼者先被產生，我們將能夠剪掉其他兩個。所以這暗示著先嘗試檢查那些可能最好的後繼者是值得的。

如果這可以作[2]，則結果 α-β 演算法只需要檢查 $O(b^{m/2})$個節點來決定最佳棋步，而不是極小極大值演算法的檢測 $O(b^m)$。這意味著有效分支因數由 b 變成了 $\sqrt{b}$——對於西洋棋而言就是從 35 變成 6。換一個角度，在同樣的時間裡，α-β 演算法能夠比極小極大值演算法多向前預測大約兩倍的步數。如果後繼者不是按照最佳優先的順序，而是按隨機的順序檢查的，那麼對於適當的 b，要檢查的總節點數大約是 $O(b^{3m/4})$。對於西洋棋，一種相當簡單的排序函數(如：吃子優先，然後是威脅、向前走子、向後走子)可以提供你最佳情況 $O(b^{m/2})$的 2 倍以內的結果。

增加動態棋步排序方案，諸如先試圖採用那些以前走過的最好棋步，可以讓我們相當的接近理論極限。以前的棋步可以是前一個棋步——常常保持相同的威脅——或者來自目前棋步的先前的探索。從目前棋步獲得資料的方法之一是使用疊代深入搜尋。首先，搜尋一層深並且記錄最佳的棋步路徑。然後搜尋更深一層，但是使用所記錄的路徑通知棋步排序。如同我們於第 3 章所見，於指數量級的賽局樹，疊代深入只會增加全部搜尋時間一小部份，這可從更好的棋步排序得到彌補。最佳的棋步常被稱為**殺手棋步**，而初次使用它們稱之為殺手棋步啓發式。

在第 3 章中，我們提到過在搜尋樹中的重複狀態會使搜尋的代價呈指數增長。在遊戲中，重複的狀態頻繁出現往往是因為**調換**——導致同樣棋局的不同棋步序列的排列。舉例來說，如果白棋有一個棋步，a_1，黑棋可以用 b_1 回應而在棋盤的另一側一個無關棋步 a_2 可以用 b_2 回應，那麼順序[a_1, b_1, a_2, b_2]與[a_2, b_2, a_1, b_1]兩者都結束於相同的位置。第一次遇到某棋局時把對於該棋局的評價儲存在雜湊表裡是值得的，這樣當它後來再出現時不需要重新計算。儲存以前見過的棋局的雜湊表一般被稱作**調換表**；它本質上和圖搜尋中的 *explored* 表相同(參見第 3.3 節)。使用調換表可以取得好的動態效果，在西洋棋中，有時可以把可到達的搜尋深度擴大一倍。另一方面，如果我們可以每秒鐘評價一百萬個節點，那麼想在調換表中保存所有評價就不切實際了。各式的策略已經被用於到底選取哪一個節點來保留與哪一個要丟掉。

5.4 不完整的即時決策

極小極大值演算法產生了整個賽局搜尋空間，而 α-β 演算法允許我們剪裁其中的一大部分。然而 α-β 演算法仍然要搜尋至少一部分搜尋空間直到終止狀態。這樣的搜尋深度也是不切實際的，因為棋步要在合理的時間內確定——典型情況下最多有幾分鐘。向農(Shannon)在 1950 年的論文《電腦西洋棋程式設計》(*Programming a Computer for playing Chess*)中提出應該儘早截斷搜尋，把啓發式**評價函數**用於搜尋中的狀態，有效地把非終止節點轉變為葉子終止節點。換句話說，建議按以下兩種方式對極小極大值演算法或 α-β 演算法進行修改：用可以估計棋局效用值的啓發式評價函數 EVAL 取代效用函數，用可以決策什麼時候運用 EVAL 的**截斷測試**(cutoff test)取代終止測試。於此給了我們下述用於狀態 s 與最大深度 d 之啓發式的極小極大值：

$$
\text{H-MINMAX}(s, d) =
\begin{cases}
\text{EVAL}(n) & \text{當 CUTOFF-TEST}(s, d) \\
\max_{a \in Action(s)} \text{H-MINMAX}(\text{Result}(s, a), d+1) & \text{當 PLAYER}(s) = \text{MAX} \\
\min_{a \in Action(s)} \text{H-MINMAX}(\text{Result}(s, a), d+1) & \text{當 PLAYER}(s) = \text{MIN}
\end{cases}
$$

5.4.1 評價函數

第 3 章中啓發式函數返回對目標距離的估計一樣，對於給定的棋局，評價函數回傳一個對遊戲的期望效用值的估計。估計的想法在向農提出以前就有了。幾個世紀以來，因爲人類與電腦程式相比搜尋的數量更加有限，西洋棋棋手(以及其他遊戲的愛好者)發展出了一些判斷每個棋局價值的方法。很顯然賽局程式的性能表現取決於評價函數的質量。不準確的評價函數會引導代理人走向最終失敗的局面。那麼我們該怎樣設計好的評價函數呢？

首先，評價函數應該以眞效用函數之相同方式來命令終止狀態：贏的狀態必須評價高於平手，從而必須優於輸者。否則，代理人使用評價函數可能出錯，即使它能在預先看出結束賽局的步數。其次，評價函數的計算不能花費太多的時間！(總而言之是搜尋得更快)。第三，對於非終止狀態，評價函數應該和取勝的實際機會密切相關。

有人也許對於這段話「贏的機會」感到很困惑。其實西洋棋不是一個機率遊戲：我們確定知道當前狀態，也沒有骰子。不過如果搜尋必須在一些非終止狀態截斷，那麼演算法對這些狀態的某些最後結果必然是不確定的。這種不確定是由於計算能力有限引入的，而不是由於資訊的限制。在限定了評價函數對給定狀態所允許進行的有限計算量的情況下，評價函數能做到最好的就是猜測最後的結果。

讓我們更具體地看一看這個想法。大多數的評價函數藉由計算各式的狀態**特徵**來發揮作用——舉例來說，於西洋棋，我們有些特徵是白棋的兵，黑棋的兵，白棋的皇后，黑棋的皇后等等。這些特徵定義了狀態的各種類別或者等價類：每類中的狀態對所有特徵都有相同的值。舉例來說，所有兩個兵對抗一個兵的殘局類。一般來說，任何給定的類都會包含某些致勝的狀態、某些會導致和局的狀態以及會導致失敗的狀態。評價函數無法知道哪個狀態是哪種，不過可以返回一個反映每個結果中狀態所佔比例 的單一值。例如，假設經驗告訴我們，雙兵對一兵的類別中有 72%的狀態是致勝的(效用值+1)，20%是會輸的(0)，而 8%是和局(1/2)。那麼對該類中狀態的一個合理評價是**期望值**：$(0.72 \times +1) + (0.20 \times 0) + (0.08 \times 1/2) = 0.76$。大體上每個類可以確定一個期望值，產生一個對任何狀態都可行的評價函數。對於終止狀態，評價函數不需要返回準確的期望值，只要保持狀態的排序保持不變。

實際上這種分析往往需要很多類別，因此需要花費太多精力而幾乎不可能去估計所有的取勝概率。替代地，大多數評價函數計算每個特徵單獨的數值貢獻，然後把它們結合起來找到一個總值。例如西洋棋的入門書中給予各個棋子的約略的棋力值：兵值 1 分，騎士和主教值 3 分，車值 5 分，皇后值 9 分。其他特徵諸如「好的兵陣」和「王的安全性」可能值半個兵。這些特徵值簡單地加在一起就得到了一個對棋局的估計。

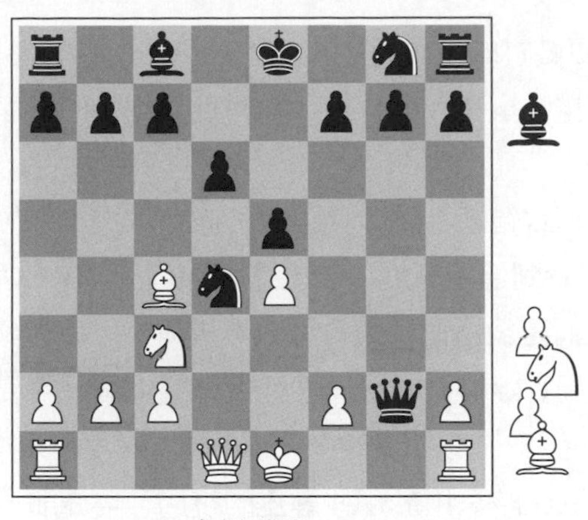

(a) 白棋移動

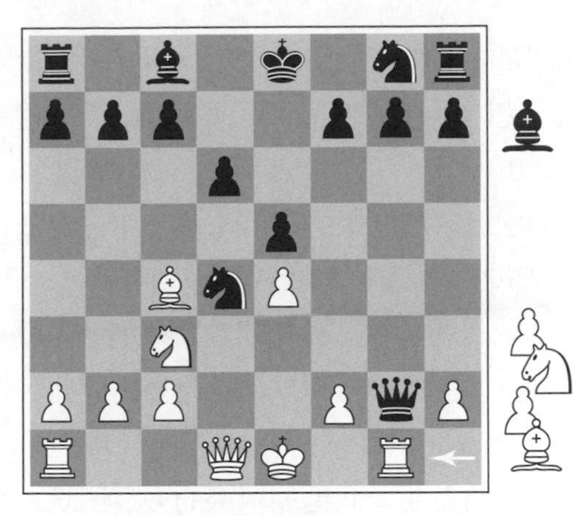

(b) 白棋移動

圖 5.8　只有在棋盤右下角城堡位置的兩個棋子是不同的。在(a)中，黑棋有 1 個騎士、2 個兵的優勢，這應足以取勝。在(b)中，白棋準備吃掉皇后，讓它佔了上風，應該強得足以贏棋。

可靠的領先價值等價於一個兵時可以有實際上較大的勝面，可靠的領先價值等價於 3 個兵時，基本上是必勝的，如圖 5.8(a)所示。數學上稱這種評價函數爲**加權線性函數**，可以表示爲：

$$\mathrm{EVAL}(s) = w_1 f_1(s) + w_2 f_2(s) + \cdots + w_n f_n(s) = \sum_{i=1}^{n} w_i f_i(s)$$

其中每個 w_i 是一個權值，f_i 是棋局的某個特徵。對於西洋棋來說，f_i 可以是棋盤上每種棋子的數目，而 w_i 是每種棋子的價值(例如兵爲 1，城堡爲 3，等等)。

這樣把特徵值加起來的方法看起來是合理的，不過實際上這牽涉到一個很強的假設：每個特徵的貢獻獨立於其他特徵的值。例如給城堡賦予 3 分忽略了城堡在移動空間較廣闊時的殘局，能夠發揮更大作用的事實。因此，當前西洋棋或其他遊戲的程式也採用非線性的特徵組合。舉例來說,一對主教的價值也許是單一個主教的價值的兩倍以上，以及於殘局主教較具價值(也就是說，當棋步特徵值是高的或是剩餘棋子特徵值是低的)。

機敏的讀者會發現特徵和權值並不是西洋棋規則的一部分！它們來自幾個世紀以來人類下棋的經驗。在很難歸納這樣經驗規律的遊戲中，評價函數的權值可以透過第十八章中的機器學習技術來估計。值得一提的是，運用這些技術在西洋棋上也驗證了 1 個主教確實值 3 個兵。

5.4.2　截斷搜尋

下一步是修改 ALPHA-BETA-SEARCH，當適合截斷搜尋時呼叫啓發式函數 EVAL。我們用下面一行程式替換了圖 5.7 中提到 TERMIANL-TEST 的兩行：

if CUTOFF-TEST(*state*, *depth*) **then return** EVAL(*state*)

我們還必須安排一些記錄，這樣當前的 *depth*(深度)在每一次遞迴呼叫時逐漸增加。最直接的控制搜尋次數的方法是設置一個固定的深度限制，這樣 CUTOFF-TEST(*state*, *depth*)對於所有 *depth* 大於固定深度 *d* 的就返回 *true*。(同 TERMIANL-TEST 一樣，它對於所有終止節點也返回 *true*)。深度 *d* 的選取原則是在被分配的時間內可選出好的棋步。一個更結實的方法是運用疊代深入法(參見第 3 章)。當時間用完時，程式就返回目前完成最深的搜尋所選擇的棋步。疊代深入也有助於棋步的排序算是額外的好處。

不過由於評價函數的近似本質，這種方法可能會導致錯誤。讓我們再次考慮西洋棋中基於子力優勢的簡單評價函數。假設程式在搜尋圖 5.8(b)的棋局時到達了深度限制，這時黑棋已經有 1 個騎士和 2 個兵的優勢。程式會報告這個狀態的啓發值，從而認為這個狀態會導致黑棋贏棋。而其實下一步白棋就可以白白地吃到黑棋的皇后。因此，這個棋局實際是白棋贏，然而要知道這個還需要向前多看一層。

顯然我們需要一個更加精緻的截斷測試。評價函數應該只用於那些**靜止**的棋局——亦即，評價值在很近的未來不會出現大的搖擺變化的棋局。例如在西洋棋中，有很好的吃招的棋局對於只統計子力的評價函數來說就不能算靜止的。非靜止的棋局可以進一步擴展直到靜止的棋局。這種額外的搜尋稱為**靜止搜尋**；有時候它只考慮某些類型的棋步，諸如吃子，能夠快速地解決棋局的不確定性。

水平線效應更難消除。當程式面對對手的棋步會導致嚴重的損傷並且最後是不可避免的時候，但是可能透過延遲戰術暫時地避免。考慮圖 5.9 中的棋局。顯而易見的是，黑棋的主教時無論如何也閃躲不掉的。舉例來說，白棋城堡能移到 h1，然後 a1，然後 a2 來吃掉它；在深度 6 層吃掉。但是黑棋確有棋步順序可以讓吃掉主教在「水平線之外」。假設黑棋搜尋深度是 8 層。大多數黑棋的棋步會造成主教最後會被吃掉，因此將被標明為「壞」棋步。但是黑棋會考慮用 e4 的兵來將國王的軍。這將造成國王吃掉兵。現下黑棋將考慮以位在 f5 的兵再將軍國王一次，造成另一個兵吃掉。這些用了 4 層，並且從那裡的其餘 4 層不足以吃掉主教。黑棋認為這樣的犧牲兩個兵之下法可以保住主教，但其實它所做的仍不能讓主教避免被吃掉，只不過這個結果已超過了黑棋目光所及之處。

一個減輕地平線效果的策略是**單一擴展**(singular extension)，於某個已知的位置某個棋步「明顯地好過」所有其他的棋步。一旦在樹的搜尋路徑上任何之處被發現，該單一棋步就會被記住。當搜尋走到正常深度的極限，演算法檢查看看是否該單一擴展是一個合法的棋步；如果它是，該演算法可以讓該棋步被列入考慮。這使得樹會更深，但是因為單一擴展會很少，它不增加樹很多的節點。

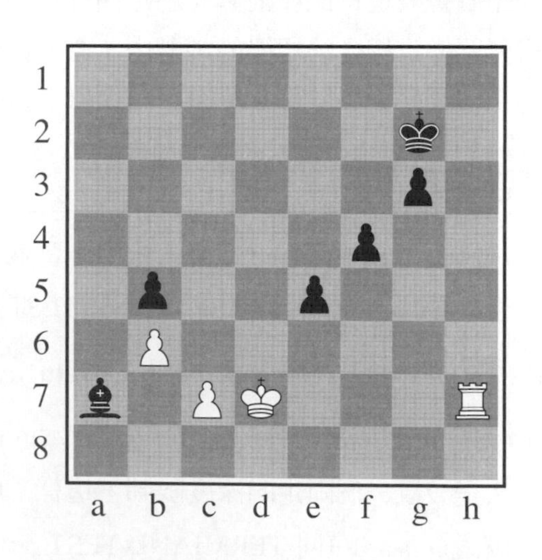

圖 5.9 水平線效應。

黑棋要移動，黑棋主教注定了在劫難逃。但是黑棋能搶先於這件事之前以它的兵將白棋一軍，強迫該國王吃掉該兵。這促使主教會不可避免失掉的情況出現在水平線之外，因此該兵的犧牲會被搜尋演算法視為一個好的棋步而非壞的棋步

5.4.3 前向剪枝

到目前爲止，我們討論了在特定層次上進行截斷搜尋，以及可以證明 α-β 剪枝對其結果沒有影響(至少關於啓發式評價值)。另一種可能使用的技術稱爲**前向剪枝**，意爲在某個節點上不需要進一步考慮而直接剪裁一些棋步。顯然，大多數人在下西洋棋的時候，對每個棋局只考慮幾步棋(至少是有意識地考慮)。前向剪枝的一個方法是**剪枝搜尋**(beam search)：在每層，僅考慮 n 個最佳棋步的「剪枝」(根據評價函數)，而非考慮全部可能的棋步。不幸的是，這種方法是很危險的，因爲不能保證最佳的棋步沒有被裁剪掉。

PROBCUT 演算法，或機率裁剪(Buro，1995)是一項 α-β 搜尋的前向剪枝版本，使用了從以前經驗蒐集到的統計數字，以減少最佳的棋步將被剪掉的機會。α-β 搜尋剪枝可證明位在目前(α, β)窗之外的任何節點。PROBCUT 也剪掉可證明爲落在窗外的節點。它計算這機率的方式是做一個淺層搜尋以計算一個節點的備份值 v，然後使用過去的經驗來估計在樹的深度 d 之處，v 的分數有多少可能性會落在(α, β)之外。Buro 應用此技術於其奧賽羅棋程式 LOGISTELLO，並發現其 PROBCUT 程式版本有 64%的時間是打敗一般版本，即使一般版本被給予兩倍的時間。

結合所有這裡描述的技術，結果是程式可以得體地下西洋棋(或者玩其他遊戲)。讓我們假設已經實作了西洋棋的評價函數，使用靜止搜尋的合理截斷測試，以及一個很大的調換表。再讓我們假設經過數月的艱苦努力，我們在最新的個人電腦上可以每秒產生和評價大約一百萬個節點，允許我們在標準的時間控制下(每步棋三分鐘)對每步棋可以搜尋大約 20 億個節點。西洋棋的分支因數平均大約是 35，而 35^5 大約是 5 億，所以如果我們使用極小極大值搜尋，只能向前預測 5 層。儘管我們沒有實作，這樣的程式也很容易被平均水準的人類棋手欺騙，這樣的棋手偶爾向前計畫 6 到 8 層。使用 α-β 搜尋後，我們可以預測大約 10 層，這已經接近於專業棋手的水準了。在第 5.8 節中，我們會討論一些附加的剪枝技術，可以有效地把搜尋深度擴展到 14 層。要達到大師級的水準我們需要廣泛地調整評價函數，並需要一個存有最佳開局和殘局招法的大型資料庫。

5.4.4 搜尋與查表

不知何故西洋棋程式似乎矯枉過正了，每每從一棵具有十億個賽局狀態的樹來開局，卻都得到移動它的兵至 e4 的結論。描述西洋棋好棋局的開局與殘局的書籍已經面世大約一個世紀(Tattersall，1911)。因此，不令人意外的，許多的奕棋程式使用查表而非搜尋來開局與結束賽局。

對於開局，電腦大多數倚賴人的專門技能。人類專家對於如何下每個開局的最佳建議是臨摹自書籍並輸入資料表供電腦使用。不過，電腦也能從一個以前下過的賽局的資料庫來收集統計資料來看看哪一個開局的順序在大多數的時候會贏棋。起步的選擇並不多，因此仰賴許多專家的評論與過去下過之賽局。通常十個棋步之後，我們面臨到很少見的位置，而程式必須從查表切換到搜尋。

賽局接近尾聲時可能的位置又再度變得不多，因此有機會去做查表。但是這裡是電腦具有專門知識：電腦殘局分析遠遠超出了人類已達成的任何事情。人能告訴你下國王-城堡對抗-國王(KRK)殘局的一般策略：藉著壓迫對手國王朝向棋盤的一側移動來減低它的機動性，使用你的國王防止對手從這個壓迫下逸逃。其他殘局，如國王，主教，與騎士對抗國王(KBNK)，是難以精通且沒有簡明的策略描述。在另一方面，電腦能藉由製作一個**策略**來完整地解出殘局，它是一個從每個可能的狀態至該狀態下最佳棋步的映射。然後我們能夠只要查出最佳的棋步而非重新計算它。KBNK 的查表會有多大呢？結果是兩個國王能夠被放在棋盤上而不緊鄰在一起的方式有 462 種。在國王都被放好之後，主教可有 62 個空格，騎士可有 61 格，且移動下一步可能有兩個遊戲者，所以只有 $462 \times 62 \times 61 \times 2 = 3{,}494{,}568$ 個可能的位置。這些中的一些是將軍；將它們標記於資料表之中。然後做一個**逆向極小極大值搜尋**：反轉西洋棋的規則來不下棋步而非下棋步。白棋走到任何一個被標記爲贏的位置的棋步，不論黑棋對之如何回應，也必然贏。繼續這個搜尋直到全部 3,494,568 位置都被解出是贏，輸，或者平手，且你有一張對所有 KBNK 殘局不會出錯的查表。

使用這種技術與一個最佳化策略的技巧，Ken Thompson(1986，1996)與 Lewis Stiller(1992，1996)解出所有達五個棋子且某些達六個棋子的西洋棋殘局，使得它們可用於網際網路。Stiller 發現了一種需要 262 步棋的將軍的情況；這有些出乎意料，因爲在西洋棋規則中要求在 50 步以內發生某些「改變殘局的情勢」。稍後 Marc Bourzutschky 與 Yakov Konoval(Bourzutschky，2006)的成果解出所有的兵少於六個且某些七個的殘局；有個 KQNKRBN 殘局最佳的下法需要 517 個棋步直到出現吃棋，然後由此一路到將軍。

如果我們能夠延伸西洋棋殘局資料表從 6 個到 32 個，那麼白棋會知道開局的棋步會贏、輸或是平手。這迄今尚未出現於西洋棋，但是對於跳棋則已經出現了，如同本節歷史備註中所做的解釋。

5.5 隨機賽局

在現實生活中，很多不可預知的外部事件會把我們推到沒有預測到的情景中。許多遊戲引入了隨機因素(如擲骰子)來反映這種不可預測性。我們稱這些爲**隨機賽局**。西洋雙陸棋(backgammon)是一個典型的結合運氣和技術的遊戲。在每一回合前要擲骰子來確定合法的步數。在圖 5.10 裡的雙陸棋棋局中，白棋擲了一個 6-5，所以有 4 種可能走法。

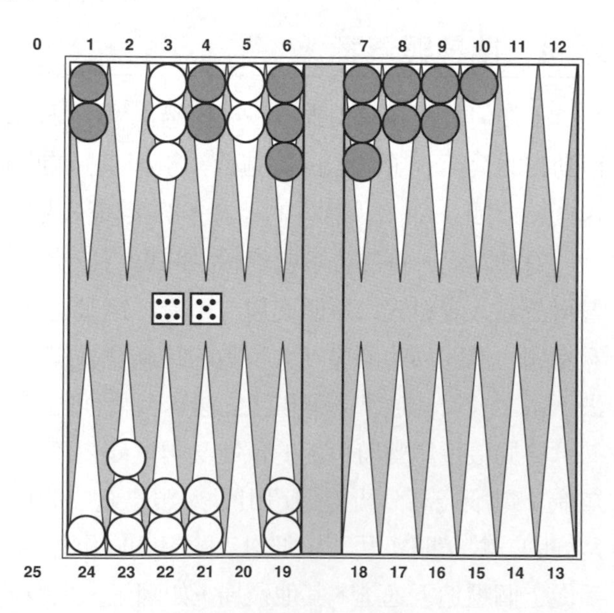

圖 5.10　典型的西洋雙陸棋棋局。遊戲的目標是把自己的棋子全部移出棋盤。白棋順時針向 25 移動，黑棋逆時針向 0 移動。每個棋子可以按照擲出的骰子數移動到任意位置，除非那裡有多個對方棋子；如果有一個對方棋子，這個棋子就被吃了，要重新開始。在所示棋局裡，白棋擲了 6-5，所以必須從 4 種合法的棋步中選一個：(5-10, 5-11)，(5-11, 19-24)，(5-10, 10-16)，與(5-11, 11-16)，其中符號(5-11, 11-16)意指從位置 5 移動一個棋子到 11，然後從 11 移動一個棋子至 16

儘管白棋知道自己的合法棋步，但不知道黑棋會擲出幾點，也就無法知道黑棋會有哪些合法棋步。這意味著白棋無法構造我們在西洋棋和井字棋中見過的標準賽局樹。雙陸棋的賽局樹，必須在 MAX 和 MIN 節點之外還包括**機率節點**。在圖 5.11 中，機率節點用圓圈表示。從每個機率節點向下的分支代表可能的擲骰子結果；各分支並標記著擲骰結果及其出現的機率。兩個骰子可以有 36 種組合，每種概率是相等的；不過擲出 5-6 和 6-5 是一樣的，所以總共只有 21 個不同的擲法。六對(1-1 至 6-6)每組機率是 1/36，因此我們說 P(1-1) = 1/36。其他的 15 個不同的擲法，每個有 1/18 的機率。

下一步是理解如何做出正確的決策。顯然，我們仍然希望選擇能夠導致最佳棋局的棋步。不過，各位置並沒有確定的極小極大值。取而代之的是，我們只計算各位置的**預期值**：機率節點全部可能結果的平均值。

這引導我們把確定性遊戲中的**極小極大值**推廣爲包含機率節點的遊戲的**期望極小極大值**。終止節點與 MAX 與 MIN 節點(對此擲骰子結果已知)工作的方式與以前者完全相同。對於機率節點我們計算預期值，此值是所有結果的總和，並以每個機會動作的機率予以加權：

$$\text{EXPECTIMINIMAX}(s) = \begin{cases} \text{UTILITY}(s) & \text{當 TERMINAL-TEST}(s) \\ \max_a \text{EXPECTIMINIMAX}(\text{RESULT}(s,a)) & \text{當 PLAYER(s)} = \text{MAX} \\ \min_a \text{EXPECTIMINIMAX}(\text{RESULT}(s,a)) & \text{當 PLAYER(s)} = \text{MIN} \\ \sum_r P(r)\, \text{EXPECTIMINIMAX}(\text{RESULT}(s,r)) & \text{當 PLAYER(s)} = \text{CHANCE} \end{cases}$$

其中 r 代表一個可能的擲骰子結果(或是其他機率事件)且 RESULT(s, r)是狀態同於 s，但是擲骰子結果是 r 的事實。

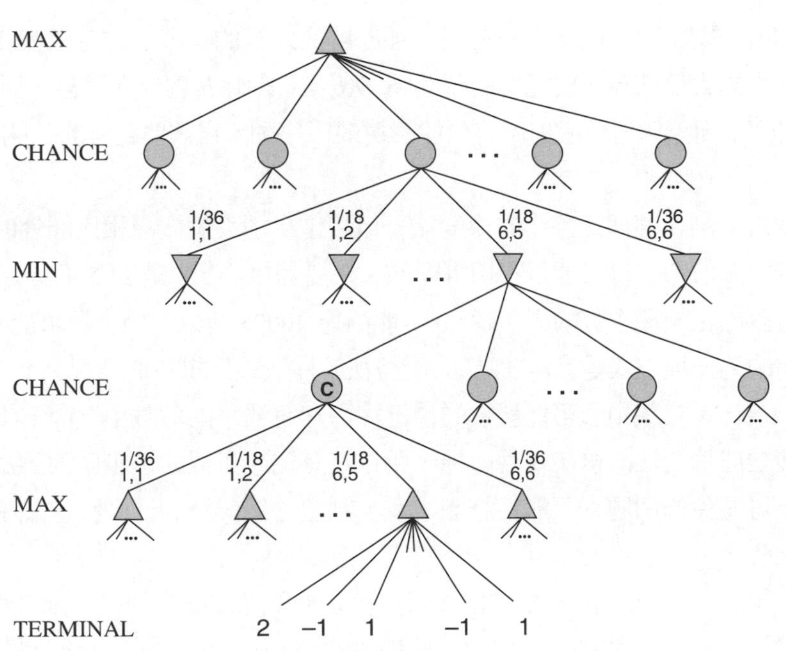

圖 5.11 西洋雙陸棋棋局棋局的示意賽局樹

5.5.1 機率遊戲的評價函數

和極小極大值一樣，期望極小極大值的明顯近似因素，出現於在某節點進行截斷搜尋並對每個葉節點應用評價函數的過程中。有人也許認爲像雙陸棋這樣的遊戲的評價函數，應該和西洋棋的評價函數基本一樣——它們只需要給予好的棋局更高分數。但實際上，機率節點的存在意味著，人們需要更加仔細地考慮評價值的意義。圖 5.12 顯示發生了什麼：一個評價函數給葉節點賦值爲[1, 2, 3, 4]，棋步 A_1 是最佳的；而如果賦值爲[1, 20, 30, 400]，棋步 A_2 是最佳的。因此，如果我們改變某些評價值的取值範圍，程式會表現得完全不一樣！也就是說，爲了避免這種敏感性，評價函數應該是棋局獲勝概率(或者更一般的，棋局的期望效用值)的正線性變換。這是涉及不確定性的情況的一個重要和普遍的特性，我們會在第十六章中進一步討論。

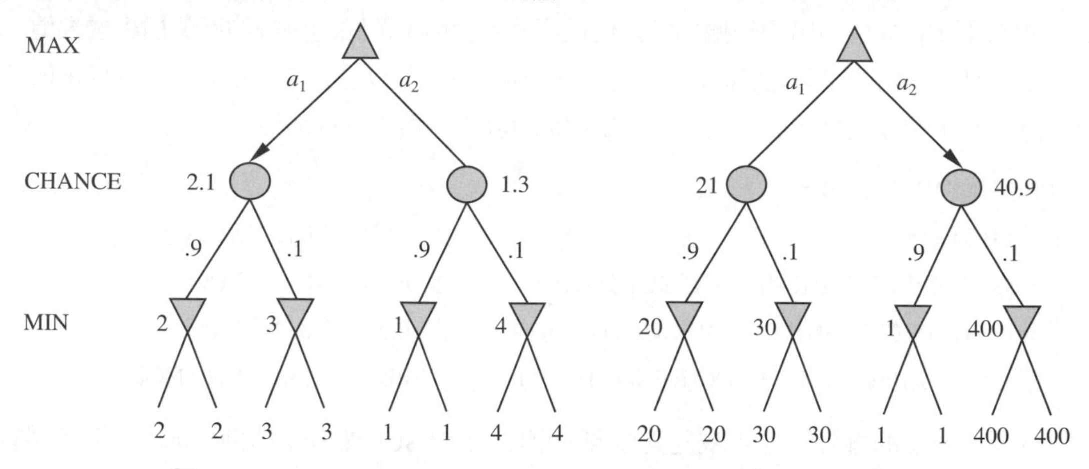

圖 5.12 對葉節點賦值的保持順序不變變換會導致最佳棋步改變

如果程式預知所有遊戲之後的擲骰子結果，那麼解決這樣的有骰子的遊戲就和解決沒有骰子的遊戲一樣，這用極小極大值演算法要花費的時間爲 $O(b^m)$，其中 b 爲分支因數，而 m 爲賽局樹的最大深度。因爲期望極小極大值還要考慮所有可能的擲骰子序列，它需要花費的時間爲 $O(b^m n^m)$，其中 n 是不同擲骰子結果的數目。

儘管搜尋深度被限制在某個比較小的深度 d，但和極小極大值搜尋相比額外的代價使得在大多數包含機率的遊戲中向前考慮得很遠是不切實際的。在雙陸棋中，n 是 21，而 b 通常大約爲 20，但是在某些情況下當擲出相同骰子數的組合時，b 可能高達 4000。所以我們實際可能考慮的只有 3 層。

考慮這個問題的另一種方式是：α-β 剪枝的優勢在於採取最佳棋步的情況下，它忽略了一些未來不會發生的進展。這樣，它集中於可能發生的情況。而在有骰子的遊戲中，因爲棋步的生效必須以擲骰子的結果，使之成爲合法的棋步作爲前提，所以沒有比較可能的棋步序列。每當不確定性出現時，這就是一個不可避免的問題：可能性急劇增多，制定一個詳細的行動計畫幾乎是無意義的，因爲世界很可能不配合。

讀者可能已經想到，類似 α-β 剪枝的技術可用於有機率節點的賽局樹。確實可以。對於 MAX 和 MIN 節點的分析不變，不過我們可以剪掉一些機率節點，用一點靈活性。考慮圖 5.11 中的機率節點 C，在我們檢查和評價它的子節點時它的值會發生什麼變化。是否有可能在我們觀察它的全部子節點前，就發現 C 的值的上界呢？(回想一下，這是在 α-β 剪枝中剪掉一個節點和它的子樹所需要的條件)。乍看之下，這似乎是不可能的，因爲 C 的值等於它的子樹之值的平均，而爲了計算數字集合的平均，我們必須一一看過每個數字。但是如果我們限制效用函數的可能值的範圍，我們就可以得到平均值的界限了。例如，我們限制所有的效用值在–2 到+2 之間，那麼葉節點的值是有界的，也就是說我們不用看機率節點的子節點，就可以設置機率節點的值的上界。

另外一個做法是做**蒙地卡羅模擬**分析來評價一個位置。以 α-β(或其他的)搜尋演算法開始。從一個開始位置，讓該演算法與它自己玩上千盤賽局，使用隨機的擲骰子結果。在雙陸棋的例子，所得到的贏棋百分率已經顯示是一個位置之值的好的近似，即使該演算法有一個不完善的啓發式且只搜尋了幾層(Tesauro，1995)。用於骰子遊戲，這個類型的模擬被稱之爲一個 **rollout**。

5.6 部份可觀察賽局

西洋棋常常被描述如迷你戰爭，但是至少它缺乏一種眞實戰爭主要的特徵，即**部分可觀察性**。於「戰爭的迷霧中」，敵人單位的存在與否以及性格常常是未知的，直到直接接觸後才顯露出來。因此，戰爭包括使用偵探和間諜來蒐集資料且使用隱藏與虛張聲勢把敵人弄糊塗。部份可觀察的遊戲具有這些特性，因此本質上與前面幾節所描述過的遊戲不盡相同。

5.6.1 Kriegspiel：部份可觀察的西洋棋

於確定部份可觀察的遊戲，對於棋盤狀態的不確定完全源起於對手所做之選擇無從得知。這種類型包括孩童遊戲如戰艦(Battleships)(其中每個遊戲者的船隻被放在對手所看不見的位置但是不移動)與陸軍棋(Stratego)(其中棋子的位置已知道但是棋子類型的被隱藏)。我們將檢視 **Kriegspiel** 遊戲，一個部份可觀察的西洋棋變種，於此棋子可移動但是對手完全看不見。

Kriegspiel 的規則如下：白棋與黑棋個各自看到一個僅有他們自己棋子的棋盤。一名裁判，能看見全部的棋子，判決遊戲並且定期性地通知，且兩名遊戲者都聽得到。輪到白棋時，白棋得向裁判提出任何沒有被黑棋占用的合法棋步。如果棋步事實上是不合法的(因爲黑棋)，裁判宣佈「不合法」這樣的話，白棋可以一直提出棋步直到找到一個合法的棋步——於這個過程中知道更多關於黑棋的位置。一旦一個合法的棋步被提出，裁判宣布如下：「吃掉在方格 X 者」如果有個吃子，與「D 將軍」如果黑棋國王被將，其中 D 是將的方向，可以是「L 向(Knight)」「橫行(rank)」「縱列(file)」「長對角向(long diagonal)」或者「短對角向(short diagonal)」其中的一種。(如果發現可以將軍，裁判可做出兩個「將軍」宣告)。如果黑棋被將軍或者僵局，裁判會明說；否則，輪到黑棋移動。

Kriegspiel 或許似乎是幾乎不可能的，但是人類確能將之處理的很好而電腦程式開始跟上來。回想定義於第 4.4 節並示範說明於圖 4.14 的**信度狀態**概念——給予迄目前爲止完整地察覺歷史，所有邏輯性可能的棋盤狀態的集合。剛開始時，白棋的信度狀態是個單元素，因爲黑棋的棋子還沒移動。白棋做出棋步之後且黑棋回手，白棋的信度狀態有 20 個位置，因爲黑棋對任何白棋棋步有 20 種回應法。持續追蹤遊戲過程中信度狀其實就是**狀態估計**的問題，對此更新步驟已列於式(4.6)。我們能夠直接地對映 Kriegspiel 狀態估計到第 4.4 節的部份可觀察、不確定性框架，如果我們視對手爲不確定性的來源；也就是說，白棋棋步的 RESULTS 是由(可預測的)白棋本身棋步的結果與黑棋的回手所給予的不可預測結果所組成[3]。

給予目前的信度狀態，白棋或許會問，「我是否能贏得這場遊戲？」對於一個部份可觀察的賽局，**策略**的概念已改變；與其爲每個對手可能下出的每個可能棋步來指定棋步，我們需要對每一個可能收到的知覺序列有個棋步。對於 Kriegspiel，贏的策略或說**保證將軍**，是一個，對每個可能的知覺序列，於目前的信度狀態下，對每一個可能的棋盤狀態引導至實際的將軍，不論對手的棋步爲何。於這個定義下，對手的信度狀態是不相關的——該策略必須奏效，即使可以看到所有的棋子。這大大地簡化了計算。圖 5.13 顯示 KRK(國王與城堡對抗國王)殘局之保證將軍的一部份。這樣的話，黑棋只有一個棋子(國王)，所以白棋信度狀態可以藉由標記出黑棋國王每個可能的位置而被顯示於一個單一個棋盤。

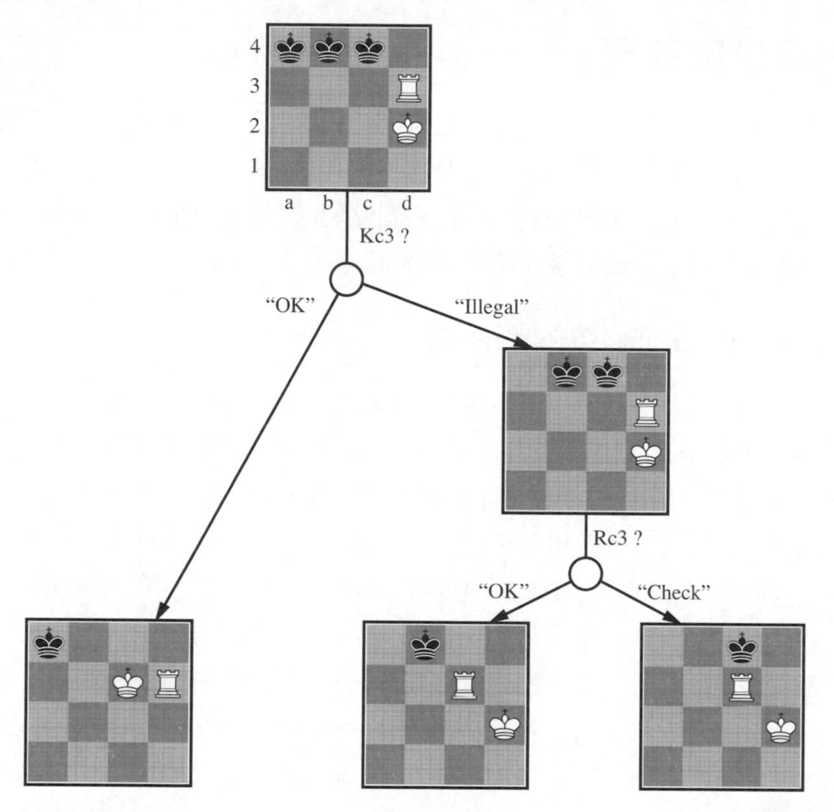

圖 5.13 KRK 殘局中部份的保證將死，展示於一個縮小棋盤。於初始信度狀態，黑棋國王置身於三個可能的位置之一。藉由組合不同的探試性的棋步，該策略將之縮減為一。將死棋的證明過程留作一道習題

一般的 AND-OR 搜尋演算法能被用於信度狀態空間以找出保證將軍，一如於第 4.4 節。於本節提及的漸增信度狀態演算法常常達到深度 9 時出現將軍——或許遠超出人類遊戲者的能力之外。

除了保證將軍，Kriegspiel 採認一個全新概念 這在可觀察的賽局是完全沒有道理的：**機率性將軍**。這樣的將軍仍然需要處理信度狀態中的每一個棋盤狀態；關於贏家棋步的隨機化它們是機率性的。要了解基本的想法，考慮只使用白棋國王尋找出一個落單的黑棋國王的問題。只要隨機的移動,白棋國王最終會撞見黑棋國王，即使後者會試圖閃躲這樣的命運，因爲黑棋無法無限期地一直猜測出正確的閃避棋步。以機率理論的專有名詞來講，偵知機率爲 1。KBNK 殘局——國王，主教與騎士對抗國王——在這個意義之下是贏的；白棋呈現予黑棋的是無限隨機的選擇序列，黑棋若猜錯了

一次這個序列，就會暴露出它的位置，導致將軍。在另一方面，KBBK 殘局贏的機率是 $1-\varepsilon$。白棋只要於某個棋步讓它其中一個主教不受到保護，就能強迫贏棋。如果黑棋碰巧在合適的位置並吃掉主教(一個如果主教被保護就會輸的棋步)，該賽局打成平手。白棋能選擇在一個非常長的序列的中途隨機選擇某個時點來下出納個冒險的棋步，因此可降低 ε 為任意小的常數，但是無法降低到零。

能在合理的深度內發現保證或者機率性將軍是非常罕見的，除了在殘局。有時候某個將軍策略於目前信度狀態下對某些棋盤狀態有用，但是對其他的則不然。嘗試這樣的策略或許可以成功，引出一個**偶然的將軍**——偶然的意思是白棋不知道它會將軍——如果黑棋的棋子碰巧出現在合適的位置。(大多數人與人之間之賽局的將軍都是這類的偶然的本質)。這樣的想法自然地引出一個在給定的策略下有多可能會贏的問題，這從而引出於目前的信度狀態下有多可能每個棋盤狀態是眞棋盤狀態的問題。

你的第一個傾向或許是提議於目前的信度狀態所有的棋盤狀態都是同樣可能的——但是這不盡然是正確的。考慮，舉例來說,賽局之黑棋的第一個棋步之後白棋的信度狀態是。根據定義(假設黑棋有最佳下法)，黑棋必須已經下了最佳的棋步，所以所有從次佳棋步得到之棋盤狀態的機率應該被賦予零。這樣的說法也不是全然的正確，因為每個遊戲者的目標不只是移動棋子到正確得棋格，也要讓對手對它們位置知道的愈少愈好。玩任何可預測的「最佳的」策略都會洩露資料予對手。因此，於部份可觀察的賽局中最佳的下法是需要一個多多少少隨機地下棋的意願。這也是為什麼飯店衛生調查員隨機檢查衛生的原因。這意指偶爾選擇看起來是「內在」薄弱的棋步——但是它們從自己的不可預測性獲得力量，因為對手不太可能準備任何策略來防守它們。

從這些考慮，於目前的信度狀態下與棋盤狀態有關聯的機率似乎只能在最佳的隨機化策略已知的情況下被計算出來；從而，計算那個策略好像需要知道各式的棋盤可能狀態的機率。這個謎題可以採用賽局理論的**均衡解**(equilibrium solution)概念來解出，這我們會於第 17 章進一步探討。均衡指出每個遊戲者最佳的隨機化策略。不過，計算均衡的代價高得使人望而卻步，即使是小型賽局，也不在 Kriegspiel 考慮之列。目前，一般性的 Kriegspiel 的有效演算法設計是一個開放的研究議題。大多數的系統於它們自己的信度狀態空間執行深度有限的前瞻，不考慮對手的信度狀態。評價函數類似於哪些於可觀察賽局所用者，但是包括一個信度狀態大小的成分——越小越好!

5.6.2 紙牌遊戲

紙牌遊戲提供許多的隨機部分可觀察性之例，其中漏失的資料是隨機產生的。例如，於許多的遊戲，在賽局開始的時候紙牌是隨機分發的，每個遊戲者拿一手其他遊戲者看不到的牌。這樣的遊戲包括橋牌、惠斯特(**編註**：一種四人玩的紙牌遊戲，橋牌的前身)、拱豬和某些形式的撲克牌。

乍看之下，似乎這些紙牌遊戲與骰子遊戲並無不同：牌是隨機發給遊戲者的，並且決定了每個遊戲者可能的出牌，不過所有擲骰子都發生在遊戲的開始！即使這個類比經過證明是不正確的，卻也建議了一個有效的演算法：考慮看不見紙牌的全部可能出牌結果；將它當作是個完全地可觀察的遊戲來求解每個出牌結果；然後選取平均值高於整體出牌結果為最佳的出牌。假設每種出牌 s 出現的機率是 $P(s)$；那麼我們所要的出牌是

$$\underset{a}{\operatorname{argmax}} \sum_{s} P(s) \text{MINIMAX}(\text{RESULT}(s,a)) \tag{5.1}$$

這裡，如果在計算上可行的話，我們執行 MINMAX；否則，我們執行 H-MINMAX。

現在，於大多數的紙牌遊戲，可能的出牌數目相當大。舉例來說，在橋牌，每個遊戲者只能看到四手牌中的兩手；有兩個每手 13 張的牌看不到，因此出牌之數目是 $\binom{26}{13} = 10,400,600$。即使求解一種出牌結果也是相當困難，因此求解 1000 萬個出牌結果是想都不敢想的問題。取而代之的是，我們求助於蒙地卡羅近似法：與其把全部的出牌結果堆加起來，我們隨意抽樣 N 次出牌，其中出牌 s 出現於這個抽樣的機率是與 $P(s)$成正比：

$$\arg\max_{a} \frac{1}{N} \sum_{i=1}^{N} \text{MINIMAX}(\text{RESULT}(s_i, a)) \tag{5.2}$$

[注意 $P(s)$沒有明確地出現在總和式子中，因為該樣本已經根據 $P(s)$抽出了]。當 N 變得很大的時候，隨機抽樣的總和趨近於正確值，但是即使是相當小的 N——比方說，100 至 1,000——該方法得出不錯的近似結果。給予些許合理的 $P(s)$估計下，這也被用於確定性賽局如 Kriegspiel。

對於遊戲如惠斯特與拱豬，這些遊戲在玩牌開始前沒有叫牌或是下注階段，每次出牌的可能性都一樣，因此全部 $P(s)$的值都相等。對於橋牌來說，遊戲是先以一個叫牌階段開始，於此階段每隊表明預期要贏多少牌墩。因為遊戲者會根據他們手上所持的牌來叫牌，其他遊戲者因此更能知道每次出牌的機率。將這個列入決定如何玩這手牌的考慮事項是很棘手的，根據先前對 Kriegspiel 之描述中所提的理由：遊戲者也可以用透露給他們對手的資料為最少的方式來叫牌。雖然如此，該方法能非常有效的用於橋牌，如我們於第 5.7 節所展示者。

描述於式 5.1 與 5.2 的策略有時候稱之為第六感平均(averaging over clairvoyance)，因為它假設遊戲於第一步之後對兩名遊戲者而言立即變成可觀察的。儘管直覺上它很吸引人，該策略會引人迷途。考慮下面的故事：

第一天：道路 A 通向一堆金子；道路 B 通往一個岔路，左拐你會發現一大堆珠寶，右拐你會被一輛公共汽車撞著。

第二天：道路 A 通向一堆金子；道路 B 通往一個岔路，右拐你會發現一大堆珠寶，左拐你會被一輛公共汽車撞著。

第三天：道路 A 通向一堆金子；道路 B 通往一岔路，交叉路的一條分岔路會引向更大堆的金子，但是選擇了錯誤的分岔路則你會被一輛公共汽車撞著. 不幸的是你不知道哪條岔路是哪條。

第六感平均引出下述的推理：在第 1 天，B 是正確的選擇；在第 2 天，B 是正確的選擇；在第 3 天，情況與第 1 天或第 2 天是相同的，因此 B 必然仍是正確的選擇。

現在我們能看看第六感平均是如何失敗的：它不考慮代理人動作之後會置身的信度狀態。全然不顧及信度狀態也並非所願，特別是當有個是必死的可能性。因為它假設每一個未來的狀態將自動地會是完美知識之一，該方法絕不選擇蒐集資料的動作(如於圖 5.13 中的第一步)；它也不會選取對對手隱瞞資料或是提供資料予夥伴的動作，因為它假設他們已經知道該資料；並且它在撲克裡絕不會**虛張聲勢**[4]，因為它假設對手能看見它的牌面。於第 17 章，我們展示如何藉由求解真的是部份可觀察之決策問題來建構能做所有的這些事情的演算法。

5.7 最先進的賽局程式

於 1965，俄國數學家 Alexander Kronrod 稱西洋棋為「人工智慧的果蠅」。John McCarthy 不同意：儘管遺傳學者使用果蠅來發掘生物學上更寬廣地的應用，AI 使用西洋棋等同於餵養快速成長的果蠅。也許較好的一個類比是，西洋棋之於 AI 就如同 Grand Prix 國際汽車大獎賽對於汽車工業：當前發展最先進技術的賽局遊戲程式是令人眩目地快速、高度最佳化的機器，其結合了最新的工程發展，然而它們對於購物或越野駕駛沒有多大用途。儘管如此，競賽與遊戲製造出了娛樂以及一連串廣為社群採用的創新。在這一節我們看看想在各式賽局拔得頭籌有何代價。

西洋棋

IBM 的 DEEP BLUE 西洋棋程式，現在已退休，於一個廣為宣傳的表演賽中擊敗世界冠軍 Garry Kasparov 而聲名大噪。Deep Blue 執行於一台有 30 個平行處理的 IBM RS/6000 處理器的電腦做 α-β 搜尋。獨特的部份是一顆 480 定製 VLSI 西洋棋處理器的配置，該處理器於樹的最後幾層執行棋步的產生以及棋步的排序，並評價葉節點。每步棋它產生多至 300 億個棋局，通常搜尋深度是 14 步。它成功的關鍵似乎在於能夠超越深度的限制而對於足以引人興趣的強迫/受迫的棋步來製造單一擴展的能力。在某些情況下搜尋可以到達 40 層的深度。評價函數使用了超過 8,000 個特徵，許多特徵用來描述每一個獨特的棋子模式。使用了一本有 4,000 個棋局的「開局手冊」以及一個存有 70 萬個大師級比賽棋譜的資料庫，可以從中提取綜合的建議。系統同時還使用了一個大型殘局資料庫，保存已解決的棋局，其中包含了 5 個棋子的全部棋局和 6 個棋子的很多棋局。這資料庫的效果是實際擴展了有效搜尋深度，允許深藍在某些情況下表現完美，甚至當它距離將軍對手還有很多步棋時。

深藍的成功加強了一個人們廣泛支持的信念：電腦的賽局水準的進步主要源自更強有力的硬體——這也是 IBM 所倡導的。但是演算法的進步已經可以讓程式執行於標準的個人電腦並贏得世界電腦西洋棋冠軍賽。一個剪枝啓發式的變種可以把有效分支因數降低到 3 以下(相比之下，實際分支因數大約是 35)。這裡最重要的是**空棋步**啓發式演算法，透過使用讓對手在遊戲開始時連走兩步棋的一個淺層搜尋，能對棋局值產生一個很好的下界。這個下界常常允許 α-β 剪枝節省完全深度搜尋的成本。同樣重要的技術是**無效剪枝**，它可以幫助提前決策哪些棋步棋步會引起後繼者節點中的 β 截斷。

HYDRA 能被視為 DEEP BLUE 的後繼者。HYDRA 執行於 64 位元處理器搭配每處理器 1 GB 與 FPGA(Field Programmable Gate Array)晶片形式的定製硬體。HYDRA 達到每秒二億個計算，約與 Deep Blue 相同但是 HYDRA 因為積極的使用空棋步啓發式與前向剪枝，所以能達到 18 層深而非不只是 14 層。

RYBKA，2008 與 2009 年世界電腦西洋棋冠軍賽的勝利者，被認為是當今最強的電腦遊戲。它使用一個現有的 8-核心 3.2 GHz Intel Xeon 處理器，但是關於該程式的設計則所知不多。RYBKA 的主要優勢顯然是它的評價函數，此函數已由它的主要開發者，International Master Vasik Rajlich，以及至少其他三名大師調校過了。

大多數的最近比賽顯示頂尖的電腦西洋棋程式已經凌駕人類競爭者(詳細的細節請見歷史註釋)。

西洋跳棋

Jonathan Schaeffer 與同事開發 CHINOOK，執行於一般的個人電腦而且使用 α-β 搜尋。Chinook 於 1990 年於精簡型比賽擊敗長期人類冠軍，並且自 2007 年起 CHINOOK，藉助使用 α-β 搜尋並結合擁有 39 兆個殘局位置的資料庫，已經能夠完美地奕棋。

奧賽羅(Othello)

也稱爲翻轉棋(Reversi)，可能比作爲棋盤遊戲更流行的電腦遊戲。它有比西洋棋更小的搜尋空間，通常有 5 到 15 個合法棋步，不過評價的專門技術要從零做起。在 1997 年，Logistello 程式(Buro，2002)以 6 比 0 擊敗了人類世界冠軍 Takeshi Murakami。目前一般都承認人類在翻轉棋上無法與電腦較量。

西洋雙陸棋

5.5 節解釋了爲什麼引入擲骰子的不確定性使得深度搜尋成爲昂貴的奢侈品。大多數雙陸棋的研究工作致力於改進評價函數。Gerry Tesauro(1992 年)把薩繆爾的強化學習方法與類神經網路相結合，開發了一個非凡精確的評價函數來用於進行深度 2 或 3 的搜尋。在對抗它本身下了超過一百萬盤訓練賽局後，Tesauro 的程式，TD-GAMMON，已足以匹敵頂尖的人類遊戲者。這個程式對遊戲的開局棋步的觀念，在某種意義上根本改變了公認的知識。

圍棋

在亞洲非常受歡迎的棋盤型遊戲。因爲棋盤是 19×19 且棋子可以落在(幾乎)每一個空的棋格上，開始時分枝因數是 361，對於正常的 α-β 搜尋方法而言這個數字足以令人畏縮不前。除此之外，要寫出評價函數也很困難，因爲直到終局，領土的控制範圍常常難以預測。因此頂尖的程式，如 MOGO，避用 α-β 搜尋而改爲使用蒙地卡羅出棋(rollouts)。技巧在於出棋的過程中判斷該下什麼棋步。沒有積極的剪枝；所有的棋步都是可能的。UCT(樹的信賴上界)方法的發揮方式是在前幾個疊代隨機的出棋，且隨著時間的經過，會引領抽樣程序到挑出前面的樣本中曾經贏過的棋步。某些技巧會被加入，包括知識庫規則，每當一個已知的樣式被偵知時，它會提出特別的棋步以及有限度的局部搜尋以決定屬於戰術性的問題。某些程式也取用**組合賽局論**的特別技巧去分析殘局。這些技術將位置分解爲能個別被分析的子位置，然後再組合在一起(Berlekamp 及 Wolfe，1994；Müller ，2003)。以這種方式所得到的最佳解答讓許多的專業的圍棋遊戲者感到驚訝，他們一向以來都認爲他們的奕法是最佳的。目前在一個精簡型 9×9 棋盤上，圍棋程式的奕棋水準可達大師級，但是在全棋盤時，則仍然只能達到高級業餘的水準。

橋牌

一種不完整資訊的遊戲。一個牌手的牌其他牌手是看不到的。橋牌也是多人遊戲，有四個人參加而非兩人，儘管牌手們每兩人一隊組成對抗的雙方。正如我們在第 5.6 節中所見，在部分可觀察賽局(如橋牌)中的最佳打法包括資訊搜集、交流、仔細權衡概率等因素。贏得 1997 年電腦橋牌賽冠軍的 Bridge Baron™ 程式(Smith 等人，1998)採用了許多這些技術。儘管它出牌不是最佳的，Bridge Baron 是少數幾個成功地運用複雜的分層規劃(參見第 11 章)的賽局系統，它包含了諸如**飛牌**和**擠牌**這樣的爲橋牌選手所熟悉的高級想法。

GIB 程式(Ginsberg，1999)使用蒙地卡羅方法壓倒性地贏得 2000 電腦橋牌冠軍。從那以後,其他的贏棋程式都跟隨 GIB 的做法。GIB 的主要創新之處是使用**闡釋導向推廣法**來計算並快取各種標準情景類型下最佳奕棋的一般規則而非個別地評價每個情景。舉例來說，於一個場景中，遊戲者有一副牌 A-K-Q-J-4-3-2 而另一個遊戲者有 10-9-8-7-6-5，第一個遊戲者出牌而第二個遊戲者應牌的方式共有 $7\times6 = 42$ 種。但是 GIB 對待這些情景如同只有兩種：第一個遊戲者出的牌可以是高牌或是低牌；眞正的牌爲何則無關緊要。以這個最佳化方式(以及一些其它)，GIB 能於一秒中正確無誤地解出一個 52 張牌，完全可觀察的合約。GIB 的戰術精確性彌補了它在對資訊推理方面的不足。它參加了 1998 年的人類標準橋牌世界冠軍賽(只涉及主打)(**編註**：電腦出牌，每個牌手主打相同的牌，考驗牌手的功力)，在 35 名選手中取得了第 12 名，這大大出乎很多專家的意料。

有數個理由可解釋爲什麼 GIB 以蒙地卡羅模擬方法玩牌時會有專家水準，然而 Kriegspiel 程式卻不然。首先，GIB 對該遊戲的完全可觀察版本的評價是正確的，搜尋完整的賽局樹，然而 Kriegspiel 程式依賴於不正確的啓發式之上。但是更重要的是於橋牌中部份可觀察的資料大多數的不確定性來自於合約的隨機性，而不是對手對抗的事實。蒙地卡羅模擬擅於處理隨機性，但是處理策略時就不盡然，特別是當該策略牽涉到資料的值。

■ 拼字遊戲(Scrabble)

大多數的人認爲拼字遊戲困難的部份是想出好的字組，但是在提供官方版的字典情況下，則要設計一個棋步產生器來找出一個得分最高的棋步其實是相當容易的(Gordon，1994)。這並非意謂遊戲被解出了，不過：只有每一回採取得分最高的棋步會得到一個好的但是非專家遊戲者的結果。問題在於拼字遊戲同時是部份可觀察的且隨機的：你不知道其他遊戲者手中有些什麼字母或是下次你會抽到什麼字母。因此玩拼字遊戲同時面臨西洋雙陸棋和橋牌的困難性。雖然如此，於 2006 年，QUACKLE 程式擊敗了前世界冠軍，David Boys，3–2。

5.8 其它方法

因爲大多數情況下計算賽局中的最佳決策是很棘手的，幾乎所有的演算法都必須做一些假設或者近似。建立在極小極大值、和 α-β 剪枝的標準方法只是其中一條途徑。或許因爲它已經被採用了一段很長的時間，在比賽中這個標準方法淩駕了其他的方法。某些人相信這遊戲的玩法已經悖離了人工智慧研究的主流：標準方法無法再提供太多新的內省空間予一般的決策問題在本節中，我們來看看其他方法。

首先，讓我們考慮極小極大值方法。給定一棵搜尋樹，倘若其葉節點的評價是嚴格準確的，極小極大值方法能選擇出最佳棋步。在現實中，評價通常是對局面價值的粗糙估計，可以認爲有很大的誤差。圖 5.14 展示一個兩層賽局樹，於此極小極大值建議取右側分支因爲 $100 > 99$。如果評價全都正確，那就是正確的棋步。但是當然評價函數只是近似的。假設每個節點的評價有個誤差，該誤差與其他節點不生關聯、隨機平均值爲零且標準差爲 σ。然後於 $\sigma = 5$，左側分支實際上 71%的時候是較佳的，當 $\sigma = 2$ 時 58%的時候是較佳的。這背後的直覺是右側分支有四個接近 99 的節點；如果四個評價中任何一個的誤差使得右側分支滑落而低於 99，那麼左側分支比較好。

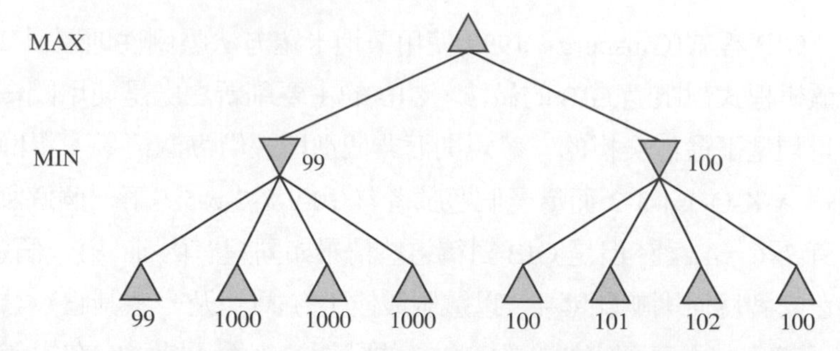

圖 5.14
一棵兩層賽局樹，對其極小極大演算法可能產生一個錯誤

實際上，實際上的處境比這還糟，因爲評價函數的誤差不是彼此獨立無關的。如果我們得到的節點出錯了，其附近的節點有很高的機會也是錯的。然而，事實上標爲 99 的節點因爲有標爲 1000 的兄弟節點，暗示著事實上它可能有更高的眞實值。我們無法使用一個評價函數傳回可能值的機率分配，但是恰如其分的組合這些分配是很困難的，因爲我們沒有什麼好的模型可用於塑造兄弟節點值之間的非常強的相依性

下面我們考慮產生賽局樹的搜尋演算法。演算法設計者的目標是制定執行快速的運算產生出好的棋步。α-β 剪枝演算法的設計不只用於選擇一個好的棋步，還要計算出所有合法棋步的數值界限。爲了說明爲什麼這些額外資訊是不必要的，考慮一個只有一種合法棋步的局面。α-β 搜尋仍然會製造與評價一棵大型搜尋樹，告訴我們唯一的棋步是最佳的棋步而且賦值予它。但是因爲我們無論如何必須下該棋步，知道棋步的值是沒有用處的。與此類似的，如果有個明顯然地好棋步和數個合法但是會造成急速損失的棋步，我們不會想要 α-β 浪費時間爲該單一好棋來決定出精確的值。最好只要快速地下該棋步並省下時間供稍後使用。這就引出了節點擴展的效用值的想法。一個好的搜尋演算法應該選擇那些效用值高的節點擴展——也就是，那些可能導致發現顯著更好的棋步的節點。如果沒有節點擴展的效用值高於它的成本(從時間角度)，那麼演算法就停止搜尋而走一步。注意這種技術不僅適合於明顯喜好的情形，也適合於對稱棋步的情況，這裡棋步指的是沒有搜尋可以說明某棋步比其他的更好。

這種關於計算該做什麼的推理，稱爲**後設推理**(推理的推理)。它不僅應用於賽局，還可以用在任何種類的推理中。所有計算都是爲了試圖到達更好的決策而進行的，都有代價，也都有某種似然性可以造成對決策品質的一定改進。α-β 演算法結合了最簡單類型的後設推理，即關於樹的某些分支可以被忽略而不帶來損失的影響的定理。很可能可以做得更好。在第十六章中，我們會看到如何使這些想法變得精確而可實作。

最後，讓我們再次考察搜尋本身的本性。啓發式搜尋和賽局的演算法的運轉是透過產生具體狀態的序列實作的，從初始狀態開始，然後應用評價函數。很明顯，這不是人類賽局的方式。在西洋棋中，人的頭腦中往往先有一個特殊的目標——例如，誘捕對方的皇后——然後可以用這個目標有選擇地產生一個達到目標的看似合理的計畫。這種目標指導的推理或稱規劃有時完全消除了組合搜尋。David Wilkins(1980)的 PARADISE 是唯一一個在西洋棋中成功運用目標指導的推理的程式：它有能力解決某些需要 18 步組合的西洋棋問題。不過目前對如何把兩種演算法結合在一個穩健且高效率的系統中還沒有好的理解，雖然 Bridge Baron 也許是朝正確方向邁出的一步。一個完整的綜合系統將不僅是賽局研究，也是一般人工智慧研究的重大成就，因爲它會成爲實作一般的智慧代理人的良好基礎。

5.9 總結

我們已經觀察過各種賽局遊戲，以理解最佳玩法的含義是什麼，以及如何在實際中賽局中得勝。最重要的想法如下：

- 賽局遊戲透過下列元素定義：**初始狀態**(棋盤的設置)、每個狀態的合法**行動**、每個行動的**結果**、一個**終止測試**(說明什麼時候遊戲結束)和可用在終止狀態上的**效用函數**。
- 在有**完整資訊**的兩人零和遊戲中，**極小極大值**演算法可以透過對賽局樹的深度優先列舉，選出最佳棋步。
- α-β 搜尋演算法可以計算出和極小極大值演算法一樣的最佳棋步，不過由於消除了可證明無關的子樹，它的效率得以大大提高。
- 通常，考慮整棵賽局樹是不可行的(即使是用 α-β 演算法)，所以我們在某個點截斷搜尋，並應用可以對某個狀態的效用值進行估計的**評價函數**。
- 許多賽局程式預先計算於開局及殘局時最佳棋步的資料表，使得它們能查找棋步而非搜尋。
- 有機率因素的遊戲可以透過擴展極小極大值演算法來處理，擴展後的演算法計算其全部子節點的平均效用值來評價一個**機率節點**，平均效用值是用每個子節點的概率，加權平均計算得到的。
- 對於像橋牌這樣的**不完整資訊**的遊戲，最佳玩法對每個遊戲者當前或者未來的**信念狀態**進行推理。簡單的近似可以透過對行動值在缺失資訊的每種可能配置上，進行平均而得到。
- 最優的程式甚至勝過人類遊戲者遊戲如西洋棋，跳棋，與翻轉棋。人類保有數個不完美資訊的遊戲的優勢，如撲克牌，橋牌，與 Kriegspiel，以及具有非常大的分支因數且好啓發式知識幾乎闕如的遊戲，如圍棋。

參考文獻與歷史的註釋 BIBLIOGRAPHICAL AND HISTORICAL NOTES

機器賽局的最早歷史被無數的騙局所玷污。其中最臭名昭著的是 Wolfgang von Kempelen 男爵(1734-1804)的號稱會下西洋棋的機器「土耳其人」(The Turk)，曾經擊敗過拿破崙，但後來被發現其實是把著名的棋手藏在魔術師變戲法用的櫃子裡(參見 Levitt，2000)。它從 1769 一直用到 1854 年。1846 年，巴貝奇(Charles Babbage，他曾對「土耳其人」很著迷)似乎第一個嚴肅地討論了電腦下西洋棋和跳棋的可行性(Morrison 和 Morrison，1961)。他不了解搜尋樹的複雜性呈指數量級成長，聲稱：「分析引擎的組合遠遠優於任何所需，即使是西洋棋遊戲」。他還設計了一部下井字棋的專用機器，但是沒有製造出來。第一部眞正的賽局機器是大約1890年由西班牙工程師Leonardo Torres y Quevedo建造的。它是專門用來下「KRK」(王和車對王)西洋棋殘局的機器，它可以保證不論國王和騎士在什麼位置都能贏。

極小極大值演算法可追溯到現代集合論的創始者 Ernst Zermelo 於 1912 年發表的一篇論文。很遺憾這篇論文有一些錯誤，並且沒有給出極小極大值的正確描述。在另一方面，它確實鋪陳出退化分析(retrograde analysis)的概念並提出(但是沒有證明)後來稱之爲 Zermelo 的理論：西洋棋的終止——白棋能夠強迫贏棋或是黑棋能或是它是平手；我們只是不知道會是哪一種。Zermelo 說我們最終應該知道，「西洋棋當然會完全喪失一個遊戲的特徵」。賽局論的眞正堅實基礎是開創性的著作《賽局論與經濟行爲》(*Theory of Games and Economic Behavior*)(諾依曼和 Morgenstern，1944)，這本書包括了顯示出某些賽局遊戲需要隨機(或者無法預測的)策略的分析。詳見本書第十七章。

在 1956 年麥卡錫(John McCarthy)構思了 α-β 搜尋，儘管他並沒有發表。西洋棋程式 NSS(紐威爾等人，1958)使用了一個簡化版本的 α-β 搜尋；它是第一個使用 α-β 搜尋的西洋棋程式。α-β 剪枝由 Hart 與 Edwards(1961)以及 Hart 等人(1972)所描述。α-β 搜尋也被用於約翰．麥卡錫學生寫的「Kotok-McCarthy」西洋棋程式中(Kotok，1962)。Knuth 與 Moore(1975)證明 α-β 的正確性並且分析它的時間複雜性。Pearl(1982b)證明了 α-β 搜尋在所有固定深度的賽局樹搜尋演算法中是漸進最佳的。

在第 5.8 節中勾勒了一些試圖克服「標準方法」缺點的努力。第一個有理論基礎的選擇性搜尋演算法可能是 B*演算法(Berliner，1979)，試圖爲賽局樹的每個節點的可能值保持一個區間界限，而不是給它一個單一節點估計值。選擇葉節點進行擴展以努力改進頂層界限，直到有一步棋「脫穎而出」。Palay(1985)用值的概率分佈替代區間從而擴展了 B*演算法。David McAllester(1988)的策略數(conspiracy number)搜尋演算法擴展那些能造成程式優先考慮根節點的新棋步的葉節點，透過修改葉節點的值。MGSS*(羅素和 Wefald，1989)使用了第十六章的決策理論技術，來估計對葉節點進行的期望值，從期望改進根節點的決策質量方面出發。在翻轉棋上，這種演算法比 α-β 演算法要好，儘管它搜尋的節點數量的量級要小。MGSS*方法原則上適用於對任何形式的思考的控制。

α-β 搜尋在很多方面是深度優先分支界限法的兩人模擬，在單一代理人情況下，A*演算法佔統治地位。SSS*演算法(Stockman，1979)可以被看作是一個兩人的 A*演算法，要達到同樣的決策，絕不會比 α-β 演算法多擴展節點。對於記憶體的需求和佇列計算的負擔，使得原始形式的 SSS*演算法並不實用，不過一種線性空間的版本已經從 RBFS 演算法發展出來(Korf 和 Chickering，1996)。Platt 等人(1996)發展出 SSS*演算法的新觀點，把 α-β 演算法和調換表結合起來，指出了如何克服原始演算法的弊端，並開發了稱爲 MTD(f)的新變種，被很多頂級程式所採用。

D. F. Beal(1980)和 Dana Nau(1980，1983)研究了極小極大值演算法，應用在近似評價中的弱點。他們證明在關於樹中葉節點的值分佈的某種獨立假設下，極小極大值演算法在根節點產生的值，實際上，不如直接用評價函數本身可靠。Pearl 的書《啓發》(*Heuristics*)(1984)部分解釋了這種明顯的矛盾，並分析了很多賽局演算法。Baum 和 Smith(1997)提出基於概率的對極小極大值的替代方法，顯示出在某些遊戲中它能得到更好的選擇。期望極小極大值演算法由 Donald Michie(1966)所倡議。Bruce Ballard(1983)延伸 α-β 剪枝到涵蓋具有機率節點的樹，而 Hauk(2004)重新檢視這個成果並且提供實驗性的結果。

Koller 與 Pfeffer(1997)描述一個完整地解出部份可觀察遊戲的系統。該系統非常一般性，處理的賽局是最佳策略需要隨機化的棋步以及比早期系統處理之賽局更複雜的賽局。不過，它無法處理諸如撲克牌，橋牌，與 Kriegspiel 等這類的複雜的遊戲。Frank 等人(1998)描述數個蒙地卡羅搜尋的變種，包括 MIN 有完整的資訊但是 MAX 卻沒有者。在確定性，部份可觀察遊戲之中，Kriegspiel 已經吸引大多數人的注意。Ferguson 示範了如何以手算的方式推導隨機化以一個主教與騎士(1992)或是兩個主教(1995)對抗一個國王來贏得 Kriegspiel 的策略。第一個 Kriegspiel 程式專注於尋找殘局將軍的機會並於信度狀態空間中執行 AND-OR 搜尋(Sakuta 及 Iida，2002；Bolognesi 與 Ciancarini，2003)。

漸增信度狀態演算法(Incremental belief-state algorithm)得以使更複雜的中局將軍可以被找出(Russell 與 Wolfe，2005；Wolfe 與 Russell，2007)，但是有效率的狀態估算仍然是有效的一般性玩法的主要障礙(Parker 等人，2005)。

西洋棋是 AI 承接的第一項任務，藉由許多計算領域先驅者早期的付出，包括 1945 年的 Konrad Zuse，Norbert Wiener 於他的書 Cybernetics(1948)，以及 1950 年的 Alan Turing(見 Turing 等人，1953)。但是 Claude Shannon 的文章《*Programming a Computer for Playing Chess*》(1950)完整的集合了大多數的概念，描述了棋盤位置的表示，評價函數，靜止搜尋，以及一些選擇性(非窮盡手段的)賽局樹搜尋的概念。Slater(1950)和他的論文審稿人，也探索了電腦下棋的可能性。

D. G. Prinz(1952)完成的程式姐出了西洋棋殘局問題，但是並沒有奕完完整的賽局。Stan Ulam 以及一群在 Los Alamos National Lab 的夥伴製作的程式能夠在一個 6×6 棋盤沒有主教情況下奕西洋棋(Kister 等人，1957)。它能夠於 12 分鐘之內搜尋 4 層的深度。Alex Bernstein 寫出了第一個可以下整盤標準西洋棋的程式 (Bernstein 和 Roberts，1958)[5]。

第一次電腦西洋棋比賽是在 Kotok-McCarthy 程式和 20 世紀 60 年代中期由莫斯科理論和實驗實體學研究所(縮寫爲 ITEP)編寫的程式「ITEP」之間進行的。這場洲際比賽是透過電報傳輸進行的。結果在 1967 年 ITEP 以 3 比 1 獲勝。第一個成功和人進行西洋棋比賽的程式是 MacHack-6(Greenblatt 等人，1967)。它的 Elo 等級約 1400，遠高於初學者的 1000。

弗里德金獎(Fredkin Prize)，創設於 1980 年，提供的獎金予對西洋棋奕棋的進展有傑出貢獻者。第一個達到大師等級程式的$5,000 獎金授與了 BELLE(Condon 及 Thompson，1982)，該程式達到 2250 的等級。第一個達成 USCF(United States Chess Federation)等級 2500(近乎棋聖的水準)程式的獎金$10,000 於 1989 年頒贈予 DEEP THOUGHT(Hsu 等人，1990)。大獎$100,000 授予 DEEP BLUE(Campbell 等人，2002；Hsu，2004)，因以其於 1997 年的表演賽中擊敗世界冠軍蓋瑞卡斯帕羅夫(Garry Kasparov)的歷史性表現。卡斯帕羅夫寫到：

> 決定性的比賽是第二局，它在我記憶中留下了傷痕……我們看到了遠遠超出我們最瘋狂想像的事情，電腦能夠預見它的決策中的長期棋步序列。機器拒絕走一步有決定性短期優勢的棋——顯示了每一個類似於人類的對危險的感覺。(卡斯帕羅夫，1997)

Ernst Heinz(2000)提供了可能是對一個現代西洋棋程式的最完整描述，他開發的 DARKTHOUGHT 程式在 1999 年冠軍賽上是非商業 PC 程式中排名最高的。

近年來，西洋棋程式拉進，甚至超越了世界的最佳的棋手。於 2004-2005 年 HYDRA Evgeny Vladimirov 3.5-0.5，世界冠軍 Ruslan Ponomariov 2-0，以及七段 Michael Adams 5.5-0.5。於 2006 年，DEEP FRITZ 擊敗世界冠軍 Vladimir Kramnik 4-2，於 2007 年 RYBKA 於讓子(如一個兵)賽戰勝數個人類棋聖遊戲者。當 2009 年，有史以來最高的 Elo 等級是卡斯帕羅夫的 2851。HYDRA(Donninger 與 Lorenz，2004)被評定的等級是介於 2850 與 3000，根據慘遭痛擊的 Michael Adams 表示。RYBKA 程式的等級介於 2900 與 3100，但是這只是根據少量的賽局所做的推測而未可盡信。Ross(2004)展示人類遊戲者已經如何學習利用某些電腦程式的弱點。

(a) (b)

圖 5.15 電腦西洋棋的先驅者：(a) Herbert Simon **與** Allen Newell，NSS **程式的開發者**(1958)；(b) John McCarthy **與** Kotok-McCarthy **程式於** IBM 7090(1967)

跳棋是第一個完全由電腦奕棋的典型賽局。Christopher Strachey(1952)寫了第一個可執行的跳棋程式。從 1952 開始，IBM 的薩繆爾(Arthur Samuel)利用業餘時間開發了一個會透過自己大量下棋學習評價函數的跳棋程式。我們將在第二十一章詳細描述其想法。薩繆爾的程式開始是個新手，不過僅透過幾天的自我下棋學習已經能改進自己，超過了薩繆爾本人的水準。在 1962 年它利用對方自己犯的錯誤擊敗了「矇眼跳棋」冠軍 Robert Nealy。當然，考慮到薩繆爾使用的計算設備(IBM704)只有可以儲存 1 萬字的主記憶體，長期儲存用的是磁帶，而且只有一個 0.000001-GHz 的處理器，這次勝利仍然是一個偉大的成果。

由 Samuel 所發起的挑戰是由阿爾伯塔大學的 Jonat han Schaeffer 所扛下。Chinook 在 1990 年美國公開賽取得第二名，從而獲得了向世界冠軍挑戰的權利。它然後遇到一個問題，由 Marion Tinsley 所造成的。Tinsley 博士已經身居世界冠軍達 40 年之久，其間只輸過三局。第 1 次與 Chinook 的對弈中，Tinsley 遭受了他的職業生涯的第 4 盤和第 5 盤失敗，不過還是以 20.5 比 18.5 的分數贏了整個比賽。1994 年世界冠軍複賽因 Tinsley 由於健康原因必須退賽而提前拍板。CHINOOK 成爲正式的世界冠軍。Schaeffer 繼續建置他的殘局資料庫，而於 2007 年「解出」跳棋(Schaeffer 等人，2007；Schaeffer，2008)。這已經由 Richard Bellman 所預言(1965)。引介動態規劃方法於退化分析的論文中，他寫道，「於跳棋，於任何給定的情景可能棋步的數量並不多，使得我們能滿懷信心地期望這個賽局最佳奕法之問題的完整數位電腦解答」。不過，Bellman 並沒有完全理解跳棋賽局樹的大小。有大約 500 萬億位置。經過一群 50 台以上電腦的 18 年的計算，Jonathan Schaeffer 的小組完成了所有棋子數目在 10 枚以下的跳棋位置的殘局資料表：超過 39 萬億筆。根據那些結果，他們能做前向 α-β 搜尋來推導出一個策略，證明跳棋雙方的最佳玩法事實上會是平手。請留意這是雙向搜尋的應用(第 3.4.6 節)。對所有的跳棋建立殘局資料表是不實際的：它將需要 10 億 GB 的儲存空間。在沒有任何資料表下做搜尋也是不切實際的：該搜尋樹約有 8^{47} 個位置，以今日的技術來搜尋會耗費千年。只有在聰明搜尋，殘局數據，以及處理器和記憶體價格下降等等因素組合在一起才能求解跳棋。因此，跳棋加上 Qubic (Patashnik，1980)，Connect Four(Allis，1988)，與 Nine-Men's Morris(Gasser，1998)都是已經被電腦分析所解出的遊戲。

雙陸棋，一種機率性的遊戲，Gerolamo Cardano(1663)曾做過數學上的分析，但是只有於 1970 年代末期才出現電腦下法，首先是 BKG 程式(Berliner，1980b)；它使用一個複雜的，手工建構之評價函數且只搜尋到深度 1。它是第一個在主要經典賽局遊戲中擊敗人類世界冠軍的程式(Berliner，Berliner 立刻認知到 BKG 在骰子上是非常幸運的)。Gerry Tesauro(1995)的 TD-GAMMON 的奕棋表現一直維持在世界冠軍水準。BGBLITZ 程式是 2008 年電腦奧林匹克的獲勝者。

圍棋是一個確定性的賽局，但是龐雜的分支因數使它深具挑戰性。電腦圍棋的核心議題以及早棋文獻由 Bouzy 與 Cazenave(2001)以及 Müller (2002)所彙總。直到 1997 都沒有棋力足觀的圍棋程式。現在最佳的奕棋程式大多數具有大師水準的棋步；唯一的問題是在賽局過程中，它們通常至少會製造出一個嚴重的錯誤，足以讓一個棋力高強的對手贏棋。然而在大多數的賽局的 α-β 搜尋範疇，許多現有的程式已經採用建立於 UCT(樹的信賴上界)模式的蒙地卡羅方法(Kocsis 及 Szepesvari，2006)。迄 2009 年爲止最強的圍棋程式是 Gelly 與 Silver 的 MOGO(Wang 與 Gelly，2007；Gelly 與 Silver，2008)。於 2008 八月，MOGO 於對抗頂尖的專業棋士 Myungwan Kim 意外地大勝，雖然由於 MOGO 被讓九子(約等同於西洋棋中讓一個皇后)之故。Kim 估計 MOGO 的棋力達 2-3-段，是高段業餘的低階。於這個比賽，MOGO 執行於一個 800 個處理器 15 萬億次浮點運算的超級電腦(1000 倍於 Deep Blue 者)。幾周以後，MOGO，被讓五子，擊敗 6 段的專業棋士。於 9×9 的圍棋，MOGO 約爲 1 段專業棋士的水準。在持續實驗新形式的蒙地卡羅搜尋下，迅速的發展是可期的。電腦圍棋協會出版的《電腦圍棋通訊》(*Computer Go Newsletter*)描述了當前的發展。

橋牌：Smith 等人(1998)報告說他們規劃型的程式是如何贏得 1998 年電腦橋牌冠軍，且 Ginsberg(2001)描述他的 GIB 程式，建立於蒙地卡羅模擬，如何贏得下述的電腦冠軍而且對抗人類遊戲者與標準問題集表現意外的好。於 2001-2007，電腦橋牌冠軍 JACK 贏得五次而 WBRIDGE5 贏得二次。兩者都沒有學術文章解釋它們的架構，但是都謠傳兩者使用的是蒙地卡羅技術，這個技術首先由 Levy(1989)倡議使用於橋牌。

拼字遊戲：有關於頂尖程式 MAVEN 的不錯說明是由他的創造者，Brian Sheppard(2002)所撰寫的。Gordon(1994)說明如何產生最高得分的棋步，及 Richards 與 Amir(2007)的塑造對手的模型。

Soccer(Kitano 等人，1997b；Visser 等人，2008)與**撞球**(Lam 及 Greenspan，2008；Archibald 等人，2009)以及其他的具有連續動作空間的隨機性賽局開始在 AI 界受到關注，不論是在模擬的與實體的機器人遊戲者。

電腦遊戲比賽每年出現，且論文出現在各領域。名字易引起誤會的會議論文集《人工智慧的啓發式程式設計》(*Heuristic Programming in Artificial Intelligence*)報導了電腦奧運會，其中包括了範圍廣泛的各種賽局遊戲。一般的遊戲競賽(Love 等人，2006)測試程式，這類程式在僅給予遊戲規則的邏輯描述下，須學習玩一個未知遊戲。另外還有一些賽局研究方面的重要論文被編輯成文集(Levy，1988a，1988b；Marsland 和 Schaeffer，1990)。成立於 1977 年的國際電腦西洋棋協會 (ICCA)出版季刊《國際電腦賽局遊戲協會(ICGA)會刊》(*ICGA Journal*)[以前是 ICCA 會刊(*ICCA Journal*)]。重要論文還發表在由 Clarke(1977)發起的系列論文集《電腦西洋棋進展》(*Advances in Computer Chess*)中。在《人工智慧》2002 年第 134 卷刊載西洋棋、翻轉棋、Hex、Shogi、圍棋、雙陸棋、撲克牌、Scrabble™ 及其他遊戲的最先進技術程式的描述。自從 1998 年，電腦與遊戲雙年會議已經開始舉辦。

❖ 習題 EXERCISES

5.1 假設你有一個神諭，$OM(s)$，它能正確地預測任何狀態下對手的棋步。使用這，將遊戲的定義公式化成一個(單一代理人)的搜尋問題。描述一個演算法用以尋找出最佳的棋步。

5.2 考慮求解兩個八方塊遊戲的問題。

a. 以第 3 章的樣式得出一個完整的問題公式。

b. 這個狀態空間有多大？請推導出一個正確的數值表示式。

c. 假設我們讓該問題的對抗如下：兩個遊戲者輪流下子；在該回合以扔錢幣的方式來決定移動哪一個謎塊；而贏家是首先解出該謎題者。在這個設定下哪一個演算法能被用來選取一個棋步？

d. 提供一個非正式的證明，即如果兩個人都玩得完美無誤，則有人最後一定會贏。

5.3 想像於習題 3.4，朋友之一想要避開其他的人。該問題然後變成一個雙人**追逃遊戲**。我們現在假設遊戲者輪流移動。只有當遊戲者為在同一個節點時遊戲會結束；追逐者最後的得分等於全部耗費時間的負值(追逐者從沒輸的時候就算「贏」)。圖 5.16 給出了一個例子。

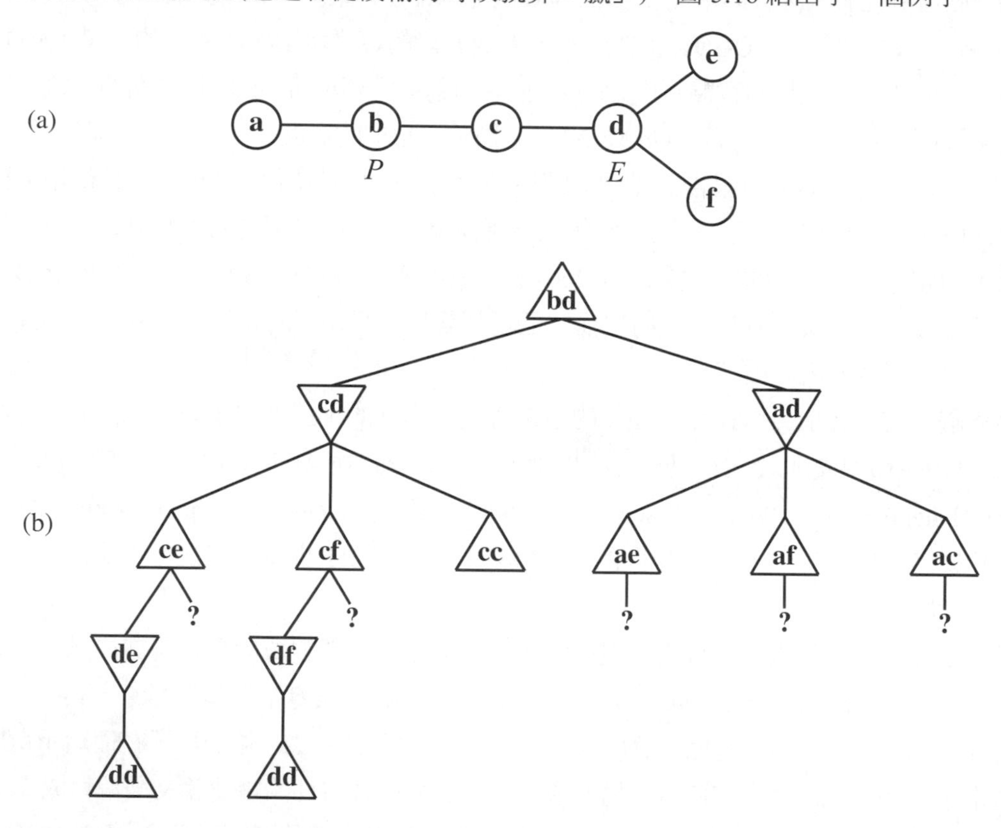

圖 5.16

(a) 所示地圖上的，每一邊的成本是 1。開始時，追趕者 P 是在節點 b，而逃避者 E 是在節點 **d**。

(b) 這張地圖之部分賽局樹。標示出 P 及 E 位置的各個節點。P 先走。標記為「**?**」的分支表示還沒有被探索過

a. 複製賽局樹並且標明結束節點的值。

b. 靠近每個內部節點之處，寫出從它的值你所能推斷出的最強事實(一個數字，一個以上不等式，如「≥ 14」，或是一個「?」)。

c. 在每個問號之下，寫出由該分支所到達之節點的名字。

d. 解釋：(c)中節點之界限值如何從地圖上之最短路徑長度來推導出來，以及對這些節點推界限值。記得到達每個葉節點的成本以及求解它的成本。

e. 現在假設已知的樹，具有(d)的葉界限值，被從左到右來評價。從小題(d)所得的界限值，圈出那些不必被進一步開展的「?」節點並且劃掉那些完全不必被考慮者。

f. 你能證明出任何事情有關於通常誰會贏得圖為一棵樹的賽局？

5.4 描述或者實作下面一種或多種遊戲的狀態描述、棋步產生器、終止測試、效用函數和評價函數：Monopoly，Scrabble，於給定合約下玩的橋牌，或者德州撲克。

5.5 描述和實作一個即時的、多人的遊戲環境，其中時間是環境狀態的一部分，每個遊戲者得到固定的時間配額。

5.6 描述把標準的賽局方法運用到連續的實體狀態空間中進行的遊戲，諸如網球、檯球和門球，效果會如何？

5.7 證明下面的斷言：對於每棵賽局樹，MAX 使用極小極大值演算法對抗次最佳棋步的 MIN 得到的效用值不會比對抗最佳棋步的 MIN 得到的效用值低。你能構造出一棵賽局樹，使得 MAX 用次最佳策略對抗次最佳 MIN 可以做得比使用最佳策略更好嗎？

5.8 考慮圖 5.17 中描述的兩人遊戲。

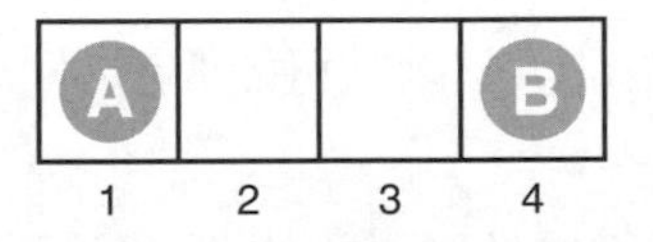

圖 5.17　一個簡單遊戲的初始局面。遊戲者 A 先走。然後兩遊戲者輪流走棋，每人須把自己的棋子移動到任一個方向上的相鄰空洞中。如果對方的棋子佔據著相鄰的位置，你可以跳過對方的棋子到下一個空洞，如果有空洞的話(例如，若 A 在位置 3，B 在位置 2，那麼 A 可以移回 1)。當一方的棋子移動到對方的棋盤端點時遊戲結束。如果 A 先到達位置 4，A 的遊戲值為 +1；如果 B 先到位置 1，A 的遊戲值為 –1

a. 用下面的慣例，畫出完整的賽局樹：

- 每個狀態用(S_A, S_B)表示，其中 S_A 和 S_B 表示棋子的位置。
- 每個終止狀態外面畫方方塊，並在圓圈裡寫出它的賽局值。
- 把迴圈狀態(已經在到根節點的路徑上出現過的狀態)放在雙方方塊內。因為它們的值不明朗，每個值都以一個圈住的「?」來標註出來。

b. 現在給每節點標記回傳的 MINMAX(也標記在圓圈裡)。解釋怎樣處理「?」值和為什麼。

c. 解釋標準的極小極大值演算法為什麼在這棵賽局樹中會失敗，簡要地勾畫你可能如何改進它，並在問題(b)的圖上畫出你的答案。你的改進演算法對於所有包含迴圈的遊戲都能給出最佳決策嗎？

d. 這個 4-方格遊戲可以推廣到 n 個方格，對於任意 $n > 2$。證明如果 n 是偶數，A 一定能贏；而 n 是奇數，A 一定會輸。

5.9 這道習題以井字棋(圈與十字遊戲)爲例子，練習賽局中的基本概念。我們定義 X_n 爲行、欄、對角線剛好具有 n 個 X 且沒有 O 的數目。與此類似，O_n 爲行、欄、對角線剛好具有 n 個 O 的數目。效用函數賦予任何 $X_3 = 1$ 之位置的值爲+1，賦予任何 $O_3 = 1$ 之位置的值爲–1。所有其他終止局面效用值爲 0。對於非終止局面，我們使用線性的評價函數，定義爲 $Eval(s) = 3X_2(s) + X_1(s) - (3O_2(s) + O_1(s))$。

a. 估算大約總共有多少種可能的井字棋局面？

b. 考慮到對稱性，給出從空棋盤開始到深度爲 2 的完整賽局樹(例如，在棋盤上一個 X 和一個 O 的局面)。

c. 標出深度爲 2 的所有局面的評價值。

d. 使用極小極大值演算法標出深度爲 1 和 0 的局面的回傳值，並根據這些值選出最佳起始步。

e. 假設節點按對 α-β 剪枝的最優順序產生，圈出若用 α-β 剪枝將被剪掉的深度爲 2 的節點。

5.10 考慮一個族群的一般化井字棋，定義如下。每個賽局由一個格子集合 S 與一群贏棋位置 W 所敘明。每個贏棋位置是 S 的子集合。舉例來說，於標準的井字棋，S 是一個 9 個格子的集合而 W 是一群 W 的 8 個子集合：三個行，三個欄，與兩條對角線。在其他方面，該遊戲與標準的井字棋一般無貳。從一個空的棋盤開始，遊戲者輪流將他們的記號填入一個空的方格。在贏棋位置的每一個方格都填入記號的遊戲者贏得賽局。如果所有的方格都填滿了，但是沒有一個遊戲者贏棋的話視爲平手。

a. 令 $N = |S|$，方格之數目。以 N 的函數形式，寫出一般化井字棋之完整賽局樹的節點數目的上界值。

b. 寫出於最壞情況下，賽局樹規模的下界值，其中 $W = \{\}$。

c. 提議一個能被被用於任何一般化井字棋實例的可茲信賴的評價函數。該函數可能與 S 與 W 有關聯。

d. 假設製造出一個新的棋盤是可能的且於 100N 機器指令檢查它是否屬於贏棋的位置，並假設處理器爲 2 GHz。不考慮記憶體限制。使用你的估計於：(a) CPU 時間的一秒鐘之內可以用 α-β 完整解出的賽局樹的規模大約是多少？一分鐘呢？一小時呢？

5.11 開發一般的遊戲程式，能夠玩多種遊戲。

a. 實作下面一或多種遊戲的棋步產生器和評價函數：Kalah 遊戲、翻轉棋、跳棋和西洋棋。

b. 建構一個一般的 α-β 遊戲代理人。

c. 比較增加搜尋深度、改進棋步的排序和改進評價函數的影響。你的有效分支因數在多大程度上接近於完美棋步排序的理想情況？

d. 實作一個選擇性搜尋演算法，如 B*(Berliner，1979)，策略數(conspiracy number)搜尋(McAllester，1988)，或是 MGSS* (Russell 與 Wefald，1989)且與 A*比較它的性能。

5.12 描述對於雙遊戲者、非零和遊戲之極小極大值與 α-β 演算法會有何改變，於此每個遊戲者有一個獨立的效用函數且這兩個效用函數都爲兩名遊戲者所知道。如果對兩個終止效用值沒有限制，α-β 剪枝是否還可能剪裁任何節點呢？若是任何狀態下遊戲者的效用函數最多相差不到 k，會使得該遊戲幾乎爲合作的嗎？

5.13 給出一個關於 α-β 剪枝正確性的形式化證明。要做到這個，考慮圖 5.18 中的情況。問題爲是否要剪掉節點 n_j，它是一個 MAX 節點，也是 n_1 的一個後代。基本的思維是當且僅當 n_1 的極小極大值可以被證明獨立於 n_j 的值時，才剪枝。

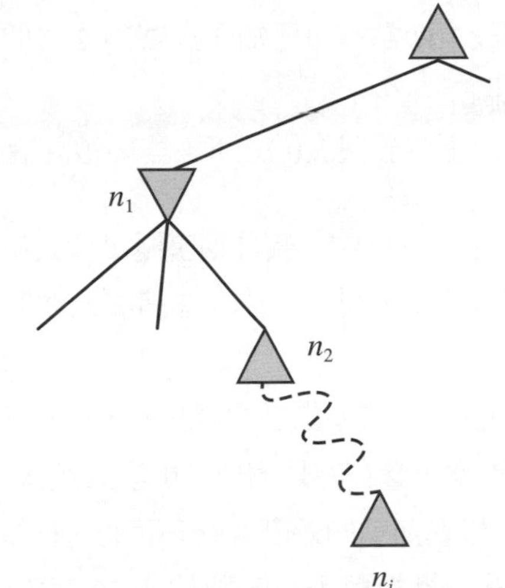

圖 5.18 考慮是否剪掉節點 n_j 時的情形

a. 模數 n_1 取自它的子節點之間的最小值：$n_1 = \min(n_2, n_{21}, ..., n_{2b_2})$。爲 n_2 找到類似的運算式，因此得到用 n_j 表示 n_1 的運算式。

b. 節點 n_i 的極小極大值已知，l_i 是在節點 n_i 左側深度爲 i 的節點的極小值(或者極大值)。同樣，r_i 是在 n_i 右側深度爲 i 的未探索過的節點的極小值(或者極大值)。用 l_i 和 r_i 的值重寫你的 n_1 運算式。

c. 現在調整你的運算式來說明爲了影響 n_1，n_j 必須不超出由 l_i 值得到的一個特定界限。

d. 對於 n_j 是 MIN 節點的情況重複上面的過程。

5.14 證明 α-β 剪枝於最佳的棋步排序下耗費時間 $O(2^{m/2})$，其中 m 是賽局樹的最大的深度。

5.15 假設你有一個每秒可以評價一百萬個節點的西洋棋程式。在保存於調換表中的遊戲狀態的壓縮表示上進行決策。你可以在 1gigabyte 的記憶體表裡填入多少條目？對於每一步棋 3 分鐘的搜尋時間是否足夠？在它做一次評價的時間裡，你要做多少次查表操作？現在假設調換表被儲存在磁片上。標準磁片硬體進行一次磁片搜尋的時間裡你能完成多少次評價？

5.16 這個問題考慮剪枝有機率節點的遊戲。圖 5.19 展示一個簡易賽局的完整賽局樹。假設準備以從左到右的順序來評價葉節點，且在一個葉節點被評價之前，我們對於它的值一無所知——可能的值的範圍是$-\infty$至∞。

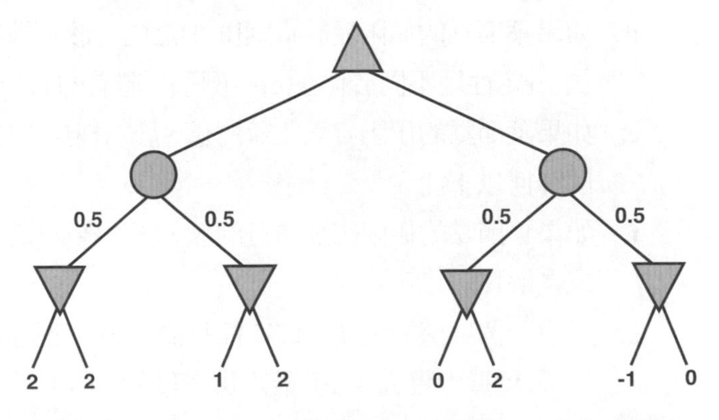

圖 5.19 一個具有機率節點的簡易賽局其完整賽局樹

a. 複製該圖，標識出所有內簿節點的值，並且在根節點處已箭頭指出最佳的棋步。

b. 已知前六個葉節點的值，我們是否必須評價第七個與第八個葉節點？已知前七個葉節點的值，我們是否必須評價第八個葉節點？解釋你的答案。

c. 假設葉節點的值已知介於–2 與 2 之間。在前兩個葉節點被評價之後，左側機率節點值的範圍是多少？

d. 圈出那些於假設(c)之下不需要被評價之夜節點。

5.17 實作期望極小極大值演算法和 Ballard(1983)描述的*-α–β 演算法，對有機率節點的賽局樹進行剪枝。在諸如西洋雙陸棋的遊戲上嘗試它們，並度量*-α–β 演算法的剪枝有效性。

5.18 證明即使在有機率節點的情況下，對葉節點值的正線性變換(例如把值 x 變換成 $ax + b$，其中 $a > 0$)不會影響在賽局樹中對棋步的選擇。

5.19 對於有機率節點的遊戲考慮下面的選擇棋步過程：

- 產生一些擲骰子的序列(例如 50 個)到適當的深度(例如 8)。
- 對於已知的擲骰子結果，賽局樹變成決定性的。對於每個擲骰子的序列，用 α-β 演算法求解作為結果的確定性賽局樹。
- 用這些結果來估計每步棋的值，從而選出最佳的。

這個過程是否運轉良好？或者為什麼不會發生？

5.20 於下述各題，一棵「最大值」樹僅由最大值節點所組成，然而一個「預期最大值(expectimax)」樹是由最大值節點之根節點並交互加上一層層的機率節點與最大值節點所組成。在機率節點，所有的結果的機率是非零的。目標是於深度受限的情況下搜尋出根節點的值。

a. 假設葉節點的值是有限的但是無上下界，於最大樹存在剪枝(如同於 α-β)的可能嗎？舉一個例子，或是解釋何以不能。

b. 在相同條件下，於一棵預期最大樹有任何剪枝的可能嗎？舉一個例子，或是解釋何以不能。

c. 如果葉節點的值限定於範圍[0, 1]之內，於一棵最大樹有任何剪枝的可能嗎？舉一個例子，　　或是解釋何以不能。

d. 如果葉節點的值限定於範圍[0, 1]之內，於一棵期望最大樹有任何剪枝的可能嗎？舉一個例子[定性地不同於你在(e)中例子，若有的話]，或是解釋何以不能。

e. 如果葉節點的值限定為非負的值，於一棵最大樹有任何剪枝的可能嗎？舉一個例子，或是解釋何以不能。

f. 如果葉節點的值限定為非負的值，於一棵期望最大樹有任何剪枝的可能嗎？舉一個例子，或是解釋何以不能。

g. 考慮一個期望最大樹之機率節點的結果。下述評價順序最有可能獲有剪枝的機會：(i) 最低機率優先；(ii) 最高機率優先；(iii) 沒有什麼差別？

5.21 下面這些話哪些是正確的？哪些是錯誤的？請作簡單的解釋。

a. 在兩個絕對理性遊戲者之間的一個完全可觀察的、輪流的、零和的遊戲，即使知道第二位遊戲者所使用的策略——也就是說，事先知道了第一位遊戲者的棋步，第二位遊戲者會回應的棋步——對第一位遊戲者來說也並沒有多大的助益。

b. 於兩個絕對理性遊戲者之間的一個部份可觀察的、輪流的、零和的遊戲，即使事先知道了第二位遊戲者的棋步，對第一位遊戲者來說也並沒有多大的助益。

c. 一個絕對理性的雙陸棋代理人永遠不會輸。

5.22 仔細考慮在 5.4 題中每種遊戲中的機率事件和不完全資訊的相互影響。

a. 標準的期望極小極大值模型適合哪種遊戲？實作演算法並在你的遊戲代理人上執行你的演算法，同時適當修改賽局環境。

b. 習題 5.19 中描述的方案適合於哪種遊戲？

c. 對於在某些遊戲中遊戲者對於當前狀態沒有相同的知識的事實，討論你會如何處理。

本章註腳

[1] 包含每一個多代理人的環境最好被視為經濟系統，而不是賽局。

[2] 顯然，這很難做到完美；不然排序函數就可以用來下一盤好棋了！

[3] 有時候，信度狀態會變成太大而難以只以一個棋盤的狀態表來表示，但是我們眼前不去考慮這個問題；第 7 與 8 章提出了用以表示非常大型之信度狀態的方法。

[4] 虛張聲勢——某個人打賭時宛如有一手好牌，即使其實不是——是樸克牌的核心策略。

[5] BESM 可能先於 Bernstein 的程式設計出來。

第 6 章收錄於隨書光碟

PART III

Knowledge, reasoning, and planning

第三部分

知識、推理與規劃

LOGICAL AGENTS

7

邏輯代理人

本章中我們設計可表示世界情況的代理人，採用了推理過程以得到關於世界的新表示，並且用這些新表示來推導下一步做什麼。

人類，似乎認知事物；而且他們認知之事物幫助了他們做事情。這些不是泛泛之詞。它們強烈地宣達了人類的智力是如何成長的——不純粹藉由反射機制而是藉由在內在知識**表示**上運作之**推理**過程。在人工智慧中，這類獲取智慧的方式是埋藏在**知識型代理人**身上。

第 3 和 4 章的問題求解代理人也認知事物，但是非常有限而又不具彈性。舉例來說，八智慧盤之移動模式——該採取哪些移動的知識——是被藏放在 RESULT 函數之特定領域的程式碼裡。它能被用於預測行動的結果，但不會推理出二枚棋子不能佔據同一個格子或者從偶同位的狀態是不能夠到達奇同位的狀態的。問題求解代理人能使用的基本表示法也是非常有限的。處於視野不大的環境中，代理人想要表達出它對目前狀態之認知的唯一辦法是一一列出所有可能的具體狀態——這在置身於大環境的時候，幾乎是不可能的。

第 6 章介紹了以設定變數的數值來表現狀態的想法；這是朝向正確方向的一步，促成一些代理人的某些部分得以與領域無關的方式下工作而可以使用更有效率的演算法。在這一章和稍後的幾章，我們走出這一步走向它的邏輯結論，可以這樣說——我們將發展一個一般性的表示法類型來支援知識型代理人。如此代理人能組合與再組合資訊得以滿足五花八門的目的。通常，這一過程還遠不能滿足當前的需求——如同在數學家證明定理或者天文學家演算地球的生命週期的時候。它們能夠接受以明確描述目標的形式表示的新任務，透過被告知或者主動學習環境的新知識從而快速獲得能力，並可以透過更新相關知識來適應環境的變化。

在 7.1 節中我們將從總體的代理人設計開始。7.2 節介紹了一個簡單的新環境——wumpus 世界，並在無需涉及任何技術細節的情況下，舉例說明知識型代理人的運轉。然後我們在第 7.3 節中解釋邏輯的一般原則而且在第 7.4 節中解釋特定的**命題邏輯**。當比**一階邏輯**(第 8 章)較不需要表達的時候，命題邏輯示範說明了邏輯的所有基本觀念；它也順帶得出發展完整的推理技術，我們將在第 7.5 和 7.6 節中描述。最後，7.7 節將把邏輯代理人的概念和命題邏輯技術結合起來，建造一些用於 wumpus 世界的簡單代理人。

7.1 知識型代理人

知識為本代理人的核心部份是其**知識庫**，或稱 KB。非形式化地表示，知識庫是一個**語句**集合。在此，「語句」作為一個技術術語使用。它與英語及其它自然語言中的語句相關，卻不相同。這些語句在被稱為**知識表示語言**的語言中表達，表示了關於世界的某些斷言。有時候，當某個語句被視為是既有的而非推導自其他語句的時候，我們會直接以**公理**的名字來稱呼該語句。

必須有將新語句添加到知識庫以及查詢目前所知內容的途徑。這些任務的標準名稱分別是 TELL(告訴)和 ASK(詢 ASK)。兩種任務都可能涉及**推理**(inference)——即，從舊有的語句中推導出新語句。推理一定要遵守的一個要求是，當向知識庫 ASK 一個問題的時候，回應的答案必須是取自先前已告訴過(TELLed)知識庫者。本章後續部分，我們將對這個至關重要的詞「遵循(follow)」進行更精確的描述。目前，它意味著推理過程不應該虛構事實。

```
function KB-AGENT(percept) returns an action
  persistent: KB, a knowledge base
              t, a counter, initially 0, indicating time

  TELL(KB, MAKE-PERCEPT-SENTENCE(percept, t))
  action ← ASK(KB, MAKE-ACTION-QUERY(t))
  TELL(KB, MAKE-ACTION-SENTENCE(action, t))
  t ← t + 1
  return action
```

圖 7.1　通用的基於知識的代理人給定一個感知，代理人把該感知加入它的知識庫，詢問(ASK)知識庫該採取的最好行動是什麼，而且告訴知識庫它事實上採取的是哪一個行動

圖 7.1 顯示了知識型代理人程式的概要。與我們所有的代理人一樣，知識型代理人用感知資訊作為輸入，並返回一個行動。代理人維護一個知識庫，*KB*。該知識庫在初始化時包括了一些**背景知識**。

每次呼叫代理人程式，它做兩件事情。首先，代理人 TELL(告訴)知識庫它感知的內容；其次它 ASK(詢問)知識庫應該執行什麼行動。在回復該查詢的過程中，可能要對關於世界的當前狀態、可能行動序列的結果等等進行大量推理。第三，代理人程式 TELL(告訴)知識庫哪一個行動已被選擇，接著代理人就執行該行動。

表示語言的細節隱含於兩個函數中，這兩個函數分別實作代理人程式的感測器與執行器之間以及核心表示法與推理系統之間的介面。MAKE-PERCEPT-SENTENCE 建構一個語句來肯認該代理人在給定之時間下對於該給定之感知的所見所聞。MAKE-ACTION-QUERY 建構一個語句用以詢 ASK 在目前的時間點，應該採取什麼樣的行動。最後，MAKE-ACTION-SENTENCE 架構一個語句肯認所選擇的行動已經被執行了。有關推理機制的細節隱藏於 TELL 和 ASK 中。後續章節將揭示這些細節。

圖 7.1 中知識型代理人與第 2 章中描述的具有內部狀態的代理人非常類似。然而，由於 TELL 和 ASK 的定義，知識型代理人不是用於計算行動的隨意程式。**知識層**的描述必須能經受檢驗，在這裏我們只需指定代理人認知的內容和它的目標，以便修正它的行爲。例如，一輛自動計程車可能有一個目標是將乘客從舊金山載到到 Marin 郡，車子可能知道金門大橋是這兩個地點的唯一連接通道。那麼我們可以期望它穿過金門大橋，因爲它認知這可以達成它的目標。需要注意的是，這一分析過程獨立於該計程車在**實作層**的工作模式。它的地理知識是以連接列表還是像素地圖的形式實作的，或者它是透過處理儲存在暫存器中的符號串，還是透過在神經元網路中傳遞有雜訊的信號進行推理的，這些都無關緊要。

一個知識型代理人能夠僅要告訴它需要知道哪些事情而建構起來。以一個空的知識庫開始，代理人的設計者能一個語句一個語句的 TELL 該代理人，直到代理人知道如何在它的環境中運作爲止。這被稱爲構建系統的**陳述性**方法。相較之下，**程序性**做法是將需要的行動直接地以程式碼編寫進去。20 世紀 70 年代和 80 年代，這兩種方法的支持者展開了激烈的爭論。我們現在了解一個成功的代理人時常聯合它的設計的能明白的和程序的元件，和能明白的知識時常能進入更有效率的程序程式碼之內被編譯。

我們也能提供一個具有自我學習機制的知識型代理人。這些機制(我們將在第 18 章討論)根據一系列感知資訊建立關於環境的常識。一個學習型代理人是完全自給自足的。

7.2 wumpus 世界

在這一節裡我們描述一種能顯示知識型代理人之價值所在的環境。**wumpus 世界**是由多個房間組成，用通道連接起來的洞穴。在洞穴的某處隱藏著一隻 wumpus，一種惡獸，它會吃掉進入它房間的任何人。代理人可以射殺 wumpus，但是代理人只有一枝箭。某些房間內有無底的的陷阱，任何人漫遊到這些房間將會陷入這些陷阱中(wumpus 除外，它由於太大而倖免)。這個荒蕪環境中的唯一可幸之事，就是有發現一堆金子的可能性。雖然 wumpus 的世界就現代的電腦遊戲的標準來看是相當平淡無奇的，但是它展現了一些關於智力的關鍵點。

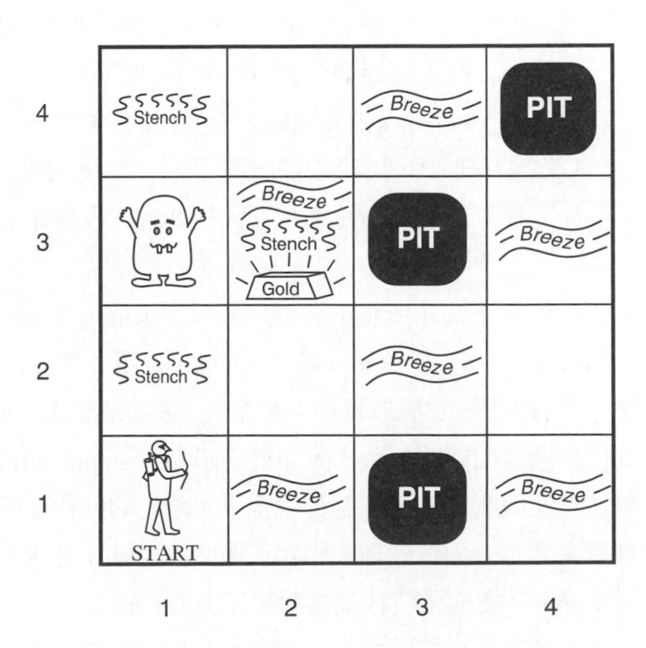

圖 7.2　一個典型的 wumpus 世界。代理人位於左下角，面向右邊

一個簡單的 wumpus 世界如圖 7.2 所示。透過第二章建議的 PEAS 描述，可以給出任務環境的精確定義如下：

- **效能指標：**

  拾到金子得+1000，掉入陷阱或者被 wumpus 吞噬得–1000，每採用一個行動得–1，而用掉箭得–10。代理人死掉或者代理人爬出洞的時候比賽就算結束。

- **環境：**

  4×4 的房間網格。代理人每次都從標號爲[1, 1]的方格出發，面向右方。金子和 wumpus 的位置按均勻分佈隨機選擇除了起始方格以外的方格。另外，除了起始方格以外的任一方格都可能是一個陷阱，概率爲 0.2。

- **執行器：**

  代理人能向前走、TurnLeft(左轉)90 度或 TurnRight(右轉)90 度。若它進入一個有陷阱或活 wumpus 的方格，它將悲慘地死去。(進入一個有死 wumpus 的方格，是安全的，儘管很臭)。如果一個代理人試著向前移動而撞到一面牆壁，那麼代理人不會移動。行動 *Grab* 可以用於撿起代理人所處方格內的一個物體。行動 *Shoot* 可以用於向代理人所正對的方向射出一枝箭。在沒有擊中 wumpus(如果擊中，wumpus 將被殺死)或者擊中牆之前，箭繼續向前運動。代理人只有一枝箭，因此只有第一個 *Shoot* 行動有效。最後，行動 *Climb*(攀登)能用來爬出洞，但是只能從方格[1, 1]。

- **感測器：**

  代理人具有 5 個感測器，每個都可以提供一些單一資訊：

  — 在 wumpus 所在之處以及與之直接相鄰(非對角的)的方格內，代理人可以感知到臭氣。

  — 在與陷阱直接相鄰的方格內，代理人感知到微風。

  — 在金子所處的方格內，代理人感知到閃閃金光。

  — 當代理人撞到牆時，它感知到撞擊。

  — 當 wumpus 被殺死時，它發出洞穴內的任何地方都可感知到的悲慘嚎叫。

  以 5 個符號的列表形式將感知資訊提供給代理人程式；例如，如果有臭氣和微風，但是沒有金光、撞擊或嚎叫，那麼代理人程式將接收到 [*Stench*, *Breeze*, *None*, *None*, *None*]。

我們能於第 2 章中所給的各種不同尺寸來描述 wumpus 環境的特徵。顯然地，它是個不連續的、靜態的且單一代理人。(幸運地是，wumpus 不會移動)。所以它是循序的，因爲只有在採取數個行動之後才會有回報。它屬於局部可觀察的，因爲某些面向並不是直接可以得知的：代理人的位置、wumpus 的健康狀態和箭的可用率。至於陷阱和 wumpus 的位置：我們可以把它們當作狀態中正好是不可改變之無法觀測部分，在這種情況下，環境的轉移模型是完全已知的，或者我們可以說，過渡模式本身是未知的，因爲代理人不知道哪個 Forward 行動是致命的——在這種情況下，發現了陷阱的位置且 wumpus 完成了該代理人對轉移模型的知識。

對於置身於該環境的代理人，主要的挑戰是它最初對於環境的配置是一無所知的； 克服這種無知似乎有賴於合乎邏輯的推理。在 wumpus 世界的多數情況中，代理人可能可以安全地得到金子。偶爾，代理人必須在空手而歸和冒著死亡危險尋找金子二者之間進行選擇。大約 21%的環境是不公平的，因爲金子在陷阱中或者被陷阱包圍。

讓我們觀察一個基於知識的 wumpus 代理人對如圖 7.2 所示環境的探索過程。我們在一個格子中使用非正式的知識表示語言寫下符號(如圖 7.3 和 7.4)。

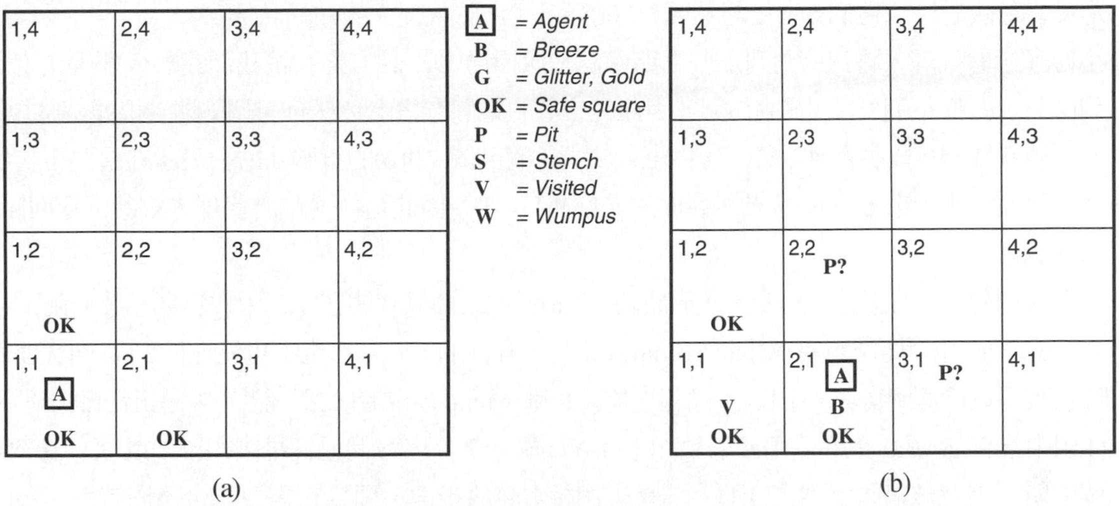

1,4	2,4	3,4	4,4
1,3	2,3	3,3	4,3
1,2 OK	2,2	3,2	4,2
1,1 A OK	2,1 OK	3,1	4,1

A = *Agent*
B = *Breeze*
G = *Glitter, Gold*
OK = *Safe square*
P = *Pit*
S = *Stench*
V = *Visited*
W = *Wumpus*

(a)

1,4	2,4	3,4	4,4
1,3	2,3	3,3	4,3
1,2 OK	2,2 P?	3,2	4,2
1,1 V OK	2,1 A B OK	3,1 P?	4,1

(b)

圖 7.3 wumpus 世界中代理人採取的第一步行動。

(a) 最初的情形，在感知[*None*, *None*, *None*, *None*, *None*]之後。

(b) 在移動一次之後，感知[*None*, *Breeze*, *None*, *None*, *None*]

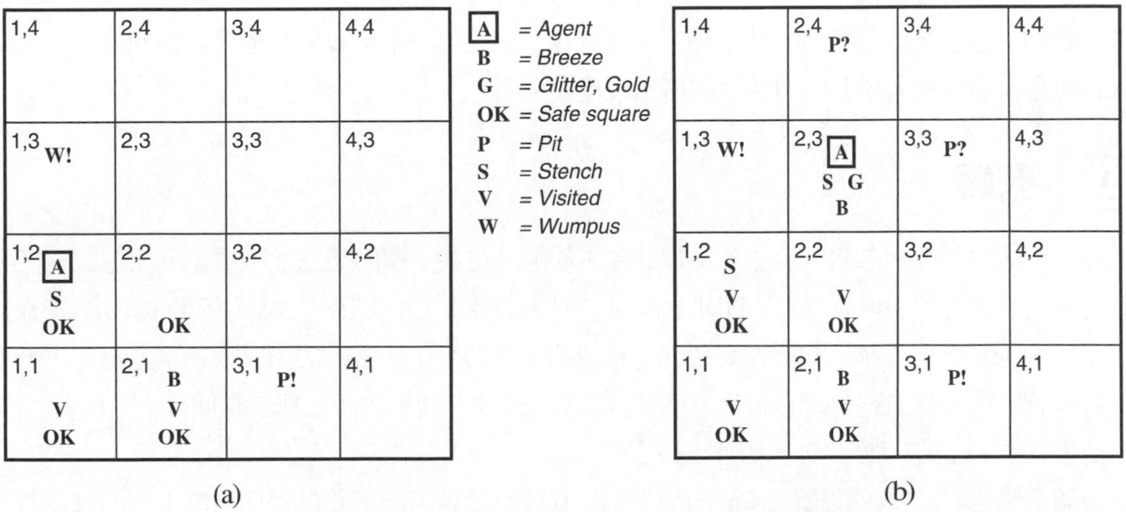

1,4	2,4	3,4	4,4
1,3 W!	2,3	3,3	4,3
1,2 A S OK	2,2 OK	3,2	4,2
1,1 V OK	2,1 B V OK	3,1 P!	4,1

A = *Agent*
B = *Breeze*
G = *Glitter, Gold*
OK = *Safe square*
P = *Pit*
S = *Stench*
V = *Visited*
W = *Wumpus*

(a)

1,4	2,4 P?	3,4	4,4
1,3 W!	2,3 A S G B	3,3 P?	4,3
1,2 S V OK	2,2 V OK	3,2	4,2
1,1 V OK	2,1 B V OK	3,1 P!	4,1

(b)

圖 7.4 代理人的進展中的兩個後續階段。

(a) 在第三次移動之後，感知[*Stench*, *None*, *None*, *None*, *None*]。

(b) 在第五次移動之後，感知[*Stench*, *Breeze*, *None*, *None*, *None*]

代理人的初始知識庫包含了如前所述的環境規則；特別地，它認知它位於[1,1]，而且[1,1]是一個安全的方格；我們在方格[1,1]中對此分別標記爲「A」及「OK」。

第一個感知是[*None*, *None*, *None*, *None*, *None*]，由此代理人能得出的結論是它附近的方格[1,2]和[2,1]是沒有危險的——它們是 OK 的。圖 7.3(a)顯示了此時代理人的知識狀態。

小心謹慎的代理人將只移動到那些它明確認知旗標爲 *OK* 的方格。讓我們設想代理人決定向前移動到[2,1]。代理人在[2,1]檢測到微風，因此在相鄰的某個方格中必然有一個陷阱。根據遊戲規則，陷阱不可能在[1,1]，陷阱必然在[2,2]、[3,1]或二者都有。圖 7.3(b)的符號「P?」表示在這些方格中可能存在陷阱。此刻，標注爲 *OK* 且未被存取的方格僅有一個。因此這個謹慎的代理人會轉身返回[1,1]，接著前進到[1,2]。

代理人感覺到在[1,2]之處有臭氣，形成圖 7.4(a)所示之知識狀態在[1,2]中的臭氣意味著附近必定有一隻 wumpus。但是根據遊戲規則，wumpus 不可能在[1,1]，而且它也不可能在[2,2](否則代理人在[2,1]時應該可以檢測到臭氣)。因而，代理人能夠推斷 wumpus 位於[1,3]。記號 W!指出這個推理。此外，[1,2]中沒有 *Breeze* 的事實暗示著[2,2]不存在陷阱。然而，我們已經推斷出[2,2]或[3,1]中一定存在一個陷阱，因此該陷阱必然在[3,1]。這是一個相當難的推理，因爲它需要結合不同時刻、不同地點獲得的資訊，並依賴於缺少某個感知資訊，來決定至關重要的步驟。

現在，代理人已經證明了[2,2]中既沒有陷阱也沒有 wumpus，因此它的標注爲 *OK*，可以安全地移動過去。我們將不顯示代理人在[2,2]的知識狀態；我們只是假定代理人轉身並移動到[2,3]，得到圖 7.4(b)。代理人在[2,3]檢測到閃閃金光，因此它將撿起金子，遊戲結束。

注意到，在每種情況下，代理人根據可用的資訊得出結論，如果可用資訊正確，那麼該結論保證是正確的。這就是邏輯推理的基本性質。在本章的剩餘部分中，我們將描述如何建造可以表示必要資訊並得出前面段落所敘述的結論的邏輯代理人。

7.3 邏輯

這一節摘要第說明邏輯表示法和推理的基本觀念。這些美麗的想法並不要求邏輯型式有任何的特別性。我們因此延後並直到下一節才討論這些型式之技術上的細節，改爲使用熟悉的算術例子。

在 7.1 節中我們說過，知識庫是由語句構成的。根據表示語言的**語法**來表達這些語句，表示語言要對所有這些具有完整結構的語句進行具體說明。普通算術中的語法概念很明確：「$x + y = 4$」是一個結構完整的語句，而「$x\ 4\ y + =$」則不是。

一個邏輯也一定要定義**語義**(semantics)或語句意義。語義定義了關於每個**可能世界**的每個語句其**真值**。例如，算術採用的通常語意顯示語句「$x + y = 4$」在 x 等於 2，y 也等於 2 的世界中爲眞，而在 x 等於 1，y 等於 1 的世界中爲假。標準邏輯學中，每個語句在每個可能的世界中必須非眞即假——不存在「中間狀態」[1]。

當需要精確描述時，我們將用術語**模型**取代「可能世界」。不過，可能的世界可以被認爲是代理人可能在也可能不在其中的(潛在的)眞實環境，模型是數學抽象，每個模型只是簡單地關注於每個相關語句的眞或假。不正式地說，我們可能想到一個世界是，舉例來說，有 x 位男人和 y 位女人坐在桌前玩橋牌，而且語句 $x + y = 4$ 在人數爲四個人的時候是眞。正式地說，可能的模型是對變數 x 和 y 賦予所有可能的實數值。每個這樣的賦值決定了任何變數爲 x 和 y 的算術語句的眞值。如果在模型 m 中語句 α 爲眞，我們說 m **滿足** α 或者有時說 m **是** α **的一個模型**。我們使用記號 $M(\alpha)$意謂所有 α 的模型的組。

既然我們有了眞值概念，我們就準備好討論邏輯推理了。這涉及語句間的邏輯**蘊涵**(entailment)關係——即一個語句邏輯上跟隨另一個語句而出現。以數學符號表示，我們寫出

$$\alpha \models \beta$$

意指語句 α 蘊涵語句 β。蘊涵的形式化定義是：$\alpha \models \beta$ 若且唯若，於每個模型中 α 爲眞時，β 也爲眞。使用剛剛介紹的符號，我們能寫出

$$\alpha \models \beta \text{ 若且唯若 } M(\alpha) \subseteq M(\beta)$$

(注意$\subseteq$的開口方向：若 $\alpha \models \beta$，那麼 α 是一個比 β 更強的斷言：它排除更可能的世界)。蘊涵關係可藉由算術而獲得熟悉感；我們很滿意語句 $x = 0$ 蘊涵了語句 $xy = 0$ 的這個想法。顯然地，在任何 x 爲零的模型中，它是 xy 爲零的情況(不管 y 的數值爲何)。

我們可以將同樣的分析應用於前一節給出的 wumpus 世界推理實例。考慮圖 7.3(b)中的情況：代理人檢測出[1,1]什麼也沒有， 而[2,1]有微風。這些感知資訊，與代理人所知的 wumpus 世界規則相結合，組成 KB。代理人感興趣的是(在其他事情當中)，相鄰的方格[1,2]、[2,2]和[3,1]是否包含陷阱。這 3 個方格中的每一個都可能包含或者不包含陷阱，因此(考慮本實例)存在 $2^3 = 8$ 個可能的模型。這八個模型如圖 7.5 所示[2]。

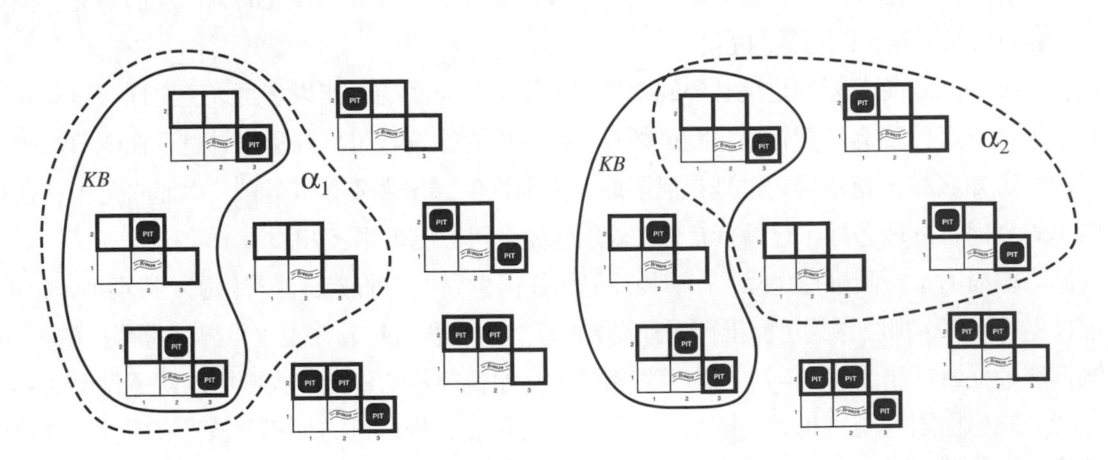

圖 7.5 在方格[1,2]、[2,2]和[3,1]出現陷阱的可能模型。KB 對應於對於[1,1]沒有任何東西的觀察，且在[2,1]的微風以實線顯示。
(a) 虛線顯示 α_1 的模型(在[1,2]沒有陷阱)。(b) 虛線顯示 α_2 的模型(在[2,2]沒有陷阱)。

KB 可以被想成是一組語句或者一個斷言所有的個別語句的單一語句。在與代理人所認知的內容相矛盾的模型中，KB 爲假——例如，在任意[1,2]包含陷阱的模型中，KB 爲假，因爲[1,1]不存在微風。實際上只存在 3 個使得 KB 爲眞的模型，它們可被視爲圖 7.5 所示的模型的子集。現在，讓我們來看兩個可能的結論：

α_1 =「[1, 2]中沒有陷阱。」

α_2 =「[2, 2]中沒有陷阱。」

在圖 7.5(a)和 7.5(b)中我們已經用虛線分別框住 α_1 和 α_2 的模型。透過檢驗，我們得到以下結果：

在 *KB* 爲眞的每個模型中，α_1 也爲眞。

因此，$KB \models \alpha_1$：[1,2]中沒有陷阱。我們看得出

有一些模型是 *KB* 爲眞，α_2 爲假。

因而，$KB \not\models \alpha_2$：代理人無法得出[2,2]中無陷阱的結論。(它同樣也無法得出[2, 2]中有陷阱的結論)[3]。

前一範例不僅僅闡述了蘊涵，而且還說明了蘊涵的定義如何用於推導出結論——即，實作**邏輯推理**。圖 7.5 所示的推理演算法被稱爲**模型檢驗**，因爲它列舉出所有可能的模型以檢驗在 *KB* 爲眞的所有模型中 α 爲眞，亦即 $M(KB) \subseteq M(\alpha)$。爲了理解蘊涵和推理，將 *KB* 的所有推理集合視爲一個大乾草堆，而把 α 視爲一根針，可能是有益處的。蘊涵就像是乾草堆裏的一根針；推理就像尋找它的過程。這一特性包含於某些形式符號中：如果推論演算法 *i* 可以從 *KB* 推導出 α，我們寫成

$$KB \vdash_i \alpha$$

這句話說成「α 是透過 *i* 自 *KB* 推導出來的」或「*i* 自 *KB* 導出 α。」

只導出蘊涵句的推理演算法被稱爲**可靠**或**真值保持**的推理。可靠性是一個非常必要的屬性。本質上，不可靠的推理過程可能會虛構事實——它宣稱發現事實上並不存在的針。顯而易見，模型檢驗在可行[4]的情況下是一個可靠的過程。

完備性(completeness)屬性也是必要的：推理演算法是完備的，如果它可以產生任一蘊涵句。眞正的乾草堆在一定程度上是個有限空間，顯然，系統化的檢查總可以判斷出針是否在乾草堆中。然而，對於多數知識庫，乾草堆的推理是無限的，完備性成爲一個重要問題[5]。幸運的是，存在可用於邏輯學的完備的推理過程，它具有充分的表達能力，可以處理很多知識庫。

我們已經描述了一個推理過程，在前提爲眞的任何世界中它的結論保證爲眞；特別地，如果 *KB* 在現實世界中爲眞，那麼透過可靠推理過程從 *KB* 導出的任意語句 α 在現實世界中也都爲眞。因此，當一個推理過程對「語法」——內在的實際結構，諸如暫存器的位元或大腦中的電子點模式——進行操作時，該過程對應現實世界的關係，該關係顯示現實世界的某方面爲眞[6]要依賴於現實世界爲眞的其他方面。世界和表示之間的對應關係如圖 7.6 所示。

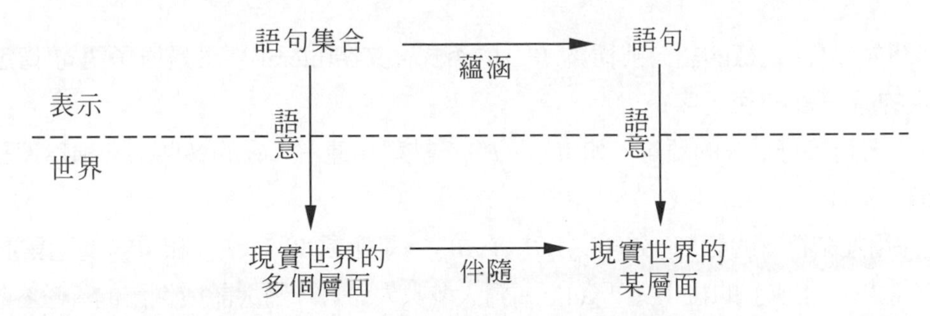

圖 7.6 **語句是代理人的實體結構，而推理是從舊結構構建新的實體結構的過程。邏輯推理應該確保，新結構表現出的世界那部分是實際上從舊結構表現的世界那部分而來**

最後考慮的議題是**基礎**(grounding)——推理過程和代理人存在之眞實環境之間的關聯。特別是，我們如何知道在現實世界中 *KB* 爲眞？(畢竟，*KB* 只是存在於代理人頭腦中的「語法」)。關於這個哲學問題已經寫了很多書籍。(參見第 26 章)。一個簡單的回答是，代理人的感測器建立了這一聯繫。例如，wumpus 世界的代理人有一個嗅覺感測器。只要有氣味，代理人程式就建立一個適合的語句來表示它。那麼，只要該語句存在於知識庫中，它在現實世界中就爲眞。因此，感知語句的含義和眞值是透過產生它們的感知和語句構造的過程來定義的。其餘的代理人知識，諸如它對在相鄰方格中的 wumpus 散發出氣味的信念是怎麼回事呢？這不是某個單一感知資訊的直接表示問題，而是一條一般規則——可能根據感知經驗得到，但不等同於該經驗的一個陳述。這類一般規則由稱爲**學習**的語句構造過程產生。學習是第六部分的主題。學習容易出現錯誤。可能存在這樣的情況，wumpus 會發出臭味，但是除了閏年的 2 月 29 日那天 wumpus 去洗澡以外。因而，*KB* 在現實世界中可能不爲眞，但是由於有很好的學習過程，存在樂觀的理由。

7.4 命題邏輯：一種非常簡單的邏輯

我們現在提出一種簡單但強力的邏輯，稱爲**命題邏輯**。我們將論及命題邏輯的語法和它的語意——確定語句眞值的方式。接著我們將討論**蘊涵**——語句與由它推導出的其他語句之間的關係——並看看這如何引出邏輯推理的一個簡單演算法。顯然，所有事情都發生在 wumpus 世界中。

7.4.1 語法

命題邏輯的**語法**(syntax)係定義允許的語句。**原子語句**由單一個**命題符號**所組成。每個這樣的符號代表一個或爲眞或爲假的命題。符號的開頭我們使用大寫字母而且可能包含其他的文字或下標文字，舉例來說：P，Q，R，$W_{1,3}$ 及 *North* 等等。名稱可以任意但是時常選些容易記憶的值——我們使用 $W_{1,3}$ 代表 wumpus 在[1,3]的命題(注意，諸如 $W_{1,3}$ 這樣的符號是一個原子，也就是，W、1 和 3 不是該符號有意義的部分)。有兩個具有固定意義的命題符號：*True* 是永眞命題，*False* 爲永假命題。**複合句**由更簡單的語句用**邏輯連接符**構造而成。有 5 種常用的連接符號：

$\neg$ (非)。諸如$\neg W_{1,3}$這樣的語句被稱爲 $W_{1,3}$ 的**否式**。**文字**(literal)要麼是原子語句(**肯定字**)，要麼是否定的原子語句(**否定字**)。

$\wedge$ (與)。主要連接符爲$\wedge$的語句，如 $W_{1,3} \wedge P_{3,1}$，被稱爲**連言**；它的各個部分稱爲**連言項**。($\wedge$看起來像「And」的字母「A」)。

$\vee$ (或)。採用連結符$\vee$的語句，如$(W_{1,3} \wedge P_{3,1}) \vee W_{2,2}$，是**選言** $W_{1,3} \wedge P_{3,1}$ 和 $W_{2,2}$ 的**選言項**。歷史上，$\wedge$源於意思爲「或」的拉丁文「vel」。對大多數人而言，將$\wedge$記成倒置的$\wedge$較容易。

$\Rightarrow$ (蘊涵)。形式諸如$(W_{1,3} \wedge P_{3,1}) \Rightarrow \neg W_{2,2}$ 的語句稱爲**蘊涵式**(或條件式)。它的**前提**或**前項**是$(W_{1,3} \wedge P_{3,1})$，**結論**或**後項**是$\neg W_{2,2}$。蘊涵式同時也稱爲**規則**語句或**若–則**(*if-then*)語句。有時，蘊涵符號在某些書中寫爲$\supset$或$\rightarrow$。

$\Leftrightarrow$ (若且唯若)。語句 $W_{1,3} \Leftrightarrow \neg W_{2,2}$ 是**雙向蘊涵式**。某些書寫爲 $\equiv$ 。

圖 7.7 給出了命題邏輯的形式語法；如果對 **BNF** 符號不熟悉，可參見附錄 B.1 節。BNF 文法本身是不明確的；一個具有數個運算元的語句以該文法剖析時會產生數種不同的結果。爲了消除該不明確性，我們爲每個運算元定義一個優先性。「not」運算元($\neg$)有最高的優先性，意思是指，在$\neg A \wedge B$這個語句中，$\neg$的結合性最強，我們得到的等式是$(\neg A) \wedge B$ 而非$\neg(A \wedge B)$。(一般的算數符號是相同的：$-2 + 4$ 是 2，而不是-6)。若心中存疑時，使用括號來確認你的解讀是正確的。中括號與小括號指的是同一件的事情，選擇使用中括號或小括號純粹是讓人們容易讀懂一個語句。

$$
\begin{aligned}
\mathit{Sentence} &\rightarrow \mathit{AtomicSentence} \mid \mathit{ComplexSentence} \\
\mathit{AtomicSentence} &\rightarrow \mathit{True} \mid \mathit{False} \mid P \mid Q \mid R \mid \ldots \\
\mathit{ComplexSentence} &\rightarrow (\ \mathit{Sentence}\ ) \mid [\ \mathit{Sentence}\ ] \\
&\mid \neg\ \mathit{Sentence} \\
&\mid \mathit{Sentence} \wedge \mathit{Sentence} \\
&\mid \mathit{Sentence} \vee \mathit{Sentence} \\
&\mid \mathit{Sentence} \Rightarrow \mathit{Sentence} \\
&\mid \mathit{Sentence} \Leftrightarrow \mathit{Sentence} \\
\textsc{Operator Precedence} &: \neg, \wedge, \vee, \Rightarrow, \Leftrightarrow
\end{aligned}
$$

圖 7.7　**在命題邏輯中的** BNF(Backus-Naur Form)**語句文法，連同運算元的優先性，從最高到最低**

7.4.2 語意

定義了命題邏輯的語法之後，我們現在給出它的語意。語意定義了用於判定關於特定模型的語句眞值的規則。在命題邏輯中，模型簡單地固定了每個命題符號的**眞值**——是 *true* 還是 *false*。例如，若知識庫中的語句採用命題符號 $P_{1,2}$、$P_{2,2}$ 和 $P_{3,1}$，那麼一個可能的模型爲：

$$m_1 = \{ P_{1,2} = false, P_{2,2} = false, P_{3,1} = true \}$$

由於有 3 個符號，因此有 $2^3 = 8$ 個可能的模型——如圖 7.5 所示。然而，請注意，該模型純粹是數學物件而與 wumpus 世界沒有什麼關聯。$P_{1,2}$ 只是一個符號；它可以表示「[1, 2]存在一個陷阱」也可表示「我今天和明天在巴黎」。

命題邏輯的語意必須給出在已知一個模型的情況下如何計算任一語句的眞值。這將透過遞迴來實作。所有的語句都由原子語句和 5 種連接符構成；因而，我們需要說明如何計算原子語句的眞值以及如何計算由 5 種連接符中的每一個形成的語句的眞值。計算原子語句的眞值比較容易：

- 每個模型中 *True* 代表眞，*False* 代表假。
- 其他的每個命題符號的眞值必須在模型中直接指定。如，在早先給出的模型 m_1 中，$P_{1,2}$ 爲假。

因爲是複合語句，我們有五條規則，這對於任何的模型 m 的任何子語句 P 和 Q 都是成立的(在這裡「iff」意指「若且唯若」)：

- $\neg P$ 爲眞若且唯若 P 在 m 中爲假。
- $P \wedge Q$ 爲眞若且唯若在 m 中 P 且 Q 都是爲眞。
- $P \vee Q$ 爲眞若且唯若在 m 中 P 或 Q 爲眞。
- $P \Rightarrow Q$ 爲眞除非在 m 中 P 爲眞且 Q 爲假。
- $P \Leftrightarrow Q$ 爲眞若且唯若 P 且 Q 都是眞或都是假。

規則亦可用眞值表表示，眞值表指定了複合句在其組成部分的眞值的每種可能賦值情況下的眞值。5 種邏輯連接符的**眞值表**如圖 7.8 所示。透過這些眞值表，每個語句 s 關於任何模型 m 的眞值都可以透過一個簡單的遞迴求值過程來計算。例如，在 m_1 中求值的語句 $\neg P_{1,2} \wedge (P_{2,2} \vee P_{3,1})$ 給出 $true \wedge (false \vee true) = true \wedge true = true$。習題 7.3 要求你寫出 PL-TRUE?($s$, m)演算法，用於計算命題邏輯語句 s 在模型 m 中的眞值。

P	Q	$\neg P$	$P \wedge Q$	$P \vee Q$	$P \Rightarrow Q$	$P \Leftrightarrow Q$
false	*false*	*true*	*false*	*false*	*true*	*true*
false	*true*	*true*	*false*	*true*	*true*	*false*
true	*false*	*false*	*false*	*true*	*false*	*false*
true	*true*	*false*	*true*	*true*	*true*	*true*

圖 7.8 5 種邏輯連接符的眞值表。用該表進行計算時，例如，計算當 P 為 *true*，Q 為 *false* 時 $P \vee Q$ 的值，首先在表的左邊找到 P 為 *true*，Q 為 *false* 對應的列(第三列)。接著找到在 $P \vee Q$ 該行中的同一列，看到結果為：*true*

「與」、「或」和「非」的眞值表與我們對英語單詞的直覺非常一致。可能存在混淆的主要問題在於當 P 爲眞或 Q 爲眞，或者二者同時爲眞的時候 PQ 爲眞。存在一個被稱爲「互斥或」(簡寫「xor」)的不同連接符，當兩個選言項爲眞時[7]，其值爲假。互斥或的符號沒有一致的用法；一些可選符號爲 $\dot{\vee}$ 或 $\neq$ 或 $\oplus$。

$\Rightarrow$的眞值表可能讓人一看上去感到很困惑，因爲它可能不很符合人們對於「P 蘊涵 Q」或「若 P 則 Q」的直覺理解。一方面，命題邏輯不要求 P 和 Q 之間存在任何相關性或因果關係。語句「5 是奇數，蘊涵東京是日本的首都」是命題邏輯的眞語句(常規解譯下)，即使它確實無疑是古怪的語句。讓人困惑的另一點是：前提爲假的任意蘊涵都爲眞。例如，「5 是偶數蘊涵 Sam 很聰明」爲眞，而跟 Sam 是否聰明無關。這看起來很怪異，但這樣就有意義：如果你把「$P \Rightarrow Q$」看作「如果 P 爲眞，則我主張 Q 爲眞。否則我並沒有做任何宣告。」使得該語句爲假的唯一條件是，如果 P 爲眞而 Q 爲假。

雙向蘊涵，$P \Leftrightarrow Q$，爲眞，只要 $P \Rightarrow Q$ 且 $Q \Rightarrow P$ 爲眞。在英語中，這通常寫爲「P 若且唯若 Q」。wumpus 世界的許多規則最好用$\Leftrightarrow$表示。例如，如果一個方格的某個相鄰方格中有陷阱，則該方格有微風，而且，只有當一個方格的某個相鄰方格中有陷阱，該方格才有微風。因此我們需要雙向蘊涵，

$$B_{1,1} \Leftrightarrow (P_{1,2} \vee P_{2,1})$$

其中 $B_{1,1}$ 於[1,1]有微風。

7.4.3 一個簡單的知識庫

現在我們已經定義了命題邏輯的語意，我們可以爲 wumpus 世界構造一個知識庫。我們將先集中心力在 wumpus 世界的不變的面向，而將可變的面向留到以後的章節。現在，爲每個[x, y]位置我們需要下列符號：

如果在[x, y]有一個陷阱，則 $P_{x,y}$ 爲眞。

如果在[x, y]有一個死的或活的 wumpus，則 $W_{x,y}$ 爲眞。

如果代理人在[x, y]感覺有微風，則 $B_{x,y}$ 爲眞。

如果代理人在[x, y]感覺到有臭氣，則 $S_{x,y}$ 爲眞。

我們寫的句子將足以推導$\neg P_{1,2}$(在[1,2]沒有陷阱)，一如我們在 7.3 節曾經非正式地完成者。我們將每個語句標示成 R_i 便於我們參用它們：

- [1, 1]中沒有陷阱：

  R_1： $\neg P_{1,1}$

- 一個方格裏有微風，若且唯若在某個相鄰方格中有陷阱。對於每個方格都必須說明這一情況；目前，我們只包括了相關的方格：

  R_2： $B_{1,1} \Leftrightarrow (P_{1,2} \vee P_{2,1})$

  R_3： $B_{2,1} \Leftrightarrow (P_{1,1} \vee P_{2,2} \vee P_{3,1})$

- 在所有的 wumpus 世界中，前面的這些語句都爲眞。現在我們將代理人所處的特定世界中最初存取的兩個方格的微風感知資訊包括進來，導出圖 7.3(b)中的情景。

R_4： $\neg B_{1,1}$

R_5： $B_{2,1}$

7.4.4 一個簡單的推理程式

我們現在的目標是要決定出對於某些語句 α 是否 $KB \models \alpha$ 成立。例如，我們的 KB 是否蘊涵了 $\neg P_{1,2}$？我們第一個用來推論的演算法是一種直接運用蘊涵定義的模型檢查法：列舉出模型，驗證 α 在 KB 爲眞的每個模型中爲眞。模型是對每個命題符號進行 *true* 或 *false* 的賦值。回到我們的 wumpus 世界的範例，相關的命題符號爲 $B_{1,1}$、$B_{2,1}$、$P_{1,1}$、$P_{1,2}$、$P_{2,1}$、$P_{2,2}$ 和 $P_{3,1}$。這 7 個符號一共有 $2^7 = 128$ 種可能的模型；在其中的 3 個模型中，KB 爲眞(圖 7.9)。在這 3 個模型中，$\neg P_{1,2}$ 都爲眞，因此[1, 2]中沒有陷阱。另一方面，在這 3 個模型裏的兩個中 $P_{2,2}$ 爲眞，在另一個中爲假，所以我們還是無法判斷[2, 2]中是否有陷阱。

圖 7.9 以更精確的形式重現了圖 7.5 中所示的推理過程。判定命題邏輯的蘊涵的一個通用演算法如圖 7.10 所示。如同第 6.3 節的 BACKTRACKING-SEARCH 演算法，TT-ENTAILS?對符號的有限容量賦值執行了遞迴列舉。該演算法是**可靠的**，因爲它直接實作了蘊涵的定義，而且是**完備的**，因爲它可以用於任意 KB 和 α，而且總能夠終止——因爲只存在有限多個需要檢驗的模型。

$B_{1,1}$	$B_{2,1}$	$P_{1,1}$	$P_{1,2}$	$P_{2,1}$	$P_{2,2}$	$P_{3,1}$	R_1	R_2	R_3	R_4	R_5	KB
false	*false*	*false*	*false*	*false*	*false*	*false*	*true*	*true*	*true*	*true*	*false*	*false*
false	*false*	*false*	*false*	*false*	*false*	*true*	*true*	*true*	*false*	*true*	*false*	*false*
⋮	⋮	⋮	⋮	⋮	⋮	⋮	⋮	⋮	⋮	⋮	⋮	⋮
false	*true*	*false*	*false*	*false*	*false*	*false*	*true*	*true*	*false*	*true*	*true*	*false*
false	*true*	*false*	*false*	*false*	*false*	*true*	*true*	*true*	*true*	*true*	*true*	<u>*true*</u>
false	*true*	*false*	*false*	*false*	*true*	*false*	*true*	*true*	*true*	*true*	*true*	<u>*true*</u>
false	*true*	*false*	*false*	*false*	*true*	*true*	*true*	*true*	*true*	*true*	*true*	<u>*true*</u>
false	*true*	*false*	*false*	*true*	*false*	*false*	*true*	*false*	*false*	*true*	*true*	*false*
⋮	⋮	⋮	⋮	⋮	⋮	⋮	⋮	⋮	⋮	⋮	⋮	⋮
true	*true*	*true*	*true*	*true*	*true*	*true*	*false*	*true*	*true*	*false*	*true*	*false*

圖 7.9 為課文中給出的為知識庫所建構的真值表。如果 R_1 到 R_5 都為真，則 KB 為真，這種情況只出現於在 128 列中的三列(即最右邊那行中有加底線)。在所有的這三行中，$P_{1,2}$ 為假，因此[1, 2]中沒有陷阱。另一方面，[2, 2]中可能有(或可能沒有)陷阱

```
function TT-ENTAILS?(KB, α) returns true or false
   inputs: KB, the knowledge base, a sentence in propositional logic
           α, the query, a sentence in propositional logic

   symbols ← a list of the proposition symbols in KB and α
   return TT-CHECK-ALL(KB, α, symbols, { })
---------------------------------------------------------------------
function TT-CHECK-ALL(KB, α, symbols, model) returns true or false
   if EMPTY?(symbols) then
      if PL-TRUE?(KB, model) then return PL-TRUE?(α, model)
      else return true // when KB is false, always return true
   else do
      P ← FIRST(symbols)
      rest ← REST(symbols)
      return (TT-CHECK-ALL(KB, α, rest, model ∪ {P = true})
             and
             TT-CHECK-ALL(KB, α, rest, model ∪ {P = false }))
```

圖 7.10 用於判定命題蘊涵的真值表列舉演算法(TT 代表真值表。)若語句在模型中成立，則 PL-TRUE? 回傳真。變數 *model* 表示一個不完全模型——只是對某些變數的一個賦值。關鍵字「and」此處是一個作用於其本身兩個參數的邏輯操作，回傳值為 *true* 或 *false*。

當然，「有限多個」並不總等同於「很少」。如果 *KB* 和 α 共包含 n 個符號，那麼有 2^n 個模型。因此，該演算法的時間複雜度爲 $O(2^n)$。(空間複雜度僅爲 $O(n)$，因爲列舉是深度優先的)。在這章的稍後我們會顯示在許多情況中更有效率的演算法。不幸地，命題蘊涵屬於 co-NP-complete[也就是，可能不比 NP-complete 容易——見附錄 A]，所以每一個用於命題邏輯的已知推理演算法之最壞情況的複雜度是會隨著輸入的多寡呈指數性的增加。

7.5 命題定理之證明

到現在爲止，我們已經證明該如何由模型檢驗決定蘊涵：一一列舉出各模型並證明該語句一定在所有的模型登成立。在這一節中，我們顯示蘊涵如何由**定理證明**來達成——直接應用推理規則到知識庫中的語句，以建構所需之語句的證明。如果模型的數目很大，但是證明的長度是短，那麼定理證明會比模型檢驗有效率。

在進入邏輯推理演算法的細節之前，我們蘊涵先給出一些與蘊涵相關的附加概念。第一個概念是**邏輯等價**：兩語句 α 和 β 是邏輯等價的，如果它們在同一模型集合中爲眞。我們將它寫成 $\alpha \equiv \beta$。例如，我們很容易證明 (用眞值表)，*PQ* 和 *QP* 是邏輯等價的；其他的等價關係如圖 7.11 所示。它們在邏輯中扮演與普通數學中的算術恆等式幾乎相同的角色。等價的另一種定義如下：任何二個語句 α 和 β 是等價的，只要它們中的任一個都蘊涵另一個：

$\alpha \equiv \beta$　若且唯若　$\alpha \models \beta$ 且 $\beta \models \alpha$

我們將需要的蘊涵的第二個概念是**有效性**。一個語句是有效的，如果在所有的模型中它都為真。例如，語句 $P \vee \neg P$ 為有效的。有效語句也稱為**恆真句**——它們必為真。因為語句 *True* 在所有的模型中為真，每個有效語句都邏輯等價於 *True*。有效語句有什麼好處呢？從我們對蘊涵的定義，可以得到古希臘人早已瞭解的**演繹定理**：

對於任意語句 α 和 β，$\alpha \models \beta$ 若且唯若語句 $(\alpha \Rightarrow \beta)$ 是有效的

(習題 7.5 要求對此證明)。因此，我們可以透過檢查在每一個模型中 $(\alpha \Rightarrow \beta)$ 是不是為真來判斷是否 $\alpha \models \beta$——這實際上正是圖 7.10 之推理演算法——或等於證明 $(\alpha \Rightarrow \beta)$ 為 *True*。反之，演繹定理所述為，每個有效的蘊涵語句描述了一個合法的推理。

我們需要的最後一個觀念是**可滿足性**。一個語句是可滿足，如果它於某些模型為真，或被某些模型所滿足。例如，先前給出的知識庫 $(R_1 \wedge R_2 \wedge R_3 \wedge R_4 \wedge R_5)$ 是可滿足的，因為存在 3 個使得它為真的模型，如圖 7.9 所示。可透過列舉可能的模型直到發現某個滿足該語句的模型，而藉此檢驗可滿足性。在命題邏輯中判斷語句之可滿足性的問題是——**SAT 問題**——也是第一個被證明是個屬於 NP-complete 問題。在計算機科學中，許多問題都屬於可滿足性問題。例如，第 6 章中的所有限制滿足問題是詢問(ASK)，限制是否在某個賦值下為可滿足。

當然，有效性和可滿足性是相關聯的：α 是有效的若且唯若 α 是無法滿足的；對換地看，α 是可滿足的若且唯若 α 是無效的。我們還可得到以下有用的結果：

$\alpha \models \beta$ 若且唯若語句 $(\alpha \wedge \neg\beta)$ 是不可滿足的。

透過驗證 $(\alpha \wedge \neg\beta)$ 的不可滿足性而從 α 證明 β 之證明方法，會剛好符合歸謬法(字面意思為「歸納到荒謬的結論」)的標準數學證明技術。它也被稱為**反證法**或**矛盾法**證明。假定語句 β 為假，並證明這將推導出和已知公理 α 的一個矛盾。該矛盾正是說語句 $(\alpha \wedge \neg\beta)$ 為不可滿足時所指的含義。

$(\alpha \wedge \beta) \equiv (\beta \wedge \alpha)$　$\wedge$ 的交換律
$(\alpha \vee \beta) \equiv (\beta \vee \alpha)$　$\vee$ 的交換律
$((\alpha \wedge \beta) \wedge \gamma) \equiv (\alpha \wedge (\beta \wedge \gamma))$　$\wedge$ 的結合律
$((\alpha \vee \beta) \vee \gamma) \equiv (\alpha \vee (\beta \vee \gamma))$　$\vee$ 的結合律
$\neg(\neg\alpha) \equiv \alpha$　雙重否定消去
$(\alpha \Rightarrow \beta) \equiv (\neg\beta \Rightarrow \neg\alpha)$　質位同位律(Contraposition)
$(\alpha \Rightarrow \beta) \equiv (\neg\alpha \vee \beta)$　蘊含消去
$(\alpha \Leftrightarrow \beta) \equiv ((\alpha \Rightarrow \beta) \wedge (\beta \Rightarrow \alpha))$　雙向蘊含消去
$\neg(\alpha \wedge \beta) \equiv (\neg\alpha \vee \neg\beta)$　狄摩根定律
$\neg(\alpha \vee \beta) \equiv (\neg\alpha \wedge \neg\beta)$　狄摩根定律
$(\alpha \wedge (\beta \vee \gamma)) \equiv ((\alpha \wedge \beta) \vee (\alpha \wedge \gamma))$　$\wedge$ 對 $\vee$ 的分配律
$(\alpha \vee (\beta \wedge \gamma)) \equiv ((\alpha \vee \beta) \wedge (\alpha \vee \gamma))$　$\vee$ 對 $\wedge$ 的分配律

圖 7.11　標準的邏輯等價。符號 α、β 和 γ 代表命題邏輯的任意語句

7.5.1 推理和證據

本節論述可用於推導一個**證明**的**推理規則**——引領至期望目標的結論鏈。最馳名的規則叫做 **Modus Ponens**(斷言模式的拉丁話)而且被寫成

$$\frac{\alpha \Rightarrow \beta,\quad \alpha}{\beta}$$

此符號的意思是，只要給定任何形式為 $\alpha\Rightarrow\beta$ 的語句和 α，就可以推導出語句 β。例如，如果已知 $(WumpusAhead \wedge WumpsAlive) \Rightarrow Shoot$ 和 $(WumpusAhead \wedge WumpsAlive)$，那麼可以推導出 $Shoot$。

另一個有用的推理規則是**與消去**(And-Elimination)，也就是說，可以從一個合取式推導出任何合取子句：

$$\frac{\alpha \wedge \beta}{\alpha}$$

例如，從 $WumpusAhead \wedge WumpsAlive$ 可以推導出 $WumpusAlive$。

透過考慮 α 和 β 的可能真值，很容易看出，肯定前件和與消去都是永遠可靠的。於是這些規則可以用於它們適用的任意特定實例，產生可靠的推理而無需對模型進行列舉。

圖 7.11 中的所有邏輯等價都可作為推理規則。例如，用於雙向蘊涵消去的等價給出兩條推理規則：

$$\frac{\alpha \Leftrightarrow \beta}{(\alpha \Rightarrow \beta) \wedge (\beta \Rightarrow \alpha)} \qquad \text{以及} \qquad \frac{(\alpha \Rightarrow \beta) \wedge (\beta \Rightarrow \alpha)}{\alpha \Leftrightarrow \beta}$$

不是所有的推理規則可以像這個規則一樣兩個方向都生效。例如，我們無法以反向來運用肯定前件(Modus Ponens)，而從 β 得到 $\alpha\Rightarrow\beta$ 和 α。

讓我們看看這些推理規則和等價如何應用於 wumpus 世界。我們從包含 R_1 到 R_5 的知識庫開始，並說明如何證明 $\neg P_{1,2}$，也就是說，證明[1, 2]中沒有陷阱。首先，將雙向蘊涵消去應用於 R_2，得到：

$$R_6: \quad (B_{1,1} \Rightarrow (P_{1,2} \vee P_{2,1})) \wedge ((P_{1,2} \vee P_{2,1}) \Rightarrow B_{1,1})$$

接著，對 R_6 進行與消去，得到：

$$R_7: \quad ((P_{1,2} \vee P_{2,1}) \Rightarrow B_{1,1})$$

逆否命題的邏輯等價給出：

$$R_8: \quad (\neg B_{1,1} \Rightarrow \neg(P_{1,2} \vee P_{2,1}))$$

現在，我們可以對 R_8 和感知資訊 R_4(也就是 $\neg B_{1,1}$)運用肯定前件，得到：

$$R_9: \quad \neg(P_{1,2} \vee P_{2,1})$$

最後，我們應用摩根律，給出結論：

$$R_{10}: \quad \neg P_{1,2} \wedge \neg P_{2,1}$$

也就是說，[1, 2]和[2, 1]二者都不包含陷阱。

我們以手算的方式找出這個證明，但是我們能在第 3 章中應用任一個搜尋演算法以找出組成證明的步驟順序。我們僅僅需要定義一個如下的證明問題：

- 初始狀態：最初的知識庫。
- 行動：一組行動是由運用於符合上半部份推理規則之語句的所有推理規則所組成。
- 結果：一個行動的結果是把語句加入下半部份的推理規則。
- 目標：目標是一個含有我們嘗試予以證明之語句的狀態。

因而，搜尋證明是模型列舉的一個替換方法。在很多實際情況中，搜尋證明可能是更有效率的做法，因為無論存在多少命題，它都可以忽略不相干命題。例如，先前給出的可以推導出$\neg P_{1,2} \wedge \neg P_{2,1}$的證明沒有提及命題 $B_{2,1}$、$P_{1,1}$、$P_{2,2}$ 或 $P_{3,1}$。它們可以被忽略的原因在於，目標命題 $P_{1,2}$ 只在語句 $R2$ 中出現；R_4 中的其他命題只在 R_2 和 R_4 中出現；因此，R_1、R_3 和 R_5 與證明過程無關。即便我們把上百萬的更多語句添加到知識庫，最後結果還是相同的；另一方面，簡單的真值表演算法將會由於模型的指數爆炸而失效。

邏輯系統的最後一個性質是**單調性**，意指蘊涵的語句集只有在資訊被添加到知識庫的時候才會增加[8]。對於任何語句 α 及 β，

如果 $KB \models \alpha$ ，那麼 $KB \wedge \beta \models \alpha$

例如，假設知識庫包含附加斷言 β，其宣稱世界中正好有 8 個陷阱。這條知識將有助於代理人提取出附加結論，但是它無法使得任意已經推導出的結論 α 無效——諸如[1, 2]中沒有陷阱的結論。單調性意味著任何時刻只要在知識庫中發現了合適的前提，就可以應用推理規則——規則的結論一定遵循「與知識庫中的其餘內容無關」的要求。

7.5.2 解消證明

我們已經論證了迄今為止所涉及的推理規則都是可靠的，但是我們還沒有對使用它們的推理演算法的完備性問題進行討論。搜尋演算法，諸如迭代深入搜尋(3.4.5 節)是完備的，在這個意義上，它們可找到任何可到達的目標，但如果現有的推理規則是不適合的，那麼該目標是不可達的——沒有只使用那些推理規則之證明存在。例如，如果我們除去雙向蘊涵消去規則，前一節中的證明將無法繼續。本節介紹了一個單一的推理規則，**解消**(resolution)，當它和任何一個完備的搜尋演算法相結合時，可以得到一個完備的推理演算法。

我們以對 wumpus 世界採用的解消規則的一個簡單版本作為出發點。讓我們考慮朝向圖 7.4(a)的步驟：代理人從[2, 1]返回[1, 1]，接著走到[1, 2]，它在此地感知到臭氣，但沒有微風。我們把下面的事實添加到知識庫中：

R_{11}： $\neg B_{1,2}$

R_{12}： $B_{1,2} \Leftrightarrow (P_{1,1} \vee P_{2,2} \vee P_{1,3})$

根據先前推導出 R_{10} 的同一過程，我們現在可以推導出[2, 2]和[1, 3]中沒有陷阱(記住，已經已知[1, 1]是沒有陷阱的)：

R_{13}： $\neg P_{2,2}$

R_{14}： $\neg P_{1,3}$

我們還可以對 R_3 應用雙向蘊涵消去，接著對 R_5 使用肯定前件，得到[1, 1]、[2, 2]或[3, 1]中有陷阱的事實：

R_{15}： $P_{1,1} \vee P_{2,2} \vee P_{3,1}$

現在第一個解消規則的運用是：R_{13} 中的文字 $\neg P_{2,2}$ 與 R_{15} 中的文字 $P_{2,2}$ 進行解消，而得到**解消式**(resolvent)：

R_{16}： $P_{1,1} \vee P_{3,1}$

用自然語言描述：如果[1, 1]、[2, 2]和[3, 1]中的某一個有陷阱，而且它不在[2, 2]中，那麼它在[1, 1]或[3, 1]中。類似地，R_1 中的文字 $\neg P_{1,1}$ 與 R_{16} 中的文字 $P_{1,1}$ 進行解消，得到

R_{17}： $P_{3,1}$

用自然語言描述：如果[1, 1]或[3, 1]中有陷阱，而且它不在[1, 1]中，那麼它在[3, 1]中。最後這兩個推理步驟是**單元解消**推理規則的範例。

$$\frac{l_1 \vee \cdots \vee l_k \qquad m}{l_1 \vee \cdots \vee l_{i-1} \vee l_{i+1} \cdots \vee l_k}$$

其中，每個 l 都是一個文字，而且 l_i 和 m 是**互補文字**(即，一個文字是另一個文字的否方式)。因而，單元解消規則選取一個**子句**——文字的一個析取式——和一個文字，並產生一個新的子句。注意單個文字可以被視爲只有一個文字的選言，也被稱爲**單元子句**。

單元解消規則可推廣爲**全解消**規則，

$$\frac{l_1 \vee \cdots \vee l_k \qquad m_1 \vee \cdots \vee m_n}{l_1 \vee \cdots \vee l_{i-1} \vee l_{i+1} \cdots \vee l_k \vee m_1 \vee \cdots \vee m_{j-1} \vee m_{j+1} \cdots \vee m_n}$$

其中，l_i 和 m_j 是互補文字。也就是說，解消選取兩個子句並產生一個新的子句，該新子句包含除了兩個互補文字以外的原始子句的所有文字。例如，我們有

$$\frac{P_{1,1} \vee P_{3,1} \qquad \neg P_{1,1} \vee \neg P_{2,2}}{P_{3,1} \vee \neg P_{2,2}}$$

解消規則還有一個更技術化面向：結果子句中每個文字只應包含一次[9]。去除文字的多餘副本被稱爲**因子分解**。例如，如果我們用$(A \vee \neg B)$解消$(A \vee B)$，我們得到$(A \vee A)$，最終簡化爲 A。

該解消規則的合理性很容易理解得到的，只要想一想文字 l_i 互補於其他子句的文字 m_j。若 l_i 爲眞，那麼 m_j 爲假，從而 $m_1 \vee \cdots \vee m_{j-1} \vee m_{j+1} \cdots \vee m_n$ 必然爲眞，因爲 $m_1 \vee \cdots \vee m_n$ 已知。若 l_i 爲假，那麼 $l_1 \vee \cdots \vee l_{i-1} \vee l_{i+1} \cdots \vee l_k$ 必然爲眞。因爲 $l_1 \vee \cdots \vee l_k$ 已知。現在，無論 l_i 爲眞還是爲假，這些結論必定有一個成立——與解消規則所得出的結果完全一致。

解消規則最讓人吃驚之處在於它形成了一族完備推理過程的基礎。一個解消型的定理證明機能夠，對於任何在命題邏輯中的語句 α 和 β，判斷出是否 $\alpha \models \beta$ 成立。接下來的兩個小節解譯歸結是如何完成這個功能的。

連言標準形

解消規則只適用於文字的選言，因此它看來只和知識庫以及這樣的選言組成的查詢有關。那麼，對於所有的命題邏輯，它如何實作一個完備的推理過程？答案是命題邏輯的每個語句邏輯等價於文字選言的連言。以子句的連言形式表示的語句被稱爲**連言標準形**(conjunctive normal form)或者 **CNF**(見圖 7.14)。我們現在描述轉換到 CNF 的程序。透過把語句 $B_{1,1} \Leftrightarrow (P_{1,2} \vee P_{2,1})$轉換成 CNF 來闡述該過程。各個步驟如下所示：

1. 消去$\Leftrightarrow$，用$(\alpha \Rightarrow \beta) \wedge (\beta \Rightarrow \alpha)$ 取代$(\alpha \Leftrightarrow \beta)$：

$$(B_{1,1} \Rightarrow (P_{1,2} \vee P_{2,1})) \wedge ((P_{1,2} \vee P_{2,1}) \Rightarrow B_{1,1})$$

2. 消去$\Rightarrow$，用$\neg\alpha \vee \beta$ 取代 $\alpha \Rightarrow \beta$：

$$(\neg B_{1,1} \vee P_{1,2} \vee P_{2,1}) \wedge (\neg(P_{1,2} \vee P_{2,1}) \vee B_{1,1})$$

3. CNF 要求$\neg$符號只出現在文字中，因此我們透過反覆應用圖 7.11 所示的下列等値式「將$\neg$移到內部」：

$$\neg(\neg\alpha) \equiv \alpha \quad \text{(雙重否定消去)}$$
$$\neg(\alpha \wedge \beta) \equiv (\neg\alpha \vee \neg\beta) \quad \text{(摩根律)}$$
$$\neg(\alpha \vee \beta) \equiv (\neg\alpha \wedge \neg\beta) \quad \text{(摩根律)}$$

本例中，我們只蘊涵使用一次最後一條規則：

$$(\neg B_{1,1} \vee P_{1,2} \vee P_{2,1}) \wedge ((\neg P_{1,2} \wedge \neg P_{2,1}) \vee B_{1,1})$$

4. 現在，我們得到一個語句，它包含了作用於文字的巢套的和算符。我們運用圖 7.11 的分配律，在可能的位置上將對進行分配：

$$(\neg B_{1,1} \vee P_{1,2} \vee P_{2,1}) \wedge (\neg P_{1,2} \vee B_{1,1}) \wedge (\neg P_{2,1} \vee B_{1,1})$$

最初的語句現在成爲一個 **CNF**，是 3 個子句的合取式。它更加不容易閱讀，但是它可以作爲解消過程的輸入。

解消演算法

解消型推理法之運作是使用了稍前所介紹的矛盾證明原理。也就是說，欲證明 $KB \models \alpha$，我們證明$(KB \wedge \neg\alpha)$是不可滿足的。我們透過證明矛盾來完成這個工作。

```
function PL-RESOLUTION(KB, α) returns true or false
  inputs: KB, the knowledge base, a sentence in propositional logic
          α, the query, a sentence in propositional logic

  clauses ← the set of clauses in the CNF representation of KB ∧ ¬α
  new ← { }
  loop do
     for each pair of clauses Ci, Cj in clauses do
         resolvents ← PL-RESOLVE(Ci, Cj)
         if resolvents contains the empty clause then return true
         new ← new ∪ resolvents
     if new ⊆ clauses then return false
     clauses ← clauses ∪ new
```

圖 7.12　命題邏輯的一個簡單解消演算法。函數 PL-RESOLVE 回傳對其兩個輸入作解消而得的所有可能子句的集合

圖 7.12 中顯示了一個解消演算法。首先，$(KB \wedge \neg\alpha)$被轉換爲 CNF。接著，對結果子句運用解消規則。每對包含互補文字的子句被解消產生一個新的子句，如果該新子句尚未出現過，則將它加入子句集中。此過程將持續下去，直到發生以下兩件事情之一：

- 沒有新的子句被加入，在這種情況下，KB 並不蘊涵 α，或
- 二個子句解消而產生空的子句，在這種情況下 KB 蘊涵 α。

空子句——沒有選言子句的選言——等價於 *False*，因爲只有當選言至少有一個爲眞的選言子句，它才爲眞。另一種瞭解空子句表示矛盾的方法是觀察到它只能是兩個互補單元子句，如 P 和$\neg P$ 進行解消的結果。

我們可以將解消過程應用於 wumpus 世界中的一個非常簡單的推理。當代理人位於[1, 1]時，那裏沒有微風，因此在相鄰的方格中不可能有陷阱。相關的知識庫爲：

$$KB = R_2 \wedge R_4 = (B_{1,1} \Leftrightarrow (P_{1,2} \vee P_{2,1})) \wedge \neg B_{1,1}$$

而我們希望證明 α，比如說$\neg P_{1,2}$。當我們將$(KB \wedge \neg\alpha)$轉換爲 CNF 時，我們得到如圖 7.13 頂部所示的子句。圖中第二列顯示出，利用解消第一列的對而得到的子句。接著，當 $P_{1,2}$ 與$\neg P_{1,2}$ 進行解消歸結時，得到一個空子句，用一個小方方塊表示。對圖 7.13 進行檢查，顯示出很多解消步驟都是無意義的。例如，子句 $B_{1,1} \vee \neg B_{1,1} \vee P_{1,2}$ 等價於 $True \vee P_{1,2}$，又等價於 *True*。演繹出 *True* 爲眞並沒有太大用處。因此，可以放棄同時出現兩個互補文字的任何子句。

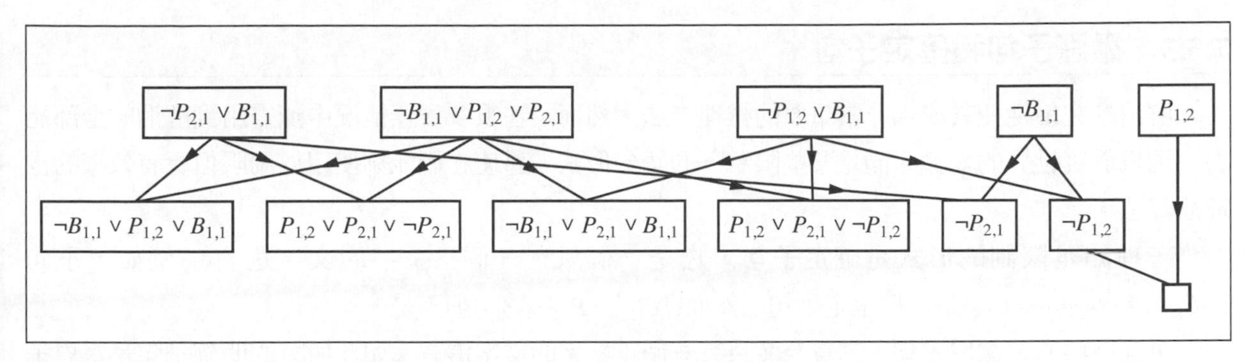

圖 7.13 PL-RESOLUTION 部分應用於 wumpus 世界中的一個簡單推理。如圖可見，$\neg P_{1,2}$ 是由最上列前 4 個子句而得

解消的完備性

爲了總結我們關於解消的討論，現在我們將說明爲什麼 PL-RESOLUTION 是完備的。爲了做到這一點，我們蘊涵介紹子句集 S 的**解消閉包** $RC(S)$，它是透過對 S 中的子句或其衍生子句反覆應用歸結規則而產生的所有子句的集合。PL-RESOLUTION 所演算並作爲變數 *clauses* 終值的就是解消閉包。容易看出，$RC(S)$一定是有限的，因爲，用 S 中出現的符號 $P_1, \ldots, P_k$ 只能構成有限多個不同的子句。(注意，如果沒有將重複的文字剔除的因子分解步驟，這可能不成立)。因此，PL-RESOLUTION 總是可終止的。

命題邏輯中歸結的完備性定理被稱爲**基本解消定理**：

> 如果子句集是不可滿足的，那麼這些子句的解消閉包包含空子句。

這條定理藉著示範它的逆否命題而得到證明：如果閉包 $RC(S)$不包含空子句，那麼 S 是可滿足的，來證明這個定理。實際上，我們可以用 $P_1, \ldots, P_k$ 的適當眞值建構 S 的一個模型。建構程序如下：

i 從 1 到 k，

- 如果 $RC(S)$中的一個子句包含文字$\neg P_i$，且該子句所有的其他文字在 $P_1, \ldots, P_{i-1}$ 的賦值下爲假，那麼對 P_i 賦值 *false*。
- 否則，對 P_i 賦值 *true*。

對 $P_1, ..., P_k$ 的賦值是 S 的一個模型。要見及此，做相反的假設——在該順序的某個階段 i，賦值符號 P_i 造成某子句 C 變爲假。要使之出現，必須是在 C 中之所有其他文字，因賦值 $P_1, ..., P_{i-1}$ 之故，而被否證。因此，C 現在必須看起來像$(false \vee false \vee \ldots false \vee P_i)$或像$(false \vee false \vee \ldots false \vee \neg P_i)$。如果只有這二句之一是在 $RC(S)$中，那麼該演算法將賦予適當的眞值到 P_i 使 C 爲眞值，因此才能讓 C 被否證，如果這兩個子句都在 $RC(S)$中。現在，因爲 $RC(S)$在解消下是封閉的，它將含有這二個子句的歸結式，而該歸結式將因 $P_1, ..., P_{i-1}$ 的賦值胥使它的全部文字被否證。這與我們假設第一個被否證之子句會出現在階段 i 互相矛盾。因此，我們已經證明該建構絕不會否證一個於 $RC(S)$的子句；也就是說，它產生一個 $RC(S)$的模型，因此一個 S 本身的模型[因爲 S 包含在 $RC(S)$]。

7.5.3 霍恩子句和確定子句

解消的完備性使其成爲非常重要的推理方法。然而，在很多實際情況中無需用到解消的全部能力。因爲眞實世界的知識庫滿足某些限制下的語句形式，這使它們能夠使用於侷限但更有效率的推理演算法。

一種如是限制的形式是**確定子句**，它是一個只有一個正文字的文字選言。例如，子句$(\neg L_{1,1} \vee \neg Breeze \vee B_{1,1})$是一個確定子句，然而$(\neg B_{1,1} \vee P_{1,2} \vee P_{2,1})$則不是。

更通用些的是**霍恩子句**，其爲至多只有一個正文字的文字選言。如此所有的明確子句是霍恩子句，如同沒有正文字的子句；這些叫做**目標子句**。霍恩子句在解消之下是封閉的：如果你解消二個霍恩子句，你得回一個霍恩子句。

基於三個理由，僅包含確定子句的知識庫是有趣的：

1. 每個霍恩子句都可以寫成一個蘊涵式，它的前提爲正文字的一個合取式，結論爲一個單個的正文字(參見習題 7.13)。例如，確定子句$(\neg L_{1,1} \vee \neg Breeze \vee B_{1,1})$可被寫成蘊涵$(L_{1,1} \wedge Breeze) \Rightarrow B_{1,1}$。以蘊涵形式時，語句較易於理解：它說明，如果代理人在[1,1]，而且有微風，那麼[1,1]是有微風的。於霍恩形式，前提稱之爲**體**，而結論稱之爲**頭**。一個語句由一個正文字組成的，如 $L_{1,1}$，稱之爲一個**事實**。它也可以被寫成蘊涵式如 $True \Rightarrow L_{1,1}$，但是只寫成 $L_{1,1}$ 會更簡單。

2. 使用霍恩子句的推理可以在**前向連結**和**逆向連結**中進行，我們將在後面解釋。這兩種演算法都非常自然，即推理步驟顯而易見，而且易於人們理解。推理種類是**邏輯程式設計**的基礎，第 9 章會討論。

3. 用霍恩子句判定蘊涵蘊涵的時間與資料庫大小成線性關係。

$$
\begin{aligned}
CNFSentence &\rightarrow Clause_1 \wedge \cdots \wedge Clause_n \\
Clause &\rightarrow Literal_1 \vee \cdots \vee Literal_m \\
Literal &\rightarrow Symbol \mid \neg Symbol \\
Symbol &\rightarrow P \mid Q \mid R \mid \ldots \\
HornClauseForm &\rightarrow DefiniteClauseForm \mid GoalClauseForm \\
DefiniteClauseForm &\rightarrow (Symbol_1 \wedge \cdots \wedge Symbol_l) \Rightarrow Symbol \\
GoalClauseForm &\rightarrow (Symbol_1 \wedge \cdots \wedge Symbol_l) \Rightarrow False
\end{aligned}
$$

圖 7.14 對於連言標準形、霍恩子句和確定子句之文法。一個子句如 $A \wedge B \Rightarrow C$ 在被寫成$\neg A \vee \neg B \vee C$時，仍是一個確定子句，但只有前者被認為是連言標準形子句。另一類是 k-CNF 語句，此類是每個子句最多有 k 個文字的 CNF 語句。

7.5.4 前向和逆向連結

前向連結演算法 PL-FC-ENTAILS?(*KB*, *q*)判定單個命題符號 *q* ——查詢——是否被霍恩子句的資料庫所蘊涵。它從知識庫中的已知事實(正文字)開始。如果蘊涵的所有前提已知，那麼把它的結論添加到已知事實集。例如，如果 $L_{1,1}$ 和 *Breeze* 已知，而且($L_{1,1} \wedge Breeze) \Rightarrow B_{1,1}$ 在知識庫中，那麼 $B_{1,1}$ 被添加到知識庫中。持續這一過程，直到查詢 *q* 被添加或者直到無法進行更進一步的推理。詳細的演算法如圖 7.15 所示，蘊涵記住的重點是它以線性時間執行。

```
function PL-FC-ENTAILS?(KB, q) returns true or false
  inputs: KB, the knowledge base, a set of propositional definite clauses
          q, the query, a proposition symbol
  count ← a table, where count[c] is the number of symbols in c's premise
  inferred ← a table, where inferred[s] is initially false for all symbols
  agenda ← a queue of symbols, initially symbols known to be true in KB

  while agenda is not empty do
     p ← POP(agenda)
     if p = q then return true
     if inferred[p] = false then
         inferred[p] ← true
         for each clause c in KB where p is in c.PREMISE do
             decrement count[c]
             if count[c] = 0 then add c.CONCLUSION to agenda
  return false
```

圖 7.15

命題邏輯的前向連結演算法。*Agenda* 記錄了已知為真但還沒有「處理」的符號。*count* 表（計數表）記錄每個蘊涵還有多少前提依然未知。只要 *Agenda* 中的一個新符號 *p* 被處理，對於每個前提中出現 *p* 的蘊涵(很容易以適當的標記在固定時間內辨認)，它相對應的計數值減去 1。如果計數達到 0，蘊涵的所有前提都已知，因此可以把它的結論添加到 *Agenda* 中。最後，我們需要追蹤哪一個符號已經被處理過了；一個已經被放進推理出的符號集之中的符號，不需要再一次地被加到 *Agenda* 中。這就避免了重複做工，並防止如 $P \Rightarrow Q$ 和 $Q \Rightarrow P$ 之蘊涵所造成的迴圈。

理解該演算法最好的方式是透過範例和圖。圖 7.16(a)顯示了一個霍恩子句形式的簡單知識庫，其中，*A* 和 *B* 為已知事實。圖 7.16(b)是用**與或圖**(參考第 4 章)畫出的相同知識庫。在與或圖中，由弧線聯繫起來的多個連接代表一個連言——每個連接都必須被證明——而沒有弧線的多個連接表示一個選言——任一連接都可以證明。很容易看出，與或圖中的前向連結是如何工作的。已知的葉結點(在此，*A* 和 *B*)是固定的，推理沿著圖傳播得盡可能遠。無論什麼情況下，當連言出現時，傳播暫停直到所有的連言項在進行前都已知。我們鼓勵讀者詳細地做完這個例子。

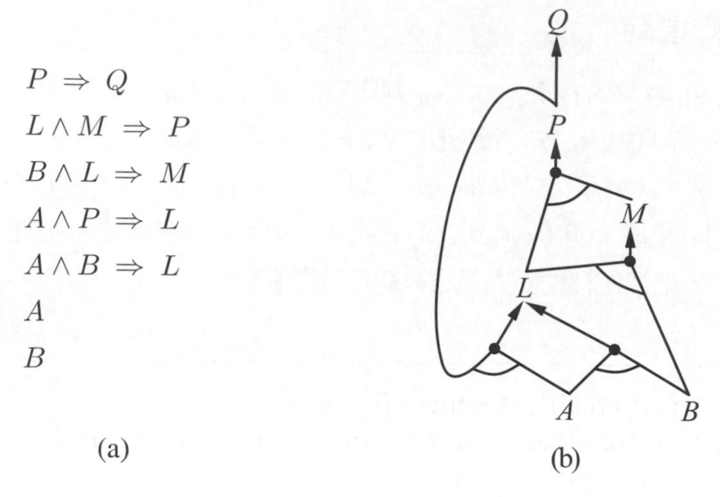

圖 7.16 (a) 一組霍恩子句。(b) 相對應的與或圖

很容易看出，前向連結是**可靠的**：每個推理本質上是分離規則的一個應用。前向連接也是**完備的**：每個被蘊涵的原子語句都將得以產生。驗證這一點的最簡單方法是考察 *inferred* 表的最終狀態(在演算法到達**不動點**以後，不可能再出現新的推理)。該表對於在推理過程中參與推理的每個符號都包含 *true*，而所有其他的符號爲 *false*。我們可以把該推理表看作一個邏輯模型；而且，原始 *KB* 中的每個確定子句在該模型中都爲眞。爲了看到這一點，假定相反情況成立，也就是說某個子句 $a_1 \wedge ... \wedge a_k \Rightarrow b$ 在模型中爲假。那麼 $a_1 \wedge ... \wedge a_k$ 在模型中必須爲眞，b 在模型中必須爲假。但這和我們的假設，即演算法已經到達一個不動點相矛盾！因而，我們可以得出結論，在不動點推理的原子語句集定義了原始 *KB* 的一個模型。此外，被 *KB* 蘊涵的任一原子語句 q 在它的所有模型中必須爲眞，尤其是這個模型。因此，每個被蘊涵的語句 q 必定會被演算法推斷出來。

前向連結是**資料驅動**的推理——即注意力從已知資料開始的推理——的一般概念的一個實例。它可以在代理人內使用，以便從輸入感知資訊中推導出結論，通常無需頭腦中的特定查詢。例如，wumpus 世界代理人可能用一個漸增前向連結演算法把它的感知 TELL 知識庫，在該演算法中，新事實可以被添加到待辦事項表(agenda)中以便初始化新推理。對於人類，在新資訊到達的時候，會發生一定數量的資料驅動的推理。例如，如果我在房子裏聽到開始下雨，我可能會想到野餐將取消。但是，我很可能不會想到我鄰居的花園裏最大的玫瑰的第 17 瓣花瓣將被淋濕；人們把前向連結置於謹愼的控制之下，以免被無關結果淹沒。

逆向連結演算法，正如它的名字所暗示的，從該查詢逆向進行。若查詢 q 已知爲眞，則無需進行任何操作。否則，演算法尋找知識庫中結論爲 q 的蘊涵。若那些蘊涵中的某一個，它所有的前提都能證明爲眞(透過逆向連結)，則 q 爲眞。當把逆向連結演算法應用於圖 7.16 中的查詢 Q 時，它將沿著圖後退，直到達到構成證明基礎的一個已知事實集合。演算法本質上和圖 4.11 中的 AND-OR-GRAPH-SEARCH 的演算法一致。如同前向連結，一個有效率實作在線性時間內執行完成。

逆向連結是**目標導向推理**的一種形式。它對於回答特定的問題很有幫助，諸如「我現在該做什麼？」和「我的鑰匙在那裏？」。通常，逆向連結的成本遠小於知識庫大小的線性值，因爲該過程只接觸相關事實。

7.6 有效的命題模型檢驗

本節中，我們將討論基於模型檢驗的命題推理的兩個有效演算法家族：一類方法是基於回溯搜尋，另一類是基於局部爬山法搜尋。這些演算法屬於命題邏輯的「技術」部分。初讀本章時，可以跳過這一節。

我們所描述的演算法是用於檢驗可滿足性：SAT 問題。(如前所述，測試蘊涵，$\alpha \models \beta$，可以透過測試不可滿足的 $\alpha \wedge \beta$ 來完成)。我們已經注意到尋找邏輯語句的滿足模型和尋找限制滿足問題的解之間的關聯，因此兩個演算法族與 6.3 節的回溯搜尋和 6.4 節的局部搜尋非常相像不足為奇。然而，它們本身的意義還是非常重要的，因為電腦科學中有如此多組合問題可以簡化為檢驗命題語句的可滿足性。可滿足性演算法的任何改進對於提高我們處理一般的複雜性的能力都有巨大作用。

7.6.1 一個完備的回溯搜尋

我們考慮的第一個演算法通常被稱為**普特南演算法**(Davis-Putnam)，以 Martin Davis 和 Hilary Putnam(1960)的開創性論文命名。實際上，該演算法是 Davis、Logemann 和 Loveland(1962)描述的版本，因此我們按最初的這 4 個作者首字母縮寫將其命名為 DPLL。DPLL 把連言項的常態範例的一個語句——子句集——作為輸入。如同 BACKTRACKING-SEARCH 和 TT-ENTAILS?，它本質上也是一個對可能模型的遞迴深度優先列舉演算法。相對於 TT-ENTAILS?的簡單方法，它具有以下 3 個方面的改進：

- **及早終止**：

  演算法檢測該語句是否一定為眞或為假，即使對部分完成的模型也不例外。如果一個子句的任一文字為眞，那麼該子句也為眞，即使其他文字還沒有設定眞值；因此，作為一個整體的語句甚至在模型完成之前就可以判定為眞。例如，如果 A 為眞，那麼語句$(AB)(AC)$為眞，與 B 和 C 的值無關。類似地，如果任一條子句為假，那麼該語句為假。再次，這種情況可以發生在模型完成之前很早的時候。及早終止避免了對搜尋空間全部子樹的檢查。

- **純符號啟發式**：

  純符號是在所有子句中以相同「正負號」出現的一個符號。例如，在這 3 個子句$(A \vee \neg B)$，$(\neg B \vee \neg C)$和$(C \vee A)$中，A 為純符號，因為只有正文字出現，B 為純符號因為它只有否定文字，而 C 是非純的。很容易看出，如果某個語句具有一個模型，那麼它就一定有一個純符號構成的模型以便使得它們的文字為 *true*，因為這樣的做法永遠不會使得一個子句的值變為假。蘊涵注意，在檢驗符號的純度時，本演算法可以忽略自模型開始構造以來已知為眞的子句。例如，如果模型包括 $B = false$，那麼子句$(\neg B \vee \neg C)$已經為眞，而在剩下的子句中，C 僅顯現肯定字；因此，C 變成成純符號。

- **單元子句啓發式**：

  單元子句先前已經定義爲只有一個文字的子句。在 DPLL 的背景下，它還表示這樣的子句，即除某個文字以外的所有其他文字都被模型賦值爲 *false*。例如，如果模型中包含 $B = true$，那麼 $(\neg B \vee \neg C)$簡化爲$\neg C$，它是一個單元子句。顯然，如果要求這個子句爲眞，那麼對 C 的賦值必須爲 *false*。單元子句啓發式演算法在餘下的部分出現分支前，對所有這樣的符號進行賦值。單元子句啓發式演算法的一個重要結果是，任何試圖對已經存在於知識庫中的一個文字進行證明(透過反證)的做法將立即取得成功(習題 7.22)。還蘊涵注意，對某個單元子句的賦值可能產生另一個單元子句——例如，C 被置爲 *false*，(CA)成爲一個單元子句，致使把 A 賦值爲 *true*。這種強制賦值的「串聯」稱爲**單元傳播**。它與霍恩子句的前向連結過程類似，而且實際上，如果 *CNF* 運算式中只包括霍恩子句，那麼 DPLL 本質上重複了前向連結。(參見習題 7.23)。

DPLL 演算法如圖 7.17 所示，顯示搜尋程序的必要基本架構。

```
function DPLL-SATISFIABLE?(s) returns true or false
  inputs: s, a sentence in propositional logic

  clauses ← the set of clauses in the CNF representation of s
  symbols ← a list of the proposition symbols in s
  return DPLL(clauses, symbols, { })
-------------------------------------------------------------------
function DPLL(clauses, symbols, model) returns true or false

  if every clause in clauses is true in model then return true
  if some clause in clauses is false in model then return false
  P, value ← FIND-PURE-SYMBOL(symbols, clauses, model)
  if P is non-null then return DPLL(clauses, symbols – P, model ∪ {P=value})
  P, value ← FIND-UNIT-CLAUSE(clauses, model)
  if P is non-null then return DPLL(clauses, symbols – P, model ∪ {P=value})
  P ← FIRST(symbols); rest ← REST(symbols)
  return DPLL(clauses, rest, model ∪ {P=true}) or
         DPLL(clauses, rest, model ∪ {P=false}))
```

圖 7.17

用於檢驗命題邏輯語句的可滿足性的 DPLL 演算法。FIND-PURE-SYMBOL 和 FIND-UNIT-CLAUSE 背後的想法在課文中有描述；各自都回傳一個符號(或空值 null)和賦予該符號的真值。如同 TT-ENTAILS?，DPLL 可在不完全模型進上行操作。

圖 7.17 所沒有顯示的是 SAT 求解程式延伸致大問題的技巧。有趣的是大多數的這些技巧事實上是相當的一般性，我們以前已經看到過，以不同的外觀出現：

1. **元件分析**(compenent analysis)(如 CSPs 中有 Tasmania 時之情形所見)：

   當 DPLL 賦予眞值到變數時，子句的集合可能被分開成無交集的子集，稱之爲**元件**，它們各擁已經賦值之變數。給予一個能偵知什麼時候這會發生的有效率方法，一個求解程式能藉著分開地處理各個元件而加速許多。

2. **變數與值的排序**(variable and value ordering)(如 6.3.1 節中 CSPs 之情形所見)：

   於我們對 DPLL 的簡單實作上使用了一個任意的變數排序而且總是先試眞值再試假值。**度啓發式**演算法(參見 6.3.1 節)建議在所有其餘的子句之中選擇最常出現的變數。

3. **聰明後向跳躍演算法**(Intelligent backtracking)(如 6.3 節中 CSPs 之情形所見)：

   許多不能夠在數小時之執行時間內以時序回溯解出的問題，能在幾秒鐘之內被聰明後向跳躍演算法解出，該法一路回溯至所有相關的衝突點。ALL-SAT 求解程式使用**衝突子句學習**的某形式來記錄下衝突點，以便它們在稍後的搜尋不會被重複到。通常一個大小有限的衝突集合會被保留下來，而且很少會使用到那些已被棄置者。

4. **隨機重新開始搜尋**(random restarts)(如 4.1.1 節之爬山法所見)：

   有時執行會出現停滯不前的現象。在這情況，我們能從搜尋樹狀的頂端重新開始，而非嘗試繼續做下去。在重新開始之後，作不同的任意選擇(在變數和數值選擇)。重新開始之後的第一次執行所學習到的子句會被保留，而且有助於調整搜尋空間。重新開始不保證會更快的找出解答，但是它確實能減少解答所耗費時間的波動程度。

5. **聰明的索引**(Clever indexing)(如在許多演算法中所見)：

   DPLL 本身使用的加速方法，以及現代求解程式使用的技巧，需要快速索引，例如變數 X_i 以正文字形式出現之子句的集合。這類的事物這個工作複雜之處在於，該演算法只對尙未由前述變數賦值而被滿足的子句感到興趣，因此索引結構必須於計算過程中動態地予以更新。

藉由這樣的強化，現代的求解程式能處理具有數以百萬計變數之問題。它們已經徹底地改變，像是硬體查核和安全性協定的查核等領域，這些事情在以前需要仰賴大量的心力以及手寫方式導出證明。

7.6.2 局部搜尋演算法

到目前爲止，我們在本書中已經見到數種局部搜尋演算法，包括 HILL-CLIMBING(第 4.1.1 節)及 SIMULATED-ANNEALING(第 4.1.2 節)。這些演算法可以直接應用於可滿足性問題，倘若我們能選擇出正確的評價函數。因爲目標是尋找滿足每個子句的一個賦值，而計數未滿足子句的評價函數將負責這項工作。實際上，這正是 CSP 中(第 6.4 節)MIN-CONFLICT 演算法採用的度量。所有這些演算法涉足完全賦值空間，每次翻轉一個符號的眞值。該賦值空間通常包括很多局部極小點，爲了避開局部極小值，蘊涵採用不同形式的隨機方法。近年來，人們做了大量實驗以便找到貪婪性和隨機性之間的良好平衡點。

WALKSAT(圖 7.18)是從所有的這類工作中湧現出來的最簡潔有效的演算法之一。演算法在每次迭代中選擇一個未得到滿足的子句並從該子句中選擇一個符號對其進行翻轉操作。它在兩種方法中隨機選擇一個來挑選要翻轉的符號：(1)「最小衝突」步驟，最小化新狀態下未滿足語句的數量，以及(2)「隨機行走」步驟，隨機挑選符號。

當 WALKSAT 傳回一個模型的時候，輸入的語句的確是可以滿足的，但是當它傳回失敗的時候，有二個可能的因素：不是語句是無法滿足的或者我們需要給予演算法更多的時間。如果我們設定 $max\_flips = \infty$ 且 $p > 0$，WALKSAT 最後會傳回一個模型(如果存在那麼一個)，因爲隨機行走步驟最後將無可避免的碰撞到解。可惜的是，如果最大翻轉是無窮的且語句是無法滿足的，那麼這個演算法會永無終止之時！

基於這個理由，WALKSAT 是最有用的時機是當我們期望解存在——例如，於第 3 和第 6 章所討論的問題中，通常有解。另一方面，WALKSAT 無法總是檢驗出蘊涵判定所需要的不可滿足性。例如，代理人無法用局部搜尋來可靠地證明 wumpus 世界中的某個方格是安全的。相反，它可以說：「我對此考慮了一個小時，無法給出該方格不安全的某個可能世界。」這或許是一個好的實驗性指示，表示方格是安全的，但是它是當然不是證明。

```
function WALKSAT(clauses, p, max_flips) returns a satisfying model or failure
  inputs: clauses, a set of clauses in propositional logic
          p, the probability of choosing to do a "random walk" move, typically around 0.5
          max_flips, number of flips allowed before giving up

  model ← a random assignment of true/false to the symbols in clauses
  for i = 1 to max_flips do
      if model satisfies clauses then return model
      clause ← a randomly selected clause from clauses that is false in model
      with probability p flip the value in model of a randomly selected symbol from clause
      else flip whichever symbol in clause maximizes the number of satisfied clauses
  return failure
```

圖 7.18　以隨機翻轉變數值的方法檢驗可滿足性的 WALKSAT 演算法。演算法存在多種版本

7.6.3 隨機 SAT 問題的風貌

SAT 問題比其他問題更難。容易的問題能被任何舊的演算法所解出，但是因爲我們知道 SAT 是 NP-complete，至少某些問題的實例需要指數級的執行時間。在第 6 章中，我們看到關於特定種類問題的一些令人驚訝的發現。例如，n 皇后問題——被認爲對於回溯搜尋演算法是相當棘手的——對於局部搜尋方法，例如最小衝突法，卻非常的容易。這是因爲解非常稠密地分佈在賦值空間上，任意初始賦值都可以保證在其附近存在某個解。故此 n 皇后問題易於求解，因爲它是**限制過少**的。

當我們考慮連言項的常態範例的可滿足性問題的時候，限制過少的問題是一個具有相對較少的子句來限制變數的問題。例如，以下是隨機產生的具有 5 個符號和 5 個子句的 3-CNF 語句：

$$(\neg D \vee \neg B \vee C) \wedge (B \vee \neg A \vee \neg C) \wedge (\neg C \vee \neg B \vee E) \wedge (E \vee \neg D \vee B) \wedge (B \vee E \vee \neg C)$$

32 個可能的賦值中有 16 個是此語句的模型，因此，平均起來它只需進行兩次隨機猜測就可以找到一個模型。這是一個容易的可滿足性問題，如大多數的限制過少的問題。另一方面，一個限制過多的問題有許多子句與變數的數目有關並且可能沒有解。

爲了超越這些基本的直覺，我們一定要明白地定義隨機語句是如何被產生的。記號 $CNF_k(m, n)$ 註明一個 k-CNF 語句有 m 個子句和 n 個符號，其中子句是均勻地、獨立地和沒有替換地從所有具有 k 個不同文字之所有的子句中被選出來的，不拘是或正或是負的。(一個符號不可能在同一個子句中出現兩次，一個子句也不可以在同一個語句中出現兩次)。

給定隨機句子的來源，我們可以衡量可滿足性的機率。圖 7.19(a)畫出爲 $CNF_3(m, 50)$的機率，也就是說，具有 50 個變數和每個子句有 3 個文字的語句，是子句/符號比率 m/n 的函數。正如我們所預期的，小的 m/n 可滿足性的機率接近 1，而大的 m/n 之機率是接近 0。在 $m/n = 4.3$ 附近，概率急劇下降。經驗上，我們發現「懸崖」大概都出現相同的地方(對於 $k = 3$)，而且當 n 增加時會變得更加陡峭。理論上，**可滿足性的臨界值猜測**所述爲，對每一個 $k \geq 3$ 時，有一個臨界值比率 rk，使得當 n 趨於無窮大，對於所有低於臨界值之 r 值，$CNF_k(n, rn)$是可滿足的概率變爲 1，而對於所有高於臨界值者的機率變爲 0。該猜測仍然無法獲得證實。

現在，我們大概知道可滿足和不可滿足的問題在哪哩，接下來的問題是，難的問題在哪裡？原來，他們也常出現在臨界值。圖 7.19(b)顯示一個在臨限值 4.3 的 50 個符號的問題，其困難度較諸那些比率 3.3 者大約多達 20 倍限制過少的問題是最容易解出的(因爲很容易猜出解)，限制過多的問題不像限制過少的一樣的容易，但是仍然比那些就在臨界值附近者容易許多。

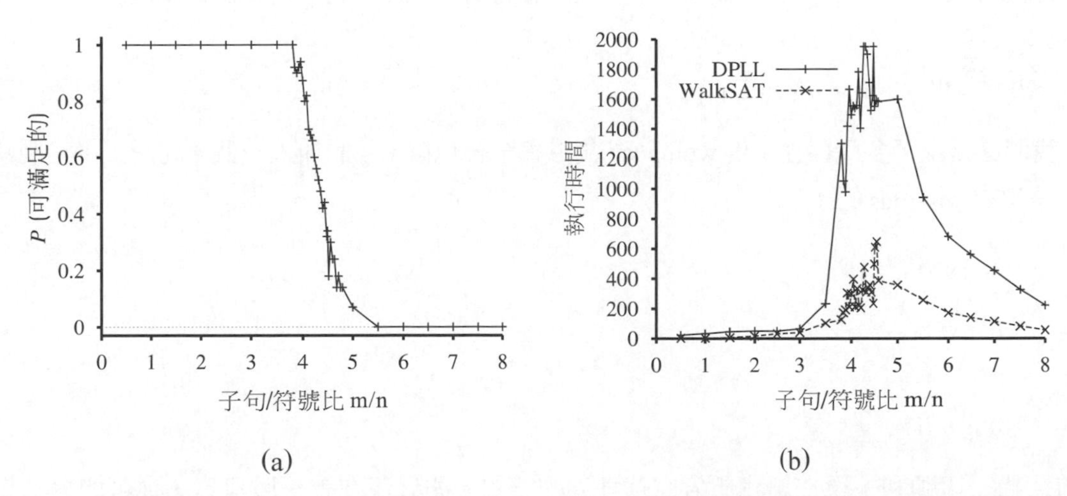

圖 7.19 (a) 圖中顯示了 $n = 50$ 個符號的隨機 3-CNF 語句為可滿足的機率，圖形以子句/符號比 m/n 的函數呈現。

(b) 圖示為在隨機 3-CNF 語句上之中位數執行時間(以對 DPLL 的遞回呼叫數目來測量，一個不錯代表方式)。最難問題之子句-符號比約 4.3。

7.7 命題邏輯型代理人

在本節，我們把迄今爲止所學的內容集合起來以便構造可以用命題邏輯運轉的代理人。第一個步驟是使代理人能夠推理，一直延伸到不可能的程度，世界的狀態給予了它的認知歷史。這需要寫下一個該行動引起之效果的完整邏輯模型。我們也顯示出代理人如何有效率地追蹤世界，而不需要爲每次的推理回溯感知歷史最後，我們顯示代理人如何使用合乎邏輯的推理以架構出保証能達成它的目標的計劃。

7.7.1 世界的當前狀態

正如在本章的開始所說過的，邏輯代理人從有關於這個世界之語句知識庫來推論該怎麼做而運作。知識庫由定理——對世界如何運作的一般性認識——與從代理人對特別世界經驗所獲得的認知語句。在這一節中，我們把重心集中在推理 wumpus 世界之當前狀態的問題——我在哪兒，那個方格安全嗎等等。

我們在 7.4.3 節開始蒐集公理。該代理人知道出發方格沒有陷阱($\neg P_{1,1}$)，也沒有 wumpus($\neg W_{1,1}$)。此外，對每一個方格，它知道若且唯若其隔鄰的方格有陷阱時，該方格就有微風吹過；而個方格是臭的若且唯若其鄰近的方格有 wumpus。因此，我們加入了很大部份的是下列形式的語句：

$$B_{1,1} \Leftrightarrow (P_{1,2} \vee P_{2,1})$$

$$\mathrm{S}_{1,1} \Leftrightarrow (\mathrm{W}_{1,2} \vee \mathrm{W}_{2,1})$$

…

代理人也認知到，恰存在一隻 wumpus。這要用兩個部分來表示。首先，我們蘊涵假定至少存在一隻 wumpus：

$$W_{1,1} \vee W_{1,2} \vee \ldots \vee W_{4,3} \vee W_{4,4}$$

然後，我們必須說至多只存在一隻 wumpus。對於每一組位置，我們加入一個語句說至少它們其中之一必定是沒有 wumpus 的：

$$\neg W_{1,1} \vee W_{1,2}$$

$$\neg W_{1,1} \vee W_{1,3}$$

…

$$\neg W_{4,3} \vee W_{4,4}$$

到目前爲止一切順利。現在讓我們考慮代理人的感知。如果現在有一股臭氣，你可能會推想命題 Stench(臭氣)應該被加到知識庫。然而，這不盡然正確的：如果在前一個單位時間步那兒並沒有臭氣，那麼¬Stench 將被斷定，而該新的斷言會導致矛盾。這個問題可以被解決，在我們了解到某個感知僅有在目前的時間斷言某事。因此，如果該單位時間(如圖 7.1 中提供予 MAKE-PERCEPT-SENTENCE)是 4，那麼加入 Stench4 到知識庫，而不是 Stench—如此就乾淨俐落地避開任何與¬Stench3 的矛盾可能。相同的做法也適用於微風、撞牆、金光或嚎叫等感知。

結合命題和單位時間的構想，可以沿用到該世界會隨著時間改變的任何面向。舉例來說，知識庫最初有 $L_{1,1}^0$——在時間 0 代理人在方格[1,1]——以及 $FacingEast^0$，$HaveArrow^0$ 和 $WumpusAlive^0$ 我們使用字眼**流**(借用自拉丁文的 fluens，flowing)代表世界的某個會變化之面向。「流」是「狀態變數」的同義字，意義同於第 2.4.7 節中在因式表示法的討論所描述者。那些與世界的持久不變知面向有關的符號並不需要時間上標，有時也被稱爲**時間變數**。

我們能直接地將臭氣和微風等感知連結到它們體驗到的位置流之方格的屬性如下[10]。對於任何單位時間 t 與任何方格$[x,y]$，我們斷言

$$L_{x,y}^t \Rightarrow (Breeze^t \Leftrightarrow B_{x,y})$$

$$L_{x,y}^t \Rightarrow (Stench^t \Leftrightarrow B_{x,y})$$

現在，當然，我們需要的是可以讓代理人跟踪流的公理例如 $L_{x,y}^t$。這些流會隨代理人所採取之行動的結果而改變，所以，以第 3 章的術語中，我們需要以一組邏輯語句寫下 wumpus 世界的**轉移模型**。

首先，爲了要發生行動，我們需要命題符號。關於感知，這些符號以時間做索引；因此，$Forward^0$ 意指代理人在時間 0 執行 *Forward* 行動。習慣上，於給定單位時間的感知會先發生，隨著於該單位時間的行動，接著轉移到下一個單位時間。

爲了要描述世界是如何的改變，我們能試著寫出**效應公理**，該公理會敘明下於一個單位時間採取之行動會發生什麼事。舉例來說，如果代理人在時間 0 得時候置身於位置[1,1]並面向東方，然後 *Forward*，其結果是代理人是在方格[2,1]而非[1,1]：

$$L_{1,1}^0 \wedge FacingEast^0 \wedge Forward^0 \Rightarrow (L_{2,1}^1 \wedge \neg L_{1,1}^1) \tag{7.1}$$

每個可能的單位時間、每個方格共 16 個、4 個方向等等我們都需要一個這樣的語句。我們也將需要類似的語句用於其他的行動：*Garb*(抓住)，*Shoot*(射擊)，*Climb*(爬)，*TurnLeft*(左轉)，與 *TurnRight*(右轉)。

讓我們假想代理人確實決定在時間 0 移動 *Forward* 而且將這個事實之斷言放進它的知識庫。已知方程式(7.1)在時間 0 的效應公理，再搭配於時間 0 之狀態的最初斷言，代理人現在能推理出它是在[2,1]。也就是說，$\text{ASK}(KB, L_{2,1}^1) = true$。到目前爲止一切順利。不幸地，其他方面的消息就沒那麼好：如果我們 $\text{ASK}(KB,\ HaveArrow^1)$，答案是 *false*，即代理人不能證明它仍然擁有箭頭，也不能證明它未擁有箭頭！該信息已丟失，因爲效應公理無法說出在行動之後有哪些事物是保持原狀的。這件事的需要遂引起了**框架問題**[11]。框架問題的一個可能解決方法是加入可明確地斷言所有仍保持原狀之命題的**框架公理**。例如，於每一個時間 t，我們有

$$Forward^t \Rightarrow (HaveArrow^t \Leftrightarrow HaveArrow^{t+1})$$

$$Forward^t \Rightarrow (WumpusAlive^t \Leftrightarrow WumpusAlive^{t+1})$$

$$\ldots$$

其中，我們明確地提出每一個於行動 *Forward* 下從時間 t 到時間 $t+1$ 會保持不變之命題。雖然代理人現在知道在向前移動之後它仍然保有箭頭而且 wumpus 沒有死或者復活了，框架公理的增似殖乎極爲沒有效率。在一個有 m 個不同動和 n 個流的的世界中，框架公理之集合的規模是 $O(mn)$。這個框架問題的特定表現有時被稱爲**表示框架問題**。在歷史上，該問題是人工智慧研究人員的一個重要課題；我們將在本章末尾的備註進一步地探究它。

表示框架問題之所以重要，因爲實際世界有許多流，不誇張地說。對我們人類幸運地是，每個行動常常只改變那些流中少部份 k 個——世界展現**局部性**。爲了解決表示框架問題所需要定義之轉移模型，其具備之公理集合的規模是 $O(mk)$而非 $O(mn)$。另有一個**推理框架問題**：於時間 $O(kt)$而非 $O(nt)$向前預測一個 t 單位時間之行動計劃之結果的問題。

該問題的解決辦法牽涉到將重心由寫出關於行動之公理轉移到寫出關於流之公理。因此，對於每個流 F，我們將有一個以流(包括 F 本身)來表現在時間 t 時 F^{t+1} 的眞値和在時間 t 可能已經發生之行動。現在，F^{t+1} 的眞假值能以二種方式之一來設定：不論是在時間 t 的行動導致 F 在 $t+1$ 時爲眞，或是 F 在時間 t 的時候已經是眞而且在時間 t 的行動不會導致它變爲假。這種形式的公理叫做**後繼狀態公理**(successor-stateaxiom)而且有如下的樣子：

$$F^{t+1} \Leftrightarrow ActionCauseF^t \vee (F^t \wedge \neg ActionCauseotF^t)$$

最簡單的後繼狀態公理之一是用在 *HaveArrow* 的那一個。因無重新載入之行動，$ActionCausesF^t$ 這部分會消失不見，我們只剩下

$$HaveArrow^{t+1} \Leftrightarrow (HaveArrow^t \wedge \neg Shoot^t) \tag{7.2}$$

至於代理人的位置，後繼狀態公理更爲細緻。例如，$L_{1,1}^{t+1}$ 爲眞如果：(a) 代理人面對南方時從[1,2]，或面對西方時從[2,1]作 *Forward* 移動時；或是(b) $L_{1,1}^t$ 已經爲眞且該行動完全不會造成移動 (可能是因爲這個不是 *Forward* 行動或是該行動撞到牆了)。寫出命題邏輯，這成爲

$$\begin{aligned} L_{1,1}^{t+1} \quad \Leftrightarrow \quad & (L_{1,1}^t \wedge (\neg Forward^t \vee Bump^{t+1})) \\ & \vee\ (L_{1,2}^t \wedge (South^t \wedge Forward^t)) \\ & \vee\ (L_{2,1}^t \wedge (West^t \wedge Forward^t)) \end{aligned} \tag{7.3}$$

習題 7.26 要求你爲其餘 wumpus 世界之流寫出公理。

給予一個完整的後繼狀態公理集合和這一節起頭處所列出的其他公理，代理人將能夠 ASK 而且回答任何關於世界目前狀態的可回答的問題。例如，在第 7.2 節之初始知覺和行動序列是

$$\begin{array}{l} \neg Stench^0 \wedge \neg Breeze^0 \wedge \neg Glitter^0 \wedge \neg Bump^0 \wedge \neg Scream^0 \ ;\ Forward^0 \\ \neg Stench^1 \wedge Breeze^1 \wedge \neg Glitter^1 \wedge \neg Bump^1 \wedge \neg Scream^1 \ ;\ TurnRight^1 \\ \neg Stench^2 \wedge Breeze^2 \wedge \neg Glitter^2 \wedge \neg Bump^2 \wedge \neg Scream^2 \ ;\ TurnRight^2 \\ \neg Stench^3 \wedge Breeze^3 \wedge \neg Glitter^3 \wedge \neg Bump^3 \wedge \neg Scream^3 \ ;\ Forward^3 \\ \neg Stench^4 \wedge \neg Breeze^4 \wedge \neg Glitter^4 \wedge \neg Bump^4 \wedge \neg Scream^4 \ ;\ TurnRight^4 \\ \neg Stench^5 \wedge \neg Breeze^5 \wedge \neg Glitter^5 \wedge \neg Bump^5 \wedge \neg Scream^5 \ ;\ Forward^5 \\ Stench^6 \wedge \neg Breeze^6 \wedge \neg Glitter^6 \wedge \neg Bump^6 \wedge \neg Scream^6 \end{array}$$

目前，我們有 ASK($KB, L_{1,2}^6$) = *true*，因此代理人知道它在哪裡。而且，ASK(KB, $W_{1,3}$) = *true* 而且 ASK(KB, $P_{3,1}$) = *true*，因此代理人已經發現 wumpus 和其中一箇陷阱了。對於代理人的最重要的問題是所移動到的某個方格是否 OK，也就是說，方格沒有陷阱和活的 wumpus。添加具有下述形式的公理會很方便

$$OK_{x,y}^t \Leftrightarrow \neg P_{x,y} \wedge \neg(W_{x,y} \wedge WumpusAlive^t)$$

最後，ASK(KB, $OK_{2,2}^6$) = *true*，所以移動到方格[2,2]是 OK 的。事實上，給定一個堅實的且完整的推理演算法，像是 DPLL，代理人能回答任何有關哪一個方格是 OK 這類可回答的問題——而且對於小至中等的 wumpus 世界，可在毫秒之間就完成。解出代表與推理框架問題是向前一大步，但是一個有害的問題仍然存在：我們需要確定對某個行動都成立的所有必須的先決條件都有它意圖的效果。我們說除非在方式中有一面牆壁，但是有可以導致行動失敗的許多其他的不尋常的例外，向前的行動向前移動代理人：代理人可能會被絆倒、心臟病發，被大蝙蝠帶走等等。敘明這些例外稱之**限制問題**(qualification problem)。邏輯中並沒有完整的的解答；系統設計者必須使用好的判斷力來決定他們在敘明他們的模型時要詳細到什麼程度，以及哪些細節是他們想要剔除的。我們將在第 13 章見到機率理論可以讓我們摘要所有的例外而不需要明白地稱呼它們。

7.7.2 混合代理人

具有推論世界各方面之狀態的能力，可以相當直截了當的以條件——行動規則組合在一起，並且配合第 3 章和第 4 章的問題求解問題演算法來為 wumpus 世界產生**混合代理人**。圖 7.20 展示了做這件事的一個可能方法。代理人程式保管並且更新知識庫以及一個當前的規劃。剛開始時的知識庫包含時序公理——那些與 *t* 無關者，像是方格有沒有微風吹過與方格有沒有陷阱出現等相關之公理。在每個單位時間，新的感知語句連同所有有賴於 *t* 者，像是後繼狀態公理，都會被一起加進來(在下一節會解釋代理人為什麼不需要未來單位時間的公理)。然後，代理人使用邏輯推論，藉由向知識庫 ASK 問題，來找出哪些方格是安全的與哪些還沒有被訪問過。

代理人程式的主體是一個根據目標優先度漸減的計劃。首先，如果有一個金光，程式建構一個拿金子、一條返回最初位置的路徑、與爬出洞的規劃。否則，如果沒有當前規劃，該程式會規劃一條前往靠得最近的安全且仍然未被拜訪過之方格的路徑，確定該路徑只會經過安全的方格。路線規劃用 A*搜尋，而不是由 ASK 來完成。如果沒有安全的方格可探訪，下一個步驟——如果代理人仍然有一支箭——是試著射向 wumpus 的可能位置之一來製造安全的方格。這些都透過詢問何處的 ASK(KB, $\neg W_{x,y}$)是假的——也就是說，在何處它不知道沒有 wumpus。函數 PLAN-SHOOT(沒有顯示出來)使用 PLAN-SHOOT 來規劃射擊行動的順序。如果失敗，該程式會尋找一個尚未被證實為不安全而待探訪的方格——也就是說，若 ASK(KB, $\neg OK_{x,y}^t$)會傳回 false。如果沒有如此的方格存在，那麼該任務屬於不可能的且代理人退回到[1,1]並爬出洞。

```
function HYBRID-WUMPUS-AGENT(percept) returns an action
  inputs: percept, a list, [stench,breeze,glitter,bump,scream]
  persistent: KB, a knowledge base, initially the atemporal "wumpus physics"
              t, a counter, initially 0, indicating time
              plan, an action sequence, initially empty

  TELL(KB, MAKE-PERCEPT-SENTENCE(percept, t))
  TELL the KB the temporal "physics" sentences for time t
  safe ← {[x, y] : ASK(KB, OK^t_{x,y}) = true}
  if ASK(KB, Glitter^t) = true then
    plan ← [Grab] + PLAN-ROUTE(current, {[1,1]}, safe) + [Climb]
  if plan is empty then
    unvisited ← {[x, y] : ASK(KB, L^{t'}_{x,y}) = false for all t' ≤ t}
    plan ← PLAN-ROUTE(current, unvisited ∩ safe, safe)
  if plan is empty and ASK(KB, HaveArrow^t) = true then
    possible_wumpus ← {[x, y] : ASK(KB, ¬ W_{x,y}) = false}
    plan ← PLAN-SHOT(current, possible_wumpus, safe)
  if plan is empty then   // no choice but to take a risk
    not_unsafe ← {[x, y] : ASK(KB, ¬ OK^t_{x,y}) = false}
    plan ← PLAN-ROUTE(current, unvisited ∩ not_unsafe, safe)
  if plan is empty then
    plan ← PLAN-ROUTE(current, {[1, 1]}, safe) + [Climb]
  action ← POP(plan)
  TELL(KB, MAKE-ACTION-SENTENCE(action, t))
  t ← t + 1
  return action
```

```
function PLAN-ROUTE(current,goals,allowed) returns an action sequence
  inputs: current, the agent's current position
          goals, a set of squares; try to plan a route to one of them
          allowed, a set of squares that can form part of the route

  problem ← ROUTE-PROBLEM(current, goals,allowed)
  return A*-GRAPH-SEARCH(problem)
```

圖 7.20 一個 wumpus 世界的混合代理人程式。它使用命題知識庫推理出世界的狀態，並使用問題求解搜尋和特定領域碼的組合來決定該採取什麼行動

7.7.3 邏輯狀態之估計

於圖 7.20 的代理程式運作的很好，但它有一個很大的弱點：隨著時間的逝去，呼叫 ASK 的計算費用變得越來越高。這種現象的發生，主要是因為所需的推理必須隨著時間倒退的更遠，而且牽涉進來的命題符號越來越多。顯然地，這是不可能持久的——我們不能有個代理人其處理每一個認知所需的時間是等比例於其生命的長度！我們真正需要的是固定不變的更新時間——也就是與 t 無關。明顯的答案是儲存、或**快取**推理的結果，所以在下個單位時間的推理程序能建立在前一個時間所得到的結果，而非再一次從頭開始。

一如我們在 4.4 節中所見，感知的過去歷史以及它們所有的分支能被**信度狀態**——也就是說，某個表示世界當前所有可能狀態之集合的方法——所取代[12]。當新的感知到達時，更新信度狀態的程序稱爲**狀態估計**。然而在第 4.4 節信度狀態是一份清清楚楚的狀態清單，在這份清單中，我們能使用關聯至目前時間之命題符號的邏輯語句，以及時序符號。例如，邏輯語句

$$WumpusAlive^1 \wedge L^1_{2,1} \wedge B_{2,1} \wedge (P_{3,1} \vee P_{2,2}) \tag{7.4}$$

代表在時間 1 的 wumpus 是活著的情況下全部狀態的集合，該代理人位在[2,1]，該方格有微風，並且在[3,1]或者[2,2]或兩處都有陷阱。

想要一如邏輯公式般的維持信度狀態的正確性事實上是不容易的。如果於時間 t 有 n 個流符號，那麼將有 2^n 個可能的狀態——也就是說，將那些符號賦予眞值。現在，信度狀態的集合是實際狀態的冪集合(所有子集合的集合)。有 2^n 個實際狀態，因之有 2^{2^n} 個信度狀態由此而來。即使我們使用了最精簡程式碼寫出邏輯公式，但是每個信度狀態由一個獨一無二的位元號碼來代表，因之我們將需要 $\log_2(2^{2^n}) = 2^n$ 個位元數來標出當前的信度狀態。也就是說，正確的狀態估計所需要的邏輯公式的規模會是符號數目的指數級。

一個常見與自然的近似狀態估計之方案是以文字的連言，也就是 1-CNF 型式，來代表信度的狀態。要做這件事，代理人程式只要，於 $t-1$ 的信度狀態已知的情況下，試著證明每個符號 X_t (以及每個眞假值還不明朗的時序符號)的 X^t 和 $\neg X^t$。可證明之文字的連言變成新的信度狀態，而且先前的信度狀態即被捨棄。

必須了解的是隨著時間流逝，這個方案可能會漏失一些訊息。舉例來說，如果在方程式(7.4)中的語句之信度狀態爲眞，則 $P_{3,1}$ 與 $P_{2,2}$ 將會是個別地可證明且兩者皆不會於 1-CNF 的信度狀態中出現(習題 7.27 探究了這個問題的可能解消方法)。另一方面，因爲於 1-CNF 中每個文字的信度狀態已經從前一個信度狀態所證明過了，並且初始的信度狀態是一個眞的斷言，我們知道整個 1-CNF 信度狀態一定爲眞。因此，由 1-CNF 信度狀態所代表之可能狀態的集合包括了，於完整感知歷史以知的情況下，所有事實上可能的的狀態。如圖 7.21 所展示的，1-CNF 信度狀態的作用像個簡單的外圍包絡線，或是正確信度狀態的**保守近似值**。我們在許多 AI 領域中，見到如是以保守近似值的想法來作爲複雜的集合之常見方案。

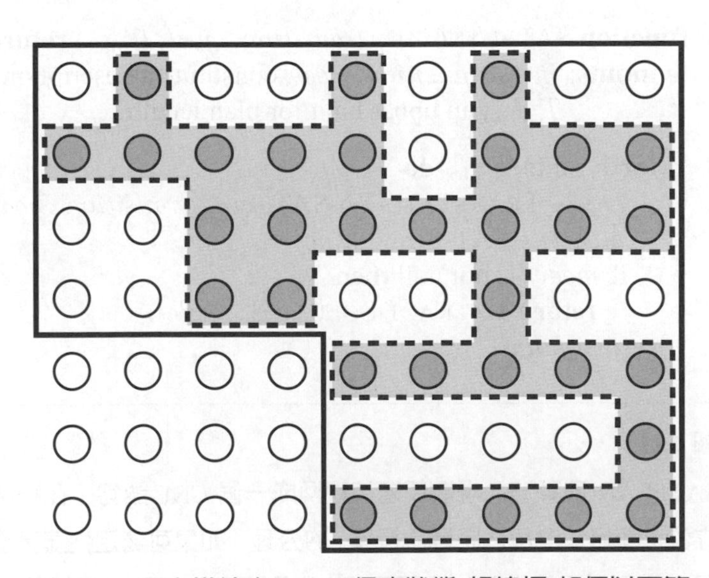

圖 7.21　圖中描繪出 1-CNF 信度狀態(粗線框)如何以可簡單表示的保守近似方式來近似正確的(曲線)信度狀態(虛線框陰影區域)。每個可能的世界以一個圓圈來表示；陰影部份則與所有的感知一致。

7.7.4 由命題推理的方式來訂定計劃

於圖 7.20 中的代理人使用邏輯推理來判斷哪一個方格是安全的，但是使用 A* 搜尋來訂定計劃。在這一節中，我們顯示該如何由邏輯推理訂定計劃。基本的想法非常簡單：

1. 建構一條語句，其中包括
   (a) $Init^0$，一群有關初使狀態的斷言；
   (b) $Transition^1$, ..., $Transition^t$，後繼狀態公理用於每段時間內所有可能的行動直到最大時間 t；
   (c) 目標在時間 t 達成的斷言；$HaveGold^t \wedge ClimbedOut^t$。
2. 將整個語句呈現予一個 SAT 求解程式。如果求解程式找出一個滿意的模型，那麼目標是可達成的； 如果該語句是無法滿足的，那麼訂定計劃的問題是不可能的。
3. 假定某個模型被找出，從那些代表行動且被賦予爲眞的變數中抽取出來。兜起它們就代表了達成該目標的計劃。

命題規劃程序，SATPLAN，顯示如圖 7.22。它只採用所給定的基本想法，但有一些曲折。因爲代理人不知道要經過多少步驟才能到達目標，該演算法嘗試每一個可能的步驟數目 t，直到最大可得知的規劃長度 T_{max}。這樣，就能保證找出最短的規劃，如果有這麼一個規劃存在。因爲 SATPLAN 所使用之搜尋解答的方式不能夠被用在局部可觀察的環境；SATPLAN 將只會針對無法觀察得到的變數設定爲它爲求創造出一個答案所需要的數值。

```
function SATPLAN(init, transition, goal, T_max) returns solution or failure
  inputs: init, transition, goal, constitute a description of the problem
          T_max, an upper limit for plan length

  for t = 0 to T_max do
    cnf ← TRANSLATE-TO-SAT(init, transition, goal, t)
    model ← SAT-SOLVER(cnf)
    if model is not null then
      return EXTRACT-SOLUTION(model)
  return failure
```

圖 7.22

SATPLAN 演算法。規劃問題被轉換成一個 CNF 語句，在該語句中目標被斷言在固定的時間步長 t 是成立的，而且包含每個時間步長達 t 的公理。如果可滿足性演算法找到一個模型，則透過查看那些提及行動且在模型中賦值為真的命題符號來萃取規劃。如果沒有任何模型存在，那麼將目標延後一步，再重新執行這個程序一遍使用 SATPLAN 的關鍵步驟是知識庫的建構。似乎，在不經意的檢視下，第 7.7.1 節中的 wumpus 世界公理足敷上述步驟 1(a)和 1(b)所用。然而，蘊涵所要求之需求(如 ASK 所測試過的)和可滿足性所要求之需求兩者之間有明顯的不同。例如，考慮代理人的位置是最初在[1,1]，而且假想代理人的明確目標是在時間 1 的[2,1]。最初的知識庫含有 $L^0{}_{1,1}$ 及目標是 $L^1{}_{2,1}$。使用 ASK，我們能證明 $L^1{}_{2,1}$ 如果 $Forward^0$ 被斷言，和，再次肯定地，我們無法證明 $L^1{}_{2,1}$ 如果，比如說，取而代之是 $Shoot^0$ 被斷言。現在，SATPLAN 會發現 plan[$Forward^0$]；到現在為止，都還不錯。不幸地，SATPLAN 也找出 plan[$Shoot^0$]。怎麼會如此呢？要找出原因，我們檢視 SATPLAN 所建構的：它包括賦值 $L^0{}_{2,1}$，也就是說，藉由在時間 0 的時候位在那裡並射擊，代理人在時間 1 可以位在[2,1]。有人也許會問，「我們不是說在時間 0 的時候位在[1,1]？」是的，我們的確是說過，但是我們並沒有告訴代理人同時間不可以有兩個計劃！。蘊涵 $L^0{}_{2,1}$ 是未知的，也因此不能在一個可滿足性的證明中使用；另一方面，$L^0{}_{2,1}$ 是未知的，而因此能夠被設定為任何一個能使目標為眞的值。因為這個理由，SATPLAN 是一個好的知識庫除錯工具，因為它能顯露出任何知識漏失之處。在這個特別的情況，我們能修正知識庫，方法是使用一群類似於斷言恰有一個 wumpus 存在的語句，來斷言於每個單位時間，代理人就正位在某個位置。令一個做法是，我們可以斷言所有位置的$\neg L^0{}_{x,y}$，除了[1,1]之外；該位置的後繼狀態公理會處理後續的單位時間。相同的修正做法也適用於確認代理人只有一個方位。

然而，SATPLAN 裡面還更多的意想不到的東西。第一個是它使用一些不可能出現的行動來找出模型，像是以空箭來射擊。欲了解何以如此，我們需要更小心地觀察後繼狀態公理[像是式(7.3)]有關於先決條件不被滿足下的行動的說法。該公理確實正確地預測，當如是的行動被執行的時候，不會發生任何事(參見習題 10.14)，但是它們並沒有說該行動不能被執行！為了避免產生不合法行動的計劃，我們必須加上前提公理，該公理陳述一個行動的發生需要該先決條件被滿足[13]。舉例來說，我們必須說，對於每個時間 t，有

$$Shoot^t \Rightarrow HaveArrow^t$$

這確保了如果一個計劃在任何時候選擇射擊行動時，必須是在該時間時，代理人有根箭的情況。

SATPLAN 的第二個令人意外之處是用數個同步行動來創造出計劃。舉例來說，它可能提出一個 $Forward^0$ 和 $Shoot^0$ 兩者都為眞的模型，而這是不被允許的。為了泯除這個問題，我們介紹**行動排斥公理**：對於每一對行動 $A^t{}_i$ 與 $A^t{}_j$，我們加進這個公理

$$\neg A^t{}_i \vee \neg A^t{}_j$$

需要指出的是向前走的同時做射擊動作並非難事，然而，例如，在射擊同一時間要抓取東西卻是相當不切實際的。對眞正會互相彼此干擾之行動施加行動排斥公理，可以讓我們的計劃中納入數個並行的行動——並且因為 SATPLAN 找出的是最短的合法計劃，我們可以肯定的說，它將會利用這項能力帶來的優勢。

總結的說，SATPLAN 找出適用於一個有初始狀態、目標、後繼狀態公理、前提公理和行動排斥公理之語句的模型。在不再有任何虛造的「解答」之意義上，可證明這些公理的集合是充份的任何滿足命題語句的模型都是對原問題的一個有效計劃。現代的 SAT——求解技術使得該方法相當實際。舉例來說，一個 DPLL 風格的求解程式要為圖 7.2 所示的 wumpus 世界產生 11 步解答並非難事。

這一節已經描述代理人建構的陳述性方式：代理人作業於知識庫內的斷言語句之組合並執行邏輯推理。這種方式有一些弱點，隱藏在句子如「對於每個時間 t」和「對於每個方格$[x,y]$」對於任何實用的代理人，這些句子必須要透過產生一般性語句綱要之實例的程式碼自動地實作以插入知識庫之中。對於一個合理大小的 wumpus 世界——一個大小與小型電腦遊戲伯仲之間者——我們可能就需要 100×100 個格子和 1000 個時間步驟，造成知識庫中存滿了數千萬至數億條語句。這不只變得相當不實際，它也彰顯了一個更深層的問題：我們對於 wumpus 世界多多少少知道一些事——即，「物理學「作用於所有方格於全部時間步驟的效果都是一樣的——這是我們無法直接地以命題邏輯語言來表達的。為了解決這個問題，我們需要一個更具表達力的語言，在這語言中一個片語如「對於每個時間 t」和「為每個方格$[x,y]$」能以自然的方式寫出來。一階邏輯，曾在第 8 章描述過，就是這麼一個語言；在一階邏輯中，任何大小和長短時間的 wumpus 世界都能以大約十幾條而非上千萬條語句來描述。

7.8 總結

我們已經介紹了知識型代理人，並且說明了如何定義一種邏輯，使得代理人可以對世界進行推理。要點如下：

- 智慧型代理人需要關於世界的知識，以便達到良好的決策。
- 知識是利用**語句**形式被包含在代理人內，這些語句是採**知識表示語言**，並儲存在**知識庫**中。
- 知識型代理人是由知識庫和推理機制組成的。它的運轉方式是把關於世界的語句儲存到它的知識庫中，運用推理機制推導出新的語句，並用這些語句來決策採取什麼行動。
- 表示語言是透過它的**語法**和**語意**來定義，其中語法指定語句的結構，而語意定義了每個語句在每個**可能世界**或**模型**中的**真值**。
- 語句之間的**蘊涵**關係對於我們對推理的理解至關緊要。語句 α 蘊涵另一語句 β，如果 β 在所有 α 為眞的世界中都為眞。等價定義包括語句 $\alpha \Rightarrow \beta$ 的**有效性**和語句 $\alpha \wedge \neg\beta$ 的**不可滿足性**。
- 推理是從舊語句中產生新語句的過程。**可靠**推理演算法只產生被蘊涵的語句；**完備**演算法產生所有被蘊涵的語句。
- **命題邏輯**是由**命題符號**和**邏輯連結符**組成的簡單語言。它可以處理已知為眞、已知為假或完全未知的命題。
- 已知一個固定的命題辭彙表時，可能模型集是有限的，因此蘊涵檢驗可以透過對模型進行列舉來實作。用於命題邏輯的有效**模型檢驗**推理演算法包括回溯和局部搜尋方法，通常可以快速求解大規模的問題。

- **推理規則**是可用來尋找證明的可靠推理模式。**解消**規則產生一個用於以**連言標準型**表示的知識庫之完備推理演算法。**前向連結**和**逆向連結**是用於以**霍恩形式**表示的知識庫之自然推理演算法。
- **局部搜尋**演算法像是 WALKSAT 能被使用來找出解答。這樣的演算法是不錯但是不完備。
- 邏輯**狀態估算**涉及維持一個邏輯語句，此語句描述出與觀察歷史一致的可能狀態集合。每個更新步驟需要使用該環境的轉移模型來推理，這是建構在敘明每個**流**是如何改變的**後繼狀態公理**。
- 一個邏輯代理人間的決定能被 SAT 解出：找出的可能的模型，於此敘明到達目標之未來的行動順序。這種方式只對完全可觀察或無感側的環境有效。
- 命題邏輯不會配合範圍限制之環境來調整，因爲它缺乏簡潔處理時間、空間和物件之間的一般性關係樣式的表達力。

參考文獻與歷史的註釋 BIBLIOGRAPHICAL AND HISTORICAL NOTES

麥卡錫的文章《具有常識的程式》(*Programs with Common Sense*)(McCarthy，1958，1968)公佈了代理人的概念，用邏輯推理作爲感知資訊和行動之間的媒介。它還樹立了陳述主義的旗幟，指出告知代理人它蘊涵做什麼是一種非常優雅的軟體構造方法。艾倫・紐威爾(Allen Newell，1982)的文章《知識層次》(*The Knowledge Level*)提出了這樣的情況，即理性代理人可以在由它們處理的知識而不是它們執行的程式所定義的抽象級別上進行描述和分析。Boden(1977)的文章對人工智慧的陳述性和過程性方法進行了比較。爭議已由 Brooks(1991)和 Nilsson(1991)等等所修訂，而且持續不輟至今日(Shaparau 等等，2008)。於此同時，陳述性方法已經散佈至計算機科學的其他領域，如網路(Loo 等，2006)。

邏輯本身在古希臘哲學和數學中可以找到根源。不同的邏輯法則——把它們的眞値和假値、它們的意義或它們所指出的論據的合法性與語句的語意結構聯繫起來的法則——散佈在柏拉圖(Plato)的著作中。已知最早的邏輯語意研究是由亞里斯多德發端的，他的著作由他的學生在他於西元前 322 年死後匯總成論文集，稱爲《工具論》(*Organon*)。亞里斯多德的**三段論**(syllogism)就是我們現在稱爲推理規則的東西。雖然三段論法納入了命題和一階邏輯的要素，系統整體而言缺乏處理任意複雜之語句所必要的合成性特性。

緊密相關的麥加拉學派和斯多葛學派(濫觴於西元前第五世紀且風行數世紀之久)開始了基本邏輯連接符的有系統的研究。用眞値表定義邏輯連結符歸功於麥加拉的斐洛(Philo of Megara)。斯多葛學派用 5 條基本推理規則作爲無需證明的正確規則，包括我們現在稱爲肯定前件(Modus Ponens)的規則。他們在其他原理中採用演繹定理(第 7.5 節)，而根據這 5 條規則導出許多其他規則，並且比亞里斯多德的證明概念更清楚。Benson Mates(1953)爲麥加拉學派和斯多葛學派的邏輯作了很好的歷史說明。

將邏輯推理簡化爲一個應用於形式語言的純機械式過程的想法歸功於萊布尼茲(Wilhelm Leibniz，1646-1716)，雖然他在實現該想法上僅取得有限成功。布林(George Boole，1847)在他的書《邏輯的數學分析》(*The Mathematical Analysis of Logic*)中介紹了第一個全面而且切實可行的形式邏輯系統。布林邏輯嚴密地模仿實數的常規代數，並採用邏輯等價運算式的互換作爲它的主要推理方法。儘管布林系統還無法處理全部的命題邏輯，它依然足夠接近從而使得其他數學家能夠迅速彌合差距。Schröder (1877)描述了 CNF，而霍恩(Horn，1951)晚些時候引入了霍恩形式。現代命題邏輯(以及一階邏輯)的第一次全面闡述被發現於高特洛布・弗雷格(Gottlob Frege，1879)的《*Begriffschrift*》(「概念書寫」或「概念符號」)中。

Stanhope 伯爵三世(1753-1816)構造了第一個執行邏輯推理的機械裝置。Stanhope 證明機可以處理三段論和概率論的某些推理。William Stanley Jevons，對布林的工作加以改進和擴充的科學家之一，在 1869 年構造了他的「邏輯鋼琴」以便執行布林邏輯中的推理。馬丁・加德納(Martin Gardner，1968)描述了關於這些以及其他早期的用於推理的機械裝置的有趣而且有教育意義的歷史。第一個公佈的邏輯推理電腦程式是紐厄爾，Shaw 和西蒙(1957)開發的邏輯理論家(Logic Theorist)。該程式試圖模仿人類的思維過程。Martin Davis(1957)確實在 1954 年就設計出一個可以進行證明的程式，但是邏輯理論家的結果的公佈時間比他稍微早一點。

眞值表作為一種命題邏輯之有效性或不可滿足性的測試方法，是由埃米爾・伯斯特(Emil Post，1921)和路德・維希維特根斯坦(Ludwig Wittgenstein，1922)個別地發表的。20 世紀 30 年代，人們在一階邏輯的推理方法方面取得了大量進展。尤其是哥德爾(Gödel，1930)證明了用於一階邏輯推理的完備過程可以採用海布蘭定理(Herbrand，1930)對命題邏輯進行簡化而得到。我們將在第 9 章中再次回顧這段歷史；這裏的重點在於高效命題演算法的開發在 20 世紀 60 年代很大程度上是被數學家對一階邏輯有效定理證明機的興趣所激發的。大衛斯——普特南演算法(Davis 和 Putnam，1960)是第一個有效的命題歸結演算法，但是在多數情況下，它的效率要比兩年後(1962)引入的 DPLL 回溯演算法低。完整的解消規則和它的完備性證明出現於 J. A. Robinson(1965)的一篇開創性論文中，論文中還說明了如何在不求助於命題技術的情況下實作一階邏輯推理。

Stephon Cook(1971)證明了，判定命題邏輯語句的可滿足性(SAT 問題)是 NP-complete。由於判定蘊涵等價於判定不可滿足性，則它是共同 NP 完全問題。很多邏輯命題子集已知其可滿足性問題屬於多項式可解的，霍恩子句屬於這類子集。霍恩子句的線性時間前向連結演算法是由 Dowling 和 Gallier(1984)提出的，他們把該演算法描述成與電路中信號傳播類似的資料流程過程。

早期理論調查顯示 DPLL 對於問題的某些自然分佈的平均情況具有多項式的複雜度。在 Franco 和 Paull(1983)證明了同樣的問題透過猜測隨機賦值可以在固定時間內求解以後，降低了這個潛在的令人興奮事實的吸引力。本章描述的隨機產生方法產生了更難的問題。受到局部搜尋在這些問題上的實驗成功的啓發，Koutsoupias 和 Papadimitriou(1992)證明一個簡單的爬山演算法能夠快速求解幾乎所有可滿足性問題實例，暗示著難題非常稀有。此外，Schöning (1999)展示了一個隨機化爬山演算法，其在 3-SAT 問題(即 3-CNF 語句的可滿足性)上的最壞情況的期望執行時間為 $O(1.333^n)$——仍然是指數的，但是遠比以前的最壞情況的時間界限要快。目前的紀錄是 $O(1.324^n)$(Iwama 與 Tamaki，2004)。Achlioptas *et al*. (2004)與 Alekhnovich *et al*. (2005)展示 3-SAT 實例的同族，對此，所有已知的 DPLL 類型的演算法需要的運算時間呈現指數級的增長。

就實際面而言，命題求解程式增加的效率已經被標示出來了。給予十分鐘的計算時間，在 1962 年的原始 DPLL 演算法只能解出不超過 10 或 15 個變數的問題。迄 1995 年 SATZ 求解程式(Li 和 Anbulagan，1997)可以處理 1,000 個變數，這得歸功於為索引化的變數將資料結構最佳化了。兩個重要的貢獻是 Zhang 與 Stickel 的**督看文字**索引技術(watched literal indexing technique，1996 年)，這使得單位傳播非常有效，以及 Bayardo 與 Schrag 取自 CSP 園地的子句(即限制)學習技術(1997)。運用這些想法，而且在解決工業等級之電路驗證問題的刺激下，Moskewicz 等等(2001)發展了雜 CHAFE 求解程式，這程式可以處理數以百萬計變數的問題。2002 年開始，SAT 的競爭已經變得頻繁；大部份的獲勝者不是嫡傳自 CHAFF 就是使用了相同的一般性方法。RSAT(Pipatsrisawat 和 Darwiche，2007)，2007 年的獲勝者，落於後面這一類。另外，值得注意的是 MINISAT(Een 及 Sörensson，2003)，一個開放源碼實作可於 `http://minisat.se` 取得，設計得很容易被修改而且改進。目前求解程式的風貌由 Gomes 等人(2008)所探討。

不同的作者對可滿足性的局部搜尋演算法的嘗試貫穿了整個 20 世紀 80 年代，所有的演算法都基於最小化未滿足語句的數量這一想法(Hansen 和 Jaumard，1990)。一個特別有效的演算法是由 Gu(1989)和 Selman 等人(1992)分別獨立地開發出來的，他們稱之為 GSAT 並證明它有能力快速求解範圍很寬且非常難的問題。本章描述的 WALKSAT 演算法是由 Selman 等人提出的(1996)。

隨機 k-SAT 問題的可滿足性之「相變」由 Simon 及 Dubois(1989)首先觀察到，並引起了很大的理論和實驗性研究——部分原因是，其與統計物理現象之相變有顯而易見的連結。Cheeseman 等(1991)在一些 CSP 觀察到相變，並推測所有的 NP-hard 問題都有相變。Crawford 和 Auton(1993)在子句/變數比值大約為 4.26 之處找到了 3-SAT 相變，注意到這與他們的 SAT 求解程式之執行期間的尖峰值一致。Cook 與 Mitchell(1997)為該問題之早期文獻提供了絕佳的摘要資料。

理論進展的現況已由 Achlioptas(2009)做了摘要。**可滿足性臨界值猜想**(satisfiability threshold conjecture)說的是，對於每一個 k，有一個劇變的可滿足性臨界值 r_k，使得當變數的數目 $n \to \infty$，低於此臨界值之實例之可滿足性的機率等於 1，而那些高於臨界值者的不可滿足性機率等於 1。該猜想不算完整地被 Friedgut(1999)證明了：一個劇變的臨界值存在但是它的位置可能與 n 有關，即使 $n \to \infty$。對於大的 k，其臨界值的漸近性分析有長足的進展(Achlioptas 和 Peres，2004；Achlioptas 等，2007)，但所能證明的也只是對於 $k = 3$，臨界值會介於[3.52, 4.51]之間。目前的理論認為一個 SAT 求解程式執行時間的劇變，不必然與可滿足性的臨界值有關，而是改認為與之解答分佈之相變和 SAT 實例的結構有關。Coarfa 等人(2003)的實驗支持這個觀點。事實上，演算法如**訊息傳遞**(survey propagation)(Parisi 和 Zecchina，2002；Maneva 等人，2007)利用可滿足性臨界值附近之隨機 SAT 實例之好處，而其表現遠遠的優於一般 SAT 求解程式於這類實例上的表現。

關於可滿足性，理論上與實際上的，最好的資訊來源是可滿足性手冊(Biere 等人，2009)以及定期舉行的可滿足性理論與測試，又稱 SAT，應用國際會議。

利用命題邏輯建造代理人的想法可追溯至 McCulloch 和 Pitts(1943)的開創性論文，這篇論文是神經網路領域的創始作。與流行推測相反，這篇論文關注的是大腦中基於布林電路的代理人設計的實作。然而，電路型代理人，是在硬體電路傳播訊號而非在一般的電腦執行演算法來進行計算，這項做法已經在人工智慧領域吸引了些許的目光。最值得注意的例外是 Stan Rosenschein (Rosenschein，1985；Kaelbling 和 Rosenschein，1990)的工作，他設計出根據任務環境的陳述性描述對基於電路的代理人進行編譯的方法。(Rosenschein 的方法在這本書的第二版中有相當篇幅的介紹)。Rod Brooks(1986，1989)的研究工作證實基於電路的設計在控制機器人方面應用的有效性——這是我們將在第 25 章中再次討論的主題。Brooks(1991)爭辯說基於電路的設計是 AI 所蘊涵的全部——表示和推理都是麻煩、昂貴和多餘的。我們的觀點是，兩種方法只憑自己都不充分。威廉斯等人(2003)顯示一個與我們 wumpus 代理人相去不遠的混合代理人設計已經被使用於控制美國航空暨太空總署的太空船，規劃行動的順序以及故障之診斷與復原。

追蹤部份可觀察環境的一般性問題在第 4 章論述狀態型表示法時介紹過了。命題表示方法的實例化，由 Amir 與 Russell(2003)所研究，他們辨識出數個環境類別，於這些類別的環境可允許高效率的狀態估計演算法，並證明了對於其他類別，該問題是難以操作的。**時序預測**(temporal-projection)問題，涉及某個行動順序執行之後哪一個命題會保持爲眞之判斷，可以視爲於空感知之狀態估計的特別例子。許多作者已經研究這個問題，因爲它在規劃方面甚爲重要；一些重要的結果已由 Liberatore 建立(1997)。以命題代表信度狀態的想法能夠溯及 Wittgenstein(1922)。

邏輯狀態估計，當然，需要一個行動效果的邏輯表示法——是個人工智慧自 1950 年代後期以後的關鍵問題。主宰的提議一直是情景演算形式論(McCarthy，1963)，是用於一階邏輯之中的措辭。我們會在第 10 和 12 章中討論情景演算，和它的各種不同擴充與替代做法。本章所用的方法——使用時序索引於命題變數——使用上限制較多，但是好處是單純。棲身於 SATPLAN 演算法之一般性方法是由 Kautz 和 Selman 所倡議(1992)。SATPLAN 的衍生後代能夠汲取稍早介紹過的 SAT 求解程式的優點，而仍然側身於解答困難問題之最有效方法之一(Kautz，2006)。

框架問題首先由 McCarthy 和 Hayes(1969)所認知。許多研究人員將之視爲一階邏輯中無法求解的問題，而它也激勵許多對非單調性邏輯方面的深入研究。從 Dreyfus(1972)到 Crockett(1994)等哲學家說過框架問題爲整個人工智慧產業難免失敗的一個癥候。以後繼狀態公理的求解框架問題可歸因於 Ray Reiter(1991)，Thielscher(1999)視該推理之框架問題爲不同的個別想法並提供了一個解答。於回顧方面，讀者可以見到 Rosenschein(1985)的代理人使用了後繼狀態公理之電路，但是 Rosenschein 沒有注意到框架問題因此大部分地被解出了。Foo(2001)解釋爲什麼離散事件系統理論模型常常被工程師使用，而不必直接面對框架問題：因爲他們處理的是預測和控制，而不需要對違反事實的情景加以解釋與析理。

現代的命題求解程式在工業應用上有非常寬廣的適用性。命題推理在電腦硬體的綜合應用現在是許多需要大規模配置的標準技術(Nowick 等人，1993)。SATMC 可滿足性檢驗程式曾被用來偵測一個網路瀏覽器使用者登陸通訊協定之先前所不知道的弱點(Armando 等人，2008)。

wumpus 世界是格里高里 Yob(1975)發明的。具有諷刺意味的是，Yob 開發它的理由是他對於在網格中進行的遊戲感到厭倦：他最初的 wumpus 世界的拓撲結構是一個十二面體；我們把它還原到乏味的舊網格。Michael Genesereth 是第一個提出可以把 wumpus 世界用作代理人測試平臺的人。

❖ 習題 EXERCISES

7.1 假定代理人已經前進到圖 7.4(a)所示的位置點，並感知到：[1,1]什麼也沒有，[2,1]有微風，[1,2]有臭氣，然後現在關心[1,3]，[2,2]及[3,1]的內容。這 3 個位置中的每一個都可能包含陷阱，而最多只有一個可能有 wumpus。按照圖 7.5 的實例，構造出可能世界的集合。(你應該找到 32 個)。把 KB 爲眞以及下列每個語句都爲眞的世界標出來：

$\alpha_2 = [2, 2]$中沒有陷阱。

$\alpha_3 = [1, 3]$中有一隻 wumpus。

因此，證明 $KB \models \alpha_2$ 及 $KB \models \alpha_3$。

7.2 [改編自 Barwise 和 Etchemendy(1993)]。已知如下，你能否證明獨角獸是神話的？是否是有魔法的？有角的？

如果獨角獸是神話的，那麼它是長生不老的，但如果它不是神話的，那麼它是一種會死的哺乳動物。如果獨角獸既不是不會死的，也不是哺乳動物，那麼它是有角的。如果獨角獸有角，那麼它是有魔法的。

7.3 考慮如何判斷一個命題邏輯語句在給定模型中是否爲眞的問題。

a. 寫出一個遞迴演算法 PL-TRUE?(*s, m*)，它返回 *true* 若且唯若語句 *s* 在模型 *m* 中爲眞(其中，*m* 給 *s* 中的每個符號賦一個眞值)。該演算法的執行時間必須隨著語句的量級線性增長。(另一種選擇是採用聯機程式碼庫中本函數的某個版本)。

b. 給出 3 個語句例子，它們可以在一個沒有對某些符號賦予眞值的不完全模型中判斷眞假。

c. 證明在一個局部模型中通常無法有效地判斷語句的眞值(如果存在)。

d. 修改你自己的 PL-TRUE?演算法，以便它有時可以根據局部模型判斷事實，同時保持它的遞迴結構和線性執行時間。給出 3 個例句，它們的眞值在不完全模型中用你的演算法無法檢測出來。

e. 探究修改過後的演算法是否確使 TT-ENTAILS 更有效率？

7.4 下面的語句何者爲眞？

a. $False \models True$　　**b.** $True \models False$

c. $(A \land B) \models (A \Leftrightarrow B)$　　**d.** $A \Leftrightarrow B \models A \lor B$

e. $A \Leftrightarrow B \models \neg A \lor B$

f. $(A \land B) \Rightarrow C \models (A \Rightarrow C) \lor (B \Rightarrow C)$

g. $(C \lor (\neg A \land \neg B)) \equiv ((A \Rightarrow C) \land (B \Rightarrow C))$

h. $(A \lor B) \land (\neg C \lor \neg D \lor E) \models (A \lor B)$

i. $(A \lor B) \land (\neg C \lor \neg D \lor E) \models (A \lor B) \land (\neg D \lor E)$

j. $(A \lor B) \land \neg(A \Rightarrow B)$ 爲可滿足

k. $(A \Leftrightarrow B) \land \neg(A \lor B)$ 爲可滿足

l. $(A \Leftrightarrow B) \Leftrightarrow C$ 的模型數目同 $(A \Leftrightarrow B)$，對於包括 A、B、C 的命題符號形成的任何固定集合

7.5 證明下列的每個斷言：

a. α 為真若且唯若 $True \models \alpha$。

b. 對於任意 α，$False \models \alpha$。

c. $\alpha \models \beta$ 若且唯若語句$(\alpha \Rightarrow \beta)$為真。

d. $\alpha \equiv \beta$ 若且唯若語句$(\alpha \Leftrightarrow \beta)$為真。

e. $\alpha \models \beta$ 若且唯若語句$(\alpha \wedge \neg\beta)$是不可滿足的。

7.6 證明，或找出一個反例，下面各個斷言：

a. 若 $\alpha \models \gamma$ 或 $\beta \models \gamma$ (或同時)，則$(\alpha \wedge \beta) \models \gamma$

b. 若$(\alpha \wedge \beta) \models \gamma$ 則 $\alpha \models \gamma$ 或 $\beta \models \gamma$ (或同時)

c. 若 $\alpha \models (\beta \vee \gamma)$ 則 $\alpha \models \beta$ 或 $\alpha \models \gamma$ (或同時)

7.7 考慮一個具有 4 個命題 A、B、C 和 D 的詞彙。對於下列語句分別有多少個模型？

a. $B \vee C$

b. $\neg A \vee \neg B \vee \neg C \vee \neg D$

c. $(A \Rightarrow B) \wedge A \wedge B \wedge C \wedge D$

7.8 我們已經定義四個二元邏輯連接符。

a. 是否存在可能有用的其他連結符？

b. 可能有多少種二元連結符？

c. 為什麼有的連結符不是很有用？

7.9 選用一種方法來驗證圖 7.11 的每一個等價關係。

7.10 判定下列的每個語句是否合法、不可滿足或二者都不是。用眞值表或圖 7.11 的等價規則驗證你的判斷結果。

a. $Smoke \Rightarrow Smoke$ **b.** $Smoke \Rightarrow Fire$

c. $(Smoke \Rightarrow Fire) \Rightarrow (\neg Smoke \Rightarrow \neg Fire)$

d. $Smoke \vee Fire \vee \neg Fire$

e. $((Smoke \wedge Heat) \Rightarrow Fire) \Leftrightarrow ((Smoke \Rightarrow Fire) \vee (Heat \Rightarrow Fire))$

f. $(Smoke \Rightarrow Fire) \Rightarrow ((Smoke \wedge Heat) \Rightarrow Fire)$

g. $Big \vee Dumb \vee (Big \Rightarrow Dumb)$

7.11 任意命題邏輯語句邏輯等價於一個斷言：使它可能為假的每個可能世界不為眞。根據這一觀察，證明任意語句可以寫成 CNF。

7.12 從習題 7.19 的子句。使用解析法證明語句$\neg A \wedge \neg B$。

7.13 本習題將考察子句和蘊涵語句之間的關係。

a. 證明子句$(\neg P_1 \vee \ldots \vee \neg P_m \vee Q)$邏輯上等價於蘊涵語句$(P_1 \wedge \ldots \wedge P_m) \Rightarrow Q$。

b. 證明每個子句(不管正文字數量)都可寫成$(P_1 \wedge \ldots \wedge P_m) \Rightarrow (Q_1 \vee \ldots \vee Q_n)$的形式，其中 P 和 Q 都是命題符號。由這類語句構成的知識庫是表示為**蘊涵標準型**或稱 **Kowalski 形式**。

c. 寫出蘊涵常態範例語句的完整歸結規則。

7.14 根據某些政治權威人士，一個激進(R)的人，如果他/她屬於保守派人士(C)，就得選(E)，反之，則不得選。

a. 下面哪一句話正確地表現了這個斷言？

(i) $(R \wedge E) \Leftrightarrow C$

(ii) $R \Rightarrow (E \Leftrightarrow C)$

(iii) $R \Rightarrow ((C \Rightarrow E) \vee \neg E)$

b. 於(a)中哪一個語句能被表達成霍恩形式。

7.15 這個問題考慮將滿足性(SAT)問題表達成 CSP。

a. 畫一張相應於下述 SAT 問題的限制圖。

$$(\neg X_1 \vee X_2) \wedge (\neg X_2 \vee X_3) \wedge \ldots \wedge (\neg X_{n-1} \vee X_n)$$

針對 $n = 4$ 的特殊情況。

b. 對於這個一般性的 SAT 問題其解答的數目以 n 的函數來表現是多少？

c. 假如我們應用 BACKTRACKING-SEARCH(第 6.3 節)來找出類型爲於(a)所給定之 SAT CSP 的所有解。(要找到 CSP 的所有解，我們只需修改的基本演算法，以便它找出一個解之後，會繼續尋找其他的解)。假設變數是排序好的 $X_1, \ldots, X_n$ 且假值排在眞值之前。在求解結束之前會耗費多久的時間？(寫一個爲 n 之函數的 $O(\cdot)$表示法)。

d. 我們知道以霍恩形式的 SAT 問題能於線性時間內被解出來(單元傳播)。我們也知道每個離散、有限領域的樹狀結構之二元 CSP 可以線性於變數之數目的時間內被解出(6.5 節)。這兩件事實是相關的嗎？請討論。

7.16 解釋爲什麼每個非空的命題子句，其本身，是可滿足的。請證明每五個 3-SAT 集合的子句是可滿足的，如果每一個子句述及的正是三個分明的變數。這樣的子句爲不可滿足時的最小集合爲何？建構如是的集合。

7.17 一個命題 2-CNF 表達式是子句的連言，每個子句包含兩個文字，例如，

$$(A \vee B) \wedge (\neg A \vee C) \wedge (\neg B \vee D) \wedge (\neg C \vee G) \wedge (\neg D \vee G)$$

a. 使用解消證明上述語句蘊涵 G。

b. 二個子句是語意不同的，如果它們並非邏輯等價的話。從 n 命題符號能建構出多少個語意不同的 2-CNF 子句？

c. 利用你於(b)的答案，給予一個 2-CNF 語句包含了不多於 n 個不同的符號，請證明命題的解消時間會是 n 的多項式級。

d. 請解釋爲什麼(c)的參數不適用於 3-CNF。

7.18 考慮下面的例子：

$$[(Food \Rightarrow Party) \lor (Drinks \Rightarrow Party)] \Rightarrow [(Food \land Drinks) \Rightarrow Party]$$

a. 使用列舉方式判斷，這個語句是否為有效的、可滿足的(但不是有效的)或是無法滿足的。

b. 把左側和右側的主蘊涵轉換成 CNF，請展示每個步驟，並解釋所得的結果如何能肯定你(a)的答案。

c. 使用解消方法來證明你(a)的答案。

7.19 一個語句稱為是**選言標準型**(disjunctive normal form，DNF)，如果它是文字連言的選言。舉例來說，語句$(A \land B \land \neg C) \lor (\neg A \land C) \lor (B \land \neg C)$屬於 DNF。

a. 任意命題邏輯語句邏輯等價於一個斷言：使它可能為假的每個可能世界不為眞。根據這一觀察，證明任意語句可以寫成 CNF。

b. 建構一個演算法，用以轉換任何命題邏輯的語句為 DNF。(**提示**：該演算法類似於第 7.5.2 節所提供之轉換為 CNF 的演算法)。

c. 建構一個簡單的演算法，以 DNF 語句為輸入，並傳回一個滿意的賦值，如果存在的話，或是回報沒有滿意的賦值存在。

d. 運用在(b)和(c)演算法到下列各組語句：

$A \Rightarrow B$

$B \Rightarrow C$

$C \Rightarrow \neg A$

e. 由於在(b)的演算法非常類似於轉換為 CNF 的演算法，而且由於(c)的演算法比諸任何求解一組 CNF 語句的演算法要簡單的多，為什麼不在自動推理使用這項技術？

7.20 請將下述語句集轉換為子句形式：

S1：$A \Leftrightarrow (B \lor E)$

S2：$E \Rightarrow D$

S3：$C \land F \Rightarrow \neg B$

S4：$E \Rightarrow B$

S5：$B \Rightarrow F$

S6：$B \Rightarrow C$

請寫出 DPLL 於這些子句的連言的執行過程。

7.21 一個隨機產生而具有 n 個符號和 m 個子句的 4-CNF 語句或多或少比一個隨機產生而具有 n 個符號和 m 個子句的 3-CNF 語句更有可能被解出？請解釋自己的觀點。

7.22 掃雷遊戲，著名的電腦遊戲，和 wumpus 世界有著緊密的聯繫。掃雷世界是一個 N 個方格的矩形網格，M 個不可見的地雷散佈其中。任何方格可以用代理人進行探尋；如果探尋到地雷則立刻死亡。掃雷遊戲透過在每個已經探尋過的方格內顯示直接以及對角相鄰的地雷數量來指示地雷的存在。目標是探尋每個沒有地雷的方格。

a. $X_{i,j}$爲眞若且唯若方格$[i, j]$中包含一個地雷。寫出[1, 1]周圍恰好存在兩顆地雷的斷言，用一個包括 $X_{i,j}$ 命題的一些邏輯組合的語句表示。

b. 解釋如何構造一個 CNF 語句，並根據(a)把你的斷言推廣爲：n 個相鄰方格中有 k 個方格包含地雷。

c. 準確解釋代理人如何用 DPLL 來證明給定方格的確(或沒有)包含一個地雷，忽略實際上總共有 M 個地雷的全局限制。

d. 假定全局限制是透過(b)中你的方法構造的。子句的數量如何依賴於 M 和 N？提出一種修改 DPLL 的方法，使得無需顯式表示全局限制。

e. 考慮全局限制時，是否存在某個由(c)的方法得出的結論不合法？

f. 給出導致長距離依賴的探尋值的佈局例子，以致給定的未被探尋方格的內容將提供關於遠距離方格的內容的資訊。(**提示**：考慮一個 $N \times 1$ 的棋盤)。

7.23 當 α 是一個已經包含在 KB 中的文字時，用 DPLL 證明 $KB \models \alpha$ 要花多久？請解釋自己的觀點。

7.24 在試圖證明 Q 的時候，追蹤圖 7.16 中 DPLL 在知識庫上的行爲表現，並將這一表現與前向連結演算法的表現進行比較。

7.25 爲 Locked 述語寫一個後繼狀態公理，這也適用於門，假定唯一可得的行動是 Lock 與 Unlock。

7.26 第 7.7.1 節提供了 wumpus 世界所需的後繼狀態公理。寫下適用於所餘之流符號的公理。

7.27 修改 HYBRID-WUMPUS-AGENT 以使用在 7.7.3 描述過的 1-CNF 邏輯狀態估計方法。我們注意，這樣的代理人無法獲取、保持、使用更複雜的信度，如選言 $P_{3,1} \vee P_{2,2}$。爲了克服這個問題，定義了額外的命題符號，而且在 wumpus 世界試它。是否提高了代理人的效能？

本章註腳

[1] 模糊邏輯，在第 14 章中討論，要考慮到真實度。

[2] 雖然該圖將模型表示為部分 wumpus 世界，它們實際上只不過是對於「[1,2]中有陷阱」等語句的 *true* 和 *false* 的賦值。數學意義上，模型中不需要有「可怕的毛乎乎的」wumpus。

[3] 代理人可以推斷出[2, 2]中有陷阱的概率；第 13 章中說明了如何做到。

[4] 如果模型空間是有限的——例如，大小固定的 wumpus 世界——那麼模型檢驗是可行的。另一方面，對於算術，模型空間是無限的：即使我們限制在整數範疇，對於語句 $x + y = 4$ 仍然存在無數成對的 x 和 y 值。

[5] 對比第 3 章中無限搜索空間的情況，它採用的深度優先搜索就是不完備的。

[6] 如 Wittgenstein(1992)在其著名的論著《邏輯哲學論》(*Tractatus*)中寫道：「世界就是為真的一切。」

[7] 對於互斥或，拉丁文裏有一個單獨的詞，*aut*。

[8] 非單調邏輯，破壞了單調特性，捕捉到人類推理的一個常見特徵：改變某人的主意。將在第 12.6 節對它們進行討論。

[9] 如果一個子句被視為文字的一個集合，那麼這一約束自動得以遵守。把集合符號用於子句使解消規則更整潔，代價是引入附加的符號。

[10] 第 7.4.3 節取巧地掩蓋了這項要求。

[11] 「框架問題」的命名來自物理學的「參考框架」——動作是相對於靜止的背景來量測的。它也類比於電影片格，大多數的時候背景是保持不動的，而改變只發生在前景。

[12] 我們可以將認知的歷史本身想成是一個信度狀態的表示法，不過是一個歷史越長，推理代價越昂貴的表示法。

[13] 請注意，加入了前提公理意味著於後繼狀態公理中我們不需要納入行動所需之先決條件。

8 FIRST-ORDER LOGIC

一階邏輯

本章中我們注意到世界幸運地擁有很多物件，其中一些物件與其它物件有關聯；我們盡力對它們進行推理。

在第七章中，我們顯示出知識型代理人如何能夠表示它運轉於其中的世界並演繹出要採取的行動。我們把命題邏輯作為我們的表示語言，因為它足以闡述邏輯和知識型代理人的基本概念。不幸的是，命題邏輯是一種表達能力很弱的語言，以致無法以簡明的方式表示複雜環境的知識。在本章中，我們考察**一階邏輯**[1]，它具有豐富的表達能力，因而可以表示我們的大量常識知識。它還包含或形成了很多其他表示語言的基礎，已經被詳細研究了好幾十年。我們從第 8.1 節開始對一般的表示語言進行討論；第 8.2 節涵蓋了一階邏輯的語法和語義；第 8.3 節和第 8.4 節舉例說明了一階邏輯在簡單表示中的運用。

8.1 表示法的回顧

本節將討論表示語言的本質。我們的討論將引出一階邏輯的發展。一階邏輯是一個比第七章所介紹的命題邏輯表達能力更強的語言。我們將著眼於命題邏輯和其他類型的語言以便瞭解這些語言能做什麼不能做什麼。我們的討論將是粗略的，把幾個世紀的想法、測試和錯誤濃縮為幾段文字。

程式語言(例如 C++、Java 或 Lisp)是到目前為止常用的形式語言中最大的一類。程式本身在某種直接的意義下只表示計算過程。程式中的資料結構可以表示事實；例如，程式可以用一個 4×4 陣列表示 wumpus 世界的內容。因此，程式語言的語句 *World*[2,2]←*Pit* 是一種斷言[2,2]有陷阱的很自然的方式。(這樣的表示方法被視為是因人設事的；資料庫系統開發的用意應該是提供一個更一般的、與領域無關的方法來做事實的儲存與取用)。程式語言缺乏的是從其他事實衍生出事實的任何通用機制；對資料結構的每次更新都是透過一個特定領域的過程來完成，該過程的細節是由程式師根據他或她自己擁有的關於該領域的知識提供的。這一程序的方法可以和命題邏輯的**陳述性**本質進行對比。在命題邏輯中，知識和推理是分開的，而且推理是完全不依賴於領域的。

在程式中的資料結構的第二個缺點(就此而言，以及資料庫的)是缺乏任何簡便的表述方式，例如，「在[2,2]或[3,1]有一個陷阱」或者「如果 wumpus 在[1,1]，那麼它不會在[2,2]」。程式可以為每個變數保存一個單獨的值，而且某些系統中允許該值是「未知的」，但是它們缺乏處理不完全資訊所需的表達能力。

命題邏輯是一種陳述性語言，因為它的語義是基於語句和可能世界之間的真值關係的。它還有充分的表達能力，可以採用選言和否定方式來處理不完全資訊。命題邏輯所擁有的第三種特性在表示語言中令人滿意的，即**合成性**。在合成性語言中，語句的含義是它的各部分含義的一個函數。例如，「$S_{1,4} \wedge S_{1,2}$」與「$S_{1,4}$」和「$S_{1,2}$」的含義有關。如果 $S_{1,2}$ 表示[1,4]有臭氣，$S_{1,2}$ 表示[1,2]有臭氣，而 $S_{1,4} \wedge S_{1,2}$ 卻表示法國和波蘭在上周的冰上曲棍球資格賽中戰成 1 比 1，這將是一件非常奇怪的事情。顯然，非合成性使得推理系統更加困難。

正如我們在第七章所看到的那樣，命題邏輯缺乏足夠的表達能力，因而無法簡潔地描述有很多個物件的環境。例如，我們不得不為每個方格寫一個關於微風和陷阱的規則，如：

$$B_{1,1} \Leftrightarrow (P_{1,2} \vee P_{2,1})$$

另一方面，於英語中，似乎可以很容易地，一步到位，表達，「與陷阱為鄰的方格有微風」。自然語言的語法和語義以某種方式使得其能夠簡潔地對環境進行描述。

8.1.1 想法的語言

自然語言(像是英語或西班牙語)確是富於表達力的。我們設法幾乎全部用自然語言來寫作這整本書，只是偶爾會採用其他語言(包括邏輯、數學和圖表語言)。於語言學和語言哲學有一個悠久的傳統就是，視自然語言為一個陳述性知識的表示語言。如果我們可以發掘出自然語言的規則，那麼我們就可以將之用於表示以及推理系統，並從而借助既有的成篇累牘的自然語言文獻而獲得鉅大的助益。

自然語言的現代觀點是，它提供一種稍微不同的用途，也就是說作為**交流**的媒介而不是單純的表示。當一名講話者指著說，「看！」，聽者可以知道說的是，比如，超人終於出現在屋頂之上了。然而，我們不想說，語句「看！」代表該事實。相反，語句的含義取決於語句本身以及說出該語句時的上下文**文脈**。顯然，我們不能將像「看！」這樣的語句存進知識庫，並期望在沒有同時存進文脈表示下復原它的含義——這就帶來了文脈本身如何表示的問題。自然語言也難脫**曖昧性**，這是表示法語言的問題。正如 Pinker(1995)所言：「當人們想到春天(Spring)時，他們當然不會為他們到底想的是一個季節，還是某個發出啵嚶的事物而感到困擾(**編註**：彈簧的英文單詞也是 spring)——如果一個詞語可以對應於兩種想法，那麼，想法就不能是詞語」。

著名的**薩皮爾–沃爾夫假說**(Sapir-Whorf hypothesis)聲言我們對世界的理解強烈地受到我們所用的語言的影響。沃爾夫(1956)寫道：「當我們切割自然，組織它成為觀念，而且我們所加諸的意義，大部分是因為我們彼此同意以這樣的方式來組織——這項同意廣泛地流傳於口語社會而且被編纂到我們的語言樣式中。」不同的語言環境當然對世界有不同的看法。法語中的二個字「chaise」和「fauteuil」，在英語的說話者中等同於一個概念：「chair」。但是說英語的人能夠很容易地辨識出 fauteuil 種類並給了它一個名字——粗略地說「開臂椅」——所以語言真的會讓事情有何差別嗎？沃爾夫主要依賴直覺和推測，但是在其間的數年中，我們實際上有來自人類學、心理學和神經學上的研究資料。

例如，下列兩句短語中哪一句是第 8.1 節的開篇？

「本節中，我們將討論表示語言的本質…」

「本節涵蓋了知識表示語言的主題……」

Wanner(1974)發現，受測物件在這種測試中做出正確選擇的概率處於隨機水準——大約爲 50%，而記住他們所讀內容，準確率可達到 90%。這暗示著人們對詞語進行處理，進而形成某種非語言表示。

更有趣的情況是某個觀念在某個語言中完全地不曾出現。澳洲原始語言 Guugu Yimithirr 的用語中沒有相對方向的字，像是前、後、右或左。反之，他們使用絕對的方向來藉以說出，例如，「我北方的手臂感到疼痛」的等價意思。這種語言的差異造成了行爲方面的不同：說 Guugu Yimithirr 語的人在開闊的地面上有較好的方向感，而說英語的人比較知道如何把刀放在叉的右邊。

語言也似乎透過看起來沒有章法的文法特色來影響想法，像是名詞的性別。舉例來說，「bridge」在西班牙語中是男性的而在德國語中是女性的。Boroditsky(2003)要求受測者選擇英語的形容詞來描述一張特殊的橋樑的相片。說西班牙語的人會選擇巨大的、危險的、強固的、高聳的等字眼，然而說德國語的人選擇美麗的、優雅的、易碎的、苗條的等字眼。字能用來當做影響我們如何認知世界的下錨點。洛夫特斯和帕爾默(Loftus 及 Palmer，1974)展示一部汽車意外電影的實驗性受測者。當受測者被問及「兩輛車碰觸時的時速大約是多少？」答案的平均值是 32 mph，當改用「撞的稀爛」字眼取代「碰撞」時，同樣一輛車的答案變成 41 mph。

在使用 CNF 的一階邏輯推理系統時，我們可以看到語言形式「$\neg(A \lor B)$」與「$\neg A \land \neg B$」是相同的，因爲我們可以朝系統內查看而了解這兩個語句是相同的正準 CNF 形式。我們是否可用人腦做這件事？沒多久以前答案還是「不行，」但是現在這答案是「或許」。米切爾等人(Mitchell *et al.*, 2008)把受測者放進 fMRI(功能性磁共振成像)機器，給他們看字，像是「芹菜」，而且描繪他們的腦影像。研究人員然後能夠訓練一個電腦程式，從一幅腦影像，來預測受測者所看到的字爲何。給予二個選擇(舉例來說，「芹菜」或「飛機」)，系統預測正確的次數達 77%。系統甚至能以高於瞎矇的機會猜測出之前從未見過之 fMRI 影像所代表的字(藉由考慮關聯字的影像)以及在之前它從未見過的人(證明 fMRI 有透露了不同人之間的共同之處)這類的工作仍然處於襁褓期，但是 fMRI [和其他的影像工程學，像是頭顱內的電生理學(Sahin 等，2009)]承諾給我們關於人類的知識表示法更具體的概念。

從形式邏輯學的觀點，以二個不同的方法來代表相同的知識完全沒有不同之處；相同的事實得從任一個表示法推導出來。實務上，然而，某個表示法可能需要用到比較少的步驟就能推導出結論，意謂著一個資源受限的推理器可以使用某個但不使用另一個表示法來推導出結論。對於非推導的工作，像是從經驗中學習，其結果必然依賴所使用之表示法的形式。我們會在第 18 章中顯示當一個學習程式考慮該世界的二個可能理論的時候，兩者對所有的資料都是一致的，打破僵局的最常見方法是選擇最簡潔的理論——以及那個仰賴用於代表理論之語言的理論。因此，語言對想法的影響是任何需用到學習的代理人所難以避免的。

8.1.2 攀登最佳的形式與自然語言

我們的方法將要採用命題邏輯的基礎——即一種陳述式的、上下文無關且不含糊的合成語義——並在這一基礎上，借用自然語言的表達想法，同時避開它的缺點，並在此基礎上構造出一種更具表達能力的邏輯。當我們觀察自然語言的語法時，最明顯的元素是指**物件**的名詞和名詞片語(方格、陷阱、wumpus)，以及表示物件之間**關係**的動詞和動詞片語(有微風的、相鄰、射擊)。這些關係中有些是**函數**——在這類關係中，對於給定的「輸入」，只會有一個「值」。很容易從列表物件、關係和函數的實例開始：

- **物件**：

  人們、房子、數字、理論、麥當勞、顏色、棒球比賽、戰爭、世紀……
- **關係**：

  可以是一元關係或稱**屬性**，諸如：紅色的、圓的、偽造的、質數的、多樓層的……；也可以是更常見的 n 元關係，諸如：是……的哥哥、比……大、在……裏面、是……的一部分、有……顏色、在……之後發生、擁有、在……之間……
- **函數**：

  ……的父親、最好的朋友、……的第三局、比……多一個、……的開始……

實際上，可以認為幾乎每條斷言都涉及物件和屬性或者關係。一些實例如下：

- 「一加二等於三」

  物件：一、二、三、一加二；關係：等於；函數：加(「一加二」是透過將「加」函數應用於物件「一」和「二」而得到的物件的名稱)。「三」是這個物件的另一個名稱。
- 「與 wumpus 相鄰的方格是有臭味的」

  對象：wumpus、方格；屬性：有臭味的；關係：相鄰。
- 「邪惡的約翰王於 1200 年統治英格蘭。」

  物件：約翰、英格蘭、1200 年；關係：統治；屬性：邪惡的、王。

一階邏輯的語言是圍繞物件和關係建立起來的，我們將在後一節中給出它的語法和語義的定義。它在數學、哲學和人工智慧中的地位如此重要，確切原因是這些領域——實際上，人類生存的每一天的大部分——從處理物件以及物件之間的關係的角度來考慮是很有用的。一階邏輯還可以表達關於全域中某些或全部物件的事實。這使得人們可以表達一般性規律或者規則，諸如語句「與 wumpus 相鄰的方格有臭味」。

命題邏輯和一階邏輯之間最基本的區別在於每種語言所給出的**本體論約定**——即關於現實本質的假設不同。就數學上而言，這個約定是借助形式**模型**的本質來表達出來，語句之眞假與否即據以定義。例如，命題邏輯假定世界中的事實要麼成立要麼不成立。每個事實只能處於這兩種狀態之一：眞或假，而每個模型即賦予每個命題符號之眞值或假值(請見第 7.4.2 節)[2]。一階邏輯的假設更多。即，世界由物件構成，物件之間的某些關係或者成立或者不成立。相較之下形式模型比起命題邏輯複雜許多。專用的邏輯給出更進一步的本體論約定。例如，**時序邏輯**假定，事實在特定時間成立而且那些時間(可以是時間點或者時間區間)是有次序的。因此，專用邏輯賦予某些類型的物件(以及關於它們的公理)邏輯中的「頭等」狀態，而不是在知識庫中對它們進行簡單定義。**高階邏輯**把一階邏輯中的關係和函數本身也視爲物件。這使得任何人可以對所有的關係做出斷言——例如，人們可以定義傳遞關係的含義。與多數專用邏輯不同，高階邏輯一定比一階邏輯表達能力更強，這一點表現在一些高階邏輯語句無法由任何有限數量的一階邏輯語句來表達。

邏輯還可以根據它的**認識論約定**——關於每個事實它所允許的知識的可能狀態——進行刻畫。在命題邏輯和一階邏輯中，一條語句代表一個事實，而且代理人不是相信語句爲眞、相信其爲假，就是沒有任何意見。因此這些邏輯對於任何語句具有 3 個可能的知識狀態。另一方面，採用**機率論**的系統可以有從 0(完全不相信)到 1(完全相信)的任何信度[3]。例如，概率 wumpus 世界的代理人可能相信 wumpus 位於[1,3]的概率是 0.75。5 種不同邏輯的本體論和認識論的約定總結如圖 8.1 所示。

我們將在下一節中深入瞭解一階邏輯的細節。正如一個物理系的學生也要求熟知某些數學，研究人工智慧的學生需要開發自己處理邏輯符號的才能。此外，不要太關注於邏輯符號的細節同樣非常重要——畢竟，存在許多不同的版本。需要掌握的主要事情是語言如何使得簡明的表示變得容易以及它的語義如何導致可靠的推理過程。

語言	本體論約定 (世界中存在的)	認識論約定 (代理人對事實所相信的內容)
命題邏輯	事實	眞 / 假 / 未知
一階邏輯	事實、物件、關係	眞 / 假 / 未知
時序邏輯	事實、物件、關係、時間	眞 / 假 / 未知
概率理論	事實	信度 $\in [0, 1]$
模糊邏輯	事實，眞實度 $\in [0, 1]$	已知區間值

圖 8.1 形式語言和它們的本體論約定以及認識論約定

8.2 一階邏輯的語法和語義

在本節中，我們從更精確地描述一階邏輯在物件和關係上對本體論約定的反映方式開始。接著我們介紹一階邏輯語言的不同元素，並逐步解釋其語義。

8.2.1 一階邏輯的模型

回顧第七章，邏輯語言的模型是組成考慮中的可能世界的正規結構。每個模型連結邏輯語句的字彙到可能世界的元件，所以任何語句的眞假能被決定出來。因此，用於命題邏輯之模型連結命題符號到預先定義好的眞假值。一階邏輯的模型更令人感興趣。首先，它們內部包含有物件！一個模型的**領域**(domain)是它所包含的物件或者**領域元件**的集合。領域必須是非空的——每個可能的世界一定要至少包含一個物件。(請見習題 8.7 有關空的世界的討論)。數學上來說，這些物件爲何並不重要——重要的是每個特別的模型中有多少個物件——但是就教學的目的，我們將用一個具體的例子。圖 8.2 顯示了一個含有 5 個物件的模型：1189 到 1199 年間在位的英格蘭國王「獅心王」理查(Richard the Lionheart)；他的弟弟，邪惡國王約翰(the evil King John)，他從 1199 年到 1215 年統治英格蘭；理查和約翰的左腿(left leg)；一個王冠(crown)。

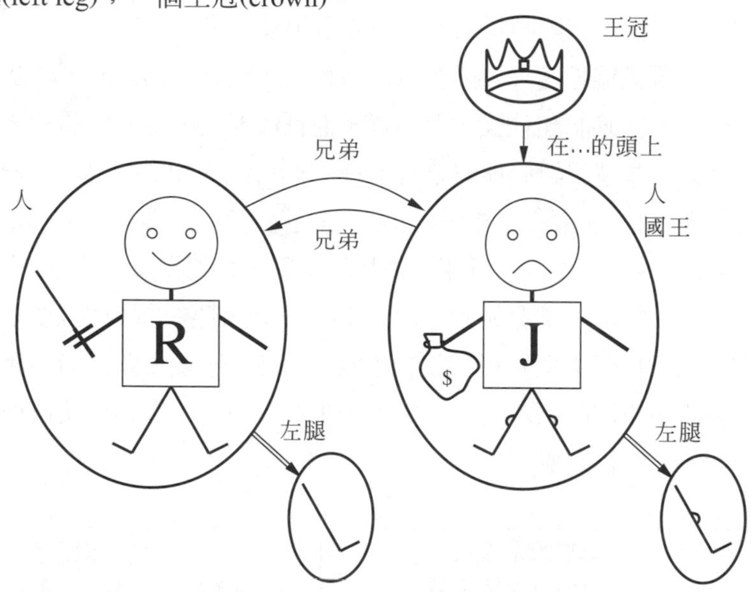

圖 8.2　模型中包含了 5 個物件、2 個二元關係、3 個一元關係(可由物件上的標示看出)，以及 1 個一元函數，左腿

模型中的物件可能以不同的方式相互關聯。圖中，理查和約翰是兄弟。形式化地說，關係只是相互關聯的物件的元組集合[**元組**(tuples)是以固定順序排列並用角括弧括起來的一組物件]。因此模型中的兄弟關係是集合

$$\{\langle 獅心王理查,\ 約翰王\rangle, \langle 約翰王,\ 獅心王理查\rangle\} \tag{8.1}$$

(在此，我們用原始名稱來命名物件，不過，如果你願意，你可以隨意替換圖中的名稱)。王冠在約翰王的頭上，因此關係「在...的頭上」只包含一個元組⟨王冠, 約翰王⟩。「兄弟」(brother)和「在...頭上」(on head)關係都是二元關係——也就是說，它們涉及成對的物件。該模型還包括一元關係，或稱屬性：理查和約翰二者的「人」(person)屬性都爲眞；只有約翰的「國王」(king)屬性爲眞(大概因爲在這個時候理查已經死亡)；而且只有王冠的「王冠」(crown)屬性爲眞。最好把某些類型的關係考慮爲函數，因爲這樣給定的物件一定只與一個物件以這種方式相關聯。例如，每個人都有一條左腿，因此模型有一個包括下列對應的一元「左腿」函數：

$$\langle \text{獅心王理查} \rangle \rightarrow \text{理查的左腿}$$
$$\langle \text{約翰王} \rangle \rightarrow \text{約翰的左腿} \quad (8.2)$$

嚴格地說，一階邏輯中的模型要求**全函數**，即對於每個輸入元組必須有一個輸出值。因此，王冠必須有一條左腿，每條左腿也不例外。一種解決這一棘手問題的技術方法是：一個附加的「不可見」物件是每個沒有左腿的事物——包括左腿本身——的左腿。幸運的是，只要人們不對沒有左腿的事物提出任何關於左腿的斷言，這種技術性處理就無關緊要了。

目前爲止，我們已經描述存在於一階邏輯模型中有哪些元件。模型的另一個必要部份是那些元件和邏輯語句的字彙之間的連結，我們將接著解釋。

8.2.2 符號和解譯

我們現在轉向一階邏輯的語法。心急的讀者可從圖 8.3 中的正規文法中獲得一個完整描述。

$$
\begin{array}{rcl}
\textit{Sentence} & \rightarrow & \textit{AtomicSentence} \mid \textit{ComplexSentence} \\
\textit{AtomicSentence} & \rightarrow & \textit{Predicate} \mid \textit{Predicate}(\textit{Term}, \ldots) \mid \textit{Term} = \textit{Term} \\
\textit{ComplexSentence} & \rightarrow & (\ \textit{Sentence}\ ) \mid [\ \textit{Sentence}\ ] \\
& \mid & \neg\ \textit{Sentence} \\
& \mid & \textit{Sentence} \wedge \textit{Sentence} \\
& \mid & \textit{Sentence} \vee \textit{Sentence} \\
& \mid & \textit{Sentence} \Rightarrow \textit{Sentence} \\
& \mid & \textit{Sentence} \Leftrightarrow \textit{Sentence} \\
& \mid & \textit{Quantifier}\ \textit{Variable}, \ldots\ \textit{Sentence} \\
\\
\textit{Term} & \rightarrow & \textit{Function}(\textit{Term}, \ldots) \\
& \mid & \textit{Constant} \\
& \mid & \textit{Variable} \\
\\
\textit{Quantifier} & \rightarrow & \forall \mid \exists \\
\textit{Constant} & \rightarrow & A \mid X_1 \mid \textit{John} \mid \cdots \\
\textit{Variable} & \rightarrow & a \mid x \mid s \mid \cdots \\
\textit{Predicate} & \rightarrow & \textit{True} \mid \textit{False} \mid \textit{After} \mid \textit{Loves} \mid \textit{Raining} \mid \cdots \\
\textit{Function} & \rightarrow & \textit{Mother} \mid \textit{LeftLeg} \mid \cdots \\
\text{OPERATOR PRECEDENCE} & : & \neg, =, \wedge, \vee, \Rightarrow, \Leftrightarrow
\end{array}
$$

圖 8.3

一階邏輯的等式語法，以 Backus–Naur 形式來表現(如果你對這個記號不熟悉的話，請見附錄 B)。運算元的優先次序已敘明，從最高到最低。量詞的優先次序是使得量詞對其右任何符號成立

一階邏輯的基本語法元素是用來代表物件、關係和函數的符號。因此，這些符號以 3 種類型出現：**常數符號**代表物件、**述詞符號**代表關係、**函數符號**代表函數。我們按照慣例，這些符號的起始字母都大寫。例如，我們可以採用常數符號 *Richard* 和 *John*；述詞符號 *Brother*、*OnHead*、*Person*、*King* 和 *Crown*；函數符號 *LeftLeg*。而對於命題符號，名稱的選擇完全取決於使用者自己。每個述詞和函數符號同時還伴隨一個確定參數個數的元數。

一如在命題邏輯中，每個模型都要提供判斷任何已知的語句是眞或假所需的資訊。因此，除了它的物件，關係，及函數之外，每個模型尙包括一項解譯，正確地敘明哪一個物件、關係及函數是被常數、述詞、及函數符號所參用。我們的實例的一個可能解譯——我們將稱之爲**預期解譯**——如下所示：

- *Richard* 指代獅心王理查，*John* 指代邪惡王約翰。
- *Brother* 指代兄弟關係，即公式(8.1)中給出的物件元組集合；*OnHead* 指代在王冠和約翰王之間成立的「在...頭上」關係；*Person*、*King* 和 *Crown* 分別指代人、國王和王冠的物件集。
- *LeftLeg* 指代「左腿」函數，即公式(8.2)給出的對應。

當然，也有其他的許多不同的可能解譯。例如，某個解譯可以將 *Richard* 對應到王冠，而 *John* 對應到約翰王的左腿。模型有 5 個物件，因此僅對常數符號 *Richard* 和 *John* 就存在 25 種可能的解譯。需要注意的是，不是所有的物件都必須有名稱——例如，預期解譯並沒有對王冠和左腿命名。一個物件可能有多個名稱，有一種解譯下，*Richard* 和 *John* 都指的是王冠[4]。如果你發現這一可能性令人困惑，那麼回顧命題邏輯，它完全可能有這樣的一個模型，在該模型中 *Cloudy*(多雲)和 *Sunny*(陽光燦爛)同時爲眞；排除跟我們的知識不一致的模型是知識庫的任務。

總結來說，一個一階邏輯模型是由一組物件和一項解譯所組成，此解譯會將一群常數符號映射到一群物件，述詞符號映射到那些物件之間的關係、函數符號映射到作用於那些物件的函數。正如命題邏輯、蘊涵、有效性等等都之定義都是以所有的可能模型來表現。想要知道所有可能模型之集合看起來會像什麼，請見圖 8.4。它顯示出模型能容納之物件數目不盡相同——從 1 個到無限多個——而且是以常數符號映射到物件的方式。如果有二個常數符號和一個物件，那麼這兩個符號一定要參照到同一個物件；這種情況有也有可能發生有更多的物件的時候。當物件的數目多於常數符號者的時候，某些物件會沒有名字。因爲可能模型之數目是不受限的，對於一階邏輯而言，欲一一檢視所有的可能模型來核對蘊涵遂變得不可行(不像命題邏輯)。即使物件的數量是有限的，組合的數量仍然可能非常大(參見習題 8.5)。就圖 8.4 所示的例子而言，有 137,506,194,466 個模型會有六或六個以下的物件。

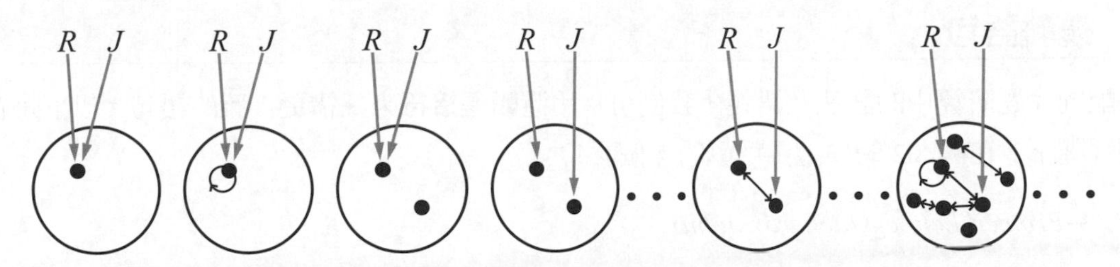

圖 8.4 對於具有 2 個常數符號 R 和 J，及一個二元關係符號之語言的所有模型之集合中的一些成員。每個常數符號的解譯以灰色箭頭顯示出來。在每個模型中，相關的物件由箭頭連接在一起

8.2.3 項

一個**項**是一個物件的一個邏輯運算式。因此常數符號也是項，但是用不同的符號來命名每一個物件並不總是很方便。例如，在自然語言中，我們可能會用措辭「約翰王的左腿」而不是給他的腿命名。這就是使用函數符號的原因：我們採用 *LeftLegOf*(*John*)而不是常數符號。通常情況下，複合項由函數符號以及緊隨其後作爲該函數的參數並被括弧括起來的列表項組成。記住這一點是重要的：複合項只是一種複雜的名稱。它不是「傳回一個值」的「副程式呼叫」。沒有將某個人作爲輸入並返回一條腿的 *LeftLeg* 副程式。我們甚至可以在沒有提供 *LeftLeg*(左腿)的定義的情況下，對左腿進行推理(例如，制定「每個人都有一條左腿」的一般規則，然後演繹約翰必然有一條)。這是無法用程式語言中的副程式實作的一種情況[5]。

項的正規語義很直接。考慮一個項 $f(t_1, \ldots, t_n)$。函數符號 f 指代模型中的某個函數(稱爲 F)；參數項指領域中的物件(稱爲 $d_1, \ldots, d_n$)；作爲一個整體的項指到函數 F 應用於 $d_1, \ldots, d_n$ 得到的值所對應的物件。例如，假定 *LeftLeg* 函數符號指到公式(8.2)所示的函數，而 *John* 指到約翰王，那麼 *LeftLeg*(*John*)指到約翰王的左腿。這樣，解譯確定了每個項的指示對象。

8.2.4 原子語句

現在我們已經有了指到物件的項以及指到關係的述詞符號。我們可以把它們放在一起形成陳述事實的**原子語句**。**原子語句**(或簡稱**原子**)由述詞符號及其後面括弧括起來的項組成，如

Brother(*Richard*, *John*)

在先前給出的預期解譯下，它表述的意思是：獅心王理查是約翰王的兄弟[6]。原子語句可以使用複合項作爲參數。因此，

Married(*Father*(*Richard*), *Mother*(*John*))

陳述的是：獅心王理查的父親與約翰王的母親結了婚(再次強調：在合適的解譯意義下)。

如果述詞符號所指代的關係在參數所指到的物件中成立，那麼原子語句在給定模型、給定的解譯下爲**真**。

8.2.5 複雜語句

搭配同命題演算中的語法及語義，我們可以用**邏輯連接符**來建構更複雜的語句。以下是在我們的預期解譯下，在圖 8.2 的模型中爲眞的 4 個語句：

$$\neg Brother(LeftLeg(Richard), John)$$

$$Brother(Richard，John) \land Brother(John, Richard)$$

$$King(Richard) \lor King(John)$$

$$\neg King(Richard) \Rightarrow King(John)$$

8.2.6 量詞

一旦我們有了允許物件存在的邏輯，那麼很自然地我們想要表達全部物件集合的屬性，而不是根據名稱列舉物件。**量詞**可以讓我們做到這個。一階邏輯有兩個標準量詞，稱爲全稱量詞和存在量詞。

全稱量詞(∀)

在此，我們回顧在第七章中用命題邏輯表示一般規則時遇到的困難。諸如「與 wumpus 相鄰的方格都有臭氣」和「所有的國王都是人」這樣的規則是一階邏輯的支柱。我們在第 8.3 節中處理第一條。第二條規則「所有的國王都是人」在一階邏輯中寫作：

$$\forall x \quad King(x) \Rightarrow Person(x)$$

∀通常讀爲「對於所有的……」。(記住，倒置的 A 代表「所有」)。因此，該語句表示「對於所有的 x，如果 x 是國王，那麼 x 是人。符號 x 被稱爲**變數**。按照慣例，變數用小寫字母表示。變數本身是一個項，同時也可作爲函數的參數——例如，$LeftLeg(x)$。沒有變數的項被稱爲**基項**。

直觀地看，語句$\forall x\, P$，其中 P 爲任意邏輯運算式，表示對每個物件 x，P 爲眞。更精確地說，如果在由給定模型中給定之解譯所建構之所有可能**擴展解譯**中 P 爲眞，則$\forall x\, P$ 在該給定模型中爲眞，其中每個擴展解譯指定了一個 x 所指到的領域元素。

這聽起來很複雜，但是它的確就是一種陳述全稱量詞的直觀含義的嚴謹方式。考慮圖 8.2 所示的模型以及與之相伴的預期解譯。我們可以有 5 種擴展該解譯的方式：

$x \rightarrow$ 獅心王理查

$x \rightarrow$ 約翰王

$x \rightarrow$ 理查的左腿

$x \rightarrow$ 約翰的左腿

$x \rightarrow$ 王冠

如果語句 $King(x) \Rightarrow Person(x)$在 5 種擴展解譯下都爲眞，那麼在原始解譯模型中，全稱量化語句$\forall x$ $King(x) \Rightarrow Person(x)$即爲眞。也就是說，全稱量化語句等價於斷言下列 5 個語句：

獅心王理查是國王 ⇒ 獅心王理查是人

約翰王是國王 ⇒ 約翰王是人

理查的左腿是國王 ⇒ 理查的左腿是人

約翰的左腿是國王 ⇒ 約翰的左腿是人

王冠是國王 ⇒ 王冠是人

讓我們仔細研究這個斷言集。既然在我們的模型中，約翰王是唯一的國王，那麼第二個語句斷言他是人，正如我們所希望的。但是另外 4 個語句如何呢？它們看來對腿和王冠進行了斷言。那部分的含義是否就是「所有國王都是人」？實際上，其餘 4 條斷言在模型中都爲眞，但是沒有對腿、王冠或者甚至理查作爲人的資格提出任何要求。這是因爲這些物件中任何一個都不是國王。查閱⇒的眞值表(圖 7.8)，我們可以看到，只要前提爲假，蘊涵就爲眞——與結論的眞值無關。因此，透過斷言全稱量化語句——該過程等價於斷言一個由個體蘊涵組成的整個列表，對於那些前提爲眞的物件，我們以斷言規則的結論爲結束，而對於那些前提爲假的個體，我們根本不做任何斷言。因此，對於以全稱量詞書寫一般規則，⇒的眞值表定義便成爲理想的選擇。

即使是已經多次閱讀這一段落的認眞讀者也可能經常犯的常見錯誤是，用連言代替蘊涵。下面這個語句

$$\forall x \quad King(x) \wedge Person(x)$$

會等價於斷言

獅心王理查是一個國王 ∧ 獅心王理查是一個人

約翰王是一個國王 ∧ 約翰王是一個人

理查的左腿是一個國王 ∧ 理查的左腿是一個人

等等。顯然，這並沒有抓住我們所要表述的內涵。

存在量詞(∃)

全稱量詞對每一個物件進行陳述。類似地，我們可以對全域中的某些物件進行陳述而無需對它命名，透過使用存在量詞。例如，爲了表示有一個王冠在約翰王的頭上，我們可以寫爲：

$$\exists x \quad Crown(x) \wedge OnHead(x, John)$$

$\exists x$ 讀爲「存在一個 x，這樣以至……」或「對於某個 x……」。

直觀地，語句$\exists x\ P$表示至少對於一個物件 x，P 爲眞。更精確地說，$\exists x\ P$ 在給定解譯下的給定模型中爲眞，如果 P 在至少一個把 x 賦給某個領域元素的擴展解譯中爲眞。也就是說，下述至少有一個爲眞：

獅心王理查是王冠 ∧ 獅心王理查在約翰的頭上

約翰王是王冠 ∧ 約翰王在約翰的頭上

理查的左腿是王冠 ∧ 理查的左腿在約翰的頭上

約翰的左腿是王冠 ∧ 約翰的左腿在約翰的頭上

王冠是王冠 ∧ 王冠在約翰的頭上

第 5 條斷言在模型中爲眞，因此原先的存在量化語句在模型中爲眞。需要注意的是，根據我們的定義，該語句在約翰王戴著兩個王冠的模型中可能也爲眞。這和原始語句「約翰王的頭上有一個王冠」完全相容[7]。

正如⇒看起來是跟∀使用的自然連接符，∧是跟使用∃時的自然連接符。在前一節的實例中，將∧作爲∀的主連接符會導致一個過強的陳述；在∃句中使用⇒通常導致一個實際上非常弱的陳述。考慮下面這句話：

$$\exists x \quad Crown(x) \Rightarrow OnHead(x,\ John)$$

表面上，這看起來很像是我們的語句的一個合理翻譯。對其賦予語義，我們可以看到在下列斷言中至少有一個爲眞：

獅心王理查是王冠 ⇒ 獅心王理查在約翰的頭上

約翰王是王冠 ⇒ 約翰王在約翰的頭上

理查的左腿是王冠 ⇒ 理查的左腿在約翰的頭上

等等。現在如果前提和結論都爲眞，或者如果它的前提爲假，那麼蘊涵爲眞。因此，如果獅心理查不是王冠，那麼第一條斷言爲眞，從而該存在量詞得到了滿足。所以，無論何時物件無法滿足前提時，一個存在量詞所蘊涵之語句會是眞的；因此這樣的語句所說的眞的不多。

巢狀量詞

我們通常希望採用多個量詞來表示更複雜的語句。最簡單的情況是具有相同類型的量詞。例如，「兄弟是同胞」可表示爲：

$$\forall x\ \forall y \quad Brother(x,\ y) \Rightarrow Sibling(x,\ y)$$

同類型的多個連貫的量詞可以寫成一個具個數個變數的量詞。例如，爲了說明兄弟關係是一個對稱關係，我們可以寫爲：

$\forall x, y \quad Sibling(x, y) \Leftrightarrow Sibling(y, x)$

其他情況中，我們會有混合量詞。「每一個人都會喜愛某人」的意思爲，對於每一個人，都會存在此人喜愛的某人：

$\forall x \, \exists y \quad Loves(x, y)$

另一方面，要說「存在一個被每一個人都喜愛的人」，我們寫爲：

$\exists y \, \forall x \quad Loves(x, y)$

因此，量詞的順序很重要。若插入括弧就更清楚了。$\forall x \, \exists y \, Loves(x, y)$所述爲，每個人有一個特殊屬性，即他們喜愛某人的屬性。另一方面，$\exists x \, (\forall y \, Loves(x, y))$表示世界上某人有一個特殊屬性，即他被每個人喜愛的屬性。

當兩個量詞同時採用相同的變數名稱時，會產生某些混淆。試想此語句：

$\forall x \, [Crown(x) \lor (\exists x \, Brother(Richard, x))]$

在此，$Brother(Richard, x)$中的 x 是被存在量詞所限定的。規則是變數屬於引用該變數的最內層的量詞，且不再屬於其他任何量詞。另一種考慮方式是：$\exists x \, Brother(Richard, x)$是一個關於理查(他有一個兄弟)而不是 x 的語句；因而將$\forall x$ 置於該語句外層並沒有影響。該語句的一個完全等價的寫法是$\exists z \, Brother(Richard, z)$。由於這可以成爲混淆的來源，我們總是使用不同的變數名字並搭配巢狀量詞一起使用。

∀ 與 ∃ 之間的連接符

這兩個量詞透過「非」操作實際上緊密相關。斷言每個人都不喜歡歐洲防風草等同於斷言不存在某個喜歡歐洲防風草的人；反之亦然：

$\forall x \quad \neg Likes(x, Parsnips)$ 等價於 $\neg \exists x \quad Likes(x, Parsnips)$

我們可以更進一步：「每個人都喜歡霜淇淋」意味著沒有一個人不喜歡霜淇淋：

$\forall x \quad Likes(x, IceCream)$ 等價於 $\neg \exists x \quad \neg Likes(x, IceCream)$

因爲$\forall$實際是一個物件全域上的連言，而$\exists$是一個選言，所以它們遵循摩根律應該毫不奇怪。用於量化語句和非量化語句的摩根律如下所示：

$$
\begin{array}{llll}
\forall x \, \neg P \equiv \neg \exists x \, P & \qquad & \neg P \land \neg Q \equiv \neg (P \lor Q) \\
\neg \forall x \, P \equiv \exists x \, \neg P & \qquad & \neg (P \land Q) \equiv \neg P \lor \neg Q \\
\forall x \, P \equiv \neg \exists x \, \neg P & \qquad & P \land Q \equiv \neg (\neg P \lor \neg Q) \\
\exists x \, P \equiv \neg \forall x \, \neg P & \qquad & P \lor Q \equiv \neg (\neg P \land \neg Q)
\end{array}
$$

因此，並不是眞的同時需要$\forall$和$\exists$兩者，正如我們並不是同時需要$\land$和$\lor$。不過，可讀性遠比省略掉來得重要，因此，我們將留下兩個數量詞。

8.2.7 等式

在先前所描述的採用述詞和項產生原子語句之外，一階邏輯還包括另一種構造原子語句的方式。我們能使用平等符號象徵二個期限提及相同的物件。例如，

$$Father(John) = Henry$$

表示 *Father*(*John*)指代的物件和 *Henry* 所指代的物件是相同的。因爲解譯固定了任何項的指定，判定公式語句的眞值是一個非常簡單的問題，透過檢驗兩個項的指定是否是相同的物件即可實作。

等號可以用於表述關於一個給定函數的事實，如同我們對 *Father* 符號所做的那樣。它還可以和「非」同時使用以強調兩個項不是相同的物件。爲了表示理查至少有兩個兄弟，我們寫爲：

$$\exists x, y \quad Brother(x, Richard) \ \wedge \ Brother(y, Richard) \ \wedge \ \neg(x = y)$$

下面這個語句

$$\exists x, y \quad Brother(x, Richard) \ \wedge \ Brother(y, Richard)$$

沒有預期含義。特別地，在圖 8.2 的模型中它爲眞，其中理查只有一個兄弟。爲了領會這個問題，考慮 x 和 y 都賦予約翰王的擴展解譯。附加的$\neg(x = y)$排除了這樣的模型。有時候用符號 $x \neq y$ 作爲$\neg(x = y)$的縮寫。

8.2.8 替代語句？

繼續前面一節所舉例子，假設我們相信理查有二個兄弟，約翰和傑弗瑞[8]。我們是不是能藉由下述斷言來捕捉這個狀態

$$Brother\,(John, Richard) \wedge Brother\,(Geoffrey, Richard)? \tag{8.3}$$

不盡然！首先，這個斷言在理查只有一位兄弟的模型時爲眞——我們需要增加 $John \neq Geoffrey$。其次，句子不排除理查除了有約翰和傑佛瑞以外有更多兄弟的模型。因此，「理查的兄弟是約翰和傑佛瑞」的正確翻譯如下：

$$Brother\,(John, Richard) \wedge Brother\,(Geoffrey, Richard) \wedge John \neq Geoffrey$$
$$\wedge \forall\, x\ Brother\,(x, Richard) \Rightarrow (x = John \vee x = Geoffrey)$$

基於許多目的，這似乎比起對應的自然語言表示法更繞舌很多。因此之故，人可能在將他們的知識轉譯成一階邏輯時造成錯誤，導致使用該知識的邏輯推理系統出現非直覺的行爲。我們是否能設計一個語義，以使用一個比較直覺的邏輯式嗎？

一個非常流行於資料庫系統的建議做法如下。首先，我們堅持每一個常數符號必須參照到一個具體的物件——稱之爲**名稱唯一假設**(unique-names assumption)。其次，我們假定不知道爲眞之原子語句都視之爲假——**封閉世界假設**。最後，我們援用**領域封閉性**，意謂著每個模型包含的領域元件個數不會多於被常數符號所命名者。於此產生的語義，我們稱之爲**資料庫語義**，以便將它與一階邏輯的標準語義區別開來，式(8.3)確實陳述理查的二位兄弟是約翰和傑佛瑞。資料庫語義也用於邏輯程式設計系統，如第 9.4.5 節所解釋者。

有啓發性的是，在與圖 8.4 所示之相同的情況下，考慮資料庫語義的所有可能模型之集合。圖 8.5 顯示了其中某些模型，從無一個元組滿足該關係之模型到所有元組都滿足該關係之模型。有了二個物件，會有四個可能的二元素之元組，因此有 $2^4 = 16$ 個不同元組的子集合能滿足該關係。因此，總共有 16 個可能的模型——對於標準的一階語義有無限多個模型來說，這個數目少了很多。另一方面，資料庫語義需要定義世界包含了哪些東西之知識。

這個例子引出了一個重要之處：沒有一個「正確無誤的」語義能用於邏輯。任何被提議的語義的有用與否，需視它能讓我們想要寫下之知識的表示式有多簡潔和直覺，以及發展推理的相應規則時是多麼容易和自然而定。當我們對知識庫中所描述於的所有物件之身分都很清楚，而且所有的事實都立即可用的時候，此時資料庫語義是非常有用的；在其他的情況，它則是相當地笨拙。於本章後半段，我們假定用的是標準語義，但是會留意那些因這種選擇所造成繁複無比之表示式的例子。

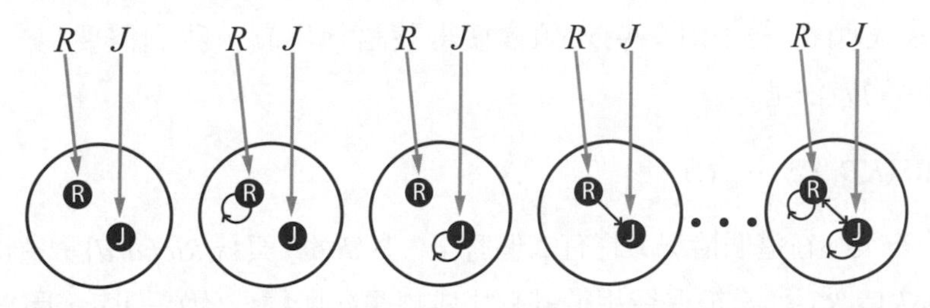

圖 8.5 **在資料庫語義下，具有 2 個常數符號 R 和 J，和 1 個二元關係符號的語言之所有模型集合的某些成員。常數符號的解譯是固定的，而且每個常數符號都有一個獨一無二的物件。**

8.3 使用一階邏輯

既然我們已經定義了一種富於表達能力的邏輯語言，現在是學習如何使用它的時候了。最好的方法是透過實例來學習。我們已經遇見了一些簡單句，例示了邏輯語法的各個方面。本節中，我們將提供某些簡單**領域**的更多系統化表示。在知識表示中，一個領域只是我們希望表達某種知識的那部分世界。

我們從對一階知識庫的 TELL/ASK 介面的一個簡短描述開始。接著我們將討論家庭關係、數字、集合、列表和 wumpus 世界的領域。下一節包括了一個更眞實的實例(電路)，第 12 章將涵蓋全域的全部內容。

8.3.1 一階邏輯中的斷言和查詢

與命題邏輯完全一樣，用 TELL 將語句添加到知識庫中。這樣的語句被稱爲**斷言**。例如，我們可以斷言約翰是國王，理查是一個人，且所有國王都是人：

TELL(KB, $King(John)$)

TELL(KB, $Person(Richard)$)

TELL(KB, $\forall\ x\ King(x) \Rightarrow Person(x)$)

我們可以用 ASK 向知識庫詢問問題。例如，

ASK(*KB*, *King*(*John*))

回傳 *true*。用 ASK 提問的問題稱爲**查詢**或**目標**。一般而言，被知識庫邏輯蘊涵的任何查詢都肯定可以得到回答。舉例來說，已知前述兩個斷言，這個查詢

ASK(*KB*, *Person*(*John*))

也應該回傳 *true*。我們可以提出量化查詢，如

ASK(*KB*, $\exists x$ *Person*(x))

回答爲眞，但是這也許不像我們想像中的那樣有幫助。這就像用「是」來回答「你是否可以告訴我現在的時間？如果我們希望知道哪些 x 值會使得該語句爲眞，我們需要另一個不同的函數，ASKVARS，其叫用的方法是

ASKVARS(*KB*, *Person*(x))

並會得到一連串的答案。在這個情況，將有二個答案：{x/*John*}與{x/*Richard*}。這樣的回答叫做一個**互換**或**綁定表**。*ASKVARS* 通常被保留用於純粹由霍恩子句所構成的知識庫，因爲在這樣的知識庫中，使查詢爲眞的每個方法都會將變數繫結到特定的值。對於一階邏輯來說就不是這樣了，如果 *KB* 已經被告知 *King* (*John*)∨*King*(*Richard*)，那麼對於查詢∃x *King*(x)不會有任何值繫結到 x，即使該查詢爲眞。

8.3.2 親屬關係領域

我們考慮的第一個實例是關於家庭關係或稱親屬關係的領域。這個領域包括諸如「Elizabeth 是 Charles 的母親」和「Charles 是 William 的父親」的事實，以及諸如「某個人的祖母是其父親(或母親)的母親」的規則。

顯然地，在我們的領域裏物件是人。我們將有兩個一元述詞：*Male*(男性)和 *Female*(女性)。親屬關係——親子關係、兄弟關係、婚姻關係等等——將用二元述詞表示：*Parent*(雙親)、*Sibling*(同胞)、*Brother*(兄弟)、*Sister*(姐妹)、*Child*(孩子)、*Daughter*(女兒)、*Son*(兒子)、*Spouse*(配偶)、*Wife*(妻子)、*Husba nd*(丈夫)、*Grandparent*(祖父母)、*Grandchild*(孫子女)、*Cousin*(堂/表兄弟姊妹)、*Aunt*(姑/姨)、*Uncle*(叔/舅)。我們將用函數來表示 *Mother*(母親)和 *Father*(父親)，因爲每個人只能有一個父親/母親(至少按照自然規律是這樣的)。

我們可以尋訪每個函數和述詞，按照其他符號寫出我們所知道的知識。例如，某人的母親是此人的女性雙親：

$$\forall m, c \quad Mother(c) = m \quad \Leftrightarrow \quad Female(m) \ \wedge \ Parent(m, c)$$

某人的丈夫是此人的男性配偶：

$$\forall w, h \quad Husband(h, w) \quad \Leftrightarrow \quad Male(h) \ \wedge \ Spouse(h, w)$$

女性和男性是不相交範疇：

$$\forall x \quad Male(x) \quad \Leftrightarrow \quad \neg Female(x)$$

父母和孩子是逆關係：

$$\forall p, c \quad Parent(p, c) \quad \Leftrightarrow \quad Child(c, p)$$

一個祖父母是某人的父或母的雙親之一：

$$\forall g, c \quad Grandparent(g, c) \quad \Leftrightarrow \quad \exists p \quad Parent(g, p) \wedge Parent(p, c)$$

同胞是某人的雙親的另一個孩子：

$$\forall x, y \quad Sibling(x, y) \quad \Leftrightarrow \quad x \neq y \ \wedge \ \exists p \quad Parent(p, x) \ \wedge \ Parent(p, y)$$

我們可以列出好幾頁這樣的內容，習題 8.15 將要求你完成這項工作。

這些語句中的每一個都可以看作親屬關係域中的一條**公理**，如 7.1 節所解釋的。公理通常和純數學領域聯繫在一起——我們將簡要地瞭解數字領域的一些公理——但是在所有領域中都需要它們。它們提供基本的事實資訊，根據這些資訊可以推導出有用的結論。我們的親屬關係公理也是**定義**；它們具有$\forall x, y \quad P(x, y) \Leftrightarrow \ldots$ 的形式。公理根據其他謂詞，定義了 *Mother* 函數以及 *Husband*、*Male*、*Parent*、*Grandparent* 和 *Sibling* 述詞。我們的定義從一個基本的述詞集合(*Child*, *Spouse*,and *Female*)發展而來，其他述詞基本上都可以根據這個基本集合進行定義。這是建造一個領域表示的一種非常自然的方法，這一過程與透過來自原始庫函數的連續的副程式定義而構造成套裝軟體的過程類似。需要注意的是，原始述詞的集合不必是唯一的；用 *Parent*、*Spouse* 和 *Male* 也同樣可以實作。在某些領域中，如我們所證明的，沒有明顯可資辨認的基本集合。

不是所有關於領域的邏輯語句都是公理。有些是**定理**——也就是說，它們是透過公理發展出來的。例如，考慮對稱的同胞關係的斷言：

$$\forall x, y \quad Sibling(x, y) \Leftrightarrow Sibling(y, x)$$

它是一個公理還是定理？實際上，它是根據定義同胞關係的公理得出的一個定理。如果我們向知識庫 ASK 這個語句，它應該返回 *true*。

從純邏輯的觀點來看，知識庫只需包括公理，而無需任何定理，因為定理沒有增加根據知識庫得出的結論集。從實用觀點來看，定理對降低產生新語句的計算成本極為重要。如果沒有它們，推理系統只好每次都從基本原理開始，這很像物理學家對於每個新問題都不得不重新推導微積分規則。

不是所有的公理都是定義。有些公理提供關於某些述詞的更一般資訊，而沒有構成定義。的確，某些述語沒有完整的定義，因為我們所知的還不足以完整地特徵化它們。例如，不存在顯而易見的方法來完成以下語句：

$$\forall x \quad Person(x) \Leftrightarrow \ldots$$

幸運的是，一階邏輯允許我們利用 *Person* 述詞而無需完整地定義它。取而代之的做法是，我們可以寫出每個人都具有的屬性以及使得某個東西成爲一個人的屬性所對應的部分規範：

$$\forall x \quad Person(x) \quad \Rightarrow \quad \ldots$$

$$\forall \mathrm{x} \quad \ldots \quad \Rightarrow \quad Person(x)$$

公理還可以是「普通事實」，諸如 $Male(Jim)$和 $Spouse(Jim, Laura)$。這樣的事實形成了對於特定問題實例的描述，使得特定問題能夠得到回答。那麼對於這些問題的答案就成爲由公理推導出的定理。時常，我們會發現預期的答案不是顯而易見的——舉例來說，從 $Spouse(Jim, Laura)$我們預期(在許多國家的法律之下)能夠推論出$\neg Spouse(George, Laura)$；但是這不是從早些時候所給予的公理所得出的——即使我們如第 8.2.8 節所建議的把 $Jim \neq George$ 加入。這顯示還缺少一個公理。習題 8.8 要求讀者提供這一公理。

8.3.3 數字、集合和列表

數字可能是如何從微小的公理核心建立起一個大型理論的最生動實例。我們將在此描述**自然數**或非負整數的理論。我們需要一個述詞 *NatNum*，如果是自然數，則爲眞；我們還需要一個常數符號 0，一個函數符號 *S*(後繼)。**Peano 公理**定義自然數及加法[9]。自然數是遞迴性地被定義：

$$NatNum(0)$$

$$\forall n \quad NatNum(n) \quad \Rightarrow \quad NatNum(S(n))$$

也就是說，0 是一個自然數，而且對於每個物件 n，如果 n 是一個自然數，那麼 $S(n)$是一個自然數。因此，自然數是 0、$S(0)$、$S(S(0))$等等(在讀到第 8.2.8 節之後，你會注意到這些公理也適用於平常以外的其他自然數；請見習題 8.13)。我們還需要一些公理來限制後繼函數：

$$\forall n \quad 0 \neq S(n)$$

$$\forall m, n \quad m \neq n \quad \Rightarrow \quad S(m) \neq S(n)$$

現在我們能根據後繼函數來定義加法：

$$\forall m \quad NatNum(m) \quad \Rightarrow \quad +(m, 0) = m$$

$$\forall m, n \quad NatNum(m) \ \wedge \ NatNum(n) \quad \Rightarrow \quad +(S(m), n) = S(+(m, n))$$

以上的第一條公理顯示，0 加上任何自然數 m 得到 m 本身。注意二元函數符號「+」在項 $+(m, 0)$中的用法；在普通數學中，該項應該用**插入詞**表示法寫成 $m + 0$ (這個符號我們曾用於一階邏輯，被稱爲**前置詞**)。爲了使我們與數字有關的語句更易於閱讀，我們將允許使用插入詞表示法。我們也可以把 $S(n)$寫成 $n + 1$，因此第二條公理變成：

$$\forall m, n \quad NatNum(m) \ \wedge \ NatNum(n) \quad \Rightarrow \quad (m + 1) + n = (m + n) + 1$$

此公理把加法簡化爲後繼函數的反覆應用。

插入詞表示法的使用是**句法便利**(syntactic sugar)的一個實例。句法便利就是標準語法的一個擴展或縮寫，它不改變語句的語義。任何使用句法便利的語句可以「反便利」，產生普通一階邏輯的一個等價語句。

一旦我們有了加法，就可以直接把乘法定義爲反覆的加法、求冪定義爲反覆的自乘、整數除法和餘數、質數等等。因此，整個數論(包括密碼學)可以從一個常數、一個函數、一個述詞和 4 條公理建立起來。

集合領域對於數學以及常識推理也是基本的。(實際上，以集合論來定義建立數論是可能的)。我們希望能夠表示單個集合，包括空集。我們需要一種方法，它可以透過把元素添加到集合中或者對集合進行聯集或求交集等操作來建立集合。我們希望知道一個元素是否屬於某個集合，而且能夠將集合與非集合的物件區分開。

我們將把集合論的標準辭彙用作句法便利。空集是一個常數，用$\{\}$表示。一元述詞 *Set* 對於集合爲眞。二元述詞爲 $x \in s$(x 是集合 s 的一個元素)和 $s_1 \subseteq s_2$(集合 s_1 是集合 s_2 的子集，不一定是眞子集)。二元函數爲 $s_1 \cap s_2$(兩個集合的交集)、$s_1 \cup s_2$(兩個集合的聯集)和$\{x \mid s\}$(把元素 x 添加到集合 s 而產生的集合)。一個可能的公理集如下所示：

1. 唯一的集合就是空集合以及透過將一些元素添加到一個集合而成的集合。

$$\forall s \quad Set(s) \iff (s = \{\,\}) \vee (\exists x, s_2 \quad Set(s_2) \wedge s = \{x \mid s_2\})$$

2. 空集合沒有任何元素。也就是說，$\{\}$無法再分解爲更小的一個集合和一個元素：

$$\neg\exists x, \mathrm{s} \quad \{x \mid s\} = \{\,\}$$

3. 將已經存在於集合中的元素添加到該集合，是不會有影響。

$$\forall x, s \quad x \in s \iff s = \{x \mid s\}$$

4. 集合的元素僅是那些被添加到集合中的元素。我們採用遞迴的方式來表示：x 是集合 s 的元素，若且唯若 s 等價於包含元素 y 的集合 s_2，其中 y 與 x 相同或者 x 是 s_2 的元素。

$$\forall x, s \quad x \in s \iff [\exists y, s_2 \quad (s = \{y \mid s_2\} \wedge (x = y \vee x \in s_2))]$$

5. 一個集合是另一個集合的子集，若且唯若第一個集合的所有元素都是第二個集合的元素。

$$\forall s_1, s_2 \quad s_1 \subseteq s_2 \iff (\forall x \quad x \in s_1 \Rightarrow x \in s_2)$$

6. 兩個集合是相同的，若且唯若它們互爲子集：

$$\forall \mathrm{s}_1, \mathrm{s}_2 \quad \mathrm{s}_1 = \mathrm{s}_2 \iff (\mathrm{s}_1 \subseteq \mathrm{s}_2 \wedge \mathrm{s}_2 \subseteq \mathrm{s}_1)$$

7. 一個物件是兩個集合的交集的元素，若且唯若它同時是這兩個集合的元素。

$$\forall x, \mathrm{s}_1, \mathrm{s}_2 \quad \mathrm{x} \in (\mathrm{s}_1 \cap \mathrm{s}_2) \iff (x \in \mathrm{s}_1 \wedge x \in \mathrm{s}_2)$$

8. 一個物件是兩個集合的聯集，若且唯若它是其中某一集合的元素。

$$\forall x, s_1, s_2 \quad x \in (s_1 \cup s_2) \iff (x \in s_1 \vee x \in s_2)$$

列表(lists)與集合非常相似。它們的差別在於列表是有順序的，而且同一個元素可以在一個列表中出現不止一次。我們可以在列表中採用 Lisp 語言的辭彙：*Nil* 是沒有元素的列表常數；*Cons*、*Append*、*First* 和 *Rest* 都是函數；*Find* 是述詞，在列表中的功能與 *Member* 在集合中的類似。是一個只對列表爲眞的述詞。和集合一樣，在涉及列表的邏輯語句中也經常使用句法便利。空列表用[ ]表示。項 *Cons*(*x*, *y*)寫成[*x* | *y*]，其中，*y* 爲非空列表。項 *Cons*(*x*, *Nil*)(即只包含元素 *x* 的列表)用[*x*]表示。有多個元素的列表，諸如[*A*, *B*, *C*]相當於嵌套項 *Cons*(*A*, *Cons*(*B*，*Cons*(*C*，*Nil*)))。習題 8.17 要求你寫出列表的公理。

8.3.4 wumpus 世界

第七章中給出了 wumpus 世界的一些命題邏輯公理。本節介紹的一階邏輯公理相對而言更加簡明，以一種非常自然的方式捕捉到我們希望表述的內容。

回顧 wumpus 代理人接收到有 5 個元素的感知向量的情況。儲存在知識庫中的相對應一階語句必須同時包括感知以及感知發生的時間；否則代理人將分不清它在何時看到了何物。我們將用整數表示時間步。一條典型的感知語句如下所示：

$$Percept([Stench, Breeze, Glitter, None, None], 5)$$

其中，*Percept* 是一個二元述詞，*Stench* 等是放在列表中的常數。wumpus 世界中的行動可以用邏輯項表示：

$$Turn(Right), Turn(Left), Forward, Shoot, Grab, Release, Climb$$

要決定哪一個是最好的，代理人程式執行查詢

$$\text{ASKVARS}(\exists a \quad BestAction(a, 5))$$

這個查詢傳回一張綁定表如{*a*/*Grab*}。代理人程式因此能傳回 *Grab* 做爲欲採取的行動。原始感知資料暗示關於當前狀態的某些事實。例如，

$$\forall t, s, g, m, c \quad Percept([s, Breeze, g, m, c], t) \Rightarrow Breeze(t)$$

$$\forall t, s, b, m, c \quad Percept([s, b, Glitter, m, c], t) \Rightarrow Glitter(t)$$

等等。這些規則展示了推理過程的一種平凡結構，稱爲**感知**，我們將在第二十四章中深入地學習。需要注意的是，針對時間 *t* 的量化。在命題邏輯中，我們在每個時間步上都需要每一個語句的副本。

簡單的「反射」行爲簡單的「反射」行爲也可以由量化蘊涵語句來實作。例如，我們有

$$\forall t \quad Glitter(t) \Rightarrow BestAction(Grab, t)$$

根據前面的段落給出的感知資訊和規則，這將得到期望結論 *BestAction*(*Grab*, 5)——即，*Grab* 正是需要做的事情。

我們已經表示了代理程式的輸入和輸出； 現在該是表示環境本身的時候。我們首先從物件開始。當前顯而易見的候選是方格、陷阱和 wumpus。我們可以給每個方格命名——如 $Square_{1,2}$ 等——但這樣一來，$Square_{1,2}$ 和 $Square_{1,3}$ 相鄰的事實不得不成爲一個「額外」事實，而我們需要每一對方格都有一個這樣的事實。更好的方法是採用複合項，它的行和列都用整數值表示；例如，我們可以用列表項[1,2]表示 $Square_{1,2}$。任何兩方格的鄰接可以定義爲：

$$\forall x, y, a, b \quad Adjacent([x, y], [a, b]) \quad \Leftrightarrow$$
$$(x = a \wedge (y = b - 1 \vee y = b + 1)) \vee (y = b \wedge (x = a - 1 \vee x = a + 1))$$

我們還可以給每個陷阱命名，但是由於與方格命名不盡相同的原因，這一做法並不適宜：沒有理由去區分陷阱[10]。簡單的方法是採用一個一元述詞 *Pit*，如果方格包含陷阱，則它爲眞。最後，由於僅存在一隻 wumpus，一個常數 *Wumpus* 的功能可以和一元述詞的功能一樣好(從 wumpus 世界的觀點而言，可能更有價值)。

代理人的位置隨時間變化，因此我們用 $At(Agent, s, t)$表示代理人在時間 t 位於方格 s。我們可以用$\forall t\ At(Wumpus, [2,2], t)$固定 wumpus 的位置。然後我們能說物件一次只能在一個位置：

$$\forall x, s_1, s_2, t \quad At(x, s_1, t) \wedge At(x, s_2, t) \quad \Rightarrow \quad s_1 = s_2$$

已知它的當前位置，代理人可以根據當前感知的屬性推導出方格的屬性。例如，如果代理人處於某個方格並感知到微風，那麼該方格有微風：

$$\forall s, t \quad At(Agent, s, t) \wedge Breeze(t) \quad \Rightarrow \quad Breezy(s)$$

知道某個方格有微風非常有用，因爲我們知道陷阱無法四處移動。需要注意的是，*Breezy*(有微風的)沒有時間參數。

在發現哪些位置有微風(或者臭氣)，尤其重要的是發現哪些沒有微風(或沒有臭氣)之後，代理人就可以演繹出陷阱的位置(以及 wumpus 的位置)。然而命題邏輯要爲每個方格個別地提供公理 (請見 7.4.3 節的 R_2 和 R_3)而且每個世界的地理分佈區也需要不同公理集，一階邏輯僅需要一個公理：

$$\forall s \quad Breezy(s) \quad \Leftrightarrow \quad \exists r \quad Adjacent(r, s) \wedge Pit(r) \qquad (8.4)$$

類似地，在一階邏輯中，我們能隨著時間去定量，因此我們每個述語只需要一個後繼狀態公理，而非每個單位時間都需要一份不同的拷貝。舉例來說，針對箭頭的公理[7.7.1 節的式(7.2)]變成

$$\forall t \quad HaveArrow(t + 1) \quad \Leftrightarrow \quad (HaveArrow(t + 1) \wedge \neg Action(Shoot, t)$$

從這二個範例語句，我們能了解到一階邏輯的公式不比第 7 章所述之原始英語來得簡潔。讀者不妨試著爲代理人的位置和方位建構類似的公理；在這些情況，公理橫跨空間和時間來定量。在命題狀態估計的情況，代理人能夠以這種公理來使用邏輯推理，以掌握無法被直接觀察之世界的面貌。第 10 章會更深入討論一階後繼狀態公理之主題以及它們如何被用來建構計畫。

8.4 一階邏輯的知識工程

前一節舉例說明在 3 個簡單域中一階邏輯在表示知識方面的應用。本節介紹知識庫建構的一般過程——被稱爲**知識工程**的過程。知識工程師對特定領域進行調查，總結出在該領域的重要概念，建立該領域內的物件和關係的形式化表示。我們將在已經相當熟悉的電路領域闡述知識工程的過程，所以我們可以專注於相關的表示問題。我們所採用的方法適合於開發專用資料庫，人們已經預先仔細限定了它的領域，它的查詢範圍也已預先知道。一般型的知識庫，涵蓋各類型的人類知識，而且試圖支援如自然語言理解這方面的任務，在第 12 章中會討論及此。

8.4.1 知識工程的過程

不同的知識工程專案在內容、範圍和難度方面差別較大，但是所有這樣的專案都包括以下步驟：

1. **確定任務**。

   知識工程師必須勾畫出知識庫支持的問題範圍以及對於每個特定的問題實例可以採用哪些種類的事實。例如，wumpus 知識庫是否需要具有選擇行動的能力或者它是否只需要回答跟環境相關的問題？感測器的事實是否需要包括當前的位置？任務將決定必須表示哪些知識，從而可以將問題實例和答案聯繫起來。這一步驟與第二章中用於設計代理人的 PEAS 過程類似。

2. **搜集相關知識**。

   知識工程師可能已經是該領域的專家，或者還需要和眞正的專家進行合作以便提取專家的知識——這一過程被稱爲**知識獲取**。在這一階段，還未對知識進行形式化的表示。因此採取的思維是瞭解任務決定的知識庫範圍，並瞭解該領域是如何實際運轉的。

   對於以人造規則集來定義的 wumpus 世界，很容易辨認其相關知識。(然而需要注意的是，wumpus 世界的規則並沒有直接給出相鄰關係的定義)。對於現實領域，相關性問題可能非常難解決——例如，模擬 VLSI 設計的系統可能需要，也可能不需要考慮雜散電容和集膚效應。

3. **確定述詞、函數和常數的辭彙表**。

   也就是把重要的領域級概念轉換爲邏輯級的名稱。它涉及到知識工程風格的很多問題。與程式設計風格一樣，知識工程的風格對專案最終的成敗有重大影響。例如，陷阱應該表示爲物件還是關於方格的一元述詞？代理人的方位應該是函數還是述詞？wumpus 的位置是否應該與時間相關？一旦做出了選擇，它的結果就是被稱爲領域的**本體論**的一個詞表。本體論意味著關於存在或實體的本質的特殊理論。本體論決定哪種事物是存在的，但是並不決定它們的特定屬性和相互關係。

4. **對領域的通用知識進行編碼**。

   知識工程師對所有辭彙項寫出公理。(盡可能)明確給出項的含義，使得專家可以對內容進行檢查。此步驟通常可以揭示辭彙表中的誤解或者缺陷，這些必須透過返回步驟 3 並迭代執行整個過程加以修正。

5. **將對特定問題實例的描述進行編碼。**

如果本體論設計良好，那麼這一步驟將很容易實作。它涉及寫出已經是本體論的一部分的概念實例的簡單原子語句。對於邏輯代理人，問題實例由感測器提供，而在「無實體的」知識庫中，問題實例是由附加語句按照傳統程式中輸入資料的同樣方式來提供的。

6. **把查詢提交給推理過程並獲取答案。**

這麼做的好處在於：我們可以讓推理過程對公理和特定問題的事實進行操作，從而推導出我們有興趣瞭解的內容。因此，我們就不需要針對特定的應用問題為其撰寫解決方案的演算法。

7. **除錯知識庫。**

查詢的答案很少在第一次嘗試的時候就正確。更準確地說，假定推理過程是可靠的，那麼答案對於知識庫的內容來說是正確的，但是它們可能不是使用者所期望的答案。例如，如果某條公理有缺失，則根據知識庫某些查詢是無法回答的。因此需要尋求一種值得考慮的除錯過程。它可以透過注意推理鏈意外停止之處來確定缺失或者過弱的公理。舉例來說，如果知識庫包括一條診斷性的規則(請見習題 8.14)用以找出 wumpus，

$$\forall s \quad Smelly(s) \quad \Rightarrow \quad Adjacent(Home(Wumpus), s)$$

而非雙向，那麼代理人永遠也無法證明 wumpus 的不存在。由於不正確的公理對世界做出了假陳述，因此很容易被認出。例如，語句

$$\forall x \quad NumOfLegs(x, 4) \quad \Rightarrow \quad Mammal(x)$$

對於爬行動物、兩棲動物、以及更重要的，對於桌子為假。可以獨立於其餘的知識庫來判斷這個語句的假。相反，程式中的一個典型錯誤如下所示：

```
offset = position + 1
```

不查看餘下程式而判斷這條語句是否正確是不可能的：例如，`offset` 被用於指代當前的位置(**編註**：即 position)，或者是超過當前位置距離為 1 的位置，或者 `position` 的值是否被另一個語句改變從而再次導致 `offset` 也被改變。

為了更好地理解這個七步過程，我們現在把它應用於一個擴展的實例——電路領域。

8.4.2 電路領域

我們將發展一套本體論和知識庫，允許我們對圖 8.6 所示類型的數位電路進行推理。我們遵循知識工程的七步過程。

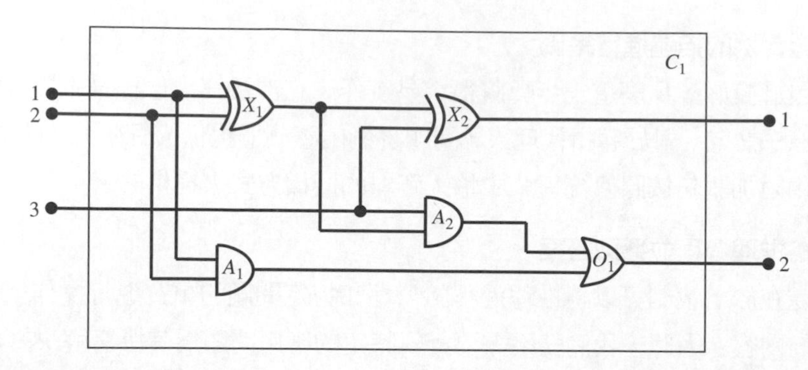

圖 8.6 一個數位電路 C1，試圖模擬一位元全加器。前兩個輸入是需要相加的兩位元，第三個輸入是一個進位。第一個輸出是和，第二個輸出是給下一個加法器的進位。此電路包括兩個互斥或閘，兩個及閘，一個或閘

確定任務

有很多與數位電路相關的推理任務。最高層次是分析電路的功能性。例如，圖 8.6 的電路是否確實正確地完成加法？如果所有的輸入都是高位，那麼閘門 A2 的輸出是什麼？關於電路結構的問題同樣是引起關注的問題。例如，所有的閘門都和第一個輸入端相連，得到的結構是什麼？電路是否包含回饋迴路？這些都是我們在本節中的任務。還有更詳細的分析層次，包括與定時延遲、電路面積、功率消耗、生產成本等等相關的內容。每個層次都需要額外的知識。

搜集相關知識

我們瞭解數位電路的什麼內容？就我們的目的而言，它們由導線和閘門構成。信號從導線流到閘門的輸入端，每個閘門都在輸出端產生一個信號，並流經另一段導線。為了判斷這些都是什麼信號，我們需要知道閘門如何變換它的輸入信號。有 4 種類型的閘門：及閘、或閘和互斥或閘有兩個輸入端，反閘則只有一個輸入端。所有的閘門都有一個輸出端。電路，類似於閘門，都有輸入和輸出端。

為了對功能性和連通性進行推理，我們無需討論導線本身、佈設導線的路徑或者兩條導線相遇的交叉點。要考慮的是接線端之間的連接——我們可以說，輸出端和另一個輸入端直接連接而無需提及實際連接這兩個接線端的導線。其他的因素，像是各種不同元件的大小，形狀，顏色或成本對我們的分析工作而言是無關緊要的。

如果我們的目的是在驗證閘門設計層次以外的事，那麼本體論就不同了。例如，如果我們的興趣在於除錯有缺陷的電路，那麼在本體論中把導線包括進來可能是個好主意，因為有缺陷的導線會破壞流經它的信號。為了解決定時錯誤，我們需要把閘門延遲包括進來。如果我們對設計出一種有利可圖的產品感興趣，那麼電路的成本以及它相對於市場上其他產品的速度都將是重要的問題。

選定辭彙表

現在我們知道我們希望討論電路、接線端、信號和閘門。下一步是選擇函數、述詞和常數來表示它們。首先，我們需要能夠將閘與其他各個不同的閘和其他的物件區別出來。每個閘都以一個常數名稱的物件來代表，對此我們以，譬如說，$Gate(X_1)$來斷言它是一個閘。閘的行爲由它的類型所決定：*AND*、*OR*、*XOR* 或 *NOT* 等常數之一。因爲一個閘正好只屬於一個類型，所以函數可以是：$Type(X_1) = XOR$。電路，像閘一樣，可由下述的述詞來辨認：$Circuit(C1)$。

然後我們考慮端子，它可以由述語 $Terminal(x)$所辨認出來。閘門或者電路可以有一個或多個輸入端以及一個或多個輸出端。我們使用函數 $In(1, X_1)$來描述閘 X_1 的第一個輸入端子。類似的函數 *Out* 用來表示輸出端。函數 $Arity(c, i, j)$說的是電路 c 有 i 個輸入和 j 個輸出端子。閘門之間的連接可以用述詞 *Connected* 表示，它以兩個接線端作爲參數，如 $Connected(Out(1, X_1), In(1, X_2))$。

最後，我們需要知道信號是接通的還是切斷的。一種可能是採用一元述詞 $On(t)$，當某個接線端的信號是接通的時候，它爲眞。然而，這使得在提出諸如「電路 C_1 輸出端的所有可能信號值是什麼？」的問題時存在一些困難。我們因此引進二個訊號數值 1 和 0，和一個函數 $Signal(t)$來代表端子 t 的訊號值。

對領域的通用知識進行編碼

我們有一個好的本體論的跡象是我們只需要一些一般性的規則，這些規則清楚地而且簡潔地被陳述出來。這些就是我們所需要的公理：

1. 如果兩個接線端是相連的，那麼它們具有相同的信號：

$$\forall t_1, t_2 \quad Terminal(t_1) \wedge Terminal(t_2) \wedge Connected(t_1, t_2) \quad \Rightarrow \quad Signal(t_1) = Signal(t_2)$$

2. 每個接線端的信號不是 1 就是 0：

$$\forall t \quad Terminal(t) \quad \Rightarrow \quad Signal(t) = 1 \vee Signal(t_1) = 0$$

3. *Connected* 是可交換的：

$$\forall t_1, t_2 \quad Connected(t_1, t_2) \quad \Leftrightarrow \quad Connected(t_2, t_1)$$

4. 有 4 種類型的閘門：

$$\forall g \quad Gate(g) \wedge k = Type(g) \quad \Rightarrow \quad k = AND \vee k = OR \vee k = XOR \vee k = NOT$$

5. 及閘的輸出爲 0，若且唯若它的某一個輸入爲 0：

$$\forall g \quad Gate(g) \wedge Type(g) = AND \quad \Rightarrow \quad Signal(Out(1, g)) = 0 \quad \Leftrightarrow \quad \exists n\, Signal(In(n, g)) = 0$$

6. 或閘的輸出爲 1，若且唯若它的某一個輸入爲 1：

$$\forall g \quad Gate(g) \wedge Type(g) = OR \quad \Rightarrow \quad Signal(Out(1, g)) = 1 \quad \Leftrightarrow \quad \exists n\, Signal(In(n, g)) = 1$$

7. 互斥或閘的輸出為 1，若且唯若它的輸入是不相同的：

$$\forall g \quad Gate(g) \wedge Type(g) = XOR \quad \Rightarrow$$
$$Signal(Out(1, g)) = 1 \quad \Leftrightarrow \quad Signal(Out(1, g)) \neq Signal(Out(2, g))$$

8. 反閘的輸出與它的輸入相反：

$$\forall g \quad Gate(g) \wedge (Type(g) = NOT \quad \Rightarrow \quad Signal(Out(1, g)) \neq Signal(In(1, g))$$

9. 閘(除了 NOT)有二個輸入和一個輸出。

$$\forall g \quad Gate(g) \wedge Type(g) = NOT \quad \Rightarrow \quad Arity(g, 1, 1)$$

$$\forall g \quad Gate(g) \wedge k = Type(g) \wedge (k = AND \vee k = OR \vee k = XOR) \quad \Rightarrow \quad Arity(g, 1, 1)$$

10. 一個電路有端子，最多達於它的輸入和輸出元數，但不會超過它的元數：

$$\forall c, i, j \quad Circuit(c) \wedge Arity(c, i, j) \quad \Rightarrow$$
$$\forall n\ (n \leq i \quad \Rightarrow \quad Terminal(In(c, n))) \wedge (n > i \quad \Rightarrow \quad In(c, n) = Nothing) \wedge$$
$$\forall n\ (n \leq i \quad \Rightarrow \quad Terminal(Out(c, n))) \wedge (n > i \quad \Rightarrow \quad Out(c, n) = Nothing)$$

11. 閘、端子、訊號、閘的類型，且 *Nothing* 等都是不同的，

$$\forall g, t \quad Gate(g) \wedge Terminal(t) \quad \Rightarrow$$
$$g \neq t \neq 1 \neq 0 \neq OR \neq AND \neq XOR \neq NOT \neq Nothing$$

12. 閘是電路，

$$\forall g \quad Gate(g) \quad \Rightarrow \quad Circuit(g)$$

對特定問題的實例進行編碼

圖 8.6 所示的電路被編碼為具有下列描述的電路 C_1。首先，我們將電路以及它的元件閘予以分類：

$$Circuit(C_1) \quad \wedge \quad Arity(C_1, 3, 2)$$

$$Gate(X_1) \quad \wedge \quad Type(X_1) = XOR$$

$$Gate(X_2) \quad \wedge \quad Type(X_2) = XOR$$

$$Gate(A_1) \quad \wedge \quad Type(A_1) = AND$$

$$Gate(A_2) \quad \wedge \quad Type(A_2) = AND$$

$$Gate(O_1) \quad \wedge \quad Type(O_1) = OR$$

接著我們說明它們之間的連接：

$$Connected(Out(1, X_1), In(1, X_2)) \qquad Connected(In(1, C_1), In(1, X_1))$$
$$Connected(Out(1, X_1), In(2, A_2)) \qquad Connected(In(1, C_1), In(1, A_1))$$
$$Connected(Out(1, A_2), In(1, O_1)) \qquad Connected(In(2, C_1), In(2, X_1))$$
$$Connected(Out(1, A_1), In(2, O_1)) \qquad Connected(In(2, C_1), In(2, A_1))$$
$$Connected(Out(1, X_2), Out(1, C_1)) \qquad Connected(In(3, C_1), In(2, X_2))$$
$$Connected(Out(1, O_1), Out(2, C_1)) \qquad Connected(In(3, C_1), In(1, A_2))$$

把查詢提交給推理過程

哪種輸入組合可以導致 C_1 的第一個輸出(總和位)為 0，而 C_1 的第二個輸出(進位位)為 1？

$$\exists i_1, i_2, i_3 \quad Signal(In(1, C_1)) = i_1 \ \land \ Signal(In(2, C_1)) = i_2 \ \land \ Signal(In(3, C_1)) = i_3$$
$$\land \ Signal(Out(1, C_1)) = 0 \ \land \ Signal(Out(2, C_1)) = 1$$

它的答案是變數 i_1、i_2 和 i_3 的互換，其結果語句要能被知識庫蘊涵。ASKVARS 會給我們三個如是的互換：

$$\{i_1/1, i_2/1, i_3/0\} \quad \{i_1/1, i_2/0, i_3/1\} \quad \{i_1/0, i_2/1, i_3/1\}$$

加法器電路所有接線端的值的可能集合是什麼？

$$\exists i_1, i_2, i_3, o_1, o_2 \quad Signal(In(1, C_1)) = i_1 \ \land \ Signal(In(2, C_1)) = i_2$$
$$\land \ Signal(In(3, C_1)) = i_3 \ \land \ Signal(Out(1, C_1)) = o_1 \ \land \ Signal(Out(2, C_1)) = o_2$$

最後的這個查詢將返回元件的一個完整的輸入輸出表，可以用於檢驗該加法器是否確實正確地對其輸入進行了加法運算。這就是電路驗證的一個簡單實例。我們還可以根據電路的定義來建立更大規模的數位系統，對它們可以採用相同的驗證過程。(參見習題 8.28)。多數領域都遵從相同的結構化知識庫開發過程，在簡單概念基礎上定義更複雜的概念。

除錯知識庫

我們可以用不同的方式來擾亂知識庫以便瞭解會出現怎樣的錯誤行為。舉例來說，假設我們沒有讀第 8.2.8 節而因此忘記斷言 $1 \neq 0$。系統將突然無法證明電路的任一輸出，除了輸入 000 和 110 的情況以外。我們可以透過尋找每個閘門的輸出來查明問題。例如，我們可以提問：

$$\exists i_1, i_2, o \quad Signal(In(1, C_1)) = i_1 \ \land \ Signal(In(2, C_1)) = i_2 \ \land \ Signal(Out(1, X_1))$$

它揭示出對於輸入 10 和 01 的情況，X_1 的輸出都是未知的。接著我們觀察用於互斥或閘的公理，把它應用於 X_1：

$$Signal(Out(1, X_1)) = 1 \quad \Leftrightarrow \quad Signal(In(1, X_1)) \neq Signal(In(2, X_1))$$

如果輸入已知，比方說，1 和 0，那麼上式簡化為：

$$Signal(Out(1, X_1)) = 1 \quad \Leftrightarrow \quad 1 \neq 0$$

現在，問題已經很明顯：系統無法推斷出 $Signal(Out(1, X_1)) = 1$，所以我們需要告訴它 $1 \neq 0$。

8.5 總結

本章介紹了**一階邏輯**，一種比命題邏輯表達能力更強的表示語言。要點如下：

- 知識表示語言應該是陳述性的、可合成的、有表達能力的、上下文無關的以及無歧義的。
- 邏輯學在它們的**本體論約定**和**知識論約定**上存在不同。命題邏輯只是對事實的存在進行限定，而一階邏輯對於物件和關係的存在進行限定，因而獲得更強的表達能力。
- 一階邏輯的語法建立於命題邏輯之上。它增加術語來代表物件，而且有全稱性和存在性的量詞來建構全部或某些被量化之變數的可能值。
- 一階邏輯的**可能世界**，或**模型**，包括一組物件和**解譯**，解譯會把常數符號映射到物件，把述詞符號映射到物件之間的關係，及函數符號映射到物件的功能。
- 只有當透過述詞命名的關係在透過項命名的物件之間成立的時候，原子語句才為真。**擴展解譯**，它把量詞變數映射到模型中的物件，定義了量詞的真假值。
- 在一階邏輯中開發知識庫是一個細緻的過程，包括對領域進行分析、選擇辭彙表、對支持所需推理必不可少的公理進行編碼。

參考文獻與歷史的註釋 BIBLIOGRAPHICAL AND HISTORICAL NOTES

雖然亞里斯多德的邏輯處理的是物件的一般化，但是它的表達力遠遠不及一階邏輯。一階邏輯發展的主要阻礙在於對一元述詞過於投入，而對多元關係述詞造成排斥。奧古斯圖斯·德·摩根(Augustus de Morgan，1864)首先給出關係的第一個系統化處理，他引用下列實例來說明亞里斯多德的邏輯無法處理的推理類型：「所有的馬都是動物；因此，馬的頭是動物的頭。」亞里斯多德無法作這個推理，因為任何支持這一推理的合法規則首先需要用二元述詞「x 是 y 的頭」來分析語句。Charles Sanders Peirce(1870，2004)對關係的邏輯進行了深入研究。

真正的一階邏輯可溯及於弗雷格(Gottlob Frege，1879)的 Begriffschrift(「概念文字」或「概念符號」)中引進了量詞。皮爾斯(Peirce，1883)與弗雷格的同時也自行發展了一階邏輯，雖然略晚些。弗雷格的邏輯系統的套疊量詞能力是向前邁進的一大步，但是他採用了一種笨拙的符號。目前所用的一階邏輯符號，實質上可歸功於朱塞佩皮亞諾 (Giuseppe Peano，1889)，但是其語義事實上和弗雷格者並無二致。古怪的是，皮亞諾的公理很大程度上可溯及格拉斯曼(Grassmann,1861)和戴德金(Dedekind，1888)。

Leopold Löwenheim (1915)於 1915 年給出用於一階邏輯的模型理論的一種系統化處理方法。Thoralf Skolem(1920)進一步擴展了 Löwenheim 的結果。阿爾弗雷德‧塔爾斯基(Alfred Tarski，1935，1956)用集合論給出了一階邏輯中的眞值和模型理論滿意度的明確定義。

麥卡錫(McCarthy，1958)對於把一階邏輯作爲構建AI系統的工具做出了最初貢獻。Robinson(1965)對歸結的發展——第九章中描述的一個用於一階邏輯推理的完備過程—— 很重要地推進了基於邏輯的 AI 的探索。邏輯學方法在斯坦福(Stanford)生根並得以發展。Cordell Green(1969a，1969b)開發出一個一階邏輯推理系統，QA3，引發了在 SRI 建造有邏輯的機器人的首次嘗試(Fikes 和尼爾森，1971)。Zohar Manna 和 Richard Waldinger(1971)把一階邏輯用於對程式的推理，接著 Michael Genesereth(1984)把它用於電路的推理。在歐洲，邏輯程式設計(一階邏輯推理的一種受限形式)是爲了語言學分析(Colmerauer 等人，1973)和通用宣告的系統(Kowalski，1974)而開發的。計算邏輯透過 LCF(Logic for Computable Functions，可計算函數的邏輯)計畫(Gordon 等人，1979)在愛丁堡也穩定地確立下來。這些發展在第 9 章和第 12 章中有更進一步地詳細介紹。

建立於一階邏輯的實際應用包括電子產品之製造需求的評估系統(Mannion，2002)，是一個用於推論檔案存取和數位之權利管理系統(Halpern 和 Weissman，2008)，以及一個網路服務自動撮合系統(McIlraith 和 Zeng，2001)。

對於沃爾夫假說(Whorf，1956)的回應，以及一般性的語言與思考問題，出現在最近的一些書中(Gumperz 和 Levinson，1996；Bowerman 和 Levinson，2001；Pinket，2003；Gentner 和 Goldin-Meadow，2003)。關於「理論」的理論(Gopnik 與 Glymour，2002；Tenenbaum *et al.*, 2007)視孩子對於世界學習的方式比擬於科學理論的建構。正如機器學習演算法的預測強烈地仰賴於所提供予它的字彙，孩子對理論的形成也仰賴在學習發生時所處的語言環境。

有一些好的一階邏輯入門教科書，包括一些邏輯歷史中具有領導性的人物：阿爾弗雷德塔斯基(Alfred Tarski，1941)，阿朗索邱奇(Alonzo Church，1956)，與奎因(W.V. Quine，1982)(這本書甚具可讀性)。Enderton(1972)給出數學傾向性更強的全貌。一階邏輯的高度形式化的處理，連同邏輯中的很多先進主題一起由 Bell 和 Machover(1977)給出。曼納和瓦爾丁格(Manna 及 Waldinger，1985)從計算機科學的角度提供了易讀的邏輯入門，至於胡特和賴恩(Huth 及 Ryan，2004)所做者，則著重於程式的驗證。巴斯和依其門迪(Barwise 及 Etchemendy，2002)採用了一個於此所用類似的方法。Smullyan(1995)使用表格格式簡潔地展示結果。Gallier(1986)提供了一階邏輯的一種極端嚴格的數學說明，以及大量關於它在自動推理中的應用的材料。《人工智慧的邏輯基礎》(*Logical Foundations of Artificial Intelligence*)(Genesereth 和 Nillson，1987)不但提供了堅實的邏輯入門基礎，也是第一個有系統地處理具有感知和動作之邏輯代理人，而有兩本好書：邊沁與德梅倫(van Bentham 及 ter Meulen，1997)以及羅賓遜與沃龍科夫(Robinson 及 Voronkov，2001)。純數學邏輯領域的記錄誌是符號邏輯的記錄誌，而應用邏輯處理的對象則近於人工智慧方面的記錄誌。

❖ 習題 EXERCISES

8.1 在邏輯知識庫中使用沒有顯式結構的語句集來表示世界。另一方面，**類推**表示具有直接與被表示的事物的結構相對應的實體結構。把你的國家的道路圖看作國家事實的一種類推表示——以地圖語言表示事實。地圖的二維結構對應於該地區的二維地表。

a. 給出 5 個地圖語言符號的例子。

b. 顯式語句是指確實由表示的建立者所寫的語句。隱含語句是由於類推表示的屬性而從顯式語句產生出來的語句。用地圖語言分別給出 3 個隱含語句和顯式語句的例子。

c. 給出 3 個關於你所在國家的實際結構的事實的例子，這些例子不能用地圖語言表示。

d. 給出兩個事實的例子，它們用地圖語言來表示比用一階邏輯更容易。

e. 給出有用的類推表示的另外兩個例子。並分別說出這些語言的優缺點。

8.2 考慮一個知識庫包括兩個語句：$P(a)$和 $P(b)$。此知識庫是否蘊涵$\forall x\ P(x)$？從模型的角度解譯你的答案。

8.3 語句 $\exists x, y\ \ x = y$ 是否有效？請解釋自己的觀點。

8.4 寫出一個邏輯語句，它為眞的所有世界剛好只包括一個物件。

8.5 考慮一個符號辭彙表，它包括 c 個常數符號，對於每個元數 k 有 p_k 個述詞符號以及 f_k 個函數符號，其中 $1 \le k \le A$。設域的大小恒定為 D。對於每個給定的模型，每個述詞或函數符號分別映對到相同元數的一個關係或函數。你可以假定模型中的函數允許某些輸入元組在該函數中無值(也就是，它的值為不可見的物件)。推導一個公式，用於計算具有 D 個元素的領域的可能的解譯——模型組合的個數。無需考慮消除冗餘組合。

8.6 下列語句何者為眞(necessariy true)？

a. $\exists x\ x = x \quad \Rightarrow \quad (\forall y\ \exists z\ y = z)$

b. $\exists x\ P(x) \lor \neg P(x)$

c. $\exists x\ Smart(x) \lor (x = x)$

8.7 考慮一階邏輯的一個語義版本，於此版本允許有空領域之模型。舉出至少二個語句例子，於此例子中依照標準語義但是不依照新的語義時，語句是有效的語句的。討論哪一個結果對於你的例子作更多的直覺感覺。

8.8 這個事實$\neg Spouse(George, Laura)$可從事實 $Jim \neq George$ 與 $Spouse(Jim, Laura)$引申得到嗎？若是，請證明之，若否，請提供額萬所需的公理。如果我們將 $Spouse$ 視為一元關係符號而不是一個二元述詞，那麼會發生什麼事？

8.9 這個習題使用函數 $MapColor$ 和述語 $In(x, y)$，$Borders(x, y)$和 $Country(x)$，它們參數是地理區域，連同各種不同的區域的常數符號。在下列各題中，我們給一個英語句子和一些候選的邏輯表示式。對於每一個邏輯表示式，說明它：(1)是否正確地表達了該英文句子；(2)是否有句法上的違誤，並因此無意義；或(3)句法上是正確但是沒有表現出英語句子的意義。

a. 巴黎和馬賽都在法國。

(i) $In(Paris \wedge Marseilles, French)$

(ii) $In(Paris, French) \wedge In(Marseilles, French)$

(iii) $In(Paris, French) \vee In(Marseilles, French)$

b. 一個同時毗鄰於伊拉克和巴基斯坦的國家。

(i) $\exists c\ Country(c) \wedge Border(c, Iraq) \wedge Border(c, Pakinstan)$

(ii) $\exists c\ Country(c) \wedge [Border(c, Iraq) \wedge Border(c, Pakinstan)]$

(iii) $[\exists c\ Country(c)] \wedge [Border(c, Iraq) \wedge Border(c, Pakinstan)]$

(iv) $\exists c\ Border(Country(c), Iraq \wedge Pakinstan)$

c. 在南美洲中所有與厄瓜多爾為鄰的國家。

(i) $\exists c\ Country(c) \wedge Border(c, Ecuador) \Rightarrow In(c, SouthAmerica)$

(ii) $\exists c\ Country(c) \Rightarrow [Border(c, Ecuador) \Rightarrow In(c, SouthAmerica)]$

(iii) $\exists c\ [Country(c) \wedge Border(c, Ecuador)] \Rightarrow In(c, SouthAmerica)$

(iv) $\exists c\ Country(c) \wedge Border(c, Ecuador) \wedge In(c, SouthAmerica)$

d. 沒有任何疆界出現在南美洲，但卻有一部分疆界位在歐洲。

(i) $\neg[\exists c,d\ In(c, SouthAmerica) \wedge In(d, Europe) \wedge Border(c, d)$

(ii) $\forall c,d\ [In(c, SouthAmerica) \wedge In(d, Europe)] \Rightarrow \neg Border(c, d)]$

(iii) $\neg\forall c\ In(c, SouthAmerica) \Rightarrow \exists d\ In(d, Europe) \wedge \neg Border(c, d)$

(iv) $\forall c\ In(c, SouthAmerica) \Rightarrow \forall d\ In(d, Europe) \wedge \neg Border(c, d)$

e. 任何二個彼此毗鄰的國家沒有同樣的地圖顏色。

(i) $\forall x,y\ \neg Country(x) \vee \neg Country(y) \vee \neg Border(x, y) \vee$
$\neg(MapColor(x) = MapColor(y))$

(ii) $\forall x,y\ (Country(x) \wedge Country(y) \wedge Border(x, y) \wedge \neg(x = y) \Rightarrow$
$\neg(MapColor(x) = MapColor(y))$

(iii) $\forall x,y\ Country(x) \wedge Country(y) \wedge Border(x, y) \wedge$
$\neg(MapColor(x) = MapColor(y))$

(iv) $\forall x,y\ (Country(x) \wedge Country(y) \wedge Border(x, y)) \Rightarrow MapColor(x \neq y)$

8.10 用下列的符號考慮一個字彙：

$Occupation(p, o)$：述詞。某人 p 有職業 o。

$Customer(p1, p2)$：述詞。某人 p_1 是某人 p_2 的一名顧客。

$Boss(p1, p2)$：述詞。某人 p_1 是某人 p_2 的上司。

Doctor, *Surgeon*, *Lawyer*, *Actor*：標示職業的常數。

Emily, *Joe*：標示某人的常數。

使用這些符號將下列各項斷言以一階邏輯中寫出：

a. 艾蜜麗是一位外科醫生或一位律師。

b. 喬是演員，但是他也有另一份工作。

c. 所有的外科醫生是醫生。

d. 喬沒有律師。(也就是，不是任何律師的顧客)。

e. 艾蜜麗的上司是名律師。

f. 有一名律師的客戶都是醫生。

g. 每位外科醫生都有一位律師。

8.11 完成下面有關邏輯語句的習題：

a. 轉換爲好而自然的英語(沒有 x 或 y！)：

$$\forall x,y,l\ SpeaksLanguage(x,l) \wedge SpeaksLanguage(y,l) \Rightarrow Understand(x,y) \wedge Understand(y,x)$$

b. 解釋爲何此語句由下列語句所蘊涵：

$$\forall x,y,l\ SpeaksLanguage(x,l) \wedge SpeaksLanguage(y,l) \Rightarrow Understand(x,y)$$

c. 將下列語句轉換爲一階邏輯：

(i) 因了解而生友誼。

(ii) 友誼是可傳遞的。

記得定義所有你所使用的述語、函數和常數。

8.12 重寫第 8.3.3 節中前面兩個 Peano 公理，該公理定義 *NatNum*(x)用以排除自然數的可能性，除了那些由後續函數所產生者。

8.13 在 8.3.4 節的式(8.4)定義於什麼樣的條件下方格是有微風的。在這裡我們考慮其他二個描述 wumpus 世界面向的方法。

a. 我們能從觀察之隱藏肇因的效果來寫出**診斷性規則**。爲發現陷阱，顯而易見的診斷性規則說，如果一個方格有微風吹過，毗鄰的方格一定有陷阱；而且如果一個方格沒有微風，那麼毗鄰的方格就沒有陷阱。寫出這兩條規則的一階邏輯形式，並證明它們的連言在邏輯上等價於式(8.4)。

b. 我們能寫出從原因到後果的**因果規則**。一條顯而易見的因果規則是一個陷阱會導致所有的毗鄰的方格都是有微風的。將這個寫成一條一階邏輯形式的規則，請解釋爲何式(8.4)相較之下它是不完全的，並且寫出遺漏的公理。

8.14 寫出描述述詞 *GrandChild*(孫子女)、*GreatGrandparent*(曾祖父母)、*Brother*(兄弟)、*Sister*(姐妹)、*Daughter*(女兒)、*Son*(兒子)、*Aunt*(姑/姨)、*Uncle*(叔/舅)、*BrotherInLaw*(姐夫/妹夫)、*SisterInLaw*(兄嫂/弟妹)、*FirstCousin*(第一代姑表親)的公理。找出隔了 n 代的 s 第 m 個姑表親的合適定義，並用一階邏輯寫出該定義。現在，寫出圖 8.7 中所示的家族樹的基本事實。採用適當的邏輯推理系統，把你已經寫出的所有語句 TELL 系統，並 ASK 系統：誰是 Elizabeth 的孫子女，Diana 的姐夫/妹夫和 Zara 的曾祖父母？

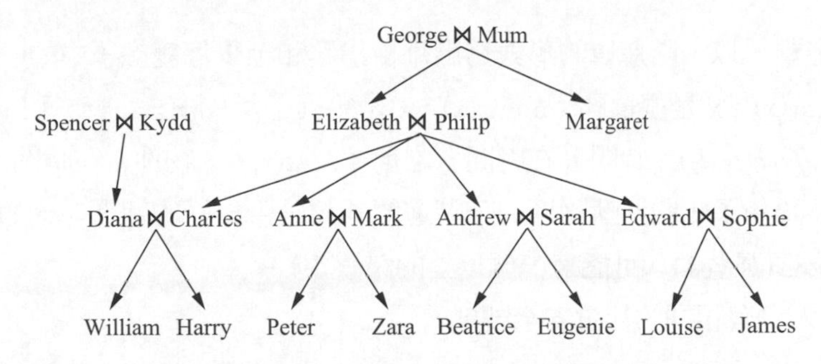

圖 8.7 一棵典型的家族樹。符號「⋈」連接配偶，而箭頭指向孩子

8.15 請解譯下面給出的集合隸屬述詞∈的定義存在什麼問題：

$\forall x,s\ x \in \{x|s\}$

$\forall x,s\ x \in s \Rightarrow \forall y\ x \in \{x|s\}$

8.16 以集合公理爲例，寫出列表域的公理，包括本章所提及的所有常數、函數和述詞。

8.17 解譯下面給出的 wumpus 世界中相鄰方格的定義存在什麼問題：

$\forall x,y\ Adjacent([x, y], [x + 1, y]) \wedge Adjacent([x, y], [x, y + 1])$

8.18 用常數符號 *Wumpus* 和二元述詞 *In*(*Wumpus*, *Location*)寫出推理 *wumpus* 的位置所需的公理。記住：只有一隻 *wumpus*。

8.19 假設述語 *Parent*(*p*, *q*)和 *Female*(*p*)以及常數 *Joan* 和 *Kevin*，其意義甚明，請將下列每一條語句以一階邏輯形式表達出來(你可以使用縮寫$\exists^1$來意指「恰有一個。」)。

a. Joan 有一個女兒(可能超過一個，且可能是兒子)。

b. Joan 恰有一個女兒(但是可能也有兒子)。

c. Joan 恰有一個孩子，一個女兒。

d. Joan 和 Kevin 一起恰有一個孩子。

e. Joan 和 Kevin 有至少一個孩子，而且和其他任何人沒有孩子。

8.20 算術斷言能用<、函數符號 + 和 × 、以及常數符號 0 和 1 寫成一階邏輯。額外的述語也能夠與雙向條件(biconditionals)一起定義。

a. 表示出性質「*x* 是一個偶數。」

b. 表示出性質「*x* 是質數。」

c. Goldbach 猜想是指每個偶數等於二個質數之和的這個猜想(迄今未證實)。請以一個邏輯語句表示這個猜想。

8.21 在第 6 章中，我們使用了等式來表示變數與它的值之間的關係。舉例來說，我們寫 $WA = red$ 這個式子，意指西澳大利亞被塗的顏色是紅色。將此以一階邏輯表達，我們必須寫的更冗長爲 $ColorOf(WA) = red$。如果我們將語句如 $WA = red$ 直接寫成邏輯語句，我們會得到什麼樣的錯誤推論？

8.22 請使用下列字彙，以一階邏輯的形式寫出每根鑰匙和至少每雙襪子中的一隻最後會永遠地遺失的斷言：$Key(x)$，x 是根鑰匙；$Socks(x)$，x 是隻襪子；$Pair(x, y)$，x 和 y 是一雙；Now，目前的時間；$Before(t_1, t_2)$，時間 t_1 在時間 t_2 之前；$Lost(x, t)$，物件 x 在時間 t 遺失。

8.23 在下列每句英語句子，請判斷隨同的一階邏輯語句是否爲好的翻譯句。如果不是，請解釋爲什麼不並改正它(某些語句可能有一個以上的錯誤！)。

a. 沒有二個人會有相同的社會安全號碼。

$$\neg\exists x,y,n\ Person(x) \wedge Person(y) \Rightarrow [HasSS\#(x, n) \wedge HasSS\#(y, n)]$$

b. 約翰的社會安全號碼與瑪麗者相同。

$$\exists n\ HasSS\#(John, n) \wedge HasSS\#(Mary, n)]$$

c. 每個人的社會安全號碼有九個位數。

$$\forall x,n\ Person(x) \Rightarrow [HasSS\#(x, n) \wedge Digits(n, 9)]$$

d. 重寫以上(未修正)語句的每一句，並使用函數符號 $SS\#$來取代述詞 $HasSS\#$。

8.24 用一個沒有矛盾的辭彙表(需要你自己定義)在一階邏輯中表示下列語句：

a. 某些學生在 2001 年春季學期上法語課。

b. 上法語課的每個學生都通過了考試。

c. 只有一個學生在 2001 年春季學期上希臘語課。

d. 希臘語課的最好成績總是比法語課的最好成績高。

e. 每個買保險的人都是聰明的。

f. 沒有人會買昂貴的保險。

g. 有一個代理人，他只賣保險給那些沒有投保的人。

h. 鎮上有一個理髮師，他給所有不自己刮鬍子的人刮鬍子。

i. 在英國出生的人，若其雙親都是英國公民或永久居住者，那麼此人生來就是一個英國公民。

j. 在英國以外出生的人，如果其雙親生來就是英國公民，那麼此人血統上是一個英國公民。

k. 政治家能一直愚弄某些人，也能在某個時候愚弄所有人，但是他們無法一直愚弄所有的人。

l. 所有的希臘人說相同的語言[用 $Speaks(x, l)$表示人 x 說語言 l]。

8.25 寫出一個事實和公理的通用集合，用它來表示斷言「威靈頓聽說了拿破崙死亡的訊息」，並正確地回答問題「拿破崙聽說了威靈頓死亡的訊息嗎？

8.26 擴展第 8.4 節的辭彙表以定義 n 位元二進位數字的加法。然後對圖 8.8 的四位元加法器的描述進行編碼，提出驗證其確實正確所需的查詢。

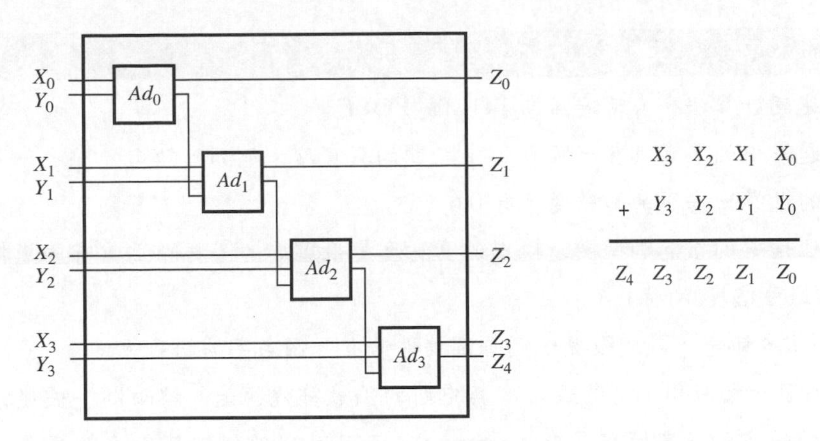

圖 8.8 四位元加法器。每個 Ad_i 是一位元加法器，如圖 8.6 所示

8.27 獲取一份你所在國家的護照申請表，確認決定護照資格的規定，並按照第 8.4 節勾勒的步驟將它們轉換爲一階邏輯表示。

8.28 考慮一個一階邏輯的知識庫，其描述的世界中包含了人、歌曲、專輯(舉例來說，「Meet the Beatles」)和磁片(即 CD 的實體特例)。字彙包含下列符號：

CopyOf(*d*, *a*)：述詞。磁片 *d* 是專輯 *a* 的拷貝。

Owns(*p*, *d*)：述詞。某人 *p* 擁有磁片 *d*。

Sings(*p*, *s*, *a*)：專輯 *a* 中錄有某人 *p* 所演唱的歌曲 *s*。

Wrote(*p*, *s*)：某人 *p* 撰寫歌曲 *s*。

McCartney, *Gershwin*, *BHoliday*, *Joe*, *EleanorRigby*, *TheManILove*, *Revolver*：意義自明的常數。

以一階邏輯表達下列的陳述：

a. 格什溫寫「The Man I Love。」

b. 格什溫沒有寫「Eleanor Rigby。」

c. 格什溫或 McCartney 寫「The Man I Love。」

d. 喬至少已經寫了一首歌。

e. 喬擁有一張 Revolver 的拷貝。

f. 在 Revolver 上 McCartney 唱的每一首歌都是由 McCartney 所寫的。

g. 格什溫沒有寫在連發左輪手槍上的任何一首歌。

h. 格什溫寫的每首歌都已經錄製到某些專輯中(不同的歌可能被錄製在不同的專輯上)。

i. 有一張專輯包含了喬所寫的每一首歌。

j. 喬擁有的某張專輯拷貝中有 Billie Holiday 所唱的「The Man I Love。」

k. 喬擁有每一張有 McCartney 唱的歌的專輯的拷貝(當然，每張不同的專輯是在不同的 CD 被實例化)。

l. 喬擁有所有整張歌曲都是由 Billie Holiday 所演唱之專輯的拷貝。

本章註腳

[1] 也稱為**一階述詞計算法**，有時縮寫為 **FOL** 或 **FOPC**。

[2] 相反，**模糊邏輯**中的事實具有一個 0 到 1 之間的**真實度**。例如，語句「維也納是一個大城市」也許在我們的世界中為真的真實度只有 0.6。

[3] 不混淆概率理論中的信念和模糊邏輯中的真實度是很重要的。實際上，有些模糊系統允許真實度的不確定性(可信度)的存在。

[4] 稍後，在第 8.2.8 節中，我們檢視一個每個物件恰有一個名字的語義。

[5] λ-運算式提供了一種有用的符號表示，其中新的函數符號都是「轉瞬間」被建構出來。例如，計算其參數的平方的函數可以寫為$(\lambda x \quad x \times x)$，而且可以像任何其他函數符號一樣應用到參數上。$\lambda$-運算式還可以定義為述詞符號和當作述詞符號使用(參見第 22 章)。Lisp 語言的 *lambda* 運算元扮演著完全相同的角色。需要注意的是，以這種方式使用 λ 並不能提高一階邏輯的形式化表達能力，因為任何包括 λ-運算式的語句可以通過「插入」它的參數的方式重寫，以得到一個等價語句。

[6] 我們通常遵循參數順序的習慣，把 $P(x, y)$解釋為「x 是 y 的 P」。

[7] 存在量詞有一種變體，通常寫為$\exists^1$ 或$\exists!$，它的意思是「剛好只存在一個……」。相同的意義可以用等式來表達。

[8] 實際上他有四個，其他的是威廉與亨利。

[9] 皮亞諾公理還包括歸納原理，它是一個二階邏輯語句而不是一階邏輯語句。第九章中對它們之間的區別的重要性進行了解釋。

[10] 類似地，多數人都不會對在冬天從我們頭上飛過，遷徙到溫暖地區的每只鳥進行命名。希望研究遷徙模式、存活率等方面內容的鳥類學家確實依靠鳥腿上的環對每只鳥命名，這是因為需要跟蹤鳥類個體。

INFERENCE IN FIRST-ORDER LOGIC

9

一階邏輯中的推理

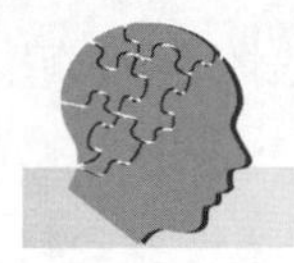

本章中我們將定義供回答以一階邏輯形式提出的問題的有效過程。

第 7 章展示了命題邏輯的推理能夠達到如何的良善與完整。本章中，我們將拓展這些結論，以獲得求解用一階邏輯形式陳述的任何可解答問題的演算法。第 9.1 節介紹了量詞的推理規則，還說明如何把一階推理簡化爲命題推理，儘管這種轉換代價很大。第 9.2 節描述了**統一**的想法，並說明了如何利用它來構造可以直接用於一階語句的推理規則。然後我們將討論一階推理演算法的 3 個主要家族：**前向連結**及它於**演繹資料庫**以及**產生式系統**的應用涵蓋於第 9.3 節；**逆向連結**與**邏輯程式設計**系統則於第 9.4 節探討。前向連結與逆向連結可以是非常的有效率，但是只適用於可以被表達成霍恩子句之集合的知識庫。一般性的一階語句需要解消型的**理論證明**，這會在 9.5 節予以說明。

9.1 命題與一階推理

本節和下一節將介紹構成現代邏輯推理系統基礎的各種想法。我們將從一些簡單的推理規則開始，這些規則可被用於包含量詞的語句，以便獲得沒有量詞的語句。這些規則很自然引起的想法是，一階推理可以透過轉換知識庫到命題邏輯並使用命題推理來完成，這我們已經知道如何做。下一節會指出一個顯而易見的捷徑，得以直接地操作一階語句來進行推理的方法。

9.1.1 量詞的推理規則

我們首先從全稱量詞開始。假定我們的資料庫包含了標準的民間傳說公理，它認定所有貪婪的國王都是邪惡的：

$$\forall x \quad King(x) \land Greedy(x) \Rightarrow Evil(x)$$

那麼看來相當可能推斷出下列任何一個語句：

$$King(John) \land Greedy(John) \Rightarrow Evil(John)$$

$$King(Richard) \land Greedy(Richard) \Rightarrow Evil(Richard)$$

$$King(Father(John)) \land Greedy(Father(John)) \Rightarrow Evil(Father(John))$$

$$\vdots$$

全稱實例化(universal instantiation，簡寫爲 UI)的規則所述爲，我們可以推斷出任何用基項(沒有變數的項)互換變數得到的語句[1]。爲了正規地書寫推理規則，我們採用了第 8.3 節介紹的**互換**的概念。設 SUBST(θ, α)表示把互換 θ 用於語句 α 的結果。規則可以表示爲：

$$\frac{\forall v \quad \alpha}{\textsc{Subst}(\{v/g\},\alpha)}$$

對於任何變數 v 和基項 g。例如，先前給出的三個語句可以由互換{*x*/*John*}、{*x*/*Richard*}和{*x*/*Father*(*John*)}得到。

對於**存在實例化**之規則，該變數被單一新的常數符號所取代。正規形式陳述如下：對任何語句 α、變數 v 和未出現在知識庫的其他地方的常數符號 k，

$$\frac{\exists v \quad \alpha}{\textsc{Subst}(\{v/k\},\alpha)}$$

例如，從語句

$$\exists x \quad Crown(x) \land OnHead(x, John)$$

我們可以推斷出語句

$$Crown(C_1) \land OnHead(C_1, John)$$

只要 C_1 不在知識庫的別處出現。基本上，存在語句說明存在某些滿足條件的物件，實例化過程僅僅是給該物件命名。自然地，該名字不能已經屬於另一個對象。數學提供了一個很好的例子：假設我們發現存在一個略大於 2.71828 的數，令 x 等於它，能夠滿足方程 $d(x^y) / dy = x^y$。我們可以賦予該數一個名稱，例如 e，但是如果賦予的是一個已經存在的物件名，例如 π，則是錯誤的。在邏輯中，新的名稱稱爲 **Skolem 常數**。存在實例化是一種更一般過程的特例，這種一般過程稱爲 **Skolem 化**，我們將在第 9.5 節討論。

全稱實例化可以多次應用從而獲得許多不同的結果，而存在實例化只能應用一次，然後存在量化語句就可以被拋棄。舉例來說，一旦我們已經加入語句 *Kill*(*Murderer*, *Victim*)，我們就不再需要 $\exists x$ *Kill*(*x*, *Victim*)。嚴格地說，新知識庫邏輯上並不等價於舊知識庫，但只有在原始知識庫可滿足時，新的知識庫才是可滿足的，可以證明它們在這個意義上是**推理等價**的。

9.1.2 簡化成命題推理

一旦我們有了從量化語句推理非量化語句的規則，就可能將一階推理簡化爲命題推理。在本節中，我們將介紹主要的想法；具體內容將在第 9.5 節中介紹。

第一種想法是：正如存在量化語句能被某個實例化取代一樣，全稱量化語句也可以被所有可能的實例化集代替。例如，假設我們的知識庫僅僅包括如下語句：

$$\forall x\ King(x) \land Greedy(x) \Rightarrow Evil(x)$$
$$King(John)$$
$$Greedy(John) \tag{9.1}$$
$$Brother(Richard, John)$$

然後我們使用知識庫的辭彙表中所有可能的基項互換，把 UI 規則應用於第一個語句——此例中，即 $\{x / John\}$和$\{x / Richard\}$。我們得到

$$King(John) \land Greedy(John) \Rightarrow Evil(John)$$
$$King(Richard) \land Greedy(Richard) \Rightarrow Evil(Richard)$$

然後我們丟棄全稱量化語句。現在，如果我們把基本原子語句——*King*(*John*)，*Greedy*(*John*)，等等——看作命題符號，知識庫本質上就是命題邏輯了。因此，我們可以使用第七章中的任何完備的命題演算法獲得諸如 *Evil*(*John*)之類的結論。

正如我們在第 9.5 節中將顯示的，這種**命題化**技術完全可以通用；也就是說，透過保留蘊涵，每個一階知識庫和查詢都可以命題化。這樣，我們得到一個有關蘊涵的完備判定程序...但也可能得不到。這裡存在一個問題：當知識庫包含函數符號時，可能的基項互換集將是無限的！例如，如果知識庫包括符號 *Father*，那麼可以構造無限多個套疊項，例如 *Father*(*Father* (*Father* (*John*)))就可被建立起來。我們的命題演算法面對無限大的語句集合時會感到捉襟見肘。

幸運的是，雅克．海布蘭(Jacques Herbrand，1930)對該效應提出了一個著名的定理，這就是如果某個語句被原始的一階資料庫蘊涵，則存在一個涉及命題化知識庫的有限子集的證明。由於任何這樣的子集在其基項中都有一個最大套疊深度，我們可以找到這些子集，首先，產生所有常數符號(*Richard* 和 *John*)的實例化，再產生所有深度爲 1 的項(*Father*(*Richard*)和 *Father*(*John*))，然後是深度爲 2 的項，依此類推，直到我們可以構造出蘊涵語句的命題證明。

我們已經勾畫出透過命題化進行一階推理的**完備**方法——也就是，任何蘊涵語句都能得到證明。在已知可能模型的空間是無窮的情況下，這是個重要的成果。另一方面，我們並不知道一個語句是被蘊涵的，直到證明完成！如果語句不被蘊涵的話，將會發生什麼情況？我們能判斷出來嗎？當然，對於一階邏輯，我們不能。我們的證明程序可以不斷進行下去，產生越來越深的套疊項，但是，我們不知道是否陷於無望的迴圈中，或者證明是否就要出現了。這非常像圖靈機的停機問題。阿蘭．圖靈(1936)和阿隆佐．丘奇(Alonzo Church，1936)用相當不同的方法證明了這種事件狀態的必然性。一階邏輯的蘊涵問題是**半可判定**的——也就是，存在肯定每個蘊涵語句的演算法，而不存在還能否定每個非蘊涵語句的演算法。

9.2 統一和提升

前節描述了到 20 世紀 60 年代早期爲止人們對一階推理的理解。目光敏銳的讀者(當然包括 20 世紀 60 年代早期的計算邏輯學家)會注意到命題化方法效率相當低。例如，已知公式(9.1)中的查詢 $Evil(x)$和知識庫，產生諸如 $King(Richard) \wedge Greedy(Richard) \Rightarrow Evil(Richard)$的語句似乎是不合規則的。而實際上，根據底下語句推理出 $Evil(John)$

$$\forall x \quad King(x) \wedge Greedy(x) \Rightarrow Evil(x)$$

$$King(John)$$

$$Greedy(John)$$

對於人來說是很顯然的。我們現在要說明如何讓這種推理對電腦也是顯然的。

9.2.1 一階推理規則

「約翰是邪惡的」之推理——亦即，$\{x/John\}$解出查詢 $Evil(x)$——的方式如下：欲使用規則「貪婪的國王是邪惡的」，找出某些 x 使得 x 是國王且 x 是貪婪的，然後推論出 x 是邪惡的。更一般地，如果有某個互換 θ 使蘊涵的前提和知識庫中已有的語句完全相同，那麼應用 θ 後，我們就可以斷言蘊涵的結論。在本實例中，互換$\{x/John\}$就達到了這個目的。

實際上我們可以讓推理步驟完成更多的工作。假設不知道 $Greedy(John)$，但是我們知道每個人都是貪婪的：

$$\forall y \; Greedy(y) \tag{9.2}$$

則我們依然能夠得出結論 $Evil(John)$，因爲我們知道約翰是一個國王(已知)，而且約翰是貪婪的(因爲每個人都是貪婪的)。要讓這個過程可行所需的是，爲蘊涵語句和知識庫中的語句兩者之變數尋找互換。在這個例子中，把互換$\{x/John,\ y/John\}$應用於蘊涵前提 $King(x)$、$Greedy(x)$和知識庫語句 $King(John)$、$Greedy(y)$，將會使得它們完全相同。因此，我們可以推導出蘊涵的結論。

可以把此推理過程表述爲一條單獨的推理規則，我們稱之爲**一般化肯定前件**(Generalized Modus Ponens)[2]：對於原子語句 p_i, p_i', q，存在互換 θ 使得 $\text{SUBST}(\theta, p_i') = \text{SUBST}(\theta, p_i')$，對所有的 i 都成立。

$$\frac{p_1', p_2', \ldots, p_n', \quad (p_1 \wedge p_2 \wedge \ldots \wedge p_n \Rightarrow q)}{\text{SUBST}(\theta, q)}$$

該規則共有 $n+1$ 個前提：n 個原子語句 p_i' 和一個蘊涵。結論就是將互換應用於後項 q 得到的結果。對於我們的例子：

p_1' 是 $King(John)$ $\qquad$ p_1 是 $King(x)$

p_2' 是 $Greedy(John)$ $\qquad$ p_2 是 $Greedy(x)$

θ 是$\{x / John, y / John\}$ $\qquad$ q 是 $Evil(x)$

$\text{SUBST}(\theta, q)$是 $Evil(John)$

很容易證明一般化肯定前提是一個可靠的推理規則。首先，我們觀察到，對任何語句 p(假設它們的變數已經全稱量化)及任何互換 θ，

$$p \models \text{SUBST}(\theta, p)$$

全稱實例化都成立。特別是對於滿足一般化肯定前提的條件的 θ，這一個推論成立。因此，從 $p_1', \ldots, p_n'$ 中，我們可以推斷出

$$\text{SUBST}(\theta, p_1') \wedge \ldots \wedge \text{SUBST}(\theta, p_n')$$

從蘊涵 $p_1 \wedge \ldots \wedge p_n \Rightarrow q$，我們可以推斷出

$$\text{SUBST}(\theta, p_1) \wedge \ldots \wedge \text{SUBST}(\theta, p_n) \Rightarrow \text{SUBST}(\theta, q)$$

現在，把一般化肯定前提中的 θ 定義為 $\text{SUBST}(\theta, p_i') = \text{SUBST}(\theta, p_i)$，對所有的 i；因此，兩條語句中的第一句正好匹配上第二句的前提。從而，$\text{SUBST}(\theta, q)$遵從肯定前提。

一般化肯定前提是肯定前提(Modus Ponens)的**提升**版本——它將肯定前提從基礎(不含變數)命題邏輯提高到一階邏輯。我們將在本章的其餘部分中看到，我們可以發展出第七章中介紹的前向連結、逆向連結和解消演算法的提升版本。**提升推理規**則相對於命題化的最關鍵優點是只做那些使得特定推理能進行下去的互換。

9.2.2 統一

被提升的推理規則要求找到相關的互換，讓不同的邏輯表示看起來是一樣的。這個過程稱為**統一**，且是所有一階推理演算法的一個關鍵部分。統一演算法 UNIFY 挑選兩條語句並返回一個它們的**統一者**(unifier)，如果存在的話：

$$\text{UNIFY}(p, q) = \theta \text{ ，這裡 } \text{SUBST}(\theta, p) = \text{SUBST}(\theta, q)$$

讓我們透過一些例子來看看 UNIFY 應該如何行事。假設我們有一個查詢 *AskVars*(*Knows*(*John*, *x*))：*John* 認識誰？該查詢的答案可透過尋找知識庫中所有能與 *Knows*(*John*, *x*)統一的語句而找到。這裡是與 4 條可能在知識庫中的不同語句進行統一的結果。

UNIFY(*Knows*(*John*, *x*), *Knows*(*John*, *Jane*)) = {*x*/*Jane*}

UNIFY(*Knows*(*John*, *x*), *Knows*(*y*, *Bill*)) = {*x*/*Bill*, *y*/*John*}

UNIFY(*Knows*(*John*, *x*), *Knows*(*y*, *Mother*(*y*))) = {*y*/*John*, *x*/*Mother*(*John*)}

UNIFY(*Knows*(*John*, *x*), *Knows*(*x*, *Elizabeth*)) = *fail*

最後一個統一失敗，因為 x 不能同時選取 *John* 和 *Elizabeth* 二值。現在，記住 *Knows*(*x*, *Elizabeth*)的意思是「每個人都認識 *Elizabeth*」，因此，我們應該能夠推導出 *John* 認識 *Elizabeth*。出現問題只是因為兩個語句恰好採用了相同的變數名 x。對統一的兩個語句中的一個進行**標準化分離**就可以避免該問題，也就是對這些變數重新命名以避免名稱衝突。例如，可以將 *Knows*(*x*, *Elizabeth*)中的變數 x 重新命名為 x_{17}(新的變數名)，而不改變它的含義。現在統一就發生作用了：

UNIFY(*Knows*(*John*, *x*), *Knows*(x_{17}, *Elizabeth*)) = {*x*/*Elizabeth*, x_{17}/*John*}

習題 9.13 深入研究了標準化分離的需求。

還有一個問題：我們曾經提到 UNIFY 應該返回一個互換，以使得兩個參數看起來是一樣的。但是，可能存在不只一個這樣的統一者。舉例來說，*UNIFY*(*Knows*(*John*, *x*), *Knows*(*y*, *z*))可能會傳回{*y*/*John*, *x*/*z*}或是{*y*/*John*, *x*/*John*, *z*/*John*}。第一個統一者會以 *Knows*(*John*, *z*)爲統一的結果，第二個統一者會得出 *Knows*(*John*, *John*)。如果增加附加的互換{*z*/*John*}，就可以從第一個統一者中得到第二個結果。可以說，第一個統一者要比第二個更加一般，因爲它對變數的取值限制比較少。結果是，對每個運算式的統一對，存在一個唯一的**最一般統一者**(或稱 MGU)，不考慮變數的重新命名它是唯一的[舉例來說，{*x*/*John*}與{*y*/*John*}被看成是等價的，一如{*x*/*John*, *y*/*John*}與{*x*/*John*, *y*/*x*}]。在本例中，最一般合一者是{*y*/*John*, *x*/*z*}。

用於計算最一般統一者的演算法如圖 9.1 所示。其想法非常簡單：同時「並排」地遞迴探索兩個運算式，在此過程中建立一個統一者；如果該結構中的兩個對應點不匹配，則搜尋失敗。該過程有一個代價很高的步驟：當將一個變數和一個複合項進行匹配的時候，必須檢查該變數本身是否在該項中出現；如果是，則匹配失敗，因爲無法構造一致的統一者。舉例來說，*S*(*x*)不能與 *S*(*S*(*x*))統一。這個所謂的**發生檢驗**使整個演算法的複雜性是待統一運算式規模的二次方。某些系統，包括所有的邏輯程式設計系統，簡單地省略了發生檢驗，有時以不可靠的推理作爲結論；其他的一些系統採用具有線性時間複雜度的更複雜演算法。

```
function UNIFY(x, y, θ) returns a substitution to make x and y identical
  inputs: x, a variable, constant, list, or compound expression
          y, a variable, constant, list, or compound expression
          θ, the substitution built up so far (optional, defaults to empty)

  if θ = failure then return failure
  else if x = y then return θ
  else if VARIABLE?(x) then return UNIFY-VAR(x, y, θ)
  else if VARIABLE?(y) then return UNIFY-VAR(y, x, θ)
  else if COMPOUND?(x) and COMPOUND?(y) then
      return UNIFY(x.ARGS, y.ARGS, UNIFY(x.OP, y.OP, θ))
  else if LIST?(x) and LIST?(y) then
      return UNIFY(x.REST, y.REST, UNIFY(x.FIRST, y.FIRST, θ))
  else return failure
---------------------------------------------------------------------
function UNIFY-VAR(var, x, θ) returns a substitution

  if {var/val} ∈ θ then return UNIFY(val, x, θ)
  else if {x/val} ∈ θ then return UNIFY(var, val, θ)
  else if OCCUR-CHECK?(var, x) then return failure
  else return add {var/x} to θ
```

圖 9.1

統一演算法。該演算法透過逐元素地對輸入的結構進行比較而實作功能。作為 UNIFY 的參數的互換 θ 是在運算的過程中建立起來，並用於確保此後的比較與先前建立的限制一致。在一個複合運算式如 *F*(*A*, *B*) 中，OP 欄位會挑出函數符號 *F*，而 *ARGS* 欄位挑出參數清單(*A*, *B*)

9.2.3 儲存和檢索

用來通知和詢問知識庫的TELL和ASK函數的下層是更原始的STORE和FETCH函數。STORE(*s*)將語句儲存到知識庫中，FETCH(*q*)返回所有統一者，這些統一者能使查詢 *q* 與知識庫中的某些語句統一。我們用於說明統一的問題——找出所有與 *Knows*(*John*, *x*)統一的事實——就是 FETCHing 的一個實例。

實作 STORE 與 FETCH 的最簡單方法是保存所有的事實於一個長長的清單並且統一各個查詢與該清單上的每個元素。該過程效率很低，卻是可行的，知道這一點就可以理解本章其餘部分了。本節的剩餘內容將勾勒一些使檢索效率更高的方法；第一次讀可以跳過這些內容。

我們可以透過確保只對那些有一些機會統一成功的語句嘗試進行統一，從而提高 FETCH 的效率。舉例來說，試著以 *Brother*(*Richard*, *John*)統一 *Knows*(*John*, *x*)是沒有意義的。透過**索引**(indexing)知識庫中的事實，我們可以避免進行這樣的統一。一種簡單的方案是**述詞索引**，它將所有 *Knows* 事實放到一個儲存桶中，所有 *Brother* 事實放到另一個儲存桶中。為了提高存取效率，這些儲存桶可以存放到一個雜湊表裡。

當存在大量的述詞符號，而每個符號只有很少量子句時，述詞索引很有用處。不過有時候，一個述詞有許多子句。例如，假設稅務部門希望利用述詞 *Employs*(*x*, *y*)記錄誰聘用了誰。這將是一個非常巨大的儲存桶，可能包括數百萬個雇主和數千萬的雇員。利用述詞索引回答諸如 *Employs*(*x*, *y*)的查詢可能需要掃描整個儲存桶。

對這類特殊的查詢，如果不僅根據述詞而且還根據次要參數對事實建立索引(也許採用組合雜湊表關鍵字)，可能會有幫助。然後我們可以簡單地從查詢構造關鍵字，並準確地檢索那些與查詢統一的事實。對其他查詢，諸如 *Employs*(*IBM*, *y*)，我們可能需要結合述詞和第一個參數，對事實建立索引。因此，可以在多個索引關鍵字下儲存事實，以一種對於可能與它們統一的各種查詢而言是可以立刻存取的方式表示它們。

給定要儲存的語句，為所有可能與該語句統一的查詢構造索引是可能的。對於事實 *Employs*(*IBM*, *Richard*)，查詢為：

Employs(*IBM*, *Richard*)	IBM 雇傭 Richard 了嗎？
Employs(*x*, *Richard*)	誰雇傭了 Richard？
Employs(*IBM*, *y*)	IBM 雇傭了誰？
Employs(*x*, *y*)	誰雇傭了誰？

這些查詢構成了一個**包容格**(subsumption lattice)，如圖 9.2(a)所示。包容格具有一些有趣的屬性。例如，格中任何節點的子節點都可以透過單一互換從它的父節點獲得；任意兩個節點的「最高」公共後代就是應用它們的最一般統一者的結果。任何建立在基礎事實之上的格的部分都可以被系統化地構建(習題 9.5)。包含重複常數的語句具有稍微不同的格，如圖 9.2(b)所示。待儲存的語句中的函數符號和變數還引入了更多有趣的格結構。

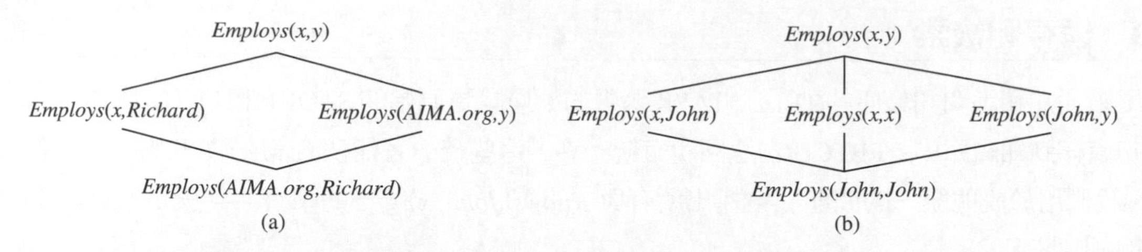

圖 9.2 (a) **包容格點，其最低節點是** *Employs*(*IBM*, *Richard*)。

(b) **語句** *Employs*(*John*, *John*)**的包容格**

只要格所包含的節點是少量的，那麼我們描述的方案就能很好地工作。對於有 n 個參數的述詞，格包含了 $O(2^n)$個節點。如果允許有函數符號，那麼節點的數量同樣是待儲存語句所包含的項數量的指數級。這將導致大量的索引。在某個平衡點，索引所帶來的好處將被儲存和維護所有這些索引的成本所抵消。作爲對策，我們可以採用固定的策略，例如只維護由述詞加上每個參數組成的索引鍵值，或者採用自適應策略，建立滿足所提各類查詢要求的索引。對大多數 AI 系統來說，它們儲存的事實數量足夠少，可以認爲有效的索引是一個已經解決的問題。對於商用資料庫，其事實的數目高達數十億，這個問題已經是許多重點研究與技術開發的主題。

9.3 前向連結

在第 7.5 節中給出了命題邏輯中確定子句的前向連結演算法。其想法非常簡單：從知識庫中的原子語句開始，在前向推理中應用肯定前件，增加新的原子語句，直到不能進行任何推理。在這裡，我們解釋該演算法是如何地運用到一階確定子句。確定子句諸如 $Situation \Rightarrow Response$ 對那些用推理作爲對新得到資訊的回應的系統來說特別有用。許多系統可以用這種方法來定義，前向連結可以非常的有效率地被實作出來。

9.3.1 一階確定子句

一階確定子句非常雷同於命題確定子句(第 7.5.3 節)：它們是文字的選言，其中恰好只有一個是正文字。確定子句可以是原子語句，或者是蘊含語句，它的前提爲正文字的連言，結論是一個單獨的正文字。下面是一階確定子句：

$$King(x) \land Greedy(x) \Rightarrow Evil(x)$$

$$King(John)$$

$$Greedy(y)$$

和命題文字不同，一階文字可以包含變數，這種情況下，這些變數假設爲全稱量詞所修飾(典型地作做法是，當寫確定子句時我們會省略掉全稱量詞)。因爲單一正文字的限制，不是每個知識庫都能轉化成一個確定子句集的，但是大部分能。考慮以下問題：

美國法律規定：美國人(American)賣武器(weapon)給敵對(hostile)國家是犯法的(crime)。美國的敵國(enemy)Nono 有一些導彈(missile)，所有這些導彈都是韋斯特(West)上校賣給他們的，而韋斯特上校是一個美國人。

我們將證明韋斯特是一個罪犯(criminal)。首先，我們將這些事實表示成一階確定子句。下一節將說明前向連結演算法如何求解該問題。

「……美國人賣武器給敵對國家是犯法的」：

$$American(x) \wedge Weapon(y) \wedge Sells(x, y, z) \wedge Hostile(z) \quad \Rightarrow \quad Criminal(x) \tag{9.3}$$

「Nono…有伊些飛彈。」語句$\exists x\ Owns\ (Nono, x) \wedge Missile(x)$藉由存在實例化被轉換成兩個確定子句，引進了一個新的常數 M_1：

$$Owns(Nono, M_1) \tag{9.4}$$

$$Missile(M_1) \tag{9.5}$$

「所有該國的導彈都是韋斯特上校出售的」：

$$Missile(x) \wedge Owns(Nono, x) \quad \Rightarrow \quad Sells(West, x, Nono) \tag{9.6}$$

我們還需要知道導彈是武器：

$$Missile(x) \quad \Rightarrow \quad Weapon(x) \tag{9.7}$$

我們還應該知道美國的敵國被認爲是「hostile(敵對的)」：

$$Enemy(x, America) \quad \Rightarrow \quad Hostile(x) \tag{9.8}$$

「韋斯特，是一個美國人……」

$$American(West) \tag{9.9}$$

「Nono 國，美國的一個敵國……」

$$Enemy(Nono, America) \tag{9.10}$$

這個知識庫不包含函數符號，因此是一個 **Datalog** 知識庫之類別的實例。Datalog 是一個限定爲沒有函數符號的一階確定子句的語言。Datalog 之所以得此名，因爲它能夠表現關聯式資料庫製作之陳述的類型：我們將看到沒有函數符號將會使推理更加容易。

9.3.2 一個簡單的前向連結演算法

```
function FOL-FC-ASK(KB, α) returns a substitution or false
  inputs: KB, the knowledge base, a set of first-order definite clauses
          α, the query, an atomic sentence
  local variables: new, the new sentences inferred on each iteration

  repeat until new is empty
     new ← { }
     for each rule in KB do
        (p1 ∧ . . . ∧ pn ⇒ q) ← STANDARDIZE-VARIABLES(rule)
        for each θ such that SUBST(θ, p1 ∧ . . . ∧ pn) = SUBST(θ, p′1 ∧ . . . ∧ p′n)
                    for some p′1, . . . , p′n in KB
           q′ ← SUBST(θ, q)
           if q′ does not unify with some sentence already in KB or new then
              add q′ to new
              φ ← UNIFY(q′, α)
              if φ is not fail then return φ
     add new to KB
  return false
```

圖 9.3 一個概念上簡明直接、但效率非常低的前向連結演算法。在每次疊代過程中，演算法把所有只用一步就可以從 *KB* 中已有的蘊含語句和原子語句推導出來的原子語句都添加到 *KB* 中。函數 STANDARDIZE-VARIABLES 以先前未曾使用過的新變數來替換於它參數中的所有變數

我們所考慮的第一個前向連結演算法是簡單的一種，如圖 9.3 所示。它從已知的事實開始，觸發所有前提得到滿足的規則，把結論添加到已知事實中。重複該過程直到查詢得到回答(假定只需要一個答案)或者沒有新的事實加入。注意如果某個事實只是已知事實的**重命名**，那它就不是「新的」。如果兩個語句除了變數名稱以外其他都相同，那麼其中一個語句是另外一個語句的重命名。例如，*Likes*(*x*, *IceCream*)和 *Likes*(*y*, *IceCream*)互爲重命名，因爲僅僅是在對 *x* 或 *y* 的選擇上有所不同；它們的含義是一樣的：每個人都喜歡霜淇淋。

我們仍用我們的犯罪問題來解譯 FOL-FC-ASK 是怎樣進行的。蘊涵語句爲(9.3)、(9.6)、(9.7)和(9.8)。需要兩次疊代：

- 在第一次疊代中，規則(9.3)有未滿足的前提。
  規則(9.6)被$\{x/M_1\}$滿足，而 *Sells*(*West*, M_1, *Nono*)被添加。
  $\{x/M_1\}$滿足規則(9.7)，添加 *Weapon*(M_1)。
  $\{x/Nono\}$滿足規則(9.8)，添加 *Hostile*(*Nono*)。
- 在第二次疊代時，規則(9.3)被$\{x/West, y/M_1, z/Nono\}$滿足，而 *Criminal*(*West*)被添加。

圖 9.4 顯示了所產生的證明樹。注意在目前不可能有新的推理產生，因爲前向連結可能包括的每個語句都已經顯式地包含在 KB 中。這樣的知識庫被稱爲推理過程的**不動點**。一階確定子句的前向連結所達到的不動點類似於命題前向連結(第 7.5.4 節)的不動點；主要的區別在於，一階不動點可包含全稱量化原子語句。

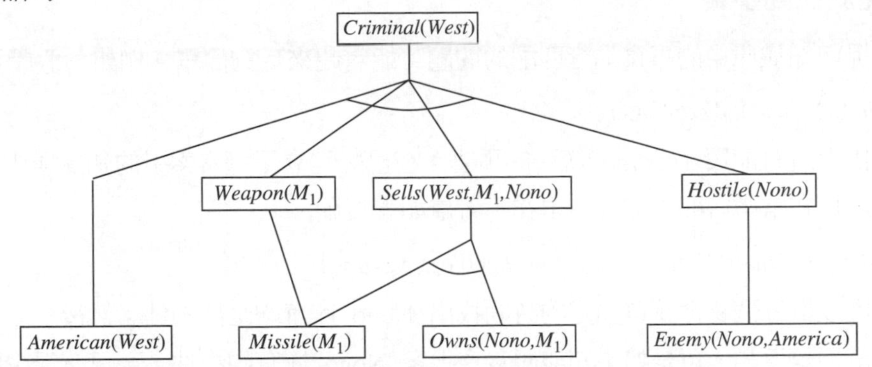

圖 9.4 **犯罪例子中透過前向連結產生的證明樹。最初始的事實出現在底層，第一次疊代推理出來的事實位於中層，第二次疊代推理出來的事實處於頂層**

FOL-FC-ASK 很容易分析。首先，它是**可靠的**，因爲每個推理只是一般化肯定前件的一個應用，而一般化肯定前件是可靠的。第二，對確定子句知識庫而言，它是**完備的**；也就是，它可以回答每個查詢，只要查詢的答案被任何確定子句的知識庫所蘊涵。對於不包括函數符號的 Datalog 知識庫而言，證明它的完備性相當容易。我們從統計可以添加的事實的數量開始，此數值決定了疊代的最大次數。令 k 表示任何謂詞的**最大元數**(參數的個數)，p 表示述詞的數量，n 表示常數符號的數量。顯然，存在不多於 pn^k 個不重複的基本事實，所以經過這麼多次疊代後，演算法一定能到達一個不動點。然後，我們可以提出一個和命題前向連結的完備性證明非常相似的論證(參見第 7.5.4 節)。如何從命題完備性轉換到一階完備性的具體內容將在第 9.5 節給出，並用於解消演算法中。

對含有函數符號的一般確定子句，FOL-FC-ASK 會產生無限多的新事實，因此我們需要更加謹慎。在查詢語句 q 的答案被蘊涵的情況下，我們必須使用海布蘭定理來確定演算法將會找到一個證明。(參見第 9.5 節中解消的情況)。如果查詢沒有答案，那麼在某些情況下演算法將無法終止。例如，如果知識庫包含皮亞諾公理

$$NatNum(0)$$

$$\forall n \quad NatNum(n) \Rightarrow NatNum(S(n))$$

那麼前向連結將添加 $NatNum(S(0))$、$NatNum(S(S(0)))$、$NatNum(S(S(S(0))))$，等等。一般情況下，這個問題無法避免。與一般化一階邏輯一樣，確定子句的蘊涵是半可判定的。

9.3.3 有效率的前向連結

圖 9.3 所示的前向連結演算法設計的目的是爲了提高它的可理解性而不是操作的效率。演算法中有 3 種可能的無效率來源。第一，演算法的「內迴圈」涉及尋找所有可能的統一者，把規則的前提與知識庫中一個適合的事實集進行統一。這一過程通常被稱爲**模式匹配**(pattern matching)，它的成

本可能很高。第二，演算法每次尋訪都要對每條規則進行重新檢查，以觀察其前提是否已經得以滿足，即使每次尋訪添加到知識庫的規則非常少，也要全部檢查。最後，演算法可能產生許多與目標無關的事實。我們將依次處理這些問題。

將規則匹配於已知事實

把規則前提與知識庫中的事實進行匹配的問題可能看起來足夠簡單。例如，假設打算使用規則

$$Missile(x) \quad \Rightarrow \quad Weapon(x)$$

那麼我們需要找出所有能與 $Missile(x)$統一的事實；在已經建立了適當索引的知識庫中，這一過程對於每個事實都可以在常數時間內完成。現在，考慮如下規則

$$Missile(x) \land Owns(Nono, x) \quad \Rightarrow \quad Sells(West, x, Nono)$$

再一次，我們可以對每個物件花費固定的時間找出 Nono 擁有的全部物件；然後對於每個物件，我們能夠檢查它是不是導彈。可是如果知識庫包含很多 Nono 擁有的物件，卻只有很少的導彈，那麼更好的方法是先找出所有的導彈，然後檢查它們是否爲 Nono 所有。這就是**連言項排序**問題：尋找一個順序來解決規則前提的連言項，以使得總成本最小。尋求最佳排序是個 NP 難題，但是有一些可用的優秀的啓發式演算法。例如，第 6 章中用於 CSP 的**最小剩餘值**(MRV)啓發式演算法將建議：如果 Nono 擁有的導彈數目少於物件數目，則對連言項進行排序以便先搜尋導彈。

實際上模式匹配和限制滿足之間的聯繫非常緊密。我們可以將每個連言項看作它所包含的變數上的一個限制——例如 $Missile(x)$是 x 的一元限制。把該想法加以拓展，我們可以把每個有限域的 CSP 表達爲單個確定子句以及一些相關的基本事實。考慮圖 6.1 的地圖染色問題，如圖 9.5(a)再次所示。作爲單個確定子句的等價公式如圖 9.5(b)所示。顯然，只有 CSP 有解時，才能推導出結論 $Colorable(\,)$。因爲一般來說，CSP 包含 3SAT 問題作爲特例，我們可以得出結論：把確定子句與事實集相匹配是一個 NP 難題。

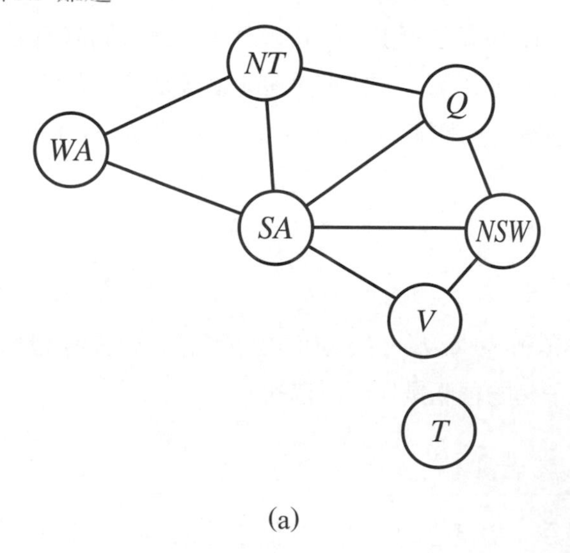

(a)

$$\begin{aligned}
&Diff(wa, nt) \land Diff(wa, sa) \land \\
&\quad Diff(nt, q) Diff(nt, sa) \land \\
&\quad Diff(q, nsw) \land Diff(q, sa) \land \\
&\quad Diff(nsw, v) \land Diff(nsw, sa) \land \\
&\quad Diff(v, sa) \Rightarrow Colorable()
\end{aligned}$$

$$\begin{array}{ll}
Diff(Red, Blue) & Diff(Red, Green) \\
Diff(Green, Red) & Diff(Green, Blue) \\
Diff(Blue, Red) & Diff(Blue, Green)
\end{array}$$

(b)

圖 9.5 (a) **對澳大利亞地圖進行染色的限制圖。**(b) **把地圖染色** CSP **表達為單一確定子句。每一個地圖區塊表為一變數，其值可為常數** *Red*，*Green* **或** *Blue*

在前向連結的內迴圈中存在匹配的 NP 難題可能看來讓人沮喪。然而有 3 種途徑可以讓我們高興起來：

- 我們可以提醒自己，現實世界知識庫的大多數規則數量少而且簡單(如犯罪例子中的規則)，而不是數量巨大而且複雜(如圖 9.5 的 CSP 形式化)。在資料庫世界中，常見的是規則的規模和述詞的元數都限於某個常數，所需操心的只是**資料複雜度**——也就是作爲資料庫內基本事實數量的函數的推理複雜度。很容易看出前向連結的資料複雜度是多項式的。
- 我們可以考慮那些可以高效匹配的規則其子類。本質上，每個 Datalog 子句都可以視爲在定義一個 CSP，所以只有當相對應的 CSP 可操作時，匹配才是可操作的。第 6 章描述了幾個可操作的 CSP 族。例如，如果限制圖(圖中的節點對應於變數，連接對應於限制)形成一棵樹，那麼求解 CSP 需要的時間是線性的。對於規則匹配，完全相同的結果也成立。例如，如果我們從圖 9.5 的地圖中將南澳大利亞(SA)移走，結果子句將是：

  $$Diff(wa, nt) \wedge Diff(nt, q) \wedge Diff(q, nsw) \wedge Diff(nsw, v) \Rightarrow Colorable()$$

  其對應於如圖 6.12 所示的簡化 CSP。用於解決樹結構 CSP 的演算法可以直接用於規則匹配問題。
- 我們能夠試著消除前向連結演算法中贅餘的規則匹配嘗試，請見下文所述。

增量前向連結

當我們說明前向連結在犯罪例子中如何工作時，我們使了詐；特別是，我們省略了由圖 9.3 所示的演算法完成的某些規則匹配。例如，在第二次疊代時，規則

$$Missile(x) \Rightarrow Weapon(x)$$

與 $Missile(M_1)$匹配(再次)，當然結論 $Weapon(M_1)$已知，所以什麼都不會發生。這類多餘的規則匹配就可以避免，如果我們注意到以下事實：每個第 t 次疊代推理出來的新事實應該由至少一個第 $t-1$ 次疊代中推理出來的新事實導出。這一事實爲眞，是因爲如果任何推理不需要來自第 $t-1$ 次疊代的新事實，那麼該推理可能在第 $t-1$ 次疊代中已經完成。

這個觀察結果自然地引出了增量前向連結演算法：第 t 次疊代時，只有某個規則的前提包含了一個能與第 $t-1$ 次疊代新推理出的事實 p_i' 進行統一的連言項 p_i，我們才會檢驗該規則。規則匹配步驟固定 p_i 與 p_i' 進行匹配，但是允許規則的其他連言項與任何一次先前疊代得到的事實進行匹配。該演算法在每次疊代中都恰好產生與圖 9.3 中的演算法相同的事實，但是效率更高。

如果有合適的索引，那麼很容易辨別所有能被任何已知事實觸發的規則，而且實際上許多眞實系統在一種「升級」模式中運轉，前向連結出現在對每個被 TELL 給系統的新事實進行回應時。對規則集逐級進行推理直到不動點，然後過程重新開始處理下一個新的事實。

典型情況下，知識庫中只有一小部分規則可以眞正由添加的已知事實觸發。這就意味著，在重複構造具有某些不滿足前提的不完全匹配的過程中做了大量的冗餘工作。我們的犯罪例子規模太小而無法有效地表現出這種情況，但是我們應該注意到不完全匹配是第一次疊代時在規則

$$American(x) \land Weapon(y) \land Sells(x, y, z) \land Hostile(z) \Rightarrow Criminal(x)$$

和事實 $American(West)$之間構造的。該不完全匹配在第二次疊代時被捨棄並重建(規則得以成功匹配時)。當新事實出現時，比較好的做法是保留並逐步完成不完全匹配，而不是捨棄它們。

Rete 演算法[3]是第一個論及這個問題的演算法。Rete 演算法對知識庫中的規則集進行預處理，構造一種資料流網路，在該網路中，每個節點是來自規則前提的一個文字。變數綁定流經網路，且在與文字的匹配失敗時被過濾掉。如果一條規則中的兩個文字共用一個變數——例如犯罪例子中的 $Sells(x, y, z) \land Hostile(z)$——那麼每個文字的綁定都將透過一個等式節點進行過濾。一個變數綁定到達有 n 個文字的節點諸如 $Sells(x, y, z)$後，在處理過程可以繼續執行之前，可能必須等待其他變數的綁定得以建立。在任何給定節點，Rete 網路的狀態捕獲所有規則的不完全匹配，從而避免了大量的重複計算。

Rete 網路以及建立在其上的其他改進理論已經成爲**產生式系統**的關鍵組成部分，它是最早廣泛使用的前向連結系統之一[4]。XCON 系統(最初稱爲 R1；McDermott，1982)是採用產生式系統結構建造起來的。XCON 包含幾千條規則，爲數位設備公司(DEC)的客戶設計電腦零件的配置。在專家系統這個新興領域中，它是最早取得顯著的商業成功的系統之一。許多其他類似的系統也採用相同的基本技術建造，並已經用通用語言 OPS-5 實作了。

產生式系統在**認知體系結構**中也很流行——也就是人類推理模型——例如 ACT(Anderson，1983)和 SOAR(Laird 等人，1987)。在這類系統裡，系統的「工作記憶體」模擬人類的短期記憶，產生式是長期記憶的一部分。在每個操作迴圈過程中，產生式在工作記憶體中與事實進行匹配。條件得到滿足的產生式可以增加或者刪除工作記憶體中的事實。與知識庫中典型的情況相反，產生式系統通常包含大量的規則以及相對少的事實。經過有效地最最佳化匹配技術，某些現代系統可以即時處理上百萬條規則。

無關的事實

前向連結中最後一個無效率的來源似乎是這一方法所固有的，同時它也會在命題文脈出現。前向連結產生所有基於已知事實的容許的推理，即使它們與目前需要達到的目標無關。在我們的犯罪實例中，不存在能夠推理出無關結論的規則，所以缺乏方向性並不是一個問題。在其他實例中(例如，假設我們有好幾個分別描述美國人的飲食習慣和導彈價格的規則)，FOL-FC-ASK 將產生許多無關結論。

避免推導出無關結論的一個途徑是採用逆向連結，如第 9.4 節中所描述的。另一個解決方案是限制前向連結於所選取之規則的子集合，一如於 PL-FC-ENTAILS？(第 7.5.4 節)。於**演繹資料庫**領域中，出現了第三種方法，就是大型資料庫，如關聯式資料庫，使用前向連結而非 SQL 查詢爲標準的推理工具。它的想法是利用從目標得到的資訊重寫規則集，從而在向前推理過程中只考慮相關的變數綁定——這些都屬於一個所謂的**魔法集**(magic set)。例如，如果目標是 $Criminal(West)$，結論爲 $Criminal(x)$的規則將被重寫以便包含附加的、對 x 的取值進行限制的連言項：

$$Magic(x) \wedge American(x) \wedge Weapon(y) \wedge Sells(x, y, z) \wedge Hostile(z) \;\Rightarrow\; Criminal(x)$$

事實 *Magic*(*West*)也被加入到 KB(知識庫)中。這樣，即使知識庫中包括上百萬美國人的事實，在前向推理過程中，也只會考慮韋斯特(West)上校。定義魔法集和重寫知識庫的完整過程太複雜，不屬於這裡的討論範圍，但其基本的想法是執行來自目標的一種「眞正」逆向推理以推導出哪些變數綁定需要得到限制。因此可以認爲魔術集方法是介於前向推理和逆向預處理之間的混合體。

9.4 反向連結

第二類主要的邏輯推理演算法家族採用了第 7.5 節引入的**逆向連結**演算法。這些演算法從目標開始逆向推導連結規則以找到支援證明的已知事實。我們將描述基本演算法，然後說明如何在**邏輯程式設計**——應用最廣的自動推理形式——中應用。與前向連結相比較，逆向連結有一些缺點，我們將尋找方法克服這些缺點。最後，我們將觀察邏輯程式設計和限制滿足問題之間的密切聯繫。

9.4.1 逆向連結演算法

圖 9.6 顯示確定子句所用的一個逆向連結演算法。FOL-BC-ASK(*KB*, *goal*)會被證明如果知識庫包含一個 *lhs*⇒*goal* 形式的子句，其中 *lhs*(左手側)是一個連言項列表。一個原子事實如 *American*(*West*)被看成一個其 *lhs* 是一個空列表的子句。現在一個包含變數的查詢可以用好幾種方法來證明。舉例來說，查詢 *Person*(*x*)可以用{*x*/*John*}和{*x*/*Richard*}互換來證明。所以我們運用 FOL-BC-ASK 當作一個**產生器**——一個回傳好幾次，每次都給出一個可能的結果的函數。

```
function FOL-BC-ASK(KB, query) returns a generator of substitutions
  return FOL-BC-OR(KB, query, { })
--------------------------------------------------------------------
generator FOL-BC-OR(KB, goal, θ) yields a substitution
  for each rule (lhs ⇒ rhs) in FETCH-RULES-FOR-GOAL(KB, goal) do
    (lhs, rhs) ← STANDARDIZE-VARIABLES((lhs, rhs))
    for each θ′ in FOL-BC-AND(KB, lhs, UNIFY(rhs, goal, θ)) do
      yield θ′
--------------------------------------------------------------------
generator FOL-BC-AND(KB, goals, θ) yields a substitution
  if θ = failure then return
  else if LENGTH(goals) = 0 then yield θ
  else do
    first,rest ← FIRST(goals), REST(goals)
    for each θ′ in FOL-BC-OR(KB, SUBST(θ, first), θ) do
      for each θ″ in FOL-BC-AND(KB, rest, θ′) do
        yield θ″
```

圖 9.6 一階知識庫所用的簡單逆向連結演算法

逆向連結是一種 AND/OR 搜尋——OR 部分因爲目標查詢能夠於知識庫被任何規則來證明，而 AND 部分因爲所有於子句左手側的連言項必須被證明。FOL-BC-OR 抓取所有可能與目標統一之子句，將子句中的變數均予以標準化爲全新的變數，然後，如果該子句的右手側確實與目標統一，使用 FOL-BC-AND 證明左手側的每一個連言。該函數藉由依次證明個連言項，追蹤我們推進的過程中所累積之互換結果來逐項發生作用。圖 9.7 是從語句(9.3)到(9.10)得到 *Criminal*(*West*)的證明樹。

逆向連結，如同我們前面所寫，顯然是深度優先搜尋演算法。這意味它的空間需求與證明的規模成線性關係(目前，忽略儲存答案所需的空間)。它還意味著逆向連結(不像前向連結)要忍受重複狀態和不完備性問題的困擾。我們將討論這些問題和一些潛在的解決方案，但是我們首先來看看逆向連結怎樣應用於邏輯程式設計系統。

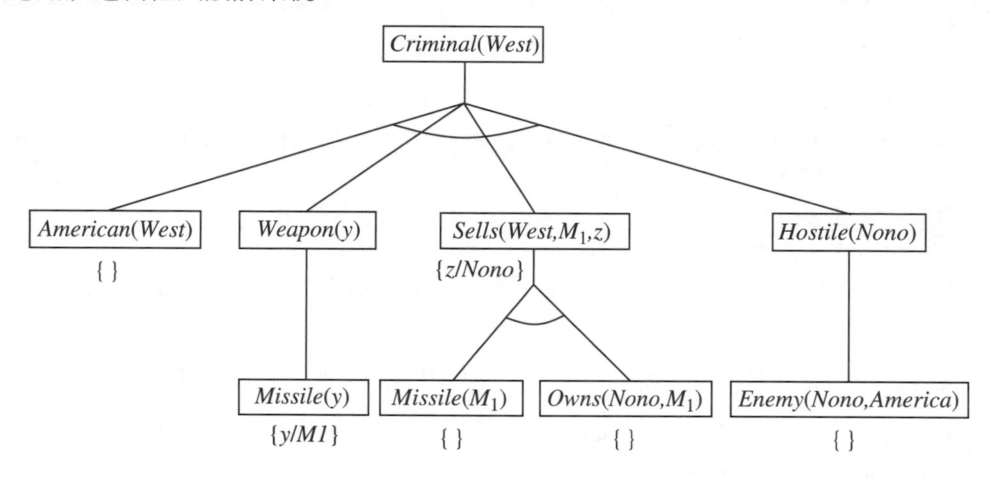

圖 9.7

為了證明 West 是個罪犯而以逆向連結構造的證明樹。這棵樹應被深度優先閱讀，從左到右。為了證明 *Criminal*(*West*)，我們必須證明其下的 4 個連言項。其中一些在知識庫中，另一些則需要進一步的逆向連結。每個成功統一的綁定是顯示在對應的子目標旁邊。注意到，一旦合取式中的某個子目標得以成功實作，它的互換就被應用至後續子目標。因此，當 FOL-BC-ASK 到達最後一個連言項時[原先是 *Hostile*(*z*)]，*z* 已經被限制為 *Nono*

9.4.2 邏輯程式設計

邏輯程式設計是相當接近於第七章中描述的陳述性想法的一種技術：應該採用正規語言表達知識從而構建系統，並且應該在這些知識上執行推理過程從而求解問題。該想法可以用羅伯特・科瓦爾斯基(Robert Kowalski)的等式進行總結，

演算法 ＝ 邏輯 ＋ 控制

Prolog 是最廣泛使用的邏輯程式語言。它最初作爲快速原型語言，用於符號操作任務諸如寫編譯器(Van Roy，1990)和對自然語言進行語法分析(Pereira 和 Warren，1980)。法律、醫療、商業和其他領域的許多專家系統都是用 Prolog 語言編寫的。

Prolog 程式是用與標準一階邏輯稍有不同的符號編寫的確定子句集。Prolog 使用大寫字母代表變數，以小寫字母代表常數——與我們於邏輯上使用的慣例相左。於子句中連言項以逗點相區隔，以及該子句是以我們所習慣的形式「倒著」寫出來；所以看到的並非是 Prolog 的 $A \wedge B \Rightarrow C$，而是我們會有 C：-A, B。以下是一個典型的對話：

```
criminal(X) :-american(X), weapon(Y), sells(X,Y,Z), hostile(Z)
```

符號[E|L]代表一個表列，其第一個元素是 E 而其餘者是 L。作爲一個例子，有一段關於 append(X, Y, Z)的 Prolog 程式，如果表 Z 是附加表 X 和表 Y 的結果，則程式執行成功：

```
append([],Y,Y)
append([A|X],Y,[A|Z]) :-append(X,Y,Z)
```

在自然語言中，我們可將這些子句讀作：(1) 將表 Y 附加到一個空表，產生同一個表 Y；以及(2) [A|Z]是將[A|X]附加到 Y 的結果，倘若 Z 是將 X 附加到 Y 的結果的話。於大多數的高階語言，我們能寫一個類似的遞迴函數，用以描述兩個表列是如何附加在一起。不過，Prolog 的定義實際上更具威力，因爲它描述了一個成立於這三個參數之間的關係，而非一個計算自兩個引數的函數。例如，我們可以提出查詢 append(X, Y, [1, 2])：什麼樣的兩個表可以附加得到[1,2]？我們得到解答

```
X=[]                           Y=[1,2];
X=[1]                          Y=[2];
X=[1,2]  Y=[]
```

Prolog 程式的執行是透過深度優先的逆向連結完成的，子句按照它們寫入到知識庫的順序被嘗試。Prolog 的某些方面脫離了標準的邏輯推理：

- Prolog 使用第 8.2.8 節的資料庫語意而非一階語意，而這從它對待等式與否定式的態度很明顯的可以看出 (見第 9.4.5 節)。
- 有一個用於算術的內建函數集。採用這些函數符號的文字是透過執行程式碼而不是做更進一步的推理來「證明」的。例如，在 X 綁定 7 時，目標「X is 4+3」是成功的。另一方面，「5 is X+Y」是失敗的，因爲內建函數不能完成任意等式求解[5]。
- 有內建述詞，在執行期間會產生副作用。這包括用於修改知識庫的輸入-輸出述詞和 assert/retract 述詞。這類述詞無邏輯上的副本，同時會產生一些令人困惑的影響——例如，如果事實是在證明樹的一個最終會失敗的分支內斷言的。
- Prolog 的統一演算法中省略了**發生檢測**。這意味著可以做出某些無界限的推理；實際上，這些幾乎從不是個問題。
- Prolog 使用深度優先逆向連結搜尋 但不檢查是否有無限遞迴的情況。當所給的是正確的公理集的時候，如此做變得非常的快速，但是當所給的是錯誤者的時候，就不完整了。

Prolog 的設計代表陳述性與執行效率間的妥協——因爲效率在 Prolog 被設計的時候就已被了解了。

9.4.3 有效率的實作邏輯程式

Prolog 程式的執行有兩種模式：解譯執行和編譯執行。解譯本質上相當於將程式當作知識庫來執行圖 9.6 的 FOL-BC-ASK 演算法。我們說「本質上」，因爲 Prolog 解譯器包含各種爲了最大化速度而設計的改進方法。我們在此只考慮其中的兩種。

首先，我們的實作必須明白地管理疊代於每一個子函數產生之可能結果。Prolog 解譯器有一個全域性資料結構，一個**選擇點**(choice points)堆疊，以追蹤我們於 FOL-BC-OR 所考慮的數個可能性。這個目標堆疊更有效率，因之它使得除錯更爲輕鬆，因爲除錯器可以於堆疊或上或下的移動。

其次，我們簡單實作的 FOL-BC-ASK 在產生和組合互換上花費了大量的時間。與其明白地建構代換，Prolog 擁有用來記憶目前綁定之邏輯變數。在任何一個時間點，程式中的每個變數或者綁定了某個值或者沒有。這些變數和值一起隱含地定義了當前證明分支的互換。擴展路徑只能增加新的變數綁定，因爲試圖對一個已經綁定值的變數增加不同的綁定會導致統一的失敗。當一條搜尋路徑失敗時，Prolog 將返回前一個選擇點，然後會解除部分變數的綁定值。這可以透過在一個被稱爲**蹤跡**堆疊的堆疊中記錄已經被綁定的變數來完成。一旦每個新變數由 UNIFY-VAR 綁定，變數就被推入蹤跡堆疊。當目標失敗需要返回前一個選擇點時，每個變數都將在從蹤跡堆疊中刪除的時候解除綁定。

由於索引的尋找、統一和建立遞迴呼叫堆疊的成本，即使效率最高的 Prolog 解譯器在執行每步推理時都需要上千條機器指令。事實上，解譯器總是表現得如同以前從來就沒見到過該程式；例如，它需要尋找能和目標匹配的子句。另一方面，編譯過的 Prolog 程式是一個針對特定的子句集的推理程序，因此，它知道哪些子句匹配目標。Prolog 基本上爲每個不同的述詞產生一個小型定理證明機，從而削減大部分解譯開銷。它同時還可能對每個不同呼叫的統一程式進行**開放編碼**，從而避免對於項結構的顯式分析[關於開放編碼的統一的詳細內容參見 Warren 等人(1977)的文章)。

```
procedure APPEND(ax, y, az, continuation)

   trail ← GLOBAL-TRAIL-POINTER()
   if ax = [] and UNIFY(y, az) then CALL(continuation)
   RESET-TRAIL(trail)
   a, x, z ← NEW-VARIABLE(), NEW-VARIABLE(), NEW-VARIABLE()
   if UNIFY(ax, [a | x]) and UNIFY(az, [a | z]) then APPEND(x, y, z, continuation)
```

圖 9.8　表示出述詞 Append 其編譯結果的虛擬碼。函數 NEW-VARIABLE 回傳一個新的變數，它不同於至今所使用的所有其他變數。程序 CALL(*continuation*)以指定延續來繼續執行

如今的電腦指令集與 Prolog 語義的匹配非常差，因此大部分 Prolog 編譯器把 Prolog 程式編譯成中間語言，而不是直接編譯成機器語言。最流行的中間語言是 Warren 抽象機(Warren Abstract Machine，WAM)，以紀念 David H. D. Warren，第一代 Prolog 編譯器的實作者之一。WAM 是一個適合於 Prolog 的抽象指令集，可以解譯或者翻譯成機器語言。其他編譯器將 Prolog 翻譯成高階語言如 Lisp 或者 C，然後就可以利用這些語言的編譯器翻譯成機器語言。例如，述詞 Append 的定義可以編譯成如圖 9.8 所示的程式碼。在此有幾點值得一提：

- 勝過必須在知識庫中搜尋 Append 子句，編譯器把子句轉換成一個程序，只需簡單地呼叫該程序就可以進行推理。
- 如同前面所描述的，當前變數綁定保存在蹤跡堆疊中。過程的第一步就是保存蹤跡堆疊的當前狀態，所以如果第一個子句失敗就可以利用 RESET-TRAIL 還原蹤跡堆疊。這將取消任何由第一次呼叫 UNIFY 產生的綁定。
- 最有技巧性的是利用**延續**實作選擇點。你可以將延續視為一個程序和參數列表的封裝，它們共同規定了無論何時當前目標成功後下一步將進行什麼工作。由於它可能有多種成功途徑，而且每條途徑都需要探索，因此它在目標成功時將不只是從一個類似 APPEND 的程序返回。延續參數解決了這個問題，因為它可以在每次目標成功時呼叫。於 APPEND 程式碼，如果第一個參數是空的且第二個參數與第三個統一在一起，那麼 APPEND 述詞就成功了。然後，我們以蹤跡堆疊中適當的綁定來呼叫(CALL)延續，以完成下一步應該要做的事情。例如，如果對 APPEND 的呼叫在頂層，延續會列印變數的綁定。

在 Warren 對 Prolog 中推理的編譯進行研究之前，邏輯程式設計太慢而不通用。Warren 和其他人設計的編譯器提高了 Prolog 程式的速度，使得它在多種標準測試程式上可以與 C 語言相匹敵(Van Roy，1990)。當然，幾十行 Prolog 程式就可以編寫一個規劃器或者自然語言分析器的事實也令它比 C 語言更適用於大多數小規模 AI 研究專案的原型開發。

平行化也能切實地提高速度。有兩個主要的平行性來源。第一個稱為**或-平行**(OR-parallelism)，源於某個目標可以與知識庫中許多不同子句進行統一的可能性。每個統一都會引出一個搜尋空間的獨立分支，這些分支指向某個潛在的解，並且都可以平行求解。第二個稱為**且-平行**(AND-parallelism)，源於平行求解蘊涵體內的每個連言項的可能性。且-平行更難達到，因為整個連言項的解要求對所有變數的一致綁定。每個連言分支必須和其他的分支交流以確保獲得全局解。

9.4.4 多餘的推理與無限的迴路

現在我們轉向 Prolog 的阿基裡斯之踵(**編註**：唯一致命弱點)：深度優先搜尋與包含了重複狀態和無限路徑的搜尋樹之間的不匹配。考慮如下判定有向圖中的兩點之間的是否存在路徑的邏輯程式：

```
path(X,Z) :- link(X,Z)
path(X,Z) :- path(X,Y), link(Y,Z)
```

由事實 `link(a, b)`和 `link(b, c)`所描述的一個簡單的三節點圖如圖 9.9(a)所示。利用該程式，查詢 `path(a, c)`產生如圖 9.10(a)所示的證明樹。另一方面，如果我們把兩個子句按下列次序排列：

```
path(X,Z) :- path(X,Y), link(Y,Z)
path(X,Z) :- link(X,Z)
```

那麼 Prolog 會沿著如圖 9.10(b)所示的無限路徑前進。因此作爲確定子句的定理證明機——甚至對 Datalog 程式而言，如同本例所顯示——Prolog 是**不完備**的，因爲對某些知識庫，它無法證明被蘊涵的語句。注意，前向連結不會遇到這個問題：一旦推理出 `path(a, b)`、`path(b, c)`和 `path(a, c)`，前向連結就停止了。

深度優先逆向連結也存在冗餘計算的問題。例如，在圖 9.9(b)中尋找從 A_1 到 J_4 的路徑，Prolog 需要執行 877 步推理，大部分推理涉及到尋找那些途經無法到達目標的節點的所有可能路徑。這和第三章討論的重複狀態問題類似。推理的總量可能是產生的基本事實數量的指數級。如果我們替代地採用前向連結，至多會產生 n^2 `path(x, y)`個事實，連結 n 個節點。對於圖 9.9(b)中的問題，只需要 62 步推理。

圖搜尋問題的前向連結是**動態程式設計**的一個例子，其中子問題的解是由那些更小的子問題的解遞增構造的，並被暫存起來以避免重複計算。我們可以在使用**備忘法**(memoization)的逆向連結系統中獲得類似的效果——這就是，當發現子目標的解時將它們暫存起來，當子目標再次出現時重新使用這些解，而不是重複以前的計算。這就是**製表邏輯程式設計**系統採用的方法，它們利用有效的儲存和檢索機制實作備忘法。製表邏輯程式設計將逆向連結的目標指導和前向連結的動態規劃的效率結合起來。對 Datalog 程式而言，它還是完備的，這意味著程式師可以更少地擔心無限迴圈[仍然有可能出現述詞如 `father(X, Y)`參照到潛在的無限個物件數目而得到無限的迴路]。

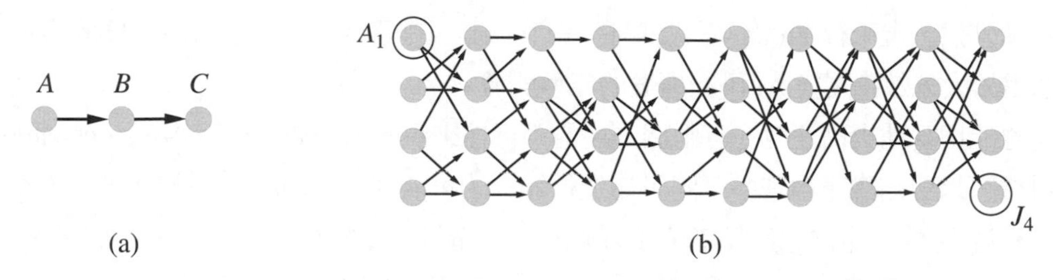

圖 9.9 (a) **對** A **到** C **的路徑的尋找可導致** Prolog **進入一個無限迴圈。**

(b) **每個節點都連接到下一層的兩個隨機後繼節點的圖。尋找一條從** A_1 **到** J_4 **的路徑需** 877 **步推理**

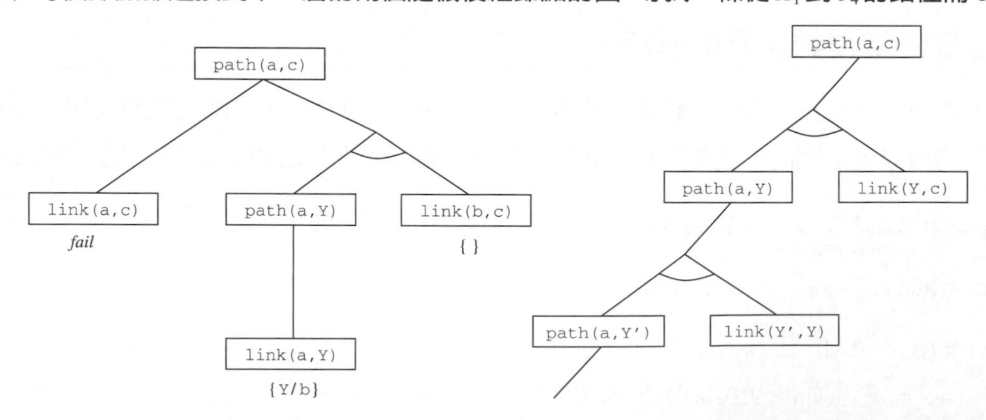

圖 9.10 (a) **證明存在從** A **到** C **的路徑。**(b) **當子句處於「錯誤」次序時所產生的無限證明樹**

9.4.5 Prolog 的資料庫語意

Prolog 使用資料庫語意，如第 8.2.8 節所討論過者。唯一名稱假設說 Prolog 的每一個常數以及每一個基項集參照到一個獨一無二的物件，而封閉世界假設說僅有那些為知識庫所蘊涵者的語句才為真。於 Prolog 中無法斷言一個語句為假。這使得 Prolog 比起一階邏輯較不具表達力，但這也是 Prolog 之所以更有效率的與更簡潔的原因。考慮下述關於某些提供之課程的 Prolog 斷言：

$$Course(CS, 101), Course(CS, 102), Course(CS, 106), Course(EE, 101) \quad (9.11)$$

於唯一名稱假設之下，*CS* 與 *EE* 是不同的(101、102、與 106 亦然)，所以這意謂著有四門獨一無二的課程。於封閉世界假設下，不會有其他的課程，所以課程數不多不少的就是四門。但是如果這些於 FOL 所斷言而非於 Prolog，那麼所有我們能說的是可能有有一門至無限門課程。原因是斷言(以 FOL)沒有否定其他未提及課程被提供的可能性，也沒有說提及的課程彼此不同。如果我們希望轉譯式(9.11)至 FOL，我們會得到這個：

$$\begin{aligned} Course(d, n) \;\Leftrightarrow\; & (d = CS \wedge n = 101) \vee (d = CS \wedge n = 102) \\ & \vee (d = CS \wedge n = 106) \vee (d = EE \wedge n = 101) \end{aligned} \quad (9.12)$$

這稱為公式(9.11)的**完備化**。它以 FOL 來表達最多只有四門課程的想法。欲以 FOL 來表達最少有四門課程的想法，我們需要寫出等式述詞的完備化：

$$\begin{aligned} x = y \;\Leftrightarrow\; & (x = CS \wedge y = CS) \vee (x = EE \wedge y = EE) \vee (x = 101 \wedge y = 101) \\ & \vee (x = 102 \wedge y = 102) \vee (x = 106 \wedge y = 106) \end{aligned} \quad (9.12)$$

對於了解資料庫語意而言，完備化是非常有用的，但是就實用而言，如果你的問題可以用資料庫語意予以描述，則以 Prolog 或是某些其他資料庫語意系統來推理會更有效率，而非轉譯成 FOL 並以全功能的 FOL 理論證明軟體來做推理工作。

9.4.6 限制邏輯程式設計

在我們對前向連結的討論中(9.3 節)，我們顯示了限制滿足問題(CSP)如何被編碼成確定子句。標準的 Prolog 用和圖 6.5 給出的回溯演算法完全一樣的方法求解這類問題。

因為回溯列舉了變數的領域，它只在**有限領域** CSP 中可行。在 Prolog 術語中，對任何具有未綁定變數的目標來說，它的解的數量一定是有限的[例如，目標 `diff(q, sa)`，意思是昆士蘭和南澳大利亞的顏色應該不一樣，如果允許使用 3 種顏色，則有 6 組解]。無限域的 CSP——例如具有整數或實數的變數——需要完全不同的演算法，例如界限傳播或線性規劃。

考慮下面的例子：我們定義 `triangle(X, Y, Z)` 為一個述詞，如果它的三個參數之數字滿足三角不等式，則此述詞會成立：

```
triangle(X,Y,Z) :-

   X>=0, Y>=0, Z>=0, X+Y>=Z, Y+Z>=X, X+Z>=Y
```

如果我們對Prolog提出查詢`triangle(3, 4, 5)`，則會成功。另一方面，如果我們查詢`triangle(3, 4, Z)`，將無解，因爲 Prolog 無法處理子目標`Z>=0`；我們比較一個無限之數與 0。

限制邏輯程式設計(Constraint Logic Programming，CLP)允許變數被限制而不是被綁定。CLP 之解指的是可以從知識庫推導出加諸於查詢變數的最具體之限制的集合。例如，查詢`triangle(3, 4, Z)`的解是限制`7 >= Z >= 1`。標準邏輯程式設計只是 CLP 的一個特例，其中解限制必須是等式限制——也就是綁定。

CLP 系統結合了各種不同的限制求解演算法來處理語言中允許的限制。例如，允許實數值變數的線性不等式的系統在求解這些限制時可能需要包含一個線性規劃演算法。CLP 系統還採用更靈活的方法來求解標準邏輯程式設計查詢。例如，它們不使用深度優先、從左到右的回溯，而可能採用第 6 章中討論的任何更加有效的演算法，包括啓發式連言項排序、後向跳躍、割集調整等等。CLP 系統因此將限制滿足演算法、邏輯程式設計和演繹資料庫的元素組合起來。

已定義出若干系統其允許程式設計者對推理的搜尋次序有更多的控制。例如，MRS 語言(Genesereth 和 Smith，1981；羅素，1985)允許程式師編寫**後設規則**(metarules)以決定首先搜尋哪個連元項。使用者可以編寫一條規則，規定必須首先搜尋具有最少變數的目標或者對特殊述詞寫出特定領域的規則。

9.5 解消

我們的 3 個邏輯系統家族的最後一個是基於**解消**(resolution)的邏輯系統。7.5 節中我們看到，使用反證法的命題解消是對於命題邏輯的一個完備推理程序。在本節中，我們描述如何將解消擴展到一階邏輯。

9.5.1 一階邏輯的連言標準型

如同在命題邏輯中，一階邏輯的解消也要求語句必須是**連言標準型**(CNF)——即子句的連言，其中每個子句是文字的選言[6]。文字可以包含變數，假設這些變數是全稱量化的。例如，語句

$$\forall x \quad American(x) \wedge Weapon(y) \wedge Sells(x, y, z) \wedge Hostile(z) \quad \Rightarrow \quad Criminal(x)$$

以 CNF 表示，變成

$$\forall x \quad American(x) \wedge Weapon(y) \wedge Sells(x, y, z) \wedge Hostile(z) \quad \Rightarrow \quad Criminal(x)$$

一階邏輯的每個語句都可以轉換成一個推理等價的 CNF 語句。特別是，CNF 語句只有當原始語句不可滿足時才不可滿足，因此我們證明的基礎是 CNF 語句上的反證法。

轉換到 CNF 的過程類似於命題邏輯的情況，可參考 7.5.2 節。主要的不同來自消除存在量詞的要求。我們將透過轉換語句「Everyone who loves all animals is loved by someone」(愛所有動物的每個人會被某人愛)來說明這個過程，或者寫爲

$$\forall x\, [\forall y\; Animal(y) \quad \Rightarrow \quad Loves(x, y)] \quad \Rightarrow \quad [\exists y\; Loves(y, x)]$$

各個步驟如下所示：

- **消除蘊含：**

$$\forall x \quad [\neg\forall y \quad \neg Animal(y) \vee Loves(x, y)] \vee [\exists y \quad Loves(y, x)]$$

- **將 ¬ 內移：**
除了用於否定連接符的通用規則之外，我們還需要否定量詞的規則。因此，我們有：

$\neg\forall x \quad p$　　變成　　$\exists x \quad \neg p$

$\neg\exists x \quad p$　　變成　　$\forall x \quad \neg p$

我們的語句經過以下變形：

$$\forall x\, [\exists y \neg (\neg Animal(y) \vee Loves(x, y))] \vee [\exists y\, Loves(y, x)]$$
$$\forall x\, [\exists y \neg\neg Animal(y) \wedge \neg Loves(x, y)] \vee [\exists y\, Loves(y, x)]$$
$$\forall x\, [\exists y\, Animal(y) \wedge \neg Loves(x, y)] \vee [\exists y\, Loves(y, x)]$$

注意蘊涵前提中的全稱量詞($\forall y$)是怎樣轉變成存在量詞的。語句現在被解讀爲「要嘛存在 x 不喜愛的某種動物，要嘛(如果這不是事實)某人喜愛 x」。顯然，原始語句的意義已被保留。

- **變數標準化：**
對於那些使用相同變數名兩次的語句諸如($\exists x\, P(x)$)$\vee$($\exists x\, Q(x)$)，改變其中一個變數名。這可以避免後續步驟在去除量詞之後的混淆。因此，我們有：

$$\forall x\, [\exists y\, Animal(y) \wedge \neg Loves(x, y)] \vee [\exists z\, Loves(z, x)]$$

- **Skolem 化：**
Skolem 化是透過消元法消除存在量詞的過程。在簡單情況下，它就類似於第 9.1 節中的存在實例化規則：將$\exists x\ P\ (x)$轉換成 $P\ (A)$，其中 A 是一個新的常數。不過，我們不能夠運用存在實例化到我們上面的語句，因爲它不匹配樣式$\exists v \quad \alpha$；該語句中只有部分地匹配該樣式。如果我們盲目地運用規則到那兩個匹配的部分，我們得到

$$\forall x\, [Animal(A) \wedge \neg Loves(x, A)] \vee Loves(B, x)$$

它的意思是完全錯誤的：它顯示每個人或者不愛某種特定的動物 A，或者被某個特定的實體 B 愛上。事實上，初始的語句允許每個人可以不喜愛某種不同的動物，或者被不同的某人愛上。因此，我們希望 Skolem 實體依賴於 x 及 z：

$$\forall x\, [Animal(F(x)) \wedge \neg Loves(x, F(x))] \vee Loves(G(z), x)$$

其中，F 和 G 爲 **Skolem 函數**。通用規則是 Skolem 函數的參數都是全稱量化變數，要消去的存在量詞出現在這些變數的作用域中。和存在實例化一樣，當原始語句爲可滿足時，Skolem 化語句也恰爲可滿足。

- **去除全稱量詞**：

  在這一點上，所有保留下來的變數必須都是全稱量化的。而且，語句等價於所有全稱量詞都已經移到左側的語句。因此，我們可以去除全稱量詞：

  $$[Animal(F(x)) \wedge \neg Loves(x, F(x))] \vee Loves(G(x), x)$$

- **將 ∨ 分配到 ∧ 中**：

  $$[Animal(F(x)) \vee Loves(G(x), x)] \wedge [\neg Loves(x, F(x)) \vee Loves(G(x), x)]$$

  這一步也可能需要展開套疊的連言和選言。

現在，語句是包括兩個子句的 CNF 了。它可讀性很差。[這樣表述可能有助於解譯：Skolem 函數 $F(x)$ 指 x 可能不喜歡的動物，而 $G(x)$指那些可能愛上 x 的人]。不幸地，人類鮮少需要注意 CNF 語句——翻譯過程可簡單自動化。

9.5.2 解消推理規則

一階邏輯子句的解消規則只是 7.5.2 節所給的命題解消規則的提升版本。假設兩個子句已經標準化分離，因此它們沒有共用變數，那麼如果包含互補文字，則它們是可解消的。如果一個命題文字是另一個命題文字的否方式，則這兩個命題文字是互補的；如果一個一階邏輯文字能和另一個一階邏輯文字的否方式合一，則這兩個一階邏輯文字是互補的。因此，我們有：

$$\frac{l_1 \vee \cdots \vee l_k \qquad m_1 \vee \cdots \vee m_n}{\textsc{Subst}(\theta, l_1 \vee \cdots \vee l_{i-1} \vee l_{i+1} \cdots \vee l_k \vee m_1 \vee \cdots \vee m_{j-1} \vee m_{j+1} \cdots \vee m_n)}$$

其中 $\text{UNIFY}(l_i, \neg m_j) = \theta$。例如，我們可以對兩個子句進行解消

$$[Animal(F(x)) \vee Loves(G(x), x)] \quad 和 \quad [\neg Loves(u, v) \vee \neg Kills(u, v)]$$

這是藉由以統一者 $\theta = \{u/G(x), v/x\}$消除互補文字 $Loves(G(x), x)$和$\neg Loves(u, v)$，然後產生**解消**子句：

$$[Animal(F(x)) \vee \neg Kills(G(x), x)]$$

這個規則稱之爲**二元解消**規則，因爲它剛好解消了個文字。二元解消規則本身不能得到一個完備的推理過程。全解消規則對每個可統一的子句中的文字子集進行解消。另外的一種方法就是把擴展**因式**(factoring)——去除冗餘文字——到一階邏輯的情況。命題邏輯的合併是如果兩個文字相同，則將這兩個文字減少到一個；一階邏輯的合併是如果兩個文字可統一，則將這兩個文字減少到一個。統一者必須應用於整個子句。二元解消和合併的結合都是完備的。

9.5.3 證明範例

藉由證明 $KB|=\neg\alpha$ 是不可滿足的，也就是說，藉由推導該空子句來解消證明 $KB\wedge\neg\alpha$。這個演算法所採用的方法和如圖 7.12 所描述的命題邏輯的情況是完全一樣，所以我們這裡不再重複它。而是給出兩個證明的實例。第一個是來自第 9.3 節的犯罪例子。CNF 語句為

$\neg American(x) \vee \neg Weapon(y) \vee \neg Sells(x, y, z) \vee \neg Hostile(z) \vee Criminal(x)$

$\neg Missile(x) \vee \vee \neg Owns(Nono, x) \vee Sells(West, x, Nono)$

$\neg Enemy(x, America) \vee Hostile(x)$

$\neg Missile(x) \vee Weapon(x)$

$Owns(Nono, M_1)$ $Missile(M_1)$

$American(West)$ $Enemy(Nono, America)$

我們把否定目標$\neg Criminal(West)$也包含在 CNF 語句中。解消證明如圖 9.11 所示。注意這個結構：從目標子句開始的單一「骨幹」，與來自知識庫的子句相解消，直到產生空子句。這是霍恩子句知識庫上的解消特徵。實際上，主要骨幹上的子句恰好和圖 9.6 中逆向連結演算法的目標變數的相繼值對應。這是因為我們總是選擇正文字能和骨幹上「當前」子句最左邊的文字統一的子句參與解消；這正是在逆向連結中發生的情況。因此，逆向連結實際上只是在解消方法的特殊情況，它使用特殊控制策略以決策下一步將執行的歸結。

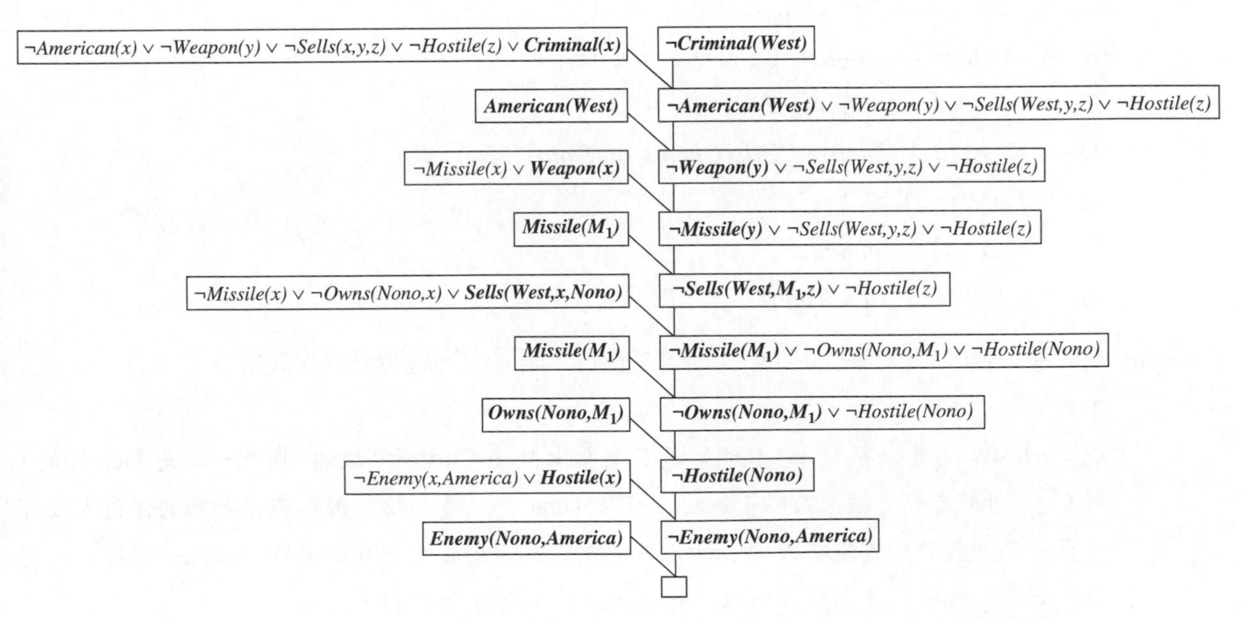

圖 9.11 West 是個罪犯的解消證明。在每一個步驟，統一的文字是以粗體字表現

我們的第二個實例利用了 Skolem 化並涉及非確定子句。這就造成了一個多少有點複雜的證明結構。用英語來表示，該問題可以表示成：

> 愛所有動物的人被某個人愛著。
>
> 任何殺了動物的人沒有人愛。
>
> Jack 愛所有的動物。
>
> Jack 和 Curiosity 其中的一個人殺死了那只名叫 Tuna 的貓。
>
> 是 Curiosity 殺害了那只貓嗎？

首先，我們將這些原始語句、某些背景知識和目標 G 的否定用一階邏輯形式表達：

A. $\forall x \quad [\forall y \quad Animal(y) \Rightarrow Loves(x, y)] \Rightarrow [\exists y \quad Loves(y, x)]$

B. $\forall x \quad [\exists y \quad Animal(y) \wedge Kills(x, y)] \Rightarrow [\forall z \quad \neg Loves(z, x)]$

C. $\forall x \quad Animal(x) \Rightarrow Loves(Jack, x)$

D. $Kills(Jack, Tuna) \vee Kills(Curiosity, Tuna)$

E. $Cat(Tuna)$

F. $\forall x \quad Cat(x) \Rightarrow Animal(x)$

¬G. $\neg Kills(Curiosity, Tuna)$

現在我們利用轉換過程將每個語句轉換成 CNF：

A1. $Animal(F(x)) \vee Loves(G(x), x)$

A2. $\neg Loves(x, F(x)) \vee Loves(G(x), x)$

B. $\neg Animal(y) \vee \neg Kills(x, y) \vee \neg Loves(z, x)$

C. $\neg Animal(x) \vee Loves(Jack, x)$

D. $Kills(Jack, Tuna) \vee Kills(Curiosity, Tuna)$

E. $Cat(Tuna)$

F. $\neg Cat(x) \vee Animal(x)$

¬G. $\neg Kills(Curiosity, Tuna)$

Curiosity 殺了那只貓的解消證明如圖 9.12 所示。在自然語言中，證明可以釋義成：

> 設 Curiosity 沒有殺害 Tuna。我們知道不是 Jack 就是 Curiosity 做的；因此一定是 Jack 幹的。現在，Tuna 是一隻貓，而貓是動物，所以 Tuna 是一隻動物。因為殺了動物的任何人沒有人愛，那麼我們知道沒有人愛 Jack。另一方面，Jack 喜愛所有的動物，因此一定有某人愛他；如此，就出現了矛盾。所以，是 Curiosity 殺害了那只貓。

該證明回答了問題「Curiosity 殺害了那隻貓嗎？」，但是我們常希望提出更一般性的問題，如「是誰殺害了那隻貓？」。解消可以做到這一點，但是它需要做更多工作才能得到答案。目標爲∃*w Kills*(*w*, *Tuna*)，它的 CNF 否方式爲¬*Kills*(*w*, *Tuna*)。對這個新的否定目標重複圖 9.12 的證明，我們得到一棵類似的證明樹，但是在某一步驟中增加了互換{*w*/*Curiosity*}。所以，在這種情況下，找出是誰殺害了那只貓只需要記錄證明過程中查詢變數的綁定情況。

不幸的是，解消對於存在目標可能產生**非構造性證明**。舉例來說，¬*Kills*(*w*, *una*)以 *Kills*(*Jack*, *Tuna*) ∨ *Kills*(*Curiosity*, *Tuna*)解消後，得到 *Kills*(*Jack*, *Tuna*)，這個語句再以¬*Kills*(*w*, *Tuna*)解消後得到空子句。注意，在該證明中，*w* 具有兩種不同的綁定；解消告訴我們：是的，某人殺害了 *Tuna*——可能是 *Jack* 也可能是 *Curiosity*。這沒什麼可大驚小怪的！一個解決方案就是限制允許的解消步驟，這樣在給定的證明中，查詢變數只能綁定一次；那麼我們需要有能力回溯可能的綁定。另一個解決方案是給否定目標增加特殊的**解文字**(answer literal)，使其變成¬*Kills*(*w*, *Tuna*) ∨ *Answer*(*w*)。至此，每產生一個包含單個解文字的子句，解消過程就產生一個答案。對圖 9.12 中的證明，解就是 *Answer*(*Curiosity*)。非構造性證明可能會產生子句 *Answer*(*Curiosity*) ∨ *Answer*(*Jack*)，該子句無法構成一個解。

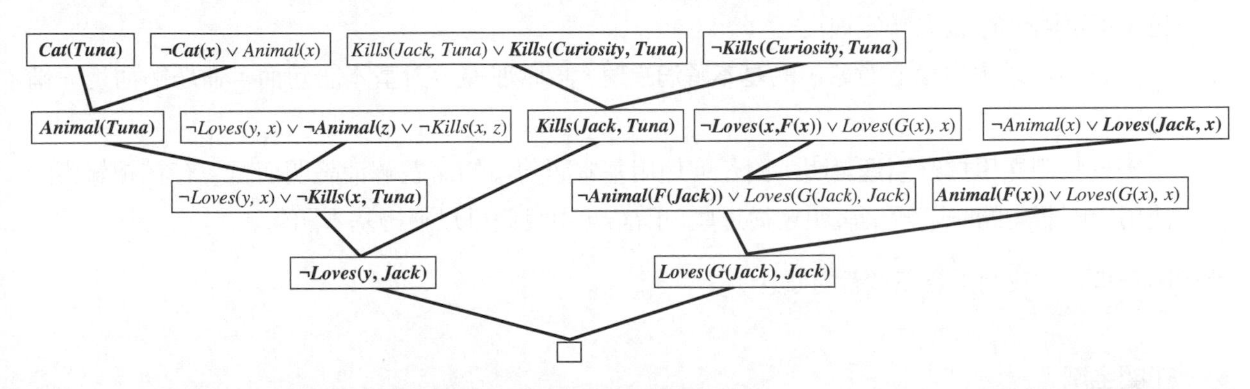

圖 9.12 Curiosity **殺害了那隻貓的解消證明。注意在推導子句** *Loves*(*G*(*Jack*), *Jack*)**中對因式的使用。留右上角，***Loves*(*x*, *F*(*x*))**與** *Loves*(*Jack*, *x*)**的統一只有在變數被個別標準化後才可能會成功。**

9.5.4 解消的完備性

此節給出了解消的一個完備性證明。對那些願意直接接受這一點的人而言可以跳過這部分內容。

我們將證明解消爲**反證法完備**，這意味著如果一個語句集不可滿足，那麼解消總會導出一個矛盾。解消不能用於產生一個語句集的所有邏輯結果，但是它可以用於確定某個已知的語句是被該語句集蘊涵的。因此，它可以被用來針對一個已知的問題，*Q*(*x*)，藉由證明 *KB* ∧ ¬*Q*(*x*)是不可滿足的，而找出所有的答案。

我們可以認爲這是已知的：一階邏輯中的任何語句(無等式)可以重寫成 CNF 的一個子句集。採用原子語句作爲基本實例[大衛斯(Davis)和普特南(Putnam)，1960]，在語句的範例基礎上進行歸納證明。因此，我們的目標是證明以下內容：如果 *S* 是一個不可滿足的子句集，則對 *S* 進行有限步驟的解消將產生矛盾。

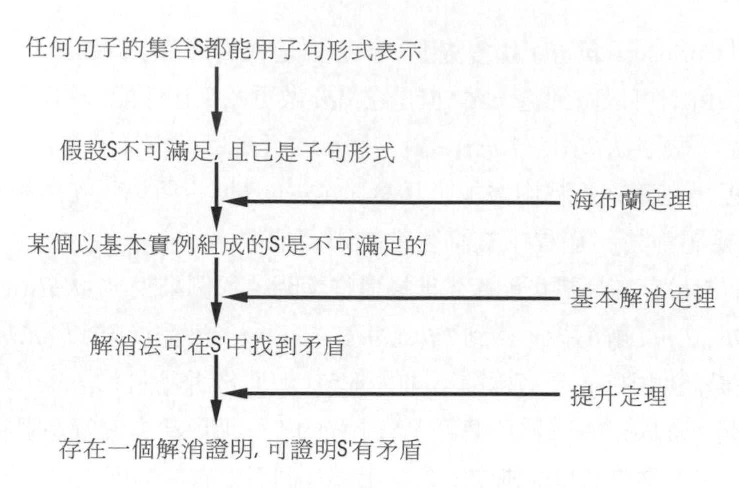

圖 9.13 解消的完備性證明結構

我們的證明概要效仿了 Robinson 的原始證明，同時採用了來自 Genesereth 和尼爾森(1987)的一些簡化內容。該證明的基本架構(圖 9.13)如下：

1. 首先，我們觀察到，如果 S 是不可滿足的，則存在 S 的子句的一個特殊基本實例集，這個集合也是不可滿足的(海布蘭定理)。
2. 然後我們可以應用第七章給出的**基本解消原理**，該原理顯示對基本語句而言命題解消是完備的。
3. 然後，我們採用**提升引理**證明：對任何使用基本語句集的命題解消證明而言，存在相對應的使用一階語句的一階解消證明，從這些一階語句中我們可以獲得基本語句。

執行第一步時，我們需要三個新的概念：

- **布蘭全域**：

  果 S 是一個子句集，那麼 H_S(S 的海布蘭全域)是所有基項的集合，這些基項依據以下規則建立起來：

  a. S 中的函數符號，如果有的話。

  b. S 中的常數符號，如果有的話；如果沒有，則常數符號為 A。

  例來說，如果 S 包含子句$\neg P(x, F(x, A)) \vee \neg Q(x, A) \vee R(x, B)$，那麼 H_S 是下述無限集合的基項集：

  $$\{A, B, F(A, A), F(A, B), F(B, A), F(B, B), F(A, F(A, A)), \ldots\}$$

- **飽和**：

  如果 S 是一個子句集，而且 P 是一個基項集，那麼 $P(S)$(S 關於 P 的飽和)是透過應用 P 中的基項與 S 中的變數所有可能的一致互換而得到的全部基本子句的集合。

- **海布蘭基**：

  子句集 S 關於本身的海布蘭全域的飽和被稱為 S 的海布蘭基，表示成 $H_S(S)$。例如，如果 S 僅僅包含已知的子句，那麼 $H_S(S)$是子句的無限集合：

$$\{\neg P(A, F(A, A)) \lor \neg Q(A, A) \lor R(A, B),$$
$$\neg P(B, F(B, A)) \lor \neg Q(B, A) \lor R(B, B),$$
$$\neg P(F(A, A), F(F(A, A), A)) \lor \neg Q(F(A, A), A) \lor R(F(A, A), B),$$
$$\neg P(F(A, B), F(F(A, B), A)) \lor \neg Q(F(A, B), A) \lor R(F(A, B), B), \ldots\}$$

這些定義讓我們能夠陳述一種形式的**海布蘭定理**(海布蘭，1930)：

> 如果一個子句集 S 為不可滿足，則存在一個 $H_S(S)$的有限集，它同樣是不可滿足的。

令 S' 代表該基本語句的有限子集。現在，我們可以利用基本解消定理(7.5.2 節)來證明，**解消閉包** RC(S′) 包含空子句。也就是，在 S' 的完全式上執行命題歸結將導出矛盾。

既然我們已經確定了恆存在一個涉及 S 的海布蘭基的某個有限子集的解消證明，下一步需要說明的是存在一個採用 S 本身的子句的解消證明，這些子句不必是基本子句。我們從考慮解消規則的一個單獨應用開始。Robinson 陳述此引理如下：

> C_1 和 C_2 代表兩個沒有共用變數的子句，C_1'和 C_2'分別代表 C_1 和 C_2 的基本實例。如果 C' 是 C_1'和 C_2'的解消式，則存在子句 C 使得(1) C 是 C_1 和 C_2 的解消式及(2) C'是 C 的基本實例。

這被稱爲**提升引理**，因爲它將一個證明步驟從基本子句提升到了通用的一階子句。爲了證明他的基本提升引理，Robinson 必須找到統一並推導出最一般統一者的所有性質。在此我們不重複這些證明，而是簡單地用例子說明這個引理：

$$C_1 = \neg P(x, F(x, A)) \lor \neg Q(x, A) \lor R(x, B)$$
$$C_2 = \neg N(G(y), z) \lor P(H(y), z)$$
$$C'_1 = \neg P(H(B), F(H(B), A)) \lor \neg Q(H(B), A) \lor R(H(B), B)$$
$$C'_2 = \neg N(G(B), F(H(B), A)) \lor P(H(B), F(H(B), A))$$
$$C' = \neg N(G(B), F(H(B), A)) \lor \neg Q(H(B), A) \lor R(H(B), B)$$
$$C = \neg N(G(y), F(H(y), A)) \lor \neg Q(H(y), A) \lor R(H(y), B)$$

我們看到實際上 C'是 C 的一個基本實例。一般而言，欲使 C_1'和 C_2'具有任何解消式，構建它們時必須先把 C_1 和 C_2 中互補文字對的最一般統一者應用於 C_1 和 C_2 上。從提升引理很容易推導出關於解消規則的任何應用序列的類似說明：

> S' 的解消閉包中的任意子句 C' 來說，存在一個位於 S 的解消閉包內的子句 C，使得 C' 是 C 的一個基本實例，而且 C 的衍生和 C' 的衍生具有相同的長度。

從這個事實隨後可以推導出：如果空子句在 S' 的解消閉包中出現，肯定也會在 S 的解消閉包中出現。這是因爲空子句不可能是任何其他子句的基本實例。概括來說：我們已經說明了如果 S 是不可滿足的，那麼使用解消規則可以得到一個空子句的有限衍生。

定理證明從基本子句到一階子句的提升使其在功能上得到了極大的提高。這種提高來自如下事實：一階邏輯的證明只需要實例化證明過程中所需的變數，而基本子句方法卻需要檢查大量的任意實例化。

GÖDEL 的不完備定理

稍微把一階邏輯的語言進行擴展就可以顧及算術上的**數學歸納法**，哥德爾用其**不完備性定理**能夠證明：存在不能被證明的真值算術語句。

不完備性定理的證明多少有些超出本書的內容，要解釋它至少需要 30 頁，不過我們可以在這裡給出一些提示。我們從邏輯數論開始。在該理論中，有唯一常數 0 和單函數 S(後繼函數)。在預期模型中，$S(0)$代表 1，$S(S(0))$代表 2，依此類推；因此，該語言具備了所有自然數的名稱。它的辭彙表還包含了函數符號＋、×和 *Expt*(冪)，以及邏輯連接符和量詞的常用集。第一步需要注意的是我們可以用該語言書寫的語句集是可列舉的(設想在符號上定義一種字母序，然後按字母順序依次排列長度分別為 1、2…等的語句集)。然後我們可以將每個語句 α 編號為唯一的自然數$\#\alpha$(**哥德爾數**)。這是至關重要的：數論對於它自己的每個語句都包含一個名稱。類似地，我們可以將每個可能的證明 P 編號成一個哥德爾數 $G(P)$，因為簡單而言一個證明就是一個有限的語句序列。

現在，假設我們有一個遞迴可列舉的語句集 A，這些語句是關於自然數的真命題。回想到 A 可以由給定的整數集命名，我們可以想像採用我們的語言寫出下述類型語句 $\alpha(j, A)$：

$\forall i$　i 不是哥德爾數為 j 的語句的某個證明的哥德爾數，其中該證明只採用 A 中的前提。

那麼令 σ 是語句 $\alpha(\#\sigma, A)$，也就是說一個語句陳述它自己從 A 的不可證明性。(該語句總是存在的，但這一點並不十分明顯)。

現在，我們可以精巧地論證如下：假設 σ 根據 A 是可證明的，則 σ 是假的(因為 σ 說它不可能被證明)。但是，現在我們有了一個可以根據 A 證明的假語句，因此 A 不可能只包括真語句——違反了我們的前提。因此，σ 不能由 A 得到證明。而這正是 σ 自己所宣告的，因此 σ 是真語句。

至此，我們已經說明(不包括另外 29.5 頁)對數論的任何真語句集以及特別是任何基本公理集，存在其他無法用這些公理證明的真語句。這力排眾議，證實了我們永遠無法在任何給定的公理系統內證明所有的數學定理。很顯然，這對數學而言是一個重要的發現。它對 AI 的重要性從哥德爾自己的思考開始已經被廣泛地辯論過。我們將在第 26 以討論。

9.5.5 等式

本章目前所描述過的推理的方法中，沒有一個是處理 $x = y$ 形式的斷言。有三個具體的方法可資採用。第一種方法是等式公理化——寫下與知識庫中等式關係有關的語句。需要說明：等式是自反的、對稱的和可傳遞的，還需要說明我們可以互換任何述詞或者函數中的等量。因此，我們需要 3 條基本公理，然後就是對每個述詞和函數都有一條：

$$\forall x \quad x = x$$

$$\forall x, y \quad x = y \Rightarrow y = x$$

$$\forall x, y, z \quad x = y \wedge y = z \Rightarrow x = z$$

$$\forall x, y \quad x = y \Rightarrow (P_1(x) \Leftrightarrow P_1(y))$$

$$\forall x, y \quad x = y \Rightarrow (P_2(x) \Leftrightarrow P_2(y))$$

$$\vdots$$

$$\forall w, x, y, z \quad w = y \wedge x = z \Rightarrow (F_1(w, x) = F_1(y, z))$$

$$\forall w, x, y, z \quad w = y \wedge x = z \Rightarrow (F_2(w, x) = F_2(y, z))$$

$$\vdots$$

有了這些語句，一個標準推理程序諸如解消可以執行需要等式推理的各項任務，例如求解數學方程組。不過，這些公理會製造續多的結論，大數對證明工作沒有什麼幫助。所以一直在尋找處理等式更有效率的方法。一個變通的方法是加入推理規則而非公理。最簡單的規則，解調，取一個單元子句 $x = y$ 以及某些包含項 x 的子句 α，而得到一個 α 中 y 取代 x 所形成新子句。如果於 α 之中的項與 x 統一，這種做法就會奏效；它不需要完全無誤的等於 x。請注意解調是有方向性的；已知 $x = y$，x 總是會被 y 所取代，反過來說則不成立。那意謂著解調可以使用如 $x + 0 = x$ 或 $x^1 = x$ 之解調器，用來簡化運算式。如另一個例子，已知

$$Father(Father(x)) = PaternalGrandfather(x)$$

$$Birthdate(Father(Father(Bella)), 1926)$$

我們將之解調

$$Birthdate(PaternalGrandfather(Bella), 1926)$$

更正式地，我們得到

- **解調法**(demodulation)：
  於任何項 x, y, z，其中 z 出現於文字 m_i 的某處且其中 UNIFY$(x, z) = \theta$，

$$\frac{x = y \quad m_1 \vee \cdots \vee m_n}{\text{SUB}(\text{SUBST}(\theta, x), \text{SUBST}(\theta, y), m_1 \vee \cdots \vee m_n)}$$

其中 SUBST 通常是一個綁定表的互換，而 SUB(x, y, m)意思是以 y 取代出現在 m 中的每一個 x。

規則還可以進行擴展以處理非單元子句，在這些非單元子句中等式文字表現爲：

- **調解法**(paramodulation)：
  對於任何項 x, y, z，其中 z 出現在文字 mi 的某處，其中 UNIFY$(x, z)= \theta$，

$$\frac{l_1 \vee \cdots \vee l_k \vee x = y, \qquad m_1 \vee \cdots \vee m_n}{\text{SUB}(\text{SUBST}(\theta, x), \text{SUBST}(\theta, y), \text{SUBST}(\theta, l_1 \vee \cdots \vee l_k \vee m_1 \vee \cdots \vee m_n)}$$

例如，

$$P(F(x, B), x) \vee Q(x) \quad 及 \quad F(A, y) = y \vee R(y)$$

我們有 $\theta = \text{UNIFY}(F(A, y), F(x, B)) = \{x/A, y/B\}$，且我們由調解法可以歸結出語句

$$P(B, A) \vee Q(A) \vee R(B)$$

調解法得到一個完整具有等式的一階邏輯推理程序。

第三種方法是完全在擴展的統一演算法裡處理等式推理。也就是，如果項經過某個互換後可證明爲相等，則它們是可統一的，在這裡「可證明」考慮到等式推理。舉例來說，項 $1 + 2$ 與 $2 + 1$ 通常並不是可統一的，但是一個知道 $x + y = y + x$ 的統一演算法可以用空代換來將之統一。這類的**等式統一**可以透過爲所用的特殊公理而設計的有效演算法完成(可交換性、結合性等等)，而不是透過這些公理進行顯式推理。採用該技術的定理證明機和第 9.4 節描述的限制邏輯程式設計系統的關係非常密切。

9.5.6 解消策略

我們知道，反覆應用解消推理規則將最終找到一個證明，如果證明存在的話。在這個小節，我們檢視有助於有效率地找出證明的策略。

單元優先：

該策略優先對那些包含一個單文字(也就是**單元子句**)的語句進行解消。該策略背後的想法是：我們試圖產生一個空子句，那麼首先進行那些產生較短子句的推理可能是一個好主意。將一個單元語句(如 P)和任何其他語句(如$\neg P \vee \neg Q \vee R$)解消時，總是產生一個比其他子句短的子句(在本實例中，$\neg Q \vee R$)。當單元推理策略在 1964 年首次在命題推理中嘗試時，它導致了戲劇化地增快速度，使它可以證明那些不採用這種策略無法處理的定理。**單元解消**是解消的受限形式，其中的每一步歸結步驟都必須包含一個單元子句。單元解消一般是不完備的，但是對霍恩知識庫而言卻是完備的。霍恩知識庫中的單元解消證明很像前向連結。

OTTER 理論證明機(Organized Techniques for Theorem-proving and Effective Research，McCune，1992)，使用最佳優先搜尋的形式。它的啓發式函數度量每個子句的「重量」，比較輕的子句優先等級高。啓發式的確切選擇在於使用者，但是一般來說，子句的重量應該和它們的大小和難度有關。單元子句被認爲是輕的；搜尋因此可以被視爲單元優先策略的一般化。

支撐集：

首先嘗試某些解消的優先策略對於解決問題很有幫助，但是一般來說試圖減少一些潛在的解消要更加有效。舉例來說，我們能夠堅定要求每一個解消步驟要至少用到一個特殊子句集——支撐集——中的一個元素。其歸結式然後被加入該支撐集。如果相對於整個知識庫而言支撐集很小，搜尋空間將會顯著減小。

我們必須小心應用這種方法，因爲對支撐集的錯誤選擇將會使得演算法不完備。然而，如果我們選擇支撐集 S 使得剩餘的語句是聯合可滿足的，那麼支撐集的解消將是完備的。一種常用的方法就是在假設原始知識庫是一致的基礎上，採用否定查詢作爲支撐集。(畢竟，如果它不是一致的，則查詢追尋的事實將是不存在的)。支撐集策略的附加優點是產生目標導向的證明樹，其通常易於人類的理解。

輸入解消：

在輸入解消策略中，每個解消把一個輸入語句(來自 KB 或者查詢)和某個其他語句結合起來。圖 9.11 中的證明只採用了輸入解消，具有單一「骨幹」的特徵形狀，單個語句結合在該骨幹上。很明顯，該形狀的證明樹的空間要比全部證明圖的空間小。在霍恩知識庫中，肯定前提就是一種輸入解消策略，因爲它將原始知識庫中的一個蘊含和其他語句結合。因此，不會令人感到意外的是，輸入解消對於以霍恩範例表示的知識庫是完備的，但是在一般的情況下它是不完備的。**線性解消**策略是一種輕微一般化，其允許 P 和 Q 一同解消，如果 P 在原始 KB 或 P 在證明樹中是 Q 的祖先。線性解消是完備的。

包容法：

清除所有被知識庫中的已有語句包容(即，比該語句更加特定)的語句。例如，$P(x)$在 KB 中，則增加 $P(A)$毫無意義，增加 $P(A) \vee Q(B)$則更沒有意義。包容幫助保持 KB 的小規模，同時也幫助保持較小的搜尋空間。

定理證明機的實際應用

理論證明機可以被運用於與軟體與硬體的**合成**與**驗證**有關之問題。因此，對定理證明進行研究的領域還包括硬體設計、程式語言和軟體工程——而不只是人工智慧。

於硬體的情況，公理描述了信號和電路元件間的相互作用(見第 8.4.2 節內的例子)。爲驗證而特別設計的邏輯推理機已經可以驗證整個 CPU，包括它們的時脈特性(Srivas 和 Bickford，1990)。AURA 定理證明機已經被應用來設計出，比先前任何設計更緊緻的電路(Wojciechowski 和 Wojcik，1983)。

於軟體的情況，關於程式的推理非常類似於關於動作的推理，如第 7 章：公理描述了每一個陳述的前提與效果。Cordell Green(1969a)根據先前西蒙(1963)的想法，勾勒了演算法的形式合成，它是定理證明機最初的用途之一。想法是建設性地證明定理，以便「存在一個程式 p，其滿足某種規格。」儘管全自動的**演繹合成**(deductive synthesis)，正如它的名字，還無法適用於通用的程式設計，手動指導的演繹合成已經在一些最新的複雜演算法的設計中成功實作。特殊目的之程式的合成，如科學性計算程式碼，也是一個非常活躍的研究領域。

類似的技術現在也運用到系統軟體驗證如 SPIN model checker(Holzmann，1997)。例如，遠端代理人太空船控制程式在飛行之前和之後都需要進行檢驗(Havelund 等人，2000)。RSA 公鑰密碼演算法和波耶爾-摩爾字串匹配演算法都透過這種方式進行了驗證(波耶爾和摩爾，1984)。

9.6 總結

我們已經對一階邏輯中的邏輯推理以及實作推理的許多演算法進行了分析。

- 第一個方式使用推理規則(**全稱實例化**與**存在實例化**)來**命題化**推理問題。通常，這個方式很慢，除非領域很小。
- 運用**統一**來辨識合適的變數互換消除了一階證明時的實例化步驟，使得該過程在許多情況下更有效率。
- **肯定前件**(Modus Ponens)的一個提升版本利用合一提供了一條自然而且強大的推理規則，**一般化肯定前提**。**前向連結**和**逆向連結**演算法把這條規則應用於確定子句的集合。
- 儘管蘊涵問題是**半可判定**的，一般化肯定前提對於確定子句仍然是完備的。對於由不含函數的確定子句所組成的 **Datalog** 知識庫，蘊涵是可判定的。
- 前向連結用於**演繹資料庫**中，它可以和關聯資料庫的操作結合起來。前向連結還用於**產生式系統**中，對非常龐大的規則集進行高效率的更新。前向連結對於 Datalog 程式而言是完備的，而且其執行時間是多項式的。
- **邏輯程式設計系統**中採用了逆向連結，它還使用複雜的編譯技術保證了非常快速的推理。逆向連結需要承受冗餘推理和無限迴圈；這些問題可以在一定程度上透過**備忘法**緩解。
- Prolog，不像一階邏輯，使用一個封閉的世界具有唯一名稱假設 並且否定視為失敗。這些使得 Prolog 是一個更實用的程式語言，不過卻與純邏輯相去更遠。
- 一般化**解消**推理規則為一階邏輯提供了一個完備的證明系統，該系統採用連言範例形式表示的知識庫。
- 存在一些用於減少解消系統的搜尋空間而不影響其完備性的策略。最重要的問題之一是處理等式；我們會展示如何使用**解調法**與**調解法**。
- 有效的基於解消的定理證明機已經被用於證明受關注的數學定理以及用來對軟體和硬體進行驗證和合成。

參考文獻與歷史的註釋 BIBLIOGRAPHICAL AND HISTORICAL NOTES

弗雷格(Gottlob Frege)在 1879 年發展出完整的一階邏輯，把他的推理系統建立在邏輯合法模式的一個大集合和唯一的推理規則——肯定前件(Modus Ponens)的基礎上。懷特海德和羅素(Whitehead 和 Russell，1910)詳細說明了所謂的通道規則[實際上該術語是海布蘭(1930)提出的]，它被用來把量詞移到公式的前面。足夠適當地說，Skolem 常數和 Skolem 函數是由 Thoralf Skolem(1920)提出的。奇怪的是，是 Skolem 引進了海布蘭的世界(Skolem，1928)。

海布蘭的理論(Herbrand，1930) 於自動化推理的發展上，扮演了一個至關重要的角色。海布蘭也是統一的發明者。哥德爾(1930)以 Skolem 和海布蘭的想法爲基礎證明了一階邏輯存在完備的證明程序。阿蘭圖靈(Alan Turing，1936)和阿隆佐・丘奇(Alonzo Church，1936)用非常不同的證明方法同時證明了一階邏輯中的合法性是不可判定的。Enderton(1972)所著的優秀教材中以嚴謹且適合理解的方式對所有這些結果進行了說明。

Abraham Robinson 倡議可以使用命題化與海布蘭的理論來建立一個自動推理機，而 Paul Gilmore(1960)寫出了第一個程式。Davis 與 Putnam(1960)提出了第 9.1 節的命題化方法。Prawitz(1960)發展出其關鍵想法：讓對命題不一致性的尋求來驅動搜尋過程，並且只有在需要項來建立命題不一致性時，才從海布蘭全域產生項。經過其他研究人員的繼續研究開發，這一想法引導 J. A. Robinson(與 Abraham Robinson 沒有親緣關係)發展出了解消方法 (Robinson，1965)。

在 AI 領域，Cordell Green 和 Bertram Raphael(1968)把解消用於問題回答系統。早期的 AI 實作主要致力於資料結構，從而可以對事實進行有效的檢索；AI 程式設計的多本教科書中都介紹了這方面的工作(Charniak 等人，1987；Norvig，1992；Forbus 和 de Kleer，1993)。到了 20 世紀 70 年代早期，作爲解消法的一種更易於理解的替代方法，前向連結已經在 AI 領域完善地建立起來。典型的人工智慧應用涉及大量規則，所以開發高效率的規則匹配技術很重要，尤其是增量更新的技術。產生式系統的技術就是爲了支援這些應用而開發出來的。產生式系統語言 OPS-5(Forgy，1981；Brownston *et al.*, 1985)，納入了有效率的 Rete 網匹配過程 (Forgy，1982)，並被用於如迷你電腦規劃之 R1 專家系統應用軟體(McDermott，1982)。

SOAR 認知架構(Laird *et al.,* 1987；Laird，2008)被設計用來處理非常的龐大的規則集——達到百萬條規則(Doorenbos，1994)。SOAR 的應用例子有控制模擬飛行飛機(Jones *et al.,* 1998)，太空管理(Taylor *et al.,* 2007)，電腦遊戲的 AI 人物(Wintermute *et al.,* 2007)，以及軍人訓練工具(Wray 及 Jones，2005)。

演繹資料庫領域始於 1977 年 Toulouse 的研討會，於此會上所有邏輯推理與資料庫系統的專家齊聚一堂(Gallaire 及 Minker，1978)。Chandra 和 Harel(1980)以及 Ullman(1985)所做的有影響力的工作使得 Datalog 被採納爲演繹資料庫的一種標準語言。Bancilhon 等人(1986)發展出用於進行規則重寫的魔法集技術，允許前向連結可以利用逆向連結的目標指導的優點。目前的工作包括整合數個資料庫爲一個均勻一致的資料空間的想法(Halevy，2007)。

用於邏輯推理的**逆向連結**首先出現於 Hewitt 的 PLANNER 語言中(1969)。同時，在 1972 年法國研究者 Alain Colmerauer 已經開發並實作了 **Prolog** 在分析自然語言中的應用——Prolog 的語句最初是打算作爲上下文無關的語法規則的(Roussel，1975；Colmerauer 等人，1973)。邏輯程式設計的理論背景多來自 Robert Kowalski 與 Colmerauer 的共同研究工作；請見 Kowalski(1988)與 Colmerauer 與 Roussel(1993)有關這方面歷史的回顧。有效的 Prolog 編譯器通常基於沃倫抽象機(WAM)計算模型，該模型由 David H. D. Warren(1983)開發。Van Roy(1990)展示了 Prolog 程式在速度上足以與 C 程式匹敵。

避免遞迴邏輯程式中不必要迴圈的方法由 Smith 等人(1986)、Tamaki 和 Sato(1986)獨立地提出。後面這一篇論文也加入了邏輯程式之記憶，一個由 David S. Warren. Swift 與 Warren(1994)致力開發的**表格式邏輯程式設計**(tabled logic programming)方法展示了如何擴充 WAM 來處理表格化，致使 Datalog 程式執行上較前向連結演繹資料庫系統快上一個等級。

早期關於限制邏輯程式設計的理論工作是由 Jaffar 和 Lassez(1987)完成的。Jaffar 等人(1992a)開發了 CLP(R)系統，用來處理實值限制。現在已有商用程式用於解出大尺度的制約下的規劃與最佳化問題；其中著有名聲的是 ILOG(Junker，2003)。解集程式設計(Gelfond，2008)擴充了 Prolog，可以有選言與否方式。

邏輯程式設計與 Prolog 方面的文字，包括 Shoham(1994)，Bratko(2001)，Clocksin(2003)，與 Clocksin 及 Mellish(2003)。直到於 2000 年停刊，《邏輯程式設計期刊》(*Journal of Logic Programming*)一直是領域內的權威期刊；它現在已經被《邏輯程式設計的理論和應用》(*Theory and Practice of Logic Programming*)所取代。邏輯程式設計的會議包括「邏輯程式設計國際會議」(International Conference on Logic Programming，ICLP)和「邏輯程式設計國際專題研討會」(International Logic Programming Symposium，ILPS)。

對**數學定理證明**的研究甚至在第一個完備的一階邏輯系統被發展出來前就已經開始。Herbert Gelernter 的幾何定理證明機(Gelernter，1959)採用啓發式搜尋方法與用於對錯誤子目標進行剪枝的圖表相結合，它能夠證明歐氏幾何中某些相當複雜的結果。用於等式推理的解調和調解規則分別由 Wos 等人(1967)、Wos 及 Robinson(1968)引入。這些規則也在項重寫系統的背景中被單獨開發出來(Knuth 和 Bendix，1970)。納入等式推理於統一演算法得歸功於 Gordon Plotkin(1972)。Jouannaud 和 Kirchner(1991)從項重寫的角度對等式統一進行了綜述。Baader 及 Snyder(2001)提供有關統一的回顧。

從單元優先策略(Wos 等人，1964)開始，已經提出了許多用於解消的控制策略。支撐集策略是 Wos 等人(1965)提出的，它提供了解消中一定程度的目標指導。線性解消首先出現於 Loveland(1970)的文章中。Genesereth 和尼爾森(1987，第五章)提供了關於範圍很寬的各種控制策略的一個簡短而全面的分析。

《計算邏輯》(*Computational Logic*)(波耶爾和摩爾，1979)是關於波耶爾-摩爾定理證明機的基本參考書目。Stickel(1992)涵蓋了 Prolog 技術定理證明機(PTTP)，它結合了 Prolog 的編譯優點和模型消除(Loveland，1968)的完備性。SETHEO(Letz *et al.,* 1992)是另一個以這個方法爲基礎而廣爲採用的理論證明機。LEANTAP(Bechert 和 Posegga，1995)是一個只用 25 行 Prolog 語言實作的高效率的定理證明機。Weidenbach(2001)描述了 SPASS，它是當前最強大的定理證明機之一。在最近年度競爭上最成功的理論證明機就屬 VAMPIRE(Riazanov 及 Voronkov，2002)。COQ 系統(Bertot *et al.,* 2004)以及 E 方程式求解軟體(Schulz，2004)業經驗證證明過程正確性與否的有價值工具。理論證明機已經笨用於自動地合成與驗證太空船控制軟體(Denney *et al.,* 2006)，包括 NASA 的新 Orioncapsule(Lowry，2008)。FM9001 32-位元爲電腦處理器的設計經由 NQTHM 系統證明爲正確的(Hunt 及 Brock，1992)。自動演繹會議(The Conference on Automated Deduction，CADE)舉辦自動化理論證明機的年度競賽。從 2002 年至 2008 年，最成功的系統是 VAMPIRE(Riazanov 及 Voronkov，

2002)。Wiedijk(2003)比較了 15 具數學證明機的優缺點。TPTP(Thousands of Problems for Theorem Provers)是一個理論證明問題的館藏處，對於比較系統的效能非常有用(Sutcliffe 及 Suttner，1998；Sutcliffe *et al.*, 2006)。

理論證明機提出的新數學結果已經難倒人類數學家數十年，《*Automated Reasoning and the Discovery of Missing Elegant Proofs*》(Wos 及 Pieper，2003)一書中對於此有詳細的描述。SAM(Semi-Automated Mathematics，半自動數學)程式是第一個，它證明了格理論中的一個引理(Guard 等人，1969)。AURA 程式也回答了多個數學領域尚未解決的問題(Wos 和 Winker，1983)。Boyer-Moore 理論證明機(Boyer 及 Moore，1979)為 Natarajan Shankar 用來首次對 Gödel 的不完備理論進行完整積極的正式證明(Shankar，1986)。NUPRL 系統證明了 Girard 悖論(Howe，1987)及 Higman 引理(Murthy 及 Russell，1990)。於 1933，Herbert Robbins 倡議一個出現於定義布林代數的簡單的公理集——Robbins 代數，但是無法找到任何證明(即便是 Alfred Tarski 及其他人曾努力嘗試過)。1996 年 10 月 10 日，在經過 8 天的計算之後，EQP(OTTER 的一個版本)找到了一個證明(McCune，1997)。

很多關於數理邏輯的早期文章可以在《從弗雷格到哥德爾：一本數理邏輯的原始資料》(*From Frege to Gödel : A Source Book in Mathematical Logic*)中找到(van Heijenoort，1967)。適合自動演繹的教材包括經典的《符號邏輯與機器定理證明》(*Symbolic Logic and Mechanical Theorem Proving*)(Chang 和 Lee，1973)以及 Wos 等人(1992)、Bibel(1993)和 Kaufmann 等人(2000)最近的著作。理論證明的主要期刊是《*Journal of Automated Reasoning*》；主要的會議是年度的自動演繹會議(CADE)以及 International Joint Conference on Automated Reasoning(IJCAR)。《*The Handbook of Automated Reasoning*》(Robinson 及 Voronkov，2001)蒐集了該領域的文獻。MacKenzie 的《*Mechanizing Proof*》(2004)涵蓋了適於一般大眾的理論證明的沿革與技術。

❖ 習題 EXERCISES

9.1 根據基本原理證明全稱實例化是可靠的，而存在的實例化產生一個推理等價的知識庫。

9.2 根據 *Likes*(*Jerry*, *IceCream*)，看來推導出 $\exists x$ *Like*(x, *IceCream*)是合理的。寫出一個支援這個推理的通用推理規則，即**存在引入**。仔細給出所涉及的變數和項需要滿足的條件。

9.3 假設一個知識庫指包含一個語句，$\exists x$ *AsHighAs*(x, *Everest*)。下列哪個語句是應用存在實例化以後的合法結果？

a. *AsHighAs*(*Everest*, *Everest*)

b. *AsHighAs*(*Kilimanjaro*, *Everest*)

c. *AsHighAs*(*Kilimanjaro*, *Everest*) $\wedge$ *AsHighAs*(*BenNevis*, *Everest*)(在兩次應用之後)

9.4 對於下列每對原子語句，請給出最一般統一者，如果存在的話：

a. $P(A, B, B), P(x, y, z)$

b. $Q(y, G(A, B)), Q(G(x, x), y)$

c. $Older(Father(y), y), Older(Father(x), John)$

d. $Knows(Father(y), y), Knows(x, x)$

9.5 考慮圖 9.2 所示的包容格：

a. 構造語句 $Employs(Mother(John), Father(Richard))$的格。

b. 構造語句 $Employs(IBM, y)$(「每個人都在為 IBM 工作」)的格。記住把每種與語句統一的查詢都包含進來。

c. 假定 STORE 為它的包容格中的每個節點下的每條語句建立索引。當這些語句中的某些語句包含變數時，請解譯 FETCH 應該如何工作；把(a)和(b)中的語句以及查詢 $Employs(x, Father(x))$用作例子。

9.6 寫出下列語句的邏輯表示，使得它們適合應用一般化肯定前提：

a. 馬、奶牛和豬都是哺乳動物。

b. 一匹馬的後代是馬。

c. Bluebeard 是一匹馬。

d. Bluebeard 是 Charlie 的父代。

e. 後代和父代是逆關係。

f. 每個哺乳動物都有一個父代。

9.7 這些問題的是互換與 Skolem 化方面的議題。

a. 已知前提$\forall x\ \exists y\ P(x, y)$，歸納$\exists q\ P(q, q)$是不眞確的。給一個述詞 P，其中第一個為眞第二個為假的例子。

b. 假設一個推理引擎漏掉了出現檢查而不正確地被寫出來，因此它允許文字如$(x, F(x))$，與 $P(q, q)$統一(如同前面提過的，大多數 Prolog 的標準實作確實容許如此做)。請證明如是的推理引擎會允許從前提$\forall x\ \exists y\ P(x, y)$推導出結論$\exists y\ P(q, q)$。

c. 假設一個轉換一階邏輯至子句形式的程序錯誤地 Skolem 化$\forall x\ \exists y\ P(x, y)$至 $P(x, Sk0)$——也就是說它以一個 Skolem 常數而非以一個 x 的 Skolem 函數取代了 y。請證明使用如是程序的推理引擎會同樣地允許由前提$\forall x\ \exists y\ P(x, y)$推導出$\exists q\ P(q, q)$。

d. 一個學生常犯的錯誤是假設，於統一下，他可以代換一個項為一個 Skolem 常數而非為一個變數。舉例來說，他們會說公式 $P(Sk1)$與 $P(A)$於互換$\{Sk1/A\}$之下是可以被統一的。給出一個這會引領至一個不眞確推理的例子。

9.8 解釋如何用單一一階確定子句及恰好 30 條基本事實，來寫出任意大小的任何給定的 3-SAT 問題。

9.9 假設你已經知道下述公理：

1. $0 \leq 3$
2. $7 \leq 9$
3. $\forall x \quad x \leq x$
4. $\forall x \quad x \leq x + 0$
5. $\forall x \quad x + 0 \leq x$
6. $\forall x, y \quad x + y \leq y + x$
7. $\forall w, x, y, z \quad w \leq y \land x \leq z \Rightarrow w + x \leq y + z$
8. $\forall x, y, z \quad x \leq y \land y \leq z \Rightarrow x \leq z$

a. 給一個語句 $7 \leq 3 + 9$ 的逆向連結證明(請確認，當然，只能使用在這裡所給的公理，不包括其餘任何你從算術所知道者)。請只展示出那些能成功的步驟，而非無關緊要的步驟。

b. 給一個語句 $7 \leq 3 + 9$ 的前向連結證明。再說一次，請只展示出那些能成功的步驟。

9.10 一個流行的兒童謎語是「我沒有兄弟和姐妹，但是那個男人的父親是我父親的兒子。」採用家族領域的規則(8.3.2 節)證明那個男人是誰。你可以應用本章描述的任何推理方法。你為什麼認為這個謎語很難？

9.11 假定我們把美國人口普查資料中記錄年齡、居住城市、生日、每個人的母親的那一部分置入一個邏輯資料庫中，用社會保險號作為每個人的標識常數。這樣，George 的年齡由 *Age*(443-64-1282.56, 56)給出。下列 S1 到 S5 中，哪種索引方案能夠給 Q1 到 Q4 中的哪個查詢提供一個有效的解(假設採用常規的逆向連結)？

- S1：對於每個位置上的每個原子項建立索引。
- S2：對於每個首要參數建立索引。
- S3：對於每個述詞原子語句建立索引。
- S4：對於述詞和首要參數的每個組合建立索引。
- S5：對於述詞和次要參數的每個組合建立索引，並對每個首要參數建立索引(不標準的)。
- Q1：*Age*(443-44-4321，x)
- Q2：*ResidesIn*(x，*Houston*)
- Q3：*Mother*(x，y)
- Q4：*Age*(x，34) $\land$ *ResidesIn*(x，*TinyTownUSA*)

9.12 人們可能會假定透過對知識庫中的所有語句進行標準化分離，我們就可以一勞永逸地在逆向連結過程中避開統一時變數衝突的問題。請證明：對於某些語句，這個方法行不通。(提示：考慮一個語句，它的一部分與另一部分可合一)。

9.13 本習題中，我們將採用你在習題 9.6 中寫出的語句，運用逆向連結演算法來回答一個問題。

a. 畫出由一個窮舉逆向連結演算法爲查詢 $\exists h\ Horse(h)$ 產生的證明樹，其中子句按照給定的順序進行匹配。

b. 你對於本領域注意到了什麼？

c. 實際上從你的語句中得出了多少個 h 的解？

d. 你是否可以想出一種找出所有解的方法？[**提示**：參見 Berlekamp 等人的論文(1986)。]

9.14 追蹤圖 9.6 中的逆向連結演算法用來求解該犯罪問題(9.3.1 節)時的執行過程。顯示 *goals* 變數所採取的值序列，並把它們排列爲一棵樹。

9.15 下述的 Prolog 程式碼定義了一個述詞 `P`(請記得，於 Prolog 中，大寫字母的項是變數，而非常數)。

```
P(X,[X|Y])

P(X,[Y|Z]) :-P(X,Z)
```

a. 給出查詢 `P(A, [1, 2, 3])` 和 `P(2, [1, A, 3])` 的證明樹，以及解。

b. `P` 代表了什麼標準列表操作？

9.16 這個習題關注的是於 Prolog 中的排序。

a. 寫出定義述詞 `sorted(L)` 的 Prolog 子句，該述詞爲眞若且唯若 `L` 按照昇冪排序。

b. 寫出述詞 `perm(L, M)` 的一個 Prolog 定義，該述詞爲眞若且唯若 `L` 是 `M` 的一個互換。

c. 定義 `sort(L, M)`(`M` 是 `L` 的搜尋版本)，使用 `perm` 及 `sorted`。

d. 用 `sort` 對越來越長的列表排序直到你沒有耐心爲止。你的程式的時間複雜度是多少？

e. 用 Prolog 寫出一個更快的排序演算法，諸如插入排序或快排。

9.17 本習題觀察使用邏輯程式設計下，對重寫規則的遞迴應用。一條重寫規則(或 OTTER 術語中的**解調器**)是一個具有指定方向的等式。例如，重寫規則 $x + 0 \rightarrow x$ 表示用運算式 x 替換任何與 $x + 0$ 匹配的運算式。重寫規則是一個方成性推理系統的關鍵元件。我們用述詞 `rewrite(X,Y)` 來表示重寫規則。例如，前面的重寫規則可以寫爲 `rewrite(X+0, X)`。某些項是基本的，無法進一步化簡；因此，我們將用 `primitive(0)` 表示 0 是基本項。

a. 寫出述詞 `simplify(X, Y)` 的一個定義，它爲眞的條件是當 `Y` 是 `X` 的一個化簡版本時——也就是說，當已經不存在任何可以應用到 `Y` 的任何子運算式上的重寫規則時。

b. 寫出對包含算術運算符的運算式進行化簡的規則集，並把你的化簡演算法應用到某些運算式實例中。

c. 寫出區分符號的重寫規則集，並把它們以及你的化簡規則一起用來區分和化簡包括算術運算式在內的運算式，包括求冪運算。

9.18 這個習題考慮的是於 Prolog 中搜尋演算法的實作。假定當狀態 `Y` 是狀態 `X` 的一個後繼時，`successor(X,Y)` 爲眞；而且當 `X` 是一個目標狀態時，`goal(X)` 爲眞。寫出 `solve(X,P)` 的一個定義，它表示 `P` 是一條路徑 (狀態列表)，這條路徑從 `X` 開始、結束於一個目標狀態、並由 `successor` 定義的一系列合法步驟所構成。你會發現深度優先搜尋是做這件事的最簡單方式。如果加入啓發式搜尋控制，它會變得更容易嗎？

9.19 假設一個知識庫只包含了下述的一階霍恩子句：

$Ancestor(Mother(x), x)$

$Ancestor(x, y) \wedge Ancestor(y, z) \Rightarrow Ancestor(x, z)$

考慮一個前向連結演算法，於第 j 次疊代，若 KB 包含一個與該查詢統一的語句則停止，否則加入 KB，其中每一個原子語句都可以從疊代 $j-1$ 次後已經存在於該 KB 之語句推論得出。

a. 對於下述各個查詢，說出演算法是否會：(1)得出一個答案(若是，寫下該答案)；或是(2)停止下來而沒有答案；或是(3)永不停止。

(i) $Ancestor(Mother(y), John)$

(ii) $Ancestor(Mother(Mother(y)), John)$

(iii) $Ancestor(Mother(Mother(Mother(y))), Mother(y))$

(iv) $Ancestor(Mother(John), Mother(Mother(John)))$

b. 一個解消演算法是否能夠從原始的知識庫證明語句$\neg Ancestor(John, John)$？請解釋如何做，或是爲什麼不行。

c. 假設我們加入斷言$\neg(Mother(x) = x)$並爲解消演算法加入等式需用的推理規則。現在(b)的答案爲何？

9.20 令 L 是個具有單一述詞 $S(p, q)$的一階語言，意思是「p *shaves* q.」。假設爲人的領域。

a. 考慮語句「There exists a person P who shaves everyone who does not shave themselves，and only people that do not shave themselves.」(存在一個人 P，他是替所有不替自己刮鬍子的人刮鬍子，也只替不自己刮鬍子的人刮鬍子)。以 L 來表示它。

b. 轉換於(a)中的語句爲子句形式。

c. 建構一個解消證明來證明(b)中的子句本質上就是不一致的(**注意**：你不需要額外的公理)。

9.21 如何用解消法證明一個語句是合法的？不可滿足的？

9.22 建構一個有兩個可以用兩個不同的方法解消而的出兩個不同答案之子句的例子。

9.23 根據「馬是動物」，可以得到「一匹馬的頭是一隻動物的頭。透過採用下列步驟，論證這一推理是合法的：

a. 把前提和結論翻譯爲一階邏輯語言。採用三個述詞：$HeadOf(h, x)$(表示「h 是 x 的頭」)、$Sheep(x)$和 $Animal(x)$。

b. 對結論取非，把前提和否定結論轉換成連言範例。

c. 用解消法證明可以根據前提推導出結論。

9.24 以下是兩條用一階邏輯語言表示的語句：

(A) $\forall x\ \exists y\ (x \geq y)$

(B) $\exists y\ \forall x\ (x \geq y)$

a. 假設變數的範圍是所有自然數 0, 1, 2, ..., ∞，而且述詞「≥」表示「大於等於」。在這一解譯下，把(A)和(B)翻譯為自然語言。

b. 在這一解譯下，(A)是否為真？

c. 在這一解譯下，(B)是否為真？

d. (A)是否邏輯蘊涵(B)？

e. (B)是否邏輯蘊涵(A)？

f. 使用解消，證明由(B)可以推導出(A)。試著去做，即便你認為(B)並不邏輯蘊涵(A)；繼續做下去直到證明中斷或者你不能進行下去(如果它確實中斷了)。寫出每一個解消步驟的統一互換。如果證明失敗了，請解譯在哪裡、如何和為什麼中斷的。

g. 現在試著去證明(A)可推導出(B)。

9.25 解消對於有變數的查詢可以產生非構造性的證明，所以我們必須引入特殊的機制來提取確定的答案。解譯為什麼這個問題在只包含確定子句的知識庫中不出現。

9.26 我們在這一章中說解消不能被用於產生一個語句集合的所有邏輯結果。是否有演算法能做到這一點？

本章註腳

[1] 不要將這些置換和用於定義量詞語義的擴展解釋混淆。置換用一個項(一條語法)代替某個變數，產生新的語句，而解釋則將變數映射到域內的某個物件。

[2] Generalized Modus Ponens 較諸 Modus Ponens 更一般化(第 7.5 節)，其意義在於已知的事實與蘊涵的前提只需要達到互換上而非完整無誤地匹配就足夠了。另一方面，Modus Ponens 允許任何語句 α 當做前提，而非只是一個原子語句的連言。

[3] Rete 是拉丁語的網路。按照英文發音規律發音。

[4] 產生式系統中的詞語產生式指的是條件-行動規則。

[5] 注意，如果提供了皮亞諾公理，這類目標就可以在 Prolog 程式內進行推理求解。

[6] 一條子句還可表示成前提為原子連言、結論為原子選言的蘊含(見習題 7.13)。這稱為蘊涵標準型，或 Kowalski 形式[尤其以右至左的蘊涵符號書寫時(Kowalski，1979)]，通常容易閱讀得多。

第 10、11 章收錄於隨書光碟

12

KNOWLEDGE REPRESENTATION

知識表示

本章中我們將說明，如何用一階邏輯來表示現實世界中的重要方面，諸如行動、空間、時間、思維和購物等。

前面三章講述了用於基於知識的代理人的技術：語法、語義、命題邏輯和一階邏輯的證明理論，以及運用這些邏輯的代理人的實作。在本章中我們來討論這個問題：將什麼內容放入這種代理人的知識庫——如何表示世界的事實。

12.1 節介紹了通用本體論的想法，將世界上所有的東西用層次類別組織起來。第 12.2 節涵蓋物件的基本分類、物質，與度量；第 12.3 節涵蓋事件，而第 12.4 節討論信度的知識。我們然後以這個內容回去考慮用於推理的技術：第 12.5 節討論以有效率分類推理爲設計訴求的推理系統，而第 12.6 節討論以預設資料作推理。第 12.7 節在一個網際網路購物環境的背景中彙總了所有這些知識。

12.1 本體論工程

在「玩具」領域，表示的選擇不是那麼重要；許多的的選擇都能發生作用。在複雜領域內，諸如網際網路購物或是在車陣中駕駛一輛車輛，就需要更爲通用和靈活的表示。這一章將說明如何建立這樣的表示，主要著重於一些在許多不同的領域都會出現的通用概念——諸如行動、時間、實體物件以及信度。表示這些抽象的概念有時候被稱爲**本體論工程**。

表示世界上的一切事物的前景是令人生畏的。當然，我們並不會眞的對所有事物都寫出完整描述——那樣的話就算 1000 頁的教科書也不夠——但是我們將會留下一些空位，以使任何領域的知識都能被塡入。舉例來說，我們會定義實體物件意指爲何，以及各種類型物件的細節——諸如機器人、電視機、書本或者無論什麼——能夠稍後被塡進來的。這類似於物件導向的框架(如 Java Swing graphical framework)的設計者定義一般的概念如視窗，期望使用者使用這些概念去定義更具體的概念如試算表視窗的方式。這個概念的通用框架被稱作爲**上位本體論**，因爲按照畫圖慣例，一般概念在上面而更具體的概念在它們的下面，如圖 12.1 所示。

在進一步考慮本體論之前，我們要做一個避免誤解的重要說明。我們已經選擇使用一階邏輯來討論知識的內容與組織，儘管眞實世界的某些面向很難於 FOL 中捕捉。主要的困難在於幾乎所有的一般化都會有例外，或者說只能是一定程度的一般化例如，儘管「番茄是紅色的」是一條有用的法則，然而有些番茄是綠色的、黃色的或者橙色的。這章中的所有一般命題幾乎都有類似的例外。處理這些例外和不確定性的能力是極端重要的，但是對於理解通用本體論的任務而言卻是正交而無關的。由於這個原因，我們將關於例外的討論延到本章第 12.5 節，而關於具有不確定性的推理，其更一般的主題則延到第 13 章。

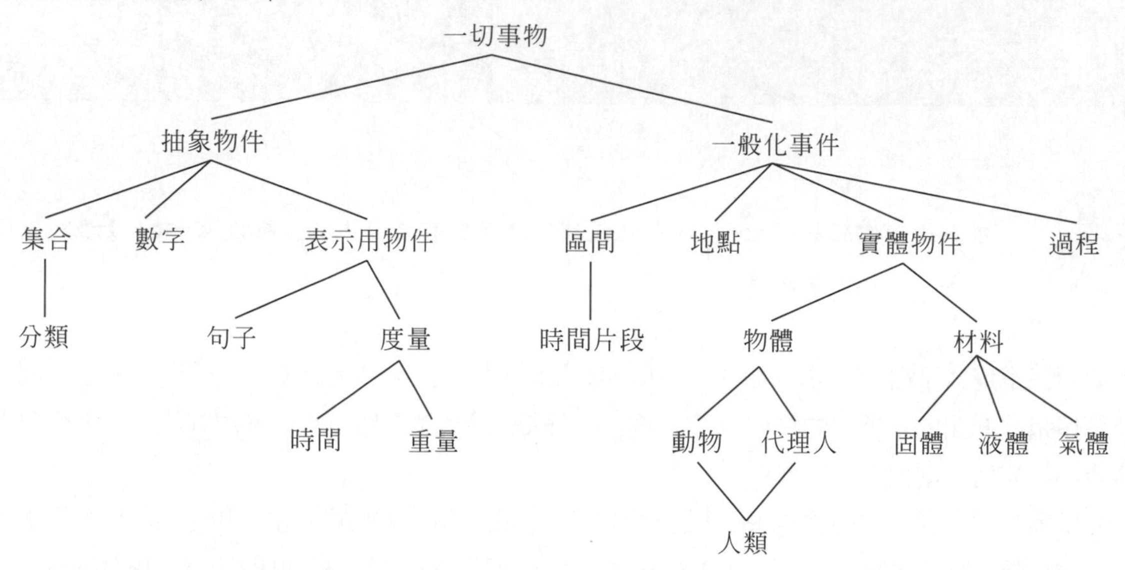

圖 12.1　世界的上位本體論，顯示出本章稍後將會論及的主題。每一條連結表示，下面的概念是上面概念的一個特殊化。特殊化不必然是沒有交集；例如，人是一個動物也是一個代理人。我們將在第 12.3.3 節看到，為什麼實體物件會位在一般化事件之下

上位本體論的作用是什麼？考慮第 8.4.2 節中的電路的本體論。作出了許多的簡化性假設：時間被完全忽略了；信號是固定的，並且不傳播；電路結構保持不變。更一般化的本體論會考慮特定時刻的信號，以及把導線長度和傳播延遲包括進來這將使我們能夠模擬電路的時間特性，實際上，電路設計師經常進行這樣的模擬。我們還可以引入更多有趣種類的閘門，例如透過技術(TTL，MOS，CMOS 等)以及輸入輸出規格進行描述。如果我們想要討論可靠性或者診斷，我們要考慮到電路結構或者閘門屬性自發改變的可能性。爲了顧及雜散電容，我們需要表示出線路所在的電路板。

如果我們觀察 wumpus 世界，也需要應用類似的考慮。雖然我們的確把時間包含在內，但是它的結構非常簡單：除了代理人行動時，什麼也不會發生，並且所有的變化都是同時的。更適合現實世界的、更爲一般化的本體論會考慮在時間上延續的同步變化。我們還用了 *Pit* 述詞來說明哪些方格裡有陷阱。透過設置屬於陷阱類的擁有不同屬性的個體，我們可能考慮到不同種類的陷阱。類似地，我們可能也會考慮到除了 wumpus 以外的其他動物。或許不可能從可感知資訊確定物件的確切物種，所以我們需要建立一個 wumpus 世界的生物分類學，根據貧乏的線索對代理人的預測行爲有所幫助。

對於任何專用的本體論，像這樣做些變化使其更爲一般化是可能的。那麼一個很明顯的問題出現了：所有這些本體論能彙聚到一種通用的本體論中嗎？經過數個世紀哲學和計算的調查研究，答案是「有可能」。在這一節裡，我們將提供一個綜合這麼多世紀來各種的想法的通用本體論。有兩個主要特徵可以使通用本體論與各種特別目的之本體論區分開來：

- 通用本體論應該能或多或少地應用於任何專用領域(附加必要的領域特定公理)。這就意味著只要有可能，不會有任何表示的問題會被遮掩到地毯下面。
- 在任何足夠苛刻的域，不同領域的知識必須統一起來，因爲推理和問題求解可能會同時涉及數個領域。例如，一個機器人電路修復系統需要從電路連通、實體佈局以及時間的概念來對電路進行電路時序分析和勞力成本估算方面的推理。因此，描述時間的語句必須能夠和描述空間佈局的語句相結合，而且對奈秒和分鐘、埃和米都能同樣有效。

我們應該說在前頭，通用本體論工程企業迄今爲止取得的進展是很有限的。頂尖的 AI 應用軟體(如第 1 章所列)無一使用共享本體論(shared ontology)——它們所有都使用專門知識工程。社會性/政治性的顧慮可能會讓不同的競爭對手更難同意於同一個本體論。一如 Tom Gruber(2004)所言，「每一個本體論是一個人們間的條約——一項社會的協議——具有一些分享的共同動機。」當對競爭的關切凌駕了共享的動機，就不可能有共同的本體論。那些存在的本體論是經由四條路線創造出來的：

1. 由一組受過訓練的本體論學家/邏輯學家，由他們建構出本體論的架構論並寫出公理。CYC 系統大體上就是依此方式開發出來的(Lenat 及 Guha，1990)。
2. 從一個或一群現有的資料庫，輸入基本類別、屬性、與值。DBPEDIA 是藉由輸入 Wikipedia(Bizer 等人，2007)的結構化事實而開發出來的。
3. 剖析文字文件並從中擷取資料。TEXTRUNNER 藉由讀取一大堆的網頁而開發出來的(Banko 及 Etzioni，2008)。
4. 慫恿一知半解的業餘者輸入知識。OPENMIND 系統係透過志願者以英語提出事實而開發出來的(Singh 等人，2002；Chklovski 及 Gil，2005)。

12.2 類別和物件

把物件組織成**類別**是知識表現中很重要的一個部分。雖然與這個世界之間的相互關係發生在個體物件層次上，但是多數推理是發生在類別層次上的。例如，一位顧客可能會有買個籃球的打算，而不是買個像 BB_9 那樣特定的籃球。一旦確定了物件的分類，類別同樣可以用來對物件進行預測。我們從感知輸入推斷某些物件的存在，從物件的可感知屬性推斷其類別歸屬，然後用這些類別資訊對這些物件做出預測。舉例來說，從綠色的斑駁的外皮，直徑是 1 呎，卵形，紅瓤肉，黑籽，並出現在水果攤，我們可以由此推理出這個物件是西瓜；由此，我們推斷它可以用來做水果沙拉

用一階邏輯來表示類別，我們有兩種選擇：述詞和物件。就是說，我們可以使用述詞 *Basketball*(*b*)，也可以將類別**具體化**[1]爲一個物件，*Basketballs*(籃球)。然後，我們可以用 *Member*(*b*, *Basketballs*)(我們將它縮寫爲 $b \in Basketballs$)來說明 *b* 是籃球類別的一個成員。我們說 *Subset*(*Basketballs*, *Balls*)，縮寫成 $Basketballs \subset Balls$，以表示 *Basketballs* 是 *Balls* 的**子類別**。我們將交互使用子類別、子分類與子集合等名詞。

透過繼承，類別用來組織和簡化知識庫。如果我們說類別 *Food*(食物)中的所有實例都是可以食用的，並且如果我們斷言 *Fruit*(水果)是 *Food* 的一個子類，而 *Apples*(蘋果)是 *Fruit* 的一個子類，那麼我們就知道了每個蘋果都是可以食用的。在這個例子中我們說每個蘋果從它們在 *Food* 類別中的成員關係**繼承**了可以食用的屬性。

子類關係將類別用**分類法**或稱**分類化層次**組織起來。分類法已經在技術領域明確使用了數個世紀。最大的這樣分類組織了約一千萬現存與消失的物種，它們許多屬於甲蟲[2]，成爲一個單一的階層；圖書館學已經發展出了一種所有知識領域的分類法，用杜威十進位系統(Dewey Decimal system)進行編碼；稅務局和其他政府部門發展出了關於各種職業和商品的廣泛的分類法。分類法同樣是普通共識的一個重要方面。

透過在物件和類別之間建立聯繫或者將類別的成員量化，一階邏輯使得對關於類別的事實進行陳述是很容易的：這兒有一些事實的類型，每個類型都提供相關的例子。

- 一個物件是一個類別的成員。

  $BB_9 \in Basketballs$
- 一個類別是另一個類別的子類。

  $Basketballs \subset Balls$
- 一個類別中的所有成員擁有某些屬性。

  $(x \in Basketballs) \;\Rightarrow\; Spherical(x)$
- 一個類別的成員可以透過某些屬性來識別。

  $Orange(x)\ Round(x)\ Diameter(x) = 9.5'' \;\wedge\; x \in Balls \;\Rightarrow\; x \in Basketballs$
- 一個類別作爲整體擁有某些屬性。

  $Dogs \in DomesticatedSpecies$

注意因爲 *Dogs*(狗)是一個類別且是 *DomesticatedSpecies*(馴化物種)的一個成員，那麼後者一定是一個類別的類別。當然上述規則也有許多例外(被刺穿的籃球不會是球形的)；我們稍後處理這些例外。

儘管子類和成員關係是類別最重要的關係，我們還是需要能夠表述並非子類關係的類別之間的關係。例如，如果我們只說 *Males*(雄性)和 *Females*(雌性)是 *Animals*(動物)的子類，那麼我們並沒說明一個雄性不能也是雌性。我們說兩個或者以上類別是**不相交**的，如果它們沒有公共的成員。即使我們知道雄性類和雌性類是不相交的，我們還是不知道一個並非雄性的動物必須是雌性，除非我們說明雄性類和雌性類構成了一個動物類的**完全分解**。一個不相交的完全分解被稱爲**劃分**。下面用例子說明了這 3 個概念：

$$Disjoint(\{Animals, Vegetables\})$$

$$ExhaustiveDecomposition(\{Americans, Canadians, Mexicans\}, NorthAmericans)$$

$$Partition(\{Males, Females\}, Animals)$$

[注意 NorthAmerican(北美人)的 ExhaustiveDecomposition(完全分解)並不是一個 Partition(劃分)，因爲有些人具有雙重國籍]。這 3 個述詞的定義如下：

$$Disjoint(s) \Leftrightarrow (\forall c_1, c_2 \quad c_1 \in s \wedge c_2 \in s \wedge c_1 \neq c_2 \Rightarrow Intersection(c_1, c_2) = \{\})$$
$$ExhaustiveDecomposition(s, c) \Leftrightarrow (\forall i \quad i \in c \Leftrightarrow \exists c_2 \quad c_2 \in s \wedge i \in c_2)$$
$$Partition(s, c) \Leftrightarrow Disjoint(s) \wedge ExhaustiveDecomposition(s, c)$$

透過提供成員資格的充要條件，分類也能被定義出來。例如，單身漢是未婚成年男性：

$$x \in Bachelors \Leftrightarrow Unmarried(x) \wedge x \in Adults \wedge x \in Males$$

正如我們在關於天然種類的介紹中(12.2.1 節)討論的那樣，類別的嚴格的邏輯定義既非總是可能也非總是必需的。

12.2.1 物質成份

某個物件是另一個物件的一部分，這種想法很常見。鼻子是頭的一個部分，羅馬尼亞是歐洲的一個部分，這一章是本書的一個部分。我們使用一般的 *PartOf* 關係表述一個事物是另一個事物的部分。物件可以用 *PartOf*(部分)層次來分封，它是 *Subset*(子集)層次的記憶方式：

$$PartOf(Bucharest, Romania)$$
$$PartOf(Romania, EasternEurope)$$
$$PartOf(EasternEurope, Europe)$$
$$PartOf(Europe, Earth)$$

PartOf 關係是傳遞的和自反的；就是說，

$$PartOf(x, y) \wedge PartOf(y, z) \Rightarrow PartOf(x, z)$$
$$PartOf(x, x)$$

因此，我們可以得出結論 *PartOf*(*Bucharest*, *Earth*)。

複合物件的類別經常是透過各部分間的結構化關係刻畫的。例如，一兩足動物身體上有兩條腿：

$$\begin{aligned} Biped(a) \Rightarrow \exists l_1, l_2, b\ & Leg(l_1) \wedge Leg(l_2) \wedge Body(b) \wedge \\ & Part\ Of(l_1, a) \wedge Part\ Of(l_2, a) \wedge Part\ Of(b, a) \wedge \\ & Attached(l_1, b) \wedge Attached(l_2, b) \wedge \\ & l_1 \neq l_2 \wedge [\forall l_3\ Leg(l_3) \wedge Part\ Of(l_3, a) \Rightarrow (l_3 = l_1 \vee l_3 = l_2)] \end{aligned}$$

「恰好兩條」的概念有點彆扭；我們被迫說有兩條腿，它們並非同一條，假如有人提到第三條腿，它肯定是這兩條腿中的一條。在 12.5.2 節，我們會看到一種被稱爲描述邏輯的形式化方法能夠更容易地表示「恰好兩條」之類的限制。

我們可以定義類似於類別 *Partition* 關係的 *PartPartition* 關係(參見習題 12.8)。一個物件由 *PartPartition* 中的各個部分組成，可以看作從這些部分得到了某些屬性。例如，一個複合物件的質量是各個部分質量的總和。注意對類別來說，不滿足這種情況，因爲它沒有質量，儘管它的元素可能有。

定義出具有確定部分卻沒有特定結構的複合物件也是有用的。例如說，我們可能想說：「袋子裡的蘋果重兩磅。」我們會傾向於認爲這個重量屬於袋子中蘋果組成的集合，這會產生錯誤，因爲集合是一個抽象的數學概念，它只有元素卻沒有重量。相反地，我們需要一個新的概念，我們稱之爲**堆**(bunch)。例如，如果有蘋果 $Apple_1$，$Apple_2$，$Apple_3$，那麼

$$BunchOf(\{Apple_1, Apple_2, Apple_3\})$$

表示了由 3 個蘋果作爲部分(不是元素)組成的複合物件。然後我們就可以把堆當作一個平常的卻沒有結構的物件來使用。注意 $BunchOf(\{x\}) = x$。此外，$BunchOf(Apples)$是由所有蘋果組成的複合物件——不要和 $Apples$ 相混，後者是所有蘋果的類別或者集合。

我們可以按照 $PartOf$ 關係來定義 $BunchOf$。顯然，s 的每個元素都是 $BunchOf(s)$的部分：

$$\forall x \quad x \in s \quad \Rightarrow \quad PartOf(x, BunchOf(s))$$

此外，$BunchOf(s)$是滿足這個條件的最小物件。換句話說，$BunchOf(s)$必定是任何包含 s 所有元素作爲部分的物件的組成部分：

$$\forall y\ [\forall x \quad x \in s \quad \Rightarrow \quad PartOf(x, y)] \quad \Rightarrow \quad PartOf(BunchOf(s), y)$$

這些公理是被稱爲**邏輯最小化**(logical minimization)的通用技術的一個例子，它意味著將一個物件定義爲滿足某種條件的最小物件。

天然種類

一些類別有嚴格的定義：一個物件是三角形若且唯若它是個有三條邊的多邊形。另一方面，現實世界中的大多數類別沒有非常清晰的定義；這些被稱為**天然種類**類別。例如，番茄一般是暗猩紅色；接近球形；頂上連接莖的位置凹陷；直徑大概 2 到 4 英寸；表皮薄而韌；內部有果肉、種子、果汁。然而，卻有一些變種：某些番茄是桔黃色的，未熟的番茄是綠的，某些番茄比平常的大或小，櫻桃番茄都比較小。我們沒有一套對番茄的完全定義，而只是有一套能幫助確認典型的番茄物件，但是對其他物件卻無法判別的特徵集合。(有沒有毛茸茸的、像桃子一樣的番茄？)

這給邏輯代理人帶來了一個問題。代理人不能確信它感知到的物件是一個番茄，即便它能確信，它也不能確定這個番茄有哪些典型番茄的屬性。這個問題是在部分可觀察環境中運轉時難以避免的結果。

一個有用的方法是將對類別中所有實例都成立的，與僅對類別中典型實例成立的區分開。所以除了類別 $Tomatoes$ 之外，我們還需要類別 $Typical(Tomatoes)$。這裡，函數 $Typical$(典型)將一個類別映對到只包含它的典型實例的一個子集：

$$Typical(c) \subseteq c$$

大多數關於天然種類的知識實際上都只是關於它們的典型實例的：

$$x \in Typical(Tomatoes) \quad \Rightarrow \quad Red(x) \ \land \ Round(x)$$

這樣，我們就能沒有確切定義而寫下有關類別的有用事實。Wittgenstein(1953)深一層的解釋了為大多數自然類別提供正確無誤的定義的困難之處。他使用了遊戲作為例子來展示類別中的成員共用的是「家族類同之處」而不是充分必要的特徵。包括西洋棋、觸身遊戲、單人撲克牌遊戲和躲避球的嚴格定義是什麼？

嚴格定義的觀念的效用也受到了 Quine(1953)的質疑。他指出即便是將「未婚成年男子」作為「單身漢」的定義也是可疑的；例如，有人可能會對類似「教皇是個單身漢」之類的陳述有疑問。儘管嚴格說來這個用法沒錯，但它肯定是不合適的，因為它誘導聽者產生不經意的推論。透過區分適合用於內部知識表示的邏輯定義和用於語言學用法中恰當措辭的細小差別標準，這種壓力或許能夠消除。後者也許可以透過對從前者推導出的斷言進行過濾而得到。也有可能語言學用法的失敗可以作為回授以修改內部定義，這樣過濾就變得不必要了。

12.2.2 度量

關於世界的科學理論和共識理論中，物件有高度、質量、成本等等。我們賦予這些屬性的值被稱爲**度量**(measures)。平常的量化度量很容易表示。我們來想像一下包括抽象「度量物件」的全域，例如這條線段長度的 *length* 物件：├────────────┤。我們可以稱這個長度爲 1.5 英寸或者 3.81 釐米。因此，同樣的長度在我們的語言裡有了不同的名字。我們用**單位函數**表示出長度，此函數取一個數字當做參數(第 12.9 節中探討了另一種方案)。如果這個線段叫做 L_1，那麼我們可以這樣寫

$$Length(L_1) = Inches(1.5) = Centimeters(3.81)$$

單位之間的轉換用某個單位的乘積等於另一個單位來完成：

$$Centimeters(2.54 \times d) = Inches(d)$$

可以爲磅和千克、秒和天、元和分寫出類似的公理。度量可以像下面那樣用來描述物件：

$$Diameter(Basketball_{12}) = Inches(9.5)$$
$$ListPrice(Basketball_{12}) = \$(19)$$
$$d \in Days \quad \Rightarrow \quad Duration(d) = Hours(24)$$

注意$(1)不是一元的紙幣！可以有兩張一元紙幣，但是只有一個被稱爲$(1)的物件。同樣要注意，儘管 *Inches*(0)和 *Centimeters*(0)指的是同樣的零長度，它們和其他的零度量不同，例如 *Seconds*(0)。

簡單的數量度量是容易表示的。其他度量的表示就比較麻煩，因爲它們的值沒有統一的範圍。習題有困難程度，甜食有可口程度，詩有美的程度，但是卻不能給這些品質賦以數值。直接從純會計學角度考慮，有人或許會認爲這類屬性對於邏輯推理沒有用處而不加理會，或許更糟糕地是，試圖給美強加一個數值範圍。這是個魯莽的錯誤，因爲是不必要的。度量最重要的方面不是特定的數位值，而是度量可以排序這一事實。

儘管度量不是數字，我們仍然可以用諸如 > 這樣的排序符號來比較它們。例如，我們相信諾維格(Norvig)的習題比羅素(Russell)的要難，而難的習題得分少：

$$e_1 \in Exercises \ \wedge \ e_2 \in Exercises \ \wedge \ Wrote(Norvig, e_1) \ \wedge \ Wrote(Russell, e_2) \ \Rightarrow$$
$$Difficulty(e_1) > Difficulty(e_2)$$

$$e_1 \in Exercises \ \wedge \ e_2 \in Exercises \ \wedge \ Difficulty(e_1) > Difficulty(e_2) \ \Rightarrow$$
$$ExpectedScore(e_1) < ExpectedScore(e_2)$$

這足以使人決定應該做哪些習題，即使根本沒有用到表示困難程度的數字值。(當然，必須知道誰寫了哪些習題)。度量之間的這類單調關係構成了**定性物理**(qualitative physics)領域的基礎，它是 AI 的一個子領域，研究如何不陷入等式或數位類比的細節而對實體系統進行推理。定性物理學將在「歷史的註釋」一節中討論。

12.2.3 物件：物體與事物

現實世界可以視爲由原始物件(粒子)和由其構成的複合物件組成的。透過在諸如蘋果和汽車這類大物件的層次上進行推理，我們可以克服單獨處理大量原始物件所涉及的複雜度。然而，現實中有相當一部分物件似乎不服從明顯的**個性化**(individuation)——劃分成獨特對象。我們給這部分物件一個通用的名稱：**事物**(stuff)。例如，假設我有一些奶油及一隻土豚在眼前。我可以說，有一隻土豚，但沒有「奶油物件」的明確數量，因爲一個奶油物件的任何一部分仍是一個奶油物件，除非我們分到了實在非常小的部分。這是事物和物體(thing)的最大區別。如果我們將一隻土豚切成兩半，我們不會得到兩隻土豚(很不幸)。

英語清楚地區分了事物(stuff)和物體(things)。我們說「一隻土豚」，但是，除了在自命不凡的加州飯店，我們不能說「一個奶油」(a butter)。語言學家能區分**可數名詞**和**物質名詞**，前者如土豚、洞、定理；後者如奶油、水和能源。不少有相當能力的本體論都宣稱能處理這個區分。我們只描述一種，其他的會在「歷史的註釋」一節中論及。

爲了恰當地表示事物，我們先從明顯的開始。在我們的本體論中，我們至少要把我們處理的總的事物「塊」當作物件。例如，我們會認定一塊奶油就是昨晚留在桌上的同一塊奶油；我們可能會拿起它，秤一秤，賣掉，或者如何如何。在這些意義上，它就是像土豚那樣的一個物件。讓我們稱其爲 $Butter_3$。我們也定義 *Butter* 類別。非形式地，它的元素將是所有那些我們可能說「它是奶油」的東西，包括 $Butter_3$。在我們目前忽略了非常小的部分的前提下，任何一個奶油物件的部分也是一個奶油物件：

$$b \in Butter \ \wedge \ PartOf(p, b) \ \Rightarrow \ p \in Butter$$

我們現在可以說奶油在 30 攝氏度時熔化：

$$b \in Butter \ \Rightarrow \ MeltingPoint(b, Centigrade(30))$$

我們還可以繼續說奶油是黃色的，密度比水低，室溫下是軟的，有很高的脂肪含量等等。另一方面，奶油沒有特定的大小、形狀或者重量。我們可以定義更為特殊的奶油類別，如 *UnsaltedButter*，它同樣是一種事物。注意到，*PoundOfButter* 此類別(成員包含所有重一磅之奶油物件)並不是一種事物。如果我們將一磅奶油切成兩等分，很遺憾，我們不會得到兩磅奶油。

這裡表現出來的是：某些屬性是**固有的**：它們屬於物件的物質而不是作為整體的物件。當你將事物/物質切成兩半的時候，那兩半保留了同樣的固有屬性——如密度、沸點、口味、顏色、所有權等等。另一方面，它們**非固有**的屬性——重量、長度、形狀等等——在細分之後就不再保持住了。其定義中只包括固有屬性的物件類別就是物質(substance)或物質(不可數)名詞(mass noun)；而其定義中包含任何非固有屬性的類別為一個可數名詞(count mass)。類別 *Stuff* 是最一般的物質類別，不指定固有屬性。類別 *Thing* 是最一般的離散物件類別，不指定非固有屬性。

12.3 事件

於第 10.4.2 節，我們展示情景演算如何表示動作與它們的效果。情景演算的應用性是有限的：它被設計用來描述一個動作是具體的、即時的、而且一次發生一個的世界。考慮一個連續性的動作，如裝滿整浴缸的水。情景演算能夠說在該動作之前是空的，而當該動作完成之後是滿的，但是它無法說出動作期間發生了什麼事。它也無法描述兩個同時間發生的動作——如等待浴缸裝滿水的同時刷牙。為處理這樣的情況，我們引進稱為**事件演算**(event calculus)的替代形式化方法，此法是基於時間點而不是情景[3]。

事件演算物化流與事件。流 *At*(*Shankar*, *Berkeley*)是一個物件，它指出 *Shankar* 置身於 *Berkeley* 的事實，但是並沒說它本身是否為真。要斷言一個流在某些時間點實際上是真的，我們使用述詞 *T*，如 *T*(*At*(*Shankar*, *Berkeley*), *t*)。

事件是事件類別的實體[4]。從舊金山飛到華盛頓特區的事件 E_1 被描述如

$$E_1 \in Flyings \wedge Flyer(E_1, Shankar) \wedge Origin(E_1, SF) \wedge Destination(E_1, DC)$$

如果這樣寫太冗長，我們能夠定義另一個具有三個參數的飛行事件類別版本並說

$$E_1 \in Flyings(Shankar, SF, DC)$$

我們然後使用 $Happens(E_1, i)$來說事件 E_1 發生於時間區間 i，且我們以 $Extent(E_1) = i$ 函數形式表達出相同的事情。我們以一個時間對(start, end)表示出時間區間；也就是說，$i = (t_1, t_2)$是個於 t_1 開始而於 t_2 結束的時間區間。某個事件演算版本的完整的述詞集是：

$T(f, t)$	在時間 t 流 f 為真
$Happens(e, i)$	於時間區間 i 內事件 e 發生
$Initiates(e, f, t)$	事件 e 造成流 f 在時間 t 開始成立
$Terminates(e, f, t)$	在時間 t 事件 e 造成流 f 不再為真
$Clipped(f, i)$	於時間區間 i 的某時間點，流 f 不再為真
$Restored(f, i)$	於時間區間 i 的某時間點，流 f 變為真

我們假設一個顯著的事件，*Start*，它描述初始的狀態，說的是在開始的時候，流是被啓動的或中斷的。我們定義 T，說的是某個流在某個時間點爲眞，如果該流在過去的某個時間被一個事件啓動且沒有被某個介入事件弄成假(截斷)。某個流並沒有成立，如果它被某個事件中止且沒有被另一個事件弄爲眞(回復)。形式上，公理如下：

$$Happens(e,(t_1, t_2)) \land Initiates(e, f, t_1) \land \neg Clipped(f,(t_1, t)) \land t_1 < t \quad \Rightarrow \quad T(f, t)$$

$$Happens(e,(t_1, t_2)) \land Terminates(e, f, t_1) \land \neg Restored(f,(t_1, t)) \land t_1 < t \quad \Rightarrow \quad \neg T(f, t)$$

其中 *Clipped* 與 *Restored* 被定義成

$$Clipped(f,(t_1, t_2)) \quad \Leftrightarrow \quad \exists e, t, t_3\ Happens(e,(t, t_3)) \land t_1 \le t < t_2 \land Terminates(e, f, t)$$

$$Restored(f,(t_1, t_2)) \quad \Leftrightarrow \quad \exists e, t, t_3\ Happens(e,(t, t_3)) \land t_1 \le t < t_2 \land Initiates(e, f, t)$$

方便的做法是將 T 的作用擴及於時間區間與各時間點；一個流如果它於時間區間內的每一時間點都成立，則稱它於該時間區間是眞的。

$$T(f,(t_1, t_2)) \quad \Leftrightarrow \quad [\forall t\ (t_1 \le t < t_2) \quad \Rightarrow \quad T(f, t)]$$

流與動作以類似於後繼公理之領域特定公理來定義。舉例來說，我們說一個 wumpus-世界代理人唯一能夠得到一根箭的方式是在時間開始的時候，而唯一用掉一根箭的方式是射出它：

$$Initiates(e, HaveArrow(a), t) \quad \Leftrightarrow \quad e = Start$$

$$Terminates(e, HaveArrow(a), t) \quad \Leftrightarrow \quad e \in Shootings(a)$$

藉著物化事件，我們使得添加任意與它們有關的資料數量變爲可能。舉例來說，我們可以用 *Bumpy*($E1$) 來說 *Shankar* 的飛行很顛簸。於一個事件是 n 元述詞的本體論，不可能找出一個添加如這樣的額外資料的辦法；移往 $n+1$ 元述詞並不是個可大可小的解答。

我們能夠擴充事件演算使得表示同時發生的事件變爲可能(如兩個人必然同時坐在同一個翹翹板上)，外來的事件(如風吹改變了某個物件的位置)，連續的事件(如浴缸中的水位持續地上升)以及其他複雜的事件。

12.3.1 過程

到目前爲止，我們所見到的事件都是被稱爲**離散事件**——它們有確定的結構。Shankar 的旅程有開始、中間和結束。如果被中途打斷了，事件就會有所不同——就不是從紐約到新德里的旅程，而是從紐約到堪薩斯某處的旅程了。另一方面，由 *Flying*(*Shankar*)所表示的事件類別有著不同的屬性。如果我們取 Shankar 航程的一個小區間，例如第 3 個 20 分鐘那段時間(當他焦急地等待第二袋花生的那段時間)，這個事件仍然是 *Flying*(*Shankar*)的一個成員。實際上，這對任何子區間都成立。

具有這種屬性的事件類別被稱爲**過程**類別或**流事件**(liquid event)類別。任何過程整段時間區間均發生也必然會於子時間區間發生：

$$(e \in Processes) \wedge Happens(e,(t_1, t_4)) \wedge (t_1 < t_2 < t_3 < t_4) \Rightarrow Happens(e,(t_2, t_3))$$

流事件與非流事件間的區別恰類似於物質(或事物)與個別物件(或物體)間的區別。實際上，有人將流事件類型稱爲**時序物質**(temporal substances)，而像奶油之類的東西就是**空間物質**(spatial substances)。

12.3.2 時間區間

事件演算開啓了我們討論時間，與時間區間的可能性。我們將考慮兩種形式的時間區間：時刻和延伸的區間。區別在於時刻是區間寬度爲零：

$$Partition(\{Moments, ExtendedIntervals\}, Intervals)$$
$$i \in Moments \Leftrightarrow Duration(i) = Seconds(0)$$

接下來我們要發明一個時間尺規並將這個尺度上的點與時刻聯繫起來，這可以給我們提供絕對時間。時間尺規是任意的；我們將用秒來度量它並且將格林尼治時間(GMT)的 1900 年 1 月 1 日午夜定義爲 0 時刻。函數 *Start* 和 *End* 取出一個區間的最早時刻和最晚時刻，函數時間可以爲某個時刻在時間尺規上找出刻度點。函數 *Duration* 給出開始時間和結束時間之間的差値。

$$Interval(i) \Rightarrow Duration(i) = (Time(End(i)) - Time(Begin(i)))$$
$$Time(Begin(AD1900)) = Seconds(0)$$
$$Time(Begin(AD2001)) = Seconds(3187324800)$$
$$Time(End(AD2001)) = Seconds(3218860800)$$
$$Duration(AD2001) = Seconds(31536000)$$

爲了使這些數字更容易讀，我們還引入了一個函數 *Date*，它讀入 6 個參數(小時、分鐘、秒、日、月以及年)並返回 1 個時間點：

$$Time(Begin(AD2001)) = Date(0, 0, 0, 1, Jan, 2001)$$
$$Date(0, 20, 21, 24, 1, 1995) = Seconds(3000000000)$$

兩個區間 *Meet*(相接)，如果第一個的結束時間和第二個的開始時間相等。完整的區間關係集，正如 Allen(1983)所提議的，其圖形示如圖 12.2 且邏輯如下：

$$Meet(i, j) \Leftrightarrow End(i) = Begin(j)$$
$$Before(i, j) \Leftrightarrow End(i) < Begin(j)$$
$$After(j, i) \Leftrightarrow Before(i, j)$$
$$During(i, j) \Leftrightarrow Begin(j) < Begin(i) < End(i) < End(j)$$
$$Overlap(i, j) \Leftrightarrow Begin(i) < Begin(j) < End(i) < End(j)$$
$$Begins(i, j) \Leftrightarrow Begin(i) = Begin(j)$$
$$Finishes(i, j) \Leftrightarrow End(i) = End(j)$$
$$Equals(i, j) \Leftrightarrow Begin(i) = Begin(j) \wedge End(i) = End(j)$$

這些都有其直覺的意義，除了 *Overlap*。我們傾向於將重疊想成是對稱的(如果 i 重疊於 j 之上則 j 重疊於 i 之上)，但是在這個定義之下，*Overlap*(i, j)僅僅於 i 在 j 之前開始的時候才爲眞。例如，爲了說明伊莉莎白二世(ElizabethII)的統治在喬治六世(GeorgeVI)之後，艾爾維斯(Elvis)的統治與 20 世紀 50 年代重疊，我們可以寫成下面那樣：

Meets(*ReignOf*(*GeorgeVI*), *ReignOf*(*ElizabethII*))

Overlap(*Fifties*, *ReignOf*(*Elvis*))

Begin(*Fifties*) = *Begin*(*AD*1950)

End(*Fifties*)= *End*(*AD*1959)

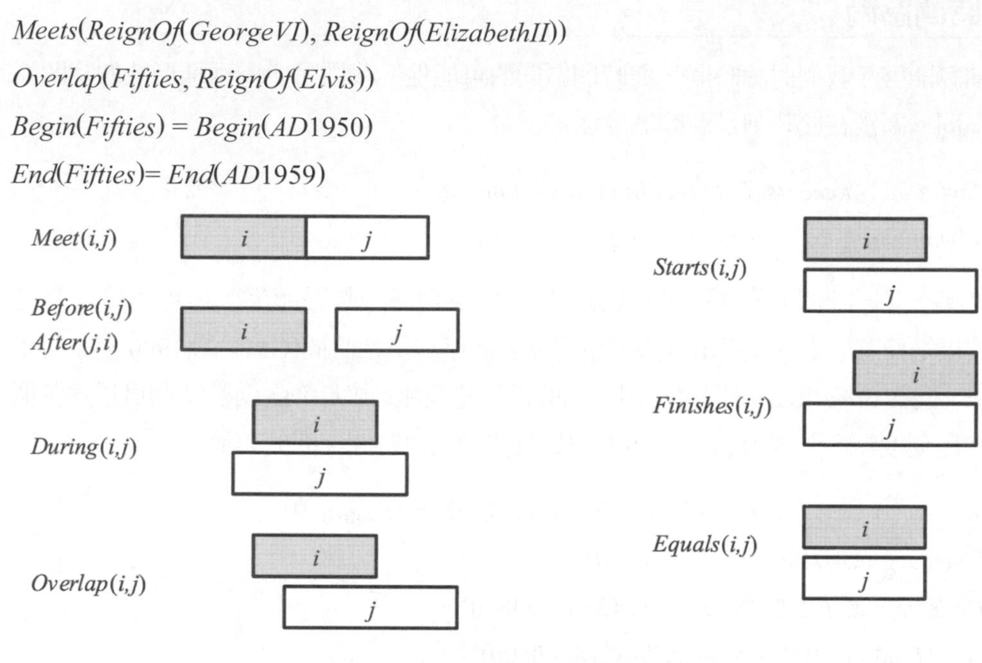

圖 12.2 關於時間區間的述詞

12.3.3 流和物件

以實體物件是個時空片斷的意義上來講，實體物件可以被視爲一般化的事件。例如，*USA* 可以看作是一個事件，它先作爲 13 個州的聯合體開始於 1776 年，今天它還在前進中，作爲 50 個州的聯合體。我們可以使用狀態流來描述 *USA* 變動中的屬性，如 *Population*(*USA*)。*USA* 另外有一個屬性每 4 年或 8 年會改變一次，除去災難，就是它的總統。有人可能會提出 *President*(*USA*)是一個在不同時間表示不同物件的邏輯項。不幸的是，這是不可能的，因爲在一個給定的模型結構中一個術語只能表示唯一的物件。(*President*(*USA*, t)可以表示不同的物件，取決於 t 的值，但是我們的本體論將時間指標從流中分離了出來)。唯一的可能性就是 *President*(*USA*)表示單一的物件，這個物件由不同時間的不同人組成。這個物件從 1789 到 1797 年是喬治・華盛頓，從 1797 到 1801 年是約翰·亞當斯，等等，如圖 12.3 所示。爲了說明喬治・華盛頓在 1790 年是總統，可以寫

T(*Equals*(*President*(*USA*), *George Washington*), *AD*1790)

我們使用函數符號 *Equals* 而非標準的邏輯述詞 =，因爲我們無法有一個述詞來當做 T 的參數，且因爲 *George Washington* 與 1790 年的 *President*(*USA*)的解讀並非邏輯完全一致；邏輯等同(logical identity)並非是個會隨時間改變的事情。邏輯等同存在於由 1790 年時期定義的每個物件的子事件之間。

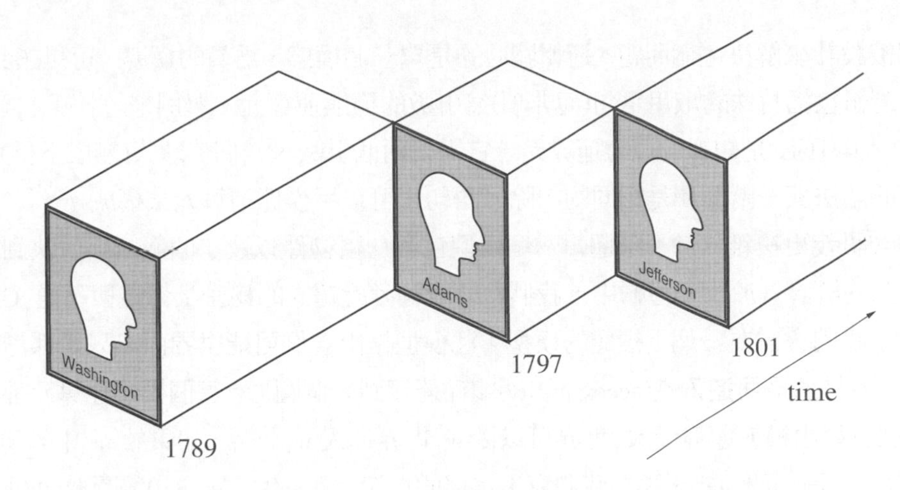

圖 12.3 物件 *President*(*USA*)於其存在後的前 15 年內的示意性表示

12.4 精神事件和精神物件

迄今爲止我們已經構建的代理人具有信度並且可以演繹出新的信度。然而它們沒有一個具有關於信度或者關於演繹的知識。對於一個人自身的知識與推理過程有認知的話，對於控制推論非常有用。舉例來說，假設 Alice 問「1764 的平方根是多少？」而 Bob 回說「我不知道。」如果 Alice 堅持「努力去想」Bob 應該認知到再多思考些，這個問題事實上能夠回答得出來。另一方面，如果問題是「你的母親現在正坐著嗎？」那麼 Bob 應該知道再怎麼用力想也是無濟於事的。關於其他代理人知識的知識也是很重要的；Bob 應該認知他的母親知道她是不是坐著，而詢問她會是找出答案的方法之一。

本質上，我們需要的是一個模型，關於某人的頭腦中(或者某物的知識庫中)的精神物件以及操縱那些精神物件的精神過程的模型。模型不必鉅細靡遺。我們不一定要能夠預測一個特別的代理人需耗時多少毫秒完成演繹。我們只要能夠得出母親知道她是否正坐著的結論就心滿意足了。

我們從代理人對精神物件可能抱持的**命題態度**開始：態度如 *Believes*，*Knows*，*Wants*，*Intends*, 與 *Informs*。困難的是這些態度表現的不像「正常的」述詞。例如，假設試圖斷言 *Lois* 知道超人能飛：

$$Knows(Lois, CanFly(Superman))$$

這有個小問題是我們通常認爲 *CanFly*(*Superman*)爲一個語句，但是在這裡它以項的形式出現。只要具體化 *CanFly*(*Superman*)；使之爲一個流就能修補那個問題。一個更嚴重的問題是，如果超人是 Clark Kent 爲眞，那麼我們必須歸結的說 Lois 知道 Clark 能飛。

$$(Superman = Clark) \wedge Knows(Lois, CanFly(Superman)) \models Knows(Lois, CanFly(Clark))$$

這是等式推理被內建於邏輯此一事實的後果。通常這是好事情；如果我們的代理人知道 $2 + 2 = 4$ 與 $4 < 5$，那麼我們希望我們的代理人知道 $2 + 2 < 5$。這個性質稱爲**指代透明性**——它不管一個邏輯使用什麼項來指名一個物件，重要的是該項所定該物件的名稱。但對於命題態度如 *believes* 與 *knows*，我們希望有指代不透明性——所用的項就事關緊要，因爲不是所有的代理人知道哪一個項是共指代的(co-referential)。

模態邏輯被設計來解決這個問題。邏輯關心的是單一個模態，爲眞的模態，可以讓我們表達「P 爲眞。」模態邏輯包括特殊的取用語句(而非項)爲引數的模態運算元。舉例來說，「A 認識 P」被表示成符號 $\mathbf{K}_A P$，其中 $\mathbf{K}$ 是知識的模態運算元。它需要兩個引數，一個代理人(寫成下標)以及一個語句。模態邏輯的語法與一階邏輯是相同的，除了語句也可以用模態運算元來構成。

模態邏輯的語義更複雜。於一階邏輯一個**模型**包含一組物件以及一個個名稱對映到適當物件，關係，或是函數的解譯。於模態邏輯中，我們希望能夠考慮超人的秘密身份是與不是 Clark 這兩種可能性。因此，我們會需要一個更複雜的模型，此模型是由一群**可能世界**而非只是都是爲眞的世界所組成。這個世界是透過**可進入性**(accessibility)關係連接到一個圖形，每個模態運算元都具有一個這樣的關係。我們說藉由模態運算元 $\mathbf{K}_A$ 世界可以從 w_0 世界進入 w_1 世界，如果於 w_1 中的所有一切與 A 對 w_0 所知道的一切是一致的話，那麼我們寫出這樣的情況爲 $Acc(\mathbf{K}_A, w_0, w_1)$。圖形如圖 12.4 者，我們以箭頭來代表可能的世界之間的進入性。例如，於眞實的世界，布達佩斯是羅馬尼亞的首都，但是對於一個不知道這件事的代理人，其他可能的世界是可進入的，包括曾經是羅罵尼亞首都的 Sibiu 或是 Sofia。推測地說一個 2 + 2 = 5 的世界對於任何代理人都不會是可進入的。

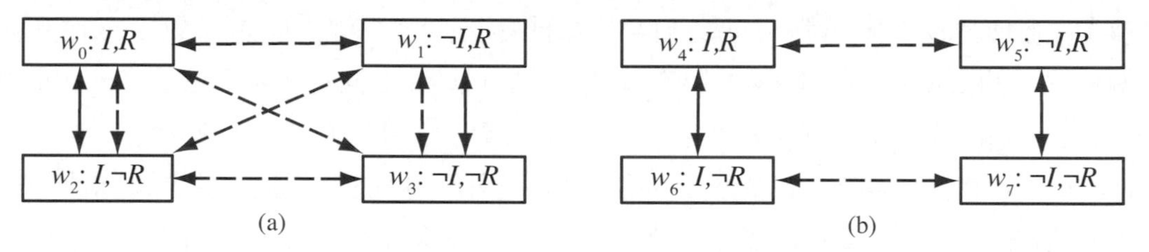

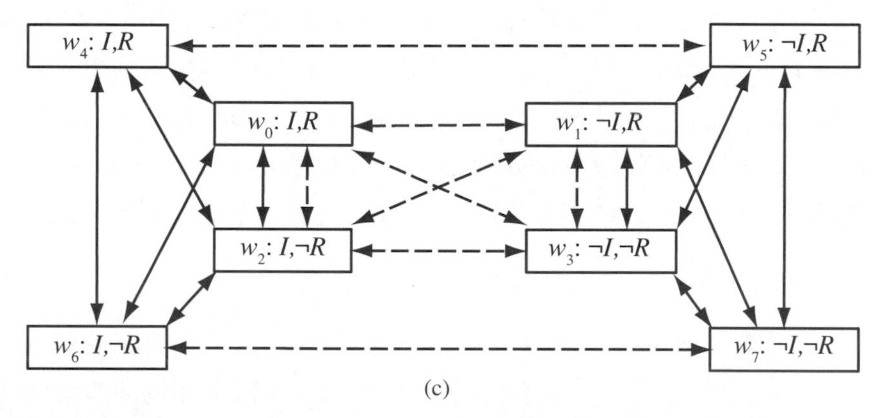

圖 12.4 具有可進入性關係 $\mathbf{K}_{superman}$(實心箭頭)與 $\mathbf{K}_{Lois}$(虛線箭頭)之可能世界。命題 R 意指「氣象預報說明天會下雨」，而 I 意指「超人的秘密身份是 Clark Kent」。所有的世界對於它們本身都是可進入的；從一個世界到它本身的箭頭並沒有畫出來

一般而言，一個知識原子 $\mathbf{K}_A P$ 於世界 w 爲眞若且惟若 P 在每一個能從 w 進入的世界中都爲眞。更複雜語句的眞值是遞迴的運用這個規則與一階邏輯的正常規則所得出。意指模態邏輯可以被用來推理巢狀知識語句：一個代理人知道關於另一個代理人知識的哪些事。舉例來說，我們能夠說，儘管 Lois 不知道超人的秘密身份是否爲 Clark Kent，但她確定 Clark 知道這件事：

$$\mathbf{K}_{Lois}[\mathbf{K}_{Clark} Identity(Superman, Clark) \vee \mathbf{K}_{Clark} \neg Identity(Superman, Clark)]$$

圖 12.4 展示這個領域的一些可能的世界，Lois 與超人之間具有可進入性關係。

於左上圖，共識是超人知道他自己的身份，而且他或是 Lois 都還沒有看到天氣預報。所以於 w_0 世界中，w_0 與 w_2 是可進入超人的；或許預測會下雨，或許不會。對於 Lois 而言所有四個世界都可以從彼此進入的；她對於天氣預報一無所知或者 Clark 是不是超人。但是她確實知道超人知道他是否是 Clark，因爲在每一個 Lois 可進入的世界，不是超人知道 I，就是他知道 $\neg I$。Lois 不知道會是哪一種情況，但是不管哪一種情形她知道超人知道。

在右上圖中，共識是 Lois 已經看過天氣預報。所以於 w_4，她知道預測會下雨而於 w_6，她知道預測不會下雨。超人不知道該預報，但是他知道 Lois 知道，因爲於每一個他能進入的世界，不是她知道 R 就是她知道 $\neg R$。

在下圖，我們表示的場景爲共識是超人知道他的身份，且 Lois 可能或可能沒有看過天氣預報。我們結合上面兩個場景來代表這個，並加入箭頭來顯示超人不知道哪一個場景實際上是成立的。Lois 確實知道，所以我們不必加入爲她加入任何箭頭。於 w_0 超人仍然知道 I 但是不知道 R，且現在他不知道 Lois 是否知道 R。從超人所知道的事，他可能是在 w_0 或 w_2，在這個情況下 Lois 不知道 R 是否爲眞，或是他可能在 w_4，在這個情況她知道 R，或是他可能在 w_6，在這個情況她知道$\neg R$。

存在著無限個可能的世界，所以取巧的辦法是只要引進你必須表示出你正嘗試塑造的那個世界。要討論不同可能的事實(例如，預測會或不會下雨)，或是討論知識的不同狀態(例如，Lois 知道預測會下雨嗎？)會需要一個新的可能的世界。那意指兩個可能的世界，如圖 12.4 中的 w_4 與 w_0，或許關於該世界有相同的基礎事實，但是它們的可進入性關係不同，也因此關於知識的事實不同。

模態邏輯解出一些量詞與知識互相作用的棘手議題。英語語句「Bond knows that someone is a spy」是模擬兩可的。第一種讀法是 Bond 知道某位特別的人是間諜；我們能夠寫出這爲

$$\exists x \, \mathbf{K}_{Bond} \, Spy(x)$$

此於模態邏輯意指存在一個 x，於所有可進入的世界，Bond 知道是一名間諜。第二種讀法是 Bond 只知道至少存在一名間諜。

$$\mathbf{K}_{Bond} \, \exists x \, Spy(x)$$

模態邏輯解讀是於每個可進入的世界存在一個 x 是間諜，但是於各個世界不必然是同一個 x。

現在我們有一個用於知識的模態運算元，我們能夠爲之寫出公理。第一，我們能說代理人能夠歸納；如果代理人知道 P 且知道 P 暗示 Q，那麼代理人知道 Q：

$$(\mathbf{K}_a P \wedge \mathbf{K}_a(P \Rightarrow Q)) \Rightarrow \mathbf{K}_a Q$$

從這個(而且一些其他關於邏輯身份方面的規則)我們能夠建立 $\mathbf{K}_A(P \vee \neg P)$是一個套套邏輯(*tautology*)；每一個代理人知道每一個命題 P 是眞或假。另一方面，$(\mathbf{K}_A P) \vee (\mathbf{K}_A \neg P)$不是一個套套邏輯；一般而言，會存在許多代理人不知道爲眞且不知道爲假的命題。

常言道(回到柏拉圖)知識證明眞信念。也就是，若其爲眞，若你相信，若你有無懈可擊的好理由，那麼你知道它。意指如果你知道某件事，它必然爲眞，則我們有該公理：

$$\mathbf{K}_a P \Rightarrow P$$

進而，邏輯代理人應該能夠自我反省它們自己的知識。如果它們知道某些事，那麼它們知道它們知道它：

$$\mathbf{K}_a P \Rightarrow \mathbf{K}_a(\mathbf{K}_a P)$$

我們能夠對信度(常常被寫成 **B**)以及其他模態定義類似的公理。不過，一個與模態邏輯方法有關的問題是在代理人的部分它假設**邏輯全知**。也就是說，如果代理人知道一個公理集，那麼它知道所有那些公理的後果。即使對些許抽象的知識概念，這是不穩固的基礎，但是對於信度它好像更糟。因爲信度對於代理人中被實體表示的事情，不僅僅是潛在可推導的，有更多參考涵義。有人試圖爲代理人定義一個有限理性的形式；說代理人相信那些不多於 k 個推理步驟，或不超過 s 秒計算之可應用軟體所得出的斷言。這些嘗試普遍不理想。

12.5 類別的推理系統

分類是大型知識表示的主要基石。本節描述爲類別的組織和推理特別設計的系統。有兩個關係密切的系統家族：**語義網路**爲知識庫視覺化提供圖形的幫助，並爲在物件的類別隸屬關係基礎上推斷物件的屬性提供有效演算法；**描述邏輯**爲構建和組合類別定義提供形式語言，並爲判定類別之間的子集和父集關係提供有效演算法。

12.5.1 語義網路

1909 年，Charles Peirce 提出了稱爲**存在圖**的節點和弧的圖形化符號表示，他自己稱它爲「未來的邏輯」。這引發了「邏輯」擁護者和「語義網路」擁護者間的長期爭論。不幸的是，這個爭論遮掩了語義網路——至少是那些明確定義了語義的——是邏輯的一種形式的事實。語義網路爲特定類型語句提供的符號表示通常更方便，但是如果我們去掉「人性化介面」問題，下面的基本概念——物件、關係、量化等等——是一樣的。

語義網路有很多變種，但是都具有表示單一物件、物件類別以及物件間關係的能力。一個典型的圖形符號表示在橢圓或方塊內顯示物件或類別的名稱，並用有標記的弧連接它們。例如，圖 12.5 中在 *Mary* 和 *FemalePersons* 之間有一個 *MemberOf* 的連接，對應於邏輯斷言 $Mary \in FemalePersons$；類似地，在 *Mary* 和 *John* 之間的連接 *SisterOf* 對應於斷言 *SisterOf*(*Mary*, *John*)。我們可以用連接 *SubsetOf* 把類別聯繫起來，並依此類推。畫泡泡和箭頭是如此的有趣以至於可能令人迷失方向。例如，我們知道人(*persons*)擁有女性的人(*female persons*)作爲母親，我們能因此畫一個從 *Persons* 到 *FemalePersons* 的連接 *HasMother* 嗎？答案是不能，因爲 *HasMother* 是一個人和他或她母親之間的關係，而類別是沒有母親的[5]。

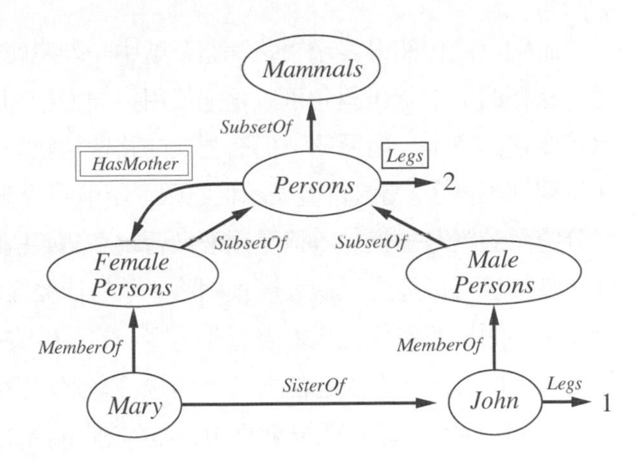

圖 12.5
一個具有 4 個物件(*John*, *Mary*, 1, 2)及 4 個類別的語義網路。關係用帶標記的連接表示

由於這個原因，我們在圖 12.5 中使用了一個特殊符號——雙線方塊連接。這個連結斷言了

$$\forall x\ x \in Persons \ \Rightarrow \ [\forall y\ HasMother(x, y) \ \Rightarrow \ y \in FemalePersons]$$

我們可能也想斷言人有兩條腿——即，

$$\forall x\ x \in Persons \ \Rightarrow \ Legs(x, 2)$$

像以前一樣，我們需要小心地不去斷言一個類別有腿；圖 12.5 中的單線方塊連接用於斷言類別的每個成員的屬性。

語義網路符號表示使得執行第 12.2 節介紹的那種類型的**繼承**推理十分方便。例如，由於作爲人的優點，Mary 繼承了擁有兩條腿的性質。因此，要找出 Mary 有多少條腿，繼承演算法跟隨從 *Mary* 到她所屬類別的連接 *MemberOf*，接著追隨通向上一層的連接 *SubSetOf*，直到找到一個用方塊的 *Legs* 連接的類別——這個例子中，就是 *Persons* 類別。與邏輯定理證明相比，這種推理機制的簡單性和高效性已經成爲語義網路的主要吸引力之一。

當一個物件能夠屬於不止一個類別或一個類別能夠是不止一個其他類別的子類時，繼承變得複雜了；這稱爲**多重繼承**。在這些情況下，繼承演算法可能找到兩個或更多個相互衝突的值來回答查詢。由於這個原因，多重繼承在一些**物件導向程式設計**(OOP)語言中被禁止，例如 Java，這些語言在類層次中使用繼承。這在語義網路中通常是允許的，但是我們把關於這個的討論推遲到 12.6 節。

與一階邏輯相比，讀者可能已經注意了語義網路符號的一個明顯的缺陷：泡泡間的連接只表示二元關係的事實。舉例來說，語句 *Fly*(*Shankar*, *NewYork*, *NewDelhi*, *Yesterday*)無法直接於一個語義網路中被斷言。儘管如此，透過將命題本身具體化爲一個屬於合適事件類別的事件(參見 10.3 節)，我們可以得到 n 元斷言的效果。圖 12.6 顯示了這個特殊事件的語義網路結構。請留意加諸於二元關係的限制迫使創造出豐富的物化概念本體論。

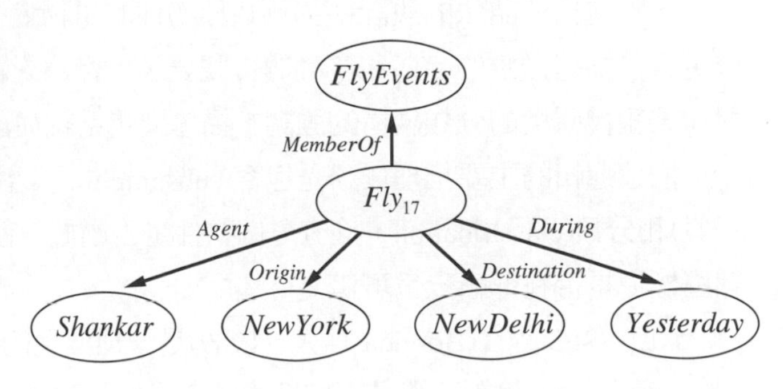

圖 12.6
圖示為一語義網路的片段，其顯示出邏輯斷言 *Fly*(*Shankar*, *NewYork*, *NewDelhi*, *Yesterday*)的表示

命題具體化使得表示語義網路符號中一階邏輯的每個基礎的、函數無關的原子語句成爲可能。特定種類的全稱量化語句可以透過使用逆向連結和用於類別的單線方塊以及雙線方塊箭頭來斷言，但是要達到完全一階邏輯，仍有很長的路留給我們走。所有的否方式、選言、套疊函數符號以及存在量詞都不見了。擴展符號表示使它跟一階邏輯等價是可能的——如 Peirce 的存在圖和 Hendrix(1975)的分塊語義網路一樣——但是這麼做否定了語義網路的主要優點之一，即推理過程的簡單性和透明性。設計者可以建立一個大規模網路，並對什麼樣的查詢是高效率的仍然有很好的瞭解，因爲(a)使得要經過的推理過程的步驟視覺化是容易的，(b)在某些情況下查詢語言是如此的簡單以至於不可能提出困難的查詢。在表達能力被證明過於有限的情況下，許多語義網路系統提供**程序性附件**來彌補鴻溝。程序性附件是一種技術，由此關於特定關係的查詢(有時是斷言)導致呼叫一個爲該關係設計的特殊程序，而不是一個通用推理過程。

語義網路的一個最重要的方面是表示類別**預設値**(default values)的能力。仔細檢查圖 12.5，會發現 John 只有一條腿，儘管事實上 John 是一個人而且所有的人都有兩條腿。在一個嚴格的邏輯知識庫中，這會是一個矛盾，但是在語義網路中，每個人都有兩條腿的斷言只有預設狀態；即一個人被假定擁有兩條腿，除非這與更特定的資訊相矛盾。預設語義自然地被繼承演算法加強，因爲它沿著物件本身(在這個例子中是 John)的連接向上，一旦找到一個值就停止。我們說預設值被更特定的值所**涵蓋**。注意透過建立 *Persons*(*John* 是它的成員)的一個子集 *OneLeggedPersons* 類別，我們也能涵蓋腿的預設個數。

我們就能對網路保持一個嚴格的邏輯語義，如果我們對 *Persons* 的斷言 *Legs* 包含對 *John* 的例外：

$$\forall x\ x \in Persons \ \wedge \ x \neq John \ \Rightarrow \ Legs(x, 2)$$

對於一個固定的網路，這在語義上是足夠的，但是如果有很多例外的話，這會比網路符號本身不簡明得多。然而，對於一個將用更多斷言更新的網路，這樣的方法是失敗的——我們確實想說只有一條腿的未知的任何人也是例外。12.6 節在這個問題和一般的預設推理上走得更深入。

12.5.2 描述邏輯

一階邏輯的語法的設計使描述關於物件的事物變得容易。**描述邏輯**(description logics)是被設計成更容易描述類別的定義和屬性的符號表示。作爲對網路含義的形式化壓力的反應，同時還要保持對作爲組織原則的分類結構的強調，描述邏輯系統從語義網路發展而來。

描述邏輯的主要推理任務是**包容**(subsumption，透過比較定義檢查一個類別是否是另一個類別的子集)和**分類**(classification，檢查一個物件是否屬於一個類)。某些系統也包括類別定義的**一致性**——隸屬標準是否在邏輯上爲可滿足。

CLASSIC 語言(Borgida 等人，1989)是一種典型的描述邏輯。圖 12.7 顯示了 CLASSIC 描述的語法[6]。例如，要說單身漢是未結婚的成年男性，我們寫爲：

$$Bachelor = And(Unmarried, Adult, Male)$$

一階邏輯中的等價語句是

$$Bachelor(x) \Leftrightarrow Unmarried(x) \land Adult(x) \land Male(x)$$

請留意描述邏輯有一個述詞的運算代數，這是我們無法於一階邏輯做到的。CLASSIC 中的任何描述都能轉譯成等價的一階邏輯語句，但一些描述在 CLASSIC 中會更直接。例如，用來描述一個男人的集合，這樣的男人至少有 3 個兒子且至多有 2 個女兒，兒子都失業了並與醫生結了婚，女兒都是物理系或數學系的教授，我們用下述語句表示

And(Man, AtLeast(3, Son), AtMost(2, Daughter),
All(Son, And(Unemployed, Married, All(Spouse, Doctor))),
All(Daughter, And(Professor, Fills(Department, Physics, Math))))

可以把這個語句翻譯成一階邏輯語句，我們留作練習。

描述邏輯最重要的方面可能是它們對推理可操作性的強調。一個問題實例的求解，是透過描述它，然後詢問它是否被幾個可能的解類別之一所包容，而完成的。在標準的一階邏輯系統中，預測求解時間通常是不可能的。設計好的表示，以繞開那些看起來導致系統消耗幾個星期來求解一個問題的語句集，這個任務頻繁地留給了使用者。在另一方面，描述邏輯的本質確保包容測試在描述規模的多項式時間內能夠求解[7]。

這原則上聽起來是美妙的，直到意識到它只能有兩個結果中的一個：或者難的問題根本不能被陳述，或者它們需要指數級的大規模描述！然而，可操作性的結果的確把哪一類結構引起問題清楚明白地顯示出來，如此可以幫助使用者理解表示行爲是如何的不同。例如，描述邏輯通常缺乏否方式和選言。爲了確保完備性，每個否方式或選言都要強制一階邏輯系統經過一個潛在指數級的情況分析。CLASSIC 只允許 *Fills* 和 *OneOf* 結構中出現受限形式的選言，它允許在明確的列舉個體上的析取式，但不能是描述上的。透過選言的描述，套疊定義可以容易地導致指數級數量的可選擇路徑，透過這樣的路徑，一個類別能夠包容另一個類別。

$$\begin{aligned}
Concept \;&\rightarrow\; \textbf{Thing} \mid ConceptName \\
&\mid\; \textbf{And}(Concept, \ldots) \\
&\mid\; \textbf{All}(RoleName, Concept) \\
&\mid\; \textbf{AtLeast}(Integer, RoleName) \\
&\mid\; \textbf{AtMost}(Integer, RoleName) \\
&\mid\; \textbf{Fills}(RoleName, IndividualName, \ldots) \\
&\mid\; \textbf{SameAs}(Path, Path) \\
&\mid\; \textbf{OneOf}(IndividualName, \ldots) \\
Path \;&\rightarrow\; [RoleName, \ldots]
\end{aligned}$$

圖 12.7　在 CLASSIC 語言的子集中的描述語法

12.6 預設資訊推理

在前一節中，我們看到了一個用預設情形進行斷言的簡單例子：人有兩條腿。這個預設可以被更特定的資訊涵蓋，例如 Long John Silver 只有一條腿。我們看到語義網路中的繼承機制用簡單而又自然的方法實作了對預設的涵蓋。在這一節中，我們從更一般的角度來研究預設，透過面向理解預設語義的觀點，而不是只提供一種程序性的機制。

12.6.1 界限和預設邏輯

我們已經看了兩個推理過程的例子，它們違反第七章中證明的邏輯**單調性**的特性[8]。本章中我們看到，被語義網路中一個類別的所有成員所繼承的屬性，能夠被子類別的更加特定的資訊所覆寫。於第 9.4.5 節，我們看到在封閉世界假設之下，如果一個命題 α 沒在 KB 中被提及那麼 $KB \models \neg\alpha$，但是 $KB \wedge \alpha \models \alpha$。

簡單的反省暗示這種單調性的失敗在共識推理中是普遍的。這就好像人類總是「貿然下定論」。例如，當一個人看到一輛停在街上的汽車時，這個人通常會相信它有 4 個輪子，即使只能看到 3 個輪子。現在，概率理論能夠確定地提供第 4 個輪子以很高概率存在的結論，然而，對於大部分人來說，汽車沒有 4 個輪子的可能性不會出現，除非某個新證據自己表現出來。因此，看起來好像 4 個輪子的結論是預設得到的，缺乏任何理由來懷疑它。如果新的證據到來——例如，如果一個人看到車主提著一個輪子並且注意到小汽車被頂起來——那麼這個結論可以被撤銷。這種推理被稱為展示**非單調性**，因為當新的證據到來時，信度集不隨著時間單調增長。**非單調邏輯**以事實和繼承的修改觀念來設計，為了捕捉到這樣的行為表現。我們來看兩個已經被廣泛研究的此類邏輯：界限和缺省邏輯。

界限(circumscription)可以被看作封閉世界假設的一個更加強大和準確的版本。該想法是指定被假設為「盡可能錯」的特殊述詞——即，除了那些已知為真的物件之外的每個物件都為假。例如，假設我們想斷言鳥飛翔的預設規則。我們引入一個述詞，叫做 $Abnormal_1(x)$，並寫作

$$Bird(x) \wedge \neg Abnormal1(x) \quad \Rightarrow \quad Flies(x)$$

如果我們說 $Abnormal_1(x)$是**被限定的**，一個界限推理器被授權來假設$\neg Abnormal_1(x)$，除非 $Abnormal_1(x)$已知為真。這允許從前提 $Bird(Tweety)$抽出結論 $Flies(Tweety)$，但如果 $Abnormal_1(Tweety)$被斷言，則該結論不再成立。

界限可以被視為**模型偏好**邏輯的一個例子。在這種邏輯中，如果一個語句在知識庫的所有偏好模型中都為真，那麼它是被蘊涵的(預設情形)，與經典邏輯中要求在所有模型中都為真相對。對於界限，如果一個模型有更少的反常(abnormal)物件，那麼它相對於另一個而言是被偏好的[9]。讓我們來看一下這個想法在語義網路的多重繼承上下文中是如何工作的。顯示多重繼承性有問題的一個標準例子被稱為「尼克森鑽石」。這產生於如下觀察事實：理查・尼克森(Richard Nixon)既是一個教友派信徒(Quaker)(因此預設為和平主義者)又是一個共和黨人(Republican)(因此預設不是和平主義者)。我們可以寫下這些，如下：

$Republican(Nixon) \wedge Quaker(Nixon)$

$Republican(x) \wedge \neg Abnormal_2(x) \quad \Rightarrow \quad \neg Pacifist(x)$

$Quaker(x) \wedge \neg Abnormal_3(x) \quad \Rightarrow \quad Pacifist(x)$

如果我們限制 $Abnormal_2$ 和 $Abnormal_3$，有兩個偏好模型：一個是於 $Abnormal_2(Nixon)$與 $Pacifist(Nixon)$成立的模型而一個是於 $Abnormal_3(Nixon)$與$\neg Pacifist(Nixon)$成立的模型。這樣，界限推理器對 Nixon 是不是一個和平主義者保持完全的不可知。另外，如果我們希望斷言宗教信仰優先等級高於政治信仰，我們可以用一個稱為**優先化界限**的形式化方法給出對 $Abnormal_3$ 最小化的模型的優先選擇。

預設邏輯是一種形式化方法，其中可以寫出**預設規則**，用於產生偶發的、非單調的結論。一條預設規則看起來像這個：

$Bird(x)$: $Flies(x)/Flies(x)$

這條規則的意思是如果 $Bird(x)$為眞，而且如果 $Flies(x)$同知識庫一致，那麼 $Files(x)$可能被預設推斷。通常，預設的規則有這樣的形式

P: $J_1, ..., J_n/C$

其中 P 被稱為先決條件，C 是結論，J_i 是準則——如果它們中的任何一個能被證明是假的，那麼就不能得出結論。在 J_i 或 C 中出現的任何變數必須也在 P 中出現。尼克森鑽石例子能夠用一條事實和兩條預設規則的預設邏輯表示：

$Republican(Nixon) \wedge Quaker(Nixon)$

$Republican(x)$: $\neg Pacifist(x)/\neg Pacifist(x)$

$Quaker(x)$: $Pacifist(x)/Pacifist(x)$

為了解譯預設規則的含義為何，我們定義預設理論的延伸符號，是預設理論的一個最大的結果集。亦即，延伸 S 由原始已知事實和從預設規則得到的一個結論集合組成，這樣沒有額外的結論能從 S 獲得，S 中每個預設結論的準則都與 S 一致。在界限的偏好模型情況下，對尼克森鑽石問題我們有兩種可能的延伸：一種在其中他是一個和平主義者，一種在其中他不是一個和平主義者。優先化方案存在於一些預設規則可以被賦予比其他規則具有更高的優先等級的情況中，允許解決一些歧義性。

自從 1980 非單調性邏輯首次被提出以來，在理解它們的數學特性上取得了很大的進展。然而，仍然有尚未解決的問題。例如，如果「汽車有 4 個輪子」為假，那麼某個知識庫包含這條規則意味著什麼呢？什麼是好的預設規則集合必備的？如果我們不能分別地確定每條規則是否應屬於我們的知識庫，那麼我們就要面臨非模組化的嚴重問題。最後，有預設情況的信度如何能被用於決策中？這可能是預設推理中最困難的問題。決策通常涉及折衷，所以需要在不同行動的結果中比較信度的強度，以及比較制定錯誤決策所付出的成本。在重複進行同類決策的情況下，將預設規則解譯為「臨界值概率」語句是可能的。例如，預設規則「我的煞車總是好的」實際上意思是「沒有其他資訊，我的煞車是好的概率是足夠高的，對我而言最優決策是駕駛它而不用進行檢查」。當決策上下文發

生變化時——例如，當一個人正在駕駛一輛很重的裝滿貨物的卡車在陡峭的山路上向山下行駛時——預設規則突然變得不適宜，即使沒有新證據暗示煞車有問題。這些需要考慮的事項已經引導一些研究者考慮如何將預設推理嵌入到概率論中。

12.6.2 真值維護系統

前面的小節討論了從知識表示系統得到的推論只有預設情況，而不是絕對的確定。不可避免地，這裡面某些推論的事實最後發現是錯誤的，將不得不在新的資訊面前撤銷。這個過程稱爲**信度修正**[10]。假設一個知識庫 KB 包含一條語句 P——可能是被前向連結演算法記錄的一個預設結論，或可能只是一個不正確的斷言——我們想要執行 TELL(KB, $\neg P$)。爲了避免產生矛盾，我們必須首先執行 RETRACT(KB, P)。這聽起來足夠容易。然而問題出現了，如果有任何附加語句從 P 中推斷出來並在 KB 中得到斷言。例如，蘊含式 $P \Rightarrow Q$ 可能被用來添加 Q。明顯的「解決方案」——撤銷從 P 推斷出的所有語句——會失敗，因爲這樣的語句可能有除了 P 以外的其他準則。例如，如果 R 和 $R \Rightarrow Q$ 也在 KB 中，那麼 Q 畢竟不是不得不消除的。**真值維護系統**(truth maintenance system)或稱 TMS 正是被設計用於處理這類複雜情況的。

眞值維護的一個非常簡單的方法是透過對語句進行從 P_1 到 P_n 的編號，記錄語句被告訴給知識庫的順序。當呼叫了 RETRACT(KB，P_i)時，系統恢復到 P_i 被添加前的狀態，由此刪除 P_i 以及任何從 P_i 得到的推論。然後語句 P_{i+1} 到 P_n 可以被再次添加。這是簡單的，而且它保證知識庫是一致的，但是撤銷 P_i 需要撤銷和重新斷言 $n - i$ 個語句，以及撤銷和重新完成從這些語句得到的推論。對已經添加了許多事實的系統而言——例如大型商業資料庫——這是不切實際的。

一個更有效率的方法是以準則爲基礎的眞值維護系統，或是 **JTMS**。在一個 JTMS 中，知識庫的每條語句用一個由推理出它的語句集組成的**準則**來標記。例如，如果知識庫已經包含了 $P \Rightarrow Q$，那麼 TELL(P)將引起用準則$\{P, P \Rightarrow Q\}$把 Q 添加到知識庫。通常，一個語句可以有任何數目的準則。準則使得撤銷有效率。給定 RETRACT(P)呼叫，JTMS 會準確地刪除那些滿足條件的語句，條件就是 P 是該語句的每條準則的成員。所以，如果一個語句 Q 有唯一準則$\{P, P \Rightarrow Q\}$，那麼它會被刪除，如果它有附加準則$\{P, P \vee R \Rightarrow Q\}$，它仍然會被刪除，但是如果它還有準則$\{R, P \vee R \Rightarrow Q\}$，那麼它會被留下。這樣，撤銷 P 需要的時間只依賴於從 P 推導出的語句數，而不是從 P 進入知識庫以後添加的其他語句數。

JTMS 假定那些被考慮過一次的語句將可能被再次考慮，所以我們把語句標記爲 *out*(在知識庫外)，而不是當一個語句失去所有準則時就從知識庫中完全刪除。如果後續的斷言回復了其中一個準則，那麼我們標記該語句爲 *in*。於這個方法，當準則再次變成有效時，JTMS 保留它所使用且不需要重新推導語句的所有推理鏈。

除了處理對不正確資訊的撤銷，TMS 能被用來加速對多重假設環境的分析。例如，假想羅馬尼亞奧林匹克委員會正在選擇將在羅馬尼亞舉行的 2048 年奧運會的游泳(swimming)，田徑(athletics)、騎馬(equestrian)項目的場地。例如，令第一個假設是 *Site*(*Swimming*, *Pitesti*)，*Site*(*Athletics*, *Bucharest*)，以及 *Site*(*Equestrian*, *Arad*)。然後必須進行大量的推理來計算出後勤的結果和因此對這個選擇產生的滿意程度。如果我們想考慮用 *Site*(*Athletics*, *Sibiu*)替代，那麼 TMS 避免了再次從頭開始的需要。作爲替代，我們只是簡單地撤銷 *Site*(*Athletics*, *Bucharest*)，並斷言 *Site*(*Athletics*, *Sibiu*)，而且 TMS 將照顧必要的修正。從選擇 Bucharest 產生的推理鏈可以對 Sibiu 再次使用，倘若結論是同樣的話。

一個基於假設的眞值維護系統，或稱 **ATMS**，會使這種在假設世界間的文脈切換變得效率特別高。在 JTMS 中，準則的維護允許你透過少量的撤銷和斷言從一個狀態迅速地移動到另一個狀態，但是在任何時刻只表示一個狀態。ATMS 在同一時刻表示已經被考慮的所有狀態。然而 JTMS 只需要簡單地用 *in* 或 *out* 標記每個語句，ATMS 則需要對每個語句記錄哪個假設會使該語句爲眞。換句話說，每個語句有一個用一套假設集組成的標記。語句只有在一個假設集中的全部假設都成立時才成立。

眞值維護系統同時也提供一種產生**解釋**的機制。技術上，語句 P 的一個解釋是一個語句集合 E，這樣的 E 蘊涵 P。如果 E 中的語句已知爲眞，那麼 E 提供了足夠的基礎來證明 P 也一定是成立的。但是解釋也可以包括**假設**——並不已知爲眞的語句，但是如果它們正確的話，仍然足夠來證明 P。例如，一個人可能沒有足夠的資訊證明他的汽車不能啓動，但是一個合理的解釋可能包括電池失效的假設。這與汽車如何運轉的知識相結合，解釋了觀察到的無行爲的狀況。在大部分情況下，我們傾向於一個最小的解釋 E，意味著 E 中沒有合適的子集也是一個解釋。ATMS 能夠透過我們希望的任何順序的假設(諸如「車內的汽油」或者「電池失效」)，甚至一些互相矛盾的假設來產生對「汽車不能啓動」問題的解釋。然後我們透過看語句「汽車不能啓動」的標記來很快地讀出將證明該語句的假設集。

用來實作眞值維護系統的準確演算法有一點複雜，這裡我們不再談論。眞值維護問題的計算複雜度至少跟命題推理一樣大——也就是，NP 難題。因此，你不應該期待眞值維護是萬能藥。不過，當小心使用時，TMS 能夠在邏輯系統的能力上提供一個實質的增強以處理複雜環境和假設。

12.7 網際網路購物世界

於最後一節我們將所有已經學過的都彙總在一起，編碼那些幫助買家在網際網路上尋找產品供應之購物研究代理人的知識。顧客提供給購物代理人一個產品描述，它的任務是產生一個提供出售這種產品的網頁列表。在某些情況下，顧客的產品描述是精確的，如 Cooplix 995 數位相機，接下來的任務是尋找最佳供應的商店。在其他情況下，描述可能只是部分指定的，如價格低於 300 美元的數位相機，代理人將不得不比較不同的產品。

購物代理人的環境是一個全然複雜的網際網路世界——不是玩具模擬的環境。代理人的感知資訊是網頁，但是儘管人類網站使用者看到的是螢幕上作爲圖元點陣顯示的 Web 頁面，購物代理人則將頁面感知爲一個由普通文字及散佈其間的 HTML 標記語言格式命令而組成的字串。圖 12.8 顯示了一個 Web 網頁和對應的 HTML 字串。購物代理人的感知問題包括從這類感知資訊中抽取有用資訊。

顯然，在 Web 網頁上的感知比在開羅駕一輛計程車的感知容易得多。儘管如此，網際網路感知任務仍然有複雜性。圖 12.8 的 Web 網頁與實際購物網站相比較是十分簡單的，後者包括 cookies(**編註**：一種網頁發送給瀏覽器的特殊資訊)、JAVA、Javascript、Flash、軟體機器人排除協定、殘缺的 HTML、音效檔案、電影、只作爲 JPEG 影像一部分出現的文本等。一個代理人要能夠處理網際網路上的所有東西，幾乎就像現實世界中能夠移動的機器人一樣複雜。我們將集中在一個忽略了大部分複雜因素的簡單代理人上。

代理人的首要任務是蒐集與查詢相關的產品供應。一個含有關於最新的高階的膝上型電腦的回顧的頁面是相關的，但是如果它沒有提供購買方法，那麼它不是一個供應。目前，我們可以說如果一個頁面在 HTML 連結或表格中包含單詞「buy(購買)」或「price(價格)」的話，它就是一個供應。舉例來說，如果頁面包含「`<a...add to cart...</a`」形式的字串，那麼她是一個供應。這可以以一階邏輯中表示，但是更直接了當的做法是將之編碼到程式碼。我們於第 22.4 節展示如何做出更複雜的資料撤銷。

Example Online Store

Select from our fine line of products:

- Computers
- Cameras
- Books
- Videos
- Music

```
<h1>Example Online Store</h1>
<i>Select</i> from our fine line of products:
<ul>
<li> <a href="http://example.com/compu">Computers</a>
<li> <a href="http://example.com/camer">Cameras</a>
<li> <a href="http://example.com/books">Books</a>
<li> <a href="http://example.com/video">Videos</a>
<li> <a href="http://example.com/music">Music</a>
</ul>
```

圖 12.8　上面是一般線上商店(Generic Online Store)的一個 Web 網頁被人類使用者所感知到的瀏覽器形式，下面是瀏覽器或購物代理人感知到的對應的 HTML 字串。在 HTML 中，在 < 與 > 之間的字元是標記指令，指定頁面如何被顯示。例如，字串`<i>Select</i>`的意思是轉換成斜體，顯示出 *Select*，然後結束斜體的使用。網頁識別符(如 `http://example.com/books`)被稱為全球資源定位器(URL)。標記 `<a href=`"url"`>`*Books*`</a>`意指，用連結文本 *Books* 建立一個指向 *url* 的超連結

12.7.1 伴隨連結

策略是從一個線上商店的主頁出發，考慮所有可以透過伴隨的相關連結到達的頁面[111]。代理人將具備關於很多商店的知識，例如：

$$Amazon \in OnlineStores \wedge Homepage(Amazon, \text{“amazon.com”})$$

$$Ebay \in OnlineStores \wedge Homepage(Ebay, \text{“ebay.com”})$$

$$ExampleStore \in OnlineStores \wedge Homepage(ExampleStore, \text{“example.com”})$$

商店將它們的貨物分成產品類別，並從它們的主頁給主要類別提供連結。次要類別可以透過跟蹤相關連結的一個連結串列來達到，最後我們就能到達供應。換句話說，如果頁面能夠透過商店主頁的相關類別連結的一個連結串列到達，那麼它與查詢是相關的，接著再跟隨一個連結就可以達到產品供應：我們能夠定義相關性：

$$\begin{aligned}&Relevant(page, query) \Leftrightarrow\\&\quad \exists store, home\ store \in OnlineStores \wedge Homepage(store, home)\\&\quad\ \wedge \exists url, url_2\ RelevantChain(home, url_2, query) \wedge Link(url_2, url) \wedge page = Contents(url)\end{aligned}$$

這裡述詞 *Link*(*from, to*)表示有一個從 URL「*from*」到 URL「*to*」的超連結。爲了定義什麼可以當作 *RelevantChain*，我們需要跟蹤的不是任何舊的超連結，而只是那些與指向產品查詢相關連結的連結文本相關聯的連結。爲此，我們用 *LinkText*(*from, to, text*)來表示有一個在 *from* 和 *to* 之間的連結，它用 *text* 作爲連結文本。如果每個連結的連結文本是一個描述 *d* 的某相關類名，那麼兩個 URL，*start* 和 *end* 之間的連結串列與該描述 *d* 是相關的。連結串列本身的存在是透過遞迴定義來確定的，用空連結串列(*start* = *end*)作爲基礎情況：

$$\begin{aligned}&RelevantChain(start, end, query) \Leftrightarrow (start = end)\\&\quad \vee (\exists u, text\ LinkText(start, u, text) \wedge RelevantCategoryName(query, text)\\&\qquad \wedge RelevantChain(u, end, query))\end{aligned}$$

現在我們必須定義一個用於查詢 *RelevantCategoryName* 時它的意思的文字。首先，我們需要將字串和以它命名的類別聯繫起來。這透過使用一個述詞 *Name*(*s, c*)來完成，說明字串 *s* 是類別 *c* 的一個名稱——例如，我們可能聲稱 *Name*(“*laptops*”, *LaptopComputers*)。更多的關於述詞 *Name* 的例子如圖 12.9(b)中所示。接著，我們定義相關性。假設 *query* 是「laptops」。那麼當下面的陳述中有一個成立時，*RelevantCategoryName* (*query, text*)爲眞：

- *text* 和 *query* 命名同一個類別——例如，「notebooks」和「laptops」。
- *text* 命名一個像「computers(電腦)」這樣的超類。
- *text* 命名一個像「ultralight notebooks(超輕型筆記本電腦)」這樣的子類。

RelevantCategoryName 的邏輯定義如下：

$$\begin{aligned}&RelevantCategoryName(query, text) \Leftrightarrow\\&\quad \exists c_1, c_2\ \ Name(query, c_1) \wedge Name(text, c_2) \wedge (c_1 \subseteq c_2 \vee c_2 \subseteq c_1)\end{aligned} \tag{12.1}$$

否則，連結文本是不相關的，因爲它在此界線以外命名了一個類，諸如「mainframe computers」(大型電腦)或「lawn & garden」(草坪和花園)。

$Books \subset Products$ $MusicRecordings \subset Products$ 　$MusicCDs \subset MusicRecordings$ $Electronics \subset Products$ 　$DigitalCameras \subset Electronics$ 　$StereoEquipment \subset Electronics$ 　$Computers \subset Electronics$ 　　$DesktopComputers \subset Computers$ 　　$LaptopComputers \subset Computers$ 　　...	$Name(\text{“books”}, Books)$ $Name(\text{“music”}, MusicRecordings)$ 　$Name(\text{“CDs”}, MusicCDs)$ $Name(\text{“electronics”}, Electronics)$ 　$Name(\text{“digital cameras”}, DigitalCameras)$ 　$Name(\text{“stereos”}, StereoEquipment)$ 　$Name(\text{“computers”}, Computers)$ 　　$Name(\text{“desktops”}, DesktopComputers)$ 　　$Name(\text{“laptops”}, LaptopComputers)$ 　　$Name(\text{“notebooks”}, LaptopComputers)$ 　　...
(a)	(b)

圖 12.9　(a)**產品類別分類法**。(b)**那些類別的名稱**

那麼跟隨相關連結，它本質上就有了產品類別的豐富層次。這個層次的頂層部分可能看起來像圖 12.9(a)。要羅列出所有可能的購物類別是不可行的，因爲一個顧客總可能提出一些新的需要，且製造商總是會提供新的商品來滿足他們(例如，電動護膝取暖器？儘管如此，包含大約 1000 個類別的本體論對大部分顧客將是一個十分有用的工具。

除了產品層次本身之外，我們還需要有一個豐富的類別名稱辭彙。如果類別和命名它們的字串之間一一對應，那麼生活將會更容易。我們已經看到了**同義詞**問題——同一個類別的兩個名稱，例如「laptop computers」和「laptops」。還有**歧義**(ambiguity)問題——兩個或更多類別用同一個名稱。例如，如果我們添加語句

$$Name(\text{“CDs”}, CertificatesOfDeposit)$$

到圖 12.9(b)所示的知識庫中，那麼「CDs」將命名兩個不同的類別。

同義詞和歧義性將導致代理人必須跟蹤的路徑條數的顯著增長，並且有時會使判斷一個給定頁面是否眞正相關變得困難。更嚴重的問題是使用者可以輸入的描述或商店可以使用的類別名是一個十分廣闊的範圍。例如，當知識庫只有「laptops」時，連結可能是「laptop」；或使用者可能尋找「能夠放在波音 737 經濟艙位置的折疊小桌子上的電腦」。預先列舉一個類別能被命名的所有方法是不可能的，所以在某些情況下爲了判斷 *Name* 關係是否成立，代理人將必須能夠進行附加推理。在最壞情況下，這需要完全的自然語言理解，一個我們推遲到第二十二章討論的話題。實際上，少數幾條簡單的規則——例如允許「laptop」匹配一個名爲「laptops」的類別——非常有效。習題 12.11 要求你在對線上商店進行一些研究之後，發展一套這樣的規則。

已知來自前面段落的邏輯定義和產品類別及命名慣例的適當的知識庫，我們是否準備好運用推理演算法來得到與我們的查詢相關的供應集合了？還沒有！遺漏的要素是 *Contents*(*url*)函數，它指代給定 URL 的 HTML 頁面。代理人的知識庫裡面並沒有每個 URL 的頁面內容；也沒有推斷這些內容可能是什麼的明確規則。作爲替代，只要子目標包含 *Contents* 函數，我們就可以安排執行正確的 HTTP 過程。這樣，它看來是一個仿佛整個網頁都在知識庫內的推理引擎。這是稱爲**程序性附件**(procedural attachment)的通用技術的一個例子，由此特定的述詞和函數可以用專用方法來處理。

12.7.2 對供應進行比較

讓我們假定上一節的推理已經爲我們的查詢「laptops」產生了一個供應頁面集合。爲了比較那些供應，代理人必須從供應頁面抽取相關資訊——價格、速度、磁片容量、重量等等。這對實際網頁是一個很難的任務，因爲之前提到的所有原因。一個處理這個問題的通常辦法是用稱爲**封套資料**(wrapper)的程式來從一個頁面抽取資訊。資訊抽取的技術在第 22.4 節中討論。眼下，我們假定封套資料存在，且當給定一個頁面和一個知識庫時，它們給知識庫添加斷言。典型地，封套資料層次將被應用到一個頁面：一個很普通的封套資料來抽取日期和價格，一個特定一些的封套資料來抽取電腦相關產品的屬性，如果需要的話，還可以有一個知道特殊商店格式的站點特定的封套資料。給予 example.com 網站一張網頁的文字

```
IBM ThinkBook 970.   Our price: $399.00
```

伴隨著各種技術規格說明書，我們希望一個封套資料抽取類似下列資訊：

$$\begin{aligned}
&\exists c, offer \;\; c \in LaptopComputers \wedge offer \in ProductOffers \wedge \\
&\;\; Manufacturer(c, IBM) \wedge Model(c, ThinkBook970) \wedge \\
&\;\; ScreenSize(c, Inches(14)) \wedge ScreenType(c, ColorLCD) \wedge \\
&\;\; MemorySize(c, Gigabytes(2)) \wedge CPUSpeed(c, GHz(1.2)) \wedge \\
&\;\; OfferedProduct(offer, c) \wedge Store(offer, GenStore) \wedge \\
&\;\; URL(offer, \text{"example.com/computers/34356.html"}) \wedge \\
&\;\; Price(offer, \$(399)) \wedge Date(offer, Today)\,.
\end{aligned}$$

這個例子顯示出當我們認真地接受商業交易的知識工程任務時出現的幾個問題。例如，注意價格是 *offer* 的一個屬性，並不是產品本身的。這是重要的，因爲一個給定商店的供應可能會天天改變，甚至對於同一台膝上型電腦也如此；對某些類別——如房子和油畫——同一個物體同時被不同中間商以不同的價格提供。還有更複雜的情況我們沒有處理，諸如價格依賴於付款方式以及根據顧客資格確定的某種程度折扣的可能性。最後的任務是比較我們已經抽取的供應。例如，考慮這 3 個供應：

A: 1.4 GHz CPU, 2GB RAM, 250 GB disk, $299

B: 1.2 GHz CPU, 4GB RAM, 350 GB disk, $500

C: 1.2 GHz CPU, 2GB RAM, 250 GB disk, $399

A 比 *C* 有**優勢**；也就是，*A* 更便宜更快，而其他方面都一樣。通常，如果 *X* 至少一個屬性有更好的值而且任何屬性都不差，那麼 *X* 比 *Y* 有優勢。但是 *A* 或 *B* 都不比另一個有優勢。爲了判定哪一個更好，我們需要知道顧客在 CPU 速度和價格與記憶體和磁碟空間之間如何權衡。關於多屬性間的偏好的一般課題將在第 16.4 節中考慮；到現在爲止，我們的購物代理人只是簡單地返回滿足顧客描述的所有無優勢供應的清單。在這個例子中，*A* 和 *B* 都是無優勢的。注意這個結果依賴於每個人都傾向於更便宜的價格、更快速的處理器和更大容量儲存的假設。一些屬性(諸如筆記本的螢幕大小)依賴於使用者的特殊偏好(便攜性對比可視性)，對於這些，購物代理人將不得不詢問使用者。

我們這裡描述的購買代理人算是簡單的一種；還有許多的改進的空間。儘管如此，它具有足夠的能力，結合恰當的領域特定知識，它能夠被購物者實際使用。由於它的陳述性結構，它能夠很容易地擴展到更複雜的應用。這一節的主要重點是證明某些知識表示——尤其，產品階層——是這樣的代理人所必要的，而一旦我們擁有一些這個形式的知識，其餘自然是水到渠成。

12.8 總結

透過深入研究如何表示各種知識，我們希望能使讀者對於如何構造眞實知識庫有獲得一定認識，以及對於所產生的有趣哲學議題能有感覺。要點如下：

- 大規模知識表示需要通用本體論來組織和結合各種特定領域的知識。
- 通用本體論需要涵蓋各種廣泛的知識，並且原則上應該有能力處理任何領域。
- 建造一個大型且通用的本體論是一項尚未完全實現的重要挑戰，儘管當今的框架好像非常的經得起考驗。
- 我們提出了基於類別和事件演算的**上位本體論**。我們討論到類別，子類別，零件，結構化物件，度量，物質，事件，時間與空間，變動，與信度。
- 自然的種類無法完全在邏輯裡被定義，但是自然的種類的屬性可以被表示出來。
- 行動、事件和時間能在情景演算或更有表達力諸如事件演算或流演算的表示方法中表示。這些表示方法使代理人能夠根據邏輯推理構建規劃。
- 我們對網際網路購物域進行了詳細分析，練習了通用本體論，顯示了領域知識是如何被購物代理人使用的。
- 專用表示系統，諸如**語義網路**和**描述邏輯**，被設計用來幫助組織類別層次。**繼承**是推理的一個重要形式，允許物件屬性從它們在類別中的隸屬關係演繹出來。
- 在邏輯程式中實作的**封閉世界假設**，提供了一個避免必須說明大量否定資訊的簡單方法。它最好被解譯爲能夠被附加資訊涵蓋的**預設**。
- **非單調邏輯**，諸如**界限**和**預設邏輯**，通常想要捕捉到缺省推理。
- **真值維護系統**高效地處理知識更新和修正。

參考文獻與歷史的註釋 BIBLIOGRAPHICAL AND HISTORICAL NOTES

Briggs(1985)宣稱，形式化知識表示的研究起於古印度關於印度教聖典的梵語語法的理論化，這可以追溯到西元前一千年。在西方，古希臘數學中術語定義的使用可以被看作最早的例子。亞里士多德形而上學(照字面，在物理學之後的)近乎是本體論的同義詞。事實上，任何領域的技術術語的發展都可以被視爲一種形式的知識表示。

人工智慧中關於表示方法的早期討論傾向於集中在「問題表示」而不是「知識表示」上。(例如，參見 Amarel(1968)關於傳教士和野人問題的討論。在 20 世紀 70 年代，人工智慧著重在「專家系統」(也稱爲「基於知識的系統」)的開發上，如果給定合適的領域知識，在狹窄定義的問題上，它足以匹敵或超過人類專家的表現。例如，第一個專家系統，DENDRAL[費根鮑姆(Feigenbaum)等人，

1971；Lindsay 等人，1980]像化學專家一樣精確地解譯質譜儀(一種用來分析有機化學化合物結構的儀器)的輸出。雖然 DENDRAL 的成功有助於使人工智慧研究團體相信知識表示的重要性，但是在 DENDRAL 中使用的表示形式是高度特定於化學領域的。隨著時間的推移，研究者開始對標準化的知識表示形式化方法和本體論感興趣，它們能夠使建立新的專家系統的過程簡化而更有效率。透過這樣做，它們闖入了先前由科學和語言的哲學家們探索的領域。在 AI 中，為了某人的學說能夠「工作」的需要而強加的學科，已經導致比當這些問題曾經屬於孤傲的哲學領域(雖然有時它也能導致車輪的重複再發明)時的情況有了更迅速和更深入的進步。

詳細分類學或稱分類法的創立可以追溯到古代。亞里斯多德(西元前 384-322)強烈強調分類和類別方案。他的《工具論》(*Organon*)，他死後由他的學生收集的邏輯方面的研究工作文集，包含一篇稱為「類別」(*Categories*)的論文，在其中他嘗試構造我們現在稱為上位本體論的東西。他也將**屬**(genus)和**種**(species)的概念引進到低層次的分類。我們現在的生物學分類系統，包括「二項式命名法」(在技術意義上，透過屬和種進行分類)的使用，是瑞典生物學家 Carol 我們 Linnaeus 或稱 Carl von Linne (1707-1778)發明的。與自然種類和不精確的類別邊界相關的問題已經被 Wittgenstein(1953)，Quine(1953)，Lakoff(1987)和 Schwartz(1977)研究過。

對大型本體論的興趣正逐漸增加，如本體論手冊(Staab，2004)中所記載。OPENCYC 計劃(Lenat 及 Guha，1990；Matuszek 等人，2006)已經釋出 150,000-概念本體論，上位本體論類似於圖 12.1 中所示者以及具體的概念如「OLEDDisplay」與「iPhone」是「行動電話」的一種類型，也是「消費性電子」「電話」「無線通信設備」以及其他概念的類型。DBPEDIA 從 Wikipedia 汲取結構化數據，特別是從 Infoboxes：該框的屬性/值對，伴隨許多的維基百科的文章(Wu 及 Weld，2008；Bizer 等人，2007)。截至 2009 年年中，DBPEDIA 包含 260 萬的概念，大約每概念有 100 個事實。IEEEP1600.1 工作組建立 Suggested Upper Merged Ontology(SUMO)(Niles 及 Pease，2001；Pease 及 Niles，2002)，其中於上位本體論中包含約 1000 個名詞且鏈結到超過 20,000 領域的具體名詞。Stoffel 等人(1997)描述一個有效管理非常大型之本體論的演算法。一個從網頁擷取知識的調查技術已知是由 Etzioni 等人(2008)所提供。

在網路上，表示語言正逐漸浮現。RDF(Brickley 及 Guha，2004)可以在三元關係的形式下做出斷言，並提供一些的方法應付名字隨時間不斷變化的意義。OWL(Smith 等人，2004)是一種描述邏輯，支持於三元關係上進行推論。到目前為止，使用的程度與表示的複雜性似乎成反比：傳統 HTML 與 CSS 占有 99%的網頁內容，其次是最簡單的表示，如 microformats(Khare，2006)與 RDFa(Adida 及 Birbeck，2008)，它使用 HTML 與 XHTML 標記來加入文字的文字屬性。複雜的 RDF 與 OWL 本體論的使用還不廣泛，完整版本的 Semantic Web(Berners-Lee 等人，2001)還沒有實現。「資訊系統的形式化本體論」(Formal Ontology in Information System，縮寫為 FOIS)會議包含許多關於通用和專用領域本體論的有趣論文。

本章中用到的分類法是由本書作者開發的，部分基於他們參與 CYC 專案的經驗，部分基於 Hwang 和 Schubert(1993)及 Davis(1990)的工作。關於共識知識表示的通用方案的一個有靈感的討論出現在 Hayes(1978，1985b)的「樸素的物理學宣言」(The Naive Physics Manifesto)中。

在特定領域內成功的深層本體論包括基因本體論計劃(Consortium，2008)與 CML，化學標記語言(Murray-Rust 等人，2003)。

Doctorow(2001)，Gruber(2004)，Halevy 等人(2009)，以及 Smith(2004)質疑單一本體論適用於所有的知識之可行性，他們說，「建造一個單一本體論的原始計劃...已經...根本被捨棄不用了。」

事件演算由 Kowalski 與 Sergot(1986)所引進用於處理連續時間，並且有幾個變種(Sadri 與 Kowalski，1995；Shanahan，1997)與概觀性的介紹(Shanahan，1999；Mueller，2006)。Van Lambalgen 與 Hamm(2005)展示事件的邏輯是如何的映射到我們用來談論事件的語言。事件與情景計算的替代方式是流計算(Thielscher，1999)。James Allen 因爲同樣的理由引入了時間區間(Allen，1983，1984)，爭辯說對於有關擴展事件和並列事件的推理，區間比環境更自然。Peter Ladkin(1986a，1986b)引入了「凹」時間區間(有間隙的區間；本質上是普通「凸」時間區間的聯合)，並把數學的抽象代數技術用於時間表示。Allen(1991)有系統地調查各式各樣可用於時間表示的技術；van Beek 與 Manchak(1996)分析用於時序推理的演算法。在本章中給出的基於事件的本位論和歸功於哲學家 Donald Davidson(1980)的事件分析之間有重要的共同點。Pat Hayes(1985a)的流本體論的歷史與 McDermott(1985)之規劃理論的**編年史**對於該領域以及本章有重要的影響。

物質的本體論狀況的問題有很長的歷史。柏拉圖提出物質是完全區別於實體物件的抽象實體；他會說 $MadeOf(Butter_3, Butter)$而不會說 $Butter_3 \in Butter$。這引申一個物質階層，於此階層，舉例來說，*UnsaltedButter* 是一種較 *Butter* 更具體的物質。本章採用的定位，即物質是物件的類別，是 Richard Montague(1973)擁護的。它也同時被 CYC 專案所採用。Copeland(1993)發動了一次嚴峻的但並非不可戰勝的進攻。本章中提到的替代方法最初是由波蘭的邏輯學家 Leśniewski(1916)提議的，在其中奶油(butter)是宇宙中所有奶油物件(buttery 物件)組成的一個物件。他的**局部-整體論**(mereology，名稱源自希臘單詞「部分」)用部分-整體關係作爲數學集合論的替代，目標是消除類似集合這樣的抽象實體。Leonard 和 Goodman(1940)給出了一個關於這些想法的更具可讀性的說明，Goodman 的書《外觀的結構》(*The Structure of Appearance*)(1977)把這些想法應用到知識表示中的不同問題上。儘管局部-整體論方法的一些方面是笨拙的——例如，需要基於部分-整體關係的單獨的繼承機制——此方法獲得了 Quine(1960)的支持。HarryBunt(1985)對它在知識表示中的使用提供了廣泛的分析。Casati 與 Varzi(1999)討論了局部，全部和空間位置。

精神物件和狀態已經是哲學和人工智慧中深入研究的主題。有三個主要方法。一個是本章所採用者，建立在模態邏輯與可能的世界，是根據哲學而來的經典方法(Hintikka，1962；Kripke，1963；Hughes 及 Cresswell，1996)。《關於知識的推理》(*Reasoning about Knowledge*)(Fagin 等人，1995)一書提供了詳盡介紹。第二個方法是一階理論，於此理論精神物件是流。Davis(2005)與 Davis 與 Morgenstern(2005)描述這種方法。它倚賴可能的世界形式化方法，並且建立在 Robert Moore (1980，1985)的成果。第三個方法是**語法理論**，於此精神物件是由字符串來代表。一個字串只是一個表示符號表的複雜用語，所以 *CanFly*(*Clark*)可以用符號表[*C*, *a*, *n*, *F*, *l*, *y*, (, *C*, *l*, *a*, *r*, *k*,)]來表示。關於精神物件的句法理論首先被 Kaplan 和 Montague(1960)深入研究，他們顯示如果不仔細處理的話可能導致悖論。Ernie Davis(1990)給出了對句法和知識模態理論的一個很優秀的比較。

希臘哲學家 Porphyry(c. 234-305 A.D.)，對於亞里斯多德的類別(*Categories*)進行詮釋，描繪了可能是第一個合格的語義網路。Charles S. Perice(1909)發展出了存在圖，作爲第一個使用現代邏輯的語義網路形式化方法。Ross Quilian(1961)，受對人類記憶和語言處理的興趣所驅使，開創了 AI 領域內的語義網路工作。馬文・明斯基(Marvin Minsky，1975)的一篇有影響力的論文提出了一種稱爲**框架**的語義網路形式；框架是用屬性和與其他物件或類別的關係來表示物件或者類別。於 Quillian 的語義網路(及遵循他的方法的其它人)，語義的問題出現的非常尖銳，在於它們的無所不在且非常含糊的「IS-A 連結」Woods(1975)著名的文章《*What's In a Link?*》吸引 AI 研究人員注意到知識表示形式化方法中需要精確的語義。Brachman(1979)詳細闡述了這個觀點並提出了解決方案。Patrick Hayes(1979)的《框架邏輯》(*The Logic of Frames*)講得更深入，聲稱「大部分『框架』只是部分一階邏輯的一種新語法」。Drew McDermott(1978b)的「塔爾斯基語義，或者說，無表示則無符號！(Tarskian Semantics, or, No Notation without Denotation！)」爭辯道，用在一階邏輯語義中的模型理論方法應該可以用於所有的知識表示形式化方法。這仍然是一個有爭議的想法；特別地，McDermott 在《關於純粹推理的批判》(*A Critique of Pure Reason*)(McDermott，1987)中逆轉了他自己的立場。Selman 和 Levesque 討論了包含例外的繼承的複雜度，顯示在大部分形式化方法中它都是 NP 完全的。

描述邏輯的發展是瞄準尋找使得推理計算可操作的有用一階邏輯子集的長期研究中的最近階段。Hector Levesque 和 Ron Brachman(1987)顯示某些邏輯結構——特別地，對選言和否方式的某些使用——是造成邏輯推理的不可操作性的主要原因。在 KL-ONE 系統(Schmolze 和 Lipkis，1983)的基礎上，若干研究者開發出糅合了複雜度的理論分析之系統，特別是 KRYPTON(Brachman 等，1983)和 Classic(Borgida 等，1989)。已經獲得的結果是推理速度的顯著提高，也是對推理系統中複雜度和表達能力相互關係的更好理解。Calvanese 等人(1999)摘要最新的邏輯，而 Baader 等人(2007)提出一本描述邏輯的完整手冊。與這個趨勢相反，Doyle 和 Patil(1991)主張限制一種語言的表達能力將使求解特定問題成爲不可能的，或者鼓勵使用者透過非邏輯方法避開語言限制。

處理非單調推理的 3 個主要形式化方法——界限(麥卡錫，1980)、預設邏輯(Reiter，1980)和模態非單調邏輯(McDermott 和 Doyle，1980)——都在 AI 期刊的一期特輯中進行了介紹。Delgrande 與 Schaub(2003)討論變種的優點，於 25 年後的認識。解集程式設計可以視爲失敗否方式的一個擴展或界限的一個改進；Gelfond 和 Lifschitz(1988)介紹了穩定模型語義的根本理論，處於領導地位的解集程式設計系統是 DLV(Eiter 等人，1998)和 S 模型(Niemelä 等人，2000)。磁碟機的例子來自 S 模型的使用者手冊(Syrjänen ，2000)。Lifschitz(2001)討論了用於規劃的解集程式設計。Brewka 等人(1997)對各種非單調邏輯方法給出了一個很好的綜述。克拉克(Clark，1978)探討了把失敗否方式方法用於邏輯程式設計和克拉克完備化中。Van Emden 和 Kowalski(1976)證明每個沒有否方式的 Prolog 程式都有一個唯一最小模型。近年來，對於把非單調邏輯應用於大規模知識表示系統，可以看到恢復的興趣。處理保險收益調查的 BENINQ 系統可能是非單調繼承系統的第一個成功的商業應用(Morgenstern，1998)。Lifschitz(2001)討論了把解集程式設計應用於規劃。基於邏輯程式設計的各種非單調推理系統在「邏輯程式設計與非單調推理」(Logic Programming and Nonmonotonic Reasoning，縮寫爲 LPNMR)會議的論文集中有文獻記錄。

對眞值維護系統的研究開始於 TMS(Doyle，1979)和 RUP(McAllester，1980)系統，它們本質上都是 JTMS。Forbus 和 de Kleer(1993)深入地闡明了，TMS 是如何能被用於人工智慧的應用。Nayak 和 Williams(1997)展示了，一個有效的增量 TMS(稱爲 ITMS)如何實現即時規劃 NASA 太空船的操作。

本章不可能深入論述每一個知識表示領域。被省略的 3 個主要課題如下：

定性物理學(Qualitative physics)

定性物理學是知識表示的一個子領域，特別關注在建構一個實體物件和過程的邏輯的、非數值的理論。Johan de Kleer(1975)創造了這個術語，儘管這個事業可以說是從 Fahlman(1974)的 BUILD 開始的，這是一個用於構造複雜積木塔的複雜精密的規劃器。Fahlman 發現在設計它的過程中，大部分努力(他的估計是 80%)都變爲對積木世界進行實體建模，以計算積木塊各種元件的穩定性，而不是進行規劃本身。他勾畫了一個假設的樸素仿實體過程(naive-physics-like)來解譯爲什麼小孩不需要存取 BUILD 實體建模中使用的高速浮點運算器演算法就能解決那些類似 BUILD 的問題。Hayes(1985)用「歷史」(histories)——四維時空片，類似於 Davidson 的「事件」——來構建一個相當複雜的樸素流體實體(navie physics of liquids)。Hayes 第一個證明了如果水龍頭一直開著那麼塞上塞子的浴缸裡的水最終將溢出，以及一個掉進湖裡的人將渾身濕透。Davis(2008)提供一個更新的流本體論 ，它描述傾倒流體到容器之中。

De Kleer 與 Brown(1985)，Ken Forbus(1985)，與 Benjamin Kuipers(1985)各自地且幾乎同時地開發出系統能夠推理一個建立於基礎方程式的定性抽象概念之實體系統。定性物理很快發展到一個它變得可能去分析一個令人印象深刻的各種複雜實體系統的地步。(Yip，1991)。定性技術已經用來構造設計新穎的時鐘、擋風玻璃刮水器、六條腿的行走機器人(Subramanian，1993；Subramanian 和 Wang，1994)。一群有關於實體系統做定性推理的書(Weld 與 de Kleer，1990)，Kuipers(2001)百科全書式的文章，以及 Davis(2007)一本介紹該領域的手冊文章。

空間推理(Spatial reasoning)

在 wumpus 世界和超級市場世界中導航所必要的推理與現實世界的豐富空間結構相比是微不足道的。最早捕捉關於空間的共識推理的認眞嘗試出現在 Ernest Davis(1986，1990)的工作中。Cohn 等人的區域連通演算(1997)支援一種形式的定性空間推理，並已經引向新的地理資訊系統。採用定性物理學(qualitative physics)，可以說代理人能走很長的路都不用求助於完全的座標表示。當這種表示必要時，可以利用在機器人學(第二十五章)中發展出來的技術。

心理推理(Psychological reasoning)

心理推理涉及一種可行的心理學的發展，人造代理人可以用這種心理學來進行關於本身及其它代理人的推理。這通常基於所謂的民間心理學，一種據信被人類通常用於進行關於本身和其他人的推理的理論。當 AI 研究者提供具有對其他代理人進行推理的心理學理論的人造代理人時，這個理論經常基於研究者對邏輯代理人本身設計的描述。心理推理是當前在自然語言理解的上下文中最有用的，其中推測說話者的目的具有最高的重要性。

Minker(2001)收集知識表示之主要研究人員的論文，總結 40 年來該領域的成果。國際會議「知識表示與推理的原理」(Principles of Knowledge Representation and Reasoning)的會議論文集提供該領域研究工作的最新資源。《知識表示讀物》(*Readings in Knowledge Representation*)(Brachman 和 Levesque，1985)和《共識世界的形式化理論》(*Formal Theories of the Commonsense World*)(Hobbs 和 Moore，1985)是知識表示方面的優秀文選；前者更多地集中在表示語言和形式化方法方面的歷史性重要論文之上，而後者集中在知識本身的積累方面。Davis(1990)，Stefik(1995)，與 Sowa(1999)提供教科書介紹知識表示，van Harmelen 等人(2007)提供手冊，人工智慧期刊的特刊討論最新進展(Davis 與 Morgenstern，2004)。兩年一次的會議「關於知識推理的理論方面」(Theoretical Aspects of Reasoning About Knowledge，縮寫爲 TARK)涵蓋了知識理論在人工智慧、經濟和分散式系統中的應用。

❖ 習題 EXERCISES

12.1 以一階邏輯定義井字遊戲的本體論。該本體論應該包含情景，動作，格子，遊戲者，標記(X，O，或空白)，以及贏、輸、或平手的符號。也定義強迫獲勝(或是平手)的概念：於正確的動作順序下，一個遊戲者可以強迫贏棋(或平手)的位置。請爲該領域寫出公理。(**提示**：一一列舉不同的方格且描述獲勝位置的公理會是相當冗長。你不需要全部寫出這些，但是要清楚的指出它們的樣子看起來會是如何)。

12.2 圖 12.1 顯示了包含所有事物的層次的頂層。把它擴展到包含盡可能多的眞實類別。做這個的一個好辦法是涵蓋你日常生活中的所有事物。這包括對象和事件。以醒來開始，透過有序的方式記錄你看到的、接觸到的、做的和考慮的每件事而繼續下去。例如，一個隨機取樣產生了音樂、新聞、牛奶、步行、駕駛、汽油、Soda Hall、地毯、交談、Fateman 教授、咖喱雞、舌頭、$7、太陽、日報，等等。

你應該製作單一的層次圖(在一張很大的紙上)和一個滿足每個類別的成員關係的物件和類別列表。每個物件應該在一個類別內，每個類別應該在層次內。

12.3 開發一個用於推理電腦視窗介面之視窗表示系統。尤其，你的表示應該能夠描述：

- 視窗的狀態：最小化的，展示中的，或是不存在的。
- 哪一個視窗(如果有)是目前使用中的視窗。
- 每一個視窗在給定的時間的位置。
- 視窗重疊之順序(由前至後)。
- 創造，消失，調整大小和移動視窗，改變視窗的狀態，把視窗放到前面等動作。視這些動作爲原子型的；也就是說，不要處理任何它們與滑鼠動作有關的議題。寫出描述動作作用於流之效果的公理。你可以使用事件演算或者情景演算。

假設一個本體論包含了情景、動作、整數(用於 x 和 y 座標)與視窗。定義用於這個本體論的語言，也就是說，一個常數表，函數符號，和述詞及每個述詞的英語描述。如果你必須在本體論中加入更多的類別(例如，畫素)，你可以如此做，但是一定要在你寫的答案內說清楚這些類別。你可以(也應該)使用課文內所定義的符號，但是記得要明白的列出這些。

12.4 使用你在前面習題所發展出來的語言來陳述下列各題：

a. 於情景 S_0，視窗 W_1 位在 W_2 之後，但是它露出上下邊。不要寫出它們的正確位置；描述一般性的情景。

b. 如果一個視窗展現出來，那麼它的頂邊比它的底邊高。

c. 在你創造一個視窗 w 之後，它是展現的。

d. 只有視窗被展現的時候，它才能被最小化。

12.5 (改編自 Doug Lenat 的一道例題)。你的任務是捕捉到足夠多的知識，按照邏輯形式，來回答關於下列簡單語句的一系列問題：

昨天約翰去了北伯克利平安路超市並購買了 2 磅番茄和 1 磅絞細牛肉。

開始先用一系列斷言試著表示語句的內容。你應該寫出具有最直接邏輯結構的語句(例如，關於物件有某種屬性、物件以某種方式相關、所有滿足一個特性的物件也滿足另一個特性等的陳述句)。下面這些問題可能有助於你開始：

- 你需要哪些分類、物件和關係？它們的父節點、兄弟節點等等是什麼？(除了別的事情以外，你還需要事件和時序。)
- 在一個更一般的層次中，它們適合的位置是哪裡？
- 它們中的限制和相互關係是什麼？
- 對於每個不同的概念，你必須描述到何種詳細程度？

要回答下面的問題，你的知識庫必須包括背景知識。你不得不處理超市中有哪類東西，什麼涉及購買選中的東西，購買的東西將用來做什麼，等等。設法使你的表示盡可能一般化。給一個瑣碎的例子：不要說「People buy food from Safeway」(人們從平安路買食品)，因為那些在其他超市購物的人對你沒有幫助。也不要把問題變成答案；例如，問題(c)問的是「Did John buy any meat?」(約翰買了任何肉嗎？)——而不是「Did John buy a pound of ground beef?」(約翰買了 1 磅絞細牛肉嗎？)

勾畫出回答問題的推理鏈。如果可能，用一個邏輯推理系統來證明你的知識庫的充分性。你寫的許多事情在現實中可能只是近似正確的，但是不用太擔心；根本上，核心想法是抽取讓你能回答這些問題的共識。對這個問題的一個確實完備的解是極其困難的，或許超過了當前知識表示技術發展的最尖端技術。但是對這裡提出的有限問題，你應該能組成一個一致的公理集。

a. 約翰是一個孩子還是一個成年人？[成年人]

b. 約翰現在是否至少有兩顆蕃茄？[是]

c. 約翰買肉了嗎？[是]

d. 如果瑪麗買蕃茄的同一時間約翰也在買，他看到了她嗎？[是]

e. 番茄是在超市做出來的嗎？[否]

f. 約翰打算如何處理蕃茄？[吃它們]

g. Safeway 出售除臭劑嗎？[是]

h. 約翰攜帶現金或信用卡到超市嗎？[是]

i. 約翰去了超市之後錢變少了嗎？[是]

12.6 對上面的習題中你的知識庫進行必要的添加或修改，以使下面的問題能夠被回答。你的報告中要包括關於你所作之修改的討論，解釋為什麼它們是必要的，不管它們屬於輕微或重大的，以及什麼類型的問題需要進一步的改變。

a. 當約翰在 Safeway 時，那裡還有其他人嗎？[是——員工！]

b. 約翰是一名素食者嗎？[否]

c. 於 Safeway 誰擁有除臭劑？[Safeway 公司]

d. 約翰有一盎司的碎牛肉嗎？[是]

e. 請問隔壁的殼牌加油站有汽油嗎？[是]

f. 蕃茄裝得進約翰車輛的行李箱嗎？[是]

12.7 使用和擴展本章中提出的表示方法來表示下列 7 條語句：

a. 在 0 到 100 度之間水是液體。

b. 水在 100 度沸騰。

c. 約翰(John)的水壺裡的水是結冰的。

d. 畢雷礦泉水(Perrier)是一種水。

e. 約翰的水壺裡有畢雷礦泉水。

f. 所有的液體都有一個結冰點。

g. 1 公升水比 1 公升酒精重。

12.8 寫出下列各題的定義：

a. *ExhaustivePartDecomposition*

b. *PartPartition*

c. *PartwiseDisjoint*

這些應該類比於 *ExhaustiveDecomposition*，*Partition*，與 *Disjoint* 的定義。*PartPartition*(*s*, *BunchOf*(*s*))是成立的嗎？若是，證明它；如否，請給出反例並定義能夠讓它成立的足夠條件。

12.9 表示度量的一個替換方案涉及對一個抽象的長度物件使用單位函數。在這種方案中，一個人會寫 $Inches(Length(L_1)) = 1.5$。這種方案跟本章中的那種比起來如何？問題包括轉換公理，命名抽象數量(例如「50 dollars(元)」)，並比較不同單位下的抽象度量(如 50 英寸比 50 釐米多)。

12.10 添加規則來擴展述詞 *Name*(*s*, *c*)的定義，以便使像「laptop computer」這樣的一個字串與來自多個不同商店的合適類別名稱相匹配。試著讓你的定義更一般化。透過尋找 10 家線上商店和它們給 3 個不同類別的名稱來測試它。例如，對於膝上型電腦(laptop)類別，我們找到了名稱「Notebooks」，「Laptops」，「Notebook Computers」，「Notebook」，「Laptops and Notebooks」以及「Notebook PCs」。它們中的一些能夠用一個清晰的 *Name*(名稱)事實涵蓋，而其餘的則透過能夠處理複數、連接詞等等的規則來涵蓋。

12.11 寫出事件演算公理以描述 wumpus 世界的動作。

12.12 說明下述每一對眞實世界事件之間所成立的區段代數(interval-algebra)關係：

LK：甘尼迪總統的生命。

IK：甘迺迪總統的嬰兒期。

PK：甘迺迪總統的總統職位。

LJ：約翰遜總統的生活。

PJ：約翰遜總統的總統職位。

LO：歐巴馬總統的生活。

12.13 探討如何延伸事件演算以處理同步事件。是否能避免公理的組合爆炸？

12.14 構造一個考慮到每日波動的貨幣間兌換率的表示。

12.15 定義述詞 *Fixed*，其中 *Fixed*(位置(*x*))意味著物件 *x* 的位置隨時間是固定的。

12.16 描述用某物交換其他某物的事件。描述作爲一種交換的購買，其中交換的物件之一是一筆錢。

12.17 前面的兩道習題假設了相當簡單的所有權符號例如，顧客開始的時候擁有(*owning*)美元鈔票。這個畫面開始垮掉，例如某人的錢在銀行裡，因爲這個人不再擁有任何美元鈔票的特定收藏。透過借錢、出租、租賃和託管，這個畫面進一步地變得複雜化。研究各種共識的和合法的所有權概念，提出一個能夠形式化表示它們的方案。

12.18 [引自 Barton 等人(1995)的著述]。考慮玩一個只有八張卡，4 張 A 與 4 張國王，的遊戲。這三個玩家，艾麗斯，鮑勃，和卡洛斯，各分兩張卡。在不看著它們之下，他們將卡片放在他們的額頭，使得其他玩家可以看到它們。然後玩家要輪流宣布，他們知道自己的額頭上是什麼卡，因此贏得比賽，或者說」我不知道。」大家都知道玩家們是眞的且非常適合推理信度。

a. 比賽 1。愛麗絲和鮑伯都說「我不知道」。卡洛斯看見愛麗絲有兩張 Ace(A-A)而 Bob 有兩張國王(K-K)。卡洛斯應該說什麼？(**提示**：考慮卡洛斯所有三個可能情況：A-A, K-K, A-K)。

b. 使用模態邏輯的符號描述比賽 1 的各個步驟。

c. 比賽 2。卡洛斯，愛麗絲和鮑伯在他們的第一輪都說「我不知道」。愛麗絲手拿 K-K 而鮑伯手拿 A-K。卡洛斯在他的第二輪該說什麼？

d. 比賽 3。卡洛斯，愛麗絲和鮑伯在他們的第一輪都說「我不知道」，愛麗絲在她的第二輪也如此說。愛麗絲和鮑伯都拿 A-K。卡洛斯該說什麼？

e. 證明這遊戲總會有一個贏家。

12.19 邏輯的無所不知的假設(12.4 節)是任何實際的推理器當然不爲眞。其實，它是個理想化的推理過程，視應用而定，可能更能或更不能接受。討論下述各個推理知識之應用所做假設的合理性。

a. 部份知識的對戰遊戲，如卡片遊戲。這裡一名遊戲者想推算出對手對於遊戲狀態知道多少。

b. 計時西洋棋。在這裡，玩家希望推算於可用時間內他對手的極限或他自己找出最佳棋步的能力。例如，如果玩家 A 比玩家 B 剩下更多的時間，那麼 A 將有時間作出一個大大複雜化棋況的棋步，希望藉此爭取優勢，因為他可以有更多的時間來思索出正確的策略。

c. 一個購物代理人置身於一個蒐集資料需付出代價的環境。

d. 推理公鑰加密，這仰賴於某些棘手的計算問題。

12.20 轉譯下述描述邏輯表示(從 12.5.2 節)為一階邏輯，並且對結果作評論：

And(*Man*, *AtLeast*(3, *Son*), *AtMost*(2, *Daughter*),
All(*Son*, *And*(*Unemployed*, *Married*, *All*(*Spouse*, *Doctor*))),
All(*Daughter*, *And*(*Professor*, *Fills*(*Department*, *Physics*, *Math*))))

12.21 回想一下，語義網路中的繼承資訊能夠透過合適的蘊涵語句邏輯地捕獲。這個習題探討使用這種語句於繼承時的效率。

a. 考慮像 Kelly 藍皮書一樣的舊車價目表中的資訊內容——例如，1973 年的 Dodge Vans 值 $575。假設所有這些資訊(對 11,000 個模型)被編碼為邏輯規則，如本章中所建議的那樣。寫下 3 條這樣的規則，包括對 1973 年的 Dodge Vans 的規則。給定一個諸如 Prolog 的逆向連結理論證明機，你如何使用這些規則來找到特定汽車的價格？

b. 比較求解這個問題的逆向連結方法和語義網路中使用的繼承方法的時間效率。

c. 解譯為什麼前向連結允許一個基於邏輯的系統高效地求解同樣的問題，假定知識庫 KB 只包含 11,000 條關於價格的規則。

d. 描述一個情景，在其中無論前向還是逆向連結在規則上都不能高效地處理對單獨一輛汽車的價格查詢。

e. 你能提議一個使這類查詢在邏輯系統的所有情況下都能高效求解的解決方案嗎？(**提示**：記住，同年同款的兩輛車有相同的價格。)

12.22 有人可能假設語義網路中無方塊連接和單方塊連接間的句法差別是沒有必要的，因為單方塊連接總是附帶在類別上；一個繼承演算法能夠簡單地假定附加到一個類別上的無方塊連接要用於該類的所有成員。說明這個論點是錯誤的，給出會引起錯誤的例子。

12.23 本章中沒有涉及的購物過程的一個部分是檢查項目之間的相容性。舉例來說，如果一架數位相機被預訂,什麼樣的附件電池，記憶卡，與盒子符合該相機？寫出一個知識庫能判斷一組物品的相容性，並且如果買家所選的並非相容者，能建議替換品或其他的項目。該知識庫應該至少能用於一個產品線的產品且很容易地延伸至其他產品線。

12.24 購物中顧客描述的不精確匹配問題的一個完全解是很難得到的，需要自然語言處理和資訊檢索技術的全部力量(參見第 22 章和第 23 章)。一個小步驟是允許使用者指定不同屬性的最小值和最大值。購買者必須使用下述文法用於產品描述：

Description → *Category*[*Connector Modifier*]*
Connector → "*with*"|"*and*"|","
Modifier → *Attribute* | *Attribute OP Value*
Op → "="|">"|"<"

此處 *Category* 命名一個產品類別，*Attribute* 是諸如「CPU」或「price」這樣的某特徵，*Value* 是屬性的目標值。遂檢索「computer with at least a 2.5-GHz CPU for under $500」必被重新表示爲「computer with CPU > 2.5 GHz and price < $500」。實作接受用這種語言描述的購物代理人。

12.25 我們對網際網路上購物的描述忽略了實際購買(*buying*)商品這個非常重要的步驟。用事件演算提供購買的一個形式化邏輯描述。也就是，定義事件序列，這個序列發生在當顧客提交一次信用卡購買時，然後最終收到帳單並收到商品。

本章註腳

[1] 把一個命題變成一個物件被稱之為物化(reification)，源於拉丁字 res，或 thing。約翰．麥卡錫提出了術語「thingification」。但是它從來沒有流行過。

[2] 進化生物學家 J. B. S. Haldane 曾經抱怨過造物主「對甲蟲的過度喜好」。

[3] 術語「事件」和「行動」也許可以交換使用。非正式地，「動作」包含代理人然而「事件」包含無天使動作的可能性。

[4] 一些事件演算的版本並不區分事件類與該類的實體。

[5] 一些早期的系統未能分辨類別成員的屬性和類別整體屬性的差別。這會直接導致矛盾，如 DrewMcDermott(1976)在他的文章「人工智慧遇到天生的愚蠢」(Artificial Intelligence Meets Natural Stupidity)中所指出的。另一個常見的問題是對子集和成員關係都使用 *IsA* 連接，和英語用法一致：「貓是一種哺乳動物」和「Fifi 是隻貓」。這些問題的更多內容參見習題 12.24。

[6] 注意語言不允許只是簡單說明一個概念或類別的描述是另一個的子類。這是一個深思熟慮的策略：類別間的包容必須能夠根據類別描述的一些方面推論出來。如果不是的話，那麼描述中缺少一些東西。

[7] 實務中，CLASSIC 提供高效率的包容測試，但是最壞情況下的執行時間是指數級的。

[8] 回想一下，單調性要求所有被蘊涵的語句在新的語句添加到知識庫(KB)後仍然保持被蘊涵。即，如果 $KB \models \alpha$，那麼 $KB \wedge \beta \models \alpha$。

[9] 對於封閉世界假設，如果一個模型有更少的真值原子，那麼它相對於另一個是偏好的——即，偏好的模型是**最小模型**。在 CWA 和確定子句 KB 之間有一個自然的連接，因為在這樣的 KB 中使用前向鏈結到達的不動點是唯一最小模型。關於這點的更多內容，可參考 7.5.4 節。

[10] 信度修正經常與信度更新形成對照，當知識庫被修改來反映世界的變化時修正就會發生，而不是反映關於固定世界的新資訊時。信度更新將信度修正和關於時間與變化的推理結合起來；這與第十五章中描述的濾波過程也有聯繫。

[11] 鏈結跟蹤策略的一個替代方法是利用網際網路搜索引擎；網際網路搜索背後的技術——資訊檢索將在第 22.3 節中論及。

PART IV

Uncertain knowledge and reasoning

第四部分

不確定知識及推理

QUANTIFYING UNCERTAINTY

13

量化不確定性

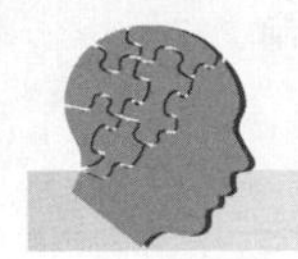

本章我們將會看到代理人如何以信度駕馭不確定性。

13.1 不確定環境下的行動

代理人必須處理**不確定性**，無論是部分可觀察的、不確定的，或是兩者並存者。代理人可能也永遠無法確切知道目前是何種狀態，或經過一連串的動作後，在哪個階段結束。

我們已經探討過解決問題代理人(第 4 章)與邏輯代理人(第 7 章和第 11 章)被設計爲，藉由紀錄**信度狀態**(對其可能所處的所有可能世界狀態集之表示)來處理不確定性，並且產生應變計畫以處理各種可能的事件，事件指的是在執行中由感測器的回報。不論他具備的眾多優點，然而這種方法有著顯著的缺點，當依照字面上地當做方法來建構代理人程式：

- 當要解釋部分感測器資訊，邏輯代理人將考慮各種邏輯上的可能，解釋得到的觀測，無論多不可能。這將導致不可能大且複雜的信念狀態表示。
- 正確的應變計畫以處理每種可能事件，可能導致應變計畫任意增多且必須考量不太可能的偶發事件。
- 有時並無現有計畫可肯定地達到目的——但代理人必須有所行動。則必然有方法藉由比較各計畫的優點，但並無法肯定。

例如，假設自動化計程車有個目標，是將乘客準時地載往機場。代理人建立一個計畫爲 A_{90}，其中包括離家 90 分鐘至飛機起飛前且必須以合理的速度行駛。然而就算距離機場只有 15 英哩遠，代理人也無法確定地下出像「計畫 A_{90} 將使我們及時到達機場」這樣的結論。反之，代理人得出一個較弱的結論：「計畫 A_{90} 將使我們及時到達機場，只要車不拋錨，汽油沒用完，我沒遇到任何交通事故，橋上也沒有交通事故，飛機沒有提前起飛，而且……」。這些條件中沒有一個可由演繹得到，所以這個計劃能否成功是無法推論。這是**限制問題**(qualification problem)(7.7.1 節)，也就是我們到目前爲止仍無看到實際解決方法。

儘管如此，在某種程度上 A_{90} 就是實際上該做的事情。這是什麼意思呢？如同第 2 章的討論，我們的意思是：在所有可被執行的規劃中，A_{90} 是被預期能最大化代理人的效能指標(其中，預期是有關於代理人對環境的知識)。效能指標包括能夠及時到達機場趕上飛機，避免長時間、徒勞地在機場等待，以及避免在路上被開超速罰單。對於 A_{90}，代理人擁有的資訊不能保證得到以上任何結果，但可以它們的達成提供某種程度的把握。其他計畫，例如 A_{120}，也許會增強代理人對準時到達機場的信心，但是也增加了長時間等待的可能性。該做的事情——即**理性**決策——因此既取決於各種目標的相對重要性，也取決於達到這些目標的可能性或程度。本節剩下的部分將打磨這些想法，以對不確定推理與理性決策的一般理論的發展預作準備。我們將在本章以及後續章節提出這些理論。

13.1.1 不確定性總結

在此討論一個不確定原因的例子：診斷牙醫病人的牙痛。診斷——無論在醫學、汽車修理或其他任何方面——幾乎總會涉及不確定性。讓我們先試著使用一階邏輯寫出牙科診斷的規則，以便我們能看到邏輯方法是如何崩潰的。考慮下面的規則：

牙痛 $\Rightarrow$ 蛀牙

問題是，上面這條規則是錯誤的。不是所有的牙疼(toothache)患者都有蛀牙(cavity)，有些人牙疼是因為牙周病(gum disease)，膿腫(abscess)，或者其他幾種問題中的一種：

牙痛 $\Rightarrow$ 蛀牙 $\vee$ 牙齦問題 $\vee$ 膿腫...

不幸的是，為了使此規則為真，我們不得不把可能原因的列表加到幾乎無限長。我們可以試圖把上面的規則轉變成一條因果規則：

蛀牙 $\Rightarrow$ 牙痛

但是這條規則仍然不正確；不是所有的蛀牙都會引起疼痛。修正該規則的唯一途徑是從邏輯上對各種可能的情形進行窮舉：用蛀牙引起牙疼所需的所有限制來擴充公式的左邊。試圖使用一階邏輯處理像醫學診斷這樣的領域之所以會失敗，有以下 3 個主要原因：

- **懶惰**：
  要列出一切必要的前件(antecedent)與後件(consequent)，以保證得到一個沒有任何意外的規則，實在太累了，而且要使用這樣的規則也太困難了。
- **理論的無知**：
  對於該領域，醫學還沒有完備的理論。
- **實務的無知**：
  即使我們掌握了所有的規則，我們也可能無法確定一個特定病人的病情，因為有些必要的測試尚未進行或無法進行。

牙疼和蛀牙間的聯繫並不是一方對另一方的邏輯結果。這是醫學領域中的典型狀況，其他需要做判斷的領域大多也是如此：像是法律、商務、設計、汽車修理、園藝、年代測定等等。在這些領域中，代理人的知識頂多只能提供相關語句的**確信度**(degree of belief，或信度)。我們處理確信度的主要工具爲**機率理論**。在 8.1 節的用詞，機率理論和邏輯學的**本體論約定**相同——即在世界由任一個特殊情況要麼成立要麼不成立的事實所組成——但**認識倫理約定**卻不相同：邏輯代理人確信每個語句必爲是、非或無意見，然而機率代理人爲 0(語句確定爲非)到 1 之(確定爲是)間的數值作爲其確信度。

機率論提供了一種方法來**囊括**我們的惰性和無知所造成的不確定性，從而解決限制問題。我們也許不能確定在折磨一個特定的病人的是什麼病，但是如果他有牙疼的症狀，我們就相信該病人有(例如說)80%的可能性——也就是 0.8 的機率——患有蛀牙。換句話說，就代理人具有的知識來看，與當前情況不可區分的所有情況中，我們預期 80%的病人有蛀牙。這個信念可以根據統計資料得到——例如，到當時爲止所見過的牙疼患者中 80%有蛀牙——或者根據某些一般性規則得到，或者來自多重證據來源的組合。

一個疑問點在於診斷的時機，這在眞實世界是沒有不確定地：病患是否蛀牙，爲何說蛀牙的機率爲 0.8？這不應該是 0 或 1？答案是機率敘述由相對應的知識基礎所決定的，而非對應於眞實世界。我們說「患者有蛀牙的機率爲 0.8，因爲她有牙痛症狀」，假若後續我們得知病患有牙周病的病史，則我們可能有不同的敘述：「病患有蛀牙的機率爲 0.4，因爲她有牙痛且有牙周病的病史。」假設我們收集更多確切的證據推翻蛀牙，則我們可能說「這位病患根據我們目前所瞭解，有蛀牙的機率幾乎爲零」。注意的是，這些論述不是互相矛盾，每一個個別的主張皆是依據不同的知識基礎。

13.1.2 不確定性與理性決策

再次考慮前往機場的 A_{90} 計畫。假設這計畫具有 97%的機率可順利趕上我們的航班。這就意味著 A_{90} 是一個理性的選擇嗎？不一定：或許還有其他計畫，例如 A_{180}，會有更高的機率。如果保證不錯過航班是至關緊要的，那麼冒在機場等候更長時間的風險是值得的。採取 A_{1440} 計畫(需要提前 24 小時離家出發的計畫)如何？在大部分情況下，這並不是一個好的選擇，因爲雖然它幾乎保證讓我們按時到達，但是它需要不可忍受的等待——更別提可能得吃一餐機場的食物。

爲了進行這樣的選擇，代理人必須首先在各種計畫的不同可能**結果**之間有所**偏好**。一個特定結果是一種被完全指定的狀態，包括像是代理人是否按時到達機場，以及在機場需要等待多久等各種因素。我們將使用**效用理論**(utility theory) 來對偏好進行表示和推理。(此處所用之**效用**一詞，其意爲「有用的品質程度」，而非電子公司或水利工程的用法)。效用理論認爲，任何狀態對一個代理人而言都有某種程度的有用性，或效用，而且代理人會偏好具有更高效用的狀態。

狀態的效用是與代理人相關。白方贏得一局西洋棋的狀態，顯然對於執白棋的代理人有高的效用，但是對於執黑棋的代理人是低的。但我們無法確切地由西洋棋錦標賽之規定 1、1/2 和 0 的分數照章行事——有些棋手(包括本書作者)可能會對逼和世界冠軍感到很興奮，然而其他選手(包括前世界冠軍)可能不會。品味或偏好是無法解釋的：你或許認爲一個喜歡墨西哥胡椒泡泡糖冰淇淋而不喜歡夾心巧克力的代理人是古怪的，甚至是被誤導的，但你不能說它是非理性的。效用函數可以解釋任何偏好的集合——古怪的或典型的、高尚或倔強的。注意這樣的效用可解釋爲利他主義，只需要把別人的幸福納入爲因素之一即可。

透過效用表達的偏好在稱作**決策理論**(decision)的通用理性決策理論中與機率作結合：

決策理論 ＝ 機率理論 ＋ 效用理論

決策理論最基本的想法是：一個代理人是理性的，若且唯若它選擇能產生最高期望效用的行動，而期望效用是行動的所有可能結果的平均值。這稱爲**期望效用最大化**(Maximum Expected Utility，MEU)原則。注意「期望」可能看起來像是模糊、假設的字眼，但在此有確切的含意：它表示結果的「平均」或「統計平均」，由結果的機率經過權重後得到。在第五章我們簡短地提及西洋雙陸棋的最佳化決策時，曾見到過這條原則的運作。事實上它是一條完全通用的原則。

圖 13.1 勾勒出了使用決策理論來選擇行動的代理人結構。在一個抽象層次上，該代理人與第 4 章、第 7 章所描述的代理人相同，其維護的信仰狀態反映出歷史至今的感知。主要的區別在於，決策理論代理人的信念狀態表示，並沒有剛好等同於世界的狀態與這些狀態的機率。有了信念狀態，代理人便能夠對行動的結果進行機率預測，進而選擇期望效用最高的行動。本章及下一章將注意力集中於一般機率資訊的表示和計算。第 15 章討論的方法則處理表示並更新信念狀態，以及預測環境等特定任務。第 16 章將深入闡述效用理論，而第 17 章則發展在不確定環境中規劃一連串行動的演算法。

```
function DT-AGENT(percept) returns an action
  persistent: belief_state, probabilistic beliefs about the current state of the world
              action, the agent's action

  update belief_state based on action and percept
  calculate outcome probabilities for actions,
      given action descriptions and current belief_state
  select action with highest expected utility
      given probabilities of outcomes and utility information
  return action
```

圖 13.1　選擇理性行動的決策理論代理人

13.2 基本機率標記法

我們需要一種正規語言，才能讓代理人表示並使用機率資訊。機率理論的語言，一直以來都是由人類數學家寫給其他的人類數學家看的，不是正規語言。附錄 A 收錄了基礎機率理論的標準簡介，而在此我們要採用的是更適合人工智慧所需、並更與形式邏輯觀念相符的做法。

13.2.1 關於機率

機率斷言與邏輯斷言一樣，都是用於可能世界的。但是，當邏輯斷言會將某些可能世界的存在嚴格排除掉(因爲這個可能世界所對應的邏輯斷言爲假)時，機率斷言討論的則是這些可能世界存在的機率有多少。用機率理論的話來說，所有可能世界的集合就稱爲**樣本空間**(sample space)。這些可能世界爲互斥且窮舉的——也就是說，兩個可能世界不能同時成立，而且在樣本空間中必有一個可能世界成立。例如，如果我們即將擲出兩個(相異)骰子，那麼我們就得考慮 36 種可能世界：(1, 1), (1,2), ..., (6,6)。我們用希臘字母 Ω(大寫 omega)來表示樣本空間，ω(小寫 omega)表示此空間的元素，也就是某一特定的可能世界。

一個完整定義的**機率模型**(probability model)會對每個可能世界都給定一個機率數值 $P(\omega)$[1]。機率理論最基本的公理告訴我們，每個可能世界的機率必介於 0 與 1 之間，且所有可能世界的機率加總必爲 1：

$$0 \le P(\omega) \le 1 \quad \text{對於所有}\omega\text{且}\sum_{\omega\in\Omega} P(\omega) = 1 \tag{13.1}$$

例如，假如每個骰子擲出任一數字的機率皆相同，且每次投擲皆不互相影響，則各個情況(1, 1)、(1, 2)、…、(6, 6)的機率皆爲 1/36。另一方面，若意圖將骰子擲出相同點數的話，那麼(1, 1)、(2, 2)、(3, 3)等就可能有較高的機率，而除此之外的可能世界發生機率就會因此而降低。

機率判斷與查詢並不是常爲可能世界的特定情況，而是其中的集合。例如，我們可能會想要知道諸如兩個骰子點數合計爲 11，或是兩個骰子擲出相同點數的機率。在機率理論中，會將這些集合稱爲**事件**(event)——但是，這個詞我們已在第 12 章大量用於描述另一個不同的觀念。而在人工智慧中，集合會以採正規語言之**命題**來描述(第 13.2.2 節會介紹一個範例)。對每個命題而言，其相對應的集合僅包含符合此命題的可能世界。一個命題的機率則定義爲此命題中所有可能世界的機率總和：

$$\text{對於任何命題 }\phi\text{，} P(\phi) = \sum_{\omega\in\phi} P(\omega) \tag{13.2}$$

例如，當投擲公平骰子的時候，我們得到 $P(Total = 11) = P((5,6)) + P((6,5)) = 1/36 + 1/36 = 1/18$。機率理論不須要個別的可能世界中所有的機率知識。例如，假設我們認爲骰子會投擲出相同點數，則可推斷 $P(doubles) = 1/4$ 同時不需要知道骰子投擲出的結果偏向兩個 6 還是兩個 2。如同邏輯推斷，推斷約束是基於機率模型而不需充分確定。

機率像是 $P(Total = 11)$與 $P(doubles)$被稱作爲**非條件性**或**事前機率**，在缺乏其他資訊的時候，會參照提案的確信度。多半的時候，然而我們已有一些資訊，通常稱之爲**證據**，這些皆是已展現出來的。舉例來說，第一個骰子已經出現 5，而我們屏息等待另一個投擲結果。在這個例子中，我們並不是對於擲出相同點數的非條件機率有興趣，而對於擲出相同點數的**條件機率**或**事後機率**，在此給定的條件是第一個骰子是 5。此機率表示爲 $P(doubles \mid Die_1 = 5)$，其中「｜」是定義爲「給定」類似地，假設我準備要去看牙醫做例行性的檢查，對於機率 $P(cavity) = 0.2$ 應會有興趣。但是若我因爲牙痛而去看牙醫，則 $P(cavity \mid toothache) = 0.6$ 這樣的狀況。注意「｜」的優先權是於 $P(...|...)$如此的格式表示通常意指 $P((...)|(...))$。

要瞭解很重要的一點是當牙痛之後 $P(cavity) = 0.2$ 仍然是成立的，但並非特別地有用。當要做判斷時，代理人需要所有它觀察到的證據作爲條件。而條件與邏輯運涵的差異同樣也是很重要必須瞭解。推斷 $P(cavity \mid toothache) = 0.6$ 並非意指「每當牙痛爲眞時，結論是蛀牙爲眞的機率爲 0.6」而是「每當牙痛爲眞且我們沒有更進一步的資訊，結論是蛀牙爲眞的機率爲 0.6」。額外的資訊很重要，舉例來說，若我們有牙醫發現沒有蛀牙這樣更進一步的資訊，我們明確地不會提出蛀牙爲眞的機率是 0.6 這樣的結論，我們必須以 $P(cavity \mid toothache \wedge \neg cavity) = 0$ 作爲替代。

從數學上來說，機率條件機率就非條件機率方面的定義如下：對於任何命題 a 和 b，我們得到

$$P(a \mid b) = \frac{P(a \wedge b)}{P(b)} \tag{13.3}$$

只要當 $P(b) > 0$ 時上式就成立。例如，

$$P(doubles \mid Die_1 = 5) = \frac{P(doubles \wedge Die_1 = 5)}{P(Die_1 = 5)}$$

若記得觀察到 b 是排除所有可能世界中 b 爲否的部分，則此定義具有意義，而排除集合則所有機率恰爲 $P(b)$。包含集合，a 的世界滿足 $a \wedge b$ 且構成 $P(a \wedge b)/P(b)$的一小部分。

等式(13.3)即條件機率的定義可被改寫爲不同的形式，稱之爲**積法則**：

$$P(a \wedge b) = P(a \mid b)P(b)$$

積法則也許比較容易記憶：它源於以下的事實，即若要讓 a 和 b 同時爲眞，我們需要 b 爲眞，而且我們需要在已知 b 的條件下 a 也爲眞。

13.2.2 語言的命題於機率推斷

於本章與後續，可能世界的命題敘述集合被表示爲命題邏輯與限制滿足符號的合併元素。於 2.4.7 節的術語，它是一個**因式表示**，其中可能世界由成對之變數與數值的集合所表示。

變數於機率理論中稱之爲**隨機變數**，且變數名以大寫字母開始。因此以骰子爲例，*Total* 與 Die_1 皆是隨機變數。每一個隨機變數都有一個**定義域**——由其可能的值構成之集合。對於兩個骰子 *Total* 的定義域的集合爲{2, ..., 12}且 Die_1 的定義域爲{1, ..., 6}。布林隨機變數的定義域爲{*true*, *false*}(注意這裡的值通常以小寫標示)，例如擲出兩個點數相同的命題可表示爲 *Doubles* = *true*。爲了方便，命題的形式 *A* = *true* 縮寫簡化爲 *a*，當 *A* = *false* 則縮寫爲¬*a*。(這樣的縮寫在先前的章節中使用於雙重點數、蛀牙和牙痛)。如同於 CSP 中，定義域的集合可任意地決定，我們可選擇年紀 *Age* 的定義域爲{*juvenile*, *teen*, *adult*}而季節 *Weather* 可定爲{*sunny*, *rain*, *cloudy*, *snow*}。當沒有模稜兩可的情況時，一般可使用值來表示命題中特定變數的值，在此 *sunny* 可用 *Weather* = *sunny* 代表。

前述的例子都是有限的定義域。變數也可爲無窮的定義域——無論是離散(像是整數)或連續(像是實數)。對於任何有序定義域的變數，也可爲不等式像是 $NumberOfAtomsInUniverse \geq 10^{70}$。

最後，我們可使用命題邏輯的連接詞合併這些基本命題(包括對於布林變數的縮寫形式)。例如，我們可表示「病患是青少年且無牙痛，她有蛀牙的機率為 0.1」為如下；

$$P(cavity \mid \neg toothache \wedge teen) = 0.1$$

有時候，我們想談論一個隨機變數所有可能值的機率。我們可寫為：

$$P(Weather = sunny) = 0.6$$

$$P(Weather = rain) = 0.1$$

$$P(Weather = cloudy) = 0.29$$

$$P(Weather = snow) = 0.01$$

若為縮寫可允許為

$$\mathbf{P}(Weather) = \langle 0.6, 0.1, 0.29, 0.01 \rangle$$

其中粗體字 **P** 表示結果為向量的數字，且我們假設預先定義天氣 *Weather* 的定義域順序為$\langle sunny, rain, cloudy, snowon \rangle$。我們說 **P** 陳述為隨機變數 *Weather* 定義一個**機率分佈**。**P** 的註記同樣用於條件分佈：$\mathbf{P}(X \mid Y)$對每個可能的 i 和 j 給出了 $P(X = x_i \mid Y = y_j)$的值。

對連續隨機變數而言，要以表格的形式寫出整個分佈是不可能的，因為隨機變數有無限多的可能值。因此，一般會把隨機變數在某個值 x 上的機率定義為 x 的一個參數化函數。例如這個句子

$$P(NoonTemp = x) = Uniform_{[18C,26C]}(x)$$

表示的是，對於中午溫度均勻分佈於攝氏 18 至 26 度間的信度。我們稱此為**機率密度函數**。

機率密度函數(有時稱為 pdfs)與離散分佈有不同的意義。於攝氏 18 度至攝氏 26 度之間有平均的機率密度表示溫度有 100%的機率會落在攝氏 8 度的範圍，且有 50%的機率會落在攝氏 4 度的範圍，以此類推。我們將機率密度以連續隨機變數 X(其值為 x)表示為 $P(X=x)$或僅以 $P(x)$來表示，$P(x)$直觀的定義為 X 落在以 x 為起始的任意小區間，除以區間寬度：

$$P(x) = \lim_{dx \to 0} P(x \le X \le x + dx) / dx$$

對於 *NoonTemp* 我們得到

$$P(NoonTemp = x) = Uniform_{[18C,26C]}(x) = \begin{cases} \frac{1}{8C} & \text{若} 18C \le x \le 26C \\ 0 & \text{其他} \end{cases}$$

其中 C 是代表攝氏溫度(而非常數)。以 $P(NoonTemp = 20.18C) = 1/8C$，注意其中 $1/8C$ 是機率密度，不是機率。*NoonTemp* 正巧為 $20.18C$ 的機率為零，因為 $20.18C$ 的區間寬度為零。某些作者用不同的符號來表示離散分佈和密度函數，但是我們在兩種情況下都使用符號 P 來表示，因為這樣做很少引起混淆，而且兩種公式通常是相同的。要注意機率值是無單位數值，但密度函數卻是有度量單位的，例如上例中的單位是度的倒數。

除了單一變數的分佈之外，我們還需要多重變數的分佈表示。在此使用逗號，例如，**P**(*Weather*, *Cavity*)表示爲所有 *Weather* 和 *Cavity* 值的機率組合。這是一個 4×2 的機率表，稱爲 *Weather* 和 *Cavity* 的**聯合機率分佈**(joint probability distribution)。我們也可混和變數與數值，**P**(*sunny*, *Cavity*)爲兩個元素之向量，給定了在晴天且蛀牙以及晴天且沒有蛀牙的機率。**P** 的標示使得部分的表達更爲簡潔。例如，以積法則可將天氣 *Weather* 和蛀牙 *Cavity* 的可能值寫爲一個等式：

$$\mathbf{P}(Weather, Cavity) = \mathbf{P}(Weather \mid Cavity)\mathbf{P}(Cavity)$$

來取代這些 4×2 = 8 條等式(其中使用 *W* 和 *C* 作爲縮寫)：

$$P(W= sunny \wedge C= true) = P(W = sunny \mid C = true)P(C = true)$$

$$P(W= rain \wedge C = true) = P(W = rain \mid C = true)P(C = true)$$

$$P(W = cloudy \wedge C = true) = P(W = cloudy \mid C = true)P(C = true)$$

$$P(W = snow \wedge C = true) = P(W = snow \mid C = true)P(C = true)$$

$$P(W = sunny \wedge C = false) = P(W = sunny \mid C = false)P(C = false)$$

$$P(W = rain \wedge C= false) = P(W = rain \mid C = false)P(C = false)$$

$$P(W = cloudy \wedge C = false) = P(W = cloudy \mid C = false)P(C = false)$$

$$P(W = snow \wedge C = false) = P(W = snow \mid C = false)P(C = false)$$

以簡化的例子，**P**(*sunny*, *cavity*)沒有包括變數，且僅爲晴天並且有蛀牙的機率的單一元素向量，也可寫爲 **P**(*sunny*, *cavity*)或 **P**(*sunny*∧*cavity*)。我們有時將會使用 **P** 標示法以得到獨立的 **P** 值，當我們說「**P**(*sunny*) = 0.6」，則確實爲「**P**(*sunny*)是一個爲⟨0.6⟩的單一元素向量，意義爲 **P**(*sunny*) = 0.6」的縮寫。

現在已定義命題語法與機率推斷且給定部分語義：等式(13.2)定義了命題的機率爲其世界所包含的機率總和。爲了完成語義，我們需要指出是什麼世界且該如何決定世界所有的命題。我們由命題邏輯的語義直接借用此部分如後述，可能世界是由被指定值的所有隨機變數所定義。很容易看出這樣的定義滿足了可能世界是互斥且詳盡的基本需求(習題 13.5)。例如，假設隨機變數爲蛀牙 *Cavity*、牙痛 *Toothache* 和天氣 *Weather*，則具有 2×2×4=16 的可能世界。此外，任何給定命題的眞值，無論如何複雜，皆可被此類的眞實世界所決定，其中依照命題邏輯中的公式以相同眞值的遞迴定義。

由目前可能世界的定義，具有如下的機率模型，完全由所有隨機變數的聯合分佈所決定——也稱之爲**全聯合機率分佈**。例如，假設隨機變數爲 *Cavity*、*Toothache* 和 *Weather*，則全聯合機率分佈由 **P**(*Cavity*, *Toothache*, *Weather*)所給定。這個全聯合機率分佈可表爲包含 16 個條目的 2×2×4 表格。因爲每個命題的機率爲其可能世界的總和，全聯合機率分佈理論上足以計算任何命題的機率。

13.2.3 機率公理與其合理性

機率的基本公理[等式(13.1)和(13.2)]說明確信度之間的部分關係可根據邏輯關係的命題。例如，對於機率的命題與機率的否定我們可衍生出相似的關連性：

$$\begin{aligned} P(\neg a) &= \sum\nolimits_{\omega\in\neg a} P(\omega) && \text{由公式(13.2)} \\ &= \sum\nolimits_{\omega\in\neg a} P(\omega) + \sum\nolimits_{\omega\in a} P(\omega) - \sum\nolimits_{\omega\in a} P(\omega) \\ &= \sum\nolimits_{\omega\in\Omega} P(\omega) - \sum\nolimits_{\omega\in a} P(\omega) && \text{結合頭兩項} \\ &= 1 - P(a) && \text{由(13.1)及(13.1)} \end{aligned}$$

我們也可對於機率的選言衍生出眾所周知的公式，有時稱之爲**排容原理**：

$$P(a \vee b) = P(a) + P(b) - P(a \wedge b) \tag{13.4}$$

這條公理其實很容易記憶。所有 a 成立的情況以及 b 成立的情況合起來當然包含了 ab 的所有情況；但把這兩組情況相加，就會對它們的交集計數兩次，因此我們必須把 $P(a \wedge b)$ 減掉。這個的證明就留作爲練習(習題 13.6)。

式(13.1)和(13.4)常稱爲**柯莫果洛夫公理**(Kolmogorov's axioms)，爲了紀念俄羅斯數學家安德列・柯莫果洛夫(Andrei Kolmogorov)，他闡明了如何藉由這些簡單的基礎出發建立其餘的機率理論，及如何處理由連續隨機變數引起的困難[2]。然而等式(13.2)具有定義上的意味，等式(13.4)揭露出公理確實對於確信度無限制，代理人可關注於邏輯相關命題。這類似於邏輯代理人不可能同時相信 A、B 和$\neg(A\wedge B)$，因世界上不可能三者同時爲眞。然而在機率的情況中，語句不是直接指向世界，而是指向代理人自己的知識狀態。那麼，爲何代理人不能懷有下面這組(即使違反 Kolmogorov 公理)信念呢？

$$\begin{aligned} &P(a) = 0.4 \quad P(a \wedge b) = 0.0 \\ &P(b) = 0.3 \quad P(a \vee b) = 0.8 \end{aligned} \tag{13.5}$$

這類的問題，已經成爲主張使用機率作爲確信度的唯一合法形式的人們，和其他替代方法的倡導者之間激烈爭論了數十年的主題。

一個支持機率公理的論點，最早由 Bruno de Finetti 在 1931 年提出[被翻譯成的英文版，可參考 de Finetti (1993)]，敘述如下：該論點的想法是，如果代理人對一個命題 a 有一定的確信度，則該代理人應該能夠陳述，它要下多少比例的賭注，才能期望在一個關於 a 會不會發生的賭局中不輸不贏[3]。你可以把它想成兩個代理人之間的博弈遊戲。代理人 1 宣稱「我對事件 a 的信度爲 0.4。」然後代理人 2 可以自由選擇去賭 a 會不會發生，且賭注與所宣告的信度一致。也就是說，代理人 2 可以選擇接受代理人 1 賭 a 會發生；若賭贏，則從代理人 1 贏 4 美元，賭輸付 6 美元。或者代理人 2 可接受代理人 1 賭$\neg a$ 會發生；賭贏 6 美元，賭輸付 4 美元給代理人 1。則我們注意到 a 的結果且到底誰可以贏得賭注。如果一個代理人的確信度不能準確地反映世界，那麼你會預期，如果他的對手的信念更能準確地反映世界狀態，則他終究會傾向把錢輸給對手。

然而 de Finetti 證明了更強的結論：如果代理人 1 表達了一組違反機率論公理的確信度，那麼代理人 2 存在一組下注方案，可以保證每一次代理人 1 都輸錢。例如，假設代理人 1 具有來自公式 13.5 的一組確信度。圖 13.2 顯示，如果代理人 2 選擇在 a 上賭 4 美元，在 b 上賭 3 美元，在$\neg(a \vee b)$上賭 2 美元，則無論 a 和 b 的結果如何，代理人 1 總是輸錢。De Finetti 定理指出沒有一個理性的代理人具有違反機率公理的確信。

代理人1		代理人2		代理人 1 的結果			
命題	確信度	命題	賭注	$a \wedge b$	$a \wedge \neg b$	$\neg a \wedge b$	$\neg a \wedge \neg b$
a	0.4	a	輸 4 贏 6	–6	–6	4	4
b	0.3	b	輸 3 贏 7	–7	3	–7	3
$a \vee b$	0.8	$\neg(a \vee b)$	輸 2 贏 8	2	2	2	–8
				–11	–1	–1	–1

圖 13.2　由於代理人 1 有不一致的信念，代理人 2 能夠策劃一組下注方案，保證無論 a 和 b 的結果如何，代理人 1 都輸錢

對於 de Finetti 定理有個一般的異論爲這個賭局是有圖謀的。例如，如果有人不願意打賭怎麼辦？那樣會終結這個論點嗎？答案是，這個賭博遊戲只是決策狀況的一個抽象模型；所有代理人時時刻刻都不可避免地被捲入其中。代理人採取的每一個行動(包括不行動)都是一種賭博，每個結果都可以視爲賭博的收益。拒絕賭博相當於拒絕允許讓時間流逝。

也有其他強有力的哲學論證被提出來支持機率的使用，其中最引人注目的是 Cox(1946)和 Carnap(1950)的論點。他們分別建構一組對於確信度推理的公理：沒有矛盾，以相符於日常的邏輯。(例如，若確信 A 成立，則也確信$\neg A$ 不成立)。唯一有爭論的公理是確信度必須爲數值，或是至少爲可被傳遞的(假設確信於 A 比確信於 B 大，也確信於 B 比確信於 C 大，則確信於 A 必須比確信於 C 大)以及可比較的(確信於 A 必須是等於、大於或是小於 B 的三者其中一)。這些可被證明機率是唯一可滿足這些公理的方法。

然而，既然我們所處的世界是這個樣子，實務上的展示有時會比證明更有說服力。比起論證而言，機率推理系統的成功更爲有效地讓人們相信機率理論。我們現在就看看如何利用這些公理進行推導。

機率從何而來？

關於機率數值的起源和地位一直有著無盡的爭論。**頻率主義**的立場是，數值只能來自實驗：如果我們對 100 個人進行測試，發現其中 10 個人有蛀牙，那麼我們可以說出現蛀牙的機率近似於 0.1。在這種觀點下，斷言「有蛀牙的機率為 0.1」意味著 0.1 是在樣本數趨近於無限大時能夠被觀察到的比例。我們能從任何有限的樣本中估計真正的比例，並且還能計算我們的預估可能有多精確。

客觀主義觀點認為機率是宇宙的一個真實層面——即物體的行為以特定方式表現的傾向——而不僅是對觀察者的確信度的描述。例如，擲一枚公平的硬幣時，正面朝上的機率為 50%，這是硬幣本身的傾向。依照此種觀點，頻率主義者的測量行為正是在觀察這些傾向。大部分物理學家同意量子現象客觀來說是機率性的，但是宏觀尺度上——例如，在投擲硬幣時——的不確定性通常來自對初始條件的無知，因此看來與這種傾向的觀點並不一致。

而**主觀主義**則把機率視為一種表述代理人信念的方式，而不具備任何外在的實體意義。主觀的**貝氏**觀點允許事前機率命題有條理的歸屬，但其後堅持當得到證據有恰當的貝氏更新。

即使嚴格的頻率主義立場，由於**參考類別**(reference class)問題，終究也會涉及主觀分析：在嘗試算出特定實驗的結果機率，頻率主義將它和已知結果機率歸類於相似實驗的參考類別中。I. J. Good (1983，p. 27)寫道，「生命中每個事件皆為獨一無二，且每個我們實際估計的現實生活機率皆為之前從未發生過的事件。」例如，有一個特定病患，頻率主義要算蛀牙的機率，將由其他相似的病患為參考類別，以一些重要方面的相似點(年齡、症狀、飲食習慣)，且觀察他們之中哪些有蛀牙。假設牙醫考量到對於已知病患的每件事——如精確到公克的體重、頭髮顏色、母親娘家的姓氏——參考類別則會為空。在科學哲學領域這一直是一個令人苦惱的問題。

拉普拉斯的**無差別原則**(principle of indifference)(1816)指出，在語法上與證據「對稱」的命題應該被賦予相同的機率。人們提出的各種改進，在 Carnap 和其他人嘗試發展一種嚴格的歸納邏輯時達到了頂峰。歸納邏輯能夠從任何一群觀測結果計算出任何命題的正確機率。目前人們相信不存在唯一的歸納邏輯；反之，任何這樣的邏輯都依賴於一個主觀的事前機率分佈。事前機率分佈的影響會隨著收集到更多的觀測結果而減少。

13.3 使用全聯合分佈進行推理

在本節中我們描述一種**機率推理**的簡單方法——也就是，根據觀察到的證據計算查詢命題的事後機率。我們將使用全聯合機率分佈作爲「知識庫」，從中導出所有問題的答案。我們也會順道介紹幾種在操作涉及機率的公式時相當有用的技術。

我們從一個非常簡單的例子開始：一個由 3 個布林變數 *Toothache*、*Cavity* 以及 *Catch* (牙醫可怕的鋼針刺進我的牙裡了)組成的定義域。其全聯合分佈是一個 $2 \times 2 \times 2$ 的表格，如圖 13.3 所示。

	toothache		*¬toothache*	
	catch	*¬catch*	*catch*	*¬catch*
cavity	0.108	0.012	0.072	0.008
¬cavity	0.016	0.064	0.144	0.576

圖 13.3 *Toothache*、*Cavity*、*Catch* **世界的全聯合分佈**

要注意到，根據機率公理的要求，聯合分佈中的所有機率之和爲 1。也要注意，公式(13.2)爲我們提供了一種直接的方法來計算任何命題的機率，無論是簡單命題還是複合命題：我們只需要找出所有蘊含該命題爲眞的原子事件，然後把它們的機率加起來即可。例如，命題 $cavity \vee toothache$ 在 6 個原子事件中成立：

$$P(cavity \vee toothache) = 0.108 + 0.012 + 0.072 + 0.008 + 0.0165 + 0.064 = 0.28$$

一個特別常見的任務是抽取出事件中一組或一個變數的機率分佈。例如，將圖 13.3 中第一行的條目加起來就得到 cavity 的無條件機率，或者稱爲**邊緣機率**[4]：

$$P(cavity) = 0.108 + 0.012 + 0.072 + 0.008 = 0.2$$

這個過程稱爲**邊緣化**，或者稱爲**加總消去**(summing out)——因爲我們將所有其他變數的可能值的機率都加總，因此將他們由等式消去。對於任何兩個變數集合 $\mathbf{Y}$ 和 $\mathbf{Z}$，我們可以寫出如下的通用邊緣化規則：

$$\mathbf{P}(\mathbf{Y}) = \sum_{\mathbf{z}\in\mathbf{Z}} \mathbf{P}(\mathbf{Y}, \mathbf{z}) \tag{13.6}$$

其中 $\sum_{\mathbf{z}\in\mathbf{Z}}$ 表示將變數 $\mathbf{Z}$ 的集合中所有可能組合的值加總。有時會將此式排除內含的 $\mathbf{Z}$ 簡化爲 $\sum_{\mathbf{Z}}$。我們使用這個法則爲

$$\mathbf{P}(Cavity) = \sum_{\mathbf{z}\in\{Catch, Toothache\}} \mathbf{P}(Cavity, \mathbf{z}) \tag{13.7}$$

這條規則有一個使用積法則的變形，其包含條件機率而非聯合機率：

$$\mathbf{P}(\mathbf{Y}) = \sum_{\mathbf{z}} \mathbf{P}(\mathbf{Y}|\mathbf{z})P(\mathbf{z}) \tag{13.8}$$

這條規則稱爲**條件化**(conditioning)。對於每種涉及機率運算式的的推導過程，邊緣化和條件化都將會是非常有用的規則。

在大部分情況下，若有關於其他變數的證據，我們會對計算一個變數的條件機率感興趣。條件機率可以如此找到：首先使用公式(13.3)得到一個無條件機率運算式，然後再根據全聯合分佈對運算式求值。例如，我們可以計算在已知牙疼的情況下蛀牙的機率如下：

$$P(cavity \mid toothache) = \frac{P(cavity \wedge toothache)}{P(toothache)}$$

$$= \frac{0.108 + 0.012}{0.108 + 0.012 + 0.016 + 0.064} = 0.6$$

單純爲了驗算，我們也可以計算當牙疼的證據已知時，病人沒有蛀牙的機率：

$$P(\neg cavity \mid toothache) = \frac{P(\neg cavity \wedge toothache)}{P(toothache)}$$

$$= \frac{0.016 + 0.064}{0.108 + 0.012 + 0.016 + 0.064} = 0.4$$

此兩個值的總和如同預期爲 1.0。注意這兩次計算中，不論我們要計算的 *Cavity* 的值是眞是假，1 / $P(toothache)$這一項都是固定的。事實上我們可以把它看成是 $\mathbf{P}(Cavity \mid toothache)$的一個**歸一化**(normalization)常數，藉以保證其所包含的機率相加等於 1。在處理機率的章節中，我們將從頭到尾用 α 來表示這樣的常數。有了這個符號，我們便可以把前面的兩個公式合併爲一：

$$\mathbf{P}(Cavity \mid toothache) = \alpha\, \mathbf{P}(Cavity, toothache)$$

$$= \alpha\, [\mathbf{P}(Cavity, toothache, catch) + \mathbf{P}(Cavity, toothache, \neg catch)]$$

$$= \alpha\, [\langle 0.108, 0.016\rangle + \langle 0.012, 0.064\rangle] = \alpha\, \langle 0.12, 0.08\rangle = \langle 0.6, 0.4\rangle$$

換句話說，我們可以計算 **P**(*Cavity* | *toothache*)即使不知道 *P*(*toothache*)的值。我們暫時先將 1/*P*(*toothache*)忘記，加上 *cavity* 和¬*cavity* 的值，分別為 0.12 與 0.08。這樣不是一個正確的相關問題，因為他們的和並非為 1，所以我們將他們正規化，除以 0.12 + 0.08 則可以得到真正的機率為 0.6 和 0.4。正規化開啓一個於機率計算的有用捷徑，讓計算更於容易且允許我們處理當某些機率推斷[例如 *P*(*toothache*)]並不存在。

從這個例子裡，我們可以抽出一個通用推理程序。我們開始這個例子，其中查詢包括單一變數 X(例子中的 *Cavity*)。令 **E** 為證據變數集合(及前例中的 *Toothache*)，**e** 為這些變數被觀察到的值，**Y** 為其餘的未觀測變數(及前例中的 Catch)。查詢為 **P**(*X* | **e**)，其值可由下式算出：

$$\mathbf{P}(X \mid \mathbf{e}) = \alpha\, \mathbf{P}(X, \mathbf{e}) = \alpha \sum_{\mathbf{y}} \mathbf{P}(X, \mathbf{e}, \mathbf{y}) \tag{13.9}$$

其中加總的範圍包含所有可能的 **y**(也就是未觀測變數集合 **Y** 的值的所有可能組合)。注意變數 *X*，**E** 以及 **Y** 一起構成了定義域中所有變數的完整集合，所以 **P**(*X*, **e**, **y**) 就是全聯合分佈中的機率的一個子集合。

如果有全聯合分佈可以使用，等式(13.9)可回答離散隨機變數的機率查詢。然而它的規模擴展性(scalability)並不好：對於一個由 *n* 個布林變數所描述的定義域，它需要一個大小為 $O(2^n)$的機率表作為輸入，同時還要花費 $O(2^n)$的時間來處理這個表。在實際的問題中，我們可能容易地就有包含 $n > 100$ 使得 $O(2^n)$不切實際。表格形式的全聯合分佈對於建立推理系統並不是一個實用的工具。反之，他應該被視為更有效的方法所奠基的理論基礎，例如像是眞實表格式的理論基礎對於更實際的演算法像是 DPLL。本章的其餘部分介紹了一些基本觀念，以備發展第十四章中的幾個實際系統之需。

13.4 獨立性

讓我們先擴展圖 13.3 中所示的全聯合分佈：增加第 4 個變數 *Weather* 後，全聯合分佈則變成為 **P**(*Toothache*, *Catch*, *Cavity*, *Weather*)，其中有 $2 \times 2 \times 2 \times 4 = 32$ 個單元。它包含圖 13.3 所示表格的 4 個不同的「版本」，每個版本對應一種天氣。這個版本彼此之間有什麼關係，以及他們與原本的三變數表格又有什麼關係？例如，*P*(*toothache*, *catch*, *cavity*, *cloudy*)和 *P*(*toothache*, *catch*, *cavity*)之間有什麼關係？我們可以使用積法則：

$$P(toothache, catch, cavity, cloudy)$$
$$= P(cloudy \mid toothache, catch, cavity) P(toothache, catch, cavity)$$

現在，除非他是神靈化身，否則一個人應該不會認為自己牙齒的問題會影響到天氣。且在室內的牙醫，至少這似乎可安全地說天氣並非影響到牙齒的變數。因此，下面的斷言看來是合理的：

$$P(cloudy \mid toothache, catch, cavity) = P(cloudy) \tag{13.10}$$

由此我們推論出：

$$P(toothache, catch, cavity, cloudy) = P(cloudy) P(toothache, catch, cavity)$$

對於 $\mathbf{P}(Toothache, Catch, Cavity, Weather)$中的每個條目，都存在類似的公式。事實上，我們可以寫出更通用的式子：

$$\mathbf{P}(Toothache, Catch, Cavity, Weather) = \mathbf{P}(Toothache, Catch, Cavity)\mathbf{P}(Weather)$$

這樣一來，包含 4 個變數、32 個元素的表，就可以由一個 8 個元素的表和一個 4 個元素的表建構出來。圖 13.4(a)示意性地描繪如此的分解。

我們在寫公式(13.10)所用的性質被稱爲**獨立性**(也被稱爲**邊緣獨立性**和**絕對獨立性**)。尤其是，天氣是獨立於某人的牙齒問題的。兩個命題 a 和 b 之間的獨立性可以寫作：

$$P(a \mid b) = P(a) \text{ 或 } P(b \mid a) = P(b) \text{ 或 } P(a \wedge b) = P(a)\,P(b) \tag{13.11}$$

這些形式都是等價的(習題 13.12)。兩個變數 X 和 Y 之間的獨立性可以寫成如下的形式(當然，它們還是等價的)：

$$\mathbf{P}(X \mid Y) = \mathbf{P}(X) \text{ 或 } \mathbf{P}(Y \mid X) = \mathbf{P}(Y) \text{ 或 } \mathbf{P}(X \wedge Y) = \mathbf{P}(X)\mathbf{P}(Y)$$

獨立性斷言通常都以領域知識爲基礎。如 toothache-weather 之例所示，它們可以顯著地減少要定出全聯合分佈所需的資訊量。如果所有變數的集合可以被劃分爲獨立的子集合，則全聯合分佈就能被分解成每個子集各自的聯合分佈。舉例而言，獨立投擲硬幣 n 次的結果的聯合分佈 $\mathbf{P}(C_1, \ldots, C_n)$具有 2^n 個元，可以表示爲 n 個單變數機率分佈 $\mathbf{P}(C_i)$的乘積。從一個更實務上的角度來說，牙科和氣象學之間的獨立性是件好事情；要不然的話，牙科醫生要行醫可能就得要熟悉氣象學知識，反之亦然。

於是，當獨立性斷言可用時，它們能夠幫助縮小領域表示的規模，並降低推理問題的複雜度。不幸的是，可以用獨立性清楚分割整個集合的變數的情況是相當少見的。只要兩個變數之間存在著聯繫，無論是多麼間接，獨立性就沒辦法成立。而且，即使是獨立子集合也可以非常龐大——例如，牙科可能涉及到彼此相關的數十種疾病和幾百種症狀。要處理這樣的問題，我們需要比直截了當的獨立性概念更精細的方法。

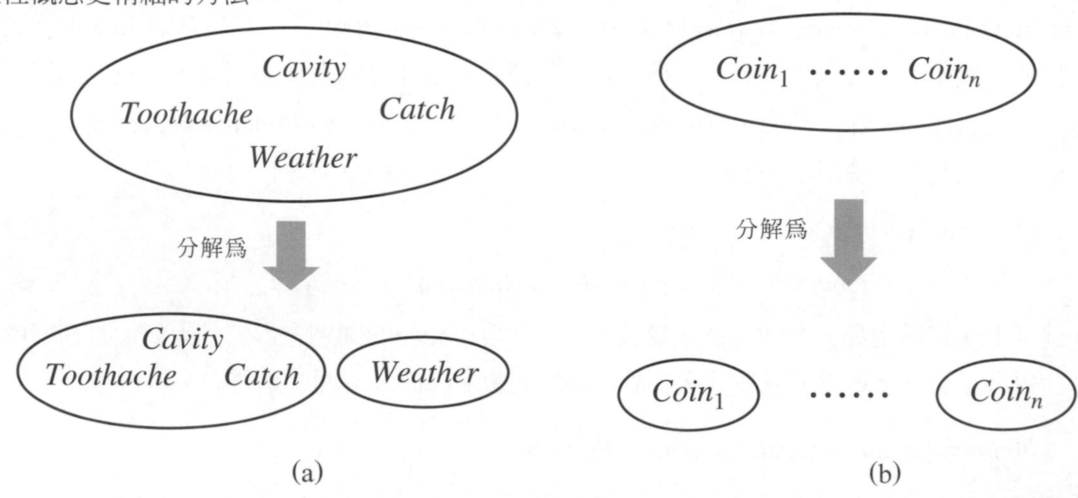

圖 13.4　兩個使用絕對獨立性把大的聯合分佈分解成較小聯合分佈的例子。(a) 天氣和牙齒問題是獨立的。(b) 硬幣投擲間是獨立的

13.5 貝氏法則及其應用

在第 13.2.1 節我們定義過**積法則**。實際上它可寫爲兩種形式：

$$P(a \wedge b) = P(a \mid b)\,P(b) \quad \text{及} \quad P(a \wedge b) = P(b \mid a)\,P(a)$$

令上面兩個式子的右邊相等，然後同時除以 $P(a)$，我們得到

$$P(b \mid a) = \frac{P(a \mid b)P(b)}{P(a)} \tag{13.12}$$

這個公式是著名的**貝氏法則**(Bayes' Rule；也稱爲貝氏定理)。幾乎所有作機率推理的現代人工智慧系統，都以這個簡單的公式爲基礎。

對於多值變數的更一般的貝氏法則，可以用 **P** 標記法寫成如下形式：

$$\mathbf{P}(Y \mid X) = \frac{\mathbf{P}(X \mid Y)\mathbf{P}(Y)}{\mathbf{P}(X)}$$

同前，這個式子表示一組等式，每個等式處理變數的特定值。在某些場合，我們還會用到一個更通用的版本，用以在某個背景證據 **e** 上進行條件化：

$$\mathbf{P}(Y \mid X, \mathbf{e}) = \frac{\mathbf{P}(X \mid Y, \mathbf{e})\mathbf{P}(Y \mid \mathbf{e})}{\mathbf{P}(X \mid \mathbf{e})} \tag{13.13}$$

13.5.1 應用貝氏法則：一個簡單例子

表面上，貝氏法則似乎不很有用。它讓我們由三個項目來算單一項目 $P(b \mid a)$：$P(a \mid b)$、$P(b)$、$P(a)$。但在實務上，貝氏公式是很有用的，因爲在很多情況下我們的確對這 3 項數值有很好的機率估計，而需要計算第 4 項。我們注意到某些未知的證據效率的原因，而我們要去估計出這些原因。在這個例子貝氏法則變成

$$P(cause \mid effect) = \frac{P(effect \mid cause)P(cause)}{P(effect)}$$

條件機率 $P(effect \mid cause)$ 量化了**因果**方向的關係，然而 $P(cause \mid effect)$ 敘述了**診斷**方向。在像是這樣的醫療診斷任務中，我們常有因果關係的條件機率[也就是說醫生知道 $P(symptoms \mid disease)$]且想要推導出一個診斷 $P(disease \mid symptoms)$。醫生知道腦膜炎有(例如)50%的機率會引起病人脖子僵硬。醫生還瞭解一些無條件事實：病人患腦膜炎的事前機率是 1/50000，而任何一個病人脖子僵硬的事前機率爲 1/20。令 s 代表「病人脖子僵硬」的命題，m 代表「病人患有腦膜炎」的命題，則我們知道

$$P(s \mid m) = 0.7$$

$$P(m) = 1 / 50000$$

$$P(s) = 0.01$$

$$P(m \mid s) = \frac{P(s \mid m)P(m)}{P(s)} = \frac{0.7 \times 1/50000}{0.01} = 0.0014 \tag{13.14}$$

也就是說，我們預期 700 個脖子僵硬的病人中只有 1 個人患有腦膜炎。注意：儘管腦膜炎相當強地蘊含著脖子僵硬的症狀(機率為 0.7)，但脖子僵硬的患者患腦膜炎的機率卻仍然很低。這是因為病人脖子僵硬的事前機率遠高於患腦膜炎的事前機率的緣故。

第 13.3 節闡述了一個過程；該過程避免評估證據的事前機率[即這裡的 $P(s)$]，而代以計算證據對查詢變數每個值(即這裡的 m 和$\neg m$)的事後機率，然後對結果進行歸一化。當使用貝氏法則時同樣的過程也可以應用。我們有

$$\mathbf{P}(M \mid s) = \alpha \langle P(s \mid m)P(m), P(s \mid \neg m)P(\neg m)\rangle$$

於是，為了使用這種方法我們需要估計 $P(s \mid \neg m)$而非 $P(s)$。天下沒有白吃的午餐——有時候這樣做比較容易，但有時候卻比較困難。使用歸一化的貝氏法則的一般形式為：

$$\mathbf{P}(Y \mid X) = \alpha\, \mathbf{P}(X \mid Y)\, \mathbf{P}(Y) \tag{13.15}$$

其中 α 是使 $\mathbf{P}(Y \mid X)$中所有條目總和為 1 所需的歸一化常數。

關於貝氏法則的一個明顯疑問是，何以一個人在一個方向上有可用的條件機率，在反方向上卻沒有。在腦膜炎的領域中，也許醫生知道脖子僵硬在 1/5000 的案例中暗示著患有腦膜炎，也就是說，在從症狀到病因的**診斷**方向上，醫生有量化的資訊。這樣的醫生就沒有使用貝氏法則的需要。不幸的是，診斷知識往往要比因果知識脆弱。如果腦膜炎突然大流行，那麼腦膜炎的無條件機率 $P(m)$會上升。如果醫生擁有的診斷機率 $P(m \mid s)$是直接根據在腦膜炎流行之前對病人的統計觀察得來，他將會對如何更新這個機率值一無所知。但是根據另外 3 個值計算 $P(m \mid s)$的醫生，就會發現 $P(m \mid s)$應該與 $P(m)$成比例上升。更重要的是，因果資訊 $P(s \mid m)$不受大流行影響，因為它只是反映了腦膜炎的原理。對這種直接的因果知識，或稱基於模型(model-based)的知識的運用，提供了關鍵的強固性；這個強固性是實作在現實上可行的機率系統所必須的。

13.5.2 使用貝氏法則：合併證據

我們已經看到，貝氏法則對於回答在一條證據——例如，脖子僵硬——的條件限制下的機率查詢問題，是非常有用的。尤其是，我們已經討論過機率資訊經常是以 $P(effect \mid cause)$的形式出現的。當我們有兩條或者多條證據時，會發生什麼事情？例如，如果牙醫可怕的鋼針引起刺進了病人疼痛的牙裡，那麼他可以做出什麼結論？如果我們知道全聯合分佈(圖 13.3)，則可以直接讀出答案：

$$\mathbf{P}(Cavity \mid toothache \wedge catch) = \alpha \langle 0.108, 0.016\rangle \approx \langle 0.871, 0.129\rangle$$

然而我們知道，這種方法的規模不能擴展到大量的變數。我們也可以試圖使用貝氏法則重新定出問題的式子：

$$\mathbf{P}(Cavity \mid toothache \wedge catch) = \alpha\, \mathbf{P}(toothache \wedge catch \mid Cavity)\, \mathbf{P}(Cavity) \tag{13.16}$$

爲了使用這個式子，我們需要瞭解在 *Cavity* 每個值之下連言 $toothache \wedge catch$ 的條件機率。這種方法對於只有兩個證據變數的情形或許是可行的，但是它同樣不允許變數增加太多。如果有 n 個可能的證據變數(X 光透視、日常飲食、口腔衛生，等等)，那麼我們爲得到條件機率所需要知道的觀察值，將有 2^n 個可能組合。我們也許還不如回到全聯合分佈方法。這是最初導致很多研究人員遠離機率理論而尋求合併證據的近似法的原因，雖然近似方法給出的答案並不正確，但至少只要較少量的資料就可得到答案。

如果我們不希望採用這條路線，那麼就得找出關於領域的額外斷言，並用它們來簡化運算式。第 13.4 節所介紹的**獨立性**概念提供了一條線索，但需要再更細緻化。如果 *Toothache* 和 *Catch* 彼此獨立，那就太好了，但是實則不然：如果探針插進牙齒裡，那麼牙齒很可能已經蛀掉，而蛀牙可能會引起疼痛。不過，在瞭解病人有沒有蛀牙後，這些變數就是相互獨立的了。每個變數有蛀牙這個直接原因，但是它們彼此之間沒有直接影響：牙疼取決於牙神經的狀態，而使用探針的精確度有賴於牙醫的技術；醫術與與牙疼並無相關[5]。數學上，這個性質可以寫作：

$$\mathbf{P}(toothache \wedge catch \mid Cavity) = \mathbf{P}(toothache \mid Cavity)\, \mathbf{P}(catch \mid Cavity) \tag{13.17}$$

這個公式表達了當給定 *Cavity* 時 *toothache* 和 *catch* 之間的**條件獨立性**(conditional independence)。我們可以把它代入到公式(13.16)中得到有蛀牙的機率：

$$\mathbf{P}(Cavity \mid toothache \wedge catch) = \alpha\, \mathbf{P}(toothache \mid Cavity)\, \mathbf{P}(catch \mid Cavity)\, \mathbf{P}(Cavity) \tag{13.18}$$

這時的資訊需求就和個別使用每條證據進行推理是一樣的了：即查詢變數的事前機率 $\mathbf{P}(Cavity)$，以及給定原因下每種結果的條件機率。

給定第 3 個隨機變數 Z 後，兩個隨機變數 X 和 Y 間**條件獨立性**的一般性定義是：

$$\mathbf{P}(X, Y \mid Z) = \mathbf{P}(X \mid Z)\, \mathbf{P}(Y \mid Z)$$

舉例而言，在牙科領域中，給定 *Cavity*，宣稱變數 *Toothache* 和 *Catch* 間具有條件獨立性，看來是合理的：

$$\mathbf{P}(Toothache, Catch \mid Cavity) = \mathbf{P}(Toothache \mid Cavity)\, \mathbf{P}(Catch \mid Cavity) \tag{13.19}$$

注意這個斷言比公式(13.17)要強一些，因爲公式(13.13)只宣稱 *Toothache* 和 *Catch* 在特定值下具有條件獨立性。相當於公式(13.11)所表達的絕對獨立性，下面條件獨立性的式子

$$\mathbf{P}(X \mid Y, Z) = \mathbf{P}(X \mid Z) \quad \text{和} \quad \mathbf{P}(Y \mid X, Z) = \mathbf{P}(Y \mid Z)$$

也是成立的(參見習題 13.17)。第 13.4 節說明過，絕對獨立性斷言使得全聯合分佈可以分解成很多小得多的片段。這對於條件獨立性斷言也是同樣成立的。例如，給定了公式(13.19)中的斷言之後，我們可以導出下列分解形式：

$$\begin{aligned}
&\mathbf{P}(Toothache, Catch, Cavity) \\
&= \mathbf{P}(Toothache, Catch \mid Cavity)\, \mathbf{P}(Cavity) && \text{(積法則)} \\
&= \mathbf{P}(Toothache \mid Cavity)\, \mathbf{P}(Catch \mid Cavity)\, \mathbf{P}(Cavity) && \text{(根據公式 13.19)}
\end{aligned}$$

(讀者可容易地與圖 13.3 對照這個等式是否正確)。依照這種方式，原來的大表格便被拆解成 3 個較小的機率表。原來的表格有 7 個獨立的數值($2^3 = 8$ 個項目於表格，但他們所有的數值和為 1，所以 7 個是獨立的)。而這些較小的表格共包含 5 個彼此獨立的數值[對於條件機率分佈像是 $\mathbf{P}(T \mid C)$有兩個值對於兩列，且每列的和為 1，所以為兩個獨立值，對於事前機率分佈像是 $\mathbf{P}(C)$則為一個獨立值]。由 7 到 5 也許不像是一個重大的勝利，但是其關鍵在於，對於給定 *Cavity* 後彼此條件獨立的 n 種症狀而言，表示的規模以 $O(n)$而不是 $O(2^n)$的速度上升。因此，條件獨立性斷言使得機率系統能夠進行規模擴展；而且，條件獨立性也比絕對獨立性斷言更加易於取得。從概念上來看，*Cavity* 分隔了 *Toothache* 和 *Catch*，因為它是它們二者的直接原因。透過條件獨立性將一個大的機率領域分解成一些彼此只有微弱聯繫的子集，是人工智慧領域近來的歷史中最重大的進展之一。

這個牙科的例子說明了一類普遍出現的模式，在其中單個原因直接影響許多結果，所有這些結果在給定原因時都是彼此條件獨立的。全聯合分佈可以寫為

$$\mathbf{P}(Cause, Effect_1, \ldots, Effect_n) = \mathbf{P}(Cause)\prod_i \mathbf{P}(Effect_i \mid Cause)$$

這樣的一個機率分佈被稱為一個**原始貝氏**(naive Bayes)模型——「naive」(原始)是因為這個模型經常(作為簡化的假設)用於在給定原因變數之下「結果」變數之間不是條件獨立的情況[原始貝氏模型有時被稱為**貝氏分類器**(Bayesian classifier)，一個多少有些粗心的用語，促使一些真正的貝氏支持者們稱它為**白痴貝氏**(idiot Bayes)模型]。在實務上，即使在獨立性假設不成立的時候，基於原始貝氏模型的系統也有好得令人吃驚的效果。第二十將章描述從觀察中學習原始貝氏分佈的方法。

13.6 重遊 wumpus 世界

1,4	2,4	3,4	4,4
1,3	2,3	3,3	4,3
1,2 B OK	2,2	3,2	4,2
1,1 OK	2,1 B OK	3,1	4,1

(a)

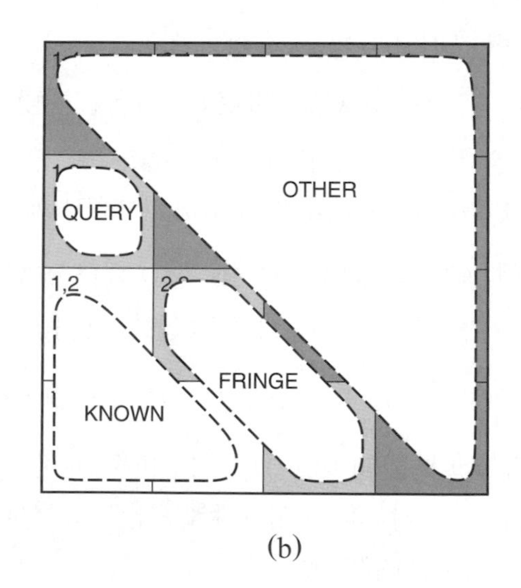

(b)

圖 13.5

(a) 在方格[1, 2]和[2, 1]裡面發現微風後，代理人無處可去——沒有安全的方格可以探索。

(b) 對於關於方格[1, 3]的查詢，將所有的方格劃分為：*Known*(已知)、*Fringe*(邊緣)和 *Others*(其他)

我們可以結合本章所介紹的許多想法，以解決 wumpus 世界的機率推理問題。(關於 wumpus 世界的完整描述參見第七章)。由於 wumpus 世界中代理人的感測器只提供關於世界的不完整的、局部的資訊，因此不確定性會出現。例如，圖 13.5 顯示了一種情況：在 3 個可以到達的方格——[1, 3]，[2, 2]以及[3, 1]——之中，每一個都有可能包含陷阱。純粹的邏輯推理無法推斷哪個方格最有可能是安全的，所以邏輯代理人也許會被迫隨機地作選擇。我們會發現機率代理人可以做得比邏輯代理人好得多。

我們的目標是計算這 3 個方格中每一個包含陷阱的機率。(對於此例我們忽略 wumpus 和金子。) Wumpus 世界的重要性質包括：(1)陷阱在所有相鄰方格內引起微風；(2)除了方格[1, 1]以外的所有方格包含陷阱的機率都是 0.2。第一步是定出我們需要的一組隨機變數：

- 和在命題邏輯中的情況一樣，我們對於每個方格都需要一個布林變數 $P_{i,j}$，$P_{i,j}$ 爲眞若且唯若方格[i, j]中確實包含陷阱。
- 我們也需要布林變數 $B_{i,j}$；$B_{i,j}$ 爲眞若且唯若方格[i, j]中有微風。我們只爲能夠觀察到的方格——在這裡就是[1, 1]，[1, 2]，以及[2, 1]——加入這些變數。

下一步是指定全聯合分佈 $\mathbf{P}(P_{1,1}, \ldots, P_{4,4}, B_{1,1}, B_{1,2}, B_{2,1})$。應用積法則，我們有

$$\mathbf{P}(P_{1,1}, \ldots, P_{4,4}, B_{1,1}, B_{1,2}, B_{2,1}) = \mathbf{P}(B_{1,1}, B_{1,2}, B_{2,1} \mid P_{1,1}, \ldots, P_{4,4})\, \mathbf{P}(P_{1,1}, \ldots, P_{4,4})$$

這個分解形式使我們很容易就看出聯合機率中應該有哪些值。第一項是在給定陷阱佈局後，微風佈局的條件機率分佈；若微風相鄰時其值爲 1，否則等於 0。第二項是陷阱佈局的事前機率。每一個方格包含陷阱的機率都是 0.2，並且與其他方格是否包含陷阱無關；因此我們有以下等式

$$\mathbf{P}(P_{1,1}, \ldots, P_{4,4}) = \prod_{i,j=1,1}^{4,4} \mathrm{P}(P_{i,j}) \tag{13.20}$$

對於特定 n 個陷阱的佈局，則機率爲 $P(P_{1,1}, ..., P_{4,4}) = 0.2^n \times 0.8^{16-n}$。

在圖 13.5(a)所示的情況下，證據包括了從每個走過的方格觀察到(或者未觀察到)的微風，以及這些的方格中不包含陷阱的事實。我們將這些事實簡寫成 $b = \neg b_{1,1} \wedge b_{1,2} \wedge b_{2,1}$ 和 $known = \neg p_{1,1} \wedge \neg p_{1,2} \wedge \neg p_{2,1}$。我們對回答像 $\mathbf{P}(P_{1,3} \mid known, b)$這樣的查詢感興趣：在迄今爲止得到的觀察資料下，方格[1, 3]有陷阱的可能性有多大？

爲了回答這個查詢，我們可以按照等式(13.9)所提供的標準方法進行，即是將全聯合分佈的項目加總。令 *Unknown*(未知)爲除 *known*(已知)方格及查詢方格[1, 3]以外的所有 $P_{i,j}$ 變數的集合。然後根據公式(13.9)，我們得到：

$$\mathbf{P}(P_{1,3} \mid known, b) = \alpha \sum_{unknown} \mathbf{P}(P_{1,3}, unknown, known, b)$$

全聯合分佈已確定，因此我們的任務已完成——亦即，如果我們對計算過程毫不關心的話。世界中一共有 12 個未知的方格；因此要對 $2^{12} = 4096$ 個項目作加總。整體而言，這裡的加總是隨著方格的數量呈指數級增長的。

肯定有人會問：難道其他的方格不是無關的嗎？方格[4,4]可能會影響到方格[1,3]是否有陷阱？確實，這個直覺是正確的。令 *Fringe*(邊緣)表示(除查詢變數以外)與已走過的方格相鄰的變數，即這裡的[2, 2]和[3, 1]。令 *Other*(其他)表示其他未知的方格；在此例中有 10 個其他方格，如圖 13.5(b)所示。關鍵在於給定了已知、邊緣和查詢變數後，感覺到的微風與「其他」變數是條件獨立的。為了使用這個觀察，我們將查詢公式處理成一種形式。此形式以所有的「其他」變數作為條件來表示微風的機率。然後我們利用條件獨立性對其化簡：

$$
\begin{aligned}
&\mathbf{P}(P_{1,3} \mid known, b) \\
&= \alpha \sum_{unknown} \mathbf{P}(P_{1,3}, known, b, unknown) \qquad \text{[依據公式(13.9)]} \\
&= \alpha \sum_{unknown} \mathbf{P}(b \mid P_{1,3}, known, unknown)\mathbf{P}(P_{1,3}, known, unknown) \\
&\qquad \text{(依據積法則)} \\
&= \alpha \sum_{fringe}\sum_{other} \mathbf{P}(b \mid known, P_{1,3}, fringe, other)\mathbf{P}(P_{1,3}, known, fringe, other) \\
&= \alpha \sum_{fringe}\sum_{other} \mathbf{P}(b \mid known, P_{1,3}, fringe)\mathbf{P}(P_{1,3}, known, fringe, other)
\end{aligned}
$$

其中，最後一步使用了條件獨立性：*b* 不受其他給定已知變數的支配，例如 P1,3 與邊界值。現在，運算式中的第一項不依賴於「其他」變數，因此我們可以將求和符號向裡移：

$$
\begin{aligned}
&\mathbf{P}(P_{1,3} \mid known, b) \\
&= \alpha \sum_{fringe} \mathrm{P}(b \mid known, P_{1,3}, fringe) \sum_{other} \mathbf{P}(P_{1,3}, known, fringe, other)
\end{aligned}
$$

根據如公式(13.20)所表達的獨立性，事前項可以分解，然後這些項可以重新排序：

$$
\begin{aligned}
&\mathbf{P}(P_{1,3} \mid known, b) \\
&= \alpha \sum_{fringe} \mathbf{P}(b \mid known, P_{1,3}, fringe) \sum_{other} \mathbf{P}(P_{1,3}) P(known) P(fringe) P(other) \\
&= \alpha \; P(known)\mathbf{P}(P_{1,3}) \sum_{fringe} \mathbf{P}(b \mid known, P_{1,3}, fringe) P(fringe) \sum_{other} P(other) \\
&= \alpha' \mathbf{P}(P_{1,3}) \sum_{fringe} \mathbf{P}(b \mid known, P_{1,3}, fringe) P(fringe)
\end{aligned}
$$

其中最後一步將 $P(known)$併入歸一化常數裡去，並利用了 $\sum_{other} P(other) = 1$ 這一事實。

現在，在對邊緣變數 $P_{2,2}$ 和 $P_{3,1}$ 的加總中，僅包含 4 個項目。獨立性和條件獨立性的應用使得「其他」方格完全不需列入考慮。

注意，當邊緣的值與對微風的觀察一致時，運算式 $\mathbf{P}(b \mid known, P_{1,3}, fringe)$等於 1，否則等於 0。因此，我們找出與已知事實一致的邊緣變數，並對於 $P_{1,3}$ 的每個值，都對這些邊緣變數的邏輯模型作加總。(請對照圖 7.5 中對模型的列舉)。圖 13.6 顯示出了這些模型以及它們所關聯的事前機率——*P*(*frontier*)。我們有

$$\mathbf{P}(P_{1,3} \mid known, b) = \alpha' \langle 0.2(0.04+0.16+0.16),\ 0.8(0.04+0.16) \rangle \approx \langle 0.31,\ 0.69 \rangle$$

也就是說，[1, 3](以及對稱的[3, 1])包含陷阱的機率大約是 31%。讀者可能希望執行的一個類似計算顯示出方格[2, 2]包含陷阱的機率大約是 86%。代理人肯定要避免踏進方格[2, 2]！需注意我們第 7 章提及的邏輯代理人並不知方格[2,2]比其他方格更糟糕。由邏輯可得知於方格[2, 2]尚未知是否有陷阱，但我們必須由機率得知有陷阱的可能性。

本節旨在說明即使看起來非常複雜的問題，也可用機率理論精確地正規化，並透過簡單的演算法得解。獨立性和條件獨立性關係可以用於對所需的加總進行簡化，以得到有效率的解法。這些關係通常對應於我們對問題應該如何拆解的自然理解。在下一章中，我們將發展對於這些關係的正規表示方法，以及藉由在這些表示之上運作以有效率地完成機率推理的演算法。

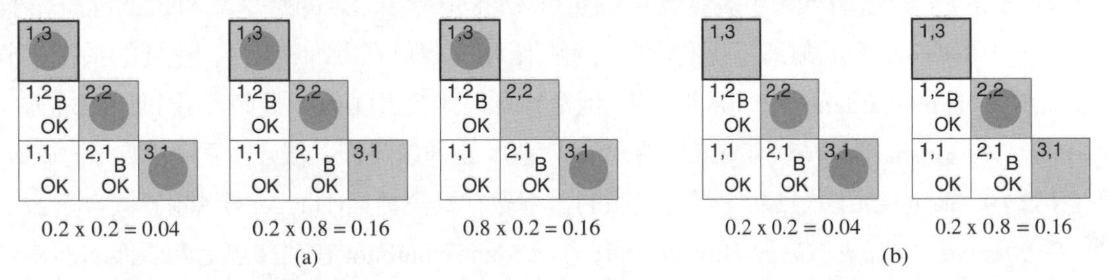

圖 13.6　對於邊緣變數 $P_{2,2}$ 和 $P_{3,1}$ 的一致性模型，各模型均顯示其 $P(frontier)$：

(a) $P_{1,3} = true$ **的** 3 **個模型顯示** 2 **或** 3 **個陷阱**；(b) $P_{1,3} = false$ **的** 2 **個模型顯示** 1 **或** 2 **個陷阱**

13.7 總結

本章對於不確定推理提出一個適用的機率理論基礎以及提供使用的介紹。

- 不確定性是因為懶惰和無知而出現的。在複雜的、非確定的、或部分可觀察的環境中，不確定性是無可避免的。
- 機率表達了代理人在確定語句真假上的力有未逮。機率概括了代理人相對於證據的信心。
- 決策論總和了代理人的信心與期望，定義出了期望效用最大化的最佳行動。
- 基本機率語句包括簡單命題與複合命題上的**事前機率**和**條件機率**。
- 機率公理限制了對命題機率的可能賦值。違反這些公理的代理人將在某些環境下表現出非理性。
- **全聯合機率分佈**指定了每個隨機變數的每種可能的值的機率。不過聯合機率分佈通常過於龐大，以致於其直接的形式難以建立和使用，但當有全聯合分佈可用時，它可以用於回答查詢；只要把對應於查詢命題的可能世界的條目加起來即可。
- 隨機變數的子集間的**絕對獨立性**允許全聯合分佈被分解成較小的聯合分佈，而大幅降低複雜度。現實上絕對獨立很少會發生。
- **貝氏法則**允許透過已知的(通常是因果方向的)條件機率來計算未知的機率。將貝氏法則應用到多條證據時，通常會遇到全聯合分佈同樣遇到的規模擴展問題。

- 領域中直接因果關係所帶來的**條件獨立性**使全聯合分佈可以分解成較小的條件分佈。**原始貝氏**模型假設在給定單一的原因變數後，所有的結果變數都是條件獨立的；此模型的規模隨結果個數呈線性增長。
- 一個 wumpus 世界的代理人能夠計算世界中未被觀察到的層面的機率，從而優於純粹邏輯代理人所作的決策。條件獨立使得這些計算可追溯。

參考文獻與歷史的註釋 BIBLIOGRAPHICAL AND HISTORICAL NOTES

機率理論是在分析遊戲機率中被發現。大約在西元 850 年，印度的數學家 Mahaviracarya 描述了該如何排列一組陷阱而不會輸(即是我們現在稱的荷蘭賭注簿)。在歐洲，第一個重要的系統化分析是由卡爾達諾(Girolamo Cardano)於 1565 年提出，但是到身後才發表(1663)。此時，由巴斯卡(Blaise Pascal)與費馬(Pierre de Fermat)於 1654 年之間眾所周知一連串的通信將機率被建立為一門數學學科。機率的起源在於博奕問題(見習題 13.9)。最先出版的機率教材是惠更斯(Huygens)《關於機會遊戲中的推理》(*De Ratiociniis in Ludo Aleae*)(Huygens，1657)。John Arbuthnot 在翻譯惠更斯著作的前言中描述了懶惰與無知的不確定觀點(Arbuthnot，1692)：「對於模具決定力量與方向是不可能的，不要落在決策方面，我不知道力量和方向何者落於決策面，因此稱之為機會，這只是個藝術的希望。...」

拉普拉斯(1816)舉出機率的異常準確與現代敘述，他是第一個使用如下的例子「A 和 B 兩個甕，第一個裝入 4 個白球和 2 個黑球，....」。湯瑪斯．貝葉斯牧師(Thomas Bayes，1702-1761)引入用以對條件機率作推理的法則，後來以他的姓氏命名。貝葉斯僅考量均勻事前的情況，拉普拉斯則獨力發展了一般的情況。柯莫果洛夫(Kolmogorov，1950，最初於 1933 年以德文發表)首次在一個嚴謹的公理框架中提出了機率理論。Rényi(1970)後來給出了採用條件機率而非絕對機率為基本單位的公理化表示法。

巴斯卡使用機率的方式既要求客觀詮釋又要求主觀詮釋；客觀詮釋把機率當作一種基於對稱性或者相對頻率的世界屬性，而主觀詮釋則以信度為基礎——前者出現於他對運氣遊戲(games of chance)的機率分析中，而後者則出現在著名的論證「巴斯卡賭注(Pascal's wager)」(是關於上帝存在的可能性)。然而，帕斯卡並沒有清楚地意識到這兩種詮釋之間的區別。這一區別最早是由詹姆斯．貝努利(James Bernoulli)(1654-1705)所清楚提出的。

萊布尼茲(Leibniz)引入了機率的「古典」概念，把機率描述為在可列舉的、可能性相等的案例中的比例，這個概念貝努利也使用過，不過眞正使它們得到公眾注意的是拉普拉斯(Laplace)(1749-1827)。這個概念在頻率解釋與主觀詮釋之間模棱兩可。案例的可能性之所以能被視為相等，要不然是因為它們之間具有自然的和物理上的對稱性，要不然就只是因為我們不具有任何知識可以引導我們認為某個比另一個更可能發生。使用後者的主觀考量來支持賦予案例相等機率的論點，被凱因斯稱為**無差別原則**(Keynes，1921)。這個原理通常是被歸因於拉普拉斯，但他從未明確地隔絕出原理。George Boole 和 John Venn 皆以此作為**理由不充分準則**，這個近代的名稱是由凱因斯(1921)命名。

到了 20 世紀，客觀主義者與主觀主義者之間的爭論愈發尖銳了。柯莫果洛夫(1963)，R. A. Fisher(1922)以及 Richard von Mises(1928)等人都倡導相對頻率詮釋。卡爾．波普(Karl Popper，1959，最初於 1934 年以德文發表)的「傾向」詮釋認為相對頻率源於潛在的物理對稱性。Frank Ramsey (1931)、Bruno de Finetti (1937)、R. T. Cox(1946)、Leonard Savage(1954)、Richard Jeffrey(1983)、及 E. T. Jaynes(2003)等，將機率詮釋為特定個體的信度。他們對確信度的分析是和效用及行為——特別是下賭注的意願——緊密連結的。追隨萊布尼茲和拉普拉斯，Rudolf Carnap 對機率提供了一種不同的主觀詮釋——機率不是任何實際個體的確信度，而是理想化個體在已知特定證據 **e** 時，對於特定命題 *a* 所應當有的確信度。Carnap 試圖藉由使**驗證**程度(degree of confirmation)的概念以 *a* 和 **e** 之間的邏輯關係的形式達到數學上的精確，而將萊布尼茲或拉普拉斯的理論更往前推一步。在他的意圖中，關於這種關係的研究將組成一種稱為**歸納邏輯**的數學學科，可與普通的演繹邏輯相類比(Carnap，1948，1950)。Carnap 未能將他的歸納邏輯拓展到命題邏輯之外，而普特南(Putnam，1963)證明了某些根本上的困難會使得歸納邏輯無法被嚴格地延伸到有能力表達算術的語言。

Cox 定理(1946)表示任何不確定理由的系統符合他的假設則相當於機率理論。這讓已偏好機率的人重拾信心，但針對於假設其他的並不信服。(主要在於信念必須表示為單一數值，且因此$\neg p$ 信念必須為 p 信念的一個函數)。Halpern(1999)敘述了假設與展示某些 Cox 原始方程式的漏洞。Horn(2003)表示該如何修補這些困難。Jaynes(2003)有著類似的說法但以較容易閱讀的方式呈現。

參考類別的問題與對歸納邏輯的尋求是緊密相連的。選出一個「最特定」且足夠大的參考類別的方法最早由 Reichenbach(1949)正規地提出。許多人，特別是 Henry Kyburg(1977，1983)，嘗試著整理出更精細複雜的策略，以避免 Reichenbach 法則帶來的一些明顯的謬誤，不過這樣的方法多少還是為特定案例量身訂做。Bacchus，Grove，Halpern 以及 Koller(1992)較近期的的成果將 Carnap 的方法擴展到一階理論，因而避免了很多伴隨單純參考類別而來的困難。Kyburg 與 Teng(2006)將機率推論和非單調邏輯作比較。

貝氏機率推理自從 1960 年代就已經被應用於人工智慧領域，特別是在醫療診斷方面。這種方法不僅被用來根據現有證據進行診斷，還可以在現有證據不足以下結論時根據資訊價值理論(第 16.6 節)選擇進一步的問題和測試(Gorry，1968；Gorry 等人，1973)。有一個系統在急性胃腸疾病的診斷上超過了人類專家(de Dombal *et al.*, 1974)。Lucas *et al.*(2004)提出了概論。然而，這些早期的貝氏系統遇到了很多問題。它們對於要診斷的狀況沒有任何理論模型，因此當一些不具代表性的資料出現在只有非常少樣本可用的情況中時，它們就顯得特別脆弱(de Dombal *et al.*, 1981)。更根本的問題是，因為它們缺少一種簡潔的正規化方法(諸如第十四章將要描述的方法)來表示和使用條件獨立性資訊，它們只能依賴對巨大機率資料表的取得、儲存和處理。因為這些困難，從 1970 年代到 1980 年代中期，處理不確定性的機率方法失去了人工智慧研究者的歡心。1980 年代後期之後的進展將在下一章中描述。

自從 1950 年代開始，對聯合分佈的原始貝氏表示法在模式辨識(pattern recognition)領域中得到了廣泛的研究(Duda and Hart，1973)。從 Maron(1961)的工作開始，在文本檢索(text retrieval)領域也經常無意間用到這種方法。Robertson 和 Sparck Jones(1976)闡明了該技術的機率基礎；習題 13.22 中進一步描述了該技術。即使在明顯違反獨立性假設的領域中，原始貝氏推理仍然取得了驚人的成功，Domingos 和 Pazzani(1997)爲之提供了一個解釋。

機率理論有許多好的入門教材，其中包括 Bertsekas 與 Tsitsiklis(2008)、Grinstead 與 Snell(1997)。DeGroot 與 Schervish(2001)提出一本以貝氏主義爲出發點，結合機率與統計的概論。Richard Hamming(1991)的課本則從基於物理對稱性的傾向解釋出發，對機率理論給出了一個數學上非常精密複雜的導論。Hacking(1975)和 Hald(1990)涵蓋了機率概念的早期歷史。伯恩斯坦(Bernstein，1996)對風險的故事給出了一個有趣的通俗解說。

❖ 習題 EXERCISES

13.1 根據基本原理證明 $P(a \mid b \wedge a) = 1$。

13.2 使用機率公理證明，任何離散隨機變數的機率分佈的總和等於 1。

13.3 對於下列的敘述，請證明它是成立或舉出反例。

a. If $P(a \mid b, c) = P(b \mid a, c)$, then $P(a \mid c) = P(b \mid c)$

b. If $P(a \mid b, c) = P(a)$, then $P(b \mid c) = P(b)$

c. If $P(a \mid b) = P(a)$, then $P(a \mid b, c) = P(a \mid c)$

13.4 如果一個代理人懷有三個信念：$P(A) = 0.4$，$P(B) = 0.3$，$P(A \vee B) = 0.5$，那麼他是理性的嗎？如果是，代理人對 $A \wedge B$ 的確信度要在什麼範圍內才是理性的？製作一張類似圖 13.2 的表，並說明它如何支持你對理性的論點。然後畫出另一個版本的表，其中 $P(A \vee B) = 0.7$。解釋爲什麼就算表中顯示有一種情況是失利而三種情況是和局，擁有這個確信度仍然是理性的。(**提示**：代理人 1 分別對四種情況下的機率會採取什麼樣的措施，特別是失利的那種情況？)

13.5 這個問題涉及可能世界的性質(於 13.2.2 節，定義爲對所有隨機變數的賦值)。因爲單一可能世界限制指定了所有的變數，我們將對符合恰爲單一可能世界的命題起作用。於機率理論這樣的命題稱爲原子事件。舉例來說，以布林變數 X_1、X_2、X_3，命題 $x_1 \wedge \neg x_2 \wedge \neg x_3$，修正了變數的指定，在命題邏輯的語言中，我們會將這當作只是一個模型。

a. 證明對於 n 個布林變數，任意兩個不同原子事件皆爲互斥，即是他們的連接相等於 *false*。

b. 證明所有原子事件的選言在邏輯上等價於 *true*。

c. 證明任何命題在邏輯上等價於蘊涵其爲眞的原子事件的選言。

13.6 由等式(13.1)和等式(13.2)證明等式(13.4)。

13.7 考慮由一副由標準的 52 張牌公平地發出一手 5 張牌之所有可能集合。

a. 在聯合機率分佈中共有多少個原子事件(即，共有多少種一手 5 牌的組合)？

b. 每個原子事件的機率是多少？

c. 拿到同花大順的機率是多少？鐵支的機率是多少？

13.8 給定如圖 13.3 所示的全聯合分佈，計算下列式子：

a. **P**(*toothache*)

b. **P**(*Catch*)

c. **P**(*Cavity* | *catch*)

d. **P**(*Cavity* | *toothache* ∨ *catch*)

13.9 在巴斯卡於 1654 年 8 月 24 日的信件中，他曾嘗試著表示當在賭局提前結束，該如何配置一筆錢。一個賭局的情境是每一局擲一個骰子，當骰子擲出偶數由玩家 E 得到一點，而當點數為奇數時由玩家 O 得到一點。首先的到 7 點的玩家則贏得這一筆錢。假設當賭局進行到玩家 E 以 4 比 2 領先時中斷。這筆錢該如何公平地分配？通用的公式為何？(Fermat 和 Pascal 已在解出這問題前試過不同錯誤，但讀者可一次即得到正確解)。

13.10 為了將有關機率的知識妥善運用，我們用於包括三個轉盤的吃角子老虎機，每一個轉盤有相同機率的四種圖樣：BAR、BELL、LEMON 與 CHERRY。吃角子老虎機對於每一個銅板的賭注有如下的支出獎金規劃(其中「?」表示不在意轉出的是任何圖案)：

BAR/BAR/BAR pays 21 coins
BELL/BELL/BELL pays 16 coins
LEMON/LEMON/LEMON pays 5 coins
CHERRY/CHERRY/CHERRY pays 3 coins
CHERRY/CHERRY/? pays 2 coins
CHERRY/?/? pays 1 coin

a. 計算出機器預期的支出獎金比率。換句話說對於每個頭銅板的玩家，預期得到多少獎賞？

b. 計算出玩這個吃角子老虎一次有多少機率可以贏。

c. 估計假設開始時有 8 個銅板，平均與中間的賭局的預期直到沒有錢為止。讀者可以試著模擬這樣的估計，而非試著去計算他的答案。

13.11 要將 n 位元的訊息傳遞給接收代理人。這些於訊息中的位元皆為獨立且於傳輸中損壞機率各為 ε。將同位位元附加於原始資訊傳送，則若所有的訊息(包括同位位元)其中至多一個位元損壞，訊息可將被接收端更正。假設我們要確定正確的訊息以最少的機率 $1-\delta$ 被接收，則最大 n 的可能值為多少？以此例計算值為 $e = 0.002$ 及 $\delta = 0.01$。

13.12 證明公式(13.11)中的 3 種獨立性形式是等價的。

13.13 考慮兩個對於病毒的醫學試驗 A 和 B。測試 A 辨別出存在病毒的效果有 95%，但有 10%的陽性反應率會辨別錯誤(指的是有存在病毒，但事實卻不是)。測試 B 有 90%的機率可辨識出病毒的存在，但有 5%錯誤的陽性反應率。這兩種測試皆使用獨立的方法來辨別病毒。大約 1%左右的人會帶有病毒，人們僅使用其中一種測試檢驗病毒，且測試檢出陽性表示帶有病毒。哪一種測試反應較能表示出受檢者確實帶有病毒？以數學方式證明你的答案。

13.14 假設投擲一個銅板於人頭面的機率為 x，反面的機率為 $1-x$。已知 x 的值，連續翻轉銅板的結果是否為各自獨立的？若不知 x 的值，連續翻轉銅板的結果是否為各自獨立的？證明你的答案。

13.15 在年度的體檢之後，醫生告訴你一個好消息和一個壞消息。壞消息是你在一種嚴重疾病的測試中結果呈陽性，而這個測試的準確度爲 99%(也就是說，當你確實患這種病時，測試結果爲陽性的機率爲 0.99，而當你未患這種疾病時測試結果爲陰性的機率也是這個數字)。好消息是，這是一種罕見的病，在你這個年齡大約 100,000 人中才有 1 例。爲什麼這種病很罕見對於你而言是一個好訊息？你確實患有這種病的機率有多大？

13.16 把某些特定命題的結果放在某種固定的一般性背景證據的脈絡中(而非毫無任何資訊的情況下)作考量，往往是相當有用的。下列問題要求你證明積法則和貝氏法則對於某個背景證據 **e** 的更通用版本：

a. 證明積法則的條件化版本：

$$\mathbf{P}(X, Y \mid \mathbf{e}) = \mathbf{P}(X \mid Y, \mathbf{e})\mathbf{P}(Y \mid \mathbf{e})$$

b. 證明公式(13.13)中的貝氏法則的條件化版本。

13.17 證明下列語句爲條件獨立

$$\mathbf{P}(X, Y \mid Z) = \mathbf{P}(X \mid Z)\mathbf{P}(Y \mid Z)$$

與下面兩個語句是等價的

$$\mathbf{P}(X \mid Y, Z) = \mathbf{P}(X \mid Z) \text{ 及 } \mathbf{P}(B \mid X, Z) = \mathbf{P}(Y \mid Z)$$

13.18 假設給你一個裝有 n 個無偏差硬幣的袋子。並且告訴你其中 $n-1$ 個硬幣是正常的：一面是正面而另一面是反面。不過剩餘 1 枚硬幣是僞造的；它的兩面都是正面。

a. 假設你把手伸進口袋均勻隨機地取出一枚硬幣，把它拋出去，並發現硬幣落地後正面朝上。那麼你拿到僞幣的(條件)機率是多少？

b. 假設你繼續拋這枚硬幣，一直到拋了 k 次爲止，並且看到 k 次正面向上。那麼現在你拿到僞幣的條件機率是多少？

c. 假設你希望藉由拋擲取出的硬幣 k 次來確定它是不是僞造的。如果 k 次拋擲後都是正面朝上，則決策過程傳回 *fake*(僞造)，否則傳回 *normal*(正常)。這個過程產生錯誤的(無條件)機率是多少？

13.19 在這道習題中你將完成腦膜炎例子中的歸一化(normalization)計算。首先，爲 $P(s \mid \neg m)$造一個適當的值，並用該值來計算 $P(m \mid s)$和 $P(\neg m \mid s)$未歸一化的值 [亦即，忽略貝氏法則算式 13.4 中的 $P(s)$項]。然後再對這些值進行歸一化，使得它們的和等於 1。

13.20 令 X，Y，Z 爲 3 個布林隨機變數。並將其聯合機率分佈 $\mathbf{P}(X, Y, Z)$中的 8 個條目依次編號爲 a 到 h。把語句「給定 Z 之後，X 與 Y 條件獨立」表達爲一組用 a 到 h 來表示的等式。這裡面有幾條非多餘的等式？

13.21 [改編自 Pearl(1988)] 假設你是雅典一次夜間計程車肇事逃逸事故的目擊者。雅典所有的計程車都是藍色或者綠色的。而你發誓肇事的計程車是藍色的。大量的實驗顯示，在昏暗的燈光條件下，區分藍色和綠色的信度(reliability)爲 75%。

a. 有可能據此計算出肇事計程車最可能是什麼顏色的嗎？(**提示**：請仔細區分命題「肇事車是藍色的」和命題「肇事車看起來是藍色的」)。

b. 要是已知雅典的計程車 10 輛有 9 輛是綠色的呢？

13.22 文本分類(text categorization)是將給定的文件根據其文本內容分配到一組固定類別中的某一類別的工作。這項工作中常常用到原始貝氏模型。在這些模型中，查詢變數是文件類別，「結果」變數則是語言中每個詞的出現與否；我們假設文件中的詞的出現都是獨立的，其頻率由文件類別決定。

a. 精確地解釋當給定一組已經指定好類別的文件作爲「訓練資料」(training data)時，要如何建構這樣的模型。

b. 精確地解釋如何對一份新文件作分類。

c. 條件獨立性假設合理嗎？請討論。

13.23 在我們對於 wumpus 世界的分析中，我們使用了此一事實：不論其他方格的內容是什麼，每個方格包含陷阱的機率都是 0.2。如果我們改採以下假設：剛好有 N/5 個陷阱均勻地隨機散佈在除了[1, 1]以外的其他 N – 1 個方格中。那麼變數 $P_{i,j}$ 和 $P_{k,l}$ 仍然是獨立的嗎？聯合分佈 $\mathbf{P}(P_{1,1}, \ldots, P_{4,4})$現在是什麼？重新計算方格[1, 3]中，以及[2, 2]中有陷阱的機率。

13.24 重新計算於方格[1,3]和方格[2,2]有陷阱的機率，假設每個方格包含一個陷阱的機率爲 0.01 且獨立於其他方格。試描述在這個情況中邏輯代理人與機率代理人相對的效率。

13.25 於 wumpus 的世界建構一個混合機率代理人，基於圖 7.20 的混合代理人且機率推斷程序已在本章提及。

本章註腳

[1] 現在我們假設的是一個離散、可數集合的世界。連續事件的妥善討論帶來某些的複雜化，與人工智慧中大部分的命題無關。

[2] 如此的困難包括了維塔利(Vitali)集合，區間的子集合有妥善定義卻沒有大小的妥善定義。

[3] 有人可能會辯稱，就代理人對不同銀行結餘的偏好而言，贏得 1 美元的機率並不足以抵銷損失 1 美元的相等機率。一個可能的應對是讓賭注小到足以避開這個問題。Savage 的分析(1954)則完全繞過了這個問題。

[4] 這麼稱呼是因為，保險精算師內部的一個常見習慣是把觀察到的頻率加起來寫在保險表格的邊緣上。

[5] 我們假設病人和牙醫是不同的人。

PROBABILISTIC REASONING

14

機率推理

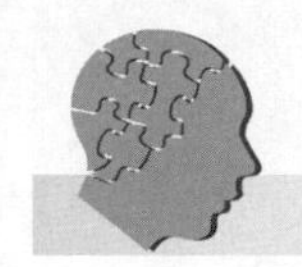

本章我們解釋，如何根據機率論法則建構網路模型，以在不確定性之下進行推理。

第 13 章介紹了機率理論的基本元素，且註明了獨立性以及條件獨立關係在世界的簡化機率表示上的重要性。本章介紹一種系統性的方法，可將這些關係以**貝氏網路**的形式明確表示出來。我們定義這些網路的語法和語意，並說明它們如何可以透過一種自然且有效的方式來捕捉不確定知識。然後我們說明，儘管機率推理在最壞狀況下是計算上難解(intractable)的，它如何在很多實務的情況下仍可有效率地進行。我們還將描述各種近似的推理演算法；在精確推理不可行時它們往往行得通。我們也探索了機率理論如何可以應用於具有物件與關係的世界——也就是一階的而非命題的表示。最後，我們對不確定推理的其他方法進行綜述。

14.1 不確定領域中的知識表示

在第十三章中，我們已經看到全聯合機率分佈能夠回答關於領域的任何問題，然而當變數數目增多時，分佈的規模會增大到難解的程度。此外，爲每個可能世界個別指派機率是不自然且冗長的。

我們也看到，變數之間的獨立性和條件獨立關係可以大幅減少爲了定義全聯合機率分佈所需要指定的機率數目。本節將介紹一種稱為**貝氏網路**(bayesian network)[1]的資料結構，用以表示變數之間的依賴關係。貝氏網路基本上可表示爲任何全聯合機率分佈且於許多情況皆可非常簡潔地表示。

貝氏網路是一個有向圖，其中每個節點都標註了定量機率資訊。其完整的規範如下：

1. 每個節點皆符合隨機變數，其中變數可能是離散或連續。
2. 一組有向連結(即箭頭)將節點成對連接。如果有一根箭頭從節點 X 指向節點 Y，則稱 X 是 Y 的一個父(parent)節點。圖中不存在有向循環(因此是一個有向無循環圖(directed acyclic graph，縮寫爲 DAG))。
3. 每個節點 X_i 都有一個條件機率分佈 $P(X_i \mid Parents(X_i))$，量化其父節點們對該節點的影響。

網路的拓撲結構——即節點和連結的集合——描述了在領域中成立的條件獨立關係；精確的描述方法將在下文詳述。箭頭直觀的意義在於 *X* 對 *Y* 有直接的影響，這表明會受到父節點的影響。對於領域的專家來說，要確定領域中有哪些直接影響通常是容易的——事實上比指定機率本身要容易得多。一旦設計好貝氏網路的拓撲結構，我們只要爲每個節點指定其相對於父節點的條件機率分佈就可以了。我們將看到拓撲結構和條件機率分佈的結合足以(隱含地)指定所有變數的全聯合機率分佈。

回憶第 13 章所述的由 *Toothache*，*Cavity*，*Catch* 以及 *Weather* 構成的簡單世界。我們認爲 *Weather* 和其他變數是相互獨立的；此外，給定了 *Cavity* 以後 *Toothache* 和 *Catch* 是條件獨立的。圖 14.1 的貝氏網路結構表示了這些關係。正規來說，*Toothache* 和 *Catch* 在給定 *Cavity* 時的條件獨立性，是由在 *Toothache* 和 *Catch* 之間的沒有連結接所指出。直觀上，此網路表示此事實：*Cavity* 是 *Toothache* 及 *Catch* 的直接原因，而 *Toothache* 和 *Catch* 間沒有直接的因果關係。

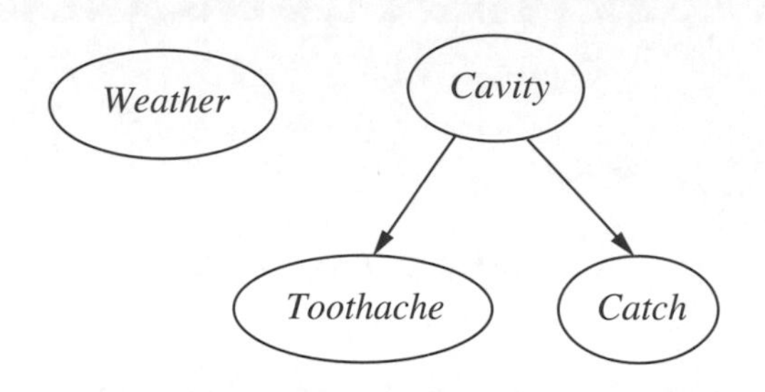

圖 14.1　一個簡單的貝氏網路，其中 *Weather* 和其他 3 個變數是相互獨立的，而 *Toothache* 和 *Catch* 在給定 *Cavity* 下為條件獨立。

現在考慮下面這個稍微複雜一點的例子。你在家裡新安裝了一個防盜警鈴。這個警鈴對於偵測竊盜是很可靠的，但是偶爾也會對輕微的地震有反應。(這個例子來自 Judea Pearl，他居住在洛杉磯——因此對地震有強烈的關注)。你還有兩個鄰居 John 和 Mary，他們保證當你工作時如果聽到警報聲就打電話給你。John 聽到警報聲就一定會打電話給你，但是他有時候會把電話鈴聲當成警報聲，然後也打電話。另一方面，Mary 喜歡大聲放音樂，因此有時根本聽不見警報聲。給定了他們是否給你打電話的證據後，我們希望估計有人入室行竊的機率。

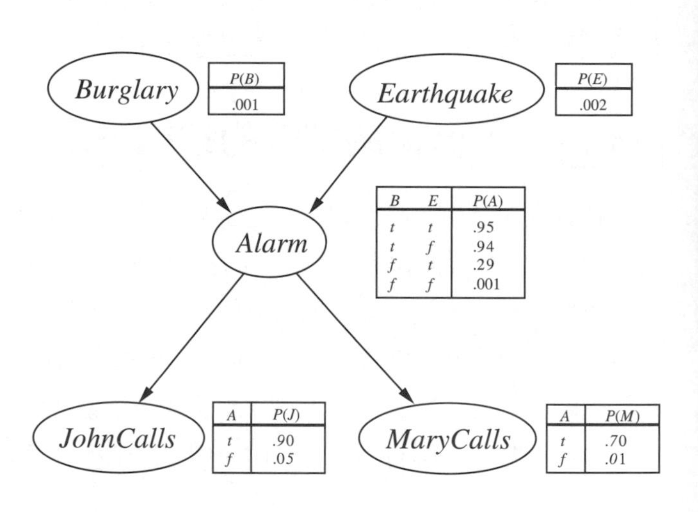

P(B)
.001

P(E)
.002

B	E	P(A)
t	t	.95
t	f	.94
f	t	.29
f	f	.001

A	P(J)
t	.90
f	.05

A	P(M)
t	.70
f	.01

圖 14.2　一個典型的貝氏網路，其顯示了拓撲結構和條件機率表 (conditional probability table，CPT)。在這些 CPT 中，字母 *B*, *E*, *A*, *J*, *M* 分別表示 *Burglary*(竊盜)，*Earthquake*(地震)，*Alarm*(警報)，*JohnCalls*(John 打電話)及 *MaryCalls*(Mary 打電話)

這個領域的貝氏網路顯示於圖 14.2。這個網路結構顯示出，盜賊和地震會直接影響警報響起的機率，但 John 或 Mary 是否打電話只取決於警報聲。遂網路表示出了我們的假設：他們不直接感知竊盜事件，不會注意到小地震，也不會在打電話之前交換意見。

這於圖 14.2 的條件分佈表示了**條件機率表**或是 CPT。(這種形式的表格可以用於離散隨機變數；其他表示方法，包括適合用於連續隨機變數的表示法，會在第 14.2 節中描述)。CPT 中的每一列包含了每個節點值相對於一個**條件事件**(conditioning case)的條件機率。條件事件就是所有父節點的值的一種可能組合——你可以視它爲一個縮小化的原子事件。每一列的機率的和必須爲 1，因爲列中的全部條目表示了一個窮舉該變數所有情況的集合。對於布林變數，一旦你知道了它爲真的機率是 p，那麼它爲假的機率就是 $1-p$。因此，我們經常省略第二個數值，如圖 14.2 所示。一般而言，一個具有 k 個布林父節點的布林變數的條件機率表中有 2^k 個可獨立指定的機率。而對於沒有父節點的節點而言，它的機率分佈表只有一行，表示了該變數每個可能值的事前機率。

要注意，網路中沒有對應於「Mary 正在大聲聽音樂」或「電話鈴聲使得 John 搞錯了」的節點。這些因素實際上已經被囊括在 *Alarm* 到 *JohnCalls* 以及到 *MaryCalls* 這兩條連結所附屬的不確定性中了。這同時表現了操作中的懶惰與無知：要搞清楚在每個特定情況下爲何那些因素會比較可能或比較不可能發生，是非常費工夫的，而且反正也我們沒有合理的途徑來取得相關資訊。這些機率事實上囊括了可至無限多種狀況的集合，包括警鈴可能會失效(環境濕度過高、停電、電池沒電、電線斷路、警鈴裡卡了一隻死老鼠，等等)或者 John 和 Mary 可能無法打電話報告(出去吃午飯、外出度假、暫時耳聾、直升機路過，等等)。如此一來，一個小小的代理人可以至少是近似地對付非常龐大的世界。如果我們引入附加的相關資訊，逼近的程度還可以提高。

14.2 貝氏網路的語意

上一節中描述了貝氏網路是什麼，但沒有說明它有何意義。理解貝氏網路的語意的方式有兩種。第一種是將貝氏網路視爲對聯合機率分佈的表示。第二種則將其視爲是對條件獨立的語句之集合的編碼。這兩種觀點是等價的，但是前者能夠幫助我們理解如何建構網路，而後者則能夠幫助我們設計推理程序。

14.2.1 表示全聯合機率分佈

看做是一塊「語法」，貝氏網路是一個有向非迴圈圖形，並且每個節點上附加一些數值參數。一個用以定義網路意義的方法——它的語義——用來定義方法，其中表示對於所有變數的特殊聯合機率分佈。爲此我們首先需要收回(暫時地)先前提及的有關各個節點的參數。這些參數符合條件機率 $\mathbf{P}(X_i \mid Parents(X_i))$，直到我們指定語義至網路整體上爲止這敘述爲眞，可把它當作一個號碼 $\theta(X_i \mid Parents(X_i))$。

在聯合分佈中，一般的條目是每個變數的特定賦值的連言的機率，例如 $P(X_1 = x_1 \wedge \ldots \wedge X_n = x_n)$。我們用符號 $P(x_1, \ldots, x_n)$作爲這個機率的簡化表示。此條目的值由下面的公式給出：

$$P(x_1, ..., x_n) = \prod_{i=1}^{n} \theta(x_i \mid parents(X_i)) \tag{14.1}$$

其中 $parents(X_i)$表示 $Parents(X_i)$中以 $x_1, ..., x_n$ 表示的值。於是聯合機率分佈中的每個條目都表示爲貝氏網路條件機率表(CPT)中適當元素的乘積。

由此定義，很容易可證明參數 $\theta(X_i \mid Parents(X_i))$剛好等於聯合分佈表示的條件機率 $P(X_i \mid Parents(X_i))$(見習題 14.2)。在此可改寫等式(14.1)爲

$$P(x_1, ..., x_n) = \prod_{i=1}^{n} P(x_i \mid parents(X_i)) \tag{14.2}$$

換句話說，我們稱之爲條件機率表的表格，根據等式(14.1)所定義的語義確實爲條件機率表。

爲了說明這一點，我們可以計算警鈴響了，但既沒有盜賊闖入，也沒有發生地震，同時 John 和 Mary 都打電話的機率。由聯合分佈相乘元素(使用單一字母命名變數)：

$$P(j, m, a, \neg b, \neg e) = P(j \mid a)\, P(m \mid a)\, P(a \mid \neg b \wedge \neg e)\, P(\neg b)\, P(\neg e)$$

$$= 0.90 \times 0.70 \times 0.001 \times 0.999 \times 0.998 = 0.000628$$

第 13.3 節解釋了聯合機率分佈可以用來回答任何關於領域的查詢。如果貝氏網路是對聯合機率分佈的一種表示法，那麼透過加總所有相關的聯合條目，它也可以用於回答任何查詢。章節 14.4 將表示如何做這些，也描述更有效率的方法。

一種建構貝氏網路的方法

公式(14.2)定義了一個已知的貝氏網路的意義爲何。然而，它沒有解釋應如何建構一個貝氏網路，以使所產生的聯合分佈能良好地表達指定的領域。現在我們將說明，公式(14.2)蘊含了某些條件獨立關係，可以被用於引導知識工程師建構網路的拓撲結構。首先，我們利用積法則(13.2.1 節)，以條件機率重寫聯合機率分佈：

$$P(x_1, x_2, \ldots, x_n) = P(x_n \mid x_{n-1}, \ldots, x_1)\, P(x_{n-1}, \ldots, x_1)$$

然後我們重複這個過程，把每個連言機率化約爲一個條件機率和一個較小的連言。最後我們得到一個大的連乘：

$$\begin{aligned} P(x_1, \ldots, x_n) &= P(x_n \mid x_{n-1}, \ldots, x_1)\, P(x_{n-1} \mid x_{n-2}, \ldots, x_1) \ldots P(x_2 \mid x_1)\, P(x_1) \\ &= \prod_{i=1}^{n} P(x_i \mid x_{i-1}, ..., x_1) \end{aligned}$$

這特徵稱作爲連鎖律(chain rule)，對於任何一組隨機變數都成立。比較公式 14.2 後，我們發現聯合分佈的規格等價於以下的一般性斷言：對於網路中每個變數 X_i，

$$\mathbf{P}(X_i \mid X_{i-1}, \ldots, X_1) = \mathbf{P}(X_i \mid Parents(X_i)) \tag{14.3}$$

假若 $Parents(X_i) \subseteq \{X_{i-1}, ..., X_1\}$。透過對節點編號，且編號方法與圖結構中所含的部分次序關係一致，上面最後一個條件就被滿足。

公式(14.3)所說的是，只有在給定了父節點之後，每個節點都與排在他它前面的先行節點(predecessor)條件獨立時，該貝氏網路才是對領域的一個正確表示。依照下列的方法可滿足這些條件：

1. **節點**：首先決定變數的集合以用來塑模定義域。而後將其排序$\{X_1,..., X_n\}$。任何順序皆可，但若參數是有序則得到的結論網路會較精簡。
2. **連結**：對於 $i = 1$ 至 n 作：
   - 選擇由 $X_1, ..., X_{i-1}$ 一組最小的父集合給 X_i，如同滿足等式(14.3)的型態。
   - 對於所有父集合插入一個由父集合至 X_i 之連結。
   - 條件機率表：寫下條件機率表，$P(X_i \mid Parents(X_i))$。

直覺地，節點 X_i 的父節點必須包含所有直接影響節點 X_i 之所有節點 $X_1, ..., X_{i-1}$。舉例而言，假設我們除了還沒選出 *MaryCalls* 的父節點以外，已經完成了圖 14.2 中的網路。*MaryCalls* 確實受到是否有 *Burglary* 或 *Earthquake* 的影響，但不是直接影響。直觀來看，領域知識告訴我們，這些事件只會透過它們對警鈴產生的效果而影響 *Mary* 打電話的行為。而且，若警鈴的狀態已知，*John* 是否打電話不會影響 *Mary* 打電話的行動。正規來說，我們相信下述條件獨立性語句成立：

$$\mathbf{P}(MaryCalls \mid JohnCalls, Alarm, Earthquake, Burglary) = \mathbf{P}(MaryCalls \mid Alarm)$$

因此 *Alarm* 將是 *MaryCalls* 的唯一父節點。

由於每一個節點僅連接先前的節點，這樣的建構方式確保網路是非循環的。另一個貝氏網路的重要特徵是他們沒有冗餘機率值。若沒有冗餘，則沒有可能有矛盾情況：對於知識工程師或領域專家不可能違反機率公理而建立貝氏網路。

小巧性與節點排序

作為對領域的一種完備且不累贅的表示，貝氏網路往往比全聯合機率分佈小巧(compact)得多。正是此特性使得用它處理多變數的領域是可行的。貝氏網路的小巧是**局部結構化**(locally structured)或稱**稀疏**(sparse)系統中一個非常普遍的特性的例子。在一個局部結構化系統中，不論組件的總數有多少，每個組件都只與有限數量的其他組件直接互動。局部結構通常伴隨著線性的而非指數級的複雜度增長。在貝氏網路的情況下，我們可以合理地做以下假設：對於某個常數 k，大多數領域中每個隨機變數只受到至多 k 個其他隨機變數的影響。如果為簡單起見我們假設有 n 個布林變數，那麼要指定每個條件機率表所需的資訊量至多為 2^k 個數字，而整個網路便可用不超過 $n2^k$ 個數字描述。反之，聯合機率分佈會包含 2^n 個資料。為了使其更具體，可以假設我們有 $n = 30$ 個節點，每個節點有 5 個父節點($k = 5$)。那麼貝氏網路需要 960 個數字，但全聯合機率分佈需要的數字超過 10 億個。

在有些領域中，每個變數都被所有其他變數所直接影響，以致於網路是完全連通的。那麼指定貝氏網路的條件機率表所需的資料量就和指定聯合機率分佈所需要的一樣多。某些領域中會有一些微弱的依賴關係；嚴格地說這類的關係應當藉由加入一條新的連結以被包含到網路中。但是，如果這種依賴關係太薄弱，也許就不值得為了那麼一點準確度的提高而增加網路的複雜度。例如，有人也許會反對我們的防盜網路，理由是如果地震發生了，John 和 Mary 即使聽到了警報聲也不會打電話，因為他們會假定地震是引起警鈴的原因。是否需要加入從節點 *Earthquake* 到節點 *JohnCalls* 以及節點 *MaryCalls* 的連結(並因此增大條件機率表)取決於提高機率精確度的重要性與指定額外資訊的成本之間的權衡。

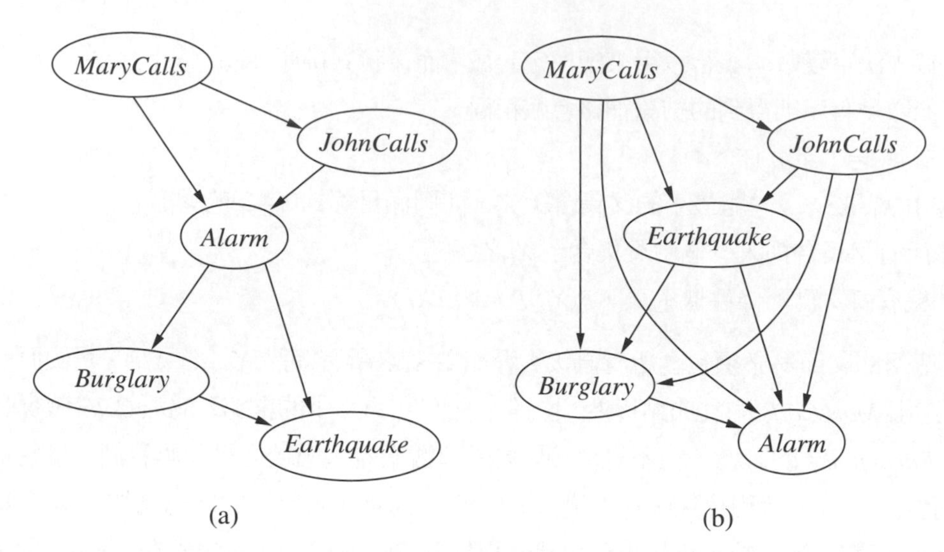

圖 14.3　網路結構取決於節點的引入次序。在每個網路中，我們都以從上到下的次序引入節點

既使在於區域建構領域，若選定排序良好的節點則可以得到精簡的貝氏網路。如果我們剛好選擇了錯誤的次序，會發生什麼事？再次考慮竊盜的例子。假設我們決定按照 *MarryCalls*，*JohnCalls*，*Alarm*，*Burglary*，*Earthquake* 的次序加入各個節點。那麼我們會得到一個稍微複雜一些的網路，如圖 14.3(a)所示。這個過程進行如下：

- 加入節點 *MaryCalls*：沒有父節點。
- 加入節點 *JohnCalls*：如果 Mary 打電話，很可能意味著警鈴已響，John 打電話的機率當然增大了。因此 *JohnCalls* 需要 *MaryCalls* 作爲父節點。
- 加入節點 *Alarm*：顯然地，如果兩人都打電話，警鈴會比只有一個人或根本沒有人打電話時更可能響起。因此，我們需要把 *MaryCalls* 和 *JohnCalls* 都當作 *Alarm* 的父節點。
- 加入節點 *Burglary*：如果我們知道了警鈴的狀態，那麼來自 John 或者 Mary 的電話或許能給我們關於我們的電話是否在響或者 Mary 是否在聽音樂的資訊，但是不能給我們關於竊盜的資訊：

  $$\mathbf{P}(Burglary \mid Alarm，JohnCalls，MaryCalls) = \mathbf{P}(Burglary \mid Alarm)$$

  於是，我們只需要 *Alarm* 作爲 *Burglary* 的父節點。
- 加入節點 *Earthquake*：如果警鈴響起，那麼地震有更大的可能正在發生。(警鈴其實也是某種形式的地震探測器)。但是如果我們知道竊賊已經闖入，那麼這便解釋了警鈴大作的原因，而這種情況下地震發生的機率只略微高於正常情況。於是，我們需要 *Alarm* 和 *Burglary* 作爲 *Earthquake* 的父節點。

這樣得到的網路比圖 14.2 中的原始網路多了兩條連結，並且需要多指定 3 個機率值。更糟糕的是，某些連結表達的薄弱關係需要困難和不自然的機率判斷，例如在已知 *Burglary* 和 *Alarm* 的情況下爲 *Earthquake* 指定機率值。這種現象非常普遍，並且與第 13.5.1 節(也可見習題 8.14)所介紹的**因果**模型與**診斷**模型之間的區別有關。如果我們試著建立一個從徵兆連結到原因的診斷模型(例如從 *MaryCalls* 連到 *Alarm* 或從 *Alarm* 連到 *Burglary*)，我們的下場是往往必需爲原本應該是互相獨立的原因(以及個別發生的徵兆)指定依賴關係。如果我們堅持因果模型，最終我們需要指定較少的數字，而且這些數字也較容易得出。例如，在醫學領域，Tversky 和 Kahneman(1982)發現專業內科醫生偏好爲因果規則而非診斷規則提供機率判斷。

圖 14.3(b)顯示了一種非常糟糕的節點次序：*MaryCalls*，*JohnCalls*，*Earchquake*，*Burglary*，*Alarm*。這個網路需要指定 31 個不同的機率——其數目與全聯合機率分佈完全相同。然而非常重要的一點是要認識到上述 3 種網路的任何一個都能表示完全相同的聯合機率分佈。只是後兩個版本的網路並沒有表示出所有的條件獨立關係，因此最終得要指定很多不必要的數字。

14.2.2 貝氏網路中的條件獨立關係

我們已經將貝氏網路的「數值」語意表示爲全聯合分佈，如公式(14.2)所示。當我們使用這樣的語意來導出建構貝氏網路的方法，我們會被導向這樣的結果：若父節點已知，一個節點與它的先行節點們之間是條件獨立的。事實上，我們也可以反向而行。我們可以從「拓撲」語意出發，指定圖結構所編碼的條件獨立關係，然後我們可以由此推導出「數值」語意。給定父節點，拓樸語義[2]指定每個非**後裔**的變數爲條件獨立。舉例而言，若圖 14.2 中節點 *Alarm* 的值已知，節點 *JohnCalls* 和節點 *Burglary* 及 *Earthquake* 是條件獨立的。此定義示於圖 14.4(a)。從這些條件獨立斷言與網路參數 $\theta(X_i \mid Parents(X_i))$的說明爲條件機率 $P(X_i \mid Parents(X_i))$的規範，則由等式(14.2)給定的全聯合分佈可被重新建構。依照這個意義，「數值」語義與「拓樸」語義是等價的。

另一個由拓樸語義指出的重要獨立特徵：若一個節點的父節點、子節點以及子節點的父節點的值都已知——也就是說，給定它的**馬可夫涵蓋**(Markov blanket)——則這個節點和網路中的所有其他節點都是條件獨立的。習題 14.6 要求你證明這個說法。例如，若節點 *Alarm* 和 *Earthquake* 的值已知，節點 *Burlary* 和節點 *JohnCalls* 及 *MaryCalls* 是獨立的。這可以透過圖 14.4(b)來說明。

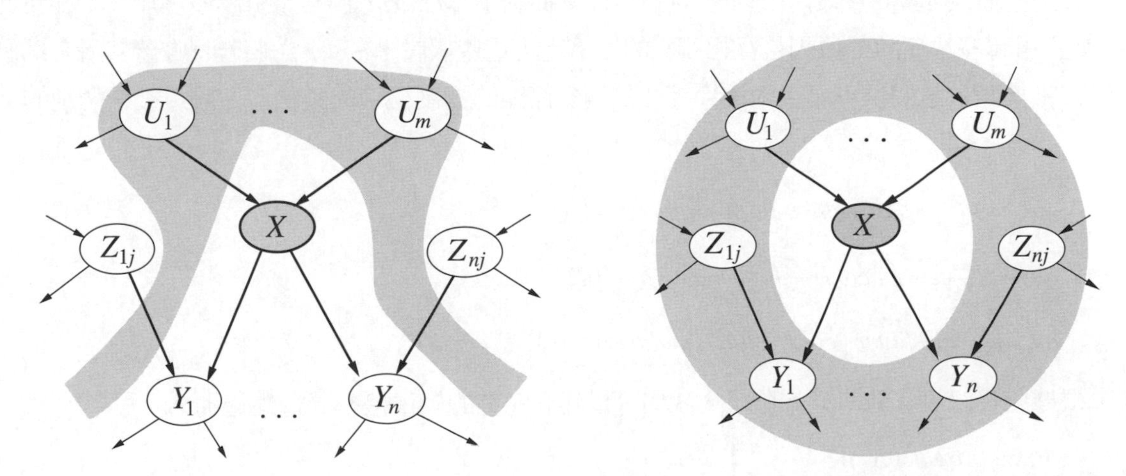

圖 14.4 (a) 已知父節點(灰色區中所示各 U_i)的值時，節點 X 與其非後代節點(例如各 Z_{ij})是條件獨立的；(b) 已知馬可夫涵蓋(灰色區域)的值時，則節點 X 和網路中的所有其他節點是條件獨立

14.3 條件分佈的有效率表示

即使最大父節點的個數 k 很小，我們仍然需要 $O(2^k)$個數字，以及對所有可能的條件事件有大量的經驗，才能填滿一個節點的條件機率表。事實上，這是最壞的情況：父節點與子節點之間的關係是完全任意的。通常來說，這種關係可以用一個符合某種標準模式的**正則分佈**(canonical distribution)來描述。在這樣的情況下，完整的條件機率表能夠藉由訂出模式並提供一些參數來制訂——這要比提供數目呈指數增長的參數要容易得多。

確定性節點(deterministic nodes)是最簡單的例子。一個確定性節點的值完全由由其父節點的值所決定，沒有任何不確定性。這種關係可以是一種邏輯的關係：例如父節點 *Canadian*(加拿大人)、*US*(美國人)、*Mexican*(墨西哥人)與子節點 *NorthAmerican*(北美人)之間的關係，就是子節點是其全部父節點的選言。這種關係也可以是數值的：例如，如果父節點是數家經銷商賣一種特定款式汽車的價格，而子節點是一個專門殺價俗買的人最後付出的價格，那麼子節點就應該是其全部父節點值的最小值；或者，如果父節點們分別表示一個湖泊的流入量(河流、溢流、降雨)和流出量(河流、蒸發、滲流等)，而子節點是湖面水位的變化，則子節點的值就是流入父節點的總和與流出父節點的總和兩者間的差。

不確定關係經常可以用所謂的**雜訊**(noisy)邏輯關係來刻畫。一個標準的例子是**雜訊或**(noisy-OR)關係，是邏輯或的一般化。在命題邏輯中，我們可以說 *Fever*(發燒)爲眞，若且唯若 *Cold*(感冒)、*Flu*(流感)或者 *Malaria*(瘧疾)爲眞。雜訊或的模型則允許每個父節點使得子節點爲眞的能力具有不確定性——父節點與子節點之間的因果關係有可能被抑制，所以病人可能得了感冒卻沒有發燒的症狀。這個模型作了兩項假設。首先，它假設所有可能的原因都已列出(假設有些部分遺失，我們總是可以增加一個稱之爲**遺漏節點**(leak node)來涵蓋「各式各樣的原因」)。其次，它假設對每個父節點的抑制獨立於對其他父節點的抑制：例如，無論是什麼抑制了 *Malaria* 使其不引起發燒症狀，都與抑制 *Flu* 使其不引起發燒症狀的原因是互相獨立的。給定了這些假設，*Fever* 爲假若且唯若其所有爲眞的父節點都被抑制；這個情形發生的機率等於每個父節點的抑制機率的乘積。假設這幾個個別的抑制機率如下：

$$q_{\text{cold}} = P(\neg fever \mid cold, \neg flu, \neg malaria) = 0.6$$

$$q_{\text{flu}} = P(\neg fever \mid cold, \neg flu, \neg malaria) = 0.2$$

$$q_{\text{malaria}} = P(\neg fever \mid cold, \neg flu, \neg malaria) = 0.1$$

那麼，根據此資訊以及雜訊或的假設，我們可以建立完整的條件機率表。此通則爲

$$P(x_i \mid parents(X_i)) = 1 - \prod_{j:X_j = true} q_j$$

其中由父節點接管的乘積，對於條件機率表的列設定爲 true。下列表格介紹此一計算：

Cold	*Flu*	*Malaria*	$P(Fever)$	$P(\neg Fever)$
F	F	F	0.0	1.0
F	F	T	0.9	**0.1**
F	T	F	0.8	**0.2**
F	T	T	0.98	$0.02 = 0.2 \times 0.1$
T	F	F	0.4	**0.6**
T	F	T	0.94	$0.06 = 0.6 \times 0.1$
T	T	F	0.88	$0.12 = 0.6 \times 0.2$
T	T	T	0.988	$0.012 = 0.6 \times 0.2 \times 0.1$

整體而言，對於一個變數取決於 k 個父節點的雜訊邏輯關係，我們可以用 $O(k)$而非 $O(2^k)$個參數來描述其完全條件機率表。這使得評價與學習都容易多了。例如，CPCS 網路(Pradhan *et al*., 1994)中使用了雜訊或以及雜訊最大(noisy-MAX)分佈來模塑內科疾病和症狀之間的關係。這個包含 448 個節點和 906 條連結的網路只需要 8254 個數值，而不是完全 CPT 所需的 133931430 個數值。

包含連續變數的貝氏網路

很多眞實世界的問題都包含連續的量，例如高度、重量、溫度以及金錢等等。事實上，統計學中有很大的領域處理的是有連續定義域的隨機變數。根據定義，連續的變數具有無限多個可能值，所以明確地為每個值指定條件機率是不可能的。一種處理連續性隨機變數的可能方式是透過**離散化**(discretization)——也就是，將所有可能值劃分到固定的一組區間中——以避免出現連續變數。例如，溫度可以被劃分為(0 < °C)，(0°C ~100°C)，(> 100°C)。離散化有時是種可勝任問題的解法，但也經常導致可觀的精確度損失以及非常巨大的條件機率表。最一般的解法是定義標準的機率密度函數家族(參見附錄 A)，其中每個函數都具有有限個**參數**。例如，高斯(或稱常態)分佈 $N(\mu, \sigma^2)(x)$以平均數 μ 和變異數 σ^2 為參數。還有另一個解法——有時稱之為**非參數**表示——用收集的情況來定義隱含條件分佈，每一個皆包含父節點參數與子節點參數之特別的值。我們未來將於第 18 章探討這個方法。

同時包含離散隨機變數和連續隨機變數的網路稱為**混合貝氏網路**(hybrid Bayesian network)。為了制定混合貝氏網路，我們必須描述兩種新的分佈：在給定離散或者連續的父節點下，連續隨機變數的條件分佈；以及在給定連續的父節點下，離散隨機變數的條件分佈。考慮圖 14.5 中的簡單例子，其中顧客根據價格購買某種水果，而價格又取決於水果的收成以及政府的補助(subsidy)方案是否在執行中。變數 *Cost*(價格)是連續的，而其父節點有連續的也有離散的；變數 *Buys*(購買)是離散的，而其父節點是連續的。

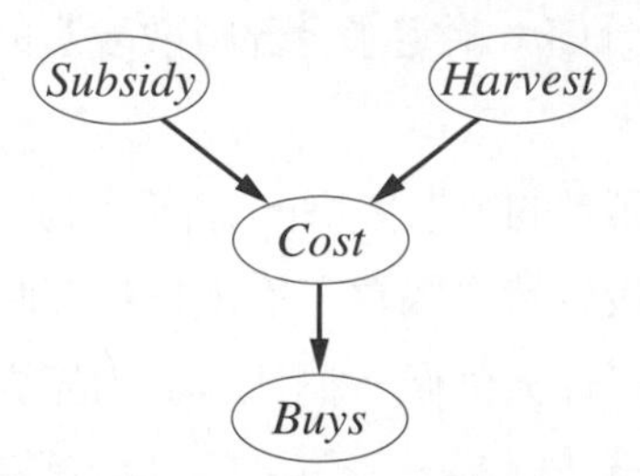

圖 14.5　包含離散變數(*Subsidy* 和 *Buys*)和連續變數(*Harvest* 和 *Cost*)的簡單網路

對於變數 *Cost*，我們需要指定 **P**(*Cost* | *Harvest*, *Subsidy*)。離散父節點可以透過列舉來處理——也就是說，同時指定 *P*(*Cost* | *Harvest*, *subsidy*)及 *P*(*Cost* | *Harvest*, ¬*subsidy*)。要處理變數 *Harvest*(收成)，我們指定價格 *c* 的分佈如何取決於 *Harvest* 的連續取值 *h*。換句話說，我們將價格分佈的參數指定爲 *h* 的一個函數。最常見的選擇是**線性高斯**(linear Gaussian)分佈，其子節點的平均數 μ 隨父節點的值呈線性變化、而其標準差 σ 爲固定值。對於 *subsidy* 和¬*subsidy* 我們分別需要兩個參數不同的分佈：

$$P(c|h, subsidy) = N(a_t h + b_t, \sigma_t^2)(c) = \frac{1}{\sigma_t\sqrt{2\pi}} e^{-\frac{1}{2}\left(\frac{c-(a_t h+b_t)}{\sigma_t}\right)^2}$$

$$P(c|h, \neg subsidy) = N(a_f h + b_f, \sigma_f^2)(c) = \frac{1}{\sigma_f\sqrt{2\pi}} e^{-\frac{1}{2}\left(\frac{c-(a_f h+b_f)}{\sigma_f}\right)^2}$$

那麼，對於這個例子，*Cost* 的條件分佈透過確定線性高斯分佈並提供參數 a_t、b_t、σ_t、a_f、b_f、σ_f來指定。圖 14.6(a)和(b)顯示了這兩種關係。注意：在每種情況中斜率都是負的，因爲價格隨著供給的增加而下降。(當然，線性假設意味著價格會在某個點變爲負值；線性模型只有當收成被限制在一個狹窄的範圍內時才是合理的)。假設 *Subsidy* 的兩種取值的事前機率都是 0.5，圖 14.6(c)顯示了對這兩種情況取平均之下的分佈 *P*(*c* | *h*)。這說明了即使是非常簡單的模型，也能夠表示一些相當有意思的分佈。

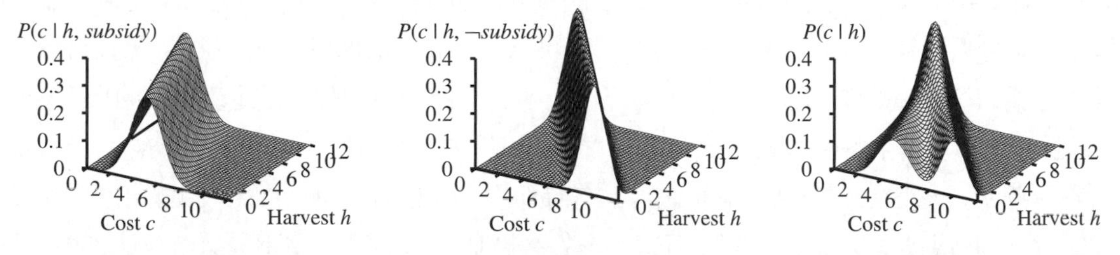

圖 14.6 **圖(a)和(b)中顯示出，當** *Subsidy* **為真和為假時，表為以** *Harvest* **大小為函數的** *Cost* **的機率分佈。圖(c)則顯示了，透過將** *Subsidy* **的兩種情況相加而得的分佈** *P*(*Cost* | *Harvest*)

線性高斯條件分佈有一些特性。一個只含有符合線性高斯分佈的連續變數的網路，其聯合機率分佈是一個定義在所有變數上的多變量高斯分佈(習題 14.9)。此外，事後分佈提供具有此特徵的證明 [31]。當加入離散變數爲連續變數的父節點時(不是子節點)，此網路定義了一個**條件高斯**分佈(conditional Gaussian)或者稱爲 CG 分佈：給定了全部離散變數的任意賦值，所有連續變數的機率分佈是一個多元高斯分佈。

現在我們轉頭來看具有連續父節點的離散變數的分佈。考慮圖 14.5 中的 *Buys* 節點。我們可以做以下似乎合理的假設：顧客在價格較低時會購買，而價格較高時就不購買，並且購買的機率在某個中介區域平滑變化。換句話說，其條件分佈像一個「軟」的臨界值函數。一種建構軟臨界值函數的方法是使用標準常態分佈的積分：

$$\Phi(x) = \int_{-\infty}^{x} N(0,1)(x)dx$$

於是 *Buys* 在給定 *Cost* 下的條件機率可能是：

$$P(buys \mid Cost = c) = \Phi((-c + \mu) / \sigma)$$

這意味著，價格臨界值出現在 μ 附近，臨界值區域的寬度則與 σ 成比例，而顧客購買的機率隨價格的增加而減少。圖 14.7(a)描繪了這個**機率單位**分佈(probit distribution，發音爲「pro-bit」爲「probability unit」的簡稱)。此形式可以藉由以下說法來合理化：隱藏的決策過程是具有一個硬臨界值，不過臨界值的精確位置受到高斯雜訊的影響。

機率單位模型的另一個替代方法是**邏輯單位**分佈(logit distribution，發音爲「low-jit」)，使用**邏輯單位函數** $1/(1+e^{-x})$ 來產生軟臨界值：

$$P(buys \mid Cost = c) = \frac{1}{1 + \mathbf{exp}(-2\frac{-c+\mu}{\sigma})}$$

這可以透過圖 14.7(b)來說明。這兩個分佈看起來很相似，但邏輯單位實際上有一條長得多的「尾巴」。機率單位通常更符合實際情況，但在數學上有時邏輯單位更易於處理。它被廣泛應用於類神經網路中(第 20 章)。藉由採取對父節點值的線性組合，機率單位和邏輯單位都可以推廣到能處理多個連續的父節點。

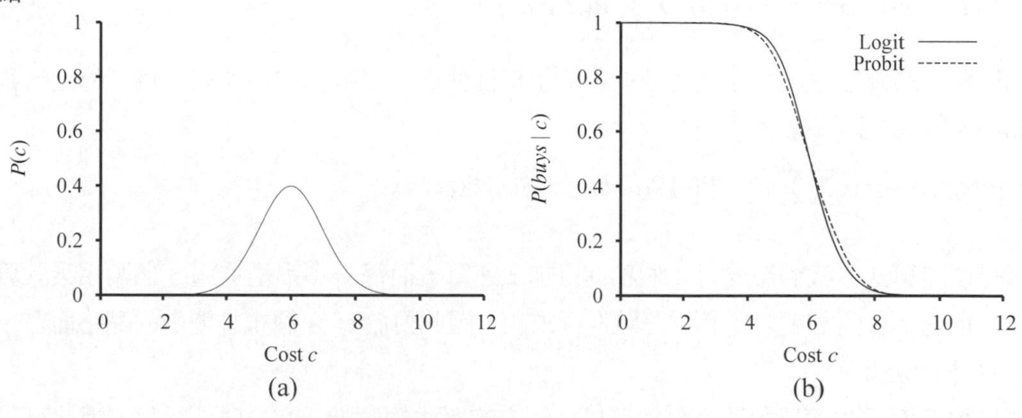

圖 14.7 (a) Cost 臨界值的常態(高斯)分佈，其平均值在 $\mu = 6.0$ 且標準差為 $\sigma = 1.0$。
(b) 給定 cost 下以邏輯單位與機率單位的 buys 機率分佈，參數為 $\mu = 6.0$ 和 $\sigma = 1.0$。

14.4 貝氏網路中的精確推理

在給定某個已觀察**事件**——也就是一組**證據變數**的某個賦值後，任何機率推理系統的基本任務都是要計算一組**查詢變數**的事後機率分佈。爲了簡單地表達，我們將每一次僅考量一個查詢變數，此演算法可容易地延伸至查詢多個變數。我們將使用第 13 章中所介紹的符號：X 表示查詢變數；$\mathbf{E}$ 表示證據變數集 $E_1, E_2, \ldots, E_m$，e 則表示一個觀察到的特定事件；$\mathbf{Y}$ 表示非證據變數集 $Y_1, Y_2, \ldots, Y_l$(有時候稱爲**隱變數**，hidden variable)。從而得到全部變數的集合 $\mathbf{X} = \{X\} \cup \mathbf{E} \cup \mathbf{Y}$。典型的查詢是詢問事後機率 $\mathbf{P}(X \mid \mathrm{e})$。

在前面的防盜網路中，我們可能觀察到一個事件中 *JohnCalls* = *true* 且 *MaryCalls* = *true*。然後我們會問，出現盜賊的機率是多少：

$$\mathbf{P}(Burglary \mid JohnCalls = true, MaryCalls = true) = \langle 0.284, 0.716 \rangle$$

在本節中我們將討論計算事後機率的精確演算法，並將考慮此任務的複雜度。最後的結果是，一般情況下的精確推理是難解的，因此第 14.5 節將討論近似推理方法。

14.4.1 透過窮舉進行推理

第十三章解釋了任何條件機率都可以透過將全聯合機率分佈表中的某些項相加而計算得到。更明確地說，查詢 $\mathbf{P}(X \mid \mathbf{e})$可以透過公式(13.9)來回答，爲了方便，這裡我們重複一下這個公式：

$$\mathbf{P}(X \mid \mathbf{e}) = \alpha \mathbf{P}(X, \mathbf{e}) = \alpha \sum_{\mathbf{y}} \mathbf{P}(X, \mathbf{e}, \mathbf{y})$$

現在，貝氏網路給出了全聯合機率分佈的完備表示。更明確地說，公式(14.2)顯示出，聯合機率分佈中的 $P(x, \mathbf{e}, \mathbf{y})$這項可以寫成根據網路的條件機率之積。因此，在貝氏網路中可以透過計算條件機率的乘積並求和來回答查詢。

考慮查詢 $\mathbf{P}(Burglary \mid JohnCalls = true, MaryCalls = true)$。該查詢的隱變數是 *Earthquake* 和 *Alarm*。根據公式(13.9)，使用變數的首字母以便簡化運算式，我們有[4]：

$$\mathbf{P}(B \mid j, m) = \alpha \mathbf{P}(B, j, m) = \alpha \sum_{e} \sum_{a} \mathbf{P}(B, e, a, j, m)$$

於是貝氏網路的語意(公式(14.2))給了我們一個根據條件機率表描述的運算式。爲了簡化，我們僅給出 *Burglary* = *true* 的計算過程：

$$P(b \mid j, m) = \alpha \sum_{e} \sum_{a} P(b) P(e) P(a \mid b, e) P(j \mid a) P(m \mid a)$$

爲了計算這個運算式，我們需要對 4 個項進行加法運算，而每一項都是透過 5 個數相乘計算得到。在最糟糕的情況下我們需要對所有的變數進行求和，因此對於有 n 個布林變數的網路而言，演算法的複雜度將是 $O(n2^n)$。

不過根據下面這個簡單的觀察事實可以得到對演算法的改進：$P(b)$項是常數，因此可以從對 a 和 e 的求和符號中挪出去，而 $P(e)$項也可以從對 a 的求和符號中挪出去。因此我們得到：

$$P(b \mid j, m) = \alpha P(b) \sum_{e} P(e) \sum_{a} P(a \mid b, e) P(j \mid a) P(m \mid a) \tag{14.4}$$

這個運算式可透過按順序迴圈尋訪所有變數並把條件機率表中的對應條目乘起來進行求值計算。對於每次求和運算，我們還需要對變數的可能取值進行迴圈。計算過程的結構如圖 14.8 所示。利用圖 14.2 中的資料，我們得到 $P(b \mid j, m) = \alpha \times 0.00059224$。$\neg b$ 的相對應計算結果爲 $\alpha \times 0.0014919$；因此，

$$\mathbf{P}(B \mid j, m) = \alpha \langle 0.00059224, 0.0014919 \rangle \approx \langle 0.284, 0.716 \rangle$$

也就是說，在兩個鄰居都給你打電話的條件下出現盜賊的機率大約是 28%。

公式(14.4)中運算式的計算過程在圖 14.8 中顯示爲一棵表達樹。圖 14.9 中的 ENUMERATION-ASK 演算法透過深度優先遞迴對這棵樹進行求值。這演算法非常類似於爲了求解限制滿足問題(CSPs，圖 6.5)的回溯演算法(backtracking algorithm)與可滿足 DPLL 演算法(圖 7.17)。

演算法 ENUMERATION-ASK 的空間複雜度對於變數個數是線性的：演算法對於全聯合分佈求和而不用明確地建構它。不幸的是，對於一個有 n 個布林變數的網路，該演算法的時間複雜度始終都是 $O(2^n)$——比前面描述的那種簡單演算法的 $O(n2^n)$複雜度要低，但仍然非常可怕。

關於圖 14.8 的樹，它明確地給出了演算法所需計算的重複子運算式。乘積 $P(j \mid a)P(m \mid a)$和 $P(j \mid \neg a)P(m \mid \neg a)$都計算了兩次，對 e 的每個值算一次。下一節描述能夠避免這種計算浪費的方法。

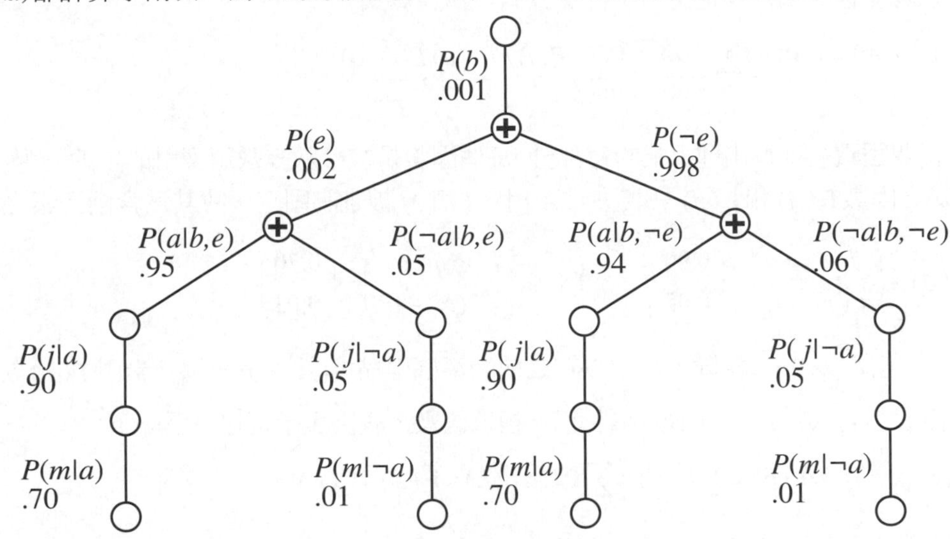

圖 14.8 公式(14.4)所示的運算式其結構。求值運算過程由上而下進行，將每條路徑上的值相乘，並在「+」節點求和。注意從 j 及 m 的路徑重複。

```
function ENUMERATION-ASK(X, e, bn) returns a distribution over X
  inputs: X, the query variable
          e, observed values for variables E
          bn, a Bayes net with variables {X} ∪ E ∪ Y   /* Y = hidden variables */

  Q(X) ← a distribution over X, initially empty
  for each value x_i of X do
      Q(x_i) ← ENUMERATE-ALL(bn.VARS, e_{x_i})
          where e_{x_i} is e extended with X = x_i
  return NORMALIZE(Q(X))
---------------------------------------------------------------------
function ENUMERATE-ALL(vars, e) returns a real number
  if EMPTY?(vars) then return 1.0
  Y ← FIRST(vars)
  if Y has value y in e
      then return P(y | parents(Y)) × ENUMERATE-ALL(REST(vars), e)
      else return ∑_y P(y | parents(Y)) × ENUMERATE-ALL(REST(vars), e_y)
          where e_y is e extended with Y = y
```

圖 14.9 在貝氏網路上回答查詢的窮舉演算法

14.4.2 變數消元演算法

透過消除類似圖 14.8 中所示的那種重複計算能夠大大提高列舉演算法的效率。其想法非常簡單：只進行一次計算，並保存計算結果以備將來使用。這是動態規劃的一種形式。這種方法有幾種不同的版本；這裡我們給出其中最簡單的**變數消元**演算法(variable elimination algorithm)。變數消元演算法的工作模式是按照從右到左的次序計算諸如公式(14.4)的運算式(也就是按照圖 14.8 中由下而上的次序)。中間結果被保存下來，而對每個變數的求和只需要對依賴於這些變數的運算式部分進行就可以了。

讓我們以防盜網路爲例描述這個過程。我們計算運算式

$$\mathbf{P}(B\mid j,m)=\alpha\underbrace{\mathbf{P}(B)}_{\mathbf{f}_1(B)}\sum_e\underbrace{P(e)}_{\mathbf{f}_2(E)}\sum_a\underbrace{\mathbf{P}(a\mid B,e)}_{\mathbf{f}_3(A,B,E)}\underbrace{P(j\mid a)}_{\mathbf{f}_4(A)}\underbrace{P(m\mid a)}_{\mathbf{f}_5(A)}$$

注意到已用相關**因數**名稱標出運算式的每部分;每個因數是被參數變數值索引的矩陣。例如,對應 $P(j\mid a)$和 $P(m\mid a)$之因數 $\mathbf{f}_4(A)$ 和 $\mathbf{f}_5(A)$ 只取決於 A，因 J 和 M 被查詢固定。故其爲含兩元素之向量：

$$\mathbf{f}_4(A)=\begin{pmatrix}P(j\mid a)\\P(j\mid\neg a)\end{pmatrix}=\begin{pmatrix}0.90\\0.05\end{pmatrix}\qquad\mathbf{f}_5(A)=\begin{pmatrix}P(m\mid a)\\P(m\mid\neg a)\end{pmatrix}=\begin{pmatrix}0.70\\0.01\end{pmatrix}$$

$\mathbf{f}_3(A,B,E)$將會是個 $2\times2\times2$ 矩陣，其中以在之前的篇幅中描述[其中第一個元素由 $P(a\mid b,e)=0.95$ 給定且最後由 $P(\neg a\mid\neg b,\neg e)=0.999$ 所給定]。根據因數，查詢表示可以寫爲如下

$$\mathbf{P}(B\mid j,m)=\alpha\mathbf{f}_1(B)\times\sum_e\mathbf{f}_2(E)\times\sum_e\mathbf{f}_3(A,B,E)\times\mathbf{f}_4(E)\times\mathbf{f}_5(E)$$

其中「×」運算子並非普通矩陣相乘，而是**逐點乘積**(pointwise production)運算，這會再簡單說明。

估算的步驟爲變數加總的程序(由右至左)由因數的逐點乘積得到新的因數,最後得到的因子則是解答，意即透過查詢變數得到事後分佈。各個步驟如下所示：

- 首先由 $\mathbf{f}_3$、$\mathbf{f}_4$ 和 $\mathbf{f}_5$ 的乘積來加掉 A。可得一個新的 2×2 因數 $\mathbf{f}_6(B,E)$，其指數範圍只有 B 和 E：

$$\begin{aligned}\mathbf{f}_6(B,E)&=\sum_a\mathbf{f}_3(A,B,E)\times\mathbf{f}_4(A)\times\mathbf{f}_5(A)\\&=(\mathbf{f}_3(a,B,E)\times\mathbf{f}_4(a)\times\mathbf{f}_5(a))+(\mathbf{f}_3(\neg a,B,E)\times\mathbf{f}_4(\neg a)\times\mathbf{f}_5(\neg a))\end{aligned}$$

  現在剩下的式子如下

$$\mathbf{P}(B\mid j,m)=\alpha\mathbf{f}_1(B)\times\sum_e\mathbf{f}_2(E)\times\mathbf{f}_6(B,E)$$

- 接下來，從 $\mathbf{f}_2$ 及 $\mathbf{f}_6$ 的乘積來加掉 E：

$$\begin{aligned}\mathbf{f}_7(B)&=\sum_e\mathbf{f}_2(E)\times\mathbf{f}_6(B,E)\\&=\mathbf{f}_2(e)\times\mathbf{f}_6(B,e)+\mathbf{f}_2(\neg e)\times\mathbf{f}_6(B,\neg e)\end{aligned}$$

  得到的式子則爲

$$\mathbf{P}(B\mid j,m)=\alpha\mathbf{f}_1(B)\times\mathbf{f}_7(B)$$

  其中可藉由逐點乘積並且正規化結果。

檢查這個步驟序列，我們看出需要兩種基本的計算操作：計算兩個因數的逐點乘積，以及在因數乘積中對一個變數求和消元。下一節將描述個別的步驟。

對因數的運算

逐點乘積是由兩個因數 $\mathbf{f}_1$ 和 $\mathbf{f}_2$ 得到一個新的因數 $\mathbf{f}$，其變數集是變數 $\mathbf{f}_1$ 和 $\mathbf{f}_2$ 的**聯集**，且其中元素由兩個因數中相對應的元素相乘得到。假設這兩個因數都有變數 $Y_1, \ldots, Y_k$。那麼我們得到：

$$\mathbf{f}(X_1, \ldots, X_j, Y_1, \ldots, Y_k, Z_1, \ldots, Z_l) = \mathbf{f}_1(X_1, \ldots X_j, Y_1, \ldots, Y_k)\, \mathbf{f}_2(Y_1, \ldots, Y_k, Z_1, \ldots, Z_l)$$

如果所有的變數都是二値的，那麼 $\mathbf{f}_1$ 和 $\mathbf{f}_2$ 各有 2^{j+k} 和 2^{k+l} 個元素，它們的逐點乘積有 2^{j+k+l} 個元素。例如，給定兩個因數 $\mathbf{f}_1(A,B)$ 和 $\mathbf{f}_2(B,C)$ 逐點乘積爲 $\mathbf{f}_1 \times \mathbf{f}_2 = \mathbf{f}_3(A,B,C)$ 具有 $2^{1+1+1} = 8$ 個項目，介紹於圖 14.10。注意由逐點乘積產生的因數結果，會產生比被乘數中的因數更多的變數，且因數的大小爲變數個數的指數型態。這是一個空間與時間的複雜度皆提高的變數估計演算法。

A	B	$\mathbf{f}_1(A, B)$	B	C	$\mathbf{f}_2(B, C)$	A	B	C	$\mathbf{f}_3(A, B, C)$
T	T	0.3	T	T	0.2	T	T	T	0.3×0.2
T	F	0.7	T	F	0.8	T	T	F	0.3×0.8
F	T	0.9	F	T	0.6	T	F	T	0.7×0.6
F	F	0.1	F	F	0.4	T	F	F	0.7×0.4
						F	T	T	0.9×0.2
						F	T	F	0.9×0.8
						F	F	T	0.1×0.6
						F	F	F	0.1×0.4

圖 14.10 介紹逐點乘法：$\mathbf{f}_1(A, B) \times \mathbf{f}_2(B, C) = \mathbf{f}_3(A, B, C)$

由因數乘積中對一個變數求總和，可藉依次固定變數的值由子矩陣格式加總得到。例如，由 $\mathbf{f}_3(A,B,C)$ 來加掉 A，我們寫爲

$$\mathbf{f}(B,C) = \sum_a \mathbf{f}_3(A,B,C) = \mathbf{f}_3(a,B,C) \times \mathbf{f}_3(\neg a,B,C)$$

$$= \begin{pmatrix} 0.06 & 0.24 \\ 0.42 & 0.28 \end{pmatrix} + \begin{pmatrix} 0.18 & 0.72 \\ 0.06 & 0.04 \end{pmatrix} = \begin{pmatrix} 0.24 & 0.96 \\ 0.48 & 0.32 \end{pmatrix}$$

唯一需要注意的技巧是，任何不依賴於將被求和消元的變數都可以移到求和符號的外面。例如，我們要於貝氏網路先將 E 做加總，相關部分的表示則會如下

$$\sum\nolimits_e \mathbf{f}_2(E) \times \mathbf{f}_3(A,B,E) \times \mathbf{f}_4(A) \times \mathbf{f}_5(A) = \mathbf{f}_4(A) \times \mathbf{f}_5(A) \times \sum\nolimits_e \mathbf{f}_2(E) \times \mathbf{f}_3(A,B,E)$$

現在計算求和號內層的逐點乘積，並將變數從結果矩陣中求和消去：

注意直到我們需要將變數從累積乘積中消去之前不會進行矩陣乘法。因此，我們只對包含被求和消元的變數的矩陣進行相乘運算。給定了逐點乘積以及求和消元的例行程式後，變數消元演算法本身可以非常容易地寫出來，如圖 14.11 所示。

```
function ELIMINATION-ASK(X, e, bn) returns a distribution over X
   inputs: X, the query variable
           e, observed values for variables E
           bn, a Bayesian network specifying joint distribution P(X_1, ..., X_n)

   factors ← [ ]
   for each var in ORDER(bn.VARS) do
       factors ← [MAKE-FACTOR(var, e)|factors]
       if var is a hidden variable then factors ← SUM-OUT(var, factors)
   return NORMALIZE(POINTWISE-PRODUCT(factors))
```

圖 14.11　用於貝氏網路推理的變數消元演算法

變數次序和變數相關性

圖 14.11 的演算法包含非特定的 ORDER 函數，用來對變數做有序的選擇。每一種有序的選擇都會產生一個演算法，但不同的次序於計算中會產生不同的中間因素。例如，前面所表示的計算中，我們在 E 之前排除了 A，假設我們以其他方式計算則會變成

$$\mathbf{P}(B \mid j,m) = \alpha \mathbf{f}_1(B) \times \sum_a \mathbf{f}_4(A) \times \mathbf{f}_5(A) \times \sum_e \mathbf{f}_2(E) \times \mathbf{f}_3(A,B,E)$$

中間會產生新的因數 $\mathbf{f}_6(A,B)$。

一般而言，變數消元演算法的時間和空間需求取決於演算法執行過程中建構出的最大因數。而後者又進一步取決於變數消元次序和網路結構。結果會難以決定出最佳的次序，但會存在有許多好的試探法。貪婪是一種頗爲有效的方法：消除會最小化下一個要被產生的因數的任何變數。

讓我們再考慮另一個查詢：$\mathbf{P}(JohnCalls \mid Burglary = true)$。照常，第一步是寫出嵌套的求和式：

$$P(J \mid b) = \alpha P(b) \sum_e P(e) \sum_a P(a \mid b,e) P(J \mid a) \sum_m P(m \mid a)$$

如果我們從右向左對這個運算式進行求值運算，我們就會發現一件非常有趣的事情：$\Sigma_m P(m \mid a)$ 根據定義是等於 1！因此，一開始就沒必要包括它；變數 M 和這個查詢無關。另一種說法是，即使我們把節點 *MaryCalls* 從網路中刪除，查詢 $P(JohnCalls \mid Burglary = true)$的結果也不會發生變化。整體而言，我們可以刪除任何既非查詢變數，也非證據變數的葉節點。在這樣的刪除之後，可能會產生一些新的葉節點，它們與查詢變數仍然無關。繼續這個過程，我們最終發現，所有既非查詢變數亦非證據變數的祖先的節點都和查詢無關。因此在變數消元演算法中可以在對查詢求值之前刪除所有這些變數。

14.4.3　精確推理的複雜度

在貝氏網路中精確推理的複雜度與其網路架構極度相關。圖 14.2 所示的防盜網路屬於這樣一個網路家族：網路中任何兩個節點都至多只有一條無向路徑相連。這種網路結構稱爲**單連通**(singly connected)網路或者**多樹**(polytree)，有一個特別好的性質：多樹上的精確推理的時間與空間複雜度都

與網路規模呈線性關係。這裡，網路規模定義爲條件機率表中的條目個數；如果每個節點的父節點個數都不超過某個常數，那麼複雜度與網路節點個數呈線性關係。

對於**多連通**(multiply connected)網路，如圖 14.12(a)所示，在最壞情況下變數消元演算法可能具有指數級的時間和空間複雜度，甚至在每個節點的父節點個數有固定界限的情況下。這並不令人驚訝，如果考慮到「因爲機率推理包含命題邏輯推理作爲它的一種特殊情況，所以貝氏網路的推理是一個 *NP* 問題 」。事實上，可以證明(習題 14.15)這個問題與計算命題邏輯公式中可滿足的賦值個數的問題難度相當。這意味著它是一個#P 難題(「number-P hard」)——也就是說，嚴格地難於 NP 完全問題。

貝氏網路推理的複雜度和限制滿足問題(CSP)的複雜度有密切的關係。如我們在第 6 章中討論的，求解離散限制滿足問題的難度與其限制圖究竟在多大程度上「類似於樹形結構」相關。諸如超**樹寬**(hypertree width)這樣的能夠限制求解限制滿足問題複雜度的度量，也能夠直接應用於貝氏網路。而且，變數消元演算法還可以推廣，用於求解限制滿足問題，如同求解貝氏網路上的查詢。

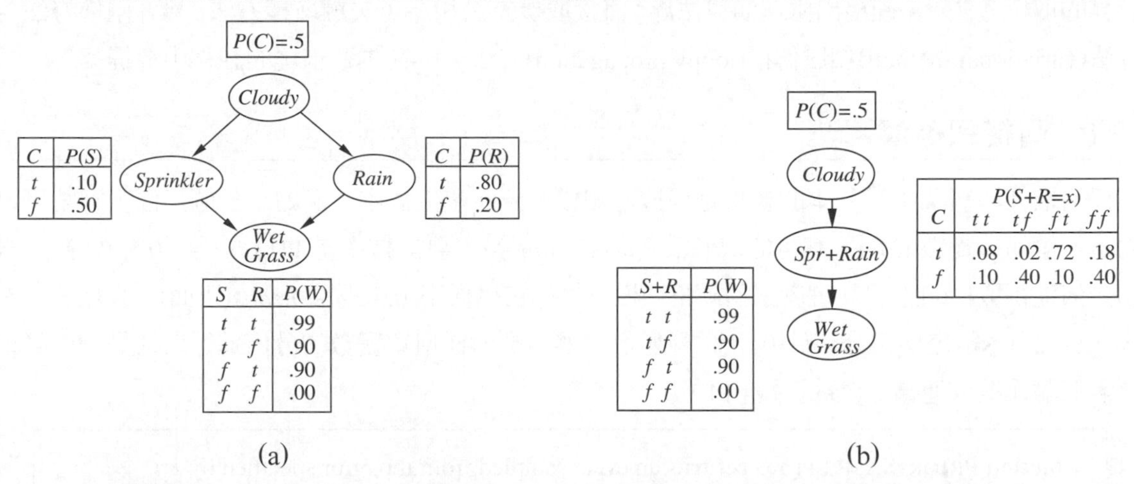

圖 14.12 (a) **一個多連通網路及其條件機率表。**(b) **多連通網路的團等價物**

14.4.4 團演算法

對於回答單個查詢，變數消元演算法是簡單有效的。然而，假若我們希望計算出網路中所有節點變數的事後機率，它就不那麼地有效率了。例如，在一個多樹網路中可能需要處理 $O(n)$個查詢，每個查詢都需要 $O(n)$的開銷，因此總的時間複雜度是 $O(n^2)$。透過**團**演算法(clustering，也稱爲**聯合樹**演算法，joint tree)，時間可以減少到 $O(n)$。由於這個原因，這些演算法在商用貝氏網路工具中得到了廣泛的應用。

團演算法的基本想法是將網路中的單獨節點聯合起來形成團(cluster)節點，使得最終得到的網路結構是一棵多樹。例如，對於圖 14.12(a)所示的多連通網路，我們可以透過將節點 *Sprinkler*(噴灌機)和 *Rain*(下雨)合併成爲一個團節點，稱爲 *Sprinkler + Rain*，把原來的網路轉化成多樹，如圖 14.12(b)所示。替換這兩個布林變數的大節點有 4 種不同的可能取值：*TT*、*TF*、*FT*，以及 *FF*。*tt*、*tf*、*ft* 和 *ff*。這個大節點只有一個父節點，即布林變數 *Cloudy*(多雲)，因此它有兩個條件事件。即使此例並沒有出現，團演算法的流程常產生共享部分變數的大節點。

一旦網路轉化成多樹的形式，因爲一般推理方法無法處理彼此共享變數的大節點，則需要一種專用推理演算法。本質上，該演算法是一種形式的限制傳播(參見第 6 章)，其中限制確保相鄰團節點所包含的任何公共變數其事後機率一致。透過仔細的記錄，這種演算法能夠計算網路中所有非證據節點的事後機率，計算時間是與團網路大小呈線性。然而，問題的 NP 難題性並未消失：如果一個網路在變數消元演算法中需要指數級的時間和空間，那麼團網路中的 CPT 也將必然爲指數級的大小。

14.5 貝氏網路的近似推理

既然大規模多連通網路中的精確推理是難解的，考慮近似的推理方法是必要的。本節描述的隨機取樣演算法，也稱爲**蒙地卡羅**演算法(Monte Carlo algorithm)能夠給出一個問題的近似解答，而其近似的精度依賴於所產生取樣點的多少。蒙地卡羅演算法在許多專業科學中，對於許多難以精確計算的資料進行估計，類比退火(4.1.2 節)爲其中的一個例子。本節中，我們的興趣在於應用於事後機率計算的取樣方法。這裡給出兩個演算法族：直接取樣方法和馬可夫鏈取樣方法。另外兩種方法——變分法(variational method)和環傳播(loopy propagation)方法——在本章末尾的註釋中會提及。

14.5.1 直接取樣演算法

任何取樣演算法中最基本的要素是根據已知機率分佈產生樣本。例如，一個無偏差硬幣可以被認爲是一個隨機變數 *Coin*，其可能取值爲〈*heads*, *tails*〉，事前機率是 **P**(*Coin*) = 〈0.5, 0.5〉。根據這個分佈進行取樣的過程其實就跟拋硬幣一模一樣：它以機率 0.5 返回 *heads*(正面)，以機率 0.5 返回 *tails*(背面)。給定均勻分佈於[0, 1]的亂數發生器，則對任何單變數的分佈進行取樣是一件簡單的事情，無論離散或連續。(參見習題 14.16)。

```
function PRIOR-SAMPLE(bn) returns an event sampled from the prior specified by bn
  inputs: bn, a Bayesian network specifying joint distribution P(X_1, ..., X_n)

  x ← an event with n elements
  foreach variable X_i in X_1, ..., X_n do
      x[i] ← a random sample from P(X_i | parents(X_i))
  return x
```

圖 14.13　一個根據貝氏網路產生事件的取樣演算法給定對變數的父節點之取樣值下，根據條件分佈對各變數取樣

對於貝氏網路而言，最簡單種類的隨機取樣過程是對沒有與之關聯的證據的網路事件進行取樣。其想法是按照拓撲次序依次對每個變數進行取樣。被取樣變數值的機率分佈依賴於父節點已得到的賦值。演算法如圖 14.13 所示。我們可以把圖 14.12(a)中網路的操作過程表示出來，假設次序爲 [*Cloudy*, *Sprinkler*, *Rain*, *WetGrass*]：

1. 根據 **P**(*Cloudy*) = 〈0.5, 0.5〉取樣，值爲 *true*。
2. 根據 **P**(*Sprinkler* | *Cloudy* = *true*) = 〈0.1, 0.9〉取樣，值爲 *false*。
3. 根據 **P**(*Rain* | *Cloudy* = *true*) = 〈0.8, 0.2〉取樣，值爲 *true*。
4. 根據 **P**(*WetGrass* | *Sprinkler* = *false*, *Rain* = *true*) = 〈0.9, 0.1〉取樣，值爲 *true*。

此例中，PRIOR-SAMPLE 回傳事件[*true*, *false*, *true*, *true*]。

很容易證明 PRIOR-SAMPLE 產生的樣本服從網路所指定的事前聯合機率分佈。首先，令 $S_{PS}(x_1, \ldots, x_n)$爲一個特定事件由 PRIOR-SAMPLE 演算法產生的機率。只要觀察取樣過程，就會得到：

$$S_{PS}(x_1 \ldots x_2) = \prod_{i=1}^{n} P(x_i \mid parents(X_i))$$

因爲每個取樣步驟都只依賴於父節點的取值。這個運算式看起來眼熟，因爲它也就是按照貝氏網路對聯合機率分佈的表示而得到的該事件的機率，如公式(14.2)所述。因此我們有

$$S_{PS}(x_1, \ldots, x_n) = P(x_1, \ldots, x_n)$$

這個簡單事實使我們可以利用取樣非常容易地回答問題。

在任何取樣方法中，都是透過對實際產生的樣本進行計數來計算答案的。假設總共有 N 個樣本，令 $N_{PS}(x_1, \ldots, x_n)$爲發生於樣本集合中的特定事件 $x_1, ..., x_n$ 之發生次數。我們預期這個數字(佔總數之比例)在取極限時收斂到其根據取樣機率的期望值：

$$\lim_{N \to \infty} \frac{N_{PS}(x_1, \ldots, x_n)}{N} = S_{PS}(x_1, \ldots, x_n) = P(x_1, \ldots, x_n) \quad (14.5)$$

例如，考慮先前所產生的事件：[*true*, *false*, *true*, *true*]。這個事件的取樣機率應該是：

$$S_{PS}(true, false, true, true) = 0.5 \times 0.9 \times 0.8 \times 0.9 = 0.324$$

因此，在 N 的大量樣本極限下(N 趨近於無窮大)，我們期望有 32.4%的樣本是這個事件。

在後文中，只要我們使用約等於符號(「 ≈ 」)，我們要表達的就是這個含義——也就是說，估計機率在大量樣本極限下成爲精確值。這樣的估計被稱爲**一致的**(consistent)。例如，可以爲不完全指定事件 $x_1, \ldots, x_m$ 的機率產生一個一致估計，其中 $m \leq n$，如下所示：

$$P(x_1, \ldots, x_m) \approx N_{PS}(x_1, \ldots, x_m) / N \quad (14.6)$$

也就是說，可以用取樣過程中產生的、能與不完全指定事件相匹配的完整事件所佔的比例來估計該事件的機率。例如，假設我們從草坪噴灌網路產生了 1000 個樣本，其中 511 個樣本滿足 *Rain* = *true*，那麼下雨的估計機率，記作(*Rain* = *true*)，就等於 0.511。

貝氏網路中的拒絕取樣演算法

拒絕取樣(rejection sampling)演算法是一類由一個易於取樣的分佈出發，為一個難以直接取樣的分佈產生取樣樣本的通用演算法。在其最簡單的形式中，它可以被用於計算條件機率——也就是，確定 $P(X \mid \mathbf{e})$。拒絕取樣演算法 REJECTION-SAMPLING 如圖 14.14 所示。首先，它根據網路指定的事前機率分佈產生取樣樣本。然後，它拒絕所有與證據不匹配的樣本。最後透過在剩餘樣本中對事件 $X=x$ 的出現頻繁程度計數從而得到估計機率$(X=x \mid \mathbf{e})$。

```
function REJECTION-SAMPLING(X, e, bn, N) returns an estimate of P(X|e)
  inputs: X, the query variable
          e, observed values for variables E
          bn, a Bayesian network
          N, the total number of samples to be generated
  local variables: N, a vector of counts for each value of X, initially zero

  for j = 1 to N do
     x ← PRIOR-SAMPLE(bn)
     if x is consistent with e then
        N[x] ← N[x]+1 where x is the value of X in x
  return NORMALIZE(N)
```

圖 14.14 貝氏網路中在給定證據下回答查詢的拒絕取樣演算法

令 $\hat{\mathbf{P}}(X \mid \mathbf{e})$ 為演算法返回的估計機率分佈。根據演算法的定義我們得到

$$\hat{\mathbf{P}}(X \mid \mathbf{e}) = \alpha \mathbf{N}_{PS}(X,\mathbf{e}) = \frac{\mathbf{N}_{PS}(X,\mathbf{e})}{N_{PS}(\mathbf{e})}$$

根據公式(14.6)，變成

$$\hat{\mathbf{P}}(X \mid \mathbf{e}) \approx \frac{\mathbf{P}(X,\mathbf{e})}{P(\mathbf{e})} = \mathbf{P}(X \mid \mathbf{e})$$

也就是說，拒絕取樣產生了真實機率的一致估計。

繼續圖 14.12(a)中的例子，假設我們希望透過 100 個樣本來估計 $\mathbf{P}(Rain \mid Sprinkler = true)$。在我們所產生的這 100 個取樣樣本中，假設有 73 個樣本滿足 $Sprinkler = false$，因此被拒絕，同時有 27 個滿足 $Sprinkler = true$；其中 8 個滿足 $Rain = true$，19 個滿足 $Rain = false$。因此，

$$\mathbf{P}(Rain \mid Sprinkler = true) \approx \text{NORMALIZE}(\langle 8, 19 \rangle) = \langle 0.296, 0.704 \rangle$$

真實的答案是⟨0.3, 0.7⟩。當收集到更多的樣本時，估計值應該收斂到真實機率。在每個機率的估計中，估計誤差的標準差正比於 $1/\sqrt{n}$，其中 n 是在估計中所用到的取樣樣本數。

拒絕取樣演算法存在的最大問題是，它拒絕了太多的樣本！隨著證據變數個數的增多，與證據 **e** 相一致的樣本在所有樣本中所佔的比例呈指數級下降，所以對於複雜問題這種方法是完全不可用的。

注意拒絕取樣方法與直接根據現實世界對條件機率進行估計的過程非常相似。例如，要估計 **P**(*Rain* | *RedSkyAtNight* = *true*)(**編註**：晚上出現紅色天空時，第二天下雨的機率分佈)，我們可以簡單地對前一天晚上觀察到紅色天空後下雨的頻度計數——而忽略天空不紅的那些夜晚。(這裡，眞實世界本身扮演了取樣產生演算法的角色)。顯然，如果天空很少發紅，這個過程可能要花很長時間，而這就是拒絕取樣方法的弱點。

似然加權

似然加權(likelihood weighting)只產生與證據 **e** 一致的事件，從而避免拒絕取樣演算法的低效率。這是一般的**重點取樣**統計技術的特殊實例，專爲貝氏網路中的推論所設計。我們從描述演算法的工作原理開始，然後說明其工作的正確性——也就是，產生一致估計機率。

LIKELIHOOD-WEIGHTING(參見圖 14.15)演算法會固定證據變數 **E** 的值，並只對非證據變數進行取樣。這保證了產生的每個取樣樣本都與證據一致。然而，並非所有的事件的地位都相等。在對查詢變數的分佈進行計數之前，把根據證據得到的事件的似然作爲每個事件的權值，這個權值透過每個證據變數在給定其父節點取值下的條件機率的乘積進行度量。直觀地看，其中不太可能出現證據的事件應該給予較低的權值。

```
function LIKELIHOOD-WEIGHTING(X, e, bn, N) returns an estimate of P(X|e)
  inputs: X, the query variable
          e, observed values for variables E
          bn, a Bayesian network specifying joint distribution P(X_1, ..., X_n)
          N, the total number of samples to be generated
  local variables: W, a vector of weighted counts for each value of X, initially zero

  for j = 1 to N do
      x, w ← WEIGHTED-SAMPLE(bn, e)
      W[x] ← W[x] + w where x is the value of X in x
  return NORMALIZE(W)
```

```
function WEIGHTED-SAMPLE(bn, e) returns an event and a weight

  w ← 1; x ← an event with n elements initialized from e
  foreach variable X_i in X_1, ..., X_n do
      if X_i is an evidence variable with value x_i in e
          then w ← w × P(X_i = x_i | parents(X_i))
          else x[i] ← a random sample from P(X_i | parents(X_i))
  return x, w
```

圖 14.15　用於貝氏網路推理的似然加權演算法在 WEIGHTED-SAMPLE 中，非證據變數在已對變數父節點取樣其值下，根據條件分佈被取樣，而權重則根據每個證據變數的似然做累積。

我們將演算法應用於圖 14.12(a)中所示的網路，求解查詢 **P**(*Rain* | *Cloudy* = *true*, *WetGrass* = *true*)，且依序爲 *Cloudy*, *Sprinkler*, *Rain*, *Wet-Grass*。(任何拓樸順序將會辦到)。流程如下敘述：首先，將權值 *w* 設爲 1.0。然後產生一個事件：

1. *Cloudy* 是證據變數，其取值爲 *true*。因此我們設置

$$w \leftarrow w \times P(Cloudy = true) = 0.5$$

2. *Sprinkler* 並不是個證據變數，所以根據 $\mathbf{P}(Sprinkler \mid Cloudy = true) = \langle 0.1, 0.9 \rangle$進行取樣，假設回傳值爲 *false*。
3. 類似地，根據 $\mathbf{P}(Rain \mid Cloudy = true) = \langle 0.8, 0.2 \rangle$進行取樣；假設這回傳 *true*。
4. *WetGrass* 是證據變數，其取值爲 *true*。因此我們設置

$$w \leftarrow w \times P(WetGrass = true \mid Sprinkler = false, Rain = true) = 0.45$$

這裡 WEIGHTED-SAMPLE 回傳權值爲 0.45 的事件[*true*, *false*, *true*, *true*]，而這是在 *Rain* = *true* 下清算。

爲了理解爲什麼似然加權可行，我們從檢查 WEIGHTED-SAMPLE 的取樣分佈 S_{WS}開始。記住證據變數 **E** 的值固定爲 **e**。我們稱之爲非證據變數 **Z**(包括查詢變數 *X*)。給定其父節點的值後，演算法對 **Z** 中的每一個變數進行取樣：

$$S_{WS}(\mathbf{z}, \mathbf{e}) = \prod_{i=1}^{l} P(Z_i \mid parents(Z_i)) \tag{14.7}$$

注意到 $Parents(Z_i)$可能同時包含隱變數和證據變數。和事前分佈 $P(\mathbf{z})$不同的是，分佈 S_{WS}給予證據某種特別的關注：每個 Z_i的取樣值會受到 Z_i祖先節點中的證據的影響。例如，當根據 *Sprinkler* 進行取樣時，演算法將注意集中於它的父節點中證據 *Cloudy* = *true*。另一方面，S_{WS}對證據的考慮要少於對真實的事後機率 $P(\mathbf{z} \mid \mathbf{e})$的考慮，因爲每個 Z_i的取樣值都忽略了 Z_i非祖先節點中的證據變數[5]。例如，當根據 *Sprinkler* 和 *Rain* 進行取樣，演算法忽略於子節點 *WetGrass* = *true* 之證據變數。意即它將產生許多對於 *Sprinkler* = *false* 和 *Rain* = *false* 的取樣，儘管事實上此例證據確實排除。

似然權值 *w* 補償了真實取樣分佈與期望取樣分佈之間的差距。對一個由 **z** 和 **e** 組成的給定樣本 **x** 而言，它的權值等於每個證據變數在給定其父節點條件下(部分或全部包含在 Z_i 中)的似然的乘積：

$$w(\mathbf{z}, \mathbf{e}) = \prod_{i=1}^{m} P(e_i \mid parents(E_i)) \tag{14.8}$$

將公式(14.6)和公式(14.7)相乘，我們發現一個樣本的加權機率具有特別方便的形式：

$$\begin{aligned} S_{WS}(\mathbf{z}, \mathbf{e}) w(\mathbf{z}, \mathbf{e}) &= \prod_{i=1}^{l} P(y_i \mid parents(Y_i)) \prod_{i=1}^{m} P(e_i \mid parents(E_i)) \\ &= P(\mathbf{z}, \mathbf{e}) \end{aligned} \tag{14.9}$$

因爲這兩個乘積涵蓋了網路中的所有節點，允許我們使用公式(14.2)計算聯合機率分佈。

現在要證明似然加權估計的一致性就非常容易了。對於 *X* 的任一特定取值 *x*，其估計事後機率可以計算如下：

$$\hat{P}(x|\mathbf{e}) = \alpha \sum_{\mathbf{y}} N_{WS}(x,\mathbf{y},\mathbf{e}) w(x,\mathbf{y},\mathbf{e}) \quad \text{根據 LIKELIHOOD-WEIGHTING}$$

$$\approx \alpha' \sum_{\mathbf{y}} S_{WS}(x,\mathbf{y},\mathbf{e}) w(x,\mathbf{y},\mathbf{e}) \quad \text{當 } N \text{ 很大時}$$

$$= \alpha' \sum_{\mathbf{y}} P(x,\mathbf{y},\mathbf{e}) \quad \text{根據公式(14.9)}$$

$$= \alpha' P(x,\mathbf{e}) = P(x|\mathbf{e})$$

因此，似然加權返回一致估計。

由於在似然加權中使用了產生的所有樣本，它的效率比拒絕取樣演算法要高很多。然而，當證據變數的個數增加時它仍然要承受大振幅的性能下降。因爲大多數的樣本權值都非常低，導致在加權估計中起主導作用的只是那些所佔比例很小的、與證據相符合的似然程度不是非常小的樣本。當證據變數出現在變數次序中比較靠後的位置時，這個問題尤其嚴重，因爲非證據變數於它們的父節點及祖先節點，將沒有證據可引導產生取樣。這意味著在這種情況下取樣樣本，將會與證據所暗示的現實之間相似度很小的一種模擬。

14.5.2 馬可夫鏈模擬的推理

馬可夫鏈蒙地卡羅(Markov chain Monte Carlo，以下簡稱爲 MCMC)演算法作用將與拒絕取樣和似然加權有些許不同。取代擷取產生各個樣本，MCMC 演算法藉由隨機改變以產生樣本。因此，可認爲 MCMC 演算法處於爲每一個變數，指定了值的一個特定的當前狀態，且藉由對當前狀態產生隨機改變，來產生下一個狀態。(若此可喚醒讀者於第 4 章的模擬退火或是 WALKSAT 於第 7 章，這也就是兩者皆是 MCMC 家族的成員)。在此我們描述一個 MCMC 的特別形態稱爲**吉布斯**取樣(Gibbs sampling)，特別適合於貝氏網路。(其他形態中，部分更明顯地更有效率，將在本章最末的註釋中探討)。首先我們將討論 MCMC 演算法做什麼，然後闡述其原理。

貝氏網路中的吉布斯演算法

吉布斯取樣演算法對於貝氏網路在任意狀態開始(根據證據變數修改它們的預測值)，並且藉由從非證據變數 X_i 中隨機取樣一個值以產生下一個狀態。對於 X_i 取樣取決於 X_i 的馬可夫涵蓋中的變數當前值(回憶一下，第 14.2.2 節中的單變數馬可夫涵蓋是由其父節點、子節點及子節點的父節點所組成)。因此馬可夫鏈蒙地卡羅方法可以被視爲隨機走動於狀態空間中——所有可能的完整賦值的空間——每次改變一個變數，但是保持證據變數的值固定不變。

考慮把查詢 $\mathbf{P}(Rain \mid Sprinkler = true, WetGrass = true)$應用於圖 14.12(a)中所示的網路。證據變數 *Sprinkler* 和 *WetGRass* 固定爲它們的觀察值，而隱變數 *Cloudy* 和 *Rain* 則隨機地初始化——例如，分別爲 *true* 和 *false*。因此，初始狀態爲[*true*, *true*, *false*, *true*]。現在非證據變數被重複地以任意次序取樣。例如，

1. 對 *Cloudy* 取樣，給定它的馬可夫涵蓋變數的當前值：在這裡，我們根據 **P**(*Cloudy* | *Sprinkler* = *true*, *Rain* = *false*)來取樣。(不久，我們將說明如何計算這個分佈)。假設取樣的結果爲 *Cloudy* = *false*。則最新當前狀態爲[*false*, *true*, *false*, *true*]。
2. 對節點 *Rain* 取樣，給定它的馬可夫涵蓋變數的當前值：此例中，我們根據 *P*(*Rain* | *Cloudy* = *false*, *Sprinkler* = *true*, *WetGrass* = *true*)來取樣。假設取樣結果爲 *Rain* = *true*。最新當前狀態爲[*false*, *true*, *true*, *true*].

這個過程中所存取的每一個狀態都是一個樣本，能對查詢變數 *Rain* 的估計有所貢獻。如果這個過程存取了 20 個 *Rain* 爲真的狀態和 60 個 *Rain* 爲假的狀態，則所求查詢的解爲 NORMALIZE(⟨20, 60⟩) = ⟨0.25, 0.75⟩。完整的演算法如圖 14.16 所示。

```
function GIBBS-ASK(X, e, bn, N) returns an estimate of P(X|e)
  local variables: N, a vector of counts for each value of X, initially zero
                   Z, the nonevidence variables in bn
                   x, the current state of the network, initially copied from e

  initialize x with random values for the variables in Z
  for j = 1 to N do
      for each Z_i in Z do
          set the value of Z_i in x by sampling from P(Z_i|mb(Z_i))
          N[x] ← N[x] + 1 where x is the value of X in x
  return NORMALIZE(N)
```

圖 14.16　貝氏網路中近似推理的吉布斯取樣演算法；這版本是變數循環，但隨機選取變數也可以

吉布斯取樣進行原理

現在我們要證明 MCMC 能夠爲事後機率返回一致估計。這一節的材料技術性很強，但基本觀點卻是非常直接的：取樣過程最終會進入一種「動態平衡」，處於這樣的情況下，長期來看在每個狀態上花費的時間都與其事後機率成正比。這個不尋常的特性來自於特定的**轉移機率**(transition probability)，也就是過程從一種狀態轉移到另一種狀態的機率，透過被取樣變數在給定馬可夫涵蓋下的條件機率分佈而定義。

令 $q(\mathbf{x} \rightarrow \mathbf{x}')$轉移到狀態 $\mathbf{x}'$ 爲過程從狀態 $\mathbf{x}$ 轉移到狀態 $\mathbf{x}'$ 的機率。這個轉移機率定義了狀態空間上的所謂**馬可夫鏈**(Markov chain)。(在第十五章和第十七章中還將著重描繪馬可夫鏈)。現在假設馬可夫鏈已經執行了 t 步(時刻 t)，並令 $\pi_t(\mathbf{x})$爲系統在時刻 t 處於狀態 $\mathbf{x}$ 的機率。類似地，令 $\pi_{t+1}(\mathbf{x}')$表示在時刻 $t+1$ 處於狀態 $\mathbf{x}'$ 的機率。給定 $\pi_t(\mathbf{x})$，我們可以對於演算法可能於時刻 t 到達的所有狀態，透過對處於該狀態的機率與從該狀態轉移到狀態 $\mathbf{x}'$ 的機率的乘積求和來計算 $\pi_{t+1}(\mathbf{x}')$：

$$\pi_{t+1}(\mathbf{x}') = \sum_{\mathbf{x}} \pi_t(\mathbf{x}) q(\mathbf{x} \rightarrow \mathbf{x}')$$

當 $\pi_t = \pi_{t+1}$ 時，我們說鏈到達了其**穩態分佈**(stationary distribution)。讓我們稱之爲穩態分佈 π，其定義式可以寫爲

$$\pi(\mathbf{x}') = \sum_{\mathbf{x}} \pi(\mathbf{x}) q(\mathbf{x} \to \mathbf{x}') \qquad \text{對於所有的 } \mathbf{x}' \tag{14.10}$$

倘若轉移機率分佈 q 皆是**可尋訪的**(ergodic)——也就是說每一個狀態出發皆可從其他狀態到達，並且沒有嚴格地週期循環(strictly periodic cycle)——則對於任意給定 q 存在一個分佈 π 滿足此等式。

公式(14.10)可以認爲表達了這樣一個事實：從每個狀態(也就是當前的「總體」)的期望「流出」等於來自於所有狀態的期望「流入」。一個明顯滿足這個關係的方式是任何兩個狀態之間沿兩個方向的期望流量相等。

$$\pi(\mathbf{x})\, q(\mathbf{x} \to \mathbf{x}') = \pi(\mathbf{x}')\, q(\mathbf{x}' \to \mathbf{x}) \qquad \text{對於所有 } \mathbf{x}, \mathbf{x}' \tag{14.11}$$

當這些等式成立，我們稱 $q(\mathbf{x} \to \mathbf{x}')$與 $\pi(\mathbf{x})$於**細緻平衡**(detailed balance)。

簡單地透過對公式(14.11)中的 $\mathbf{x}$ 求和，我們就可以證明細緻平衡中蘊涵著穩態分佈：我們得到

$$\sum_{\mathbf{x}} \pi(\mathbf{x}) q(\mathbf{x} \to \mathbf{x}') = \sum_{\mathbf{x}} \pi(\mathbf{x}') q(\mathbf{x}' \to \mathbf{x}) = \pi(\mathbf{x}') \sum_{\mathbf{x}} q(\mathbf{x}' \to \mathbf{x}) = \pi(\mathbf{x}')$$

其中必然得到最後一步，是因爲由 $\mathbf{x}'$出發的轉移是保證會發生的。

透過 GIBBS-ASK 中的取樣步驟定義的轉移機率 $q(\mathbf{x} \to \mathbf{x}')$，實際上對於吉布斯取樣的一般定義中是一個特例，根據其中每個變數被限制在所有其他變數中的當前值進行取樣。開始我們將表示吉布斯取樣的一般定義滿足細緻平衡公式，而且其穩態分佈爲 $\mathrm{P}(\mathbf{x} \mid \mathbf{e})$。(即爲非證據變數的眞實事後分佈)然後，我們簡單觀察到，對於貝氏網路，在所有變數上作條件取樣是等價於在變數之馬可夫涵蓋(14.2.2 節)上作條件取樣。

爲了分析一般吉布斯取樣器，其中對各個 X_i 與轉移機率 q_i 進行取樣且限制於所有其他變數，我們定義其餘變數爲 $\overline{\mathbf{X}}_i$ (除了證據變數之外)，他們當前狀態的值爲 $\overline{\mathbf{x}}_i$。如果我們對 X_i 的一個新的取值 x'_i 在所有其他變數(包括證據變數)進行條件取樣，則有

$$q(\mathbf{x} \to \mathbf{x}') = q((x_i, \overline{\mathbf{x}}_i) \to (x'_i, \overline{\mathbf{x}}_i)) = P(x'_i \mid \overline{\mathbf{x}}_i, \mathbf{e})$$

現在，我們證明吉布斯取樣器每一步驟的轉移機率是與眞實事後機率達成細緻平衡：

$$\begin{aligned}
\pi(\mathbf{x}) q(\mathbf{x} \to \mathbf{x}') &= P(\mathbf{x} \mid \mathbf{e}) P(x'_i \mid \overline{\mathbf{x}}_i, \mathbf{e}) = P(x_i, \overline{\mathbf{x}}_i \mid \mathbf{e}) P(x'_i \mid \overline{\mathbf{x}}_i, \mathbf{e}) \\
&= P(x_i \mid \overline{\mathbf{x}}_i, \mathbf{e}) P(\overline{\mathbf{x}}_i \mid \mathbf{e}) P(x'_i \mid \overline{\mathbf{x}}_i, \mathbf{e}) \qquad \text{(對第一項使用鏈式規則)} \\
&= P(x_i \mid \overline{\mathbf{x}}_i, \mathbf{e}) P(x'_i, \overline{\mathbf{x}}_i \mid \mathbf{e}) \qquad \text{(逆向使用鏈式規則)} \\
&= \pi(\mathbf{x}')\, q(\mathbf{x}' \to \mathbf{x})
\end{aligned}$$

我們可以思考於圖 14.16 中「**for each** Z_i **in Z do**」這一個迴圈，如同在定義一個大型轉移機率 q，其個別變數的轉移機率組成順序爲 $q_1 \circ q_2 \circ \cdots \circ q_n$。很容易看出(習題 14.18)若每一個 q_i 和 q_j 具有如同 π 爲其穩態分佈，則組成順序 $q_i \circ q_j$ 亦同。在此轉移機率 q 對於整個迴圈具有 $P(\mathbf{x} \mid \mathbf{e})$的穩態分佈。最後，除非 CPTs 包含 0 或 1 的機率——其中可導致狀態空間變成不連結——否則很容易看出 q 爲可尋訪的。因此，由吉布斯取樣產生的樣本，終究將來自眞實的事後機率。

最後一步顯示如何進行一般的吉布斯取樣步驟—由 $\mathbf{P}(X_i \mid \overline{\mathbf{x}}_i, \mathbf{e})$ 對 X_i 進行取樣——在貝氏網路中。回顧 14.2.2 節所述，給定馬可夫涵蓋下，一個變數獨立於其他所有變數；因此

$$P(x_i' \mid \overline{\mathbf{x}}_i, \mathbf{e}) = P(x_i' \mid mb(X_i))$$

其中，$mb(X_i)$表示 X_i的馬可夫涵蓋 $MB(X_i)$中各變數的取值。如習題 14.6 所示，給定馬可夫涵蓋後，一個變數的機率正比於給定父節點的變數機率與給定各自父節點的每個子節點條件機率的乘積：

$$P(x_i' \mid mb(X_i)) = \alpha P(x_i' \mid parents(X_i)) \times \prod_{Y_j \in Children(X_i)} P(y_j \mid parents(Y_j)) \qquad (14.12)$$

因此，當改變各變數 X_i的取值(在各自馬可夫涵蓋上作條件取樣)時，所需的乘法次數等於 X_i的子節點個數。

14.6 關連與一階機率模型

在第八章中，我們闡述了一階邏輯相對於命題邏輯在表示上的優勢。一階邏輯約定物件的存在性，以及它們之間的關係，並且能夠表達關於域中一些或者全部物件的事實。這經常能產生比等價的命題描述簡潔得多的表示。現在來看，貝氏網路本質上是命題的：隨機變數集是確定且有限，並且每個隨機變數皆有其確定的可能值域。這個事實限制了貝氏網路的應用。如果我們能夠找到一種途徑把機率理論與一階表示的表達能力結合起來，我們期望能夠顯著地擴展可以處理的問題範圍。

例如，假設一個網路書局零售商想要基於顧客的評價提供產品整體評估。這個評估將透過書的品質，給定的現有證據採取事後機率分佈的形式。最簡單的評估方法是基於平均的評價，或許差別取決於評價高低，但這會因爲某些顧客較爲仁慈，或某些顧客並非眞誠考慮到這樣的事實而導致失敗。仁慈的顧客即使是相當平庸的書也傾向給較高的評價，而不眞誠的顧客會基於某些原因，給相對於品質而言非常高或是非常低的評價——例如，他們或許任職於出版商[6]。

對於單一顧客 C_1 評價一本書 B_1，貝氏網路將如同圖 14.17(a)中所見。[如同 9.1 節，圓括弧的表示方式像是 $Honest(C_1)$是一個奇特的符號——在這個例子的隨機變數有奇特的名稱]。兩位顧客與兩本書，貝氏網路則會看起來像是圖 14.17(b)。對於大量的書籍與顧客以人力描繪網路則會變得不切實際。

幸運地，網路具有許多重複的結構。每個 *Recommendation*(*c*, *b*)變數節點具有其父節點變數 *Honest*(*c*)、*Kindness*(*c*)和 *Quality*(*b*)。此外，CPTs 對於所有 *Recommendation*(*c*, *b*)變數節點爲相同的，同樣地也對於所有 *Honest*(*c*)變數節點，以此類推。這情況看似爲專爲一階語言特製的。我們要表達的如同下列

$$Recommendation(c, b) \sim RecCPT(Honest(c), Kindness(c), Quality(b))$$

其本意是顧客評價一本書取決於顧客的眞誠與仁慈，且書籍的品質根據部分確定的 CPT。本節發展一個語言可確切描述這些，並且有更多的此外。

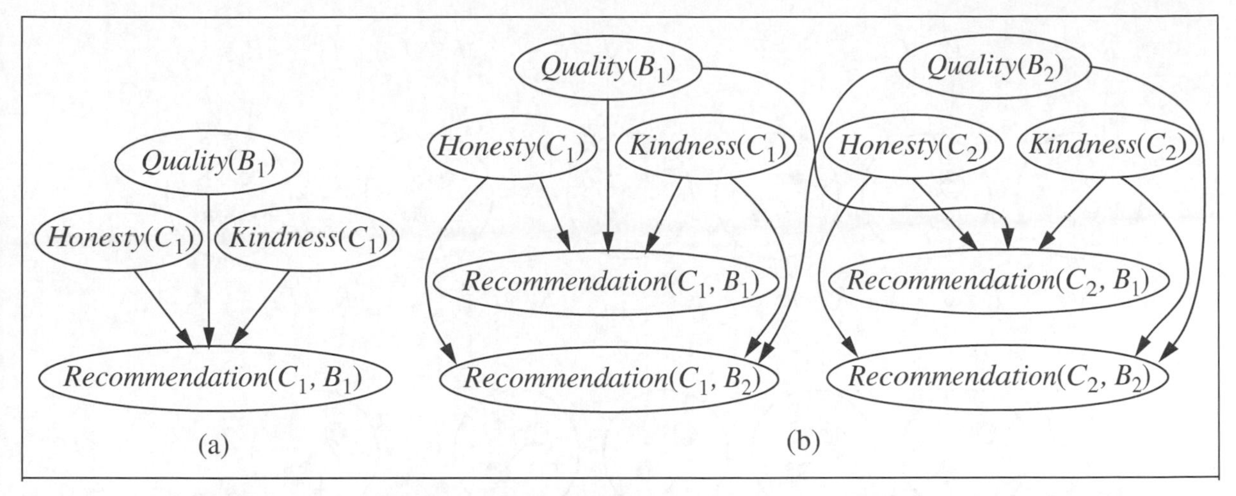

圖 14.17 (a) **評鑑單一本書** B_1 **的單一顧客** C_1 **的貝氏網路。**$Honest(C_1)$**為布林變數，而其他變數具有** 1 **至** 5 **的整數值。**(b) **兩個顧客與兩本書的貝氏網路**

14.6.1 可能世界

回憶第 13 章機率模型定義了可能世界的集合 Ω，其中每個世界 ω 的機率爲 P(ω)。對於貝氏網路，可能世界將値指定給變數，特別地以布林例子，可能世界與這些命題邏輯相同。對於一階機率模型，可能世界必須爲一階邏輯——即是物件的集合之間有關係，且說明於這些物件對應關係，常數符號對應於物件、謂詞符號對於關係、及函數符號對於函數(參見第 8.2 節)。機率模型也必須定義出每個可能世界的機率，就如同貝氏網路定義機率指定値給變數。

我們假設過一會兒已想到要如何做這些。則照例(參考 13.2.1 節)，我們可以得到由任何一階邏輯句子 ϕ 於整個可能世界機率之和，其 ϕ 在 ω 中爲眞：

$$P(\phi) = \sum_{\omega:\ \phi\text{在}\omega\text{中爲真}} P(\omega) \tag{14.13}$$

條件機率 P(ϕ |**e**)相同地得到這樣，所以原則上對於我們的模型可以問任何想問的問題——例如，「哪一本書最有可能被不誠懇的客戶高度評價？」——並且得到答案。到目前爲止一切順利。

然而，這裡有一個問題：一階模型的集合爲無止境的。我們明白地於圖 8.4 中看到這個，此圖亦重示於圖 14.18(上圖)。這意味著：(1) 公式(14.13)中的求和可能無法實作，(2) 要在世界的無限集合上指定一個完備且一致的分佈可能非常困難。

14.6.2 節發展出一個方法來處理這些問題。這個概念不是來自於一階邏輯的標準語義，而是定義於 8.2.8 節的**資料庫語義**。資料庫語義建立**獨特名稱假設**——這裡我們採用在常數符號。這也假設**定義域封閉**——此外沒有更多的物件被命名。我們可以藉由將各個世界的物件集合，正好爲使用的常數符號之集合，來保證可能世界的有限集合，如同圖 14.18(下層)表示，沒有關於由符號對應至物件或關於物件存在的不確定性。我們稱這些依照此方式定義的模型爲**關係機率模型**(relational probability models 或 RPMs)[7]。RPM 的語義和資料庫語義之間最顯著的差別，於 8.2.8 節介紹，RPMs 不做封閉世界假設——顯然地，假設每個爲之的事實皆爲 false，於機率推理系統並不合邏輯！

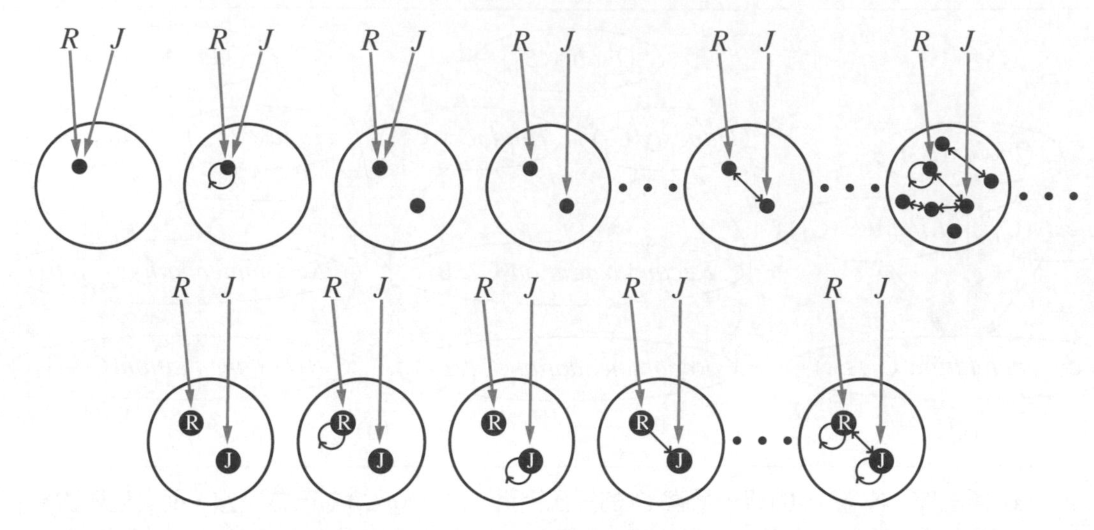

圖 14.18　上層：在一階邏輯的標準語義下，其語言具有兩種常數符號 R 和 J，與一個二進制關係符號之可能世界集的部分成員。下層：資料庫語義下的可能世界。對於常數符號的解譯是固定的，且對於各個常數符號有不同的物件

當資料庫語義的基本假設不成立時，RPM 也不會良好運作。例如，零售書商會使用 ISBN((International Standard Book Number, 國際標準書號)作爲命名每本書的固定符號，既使一本已知的「邏輯的」書[如《飄》(*Gone With the Wind*)]可能會有數個 ISBN。在多個 ISBN 上聚集推薦評價雖然有意義，但零售書商可能就無法確定知道哪個 ISBN 其實爲同一本書(注意到，我們並沒有具體化一本書的個別副本，而這是可能是爲二手書買賣、汽車買賣等諸如此類所需)。還更糟的是，每位顧客是由登錄識別碼(ID)來區分辨識，但不誠實的顧客可能會有上千個 ID！在電腦安全領域，這些多重 ID 稱爲**錫比**(sibyl)且常混亂名譽系統，稱爲**錫比攻擊**(sibyl attack)。因此，既使一個簡單的應用於相對明確定義，線上領域包含了存**在不確定性**(何者爲實際的書與顧客取決於評價資料)和**識別不確定性**(哪個符號確實指出相同的物件)。我們要咬緊牙根且根據一階邏輯的標準語義來定義機率模型，其中可能世界包含於各種不同物件且對應符號於物件。14.6.3 節將會展示如何完成這些。

14.6.2　關係機率模型

如同一階邏輯，RPM 包含常數、函數和謂詞符號(其結果更容易看出謂詞如同函數會回傳 *true* 或 *false*)。我們也假設**類型特徵**(type signature)給每個函數，也就是說對於各個參數和函數值的類型描述。假設每個物件的類型爲已知的，許多僞造的可能世界就將會根據這個機制被排除。對於圖書評價領域，顧客與書籍的類型，以及函數與謂詞的類型特徵如下：

$$Honest : Customer \rightarrow \{true, false\} Kindness : Customer \rightarrow \{1, 2, 3, 4, 5\}$$

$$Quality : Book \rightarrow \{1, 2, 3, 4, 5\}$$

$$Recommendation : Customer \times Book \rightarrow \{1, 2, 3, 4, 5\}$$

常數符號無論是顧客或書名都會在零售商的資料集合中。先前的範例中給定的[圖 14.17(b)]，爲 C_1, C_2 和 B_1, B_2。

給定常數與其型態，將函數與其型態特徵結合，RPM 的隨機變數由各個函數實例得到各個物件的可能組合：*Honest*(C_1)、*Quality*(B_2)、*Recommendation*(C_1, B_2)諸如此類。確切的變數表示在圖 14.17(b)。因爲每個類型僅存在有限的情況，所以基本隨機變數的數量也是有限的。

爲了完成 RPM，我們必須寫出控制這些隨機變數的相關性。有一個對於各函數的相關敘述，其中函數的各參數爲邏輯變數。(即物件是變數的範圍，如同一階邏輯)：

$Honest(c) \sim \langle 0.99, 0.01\rangle$

$Kindness(c) \sim \langle 0.1, 0.1, 0.2, 0.3, 0.3\rangle$

$Quality(b) \sim \langle 0.05, 0.2, 0.4, 0.2, 0.15\rangle$

$Recommendation(c, b) \sim RecCPT(Honest(c), Kindness(c), Quality(b))$

其中 *RecCPT* 是分散地以 $2\times5\times5 = 50$ 列，每列包含 5 個單元定義條件分佈。RPM 的語義包含了這些已知常數的相關實例，給出貝氏網路[如同圖 14.17(b)]，其定義透過 RPM 隨機變數[8]的聯合分佈。

我們可藉由導入**特定文脈獨立性**以反映出事實來改善這個模型，將忽略不眞誠的顧客所提的評價。此外仁慈將對他們的選擇無作用。特定語境關連允許變數獨立於其部分父節點變數給定某些其它的值，即是 *Recommendation*(c, b)獨立於 *Kindness*(c)和 *Quality*(b)當 $Honest(c) = false$：

$Recommendation(c, b) \sim$ **if** $Honest(c)$ **then**

$\quad\quad HonestRecCPT(Kindness(c), Quality(b))$

else $\langle 0.4, 0.1, 0.0, 0.1, 0.4\rangle$

這樣的相關性於程式語言看似爲一般的 if–then–else 敘述，但有關鍵的差異： 其推理引擎不需知道條件測試的值！

我們可以用無止境的方式說明這個模型，使得此模型更加地實際。例如，假設誠懇的顧客是書籍作者的書迷，總是給他出的書 5 的評價而不考慮品質：

$Recommendation(c, b) \sim$ **if** $Honest(c)$ **then**

if $Fan(c, Author(b))$ **then** $Exactly(5)$

else $HonestRecCPT(Kindness(c), Quality(b))$

else $\langle 0.4, 0.1, 0.0, 0.1, 0.4\rangle$

再者，條件測試 *Fan*(c, *Author*(b))爲未知，但假設顧客給定 5 的評價於特定作者的書，且沒有其它的評價種類，則事後機率因爲顧客是該作者的書迷，最是較高的。此外，事後分佈將會傾向將該書迷顧客對於作者著作 5 的品質評價打折。

在現在介紹的例子，我們暗自假設 *Author*(b)的值對於每個 b 爲已知，但這可能不是此例。系統該如何指出，C_1 是 *Author*(B_2)的書迷，當 *Author*(B_2)是未知的？答案是系統應有所有可能作者。假設(保持其簡單化)僅有兩個作者，A_1 和 A_2。則 *Author*(B_2)爲具有兩個可能值的隨機變數，A_1 和 A_2，且其爲 *Recommendation*(C_1, B_2)的父節點變數。變數 *Fan*(C_1, A_1)和 *Fan*(C_1, A_2)也是父節點變數。*Recommendation*(C_1, B_2)的條件分佈是一個基本的**多工器**，其中 *Author*(B_2)的父節點變數作爲一個選擇子，用來選擇 *Fan*(C_1, A_1)和 *Fan*(C_1, A_2)何者實際會影響評價。圖 14.19 介紹一個等價貝氏網路的片段。*Author*(B_2)的值並不確定，其影響到網路結構的相依性，是一個**關係不確定性**的實例。

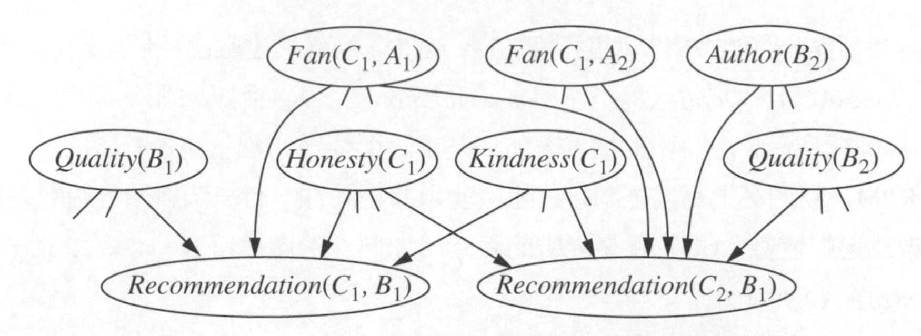

圖 14.19 *Author*(B_2)為未知時的等價貝氏網路的片段

假使想知道系統如何猜出誰是 B_2 的作者：考量一個可能性，有三位其它的顧客是作者 A_1 的書迷(且沒有其他共同偏好的作者)且三位都給 B_2 的評價爲 5，即使大多數其它的顧客認爲它相當地差勁。在這個例子，A_1 極有可能爲 B_2 的作者。類似這個只有幾行的例子由 RPM 模型出現複雜的推理，此有趣的例子是機率如何廣泛影響到關於物件於這個模型的網路連結。將更多的關連與更多的物件加入，由圖形表達的事後機率分佈通常會越來越清楚。

下一個問題是如何於 RPM 做推論。一個方法是收集證據、查詢和其中的常數符號建立等價貝氏網路，應用於本章已探討過的推論模型。這樣的技術稱爲**展開**。其明顯的缺點是貝氏網路的結果會非常大。更進一步，若對於未知關係或函數有非常多的候選對象——例如，未知 B_2 的作者——則部分網路中的節點變數會有很多父節點。

幸運地，多半可藉由加強一般的推理演算法來達到。第一，在現有未展開貝氏網路中的反覆結構表示在變數消去時，許多被建立的因數(類似的表格由團演算法建立)將會是相同的，有效的快取原理於大型網路產生三個數量級的加速。第二，推理方法開發利用於貝氏網路以特殊語境關連找出許多在 RPM 的應用。第三，MCMC 推理演算法當關連不確定應用於 RPM，具有許多有趣的特性。MCMC 作用藉由完整取樣可能世界，所以在每個階段關係結構是完全已知。在先前給定的例子，每個 MCMC 狀態將指定值給 *Author*(B_2)，以及其他潛在的作者其不具有給 B_2 的建議之父節點。對於 MCMC，關係不確定性不增加網路複雜度，反而 MCMC 程序包含轉譯改變的關係結構，與在此未展開網路的相關結構。

所有前述的方法假設 RPM 必須爲部分或完整未展開於貝氏網路。這正類似於於一階邏輯推論的**泛化命題**之方法(參見第 9 章)。決議理論證人與邏輯程式系統避免因爲因應需要使推論通過，將邏輯變數具體化而泛化命題。也就是說，它們消去推論程序於基本命題句子的層面，並且使每個消去步驟以許多基本步驟作業。同樣的想法應用於機率推論。例如，於變數消去演算法，取消因素可表示爲整個基本因素之集合，於 RPM 指定機率給隨機變數，其中這些隨機變數差異僅在用於建構它們的常數符號。對於這些的細節討論已經超過本書的範圍，但在章末會提出參考。

14.6.3 開放宇宙的機率模型

先前所爭議的資料庫語義適用於我們知道相關物件的集合確實存在且可明確地辨識它們之情況(實際上，關於物件的所有事實正確地與常數符號命名)。在許多眞實世界設置，然而這些假設是根本站不住腳的。我們在書籍評價範疇給出了多重書號與錫比攻擊(將會片刻地回到這討論)，但是更爲普遍的現象：

- 前瞻系統不會知道什麼存在，若任何事於下一個轉角，也將不會知道它目前所見的是否與數分鐘後是同一個。
- 本文理解系統不會更進一步地知道本文中哪些單元是特定的，並且有關片語例如「Mary」、「Dr. Smith」、「she」、「his cardiologist」、「his mother」等等諸如此類指的是相同的目標。
- 情報分析人員搜索間諜從不知確實有多少的間諜存在，並且只能猜測各種假名、電話號碼與目擊屬於同一人。

事實上，人類認知的主要部分看來必須學習哪個目標存在，並且能夠連結觀察——其中幾乎不會來自於獨特的 ID——去世界上的假設目標。

爲這些原因，我們必須能夠寫出所謂的**開放宇宙**機率模型(open-universe probability models, OUPM)，基於一階邏輯的標準語義，其介紹於圖 14.18 之頂端。用於 OUPM 的語言提供了一個易於描寫模型的方法，其確保獨特、連續機率分佈於可能世界的無限空間中。

基本概念在於瞭解一般的貝氏網路與 RPM 管理以定義獨特機率模型且轉移至洞察一階設置。在本質上，貝氏網路產生個別可能世界，依事件由網路結構定義拓樸序列，其中每個事件指定值給變數。RPM 將此延伸至整個事件的集合，在給定的謂詞或函數中被邏輯變數的可能實例所定義。OUPM 進一步地由允許生成步驟增加物件於建構中的可能世界，其中物件的數目與類型取決於物件是否已存在世界中。換言之，正在生成的事件不是指定給變數的值，而是物件的生死存亡。

在 OUPM 中一個達成的方法是增加敘述，其定義透過數個不同種的物件以定義條件分佈。例如，在書籍評價領域中，我們可能要區別出顧客(眞人)和他們的登入 ID。假設我們預計某處介於 100 與 10, 000 不同的顧客(其中我們無法直接觀察到)。我們可以將此表示爲事前對數正規化分佈[9]如下：

$$\#Customer \sim LogNormal[6.9, 2.3^2]()$$

我們預計眞誠的顧客只有一個 ID，儘管不眞誠的顧客可能有 10 至 1000 不等的 ID：

$$\#LoginID(Owner = c) \sim \textbf{if } Honest(c) \textbf{ then } Exactly(1)$$
$$\textbf{else } LogNormal[6.9, 2.3^2]()$$

這樣的說明定義了每位所有者(顧客)登入 ID 的數量。所有者函數被稱爲**原始函數**，因爲它表示出個別產生的物件從何而來在 BLOG 的形式語義(有別於一階邏輯)，各個可能世界的值域元素爲實際世代歷史(例如，第 7 位顧客的第 4 登入 ID)而不是簡單的標誌。

受限於與 RPM 相似的非循環的技術條件與合理性，此種開放宇宙模型定義了獨特分佈於可能世界。此外，存在一種推論演算法，對於每個定義完整的模型與每個一階搜尋，回傳的答案任意逼近眞實事後機率極限。有某些棘手的問題包含在設計這些演算法。例如，MCMC 演算法無法在可能世界中的空間直接取樣，當此空間的大小是沒有邊界時。取而代之的是以有限取樣、部分的世界，依靠其中僅有限的物件以不同方法可能與搜尋有關連的事實。此外，轉換必須允許兩個物件合併爲一或一個分裂爲二。(詳細部分在章節最末的參考中提到)。儘管有這些困難，建立於等式(14.13)的基本原理仍然成立：任何語句的機率都是有良好定義的並且是可計算的。

這個領域中的研究仍然處於早期階段，但已經逐漸明確的是，一階機率推理極大地提高了處理不確定性資訊的人工智慧系統的效率。其潛在的應用包括了前面所述——電腦視覺、本文理解和情報分析——與許多其他種類的感知器表達一樣。

14.7 不確定推理的其他方法

其他學科(例如物理學、遺傳學、經濟學等)很早以前就贊同把機率理論作爲處理不確定性的模型。彼埃爾·拉普拉斯(Pierre Laplace)於 1819 年說：「機率理論不過是轉化成爲計算的常識。」詹姆斯·麥克斯韋(James Maxwell)於 1850 年說：「這個世界眞正的邏輯是機率演算，它考慮存在於或者應該存在於任何一個理性的人頭腦之中的機率數量。」

當瞭解到這麼長期的傳統後，人們可能會感到不可思議：人工智慧領域竟然考慮過很多替代機率的方法。20 世紀 70 年代最早的專家系統忽略不確定性，而使用了嚴格的邏輯推理，但是很快就發現這種方法對於大部分的現實世界領域是不切實際的。下一代的專家系統(特別是在醫學領域)開始使用機率技術。最初的結果充滿希望，但是它們無法規模擴展，因爲在全聯合機率分佈中所需要的機率數目呈指數級增長。(那時有效的貝氏網路演算法還不爲人所知)。結果，大約從 1975 年到 1988 年，人們對機率方法完全失去了興趣——出於不同的考慮，各式各樣的替代方法被嘗試過：

- 一種常見的觀點認爲，機率理論從本質上說是數值的，而人類的判斷推理則偏重於「定性」。當然，我們不會有意地認識到對信度進行數值計算。(同時我們也不知道如何進行合一，可是我們似乎有能力進行某種邏輯推理)。可能在我們神經元連接和活動的強度中直接編碼了某種數值的信度。如果是那樣的話，有意識地瞭解這些強度的難度之大就不那麼令人驚訝了。也應該注意，定性的推理機制也可以直接建構在機率理論的基礎上，因此這些「非數值」論據是沒有說服力的。不過，一些定性的方案在它們本身的領域還是非常有吸引力的。研究得最充分的一種方法是**預設推理**(default reasoning)，它不是把結論當作「在某種程度上相信」，而是將其當作「相信，除非找到相信其他事物的更好理由」。缺省推理在第 12 章中討論過。
- **基於規則**(rule-based)的方法也被嘗試用來處理不確定性。這種方法希望建立在基於規則的邏輯系統的成功基礎上，不過對每條規則增加某種「僞因數」以容納不確定性。這些方法是在 20 世紀 70 年代中期發展起來的，並形成了醫學及其它領域裡大量專家系統的基礎。
- 我們迄今爲止一直沒有提到的一個領域是與不確定性相對的**無知**(ignorance)問題。考慮拋擲硬幣的問題。如果我們知道硬幣是均勻的，那麼正面朝上的機率等於 0.5 是合理的。如果我們知道硬幣本身有偏差，但不知道是什麼樣的偏差，於是 0.5 是關於正面朝上的唯一合理的機率。顯然，這兩種情況是不同的，然而機率看來並不區分它們。**Dempster-Shafer 理論**使用**區間值**(interval-valued)信度來表示代理人對命題機率的知識。
- 機率採用與邏輯相同的本體論約定：事件在世界中或爲眞或爲假，即使代理人不能肯定究竟屬於哪種情況。而**模糊邏輯**(fuzzy logic)的研究者們則提出了一種允許**模糊性**的本體論：事件可以在某種程度上爲眞。模糊性與不確定性實際上是正交的問題。

下面三個小節稍微深入地討論上面提到的某些方法。我們不打算提供技術細節材料，但是我們會引用一些參考文獻，爲進一步的學習提供方便。

14.7.1 基於規則的不確定推理方法

基於規則的系統出現於早先圍繞實用和直觀的邏輯推理系統所做的研究工作。整體而言，邏輯系統，特別是基於規則的邏輯系統，具有 3 個令人滿意的特性：

- **局部性(locality)**：

  在邏輯系統中，一旦我們有了規則 $A \Rightarrow B$，那麼只要已知證據 A，我們就能夠得出結論 B，而不用擔心與其他規則衝突。在機率系統中，我們必須要考量所有的證據。

- **分離性(detachment)**：

  一旦找到了關於命題 B 的一個邏輯證明，那麼在使用中是不需要考慮這個命題到底如何得到的。也就是說，我們可以將該命題與其準則**分離**。相反，在處理機率問題時，信度的證據來源對於後續推理過程是非常重要的。

- **真值函數性(truth-functionality)**：

  在邏輯中，複合語句的眞值可以透過其各組成部分的眞值來計算。而除非存在非常強的獨立性假設，這種方式的機率組合是行不通的。

已經有過一些試圖設計出能夠保持這 3 個優點的不確定推理系統方案的努力。其想法是將信度附加給命題和規則，從而設計出一種能夠將這些信度進行組合和傳播的純局部系統方案。這個方案也應該具有眞值函數性，例如 AB 的信度就是 A 的信度和 B 的信度的一個函數。

對於基於規則的系統，一個壞消息是，局部性、分離性和眞值函數性這些性質實在不適合不確定推理。首先讓我們看眞值函數性。令 H_1 爲在一次公平實驗中一枚拋出的硬幣落地後正面朝上這一事件，而令 T_1 爲在同一次拋擲中該硬幣背面朝上的事件，並令 H_2 表示在第二次拋擲中正面朝上的事件。顯然，3 個事件的機率相同，均爲 0.5，所以眞值函數性系統一定會給其中任何兩個事件的連言賦予相同的信度。但是我們可看出，連言的機率是取決於事件本身的，而不僅僅是事件的機率：

$P(A)$	$P(B)$	$P(A \vee B)$
$P(H_1) = 0.5$	$P(H_1) = 0.5$	$P(H_1 \vee H_1) = 0.50$
	$P(T_1) = 0.5$	$P(H_1 \vee T_1) = 1.00$
	$P(H_2) = 0.5$	$P(H_1 \vee H_2) = 0.75$

當我們把證據連結在一起時情況變得更糟糕了。眞值函數性系統具有形如 $A \mapsto B$ 的規則，使得我們可以將對 B 的信度的計算視爲規則的信度和 A 的信度的一個函數。前向連結和後向連結的系統都可以設計出來。規則的信度被假設爲常數，並通常由知識工程師來指定——譬如 $A \mapsto_{0.9} B$。

考慮圖 14.12(a)中的濕草坪的情況。如果我們希望因果推理與診斷推理都能夠進行，那麼我們就需要兩條規則：

$$Rain \mapsto WetGrass \qquad \text{以及} \qquad WetGrass \mapsto Rain$$

這兩條規則形成了一個回授環：*Rain*(下雨)作爲證據增加了 *WetGrass*(草濕)的信度，這反過來又增加了正在下雨的信度。顯然，不確定推理系統必須記錄證據的傳播路徑。

互因果推理(或者稱爲解釋推理)也是棘手的。考慮我們有如下兩條規則會導致什麼樣的結果：

$$Sprinkler \mapsto WetGrass \qquad \text{以及} \qquad WetGrass \mapsto Rain$$

現在假設噴灌器(*Sprinkler*)是開著的。沿著我們的規則鏈往下，這增加了草坪濕了的信度，進而依次又增加了正在下雨的信度。但這是荒謬的：噴灌器開著的事實解釋了濕草坪，並且應該降低了下雨的信度。一個真值函數性系統的行動表現如同它也相信 $Sprinkler \mapsto Rain$。

既然存在著這麼多困難，人們怎麼可能還曾經認爲真值函數性系統實際上非常有用呢？答案在於其對任務的限制，以及對規則庫的認真設計以避免不希望出現的相互作用。用於不確定性推理的真值函數性系統最著名的例子是**確定因素**模型(certainty factors model)。它是爲 MYCIN 醫學診斷專案而開發的，並在 20 世紀 70 年代末和 80 年代廣泛應用於專家系統。幾乎所有對確定因素的使用都涉及到純診斷(例如 MYCIN)或者純因果的規則集。另外，證據也僅僅只是從「根節點」進入規則集，而大部分的規則集都是單連通的。Heckerman(1986)證明了，在這些條件下，只要對確定因素推理進行一些微小的變化，它就能夠精確等價於多樹結構上的貝氏推理。而在其他一些條件下，透過對證據的過計數(over-counting)，確定因素會產生災難性的不正確信度。隨著規則集的規模逐漸增大，規則間不希望出現的相互作用變得越來越普遍，並且實踐者們發現當新的規則加入時，很多其他規則的確定因素必須「調整」。基於這些原因，貝氏網路對於不確定推理則爲基礎的方法。

14.7.2 表示無知性：Dempster-Shafer 理論

Dempster-Shafer 理論設計的目標是要處理**不確定性**(uncertainty)和**無知性**(ignorance)之間的區別。它不去計算一個命題的機率，而是計算證據可能支持命題的機率。這種信度度量稱爲**信度函數**(belief function)，寫作 $Bel(X)$。

作爲信度函數的例子，我們回到剛才拋擲硬幣的例子中。假設你從魔術師口袋中取出一個銅板，如果這枚硬幣可能公平也可能不公平，你會用什麼樣的信度來描述硬幣正面朝上這個事件呢？Dempster-Shafer 理論認爲，因爲你沒有任何證據支援任何一種情況，所以你不得不認爲 $Bel(Heads) = 0$ 以及 $Bel(\neg Heads) = 0$。這一點使得 Dempster-Shafer 推理系統具有一定程度的懷疑能力，帶來某種直觀上的吸引力。現在假設在你的安排下有一個專家證實有 90%把握這枚硬幣是均勻的(也就是說，他 90%確信 $P(Heads)=0.5$)。然後 Dempster-Shafer 理論得到 $Bel(Heads) = 0.9 \times 0.5 = 0.45$ 以及 $Bel(\neg Heads) = 0.9 \times 0.5 = 0.45$。但是根據證據，還有 10 個百分點的「缺口」沒有考慮到。

Dempster–Shafer 理論的數學基礎與這些機率理論有相似的味道，主要的差異在於取代指定機率於可能世界，這個理論指定**團塊**於可能世界的集合，也就是事件。團塊仍必須加 1 至所有可能事件。$Bel(A)$被定義爲對於所有事件團塊的總和，其爲包含 A 本身的子集合。以此定義，$Bel(A)$和 $Bel(\neg A)$的和必須爲 1 及其間隙——介於 $Bel(A)$和 $1 - Bel(\neg A)$之間的區間——常被解釋爲 A 的機率邊界。

如同預設推理(default reasoning)一樣，這裡有一個將信度聯繫到行動的問題。每當信度有間隙時，則被定義的決策問題像是 Dempster–Shafer 系統是無法做決定的。事實上，在 Dempster–Shafer 模型中關於效用的概念尚未得到很好的理解，由於團塊與信度的意義本身仍尚未理解。Pearl(1988)認爲 $Bel(A)$不能用對 A 的信心度被理解，而是以指定於可能世界的機率(現在解釋爲邏輯理論)，其中 A 是可以證明的。當有些於數量上有趣的例子，其並非如同機率一樣，其中 A 爲 *true*。

翻硬幣例子的貝氏分析建議沒有需要新的形式論用來處理這個例子。這個模型將有兩個變數：硬幣的偏差 *Bias*(一個介於 0 與 1 之間的數字，其中表示硬幣總是顯示反面，且 1 爲硬幣總是顯示人頭面)。和下一次翻轉的結果 *Flip*。對於 *Bias* 的事前機率分佈將反映出基於硬幣來源而言我們的信度(魔術師的口袋)：硬幣爲公平的機率很小，大部分機率偏向人頭或反面會較高。條件機率 $\mathbf{P}(Flip \mid Bias)$簡單地定義偏差如何運作。假設 $\mathbf{P}(Bias)$爲 0.5 對稱的，則我們對於翻轉的事前機率是

$$P(Flip = heads) = \int_0^1 P(Bias = x)P(Flip = heads \mid Bias = x)dx = 0.5$$

這是同樣的預測，假設我們強烈地相信硬幣是公平的，但並不表示機率對於兩種狀況爲相同的。在計算翻轉後 Bias 的事後分佈則差異提升。如果硬幣來自於銀行，則看到三次的翻轉都出現人頭，幾乎不會影響到事前信度的公平性。但是如果硬幣來自於魔術師的口袋，同樣的證據將會導向硬幣是偏向人頭面如此強烈的事後信度。因此，由我們的信度將會因爲更多的資訊收集而改變的觀點，貝氏方法表示出我們的「無知」。

14.7.3 表示模糊性：模糊集與模糊邏輯

模糊集理論(fuzzy set theory)是一種指明一個事物在多大程度上滿足一個模糊描述的方法。例如，考慮一個命題：「Nate 個子高」。如果 Nate 身高 5 英尺 10 英寸，這個命題還是眞的嗎？大部分的人都不願意直接回答「眞」或者「假」，而寧願說「差不多」。注意這不是關於外部世界的不確定性的問題——我們對 Nate 的身高其實是非常有把握的。問題在於語言辭彙「高」並不代表能將所有的物件分成兩類的一條清晰界線——高度本身是具有程度的。由於這個原因，模糊集理論根本不是一種進行不確定性推理的方法。更確切地說，模糊集理論將 *Tall*(高)作爲一個模糊謂詞，規定 *Tall*(*Nate*)的眞值是介於 0 和 1 之間的一個數值，而不只是 *true* 或者 *false*。名詞「模糊集」來自於將謂詞解釋爲隱含定義了其元素的集合——模糊集就是沒有清晰邊界的集合。

模糊邏輯(fuzzy logic)是一種使用邏輯運算式來描述模糊集合中的隸屬關係的推理方法。例如複合語句 $Tall(Nate) \wedge Heavy(Nate)$的模糊眞值是其各組成部分眞值的函數。計算複合語句的模糊眞值 T 的標準規則有：

$$T(A \wedge B) = \min(T(A), T(B))$$
$$T(A \vee B) = \max(T(A), T(B))$$
$$T(\neg A) = 1 - T(A)$$

因此，模糊邏輯也是一個真值函數性系統——這是會引起嚴重問題的一個事實。例如，假設 $T(Tall(Nate)) = 0.6$ 以及 $T(Heavy(Nate)) = 0.4$。那麼我們有 $T(Tall(Nate) \wedge Heavy(Nate)) = 0.4$，這看來是合理的；但我們還得到結果 $T(Tall(Nate) \wedge Tall(Nate))=0.4$，這就不那麼合理了。顯然，問題來自於真值函數性方法沒有考慮成分命題之間的相互關係或者反關係的能力。

模糊控制(fuzzy control)是一種透過模糊規則表示實值輸入到輸出的映對關係以建構控制系統的方法論。模糊控制在諸如自動傳送、攝影機、電動剃鬚刀等的商業產品中獲得了很大成功。一些批評家(參見例如 Elkan，1993)認爲這些應用之所以能夠取得成功，原因在於它們具有較小的規則庫，沒有鏈式推理，以及有很多可調節的參數，透過調整這些參數從而能提高系統的性能。它們所取得的成功與它們是透過模糊運算元實作的這一事實之間其實並沒有必然的聯繫，關鍵是要提供一種簡單並且直觀的方式來指定一個經平滑插值的實值函數。

曾有一些試圖爲模糊邏輯提供機率理論解釋的努力。一種想法是將諸如「Nate 個子高」這樣的命題視爲關於一個連續隱變數——即 Nate 的實際 *Height*——的離散觀察資料。這個機率模型指定了 P(觀察者認爲 Nate 個子高 | *Height*)，也許利用第 14.3 節中「包含連續變數的貝氏網路」一節裡所描述的**機率單位分佈**。可以透過按通常的方式計算關於 Nate 身高的事後分佈，例如當這個模型是一個混合貝氏網路的一部分時。當然，這種方法不是真值函數性的。例如，條件分佈爲

P(觀察者認爲 Nate 高而且重 | *Height*, *Weight*)

考慮到在造成觀察結果的身高、體重之間存在著各種相互作用。因此，8 英尺高、190 磅重的某人不太會被稱爲「又高又重」——即使「8 英尺高」可算作是「高」而「190 磅重」也可算作是「重」。

模糊謂詞也可以從**隨機集**(random set)——也就是，可能取值爲物件集合的隨機變數——的角度給出機率解釋。例如，*Tall* 表示一個隨機集，其可能取值是由人所構成的集合。機率 $P(Tall = S_1)$，其中 S_1 是由人組成的某個特殊集合，這個機率正是該集合被一個觀察者確認爲「高」的機率。於是，「Nate 個子高」是所有包含 Nate 的集合的機率總和。

混合貝氏網路方法和隨機集方法兩者看來都能夠在不引入真實度的情況下捕捉到模糊性的方面。無論如何，很多關於來自語言方面的觀察和連續量的適當表示的開放問題仍然存在——對於模糊領域以外的人而言，這些問題一直是被忽略的。

14.8 總結

本章描述了**貝氏網路**，一種已經得到成熟發展的不確定知識表示方法。貝氏網路所扮演的角色大致相當於命題邏輯在確定知識中的角色。

- 貝氏網路是一個節點對應於隨機變數的有向無環圖；每個節點在給定父節點下都有一個條件機率分佈。
- 貝氏網路提供了一種表示域中的**條件獨立**關係的簡潔方式。
- 貝氏網路指定了全聯合機率分佈，其中的每一個聯合條目被定義爲局部條件分佈中的對應條目的乘積。貝氏網路的規模往往指數級地小於全聯合機率分佈。
- 很多條件分佈都可以透過規範分佈族非常緊湊地表示出來。包含離散隨機變數和連續隨機變數的**混合貝氏網路**使用多種正則分佈。
- 貝氏網路中的推理意味著給定一個證據變數集合後，計算一個查詢變數集合的機率分佈。精確推理演算法，例如**變數消元**演算法，盡可能高效地計算條件機率的乘積的和。
- 在**多樹**(單連通網路)中，精確推理需要花費與網路規模呈線性關係的時間。而在一般情況下，問題是難解的。
- 諸如**似然加權**、**馬可夫鏈蒙地卡羅**方法這樣的隨機近似技術能夠提供對網路的眞實事後機率的合理估計，並能夠處理比精確演算法規模大得多的網路。
- 機率理論能夠和來自於一階邏輯的表示想法相結合，產生不確定條件下的非常強有力的推理系統。**關係機率模型**(RPM)中包含了表示限制，能夠保證良好定義的機率分佈可以表示爲等價的貝氏網路。**開放宇宙機率模型**處理的**存在**與**辨識不確定性**，透過一階可能世界的無限空間定義出機率分佈。
- 我們還介紹了各種在不確定性條件下進行推理的替代系統。整體而言，**真值函數性**系統不太適合處理這樣的推理。

參考文獻與歷史的註釋 BIBLIOGRAPHICAL AND HISTORICAL NOTES

利用網路表示機率資訊的歷史可以追溯到 20 世紀早期，Sewall Wright 在對於基因遺傳和動物生長因素的機率分析方面進行的工作(Wright，1921；Wright，1934)。I. J. 古德(I. J. Good，1961)和阿蘭·圖靈(Alan Turing)合作發展了機率的表示方法以及貝氏推理方法，可以被認爲是現代貝氏網路的先驅——儘管這篇論文在這個上下文中並沒有經常被引用[10]同一篇論文還是「雜訊或」模型的最早來源。

與隨機變數的有向無環圖表示方法相結合表示決策問題的**影響圖**(influence diagram)在 20 世紀 70 年代末用於決策分析中(參見第十六章)，但是在求值運算中其實只用到了列舉方法。Judea Pearl 發展了在具有樹或者多樹結構的網路上實作推理的訊息傳遞方法(Pearl，1982a；Kim 和 Pearl，1983)，並闡述了與當時流行的確定因素系統相對的、建構因果機率模型而不是診斷機率模型的重要性。

第一個使用貝氏網路的專家系統是 CONVINCE (Kim，1983)。更近一些的系統包括用於診斷神經肌肉紊亂的 MUNIN 系統(Anderson 等人，1989)以及用於病理學的 PATHFINDER 系統。CPCS 系統(Pradhan *et al.*, 1994)是個用於內科的貝氏網路，由 448 個節點、906 條連結和 8254 個條件機率值。(原文書封面有示出該網路的一部份。)

工程應用包括了電力研究院(Electric Power Research Institute)關於發電馬達監控的研究工作(Morjaria *et al*., 1995)，和 NASA 關於在休士頓任務控制中心顯示關鍵時間資訊的研究工作(Horvitz 及 Barry，1995)，以及屬一般領域的**網路斷層掃瞄**，其針對節點的無法觀測的局部性質推斷，和由終端到終端訊息效能觀察之網路的連結(Castro *et al*., 2004)。迄今爲止應用最廣泛的貝氏網路系統是 Microsoft Windows 中的診斷-修理模組(如印表機嚮導)(Breese 和 Heckerman，1996)和 Microsoft Office 中的辦公助手(Horvitz 等人，1998)。令一個重要的應用領域爲生物學：貝氏網路用作爲參考老鼠基因來辨別人類基因(Zhang *et al*., 2003)，推論蜂巢式網路 Friedman(2004)和許多其他生物資訊學的任務。我們將繼續下去，但是請讀者參考 Pourret *et al*.(2008)，一本四百多頁的貝氏網路應用指南。

Ross Shachter(1986)於推理圖領域之研究工作，開發了第一個提供給通用貝氏網路完整的演算法。他的方法是基於網路的目標指導簡化(goal-directed reduction)，使用事後保持變換(posterior-preserving transformation)的演算法。Pearl(1986)發展出了一種針對通用貝氏網路的精確推理的團演算法，該演算法利用了一個從網路到團節點構成的有向多樹結構的轉化過程，在多樹中透過訊息傳遞而實作團之間共用變數的一致。統計學家 David Spiegelhalter 和 Steffen Lauritzen(Lauritzen 及 Spiegelhalter，1988)所發展出的一個類似方法是基於轉化成稱爲**馬可夫網路**之圖模型其無方向形式。這種方法在 HUGIN 系統中得到實作，已經成爲不確定推理中非常有效並得到廣泛使用的工具(Andersen 等人，1989)。Boutilier *et al*.(1996)描述如何以團塊演算法開發特殊情境關係。

變數消元演算法的基本概念——在所有乘積和表示中反覆計算，可避免使用暫存——可見於符號機率推理(symbolic probabilistic inference，SPI)演算法(Shachter *et al*., 1990)。我們所描述的演算法則最接近於 Zhang 和 Poole(1994，1996)開發的演算法。Geiger 等人(1990)和 Lauritzen 等人(1990)給出了對無關變數進行剪枝的標準，而我們前面給出的剪枝標準只是這些剪枝標準的一個非常簡單的特例。Rina Dechter(1999)證明了變數消元演算法的想法如何與**非串列的動態規劃**(nonserial dynamic programming)在本質上是相同的，而後者是一種演算法的方法，可應用於求解貝氏網路上的一定範圍內的推理問題——例如，尋找一組觀察結果的**最可能解釋**(most probable explanation)。這把貝氏網路演算法與求解限制滿足問題的相關方法聯繫起來，並給出了一個透過網路的超樹寬(hypertree width)方式表示的對精確推理的複雜度的直接度量。Wexler 和 Meek(2009)描述一個對於變數消元中，避免因數大小計算呈現指數成長的方法。他們的演算法分解大的因數爲較小的因數乘積，且同時地計算出錯誤前往近似結果。

Pearl(1988)以及 Shachter 和 Kenley(1989)考慮了在貝氏網路中包含連續隨機變數，這些論文討論了只包含滿足線性高斯分佈的連續隨機變數的網路。Lauritzen 和 Wermuth(1989)研究了引入離散隨機變數，並在 cHUGIN 系統中加以實作(Olesen，1993)。對於線性高斯模型更近一步的分析，使用統計於許多其它的模型連結，可於 Roweis 和 Ghahramani(1999)中看到。機率分佈通常認爲 Gaddum(1933)和 Bliss(1934)所創造，既使 19 世紀以被發現相當多次。Bliss 的研究工作被 Finney(1947)更加地擴大。這在對離散選擇現象(discrete choice phenomenon)進行建模時得到了廣泛應用，並且它可以被擴展以處理存在超過兩種選擇的情況(Daganzo，1979)。單位邏輯模型由 Berkson(1944)所提出，剛開始得到嘲笑，它最終變成比單位機率模型更爲普遍。Bishop(1995)給出了使用單位邏輯的準則。

Cooper(1990)證明了無限制貝氏網路上的一般推理問題是 NP 難題，Paul Dagum 和 Mike Luby(1993)則證明了相對應的近似問題同樣是 NP 難題。空間複雜度在變數消元演算法和團演算法中也是一個非常嚴重的問題。爲了解決第 6 章中的限制滿足問題而提出的**割集調整**(cutset conditioning)方法能夠避免建構規模呈指數級增長的機率表。在貝氏網路中的割集是這樣的一個節點集合：當實例化後，剩餘的節點將被簡化爲多樹，從而使推理能夠在線性的時間與空間內完成。查詢透過對割集的所有實例化的機率求和得以解答，因此演算法總的空間複雜度仍然是線性的(Pearl，1988)。Darwiche(2001)描述了一種遞迴的調整演算法，允許進行全面的時間/空間折衷。

發展貝氏網路推理的快速近似演算法是一個非常活躍的領域，包括來自於統計學、電腦科學和物理學的貢獻。拒絕取樣方法是一種很早就爲統計學家所熟知的通用技術，它最早由 Max Henrion(1988)應用於貝氏網路，他稱這種方法爲**邏輯取樣**(logic sampling)。而 Fung 和 Chang(1989)以及 Shachter 和 Peot(1989)提出的似然加權方法是眾所周知的統計學方法**重要性取樣**(importance sampling)的一個實例。Cheng 和 Druzdzel(2000)描述了一種似然加權演算法的自適應版本，即使在證據的事前似然機率非常低的情況下這種演算法仍然能很好地工作。

馬可夫鏈蒙地卡羅(MCMC)演算法始於 Metropolis 等人(1953)所提出的 Metropolis 演算法，而後者還是第四章中描述的類比退火演算法的來源。吉布斯取樣演算法是 Geman 和 Geman(1984)針對無向馬可夫網路中的推理問題設計的。而將馬可夫鏈蒙地卡羅演算法應用於貝氏網路則歸功於 Pearl(1987)。在 Gilks 等人(1996)收集的論文中涵蓋了範圍很廣的各種對馬可夫鏈蒙地卡羅演算法的應用，其中一些是使用著名的 BUGS 套裝軟體開發的。

有兩個非常重要的近似演算法家族我們在本章中沒有提及。第一族是**變分近似**(variational approximation)方法，它可以用於對所有種類的複雜計算進行簡化。其基本想法是提出原問題的一個易於處理的簡化版本，而又保證這個簡化版本能夠盡可能與原問題相似。簡化後的問題透過**變分參數**(variational parameters) λ 來表示，並調整 λ 使一個簡化後的問題與原問題之間的距離函數 D 最小化，通常透過求解一個方程組$\partial D/\partial\lambda = 0$來完成。在很多情況下，能夠得到嚴格的上界和下界。變分法在統計學中已經應用了很長時間(Rustagi，1976)。在統計物理學中，**均值域**(mean field)方法是一種特殊的變分近似，其中假設組成模型的各單個變數彼此都是完全獨立的。這個想法曾用於求解大規模無向馬可夫網路(Peterson 和 Anderson，1987；Parisi，1988)。Saul 等人(1996)發展了把變分法應用於貝氏網路的數學基礎，並利用均值域方法得到了 S 型網路的精確下界變分近似演算法。Jaakkola 和 Jordan(1996)對其方法論進行了擴展，同時得到下界與上界。因爲這些早期的論文，變分法已被應用於許多模型的特定家族。一篇值得注意的論文由 Wainwright 和 Jordan(2008)所提出，提供一個於變分法的統一理論分析的文獻。

第二族重要的近似演算法是基於 Pearl(1982a)的多樹訊息傳遞演算法的。這種演算法可以被應用於一般網路，如 Pearl(1988)所建議的。結果也許會不正確，或者演算法可能無法終止，但是在絕大多數情況下，得到的值都與眞實結果非常接近。這種所謂的**信度傳播**(belief propagation)(或者稱爲環傳播，loopy propagation)方法一直沒有引起人們太多的注意，直到 McEliece 等人(1998)發現多連通貝氏網路上的訊息傳遞正是**快速解碼**(turbo decoding)演算法(Berrou 等，1993)所執行的計算，快速解碼在高效錯誤更正編碼設計中提供了一個重大突破。這意味著在用於解碼的超大規模和非常高連通度的貝氏網路上，環傳播演算法能夠做到既快速又精確，因此也可能得到更一般的應用。Murphy 等人(1999)提出了信度傳播效能的證實研究，且 Weiss 和 Freeman(2001)於線性高斯網路爲信度傳播建立了強收斂結果。Weiss(2000b)證明如何的近似稱作爲環信度傳播研究且當近似爲正確。Yedidia 等人(2005)進一步研究了環傳播與來自統計物理學的某些想法之間的聯繫。

最早是 Car-nap(1950)研究了機率和一階語言間的關連。Gaifman(1964)以及 Scott 和 Krauss(1966)定義了一種語言，其中機率能夠與一階語句相關聯，語言的模型是對可能世界的機率度量。在人工智慧領域中，尼爾森(Nilsson，1986)爲命題邏輯發展了這種想法，而 Halpern(1990)則爲一階邏輯發展了這種想法。關於這類語言的知識表示問題首先由 Bacchus (1990)進行了深入的研究。這個的基本概念在於，知識庫中每個句子表示分佈在可能世界的限制。一個句子若表示強限制則繼承其它的句子。例如，句子$\forall x\ P(Hungry(x)) > 0.2$ 排除分佈其中任何物件具有小於 0.2 的機率爲飢餓的，也就是說它繼承句子$\forall x\ P(Hungry(x)) > 0.1$。結果寫出在這些語言中句子的一致集合，是相當困難且建構獨特機率模型幾乎是不可能，除非採用貝氏網路的代表方法，藉由關於條件機率寫出適合的句子。

於 1990 年代早期開始，研究者在研究複雜的應用時發現到貝氏網路表達的極限，並且發展各種語言以邏輯變數寫出樣板，而大型網路可自動地對於個別問題實例建構(Breese，1992；Wellman *et al*., 1992)。最重要的此種語言是 BUGS(Bayesian inference Using Gibbs Sampling)(Gilks *et al*., 1994)，其中以**索引隨機變數**形式合併貝氏網路常見於統計學。(在 BUGS，索引隨機變數看似爲 $X[i]$，其中 i 有被定義的整數範圍)。這些語言繼承了貝氏網路的關鍵性質：每個格式完整的知識庫定義一個獨特、一致的機率模型。語言以妥善定義的語義，基於獨特名稱與定義域封閉利用邏輯程式設計的表達能力(Poole，1993、Sato 和 Kameya，1997、Kersting *et al*., 2000)及語義網路(Koller 和 Pfeffer，1998；Pfeffer，2000)。Pfeffer(2007)接著開發 IBAL，其中表示一階機率模型爲機率程式，於依隨機化原型延伸的程式語言。另一個重要的線程是合併相關和一階符號以(無方向性)的馬克夫網路(Markov network；Taskar 等，2002、Domingos 和 Richardson，2004)，其強調重點較少在知識描述而較多於從大型資料集合中學習。

剛開始，推論這些模型是由產生等價貝氏網路來執行。Pfeffer 等(1999)介紹一個變數消元演算法，其暫存每個計算出的因子，重複用於後續的計算，包含相同關係卻不同物件，從而實現某些計算上收益的提升。首先眞正地改良推論演算法是由 Poole(2003)所敘述的變數消元的改良形式，而隨後由 de Salvo Braz 等(2007)改進。進一步地，某些總計的機率可以由封閉形式計算出，這在 Milch 等(2008)、Kisynski 和 Poole(2009)中有被描述到。Pasula 和 Russell(2001)研究 MCMC 的應用於避免建立完全相等的貝氏網路，在關係與身份不確定情況下。Getoor 和 Taskar(2007)收集了許多關於一階機率模型的重要論文，並且使用於機器學習。

機率推理關於身份不確定性有兩個相異的起源。在統計學，當資料記錄沒有包含標準特殊識別，**記錄連結**(record linkage)的問題則會增加——例如，本書的引言會以它的第一作者署名「Stuart Russell」或「S. J. Russell」或甚至「Stewart Russle」，而其他作者們可能也適用相同的名字。實際上數以百家的公司單獨地解決記錄連結問題於財務、醫療、人口普查和其他類的資料。追溯機率分析的研究是由 Dunn(1946)。Fellegi-Sunter 模型(1969)基本上自然地是貝氏網路應用於比對上，仍在現行方法佔主導地位。第二個身份不確定爲多重目標追蹤(Sittler，1964)，其中我們在第 15 章中會提到。對於它的歷史，作用於符號人工智慧錯誤地假設，其感知器將會提供帶有獨特辨識的語句給物件。這個議題在語言理解的本文研究於 Charniak 和 Goldman(1992)及監控的本文則在(Huang and Russell，1998) 、Pasula 等(1999)。Pasula 等(2003)發展一個複雜生成模型於作者、論文、關鍵字，包含了關係與身份不確定，並且展示於引言資訊提取的高精確度。首先正式定義語言於開放宇宙機率模型的是 BLOG(Milch *et al*., 2005)，其提出完整的(既使緩慢)MCMC 推理演算法於所有良好定義的模型。(這程式碼隱約地可見於本書的封面，是 BLOG 模型中的一部份用以從地震訊號偵測核爆，爲聯合國全面禁止核試驗條約核查制度的一部份)。Laskey(2008)描述另一個開放宇宙塑模語言，稱爲**多重單元貝氏網路**(multi-entity Bayesian networks)。

如第十三章中所述，在 20 世紀 70 年代初，人們對一些早期的機率系統失去了興趣，留下了需要由替代方法塡補的眞空。確定因素方法被發明出來用於醫學專家系統 MYCIN(Shortliffe，1976)，期望既成爲一個工程解決方案又成爲一個人類在不確定條件下進行判斷的模型。文集《基於規則的專家系統》(*Rule-Based Expert Systems*)(Buchanan 和 Shortliffe，1984)提供了關於 MYCIN 和其後續系統的完整概覽(Stefik，1995)。David Heckerman(1986)證明了一種對確定因素計算稍加修改所得到的版本雖然在某些情況下能夠得到正確的機率結果，但是在另外一些情況下卻會導致嚴重的證據過計數問題。專家系統 PROSPECTOR(Duda 等人，1979)使用了一種基於規則的方法，系統中透過一個(幾乎不可維持的)全局獨立性假設對規則進行調整。

Dempster-Shafer 理論源於 Arthur Dempster(1968)的一篇論文，他提出將機率的取値推廣到區間値，並提出一種組合規則來使用它們。Glenn Shafer(1976)後來的工作使得 Dempster-Shafer 的理論被認爲是能夠和機率理論一爭高下的方法。Ruspini 等人(1992)分析了 Dempster-Shafer 理論與標準機率理論之間的關係。

模糊集是由 Lotfi Zadeh(1965)提出的，爲了解決給智慧系統提供精確輸入時所遇到的困難。Zimmermann(1991)在他的教科書中提供了模糊集理論的全面介紹；Zimmermann(1999)還收集了關於模糊理論的應用的論文。如我們在正文中提到的，模糊邏輯經常被錯誤地認爲是機率理論的直接競爭對手，然而事實上它處理的是完全不同的一類事情。**可能性理論**(possibility theory)(Zadeh，1978)被引入到模糊系統中以處理不確定性，它和機率有很多共同點。Dubois 和 Prade(1994)概述了可能性理論和機率論之間的關聯。

機率理論的再次興起主要有賴於貝氏網路的發現，作爲一種表示和利用條件獨立性資訊的方法。不過機率理論的這次復興並不是一帆風順的；Peter Cheeseman(1985)的那篇言辭激烈的文章《捍衛機率》(*In Defense of Probability*)以及後來的一篇文章《對電腦的理解力的質詢》(*An Inquiry into Computer Understanding*)(Cheeseman，1988，含評注)更爲這場論戰火上澆油。Eugene Charniak 以其一篇通俗文章《無淚的貝氏網路》(*Bayesian networks without tears*)[11]及著作(1993)，幫助提供想法給 AI 研究者。Dean 和 Wellman 之著作(1991)也協助將貝氏網路引介給人工智慧研究者。邏輯學家一個主要的反對觀點是，被認爲是機率理論必需的數値計算對於內省並不那麼顯而易見，它假定了對我們的不確定知識的描述能達到一種不切實際的精確程度。利用變數之間肯定或否定的相互影響的概念，**定性機率網路**(qualitative probabilistic network)(Wallman，1990a)的發展提供了一種對貝氏網路的純定性抽象。Wellman 證明了在很多情況下這些資訊對於最優決策已經足夠了，而不需要精確指定機率值。Goldszmidt 和 Pearl(1996)使用了相似的方法。Adnan Darwiche 和 Matt Ginsberg(1992)的工作從機率理論中提取出了關於條件化和證據組合的基本性質，並證明這些性質同樣能夠應用於邏輯推理和缺省推理。通常，程式勝於雄辯，而已有高品質的軟體像是 Bayes Net toolkit(Murphy，2001)加快這項科技的採用。

貝氏網路的發展過程中最重要的單行本毫無疑問是教科書《智慧系統中的機率推理》(*Probabilistic Reasoning in Intelligent Systems*)(Pearl，1988)。一些優秀的教材(Lauritzen，1996、Jensen，2001、Korb 和 Nicholson，2003、Jensen，2007、Darwiche，2009、Koller 和 Friedman，2009)提供徹底的論述了本章涵蓋到的論題。關於機率推理的新研究既出現在一些諸如《人工智慧》(*Artificial Intelligence*)和《人工智慧研究期刊》(*Journal of AI Research*)這樣的主流 AI 期刊上，也出現在一些諸如《近似推理國際期刊》(*International Journal Approximate Reasoning*)等更專門的期刊上。很多關於圖模型的論文，其中包括貝氏網路，出現在一些統計學期刊上。人工智慧領域的幾個國際會議的會議論文集也是瞭解當前研究狀況的一個非常好的通路，這些會議包括：「人工智慧中的不確定性」(Uncertainty in Artificial Intelligence，UAI)、「類神經資訊處理系統」(Neural Information Processing Systems，NIPS)，以及「人工智慧與統計學」(Artificial Intelligence and Statistics，AISTATS)等等。

❖ 習題 EXERCISES

14.1 我們有一個裝了三個偏差硬幣 a、b、c，其出現人頭的機率分別是 20%、60%和 80%。隨機由袋子中取出硬幣(三個硬幣取出的機率都是相等的)，並且投擲取出的硬幣 3 次產生 3 個結果 X_1、X_2 和 X_3。

a. 繪出符合這個程序的貝氏網路並且定義出必要的 CPT。

b. 計算假設觀測到的投擲結果為 2 次人頭 1 次背面，最有可能被取出的硬幣為何。

14.2 等式(14.1)定義了由貝氏網路依據參數 $\theta(X_i \mid Parents(X_i))$表示的聯合分佈。這個練習請你由此定義得出參數與條件機率 $\mathbf{P}(X_i \mid Parents(X_i))$之間的等價關係。

a. 考慮一個簡單網路 $X \rightarrow Y \rightarrow Z$ 與 3 個布林變數。使用等式(13.3)和等式(13.6)(第 485 和 492 頁)表示條件機率 $P(z \mid y)$為兩者之和的比率，每對項目在聯合分佈 $\mathbf{P}(X, Y, Z)$。

b. 使用等式(14.1)寫出此表達式根據網路參數 $\theta(X)$、$\theta(Y \mid X)$和 $\theta(Z \mid Y)$。

c. 接下來，由(b)的部分所寫的表達式展開求和，明確地寫出各個變數和的 true 和 false 值。假設網路參數滿足限制 $\Sigma_{x_i} \theta(x_i \mid parents(X_i)) = 1$，證明結果敘述簡化至 $\theta(x \mid y)$。

d. 概括這個推導以證明 $\theta(X_i \mid Parents(X_i)) = \mathbf{P}(X_i \mid Parents(X_i))$對於任何貝氏網路。

14.3 **弧逆向**的動作在貝氏網路中是允許去改變弧 $X \rightarrow Y$ 的方向，儘管網路表示保持聯合機率分佈(Shachter，1986)。弧逆向必須提出新的弧：所有的父節點也成為的父節點，且所有 Y 的父節點也成為 X 的父節點。

a. 假設 X 和 Y 分別開始於 m 和 n 父節點，其中所有變數具有 k 值。藉由計算對於 X 和 Y 的 *CPT* 改變的大小，證明當弧逆向時網路中參數的總數字不可減少。(**提示**：X 和 Y 的父節點不需爲非聯合)

b. 在什麼樣的狀況下總數字仍爲常數？

c. 令 X 的父節點爲 $\mathbf{U} \cup \mathbf{V}$ 且 Y 的父節點爲 $\mathbf{V} \cup \mathbf{W}$，其中 $\mathbf{U}$ 和 $\mathbf{W}$ 爲非聯合。經過弧逆向後對於 *CPT* 新的方程式如下：

$$\mathbf{P}(Y \mid \mathbf{U},\mathbf{V},\mathbf{W}) = \sum_x \mathbf{P}(Y \mid \mathbf{V},\mathbf{W},x)\mathbf{P}(x \mid \mathbf{U},\mathbf{V})$$

$$\mathbf{P}(X \mid \mathbf{U},\mathbf{V},\mathbf{W},Y) = \mathbf{P}(Y \mid X,\mathbf{V},\mathbf{W})\mathbf{P}(X \mid \mathbf{U},\mathbf{V}) / \mathbf{P}(Y \mid \mathbf{U},\mathbf{V},\mathbf{W})$$

證明新的網路透過所有變數與原始網路表示相同的聯合分佈。

14.4 考慮圖 14.2 的貝氏網路

a. 若無觀察到證據，*Burglary* 和 *Earthquake* 是獨立的？分別由數值語意和拓樸語意證明之。

b. 假設我們觀察 *Alarm* = *true*，*Burglary* 和 *Earthquake* 是獨立的？由計算驗證你的回答，無論包含的機率滿足條件獨立的定義。

14.5 假設於一個貝氏網路包含未觀察到的變數 Y，於馬克夫涵蓋 $MB(Y)$所有的變數爲觀察到的。

a. 證明從網路移除節點 Y 將不影響事後分佈，對於網路中任何其他未觀察到的變數。

b. 探討若我們打算使用(i)拒絕取樣和(ii)似然加權，是否可移除 Y。

14.6 令 H_x 爲一個隨機變數表示個別 x 的慣用手，其可能值爲 l 或 r。常見的假說爲左撇子或又撇子是由簡單的機制所繼承，也就是說，假設有一個基因 G_x，一樣具有值 l 或 r，並且假設實際上慣用手的結果也大多相同(以某機率 s)爲該基因所個別支配。此外，假設基因本身繼承自個別的親代的機率相等，以及一個微小非零的機率 m 關於慣用手的隨機突變轉換。

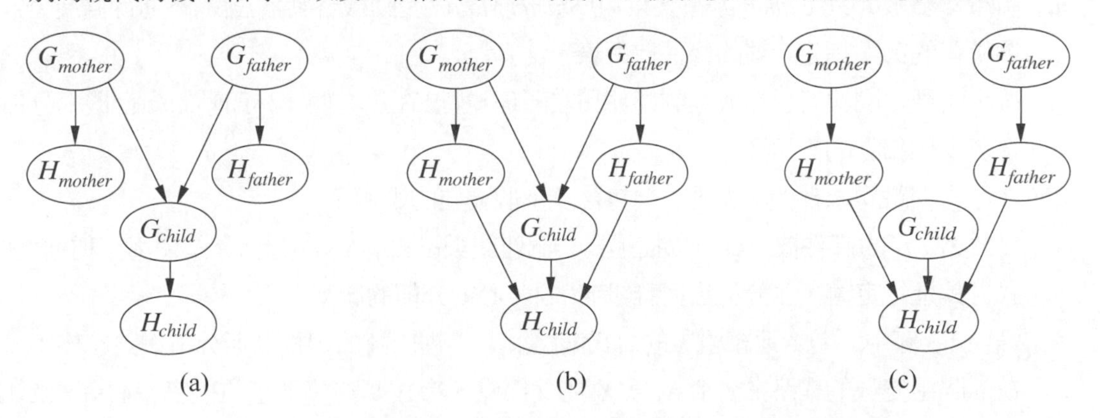

圖 14.20　描述慣用手遺傳繼承之貝氏網路的三個可能結構

a. 圖 14.20 的三個網路哪個宣稱

$\mathbf{P}(G_{father}, G_{mother}, G_{child}) = \mathbf{P}(G_{father})\mathbf{P}(G_{mother})\mathbf{P}(G_{child})$？

b. 三個網路何者是獨立的觀點關於這個慣用手的繼承假設的組成？

c. 三個網路中和者爲假設的最佳描述？

d. 請寫出對於網路(a)中 G_{child} 節點的 CPT，依據 s 與 m。

e. 假設 $P(G_{father} = l) = P(G_{mother} = l) = q$。於網路(a)，僅根據 m 和 q 導出 $P(G_{child} = l)$的表達式，藉由其父節點的條件。

f. 基於遺傳平衡的條件，我們預期基因的分佈將會在各世代相同。請以此計算 q 的值，並且提出你關於人們慣用手的瞭解，解釋爲何此問題開始的假設敘述即是錯誤。

14.7 一個變數的馬可夫涵蓋定義於 14.2.2 節。試證明，給定其馬可夫涵蓋下，一變數將獨立於網路中的所有其他變數，並推導公式(14.12)。

14.8 考慮圖 14.21 所示的汽車故障診斷網路：

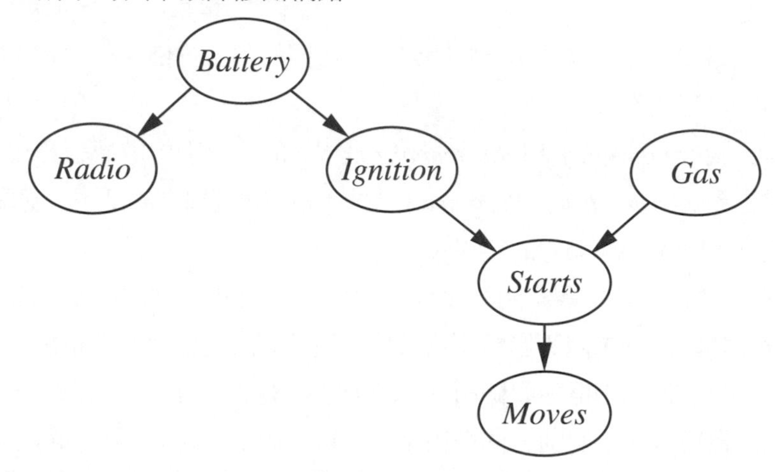

圖 14.21 **一個描述汽車電氣系統與引擎的某些特徵的貝氏網路。每個變數都是布林型的，且** *true* **值表示汽車的對應方面為正常運作**

a. 用布林變數 *IcyWeather*(冰凍天氣)和 *StarterMotor*(發動機啓動器)對網路進行擴展。

b. 爲所有的節點指定合理的條件機率表。

c. 假設變數之間沒有已知成立的條件獨立關係，那麼在這 8 個布林節點的聯合機率分佈中包含多少個獨立的數值？

d. 在你的網路的條件機率表裡一共包含多少個獨立的數值？

e. 變數 *Starts* 的條件機率表可以描述爲一個**雜訊與**(noisy-AND)分佈。請使用一種通用的方式對其進行定義，並分析它與雜訊或(noisy-OR)分佈的聯繫。

14.9 考慮第 14.3 節中「包含連續變數的貝氏網路」一節裡所述的線性高斯分佈網路家族：

a. 在一個兩變數的網路中，令 X_1 爲 X_2 的父節點，令 X 具有高斯事前機率，並令 $\mathbf{P}(X_2 \mid X_1)$ 服從線性高斯分佈。證明聯合機率分佈 $\mathbf{P}(X_1, X_2)$服從多元高斯分佈，並計算其協方差矩陣。

b. 用歸納法證明，$X_1, \ldots, X_n$ 上的一般線性高斯網路的聯合機率分佈也是一多元高斯分佈。

14.10 第 14.3 節中「包含連續變數的貝氏網路」一節裡所定義的機率單位分佈描述了給定單個連續父節點下的布林子節點的機率分佈。

a. 如何將這個定義擴展到多個連續父節點？

b. 如何將其擴展以處理多值子節點？考慮子節點值有序(例如駕駛中的檔位選擇取決於速度、坡度以及期望達到的加速度，等等)和子節點值無序(例如選擇上班乘坐的交通工具，可以是公共汽車、火車或者小汽車等)兩種情況。(**提示**：考慮將節點的所有可能取值劃分爲兩個集合的方式，以模仿布林變數進行處理。

14.11 在你所處當地的核電站裡有一個警鈴，當溫度測量儀的溫度超過警戒臨界值時就會報警。這個溫度測量儀測量的是核反應爐核心的溫度。考慮布林變數 A(警鈴響)、F_A(警鈴出故障)、F_G(測溫儀出故障)和多值變數 G(測溫儀讀數)與 T(核反應爐核心的實際溫度)。

a. 爲這個問題域建構一個貝氏網路，假設當核心溫度太高時測量儀更容易出故障。

b. 你得到的貝氏網路是多樹結構的嗎？爲何？或爲何不？

c. 假設測溫儀讀數 G 和眞實溫度 T 都只有兩種讀數：正常/偏高；當測溫儀正常工作時，它給出正確讀數的機率爲 x，出現故障時給出正確讀數的機率爲 y。給出與 G 相關聯的條件機率表。

d. 假設警鈴能夠正常工作——除非它壞了，這種情況它不會發出報警聲。給出與 A 相關聯的條件機率表。

e. 假設警鈴和測溫儀都正常工作，並且警鈴發出了警報聲。根據網路中的各種條件機率，計算核反應爐核心溫度過高的機率運算式的值。

14.12 兩個來自世界上不同地方的宇航員同時用他們自己的望遠鏡觀測了太空中某個小區域內恆星的數目 N。記這兩個宇航員的測量結果分別爲 M_1 和 M_2。通常，測量中會有不超過 1 顆恆星的誤差，發生錯誤的機率 e 很小。而每台望遠鏡可能發生(發生的機率 f 更小一些)對焦不準確(分別記作 F_1 和 F_2)，在這種情況下科學家會少數 3 顆甚至更多的恆星(或者說，當 N 小於 3 時，連一顆恆星都觀測不到)。考慮圖 14.22 所示的 3 種貝氏網路結構。

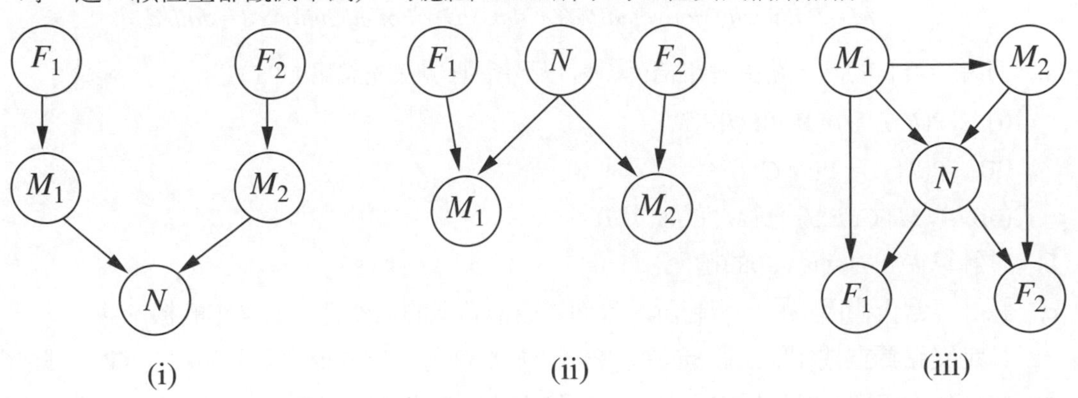

圖 14.22 望遠鏡問題的 3 種可能網路

a. 這 3 種網路結構哪些是對上述資訊的正確(但不一定是高效率的)表示？

b. 哪一種網路結構是最好的？請解釋自己的觀點。

c. 請寫出 $\mathbf{P}(M_1 \mid N)$的條件分佈，其中 $N \in \{1, 2, 3\}$且 $M_1 \in \{0, 1, 2, 3, 4\}$。機率分佈表裡的每個條目都應該表達為參數 e 和/或 f 的一個函數。

d. 假設 $M_1 = 1$，$M_2 = 3$。如果我們假設 N 取值上沒有事前機率限制，可能的恆星數目是多少？

e. 在這些觀測結果下，最可能的恆星數目是多少？解釋如何計算這個數目，或者，如果不可能計算，解釋還需要什麼附加資訊以及它將如何影響結果。

14.13 考慮圖 14.22(ii)所示的網路，假設兩望遠鏡的工作狀態完全相同。$N \in \{1, 2, 3\}$和 $M_1, M_2 \in \{0, 1, 2, 3, 4\}$其符號 CPT 如同習題 14.12 所敘述。使用窮舉演算法(圖 14.9)計算 $\mathbf{P}(N \mid M_1 = 2, M_2 = 2)$的機率分佈。

14.14 考慮圖 14.23 所示的貝氏網路。

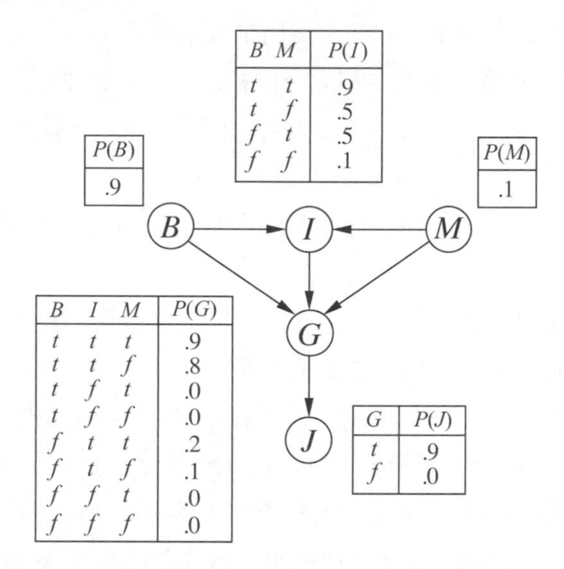

圖 14.23　簡單貝氏網路，且其布林變數 *B* = *BrokeElectionLaw*、*I* = *Indicted*、*M* = *PoliticallyMotivatedProsecutor*、*G* = *FoundGuilty*、*J* = *Jailed*

a. 何者，若有的話，藉由網路結構斷言以下所列(現在先忽略 CPT)？

(i) $\mathbf{P}(B, I, M) = \mathbf{P}(B)\mathbf{P}(I)\mathbf{P}(M)$

(ii) $\mathbf{P}(J \mid G) = \mathbf{P}(J \mid G, I)$

(iii) $\mathbf{P}(M \mid G, B, I) = \mathbf{P}(M \mid G, B, I, J)$

b. 試計算 $P(b, i, \neg m, g, j)$的值。

c. 試計算當人們因犯法、遭起訴、且面對政治動機的檢察官，而坐牢的機率。

d. **特定文脈獨立性**(14.6.2 節)允許變數獨立於其部分給定其他之某些值的父節點。除了一般條件獨立由圖形結構給定之外，什麼特定情境獨立存在於圖 14.23 的貝氏網路中？

e. 假設我們要加入變數 $P = PresidentialPardon$ 於網路，繪出新的網路並且簡單地解釋增加的任何的連結。

14.15 考慮圖 14.11 中的變數消元演算法。

a. 第 14.4 節對如下查詢應用了變數消元演算法

$\mathbf{P}(Burglary \mid JohnCalls = true, MaryCalls = true)$

執行必要的計算，並檢驗計算結果的正確性。

b. 統計計算中算術運算的次數，將其與列舉演算法完成的運算次數進行比較。

c. 假設貝氏網路具有鏈式結構：一個布林變數的序列 $X_1, ..., X_n$。其中 $Parents(Xi) = \{X_{i-1}\}$ 對於 $i = 2,..., n$，使用消元的 $\mathbf{P}(X_1 \mid X_n = true)$的計算複雜度為何？用變數消元演算法呢？

d. 證明對於任何排序與網路結構一致的變數，執行多樹結構網路上的變數消元演算法的複雜度與樹的規模呈線性關係。

14.16 研究通用貝氏網路中精確推理的複雜度：

a. 證明任何 3-SAT 問題都可以化約到為了表示這個特定問題而建構的貝氏網路的精確推理問題，並且因此貝氏網路的精確推理是 NP 難題。(**提示**：考慮一個網路，每個命題符號用一個變數表示，每個子句用一個變數表示，以及每個子句連言用一個變數表示。

b. 對 3-SAT 問題中的可滿足賦值的個數進行統計是#P 完全的(個數 P 完全的)。證明貝氏網路的精確推理至少和這個問題一樣難。

14.17 考慮根據單個變數的特定分佈產生隨機樣本的問題。假設你有一個亂數產生器，其回傳均勻分佈於 0 與 1 間的亂數。

a. 令 X 為一個離散隨機變數，其機率分佈滿足 $P(X = x_i) = p_i$，對於 $i \in \{1, ..., k\}$。X 的**累積分佈**(cumulative distribution)給出了對於每個可能的 j，$X \in \{x_1, ..., x_j\}$的機率。解釋如何在 $O(k)$時間內計算出這個累積機率分佈，以及如何根據該分佈產生 X 的單個樣本。後者可能在小於 $O(k)$時間內完成嗎？

b. 現在假設我們希望產生 X 的 N 個樣本，其中 $N \gg k$。解釋如何在每個樣本的期望取樣執行時間為常數(即不依賴於 k)的條件下完成這個任務。

c. 考慮具某個參數化分佈(例如高斯分佈)的連續值隨機變數。如何從這樣的分佈產生樣本？

d. 假設你希望查詢一個連續值隨機變數，並使用了諸如 LIKELIHOODWEIGHTING 這樣的取樣演算法進行推理。你需要如何修改查詢-解答過程？

14.18 考量圖 14.12(a)中的查詢 $\mathbf{P}(Rain \mid Sprinkler = true, WetGrass = true)$，而吉布斯取樣可如何回答此查詢。

a. 這個馬可夫鏈一共有多少種狀態？

b. 計算**轉移矩陣**(transition matrix) $\mathbf{Q}$，其中包含對於所有 $\mathbf{y}$ 和 $\mathbf{y}'$ 的 $q(\mathbf{y} \rightarrow \mathbf{y}')$。

c. 轉移矩陣的平方 $\mathbf{Q}^2$ 表示的是什麼？

d. 當 $n \rightarrow \infty$ 時，$\mathbf{Q}^n$ 表示了什麼？

e. 假設 $\mathbf{Q}^n$ 可用，解釋如何進行貝氏網路中的機率推理。這是一種實用的推理方法嗎？

14.19 此練習探討對於吉布斯取樣方法的穩態分佈。

a. q_1 和 q_2 的凸組合$[\alpha, q_1; 1-\alpha, q_2]$是一個轉移機率分佈，其中先選定 q_1 和 q_2 其中之一，機率分別是 α 和 $1-\alpha$，然後應用所選定的一個。證明若 q_1 和 q_2 與 π 爲細緻平衡，則他們的凸組合也是與 π 細緻平衡(注意：此結果證明不同種的 GIBBS-ASK，其中變數爲隨機選擇而不是取樣自一個固定的序列)。

b. 證明若 q_1 和 q_2 個別有 π 爲其穩態分佈，則組成序列 $q = q_1 \circ q_2$ 也具有 π 爲其穩態分佈。

14.20 **Metropolis–Hastings** 演算法爲 MCMC 家族的成員之一，因此被設計爲根據目標機率 $\pi(\mathbf{x})$產生樣本 $\mathbf{x}$(最終)[一般我們在意由 $\pi(\mathbf{x}) = P(\mathbf{x} \mid \mathbf{e})$取樣]。類似類比退火，Metropolis-Hastings 工作於兩階段。首先，給定現在的狀態 $\mathbf{x}$，從**提案分佈** $q(\mathbf{x}' \mid \mathbf{x})$取樣出新的狀態 $\mathbf{x}'$。然後，根據**接受機率**決定接受或退回 $\mathbf{x}'$ 的概率。

$$\alpha(\mathbf{x}' \mid \mathbf{x}) = \min\left(1, \frac{\pi(\mathbf{x}')q(\mathbf{x}|\mathbf{x}')}{\pi(\mathbf{x})q(\mathbf{x}'|\mathbf{x})}\right)$$

假設提案被退回，則狀態仍在 $\mathbf{x}$。

a. 考慮一般吉布斯取樣步驟於特殊變數 X_i。證明此步驟，考量爲一個提案，可保證被 Metropolis-Hastings 所接受(在此，吉布斯取樣是 Metropolis–Hastings 的一個特殊案例)。

b. 證明以上兩步驟程序，被視爲轉移機率分佈與 π 爲穩態平衡。

14.21 3 支足球隊 A、B 和 C 兩兩之間各賽一場。每場比賽在兩支球隊之間進行，結果對每支球隊而言可能是勝、平、負。每支球隊都有確定但未知的實力——表示爲一個 0 到 3 之間的整數——而一場比賽的結果依某種機率取決於兩個球隊之間的實力差距。

a. 建構一個關係機率模型來描述這個域，並爲所有必要的機率分佈給出數值。

b. 爲三場比賽建構等價貝氏網路。

c. 假設在前 2 場比賽中 A 戰勝了 B，和 C 戰平。選擇使用一種精確推理演算法，計算第 3 場比賽結果的事後機率分佈。

d. 假設聯賽中總共有 n 支球隊，並且我們已經知道了除最後一場比賽外所有其他各場比賽的結果。現在要預測最後一場比賽的結果，其計算複雜度隨 n 如何變化？

e. 研究將馬可夫鏈蒙地卡羅方法應用於這個問題。在實際運算中演算法的收斂速度如何，演算法的規模擴展性(scalability)又如何？

本章註腳

[1] 貝氏網路是最常見的名稱，不過還有許多其他名稱，包括信念網(belief network)，機率網路(probability network)，因果網路(causal network)，知識地圖(knowledge map)等。在統計學中，圖模型(graphical model)這個術語指的是一個較廣泛的類別，包括貝氏網路在內。貝氏網路的一種延伸，稱為決策網路(decision network)或影響圖(influence diagram)，將在第十六章中論及。

[2] 還有一種一般性的的拓撲學判準被稱為 d-分離(d-separation)，用來決定在節點集合 **Z** 的值已知的情況下，節點集合 **X** 與另一個節點集合 **Y** 是否獨立。不過這個判準相當複雜，而且它在本章的演算法的推導中不是必要的，所以我們將其省略。詳細部分可於 Pearl(1988)或 Darwiche(2009)看到。Shachter(1998)給出了一個更直觀的方法來確定 d-分離。

[3] 由此可知，不論網路的拓撲結構如何，線性高斯網路中的推理在最壞情形下只需要 $O(n^3)$的時間。在第 14.4 節中我們將看到由離散變數構成的網路中的推理是 NP-hard。

[4] 運算式如 $\sum_e P(a,e)$ 表示加總 $P(A=a, E=e)$其中對於所有 e 的可能值。這裡有一個含糊的地方，即 $P(e)$既可以表示 $P(E=true)$，也可能表示 $P(E=e)$，不過根據上下文應該能夠明確哪種是想要的解釋；特別地，在這個求和的上下文中後者是想要的解釋。

[5] 在理想的情況下，我們希望使用一個與真實事後機率 $P(\mathbf{z} \mid \mathbf{e})$相等的機率分佈，把所有的證據變數都考慮進來。然而，這不可能高效地完成。否則我們可以通過多項式數量的採樣樣本數以任意精度逼近希望得到的機率。可以證明不可能存在這樣的多項式時間近似方案。

[6] 遊戲理論家可能會指導不真誠的顧客，偶爾地評價一本好書以避免被競爭者察覺(參見第 17 章)。

[7] 關係機率模型的名稱是由 Pfeffer(2000)給定，表示上稍不同，但基於概念上是相同。

[8] 某些技術的條件必須遵循以保證於 RPM 定義個適當的分佈。首先，相關性必須為非循環性，否則結果的貝氏網路將有循環，而且將不會定義出適當分佈。第二，相關性必須是有充分證據的，換言之則不會有無限的祖先鏈，如此可能來自於遞迴的關係。某些情況下(見習題 14.5)，固定點計算對於遞迴的 RPM 產生定義良好的機率模型。

[9] 一個分佈 $LogNormal[\mu, \sigma 2](x)$是相等於分佈 $N[\mu, \sigma 2](x)$於 $\log_e(x)$。

[10] I. J. 古德(I. J. Good)是二戰時期圖靈的密碼破譯小組的首席統計學家。在 2001：在《2001：太空奧德賽》(克拉克，1968a)一書中，把引導開發 HAL 9000 電腦的突破進展歸功於古德和明斯基。

[11] 原始版本的文章標題是「Pearl for swine」。

15

PROBABILISTIC REASONING OVER TIME

關於時間的機率推理

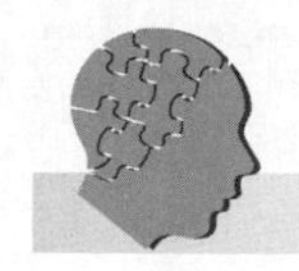

本章中，我們將試圖即使在極少情況是清晰明瞭下，去解譯現在，理解過去，或許還預測未來。

在部分可觀測的環境中代理人必須能夠把握環境的當前狀態，在他們的感測器所能及的範圍。於 4.4 節，我們證明一個方法如下：代理人維護**信度狀態**，其表示世界中的哪個狀態於當前是可能的。從信度狀態和**轉移模型**可預測下一個時間步世界會如何變遷。由認知觀測和**感測模型**，代理人可以更新信度狀態。這是一個普遍的想法：於第 4 章信度狀態被以明白的列舉集合所表示，然而第 7 章和第 11 章是被表示為邏輯方程式。這些方法依照哪一個可能的世界狀態定義信度狀態，但無法指出哪一個狀態是可能或不可能的。在本章我們用機率理論來量化確信度於信度狀態的元素。

如同於 15.1 節描述的，時間本身於第 7 章以相同的方式處理：在各種環境上的每一個時間點都用一個隨機變數表示，透過這種方式對變化的環境建立模型。轉移模型和感測模型可能是未定：轉移模型描述變數於時間 t 的機率分佈，於過去時間給定世界的狀態，而感測模型描述變數於時間 t 各個認知的機率，給定世界的當前狀態。第 15.2 節定義了基本的推理任務，並描述了用於時序模型的推理演算法的一般結構。之後我們將描述 3 種特別種類的模型：**隱馬可夫模型**，**卡爾曼濾波器**(Kalman filter)，以及**動態貝氏網路**(前兩者是後者的特殊情況)。最後，15.6 節是驗證當追蹤超過一件事時所面對的問題。

15.1 時間與不確定性

我們已在靜態世界之文脈中發展了用於機率推理的技術，在靜態世界裡每一個隨機變數都有一個單一的固定值。例如，在修理汽車時，我們總是假設在整個診斷過程中發生故障的部分一直都是有故障的；我們的任務是根據已經觀察到的證據推斷汽車的狀態，而這個狀態也是保持不變的。

現在考慮一個略有不同的問題：治療一個糖尿病人。和在汽車修理的案例中一樣，我們有諸如病人近期的胰島素服用劑量、食物攝入量、血糖水準，以及其他一些身體上的徵兆等證據。任務是要對病人的當前狀態進行評價，包括真實的血糖水準和胰島素水準。給定了這些資訊，我們可以對病人的食物攝入量及胰島素服用劑量進行決策。不同於汽車修理的情況，這個問題的動態方面才是本質的。取決於近期的食物攝入量、胰島素劑量、新陳代謝活動、每天裡的不同時刻等等，血糖水準及其測量值會隨著時間發生迅速的變化。為了根據歷史證據評價當前狀態，並且預測治療方案的結果，我們必須對這些變化建立模型。

在很多其他背景中也會出現同樣的考慮，像是追蹤機器人的位置，追蹤一個國家的經濟活動，合理地說出或寫下序列。對於這樣的動態情景該如何建立模型？

15.1.1 狀態與觀察

將世界視爲一連串的快照或爲**時間片段**(time slices)，個別包含了隨機變數的集合，部分爲可觀察的，但部分則否[1]。爲了簡化起見，我們將假設在每一個時間片中我們所能夠觀察到的隨機變數屬於同一個變數子集(雖然在後面的任何內容中這都不是嚴格必需的)。我們使用符號 $\mathbf{X}_t$ 來表示在時刻 t 的不可觀察狀態變數集，符號 $\mathbf{E}_t$ 表示可觀察證據變數集。時刻 t 的觀察結果爲 $\mathbf{E}_t = \mathbf{e}_t$，其中 $\mathbf{e}_t$ 是變數值的某個集合。

考慮下面例子：假設你是站崗在一個秘密地下設施的警衛。你想知道今天到底會不會下雨，但是你瞭解外界的唯一通路是你每天早上看到主管進來時有無帶著雨傘。在每天 t，集合 $\mathbf{E}_t$ 只包含單一證據變數 $Umbrella_t$ 或 U_t (傘是否出現)，而集合 $\mathbf{X}_t$ 也只包含單一狀態變數 $Rain_t$ 或 R_t (是否下雨)。其他問題可能會涉及更大的變數集合。糖尿病診斷的例子中，可能擁有諸如 $MeasuredBloodSugar_t$(時刻 t 的血糖測量值)、$PulseRate_t$ (時刻 t 的脈搏頻率)等證據變數以及諸如 $BloodSugar_t$(時刻 t 的血糖水準)和 $StomachContent_t$ (時刻 t 的胃內容物)等狀態變數。注意這裡的 $BloodSugar_t$ 和 $MeasuredBloodSuar_t$ 並不是同一變數；這就是我們如何處理實際量的測量雜訊的一種方式。

時間片之間的時間間隔也取決於具體問題。對於糖尿病監控問題，合適的時間間隔可能應該是一個小時而不是一整天。在本章我們假設片段間的間隔爲固定的，因此可以將每個時間以整數標記。另外我們將假設狀態序列從時刻 $t = 0$ 開始；出於各種無關緊要的原因，我們假設證據變數從 $t = 1$ 開始，而不是 $t = 0$。因此，我們的雨傘世界被表示爲狀態變數 $R_0, R_1, R_2, \ldots$以及證據變數 $U_1, U_2, \ldots$。我們用符號 $a : b$ 來表示從 a 到 b 的整數序列(包括 a 和 b)，於是符號 $\mathbf{X}_{a:b}$ 表示從 $\mathbf{X}_a$ 到 $\mathbf{X}_b$ 的對應變數集合。例如，符號 $U_{1:3}$ 對應於變數 U_1, U_2, U_3。

15.1.2 轉移模型和感測模型

在給定問題中確定了狀態的集合與證據變數，下一步便是要指定世界是如何發展(轉移模型)與證據變數是如何得到他們的值(感測模型)。

轉移模型在給定前一個值下，對最後的狀態變數指定機率分佈即 $\mathbf{P}(\mathbf{X}_t \mid \mathbf{X}_{0:t-1})$。現在面臨一個問題：集合 $\mathbf{X}_{0:t-1}$ 隨著 t 增加，大小沒有邊界。我們藉由建立**馬可夫假設**(Markov assumption)來解決問題——當前狀態僅相關於前一狀態的有限固定數字。俄國統計學家安德列．馬可夫(Andrei Markov)最早深入研究了滿足這個假設的過程，因此這樣的過程被稱爲**馬可夫過程**或**馬可夫鏈**。馬可夫過程有各種不同的形式，其中最簡單的是**一階馬可夫過程**，其中當前狀態只依賴於相鄰的前一個狀態，而與更早的狀態無關。換句話說，狀態提供了足夠的資訊使未來有條件獨立於過去，我們得到

$$\mathbf{P}(\mathbf{X}_t \mid \mathbf{X}_{0:t-1}) = \mathbf{P}(\mathbf{X}_t \mid \mathbf{X}_{t-1}) \tag{15.1}$$

所以在一階馬可夫過程的轉移模型是條件分佈 $\mathbf{P}(\mathbf{X}_t \mid \mathbf{X}_{t-1})$。二階馬可夫過程的轉移模型則是條件分佈 $\mathbf{P}(\mathbf{X}_t \mid \mathbf{X}_{t-2}, \mathbf{X}_{t-1})$。圖 15.1 顯示了分別與一階和二階馬可夫過程相對應的貝氏網路結構。

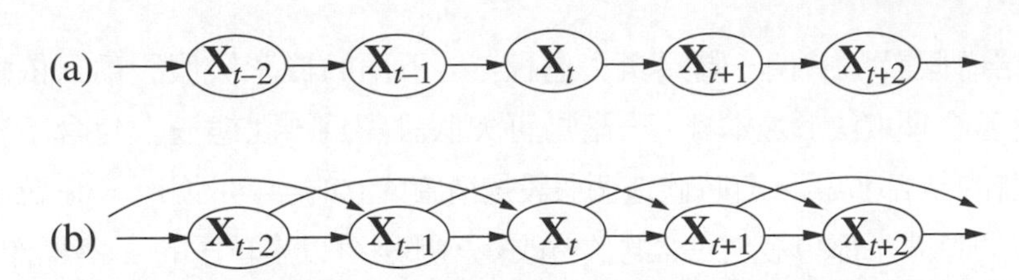

圖 15.1 (a) 一個包含由變數 $\mathbf{X}_t$ 所定義的狀態的一階馬可夫過程相對應的貝氏網路；
(b) 一個二階馬可夫過程

即使以馬可夫假設也存在一個問題：有無限多個 t 的可能值。我們需要對於各個時間步詳述差異分佈嗎？爲了解決第一個問題我們假設環境狀態的變化是由一個穩態過程引起的——也就是說，變化的過程是由本身不隨時間變化的規律支配的。(不要混淆靜態和穩態：在一個靜態過程中，狀態本身是不發生變化的)。在雨傘世界，雨的條件機率 $\mathbf{P}(R_t \mid R_{t-1})$對於所有 t 都是相同，並且我們只需要描述一個條件機率表。

現在談談感測模型。證據變數 $\mathbf{E}_t$ 可能相關於前一個變數及當前狀態變數，而任何狀態足以產生當前感測值則是稱職的。因此，我們將**感測馬可夫假設**表示如下：

$$\mathbf{P}(\mathbf{E}_t \mid \mathbf{X}_{0:t}, \mathbf{E}_{0:t-1}) = \mathbf{P}(\mathbf{E}_t \mid \mathbf{X}_t) \tag{15.2}$$

在此 $\mathbf{P}(\mathbf{E}_t \mid \mathbf{X}_t)$爲我們感測模型(有時稱爲**觀測模型**)。圖 15.2 表示雨傘例子中的轉移模型和感測模型兩者。注意狀態和感測器之間關連的方向：箭頭由世界的實際狀態至感測值，因爲世界的狀態造成感測器具有特定的值：下雨導致雨傘出現(當然，推理過程是按照相反的方向進行的；模型依賴性的方向與推理方向的區別是貝氏網路的主要優點之一)。

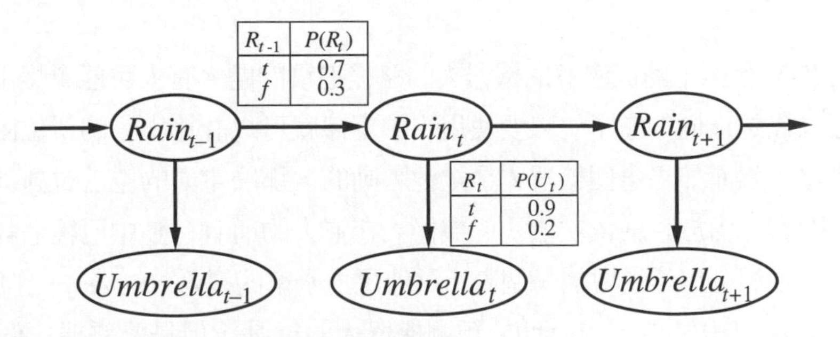

圖 15.2 描述雨傘世界的貝氏網路結構及條件分佈。
轉移模型是 $P(Rain_t \mid Rain_{t-1})$，感測模型是 $P(Umbrella_t \mid Rain_t)$

除了描述轉移模型和感測模型之外，我們需要提出所有狀態是如何開始的——於時間 0 的事前機率分佈 $\mathbf{P}(\mathbf{X}_0)$。隨後我們有全聯合分佈對於所有變數的規範，利用等式(14.2)。對於任何 t，

$$\mathbf{P}(\mathbf{X}_0, \mathbf{X}_1, \ldots, \mathbf{X}_t, \mathbf{E}_1, \ldots, \mathbf{E}_t) = \mathbf{P}(\mathbf{X}_0)\prod_{i=1}^{t}\mathbf{P}(\mathbf{X}_i \mid \mathbf{X}_{i-1})\mathbf{P}(\mathbf{E}_i \mid \mathbf{X}_i) \tag{15.3}$$

右手邊的三項爲初始狀態模型 $\mathbf{P}(\mathbf{X}_0)$、轉移模型 $\mathbf{P}(\mathbf{X}_i \mid \mathbf{X}_{i-1})$ 和感測模型 $\mathbf{P}(\mathbf{E}_i \mid \mathbf{X}_i)$ 。

圖 15.2 中的結構假設了一個一階馬可夫過程——下雨的機率被假設爲只依賴於前一天是否下雨。這個假設是否合理取決於域本身。一階馬可夫假設認爲，狀態變數包含了刻畫下一個時間片的機率分佈所需的全部資訊。有時候這個假設是精確成立的——例如，一個粒子沿 x 軸方向執行隨機行走，在每個時間步都會發生 ±1 的位置改變，那麼可以用粒子的 x 座標作爲構成一階馬可夫過程的狀態。有時候這個假設只是一種近似，就如同僅僅根據前一天是否下過雨來預測今天是否會下雨的情況一樣。有兩個改善這個近似的精確度的方法：

1. 提高馬可夫過程的階數。例如，我們可以透過爲節點 $Rain_t$ 增加父節點 $Rain_{t-2}$ 來建構一個二階馬可夫模型，這或許可提供精準度稍微高一點的預測。例如在加州帕羅奧多市很少超過連續下兩天的雨。
2. 擴大狀態變數集合。例如，我們可以增加變數 $Season_t$ 以允許我們結合考慮雨季的歷史記錄，或者我們可以增加 $Temperature_t$(時刻 t 的溫度)、$Humidity_t$(時刻 t 的濕度)、$Pressure_t$(時刻 t 的氣壓)以允許我們使用降雨條件的實體模型。

習題 15.1 會要求你證明第一個解決方案——提高階數——總能夠透過擴大狀態變數集合重新進行公式化，以保持階數不變。注意增加狀態變數雖然可能會提高系統的預測能力，但是同時也增加了預測的需求：這些新的變數也是我們現在必須預測的。因此，我們要尋找一個「自給自足的」變數集合，而這實際上意味著我們必須理解要建立模型的過程的「實體」本質。如果我們增加能夠直接提供關於新狀態變數的資訊的新感測器(例如關於溫度、氣壓的測量值)，對過程精確建立模型的要求顯然可以降低。

例如，考慮在 X-Y 平面上隨機漫遊的機器人的路徑追蹤問題。有人可能會提出機器人的位置和速度作爲變數集足以描述這個問題了：只要使用牛頓定律就可以計算出它的新位置，而速度則可能發生不可預知的變化。然而如果這個機器人是電池驅動的，那麼電力的空乏會對機器人的運動速度改變產生系統性的影響。由於這又依次取決於機器人在過去的所有行動中已經消耗了多少電力，馬可夫特性被破壞了。我們可以透過增加一個表示電池電力水準的變數 $Battery_t$，作爲組成 $\mathbf{X}_t$ 的一個狀態變數，來恢復其馬可夫特性。這有助於預測機器人的行動，但是又需要一個模型根據速度與 $Battery_{t-1}$ 對 $Battery_t$ 進行預測。在某些情況下，這能夠非常可靠地完成，但更常發現錯誤隨著時間累積。在這情況，精準度可透過增加感測器於電池電力位準來得到改進。

15.2 時序模型中的推理

建立了一般時序模型的結構之後，我們可以對要解決的基本推理任務進行公式化：

- **濾波：**

  這個任務是計算**信度狀態**——即在到目前爲止所有已知的證據下，當前狀態的事後機率分佈。濾波[2]也稱爲**狀態估計**。在我們的例子希望計算 $\mathbf{P}(\mathbf{X}_t \mid \mathbf{e}_{1:t})$。在雨傘世界的例子中，這也許意味著要根據到目前爲止，給定關於雨傘攜帶者的過去的所有觀察資料，對今天下雨的機率進行計算。濾波是一個理性代理人爲了把握當前狀態，而以便進行理性決策所採取的行動。我們發現，幾乎相同的計算也能夠提供證據序列 $P(\mathbf{e}_{1:t})$之可能性。

- **預測：**

  這個任務是在到目前爲止所有給定的證據下，計算未來某個狀態的事後機率分佈。也就是，我們希望對某個 $k>0$ 計算 $\mathbf{P}(\mathbf{X}_{t+k} \mid \mathbf{e}_{1:t})$。在雨傘世界的例子中，這也許意味著要在到目前爲止的已知觀察資料下，計算從現在起 3 天後的下雨機率。基於期望的結果，預測在評價可能的行動過程非常有用。

- **平滑：**

  這個任務是在到目前爲止所有給定的證據下，計算過去某一狀態的事後機率。也就是說，我們希望對某個滿足 $0 \le k < t$ 的 k 計算 $\mathbf{P}(\mathbf{X}_k \mid \mathbf{e}_{1:t})$。在雨傘世界的例子中，這也許意味要根據到目前爲止，給定關於雨傘攜帶者的過去的所有觀察資料，計算上星期三下雨的機率。平滑對該狀態提供了一個比當時所能得的更好的估計，因爲它結合了更多的證據[3]。

- **最可能解譯：**

  給定了一系列觀察結果，我們希望找到最可能產生這些觀察結果的狀態序列。換言之，我們希望計算 $\operatorname{argmax}_{\mathbf{x}_{1:t}} P(\mathbf{x}_{1:t} \mid \mathbf{e}_{1:t})$。例如，如果雨傘頭 3 天每天都出現，但第 4 天沒出現，那麼最可能的解譯是頭 3 天下過雨，而第 4 天沒有下。這個任務的演算法在很多應用中都非常有用，包括語音識別——其目標是要在給定的聲音序列下找到最可能的單詞序列——以及透過雜訊通道傳輸的位元串的重構。

除了這些推論任務，也還有

- **學習：**

  轉移模型和感測模型若是仍然未知，可由觀測中學習。和靜態貝氏網路相同，動態貝氏網的學習可以作爲推理的一個副產品而完成。推理爲究竟什麼樣的轉移模型確實會發生和哪些狀態會產生感測器讀數提供了估計，而這些估計又可以用於對模型進行更新。更新過的模型能夠提供新的估計，這個過程迭代進行直到收斂。整個演算法是期望最大化，或者稱 **EM 演算法**，的一個特例(參見第 20.3 節)。

注意學習需要的是平滑而不是濾波，因爲平滑提供過程狀態較好的估計。透過濾波實作的學習可能無法正確地收斂。例如，考慮謀殺偵破的學習問題：除非你是目擊者，否則恆需要平滑來根據可見變數而推理謀殺現場中的發生事情。

本章節後續描述通用演算法給四個推論任務，與具體使用的模型無關。針對各特定模型的改進將在後續的章節中描述。

15.2.1 濾波和預測

如同我們於 7.7.3 節指出的，有用的濾波演算法必須維護與更新當前狀態估計，而非對於各個更新透過整個認知的過去回溯。(否則，隨著時間會增加各個更新的代價)。換句話說，在時間 t 所給出的過濾結果，代理人必須由新的證據 $\mathbf{e}_{t+1}$ 計算出結果。

$$\mathbf{P}(\mathbf{X}_{t+1} \mid \mathbf{e}_{1:t+1}) = f(\mathbf{e}_{t+1}, \mathbf{P}(\mathbf{X}_t \mid \mathbf{e}_{1:t}))$$

存在某個函數 f 這個過程通常稱為**遞迴估計**(recursive estimation)。我們可以把相對應的計算視為實際上由兩部分構成：首先，將當前的狀態分佈由時刻 t 向前投影到時刻 $t+1$；然後透過新的證據 $\mathbf{e}_{t+1}$ 進行更新。當方程式被重新排列，這兩部分的過程則相當簡單：

$$\begin{aligned}
\mathbf{P}(\mathbf{X}_{t+1} \mid \mathbf{e}_{1:t+1}) &= \mathbf{P}(\mathbf{X}_{t+1} \mid \mathbf{e}_{1:t}, \mathbf{e}_{t+1}) && \text{(證據分解)} \\
&= \alpha\, \mathbf{P}(\mathbf{e}_{t+1} \mid \mathbf{X}_{t+1}, \mathbf{e}_{1:t})\, \mathbf{P}(\mathbf{X}_{t+1} \mid \mathbf{e}_{1:t}) && \text{(使用貝氏定理)} \\
&= \alpha\, \mathbf{P}(\mathbf{e}_{t+1} \mid \mathbf{X}_{t+1})\, \mathbf{P}(\mathbf{X}_{t+1} \mid \mathbf{e}_{1:t}) && \text{(根據證據的馬可夫特性)} \qquad (15.4)
\end{aligned}$$

在這裡以及貫穿本章，α 都表示一個歸一化常數以保證所有機率的和為 1。上式中的第二項，也就是 $\mathbf{P}(\mathbf{X}_{t+1} \mid \mathbf{e}_{1:t})$表示的是對下一個狀態的一個單步預測，而第一項則透過新證據對其進行更新；注意 $\mathbf{P}(\mathbf{e}_{t+1} \mid \mathbf{X}_{t+1})$是從感測器模型中直接得到的。現在我們可以透過對當前狀態 $\mathbf{X}_t$ 進行條件化，得到下一個狀態的單步預測結果：

$$\begin{aligned}
\mathbf{P}(\mathbf{X}_{t+1} \mid \mathbf{e}_{1:t+1}) &= \alpha\, \mathbf{P}(\mathbf{e}_{t+1} \mid \mathbf{X}_{t+1}) \sum_{\mathbf{x}_t} \mathbf{P}(\mathbf{X}_{t+1} \mid \mathbf{x}_t, \mathbf{e}_{1:t}) P(\mathbf{x}_t \mid \mathbf{e}_{1:t}) \\
&= \alpha\, \mathbf{P}(\mathbf{e}_{t+1} \mid \mathbf{X}_{t+1}) \sum_{\mathbf{x}_t} \mathbf{P}(\mathbf{X}_{t+1} \mid \mathbf{x}_t) P(\mathbf{x}_t \mid \mathbf{e}_{1:t}) \quad \text{(利用馬可夫性質)} \qquad (15.5)
\end{aligned}$$

在這個求和式中，第一個因數來自轉移模型，第二個因數則來自當前狀態分佈。因此，我們得到了所想要得到的遞迴公式。我們可以認為濾波估計 $\mathbf{P}(\mathbf{X}_t \mid \mathbf{e}_{1:t})$是沿著變數序列向前傳播的「訊息」$\mathbf{f}_{1:t}$，它在每次轉移時得到修正，並根據每個新的證據進行更新。過程給定於

$$\mathbf{f}_{1:t+1} = \alpha\, \text{FORWARD}(\mathbf{f}_{1:t}, \mathbf{e}_{t+1})$$

其中 FORWARD 函數建構了等式(15.5)描述的更新過程且過程開始於 $\mathbf{f}_{1:0} = \mathbf{P}(\mathbf{X}_0)$。當所有的狀態變數都是離散的，每次更新所需要的時間就是常數(也就是說，不依賴於 t)，並且所需要的空間也是常數。(當然，這個常數取決於狀態空間的大小以及問題中的特定類型的時序模型)。如果一個記憶體有限的代理人要在一個無界的觀察序列上記錄當前的狀態分佈，更新所需的時間和空間都必定是常數。

讓我們以前面基本的雨傘世界為例(圖 15.2)，說明這個兩步濾波過程。因此將計算 $\mathbf{P}(R_2 \mid u_{1:2})$如下：

- 在第 0 天，我們沒有觀測僅有警衛的事前信度。讓我們假設 $\mathbf{P}(R_0) = \langle 0.5, 0.5 \rangle$。
- 在第 1 天，傘出現了，所以 $U_1 = true$。從 $t = 0$ 到 $t = 1$ 的預測結果為：

$$\mathbf{P}(R_1)=\sum_{r_0}\mathbf{P}(R_1\mid r_0)P(r_0)$$
$$=\langle 0.7,0.3\rangle\times 0.5+\langle 0.3,0.7\rangle\times 0.5=\langle 0.5,0.5\rangle$$

然後更新步驟簡單地乘以證據的機率於 $t=1$ 且正規化，如同等式(15.4)所表示：

$$\mathbf{P}(R_1\mid u_1)=\alpha\mathbf{P}(u_1\mid R_1)\mathbf{P}(R_1)=\alpha\langle 0.9,0.2\rangle\langle 0.5,0.5\rangle$$
$$=\alpha\langle 0.45,0.1\rangle\approx\langle 0.818,0.182\rangle$$

- 在第 2 天，雨傘又出現了，則有 $U_2=true$。由 $t=1$ 到 $t=2$ 的預測結果爲：

$$\mathbf{P}(R_2\mid u_1)=\sum_{r_1}\mathbf{P}(R_2\mid r_1)P(r_1\mid u_1)$$
$$=\langle 0.7,0.3\rangle\times 0.818+\langle 0.3,0.7\rangle\times 0.182\approx\langle 0.627,0.373\rangle$$

根據 $t=2$ 時刻的證據將其更新，得到：

$$\mathbf{P}(R_2\mid u_1,u_2)=\alpha\mathbf{P}(u_2\mid R_2)\mathbf{P}(R_2\mid u_1)=\alpha\langle 0.9,0.2\rangle\langle 0.627,0.373\rangle$$
$$=\alpha\langle 0.565,0.075\rangle\approx\langle 0.883,0.117\rangle$$

直觀上看，由於降雨的持續，下雨的機率從第 1 天到第 2 天提高了。習題 15.2(a)要求你進一步研究這個趨勢。

預測的任務可以被簡單地視爲沒有增加新證據的條件下的濾波。事實上，濾波過程中已經合併了一個單步預測的結果，並且根據對時刻 $t+k$ 的預測就能夠很容易地推導出對時刻 $t+k+1$ 的狀態的遞迴計算過程如下：

$$\mathbf{P}(\mathbf{X}_{t+k+1}\mid\mathbf{e}_{1:t})=\sum_{\mathbf{x}_{t+k}}\mathbf{P}(\mathbf{X}_{t+k+1}\mid\mathbf{x}_{t+k})P(\mathbf{x}_{t+k}\mid\mathbf{e}_{1:t})\tag{15.6}$$

自然地，這個計算只涉及轉移模型而與感測器模型無關。

考慮在我們對越來越久的未來進行預測時可能發生什麼事情是非常有意思的。習題 15.2(b)顯示，是否下雨的預測結果分佈會收斂到一個固定點⟨0.5, 0.5⟩，之後就一直保持不變。這就是由轉移模型所定義的馬可夫過程的**穩態分佈**(參見第 14.5.2 節)。關於這個分佈的特性以及**混合時間**——粗略地說，就是達到這個固定點需要花費的時間——我們已經有了很多瞭解。從現實角度說，對一些超過一小片段的混和時間之步驟預測眞實狀態是註定要失敗，除非穩態分佈本身是牢固地在狀態空間的小區域達到高點。轉移模型中的不確定性越多，混合時間就越短，未來也就越模糊。

除了濾波和預測以外，我們還可以利用一種前向遞迴的方法對證據序列 $P(\mathbf{e}_{1:t})$的**可能性**(likelihood)進行計算。如果我們想要比較兩個可能產生相同證據序列的時序模型，這就是一個很有用的量(例如，對於持續下雨的兩個相異模型)。在這個遞迴過程中我們用到一種可能性訊息 $\boldsymbol{\ell}_{1:t}=\mathbf{P}(\mathbf{X}_t,\mathbf{e}_{1:t})$。以下的證明是一個簡單的練習，其對於訊息計算對於濾波是獨特的：

$$\boldsymbol{\ell}_{1:t+1}=\text{FORWARD}(\boldsymbol{\ell}_{1:t},\mathbf{e}_{t+1})$$

計算出 $\ell_{1:t}$ 之後，我們透過對 $\mathbf{X}_t$ 的求和消元得到實際似然值：

$$L_{1:t+1} = P(\mathbf{e}_{1:t}) = \sum_{\mathbf{x}_t} \ell_{1:t}(\mathbf{x}_t) \tag{15.7}$$

注意似然訊息表示隨著時間越來越長的證據序列的機率，且變成數字上越來越小，導致浮點數運算的不足位(underflow)問題。這在現實中是一個重要的問題，在此不深入探討這個的解答。

15.2.2 平滑

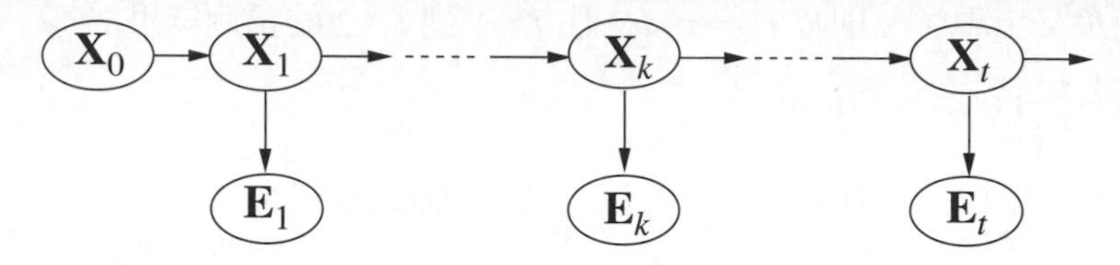

圖 15.3 平滑計算 $\mathbf{P}(\mathbf{X}_k \mid \mathbf{e}_{1:t})$，即在給定從時刻 1 到 t 的完整觀察序列後，在過去某個時刻 k 的狀態其事後機率分佈

如前面我們已經提到的，平滑是根據直到現在的已知證據來計算過去的狀態分佈的過程；也就是，對於 $1 \le k < t$ 計算 $\mathbf{P}(\mathbf{X}_k \mid \mathbf{e}_{1:t})$(參見圖 15.3)。於另一個遞迴訊息傳遞方法的預期，我們可將計算分成兩部分——於 k 的證據和從 $k+1$ 至 t 的證據。

$$\begin{aligned}
\mathbf{P}(\mathbf{X}_k \mid \mathbf{e}_{1:t}) &= \mathbf{P}(\mathbf{X}_k \mid \mathbf{e}_{1:k}, \mathbf{e}_{k+1:t}) \\
&= \alpha\, \mathbf{P}(\mathbf{X}_k \mid \mathbf{e}_{1:k})\mathbf{P}(\mathbf{e}_{k+1:t} \mid \mathbf{X}_k, \mathbf{e}_{1:k}) \quad \text{(使用貝氏定理)} \\
&= \alpha\, \mathbf{P}(\mathbf{X}_k \mid \mathbf{e}_{1:k})\mathbf{P}(\mathbf{e}_{k+1:t} \mid \mathbf{X}_k) \quad \text{(根據條件獨立性)} \\
&= \alpha\, \boldsymbol{f}_{1:k}\, \boldsymbol{b}_{k+1:t}
\end{aligned} \tag{15.8}$$

其中「×」表示向量的點積。類比於前向訊息 $\mathbf{f}_{1:k}$，這裡我們定義了「後向」訊息 $\mathbf{b}_{k+1:t} = \mathbf{P}(\mathbf{e}_{k+1:t} \mid \mathbf{X}_k)$。根據公式(15.5)，前向訊息 $\mathbf{f}_{1:k}$ 可以透過從時刻 1 到 k 的前向濾波過程計算。而後向訊息 $\mathbf{b}_{k+1:t}$ 則可以透過一個從 t 向後執行的遞迴過程來計算：

$$\begin{aligned}
\mathbf{P}(\mathbf{e}_{k+1:t} \mid \mathbf{X}_k) &= \sum_{\mathbf{x}_{k+1}} \mathbf{P}(\mathbf{e}_{k+1:t} \mid \mathbf{X}_k, \mathbf{x}_{k+1})\mathbf{P}(\mathbf{x}_{k+1} \mid \mathbf{X}_k) \quad \text{(在 } \mathbf{X}_{k+1} \text{ 上進行條件化)} \\
&= \sum_{\mathbf{x}_{k+1}} P(\mathbf{e}_{k+1:t} \mid \mathbf{x}_{k+1})\mathbf{P}(\mathbf{x}_{k+1} \mid \mathbf{X}_k) \quad \text{(根據條件獨立性)} \\
&= \sum_{\mathbf{x}_{k+1}} P(\mathbf{e}_{k+1}, \mathbf{e}_{k+2:t} \mid \mathbf{x}_{k+1})\mathbf{P}(\mathbf{x}_{k+1} \mid \mathbf{X}_k) \\
&= \sum_{\mathbf{x}_{k+1}} P(\mathbf{e}_{k+1} \mid \mathbf{x}_{k+1})P(\mathbf{e}_{k+2:t} \mid \mathbf{x}_{k+1})\mathbf{P}(\mathbf{x}_{k+1} \mid \mathbf{X}_k)
\end{aligned} \tag{15.9}$$

其中最後一步伴隨著給定 $\mathbf{X}_{k+1}$ 下的證據 $\mathbf{e}_{k+1}$ 和 $\mathbf{e}_{k+2:t}$ 之間的條件獨立性。在這個求和式的 3 項因數中，第 1 項和第 3 項是透過模型直接得到的，而第 2 項則是「遞迴呼叫」。使用訊息符號，我們有

$$\mathbf{b}_{k+1:t} = \text{BACKWARD}(\mathbf{b}_{k+2:t}, \mathbf{e}_{k+1:t})$$

其中函數 BACKWARD 實作了公式(15.9)描述的更新過程。和前向遞迴相同的是，後向遞迴中每次更新所需要的時間與空間都是常數，因此與 t 無關。

我們現在可以看出，公式(15.8)中的兩項都可以透過對時間進行遞迴的方式計算，其中一項是透過濾波公式(15.5)從時刻 1 到時刻 k 向前進行計算，另一項則透過公式(15.9)從時刻 t 到時刻 $k+1$ 向後進行計算。注意後向階段的初始值爲 $\mathbf{b}_{t+1:t} = \mathbf{P}(\mathbf{e}_{t+1:t} \mid \mathbf{X}_t) = \mathbf{P}(\ \mid \mathbf{X}_t)\mathbf{1}$，其中的 **1** 表示 1 組成之向量。(因爲 $\mathbf{e}_{t+1:t}$ 是一個空序列，觀察到它的機率等於 1)。

現在讓我們將這個演算法應用於雨傘例子中，已知第 1 天和第 2 天都觀察到雨傘，要計算 $t = 1$ 時下雨機率的平滑估計。根據公式(15.8)，這可由下式給出：

$$\mathbf{P}(R_1 \mid u_1, u_2) = \alpha\, \mathbf{P}(R_1 \mid u_1)\, \mathbf{P}(u_2 \mid R_1) \tag{15.10}$$

由前面描述的前向濾波過程，我們已經知道第一項等於$\langle 0.818, 0.182 \rangle$。透過應用公式(15.9)中的後向遞迴過程可以計算出第二項：

$$\mathbf{P}(u_2 \mid R_1) = \sum_{r_2} P(u_2 \mid r_2) P(\ \mid r_2) \mathbf{P}(r_2 \mid R_1)$$
$$= (0.9 \times 1 \times \langle 0.7, 0.3 \rangle) + (0.2 \times 1 \times \langle 0.3, 0.7 \rangle) = \langle 0.69, 0.41 \rangle$$

將其代入公式(15.10)，我們發現第 1 天下雨的平滑估計爲：

$$\mathbf{P}(R_1 \mid u_1, u_2) = \alpha \langle 0.818, 0.182 \rangle \times \langle 0.69, 0.41 \rangle \approx \langle 0.883, 0.117 \rangle$$

因此，此例中對於第一天下雨的平滑估計高於濾波估計(0.818)。這是因爲第 2 天出現雨傘的證據使第 2 天下雨的可能性增大了。然後由於陰雨天氣傾向於持續，這又使得第 1 天下雨的可能性也增大了。

前向和後向遞迴在每一步中花費的時間量都是常數；因此關於證據 $\mathbf{e}_{1:t}$ 的平滑演算法的時間複雜度爲 $O(t)$。這是對一個特定時間步 k 進行平滑的時間複雜度。如果我們想要對整個序列進行平滑，一個顯然的方法是分別對每個要平滑的時間步執行一次完整的平滑過程。這樣所導致的時間複雜度爲 $O(t^2)$。一個更好的方法應用了非常簡單的動態規劃方法，將複雜度降低到 $O(t)$。在前面對於雨傘例子的分析中出現了一條線索，即我們能夠重複使用前向濾波階段的結果。線性時間演算法的關鍵是記錄對整個序列進行前向濾波的每步結果。然後我們從時刻 t 到時刻 1 執行後向遞迴過程，根據已經計算出來的後向訊息 $\mathbf{b}_{k+1:t}$ 和所儲存的前向訊息 $\mathbf{f}_{1:k}$ 計算時刻 t 的平滑估計。這個演算法很貼切地被稱爲**前向-後向演算法**，如圖 15.4 所示。

機敏的讀者可能已經發現了，圖 15.3 中的貝氏網路結構按照 14.4.3 節的定義是一棵多樹。這意味著一個簡單的群集演算法之應用也能夠得到對整個序列計算平滑估計的線性時間演算法。現在已經知道，前向-後向演算法實際上是利用群集概念之多樹傳播演算法的一種特殊情形(雖然這兩種演算法是各自獨立地發展出來的)。

```
function FORWARD-BACKWARD(ev, prior) returns a vector of probability distributions
  inputs: ev, a vector of evidence values for steps 1, ..., t
          prior, the prior distribution on the initial state, P(X_0)
  local variables: fv, a vector of forward messages for steps 0, ..., t
                   b, a representation of the backward message, initially all 1s
                   sv, a vector of smoothed estimates for steps 1, ..., t

  fv[0] ← prior
  for i = 1 to t do
     fv[i] ← FORWARD(fv[i − 1], ev[i])
  for i = t downto 1 do
     sv[i] ← NORMALIZE(fv[i] × b)
     b ← BACKWARD(b, ev[i])
  return sv
```

圖 15.4　對於平滑的前向-後向演算法：給定觀察序列下，計算狀態序列的事後機率。函數 FORWARD 和 BACKWARD 分別由公式(15.5)和公式(15.9)定義

前向-後向演算法形成在許多雜訊觀察序列的應用中之計算方法的骨幹。根據前面的描述，這個方法有兩個實際的缺點。第一個缺點是，當狀態空間龐大且序列過長時空間的複雜度太高。演算法所使用的空間爲 O(|f| t)，其中 |f| 是表示前向訊息所需要的空間。隨著時間複雜度增加到原來的 log t 倍，可以將空間需求降低爲 $O(|\mathbf{f}| \log t)$，如習題 15.3 所示。在某些情況下(參見第 15.3 節)，可以使用一種常數空間演算法。

這個基本演算法的第二個缺點是，它需要修改以便能夠工作在一種聯機環境設置下，處於這樣的設置下演算法必須在新證據不斷地追加到序列末尾的同時，爲以前的時間片計算平滑估計。最常見的需求是**固定延遲平滑**，它要求對一個固定的延遲 d 計算平滑估計 $\mathbf{P}(\mathbf{X}_{t-d} \mid \mathbf{e}_{1:t})$。也就是說，只對比當前時刻 t 落後 d 步的時間片(**編註**：即發生在時刻 t 之前 d 步的時間片)進行平滑。隨著 t 的增長，平滑步驟必須跟上。顯然，每當一個新證據加入時，我們可以在一個寬度爲 d 步的「視窗」中執行前向-後向演算法，但是這看來不夠充分。在第 15.3 節中，我們將看到在某些情況下固定延遲平滑能夠實作每次更新都在常數時間內完成，而與延遲 d 無關。

15.2.3 尋找最可能序列

假設警衛在上班的前 5 天觀測到的雨傘序列爲[*true*, *true*, *false*, *true*, *true*]。那麼哪種天氣序列能最好地解譯這個雨傘序列呢？第 3 天沒出現雨傘意味著當天沒有下雨還是主管忘了帶？如果第 3 天沒有下雨，可能第 4 天也不會下雨(因爲天氣有保持的趨勢)，而主管帶傘只是爲了以防萬一。整體而言，有 2^5 種可能的天氣序列供我們選擇。有沒有一種方法找到最有可能的那個序列，而不用把所有的序列統統列舉出來呢？

我們可嘗試此線性時間程序：用平滑演算法找到每個時間步上的天氣事後機率；然後用每個時間步上與事後機率最接近一致的天氣來建構這個序列。這種方法應該引起讀者的警覺，因爲透過平滑計算得到的是單個時間步上的事後機率分佈，然而要尋找最可能序列，我們必須考慮所有時間步上的聯合機率。事實上這兩個結果之間可能有非常大的差異(參見習題 15.4)。

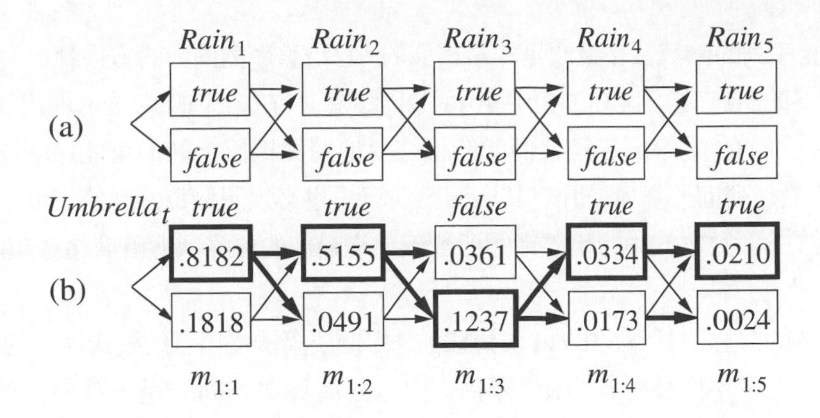

圖 15.5

(a) $Rain_t$ 的可能狀態序列可以被視為，每個時間步的可能狀態所構成的圖中的路徑(狀態繪示成矩形方塊，以避免與貝氏網路中的節點相混淆)。

(b) 針對雨傘的觀察序列 [*true*, *true*, *false*, *true*, *true*] 的 Viterbi 演算法的操作。對每個 t，我們已經給出了訊息 $\mathbf{m}_{1:t}$ 的值，其值給出了在時刻 t 到達每個狀態的最佳序列的機率。同樣，對於每個狀態，如同由發展序列機率及轉移機率的乘積所測量的，指向它的粗體箭頭指出其最佳前輩。從 $\mathbf{m}_{1:5}$ 中最可能的狀態出發，沿著粗箭頭逆向的方向就可以得到最可能序列

確實存在線性時間演算法可以用來找到最可能序列，但是它需要稍微多一點的思考。它依賴於馬可夫特性，而我們已經利用同樣的馬可夫特性產生了有效的濾波和平滑演算法。思考這個問題最簡單的方法是將每個序列視爲在以每個時間步上的可能狀態爲節點所構成的圖中的一條路徑。圖15.5(a)中顯示了爲雨傘世界繪製的這樣一幅圖。現在考慮尋找穿過這幅圖的最可能路徑的任務，其中任何一條路徑的可能性是沿該路徑的轉移機率和每個狀態的給定觀察結果的乘積。讓我們把注意力特別集中於能夠到達狀態 $Rain_5 = true$ 的路徑上。由於馬可夫特性，最可能到達狀態 $Rain_5 = true$ 的路徑包含了到達時刻 4 的某個狀態的最可能路徑，接著，轉移到 $Rain_5 = true$ 狀態；和將成爲到達 $Rain_5 = true$ 之部分路徑的狀態，其位於時間步 4 上的狀態是使該路徑的可能性達到最大的那個狀態。換句話說，在到達每個狀態 $\mathbf{x}_{t+1}$ 的最可能路徑與到達每個狀態 $\mathbf{x}_t$ 的最可能路徑之間存在一種遞迴關係。我們可以把這種關係寫成與路徑機率相聯繫的公式：

$$\max_{\mathbf{x}_1\ldots\mathbf{x}_t} \mathbf{P}(\mathbf{x}_1,\ldots,\mathbf{x}_t,\mathbf{X}_{t+1}\,|\,\mathbf{e}_{1:t+1})$$

$$= \alpha\mathbf{P}(\mathbf{e}_{t+1}\,|\,\mathbf{X}_{t+1})\max_{\mathbf{x}_t}\left(\mathbf{P}(\mathbf{X}_{t+1}\,|\,\mathbf{x}_t)\max_{\mathbf{x}_1\ldots\mathbf{x}_{t-1}}\mathbf{P}(\mathbf{x}_1,\ldots,\mathbf{x}_{t-1},\mathbf{x}_t\,|\,\mathbf{e}_{1:t})\right) \tag{15.11}$$

除了以下區別外，公式(15.11)和濾波公式(15.5)是相同的：

1. 前向訊息 $\mathbf{f}_{1:t} = \mathbf{P}(\mathbf{X}_t\,|\,\mathbf{e}_{1:t})$由此訊息所代替

   $$\mathbf{m}_{1:t} = \max_{\mathbf{x}_1\ldots\mathbf{x}_{t-1}} \mathbf{P}(\mathbf{x}_1,\ldots,\mathbf{x}_{t-1},\mathbf{X}_t\,|\,\mathbf{e}_{1:t})$$

   即到達每個狀態 $\mathbf{x}_t$ 的最可路徑的機率，以及

2. 公式(15.5)中對 $\mathbf{x}_t$ 的求和在公式(15.11)中被對 $\mathbf{x}_t$ 取極大所代替。

因此，計算最可能序列的演算法和濾波是非常相似的：它沿著序列向前的方向執行，透過公式(15.11)計算每個時間步上的訊息 **m**；圖 15.5(b)中顯示了計算過程。在結束的時候，就得到了到達每個最終狀態的最可能序列的機率。於是我們能夠很容易地選擇總體上的最可能序列(粗箭頭標出的狀態)。爲了標明實際序列而不僅僅是計算其機率，演算法也必須記錄每個狀態返回到達該狀態的最佳狀態的指標。在圖 15.5(b)中的粗體箭頭所標示。從最佳的最終狀態沿著這些粗體箭頭回溯，可辨別出最佳化序列。

我們剛剛描述的演算法稱爲 **Viterbi 演算法**，是根據演算法提出者的姓氏命名的。和濾波演算法類似，其時間複雜度與序列長度 t 呈線性關係。與濾波演算法不同的是，其使用的常數空間需求同樣與 t 呈線性關係。這是因爲 Viterbi 演算法需要保存標明到達每個狀態的最佳序列的指標。

15.3 隱馬可夫模型

前一節中發展了使用一個與具體形式的轉移模型和感測器模型無關的通用碼框進行時序機率推理的演算法。在本節及緊接著的兩節中，我們討論更具體的模型與應用，描述基本演算法的能力以及在特殊情況下所允許的進一步改進。

我們從**隱馬可夫模型**(hidden Markov model，或縮寫爲 **HMM**)開始。隱馬可夫模型是用單一離散隨機變數描述過程狀態的時序機率模型。該變數的可能值就是世界的可能狀態。所以前一節所描述的雨傘例子是一個隱馬可夫模型，因爲它只有一個狀態變數：$Rain_t$。若有一個模型存在兩個或更多個狀態變數會發生什麼事？仍可將此變數填入隱馬可夫框，藉由合併變數於單一「大變數(megavariable)」，其值範圍是全部單個狀態變數之數值構成的所有可能元組。我們將看到，這種 HMM 的受限結構允許所有基本演算法的一種簡單且優雅的矩陣實作[4]。

15.3.1 簡化的矩陣演算法

透過單個離散狀態變數 X_t，我們能夠給出表示轉移模型、感測器模型以及前向、後向訊息的具體形式。令狀態變數 X_t 的值用整數 1, ..., S 表示，其中 S 表示可能狀態的數目。轉移模型 $\mathbf{P}(X_t \mid X_{t-1})$ 變爲 $S \times S$ 矩陣 $\mathbf{T}$，其中

$$\mathbf{T}_{ij} = P(X_t = j \mid X_{t-1} = i)$$

也就是說，$\mathbf{T}_{ij}$ 表示從狀態 i 轉移到狀態 j 的機率。例如，雨傘世界的轉移矩陣爲：

$$\mathbf{T} = \mathbf{P}(X_t \mid X_{t-1}) = \begin{pmatrix} 0.7 & 0.3 \\ 0.3 & 0.7 \end{pmatrix}$$

我們同樣可以將感測器模型用矩陣形式表示。在這個例子，因爲證據變數 E_t(稱之爲 e_t)的值於時間 t 是已知，我們僅需對於每個狀態說明，什麼樣的可能狀態導致 e_t 出現：我們需要 $P(e_t \mid X_t = i)$對於各個狀態 i。爲了數學上的方便我們將此值放入這些數值於 $S \times S$ 對角矩陣 O_t，其第 i 個對角項目是 $P(e_t \mid X_t = i)$並且其餘的項目爲零。例如，在圖 15.5 的雨傘世界中的第 1 天，$U_1 = true$，而在第 3 天爲 $U_3 = false$，所以根據圖 15.2 我們有

$$\mathbf{O}_1 = \begin{pmatrix} 0.9 & 0 \\ 0 & 0.2 \end{pmatrix}; \quad \mathbf{O}_3 = \begin{pmatrix} 0.1 & 0 \\ 0 & 0.8 \end{pmatrix}$$

現在，如果我們用列向量表示前向訊息和後向訊息，則整個計算過程變成了簡單的矩陣-向量運算。前向公式(15.5)變成：

$$\mathbf{f}_{1:t+1} = \alpha\, \mathbf{O}_{t+1}\, \mathbf{T}^{\top}\, \mathbf{f}_{1:t} \tag{15.12}$$

後向公式(15.9)則變成：

$$\mathbf{b}_{k+1:t} = \mathbf{T}\mathbf{O}_{k+1}\, \mathbf{b}_{k+2:t} \tag{15.13}$$

由這些公式，我們可以瞭解到應用於長度為 t 的序列時，前向-後向演算法(圖 15.4)的時間複雜度是 $O(S^2t)$，因為每一步都需要將一個 S 元向量與一個 $S\times S$ 矩陣相乘。演算法的空間需求為 $O(St)$，因為前向過程保存了 t 個 S 元向量。

除了為隱馬可夫模型的濾波和平滑演算法提供一種優雅的描述以外，矩陣的公式化還揭示了改進演算法的機會。首先是前向-後向演算法的一種簡單變形，使演算法能夠在常數空間內完成平滑，而與序列長度無關。其想法是，根據公式(15.8)，對任何特定時間片 k 的平滑都需要同時給出前向和後向訊息，即 $\mathbf{f}_{1:k}$ 和 $\mathbf{b}_{k+1:t}$。前向-後向演算法是透過將前向執行過程中所計算出來的 $\mathbf{f}$ 保存起來以便在後向執行過程中使用而實作的。實作這一目標的另一種方法是在單一執行過程裡同時向相同的方向傳遞 $\mathbf{f}$ 和 $\mathbf{b}$。例如，如果我們讓公式(15.12)從另一個方向執行，「前向」訊息 $\mathbf{f}$ 也可以後向傳遞：

$$\mathbf{f}_{1:t} = \alpha'(\mathbf{T}^{\top})^{-1}\mathbf{O}_{t+1}^{-1}\mathbf{f}_{1:t+1}$$

修改後的平滑演算法首先執行標準的前向過程計算 $\mathbf{f}_{t:t}$(拋棄所有的中間結果)，然後對 $\mathbf{b}$ 和 $\mathbf{f}$ 同時執行後向過程，用它們來計算每一時間步的平滑估計。因為每個訊息都只需要一份複製，儲存需求就是不變的(即與序列長度 t 無關)。對於這個演算法有兩個明顯的限制：它要求轉移矩陣必須是可逆的，並且感測器模型沒有零元素——也就是說，所有觀察值在每個狀態下都是可能的。

透過矩陣公式化的第二區域揭示出可改進的是使用具有固定延遲的聯機平滑。平滑能夠在常數空間裡實作的事實提示我們，聯機平滑應該也存在一種高效率的遞迴演算法——即一種時間複雜度與延遲長度無關的的演算法。讓我們假設延遲為 d，我們要對時間片 $t-d$ 進行平滑，這裡 t 表示當前時間。由等式(15.8)我們需要計算

$$\alpha\, \mathbf{f}_{1:t-d} \times \mathbf{b}_{t-d+1:t}$$

對於時間片 $t-d$。然後，當有了新的觀察後，我們需要計算

$$\alpha\, \mathbf{f}_{1:t-d+1} \times \mathbf{b}_{t-d+2:t+1}$$

對於片段 $t-d+1$。這是如何透過增量的方式實作的？首先，我們可以透過標準的濾波過程，即公式(15.5)由 $\mathbf{f}_{1:t-d}$ 計算 $\mathbf{f}_{1:t-d+1}$。

增量計算後向訊息則需要更多的技巧，因爲在舊的後向訊息 $\mathbf{b}_{t-d+1:t}$ 和新的後向訊息 $\mathbf{b}_{t-d+2:t+1}$ 之間並不存在簡單關係。反過來，我們將檢查舊的後向訊息 $\mathbf{b}_{t-d+1:t}$ 和序列前端的後向訊息 $\mathbf{b}_{t+1:t}$。爲了實作這一點，我們將公式(15.13)應用 d 次得到：

$$\mathbf{b}_{t-d+1:t} = \left(\prod_{i=t-d+1}^{t} \mathbf{TO}_i\right)\mathbf{b}_{t+1:t} = \mathbf{B}_{t-d+1:t}\mathbf{1} \tag{15.14}$$

其中矩陣 $\mathbf{B}_{t-d+1:t}$ 爲 $\mathbf{T}$ 和 $\mathbf{O}$ 矩陣序列的乘積。$\mathbf{B}$ 可以被認爲是一個「變換運算元」，它將後來的後向訊息變換成早先的後向訊息。當有了下一個觀察之後，對於新的後向訊息有類似的公式成立：

$$\mathbf{b}_{t-d+2:t+1} = \left(\prod_{i=t-d+2}^{t+1} \mathbf{TO}_i\right)\mathbf{b}_{t+2:t+1} = \mathbf{B}_{t-d+2:t+1}\mathbf{1} \tag{15.15}$$

考察公式(15.14)和公式(15.15)中的乘積運算式，我們發現它們有一個簡單關係：要得到第二個乘積，只要用第一個乘積「除以」第一項 $\mathbf{TO}_{t-d+1}$，然後再乘以新的最後一項 $\mathbf{TO}_{t+1}$。那麼，在矩陣語言中，在新舊 $\mathbf{B}$ 矩陣之間有一個簡單關係：

$$\mathbf{B}_{t-d+2:t+1} = \mathbf{O}_{t-d+1}^{-1}\mathbf{T}^{-1}\mathbf{B}_{t-d+1:t}\mathbf{TO}_{t+1} \tag{15.16}$$

這個公式提供了對 $\mathbf{B}$ 矩陣的增量更新，並進而[透過公式(15.15)]允許我們計算新的後向訊息 $\mathbf{b}_{t-d+2:t+1}$。圖 15.6 中顯示了保存和更新 $\mathbf{f}$ 與 $\mathbf{B}$ 的完整演算法。

```
function FIXED-LAG-SMOOTHING(e_t, hmm, d) returns a distribution over X_{t-d}
  inputs: e_t, the current evidence for time step t
          hmm, a hidden Markov model with S × S transition matrix T
          d, the length of the lag for smoothing
  persistent: t, the current time, initially 1
              f, the forward message P(X_t|e_{1:t}), initially hmm.PRIOR
              B, the d-step backward transformation matrix, initially the identity matrix
              e_{t-d:t}, double-ended list of evidence from t − d to t, initially empty
  local variables: O_{t-d}, O_t, diagonal matrices containing the sensor model information

  add e_t to the end of e_{t-d:t}
  O_t ← diagonal matrix containing P(e_t|X_t)
  if t > d then
     f ← FORWARD(f, e_t)
     remove e_{t-d-1} from the beginning of e_{t-d:t}
     O_{t-d} ← diagonal matrix containing P(e_{t-d}|X_{t-d})
     B ← O_{t-d}^{-1} T^{-1} B T O_t
  else B ← B T O_t
  t ← t + 1
  if t > d then return NORMALIZE(f × B1) else return null
```

圖 15.6 具有固定的 d 步時間延遲的平滑演算法，實作為在給定新時間步的觀察下，輸出新的平滑估計的線上演算法。注意，由等式(15.14)，最終輸出 NORMALIZE(f×B1)只是 α f×b。

15.3.2 隱馬爾克夫模型範例：定位

在第 4.4.4 節，我們介紹一個對於真空世界**定位**問題的簡單形式。在這個版本，機器人有個單一不確定性 *Move* 動作，且其感測器報告完美，不論障礙物立即北、南、東和西，機器人的信度狀態是在於它所處的可能位置的集合。

在此我們使問題稍微更加實際化，藉著透過機器人的動作包含一個簡單機率模型，或是藉由允許雜訊於感測器。狀態變數 X_t 表示於離散網格中機器人的位置，此變數的定義域是空白方格 $\{s_1, ..., s_n\}$ 的集合。令 NEIGHBORS(s)為空白方格的集合其比鄰於沙，且令 $N(s)$為集合的大小。則對於 Move 動作轉移模型，表示機器人同樣可能地於任意相鄰方格結束：

$$P(X_{t+1} = j \mid X_t = i) = \mathbf{T}_{ij} = (1/N(i) \text{ 若 } j \in \text{NEIGHBOR}(i)\text{，否則為}0)$$

我們不知道機器人在哪開始，因此會假設一個透過所有方格的均一分佈，意即 $P(X_0 = i) = 1/n$。對於特定環境我們考慮(圖 15.7) $n = 42$ 且轉移矩陣 $\mathbf{T}$ 具有 $42\times42 = 1764$ 個項目。

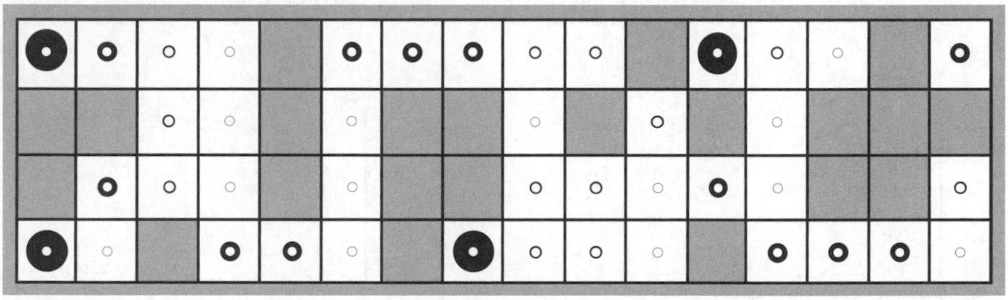

(a) 在E_1=NSW後的機器人位置的事後分布

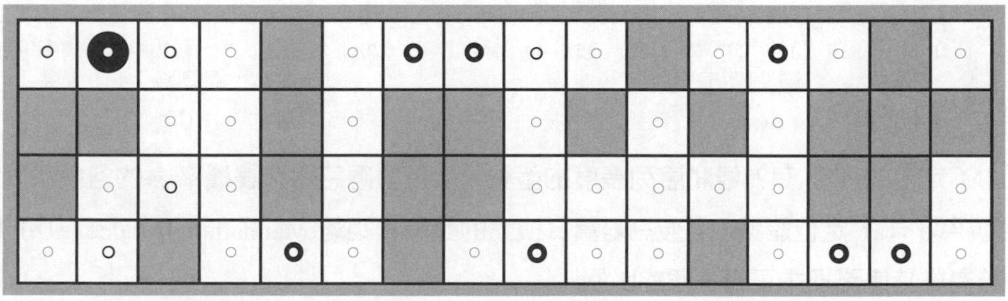

(b) 在E_1=NSW，E_2=NS 後的機器人位置的事後分布

圖 15.7　對於機器人位置的事後分佈：(a) **一個觀測** $E_1 = NSW$；(b) **第二個觀察** $E_2 = NS$ **之後。圓圈的大小對應於機器人在該位置的機率。感測器錯誤率為** $\varepsilon = 0.2$

感測器參數 E_t 有 16 個可能值，每個 4 位元序列於特定羅盤方向，給出一個障礙物的存在或是不存在。我們將用 NS 標示法，例如，表示北與南感測器回報有障礙物而東與西則沒有。假設各個感測器的錯誤率 ε 而且四個感測器方向的錯誤發生為獨立的。在這個情況，得到四個正確位元的機率為$(1-\varepsilon)^4$，且得到其皆為錯誤的機率是 ε^4。此外，若 d_{it} 是不一致的—位元的數字是不相同的——方格 i 的真值和實際讀到 e_t 之間，則機器人在方格 i 將收到感測讀取 e_t 的機率為

$$P(E_t = e_t \mid X_t = i) = \mathbf{O}_{t_{ii}} = (1-\varepsilon)^{4-d_{it}}\,\varepsilon^{d_{it}}$$

例如，在北與南有障礙物的方格將產生一個感測讀取 NSE 的機率是$(1-\varepsilon)^3\varepsilon^1$。

給定矩陣 **T** 和 $\mathbf{O}_t$，機器人可用等式(15.12)來計算出透過位置的事後分佈——即算出它的所在。圖 15.7 表示分佈 $\mathbf{P}(X_1 \mid E_1 = NSW)$和 $\mathbf{P}(X_2 \mid E_1 = NSW, E_2 = NS)$。這與我們先前在圖 4.18 看到的迷宮相同，但我們使用邏輯濾波來找出可能的位置，假設是最佳感測。那些相同位置在雜訊感測下仍然是最有可能，但現在每個位置皆有非零的機率。

除了濾波估計其當前位置之外，機器人可用平滑方法[等式(15.13)]找出過去任何給定時刻它的所在——例如，它於時間 0 的起始點——且它可使用維特比演算法(Viterbi algorithm)算出最走過的可能路徑來得到現在的所在。圖 15.8 表示定位錯誤與維特比路徑準確度對於每位元感測錯誤率 ε 的變化值。即使當 ε 為 20%——其意味著整體感測讀取為錯誤的在 59%的時候——在 25 次觀測後機器人通常可以算出它的位置在兩個方格範圍內。這是因為演算法隨著時間整合證據的能力，及考量到由轉移模型加強位置序列的機率限制。當 ε 為 10%，經過 6 次觀測之後的效能與最佳感測的效能則是難以區別。習題 15.6 要求找出 HMM 定位演算法，在事前分佈 $\mathbf{P}(X_0)$以及轉移模型本身，對於錯誤是多麼地強健。廣泛地來說，即使面對著模型中大量的錯誤被使用，高階的定位與路徑精準度是被維護的。

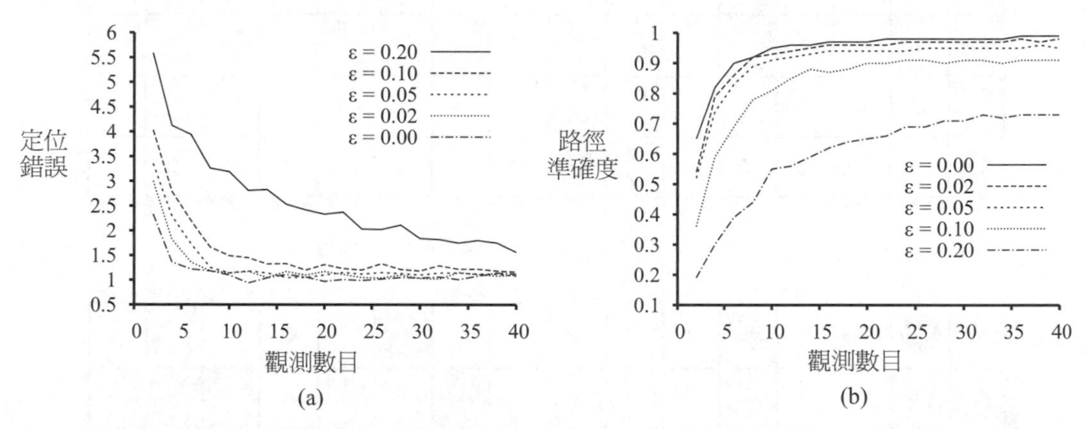

圖 15.8 HMM **定位的效能(其為觀測序列長度的函數，以及對應感測錯誤機率** ε **的各種不同的值)；**400 **次執行結果的平均。**(a) **定位錯誤，定義為離真實位置的曼哈頓距離**(Manhattan distance)。(b) **維特比路徑準確度，定義為維特比路徑中正確狀態的比例**

在本章節此例中我們所考慮的狀態變數是在世界中的實體位置。其它的問題當然可包含世界的其他層面。習題 15.7 要求考慮一個真空機器人的版本，其有個盡其所能直行的方針。只有當它遇到障礙物時改變新的(隨機選擇的)方向。為塑模這個機器人，模型中每個狀態由一對(location, heading)所組成。對於圖 15.7 中的環境，其中有 42 個空白方格，這產生 168 個狀態且轉移矩陣有 168^2 =28,224 個項目——仍然是個可管理的數目。若我們加入方格污染的可能性，狀態的數量則乘以 2^{42} 而且轉移矩陣最終會包含超過個 10^{29} 項目——再也不是個可管理的數目。第 15.5 節提出如何使用動態貝氏網路以許多狀態變數來塑模定義域。若我們允許機器人連續地移動，而非在離散網格，則狀態數量將變成無限。下一個章節表示如何處理這樣的情形。

15.4 卡爾曼濾波器

想像你在黃昏時分看著一隻小鳥飛行穿過濃密的叢林：你只能隱隱約約、斷斷續續地瞥見小鳥運動的閃現；你試圖努力地猜測小鳥在哪裡以及下一時刻它會出現在哪裡，才不至於失去它的行蹤。或者再想像你是二戰中的一個雷達操作員，正在跟蹤一個微弱的遊移目標，這個目標每隔 10 秒鐘在螢幕上閃爍一次。或者，讓我們回到更遠的從前，想像你是開普勒(**編註**：Kepler，1571-1630，德國著名天文學家，提出了著名的行星執行三大定律)，正試圖根據一組透過不規則和不準確的測量間隔得到的非常不精確的角度觀測值來重新建構行星的運動軌跡。在所有這些情況，你正在進行濾波：隨著時間由雜訊觀測估計狀態變數(在此是位置和速度)。若變數是離散的，我們能以隱馬可夫模型塑模系統。本章節考察處理連續變數的方法，使用一個演算法稱為**卡爾曼濾波**，以其中之一的發明者魯道夫・卡爾曼(Rudolf E. Kalman)的姓氏命名。

鳥類的飛行可用 6 個連續變數在每個時間點描述，3 個用於位置 (X_t, Y_t, Z_t)，3 個用於速度 $(\dot{X}_t, \dot{Y}_t, \dot{Z}_t)$。我們還需要合適的條件機率密度函數來表示轉移模型和感測器模型；和在第 14 章中一樣，我們仍將使用**線性高斯**分佈。這意味著下一個狀態 $\mathbf{X}_{t+1}$ 必須是當前狀態 $\mathbf{X}_t$ 的線性函數，再加上某個高斯雜訊——事實顯示在現實中這個條件是相當合理的。例如，考慮小鳥的 X 座標，暫時先忽略其他座標。令介於觀測的時間間隔為 Δ，且假設常數速度於間隔之間。則位置的更新是由 $X_{t+\Delta} = X_t + \dot{X}\Delta$ 所給出。加入高斯雜訊(為了將風的變異等等列入)，我們得到線性高斯轉移模型：

$$P(X_{t+\Delta} = x_{t+\Delta} \mid X_t = x_t, \dot{X}_t = \dot{x}_t) = N(x_t + \dot{x}_t\Delta, \sigma^2)(x_{t+\Delta})$$

圖 15.9 中顯示了一個包含位置 $\mathbf{X}_t$ 和速度的系統的貝氏網路結構。注意這是一種形式非常特定的線性高斯模型形式；本節後面會介紹其一般形式，也會論及第一段中的運動模型之外的很多其他應用。關於高斯分佈的某些數學上的性質，讀者可以參考附錄 A；對於我們眼下的目標而言，最重要的是含有 d 個變數的**多元高斯**分佈可以透過一個 d 元均值向量 $\boldsymbol{\mu}$ 和一個 $d \times d$ 協變異數矩陣 Σ 來指定。

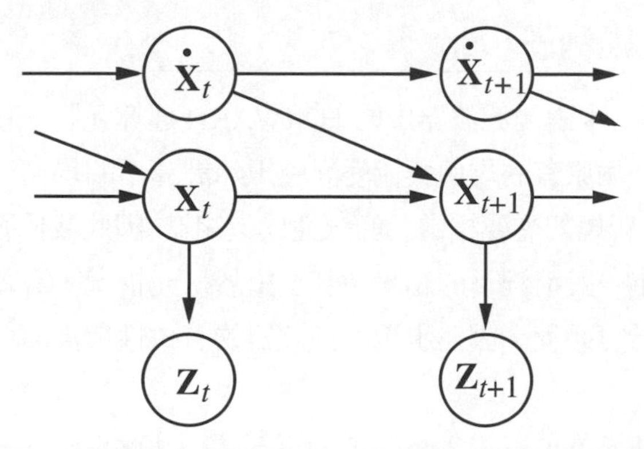

圖 15.9　包含位置 $\mathbf{X}_t$、速度 $\dot{\mathbf{X}}_t$ 及位置測量值 $\mathbf{Z}_t$ 的線性動態系統的貝氏網路結構

15.4.1 更新高斯分佈

在第 14 章中，我們曾間接提到過線性高斯分佈族的一個關鍵性質：在標準貝氏網路操作下這個分佈族保持封閉。這裡，我們在時序機率模型上的濾波上下文中使這個斷言更精確。在公式(15.5)中之兩步濾波計算所需要的性質如下：

1. 如果當前分佈 $\mathbf{P}(\mathbf{X}_t \mid \mathbf{e}_{1:t})$是高斯分佈，並且轉移模型 $\mathbf{P}(\mathbf{X}_{t+1} \mid \mathbf{x}_t)$是線性高斯的，那麼由下式給出的單步預測分佈

$$\mathbf{P}(\mathbf{X}_{t+1} \mid \mathbf{e}_{1:t}) = \int_{\mathbf{X}_t} \mathbf{P}(\mathbf{X}_{t+1} \mid \mathbf{x}_t) P(\mathbf{x}_t \mid \mathbf{e}_{1:t}) d\mathbf{x}_t \tag{15.17}$$

也是高斯分佈。

2. 如果預測 $\mathbf{P}(\mathbf{X}_{t+1} \mid \mathbf{e}_{1:t})$是高斯分佈，而感測器模型 $\mathbf{P}(\mathbf{e}_{t+1} \mid \mathbf{X}_{t+1})$是線性高斯的，那麼在對新證據進行條件化之後，更新後的分佈

$$\mathbf{P}(\mathbf{X}_{t+1} \mid \mathbf{e}_{1:t+1}) = \alpha\, \mathbf{P}(\mathbf{e}_{t+1} \mid \mathbf{X}_{t+1}) \mathbf{P}(\mathbf{X}_{t+1} \mid \mathbf{e}_{1:t}) \tag{15.18}$$

也是高斯分佈。

因此，卡爾曼濾波的 FORWARD 運算元選取一個高斯前向訊息 $\mathbf{f}_{1:t}$，該訊息由均值 μ_t 和協變異數矩陣 Σ_t 所確定；並產生一個新的多元高斯前向訊息 $\mathbf{f}_{1:t+1}$，該訊息由均值 μ_{t+1} 和協變異數矩陣 Σ_{t+1} 所確定。所以，如果我們從高斯事前機率 $\mathbf{f}_{1:0} = \mathbf{P}(\mathbf{X}_0) = N(\mu_0, \Sigma_0)$開始，透過一個線性高斯模型進行濾波，在任何時間都會產生一個高斯狀態分佈。

這的確是一個漂亮而且優雅的結論，但是這一點爲什麼如此重要？原因在於，除了一些像這樣的特殊情況外，連續或者混合(離散與連續)網路的濾波會產生狀態分部，而它的規模隨時間增長而趨於無界。這個結論的一般性證明不太容易，不過習題 15.10 用一個簡單例子說明了發生情形。

15.4.2 一個簡單的一維例子

我們在前面已經提到過，卡爾曼濾波器中的 FORWARD 運算元將一個高斯分佈映對成另一個新的高斯分佈。這轉變成從一個原有的均值與協變異數矩陣計算新的均值與協變異數矩陣的過程。要得到一般(多元)情況下的更新規則需要相當多的線性代數知識，因此我們暫時只討論一種非常簡單的一元情況；後面我們會給出一般情況下的結論。甚至對於一元情況，計算也是非常繁冗的，但是我們認爲值得看一看這裡的計算過程，因爲卡爾曼濾波器的有效性與高斯分佈的數學特性的關係實在太密切了。

我們將考慮的時序模型描述了有雜訊觀察 Z_t 的單一連續狀態變數 X_t 的**隨機行走**。一個可能的例子是「消費者信心」指數，可以爲它建立模型，每個月發生一次隨機的高斯分佈變化，同時透過一個隨機的消費調查來度量——這個調查也會引入一個高斯取樣雜訊。假設其事前機率分佈爲具有變異數 σ_0^2 的高斯分佈：

$$P(x_0) = \alpha\ e^{-\frac{1}{2}\left(\frac{(x_0-\mu_0)^2}{\sigma_0^2}\right)}$$

(爲了簡化，我們使用同樣的符號 α 來表示本節所有的歸一化常數)。轉移模型在當前狀態中增加了一個具有常數變異數 σ_x^2 的高斯擾動：

$$P(x_{t+1}|x_t) = \alpha\ e^{-\frac{1}{2}\left(\frac{(x_{t+1}-x_t)^2}{\sigma_x^2}\right)}$$

感測器模型是假設具有變異數 σ_z^2 的高斯雜訊：

$$P(z_t|x_t) = \alpha\ e^{-\frac{1}{2}\left(\frac{(z_t-x_t)^2}{\sigma_z^2}\right)}$$

現在，已知事前機率分佈 $\boldsymbol{P}(\boldsymbol{X}_0)$，我們可以使用公式(15.17)計算單步預測分佈：

$$P(x_1) = \int_{-\infty}^{\infty} P(x_1|x_0)P(x_0)dx_0 = \alpha \int_{-\infty}^{\infty} e^{-\frac{1}{2}\left(\frac{(x_1-x_0)^2}{\sigma_x^2}\right)} e^{-\frac{1}{2}\left(\frac{(x_0-\mu_0)^2}{\sigma_0^2}\right)} dx_0$$

$$= \alpha \int_{-\infty}^{\infty} e^{-\frac{1}{2}\left(\frac{\sigma_0^2(x_1-x_0)^2+\sigma_x^2(x_0-\mu_0)^2}{\sigma_0^2\sigma_x^2}\right)} dx_0$$

這個積分看來相當複雜。取得進展的一個關鍵之處在於要注意到指數部分是兩個 x_0 的二次運算式的和，因此仍然是 x_0 的二次多項式。一個非常簡單的技巧，大家熟知的**配方法**，允許將任何二次多項式 $ax_0^2 + bx_0 + c$ 改寫爲平方項 $a\left(x_0 - \frac{-b}{2a}\right)^2$ 與獨立於 x_0 的餘項 $c - \frac{b^2}{4a}$ 之和。餘項部分可以從積分中移出，我們得到：

$$P(x_1) = \alpha\ e^{-\frac{1}{2}\left(c-\frac{b^2}{4a}\right)} \int_{-\infty}^{\infty} e^{-\frac{1}{2}\left(a\left(x_0-\frac{-b}{2a}\right)^2\right)} dx_0$$

現在這個公式中的積分部分就是一個全區間上的高斯分佈積分，也就是 1。因此，只給我們留下了二次多項式中的餘項。然後注意到餘項是關於 x_1 的二次多項式，事實上經過簡化後我們得到

$$P(x_1) = \alpha\ e^{-\frac{1}{2}\left(\frac{(x_1-\mu_0)^2}{\sigma_0^2+\sigma_x^2}\right)}$$

也就是說，這個單步預測分佈是一個具有相同均值 μ_0 的高斯分佈，而其變異數則等於原來變異數 σ_0^2 與轉移變異數 σ_x^2 的和。

爲了完成更新步驟，我們還需要對第 1 個時間步的觀察即 z_1 進行條件化。根據公式(15.18)，這可由下式給出：

$$P(x_1|z_1) = \alpha P(z_1 | x_1)P(x_1)$$

$$= \alpha\ e^{-\frac{1}{2}\left(\frac{(z_1-x_1)^2}{\sigma_z^2}\right)} e^{-\frac{1}{2}\left(\frac{(x_1-\mu_0)^2}{\sigma_0^2+\sigma_x^2}\right)}$$

我們再一次合併指數，並對指數進行配方(習題 15.11)，得到

$$P(x_1|z_1) = \alpha\ e^{-\frac{1}{2}\left(\frac{\left(x_1 - \frac{(\sigma_0^2+\sigma_x^2)z_1+\sigma_z^2\mu_0}{\sigma_0^2+\sigma_x^2+\sigma_z^2}\right)^2}{(\sigma_0^2+\sigma_x^2)\sigma_z^2/(\sigma_0^2+\sigma_x^2+\sigma_z^2)}\right)} \tag{15.19}$$

於是，經過一次更新迴圈，我們得到了狀態變數的一個新的高斯分佈。根據公式(15.19)的高斯運算式，我們發現，新的均值和標準差可以由原來的均值和標準差按照下面的公式計算得到：

$$\mu_{t+1} = \frac{(\sigma_t^2+\sigma_x^2)z_{t+1}+\sigma_z^2\mu_t}{\sigma_t^2+\sigma_x^2+\sigma_z^2} \quad 及 \quad \sigma_{t+1}^2 = \frac{(\sigma_t^2+\sigma_x^2)\sigma_z^2}{\sigma_t^2+\sigma_x^2+\sigma_z^2} \tag{15.20}$$

圖 15.10 顯示了對轉移模型和感測器模型的特定值的一個更新迴圈。

公式(15.20)所扮演的角色完全同於一般濾波公式(15.5)或 HMM 濾波公式(15.12)。然而，因爲高斯分佈的特殊本質，使這些公式具有了某些附加的有趣性質。首先，我們可以把新的均值 μ_{t+1} 解譯爲新的觀察 z_{t+1} 和原來均值 μ_t 的一個簡單的加權平均。如果觀察不可靠，那麼 σ_z^2 很大，我們更關注舊的均值；如果舊的均值不可靠(即 σ_t^2 很大)，或者這個過程高度不可預測(σ_x^2 很大)，那麼我們更關注於觀察值。其次，注意到變異數 σ_{t+1}^2 的更新是與觀察無關的。因此我們可以在事先計算出變異數值的序列。第三，變異數值的序列很快收斂到一個固定的值，並且這個值只與 σ_x^2 和 σ_z^2 有關，因此能夠大大簡化後續的計算過程(參見習題 15.12)。

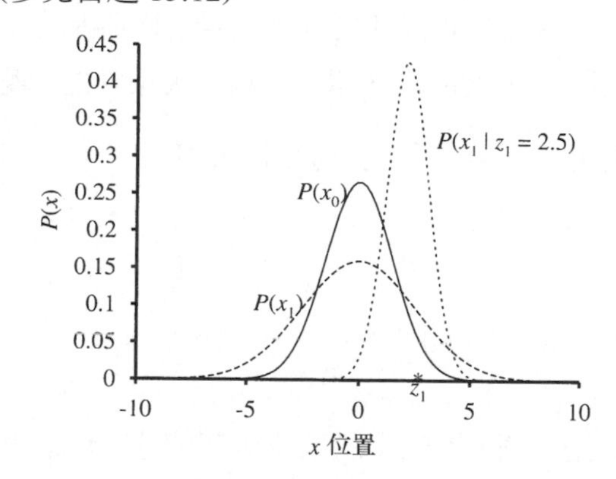

圖 15.10　對隨機行走的卡爾曼濾波器更新迴圈內的各階段，且 $\mu_0 = 0.0$ 及 $\sigma_0 = 1.0$ 給定事前機率分佈，而 $\sigma_x = 2.0$ 給定轉移雜訊，$\sigma_z = 1.0$ 給定感測器雜訊，第一個觀察值是 $z_1 = 2.5$(在 x 軸上標出)。注意，相對於 $P(x_0)$，預測 $P(x_1)$是如何被轉移雜訊拉平的。還要注意到，事後機率分佈 $P(x_1 | z_1)$的均值比觀察值 z_1 略偏左，因為這個均值是預測與觀察結果的加權平均

15.4.3　一般情況

前面的推導描述了作爲卡爾曼濾波器工作基礎的高斯分佈的關鍵性質：指數是二次多項式形式。這一點不僅僅對一元的情況成立；完整的多元高斯分佈具有如下形式：

$$N(\mu,\Sigma)(\mathbf{x}) = \alpha e^{-\frac{1}{2}\left((\mathbf{x}-\mu)^\top \Sigma^{-1}(\mathbf{x}-\mu)\right)}$$

把指數中的項乘出來，可以清晰地看到指數部分也是 $\mathbf{x}$ 中隨機變數 x_i 的一個二次函數。和一元情況中相同，這裡的濾波更新過程保留了狀態分佈的高斯本性。

讓我們首先用卡爾曼濾波定義一般的時序模型。轉移模型和感測器模型允許一個附加高斯雜訊的線性變換，因此，我們有：

$$P(\mathbf{x}_{t+1}|\mathbf{x}_t) = N(\mathbf{F}\mathbf{x}_t, \mathbf{\Sigma}_x)(\mathbf{x}_{t+1})$$
$$P(\mathbf{z}_t|\mathbf{x}_t) = N(\mathbf{H}\mathbf{x}_t, \mathbf{\Sigma}_z)(\mathbf{z}_t) \tag{15.21}$$

其中的 $\mathbf{F}$ 和 $\mathbf{\Sigma}_x$ 是描述線性轉移模型和轉移雜訊協變異數的矩陣，而 $\mathbf{H}$ 和 $\mathbf{\Sigma}_z$ 則是感測器模型的相對應矩陣。現在的均值與協變異數的更新公式，其完整的形式看起來非常複雜和可怕，它們是：

$$\boldsymbol{\mu}_{t+1} = \mathbf{F}\boldsymbol{\mu}_t + \mathbf{K}_{t+1}(\mathbf{z}_{t+1} - \mathbf{H}\mathbf{F}\boldsymbol{\mu}_t)$$
$$\mathbf{\Sigma}_{t+1} = (\mathbf{I} - \mathbf{K}_{t+1})(\mathbf{F}\mathbf{\Sigma}_t\mathbf{F}^\top + \mathbf{\Sigma}_x) \tag{15.22}$$

其中 $\mathbf{K}_{t+1} = (\mathbf{F}\mathbf{\Sigma}_t\mathbf{F}^\top + \mathbf{\Sigma}_x)\mathbf{H}^\top(\mathbf{H}(\mathbf{F}\mathbf{\Sigma}_t\mathbf{F}^\top + \mathbf{\Sigma}_x)\mathbf{H}^\top + \mathbf{\Sigma}_x)^{-1}$ 被稱爲**卡爾曼增益矩陣**。不管你是否相信，這些公式具有某些直觀的含義。例如，考慮關於均值狀態估計 μ 的更新過程。項 $\mathbf{F}\mu_t$ 是 $t+1$ 時刻的預測狀態，所以 $\mathbf{HF}\mu_t$ 是預測的觀察值。因此，項 $\mathbf{z}_{t+1} - \mathbf{HF}\mu_t$ 表示了預測觀察值的誤差。我們可以將其乘以 $\mathbf{K}_{t+1}$ 來修正這個預測狀態；因此 $\mathbf{K}_{t+1}$ 是相對於預測，對一個新的觀察值的重視程度的度量。如公式(15.20)所示，我們還有變數更新與觀察無關的性質。因此 $\mathbf{\Sigma}_t$ 和 $\mathbf{K}_t$ 的值序列可以脫機地計算，而聯機跟蹤期間需要進行的實際計算量是比較適度的。

爲了例示這 3 個公式是如何工作的，我們將它們應用到跟蹤物體在 X-Y 平面上的運動的問題上。這裡的狀態變數爲 $X = (X, Y, \dot{X}, \dot{Y})^\top$，因此 $\mathbf{F}$、$\mathbf{\Sigma}_x$、$\mathbf{H}$ 和 $\mathbf{\Sigma}_z$ 都是 4×4 矩陣。圖 15.11(a)顯示了物體的眞實軌跡，一系列帶有雜訊的觀察結果，以及透過卡爾曼濾波估計得到的軌跡，連同由單一標準偏差輪廓線(one-standard-deviation contours)所示的協變異數。該濾波過程確實很好地跟蹤了物體的眞實運動，並且如所期望的，其變異數很快到達一個固定點。

和濾波一樣，也可用線性高斯模型推導出平滑公式。平滑的結果如圖 15.11(b)所示。注意除了軌跡末端外(爲什麼？)，關於位置估計的變異數是如何急劇減少的，而透過平滑計算估計的軌跡更平滑。

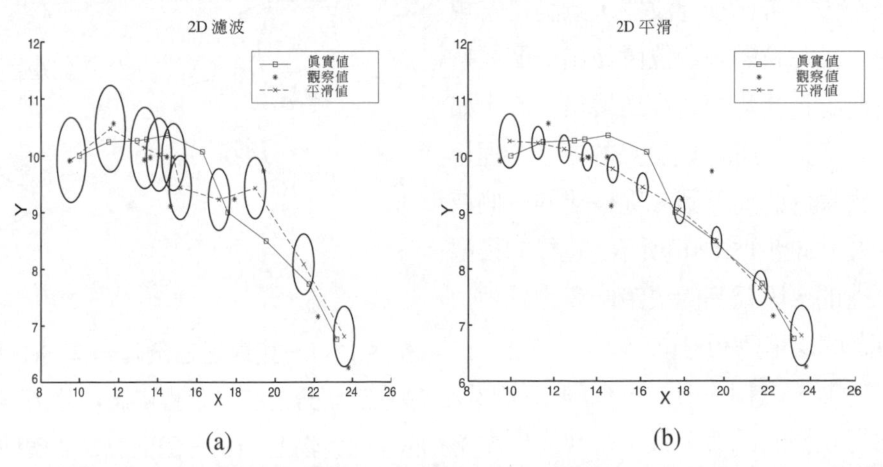

圖 15.11 (a) X-Y **平面上運動物體的卡爾曼濾波結果，顯示了真實軌跡(從左到右)，一系列帶有雜訊的觀察值，以及卡爾曼濾波估計的軌道。位置估計的變異數用橢圓表示。**(b) **對於同樣的觀察序列進行卡爾曼平滑得到的結果**

15.4.4 卡爾曼濾波的適用性

卡爾曼濾波器及其具體形式得到了大量應用。其「經典」應用是對飛行器及導彈的雷達跟蹤。相關的應用包括對潛艇及地面車輛的聲學跟蹤、車輛和人的視覺追蹤等。在一些更加深奧的學科分支裡，卡爾曼濾波器被用來根據雲室相片重構粒子的執行軌跡，以及根據衛星對地球表面的測量重構洋流。卡爾曼濾波器的應用範圍遠不止跟蹤物體的運動軌跡：任何透過連續狀態變數與雜訊測量來刻畫的系統都可以。這樣的系統包括紙漿廠、化工廠、核反應爐、植物生態系統以及國家經濟。

卡爾曼濾波器能應用於一個系統的事實並不意味著所得到的結果一定是有效的或有用的。這裡的假設——線性高斯的轉移模型和感測器模型——其實相當強。**擴展卡爾曼濾波器**試圖克服被建立模型的系統中的**非線性**。在一個系統中，如果轉移模型不能描述爲狀態向量的矩陣乘法，如同公式(15.21)，這個系統就是非線性的。EKF 的工作原理是在 $\mathbf{x}_t = \boldsymbol{\mu}_t$(當前狀態分佈的均值)的區域中，將系統模擬成局部線性。這對於光滑的、表現良好的(well-behaved)系統效果非常好，並且允許追蹤者保持和更新一個合理近似於眞實事後機率分佈的高斯狀態分佈。詳細的範例在第 25 章。

那麼「不平滑」或者「表現不良的(poorly-behaved)」究竟是什麼意思呢？嚴格來說，這意味著在「接近」(根據協變異數Σ_t)當前均值 $\boldsymbol{\mu}_t$ 的區域內，系統響應具有顯著的非線性。從非技術角度理解這個想法，考慮追蹤一隻鳥飛行穿過叢林的例子。鳥看起來會以很高的速度筆直朝一個樹樁飛過去。卡爾曼濾波器，無論是常規的還是擴展的，都只會對鳥的位置做出一個高斯預測，而該高斯分佈的均值將以樹樁爲中心，如圖 15.12(a)所示。另一方面，關於鳥的一個合理模型應該能預測到鳥的躲避行動，從樹樁的一側或者另一側繞過去，如圖 15.12(b)所示。這樣的模型就是高度非線性的，因爲鳥的決策的變化強烈依賴於它和樹樁之間的精確相對位置。

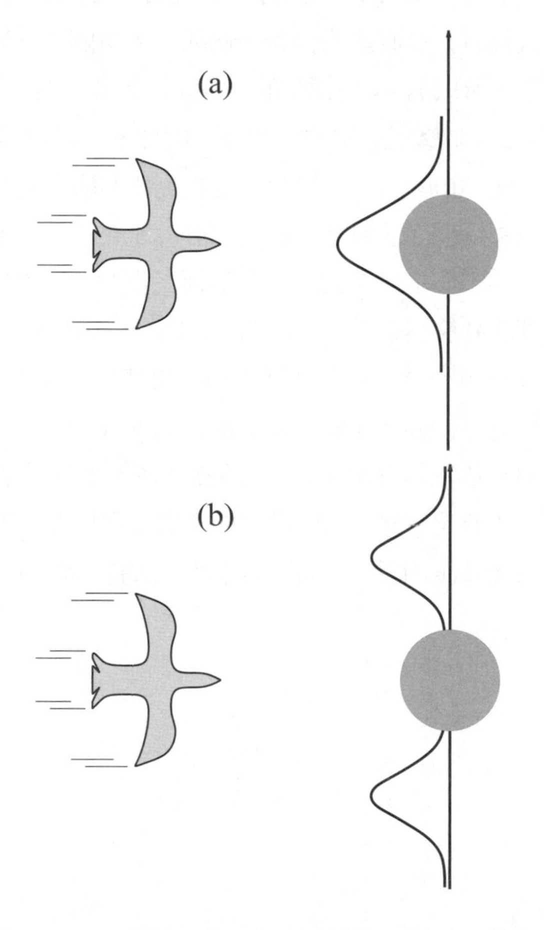

圖 15.12　一隻鳥正在飛向一棵樹(俯視)。(a)使用單一高斯分佈的卡爾曼濾波器將預測鳥的位置中心在障礙物上。(b)一個更真實的模型考慮了鳥的躲避行動，預測它將飛過樹的一側或另一側

爲了處理類似於這樣的例子，很顯然我們需要一種表達能力更強的語言來表示被建立模型系統的行爲。在控制論範疇，諸如飛行器避障機動這樣的問題給我們帶來了同樣類型的困難，標準解決辦法是使用**切換卡爾曼濾波器**。在這種方法裡，多個卡爾曼濾波器並列執行，其中每個都使用不同的系統模型——例如，一個直行，一個向左急轉，一個向右急轉。我們使用的是這些預測結果的加權和，其中權重取決於每個濾波器對當前資料的擬合程度。下一節會發現這只是通用動態貝氏網路模型的一種特殊情況，透過在圖 15.9 所示網路中增加一個離散的「機動」狀態變數就可以得到。習題 15.10 中將進一步討論切換卡爾曼濾波器。

15.5 動態貝氏網路

動態貝氏網路(dynamic bayesian network)，或縮寫爲 DBN，是表示第 15.1 節中描述的那種時序機率模型的貝氏網路。我們已經見到過一些動態貝氏網路的例子：圖 15.2 中的雨傘網路以及圖 15.9 中的卡爾曼濾波器網路。整體而言，動態貝氏網路中的每個時間片都具有任意數量的狀態變數 X_t 與證據變數 E_t。爲了簡化，我們將假設變數與變數連結從一個時間片到另一個時間片被精確複製，並且動態貝氏網路表示的是一個一階馬可夫過程，所以每個變數的父節點或者在該變數本身所在那個時間片中，或者在與之相鄰的上一個時間片中。

需要指明的是，每個隱馬可夫模型都可以表示爲一個在每個時間片中只包含一個狀態變數和一個證據變數的動態貝氏網路。另外，每個由離散變數所構成的動態貝氏網路都可以看成是一個隱馬可夫過程；如在第 15.3 節中解譯的，我們可以把動態貝氏網路中的所有狀態變數合併成一個單一的狀態變數，其值爲各單個狀態變數所有可能的值組成的元組。現在，如果每個隱馬可夫模型都是一個動態貝氏網路，而每個動態貝氏網路又都可以轉化成隱馬可夫模型，那麼這二者之間的區別是什麼？區別在於，透過將複雜系統的狀態分解成一些組成變數，動態貝氏網路能夠充分利用時序機率模型中的稀疏性。例如，假設一個動態貝氏網路具有 20 個布林狀態變數，其中每一個變數都在前一個時間片中有 3 個父節點。那麼動態貝氏網路的轉移矩陣中有 $20\times2^3 = 160$ 個機率，而對應的隱馬可夫過程有 2^{20} 種狀態，因此在轉移模型中有 2^{40} 個機率(大約等於 1 T，即一萬億)。這是很糟糕的，至少有三方面原因：首先，隱馬可夫模型本身需要更大的空間；其次，龐大的轉移矩陣使得隱馬可夫模型中的推理代價更加昂貴；再次，要學習數目如此巨大的參數非常困難，這個問題使得純隱馬可夫模型不適合大規模的問題。動態貝氏網路和隱馬可夫模型之間的關係大概可以類比於普通貝氏網路和表格形式的全聯合機率分佈之間的關係。

我們已經解譯過，每個卡爾曼濾波器模型都可以在一個具有連續變數和線性高斯條件分佈的動態貝氏網路中進行表示(圖 15.9)。不過根據前一節末尾的討論，應該明確的是並非每個動態貝氏網路都可以用卡爾曼濾波器模型來表示。在卡爾曼濾波器中，當前狀態分佈總是一個單一的多元高斯分佈——也就是，在特定位置上有唯一的「膝點」。另一方面，動態貝氏網路則可以對任意分佈建立模型。對於很多現實世界的應用，這種靈活性是本質的。例如，考慮我的鑰匙的當前位置。它可能在我的衣兜裡，在床頭櫃上，在廚房灶臺上，或者正掛在前門上。一個包含了所有這些位置的單一高斯膝點可能會爲「鑰匙位於前廳的半空中」分配較高的機率。現實世界中的各個方面，例如特定目標代理人、障礙物以及衣服口袋等都會引入「非線性」，爲了得到合理的模型，要求把離散變數和連續變數結合起來。

15.5.1 建構動態貝氏網路

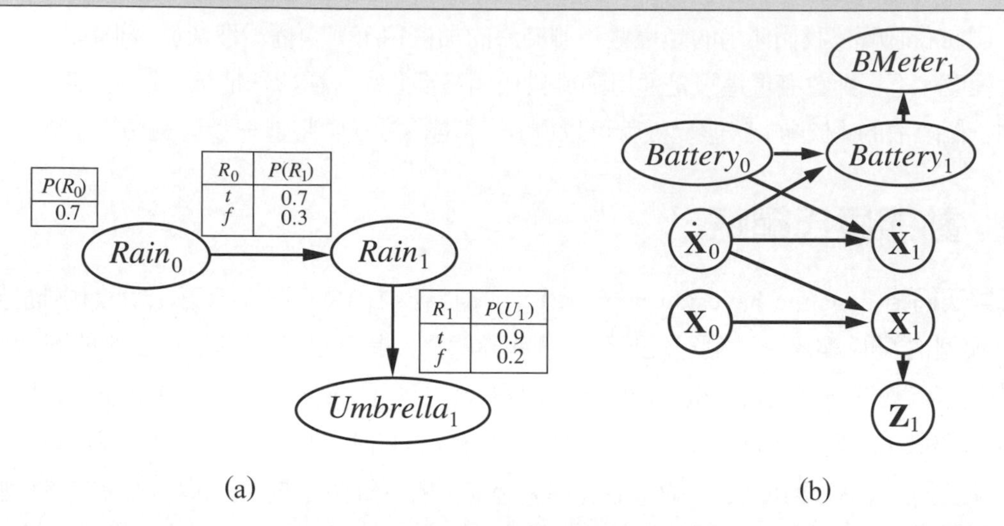

圖 15.13 (a) **對於雨傘** DBN **的事前機率、轉移模型以及感測器模型的詳細說明。所有後繼的時間片都被假定為時間片** 1 **的副本。**(b) **在** *X-Y* **平面上的機器人運動的簡單** DBN

要建構一個動態貝氏網路，我們必須指定 3 類資訊：狀態變數的事前機率分佈 $\mathbf{P}(\mathbf{X}_0)$；轉移模型 $\mathbf{P}(\mathbf{X}_{t+1} \mid \mathbf{X}_t)$；以及感測器模型 $\mathbf{P}(\mathbf{E}_t \mid \mathbf{X}_t)$。爲了指定轉移模型和感測器模型，必須還要指定相繼時間片之間、狀態變數與證據變數之間的連接關係的拓撲結構。因爲我們假設轉移模型和感測器模型都是穩態的——即對於所有的時間片 t 都相同——那麼只要爲第一個時間片指定這些資訊就可以了，這樣是最方便的。例如，圖 15.13(a)中所示的三節點網路給出了關於雨傘世界的動態貝氏網路的完整資訊。根據這些資訊，具有無限數目的時間片段之完全的動態貝氏網路，可以根據需要透過複製第一個時間片的方式建構出來。

現在讓我們考慮一個更有趣的例子：監控一個在 X-Y 平面上運動的電池驅動機器人，這個機器人在第 15.1 節中介紹過。首先，我們需要狀態變數，其中包括位置資訊 $\mathbf{X}_t = (X_t, Y_t)$及速度資訊 $\dot{\mathbf{X}}_t = (\dot{X}_t, \dot{Y}_t)$。我們假設透過某種測量位置的方法——可能是一個固定的攝像頭或者機器人載 GPS(Global Positioning System，全球定位系統)——獲得測量值 $\mathbf{Z}_t$。機器人在下一時間步的位置依賴於現在的位置和速度，如同在標準卡爾曼濾波器模型中一樣。但是下一時間步的速度依賴於當前的速度以及電池狀態。我們增加變數 $Battery_t$來表示電池實際的充電水準，其父節點爲上一時間片的電力水準與速度；我們再增加一個變數 $BMeter_t$ 來表示電池充電水準的測量值。這樣我們就得到了圖 15.13(b)所示的基本模型。

更深入地考察感測器模型 $BMeter_t$的本質是值得的。爲了簡化，讓我們假設 $Battery_t$和 $BMeter_t$ 都取在 0 到 5 之間的離散值。如果電量計總是精確的，那麼條件機率表 $\mathrm{P}(BMeter_t \mid Battery_t)$ 應該沿「對角線」機率等於 1.0，而在其他地方機率等於 0.0。不過在實際測量中總會出現雜訊。對於連續測量，可能會替代地使用一個具有較小變異數的高斯分佈[5]。對於我們的離散變數，我們可以用一個誤差機率以合適的方式逐漸降低的分佈來逼近高斯分佈，以使得大誤差出現的機率非常低。我們將用術語**高斯誤差模型**(Gaussian error model)來涵蓋連續的和離散的版本。

任何直接接觸過機器人學、電腦化程序控制，或者其他形式的自動傳感的人都很容易證實這樣的事實，微小的測量雜訊往往是問題中最次要的方面。真正的感測器往往會發生故障。當一個感測器發生故障後，它不一定會發出一個信號說：「哦，順便告訴你，我將發出的資料其實是一堆廢話。」相反，它只是把廢話發送出來。最簡單的一類故障稱爲**暫態故障**，這種情況下感測器偶爾會發出一些沒有意義的資料。例如，即使在電池充滿電的情況下，電池電量水準感測器也可能會經常在機器人被撞擊時發出一個零電量信號。

讓我們看看在一個沒有考慮暫態故障的高斯誤差模型中，暫態故障出現時會發生什麼樣的事情。例如假設機器人靜靜地坐著，而電池電量讀數連續 20 次顯示爲 5。然後電量表發生了一次暫時性的突變，下一次的讀數爲 $BMeter_{21} = 0$。這個簡單高斯誤差模型會如何影響我們對 $BMeter_{21}$ 的信度？根據貝氏定理，答案不僅依賴於感測器模型 $\mathbf{P}(BMeter_{21} = 0 \mid Battery_{21})$，還依賴於預測模型 $\mathbf{P}(Battery_{21} \mid BMeter_{1:20})$。如果出現大的感測器錯誤的機率明顯低於轉移到狀態 $Battery_{21} = 0$ 的機率，即使後者非常不可能發生，那麼事後機率分佈也會爲電池空乏賦予較大的機率。在時刻 $t = 22$ 的第二個零讀數會使得這個結論幾乎完全肯定。但如果之後暫態故障消失了，讀數在 $t = 23$ 時回到了 5，那麼電池電量水準的估計值會魔術般地回到 5。圖 15.14(a)中，上方的曲線描述了該事件過程，這條曲線顯示了使用離散高斯誤差模型時 $Battery_t$ 隨時間變化的期望值。

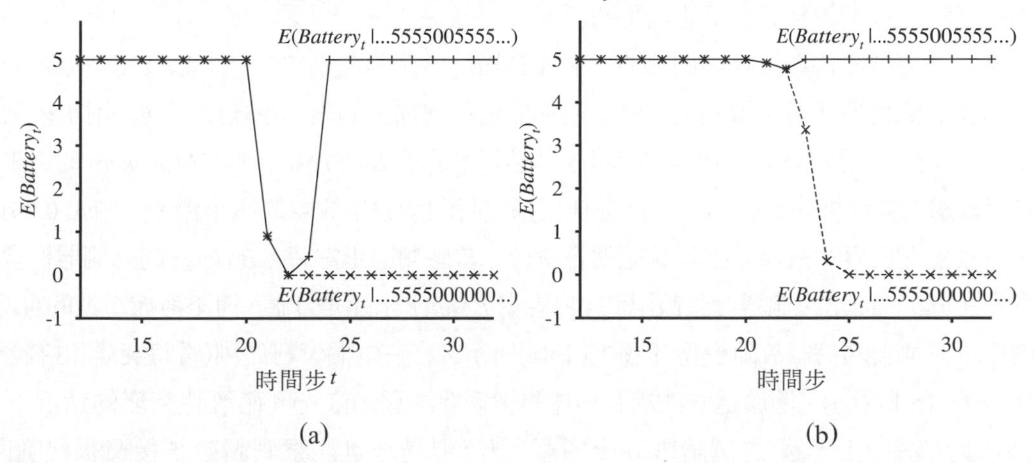

圖 15.14 (a)**上方曲線：對於一個除了** $t = 21$ **和** $t = 22$ **處值為** 0 **以外全部值都是** 5 **的觀察序列，使用簡單的高斯誤差模型的** $Battery_t$ **的期望值軌跡。下方曲線：當從** $t = 21$ **處開始保持為** 0 **的軌跡。**(b)**以暫態故障模型所執行的相同實驗。注意到，暫態故障可以得到很好的處理，但是持續故障則對電池電量產生一個過度悲觀的結果**

除非故障排除，否則總有一個時刻($t = 22$)機器人會確信它的電池已經空乏；假設，然後它應該發出一個求救信號，並且關機。哎呀，這個過於簡單的感測器模型會引導機器人誤入歧途。這個可如何固定？考慮一個大家熟悉的、來自於人日常駕駛的例子：在急速轉彎或者陡峭的山路上，有時汽車的「油箱已空」警示燈會打開。但駕車的人不是先尋找求助電話，而只是回想起當汽油在油箱裡搖來晃去時油箱表經常會發生很大的誤差。這個故事的寓意是：爲了讓系統能夠正確地處理故障，感測器模型必須包含發生故障的可能性。

關於感測器最簡單的故障模型是考慮一個感測器返回某個完全不正確的值的機率，而不管世界的眞實狀態是什麼。例如，如果電池電量計發生故障，返回 0，我們可能認為：

$$P(BMeter_t = 0 \mid Battery_t = 5) = 0.03$$

這個值大概比簡單高斯誤差模型給出的機率大不少。讓我們稱之為**暫態故障模型**。當我們遇到了讀數 0 時這個模型會如何幫助我們？倘若根據到目前為止的讀數而計算出的電池空乏的預測機率要比 0.03 小得多，那麼對於觀察值 $BMeter_{21} = 0$ 的最好解譯是電量計發生了暫時性的故障。直觀地看，我們可以認為對於電池電量水準的信度有一定的「慣性」，這能幫助我們克服電量計讀數的暫時異常。在圖 15.14(b)中，上方的曲線顯示暫態故障模型能夠處理暫態故障，而不會造成信度的災難性突變。

關於暫時性現象就說到這裡。但是當感知器發生持續故障時該怎麼辦？很遺憾，這種故障發生得實在太普遍了。如果感測器連續 20 次返回讀數 5，然後緊接著連續 20 次讀數 0，這時上一段所描述的暫態感測器故障模型會讓機器人逐漸相信它的電池確實已經空乏，而實際的情況卻可能是電量計失效了。在圖 15.14(b)中，下方的曲線顯示了這種情況下的信度軌跡。在時刻 $t = 25$——連續出現 5 個讀數 0——機器人確信它的電池已經空乏了。顯然，我們寧可讓機器人相信是它的電池電量計壞了——如果實際上這個事件更有可能發生的話。

毫不奇怪，要處理持續故障我們需要一個能夠描述感測器在正常條件下以及出現故障後如何行為表現的**持續故障模型**。為了做到這一點，我們需要再增加一個表示系統隱狀態的附加變數，例如 *BMBroken*，來表示電池電量計的狀態。持續故障必須用連接 $BMBroken_0$ 到 $BMBroken_1$ 的邊來建立模型。這條**持續邊**的條件機率表給出了一個在任何指定時間步發生故障的微小機率，例如 0.001，但也明確說明一旦感測器發生故障，故障狀態就會持續。當感測器正常時，*BMeter* 的感測器模型和暫態故障模型是相同的；而當感測器發生故障時，它規定 *BMeter* 永遠是 0 值，而不考慮電池的實際電量。

電池電量感測器的持續故障模型如圖 15.15(a)所示。它在兩個資料序列(暫時突變和持續故障)下的性能如圖 15.15(b)所示。關於這些曲線有一些事情需要注意。首先，在暫時突變的情況下，感測器發生故障的機率在出現第二個讀數 0 後顯著上升，但是一旦觀察到讀數 5 後又很快降回到 0。其次，在持續故障的情形下，感測器發生故障的機率很快上升到幾乎等於 1，並且保持這個機率。最後，一旦確信感測器發生了故障，機器人就只能假設其電池電量的消耗處於「正常」速度，如圖中逐漸遞減的曲線 $E(Battery_t \mid \ldots)$所示。

到目前為止，我們對複雜過程的表示還僅僅觸及皮毛而已。轉移模型的變化非常多，包含的主題之間的差異之大，就如同對人類內分泌系統建立模型和對高速公路上多車輛行駛建立模型之間的差異那樣可能有根本性的不同。對感測器模型本身就是一個巨大的子領域，不過一些更加精細的現象，例如感測器漂移、突然失准，以及一些外部條件(例如天氣)對感測器讀數的影響，都能夠透過動態貝氏網路的顯式表示加以處理。

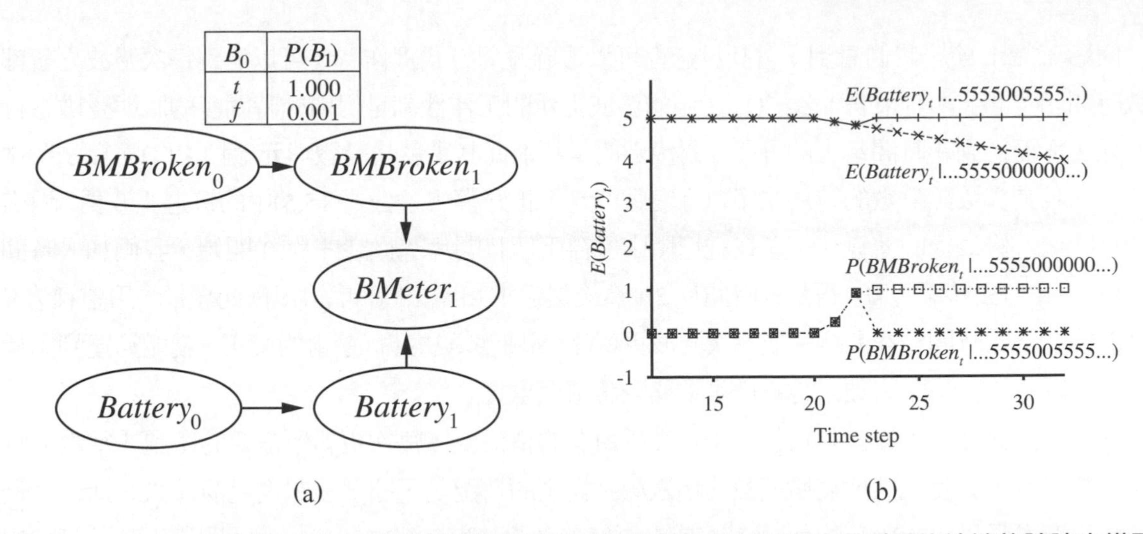

圖 15.15 (a) DBN 的局部，顯示了這些感知器的狀態變數(需要藉以對電池感測器的持續故障建立模型)；(b) 上方曲線：對於「暫態故障」和「持續故障」的觀察序列，$Battert_t$ 期望值的軌跡。下方曲線：已知這兩種觀察序列下，*BMBroken* 的機率軌跡

15.5.2 動態貝氏網路中的精確推理

已經概略說明了一些將複雜過程表示爲動態貝氏網路的想法，現在我們轉到推理問題上。從某種意義上來說，這個問題已經得到解答：動態貝氏網路仍然是貝氏網路，而我們已經瞭解了貝氏網路中的推理演算法。給定一個觀察序列，我們可以建構動態貝氏網路的全貝氏網路表示，透過複製時間片的方式，直到網路大到足以容納該觀測序列，如圖 15.16 所示。這種技術於第 14 章提過關係機率模型的本文，被稱爲**展開**(unrolling)。(從技術的角度講，動態貝氏網路等價於透過不斷地展開而得到的半無限網路。在最後一次觀察之後才加入的時間片對觀察期間的推理沒有任何影響，因此可以忽略)。一旦動態貝氏網路被展開，就可以使用在第 14 章中描述過的任何推理演算法——變數消元、聯合樹方法，等等。

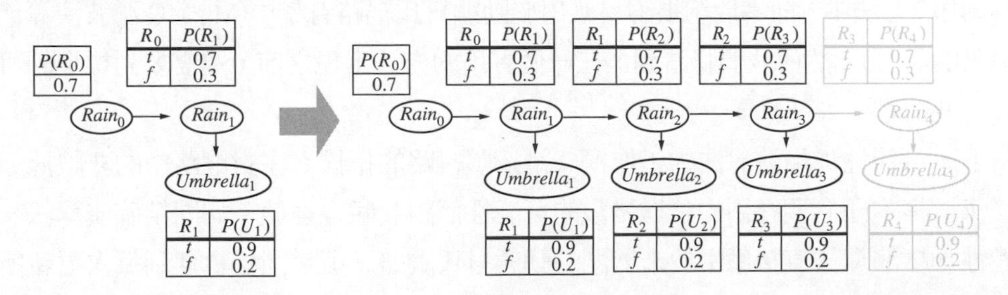

圖 15.16 展開一個動態貝氏網路：時間片被複製以容納觀察序列 Umbrella1:3。更多的時間片對觀察期內的推理也沒有影響

不幸的是，展開的樸素應用並不特別有效。如果我們想要對一個很長的觀察序列 $\mathbf{e}_{1:t}$ 進行濾波或者平滑，透過展開所得到的網路將需要 $O(t)$的儲存空間，而且因此隨著更多觀察結果的不斷加入，所需的儲存空間將無限增長。另外，如果每當新的觀察結果加入時我們只是簡單地重新執行推理演算法，那麼每次更新所需的時間也同樣以 $O(t)$的速度增長。

回顧 15.2.1 節，我們看到，當計算過程可以透過遞迴方式實作時，可以達到每次濾波更新都是常數時間和空間。本質來看，公式(15.5)中的濾波更新的工作機制是對前一時間步的狀態變數進行求和消元，從而得到新時間步上的分佈。對變數的求和消元其實就是**變數消元**(圖 14.11)演算法所做的事情，而且其實按照變數的時序次序執行變數消元，正好模仿了公式(15.5)中的遞迴濾波更新操作。在任意時刻，修改後的演算法至多在記憶體中保存兩個時間片：從時間片 0 開始，我們加入時間片 1，透過求和消去時間片 0，再加入時間片 2，然後透過求和消去時間片 1，依此類推。用這種方法，我們能夠在常數時間和空間內完成每次濾波更新(對團塊演算法進行適當的修正，就能夠達到同樣的性能表現)。習題 15.17 會要求你為雨傘網路驗證這個事實。

好訊息到此為止；後面是壞訊息：在幾乎所有的情況下，每次更新所需要的所謂「常數」時間與空間複雜度，其實是狀態變數個數的指數級。發生的情況是，隨著變數消元演算法的進行，這些因數會逐漸增長以包括所有的狀態變數(或者更準確地說，所有那些在前一個時間片中有父節點的狀態變數)。最大因數的規模是 $O(d^{n+k})$，而每步驟的所有更新代價為 $O(nd^{n+k})$，其中 d 是變數的定義域大小且 k 是任意狀態變數的親代的最大數字。

當然，這比隱馬可夫模型的更新代價，即 $O(d^{2n})$要低得多，但當變數個數很多時仍然是不可行的。這個殘酷的事實讓人有些難以接受。它意味著即使我們可以使用動態貝氏網路表示非常複雜但變數間聯繫卻很稀疏的時序過程，我們仍然不能對這些過程進行有效而精確的推理。表示在所有變數上的事前聯合機率分佈的動態貝氏網路模型本身可以分解成構成它的條件機率表，但是在觀察序列上條件化的事後聯合機率分佈——即，前向訊息——通常不是可分解的。到目前為止，還沒有人找到繞過這個問題的途徑，儘管很多科學與工程的重要領域都將從這個問題的解決中受益匪淺。因此，我們不得不再回頭求助於近似方法。

15.5.3 動態貝氏網路中的近似推理

第 14.5 節描述了兩種近似演算法：可能性加權(圖 14.15)和馬可夫鏈蒙特卡洛演算法(MCMC，圖 14.16)。這兩種方法中，前者能夠很容易應用於動態貝氏網路背景中(MCMC 濾波演算法簡短地敘述於本章最末的註釋)。然而我們將看到，在一個實用的方法出現之前，還需要對標準的可能性加權演算法進行一些改進。

回顧一下，可能性加權演算法的工作模式是按照網路的拓撲次序對網路中的非證據節點進行取樣，並根據每個樣本關於觀察到的證據變數的可能性而對其賦以權值。如同精確演算法一樣，我們可以將可能性加權演算法直接應用於未展開的動態貝氏網路，但這同樣會遇到每次更新所需要的時間與空間隨觀察序列增長而增長的問題。問題在於標準演算法在對整個網路的處理過程中依次處理每個樣本。替代地，我們可以簡單地一次一個時間片地沿動態貝氏網路一併處理全部 N 個樣本。修正後的演算法與濾波演算法的一般模式相一致，其中 N 個樣本的集合可看作是前向訊息。那麼，第一個關鍵創新在於，使用樣本本身作為當前狀態分佈的近似表示。這符合每次更新的「常數」時間要求，雖然這個常數取決於保持準確近似所需的樣本數。這裡同樣不需要展開動態貝氏網路，因為我們在記憶體中只需要保存當前時間片和下一個時間片。

在第 14 章關於可能性加權的討論中，我們指出如果證據變數位於被取樣變數的「下游」，那麼演算法的精度會大打折扣，因爲在這種情況下所產生的樣本不受證據的任何影響。考察一下動態貝氏網路的典型結構——例如圖 15.16 中所示的雨傘 DBN——我們發現後面的證據變數確實沒有爲前面狀態變數的取樣帶來任何益處。事實上，更仔細地觀察這個問題，我們就會發現任何狀態變數的祖先節點中都不包含任何證據變數！因此，儘管每個樣本的權值都應該取決於證據，實際產生的樣本集合卻完全不依賴於證據。例如，即使老闆每天都帶著雨傘，取樣過程仍然會產生有無盡的晴天的幻覺。這意味著在現實中與眞實的事件序列(且因此有不可忽視的重要性)保持相當接近的樣本比例，將隨著觀察序列的長度 t 增加而呈指數級下降。換句話說，爲了保持一定的精度水準，我們需要增加的樣本數會隨 t 呈指數級增長。限定即時執行的濾波演算法只能使用固定數目的樣本，這使得演算法誤差將在少數幾次更新步驟之後放大。

顯然需要一個更好解決方案。第二個關鍵創新在於將取樣集合集中於狀態空間的高機率區域。根據觀察值的計算結果，透過捨棄一些權值極低的樣本，同時增加高權值樣本，我們能夠做到這點。透過這種方式，樣本的母體能夠保持與現實相當接近。如果把樣本視爲一種資源在對事後機率建立模型方面，那麼使用更多的處於事後機率較高的狀態空間區域的樣本是有意義的。

稱爲**粒子濾波**的演算法族就是爲此而設計。其工作原理如下：首先，根據事前機率分佈 $\mathbf{P}(\mathbf{X}_0)$ 進行取樣，從而得到由 N 個初始態樣本構成的母體。然後對每個時間步重複下面的更新迴圈：

1. 對於每個樣本，透過轉移模型 $\mathbf{P}(\mathbf{X}_{t+1} \mid \mathbf{x}_t)$，在給定樣本的當前狀態值 $\mathbf{x}_t$ 條件下，對下一個狀態值 $\mathbf{x}_{t+1}$ 進行取樣使得每個樣本前向傳播。
2. 對於每個樣本，透過它賦予新證據的似然值 $\mathbf{P}(\mathbf{e}_{t+1} \mid \mathbf{x}_{t+1})$進行加權。
3. 對總體樣本進行重新取樣以產生一個新的 N 樣本總體。從當前的總體中選出每個新樣本；某個樣本被選中的機率與其權值成正比。新的樣本未被賦權。

詳細演算法如圖 15.17 所示；圖 15.18 用實例說明了演算法在雨傘動態貝氏網路上的操作。

```
function PARTICLE-FILTERING(e, N, dbn) returns a set of samples for the next time step
  inputs: e, the new incoming evidence
          N, the number of samples to be maintained
          dbn, a DBN with prior P(X0), transition model P(X1|X0), sensor model P(E1|X1)
  persistent: S, a vector of samples of size N, initially generated from P(X0)
  local variables: W, a vector of weights of size N

  for i = 1 to N do
     S[i] ← sample from P(X1 | X0 = S[i])   /* step 1 */
     W[i] ← P(e | X1 = S[i])                /* step 2 */
  S ← WEIGHTED-SAMPLE-WITH-REPLACEMENT(N, S, W)        /* step 3 */
  return S
```

圖 15.17 實作為對狀態(樣本集)的遞迴更新操作的粒子濾波演算法。每個取樣操作都包含按照拓撲次序對相關時間片變數的取樣，非常類似於 PRIOR-SAMPLE。而 WEIGHT-SAMPLE-WITH-REPLACEMENT 操作則可實作為在期望時間 $O(N)$內完成執行。步驟號碼指的是課文中的敘述

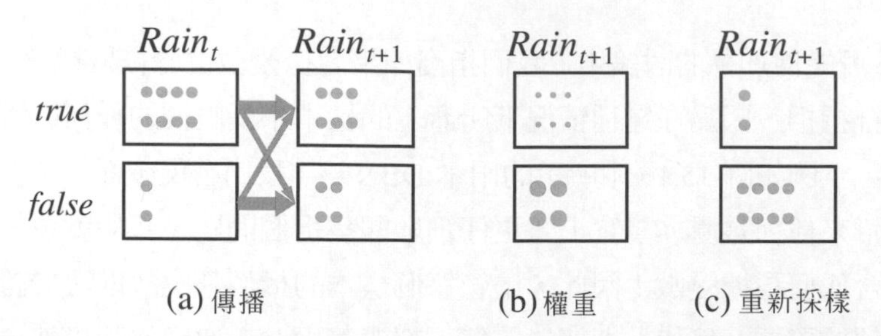

圖 15.18 $N = 10$ **時雨傘 DBN 的粒子濾波更新循環，圖中顯示了每種狀態的樣本母體。**

(a) **在時刻** t，8 **個樣本顯示** *Rain*(**下雨**)，2 **個樣本顯示**$\neg$*Rain*(**不下雨**)。**透過轉移模型對下一個狀態進行取樣，從而每個樣本都向前傳遞。在時刻** t，6 **個樣本顯示** *Rain*(**下雨**)，4 **個樣本顯示**$\neg$*Rain*(**不下雨**)。

(b) **在時刻** $t + 1$ **觀察到**$\neg$*Umbrella*(**主管沒有帶雨傘**)。**對於觀察，每個樣本根據其可能性而作加權，圖中用小圓圈的大小表示。**

(c) **透過對當前的樣本集合進行加權隨機選擇得到一個** 10 **個樣本的新集合，結果有** 2 **個樣本顯示** *Rain*，8 **個樣本顯示**$\neg$*Rain*

透過考慮演算法在一次更新迴圈中所發生的事情，可證明該演算法是一致的——當 N 趨於無窮大時演算法能夠給出正確的機率。我們假設取樣總體是從時刻 t 的前向訊息 $\mathbf{f}_{1:t}$ 的正確表示開始的。用 $N(\mathbf{x}_t \mid \mathbf{e}_{1:t})$表示處理完觀察 $\mathbf{e}_{1:t}$ 之後時具有狀態 $\mathbf{x}_t$ 的樣本個數，因此對於足夠大的 N 我們有：

$$N(\mathbf{x}_t \mid \mathbf{e}_{1:t}) / N = P(\mathbf{x}_t \mid \mathbf{e}_{1:t}) \tag{15.23}$$

對於大的 N。現在我們在給定時刻 t 的樣本值的條件下，透過在時刻 $t + 1$ 對狀態變數進行取樣而將每個樣本向前傳播。從每個 $\mathbf{x}_t$ 狀態到達狀態 $\mathbf{x}_{t+1}$ 的樣本個數等於轉移機率乘以 $\mathbf{x}_t$ 的總量；因此到達狀態 $\mathbf{x}_{t+1}$ 的總樣本數等於：

$$N(\mathbf{x}_{t+1} \mid \mathbf{e}_{1:t}) = \sum_{\mathbf{x}_t} P(\mathbf{x}_{t+1} \mid \mathbf{x}_t) N(\mathbf{x}_t \mid \mathbf{e}_{1:t})$$

現根據每個樣本對於時刻 $t + 1$ 的證據的可能性爲其賦權。處狀態 $\mathbf{x}_{t+1}$ 的樣本得到權值 $P(\mathbf{e}_{t+1} \mid \mathbf{x}_{t+1})$。因此在觀察到證據 $\mathbf{e}_{t+1}$ 後處於狀態 $\mathbf{x}_{t+1}$ 的樣本總權值爲：

$$W(\mathbf{x}_{t+1} \mid \mathbf{e}_{1:t+1}) = P(\mathbf{e}_{t+1} \mid \mathbf{x}_{t+1})\, N(\mathbf{x}_{t+1} \mid \mathbf{e}_{1:t})$$

現在考慮重新取樣步驟。既然每一個樣本都以與其權值成正比的機率被複製，重新取樣後處於狀態 $\mathbf{x}_{t+1}$ 的樣本數與重新取樣前的狀態 $\mathbf{x}_{t+1}$ 中的總權值成正比：

$$\begin{aligned}
N(\mathbf{x}_{t+1} \mid \mathbf{e}_{1:t+1}) / N &= \alpha\, W(\mathbf{x}_{t+1} \mid \mathbf{e}_{1:t+1}) \\
&= \alpha\, P(\mathbf{e}_{t+1} \mid \mathbf{x}_{t+1})\, N(\mathbf{x}_{t+1} \mid \mathbf{e}_{1:t}) \\
&= \alpha\, P(\mathbf{e}_{t+1} \mid \mathbf{x}_{t+1}) \sum_{\mathbf{x}_t} P(\mathbf{x}_{t+1} \mid \mathbf{x}_t) N(\mathbf{x}_t \mid \mathbf{e}_{1:t}) \\
&= \alpha\, N P(\mathbf{e}_{t+1} \mid \mathbf{x}_{t+1}) \sum_{\mathbf{x}_t} P(\mathbf{x}_{t+1} \mid \mathbf{x}_t) P(\mathbf{x}_t \mid \mathbf{e}_{1:t}) && \text{(根據公式 15.23)} \\
&= \alpha'\, P(\mathbf{e}_{t+1} \mid \mathbf{x}_{t+1}) \sum_{\mathbf{x}_t} P(\mathbf{x}_{t+1} \mid \mathbf{x}_t) P(\mathbf{x}_t \mid \mathbf{e}_{1:t}) \\
&= P(\mathbf{x}_{t+1} \mid \mathbf{e}_{1:t+1}) && \text{(根據公式 15.5)}
\end{aligned}$$

從而，經過一次更新迴圈後的樣本總體正確地表示了時刻 $t + 1$ 的前向訊息。

故粒子濾波演算法是一致的，但它是有效率的嗎？實際中，這個問題的答案看來是肯定的：粒子濾波似乎能夠透過常數數目的樣本維持對真實事後機率的良好近似。在某些假設之下——實際上在轉移模型和感測模型的機率僅限於大於 0 且小於 1——可證明這個趨近以高的機率維持有界誤差。在實際方面，應用範圍已成長至包含科學與工程的各領域，部分參考在章節最末給出。

15.6 多重目標的追蹤

在先前章節已考量的——但未提及到——包含單一目標的狀態估計問題。在這個章節，我們看到當兩個或是更多的目標產生的觀測將會發生什麼。什麼會使得這個情況不同於單純舊狀態估計，其中有關於哪個目標產生哪個觀察之不確定的可能性。這是 14.6.3 節的**身份不確定**問題，在現在的時空背景下檢視。在控制理論文獻中，有一個**資料關連**問題——即是隨著目標所產生的資料觀測關連的問題。

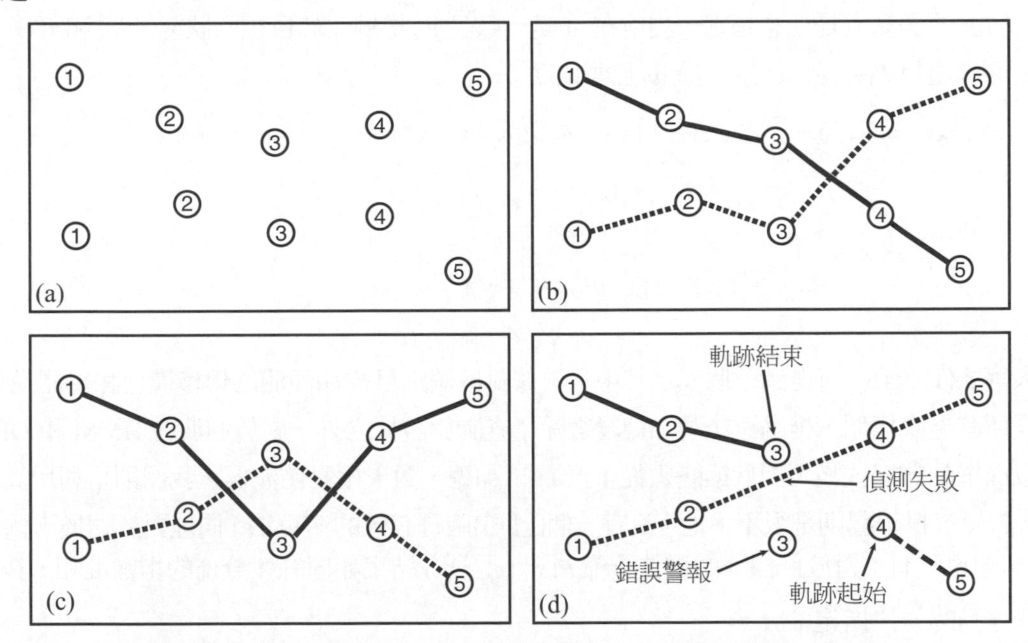

圖 15.19 (a) 以 5 個時間步對 2D 空間的目標位置的觀察。每個觀測都標有時間步，但沒有確定產生它的目標。(b–c) 關於潛在目標軌跡的可能假設。(d) 此圖所示之假設為，在其情形中，可能會有錯誤警報、偵測失敗與軌跡起始/結束

資料關連問題原先在雷達追蹤的環境已研究過，其中以旋轉的雷達天線在固定時間間隔內偵測到反射脈衝。在每個時間步，多重光點出現在螢幕上，但沒有直接觀測出哪些光點是屬於在時間點 t、哪些光點是屬於在時間點 $t-1$。圖 15.19(a)在 5 個時間步以每個時間步 2 個光點所表示的簡單範例。令這兩個光點位置在時間點 t 為 e_t^1 和 e_t^2。(光點標示時間步為「1」和「2」是完全任意地且不帶有資訊)讓我們假設對於時間正有兩架飛機 A 和 B，產生 2 個光點，它們的真實位置是 X_t^A 和 X_t^B。為讓事情簡化，我們也假設每架飛機根據已知的轉移模型獨立移動——意即，線性高斯模型使用於卡爾曼濾波器(15.4 節)。

假設我們試著寫下對於此情境的所有機率模型，正如同我們對一般時序過程所做的等式(15.3)。通常，聯合分佈因數對於每個時間步的貢獻如下：

$$P(x_{0:t}^A, x_{0:t}^B, e_{1:t}^1, e_{1:t}^2,) = P(x_{0:t}^A)P(x_{0:t}^A)\prod_{i=1}^{t} P(x_i^A \mid x_{i-1}^A)P(x_i^B \mid x_{i-1}^B)P(e_i^1, e_i^2 \mid x_i^A, x_i^B) \tag{15.24}$$

我們要將觀測項目 $P(e_i^1, e_i^2 \mid x_i^A, x_i^B)$ 因數包括至兩項的乘積，每個目標各一，但是這必須知道哪個目標產生了哪個觀測。取而代之，我們必須把所有對於目標之相關觀測的可能方法加總。這方法的部分表示在圖 15.19(b–c)，一般來說，對於 n 個目標和 T 個時間步有$(n!)T$ 方法實現——是一個非常大的數目。

以數學上而言，「目標的觀測相關的方法」是一個未觀測的隨機變數的聚集，其中對於每個觀測辨識其來源。我們以 ω_t 來代表這在時間點 t 一對一地從目標對應於觀測，其中 $\omega_t(A)$和 $\omega_t(B)$代表特殊觀測(1 或 2)且 ω_t 指派給 A 和 B。(對於 n 個目標，ω_t 將有 $n!$個可能值，在此 $n! = 2$)。由於標示「1」和「2」於觀測上是任意指定，先前在 ω_t 是一致且 ω_t 是獨立於目標的狀態，x_t^A 和 x_t^B。因此我們可決定觀測項目 $P(e_i^1, e_i^2 \mid x_i^A, x_i^B)$ 於 ω_t 且簡化爲：

$$\begin{aligned}
P(e_i^1, e_i^2 \mid x_i^A, x_i^B) &= \sum_{\omega_i} P(e_i^1, e_i^2 \mid x_i^A, x_i^B, \omega_i)P(\omega_i \mid x_i^A, x_i^B) \\
&= \sum_{\omega_i} P(e_i^{\omega_i(A)} \mid x_i^A)P(e_i^{\omega_i(B)} \mid x_i^B)P(\omega_i \mid x_i^A, x_i^B) \\
&= \frac{1}{2}\sum_{\omega_i} P(e_i^{\omega_i(A)} \mid x_i^A)P(e_i^{\omega_i(B)} \mid x_i^B)
\end{aligned}$$

將此置入等式(15.24)，可得到一個表示其中只根據對於個別目標和觀測的轉移模型和感測模型。

如同所有機率模型，推論意味著加總變數除了查詢與證據之外。對於濾波在 HMM 和 DBN，我們可以以簡單動態程式技巧對狀態變數從 1 至 $t-1$ 加總，對卡爾曼濾波器，我們則是利用高斯的特別屬性。對於資料相關則是很不幸地，沒有一個(已知)確實有效的演算法，同理對於切換卡爾曼濾波器(15.4.4 節)也沒有：對於目標 A 的濾波分佈 $P(x_t^A \mid e_{1:t}^1, e_{1:t}^2)$ 結束如同許多分佈的指數混和，其中每個取得觀測序列的方法指定給 A。

由於確切推論之複雜度的結果，已經用過很多不同的近似方法。最簡單的方法是選擇單一「最佳」任務於每個時間步，給定在當前時間步目標的預測位置。這個任務以目標爲相關觀測，並且啓動並更新每個目標的軌跡，且爲下一個時間步做預測。爲了選擇「最佳」任務，一般使用稱爲**最近鄰濾波器**，其反覆地選擇預測位置的最接近搭配，而且觀測並加入搭配於任務。最近鄰濾波器當目標在狀態空間妥善地分佈時運作良好，並且不確定預測與觀測錯誤很小——換言之，沒有混淆的可能性。當有更多的不確定性於正確任務時，一個較好的方法是選擇任務將當前觀測給定的預測位置的聯合機率最大化。這可以使用**匈牙利演算法**(Hungarian algorithm)有效率地解決(Kuhn，1955)，即使有 $n!$個任務選擇。

任何的方法投入單一最佳任務於每個時間步，在更困難的條件下則慘痛地失敗。特別是若演算法投入於一個不正確的任務，下一個時間步的預測會明顯地錯誤，導致更多錯誤任務，以此類推。兩個近代方法產生更多的效益。**粒子濾波**演算法(見第 15.5.3 節)對於藉由維護龐大可能現行任務的蒐集對資料關連運作。**MCMC** 演算法發展任務歷史的空間—對於練習，圖 15.19(b–c)可能是狀態在 MCMC 狀態空間——並且有關前一任務的選擇可能改變主意。現行 MCMC 資料關連方法可即時處理數以百個目標，當給定一個好的近似於眞實事後分佈。

目前描述的情景包含 n 個已知目標產生 n 個觀測於每一個時間步。資料關連的實際應用通常是更爲複雜的。通常，回報的觀測包括**錯誤警報**(也稱爲 **clutter**，**混雜**)，其中不是眞實目標所造成的。**偵測失敗**可能發生，意思是對於眞實目標沒有觀測的回報最後，新目標來臨且舊目標消失。這些現象，建立更多可能世界必須要煩惱的，介紹於圖 15.19(d)。

圖 15.20 表示兩張在加州公路由不同廣角相機所拍攝。在這個應用中我們對兩個目標有興趣：在當前交通條件下，在公路系統中由一個地點移動到另一個地點，估計其所需時間，並且量測流量，即是多少的車輛在系統中兩個地點間移動，於日子中特定的時間與一週之中特定日子。兩者目標皆是需解決資料關連問題，透過廣大區域、許多的相機與每小時數以千計的車輛。影像監視中，錯誤警告由移動的陰影、聯結車輛、泥潭的反射等所產生；偵測失敗是由於塞車、濃霧、陰天與缺少可見度對比；車輛不時地進出高速公路系統。此外，任何的車輛外觀在各個相機之間皆會有戲劇化的改變，取決於光線條件、於影像中的車輛角度及轉移模型的改變隨著往返塞車。儘管有這些問題，近代資料關連演算法已克服估計眞實世界中設定的交通參數。

資料關連是追蹤複雜世界之基礎的要點，因爲缺少它將無法合併由任何給定目標的多重觀測。當目標在世界中與其他複雜的活動互相交流，理解這個世界需要以相關機率模型及 14.6.3 節的開放宇宙機率模型合併資料關連。這是當前很活躍的一個研究領域。

(a)

(b)

圖 15.20　加州山克拉門都的 99 號高速公路上的影像：由(a)上行與(b)下行的視攝影機(約離 2 英里遠)。車輛皆在兩個相機中被辨認出

15.7 總結

本章所強調的主要是關於機率時序過程的表示與推理的一般問題。要點如下：

- 世界中不斷發生變化的狀態是用一個隨機變數集表示每個時間點的狀態來處理的。
- 可以把表示方法設計成滿足**馬可夫特性**，這樣只要給定了現在的狀態，未來就不再依賴於過去。再結合**穩態**過程假設——也就是說，過程的動態特性不隨時間發生改變——通常能夠簡化對問題的表示。
- 可以認為時序機率模型包含了描述演化資訊的**轉移模型**和描述觀察過程的**感測器模型**。
- 時序模型中的主要推理任務包括：**濾波**、**預測**、**平滑**以及計算**最可能解譯**。這些任務的每一個都可以透過簡單的遞迴演算法實作，並且其執行時間與序列長度呈線性關係。
- 本章更深入地研究了 3 個時序模型族：**隱馬可夫模型**、**卡爾曼濾波器**以及**動態貝氏網路**(前兩者是後者的特殊情況)。
- 除非像在卡爾曼濾波器中採用特殊假設，否則多狀態變數上的精確推理是相當困難。事實上，**粒子濾波**演算法看來是一種有效的近似演算法。
- 當試著追蹤數個目標的時候，不確定性則提高(根據哪個觀測屬於哪個目標)——這種**資料關連**問題。數種關連假設是典型地龐大難以處理的，但 MCMC 與粒子演算法對於資料關連在實際上運作良好。

參考文獻與歷史的註釋 BIBLIOGRAPHICAL AND HISTORICAL NOTES

對動態系統的狀態進行估計的很多基本想法都來自於數學家高斯 C. F. Gauss (1809)，他為了解決根據天文觀察估計星體軌道的問題對一個確定性的最小平方演算法進行了公式化表示。馬可夫(A. A. Markov，1913)在他的隨機過程分析中發展出了後來所稱的**馬可夫假設**；他對《葉甫根尼・奧涅金》(**編註**：*Eugene Onegin*，俄國詩人普希金的作品)正文中的所有字母估算了一個一階馬可夫鏈。馬可夫鏈的通用理論及其混合時間在 Levin 等(2008)被談論到。

關於濾波的重要分類工作是在二戰期間完成的，其中維納(Wiener，1942)完成了連續時間過程，而柯爾莫哥洛夫(Kolmogorov，1941)完成了離散時間過程。雖然這個工作導致了接下來 20 年間重要的技術進展，但它所使用的頻域表示方法使得很多計算過程變得非常繁冗。Swerling(1959)和卡爾曼(Kalman，1965)顯示，隨機過程的直接狀態空間建立模型其實更簡單。後面那篇卡爾曼的論文引入了用於帶有高斯雜訊的線性系統中的前向推理方法，現在被稱為卡爾曼濾波器；卡爾曼的結論，然而先前已由丹麥統計學家 Thorvold Thiele(1880)及俄羅斯數學家 Ruslan Stratonovich(1959)得到，後者於 1960 年與卡爾曼在莫斯科碰過面。1960 年參訪過 NASA 艾姆斯研究中心(Ames Research Center)後，卡爾曼發現其方法的適用性對於追蹤火箭軌跡，並且之後濾波器用於阿波羅任務。Rauch 等人(1965)推導出了關於平滑的重要結論，而名稱給人留下深刻印象的 Rauch-Tung-Striebel 平滑器直到今天還是一種標準技術。Gelb(1974)收集了很多早期的結論。Bar-Shalom 和 Fortmann(1988)給出了一種貝氏風格的更加現代化的處理方法，以及很多關於這個主題的文獻參考。Chatfield(1989)和 Box 等(1994)則論及了時序分析的「經典」方法。

Baum 和 Petrie(1966)發展了用於推理和學習的隱馬可夫模型及相關演算法，包括前向-後向演算法。維特比演算法首先發表於(Viterbi，1967)。類似的想法也同樣獨立地出現在卡爾曼濾波領域中(Rauch 等人，1965)。前向-後向演算法是期望最大化演算法(EM 演算法)的一般公式化的一個主要先驅；參見第 20 章。Binder 等人(1997b)提出了常數空間平滑演算法，以及在習題 15.3 中探討的分治演算法。常數時間延遲修正平滑對於 HMM 首次發表於 Russell 和 Norvig(2003)。HMM 被發現有許多應用於語言處理(Charniak，1993)、語音辨識(Rabiner 和 Juang，1993)、機器翻譯(Och 和 Ney，2003)、計算生物學(Krogh 等，1994、Baldi 等，1994)、金融經濟學 Bhar 和 Hamori(2004)以及其他領域。已經有基本 HMM 模型的數種延伸，例如階層式 HMM(Fine 等，1998)及層積式 HMM(Oliver 等，2004)引入結構於其模型，取代 HMM 的單一狀態變數。

動態貝氏網路(DBN)可以被視爲馬可夫過程的一種稀疏編碼，其在人工智慧中的應用最早見於 Dean 和 Kanazawa(1989b)，Nicholson(1992)以及 Kjaerulff(1992)。對 HUGIN 貝氏網路系統最近的擴展用以供應動態貝氏網路。由 Dean 和 Wellman (1991)的著作助於將 DBN 普及化並且在人工智慧範疇以機率方法規劃並控制。Murphy (2002)提供了 DBN 的徹底分析。

關於在電腦視覺中爲各種複雜運動過程建立模型，動態貝氏網路的使用已經非常普遍(Huang 等人，1994；Intille 和 Bobick，1999)。如同 HMM，他們也發現其應用於語音辨識(Zweig 和 Russell，1998、Richardson 等，2000、Stephenson 等，2000、Nefian 等，2002、Livescu 等，2003)、基因學(Murphy 和 Mian，1999、Perrin 等，2003、Husmeier，2003)與機器人定位(Theocharous 等，2004)。Smyth 等人(1997)明確提出了隱馬可夫模型和動態貝氏網路模型之間，以及前向-後向演算法與貝氏網路的訊息傳播演算法之間的聯繫。而進一步與卡爾曼濾波器(及其他統計模型)的統一則出現在 Roweis 和 Ghahramani(1999)的論文中。過程存在於學習 DB 的參數(Binder 等，1997a、Ghahramani，1998)與結構(Friedman 等，1998)。

第 15.5 節描述的粒子濾波演算法有一段特別有意思的歷史。粒子濾波的第一個取樣演算法(也稱序列蒙地卡羅法)是在控制論領域由 Handschin 和 Mayne(1969)發展出來的，而重新取樣(粒子濾波的核心)的想法則出現在一本俄國控制論期刊上(Zaritskii 等人，1975)。後來它在統計學中作爲**串列重要性取樣重新取樣**(sequential importance-sampling resampling)演算法，或縮寫爲 **SIR**；在控制論中作爲粒子濾波演算法(Gordon 等人，1993；Gordon，1994)；在人工智慧中作爲**適者生存演算法**(survival of the fittest)(Kanazawa 等人，1995)；在電腦視覺中作爲**濃縮演算法**(condensation)(Isard 和 Blake，1996)等，多次被重複發明。Kanazawa 等人的論文(1995)包括了一個稱爲**證據反轉**(evidence reversal)的改進，其中時刻 $t+1$ 的狀態是以時刻 t 的狀態以及時刻 $t+1$ 的證據同時爲條件進行取樣的。這使得證據能夠直接影響樣本的產生，而 Doucet(1997)及 Chen(1998)則證明了這確實能夠降低近似誤差。粒子濾波已被應用在許多領域，包過追蹤影片中複雜動作圖樣(Isard 和 Blake，1996)、預測股票市場(de Freitas 等，2000)與行星探測器的故障診斷(Verma 等，2004)。**Rao-Blackwellized 粒子濾波器**或 **RBPF**(Doucet 等，2000、Murphy 和 Russell，2001)使用粒子濾波於狀態變數的子集合與每個粒子，對剩餘變數執行精確推理有條件地在粒子的值序列。在某些狀況 RBPF 以數千個變數狀態運作良好。RBPF 的應用於定位和映射於機器人描述於第 25 章。Doucet 等(2001)的著作蒐集許多關於**順序蒙地卡羅(SMC)**演算法的重要文獻，其中粒子濾波是最重要的事例。Pierre Del Moral 與其同事已執行 SMC 演算法的延伸理論分析(Del Moral，2004、Del Moral 等，2006)。

MCMC 方法(見 14.5.2 節)可被應用於濾波問題。吉布斯取樣可直接被應用於未展開 DBN。爲了避免隨著未展開網路成長而增加更新次數的問題，**衰減 MCMC 濾波器**(Marthi 等, 2002)偏好取樣最近狀態變數，以 $1/k^2$ 衰減的機率其變數 k 步對於過去。衰減 MCMC 可證明是非發散濾波器。非發散理論同樣可由某些種類的**假設密度濾波器**所得到。假設密度濾波器其於時間點 t 透過狀態事後分佈，屬於特殊有限參數化族系。若投射與更新步驟將其帶出此族系外，其分佈也被投射回給定的最佳趨近族系範疇中。對於 DBN，Boyen-Koller 演算法(Boyen 等，1999)與**邊界因數演算法**(Murphy 和 Weiss，2001)假設事後分佈可用小因數乘積被近似。對於時序模型還發展了各種其他技術(參見第 14 章)。Ghahramani 和 Jordan(1997)針對**因數化隱馬可夫模型**討論了一種近似演算法，即一個包含兩個或更多獨立演化的馬可夫鏈的動態貝氏網路，這些馬可夫鏈透過共用觀察流而相互聯繫。Jordan 等人(1998)討論了大量其他應用。

資料關連在多重目標追蹤以機率設定所描述首先是由 Sittler (1964)。第一個在大規模問題的實用演算法是「多重假設追蹤器(multiple hypothesis tracker)」或 MHT 演算法(Reid，1979)。許多重要的文獻由 Bar-Shalom 和 Fortmann(1988)以及 Bar-Shalom(1992)所收集。MCMC 演算法用於資料關連的開發是由於 Pasula 等(1999)，其將它應用在交通監控問題。Oh 等(2009)提供正規的分析與廣泛的實驗以比較其他方法。Schulz 等(2003)基於粒子濾波描述資料相關方法。Ingemar Cox 分析了資料關連的複雜度(Cox，1993、Cox 和 Hingorani，1994)且帶出了一個議題於視覺社群的注意。他也注意到多項式時間匈牙利演算法，對於找出最有可能任務的問題的適用性，其在追蹤社群中長期以來被認爲的棘手問題。演算法本身發表於 Kuhn(1955)基於由兩位匈牙利數學家Dénes König及 Jenö Egerváry 在 1931 年發表的論文翻譯。其基本原理先前以被導出，然而是一份未發表的拉丁文手稿由著名的普魯士數學家 Carl Gustav Jacobi(1804-1851)所著。

❖ 習題 EXERCISES

15.1 證明利用擴大的狀態變數集合，任何二階馬可夫過程都可以改寫成一階馬可夫過程。但這總能夠非常節儉地實作嗎？也就是不增加指定轉移模型所需的參數個數。

15.2 在這道習題中，我們考察在時間序列足夠長的極限情況下，雨傘世界中的機率會發生什麼事情。

a. 假設我們觀察到雨傘出現的日子的無盡序列。證明：隨著時間的推移，當天下雨的機率會單調地增加趨向一個固定點。計算其固定點。

b. 現在考慮給定頭兩天的雨傘觀察結果，對越來越久的將來進行預測的問題。首先，對 k = 1 到 20 計算機率 $P(r_{2+k}|u_1, u_2)$，並繪製其結果。你應該發現這個機率會收斂到一個固定點。證明這個固定點的值正好是 0.5。

15.3 這道習題發展了圖 15.4 所述的前向-後向演算法的一種高空間效率的變形。我們希望對 k = 1,..., t 計算 $\mathbf{P}(\mathbf{X}_k \mid \mathbf{e}_{1:t})$。這可以透過一種分治的方法實作：

a. 爲了簡化，假設 t 是奇數，並記其中點 $h = (t+1)/2$。證明只要給定初始前向訊息 $\mathbf{f}_{1:0}$，後向訊息 $\mathbf{b}_{h+1:t}$ 以及證據 $\mathbf{e}_{1:h}$ 我們就可以對 k = 1, ..., h 計算 $\mathbf{P}(\mathbf{X}_k \mid \mathbf{e}_{1:t})$。

b. 證明對於後半段序列同樣有類似的結論。

c. 已知(a)和(b)中的結論，我們可以這樣建構出一種遞迴的分治演算法：首先沿序列方向前向執行，然後從序列末端後向執行，在執行過程中只在中間和末端保存所需的訊息。於是，我們分別對序列的兩半呼叫演算法。寫出演算法的細節。

d. 計算演算法的時間和空間複雜度，表示爲序列長度 t 的函數。如果我們把整個序列分成兩個以上的部分又會怎樣？

15.4 在第 15.2.3 節，我們概述了一個在給定觀察序列下尋找最可能狀態序列的不太完善的過程。這個過程涉及透過平滑在每個時間步上尋找最可能狀態，並返回由這些狀態組成的序列。證明：對某些時序機率模型和觀察序列，這個過程會返回不可能發生的序列(即該序列的事後機率爲 0)。

15.5 等式(15.12)描述濾波步驟於 HMM 的公式化矩陣。請寫出一個用於似然的計算的相似等式，其中已在等式(15.7)大概地描述過。

15.6 考慮一個圖 4.18(最佳感測)與圖 15.7(雜訊感測)的真空世界。假設機器人接收一個觀測序列如同最佳感測，則正好有一個它應該在的可能位置。則這個位置必然是在雜訊感測下帶有十分微小的雜訊機率 ε，最有可能的位置？證明你的推斷或是舉出一個反例。

15.7 在 15.3.2 節，透過位置的事前分佈是平坦的，並且轉移機率模型假設對於移動至任意鄰近方格的機率爲相等。若是這些假設是錯的會如何？假設起始位置從房間的北西象限實際上同樣地被選過的，而且 Move 動作實際上傾向往南東移動。保持 HMM 模型爲固定，對於不同 ε 的值找出定位的影響，與路徑準確性如同傾向南東地遞增。

15.8 考慮一個真空機器人的版本(15.3.2 節)，其有儘其所能直行的策略，只有當他遇到一個障礙物時改變(隨機選擇)新的行進方向。爲了塑模這個機器人，每個狀態於這個模型由(location, heading)配對所組成。建構這個模型並且觀察維特比演算法在這個模型中如何地可追蹤機器人。機器人的策略比其隨機行走機器人更受限制，這是否意味著最有可能路徑之預測更爲精確？

15.9 這個練習關於濾波於一個沒有路標的環境。考慮一個真空機器人在空房間，由 $n \times m$ 個方形網格表示。機器人的位置是隱藏的，唯一的證據存在於觀測者是一個雜訊位置感測器，其給出機器人位置的近似。若機器人在位置(x, y)，感測器給出正確位置其機率爲 1，它立刻報告環繞著(x, y)的 8 個位置其中之一的機率各爲 0.05，它報告圍繞著這 8 個的 16 個位置其中之一的機率各爲 0.025，並且它回報「沒有讀出」剩餘機率 1。機器人的策略是取一個方向並且以每一步 0.7 的機率遵循。機器人隨基地選擇轉換新的行進方向機率爲 0.3(或是若它撞壁時轉換新的行進方向的機率爲 1)。建構這個如同 HMM 且濾波追蹤機器人。我們可追蹤機器人的路徑多精準？

15.10 我們經常希望監控一個在包含一組 k 個不同「模式」間以不可預知的方式來回切換的連續狀態系統。例如，試圖躲避導彈攻擊的飛行器可能會作出一系列不同的機動飛行動作，而導彈則試圖跟蹤。圖 15.21 中顯示出了這種**切換卡爾曼濾波器**模型的一種貝氏網路表示。

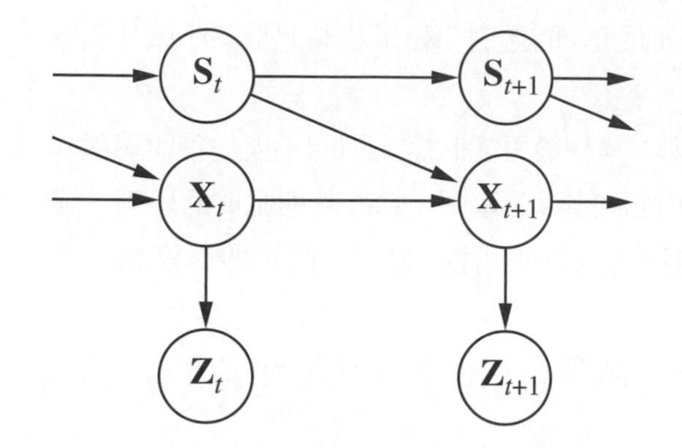

圖 15.21

切換卡爾曼濾波器的貝氏網路表示。切換變數 S_t 是一個離散狀態變數，其值決定了連續狀態變數 $\mathbf{X}_t$ 的轉移模型。對於任何離散狀態 i，轉移模型 $\mathbf{P}(\mathbf{X}_{t+1}|\mathbf{X}_t, S_t = i)$是一個線性高斯模型，正如在卡爾曼濾波器中那樣。離散狀態的轉移模型 $\mathbf{P}(S_{t+1} \mid S_t)$則可以被認為是一個矩陣，如同在隱馬可夫模型中那樣

a. 假設離散狀態 S_t 有 k 種可能的值，並且其事前連續狀態估計 $\mathbf{P}(\mathbf{X}_0)$符合多元高斯分佈。證明：預測 $\mathbf{P}(\mathbf{X}_1)$是一個**混合高斯分佈**——也就是，多個高斯分佈的加權和，其中所有權值的和等於 1。

b. 證明：如果當前的連續狀態估計 $\mathbf{P}(\mathbf{X}_t \mid \mathbf{e}_{1:t})$是 m 個高斯分佈的混合，那麼在一般情況下更新後的狀態估計 $\mathbf{P}(\mathbf{X}_{t+1} \mid \mathbf{e}_{1:t+1})$將是 km 個高斯分佈的混合。

c. 在混合高斯分佈表示中，時序過程的哪一方面最重要？

(a)和(b)中的結論共同顯示：即使對於最簡單的混合動態模型——切換卡爾曼濾波器，事後機率的表示都會無限制增長下去。

15.11 完成推導公式(15.19)時遺漏的步驟，即一維卡爾曼濾波器的第一次更新步驟。

15.12 讓我們考察一下公式(15.20)中變異數更新的行爲表現。

a. 在給定不同的 σ_x^2 和 σ_z^2 值下，繪製 σ_t^2 作爲 t 函數的影像。

b. 證明此更新過程存在一固定點 σ^2，滿足當 $t \to \infty$時 $\sigma_t^2 \to \sigma^2$ 並且計算這個σ^2的值。

c. 對當 $\sigma_x^2 \to 0$ 時以及當 $\sigma_z^2 \to 0$ 時所發生的事情給出一個定量的解譯。

15.13 一位教授要瞭解學生們是否有充分的睡眠。每天，教授觀測學生是否在課堂上打瞌睡，並且是否有紅眼。教授有下列定義域理論：

- 有充足睡眠的事前機率，在沒有觀測下是 0.6。
- 晚上 t 具有充足睡眠的機率爲 0.8，給定學生在前一晚有充足的睡眠，且 0.2 若爲否。
- 若學生有充分的睡眠，有紅眼的機率爲 0.2，且 0.7 若爲否。
- 若學生有充分的睡眠，在課堂上打瞌睡的機率爲 0.1，且 0.3 若爲否。

將這些資訊以動態貝氏網路制訂，讓教授可使用來濾波或由一連串的觀測做預測。再以隱馬可夫模型重新制定，其中只有單一觀測變數。求此模型完整機率表。

15.14 對於 DBN 詳述於習題 15.13 且對於證據變數

$\mathbf{e}_1$ = 沒有紅眼，課堂上沒打瞌睡

$\mathbf{e}_2$ = 紅眼，課堂上沒打瞌睡

$\mathbf{e}_3$ = 紅眼，課堂上打瞌睡

試做下列的計算：

a. 狀態估計：計算 $P(EnoughSleep_t \mid \mathbf{e}_{1:t})$對於每個 $t = 1, 2, 3$。

b. 平滑計算 $P(EnoughSleep_t \mid \mathbf{e}_{1:3})$對於每個 $t = 1, 2, 3$。

c. 比較濾波與平滑機率對於 $t = 1$ 和 $t = 2$。

15.15 假設一位特殊的學生出現每天紅眼且課堂中打瞌睡。給定敘述於習題 15.13 的模型，試解釋爲何學生前一晚有充足的睡眠的機率是收斂於固定點，而不是持續地倒下若我們蒐集更多天的證據。何者是固定點？用數字地(由計算)與分析地回答這個問題。

15.16 這道習題中，針對圖 15.15(a)所示的電池感測器，更仔細地分析其持續故障模型。

a. 圖 15.15(b)在 $t = 32$ 處停止。定量地描述如果感測器的讀數一直保持爲 0，當 $t \to \infty$時會發生什麼事情。

b. 假設外界溫度對感測器有這樣的影響：隨著溫度的升高，感測器更容易發生暫態故障。說明我們應當如何擴展圖 15.15(a)中的動態貝氏網路結構，並解譯條件機率表需要做什麼樣的修改。

c. 給定新的網路結構後，機器人有可能根據電池電力的讀數來推斷當前的溫度嗎？

15.17 考慮將變數消元演算法應用於展開了 3 個時間片的雨傘動態貝氏網路，假設這裡的查詢爲 $\mathbf{P}(R_3 \mid u, u_2, u_3)$。證明：演算法的複雜度——即最大因數的規模——是相同的，無論對表示下雨的變數的消元次序是從前往後還是從後往前。

本章註腳

[1] 不確定性隨著連續時間，可由**隨機微分方程**(stochastic differential equation，SDE)被模擬。這個模型的研究在本章可被視為離散時間近似於 SDE。

[2] 「濾波」這項是參考自早先於訊號處理的研究之問題根源，其問題是要將訊號中的雜訊濾除，藉由它的基本特性。

[3] 特別地，當以不正確的位置觀測追蹤一個移動的物體，平滑給出一個比濾波更平滑的估計軌跡——因而得其名。

[4] 對於向量與矩陣的基本運算不熟悉的讀者在繼續本節之前可以參考附錄 A。

[5] 嚴格地說，高斯分佈是有問題的，因為在它給很大的負充電水平分配了非 0 的機率值。對於值區間受限的變數，**β 分佈**有時候是一個更好的選擇。

MAKING SIMPLE DECISIONS

16

制訂簡單決策

本章中我們會看到代理人要如何制訂決策才能得到它想要的——至少平均而言。

在本章中，我們將詳細描述效用理論如何與機率理論相結合，以產生出一個決策理論代理人(decision-theoretic agent)——即能夠根據自己所相信的和所想要的來制訂理性決策的代理人。在由於不確定性和互相衝突的目標而使邏輯代理人做不出決定的文脈中，這種代理人仍然能夠進行決策。基於目標的代理人會在好的狀態(目標狀態)與壞的狀態(非目標狀態)之間做出二元的劃分，而決策理論代理人對於狀態的優劣則有連續的度量。

第 16.1 節介紹決策理論的基本原則：期望效用的最大化。第 16.2 節說明任何理性代理人的行爲表現都可以視爲在最大化一個假設的效用函數。第 16.3 節更加詳細地討論效用函數的本質，尤其是它們與像金錢這樣的單一量值的關係。第 16.4 節說明如何處理取決於多個量值的效用函數。在第 16.5 節，我們描述了決策系統的實作。尤其是，我們將介紹一種稱爲**決策網路**[decision network，也稱爲**影響圖**(influence diagram)]的正規表示法，其納入行動和效用而擴充貝氏網路。本章的其餘部分將討論把決策理論應用於專家系統時出現的問題。

16.1 在不確定性環境下結合信度與願望

決策理論的最簡單形式是一個基於所期望的即時結果所涉及到動作的選擇，也就是說環境假設爲依照第 2.3.2 節所定義之情境意思(這假設於第 17 章中會放寬)。於第 3 章我們使用 RESULT(s_0, a)來表記於狀態 s_0 執行動作 a 所得到的確定性結果之狀態。本章中我們將討論關於非確定性部分可觀察環境。即使代理人可能不知道現在的狀態，我們將它忽略並定義 RESULT(a)是一個隨機變數其值爲可能結果狀態。結果 s ′的機率，給定觀測證據 **e** 可寫爲

$$P(\text{Result}(a) = s' \mid a, \mathbf{e})$$

其中，在條件直槓右側的 a 代表動作 a 被執行的這個事件[1]。

代理人偏好由一個**效用函數**(utility function) $U(s)$捕捉，此函數指定單一數值來表達對一個狀態的喜好程度。給定證據後動作的**預期效用** $EU(a \mid \mathbf{e})$ ，恰爲結果的效用平均值，以結果發生的機率作爲權重：

$$EU(a|\mathbf{e}) = \sum_{s'} P(\text{Result}(a) = s' | a, \mathbf{e}) U(s') \tag{16.1}$$

最大期望效用(maximum expected utility，MEU)原則指出一個理性代理人應該選擇能最大化該代理人的期望效用的那個行動。

$$action = \underset{a}{\text{argmax}}\, EU(a|\mathbf{e})$$

在某種意義上，MEU 原則可以被視爲是定義了整個人工智慧。一個智慧型代理人所要做的全部就是計算各種量值，然後選取能最大化效用的行動，一切便大功告成。但是，這並不意味著人工智慧問題已經被這個定義解決了！

MEU 原則將一般表示給正式化，代理人必須「做對事」，但僅是對於意見的所有運作之一小部分。要了解世界的初始狀態，必須透過感知、學習、知識表示和推理。$P(\text{Result}(a)|a,\mathbf{e})$ 的計算需要世界的一個完整的因果模型，以及 NP-hard 的(巨大)貝氏網路推理，如我們在第 14 章所見。計算所得效用 $U(s')$時，往往需要搜尋或規劃，因爲代理人在知道從一個狀態可以通往何處之前，無法知道這個狀態有多好。因此，決策理論並不是解決 AI 問題的萬靈丹——但它提供了有用的框架。

MEU 原則與第 2 章所介紹的效能指標有著明顯的相關。基本概念是很簡單的。考慮所有可以讓代理人擁有給定感知歷史的環境，並考慮我們所能設計的各種代理人。假設代理人將一個效用函數最大化，則代理人將達到最高的可能效能成績(透過所有可能環境的平均)。這是 MEU 原則本身的核心論據。雖然這個斷言看起來像是同語反覆，但事實上它包含了一個重要的轉折：從理性的一個全域的、外在的標準——即針對環境歷史的效能指標——轉換到一個局部的內在標準，該標準涉及了用在下一狀態的效用函數的最大化。

16.2 效用理論的基礎

直觀上，最大期望效用(MEU)原則看起來像是做出決策的合理方法，但是從任何明顯的意義上都不能說它是唯一的理性方法。畢竟，爲什麼最大化平均效用應該如此特殊？代理人將最大化所有可能效用的立方和，或者試圖去最小化最糟糕的可能損失有什麼不對？而且，一個代理人難道不能只靠陳述對狀態之間的偏好，而不爲狀態賦予具體數值，就做出理性的行動嗎？最後，爲什麼具有必要屬性的效用函數一定存在？我們將會看到。

16.2.1 理性偏好的限制

只要寫下某些對於理性代理人應該具有的偏好的限制，然後證明 MEU 原則能夠從這些限制推導出來，就可以回答上面這些問題。我們用下列符號來描述一個代理人的偏好：

$A \succ B$　代理人偏好 A 甚於 B。

$A \sim B$　代理人對 A 和 B 的喜好程度相同。

$A \succsim B$　代理人偏好 A 甚於 B 或對兩者的喜好程度相同。

現在明顯的問題是，A 和 B 是什麼樣的東西？這些可能是世界的各洲，但通常不確定實際被提供的是什麼。例如，被提供「義大利麵或雞肉」的航空旅客並不知道錫紙蓋下所隱藏的是什麼[2]。義大利麵可能是美味的或結塊的，而雞肉也可能是多汁或過熟而面目全非。我們可將這些結果的每個動作集合想像成樂透——每個動作想像成**彩券**。一張以 $p_1, ..., p_n$ 的機率發生 $S_1,..., S_n$ 可能結果的樂透彩券 L，可被寫為

$$L = [p_1, S_1; p_2, S_2; \ldots p_n, S_n]$$

一般來說，一張彩券的每個結果既可以是一個原子狀態，也可以是另一張彩券。效用理論的主要問題，就是去理解在複雜彩券之間的偏好是以什麼方式與在彩券背後的狀態之間的偏好產生關係。為了處理這些問題，我們列出必須遵循的任何合理取捨關係的 6 種限制：

- **有序性**(orderability)：

  給定任意兩個狀態，一個理性代理人若非偏好一個狀態甚於另一個，便是對兩者的偏好程度相同。也就是說，該代理人不能逃避決策。正如我們在第 13.2.3 節所說，拒絕下注如同拒絕時間流動。

  僅有($A \succ$ B)、($B \succ$ A)、($A \sim B$)其中之一成立。

- **遞移性**(transitivity)：

  給定任意三個狀態，如果一個理性代理人偏好 A 甚於 B，偏好 B 甚於 C，那麼該代理人必定偏好 A 甚於 C。

  $$(A \succ B) \lor (B \succ C) \Rightarrow (A \succ C)$$

- **連續性**(continuity)：

  如果某個狀態 B 在偏好上處於 A 和 C 之間，那麼一定存在某個機率 p，使得該理性代理人在肯定得到 B 的彩券，與以 p 的機率產生 A 並以 $1-p$ 的機率產生 C 的彩券之間無偏好。

  $$A \succ B \succ C \Rightarrow \exists p\, [p, A; 1-p, C] \sim B$$

- **可替換性**(substitutability)：

  如果一個代理人在兩張彩券 A 和 B 之間無偏好，那麼該代理人在更複雜的兩張彩券之間也沒有偏好——這兩張彩券，除了一張彩券中的 A 被代換成 B，其餘完全相同。不論彩券中的機率和其他結果如何，可替換性都成立。

  $$A \sim B \Rightarrow [p, A; 1-p, C] \sim [p, B; 1-p, C]$$

  若我們於此公理中以 $\succ$ 取代 $\sim$ 同樣成立。

- **單調性**(monotonicity)：

  假設兩張樂透彩券都有 A 和 B 的兩種相同可能結果。如果一個代理人偏好 A 甚於 B，那麼該代理人一定偏好 A 的機率高的彩券(反之亦然)。

  $$A \succ B \;\Rightarrow\; (p > q \;\Leftrightarrow\; [p, A; 1-p, B] \succ [q, A; 1-q, B])$$

- **可分解性**(decomposability)：

  複合彩券可以透過機率法則被簡化爲較簡單的彩券。這也被稱爲「賭博無樂趣」規則，因爲其所述爲兩張相繼的彩券可被壓縮成等價的單張彩券，如圖 16.1(b)所示[3]。

  $$[p, A; 1-p, [q, B; 1-q, C]] \;\sim\; [p, A; (1-p)q, B; (1-p)(1-q), C]$$

下列限制被稱爲效用理論公理。各個公理可被激勵藉由表示代理人違背它，在某些情況下將表現出明顯不合理的行爲。例如，我們可藉著讓非傳遞偏好的代理人給我們它所有的錢來激發傳遞性。假設一個代理人具有無遞移性的偏好 $A \succ B \succ C \succ A$，其中 A、B、C 是能夠自由交易的貨物。如果代理人現在擁有 A，那麼我們可以提議用 C 交易 A 及一些現金。由於代理人偏好 C，所以它有意願達成這筆交易。然後我們又可以提出用 B 交易 C，榨出更多的金錢，最後我們用 A 交易 B。這將我們帶回了起始的地方，除了由代理人給我們的三分錢[圖 16.1(a)]。我們可以如此不斷循環，直到代理人一文不名爲止。顯然，在這種情況下代理人沒有理性地行動。

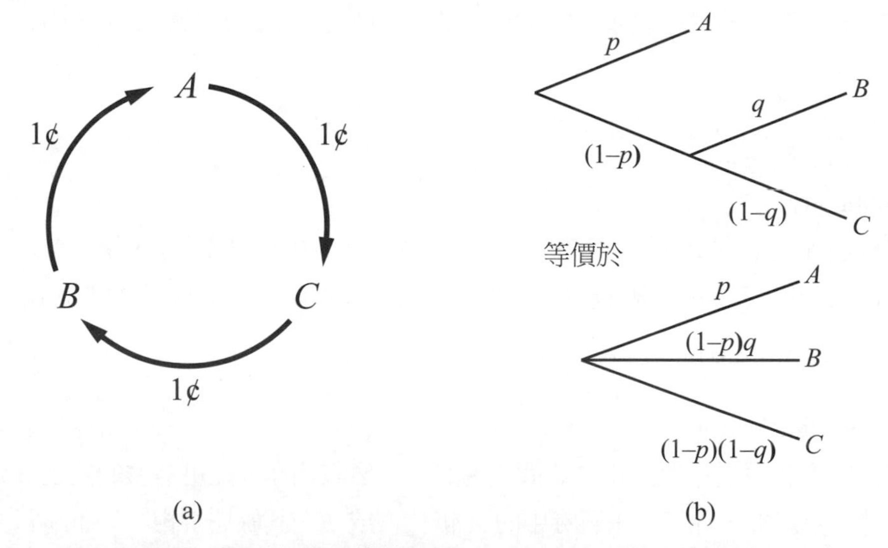

圖 16.1 (a) **一個交易循環，顯示出非遞移性偏好** $A \succ B \succ C \succ A$ **導致了非理性行動。**(b) **分解公理**

16.2.2 偏好導向效用

注意效用理論的公理是有關偏好的眞實公理——完全沒有提到效用函數。但從效用的公理實際上我們可以得到下列推論(至於證明，詳見 von Neumann 及 Morgenstern，1944)：

- **效用函數的存在性：**

  如果一個代理人的偏好遵守效用公理，則存在一個在狀態上進行操作的實數函數 U，使得 $U(A) > U(B)$若且唯若該代理人偏好 A 甚於 B，並且 $U(A) = U(B)$若且唯若該代理人在 A 和 B 之間無偏好。

  $$U(A) > U(B) \quad \Leftrightarrow \quad A \succ B$$

  $$U(A) = U(B) \quad \Leftrightarrow \quad A \sim B$$

- **樂透的期望效用：**

  一個彩券的效用是每個結果的機率與該結果的效用的乘積的加總。

  $$U([p_1, S_1; \ldots; p_n, S_n]) = \sum_i p_i U(S_i)$$

換句話說，一旦可能結果狀態的機率和效用被指定，涉及到那些狀態的複合彩券的效用就被完全確定了。由於一個非確定性行動的結果是一張彩券，則代理人會理性地行動——即是始終地維持它的偏好——僅由根據等式(16.1)選擇行動將期望效用最大化。

對於任何理性的代理人存在效用函數時前述的定理成立，但當它為單一時則不會成立。顯然地，事實上代理人的行為將不會改變，若它的效用函數 $U(S)$被轉換，根據如下

$$U'(S) = aU(S) + b \tag{16.2}$$

其中，a 和 b 是常數且 $a > 0$，一個仿射轉換[4]。這個事實在第 5 章的兩個玩家的機會遊戲被提到，這裡我們看它是完全一般的。

如同於電子遊戲，代理人在一個確定性環境僅需狀態偏好排行——號碼並不重要。這被稱為**值函數**或是**順序效用函數**。

重要的是，要記住有一個描述代理人偏好行為的效用函數的存在，並不一定意味著代理人在其本身的思考中會明確地最大化該效用函數。如我們在第 2 章中所說明的那樣，理性的行為表現可以透過任意種方法產生。不過，透過觀察一個理性代理人的偏好，觀察者可以建構效用函數來表示代理人實際地努力實踐(即使代理人並不知道)。

16.3 效用函數

效用是一個從狀態對映到實數的函數。我們知道有所有理性代理人必須遵循的效用上的某些公理。這就是我們關於效用函數所能說的一切嗎？嚴格的說，確實就是。代理人可以擁有它喜歡的任何偏好。例如，一個代理人可能偏好具有質數美元的銀行存款；在這種情況下，如果它有 16 美元，它將送出 3 美元。這必定是不尋常，但我們不能稱之為不合理。它可能偏愛一輛有凹痕的 1973 年福特 Pinto 車甚於一輛閃亮的新賓士。偏好也可以有交互作用。例如，它可能只在擁有 Pinto 車時才偏好質數美元的存款，而當它擁有賓士車時，它可能偏好更多而不是更少的存款。幸運地，真實代理人的偏好通常更為有系統的，因此較容易處理。

16.3.1 效用範圍和效用評估

若我們要建立一個決策理論系統，來幫助代理人做決定或為他(或她)作代表，我們首先必須制訂出代理人的效用函數為何。這個程序通常稱為**偏好啓發**，包含為代理人提出選擇與使用觀察的偏好來確定潛藏的效用函數。

等式(16.2)表示效用沒有絕對尺度，但儘管如此，對於建立部分尺度於對任何特定問題可被紀錄並且被比較的效用是有幫助的。尺度可藉由固定任意兩個特定結果的效用來建立，正如同我們由固定水的冰點與沸點來訂出溫度範圍。通常地，我們訂出「最佳可能獎」的效用於 $U(S) = u_\top$ 且「最糟可能災難」於 $U(S) = u_\bot$。**歸一化效用**(normalized utility)的範圍在 $u_\bot = 0$ 和 $u_\top = 1$ 之間。

給出一個效用尺度介於 $u_\top$ 和 $u_\bot$，可利用要求代理人選擇介於 S 和**標準彩券**$[p, u_\top; (1-p), u_\bot]$存取任意特定獎 S 的效用。然後不斷調整機率 p，直到代理人對 S 和標準彩券的喜好程度相同。若我們將效用歸一化，則 S 的效用就是 p。當這對於各獎項皆完成，效用對於所有彩券包括這些獎項皆已經確定。

在醫學、交通和環保等決策問題中，人們的生命面臨著風險。在這些情況下，$u_\bot$即「立即死亡(或者可能是多人死亡)」所被賦予的值。雖然沒有人會對給人類的生命賦予一個值感到舒服，但事實上權衡隨時都在進行。飛機的大規模檢修，是過了一段取決於旅程和飛行距離的時間間隔後才進行，而非在每次旅程之後都要進行。汽車的製造某種程度上，其成本相對取決於事故的存活率。弔詭的是，拒絕「給生命賦予一個貨幣價值」意味著生命常常被低估。Ross Shachter 描述了他的一個經驗：一個政府機構託人對從學校中清除石棉的問題進行研究。該研究為每名學齡兒童的生命假設了一個特定的金錢數值，並論證在該假設下理性的選擇是清除石棉。該機構對於設定生命價值的主意義憤填膺，立刻拒絕了這份報告。然後它決定反對清除石棉——暗自斷定由分析者假設的兒童生命價值過低。

曾經有人嘗試去發現人們為他們自己的生命設定的數值。醫學和安全分析中一個常用的「貨幣」是**微亡率**(micromort)，百萬分之一的死亡風險。假若你問人們將付多少代價來避免風險——例如，避免玩萬管左輪手槍的俄羅斯輪盤——他們將會付相當大的數目，可能是數萬元美金，而他們的實際行為反映出微亡率的貨幣價值還低。例如，行駛 230 英里的車程導致 1 個單位的微亡率，汽車一生的壽命——以 92000 英里來說——則是 400 個單位的微亡率。人們則表示願意花 1 萬美金(於 2009 年的價格)買較安全，其死亡機率一半的車，或者是每個微亡率 50 美金。多數的研究已確認將這範圍跨越許多個體與風險種類算在內。當然，這些參數僅於小的風險成立。大部分的人不會同意為了 5 千萬美金而自殺。

另一個測量為 **QALY** 或稱為健康人年(quality-adjusted life year)。具有部分疾病的病人期望較短的人生但卻有完整的健康。例如，腎臟病患對於兩年需洗腎的人生與一年健康的人生平均表示中立。

16.3.2 金錢的效用

效用理論源於經濟學，而經濟學為效用指標提供了一個明顯的候選者：金錢(更明確地說，就是一個代理人的淨資產)。金錢可用來交換幾乎所有種類的貨物與服務的普遍效力，暗示了它在人類效用函數中扮演著重要的角色。

代理人通常會偏好更多錢而不是更少錢，假設其他因素皆均等。我們稱該代理人對於更多數量的金錢展現出**單調偏好**(monotonic preference)。這並不代表金錢表現得如同一個效用函數，因為它並沒有說在數張涉及金錢的彩券之間要偏好哪個。

假設在一個電視遊戲節目中，你擊敗了其餘競爭者。主持人現在給了你一個選擇：要嘛你可以拿走$1,000,000 的獎金，要嘛你可以拿這些錢擲硬幣賭一把。如果硬幣正面朝上，你的結局是一無所獲，但是如果硬幣背面朝上，你就得到$2,500,000。如果你像大多數人一樣，那麼你就會拒絕賭博而選擇一百萬入袋。你在做不理性的事嗎？

假設硬幣為公平的，該賭博的**期望貨幣價值**(expected monetary value，EMV) $\frac{1}{2}$ ($0)+ $\frac{1}{2}$ ($2,500,000) = $1,250,000，較原本的$1,000,000 還多。但這並不一定意味著接受賭博是一個更好的決定。假設我們用 S_n 表示擁有總共 n 美元財產的狀態，而你目前的財產是 k 美元。那麼，接受和拒絕賭博的兩個行動的期望效用分別是：

$$EU(Accept) = \tfrac{1}{2}U(S_k) + \tfrac{1}{2}U(S_{k+3,000,000})$$
$$EU(Decline) = U(S_{k+1,000,000})$$

為了決定該做什麼，我們需要為結果狀態指定效用值。效用並不直接與貨幣價值成正比，這是因為你的前一百萬的效用很高(或者大家說的)，而額外的一百萬的效用要小的多。假設你為當前財務狀況(S_k)賦予一個效用值 5，為狀態 $S_{k+2,500,000}$ 賦予效用值 9，為狀態 $S_{k+1,000,000}$ 賦予效用值 8。那麼理性的行動會是拒絕賭博，因為接受賭博的期望效用只有 7(小於拒絕的 8)。反之，億萬富翁會想有個效用函數因為僅少少的百萬，且接受這個賭局。

在一項對實際效用函數的先驅研究中，Grayson(1960)發現金錢的效用幾乎正好與其數量的對數成比例(這個觀點最早是由 Bernoulli(1738)提出的；參見習題 16.3)。圖 16.2(a)顯示了某位 Beard 先生的一條效用曲線。從 Beard 先生的偏好中得到的資料與下面這個效用函數。

$$U(S_{k+n}) = -263.31 + 22.09 \log(n + 150,000)$$

範圍介於 $n = -\$150,000$ 和 $n = \$800,000$。

我們不應假設這是關於貨幣價值的效用函數的確定版本，但是大多數人很可能都有一個對於正財產是凹(concave)的效用函數。負債通常被認為是災難性的，不過對於不同程度債務的偏好所呈現出的曲線，會是正財產方面的凹度的反轉。例如，若有一場擲一枚均勻硬幣的賭博，正面朝上贏$10,000,000，背面朝上則輸$20,000,000，那麼某個已經負債$10,000,000 的人很可能就會接受這場賭博[5]。如此得到的 S 形的曲線如圖 16.2(b)所示。

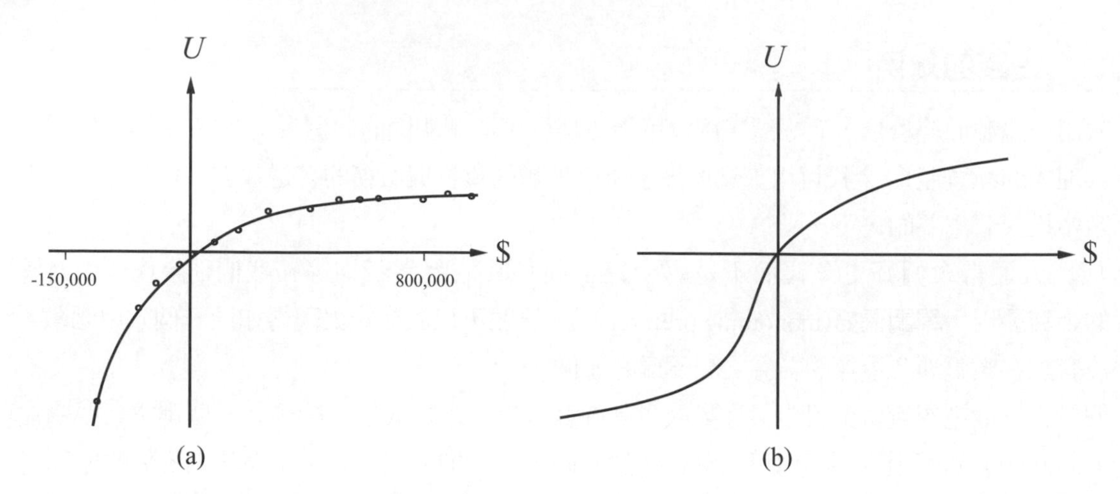

圖 16.2　金錢的效用。(a) **在有限範圍內** Beard **先生的經驗資料。**(b) **整個範圍內的典型曲線**

如果我們將注意力限定在曲線斜率遞減的正值部分上，那麼對於任意彩券 L，拿到該彩券的效用會小於確定取得該彩券的期望貨幣價值的效用：

$$U(L) < U(S_{EMV(L)})$$

這就是說，有此形狀曲線的代理人是**規避風險**(risk-averse)的：它們偏好比賭博的期望貨幣價值小的確定收益。另一方面，在圖 16.2(b)中大數額負財產的「絕望」區域，代理人的行爲則是**追求風險**(risk-seeking)的。代理人願意接受作爲彩券的替代的價值，被稱爲該彩券的**確定等值**(certainty equivalent)。研究顯示大部分人將會願意接受用$400 取代一場有有一半機會拿到$1000，而另一半機會則拿到$0 的賭博——也就是說，該彩券的確定等值是$400。一張彩券的期望貨幣價值及其確定等值之間的差稱爲**保險費**(insurance premium)。對風險的規避是保險業的基礎，這是因爲它意味著保險費是正的。人們寧願付出少量的保費，也不願意以他們的房屋作爲不會發生火災的賭注。從保險公司的角度來看，房屋的價錢與整個公司的儲備金相比是很小的。這意味著保險業者的效用曲線在這個小區域內是近似線性的，而且這個賭博對保險公司而言幾乎沒有代價。

注意到，對一個相對於當前財產來說很小的財產變動而言，幾乎任何曲線都將是近似線性的。一個擁有線性曲線的代理人被稱爲是風險中立(risk-neutral)的。因此，對於總和很小的彩券而言，我們會預期風險中立性。在某種意義上這證明了在 13.2.3 節中，爲評估機率和支持機率公理而提出小規模賭博的簡化程序是合理的。

16.3.3　期望效用與事後決策失望

選擇最佳行動 a^* 的理性方法是將期望效用最大化：

$$a^* = \operatorname*{argmax}_a EU(a \mid \mathbf{e})$$

假若我們根據機率模型正確地計算期望效用，且若機率模型正確地反映出基礎隨機程序產生的結果，則通常若整個過程重複數次，我們將會得到所期望的效用。

實際上，然而我們的模型對於眞實情況通常過於簡單，並且我們所知不足(意即，當作一個複雜投資決策時)或是因爲計算眞實期望效用太過於困難(意即，在西洋雙陸棋中估計根節點的繼承狀態之效用)。在這情況，我們實際使用估計眞實期望效用 $\widehat{EU}(a\,|\,\mathbf{e})$。我們將假設眞實期望效用 $EU(a\,|\,\mathbf{e})$ 估計爲**公正**(unbiased)，則錯誤的期望值 $E(\widehat{EU}(a\,|\,\mathbf{e}) - EU(a\,|\,\mathbf{e}))$ 則是爲零。這情況中，通常當動作被執行時，以最高估計效用選擇動作且預期接收該效用看來仍是合理的。

不幸地，眞實結果通常將比起我們預估更爲明顯地糟糕，即是經過公正地預估！要知道爲什麼考量一個有 k 個選擇的決策問題，每個都有 0 的眞實估計效用。假設於每個效用估計的錯誤平均爲零，並且爲 1 的標準差，如同圖 16.3 的粗體曲線所表示。現在，如同我們開始的產生估計，部分的錯誤將爲否定(悲觀)且部分將爲肯定(樂觀)。因爲我們以最高效用估計選擇行動，我們明顯地偏好過於樂觀的估計，這是偏差的來源。計算 k 個估計的最大之分佈是很直接的(見習題 16.10)並且因此量化我們感到失望的程度。在圖 16.3 對於 $k = 3$ 具有約 0.85 的平均，則在效用估計中平均失望將會是標準差的 85%。根據更多選擇，極度樂觀估計更可能上升：對於 $k = 30$，失望將會在估計中標準差的兩倍左右。

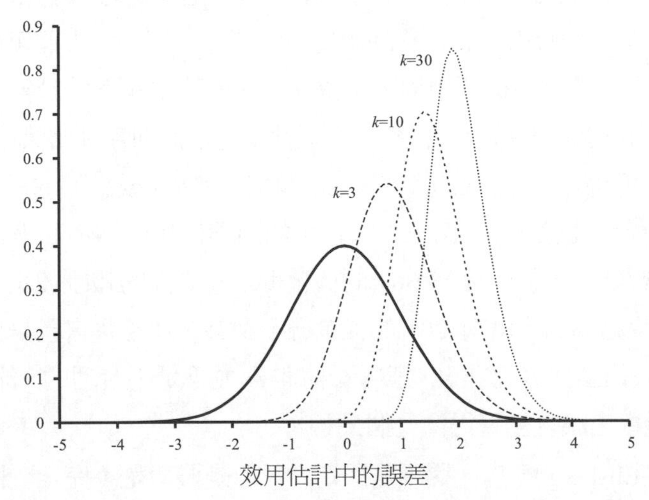

圖 16.3　圖示為對於 $k = 3$、10、30，k 個效用估計中的誤差以及 k 個估計之最大值的分佈

這個對於最佳選擇之估計期望效用太高的趨勢，稱之爲**優化的詛咒**(optimizer's curse，Smith 和 Winkler，2006)。它困擾著即使是最富決定的分析師與統計學家。嚴肅地表示包含猜想施予在臨床試驗已治癒了 80%的病患的新藥，將治癒 80%的病患(從 k 爲數千種候選的藥物中選出)，共同基金廣告將會持續地高於平均水準的回報(這項廣告源自這在公司的投資組合中的基金 k 爲數打中選出)。這可能看來是最佳選擇的例子或不是，若在效用估計的變異高：由數以千計的嘗試中選出一項藥品，在 10 位病患中治癒 9 位可能比起 1000 位病患中治癒 800 位的藥品還來得糟。

因爲效用最大化選擇程序的無所不在，優化的詛咒在各處發生，因此選用效用估計面值上是不好的主意。我們可以在效用估計中使用對於錯誤的明確機率模型 $\mathbf{P}(\widehat{EU}\,|\,EU)$ 避開詛咒。給定這個模型與事前機率模型 $\mathbf{P}(EU)$ 於可能是我們對於效用的合理期望，將它視爲效用估計，一旦得到就如同對於使用貝氏法則的眞實效用的證據與計算事後分佈。

16.3.4 人為判斷與無理性

決策理論是個規範性的理論：它描述了一個理性代理人應該如何行動。一個描述性理論於另一方面描述實際代理人——例如，人類——的眞實行爲。若兩者相符則經濟理論的應用將大大地提高，但看來要是某些對於反論的實驗證據。證據表明人類是「可預料的不合理」(Ariely，2009)。

最爲人所知的問題是 Allais 悖論(Allais，1953)。人們有機會選擇彩券 A 和 B 之一以及 C 和 D 之一，其中有下列獎項：

A： 80%的機會得到$4000　　C：20%的機會得到$4000

B：100%的機會得到$3000　　D：25%的機會得到$3000

多數的人堅持地偏好 B 勝過 A(得到確實的東西)及偏好 C 勝過 D(有較高的 EMV)。規範分析並不同意！我們可以最容易看到這，若我們使用由等式(16.2)的自由暗示來指定 $U(\$0) = 0$。在這個情況則 $B \succ A$ 意味著 $U(\$3000) > 0.8\,U(\$4000)$，而 $C \succ D$ 意味正好相反。換句話說，似乎沒有一個效用函數能與這些選擇保持一致。一個對於明顯的不合理喜好的解釋是**確定性效應**(Kahneman 和 Tversky，1979)：人們被某些收益強烈地吸引。有數種理由爲何會如此。第一，人們可能偏好降低他們的計算負擔，藉由選擇某些結果，他們不需要用機率來做計算。即使當包含的計算是非常間單的，但這個影響持續地。第二，人們可能懷疑被指定機率的合理性。我相信翻轉硬幣大約是 50/50，若我操縱著硬幣與翻轉，但我可能不會相信由某個此結果的既得利益者所完成翻轉的結果[6]。既然存在著不相信，選擇確定的事情可能會比較好[7]。第三，人們可能因爲他們的經濟狀態而左右了情緒狀態。人們知道他們會有遺憾的經驗，若他們因爲 80%的機會可以有更高的報酬放棄了報酬 B，但卻失去了報酬 B。換句話說，如果選擇 A，就有 20%的機會得不到錢，並感覺自己是個大白癡，這比單單得不到錢還糟。所以或許人們選擇 B 而非 A，選擇 C 而非 D 並不是不合理的，他們會說他們放棄 EMV 的$200 以避免有 20%機率來讓自己覺得像是個呆子。

一個相關的問題是 Ellsberg 悖論。獎項是固定的，但是機率是不完全受限制的。你的收益將會取決於甕中所選到球的顏色。你被告知甕中有 1/3 紅色球和 2/3 是黑色或是黃色球，但你不知道有多少的黑色球和黃色球。再一次，你被要求選擇彩券 A 或 B 以及 C 或者是 D：

A：$100 對於一個紅色球　　C：$100 對於一個紅色球或黃色球

B：$100 對於一個黑色球　　D：$100 對於一個黑色球或黃色球

這會非常清楚，若你認爲紅色球比黑色球更多則你會偏好 A 而不是 B 且偏好 C 而不是 D，若你認爲紅色球比黑色球更少則會偏好相反的。但結果是多數的人們偏好 A 而不是 B 且同樣偏好 D 而非 C，即使沒有一個世界的狀態可以指出這是理性的。這看似人們有**模糊厭惡**：A 給你 1/3 的贏面機會，而 B 是介於 0 與 2/3 之間。相似地 D 給了 2/3 的機會則 C 可能介於 1/3 至 3/3 之間。多數的人們選擇已知的機率而不是未知的機率。

另外一個問題是決策問題的確切措辭會對代理人的選擇有很大的衝擊，這被稱作爲**框架效應**(the framing effect)。實驗表示人們對於治療過程中，偏好對具有「90%的存活率」的敘述是「10%的死亡率」的敘述之兩倍，即使兩者的敘述指的正是同一件事。這決定的差異在不同的實驗中被發現，並且都是相同的不論實驗對象爲診所的病人、統計先進的商業學校學生或經驗豐富的醫師。

人們對於相對相對效用判斷比起絕對的一個會感到較爲舒適。對於餐廳所提供各種的紅酒，我有一點小小的想法。餐廳利用此優勢，知道提供一瓶$200 的紅酒不會有人買，但這是爲了讓顧客對於所有的紅酒評估，而讓$55 一瓶的紅酒會看起來像是特價。這被稱爲**錨定效應**(anchoring effect)。

如果我們的人類資訊提供者們都堅持矛盾的偏好判斷，那麼我們的代理人也就沒辦法與他們保持一致。幸運的是，根據進一步的考慮，人類做出的偏好判斷通常是可接受更正的。悖論例如像是 Allais 悖論若選擇更好的解釋則有相當地縮減(但並非消除)。在哈佛商學院評估金錢的效用的早期工作中，Keeney 和 Raiffa(1976，p. 210)發現了下述事實：

> 被調查人在小數目上傾向於過度地規避風險，因此……對於分佈範圍大的彩券，擬合(fitted)出來的效用函數顯現出不可接受的高保險費。……然而，大多數的被調查人都能夠調和他們的不一致性，並感到在發現自己真正想要做的事上學會了重要的一課。結果，一些受試者取消了他們的汽車碰撞保險，並脫離了更多的定期壽險。

對於**演化心裡學**的研究者來說，人類不合理性的證據同樣地也是個問題，學者指出人類腦袋的決策判斷機制，不包含解決表示爲小數的文字問題。讓我們給予爲了論證，大腦內建的神經機制以用來計算機率與效用，或者在某些功能上等效。假若如此，所需要的輸入將是包含經過結果與報償的經驗累積，而不是經過數字化的語言表達。這明顯偏離我們可以依照語言/數字格式來表示決策問題，來直接存取大腦的內建神經機制。這個事實於相同決策問題的不同字眼，引出不同選擇建議，其問題本身並未完成。在刺激下的觀察，心理學家嘗試著以不確定推論與決策判斷「適當的進化」形式提出問題，例如，取代說「90%生存率」，實驗者展示出 100 個人物動畫，其中病人有 10 個死亡且有 90 個存活下來(在這實驗中，無聊是個複雜的因數！)。以這樣的方式提出決策問題，人們將會比先前懷疑的更接近理性行爲。

16.4 多屬性效用函數

公共政策領域的中決策是高風險的，事關生死及鉅額的金錢。例如，在決定要允許發電廠何種等級的害物質排放到環境中時，決策者必須在造成的死亡和殘疾相對於發電廠帶來的好處，以及減少排放量對於經濟的負擔之間做一權衡。要確定一座新機場的位置，就得考慮到施工帶來的破壞、土地成本、到人口中心的距離、飛行作業的噪音、當地地形和天氣條件帶來的安全問題，等等。**多屬性效用理論**(multiattribute utility theory)處理的就是這類結果需要用兩個以上的屬性來描述的問題。

我們將屬性的集合寫作 $\mathbf{X} = X_1, ..., X_n$；一個完整賦值的向量則是 $\mathbf{x} = \langle x_1, ..., x_n \rangle$，其中 x_i 是一個帶有假設序列的數值或離散值。我們會假設分佈的較高值符合較高的效用，其他所有的則爲相等。例如，如果我們選擇 *AbsenceOfNoise*(無噪音)作爲機場問題中的一個屬性，那麼其值越大，問題的解就越好[8]。我們起頭會先考察不須將屬性值結合成單一效用值就可以制訂決策的情況。然後我們將檢視屬性組合的效用能夠被非常簡明地指定的例子。

16.4.1 支配

假設機場位址 S_1 成本較低，產生的噪音污染較少，而且比位置 S_2 安全。那麼人們將毫不遲疑地否決 S_2。這樣我們便稱 S_1 **嚴格支配**(strictly dominate) S_2。一般而言，如果一個選項的所有屬性的值都比另外某個選擇的屬性來得低，就沒有進一步考慮它的需要了。雖然嚴格支配很少產生出唯一的選擇，但它用來縮小實際競爭者的數目是很有效的。圖 16.4(a)是兩屬性的狀況的一個示意圖。

在屬性值都已確知的確定性情況中，這沒有什麼問題。至於在行動結果不確定的一般情況下呢？我們可以建構一種對嚴格支配的直接類比：儘管有不確定性，S_1 的所有可能的具體結果仍都嚴格支配 S_2 的所有可能結果[參見圖 16.4(b)]。當然，這很可能比確定性的情況更難發生。

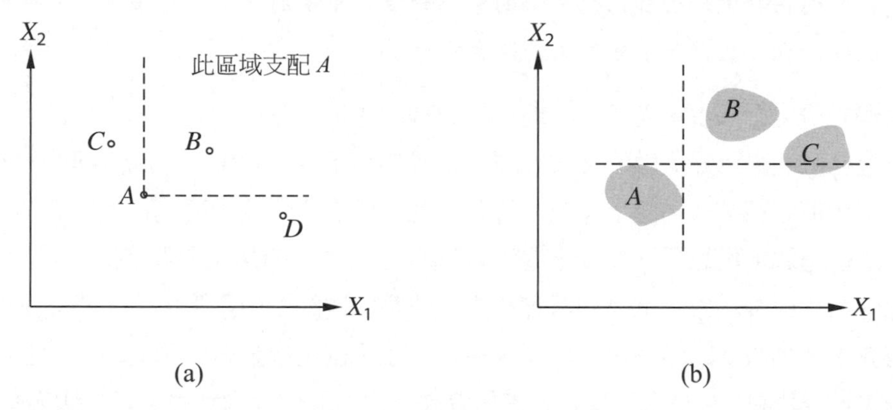

圖 16.4 嚴格支配。(a) **確定性的**：A 由 B 嚴格支配，而非 C 或 D。(b) **不確定性的**：A 由 B 嚴格支配，而非 C

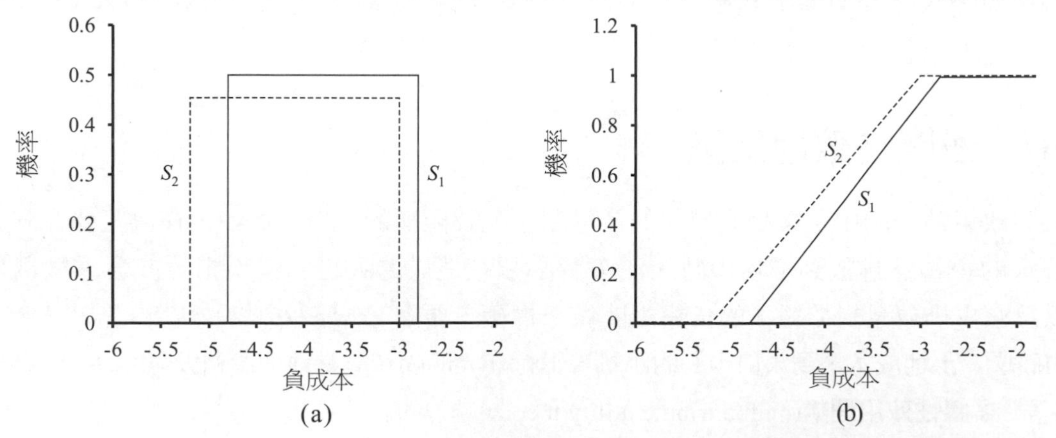

圖 16.5 隨機支配。(a) S_1 在成本上隨機支配 S_2。(b) S_1 和 S_2 的負成本的累積分佈

所幸，有一個更有用的推廣，稱爲**隨機支配**(stochastic dominance)；此種狀況在實際問題中出現得非常頻繁。隨機優勢在單一屬性的狀況中最容易理解。假設我們相信將機場定址在 S_1 的成本均勻分佈在 28 億美元和 48 億美元之間，而定址在 S_2 的成本則均勻分佈在 30 億美元和 52 億美元之間。圖 16.5(a)顯示這些分佈，其中成本被描繪爲負值。那麼，我們只要知道效用會隨著成本減少而降低，我們就可以說 S_1 隨機支配 S_2(也就是說，可以放棄 S_2)。必須注意的是，這並不是從對期望成本的比較得出來的。例如，如果我們知道 S_1 的成本就是 38 億美元，那麼在沒有關於金錢的效用的額外資訊的情況下，我們仍將做不出決策。知道更多關於 S_1 的成本資訊卻使得代理人更難做出決策，這可能看起來很古怪。解決這個詭論的方法是注意到以下這點：在沒有精確成本資訊時，決策會較容易判斷但是更有可能是錯的。

要了解建立隨機支配所需的一組屬性分佈之間的精確關係，最好的方法是由**累積分佈**來察看，如圖 16.5(b)所示。累計分佈所度量的是成本小於或等於任何給定數量的機率——也就是說，它對原始分佈做積分。如果 S_1 的累積分佈總是在 S_2 的累積分佈的右側，那麼，從隨機的角度來看，S_1 比 S_2 便宜。正規地說，如果兩個行動 A_1 和 A_2 導致了屬性 X 上的機率分佈 $p_1(x)$和 $p_2(x)$，那麼當下式成立時， A_1 在 X 上隨機支配 A_2：

$$\forall x \quad \int_{-\infty}^{x} p_1(x')dx' \leq \int_{-\infty}^{x} p_2(x')dx'$$

這項定義與最佳決策選擇的相關性來自以下性質：如果 A_1 隨機支配 A_2，那麼對於任何單調非遞減效用函數 $U(x)$，A_1 的期望效用至少與 A_2 的期望效用一樣高。因此，如果在所有屬性上，一個行動都被另一個行動隨機支配，那麼我們可以放棄被支配的行動。

隨機支配條件看起來似乎頗爲技術性，並且不經過大規模的機率計算的話，或許不容易進行評斷。然而在很多情形中，要做判定其實是很容易的。例如，假設建築運輸成本取決於與供應商的距離。成本本身是不確定的，但是距離越遠，成本越高。如果 S_1 比 S_2 近，那麼 S_1 將在成本上支配 S_2。雖然我們不在這裡介紹，不過確實存在一些演算法，可以在**定性機率網路**(qualitative probabilistic network)中的不確定變數之間傳播這種定性資訊，使得一個系統能夠在不使用任何數值的情況下，基於隨機支配做出理性決策。

16.4.2 偏好結構和多屬性效用

假設我們有 n 個屬性，每個屬性有 d 個不同的可能值。在最壞的情況下，我們需要 d^n 個值才足以完整定義效用函數 $U(x_1, \ldots, x_n)$。這裡的最壞情況對應於代理人的偏好沒有任何規律的情形。多屬性效用理論則假設典型代理人的偏好會比上述情況更有結構。基本方法是，找出我們在偏好行爲中預期會看到的規律性，然後用所謂的**表示定理**(representation theorem)來證明，具有某種偏好結構的代理人會有一個效用方程式：

$$U(x_1, \ldots, x_n) = F[f_1(x_1), \ldots, f_n(x_n)]$$

我們希望 f 是一個像加法一樣簡單的函數。注意這與使用貝氏網路去分解幾個隨機變數的聯合機率之間的相似性。

不包含不確定性的偏好

讓我們從確定性的情況開始。先前提過，對一個確定性環境，代理人會有一個價值函數 $V(x_1, \ldots, x_n)$；我們的目標是簡潔地表示這個函數。確定性偏好結構產生的基本規律性被稱爲**偏好獨立性**。如果結果$\langle x_1, x_2, x_3\rangle$和$\langle x_1', x_2', x_3\rangle$之間的偏好不取決屬性 X_3 的特定值 x_3，則 X_1 和 X_2 這兩項屬性的偏好獨立於第三個屬性 X_3。

回到機場的例子；在此例中，我們(在所有屬性中)要考慮的有 *Noise*，*Cost* 和 *Deaths*，而有人可能提出 *Noise* 和 *Cost* 偏好獨立於 *Deaths*。例如，如果當安全級別是每百萬乘客英里死亡 0.06 人時，我們偏好一個有 2 萬人居住在航道上、機場建築成本爲 20 億美元的狀態，甚於另一個有 7 萬人居住在航線上、機場建築成本爲 37 億美元的狀態，那麼當安全等級是 0.12 和 0.03 時，我們將會維持同樣的偏好；而且對於在任意一對 *Noise* 和 *Cost* 值之間的偏好，相同的獨立性都成立。同樣明顯的是，*Cost* 和 *Deaths* 偏好獨立於 *Noise*，*Noise* 和 *Deaths* 偏好獨立於 *Cost*。我們稱屬性{*Noise*, *Cost*, *Deaths*}的集合顯示出**相互偏好獨立性**(mutual preference independence，MPI)。MPI 顯示，儘管每個屬性可能都是重要的，但是它不會影響其他屬性之間的交相權衡。

相互偏好獨立性是個拗口的概念，不過藉由經濟學家 Debreu(1960)提出的著名定理，我們可以爲代理人的價值函數導出一個非常簡單的形式：如果屬性 $X_1, \ldots, X_n$ 是相互偏好獨立的，那麼該代理人的偏好行爲可以被描述爲對下面的函數進行最大化

$$V(x_1, \ldots, x_n) = \sum_i V_i(x_i)$$

其中每個 V_i 是只涉及屬性 X_i 的一個價值函數。例如，機場決策很可能可以使用下面的價值函數做出：

$$V(noise, cost, deaths) = -\text{noise} \times 10^4 - \text{cost} - \text{deaths} \times 10^{12}$$

這類的價值函數被稱爲**加法價值函數**。加法函數是描述代理人價值函數的一個極自然的方式，並且在很多現實世界的狀況中都有效。對於 n 個分佈，評估加法價值函數需要存取 n 個離散一維價值函數，而不是 1 個 n 維函數；通常，這表示在偏好實驗中需要進行指數地消減。甚至當 MPI 不嚴格成立時，例如屬性的值極高或極低的情況下，加法價值函數仍然可能爲代理人的偏好提供一個不錯的近似。當對 MPI 的違反出現在實際中不太可能發生的屬性範圍時，就更是這樣了。

爲了更瞭解 MPI，它幫助確認這情況是否成立。假設你在一個中世紀市場，考慮購買些獵犬、雞和給雞用的柳條籠。獵犬看來非常有價值，但若你沒有足夠的籠子給雞，狗會吃了這些雞，在此權衡狗與雞是強烈地取決於籠子的數目，且是違背 MPI 的。這些類型互動的存在，關於各種分佈使得它更難存取整個價值函數。

包含不確定性的偏好

當領域中存在不確定性時，我們還需要考慮彩券之間的偏好結構，並且要理解它爲效用函數(而不只是價值函數)上帶來的屬性。這個問題牽扯到的數學可以變得非常複雜，所以我們只提出其中一項主要成果，以讓讀者對它可以做什麼有一個感覺。讀者可以參考 Keeney 和 Raiffa(1976)對該領域的一篇全面綜述。

效用獨立性的基本概念將偏好獨立性擴展到彩券：對於兩個屬性集合 **X** 和 **Y**，如果根據 **X** 中的屬性的值而對彩券之間的做出的偏好與 **Y** 中屬性的特定值獨立，那麼 **X** 就效用獨立於 **Y**。當一個屬性集合的每個子集都效用獨立於其餘的所有屬性時，它便滿足**相互效用獨立性**(mutual utility independence，MUI)。再次，假設機場屬性滿足 MUI 似乎也是合理的。

MUI 意味著代理人的行爲可以用**乘法效用函數**(Keeney，1974)來描述。乘法效用函數的一般形式可以透過觀察 3 個屬性的情況得到最好的瞭解。爲了簡潔起見，我們用 U_i 表示 $U_i(x_i)$：

$$U = k_1U_1 + k_2U_2 + k_3U_3 + k_1k_2U_1U_2 + k_2k_3U_2U_3 + k_3k_1U_3U_1 + k_1k_2\ k_3U_1U_2\ U_3$$

雖然這看起來並不十分簡單，但是它只包含 3 個單一屬性效用函數和 3 個常數。整體而言，一個顯現出 MUI 的 n 屬性問題可以用 n 個單一屬性效用函數和 n 個常數來建立模型。每個單一屬性效用函數可以獨立於其他屬性而發展，並且這個組合將保證能產生正確的整體偏好。要得到一個純粹的加法效用函數的話，我們還得做另外的假設。

16.5 決策網路

在本節中，我們將檢視做出理性決策的一個通用機制。這種標記法常常被稱爲**影響圖**(influence diagram)(Howard 及 Matheson，1984)，但我們將使用更具描述性的術語：**決策網路**(decision network)。決策網路結合了貝氏網路以及表示行動和效用的額外節點類型。我們將舉機場選址作爲例子。

16.5.1 以決策網路表示決策問題

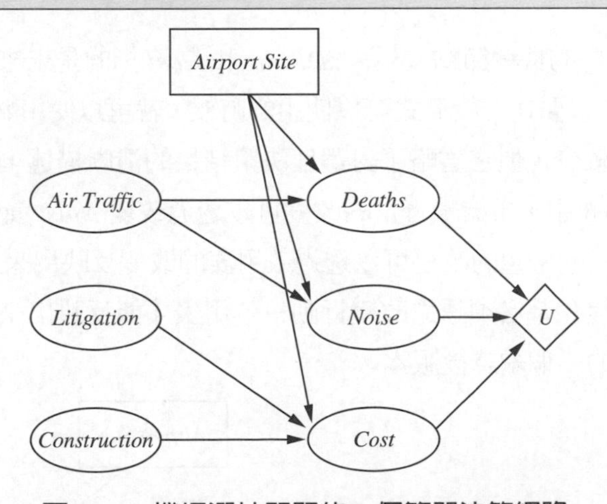

圖 16.6 機場選址問題的一個簡單決策網路

在其最一般的形式中，一個決策網路表示了下述資訊：代理人目前的狀態、其可能行動、其行動所能產生的狀態，以及狀態的效用。因此，決策網路提供了基於效用的代理人在實作時的一個底層基礎(此類代理人最早在第 2.4.5 節中介紹過)。圖 16.6 是機場選址問題的一個決策網路。它顯示了三種類型的節點：

- **機會節點**(chance node，橢圓)
  代表隨機變數，就像它們在貝氏網路中一樣。代理人對建築成本、空中交通量別和訴訟可能性，以及 *Deaths*，*Noise* 和總 *Cost* 等變數都不確定，而每個變數的值又取決於選擇的地點。每個機會節點與一個條件分佈相聯繫；該分佈以父節點的狀態作爲索引。在決策網路中，父節點既可以包括決策節點也可以包括機會節點。注意：每個當前狀態的機會節點都可能是一個大的貝氏網路的部分，用以評估建築成本、空中交通量或者訴訟可能性。
- **決策節點**(decision node，矩形)
  代表在該節點上決策制訂者有一些行動可供選擇。在本例中，*AirportSite*(機場位置)行動對每個考慮中的位置都有不同的值。位置選擇影響到成本、安全性以及帶來的噪音。在本章中，我們假設我們處理的是單一決策節點。第 17 章將處理必須制訂多個決策的情況。
- **效用節點**(菱形)
  代表代理人的效用函數[9]任一個變數，只要它描述的結果狀態會直接影響效用，就都是效用節點的父節點。與效用節點相聯繫的是對於代理人效用的描述，即一個父節點屬性的函數。這個描述可能只是函數的表格化，也可能是參數化的加法或多重線性函數。

在許多情況下，一種簡化的形式也被使用著。標記法維持不變，但是描述結果狀態的機會節點被略去。反之，效用節點直接連接到當前狀態節點和決策節點。在這個例子，並非表示效用函數於結果狀態，效用節點表示期望效用與每個動作有關，如同等式(16.1)中的定義，因此節點是與**行動－效用函數**相關(如在第 21 章中所述，在強化學習中也稱爲 **Q 函數**)。圖 16.7 是機場問題的行動-效用表示。

要注意，因爲圖 16.6 中的機會節點 *Noise*、*Deaths* 和 *Cost* 指的是未來的狀態，所以絕不可以把它們設成證據變數。因此，只要在一般形式可以使用的時候，就可以使用略去這些節點的簡化版本。儘管簡化形式裡的節點比較少，但它省略了對選址決策結果的清晰描述，導致其對應環境變化的靈活度降低。例如，在圖 16.6 中，飛機噪音量的改變可以透過改變 *Noise* 節點的條件機率表而反映出來，而效用函數中噪音污染的權重的改變可以透過效用表的改變反映出來。然而，在圖 16.7 的行動－效用圖中，所有這樣的變化都必須透過改變行動－效用表才能反映出來。本質上而言，行動－效用的表示法是原始表示法的一個編譯後版本。

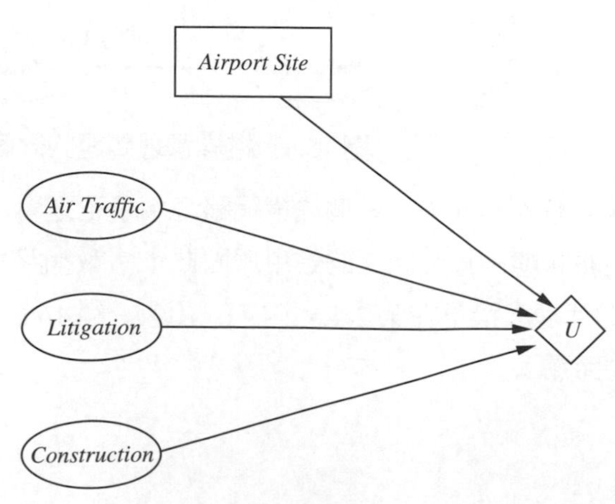

圖 16.7

機場選址問題的一個簡化表示。對應結果狀態的機會節點被略去

16.5.2 評價決策網路

藉由計算決策網路在決策節點的每種可能設定下的值，便能對行動做出選擇。一旦決策節點的值被設定，它的表現就和一個被設爲證據變數的機會節點完全相同。評估決策網路的演算法如下：

1. 爲當前狀態設定證據變數。
2. 對於決策節點的每個可能值；
   (a) 將決策節點設爲該值。
   (b) 使用一個標準的機率推理演算法，計算效用節點的父節點的事後機率。
   (c) 爲該行動計算結果效用。
3. 傳回效用最高的行動。

這是貝氏網路演算法的一個簡單擴展，並可以直接納入圖 13.1 中的代理人設計。在第 17 章中我們將看到，依序執行數個行動的可能性會使問題變得有趣得多。

16.6 資訊價值

在先前的分析中，我們假設了所有相關的資訊，或者至少所有可用的資訊，都是在代理人做出決策之前提供給它的。實務上這近乎不可能發生。制訂決策的最重要的一個部分，就是要知道該問什麼問題。例如，醫生不可能在病人第一次進入診療室的時候，就期望能得到所有可能的檢驗和問診的結果[10]。檢驗往往是昂貴的，有時候還是危險的(可能來自檢驗本身或是其導致的延誤治療)。檢驗的重要性取決於兩個因素：測試結果是否會帶來一個明顯更佳的治療計畫，以及各種不同的測試結果的可能性有多高。

本節描述的**資訊價值理論**，可使代理人能夠選擇要獲取什麼資訊。我們假設事前選擇一個由決策節點表示「眞實」動作，代理人可以得到模型中任意的潛在可觀測機會變數的值。因此，資訊價值理論包含了序向決策制訂的簡單形式——簡單是因爲觀測動作僅影響代理人的**信度狀態**，並非延伸實體狀態。任意特定觀測值必須由潛在得出，以影響代理人最終實體行動，並且這個潛在可由決策模型中直接估計出。

16.6.1 一個簡單例子

假設一個石油公司希望購買 n 塊不可區分的海洋開採權中的一塊。讓我們進一步假設其中只有一塊含有石油，價值爲 C 美元，而其他是沒有價值的。而每塊的價錢是 C/n 美元。如果該公司是風險中立的，它將認爲買一塊與不買沒有區別。

現在假設一個地震學家爲該公司提供對第 3 塊海洋的調查結果，而這個結果明確指出該塊海洋是否含有石油。該公司該要願意爲這個資訊付多少錢？回答這個問題的方法是考察該公司得到這個資訊後將會做什麼：

- 有 $1/n$ 的機會，調查將指出第 3 塊海洋中含有石油。在這種情況下，該公司將會以 C/n 美元買下第 3 塊海洋開採權，並獲利 $C - C/n = (n-1)\,C/n$ 美元。
- 有$(n-1)/n$ 的機會，調查將指出第 3 塊海洋中不含石油。在這種情況下，該公司將買剩下$(n-1)$塊中的一塊。既然在其餘塊中的任意一塊內發現石油的機率從 $1/n$ 提升為 $1/(n-1)$，該公司的期望獲利便是 $C/(n-1) - C/n = C/n(n-1)$美元。

有了調查資訊後，我們便可以計算期望利潤：

$$\frac{1}{n}\times\frac{(n-1)C}{n}+\frac{n-1}{n}\times\frac{C}{n(n-1)}=C/n$$

因此，該公司應該會願意為這個資訊支付地震學家最多 C/n 美元：這項資訊與這塊塊本身具有同等的價值。資訊的價值來自於這樣一個事實：

有該資訊時，一個人可以改變他的行動過程以配合實際情況。有了資訊，人便可以對不同情形進行區分對待，而沒有該資訊時，人就得做出對於所有可能情形平均而言的最佳行動。一般來說，一項給定資訊的價值被定義為獲得該資訊之前和之後的最佳行動的期望價值之間的差別。

16.6.2 最佳資訊的一條通用公式

要為資訊價值推導出一條通用的數學公式是很簡單的。我們假設，某個隨機變數 E_j 的值是可以得到正確的證據(亦即，我們得知 $E_j = e_j$)，因此使用**完全資訊價值**(VPI)這個詞[11]。

令代理人的初始證據為 **e**。那麼目前最佳行動 α 的價值定義為：

$$EU(\alpha\,|\,\mathbf{e})=\max_{a}\sum_{s'}P(\text{Result}(a)=s'\,|\,a,\mathbf{e})U(s')$$

在得到新證據 E_j 之後，新的最佳行動價值為：

$$EU(\alpha_{e_j}\,|\,\mathbf{e},e_j)=\max_{a}\sum_{s'}P(\text{Result}(a)=s'\,|\,a,\mathbf{e},e_j)U(s')$$

但 E_j 是一個其值為目前未知的隨機變數，所以為求出發現 E_j 之價值(已知目前資訊 **e** 下)，我們必須使用對其值的目前信念，來平均就 E_j 我們可以發現的所有可能值 e_{jk}。

$$VPI_{\mathbf{e}}(E_j)=\left(\sum_{k}P(E_j=e_{jk}\,|\,\mathbf{e})EU(\alpha_{e_{jk}}\,|\,\mathbf{e},E_j=e_{jk})\right)-EU(\alpha\,|\,\mathbf{e})$$

為了對該公式得到一些直觀認識，讓我們考慮只有兩個行動 A_1 和 A_2 可供選擇的簡單情況。它們目前的期望效用是 U_1 和 U_2。資訊 $E_j = e_{jk}$ 將為行動產生新的期望效用 U_1'和 U_2'，不過在我們得到 E_j 之前，我們將擁有 U_1' 和 U_2' 的可能值的一些機率分佈(我們假設兩個分佈是互相獨立的)。

假設 a_1 和 a_2 代表冬天裡穿越山區的兩條不同路徑，a_1 是一條路況很好、從較低區域穿越的筆直公路，a_2 則是蜿蜒翻越山頂的一條泥土路。如果只有這項資訊，顯然 a_1 是較可取的，因為 a_2 路徑很可能因雪崩而堵塞，而 a_1 路徑不太可能發生任何交通中斷。因此，U_1 明顯高於 U_2。然而，一旦取得了顯示每條道路真實狀態的衛星報告 E_j，便可以得知兩條途徑的新期望值 U_1'和 U_2'。圖 16.8(a)顯示了這些期望值的分佈。顯然，在這種情況下，獲取衛星報告的開支是不值得的，這是因為從這些報告得到的資訊不太可能改變計畫。沒有改變，資訊就沒有價值。

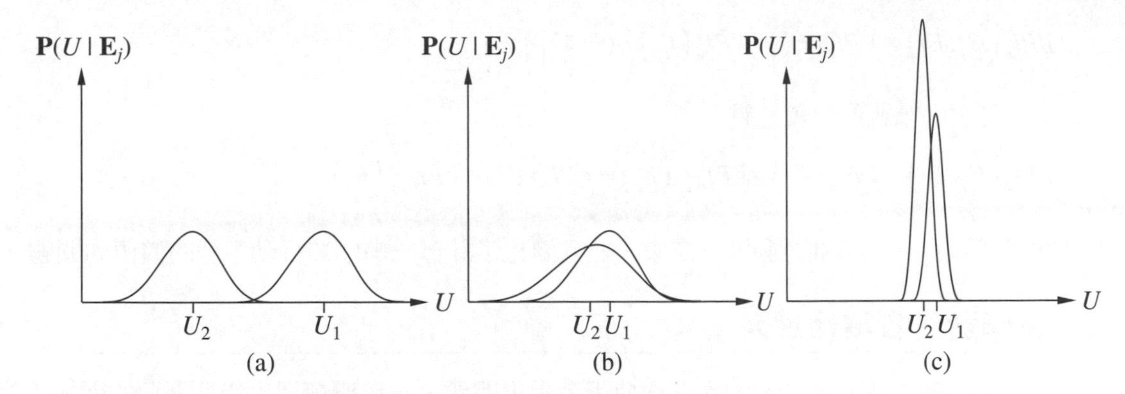

圖 16.8 資訊價值的 3 種一般情況。在(a)中，a_1 幾乎肯定保持優於 a_2，因此不需要資訊。在(b)中，選擇並不清楚，故資訊是至關緊要的。在(c)中，選擇雖不清楚，但是兩個選擇沒有什麼區別，所以資訊較無價值。(提示：在(c)中 U_2 有高峰值之事實表示，其期望值為已知且確定性高於 U_1)

現在假設我們要在長度稍微不同的兩條蜿蜒泥土路中做出選擇，而且我們帶著一個重傷的旅客。那麼，即使 U_1 和 U_2 相當接近，U_1' 及 U_2' 的分佈範圍還是非常寬的。有個顯著的可能性是，當第一條路被阻塞時，第二條路卻是暢通的。在這種情況下，效用之間將有巨大的差別。VPI 公式指出取得衛星報告可能是值得的。此種情況如圖 16.8(b)所示。

現在假設我們要在不太可能發生雪崩的夏天，從兩條泥土路中做出選擇。在這種情況下，衛星報告可能顯示，一條路徑由於途經高山草地，鮮花盛開，因此風景較美，或者由於漫流的溪水而較爲潮濕。因此，如果獲得該資訊，我們很可能會改變計畫。但是在這種情況下，兩條路徑之間的價值差別可能仍然很小，所以我們不用自找麻煩去取得報告。這種情況如圖 16.8(c)所示。

總而言之，資訊只在很可能導致計畫的改變，並且新計畫會顯著優於舊計畫時，才是有價值的。

16.6.3 資訊價值的屬性

人們可能會問，資訊是否可能是有害的：它的期望值有可能事實上是負的嗎？直觀來看，人們應會預期這是不可能的。畢竟，在最糟的情況下，人們頂多也只是忽略掉該資訊，假裝從來沒有收到過而已。下述這條適用於任何決策理論代理人的定理，可以證明這點：

資訊價值是非負的：

$$\forall \mathbf{e}, E_j \quad VPI_{\mathbf{e}}\left(E_j\right) \geq 0$$

這個定理可由 VPI 的定義直接導出；我們將其證明留作習題(習題 16.20)。當然這是理論上的期望值，而非實際值。附加資訊可輕易地產生一個計畫，若是被發生的資訊誤導，其結果會比原始計畫還糟。例如，醫學測試給出一個錯誤的陽性結果可能導致不必要的手術，但這不代表沒有必要做測試。

必須記得的是 VPI 取決於現有資訊的狀態，這也就是它被寫爲下標的原因。VPI 在得到更多資訊後會發生改變。對於任意給定的證據 E_j，所得到的值可下降(例如對於 E_j 另一個變數強烈地限制後者)或上升。(例如另一個變數提供 E_j 建立的一個線索，啓動一個新的且較好的被想出之計畫)。因此，VPI 是不可累加的。也就是說，

$$VPI_{\mathbf{e}}(E_j, E_k) \neq VPI_{\mathbf{e}}(E_j) + VPI_{\mathbf{e}}(E_k) \quad \text{(一般情形)}$$

不過，VPI 是與次序無關的也就是說，

$$VPI_{\mathbf{e}}(E_j, E_k) = VPI_{\mathbf{e}}(E_j) + VPI_{\mathbf{e},e_j}(E_k) = VPI_{\mathbf{e}}(E_k) + VPI_{\mathbf{e},e_k}(E_j)$$

次序獨立性將感知行動和普通行動區分開來，並且簡化了計算一串感知行動序列的價值的問題。

16.6.4 實作資訊收集代理人

一個明智的代理人應該依合理的次序向使用者提出問題，應該避免提出無關緊要的問題，應該將每條資訊的成本納入重要性的考慮，並應該在合適的時候停止提問。以上這些能力都可透過資訊價值的指導而達成。

圖 16.9 顯示了一個能夠在行動之前智慧地收集資訊的代理人的整體設計。我們暫時假設，對於每個可觀察的證據變數 E_j，都有一個相關的成本 $Cost(E_j)$，它反映了透過測試、諮詢、提問等一切方法獲得證據的成本。代理人根據每單位成本的效用增益，會索取看起來最有效率的觀測。我們假設行動 $Request(E_j)$的結果是下一條感知資訊會提供 E_j 的值。如果沒有任何觀察值得它的成本，那麼該代理人會選擇一個「眞實的」行動。

```
function INFORMATION-GATHERING-AGENT(percept) returns an action
  persistent: D, a decision network

  integrate percept into D
  j ← the value that maximizes VPI(E_j) / Cost(E_j)
  if VPI(E_j) > Cost(E_j)
      return REQUEST(E_j)
  else return the best action from D
```

圖 16.9　一個簡單的資訊收集代理人的設計。代理人會重複選擇具有最高資訊價值的觀察，直到下一個觀察的成本高於其期望利益為止

我們描述的代理人演算法實作了一種被稱爲近視(myopic)的資訊收集形式。這樣稱呼是因爲它短視地使用 VPI 公式，當作只獲得單一證據變數那樣來計算資訊價值。近視控制基於與貪婪搜尋相同的啓發式思維，並且在實務上往往能做得很好。(舉例而言，它對診斷測試的選擇已被證實做得比專業外科醫師好)。如果沒有單獨的證據能帶來很大幫助，一個近視代理人可能會匆忙地採取行動，而其實它如果先索取兩個以上變數的資訊再來採取行動會更好。在這情況下一個較好的方法會是建構一個條件計畫(如同 11.3.2 節所描述)，其要求變數值並且根據其回答決定下一個不同的步驟。

最後的一個考量是一連串問題對答辯人的影響。人們若「有概念」則會對一連串的問題有較佳的回應，所以有些專家系統將此列入考慮，以一個順序詢問問題，將系統與人的整體效用最大化，而不是將資訊的值最大化的序列。

16.7 決策理論的專家系統

於 1950 和 1960 年代演進出來的**決策分析**領域所研究的是將決策理論應用於實際決策問題。它被用於協助在一些高風險的重要領域，例如商業、政府、法律、軍事策略、醫療診斷和公共衛生、工程設計以及資源管理之中制訂理性決策。這個過程需要仔細研究可能的行動和結果，以及對每樣結果的偏好。傳統上，決策分析會討論兩個角色：**決策制訂者**陳述結果之間的偏好，而**決策分析者**列舉可能的行動和結果，並從決策制訂者處問出偏好，以決定最佳的行動過程。到 1980 年代初期為止，決策分析的主要目的還是幫助人們做出眞正反映他們偏好的決策。越來越多的決策過程被自動化，而決策分析則越來越多地被用來保證自動化的過程符合人們所期望。

早期專家系統研究聚焦在回答問題，而非做決策。那些確實推薦行動而非只是就事實提供意見的系統，通常使用條件-行動規則做到這點，而非使用對結果和偏好的明確表示。1980 年代晚期出現的貝氏網路，使得建造能依照證據做可靠機率推理的大型系統成為可能。決策網路的加入，使得反映使用者的偏好以及可得到的證據以推薦最優決策的專家系統也能被開發出來。

納入效用的系統能夠避免與諮詢過程中最常見的一個陷阱：把可能性和重要性相混淆。例如，在早期醫學專家系統中，常見的策略是按照可能性的順序來排列可能的診斷，並報告最可能的那一個。不幸的是，這可會能帶來災難！在一般實務上，對於大多數的病人，兩種最可能的診斷通常是「你什麼病都沒有」和「你得了重感冒」，但是如果對一個特定病人，可能性第三高的診斷是肺癌，那就是一件嚴重的事情了。很明顯地，檢查或治療的計畫應該同時取決於機率和效用。當前醫療專家系統可考量到資訊的值來建議測試，並且描述鑑別診斷。

我們現在描述用於決策理論專家系統中的知識工程。我們將考慮為一種先天性兒童心臟病(參見 Lucas，1996)選擇醫療方案的問題作為例子。

大約 0.8%的兒童有天生的心臟異常，其中最常見的是**主動脈縮窄**(aortic coarctation)。治療它的方法包括外科手術、血管擴張(在動脈內放置一個氣球來擴張主動脈)以及藥物。問題是要使用哪種治療方法以及何時進行治療：嬰兒越小，某些治療的風險越大，但又不可以等得太久。一個處理這個問題的決策理論專家系統，可由至少包括一個領域專家(小兒科心臟病學家)和一個知識工程師的小組進行建立。建立過程可以分解為下列步驟：

建立因果模型

確定有哪些可能症狀、失調、治療方式和結果。然後在它們之間畫上弧線，以指出何種失調引發什麼症狀，以及何種治療可以減輕何種失調。這裡面有些為領域專家所熟知，有些則來自於文獻。這個模型常常會與醫學教科書中非正規的圖形描述有很好的對應。

簡化成定性決策模型

由於我們用這個模型的目的是制訂治療決策，而非其他目的(像是決定某些症狀/失調組合的聯合機率)，我們通常能藉由刪除不涉及治療決策的變數來做簡化。有時變數必須被分離或者結合以符合專家的直覺。例如，原始的動脈收縮模型有一個值為 *surgery*(外科手術)，*angioplasty*(血管擴張)和 *medication*(藥物治療)的 *Treatment*(治療)變數，和一個為治療計時的變數 *Timing*(計時)。但是專家很難單獨思考其中一個變數，因此它們被結合在一起，使得 *Treatment* 會有像是 *surgery in 1 month*(一個月內進行外科手術)的取值。這為我們提供了圖 16.10 中的模型。

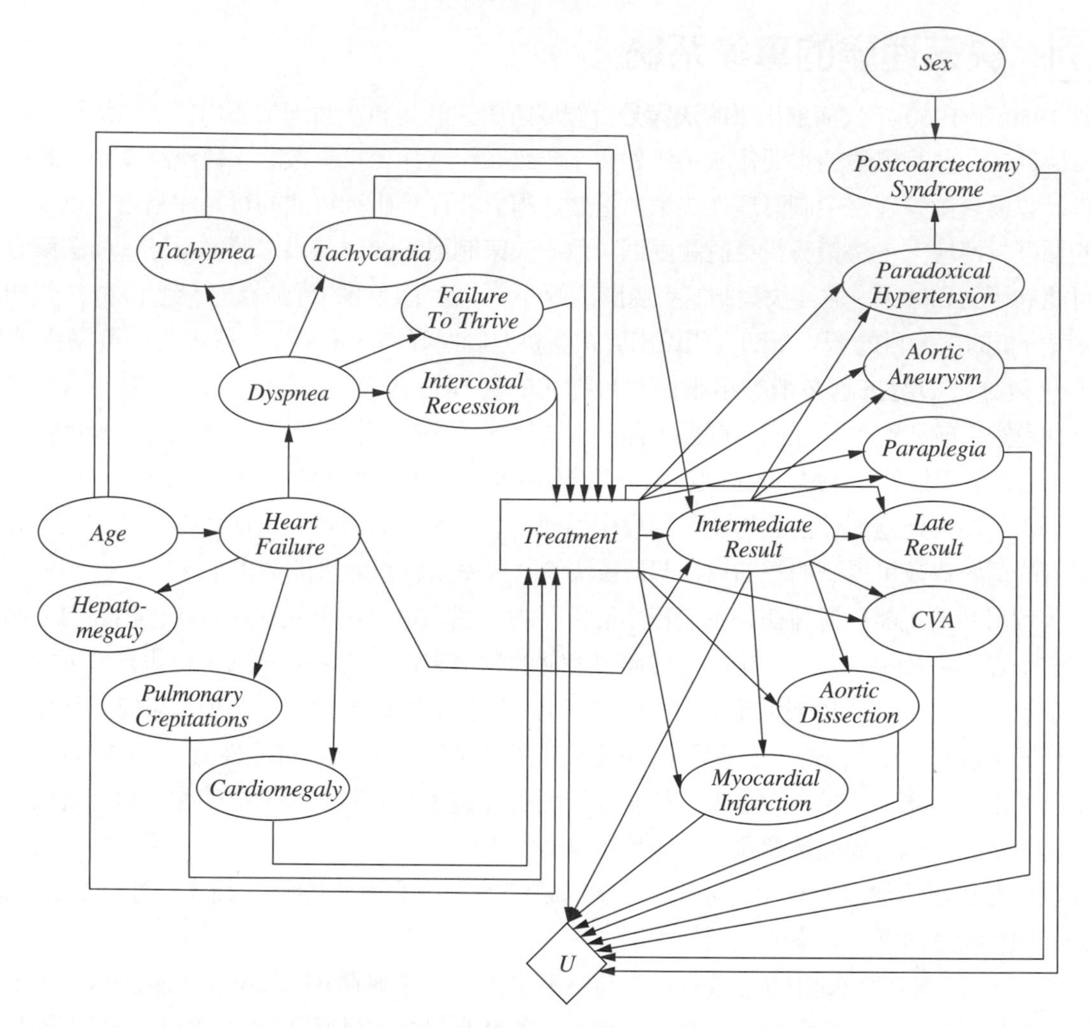

圖 16.10　主動脈縮窄的影響圖(承蒙 Peter Lucas 允許使用本圖)

指定機率

機率可以來自患者資料庫、文獻研究或者專家的主觀評估。注意診斷系統將由症狀與其他觀察，判斷是疾病或其他原因所造成。因此，在早年建立這些系統時，專家會被詢問造成給定結果的原因機率。大體上他們發現這是難以達成的，並且最好也能評定一個原因所造成其結果的機率。所以近代系統通常評定因果知識且直接將它做編碼於模型的貝氏網路，以貝氏網路推理演算法做診斷推理(Shachter 及 Heckerman，1987)。

指定效用

當可能的結果數目很少時，它們可以使用 16.3.1 節的方法被個別列舉並評價。我們將建立一個從最好到最壞結果的尺度，並且給這兩項結果一個數值，例如死亡是 0，而完全康復是 1。然後我們把其他結果也放置在這個尺度中。這可以由專家來做，不過如果有患者(或者在患者是嬰兒的情況下，患者的父母)參與會更好，因爲不同的人有不同的偏好。如果結果的數量是指數級的，我們便需要某種方法，以透過多屬性效用函數來結合它們。例如，我們可以規定各種併發症的負效用是可累加的。

驗證並改進模型

爲了評價該系統，我們將需要一組正確的(輸入，輸出)配對；一個用於比對的所謂**黃金標準**(gold standard)。對醫療專家系統而言，這通常意味著要集合手上的最好醫生，給他們一些病例，要求他們作診斷並推薦治療計畫。然後我們便知道系統與他們的推薦有多符合。如果系統表現很差，我們會嘗試分離出出錯的部分並且修正它們。執行系統可能是有用的與其將症狀提供給系統並要求它做出診斷，不如提供一個診斷給它，例如「心臟衰竭」，然後檢查出現心跳過速之類的症狀的預期機率，並且與醫學文獻比較。

執行敏感度分析

這個重要的步驟所做的是檢查最佳決策是否對指定的機率和效用的小變化敏感；這可藉由系統性地調整參數並重新執行評價過程來完成。如果小變化導致顯著不同的決策，那麼花費更多的資源以收集更好的資料可能是值得的。如果所有的變化導致相同的決策，那麼代理人將對決策的正確性更有信心。敏感性分析是特別重要的，因爲對機率式專家系統的主要批評之一就是太難評估所需的數值機率。敏感性分析通常會揭露一件事實：很多數值只需大概給出近似值就好了。例如，我們可能對條件機率 $P(tachycardia \mid dyspnea)$感到不確定，但如果最佳化決策合理地強健機率中較小的變異，則可以減少對我們無知的擔心。

16.8 總結

本章說明如何結合效用理論與機率，以讓一個代理人能夠選擇最大化其期望效能的行動。

- **機率理論**描述根據證據，一個代理人應該相信什麼。而**效用理論**描述一個代理人想要什麼，**決策理論**則結合兩者以描述一個代理人應該做什麼。
- 我們可以使用決策理論來建造一個系統，該系統能考慮所有可能的行動，並選出能導致最佳期望結果的行動，從而做出決策。這樣的系統被稱爲**理性代理人**。
- 效用理論顯示，若代理人在彩券之間的偏好與一組簡單公理相一致，則它能夠被描述爲擁有一個效用函數；此外，代理人會如同在最大化其期望效用一般而選擇行動。
- **多屬性效用理論**處理的效用取決於狀態的多個不同屬性。**隨機支配**是即使在屬性的精確效用值未知的情況下，仍能做出不含混的決策的一項特別有用的技術。
- **決策網路**提供了一個簡單的正規方法來表達和解決決策問題。它是對貝氏網路的一種自然延伸；它在機會節點之外還包含決策節點和效用節點。
- 有時候，解決一個問題涉及在做出決策之前尋找更多資訊。**資訊價值**的定義是：與沒有該資訊時制訂的決策相比較，所期望的效用改進。
- 相較於單純的推理系統，納入效用資訊的**專家系統**擁有額外的能力。除了能制訂決策之外，它們還能利用資訊價值來決定問哪個問題(若有的話)；它們能建議偶發性規劃；並且可以計算機率和效用評估發生小變化時，它們的決策對該小變化的敏感度。

參考文獻與歷史的註釋 BIBLIOGRAPHICAL AND HISTORICAL NOTES

L'art de Penser 這本書，也稱爲 *Port-Royal Logic*(Arnauld，1662)，陳述：

> 若要判斷一個人為了向善或避惡必須做哪些事情，所必須考量的就不僅是善與惡本身，而還要考量其發生或者不發生的機率，並從幾何上觀察這些事情總共所佔的比例。

近代教科書中談論的是效用而非善惡，但這樣的敘述正確地來說效用必須乘上機率(「視圖幾何」)來給出期望效用，並且所有結果(「所有這些事」)最大化來「判斷何者必須執行」。值得注意的是早在 350 年前它就如何地正確，僅在 Pascal 和 Fermat 提出該如何正確地使用機率的 8 年後。保爾-羅亞爾邏輯於帕斯卡的賭注(Pascal's wager)的首次發表中受矚目。

探究聖彼德堡悖論(見習題 16.3)的丹尼爾・貝努利(Daniel Bernoulli，1738)是第一個認識到彩券偏好度指標的重要性的人。他寫道：「一件物品的價值必不是基於其價格，而是基於其帶來的效用」(原文斜體)。邊沁(Jeremy Bentham，1823)提出衡量「快樂」和「痛苦」的**快樂演算**(hedonic calculus)，並辯稱所有決策(不僅僅貨幣方面的)都可以化簡成效用的比較。

從偏好中導出數值效用最早是由 Ramsey(1931)所實行；當今教科書中的偏好公理在形式上與《賽局理論與經濟行爲》(*Theory of Games and Economic Behavior*)(von Neumann 及 Morgenstern，1944)中重新發現的公理更爲接近。在對風險偏好的討論過程中，Howard(1977)對這些公理給出了一個好的表示方法。Ramsey 已經從代理人的偏好推導出了主觀機率(而不僅是效用)；Savage(1954)和 Jeffrey(1983)進行了最近的此類建構。Von Winterfeldt 和 Edwards(1986)提供了對決策分析及其與人類偏好結構的關係的一個現代觀點。Howard(1989)討論了微亡率效用指標。《經濟學人》(*Economist*)在 1994 年的調查將生命的價值設定在 75 萬美元到 260 萬美元之間。然而，Richard Thaler(1992)發現，在人們爲了避免死亡的風險而願意付出的代價，以及人們願意承擔風險而去得到的價格之間，存在不理性的變化。對於 1/1,000 的機會，回答者不願意付出多於 200 美元去消除風險，也不願意接受 50,000 美元而承擔風險。人們將會願意爲 QALY 付多少呢？當它達到一個特殊情況可以拯救一個人或家人的時候，則會變成「無論如何我都要」。但我們問一個社會層面的問題：假設有一個疫苗效果是 X QALY 但須費用 Y 美金，它是否值得？這個情況人們回饋的值非常廣，從大約每 QALY 是 1 萬美金到 15 萬美金(Prades 等，2008)。在醫學和社會政策的決策制訂上，QALY 比微亡率得到更廣泛的使用。一個典型的例子是(Russell，1990)；該論證以 QALY 衡量期望效用，並在期望效用增加的基礎上，支持公共衛生政策的變革。

優化的詛咒以有力的方法吸引了決策分析家的注意，Smith 和 Winkler (2006)指出由分析師建議行動的方向提案，對於客戶財務獲利上幾乎從未實現。他們直接追蹤其藉由提出選擇一個最佳化行動的偏差，並且展示更完整貝氏分析估計這個問題。相同的基本概念被稱作爲**事後決策失望**由 Harrison 與 March (1984)提出，並且於 Brown (1974)中的分析資本投資專案文中所註記。優化的詛咒也相當近似於**贏家的詛咒**(winner's curse，Capen 等，1971、Thaler，1992)，應用於拍賣的競爭性招標：無論誰贏得拍賣都非常地像是高估了物件價值的問題。Capen 等人說明石油工程師在石油鑽探權的課題：「若某人打敗或 3 家而贏得合約，他可能會對於好的未來感覺良好。但若是從 50 個對手中獲勝，會覺得如何呢？」。最後，在此兩個課題背後的是**回歸至平均**(regression to the mean)的這一般現象，藉此，基於先前展示的特殊特性所選之個體，有高的機率在未來變成較不特殊。

Allais 悖論來自於諾貝爾經濟學獎得主的 Maurice Allais(1953)實驗性測試(Tversky 和 Kahneman，1982、Conlisk，1989)來顯示出人們對於自己的判斷始終不一致。Ellsberg 悖論在模糊規避是由 Daniel Ellsberg (Ellsberg，1962)的博士論文中所提出，接著他成爲蘭德公司(RAND Corporation)的軍事分析師並且洩漏五角大廈的文件，其對於越戰的終戰與尼克森總統辭職有所貢獻。Fox 和 Tversky(1995)描述模糊規避的更進一步研究。Mark Machina(2005)提出了在不確定下之選擇的概述，與它如何與期望效用理論各不相同。

最近有出現不少關於人類無理性暢銷書。最熟知的是可預測的不理性(Predictably Irrational，Ariely，2009)，其他包括 Sway(Brafman 和 Brafman，2009)、Nudge(Thaler 和 Sunstein，2009)、Kluge (Marcus，2009)、How We Decide(Lehrer，2009)以及 On Being Certain(Burton，2009)。他們補足經典著作(Kahneman 等，1982)且所有起源於此論文(Kahneman 和 Tversky，1979)。進化心裡學的領域 (Buss，2005)在另一方面，與此著作背道而馳，爭論著於進化適當的範圍內人類是相當理性。它的信徒指出根據進化中的定義非理性是不公平的，並且表明某些情況下它是實驗裝置的人工製品 (Cummins 和 Allen，1998)。近年對於認知的貝氏模型之興趣有所復興，推翻幾十年來的悲觀(Oaksford 和 Chater，1998、Elio，2002、Chater 和 Oaksford，2008)。

Keeney 和 Raiffa(1976)全面介紹了多屬性效用理論。它描述了爲多屬性效用函數得到必要參數的方法的早期電腦實作，並且詳盡地說明了該理論的實際應用。在 AI 中，多屬性效用理論的主要參考文獻是 Wellman(1985)的論文，該論文包含一個稱爲 URP(效用推理套件)的系統，這個系統可以利用一組關於偏好獨立性和條件獨立性的陳述句來分析決策問題的結構。Wellman(1988，1990a)詳盡地研究了隨機支配和定性機率模型的結合使用。Wellman 和 Doyle(1992)初步勾勒了一組複雜的效用獨立性關係如何能用來提供效用函數的結構化模型；這與用貝氏網路提供聯合機率分佈的結構化模型的方式很接近。Bacchus 和 Grove(1995，1996)以及 La Mura 和 Shoham (1999)沿著這些方法給出更進一步的結果。

自從 1950 年代以來，決策理論已經成爲經濟學、財務和管理科學的一個標準工具。直到 1980 年代，決策樹還是表示簡單決策問題的主要工具。Smith(1988)概述了決策分析的方法論。影響圖 (Influence diagrams)是由 Howard 和 Matheson (1984)所介紹，基於 SRI 的早期研究(Miller 等，1976)。Howard 和 Matheson 的方法涉及由一個決策網路導出一棵決策樹，但是一般而言這棵樹的大小是指數級的。Shachter(1986)發展了一種直接基於決策網路制訂決策的方法，而不用建立一棵中介的決策樹。這個演算法也是最早爲多連接貝氏網路提供完備推理的演算法之一。Zhang 等人(1994)展示如何利用資訊的條件獨立來簡化實際中樹的大小，他們用此方法並且對於網路使用決策網路術語。(即使其他使用這方法是以影響圖的同義詞)Nilsson 和 Lauritzen(2000)的近期成果將決策網路的演算法聯繫到在用於貝氏網路的分群演算法上的新發展。Koller 和 Milch(2003)表示影響圖如何可使用於解決遊戲，其中包含由對手蒐集資訊，並且 Detwarasiti 和 Shachter(2005)表示影響圖如何可以加入制訂決策，對於一個團對共有目標但無法共享完全的資訊。Oliver 和 Smith(1990)的論文集包含不少關於決策網路的有用文章，《網路》(*Networks*)期刊在 1990 年的特刊也一樣。有關決策網路和效用模型的論文也定期出現在《管理科學》(*Management Science*)期刊上。

資訊價值理論首先在統計實驗中研究，其中使用了准效用(熵簡約)(Lindley，1956)。在此介紹俄籍控制理論學家 Ruslan Stratonovich(1965)發展更一般的理論，資訊具有影響決策的能力之虛擬值。Stratonovich 的研究並不為西方所知，而 Ron Howard(1966)是相同概念的領導者。他的論文以下面這個評論結束：「如果資訊價值理論和相關的決策理論結構不在未來工程師的教育中佔大部分，那麼工程師這個職業將會發現，它在為了人類的利益而管理科學和經濟資源中所居的傳統角色，將落入另一個職業的手裡」。直到現在，於管理方法隱含的改革仍沒有發生。

Krause 和 Guestrin(2009)近期的研究表示計算資訊的確切非近視之值即使在多樹網路也是很難處理的。有其他的例子——更多的限制於資訊的一般值——其中近視演算法提供可證明對於觀察的最佳序列之好的近似(Krause 等，2008)。在某些情況——例如，尋找埋藏於 n 個地方其中之一的寶藏——高等實驗以成功機率順序並依照成本區分給出一個最佳化的方法(Kadane 和 Simon，1977)。

讓人驚訝的是，在制訂醫學決策上的早期應用(如第 13 章中所述)之後，鮮少有 AI 研究者採用決策理論工具。少數例外之一是 Jerry Feldman，他將決策理論應用於視覺問題(Feldman 及 Yakimovsky，1974)和規劃問題(Feldman 及 Sproull，1977)。在 AI 領域對機率方法的興趣於 1980 年代復甦後，決策理論專家系統得到了廣泛的接受(Horvitz *et al.*, 1988)。事實上，從 1991 年開始，《人工智慧》(*Artificial Intelligence*)期刊封面設計都是一幅決策網路的圖案，雖然箭頭似乎是由領有藝術執照的人決定的。

❖ 習題 EXERCISES

16.1 (改編自 David Heckerman)。這道習題是關於**年鑑遊戲**(Almanac Game)，它被決策分析者用來校準數值估計。對於下列每個問題，給出你對答案的最佳猜測，也就是一個你認為太高的可能和太低的可能相等的數字。另外，也請在第 25 個百分點的估計上給出你的猜測，也就是你認為有 25%的機會太高，75%的機會太低的一個數字。同樣地，對於第 75 個百分點的估計也是。(因此，對每個問題，總共你應該給出 3 個估計值——低、中和高)。

a. 1989 年之中，在紐約和洛杉機之間飛行的旅客數目。

b. 1992 年華沙的人口數。

c. Coronado 發現密西西比河的年份。

d. 吉米・卡特在 1976 年的總統大選中的得票數。

e. 到 2002 年為止，活著的最老的樹的年齡。

f. 胡佛大壩高度的英尺數。

g. 奧勒岡州 1985 年生產的雞蛋數。

h. 1992 年世界上佛教徒的人數。

i. 1981 年美國因患愛滋病死亡的人數。

j. 1901 年美國批准的專利項數。

正確答案附在本章最後一道習題之後。從決策分析的觀點來看，有趣的事情不是你的中間值猜測接近於正確答案的程度，而是正確答案位於你的 25%和 75%的邊界之內的頻率。如果有一半的時候如此，那麼你的邊界是準確的。但是如果你像大部分人一樣，你將會比你應有的自信程度更自信，因而只有一半以下的答案會落在邊界之內。透過練習，你可以自我校正，以給出較實際的邊界，並因而使自己成爲一個對於決策制訂更有用的資訊提供者。試試這第二組問題，看你是否有進步：

a. Zsa Zsa Gabor 的出生年份。

b. 從火星到太陽的最遠距離(以英里計)。

c. 1992 年美國出口的小麥價值(以美元計)。

d. 檀香山港口 1991 年處理的貨物噸數。

e. 1993 年加州州長的年薪(以美元計)。

f. 1990 年聖地牙哥的人口數。

g. Roger Williams 在羅德島州創建普羅維登斯市的年份。

h. 吉力馬札羅山的高度(以英尺計)。

i. 布魯克林橋的長度(以英尺計)。

j. 1992 年美國因車禍死亡的人數。

16.2 Chris 考慮 5 台中古車買下其中之一前的最大期望效用。Pat 考慮 11 台也是同樣的方法。所有其他的條件都相同，誰比較有可能買到一台較好的車？誰比較有可能對他們的車的品質失望？失望多少？(由期望品質的標準偏差觀點而言)。

16.3 在 1713 年尼可拉斯．白努力(Nicolas Bernoulli)開始個難題，現在稱爲聖彼德堡悖論(St. Petersburg paradox)如下所述：你有個機會玩一個賭局，在其中你反覆擲一枚均勻的硬幣，直到出現正面爲止。如果第一個正面在第 n 次拋擲中出現，那麼你贏得 2^n 美元。

a. 證明這個賭局的期望貨幣價值無限大。

b. 你個人會付多少錢來玩這個遊戲？

c. Bernoulli 解決了這個明顯的悖論。他建議，金錢的效用是由一個對數的比例來衡量的(也就是說，$U(S_n) = a \log_2 n + b$，其中 S_n 是擁有\$$n$ 的狀態)。在這種假設下賭局的期望效用是多少？

d. 假設一個人的初始財產是\$$k$，而且他是理性的，那麼他最多應該花多少錢來玩這個賭局？

16.4 寫一個電腦程式來自動化習題 16.8 中的過程。試著把你的程式用在在幾個有不同資產淨值和政治觀點的人身上。分別針對個人或者個人之間的情況，評論你的結果的一致性。

16.5 驚喜點心公司製造點心有兩種口味：75%是草莓口味和 25%是鯷魚口味。每一種點心的新造型是圓形外觀，沿著製造線移動機器隨機地以一定比率裁減成方形，然後每一個點心由包裝機器隨機選擇紅色或棕色包裝。70%的草莓點心是圓的並且 70%是紅色包裝，而 90%的鯷魚點心是方的並且 90%是棕色包裝。所有點心皆以個別密封、同樣的黑色盒子出售。

現在你，也就是顧客剛買了店內的驚喜點心但還沒打開盒子。考慮圖 16.11 所示的 3 種貝氏網路結構。

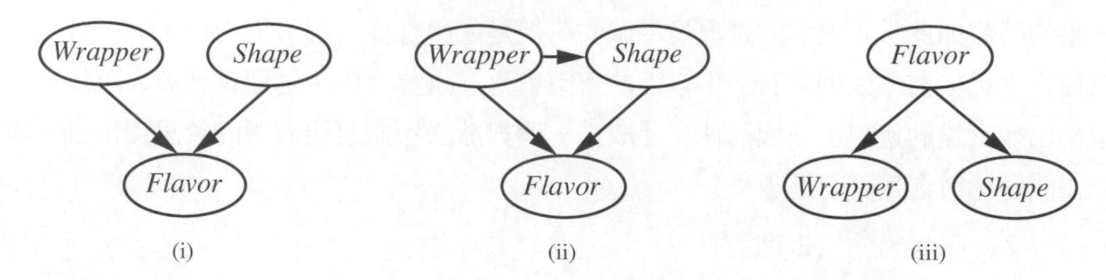

圖 16.11　對於驚喜點心問題的三個推薦之貝氏網路，見習題 16.5

a. 哪一個網路可以正確地表示 $\mathbf{P}(Flavor, Wrapper, Shape)$？

b. 哪一個網路對於這個問題是最好的表達？

c. 網路(i)是否斷言 $\mathbf{P}(Wrapper \mid Shape) = \mathbf{P}(Wrapper)$？

d. 你的點心是紅色包裝的機率爲何？

e. 盒子中都是紅色包裝的圓點心。有多少的機率是草莓口味？

f. 市場上無包裝的草莓口味點心價值爲 s，無包裝鯷魚口味的點心價值是 a。寫下對於未打開的點心盒的價值表示。

g. 法律上禁止販賣無包裝的點心，但有包裝的點心仍爲合法(開箱)。未打開的點心盒現在價值是否較高、較低或是與之前一樣？

16.6 試證於 Allais 悖論(16.3.4 節)的決策 $B \succ A$ 和 $C \succ D$ 違反了可替代性的公理。

16.7 考慮敘述於第 16.3.4 節的 Allais 悖論：代理人偏好 B 不是 A(要確實的事情)且偏好 C 而不是 D(有較高的 EMV)並非理性的動作，根據效用理論。你是否認爲這說明代理人的問題，或理論的問題還是都沒有問題？請解釋自己的觀點。

16.8 一張彩券價值$1。有兩種可能的獎金：一種是機率爲 1/50 的$10 收益，另一種是機率爲 1/2,000,000 的$1,000,000 收益。那麼一張彩券的期望貨幣價值是多少？在什麼狀況下(假設有這個狀況)購買一張彩券是理性的？確切表示包含效用的等式。你可以假設現有財產是$k，$U(S_k) = 0$。你也可以假設 $U(S_{k+10}) = 10 \times U(S_{k+1})$，但你不能對 $U(S_{k+1,000,000})$做出任何假設。社會學研究發現低收入者們購買不成比例數目的彩券。你認爲這是由於他們是差勁的決策制訂者，還是由於他們有一個不同的效用函數？考慮關於贏得彩券可能性的盤算值相對於觀看冒險片成爲動作英雄的盤算值。

16.9 請用以下方法評估不同增量的金錢對你自己造成的效用：執行在某個確定數量 M_1 和一張彩券 $[p, M_2; (1-p), 0]$之間的一系列偏好測試。選擇不同的 M_1 和 M_2 的值，然後改變 p 直到你對這兩種選擇的喜好程度相同爲止。畫出結果的效用函數。

16.10 微亡率對你來說值多少錢？設計一個流程來找出這個值。提問的基礎是付出代價以避免風險，以及爲獲得代價而承擔風險。

16.11 根據相同機率密度函數 $f(x)$令連續變數 $X_1, \ldots, X_k$ 為獨立分佈。證明對於 $\max\{X_1, \ldots, X_k\}$密度函數是由 $kf(x)(F(x))^{k-1}$ 給出，其中 F 是對於 f 的累積分佈。

16.12 經濟學家常用指數效用函數於金錢上：$U(x) = -e^{x/R}$，其中 R 是一個正的常數表示個別風險承受能力。風險承受能力反應個別可能性多高，，當接受的彩券其中特定期望貨幣價值相對於某些一定的收益。當 R(其中與 x 一樣的單位被測量)變大，個別則會變成較低風險規避。

a. 假設 Mary 有個指數效用函數其中 R = $500。Mary 被給定選擇介於肯定地接收$500(機率為 1)或參與個樂透其中有 60%的機率可贏得$5000 以及 40%的機率沒贏得任何東西。假設 Marry 行動為理性的，則她會做哪個選擇？試表示如何推導你的答案。

b. 考慮個選擇介於肯定地(機率為 1)收到$100 或參與樂透其中有 50%的機率可贏得$500 以及 50%沒有得到任何東西。R 的近似值(三位有效數字)在指數效用函數會對於在兩者其中的個別無任何影響(你可能會發現寫出一個短的程式會對於解出此問題有所幫助)。

16.13 使用圖 16.7 所示的行動效用表示法，重覆習題 16.8。

16.14 對習題 16.18 和 16.14 中的機場選址問題而言，在已知證據下，效用對於條件機率表的哪個條目最敏感？

16.15 考慮一個學生可以為課程買一本教科書或不買。我們將此塑模為決策問題，以一個布林決策點 B 表示代理人選擇買書與否，兩個布林機會節點，M 表示學生選修課程使用此書，且 P 為學生於此課程是否合格。當然，同樣也有個效用節點 U。一個特定學生 Sam 有個加法效用函數：0 表示不買這本書，–100 表示買這本書，並且$2000 表示此課程合格而 0 表示不合格。Sam 的條件機率估算如下：

$P(p \mid b, m) = 0.9 \quad P(m \mid b) = 0.9$

$P(p \mid b, \neg m) = 0.5 \quad P(m \mid \neg b) = 0.7$

$P(p \mid \neg b, m) = 0.8$

$P(p \mid \neg b, \neg m) = 0.3$

您會想對於給定 M，P 獨立於 B，但此課程有可翻書的期末考——有書的話會有幫助。

a. 畫出這個問題的決策網路。

b. 計算出買這本書的期望效用與不買的期望效用。

c. Sam 應該要做什麼？

16.16 這道習題完成了對圖 16.6 中機場選址問題的分析。

a. 假設有 3 個可能的位址，請為網路提供合理的變數定義域、機率和效用。

b. 解決決策問題。

c. 如果技術的改變使得每架飛機產生的噪音可以減半，會發生什麼事？

d. 如果避免噪音的重要性變成原來的 3 倍，又會怎樣？

e. 計算 *AirTraffic*，*Litigation* 和 *Construction* 在你的模型中的 VPI。

16.17 [改編自 Pearl(1988)]。一個中古車購買者可以決定進行具有不同成本的各種測試(例如，踢輪胎，將車送到合格的汽車機械師處檢查)，然後，依照這些測試的結果，決定購買哪輛車。我們將假設買方正在考慮是否購買車 c_1，時間只夠進行最多一次的測試，以及 t_1 是對 c_1 的測試，成本$50。

一輛車的車況可能很好(品質爲 q^+)或者很差(品質爲 q^-)，測試可能幫助指出示該車的車況。車 c_1 的價格爲$1500，如果它車況好，則它的市場價爲$2000；如果車況不好，則需花$700 的維修費使它的車況變好。買方的估計是，有 70%的機會 c_1 車況好。

a. 畫出表示這個問題的決策網路。

b. 計算不做測試就購買 c_1 的期望淨獲利。

c. 我們可以根據在車況的好壞已知的情況下，車通過還是通不過該測試的機率，來描述一個測試。我們有下列資訊：

$$P(\,pass(c_1, t_1) \mid q^+(c_1)) = 0.8$$

$$P(\,pass(c_1, t_1) \mid q^-(c_1)) = 0.35$$

使用貝氏定理計算車通過(或通不過)測試的機率，以及在每個可能的測試結果下，車況好(或不好)的機率。

d. 計算透過或者通不過測試的情況下的最佳決策，及其期望效用。

e. 計算測試的資訊價值，並且爲購車者產生一個最佳條件計劃。

16.18 回憶 16.6 節中資訊的值之定義。

a. 證明資訊的值是非負且爲順序獨立。

b. 試解釋爲何有些人們不偏好得到某些資訊——例如，當照完超音波，並不想知道他們孩子的性別。

c. 函數 f 於集合中是**次模組化**，若對於任何元素 x 與任何集合 A 和 B 像是 $A \subseteq B$，將 x 加至 A 會比起將 x 加至 B 於 f 會有較多的增加：

$$A \subseteq B \Rightarrow (f(A \bigcup \{x\}) - f(A)) \geq (f(B \bigcup \{x\}) - f(B))$$

子模組化得到報酬遞減的直觀概念。資訊的值是否看起來像是一個函數 f 於可能觀測的集合與子模組化？證明它或是舉出反例。

習題 16.1 的答案(其中 M 代表百萬)：

第一組：3M、1.6M、1541、41M、4768、221、649M、295M、132、25,546。

第二組：1917、155M、4,500M、11M、120,000、1.1M、1636、19,340、1,595、41,710。

本章註腳

[1] 典型決策理論將當前狀態 S0 隱藏，但我們可藉由寫出 $P(\text{Result}(a)=s'|a,\mathbf{e})=\sum_{s} P(\text{Result}(s',a)=s'|a)P(S_0=s|\mathbf{e})$ 使它明確。

[2] 對讀者很抱歉，目前地區性的航空業者已經沒有提供餐點於長程飛行。

[3] 我們可以通過把賭博事件編碼到狀態描述中，來對賭博的樂趣做出解釋；例如，「有 10 元錢並打賭」會比「有 10 元錢而不打賭」更受到偏好。

[4] 在這種意義上，效用看起來像溫度：華氏的溫度是攝氏乘上 1.8 倍加 32。讀者可以得到相同的結果於量測系統。

[5] 這樣的行為也許被稱為鋌而走險，但是當一個人已經處於絕境之中時，這也是理性的。

[6] 例如，數學家/魔術師 Persi Diaconis 可以在任何一次將硬幣翻轉至他想樣的一面(Landhuis，2004)。

[7] 即使必然的事情也不確定。儘管鑄鐵的承諾，我們也仍未從先前未知死者親屬在奈及利亞銀行帳戶收到 2 千 7 百萬美金。

[8] 在某些情況下，可能有必要細分值的範圍，以使效用在每個範圍內單調(monotonically)變化。例如，若 RoomTemperature 有個效用峰值於 70°F 的分佈，我們可將此分為相異於概念的兩個分佈意義，一個是較冷冽，另一正常測試。效用會在每個分佈成單調增加。

[9] 這些節點在文獻中經常被稱為價值節點。

[10] 在美國，唯一必定會預先詢問的問題是病人有沒有保險。

[11] 這是一個需要完全之事的無失真表達。假設我們要塑模這情況以讓我們稍微更確定變數。我們可以藉由引入另一個我們學到完全資訊的變數達成。例如，假設我們開始有寬廣不確定的變數 *Thermometer*。則我們從 *Thermometer* = 37 得到完全知識，這給我們關於真實 *Thermometer* 的不完全知識，並且不確定來自於測量誤差被感測模型 $\mathbf{P}(Thermometer \mid Temperature)$給編碼。另一個範例請看習題 16.17。

MAKING COMPLEX DECISIONS

17

制訂複雜決策

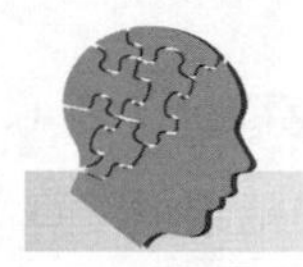

本章中我們考察假設明天我們可能再次決策下，用於決策今天做什麼的方法。

在本章中，我們討論在制訂決策的過程中涉及的計算問題。鑒於第 16 章所關注的是一次性或者片段式的決策問題，其中每個行動結果的效用值都是已經瞭解清楚的，這裡我們要關注的是**循序決策問題**(sequential decision problem)，其中代理人的效用值取決於一個決策序列。循序決策問題包含了效用值、不確定性和感覺，並且包括搜尋和規劃問題爲特殊情況。第 17.1 節解釋了循序決策問題是如何定義的，而第 17.2 節和第 17.3 節解釋了如何解決它們，從而在不確定的環境中產生能夠使行動的風險和回報達到平衡的最佳行爲。第 17.4 節把這些想法擴展到部分可觀察環境的情況。第 17.4.3 節則結合第 15 章的動態貝氏網路和第 16 章的決策網路，給出了部分可觀察環境中的決策理論代理人的一個完整設計。

本章的第二部分論及了多代理人的環境。在這樣的環境中，代理人之間的相互作用使得最佳行爲的概念變得複雜得多。第 17.5 節介紹了**賽局理論**的主要想法，包括理性代理人也可能需要採取隨機行爲的想法。第 17.6 節考察了如何設計多代理人系統從而使得多個代理人可以達到共同的目標。

17.1 循序決策問題

假設一個代理人處在圖 17.1(a)中所示的 4×3 的環境中。從初始狀態開始，它在每個時間步必須選擇一個行動。在代理人到達一個標有 +1 或者 –1 的目標狀態時與環境的交互終止。正如同搜索問題，代理人在每個狀態皆有 ACTIONS(s)給出的行動，有時縮寫爲 *A*(*s*)。在 4×3 的環境中，於每一個狀態的行動爲 *Up*(上)、*Down*(下)、*Left*(左)、*Right*(右)。目前我們假設環境是**完全可觀察**的，因而代理人總是知道自己所在的位置。

如果環境是確定的，得到一個解很容易：[*Up*, *Up*, *Right*, *Right*, *Right*]。不幸的是，由於行動是不可靠的，所以環境不一定沿著這個解發展。圖 17.1(b)圖示了我們採用的特定的隨機運動模型。每步行動以 0.8 的機率達到預期效果，但其他時候代理人會向垂直於預期方向的方向移動。此外，如果代理人撞上牆，它會停在原地。例如，從起始方格(1, 1)，行動 *Up* 會有 0.8 的機率把代理人向上移動到位置(1, 2)，不過有 0.1 的機率把代理人向右移動到位置(2, 1)，以及有 0.1 的機率把代理人向左移動，撞到牆而停在位置(1, 1)。在這樣的環境中，序列[*Up*, *Up*, *Right*, *Right*, *Right*]以 $0.85^5 = 0.32768$ 的機率使代理人向上繞過障礙物到達目標位置(4, 3)。同樣代理人也有很小的機會以 $0.1^4 \times 0.8$ 的機率偶然地沿著另一條路到達目標，所以成功的機率總共爲 0.32776(參見習題 17.1)。

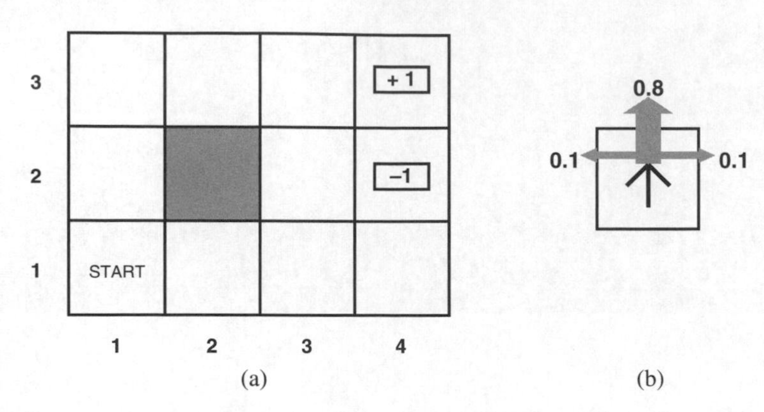

圖 17.1 (a)**一個簡單的** 4×3 **的環境，其呈現出面臨循序決策問題的代理人。**(b) **此環境的轉移模型示意：「預期的」結果出現的機率為** 0.8，**但有** 0.2 **的機率代理人會垂直於預期方向地移動。撞牆的結果是沒有移動。兩個終止狀態分別有** +1 **和** –1 **的回報，而其他所有狀態都有** –0.04 **的回報**

如同第 3 章，**轉移模型**(transition model，或在不會引起混淆的時候簡稱爲「模型(model)」)描述了每個狀態中每個行動的結果。在此，結果是隨機的，因此假設於狀態 s 行動已完成，我們寫 $P(s'|s, a)$註記到達狀態 s'的機率。這裡我們假設這些轉移是第 15 章所提到的**馬可夫式**的，即從狀態 s 到 s' 的機率只取決於 s，而不取決於之前的狀態歷史。目前，你可以認爲 $P(s'|s, a)$是一個很大的包含機率值的三維表格。稍後，在第 17.4.3 節中我們會看到轉移模型可以表示成**動態貝氏網路**，正如第 15 章中所述的那樣。

爲了給出任務環境的完整定義，我們必須指定代理人的效用函數。由於決策問題是循序的，所以效用函數不是由單一狀態決定的，而是取決於一個狀態序列——即**環境歷史**。在本節的後面部分，我們會研究如何一般地指定這樣的效用函數；現在我們暫時簡單規定在每個狀態 s 中，代理人得到一個可正可負的但是肯定有限的**回報**(reward) $R(s)$。具體到我們這裡的例子中，除了終止狀態以外(它們的回報是+1 和–1)，其他狀態的回報都是–0.04。一個環境歷史的效用值就是對所得到的回報求和(暫時如此)。例如，如果代理人用了 10 步到達+1 狀態，那麼它的效用值是 0.6。–0.04 的負回報使得代理人希望儘快到達(4, 3)，所以我們的環境其實就是第 3 章中搜尋問題的機率推廣。另一種說法是，代理人不喜歡生活在這個環境中，所以希望儘快離開該遊戲。

總結：對於一個完全可觀測、隨機環境，且使用馬可夫鍊轉移模型和累加回報下的循序決策問題稱爲**馬可夫決策程序**(Markov decision process 或 **MDP**)，其包括一組狀態集合(包含初始狀態 s_0)、一組各狀態之行動之 ACTIONS(s)集合、轉移模型 $P(s'|s, a)$、與回報函數 $R(s)$[1]。

下一個問題是，這個問題的解是什麼樣的？我們已經知道任何固定的行動序列都無法解決這個問題，因爲代理人可能最後移動到非目標的其他狀態。故此，一個解必須指定在代理人可能到達的任何狀態下，代理人應當採取什麼行動。這種解被稱爲策略(policy)。傳統上以 π 來表示策略，而 $\pi(s)$ 表示就狀態 s 策略 π 推薦的行動。如果代理人有完備的策略，那麼無論任何行動的結果如何，代理人總是知道下一步該做什麼。

每次從初始狀態開始執行一個給定的策略，都會被環境的隨機本性引向不同的環境歷史。因此，策略的品質是透過該策略所產生的可能環境歷史的期望效用來度量的。**最佳策略**(optimal policy)就是產生最高期望效用值的策略。我們用 π^*來表示最佳策略。有了 π^*，代理人透過諮詢當前的感知資訊得知當前的狀態 s，並決定做什麼，然後執行行動 $\pi^*(s)$。策略明確表示了代理人函數，因此也是一個簡單反射型代理人的描述，透過基於效用代理人所用的資訊計算得到。

圖 17.2(a)顯示了對於圖 17.1 中的世界的一個最佳策略。注意，因為多走一步的代價與偶然結束在狀態(4, 2)中的懲罰相比是相當小的，所以狀態(3, 1)的最佳策略是謹慎的。策略建議繞一個遠道，而不走可能要冒進入狀態(4, 2)的風險的近道。

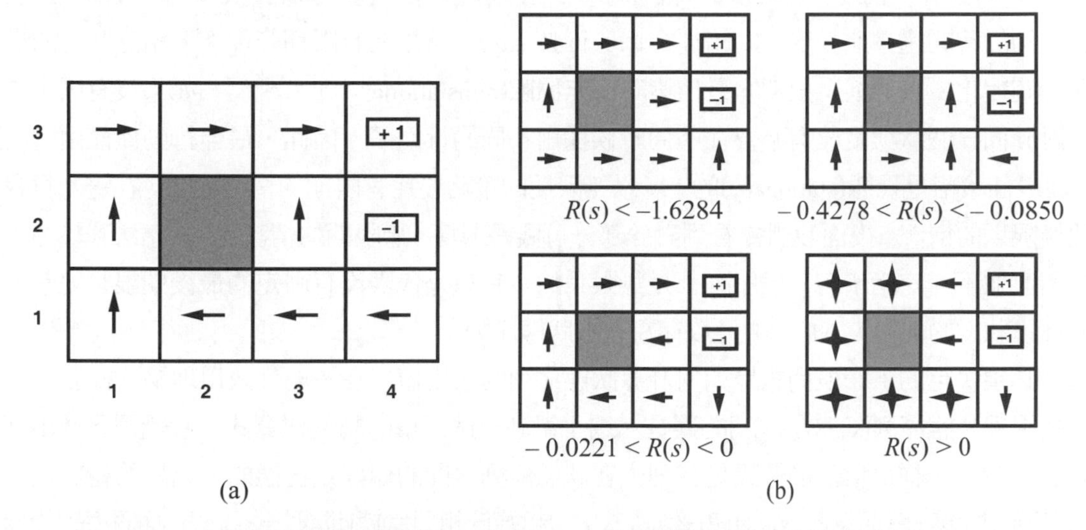

圖 17.2 (a) **對於非終止狀態中** $R(s) = -0.04$ **的隨機環境的一個最佳策略。**

(b) **對於 4 種不同範圍的** $R(s)$**的最佳策略**

風險和回報的平衡變化依賴於非終止狀態 $R(s)$的值。圖 17.2(b)顯示了對於 4 種不同範圍的 $R(s)$的最佳策略。當 $R(s) \leq -1.6284$ 時，生活太痛苦了，於是代理人直奔最近的出口，即使出口的價值是–1。當$-0.4278 \leq R(s) \leq -0.0850$時，生活是很不愉快的，代理人選擇通往+1 狀態的最近路徑，並願意冒偶然落進–1 狀態的風險。特別地，代理人會選擇(3, 1)的近路。當生活只是有些沉悶時[$-0.0221 < R(s) < 0$]，最佳策略選擇根本不冒險。在(4, 1)和(3, 2)，代理人會直接朝遠離–1 狀態的方向移動，從而避免偶然落入其中，即使這樣意味著可能要撞很多次牆。最後，如果 $R(s) > 0$，生活是令人愉快的，代理人會躲避所有的出口。只要滿足在狀態(4, 1)、(3, 2)、(3, 3)的行動如圖所示，所有的策略都是最佳的，並且由於代理人永遠不進入終止狀態，它可以獲得無限的總回報。令人吃驚的是，對於不同範圍的 $R(s)$還有 6 種其他最佳解，習題 17.5 要求你找到它們。

需要仔細地平衡風險和回報是 MDP 的一個不會出現於確定性搜尋中的特點；而且，這也是很多現實世界決策問題的特點。正是由於這個原因，不少領域都對 MDP 進行了研究，如人工智慧、運籌學、經濟學和控制理論。已經提出了很多用來計算最佳策略的演算法。在第 17.2 節和第 17.3 節中，我們將描述兩個最重要的演算法家族。不過，首先我們必須完成我們對於循序決策問題中效用和策略的研究。

17.1.1 效用延長

圖 17.1 的 MDP 例子中，代理人效能是透過對存取過的狀態的回報求和來度量。此性能度量的選擇並非隨意，但對於環境歷史中的效用函數並不是唯一的可能性，其表示為 $Uh([s_0, s_1,..., s_n])$。我們的分析描繪出**多屬性效用理論**(16.4 節)並有些技術性，心急讀者可能想跳至下一節。

第一個問題的回答是對於決策制定無論**有限期**或**無限期**。有限期意指，在一個固定的時間 N 後，任何事情都無所謂了——也就是說，遊戲結束了。因此 $Uh([s_0, s_1, ..., s_{N+k}]) = Uh([s_0, s_1, ..., s_N])$對於所有 $k > 0$。例如，假設一個代理人從圖 17.1 中 4×3 世界的(3, 1)開始，並且假設 $N = 3$。那麼如果要有到達+1 狀態的機會，代理人就必須直奔目標，最佳行動是 *Up*。另一方面，如果 $N = 100$，那麼代理人就有足夠的時間選擇比較安全的路徑，採取行動 *Left*。所以在有限期條件下，給定狀態的最佳行動會隨時間變化。我們稱有限期的最佳策略為**非穩態**(nonstationary)的。相反，如果沒有固定的時間期限，對於同一個狀態就沒有必要在不同時候採用不同的行為了。因此，最佳行動僅僅由當前狀態決定，其最佳策略是**穩態**(stationary)的。所以無限期的策略要比有限期的情況簡單，在這一章我們主要處理無限期的情況。後面我們會看到對於部分可觀察環境，無限期的情況也不那麼簡單。注意到，「無限期」並不一定指所有狀態序列都是無限長的；它只是代表沒有固定的最後期限。尤其，在包含一個終止狀態的無限期 MDP 中可以存在有限狀態序列。

我們必須決定的下一個問題是如何計算狀態序列的效用值。在多屬性效用理論的術語，每個狀態 s_i 可被視為狀態序列$[s_0, s_1, s_2 ...]$的**屬性**。為了得到一個簡單的屬性運算式，我們需要做出某種偏好獨立性假設。一種最自然的假設是代理人在狀態序列之間的偏好是**穩態**的。偏好的穩態性含義如下：如果兩個狀態序列$[s_0, s_1, s_2...]$與$[s'_0, s'_1, s'_2...]$起始於相同狀態(即 $s'_0 = s_0$)，則兩個序列的偏好次序應和狀態序列$[s_1, s_2...]$與$[s'_2, s'_2...]$的偏好次序是一致的。也就說，這意味著如果未來從明天開始，你偏好某個未來甚於另一個，那麼當未來從今天開始時，你仍然應該偏好那個未來。穩態性是個看來無害的假設而且有一些很強的邏輯推論：在穩態性假設下有兩種給序列賦效用值的途徑：

1. **累加回報**(addictive reward)：
   狀態序列的效用為

   $$U_h([s_0, s_1, s_2, ...]) = R(s_0) + R(s_1) + R(s_2) + ...$$

   圖 17.1 中的 4×3 世界使用的就是累加回報。注意在我們用於啓發式搜尋演算法(第 3 章)的路徑成本函數中，隱含地使用了累加性。

2. **折扣回報**(discounted reward)：
   狀態序列的效用為

   $$U_h([s_0, s_1, s_2...]) = R(s_0) + \gamma R(s_1) + \gamma^2 R(s_2) + ...$$

   其中**折扣因數**是一個介於 0 和 1 之間的數。折扣因數描述了代理人對於當前回報與未來回報相比的偏好。當 γ 接近於 0 時，遙遠未來的回報被認為無關緊要。而當 γ 是 1 時，折扣回報就和累加回報完全等價，所以累加回報是折扣回報的一種特例。對於動物和人隨時間變化的偏好而言，折扣看來是個好的模型。折扣因數和利率$(1/\gamma) - 1$ 是等價的。

在本章的其餘部分裡我們假設使用折扣回報，雖然有時我們將允許 $\gamma = 1$。至於這樣假設的原因很快就會清楚。

潛藏在我們無限期的選擇下的是這樣一個問題：如果環境不包含一個終止狀態，或者代理人永遠走不到終止狀態，那麼所有的環境歷史就是無限長的，累加回報的效用值通常是無限大。儘管我們可以同意$+\infty$比$-\infty$好，不過要比較出兩個效用值都是$+\infty$的序列的好壞就很難了。有 3 種解決辦法，我們已經知道了其中的兩個：

1. 根據折扣回報，無限序列的效用爲有限。事實上，如果 $\gamma < 1$ 且回報被限制於$\pm R_{max}$內，則可得

$$U_h([s_0, s_1, s_2, \ldots]) = \sum_{t=0}^{\infty} \gamma^t R(s_t) \leq \sum_{t=0}^{\infty} r^t R_{max} = R_{max} / (1-\gamma) \tag{17.1}$$

   透過無限等比級數的標準求和公式

2. 如果環境包含有終止狀態，而且代理人保證最終會到達其中之一的話，那麼我們就不用比較無限序列了。一個確保能夠到達終止狀態的策略叫做**適當策略**(proper policy)。對於適當策略我們可以讓 $\gamma = 1$(即累加回報)。圖 17.2(b)中的前 3 個策略是適當策略，而第 4 個不是。因爲當非終止狀態的回報是正的時候，代理人可以透過遠離終止狀態來獲得無限的回報。這種不適當策略的存在，會導致求解 MDP 的標準演算法在使用累加回報時失敗，所以爲使用折扣回報提供了一個好的理由。

3. 無限序列可以用每個時間步得到的**平均回報**來比較。假設 4×3 世界中的(1, 1)方格有 0.1 的回報，而其他非終止狀態有 0.01 的回報。那麼一個停留在(1, 1)的策略就比停留在其他狀態的策略有更高的平均回報。在某些問題中，平均回報是一個有用的標準，不過對於平均回報演算法的分析超出了本書的範圍。

總而言之，折扣回報表示於評估狀態序列較少的困難。

17.1.2 最佳策略與狀態的效用

包含序列之間折扣回報的總和決定給出狀態序列的效用，當在執行時我們可以藉由比較包含的期望效用來比較策略。我們假設代理人在某個初始狀態 s，並定義 S_t(一個隨機變數)爲代理人執行一個特定策略 π 而在時間 t 到達的狀態。(明顯地 $S_0 = s$ 是代理人現在的狀態)。關於狀態序列 $S_1, S_2, \ldots$ 之機率分佈決定於初始狀態 s，策略 π 以及對於環境之轉移模型。

在狀態 s 開始從執行 π 得到的期望效率爲

$$U^{\pi}(s) = E\left[\sum_{t=0}^{\infty} \gamma^t R(s_t)\right] \tag{17.2}$$

其中的期望是透過狀態序列以對應之機率分佈由送出的 π 所決定。現在代理人可選擇所有的策略開始於狀態 s 執行，其中之一(或多個)將會有比起其他較高的期望效用。我們用 π_s*來標記這些策略其中之一：

$$\pi^*(s) = \underset{\pi}{\operatorname{argmax}} U^{\pi}(s) \tag{17.3}$$

記得 π_s^*是個策略，所以他建議對於各狀態一個行動，它與狀態 s 連接，特別地當 s 是個起始狀態時它是個最佳策略。使用折扣效用在無限期的一個值得注意之結果是最佳策略獨立於起始狀態(當然行動序列將不會獨立，記得，策略是一個函數詳述各狀態的行動)。這事實看來直接明顯：假設策略 π_a^*是於 a 的最佳化起始且策略 π_b^*是 b 的最佳化起始，則當它們到達第三狀態 c，關於下一步該做什麼時，兩者沒有理由不同意對方或是不同意 π_c^*[2]。所以對於最佳策略，我們可簡單地寫出 π^*。

給出此定義，狀態的眞實效用正是 $U^{\pi^*}(s)$——若代理人執行最佳化策略即是折扣回報的期望總和。我們將此寫爲 $U(s)$，對於一個結果的效用符合於第 16 章使用的標記。注意 $U(s)$和 $R(s)$是非常不同的量；$R(s)$是處於 s 中的「短期」回報，而 $U(s)$是從 s 向前的「長期」總回報。圖 17.3 顯示了 4×3 世界的效用值。注意在+1 狀態附近的狀態的效用值比較高，這是因爲到終止狀態需要更少的步數。

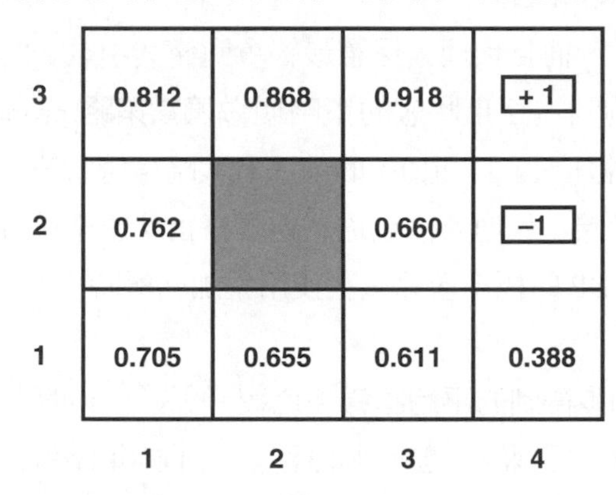

圖 17.3　當 $\gamma = 1$，而非終止狀態的 $R(s) = -0.04$ 時，計算出的 4×3 世界的狀態效用值

效用函數 $U(s)$允許代理人使用第 16 章的最大期望效用原則來選擇行動——亦即，選擇使後繼狀態的期望效用最大化的行動：

$$\pi^*(s) = \underset{a \in A(s)}{\operatorname{argmax}} \sum_{s'} P(s' \mid s, a) U(s') \tag{17.4}$$

下兩節將描述尋找最佳策略的演算法。

17.2 價值疊代

在這一節我們提出一個用來計算最佳策略的演算法，**價值疊代**(value iteration)。基本想法是計算出每一個狀態的效用值，然後透過狀態效用值來選出每個狀態中的最佳行動。

17.2.1 效用的貝爾曼方程

17.1.2 節定義效用爲從它向前的折扣回報之期望總和。從這裡，這個狀態的效用值和它的鄰接狀態的效用值有直接的關係：一個狀態的效用值是在該狀態得到的立即回報加上在下一個狀態的期望折扣效用值，假定代理人選擇了最佳行動。也就是說，一個狀態的效用值由下面的公式給出：

$$U(s) = R(s) + \gamma \max_{a \in A(s)} \sum_{s'} P(s' \mid s,a) U(s') \tag{17.5}$$

此式稱爲**貝爾曼方程**(Bellman equation)，以理查・貝爾曼(Richard Bellman，1957)命名。狀態的期望——被公式(17.2)定義爲後繼狀態序列的期望效用值——是一組貝爾曼方程的解。實際上，它們是唯一解，如 17.2.3 節所證。

讓我們來看 4×3 世界的貝爾曼方程之一。對於狀態(1, 1)的方程是：

$$\begin{aligned} U(1,1) = -0.04 + \gamma \max\ [&0.8U(1,2) + 0.1U(2,1) + 0.1U(1,1), && (Up)\\ &0.9U(1,1) + 0.1U(1,2), && (Left)\\ &0.9U(1,1) + 0.1U(2,1), && (Down)\\ &0.8U(2,1) + 0.1U(1,2) + 0.1U(1,1)] && (Right) \end{aligned}$$

當我們代入圖 17.3 中的數字時，就會發現 *Up* 是最佳行動。

17.2.2 價值疊代演算法

貝爾曼方程是用於求解 MDP 的價值疊代演算法的基礎。如果有 n 個可能的狀態，那麼就有 n 個貝爾曼方程，每個狀態一個方程。這 n 個方程包含了 n 個未知量——狀態的效用值。所以我們希望能夠同時解開這些方程得到效用值。但是存在一個問題：這些方程是非線性的，因爲其中的「max(最大值)」算符不是線性算符。儘管線性方程系統可以很快地用線性代數技術求解，但是非線性方程系統則有很多問題。一個辦法是用疊代法。從任意的初始效用值開始，我們算出方程右邊的值，再把它代入到左邊——從而根據它們的鄰接狀態的效用值來更新每個狀態的效用值。如此重複直到達到一種均衡。令 $U_i(s)$爲狀態 s 在第 i 次疊代中的效用值。那麼被稱作**貝爾曼更新**(bellman update)的疊代步驟是如下的樣子：

$$U_{i+1}(s) \leftarrow R(s) + \gamma \max_{a \in A(s)} \sum_{s'} P(s' \mid s,a) U_i(s') \tag{17.6}$$

其中的更新是對於堆疊於所有狀態假設應用。如果我們經常無限地應用貝爾曼更新，那麼我們可以保證達到一個平衡(見 17.2.3 節)，在這種情況下，最後的效用值一定是貝爾曼方程組的解。實際上，這也是唯一解，而對應的策略[從公式(17.4)得到的]是最佳的。這個演算法稱爲 VALUE_ITERATION(價值疊代演算法)，如圖 17.4 所示。

我們可以把價值疊代法應用於圖 17.1(a)中的 4×3 世界。初始值爲 0，效用值演化曲線如圖 17.5(a)所示。注意與(4, 3)不同距離的狀態是如何積累負回報的；直到到達某點，發現了一條到達(4, 3)的路徑，之後效用值才開始增長。我們可以把價值疊代演算法理解爲在狀態空間中透過局部更新的方式傳播資訊。

```
function VALUE-ITERATION(mdp, ε) returns a utility function
  inputs: mdp, an MDP with states S, actions A(s), transition model P(s′ | s, a),
            rewards R(s), discount γ
          ε, the maximum error allowed in the utility of any state
  local variables: U, U′, vectors of utilities for states in S, initially zero
                   δ, the maximum change in the utility of any state in an iteration

  repeat
     U ← U′; δ ← 0
     for each state s in S do
        U′[s] ← R(s) + γ  max_{a ∈ A(s)}  Σ_{s′} P(s′ | s, a) U[s′]
        if |U′[s] − U[s]| > δ then δ ← |U′[s] − U[s]|
  until δ < ε(1 − γ)/γ
  return U
```

圖 17.4 用於計算狀態效用值的價值疊代演算法。終止條件來自公式(17.8)

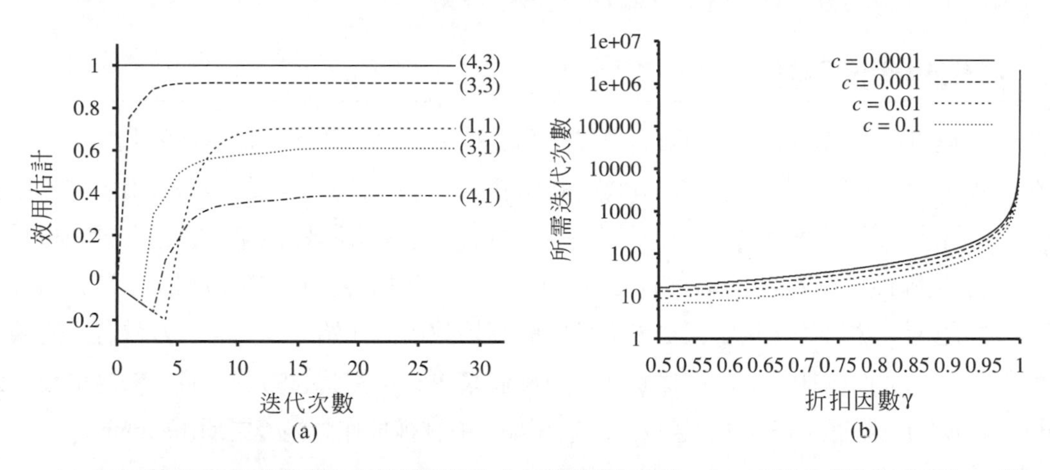

圖 17.5 (a) 圖示為使用價值疊代下所選狀態的效用值演變圖形。(b) 圖示為對於不同的 c 值，保證誤差最大為 $\varepsilon = c \cdot R_{\max}$ 時所需的價值疊代次數 k，k 顯示為折扣因數 γ 的函數

17.2.3 價值疊代的收斂

前面我們提到價值疊代最終會收斂在貝爾曼方程組的唯一解上。在這一節中，我們解釋爲什麼會發生這種情況。我們會引入一些有用的數學想法，並得到一些方法，用來在提前終止演算法時評估所返回的效用函數誤差；這是很有用的，因爲它意味著我們不需要永久地執行演算法。本節內容相當有技術性。

在證明價值疊代法的收斂時用到的基本概念是收縮(contraction)。粗略地說，收縮就是指一個單參數的函數，當依次用於兩個不同的輸入時，產生的兩個輸出值相對於原始參數「彼此更接近」，接近的程度至少是某個常數的量級。例如「除以 2」函數是收縮的，因爲在把兩個數都除以 2 以後，它們的差值也縮小了一半。注意「除以 2」函數有一個不動點，也就是 0，它的值是不因函數的應用而改變的。從這個例子，我們可以認識到收縮函數的兩個重要屬性：

- 一個收縮函數只有一個不動點；如果有兩個不動點，對它們應用這個函數就不會得到更近的值了，因而不是收縮。
- 當把函數應用於任意參數時，值一定更接近於不動點(因爲不動點不會移動)，於是反覆使用收縮函數總是以不動點爲極限。

現在，設想我們把貝爾曼更新[公式(17.6)]視爲一個運算元 B，用於同時更新每個狀態的效用值。令 U_i 表示在第 i 次疊代時所有狀態的效用向量。那麼貝爾曼更新公式可以寫成

$$U_{i+1} \leftarrow B\, U_i$$

下一步，我們需要一種度量效用向量之間的距離的方法。我們使用**最大值範數**(max norm)，用向量的最大分量的長度來衡量向量的長度。

$$\| U \| = \max_s |U(s)|$$

使用這個定義，兩個向量間的「距離」$\|U - U'\|$是任意兩個對應元素之間的最大差值。本節的主要結果就是：令 U_i 和 U_i' 爲任意兩個效用向量那麼我們有：

$$\|BU_i - BU_i'\| \leq \gamma \|U_i - U_i'\| \tag{17.7}$$

也就是說，貝爾曼更新是在效用向量空間中因數爲 γ 的一個收縮。(習題 17.6 提供了部分關於證明這個斷言的引導)。因此，從這一般縮短的特徵，它跟隨著價值疊代總是收斂到貝爾曼等式的單獨解，無論何時 $\gamma < 1$。

我們也可使用收斂特性來分析對於一個解的收斂之比率。實際上，我們可以用眞實效用值 U 來替換公式(17.7)中的 U_i'，滿足 $BU = U$。那麼我們得到不等式

$$\|BU_i - U\| \leq \gamma \|U_i - U\|$$

如果我們把$\|U_i - U\|$視爲估計值 U_i 的誤差，那麼每一次疊代該誤差就以因數 γ 減小。這意味著價值疊代的收斂速度是指數級的。我們可以計算出到達某個特定誤差界限 ε 所需要的疊代次數，方法如下：首先，根據公式(17.1)知道所有狀態的效用值有界限$\pm R_{max}/(1-\gamma)$。這意味著最大的初始誤差$\|U_0 - U\| \leq 2R_{max}/(1-\gamma)$。假設我們執行 N 次疊代達到的誤差不超過 ε。因此，因爲至少在每次錯誤被減少了 γ，我們需要 $\gamma^N \cdot 2R\max/(1-\gamma) \leq \varepsilon$。使用對數則我們發現

$$N = \lceil \log(2R_{max} / \varepsilon(1-\gamma)) / \log(1/\gamma) \rceil$$

足夠疊代。圖 17.5(b)顯示了對於不同的比例 ε/R_{max} 疊代次數 N 隨著 γ 如何變化。好訊息是由於收斂速度是指數級的，N 對於比例 ε/R_{max} 的依賴不大。壞訊息是當 γ 接近於 1 時，N 增長得很快。我們透過減小 γ 來加速收斂，不過這樣使得代理人只有短期視野，可能會錯過代理人行動的長期效果。

上一段中的誤差界限給了我們關於某些對演算法執行時間有影響的因素的概念，不過用它作爲決定何時停止疊代的方法有時會過於保守。出於決定何時停止疊代的考慮，我們可以使用一個在給定疊代中把誤差和貝爾曼更新的大小聯繫起來的界限。根據收縮性質[公式(17.7)]，可以證明如果更新很小(即，沒有狀態的效用值發生很大變化)，那麼誤差和眞實效用函數相比也很小。更準確地說，

$$若 \quad \|U_{i+1}-U_i\| < \varepsilon(1-\gamma)/\gamma \quad 則 \quad \|U_{i+1}-U\| < \varepsilon \tag{17.8}$$

這就是圖 17.4 中 VALUE-ITERATION 演算法使用的終止條件。

迄今爲止，我們已經分析了價值疊代演算法返回的效用函數誤差。然而，代理人眞正關心的是如果在這種效用函數的基礎上制訂決策，可行性有多高。假設在價值重複的第 i 次疊代以後，代理人對於眞實效用值 U 的估計爲 U_i，並且基於透過 U_i 向前看一步的方法[如公式(17.4)]得到 MEU 策略 π_i。是否這樣導致的行爲近似於和最佳行爲一樣好呢？這對於任何眞實代理人都是至關重要的問題，而看來答案是肯定的。如果從狀態 s 開始執行 π_i，$U^{\pi_i}(s)$ 是得到的效用，且**策略損失** $\|U^{\pi_i}-U\|$ 是代理人用執行 π_i 替代最佳策略 π^* 所可能遭受的最大損失。π_i 的策略損失透過下面的不等式與 U_i 的誤差聯繫起來：

$$如果 \quad \|U_i-U\| < \varepsilon \quad 那麼 \quad \|U^{\pi_i}-U\| < 2\varepsilon\gamma/(1-\gamma) \tag{17.9}$$

實際上，經常出現的情況是早在 U_i 收斂以前，π_i 就已經成爲最佳的了。圖 17.6 顯示出對於 4×3 環境且 $\gamma = 0.9$ 時，隨著疊代程式的進行，U_i 的最大誤差和策略損失是如何接近 0 的。當 $i = 4$ 時，策略 π_i 是最佳的，儘管 U_i 的最大誤差仍然有 0.46。

現在我們已經有了實際應用價值疊代法所需要的全部技術。我們知道它會收斂到正確的效用值，並且如果我們在有限次數的疊代之後停止，可以把效用估計的誤差限制在一定界限內，另外作爲執行對應的 MEU 策略的結果，我們還可以限制決策損失。最後強調一點，本節中的所有結果都取決於 $\gamma < 1$ 的折扣。如果 $\gamma = 1$ 並且環境包含終止狀態，那麼只要一定技術條件得到滿足，可以得到類似的收斂結果和誤差界限。

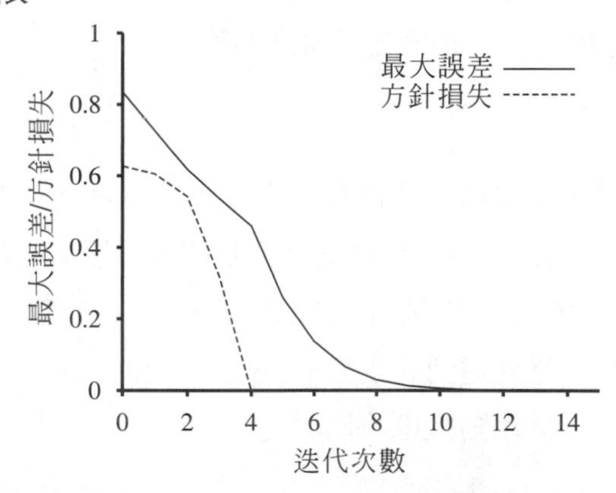

圖 17.6 圖示為效用估計的最大誤差 $\|U_i-U\|$，以及策略損失 $\|U^{\pi_i}-U\|$。顯示為價值疊代法中的疊代次數的函數

17.3 策略疊代

前一節中，我們發現即使在效用函數估計得不是很準確的情況下也有可能得到最佳策略。如果一個行動比其他行動明顯要好，那麼所涉及狀態的效用的準確量值不需要太精確。這個見解暗示著另一種找到最佳策略的方法。**策略疊代**(policy iteration)演算法從某個初始策略 π_0 開始，交替執行下面的兩個步驟：

- **策略評價**(policy evaluation)：
  給定一個策略 πi，計算 $U_i = U^{\pi_i}$，假設 π_i 被執行則每個狀態的效用。
- **策略改進**(policy improvement)：
  透過基於 U_i 的向前看一步的方法[如同在公式(17.4)中]，計算新的 MEU 策略 π_{i+1}。

當策略改進步驟沒有產生效用值的改變時，演算法終止。這時，我們知道效用函數 U_i 是貝爾曼更新的不動點，所以這也就是貝爾曼方程組的解，π_i 一定是最佳策略。因為對於有限的狀態空間而言策略數有限，並且可以證明每一次疊代都產生更好的策略，所以策略疊代一定會終止。該演算法如圖 17.7 所示。

```
function POLICY-ITERATION(mdp) returns a policy
  inputs: mdp, an MDP with states S, actions A(s), transition model P(s' | s, a)
  local variables: U, a vector of utilities for states in S, initially zero
                   π, a policy vector indexed by state, initially random

  repeat
      U ← POLICY-EVALUATION(π, U, mdp)
      unchanged? ← true
      for each state s in S do
          if max_{a ∈ A(s)} Σ_{s'} P(s' | s, a) U[s'] > Σ_{s'} P(s' | s, π[s]) U[s'] then do
              π[s] ← argmax_{a ∈ A(s)} Σ_{s'} P(s' | s, a) U[s']
              unchanged? ← false
  until unchanged?
  return π
```

圖 17.7 計算最佳策略的策略疊代演算法

策略改進步驟是明顯而直接的，不過我們如何實作 POLICY_EVALUATION 過程？其實這麼做比求解標準貝爾曼方程組(價值疊代中就是這樣做的)簡單得多，因為策略把每個狀態中的行動都固定了。在第 i 次疊代中，策略 π_i 指定了狀態 s 中的行動 $\pi_i(s)$。這意味著我們得到了一個貝爾曼方程[公式(17.5)]的簡化版本，把 s 的效用值(在策略 π_i 下)和它鄰接狀態的效用值聯繫起來：

$$U_i(s) = R(s) + \gamma \sum_{s'} P(s' \mid s, \pi_i(s)) U_i(s') \tag{17.10}$$

例如，假設 π_i 是圖 17.2(a)中所示的策略。因此我們得到 $\pi_i(1, 1) = Up$、$\pi_i(1, 2) = Up$ 以此類推，並且簡化的貝爾曼方程為

$$U_i(1, 1) = 0.8U_i(1, 2) + 0.1U_i(1, 1) + 0.1U_i(2, 1)$$

$$U_i(1, 2) = 0.8U_i(1, 3) + 0.2U_i(1, 2)$$

$$\vdots$$

重要的一點是：因爲去除了「max」算符，這些方程是線性的。對於 n 個狀態，我們有 n 個線性方程和 n 個未知量。這可以用標準的線性代數方法在正好 $O(n^3)$時間內求解。

對於小的狀態空間，使用精確求解方法的策略疊代法常常是最有效的辦法。對於大的狀態空間，$O(n^3)$的時間複雜度仍然是讓人望而卻步的。幸運的是，進行精確的策略評價不是必要的。作爲替代，我們可以執行幾個簡化的價值疊代步驟(因爲策略是固定的，所以可以簡化)給出效用值的相當好的近似。這個過程的簡化貝爾曼更新如下：

$$U_{i+1}(s) \leftarrow R(s) + \gamma \sum_{s'} T(s, \pi_i(s), s') U_i(s')$$

可以重複這個更新 k 次以產生下一個效用估計值。所得演算法稱爲**修正策略疊代**(modified policy iteration)。這通常比標準策略疊代或價值疊代更有效率。

迄今爲止我們已經描述過的演算法都需要每次同時更新所有狀態的效用值或者策略。其實這也不是嚴格必要的。實際上在每次疊代中，我們可以挑選狀態集的任意子集，並對這個子集執行任何一種更新(策略改進或者簡化價值疊代)。這種很通用的演算法稱爲**非同步策略疊代**(asynchronous policy iteration)。給定一定的初始策略以及效用函數上的條件，非同步策略疊代保證收斂到最佳策略。選擇任何狀態進行處理的自由意味著我們可以設計出有效得多的啓發式演算法——例如，演算法可以只關注於更新那些透過最佳策略可能到達的狀態的值。這也更符合現實生活的情況：如果一個人沒有跳下懸崖的意圖，這個人就不應該花費時間爲跳崖的結果狀態的精確值擔心。

17.4 部分可觀察的馬可夫決策過程

在第 17.1 節的對馬可夫決策過程的描述中，我們假設環境是**完全可觀察**的。依這個假設，代理人總是知道它所處的狀態。與馬克夫假設合併於轉移模型，表示最佳化策略僅與當前狀態有關。當環境只是**部分可觀察**的時候，可以說情況就不那麼清晰了。代理人不一定知道自己所處的狀態，所以無法執行 $\pi(s)$爲該狀態推薦的行動。此外狀態 s 的效用值和 s 中的最佳行動都不僅僅取決於 s，還取決於當處於狀態 s 時代理人知道多少。由於這些原因，**部分可觀察 MDP**(Partially Observable MDP，或者簡寫成 POMDP——發音爲「pom-dee-pee」)通常被認爲比一般的 MDP 複雜得多。然而因爲現實世界就是部分可觀察的，所以我們無法迴避 POMDP。

17.4.1 部分可觀察的馬可夫決策過程之定義

爲了能處理 POMDP，我們必須先適當地定義它們。一個 POMDP 具有與 MDP 一樣的元素—轉移模型 $P(s' \mid s, a)$、行動 $A(s)$和回報函數 $R(s)$——但，像是第 44 章的部分可觀察搜尋問題，也一樣具有**感測模型** $P(e \mid s)$。在此，如同第 15 章，感測模型指定了於狀態 s 感知證據 e 的機率[3]。例如，我們可藉由加入雜訊或部分感測器在將圖 17.1 的 4×3 世界轉換爲 POMDP ，代替假設代理人知道它的確實位置。此一感測器可測量數道鄰牆，其中於所有非終結方格除了這些在第 3 欄(其值爲 1)恰巧爲 2，雜訊版本可能會給出錯誤值的機率爲 0.1。

在第 4 章和第 11 章中，我們研究了不確定性和部分可觀察的規劃問題，明確了**信念狀態**(belief state)——代理人可能處於的實際狀態集合——作爲描述和計算解的關鍵概念。在 POMDP 信念狀態 b 透過所有可能狀態變成機率分佈，正如同第 15 章。例如，對於 4×3 POMDP 的初始信念狀態可能是透過 9 個非終端狀態的均勻分佈，即 $\langle \frac{1}{9},\frac{1}{9},\frac{1}{9},\frac{1}{9},\frac{1}{9},\frac{1}{9},\frac{1}{9},\frac{1}{9},\frac{1}{9},0,0 \rangle$。我們把信念狀態 b 賦予實際狀態 s 的機率記作 $b(s)$。給定到目前爲止的觀察和行動序列，代理人可以把當前信念狀態當作實際狀態的條件機率分佈計算出來。這是一個在第 15 章描述到的必要**濾波**工作。基本的遞迴過濾公式[公式(15.5)]顯示出，如何根據先前信度狀態及新證據來計算新的信度狀態。對於 POMDP，我們還需要考慮到行動，但結果基本上相同。如果 $b(s)$是之前的信念狀態，代理人執行了行動 a，感知到證據 e，那麼新的信念狀態由下式給出

$$b'(s') = \alpha P(e \mid s') \sum_{s} P(s' \mid s,a) b(s)$$

其中 α 是使信度狀態之和爲 1 的歸一化常數。類似於用於濾波的更新運算子(15.2.1 節)，我們可寫爲

$$b' = \text{Forward}(b,a,e) \qquad (17.11)$$

在 4×3 POMDP，假設代理人向左移動且它的感測器回報 1 鄰牆；則現在代理人十分地像(雖沒有保證，因爲動作與感測器都有雜訊)是在(3, 1)。習題 17.13 要求你計算出確切機率值對於新的信念狀態。

理解 POMDP 所要求的基本見解是：最佳行動僅僅取決於代理人的當前信念狀態。也就是說，最佳策略可以被描述爲從信念狀態到行動的一個映對 $\pi^*(b)$。這不是取決於代理人所在的實際狀態。這是件好事，因爲代理人不知道它的實際狀態，它所知道的是信念狀態。因此，POMDP 代理人的決策循環可被打散成以下 3 個步驟：

1. 給定當前的信念狀態 b，執行行動 $a = \pi^*(b)$。
2. 接收認知 e。
3. 將當前的信度狀態設至 FORWARD(b, a, e)，並反覆。

現在我們可以認爲 POMDP 需要在信念狀態空間中進行搜尋，正如第 4 章中用於無感知問題和偶發性問題的方法。主要的區別是 POMDP 的信念狀態空間是連續的，這是由於一個 POMDP 信念狀態就是一個機率分佈。例如，4×3 世界的一個信念狀態就是 11 維連續空間中的一個點。一個行動改變信念狀態，並非僅實際狀態。因此，被評估的行動至少是部分地根據代理人得自於結果的資訊。因此 POMDP 把資訊價值(第 16.6 節)包括進來作爲決策問題的元素之一。

讓我們仔細觀察一下行動的結果。特別地，讓我們計算在執行行動 a 之後代理人從信念狀態 b 到達信念狀態 b' 的機率。現在，如果我們已知行動以及後續的觀察，那麼公式(17.11)就爲信念狀態提供了確定性的更新：b'= FORWARD(b, a, e)。當然後續的觀察尚不知道，所以代理人或許到達幾個可能的信念狀態之一 b'，取決於出現的觀察。假設行動 a 的執行起始於信念狀態 b 下，感知到 e 的機率透過對代理人可能到達的所有眞實狀態求和得到：

$$P(e|a,b) = \sum_{s'} P(e|a,s',b)P(s'|a,b)$$
$$= \sum_{s'} P(e|s')P(s'|a,b)$$
$$= \sum_{s'} P(e|s')\sum_{s} P(s'|s,a)b(s)$$

給定行動 a，我們把從 b 到 b' 的機率記作 b'。那麼我們得到：

$$P(b'|b,a) = P(b'|a,b) = \sum_{e} P(b'|e,a,b)P(e|a,b)$$
$$= \sum_{e} P(b'|e,a,b)\sum_{s'} P(e|s')\sum_{s} P(s'|s,a)b(s) \tag{17.12}$$

其中 $P(b' \mid e, a, b)$是 1 若 b' = FORWARD(b, a, e)，並且其它的爲 0。

公式(17.12)可以被看作爲信念狀態空間定義了一個轉移模型。同樣我們也可以爲信念狀態定義一個回報函數(即，代理人可能所處的眞實狀態的期望回報)：

$$\rho(b) = \sum_{s} b(s)R(s)$$

並且 $P(b' \mid b, a)$和 $\rho(b)$定義個可觀測的 MDP 於信念狀態的空間。而且，可以證明這個 MDP 的最佳策略 $\pi^*(b)$也是原始 POMDP 的一個最佳策略。換句話說，在實體狀態空間上求解 POMDP 可以歸約爲在信念狀態空間上求解一個 MDP。如果我們還記得，從定義上看信念狀態對於代理人總是可觀察的，這個事實也許就不那麼令人吃驚了。

注意，儘管我們把 POMDP 簡化成 MDP，不過我們得到的這個 MDP 是在連續(通常也是高維)空間上的。第 17.2 節和第 17.3 節中描述的 MDP 演算法都無法直接用於這類 MDP。接下來的兩個小章節描述特別設計給 POMDP 的價值疊代演算法，並且線上決策制定演算法，類似於第 5 章爲遊戲所做的那些開發。

17.4.2 對於 POMDP 價值疊代

17.2 節描述個價值疊代演算法，其計算各狀態的效用價值。由於許多信念狀態是無限地，我們需要更多的創造性。考慮一個最佳策略 π^*以及在特殊信念狀態 b 它的應用：策略產生一個行動，則對於隨後認知，信念狀態被更新且產生新的行動，以此類推。對於此特殊的 b，因此，策略恰好相等於**條件計畫**，如同定義於第 4 章對於不確定性與部分可觀察的問題。與其思考策略，讓我們思考關於條件計畫與執行一個固定條件計畫隨著初始信念狀態的期望效用。我們定了兩個觀察：

1. 令執行固定條件計畫 p 的效用開始於實體狀態 s 爲 $\alpha_p(s)$。則在信念狀態 b 下執行 p 的期望效用正是 $\sum_s b(s)\alpha_p(s)$ 或 $b \cdot \alpha_p$ 假使我們將兩者都當成向量。因此，固定條件計畫的期望效用隨著 b 成線性，也就是說它符合信念空間的超平面(hyperplane)。

2. 在任何給定信念狀態 b，最佳策略將選擇最高期望效用的條件計畫執行，並且在最佳效用下 b 的期望效用正好是條件計畫的效用：

$$U(b) = U^{\pi^*}(b) = \max_p b \cdot \alpha_p$$

若最佳策略 π^*選擇在 b 開始執行 p，則期望它會在非常接近 b 的信念狀態選擇執行 p 是合理的。事實上，假設我們限制條件計畫的深度，則僅會有有限多個這樣的計畫，並且信念狀態的連續空間將被分爲數個區域，每一個符合個別的條件計畫，其中對於該區域爲最佳化的。

由這兩個觀察，我們看到在信念狀態的效用函數 $U(b)$，是超平面蒐集的最大化，會是片段線性且凸出的。

爲了介紹這個，我們使用簡單的 2 狀態世界。以 $R(0) = 0$ 和 $R(1) = 1$，狀態標記爲 0 或 1。有兩項工作：*Stay*(停滯)停留在機率 0.9 且 *Go*(執行)轉換到別的狀態的機率爲 0.9。現在我們將假設折扣因數 $\gamma = 1$。感測器回報正確狀態的機率爲 0.6。顯然地，代理人會是 *Stay* 當它認爲是在狀態 1 或當它認爲是在狀態 0 則爲 *Go*。

2 狀態世界的優點是信念狀態可被視爲一維，因爲兩個機率之和必須爲 1。在圖 17.8(a)，x 軸表示信念狀態，定義爲 $b(1)$，正爲狀態 1 的機率。現在讓我們考慮 1 步計畫[*Stay*]和[*Go*]，其中每個接收到對於當前狀態的回報，是跟隨著(折扣)回報對於行動後到達的狀態：

$$\alpha[Stay](0) = R(0) + \gamma(0.9R(0) + 0.1R(1)) = 0.1$$

$$\alpha[Stay](1) = R(1) + \gamma(0.9R(1) + 0.1R(0)) = 1.9$$

$$\alpha[Go](0) = R(0) + \gamma(0.9R(1) + 0.1R(0)) = 0.9$$

$$\alpha[Go](1) = R(1) + \gamma(0.9R(0) + 0.1R(1)) = 1.1$$

對於 $b \cdot \alpha_{[Stay]}$與 $b \cdot \alpha_{[Go]}$的超平面(此例中爲線)表示於圖 17.8(a)並且他們的最大值以粗體表示。因此粗體線表示對於有限範圍問題的效用函數，它僅允許一個行動，並且在每「片」的片段線性效用函數，最佳行動是符合條件計畫的第一個行動。在這個例子，最佳的 1 步策略當 $b(1) > 0.5$ 是 *Stay*，否則爲 *Go*。

一旦對於在各個實體狀態 s 所有深度爲 1 的條件計畫 p，我們有了效用 $\alpha_p(s)$，我們可以藉由考量每個可能第一個行動，計算深度爲 2 的條件計畫之效用，每個可能的隨後知覺，並且對於各個知覺，對於每個執行選擇深度 1 計畫的方法：

[*Stay*; **if** *Percept* = 0 **then** *Stay* **else** *Stay*]

[*Stay*; **if** *Percept* = 0 **then** *Stay* **else** *Go*] ...

全部有 8 個不同的深度 2 計畫，並且他們的效用表示於圖 17.8(b)。注意以底線標示這四個計畫，是在整個信念空間中爲次佳——我們稱這些計畫是**優勢**，並且未來不需被考慮。有 4 個非優勢計畫，其中每個在特別區間是最佳的，表示於圖 17.8(c)。這些區間分隔了信念狀態空間。

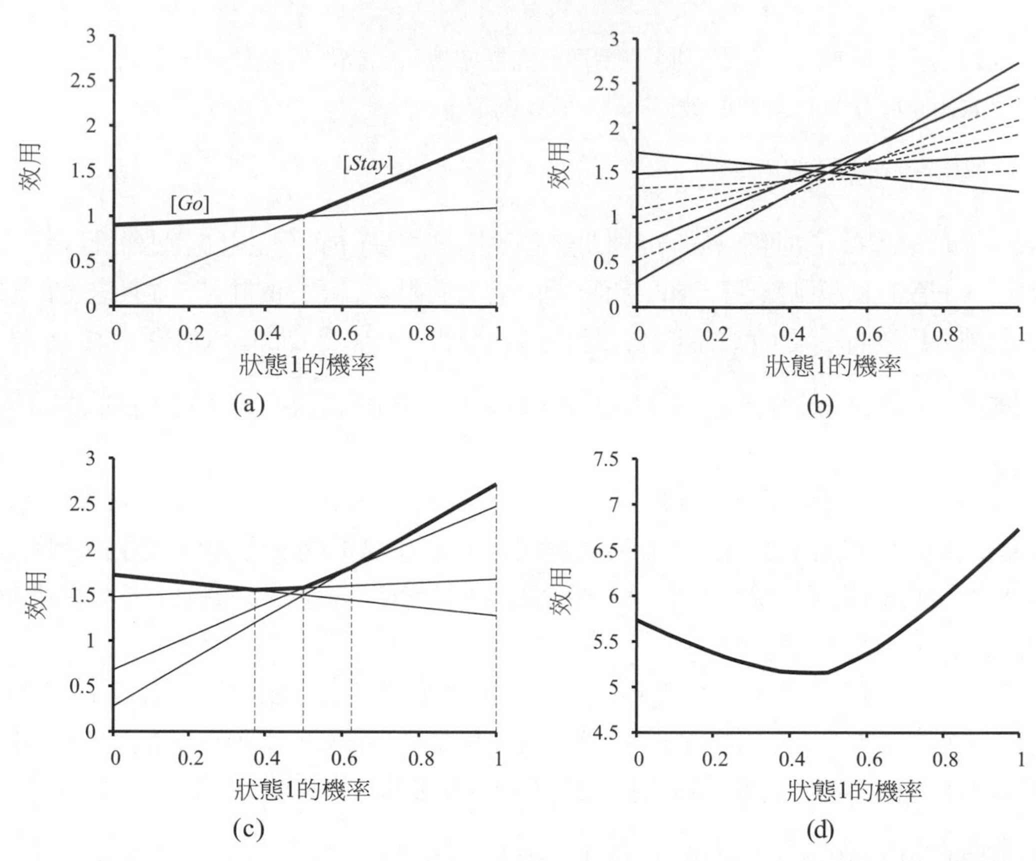

圖 17.8 (a) **圖示為** 2 **步規劃的效用，且表為** 2 **狀態世界的初始信度狀態** b(1)**的函數，對應的效用函數以粗體表示。**(b) **對於** 8 **個不同** 2 **步規劃的效用。**(c) **對於** 4 **個非優勢** 2 **步規劃的效用。**(d) **最佳的** 8 **步規劃之效用函數**

我們對深度 3 重複著程序，以此類推。一般來說，令 p 爲深度 d 的條件計畫其中初始行動是 a，並且其深度 $d-1$ 子計畫對於認知 e 爲 $p.e$，則

$$\alpha_p(s) = R(s) + \gamma\left(\sum_{s'} P(s' \mid s, a) \sum_{e} P(e \mid s') \alpha_{p.e}(s')\right) \tag{17.13}$$

這個遞迴自然地給我們價值疊代演算法，其描述於圖 17.9。演算法的結構與它的錯誤分析與這些在圖 17.4 的基本價值疊代演算法相似，其主要差異是於每個狀態替換計算效用數字，POMDP-VALUE-ITERATION 以它們的效用超平面維護爲非優勢計畫的匯集。這演算法複雜度主要取決於他們產生多少計畫。給定行動$|A|$和可能觀測$|E|$，很容易表現出有$|A|^{O(|E|^{d-1})}$相異深度 d 計畫。即使對於較低的 2 狀態世界其中 $d=8$，確切數字爲 2^{255}。優勢計畫的排除用於消滅這指數倍數成長是基本的：非優勢計畫的數字以 $d=8$ 爲 144。對於這 144 個計畫的效用函數表現於圖 17.8(d)。

注意即使狀態 0 有較低於狀態 1 的效用，由於代理人缺少需要的資訊以選擇好的行動，信念狀態之間具有較低效用。這是爲何資訊具有意義上的價值其定義於 16.6 節，並且在 POMDP 的最佳策略通常包含資訊蒐集的行動。

```
function POMDP-VALUE-ITERATION(pomdp, ε) returns a utility function
  inputs: pomdp, a POMDP with states S, actions A(s), transition model P(s' | s, a),
          sensor model P(e | s), rewards R(s), discount γ
        ε, the maximum error allowed in the utility of any state
  local variables: U, U', sets of plans p with associated utility vectors α_p

  U' ← a set containing just the empty plan [], with α_[](s) = R(s)
  repeat
     U ← U'
     U' ← the set of all plans consisting of an action and, for each possible next percept,
        a plan in U with utility vectors computed according to Equation (17.13)
     U' ← REMOVE-DOMINATED-PLANS(U')
  until MAX-DIFFERENCE(U, U') < ε(1 − γ)/γ
  return U
```

圖 17.9 對於 POMDP 的價值疊代演算法之高層描繪。步驟 REMOVE-DOMINATED-PLANS 和測試 MAX-DIFFERENCE 通常被實作為線性程式

給定此效用函數，可執行的策略可由尋找最佳的超平面取得，其中最佳的超平面是由任意給定的信念狀態帶，執行相符平面的第一個行動找出。在圖 17.8(d)，相符的最佳策略仍是與深度 1 的計畫相同：當 $b(1) > 0.5$ 爲 *Stay* 並且其餘爲 *Go*。

在實際上，圖 17.9 的價值疊代演算法在較大的問題對於效率上是沒有希望的——即使 4×3 POMDP 也是很困難。主要的理由是給定 n 條件計畫於 d 階，其演算法在消除優勢計畫之前建構 $|A|\cdot n^{|E|}$ 條件計畫於 $d+1$ 階。始於 1970 年代，當此演算法被開發，則有數種進展，包括價值疊代的更有效率格式和各種不同的策略疊代演算法。這部分留待章節最後的註釋討論。對於一般的 POMDP，然而尋找最佳策略是非常困難的(PSPACEhard 事實上——也就是說，眞的非常困難)。即使求解只有數十個狀態的問題也經常是不可行的。下一節描述一種不同的、基於前瞻搜尋的求解 POMDP 的近似方法。

17.4.3 POMDP 的線上代理人

本節中，我們概要介紹一種部分可觀察的隨機環境中的代理人的全面設計方法。設計的基本元素我們已經比較熟悉了：

- 用**動態貝氏網路**(如第 15 章中所描述的)表示的轉移和觀察模型。
- 如同用於第 16 章中的決策網路一樣，用決策和效用節點擴展動態貝氏網路。產生的模型被稱爲**動態決策網路**(dynamic decision network)或者簡寫爲 DDN。
- 使用濾波演算法把每個新的感知資訊與行動結合起來，並對信念狀態表示進行更新。
- 透過向前投影可能的行動序列並選擇其中的最佳行動，來制訂決策。

DBN 是第 2 章的術語中的**因式表現法**，他們通常有透過原子表現的指數地複雜度優勢，並且可塑模相當大量的眞實世界問題。於是代理人設計可以按照第 2 章勾勒的**基於效用的代理人**而實際實作。

在 DBN，單一狀態 S_t 變成了狀態變數 $\mathbf{X}_t$ 的集合，並且可能有多重證據變數 $\mathbf{E}_t$。我們用 A_t 表示在 t 時刻的行動，於是轉移模型變成 $\mathbf{P}(\mathbf{X}_{t+1} | \mathbf{X}_t, A_t)$ 並且感測模型變成 $\mathbf{P}(\mathbf{E}_t | \mathbf{X}_t)$。我們用 R_t 表示 t 時刻收到的回報，並用 U_t 表示 t 時刻狀態的效用值。(但這些都是隨機變數)。使用這些符號，一個動態決策網路看上去如圖 17.10 所示。

動態決策網路可以被用作包括價值疊代和策略疊代法等的任何 POMDP 演算法的輸入。在這一節中，我們集中討論從當前信念狀態向前投影行動序列的前瞻方法，這種方法與第 5 章中博弈搜尋演算法所做的很相似。圖 17.10 中的網路向著未來投影了 3 步；當前和未來的決策 A、以及未來的觀察 $\mathbf{E}$ 和回報 R 都是未知的。注意網路包括代表 $\mathbf{X}_{t+1}$ 和 $\mathbf{X}_{t+2}$ 的回報的節點，不過沒有 $\mathbf{X}_{t+3}$ 的效用。這是因為代理人必須最大化所有未來的回報(或者折扣回報)的和，而 $U(\mathbf{X}_{t+3})$ 表示了 $\mathbf{X}_{t+3}$ 的回報和所有後繼的回報。和第 5 章中一樣，我們假設 U 僅僅在某種近似的形式中是可以得到：如果可以得到確切的效用值，前瞻超過一步則是沒有必要。

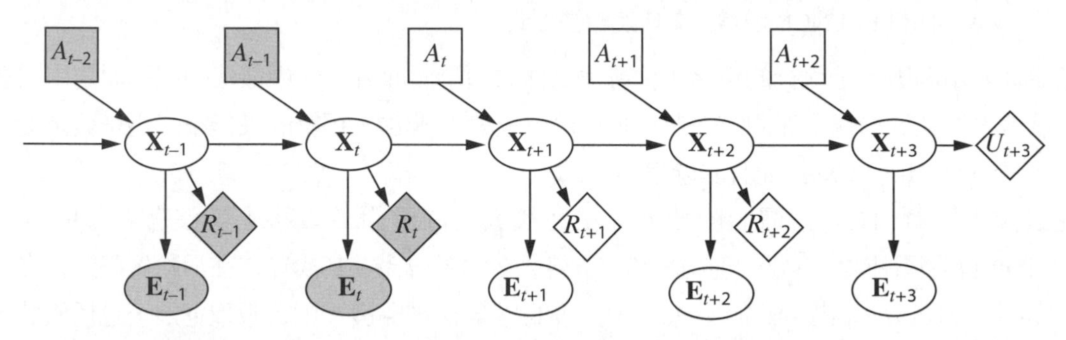

圖 17.10 動態決策網路的一般結構。具已知值的變數用陰影表示。當前時刻是 t，而代理人必須決定要做什麼——也就是，選擇一個值給 A_t。網路向未來展開了 3 步，並表示了未來的回報，連同前瞻時期的狀態效用值

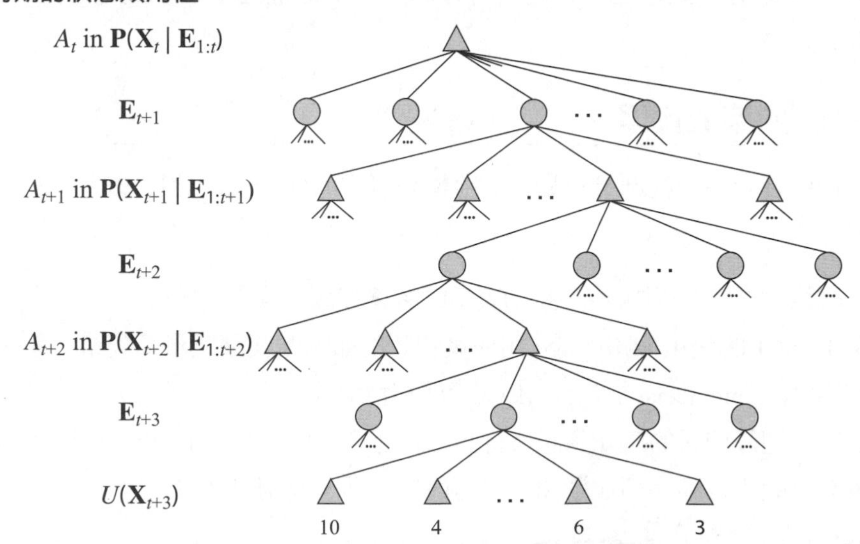

圖 17.11 圖 17.10 中的 DDN 的部分前瞻解。在指出的信度狀態中，各個決策將會被執行

圖 17.11 顯示了對應於圖 17.10 中的 3 步前瞻 DDN 的搜尋樹的局部。每個三角形節點是一個信度狀態，在其中代理人制訂決策 A_{t+i}，對於 $i = 0, 1, 2, \ldots$。圓形節點對應於環境的選擇，即發生了什麼樣的觀察 $\mathbf{E}_{t+i}$。注意這裡沒有對應於行動結果的機會節點，這是因爲行動引起的信念狀態更新是確定性的，和實際結果無關。

在每個三角形節點的信念狀態可以透過對觀察序列和導致該序列的行動使用過濾演算法而計算出來。如此，演算法考慮到如下事實：對於決策 A_{t+i} 代理人將可以得到感知資訊 $\mathbf{E}_{t+1}, \ldots, \mathbf{E}_{t+i}$，儘管在 t 時刻它並不知道那些感知資訊會是什麼。於是，一個決策理論代理人自動把資訊價值考慮進去，並且在適當的地方執行資訊收集行動。

透過從葉節點回傳效用值，可以從搜尋樹提取決策，回傳時在機會節點取平均，在決策節點取最大值。這和用於包含機會節點的博弈樹的 EXPECTIMINIMAX 演算法很相似，除了以下兩點：(1)這裡在非葉子狀態也可能有回報；(2) 決策節點對應於信念狀態而不是實際狀態。到達深度 d 的窮舉搜尋的時間複雜度是 $O(|A|^d \cdot |\mathbf{E}|^d)$，其中 $|A|$ 表示可採取的行動數，$|\mathbf{E}|$ 是可能的認知數。(注意這遠少於由價值疊代產生之深度 d 的條件計畫的數目)。對於折扣因數 γ 不是很接近 1 的問題，一個淺層搜尋就常常足以給出近似最佳的決策了。透過用對可能觀察集合進行取樣代替對所有可能觀察進行求和，對在機會節點求平均的步驟進行近似也是可能的。另外還有各種其他途徑快速地尋找好的近似解，不過我們把它們留到第 21 章討論。

基於動態決策網路的決策理論代理人與前面幾章中提出的較簡單代理人相比，有很多優點。特別是，它們可以處理部分可觀察的、不確定的環境，並且容易修改自己「計畫」以處理非預期的觀察。使用適當的感測器模型，它們可以處理感測器失效的情況，可以進行規劃收集資訊。利用不同的近似技術，它們在時間壓力下和複雜環境中顯示出「得體的退讓」。那麼還缺什麼？我們基於 DDN 的演算法中的一個缺點是透過狀態空間對前向搜尋的依賴，而非使用階層與其他描述於第 11 章的進階規劃技術。也有人試圖把這些方法擴展到機率領域，不過迄今爲止已經被證明是低效的。另一個相關的問題是 DDN 語言的基本的命題本質。我們希望把一階機率語言的某些想法擴展到制定決策問題。當前的研究顯示這種擴展是可能的而且有顯著的益處，如在本章的結尾部分「歷史的註釋」一節中所討論的。

17.5 多代理人的決策：賽局理論

這一章前面集中於在不確定的環境中進行決策的問題。但是如果這些不確定性是來自於其他代理人以及它們的決策呢？如果它們的決策又受我們決策的影響呢？我們以前討論過一次這個問題，當我們在第 5 章中研究博弈遊戲時。然而，那時我們關注的是在可完整觀察環境中的回合制遊戲，其中可用極小極大搜尋來找最佳行動。這一節中我們研究用來分析同時行動和部分可觀察之其他來源的遊戲的**賽局理論**(博奕學家使用**完全資訊**與**不完全資訊**，而不用充分與部分可觀測)。賽局理論至少可以用在兩方面：

1. **代理人設計：**

   賽局理論可以分析代理人的決策，計算出每個決策的期望效用值(在假設其他代理人也遵循賽局理論的最佳行動的條件下)。例如在**兩指猜拳遊戲**(two-finger Morra)中，兩個遊戲者 *O* 和 *E* 同時出一個或者兩個手指。令手指總數爲 *f*。如果 *f* 是奇數，*O* 從 *E* 處贏得 *f* 美元；如果 *f* 是偶數，*E* 從 *O* 處贏得 *f* 美元。賽局理論可找出對抗理性遊戲者的最佳策略，並找出對每個遊戲者的預期回傳[4]。

2. **機制設計：**

   當多個代理人同處於一個環境中時，也許可能定義環境的規則(也就是代理人必須參與的遊戲)，使得當每一個代理人都採用賽局理論給出的、能最大化自己的效用的解時，所有代理人的集體利益也最大化。例如，賽局理論可以幫助設計網路路由器集合的協定，使得每個路由器都有動機按照使得全局流量最大化的方式執行。機制設計也可以用來構造智慧型**多代理人系統**，就能夠以分散式的方式解決複雜問題。

17.5.1 單步賽局

我們從考慮賽局的一些限制集合做爲開始：所有玩家同時地執行行動，且賽局的結果是基於此行動的單一集合。(實際上它並非關鍵性，行動正好發生在同時間。不管任何玩家都不知道其他玩家的選擇)。單步(甚至只使用「賽局」這個字)的限制可能讓這看來微不足道，但事實上，賽局理論是很重要的事。這是使用在決策制訂情況，包括石油探勘權的競標和無線頻譜的權利、破產程序、產品開發與定價、以及國防——包括著數十億美金與千百萬人命的情況。三個部分定義了單步賽局：

- 制訂決策的**遊戲者**(player)或者代理人。儘管當 $n > 2$ 的 *n* 人遊戲也很常見，不過雙人遊戲吸引了更多的目光。我們用大寫字母打頭的詞命名遊戲者，例如 *Alice* 和 *Bob* 或者 *O* 和 *E*。
- 每個遊戲者可以選擇的**行動**(action)。我們用小寫字母打頭的詞命名行動，例如 *one* 或者 *testify*。遊戲者可以有相同的或者不同的可能行動的集合。
- **收益函數**(payoff function)給出了所有遊戲者在每種行動組合情況下各自的效用值。對於單步賽局收益函數可被表示成爲矩陣，一個已知的表示是**戰略形式**(也稱爲**普通形式**)。兩指猜拳遊戲的收益矩陣如下：(其中 *one* 表示出一個手指，*two* 表示出兩個手指)

	O：*one*	*O*：*two*
E：*one*	*E* = +2，*O* = –2	*E* = –3，*O* = +3
E：*two*	*E* = –3，*O* = +3	*E* = +4，*O* = –4

例如，右下角的一格顯示出當 *O* 選擇行動 *two* 而 *E* 也選擇行動 *two*，E 的收益是+4 和 O 的收益是–4。

遊戲中的每個遊戲者都必須採用並執行一個**戰略**(這次賽局論裡對政策使用的詞)。**純戰略**(pure strategy)是個確定性策略，對於單步賽局，純戰略就是個單一行動。對於許多賽局，代理人可以依照**混合戰略**做得更好，其中隨機策略是依照機率分佈而選擇行動。混合戰略以機率 p 選擇行動 a，其他情況下選擇行動 b，記作[p:a; $(1-p)$:b]。例如，兩指猜拳遊戲中的一個混合戰略可以是[0.5:*one*; 0.5:*two*]。**戰略配置**(strategy profile)是一種戰略分配方案，給每個遊戲者分配一個混合戰略；給定了戰略配置，對於每個遊戲者而言，遊戲的**結果**(outcome)就是一個數值。

一個遊戲的**解**(solution)是指一個戰略配置，在其中每個遊戲者都採用理性戰略。我們會看到賽局理論中最重要的問題是定義「理性」的含義，當每個代理人選擇的只是決定結果的戰略配置中的一部分時。這一點是重要的：認識到結果指的是玩遊戲的實際結果，而解是用來分析遊戲的理論概念。我們會看到某些遊戲只在混合策略中有解。但這不意味著遊戲者必須嚴格採用混合策略才是理性的。

考慮下面的故事：兩個盜竊嫌疑犯 Alice 和 Bob 在盜竊現場附近被當場抓到，並且被分別審問。公訴人提出了一個交易：如果你作證指認同夥是盜竊團夥的主謀，那麼你就會被無罪釋放，而同夥要被判 10 年徒刑。然而，若你互相指認對方，則兩人都會被判五年。Alice 和 Bob 都知道假設都拒絕指認，則他們每人只會因爲擁有被盜竊財產的較輕罪名被判 1 年徒刑。現在 Alice 和 Bob 面臨著所謂的**囚犯難題**：是作證還是拒絕？作爲理性代理人，Alice 和 Bob 每人都想最大化他們自己的期望效用值。讓我們假設 Alice 冷酷無情地不關心她同夥的命運，所以她的效用值隨著她將要坐牢的年限而遞減，不考慮 Bob 將會怎樣。Bob 也是同樣的感覺。那麼爲了幫助達到理性決策，他們兩個都構造了下面的收益矩陣：

	Alice：*testify*	*Alice*：*refuse*
Bob：*testify*	$A=-5$，$B=-5$	$A=-10$，$B=0$
Bob：*refuse*	$A=0$，$B=-10$	$A=-1$，$B=-1$

Alice 對收益矩陣進行如下的分析：「假設 Bob 指認，那麼如果我作證會被判刑 5 年，我不認罪會被判 10 年，所以這種情況下作證比較好。另一方面，如果 Bob 拒絕認罪，那麼我作證會被釋放，我不認罪會被判 1 年，所以這種情況下作證也比較好。於是在任何一種情況下作證都比較好，所以我必須作證。」

Alice 發現對於這個遊戲來說 *testify* 是**優勢戰略**(dominant strategy)。如果在其他遊戲者的所有可選擇的戰略當中，對於遊戲者 p 而言戰略 s 的結果都比策略 s'的結果好的話，我們就說對於遊戲者 p 而言戰略 s **絕對優於**(strongly dominate)戰略 s'。如果戰略 s 在至少一個戰略配置中好於戰略 s'而其他情況下都不差於 s'，則說戰略 s **相對優於**(weakly dominate)戰略 s'。優勢戰略是一個對所有其他戰略都有優勢的戰略。選擇一個絕對劣勢戰略是不理性的，如果存在優勢戰略而不採用它也是不理性的。出於理性，Alice 會選擇優勢戰略。我們需要引入更多的術語：我們稱一個結果是**巴烈圖最佳化**(Pareto optimal)[5]是指，如果沒有其他的結果是所有遊戲者都更偏好的。如果相比一個結果，存在另一個結果是所有遊戲者都更偏好的，那麼該結果**巴烈圖劣於**(Pareto dominated)另一個結果。

如果 Alice 是聰明並且理性的，她會繼續下面的推理：Bob 的優勢戰略也是作證。因此他也會作證，於是我們都被判 5 年徒刑。當每個遊戲者都有優勢戰略時，這些戰略的組合叫做**優勢戰略均衡**(dominant strategy equilibrium)。總體上，如果沒有遊戲者可以在其他遊戲者不改變戰略的情況下透過改變戰略獲利，那麼這個戰略配置形成**均衡**(equilibrium)。均衡本質上是策略空間中的**局部最佳**；當每一維對應一個遊戲者的戰略選擇時，它就是沿著每一維的斜率都向下的一個峰值。

數學家約翰．納許(John Nash，1928-)證明了每個賽局都至少有一個均衡。為了尊敬他，現在一般均衡的概念被命名為**納許均衡**(Nash equilibrium)。很顯然，優勢戰略均衡是納許均衡(習題 17.16)，但一些遊戲具有納許均衡而卻沒有優勢戰略。

囚犯難題中的困境在於，對兩個遊戲者來說，平衡結果都糟於若兩人都拒絕認罪下的結果。也就是說，(refuse, refuse)的結果(–1, –1)是巴烈圖優勢(*testify*, *testify*)。Alice 和 Bob 是否有辦法達到結果(–1, –1)呢？當然兩個人都拒絕作證是一個可行的選擇，由這個賽局給出的定義，但這很難看得出來在這裡會有理性代理人。因為任何一個打算採用 *refuse* 的遊戲者會意識到如果他或她採用 *testify* 的話會得到更好的結果。這就是均衡點的魅力所在。博弈學家一致同意納許均衡是解的必要條件——不過對於是不是充分條件還意見不一致。

如果我們修改賽局則可以很容易地得到(*refuse*, *refuse*)解答。例如，我們可改變**重複的賽局**，其中玩家們知道他們將會再次交鋒。或者是代理人可能會有鼓勵合作與公平的道德信念。這意味著他們有不同的效用函數，需要不同的收益矩陣，將它變成不同的賽局。我們隨後將會看到代理人具有受限的計算能力，而不是絕對理性推理的能力，可以達到非均衡結果，相當於告訴一個代理人其他代理人的理性有限。在這情況，比起前述的收益矩陣，我們考慮一個不同的賽局。

現在讓我們看一看沒有優勢戰略的遊戲。Acme 是一家生產電視遊戲機的硬體製造商，要決定下一代遊戲機應該用 DVD 還是 CD。與此同時，電視遊戲軟體生產商 Best 需要決定下一個遊戲放在 DVD 上還是 CD 上。如果它們達成一致，那麼雙方利潤是正的，否則是負的。收益矩陣如下所示：

	Acme：*bluray*	*Acme*：*dvd*
Best：*bluray*	$A = +9$，$B = +9$	$A = -4$，$B = -1$
Best：*dvd*	$A = -3$，$B = -1$	$A = +5$，$B = +5$

這個遊戲沒有優勢戰略，不過有兩個納許均衡：(*bluray*, *bluray*)和(*dvd*, *dvd*)。我們知道這些方案是納許均衡，因為如果任一個遊戲者單方面改變戰略，都會有損失。現在代理人們有個問題：存在多個可接受的解，但是如果每個代理人目標是不同的解，則代理人們都要承擔損失。它們如何能夠對於一個解達成一致呢？一個答案是雙方都應選擇巴烈圖最佳解(*bluray*, *bluray*)；也就是，我們把「解」的定義限制在唯一的巴烈圖最佳納許均衡上，倘若存在的話。每一個遊戲都至少有一個巴烈圖最佳解，不過有的遊戲有多個，或者它們也許不是均衡點。例如，(*bluray*, *bluray*)的收益是(5, 5)，則存在兩個相同的巴烈圖最佳均衡點。從它們之間進行選擇，代理人可以透過猜測或者通訊的方式，也就說要麼在遊戲開始前約定好解的順序，要麼在遊戲過程中進行協調達成互惠的解(這意味著在多步遊戲中加上通訊的行動)。通訊因此出現在賽局理論中，和它出現在 11.4 節中的多代理人規劃中的原因完全一樣。像這樣遊戲者需要進行通訊的遊戲稱為**協調遊戲**(coordination game)。

一個遊戲可以有超過一個納許均衡；如何知道每個遊戲至少有一個？有些賽局沒有純戰略納許均衡。例如，考慮兩指猜拳遊戲(17.5 節)的任意純戰略配置。如果手指的總數是偶數那麼 O 想換，另一方面，如果總數是奇數那麼 E 想換。所以沒有純戰略配置是均衡的，我們只有尋找混合戰略。

不過哪個混合戰略呢？在 1928 年，馮・諾依曼發展出了對於雙人**零和遊戲**(zero-sum game)的最佳混合戰略的辦法——此遊戲中的收益總和恆爲零[6]。顯然兩指猜拳遊戲是零和遊戲。對於雙人零和遊戲，收益絕對值相等而符號相反，所以我們只需要考慮一個遊戲者即那個極大化者(和第 5 章中一樣)的收益。對於兩指猜拳遊戲，我們選偶數遊戲者 E 作爲極大化者，所以我們可以透過 $U_E(e, o)$的值來定義收益矩陣——$U_E(e, o)$表示當 E 採取行動 e 而且 O 採取行動 o 時 E 的收益。(爲了方便我們稱玩家 E 爲「她(her)」而玩家 O 爲「他(him)」)。馮・諾依曼方法被稱爲**極大極小**(maximim)技術，其工作模式如下：

- 假設我們改變規則如下：首先 E 透露她的戰略給 O。然後 O 透露他的戰略，連同 E 的戰略知識。最後，我們我們基於所選擇的戰略來評估賽局的期望收益。那麼我們就得到一個回合制的遊戲，可以對它運用第 5 章的標準**極小極大**演算法。假設得到的結果是 $U_{E,O}$。顯然，這個遊戲是 O 佔便宜，所以遊戲的眞實效用 U(從 E 的角度)至少爲 $U_{E,O}$。例如，如果我們只使用純戰略，那麼極小極大博弈樹的根節點值爲–3[參見圖 17.12(a)]，所以 $U \geq -3$。
- 現在假設我們改變規則強迫 O 先透露他或她的戰略，然後是 E。那麼遊戲的極小極大值是 $U_{O,E}$。並且由於這個遊戲是 E 佔便宜，所以我們知道 U 最多爲 $U_{O,E}$。如果只考慮純戰略，根節點值爲+2[參見圖 17.12(b)]，所以 $U \leq +2$。

結合這兩個論斷，我們看到可以知道對原來遊戲的解的眞實效用 U 必須滿足：

$$U_{E,O} \leq U \leq U_{O,E} \quad \text{或者在這個例子中} \quad -3 \leq U \leq 2$$

爲得到精確的 U 值，我們需要把分析轉向混合戰略。首先，觀察到如下事實：一旦第一個遊戲者透露了他的戰略，那麼第二個遊戲者也可以選擇純戰略。原因很簡單：若第二個遊戲者採用混合戰略 $[p{:}one; (1-p){:}two]$，他的期望效用是純戰略的效用 u_{one} 和 u_{two} 的線性組合($p \cdot u_{one} + (1-p) \cdot u_{two}$)。這樣的線性組合不可能比 u_{one} 和 u_{two} 中較好的那個好，所以第二個遊戲者倒不如採用較好的那個。

頭腦中有了上面的觀察，可以想像極小極大樹在根節點有無限個分支，對應於無限種第一個遊戲者可以選擇的混合戰略。其中每個分支都會導向一個有兩個分支的節點，每個分支對應於第二個遊戲者的純戰略。我們可以在根節點具有一個「參數化」的選擇，從而描繪這些無限的樹：

- 如果 E 先行動，情況如圖 17.12(c)所示。E 在根節點選擇$[p{:}one; (1-p){:}two]$，那麼給定 p 值，O 選擇一個純戰略(遂也選擇一個行動)。如果 O 選擇 *one*，期望收益(對於 E)是 $2p - 3(1-p) = 5p - 3$；如果 O 選擇 *two*，期望收益是$-3p + 4(1-p) = 4 - 7p$。我們可以在圖中畫兩條直線表示這兩個收益，其中 p 的範圍是 x 軸上的 0 到 1，如圖 17.12(e)所示。極小化者 O 會選擇兩條線中較低的部分，如圖中的粗線所示。因此，E 在根節點能做的最好辦法是選擇交點：

  $$5p - 3 = 4 - 7p \quad \Rightarrow \quad p = 7/12$$

  在這個點 E 的效用是 $U_{E,O} = -1/12$。

- 如果 O 先行動，情況如圖 17.12(d)所示。O 在根節點採用[q:*one*; $(1-q)$:*two*]，那麼給定 q 值，E 選擇一個行動。收益是 $2q-3(1-q)=5q-3$ 和 $-3q+4(1-q)=4-7q$ [7]。同樣，圖 17.12(f)顯示出 O 最好的戰略是選擇交點：

$$5q-3=4-7q \quad \Rightarrow \quad q=7/12$$

在這個點 E 的效用是 $U_{O,E}=-1/12$。

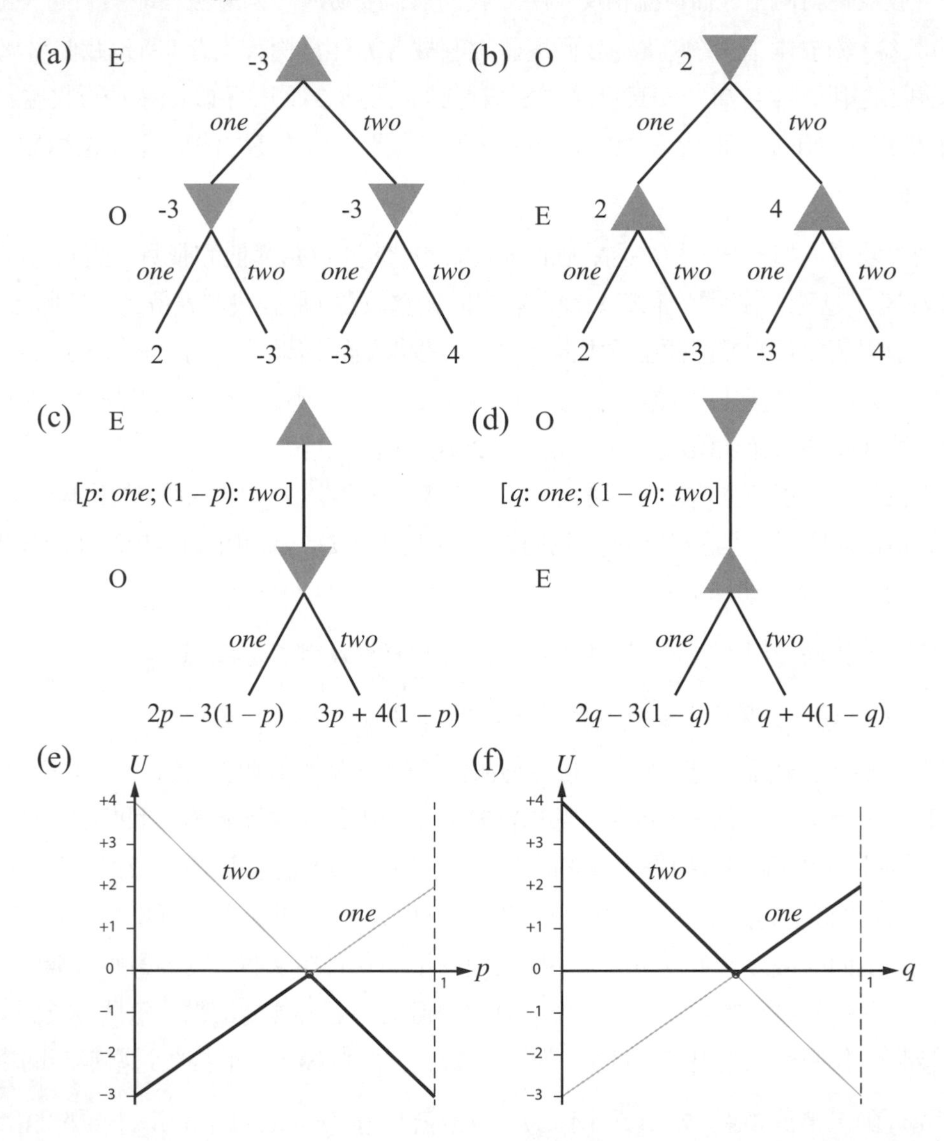

圖 17.12

(a)和(b)：遊戲者輪流使用純戰略下，兩指猜拳遊戲的極小極大博弈樹。

(c)和(d)：第一個遊戲者使用混合戰略的參數化博弈樹。收益取決於混合戰略中的機率參數(p 或 q)。

(e)和(f)：對於機率參數的任何特定值，第二個遊戲者會選擇兩個行動中「較好」的那個，所以第一個遊戲者的混合戰略的值如粗線所示。第一個遊戲者會選擇處於交點的混合戰略的機率參數現在我們知道遊戲的眞實效用是在–1/12 和–1/12 之間，也就是正好爲–1/12！(意味著如果你參與這個遊戲，*O* 這個角色比 *E* 好。而且這個眞實的效用是在雙方都採用混合戰略[7/12:*one*; 5/12:*two*]得到的。這個戰略稱爲這個遊戲的**極大極小均衡**(maximin equilibrium)，是一個納許均衡。注意在均衡的混合戰略裡每個成員戰略有相同的期望效用。在這個例子裡，*one* 和 *two* 有同樣的期望效用–1/12，和混合戰略本身是一樣的。

我們對於兩指猜拳遊戲的結果是馮．諾依曼方法的一般結果的一個例子：當允許使用混合戰略時，任何一個雙人零和遊戲都有極大極小均衡。而且，零和遊戲中的每個納許均衡對於雙方都是極大極小均衡。一個採用極大戰略的玩家具有兩個保障：第一，沒有其他更好的戰略可對抗敵手。(即使部分其他的戰略可能在於利用敵人非理性的錯誤會更好)。第二，玩家同樣持續地進行，即使戰略被洩漏給敵人。

在零和遊戲中尋找極大極小均衡的一般演算法比圖 17.12(e)和(f)提示的要棘手一些。當有 *n* 個可能的行動時，一個混合戰略就是在 *n* 維空間中的一個點，而直線也變成了超平面。第二個遊戲者的某些純戰略可能劣於其他的純戰略，所以它們對抗第一個遊戲者的任何戰略都不是最佳的。去除所有這樣的戰略(有可能要反覆進行)，在根節點的最佳選擇是剩餘超平面的最高(或者最低)交點。尋找這樣的選擇是**線性規劃**問題的一個實例：在線性限制下最大化目標函數。這樣的問題可以用標準技術在行動步數的(以及用於指定回報函數的數值位元數，如果你希望更技術地說)多項式時間內解決。

剩下的問題是，在玩一局兩指猜拳遊戲時一個理性代理人實際應該怎麼做？理性代理人會推導出[7/12:*one*; 5/12:*two*]是極大極小均衡戰略這個事實，並且假設對於理性的對手這是共有的知識。代理人可能會用一個 12 面的骰子或者亂數產生器來根據這個混合戰略隨機地選擇行動，在這種情況下 *E* 的期望收益是–1/12。或者代理人可能直接決定採用 *one* 或者 *two*。這兩種情況裡的任意一種，*E* 的期望收益仍然是–1/12。奇妙的是，單方面挑選某個特別的行動並不損害其期望收益，然而如果讓另一個代理人知道了這個單方面決策，就會影響期望收益，因爲對手可以針對性地調整戰略。

爲非零和賽局尋找均衡是更複雜一些。一般的辦法分爲兩步：(1)列舉可能形成混合戰略的所有行動子集。例如，先嘗試每個遊戲者採用單個行動的所有戰略配置，然後是每個遊戲者採用一步或者兩步行動的戰略配置，依此類推。這將隨著行動數目而呈指數級增長，所以只適用於規模較小的遊戲。(2)對於(1)中列舉的每一個戰略配置，檢查是否是一個均衡。這是透過對類似於零和遊戲中的方程組和不等式組進行求解而完成的。對於雙人遊戲，這些方程是線性的，可以用基本的線性規劃技術求解，不過對於 3 個或者更多遊戲者的遊戲，這些方程是非線性的，可能很難求解。

17.5.2 重複性賽局

目前爲止，我們只看到持續一步的遊戲。最簡單的多步遊戲是**重複性賽局**(repeated game)，其中遊戲者重複地面對同樣的選擇，不過每次都知道關於所有遊戲者以前的選擇歷史的知識。對於重複性遊戲的戰略配置指定了每個遊戲者在每個時刻對於每個可能的過往選擇歷史的一個行動選擇。和 MDP 一樣，收益是隨時間累加的。

讓我們來考慮囚犯難題的重複性版本。如果知道他們還會遭遇這種困境，Alice 和 Bob 是不是會合作而拒絕作證呢？答案取決於具體的約定。例如，假設 Alice 和 Bob 知道他們將面對囚犯難題正好 100 輪次。那麼他們都知道第 100 次不是重複遊戲——因爲它的結果不會影響未來的輪次——所以他們在那一輪中都選擇優勢戰略 *testify*。不過一旦第 100 輪確定了，那麼第 99 輪也就不會影響後繼的輪次，所以也會有一個優勢戰略均衡(*testify, testify*)。使用數學歸納法，兩個遊戲者每一輪都會選擇 *testify*，從而每人都被判處 500 年監禁。

可以透過改變交互的規則得到不同的解。例如，假設在每一輪後遊戲者有 99%的機會再次遇到。那麼期望的輪數仍然是 100，但是兩個遊戲者都不確知哪一輪是最後一輪。在這樣的條件下，更多的合作行爲是可能的。例如，對於每個遊戲者有一個均衡戰略，就是採用 *refuse*，除非對方採用過 *testify*。這個戰略可以稱爲**永久性懲罰**(perpetual punishment)。假設雙方都採用這個戰略，而且雙方互相知道這一點。那麼在還沒有人採用 *testify* 的情況下，在任意時間每個遊戲者的期望未來總收益是

$$\sum_{t=0}^{\infty} 0.99^t \cdot (-1) = -100$$

一個玩家偏離了戰略並且選擇 *testify* 緊接著下一步會得到 0 而不是–1，但從此兩個玩家都採用 *testify* 且玩家的總期望未來收益變成

$$0 + \sum_{t=1}^{\infty} 0.99^t \cdot (-5) = -495$$

因此，在每一步，沒有動機去改變(*refuse, refuse*)的戰略。永久性懲罰是囚犯難題的「同歸於盡」戰略：一旦一個遊戲者決定選擇 *testify*，它確保雙方都遭受巨大損失。不過它只能作爲一種威懾手段起作用，如果對手相信你已經採用了這個戰略——或者至少相信你可能已經採用這個戰略。

其他戰略更爲寬容。最著名的是**針鋒相對**(tit-for-tat)，即開始採用 *refuse*，然後在所有後繼的輪次中都重複對手在上一輪的行動。所以只要 Bob 拒絕認罪，Alice 就也一直拒絕認罪；而在 Bob 作證之後的那個輪次，Alice 也作證；不過如果 Bob 回到拒絕認罪，Alice 也同樣做。儘管很簡單，這種戰略被證明對抗很寬範圍的各種戰略都有很高的魯棒性和效率。

我們也可以透過改變代理人而不是改變約定的規則來得到不同的解。假設代理人是有 n 個狀態的有限狀態機，並且它們在玩一個總步數 $m > n$ 的遊戲。因此代理人沒有能力表示剩餘的步數，只能當作未知。所以它們無法使用數學歸納法，並可以自由地達到更好的(*refuse*, *refuse*)均衡。在這種情況下，無知是福——或者更確切地說，讓你的對手相信你是無知的，便是福。在這些重複性遊戲中你的成功取決於對手對你的認知(把你當成「惡霸」還是「白癡」)，而不取決於你的實際特點。

17.5.3 循序賽局

在一般的例子，賽局是由一連串的回合組成，其中不需完全一樣。如此的賽局最好的表示方法是遊戲樹(game tree)，其中博奕學家稱之爲**廣泛形式**。這個數包含於 5.1 節看到的所有相同資訊：初始狀態 S_0，函數 PLAYER(s)指出哪個玩家可移動，函數 ACTIONS(s)列舉可能的行動，函數 RESULT(*s*, *a*)定義轉移到新的狀態，部分函數 UTILITY(*s*, *p*)只定義於終端狀態，給每個玩家收益。

爲了表示隨機賽局，像是西洋雙陸棋，我們增加一個不同的玩家、機會，它可產生隨機行動。機會的戰略是賽局定義的一部份，透過行動指定機率分佈(其他玩家必須選擇屬於他們的戰略)。要表示賽局具有不確定性行動，像是撞球，我們將行動分成兩部分：玩家的行動本身具有確定性結果，然後機率轉向至對行動在它自身多變方式的反應。爲表示同步動作，如同囚犯的兩難或是兩指猜拳遊戲，我們強制任意順序於玩家，但我們有不讓後面的玩家觀測到先前玩家行動的選擇：例如，Alice 必須先選擇拒絕或作證，然後 Bob 選擇，但 Bob 不知道 Alice 當時作什麼選擇(之後我們也可以表示行動被洩漏的事實)。然而，我們假設玩家一直都記得他們自己前一個行動，這假設稱爲**完全的回憶**(perfect recall)。

延伸形式的關鍵概念是除了第 5 章的遊戲樹之外，它的集合是表部分可觀測的表達。我們在 5.6 節看到玩家在部分可觀察賽局，像是 Kriegspiel 可透過**信念狀態**的空間建立遊戲樹。根據遊戲樹，我們看到在某些情況玩家可以找到移動的序列(一個戰略)，其導致將死(checkmate)，無論我們開始的實際狀態並且不管敵手使用什麼戰略。然而第 5 章的技術中無法告訴玩家，當沒有保證將死的時候怎麼辦。假設玩家最佳的戰略相關於敵手的戰略並且反之亦然，則它本身的極小無法找到解答。延伸形式確實可允許我們找到解答，因爲它表示所有玩家同時的信念狀態(博奕學家稱之爲**資訊集合**)。從這個表達我們可以找到均衡解，正如同我們在一般形式賽局所做的。

循序賽局的一個簡單例子，圖 17.1 的 4×3 世界放入兩個代理人，讓它們同時移動直到一個代理人抵達出口方塊，且於該方塊得出收益。如果我們指明當兩個代理人試圖同時移動到同一個方格時就都不移動(在很多交通路口出現的常見問題)，那麼某些純戰略會永遠卡死在那裡。因此，代理人需要混和戰略以在這個賽局中良好的表現隨機地選擇向前移動或是留待原地。這也正是解決乙太網路中資訊包的衝突的做法。

接下來我們將考慮撲克牌的簡單變形。一副牌只有四張牌，兩張 ACE 和兩張老 K。發一張牌給每個玩家。第一個玩家則有選擇在賽局中可將賭注由 1 加碼爲 2，或者過牌(check)。如果第 1 位玩家過牌，則賽局結束，若他加碼，則玩家 2 有跟(call)的選擇，接受賽局最少 2 點，或者是蓋牌(fold)，讓出 1 點。如果賽局以蓋牌沒有結束，則收益取決於牌：如果它們有相同的牌，則兩位玩家都爲 0，否則擁有老 K 的玩家必須要付出賭注給有 ACE 的玩家。

此賽局的延伸形式樹表示於圖 17.13。非終端狀態以圓圈表示，隨著玩家移動至圓圈中，玩家 0 是可能的。附上標記的箭頭表示每個行動，對應於加碼、過牌、跟注或蓋牌，四種可能發牌的機會(「AK」表示玩家 1 得到 ACE 且玩家 2 得到老 K)。終端狀態是長方形圖案標示著玩家 1 和玩家 2 的收益。資訊集合是以虛線標示的方框，例如 $I_{1,1}$ 是輪到玩家 1 的資訊集合，並且並且已知他有張 ACE(但不知道玩家 2 有什麼)。在資訊集合 $I_{2,1}$，是輪到玩家 2 且他有一張 ACE，並且玩家已經加碼，但是不知道玩家 1 的牌是什麼(由於紙張是二維的限制，這個資訊集合是以 2 個方框表示而不是 1 個)。

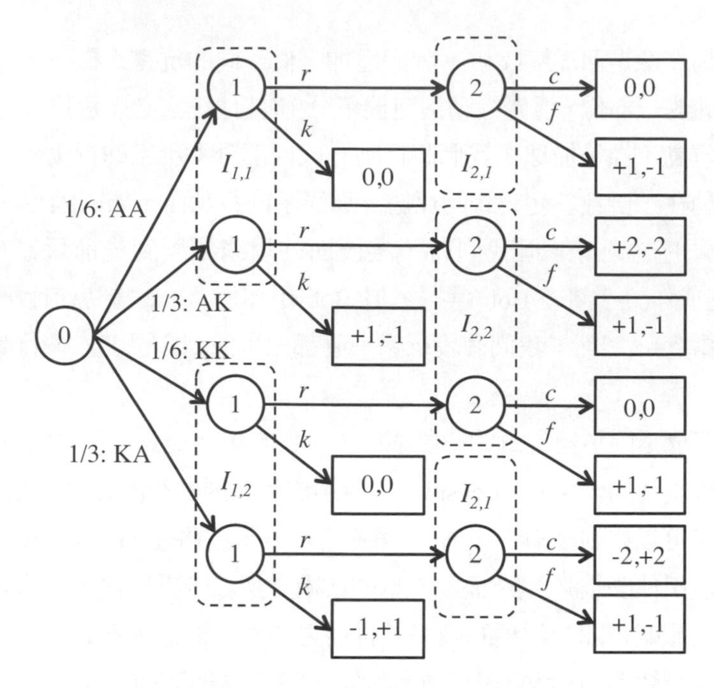

圖 17.13　撲克的簡化版本的延伸形式

一個解決廣泛賽局的方法是將它轉換成一般形式的賽局。記得一般形式是一個矩陣，每一列都標示著玩家一的單純戰略，並且各欄表示著玩家 2 的單純戰略。在廣泛的賽局中玩家 i 的單純戰略對應於包含玩家的每個資訊集合。如同於圖 17.13，對於玩家 1 的單純戰略是「當在 $I_{1,1}$ 則加碼(也就是當我有 ACE 時)或是在 $I_{1,2}$ 則過牌(當我有老 K)」。在下列的收益矩陣，這個戰略稱做爲 rk。類似地，對於玩家 2 的戰略 *cf* 表示「當我有 ACE 時跟注，有老 K 的時候則蓋牌」。因此這是一個零和賽局，下列的矩陣僅給出對於玩家 1 的收益，玩家 2 的收益總是爲相對的：

	2:*cc*	2:*cf*	2:*ff*	2:*fc*
1:*rr*	0	-1/6	1	7/6
1:*kr*	-1/3	-1/6	5/6	2/3
1:*rk*	1/3	**0**	1/6	1/2
1:*kk*	0	**0**	0	0

這個賽局是如此地簡單，其具有 2 個單純戰略均衡，以粗體字表示：*cf* 對於玩家 2 且 *rk* 或 *kk* 對於玩家 1。但一般來說我們可藉由轉換成一般形式並且使用標準線性程式方法求解(通常是混和戰略)來解答廣泛的賽局。這是理論工作。但如果玩家有資訊集合 *I* 及每個集合的行動，則玩家將有個 a^I 純戰略。換句話說，一般形式矩陣的大小是資訊集合的指數數字，實際上的方法僅作用於非常小的遊戲樹，在數十種狀態順序。像是德州撲克的賽局有大約 10^{18} 狀態，使得這個方法完全不可行。

其它的選擇呢？在第 5 章我們有看過 α-β 搜尋可使用大型遊戲樹處理完全資訊的賽局，其藉由漸增地產生樹，以修剪某些分支和啓發式評估非終端節點。但這樣的方法在不完全資訊的賽局下並不是很有用，以下有兩個原因：首先，它是難以刪除的，因爲我們需要考量混和戰略其包含合併的多重分支，純戰略並不是總是可選出最佳分支。再者，對於非終端節點難以做啓發式評估，因爲我們處理的是資訊集合而非個別狀態。

Koller 等人(1996)以廣泛賽局的另一種表達前來挽救，稱之爲**循序形式**(sequence form)，樹的大小僅爲線性，而不是指數形。並非表達戰略，它表示通過樹的路徑，路徑的數量等同於終端節點的數量。標準線性程式方法可以再次地使用在這個表達上。這結果系統在 1 至 2 分鐘可解決 25000 個狀態變形的撲克牌。這是一種透過一般形式方法的指數地加速，但仍然遠遠不及於處理整個帶有 10^{18} 狀態的撲克牌。

若我們無法處理 10^{18} 的狀態，或許我們可以利用將賽局改變爲簡約形式來簡化問題。例如，若我們握有 ACE 並且正考量著下一張牌將得到一對 ACE 的機率，則我不在乎下一張牌的成組，任何一組都是同等的。這樣的建議將賽局**抽象化**，其中的牌組都被忽略。遊戲樹的結果將會小於因數 4! = 24。假設可以解決如此小的賽局，則相關於這個賽局的原始賽局的解將會是如何？若沒有玩家有一手同花(或者是吹噓)，則牌組無論是任何玩家，抽象的解答也將會是原始賽局的解答。然而，若任何的玩家在盤算著同花，則抽象僅會趨近於解答(但計算出錯誤邊界是有可能的)。

對於抽象化具有許多的機會。例如，在一個賽局中每位玩家有兩張牌，若我有 1 對 Q，則其他玩家的持牌可抽象爲三種類型：較優(僅有 1 對老 K 或 1 對 ACE)，平手(1 對 Q)或較差(剩下其它的)。然而這樣的抽象化可能太過於粗糙。較佳的抽象化是將較差的分類成，中等對子(9 到 J)，較低對子和不成對。這些例子是狀態的抽象化，也可能將行動抽象化。例如，將賭注行動替換成 1 至 1000 的個別整數，我們可以限制賭注於 10^0、10^1、10^2 和 10^3。或者是我們可以刪去所有賭注的其中的一局。我們也可將機會節點抽象化，僅考慮發牌可能的子集合。這同等於使用在 Go 程式的展示技術。將這些抽象化匯集，我們可將撲克牌的 10^{18} 狀態縮減爲 10^7 狀態，其大小是當前技術所可以解的。

撲克牌程式基於這樣的方法可容易地擊敗新手和某些老練的人類玩家，但還不至於可以到達大師級玩家的程度。這問題的部分是這些程式解的近似——平衡解——僅在遭遇也是使用平衡戰略的敵手爲最佳的。遭遇會犯錯誤的人類玩家，會利用敵手偏離平衡戰略是很重要的。Gautam Rao(也稱爲「伯爵」)，線上撲克牌玩家的世界領導人物，說過(Billings 等，2003)，「你有一個非常強的程式，當你增加一個對手模型，它會戰勝每個人」。然而人類易錯的良好模型仍然難以捉磨的。

就某種意義來說，廣泛的賽局形式是我們目前看過最完整表達的之一：它可處理部分可觀察、多重代理人、隨機、循序、動態的環境——即 2.3.2 節的環境性質表中的大半較難情況。然而對於博奕論有兩個限制。第一，它不能妥善處理連續狀態與行動(即使有某些延伸於連續情況，例如**古諾競爭理論**(Cournot competition)使用博奕論來解決問題，其中兩家公司於連續空間爲他們的產品選擇價錢)。第二，博奕論假設賽局是已知。部分的賽局可能對某些玩家指定爲不可觀測的，但哪部分不可觀測必定可以知道。在情況下其中玩家隨著時間學習賽局的未知結構，其模型開始打破。我們來驗證每個來源的不確定性，並且不論哪個都是可以被表現於博奕論。

■ 行動

沒有個簡便的方法展現一個賽局，其中玩家必須發現哪些行動是存在的。考慮電腦病毒作者與安全專家之間的一個賽局。部分的問題可以預料的，病毒作者下一步行動會做什麼嘗試。

戰略

博奕論在表達想法是非常優越，其中其他玩家的戰略是初期未知的——只要我們假設所有代理人是理性的。理論本身並沒有說當玩家低於完全理性時該怎麼辦。**貝葉斯-納許均衡**的概念是部分針對這一點的：它是一個關於遊戲者對其他遊戲者戰略的先驗機率分佈的均衡——換句話說，它表達了遊戲者對其他遊戲者的可能戰略的信念。

機會

若賽局是依據擲一個骰子，它是很容易透過結果的均勻分佈來塑模機會節點。但是當骰子是不公平的話會怎麼呢？我們可以用其他機會節點表達，在樹的上級有兩個分支為「骰子是公平的」和「骰子是不公平的」，如此在各個分支相應的節點是在相同的資訊集合(換言之玩家並不知道骰子是否為公平的)。而假使我們懷疑其他敵手知道？則我們增加其他機會節點，以一個分支表示其情況，其中一個是敵手知道，另一個是不知道。

效用

若不知道我們敵手的效用呢？再次，它可用機會節點塑模，像是其他代理人在每個分支知道自己的效用，但我們不是。但假使我們不知道自己的效用呢？例如，我該如何知道點選主廚沙拉是否理性，若我不知道是否會喜歡？我們可以再次以另一個機會節點塑模說明沙拉的不可觀測「本質」。

故我們看見博奕論在表現多數不確定來源的優越性——但在每次我們增加另一個節點，樹的大小成本跟著加倍，習慣將會迅速導致難以應付的大樹。因為這樣或者那樣的問題，賽局理論主要用於分析處於均衡的環境，而不是去控制環境中的代理人。我們很快會看到它是如何幫助設計環境的。

17.6 機制設計

在前一節中，我們問：「給定一個遊戲，什麼是理性戰略？」。在本節中，我們要問「如果代理人是理性的，我們應該設計什麼樣的遊戲？」。更具體地說，我們要設計這樣的遊戲，它的解由每個代理人尋求自己的理性戰略所組成，能導致某個全局效用函數的最大化。這個問題被稱為**機制設計**(mechanism design)或者有時稱為**逆賽局理論**。機制設計是經濟學和政治學的一個基本成份。(例如，資本主義第一課指出如果每個人都試圖變得富有，那麼社會的總財富就會增加。但是我們要討論的例子表示，適當的機制設計是保持上軌道必要的無形之手。對於一個代理人集合，它支援使用賽局理論機制從更局限的系統——甚至是非合作的系統——的集合中構造出聰明系統的可能性，很大程度上類似於人的團隊可以實作對於任何個體而言力所不能及的目標。

機制設計的例子包括便宜機票的拍賣、電腦間 TCP 封包的路由、決定如何分配實習醫生到各家醫院，及決定如何讓機器人足球運動員與隊友配合，等等。20 世紀 90 年代，機制設計開始變成不僅是一項學術課題了，當時幾個國家面臨拍賣不同廣播頻道的執照的問題，結果由於較差的機制設計而損失了上億美元的潛在收入。正式地，一個**機制**的組成為：(1) 代理人可能採用的一個語言，用來描述受允許的戰略之集合；(2) 稱之為**核心**的卓越代理人，蒐集從賽局中代理人選擇戰略的回報，以及(3) 結果法則，為所有代理人所知，是核心用來決定給出他們的戰略選擇，每個代理人的收益。

17.6.1 拍賣

讓我們首先考慮**拍賣**。拍賣是一個銷售某些貨物給一群投標者的成員的機制。為簡單起見，我們於拍賣上專注於求售的單一物件。每個投標人 i 對於擁有物件具有效用價值 v_i。在某些例子，每個投標人對於物件有**私人價值**。例如，頭一個在 eBay 賣出的是壞掉的雷射筆，以美金 14.83 元賣給壞掉的雷射筆蒐藏家。因此我們知道這個蒐藏家的 $v_i \geq \$14.83$，但大多數其他人則是為 $v_j \ll \$14.83$。在其他例子，像是競標一個油田的開採權，該物件有**共同價值**——這土地將帶來某些金錢 X，並且所有投標者的美金價值相同——但是不確定 X 的實際價值是多少。不同的投標者有不同的資訊，且因此對於物件的真實價值估計也有所不同。在這情況，投標者以他們的 v_i 做為結束。給定 v_i，每位投標者得到機會，在拍賣中適當的時間做一個出價 b_i。最高出價 b_{max} 贏得這物件，但付出的價錢不需為 b_{max}，是機制設計的一部份。

最周知的競標機制是**遞增叫價拍賣**(ascending-bid)[8]，或**英式拍賣**(English auction)，其由核心要求一最低出價 b_{min} (或**保留價**)。若投標者有意願支付此金額，核心接著要求 $b_{min}+d$，而 d 為一增量，並從這裡繼續上加。當沒有人想出價時拍賣結束，則最終出價者贏得這個物件，支付他投標的價格。

我們如何知道這是個好的機制？對於出售者這是一個得到最大期望收益的目標。另一個目標是全局信念的最大化。這些目標某種程度上有重疊，因為全局效用最大化的層面，是確定拍賣的得主為評價此物件價值最高的代理人(因此是最有意願支付的)。若商品由最高估價的代理人得到，我們稱這個拍賣是**有效率**的。叫價拍賣通常是最有效率且收益最大的，但保留價設定過高，評價最高的投標者可能不會競標，且如果保留價設定過低，賣方會損失淨收入。

或許拍賣機制可做的最重要事情，是促進足夠數量的投標者進入這個賽局，並且防範他們從事勾結。勾結是一個不公平或不合法的協議，由兩個或更多的投標者操縱價格。這會發生在秘密私下交易或默默地，遵循機制的規則。

例如，在德國拍賣同時競標 10 個行動電話頻段(競標者一次標得所有 10 個頻段)，採用任何投標人最少必須增加每個頻段前一投標價的 10%。只有 2 個可信的投標人，首先是曼內斯曼(Mannesman)，以 2000 萬德國馬克於頻段 1-5 和 1818 萬德國馬克於頻段 6-10 競標。為何是 1818 萬？T-Mobile 的一位經理人說「Mannesman 的第一次出價是個報價」。當事人都可以算出 1818 萬遞增 10%是 1999 萬，因此曼內斯曼的出價可被解釋為「我們可以用 2000 萬各得一半的頻段，別用更高的標價破壞了這個競標。」並且事實上 T-Mobile 以 2000 萬的標價競標頻段 6-10 並且是出價的結束。德國政府得到比他們的期望還低，因為兩個競爭對手使用競標機制以默契來避免競爭。由政府的觀點，藉由任何改變這個機制可能會得到較好的結果：較高的保留價格，首次價格密封投標的競標，則競爭者不會藉由他們的出價做溝通，或者鼓勵引入第三投標者。或許 10%規則是個錯誤的機制設計，因為它幫助了從曼內斯曼到 T-Mobile 的精準訊息。

一般來說，如果有更多的投標者，對於賣方或者是全局效用函數會有好處，即使全局效用可能變差，若計算頭標者沒有機會得標而浪費時間。一個鼓勵更多投標者的方式是讓機制對於他們變得更簡單。若對於部分的投標者來說若需要過多的研究或是計算，終究他們可能會選擇將金錢投入別處。所以投標者有**優勢戰略**是理想的。記住「優勢」意味著這個戰略比其他戰略都好，換句話說遊戲者應該採用它而無需考慮其他戰略。代理人的優勢戰略就是競標，排除浪費時間在盤算著其他代理人的可能戰略。代理人在一種機制中的優勢戰略被稱爲**戰略免疫**(strategy-proof)機制。假設如同一般的情況，戰略包括了投標者暴露他們的眞實價值 v_i，則被稱爲**揭露真相或真實**拍賣，**激勵相容**的術語也被用到。**啓示原理**指出任何機制可以被轉化成同等揭露眞相機制，所以機制設計的一部份是找出這些同等機制。

結果是遞增叫價拍賣具有大半的理想特性。具有最高價值 v_i 的投標者以 $b_o + d$ 的價格取得商品，其中 b_o 是所有其他代理人中的最高出價，而 d 是拍賣遞增價[9]。投標者有個簡單優勢戰略：只要當前費用低於你個人的估價就繼續競標。這機制不是十分地揭露眞相，因爲得標者僅透露出 $v_i \geq b_o + d$，我們僅得到 v_i 的最低界線而非確切額度。

遞增叫價拍賣的一個缺點(由賣方的觀點)是避免競爭。假設在行動電話頻段的競標中，有一間優勢公司其中每個人都同意將會影響到現有顧客與架構，因此可以獲得比起其他人更大的利潤。潛在競爭者會看出他們在遞增叫價拍賣沒有機會，因爲優勢公司總是會出較高的價碼。因此競爭者再也不會進入，而優勢公司最終會以保留價得標。

英式拍賣的一個缺點是它的通訊代價高。所以要麼整個拍賣在一間房屋裡舉行，要麼所有的競標者必須有高速且安全的通訊線路，無論哪種情況下，他們必須有時間來進行數回合的標價。使用更少通訊的另一種機制是**密封投標拍賣**(sealed-bid auction)。每個競標者給出一個單一的價格並傳送給拍賣人，不讓其他競標者看到。以這種機制，就再也不存在簡單優勢戰略。如果你的估價是 v_i，而你相信所有其他代理人的出價中最大的是 b_o，那麼你應該出的價是 $b_o + \varepsilon$，對於某些較小的 ε，若它小於 v_i。因此你的出價取決於你對其他代理人出價的預估，這會需要你最更多的研究。並且注意有最高 vi 的代理人可能不會贏得競標。這是一個由更加競爭的拍賣事實的偏移，簡化了偏向優勢競標者。

密封投標拍賣的機制作一個小改變就產生了**密封投標次高價拍賣**(second-price sealed-bid auction)，也稱爲 **Vickrey 拍賣**[10]。在這樣的拍賣中，贏得拍賣的人支付次高競價的價格而不是自己的出價。這個簡單修改完全消除了標準(或者稱**最高價**)密封投標拍賣的複雜思考，因爲現在優勢戰略簡單地依照 v_i 競價，是揭露眞相的機制。注意到，代理人 i 的效用可以根據他的出價 b_i、估價 v_i 以及其他代理人間的最高出價 b_o 而寫出：

$$u_i = \begin{cases} (v_i - b_o) & \text{當} b_i > b_o \text{時} \\ 0 & \text{其他} \end{cases}$$

想要瞭解 $b_i = v_i$ 是優勢戰略，注意當$(v_i - b_m)$爲正時，任何贏得拍賣的出價都是最佳的，特別是出價 v_i 可以贏得這次拍賣。另一方面，當$(v_i - b_m)$爲負時，任何輸掉拍賣的出價都是最佳的，而特別是出價 v_i 可以輸掉這次拍賣。所以出價 v_i 對於 b_m 的所有可能值都是最佳的，而且實際上是具有這個屬性的唯一出價。由於它的簡單，並且對賣方和競標者的計算要求都很小，所以 Vickrey 拍賣被廣泛用於構建分散式 AI 系統。同樣，網路搜尋引擎每天經營超過數十億的拍賣，隨同他們的搜尋結果出售廣告，並且線上拍賣網站每年處理 1000 億商品，都是使用 Vickrey 拍賣的變體。注意對於賣方的期望值是 b_o，其中結果是相同的期望回報，對於英式拍賣的出價遞增 d 降爲零。事實上這是非常一般的結果：**收入等價理論**陳述，任何拍賣機制其中性風險競標者具有他們自己才知道的價值 v_i(且由這些取樣的價值知道機率分佈)，將會產出相同期望收入。這個原理意味著不同機制並非基於收入產出來競爭，而是在於其他質量。

即使次高價位拍賣是揭露眞相，其結果是多項貨物且以次高價位拍賣並非揭露眞相概念的延伸。許多網路搜尋引擎使用一個機制，他們拍賣網頁上 k 個分類廣告的位置。最高出價者贏得第一排名，次高出價者則得到第二個，以此類推。每個得主付出的金額是次高者的標價，這必須瞭解的是，若搜尋者實際點選廣告才需眞正支付。最高排名被認爲較有價值，是因爲他們是最醒目且最有可能被點選的。想像 3 個競標者 b_1、b_2 和 b_3，對於點選的評估分別爲 $v_1 = 200$、$v_2 = 180$ 和 $v_3 = 100$ 並且存在位置 $k = 2$，其中已知最高排名的點擊率 5%且最底下爲 2%。假設每位競標者是坦率的，則 b_1 贏得最高排名且付出 180，具有期望回報爲$(200 - 180) \times 0.05 = 1$。次高的得主是 b_2。但 b_1 會發現若她投標的範圍在 101~179，她將會退讓最高排名給 b_2，並且期望回報則會變成$(200 - 100) \times 0.02 = 2$。因此在這例子中 b_1 可以由標得比她眞實價值較低的，來倍增她的期望回報。一般而言，競標者在這種多重機會拍賣，必須付出較多的精神來分析他人的出價以決定他們的最佳戰略，這裡就沒有簡單優勢戰略。Aggarwal 等人(2006)表示對於多重機會問題有一個獨特眞實拍賣機制，其中位置 j 的得主必須支付位置 j 的全額，在位置 j 具有額外的點擊，而不是位置 $j + 1$。贏家支付較低的位置對於所剩下之點擊。在我們的例子中，b_1 眞實地會喊價 200 並且支付 180 對於在最高排名位置的額外$(0.05 - 002 = 0.03)$次點擊，但僅需支付 100 於最底下位置，對於剩餘 0.02 的點擊。因此，對於 b_1 全部的回報將是$(200 - 180) \times 0.03 + (200 - 100) \times 0.02 = 2.6$。

一個把拍賣納入 AI 範疇的例子是當多個代理人決定是否在一個聯合規劃上合作時。Hunsberger 和 Grosz(2000)證明利用拍賣，這個決定可以透過代理人對聯合規劃中的角色進行競標來有效地實作。

17.6.2 共同商品

現在我們考慮另一個類型的賽局，其中每個國家都制訂了他們對於控制空氣污染的法規。每個國家都有選擇：他們可以用-10 點的花費來建構所需的改變以降低空氣污染，或者是他們可以持續地污染，其中對於他們會有-5 的淨效用(增加了健康的花費諸如此類)並且同樣地會貢獻出-1 點於每個其他國家(因爲空氣是與各國之間共享的)。清楚地，對於每個國家的優勢戰略是「持續地污染」但若是有 100 個國家並且每個國家都依此準則，則每個國家得到的總效用是-104，然而若每個國家降低污染，他們各個效用會是-10。這情況稱爲**公有的悲劇**(the tragedy of the commons)：如果沒有人要支付使用公有資源，則它會變成一種剝削導致對所有代理人的整體效用降低。這類似囚犯的兩難：有另一個對於所有當事人較好的賽局之解，但這顯然沒有方法讓理性代理人推算到這個解。

處理公有的悲劇標準方法是改變機制爲一，其中每個代理人使用這些公有資源。更一般地，我們需要確保所有的**外在性**(externality)——對全局效用的影響，但未被個體代理人事務所認可的——是明確的。正確地設定價格是其中的困難部分。在極限情況下，這種方法等同建立一個機制，其中每個代理人被要求有效地最大化全局效用，但制訂局部決策也可達到如此。例如，碳排放稅將是個機制的例子，其中改變使用公有資源的方式，若建構得好則會將全局效用最大化。

最後一個例子，考慮配置某些公有物件的問題。假設一座城市決定要安裝一些免費無線網際網路收發器。然而，可購買的收發器數量少於希望安裝的小區域數量。這座城市希望要配置好的效益，有最多的小區域使用。換言之，他們希望能將全局效用最大化 $V=\sum_i v_i$ 。這問題是在，若他們只是詢問每個小區域委員會「你們評估需要多少這免費的禮物？」，他們都將有個說謊的誘因，並且報告高的需求。結果則有一個機制，被稱爲 **Vickrey-Clarke-Groves** 或 **VCG** 機制，導致對於每個代理人的優勢戰略，回報其眞實效用以及達到配置物件的效益。這技巧是每個代理人付出同等的稅金於產生損失的全局效用，因爲代理人存在於這賽局中。這機制作用像這樣：

1. 核心詢問每個代理人報告其接收到物件的價值。稱此爲 b_i。
2. 核心配置物件於競標者的子集合。我們稱這子集合，並且使用標示 $b_i(A)$來表示根據這個配置下 i 的結果：b_i 若 i 是在 A(也就是說 i 是個贏家)，或是對於其他爲 0。核心選定 A 來最大化所有回報效用 $B=\sum_i b_i(A)$ 。
3. 核心計算所有除了 i 的贏家(對於每個 i)所回報效用的總和。我們使用這標記 $B_{-i}=\sum_{j\neq i} b_j(A)$ 。核心也計算(對於每個 i) 將整個全局效用最大化的配置，若 i 不在賽局，稱總和爲 W_{-i} 。
4. 每個代理人 i 付出稅金等於 $W_{-i}-B_{-i}$ 。

在此例，VCG 法則表示每個贏家將付出與未得標者回報之最高價值的同等稅金。因此，若 I 回報自己的值爲 5，並且導致有人具有值爲 2 失去配置，則 I 付出稅金爲 2。所有的得主應該會開心，因爲他們付出稅金比他們的價值還低。並且未得標者也會高興，他們評價的物件比他們所需的稅金還低。

爲何這個機制是揭露眞相？首先考慮代理人 i 收益，爲得到物件的價值減稅金：

$$v_i(A)-(W_{-i}-B_{-i})$$

在此我們區分代理人的眞實效用 v_i，和他們回報的效用 b_i(但我們在嘗試表現個優勢策略爲 $b_i=v_i$)。代理人 i 知道核心將會使用回報價值最大化全局效用，

$$\sum_j b_j(A)=b_i(A)+\sum_{j\neq i} b_j(A)$$

然而代理人 i 希望核心最大化(17.14)其可以被改寫爲

$$v_i(A)+\sum_{j\neq i} b_j(A)-W_{-i}$$

因爲代理人 i 無法影響到 W_{-i} 的價值(這只取決於其他代理人)，i 可以達成核心最佳化，其中 i 打算報告眞實效用 $b_i=v_i$。

17.7 總結

本章顯示了如何使用關於世界的知識進行決策，即使行動的結果是不確定的以及行動的回報可能直到很多行動完成以後才會兌現。要點如下：

- 在非確定的環境中的循序決策問題，也稱為**馬可夫決策過程**，或稱 MDP，是透過指定行動的機率結果的**轉移模型**和指定每個狀態回報的**回報函數**而定義的。
- 狀態序列的效用是序列上所有回報的總和，其中回報有可能隨時間而進行折扣。一個 MDP 的解是一個把決策與代理人可能到達的每個狀態聯繫在一起的**策略**。最佳策略最大化當它執行時遇到的狀態序列的效用。
- 狀態的效用是從這個狀態開始執行最佳策略時遇到的狀態序列的期望效用值。**價值疊代**演算法透過對把每個狀態的效用與其鄰接狀態的效用關聯起來的方程組進行疊代求解，以解決 MDP。
- **策略疊代**交替執行用當前策略計算狀態的效用和用當前的效用改進當前的策略。
- 部分可觀察的 MDP 或者簡寫為 POMDP，比 MPD 的求解困難得多。它們可以透過轉化成一個信念狀態的連續空間中的 MDP 來解決，價值疊代和策略疊代演算法都已經被設計出來。POMDP 中的最佳行為包括用資訊收集來減少不確定性，並因此在未來制訂出更好的決策。
- 決策理論代理人可以在 POMDP 的環境中進行構建。代理人用**動態決策網路**表示轉移模型和觀察模型，更新它的信念狀態，並向前投影可能的行動序列。
- **賽局理論**描述了在多個代理人同時相互影響的情景下代理人的理性行為。遊戲的解是滿足**納許均衡**的戰略配置，其中沒有代理人具有偏離指定戰略的動機。
- **機制設計**可以用於設定代理人交互的規則，從而透過作為個體的理性代理人的操作最大化某個全局效用。有時候，存在不需要每個代理人考慮其他代理人的選擇而實作這個目標的機制。

我們將在第 21 章中回到 MDP 和 POMDP 的世界，當我們研究允許代理人根據在循序的、不確定的環境中得到的經驗來改進自己的行為的**強化學習**演算法時。

參考文獻與歷史的註釋 BIBLIOGRAPHICAL AND HISTORICAL NOTES

理查·貝爾曼開發了基於循序決策問題的近代方法之概念，當他於 1949 年開始任職於 RAND 公司。根據他的自傳(Bellman，1984)，他創造了令人振奮的術語「動態規劃(dynamic programming)」以躲避來自於國防部長 Charles Wilson 對研究的恐懼，事實上他的群組是在從事數學研究。(這不是完全真實的，因為第一篇使用這個術語的論文(Bellman，1952)早於 Wilson 在 1953 年就任國防部長。)貝爾曼的書，動態規劃(1957)給出了一個穩固的基礎與介紹基本演算法方法之新的領域。Ron Howard 的博士學位論文(1960)引入了解決無限期問題的策略疊代和平均回報的想法。貝爾曼和 Dreyfus(1962)介紹了一些附加的結果。改進策略疊代歸功於 van Nunen(1976)以及 Puterman 和 Shin(1978)。Williams 和 Baird(1993)分析了非同步策略疊代，他們還證明了公式(17.9)中的策略損失界限。從穩態偏好的角度對折扣進行的分析由 Koopmans(1972) 完成。Bertsekas(1987)，Puterman(1994)，以及 Bertsekas 和 Tsitsiklis(1996)的幾本教科書提供了對循序決策問題的嚴謹介紹。Papadimitriou 和 Tsitsiklis(1987)描述了 MDP 的計算複雜度的結果。

Sutton(1988)和 Watkins(1989)用強化學習方法解決 MDP 方面的基礎工作，在把 MDP 引入到人工智慧領域的過程中扮演了重要的角色，正如 Barto 等人(1995)後來的綜述文章所做的。Werbos(1977)的早期研究包含了很多類似的想法，不過沒有到達同樣的深度。Sven Koenig(1991)第一個在 MDP 和人工智慧規劃問題之間建立了聯繫，他展示了機率 STRIPS 算符是如何爲轉移模型提供緊湊的表示的。Dean 等人(1993)以及 Tash 和羅素(1994)的工作試圖透過使用有限的搜尋範圍和抽象狀態來克服大型狀態空間的組合問題。基於資訊價值的啓發式可以用於選擇狀態空間的區域，使得範圍的局部擴展可以讓決策品質產生顯著的提高。使用這種方法的代理人可以使它們的努力能適應時間壓力並且產生一些有趣的行爲，例如使用熟悉的「被擊敗路徑」快速地尋找狀態空間中的路徑，而不必重新計算每個點的最佳決策。

這如人們所預料，人工智慧研究者推展 MDP 於更多描述表達的方向，可以考慮比起傳統基於轉移矩陣的原子表示還要更大的問題。使用動態貝氏網路表示轉移模型是個公認的想法，但關於**因數化 MDP** 的研究(Boutilier 等人，2000、Koller 和 Parr，2000、Guestrin 等人，2003b)延伸了價值函數的結構化表達之概念，其可證明在複雜度上的改善。**關連式 MDP**(Boutilier 等人，2001、Guestrin 等人，2003a) 更進一步地使用結構化表達來處理許多相關物件的範疇。

Astrom(1965)及 Aoki(1965)發現，一個部分可觀察的 MDP 可在信度狀態上轉化成一個常規的 MDP。第一個精確求解部分可觀察馬可夫決策過程(POMDP)的完整演算法——基本上是在這章節中提出的價值疊代演算法——由 Edward Sondik(1973)在他的博士學位論文中提出(Smallwood 和 Sondik(1973)稍後的期刊論文有些錯誤，不過更容易找到)。Lovejoy(1991)綜述了關於 POMDP 前 25 年的研究，提出關於解決大型問題之可行性的些微悲觀的結論。第一個在人工智慧領域內的顯著貢獻是證人演算法(Witness algorithm)(Cassandra 等人，1994；Kaelbling 等人，1998)，一種改進版本的 POMDP 價值疊代。緊接著出現了一些其他演算法，包括 Hansen(1998)的方法，以有限狀態自動機的形式漸增地構造策略。在這種策略表示中，信念狀態直接對應於自動機的某個特定狀態。最近於人工智慧的研究焦點在**以點基礎**的價值疊代方法，其中在每次疊代產生條件計畫與 α 向量給信念狀態的有限集合，而不是整個信念空間。Lovejoy(1991)提出演算法用於點的固定網格，這方法也被 Bonet(2002)採用。Pineau 等人(2003)發表一篇有影響力的論文，建議藉由以些微貪婪方式模擬軌跡來產生可到達點。Spaan 和 Vlassis (2005)觀察需要從集合中所有點先前疊代，產生計畫給只是小的、隨機選擇點的子集合來對計畫加強。當前點基礎的方法——像是點基礎策略疊代(Ji 等人，2007)——可用數千個狀態爲 POMDP 產生近最佳化解答。因爲 POMDP 是 PSPACE 難題(Papadimitriou 和 Tsitsiklis，1987)，更進一步的進展可能需要利用近似因數化表達的各種不同結構。

線上方法——使用前瞻搜尋來爲當前信念狀態選擇一個行動——首先被 Satia 和 Lave(1973)驗證。對機會節點使用取樣已被 Kearns 等人(2000)與 Ng 和 Jordan (2000)探討解析。使用動態決策網路作爲代理人結構的基本想法是由 Dean 和 Kanazawa(1989a)提出的。Dean 和 Wellman(1991)的書《規劃與控制》(*Planning and Control*)探討得更深入，在 DBN/DDN 模型與關於濾波的經典控制文獻之間建立了聯繫。Tatman 和 Shachter(1990)顯示了如何把動態規劃演算法應用於 DDN 模型。羅素(1998)解釋了可以對代理人進行規模擴展的不同方法，並明確了一些尚未解決的研究問題。

賽局理論的早期根源可以追溯到 17 世紀，Christiaan Huygens 和萊布尼茲(Gottfried Leibniz)提出用科學方法和數學方法來研究人類相互作用中的合作與競爭。貫穿 19 世紀，幾位處於領導地位的經濟學家建立了簡單的數學例子來分析競爭情況下的特殊實例。最早的賽局理論的形式化結果歸功於 Zermelo(1913)(他在此前一年就提出了博弈遊戲的極小極大搜尋的一種形式，雖然有錯誤)。Emile Borel(1921)引入了混合戰略的概念。約翰·馮·諾依曼(John von Neumann，1928)證明了每個雙人零和遊戲在混合戰略中都有一個極大極小均衡和良好定義的值。馮·諾依曼與經濟學家 Oskar Morgenstern 合作，於 1944 年出版了著作《賽局理論與經濟行為》(*Theory of Games and Economic Behavior*)，賽局理論的定義書。這本書的出版由於戰爭時期缺乏紙張而一度延期，直到洛克菲勒家族的一名成員個人資助了它的出版。

1950 年，年僅 21 歲的約翰．納許(John Nash)發表了關於一般遊戲中的均衡的想法。儘管他對均衡解的定義源於 Cournot(1838)的工作，它還是逐漸作為「納許均衡」為人所知。由於從 1959 年開始他患上了精神分裂症，所以經過漫長的延期後，直到 1994 年納許才獲得了諾貝爾經濟學獎(同 Reinhart Selten 和 John Harsanyi 一起分享)。貝葉斯-納許均衡是由 Harsanyi(1967)描述的，Kadane 和 Larkey(1982)進行了討論。Binmore 的文章(1982)涵蓋了關於賽局理論在代理人控制方面的應用的一些問題。

囚犯難題是 Albert W. Tucker 在 1950 年當作課堂練習發明出來的(基於 Merrill Flood 和 Melvin Dresher 的例子)並由 Axelrod(1985)和 Poundstone(1993)進行了詳盡的探討。重複性遊戲由 Luce 和 Raifaa(1957)引入，不完全資訊遊戲則由 Kuhn(1953)引入。不完全資訊遊戲的第一個實用演算法是 Koller 等人(1996)利用人工智慧技術開發的；Koller 和 Pfeffer 的論文(1997)提供了一般領域的易讀介紹，並描述了一個表示和解決循序遊戲的可行系統。

使用 Koller 的技術抽象化將遊戲樹縮減至我們可以解的大小於 Billings 等人(2003)中有探討。Bowling 等人(2008)提出如何使用重點抽樣來得到戰略價值的較佳估計。Waugh 等人(2009)提出在趨近平衡解中抽象方法是容易導致系統誤差，意即整個方法是在不穩的基礎：這在某些賽局有用但其他則否。Korb 等人(1999)在貝氏網路格式下敵手模型進行實驗。它以 5 張牌梭哈如同老練的玩家。(Zinkevich 等人，2008)指出如何的方法可將遺憾減至最小，以 1012 個狀態，為先前方法的 100 倍，可以找出抽象的近似平衡。

賽局理論和 MDP 在馬可夫遊戲理論中(也稱為隨機遊戲)(Littman，1994，Hu 及 Wellman，1998)結合起來。Shapley(1953)實際上在貝爾曼之前就描述了價值疊代演算法，但是他的結果沒有得到廣泛的認同，也許因為它們是在馬可夫遊戲的背景中提出的。進化博奕論(Smith，1982、Weibull，1995)著眼於隨著時間推移的戰略變化：若你的敵手的戰略改變，你該如何反應？從經濟觀點的博奕論教科書包括了 Myerson(1991)、Fudenberg 和 Tirole(1991)、Osborne(2004)以及 Osborne 和 Rubinstein(1994)。Mailath 和 Samuelson(2006)專注於重複性賽局。從人工智慧的觀點有 Nisan 等人(2007)、Leyton-Brown 和 Shoham(2008)以及 Shoham 和 Leyton-Brown(2009)。

2007 年諾貝爾經濟學獎由 Hurwicz、Maskin 和 Myerson 獲得，「因奠定了基礎機制設計理論」(Hurwicz，1973)。公有悲劇則由 Hardin(1968)提出，是促使該領域研究的一個問題。革命性原理是源自 Myerson (1986)並且收入等價定理由 Myerson (1981)與 Riley 和 Samuelson(1981)獨力發展的。兩位經濟學家 Milgrom(1997)和 Klemperer(2002)寫出他們曾參與有關餘數十億頻譜拍賣。

機制設計被用在多重代理人規劃(Hunsberger 和 Grosz，2000、Stone 等人，2009)與排程(Rassenti 等人，1982)。Varian(1995)給出了一個相關電腦文獻的簡短綜述，Rosenschein 和 Zlotkin(1994)提出了應用於分散式人工智慧的有一本書長度的一個處理方案。與分散式 AI 相關的工作也以其他名字出現，包括集體智慧(Tumer 和 Wolpert，2000)和基於市場的控制(Clearwater，1996)。自 2001 年起有年度交易代理競爭(Trading Agents Competition，TAC)其中代理人們嘗試著獲得最佳利潤於一連串的拍賣(Wellman 等人，2001、Arunachalam 和 Sadeh，2005)。關於拍賣中的計算問題的論文常出現在「ACM 電子商務會議」(ACM Conferences on Electronic Commerce)上。

❖ 習題 EXERCISES

17.1 對於圖 17.1 中的 4×3 世界，計算出透過行動序列[*Up*, *Up*, *Right*, *Right*, *Right*]可以到達哪些方格，機率是多少。解釋這個計算如何與對隱馬可夫模型的預測任務(見 15.2.1 節)建立起關聯。

17.2 選擇策略的集合中特定成員，其中對於 $R(s) > 0$ 為最佳化，表示於圖 17.2(b)並且計算代理人在各狀態所花的部分時間，在極限，若策略永遠地執行(**提示**：建構狀態對狀態轉移機率矩陣對應於策略並參考習題 15.2)。

17.3 假設我們定義狀態序列的效用是序列中任何狀態獲得的最大回報。證明這個效用函數不會導致狀態序列之間的穩態偏好。是否仍然可能在狀態上定義一個效用函數，使得制訂 MEU 決策能提供最佳的行為表現？

17.4 有時候 MPD 用一個取決於所採用行動的回報函數 $R(s, a)$或者一個同時還取決於結果狀態的回報函數 $R(s, a, s')$進行形式化。

a. 寫出這些形式化表示的貝爾曼方程。

b. 說明使用回報函數 $R(s, a, s')$的 MDP 如何可以轉換成使用另一個不同的回報函數 $R(s, a)$的 MDP，使得新 MDP 的最佳策略正好對應於原來 MDP 的最佳策略。

c. 現在同樣進行轉換，把使用 $R(s, a)$的 MDP 轉換成使用 $R(s)$的 MDP。

17.5 對於圖 17.1 中的環境，尋找所有 $R(s)$的臨界值，使得當達到臨界值時最佳策略發生改變。你需要一種方法來計算最佳策略和它對於固定的 $R(s)$的值。(**提示**：證明任意固定策略的值隨 $R(s)$呈線性變化。

17.6 等式(17.7)指出貝爾曼運算是個縮寫式。

a. 證明它，對於任何方程式 f 和 g：

$$|\max_a f(a) - \max_a g(a)| \leq \max_a |f(a) - g(a)|$$

b. 寫出$|(BU_i - BU_i')(s)|$的表示式，並且應用於(a)得到的結果來完成貝爾曼運算是個縮寫式。

17.7 本習題考慮對應於類似第 5 章中的零和、回合制遊戲的雙人 MDP。令 A 和 B 為遊戲者，並令 $R(s)$是遊戲者 A 在 s 的回報(B 的回報總是與 A 的回報等值而符號相反)。

a. 令 $U_A(s)$為當輪到 A 在 s 行動時狀態 s 的效用，而 $U_B(s)$是當輪到 B 在 s 行動時狀態 s 的效用。所有的回報和效用是從 A 的角度計算的(正如在極小極大博弈樹中一樣)。寫下定義 $U_A(s)$和 $U_B(s)$的貝爾曼方程。

b. 解釋如何利用這些方程進行雙人價值疊代，並定義一個合適的終止標準。

c. 考慮圖 5.17 中描述的遊戲。畫出狀態空間(而不是博弈樹)，用實線表示 A 的行動，虛線表示 B 的行動。給每個狀態標出 $R(s)$。你會發現把狀態(s_A, s_B)安排在二維的網格上，即把 s_A 和 s_B 當作「座標」，是很有幫助的。

d. 現在應用雙人價值疊代來解決這個遊戲，並推導出最佳策略。

17.8 考慮圖 17.14 中的 3×3 世界。這轉移模型如同圖 17.1 的 4×3：80%的時間代理人朝向他選擇的方向，剩餘的時間移動為直角往既定的方向。

為這個世界下列 r 的每個價值建構價值疊代。使用折扣回報於 0.99 的折扣因數。寫出每種情況包含的策略。直覺地表示為何 r 的價值導致每個策略。

a. $r = 100$ **b.** $r = -3$

c. $r = 0$ **d.** $r = +3$

r	-1	+10
-1	-1	-1
-1	-1	-1

(a)

+50	-1	-1	-1	...	-1	-1	-1	-1
Start				...				
-50	+1	+1	+1	...	+1	+1	+1	+1

(b)

圖 17.14 (a) 3×3 **世界對於習題** 17.8。**指出每個狀態出的回報。右上方框是終止狀態。**

(b) **習題** 17.9 **的** 101×3 **世界(省略中間** 93 **個相同列)。開始狀態回報** 0

17.9 考慮圖 17.14(b)中的 101×3 世界。代理人在開始的狀態已決定兩個確定的行動，上(*Up*)或下(*Down*)，但代理人在其他狀態只有一個確定的行動，右(*Right*)。假設一個折扣回報函數，對於代理人在什麼折扣 γ 該選擇上，在什麼情況要選擇下？以 γ 的函數計算每個行動的效用。(注意這個簡單例子確實反應許多真實世界狀況，其中必定權衡立即行動的價值相對於潛在持續的長期結果，像是選擇傾倒污染物於湖泊)。

17.10 考慮無折扣的 MDP 有 3 個狀態，(1, 2, 3)，回報分別是–1，–2，0。狀態 3 是終止狀態。在狀態 1 和 2 有兩個可能的行動：a 和 b。轉移模型如下：

- 在狀態 1，行動 a 有 0.8 的機率使代理人移動到狀態 2，有 0.2 的機率不動。
- 在狀態 2，行動 a 有 0.8 的機率使代理人移動到狀態 1，有 0.2 的機率不動。
- 在狀態 1 或者狀態 2，行動 b 有 0.1 的機率使代理人移動到狀態 3，有 0.9 的機率不動。

回答下列問題：

a. 狀態 1 和 2 中的最佳策略，可以定性地確定什麼？

b. 使用策略疊代，說明決定最佳策略和狀態 1 與 2 的值的詳細步驟。假設在兩個狀態中的初始策略中都含有 b。

c. 如果兩個狀態的初始策略中都含有行動 a，策略疊代會發生什麼變化？折扣會有幫助嗎？最佳策略取決於折扣因數嗎？

17.11 考慮圖 17.1 中的 4×3 世界。

a. 實作這個環境的環境模擬器，使得環境的具體地理位置很容易改變。在線上程式碼庫(aima.cs.berkeley.edu)中已經有了完成這個功能的部分程式碼。

b. 建立一個使用策略疊代的代理人，在環境模擬器中從不同的起始狀態度量它的性能。對每一種起始狀態執行多次實驗，比較根據你的演算法確定的狀態效用每次執行收到的平均總回報。

c. 增加環境的規模，再進行實驗。策略疊代的執行時間是如何隨環境規模變化的？

17.12 與使用正確值的代理人相比較，使用給定一組效用估計 U 及一個估計模型 M 的代理人，如何能夠用價值確定演算法計算它所經歷的期望損失？

17.13 令對於 4×3 POMDP(17.4 節)的初始信念狀態 b_0 是非終端狀態上的均勻分佈，即 $\left\langle \frac{1}{9},\frac{1}{9},\frac{1}{9},\frac{1}{9},\frac{1}{9},\frac{1}{9},\frac{1}{9},\frac{1}{9},\frac{1}{9},0,0 \right\rangle$。計算代理人往左移動並且相鄰著牆它的感測器回報 1 之後的確切信念狀態。同樣計算 b_2 假設同樣事情發生一遍。

17.14 於無感測器環境 d 步驟的 POMDP 價值疊代的時間複雜度爲何？

17.15 考慮一個於第 17.4.2 節的 2 狀態 POMDP 的版本，其中感測器在狀態 90%可靠但在狀態 1 沒有提供資訊(也就是說它以相同機率回報 0 與 1)。試分析質與量方面，對於這個問題的效用函數和最佳策略。

17.16 證明優勢戰略均衡是納許均衡，但反過來不成立。

17.17 在兒童遊戲「石頭-剪刀-布」中，每個遊戲者同時出示石頭、剪刀、布中的一種選擇。布包石頭，石頭磨鈍剪刀，剪刀剪布。在一個擴展的石頭-剪刀-布-水-火的版本中，火可以擊敗石頭、剪刀和布；石頭、剪刀和布擊敗水；水擊敗火。寫出這個遊戲的收益矩陣並找出一個混合戰略的解。

17.18 下面的收益矩陣顯示了一個在政治家和聯邦儲備銀行之間的博弈遊戲，來自 Blinder(1983)的論文，按照 Bernstein(1996)的方式進行表示。(**編註**：表中的 Pol 表示政治家，Fed 表示聯邦儲備銀行；contract 表示緊縮，do nothing 表示不改變政策，expand 表示擴張)。

	Fed:contract	Fed:do nothing	Fed:expand
Pol:contract	$F=7, P=1$	$F=9, P=4$	$F=6, P=6$
Pol:do nothing	$F=8, P=2$	$F=7, P=5$	$F=4, P=9,$
Pol:expand	$F=3, P=3$	$F=7, P=7$	$F=1, P=8$

政治家可以擴張或者緊縮財政政策，而聯邦儲備銀行可以擴張或者緊縮貨幣政策。(當然雙方也可以選擇不改變政策)。每一方對於誰應該做什麼有偏好——哪一方都不希望看起來像壞人。所示收益是簡單的排序順序：9 是第一選擇而 1 是最後選擇。對於純戰略找出一個這個遊戲的納許均衡。它是巴烈圖最適解嗎？讀者也許希望用這種方法分析最近行政部門的政策。

17.19 荷蘭式拍賣(Dutch auction)類似英式拍賣，但不是由最低價開始競標並且遞增。在荷蘭式拍賣賣方開始由最高價逐步地降低價格直到買方有接受該售價的意願。(假設多位競標者接受這個價錢，任意地由其中選定為贏家)。更正式地，賣方開始於價格 p 並且依照 d 的增加逐漸將價格 p 降低，直到最後一個買方可以接受的價格。假設所有競標者的行動是理性的，對於任意小的 d 是否為眞，荷蘭式拍賣將會一直是競標者以物件的最高價值得標的結果？如果是，請以數學方式證明為何。若不是，試解釋是如何的可能使得該物件最高出價的競標者無法得標。

17.20 想像一個類似遞增叫價拍賣的拍賣機制，除了在最後，得標者最高出價為 b_{max}，僅付出 $b_{max}/2$，而不是最高出價 b_{max}。假設所有代理人皆為理性的，這個機制下拍賣人的期望收入為何，與標準的遞增叫價拍賣比較？

17.21 在歷史上全國曲棍球聯盟的隊伍贏一場比賽的到 2 點，輸了則為 0 點。若比賽是僵持的，則進行延長時間，若沒有人在延長賽贏球，則這場比賽是平手並且各隊皆得到 1 點。但聯盟官方感覺到球隊在延長賽太過於保守(為避免輸球)，並且若在延長賽時間產生贏家將會更刺激。所以於 1999 年，官方在機制設計上試驗：改變其規則，給在延長賽輸球的隊伍為 1 點而非 0 點。對於贏家仍然是 2 點且平手為 1 點。

a. 在改變規則之前曲棍球是個零和賽局嗎？之後呢？

b. 假設比賽中特定時間 t，主場球隊在一個時段有機率 p 可領先，有機率 $0.78-p$ 會落後，並且有 0.22 的機率會進入延長賽，其中他們有機率 q 會贏球，$0.9-q$ 會輸球，以及 0.1 的機率平手。試列出主場球隊與客場球隊的各個期望價值的函數。

c. 試想像在合法與合乎道德情況下，對於兩隊有個協議為他們在正規時段打成平手，然後在延長賽認眞決勝負。依照 p 和 q 在什麼樣的情況下，對於兩隊同意此一協議是理性的？

d. Longley 和 Sankaran(2005)在規則改變後提出報告，在延長賽出現贏家於比賽的比率升高 18.2%，如同期望，但延長賽的比率上升 3.6%。在規則改變後關於勾結或保守比賽的建議為何？

本章註腳

[1] 某些 MDP 的定義允許回報也取決於行動和結果，所以回報函數是 $R(s, a, s')$。這簡化了對某些環境的描述，但是不會對問題有任何本質的改變，如習題 17.4 所示。

[2] 即使這看來是明顯的，對於有限範圍策略或隨著時間的合併回報的其他方式並不成立。如同 17.2 節所表示，以下的證明直接從獨一無二的效用函數的狀態。

[3] 和 MDP 的回報函數一樣，觀察模型同樣可以與行動以及結果狀態相關，並且這種改變也不會影響問題的本質。

[4] 猜拳遊戲是檢查遊戲的一種改造版本。在這樣的遊戲中，檢查員選擇一天檢查某個機構(諸如餐館或者生化武器工廠)，而這個機構的運營者選擇一天把所有非法的東西藏起來。如果選擇了不同的日子，那麼檢查員贏；如果日子相同，則經營者贏。

[5] Pareto 最優性是以經濟學家 Vilfredo Pareto(1848-1923)的姓氏命名的。

[6] 或者是個常數——見 5.1 節。

[7] 巧的是這些方程和 p 的那些是相同的；原因是 $U_E(one, two) = U_E(two, one) = -3$。這也解釋了為什麼雙方的最優策略是一樣的。

[8] 「拍賣(auction)」源自於拉丁文 *augere*，增加。

[9] 在 $b_o < v_i < b_o + d$ 的情況下，最高出價 v_i 的遊戲者確實有很小的機會得不到貨物。通過減小增量 d 可以使得發生這種情況的幾率任意小。

[10] 以 William Vickrey(1914-1996)命名，他以這個研究贏得 1996 年的諾貝爾經濟學獎，得獎後 3 天死於心臟病。

PART V

Learning

第五部分 學習

LEARNING FROM EXAMPLES

18

從實例中學習

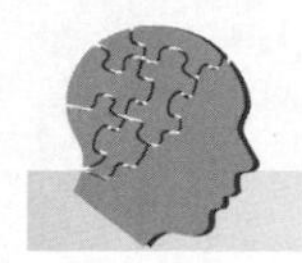

本章中我們將說明能夠從自身經歷中努力學習，從而改進自身行爲的代理人。

若在對世界做觀測後，在未來任務中的效能增進了，則代理人是在**學習**的。學習的範圍可從瑣碎的像是匆匆記下電話號碼，到非常深奧的如愛因斯坦(Albert Einstein)推論出宇宙的新理論。在本章我們將專注於學習問題的一類，其看似所言有限但實際有著大量的應用性：藉由輸入-輸出對的集合，學習到一個從新的輸入來預測輸出的函數。

爲何我們要代理人學習？如果代理人的設計可以被改進，爲何設計者不開始時就根據可改進處來作程式設計？有三個主要的原因。第一，設計者無法預知代理人可能發現自己所身處的所有可能情況。例如，設計作迷宮探險的機器人必須學習所遭遇到每個新迷宮的佈局。第二，設計者無法預知隨著時間的所有變化；一個設計來預估明日股票市場價格的程式，必須在條件發生榮衰起伏下學習適應調整。第三，有時人類程式設計師本身不知道如何程式設計出一個解答。例如，大多數人善於辨識家人長相，但即使是最好的程式設計師也無法寫一支程式來完成這項任務，除了使用學習演算法。本章首先概述各種不同形式的學習，然後敘述一個較普遍的方法，即 18.3 節的決策樹學習，之後是第 18.4、18.5 節對學習的理論分析。我們會關注實務上有使用的各種不同的學習系統：線性模型、非線性模型(特別在類神經網路)、無參數模型和支持向量機(support vector machines)。最後我們展示出，模型搭配後的加總效果如何超越單一模型。

18.1 學習的形式

任何代理人的元件均可藉由從資料學習來加以改進。藉以產生代理人元件的改進及技術，取決於四個主要因素：

- 哪個部分是要被改進的。
- 哪個事前知識是代理人已具備的。
- 用於資料及元件的表示方法爲何。
- 能獲得什麼樣的回饋(feedback)來加以學習。

要學習的元件

第 2 章描述了數種代理人設計。這些代理人的組成元件包括：

1. 一個從目前狀態的條件到行動的直接對應。
2. 一種從知覺序列中推斷世界的相關屬性的方法。
3. 世界發展方式，以及代理人可採取的可能行動而導致的結果之資訊。
4. 對世界狀態的期許度之效用(utility)資訊。
5. 作這些行動的期許度之行爲-價值(action-value)資訊。
6. 目標(goal)是描述一群狀態的類別使得代理人能達到最大效用。

這些元件的每個都可以學習。例如考慮一個要被訓練爲汽車司機的代理人。每當教練喊「煞車！」的時候，代理人能夠學習到何時應該煞車的條件-行動規則(組成元件 1)，代理人也在每次教練不喊的時候學習。透過觀察許多包含公共汽車的影像，代理人便能學會識別公共汽車(組成元件 2)。透過嘗試行動與觀察所得結果——例如，潮濕道路上煞車困難——代理人能學習行動所帶來的影響(組成元件 3)。接著，當它沒有收到在旅途中已經被徹底晃暈的乘客小費時，它能夠學習到其總體效用函數的有用組成元件(組成元件 4)。

表示法與事前知識

我們已看過對於代理人元件的數種表示法例子：對於邏輯代理人元件的命題邏輯與一階邏輯語句對於，貝氏網路對於決策理論代理人的推論元件，以此類推。針對這些問題有不少有效的學習演算法。本章(與大部分當前機器學習搜尋)涵蓋到**因式表示法**的輸入——屬性值的向量——並且輸出可能是連續數字的值或離散值。第 19 章包括由一階邏輯句型組成的函數和事前知識，並且第 20 章聚焦於貝氏網路。

有另一個方法來看學習的各種不同類型。從特定輸入輸出對學習(可能不正確)一般函數或法則，我們稱爲**歸納式學習**(inductive learning)。我們將會在第 19 章看到其中我們也可進行**分析式**或**演繹式學習**：從一個已知的一般法則到邏輯上蘊含的新法則，但因爲允許更有效的處理，所以它是有用的。

反饋學習

有三個類型的回饋決定了學習的三個主要類型：

在**無監督學習**中，代理人從輸入學習模式，即使沒有提供明確反饋。群集是最一般的無監督學習任務：偵測輸入例子中的潛在有用群集。例如，計程車代理人可以在從沒有被教練予以各個標記實例下，逐步形成「交通良好的日子」和「交通不好的日子」的概念。

在**強化學習**中，代理人從一連串的強化——回報或懲罰——來學習。例如，在行程結束沒有得到小費，會讓計程車代理人感到表示他做了錯事。在西洋棋比賽結束後給贏家 2 點，告訴了代理人他做對事。這取決於代理人判斷，強化之前的哪一個行動是造成強化的原因。

在**受監督學習**中，代理人觀察一些輸入輸出對的例子，並學習由輸入對應到輸出的函數。在元件 1，輸入是知覺且輸出是從教練說「煞車！」或「左轉」所提供的。在元件 2，輸入是相機影像並且輸出又是來自於教練說「那是公車」。在元件 3，煞車的理論是一個函數，從狀態與煞車行動於幾英尺的停止距離。在這個情況輸出值是直接地存在於代理人的知覺(在事後)，環境是位教師。

實際上，這些區別並非總是如此清晰。在**半受監督學習**中，我們被給定幾個標記例子，並且必須理解大量無標記例子的集合。即使標記本身可能不是我們所希望之玄妙的眞理。想像你試著建立一個系統從圖片猜出一個人的年齡。你藉由觀察人們的圖片並且詢問他們的年齡蒐集某些標記例子。這是受監督學習。但現實中某些人謊報他們的年齡。這不僅僅是資料中有隨機雜訊，而是系統地不精確，並且要查明他們是無監督學習問題，包含影像、自我提供的年齡和眞實(未知)年齡。因此，雜訊與缺乏標記兩者建立起介於受監督和無監督學習間的一個連續關係。

18.2 受監督的學習

受監督學習的任務是如此：

> 給定一個 N 例子輸出輸入對的**訓練集合**
>
> $(x_1, y_1), (x_2, y_2), \ldots (x_N, y_N)$
>
> 其中每個 y_j 是由個未知函數 $y = f(x)$ 所產生。
>
> 找出近似於真實函數 f 的函數 h。

這裡 x 和 y 可以是任意值，他們不必爲數字。函數 h 是一個**假設**[1]。學習是在可能假設之空間中搜尋會表現良好的一個假設，即使新的例子是不在訓練集合內。爲了測量假設的精確度，我們給假設一個對於例子的**測試集**，其異於訓練集。我們稱假設可良好**推廣**，指若它正確預測新例子中的 y 值。有時這個函數 f 是隨機地——它並非嚴格地 x 的函數，我們要學習的是條件機率分佈 $\mathbf{P}(Y \mid x)$。

當輸出 y 爲由值形成的有限集合(像是 *sunny*、*cloudy* 或 *rainy*)之一元素，學習問題被稱爲**分類**，若是只有兩個值則被稱爲布林分類或是二元分類。當 y 是一個數値(像是明天的氣溫)，則學習函數被稱爲**回歸**(regression)。(嚴格來說，解決一個回歸問題是找出 y 的條件期望值或平均值，因爲我們所找到恰爲 y 的正確實數值的機率等於 0)。

圖 18.1 中爲一我們已熟知的例子：找出一個單變數函數能適配/擬合(fit)某些資料點。這範例是 (x, y)平面的點，其中 $y = f(x)$。我們並不知道 f 是什麼，但我們會從**假設空間** H 選定以函數 h 趨近它，其中對於這個例子我們將選擇多項式集合，像是 $x^5 + 3x^2 + 2$。圖 18.1(a)顯示出，用一條直線(多項式 $0.4x + 3$)完全適配的一些資料。這條線被稱爲**一致**假設，因爲它和所有的資料相一致。圖 18.1(b)顯示了與同一組資料相符的高冪次多項式。於歸納式學習這說明了一個基本問題：我們如何在多個一致假設之間進行選擇？一個答案是，優先選擇與資料一致的最簡單假設。這原理被稱爲**奧坎剃刀**(Ockham's razor)，由十四世紀英國哲學家 William of Ockham 命名，其用以嚴厲地反對各種複雜化。要定義出簡單性並不容易，但看來很清楚地 1 階多項式是比 7 階多項式來得簡單，因此比起(a)應該會較偏好(b)。在 18.4.3 節我們將讓這直覺更爲精準。

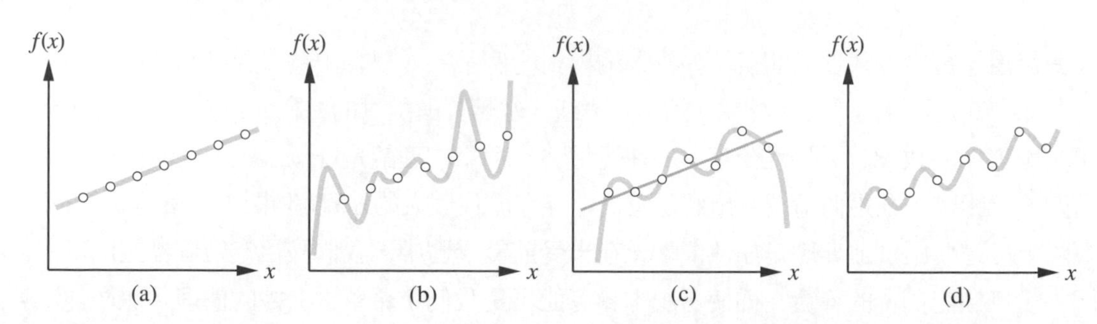

圖 18.1 (a) $(x, f(x))$對的實例及一個一致的線性假設。(b) 同樣資料集的一個一致的 7 次多項式假設。(c) 一個不同的資料集，其容許一個 6 次多項式的完全適配或者一個近似的線性適配。(d)對同一個資料集的簡單的正弦曲線完全適配

圖 18.1(c)中是第二組資料集合。該集合不存在一致的直線適配；實際上，它需要一個 6 次多項式(使用 7 個參數)才能完全適配。因爲有 7 個資料點，因此 7 個參數的多項式看來並無法找出資料中任何模式，並且我們無法期望它妥當地歸納。沒有包含任何資料點的一條直線可能對於看不見的 x 值能相當好地作歸納，如同(c)所表示。一般而言，介於複雜假設(良好適配訓練資料)與簡單假設(可能歸納得較好)之間有個折衷。在圖 18.1(d)，我們擴展假設空間來允許多項式透過 x 和 $sin(x)$，並且找出於(c)的資料正好可以確實符合格式 $ax + b + c \sin(x)$的簡單函數。這個例子說明了選擇假設空間的重要性。我們說，如果假設空間包含眞實的函數，那麼學習的問題就是**可實現的**(realizable)。不幸的是，由於眞實的函數不得而知，我們不是總能說出一個給定的學習問題是否可實現。

在某些情況，分析家在看問題的時候，希望產生更多關於假設空間的細粒度區別，以便陳述出——即使在看任何資料之前——除了一個假設只是可能或不可能外，更進一步說出有多可能。受監督學習可藉由選擇假設 h^*來完成，其有可能給出資料：

$$h^* = \operatorname*{argmax}_{h \in H} P(h \mid data)$$

藉由貝氏法則這相等於

$$h^* = \operatorname*{argmax}_{h \in H} P(data \mid h) P(h)$$

則我們可以說，1 階或 2 階多項式的事前機率 $P(h)$較高，7 階多項式時較低，特別是具有如同圖 18.1(b)的銳利大尖刺的 7 階多項式時會更低。當我們眞的需要這些資料則允許看來不尋常函數，但藉著給出較低的事前機率來阻止這些。

爲何不令 H 爲所有 Java 程式或圖靈機器的類別？畢竟每個可計算的函數可以表示成某個圖靈機器，而且這是我們所能做到最好的。隨著這個概念的一個問題是在於它並沒有考慮學習的計算複雜度(computational complexity)。在假設空間的表示能力(expressiveness)和在該空間中找到簡單的一致假設之間存在一個折衷。例如，用直線適配資料是很容易，用高冪次多項式適配稍微困難一些，至於用圖靈機適配一致往往是不可決定的(undecidable)。第二個喜歡簡單的假設空間原因是，在我們學習後可能會想使用 h，且對於 h 爲線性的 $h(x)$之計算保證很快，即使對於任意圖靈機器程式之計算無法保證終止下。鑒於上述原因，很多有關學習的研究工作都著重在相對簡單的表示方法。

我們將看到表示能力與複雜度之間的折衷並不像第一眼看上去那麼簡單：通常是我們在第八章中所看到的情況，表示能力好的語言使一個簡單理論適配一組資料成為可能；反過來說，限制語言表示能力意味著任何一種一致的理論都會十分複雜。例如，西洋棋規則用一階邏輯可用一兩張紙寫。

18.3 學習決策樹

決策樹歸納(Decision tree induction)是最簡單的，而且是最成功的學習演算法之一。首先我們描述其表達——假設空間——並且表示如何學習好的假設。

18.3.1 決策樹的表現

一棵**決策樹**表示之函數是以輸入為屬性值向量，回傳一個「決策」——單一輸出值。輸入及輸出的值可以是離散或連續。現在我們將關注的問題是，其輸入為離散值且輸出正好有兩個可能值；這是布林分類，每個例子輸入都會被歸類為眞(**正**例)或僞(**反**例)。

一棵決策樹藉由執行一個測試序列得到它的決策。樹中的每個內部節點對應於輸入屬性之一 A_i 其值的測試，而每個從節點的分支被標記上屬性的可能值 $A_i = v_{ik}$。在樹的每個葉節點指定了由函數所要被回傳的值。決策樹的表示方法看起來對人而言是很自然的；的確，許許多多「怎麼做」的手冊(例如，汽車修理手冊)都是整個寫成一棵跨越數百頁的單一決策樹的。

舉個例子，我們將建立一個決策樹判斷是否要在餐館等座位。這裡的目的是學習對於**目標謂詞** *WillWait* 的定義。首先我們列出屬性，其將會被視為輸入的一部份：

1. *Alternate*(改變)：附近是否有另一家合適的餐館。
2. *Bar*(酒吧)：該餐館中供顧客等候的酒吧區是否舒適。
3. *Fri/Sat*(週五/週六)：若是週五或週六，則為眞。
4. *Hungry*(饑餓)：我們是否饑餓。
5. *Patrons*(顧客)：該餐館中有多少顧客[值為 *None*(沒人)、*Some*(一些)或 *Full*(滿座)]。
6. *Price*(價格)：餐館的價格範圍($，$$，$$$)。
7. *Raining*(下雨)：外面是否在下雨。
8. *Reservation*(預約)：我們是否預約過。
9. *Type*(類型)：餐館的種類(法式、義大利式、泰式或漢堡店)。
10. *WaitEstimate*(估計等候時間)：餐館主人估計的等候時間(0~10 分鐘，10~30，30~60，> 60)。

注意每個變數有個可能值的小集合，例如 WaitEstimate(估計等候時間)的值，不是一個整數，而是四個離散值的其中之一，0~10、10`30、30~60、> 60。我們中的一人，SR，斯圖爾特．羅素，本書的第一作者針對這種情況採取的決策樹如圖 18.2 所示。注意這棵樹忽略 *Price* 和 *Type* 這兩個屬性。實例是從樹的根節點開始處理的，並沿著適當的分支到達葉節點。例如，*Patrons=Full* 而且 *WaitEstimate* = 0~10 的實例會被分類為正例(即「是」，我們要等座位)。

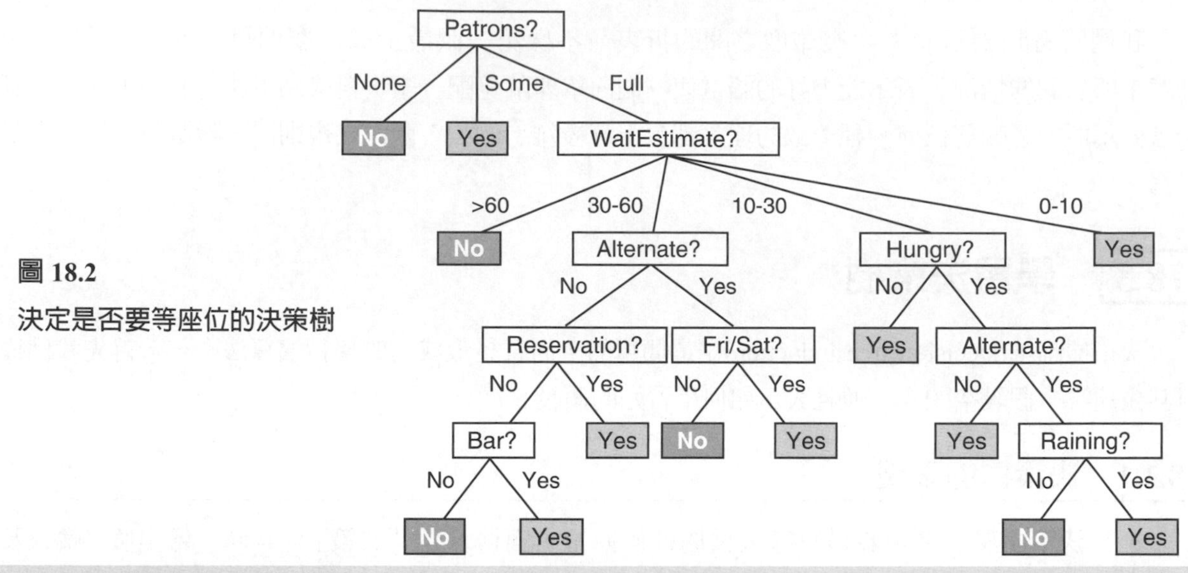

圖 18.2
決定是否要等座位的決策樹

18.3.2 決策樹的表達能力

布林決策樹邏輯地等同於推斷，其目標屬性為眞若且為若輸入屬性，滿足於其中之一的路徑導向一個帶有眞實質的葉節點。將這以命題邏輯寫出，我們得到

$$Goal \Leftrightarrow (Path_1 \vee Path_2 \vee ...)$$

其中每個路徑(Path)是需依照路徑的測試屬性值的連接。因此，整個表示是等價於選言標準型(習題 7.19)，其表示在命題邏輯中任何函數可被表示為一個決策樹。舉個例子，在圖 18.2 最右邊的路徑是

$$Path = (Patrons = Full \wedge WaitEstimate = 0\text{~}10)$$

對於各種各樣的問題，決策樹格式產生好的、簡潔的結果。但某些函數無法被簡潔地表示。例如，大多數函數，其回傳值若且為若多於一半以上的輸入為眞，需要指數型大的決策樹。換句話說，決策樹對某些函數效果不錯，而對另外一些效果不好。有任何種類的表示對於所有種類的函數是有效益的？很不幸地答案為否，我們可以用一般方式表示它。考慮 n 個屬性上的所有布林函數的集合。在這個集合中有多少個不同的函數？這也就是我們能寫下來的不同眞值表的數目，因為這些函數是由其眞值表定義的。一個 n 個屬性的眞值表有 2^n 列，為屬性值的每個組合。我們可以想成函數是由 2^n 位元的「答案列」定義出來的。這表示有 2^{2^n} 種不同的函數(並且這將會有比這數目還多的樹，因為多一個樹可以計算相同函數)。這是很嚇人的數字。例如，隨著剛好餐館問題的 10 個布林屬性，有 2^{1024} 或是 10^{308} 種不同函數可以選擇，並且對於 20 個屬性會有超過 $10^{300,000}$ 種。因此我們需要一些巧妙的演算法在如此巨大的空間中發現那些一致的假設。

18.3.3 從實例中歸納決策樹

一個包含一對($\mathbf{x}$, y)布林決策樹的例子，其中 $\mathbf{x}$ 是輸入屬性的向量值，且 y 是單一布林輸出值。在圖 18.3 裡面表示的 12 個訓練集合的實例。其中正例是目標 *WillWait* 為眞的那些實例($\mathbf{x}_1$, $\mathbf{x}_3$, …)；反例是 *WillWait* 為假的那些實例($\mathbf{x}_2$, $\mathbf{x}_5$, …)。

範例	屬性										目標
	Alt	*Bar*	*Fri*	*Hun*	*Pat*	*Price*	*Rain*	*Res*	*Type*	*Est*	*WillWait*
X_1	*Yes*	*No*	*No*	*Yes*	*Some*	*$$$*	*No*	*Yes*	*French*	*0–10*	*Yes*
X_2	*Yes*	*No*	*No*	*Yes*	*Full*	*$*	*No*	*No*	*Thai*	*30–60*	*No*
X_3	*No*	*Yes*	*No*	*No*	*Some*	*$*	*No*	*No*	*Burger*	*0–10*	*Yes*
X_4	*Yes*	*No*	*Yes*	*Yes*	*Full*	*$*	*Yes*	*No*	*Thai*	*10–30*	*Yes*
X_5	*Yes*	*No*	*Yes*	*No*	*Full*	*$$$*	*No*	*Yes*	*French*	*>60*	*No*
X_6	*No*	*Yes*	*No*	*Yes*	*Some*	*$$*	*Yes*	*Yes*	*Italian*	*0–10*	*Yes*
X_7	*No*	*Yes*	*No*	*No*	*None*	*$*	*Yes*	*No*	*Burger*	*0–10*	*No*
X_8	*No*	*No*	*No*	*Yes*	*Some*	*$$*	*Yes*	*Yes*	*Thai*	*0–10*	*Yes*
X_9	*No*	*Yes*	*Yes*	*No*	*Full*	*$*	*Yes*	*No*	*Burger*	*>60*	*No*
X_{10}	*Yes*	*Yes*	*Yes*	*Yes*	*Full*	*$$$*	*No*	*Yes*	*Italian*	*10–30*	*No*
X_{11}	*No*	*No*	*No*	*No*	*None*	*$*	*No*	*No*	*Thai*	*0–10*	*No*
X_{12}	*Yes*	*Yes*	*Yes*	*Yes*	*Full*	*$*	*No*	*No*	*Burger*	*30–60*	*Yes*

圖 18.3 餐館域的實例

我們需要一個由這些實例組成的樹且儘可能越小。不幸地，無論我們如何地測量大小，找出最小的一致樹是很難處理的問題，沒有辦法很有效率地搜尋超過 2^{2^n} 的樹。然而，利用某些簡單啓發式，我們可以找出好的近似解：一個小的(並非最小)一致樹。DECISION-TREE-LEARNING 演算法採用貪婪各個擊破戰略：總是先測試最重要屬性。此測試將問題劃分爲更小的子問題，讓我們能夠遞迴地解。所謂「最重要屬性」是指其對於實例分類的影響力最大。以這種方式，我們希望少量的測試就得到正確的分類，意味著樹中所有的路徑都很短，而且整棵樹也比較小。

圖 18.4(a)顯示了屬性 *Type* 是不好的選擇，因爲它留給我們 4 個可能的輸出，每個輸出中的正例和反例數目相同。另一方面，在圖 18.4(b)中，我們發現 *Patrons* 是一個相當重要的屬性，因爲如果 *Patrons* 的值是 *None* 或是 *Some*，就留下可以明確回答的實例集合(即 *No* 或 *Yes*)。如果 *Patrons* 的值是 *Full*，會給我們留下一個混合的實例集合。一般來說，在第一個屬性測試將實例分割後，每個輸出結果本身又都是一個新的決策樹學習問題，而且實例個數減少了，屬性也少了一個。以下是對於這些遞迴問題要考慮的 4 種情況：

1. 如果所有剩餘的都是正例(或都是反例)，那麼我們已經完成。我們可以回答 *Yes* 或 *No*。圖 18.4(b)則顯示在 *None* 和 *Some* 分支情況下這樣發生的實例。
2. 如果存在一些正例和一些反例，那麼就要選擇能分割它們的最佳屬性。圖 18.4(b)顯示了用 *Hungry* 來分割剩餘的實例。
3. 若沒有留下實例，它意味著對於屬性值的合併沒有實例可被觀察，並且我們退回由所有實例的複數分類計算的預設值，其中用來建構節點的親代。這些是沿著變數 *parent_examples*。
4. 如果沒有留下任何屬性，而留下正及負實例兩者，這表示這些實例正好有相同敘述但不同分類。這是會發生的，因爲有錯誤或**雜訊**於資料中，因爲域是非確定性的，或因爲我們無法觀察實例中可區分的屬性。我們可以做最好的是回傳剩餘實例的多元化分類。

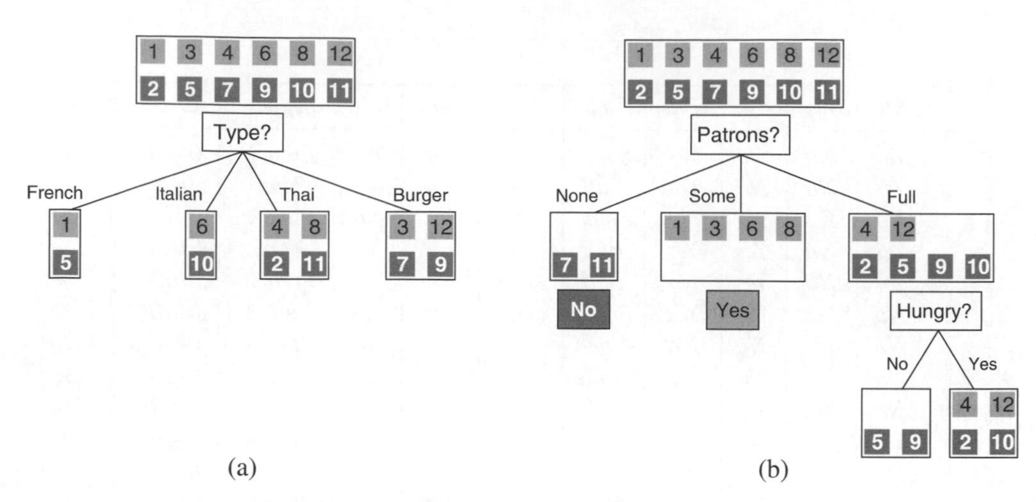

圖 18.4　透過屬性測試劃分實例。在每個節點處我們顯示出剩下的正(淺色方格)與負(深色方格)實例。(a) 根據 *Type* 劃分並不能更好地區分正例和反例。(b) 根據 *Patrons* 屬性劃分則可以很好地分離正例和反例。以 *Patrons* 分割後，*Hungry* 是第二個相當好的測試屬性

DECISION-TREE-LEARNING 演算法如圖 18.5 所示。注意實例的集合對於建構樹是關鍵性的，但無這樣的實例出現在樹本身。樹只包含在內部節點測試的屬性、分支的屬性值和葉節點的輸出值。而有關 IMPORTANCE 函數的細節將會在 18.3.4 節中給出。對我們的實例訓練集的學習演算法其輸出示於圖 18.6。圖 18.2 中的樹清楚地與原始樹不同。有人可能會因此認爲學習演算法在學習正確函數方面做的不是很好。然而，這個結論是錯誤的。學習演算法著眼於實例，而不是正確的函數，事實上，它的假設(參見圖 18.6)不僅與所有實例相符，而且比原始樹要簡單得多。學習演算法沒有理由包含對 *Raining* 和 *Reservation* 的測試，因爲不用它們也能區分所有的實例。而且這還檢測到一個有趣的、以前沒有發現的模式：本書第一作者將在週末等著吃泰國菜。它也勢必會犯某些錯誤，在沒有看到實例的情況。例如，它從來沒見到過等候時間是 0~10 分鐘而餐館是滿座的情況。當 *Hungry* 爲非的情況下它的判斷是不會等待了，但是我(SR)肯定是會等待的。隨著更多的訓練實例，學習程式將會修正這個錯誤。

我們注意到有個選擇演算法過度詮釋樹的危險。當有數個相似重要性的變數，它們之間的選擇是稍微地任意：以些微不同的輸入實例，在首先不同變數將會被選定劃分，並且整個樹將會看起來完全不同。函數藉由樹的計算將仍然是相似，但是樹的結構可以非常廣泛。

我們可以藉著**學習曲線**來評估學習演算法，如同圖 18.7 表示。在我們的支配下有 100 個實例，其中我們劃分爲訓練集合與測試集合。我們以訓練集合來學習一個假設 h，並且以測試集合量測其精確度。我們以大小爲 1 的訓練集合做爲開始，並且在每一個時間步遞增 1 直到 99。對於每個大小我們實際上重複隨機程序分爲 20 次，並且平均 20 次試驗的結果。這曲線顯示訓練集合的大小成長、精確度增加[由於這個原因，這類曲線也稱爲**快樂圖**(happy graphs)]。在這圖我們達到 95%的精確度，並且它看來可能以更多資料持續增加。

```
function DECISION-TREE-LEARNING(examples, attributes, parent_examples) returns
a tree

  if examples is empty then return PLURALITY-VALUE(parent_examples)
  else if all examples have the same classification then return the classification
  else if attributes is empty then return PLURALITY-VALUE(examples)
  else
     A ← argmax_{a ∈ attributes} IMPORTANCE(a, examples)
     tree ← a new decision tree with root test A
     for each value v_k of A do
        exs ← {e : e ∈ examples and e.A = v_k}
        subtree ← DECISION-TREE-LEARNING(exs, attributes − A, examples)
        add a branch to tree with label (A = v_k) and subtree subtree
     return tree
```

圖 18.5 決策樹學習演算法。函數 IMPORTANCE 敘述於 18.3.4 節。函數 PLURALITY-VALUE 在實例集合之中選擇最一般的輸出值，隨機地打破僵局

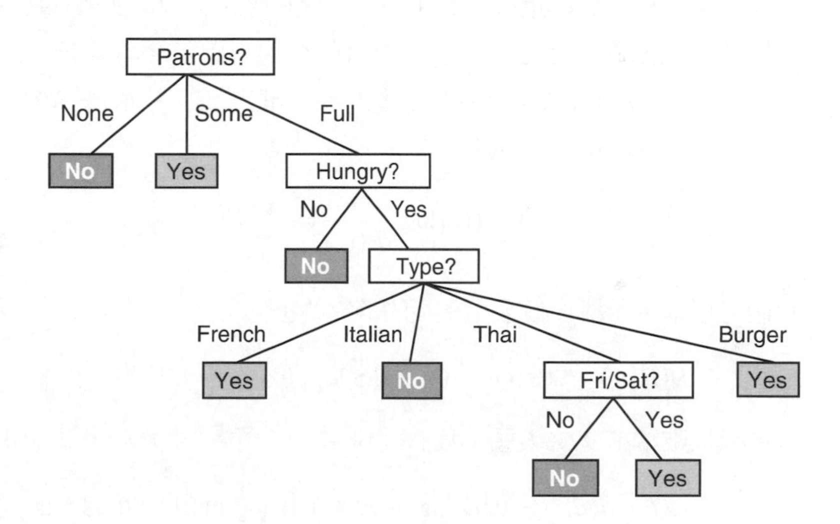

圖 18.6

從 12 實例訓練集歸納出的決策樹

圖 18.7

針對餐館域問題中 100 個隨機產生的實例之決策樹演算法的學習曲線。每個資料點都是 20 次試驗的平均

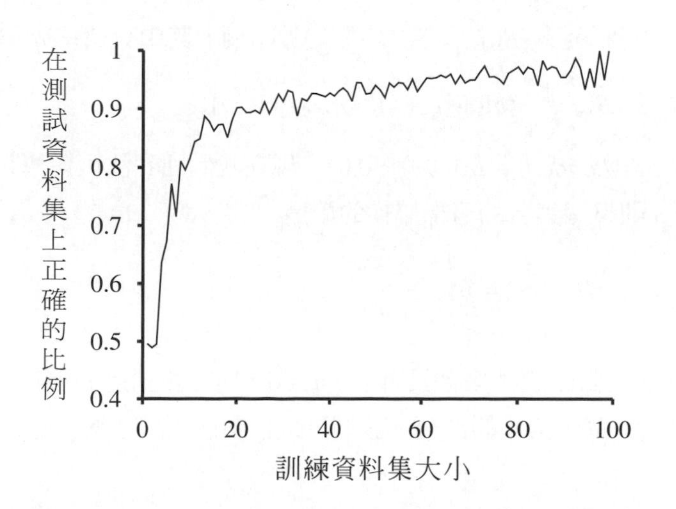

18.3.4 選擇屬性測試

在決策樹學習中使用貪婪搜尋是爲了近乎最小化最終樹的深度而設計的。挑選屬性就是提供實例的準確分類。一個完整屬性將實例區分爲集合，其中每個全爲正或全爲負，並且都將會是樹的葉節點。*Patrons* 屬性並不完美，但還不錯。一個一點也沒用的屬性，諸如 *Type*，使得分割後的實例集合仍具有和原始集合相同比例的正例和反例。

那麼，我們需要的就是一個「很不錯」和「實在很沒用」的正規測量法，以能夠實作圖 18.5 中的 IMPORTANCE 函數。我們將會使用資訊增益的觀念，其以**熵**來定義，即資訊理論中的基本量(Shannon 和 Weaver，1949)。

熵(Entropy)是一個隨機變數不確定的測量，資訊的度量對應於熵的縮減。一個具有唯一值的隨機變數——一個總是出現人頭面的硬幣——則沒有不確定且因此它的熵被定義爲 0，因此藉由觀察它的值，我們沒有得到資訊。投擲一個公平的硬幣出現人頭或反面，0 或 1 是相等的，並且我們將很快表示這算做熵的「1 位元(1 bit)」。投擲一個公平的 4 面骰子有 2 位元的熵，因爲它使用 2 個位元描述 4 個相同機率選擇的其中之一。現在考慮一個每次有 99%機率會出現人頭的不公平的硬幣。直觀地，這個硬幣比起公平的硬幣有較少的不確定性——若我們猜人頭面則得到的錯誤機率只有 1%——所以我們會希望它有測量趨近於 0，但是爲正的熵。一般來說，具有值 v_k 之隨機變數 V 的熵，每個以機率 $P(v_k)$是被定義爲

$$\textbf{熵：}\ H(V) = \sum_k P(v_k)\log_2 \frac{1}{P(v_k)} = -\sum_k P(v_k)\log_2 P(v_k)$$

我們可以確定投擲一個公平銅板的熵需要 1 個位元：

$$H(Fair) = -(0.5 \log_2 0.5 + 0.5 \log_2 0.5) = 1$$

若銅板加載給出 99%人頭，我們得到

$$H(Loaded) = -(0.99 \log_2 0.99 + 0.01 \log_2 0.01) \approx 0.08 \text{ bits}$$

它將會助於定義 $B(q)$爲布林隨機變數的熵，其中有機率 q 爲眞：

$$B(q) = -(q\log_2 q + (1-q)\log_2(1-q))$$

因此，$H(Loaded) = B(0.99) \approx 0.08$。現在我們回到決策樹學習。若一個訓練集合包含正實例 p 和負實例 n，則整個集合的目標屬性的熵是

$$H(Goal) = B\left(\frac{p}{p+n}\right)$$

圖 18.3 的餐館訓練集合具有 $p = n = 6$，所以相對應的熵是 $B(0.5)$或爲 1 位元。測試在單一屬性 A 會給我們這個 1 位元的部分。我們可以在屬性測試之後，藉由測量看出剩餘的熵爲多少。

具有 d 個相異值的屬性 A 將訓練集合 E 分爲 $E_1, \ldots, E_d$ 的子集合。每個子集合 E_k 有 p_k 個正實例與 n_k 個負實例，所以若我們沿分支行進，我們將會需要增加 $B(p_k/(p_k+n_k))$位元的資訊來回答這個問題。從訓練集中隨機選擇的實例具有該屬性的第 i 個值，且機率爲$(p_i+n_i) / (p+n)$，所以在測試完屬性 A 之後預期所剩的熵爲：

$$Remainder(A) = \sum_{k=1}^{d} \frac{p_k + n_k}{p+n} B(\frac{p_k}{p_k + n_k})$$

從 A 的屬性測試所得的**資訊增益**爲熵的預期縮減值：

$$Gain(A) = B(\frac{p}{p+n}) - Remainder(A)$$

實際上 $Gain(A)$正是我們需要建立的 IMPORTANCE 函數。回到圖 18.4 中考慮的屬性，我們得到：

$$Gain(Patrons) = 1 - \left[\frac{2}{12}B(\frac{0}{2}) + \frac{4}{12}B(\frac{4}{4}) + \frac{6}{12}B(\frac{2}{6})\right] \approx 0.541 \text{ bits}$$

$$Gain(Type) = 1 - \left[\frac{2}{12}B(\frac{1}{2}) + \frac{2}{12}B(\frac{1}{2}) + \frac{4}{12}B(\frac{2}{4}) + \frac{4}{12}B(\frac{2}{4})\right] = 0 \text{ bits}$$

確定我們的直覺對於 *Patrons* 是用來區分的較佳屬性。實際上，*Patrons* 是所有屬性中資訊增益最大的，可以被決策樹學習演算法選擇爲根節點。

18.3.5 歸納和過適配

在某些問題，DECISION-TREE-LEARNING 演算法會產生大的樹，當實際上沒有模式被找到。考慮一個試著預測投擲骰子將出現 6 與否的問題。假設試驗以不同骰子進行，並且每個屬性描述每個訓練實例，其中包括骰子的顏色、重量、投擲結束的時間及試驗者是否有他們的好運。若骰子都是公平的，正確的學習是個有單一節點的樹會表示「no」。但 DECISION-TREE-LEARNING 演算法會在任何模式擷取它可以在輸入找到的。若事實證明其中帶有好運投擲兩次 7 公克重的藍色骰子，並且得到結果皆爲 6，則在這個情況演算法會建構一個預測 6 的路徑。這個問題被稱爲**過適配**(overfitting)。過適配是一種非常普遍的現象出現於各種不同學習者，即使當目標函數不是完全隨機的。在圖 18.1(b)和(c)，我們看到多項式函數過適配資料。過適配變成更有可能爲假設空間和輸入屬性的樹量成長，並且較不可能是我們增加訓練實例的數量。

對於決策樹，有個稱之爲**決策樹修剪**(decision tree pruning)的技術來對抗過適配。修剪之所以有用是因爲消除了那些非明確相關之節點。我們以由 DECISION-TREE-LEARNING 所產生之整個樹來開始。然後我們找出只有一個爲後裔之葉結點的測試點。若測試似乎不相干——在資料中只偵測到雜訊——則我們排除測試並以葉結點將它做替換。重複這個流程，考量每個只有後裔之葉結點的測試，直到每個都被修剪或被接受。

問題是，我們如何偵測出，一個節點是正在測試一個不相關屬性？假設我們在一個由正實例 p 和負實例 n 所組成的節點。若屬性是不明確的，我們會期望它將實例劃分爲子集合，其中每個都有與整個集合相同比例的正實例，$p/(p+n)$，並且資訊增益將會接近於零[2]。因此，資訊增益可以作爲發現不相關性的好線索。這邊冒出了一個問題，我們需要多大的增益以根據特定屬性作劃分？

我們可以利用統計的**顯著性測驗**(significance test)來回答這個問題。顯著性測驗從假設無潛在的模式(也就是所謂的**虛無假設**，null hypothesis)開始。然後分析實際的資料，計算它們偏離無模式的程度。如果偏離程度從統計來看是不太可能存在的(通常意味著 5%的機率或更低)，那麼這被認爲是在資料中存在顯著模式的好證據。這些機率是由隨機取樣中，期望見到的偏離量之標準分佈計算而來的。

在這裡，虛無假設就是屬性不僅無關，也因此對一無限大樣本，其資訊增益是 0。我們必須計算，在虛無假設之下，一大小爲 $v = n + p$ 的樣本，所觀察到與正反例的期望分佈的偏離量出現的機率。我們可把每個子集中正例和反例的實際數目(即 p_i 和 n_i)與期望的 $\hat{p}_k$ 和 $\hat{n}_k$ 相比較而求得偏離量，假定這是不相關的：

$$\hat{p}_k = p \times \frac{p_k + n_k}{p + n} \qquad \hat{n}_k = n \times \frac{p_k + n_k}{p + n}$$

總偏離量可很輕鬆地用下式計量出來：

$$\Delta = \sum_{k=1}^{d} \frac{(p_k - \hat{p}_k)^2}{\hat{p}_k} + \frac{(n_k - \hat{n}_k)^2}{\hat{n}_k}$$

在虛無假設下，Δ 值的分佈是根據具有 $v - 1$ 自由度的 χ^2 分佈。我們可以使用 χ^2 表格或標準統計庫例行程序，來看特定 Δ 值確認或駁回虛無假設。例如，以 4 個值和 3 個自由度考慮餐館類型屬性。一個 $\Delta = 7.82$ 的值或更高將有 5%的程度駁回虛無假設(且 $\Delta = 11.35$ 的值或更高則有 1%的程度會駁回)。習題 18.10 要求你對 DECISION-TREE-LEARNING 做擴充，以實作此形式的修剪，即 χ^2 **修剪**。

經過修剪之後，實例中的雜訊可被容忍：實例標示的錯誤[例如，應爲($\mathbf{x}$, *No*)的實例($\mathbf{x}$, *Yes*)]會使預測誤差線性遞增，然而實例描述的錯誤(例如，*Price* = \$，但實際上是 *Price* = \$\$)會有漸進效應，其中惡化的樹縮小到較小的集合。修剪過的樹表現明顯地較未修剪的樹來得好，當資料包含大量的雜訊。經過修剪的樹通常比較小，因此更容易理解。

最後一個警告：你可能會覺得 χ^2 修剪與資訊增益看似相似，所以爲何不用一個稱爲**早期停止**(early stopping)的方法將它們合併——當沒有好的屬性可以區分時，有個決策樹演算法停止產生節點，而不是將所有產生節點的麻煩與修剪它們離開。使用早期停止的問題是，其會使我們停止辨認出其不具有一個好屬性、但屬性合併組合起來卻有用的情況。例如，考慮 2 個二位元屬性的 XOR 函數。若對於所有輸入值的 4 種組合，實例數目大致相同，則任一屬性都沒有用，但要作的一件正確的事是根據一屬性(無論哪個)劃分，然後在第二階段我們將得到有提供資訊的分段。早期停止將會遺失這些，但生成然後修剪(generate-and-then-prune)正確的處理它。

18.3.6 擴展決策樹的適用性

爲了將決策樹歸納法推廣到各種問題上，我們必須先討論一些待解的難題。在這裡我們先簡述之，如果想要徹底了解，請各位要多作點習題：

- **資料不完整：**

  在很多領域中，不見得我們能知道每個實例的所有屬性值。這些值可能沒有被記錄下來，或是獲取的代價太昂貴。這邊就冒出兩個問題：其一，給定一個完整的決策樹，它該如何對缺少一個測試屬性的實例進行分類？其二，當某些實例具有未知的屬性值時，該如何修改資訊增益公式？這些問題在習題 18.11 中可以找到。

- **多值屬性：**

  當某屬性有多個可能值時，資訊增益量不適合衡量屬性的有用與否。因爲在極端情況下，屬性像是 *ExactTime* 對於每個實例有不同的值，其中表示每個實例的子集都是獨一無二的分類，單元素的集合，然後選擇該屬性可得到最高的資訊增益量。但首先選擇這個劃分是不可能產生最佳樹。一種解決方案是採用**增益率**(gain ratio)(參見習題 18.10)。另一個可能性是允許布林測試的形式 $A = v_k$，也就是對一個屬性挑選可能值之一，留下在樹之中後續可能被測試的剩餘值。

- **連續的和整數值的輸入屬性：**

  諸如 *Height* 和 *Weight* 這樣具有連續的或整數值特性的屬性，是一個什麼值都有可能的無限集合。決策樹學習演算法與其產生無限多的分支，不如有代表性地尋找資訊增益最高的點，即**分割點**(split point)。例如，給定樹中的某個節點，其中在 *Weight* > 160 的測試結果獲得最多資訊。有效的方法可以尋找好的分割點：從排序屬性的值開始，且然後只考量介於兩個在順序經過排序的實例之分割點，其中有不同的分類，直到持續追蹤所有正負實例於分割點每一邊。分割是在眞實世界中決策樹學習應用裡最昂貴的部分。

- **連續值的輸出屬性：**

  若嘗試預測出數字化輸出值，像是公寓的價格，那麼我們需要一棵**回歸樹**(regression tree)而不是分類樹。回歸樹在每個葉節點都是線性函數，代表一些數子集的屬性，而不是一個單一值。例如，兩間寢室公寓的分支必定以平方米、寢室的數量和鄰居平均收入的線性函數爲結束。學習演算法必須選擇何時停止分割，並且透過屬性開始應用線性回歸(參考 18.6 節)。

一個決策樹學習系統應用於現實世界中必須能處理上述所有問題。尤其是處理連續值變數，因爲實體與金融的運作都是提供數值的資料。一些商用套裝軟體已經能夠符合這些標準，而且它們已經被用於開發數百個領域的系統。在許多工商業領域中，若想從資料中抽取分類資訊時，通常都會先想到決策樹。決策樹一個重要性質是，人類可能可以理解學習演算法的輸出(其實，這是對於商業抉擇的法律規定，具有一定的反歧視法)。而這是某些其他表現，像是類神經網路所難以望其項背的。

18.4 評估與選擇最佳假設

我們希望學習最佳適配未來資料的假設。欲精確陳述，我們需要定義「未來資料」和「最佳」。我們做個**平穩性假設**：有一個對實例之機率分佈隨時間保持平穩。每個實例資料點(在我們看到之前)是隨機變數 E_j，其觀測值 $e_j = (x_j, y_j)$是從它的分佈取樣，且與先前的實例獨立：

$$\mathbf{P}(E_j \mid E_{j-1}, E_{j-2}, \ldots) = \mathbf{P}(E_j)$$

並且每個實例有相同事前機率分佈：

$$\mathbf{P}(E_j) = \mathbf{P}(E_{j-1}) = \mathbf{P}(E_{j-2}) = \ldots$$

滿足這些假設的實例稱為獨立且相同分佈或 i.i.d.。一個 i.i.d.假設會連接過去至未來；沒有某種這樣的假設，所有努力都白費——未來可能是任意東西(隨後將看到學習仍能發生，若分佈有緩慢改變)。

下一步是定義「最佳適配」。我們定義假設的**錯誤率**為它犯錯的比例——對於實例(x, y)，$h(x) \neq y$ 之的次數比例。現在正因為在訓練集合假設 h 有較低錯誤率，並不意味它將會妥善歸納。教授知道考試並不會精準地評量學生，若他們已經看過考試的問題。相似地，為了得到假設的精準評估，我們需要在未曾看過的實例集合測試它。最簡單的方法我們已見過：將可得資料隨意劃分為一訓練集，從而學習演算法產生 h 及據以評估 h 準確度之測試集。這方法，有時稱為**堅持交叉驗證**(holdout cross-validation)，有個缺點是在於它不使用所有現有資料。若我們使用一半的資料在測試集合，則我們只有根據一半的資料作訓練，且我們可能會得到差的假設。在另一方面，若我們為測試集合只保留 10%的資料，則我們可能根據統計機會，得到實際精準度的差估計。

我們可以從資料中獲得更多，並且使用一種稱之為 ***k* 次交叉驗證**仍然得到精確估計。這概念是每個實例擔任雙重職務——訓練集合與資料集合。首先我們把資料分割成 k 相等子集合。然後執行 k 次的學習，每回合提出 $1/k$ 的資料當作測試集合，並且剩下的實例當作訓練集合使用。k 次測試集合的平均成績應該優於單次成績。常用的 k 值是 5 或 10——足夠地給出個在統計上可能精確的估計，5 到 10 倍的較長計算時間成本。極端情況是 $k = n$，即**逐一交叉驗證**(leave-one-out cross-validation，LOOCV)。

儘管統計方法論的最大努力，使用者因為不經意地**偷看**到測試資料，經常讓它們的結果無效。偷瞄通常像這樣發生的：一個學習演算法有很多不同的「旋鈕」能夠調整該演算法的行為表現——例如，在決策樹學習中有各種不同標準(criteria)選擇下一個屬性。研究者為這些旋鈕的各種不同設定產生假設，在測試集上測量它們的錯誤率，並報告最佳假設的錯誤率。唉呀！我偷瞄到了！原因在於假設的選擇是基於它的測試集效能，所以測試集的資訊已經洩漏給學習演算法了。

偷瞄是使用測試集效能來同時選擇與評估一個假設後的結果。為了避免這個的方法是確實提供測試集合——把它藏起來直到學習完成，並且簡單地期望得到最後假設的獨立評估。(然後，若你不希望這樣的結果...你已經取得並且藏起來，一個完全新的測試集合，若你想回去並找出較佳的假設)。若測試集合已經被隱藏，但你仍希望以沒被看過的資料測量效能，來選擇好的假設，那麼劃分可得資料(無測試集)為訓練集與**驗證集**。下一個章節表達如何使用驗證集合，找出介於假設複雜度與適配度的良好折衷。

18.4.1 模型選擇：複雜度 vs. 適配度

在圖 18.1 我們證明了較高階多項式可較適配訓練資料，但太過高階則會過適配，並且在資料驗證表現較差。選擇多項式的階數是一個**模型選擇**問題的實例。你可想到的任務，尋找最佳的假設兩個任務：模型選擇定義了假設空間並且**最佳化**找出在該空間中最佳假設。

本節我們說明如何選擇以大小(*size*)作參數化的模型。例如，在多項式中，線性函數爲 *size* = 1，二次方程爲 *size* = 2，以此類推。對於決策樹大小是爲樹的節點數量。在所有情況下，我們都想找出對於欠適配與過適配可最佳平衡的 *size* 參數值，以給出最佳測試集合精確度。

圖 18.8 表示演算法進行模型選擇與最佳化。這是一個以學習演算法做爲參數的**包裝**(例如，DECISION-TREE-LEARNING)。該包裝根據參數 *size* 來列舉模型。對每個大小，*Learner* 使用交叉驗證來計算出訓練和測試集合中的平均錯誤率。我們從最小、最簡單的模型開始(其可能對資料爲欠適配)並作疊代，同時在每一步考慮更複雜的模型，直到模型開始過適配。在圖 18.9，我們看到典型曲線：訓練集合錯誤單調遞減(即使可能在一般輕微地隨機變異)，直到驗證集合錯誤首先遞減，並且當模型開始過適配則遞增。交叉驗證程序以最低驗證集合錯誤取 *size* 的值；U 型曲線的底部。我們隨後使用所有的資料(除了維持任何的資料)，產生對於 *size* 的假設。最後，我們必須在分別的測試集合驗證回傳的假設。

```
function CROSS-VALIDATION-WRAPPER(Learner, k, examples) returns a hypothesis

  local variables: errT, an array, indexed by size, storing training-set error rates
                   errV, an array, indexed by size, storing validation-set error rates
  for size = 1 to ∞ do
      errT[size], errV[size] ← CROSS-VALIDATION(Learner, size, k, examples)
      if errT has converged then do
          best_size ← the value of size with minimum errV[size]
          return Learner(best_size, examples)
```

```
function CROSS-VALIDATION(Learner, size, k, examples) returns two values:
          average training set error rate, average validation set error rate

  fold_errT ← 0; fold_errV ← 0
  for fold = 1 to k do
      training_set, validation_set ← PARTITION(examples, fold, k)
      h ← Learner(size, training_set)
      fold_errT ← fold_errT + ERROR-RATE(h, training_set)
      fold_errV ← fold_errV +ERROR-RATE(h, validation_set)
  return fold_errT/k, fold_errV/k
```

圖 18.8　圖示之演算法會選擇對驗證資料具有最低錯誤率的模型，其中是藉由建立複雜度遞增的模型，並選擇對驗證資料具有最佳經驗錯誤率的一個實證。這裡 *errT* 表示對訓練資料的錯誤率，*errV* 表示對驗證資料的錯誤率。*Learner*(*size*, *examples*)回傳一個假設，其複雜度被參數大小設定，是在實例上經過訓練。PARTITION(*examples*, *fold*, *k*)將實例分割為 2 個子集合：大小為 *N*/*k* 的驗證集合和所有其他實例的訓練集合。對於 *fold* 的每個值，分割都會不同

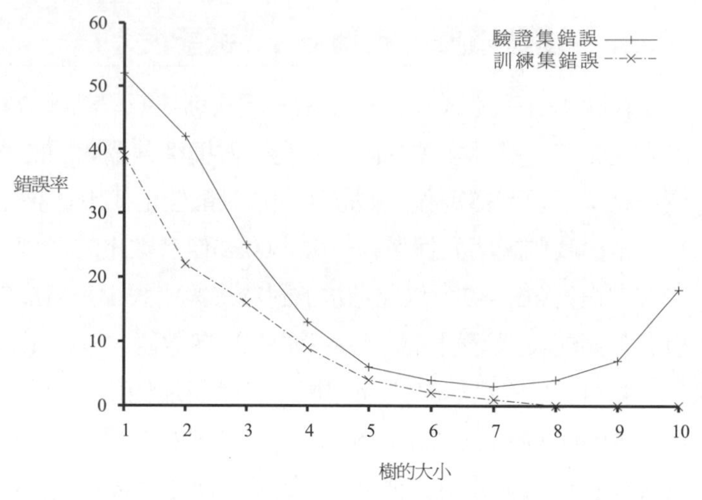

圖 18.9 對於不同大小的決策樹時，訓練資料(下方虛線)和驗證資料(上方實線)兩者的錯誤率。當訓練集的錯誤率漸近時停止，然後選擇具有驗證集最小錯誤率的樹；此時，樹的大小是 7 個節點

這個方法需要學習演算法接受一個參數 *size* 和傳遞該 *size* 的假設。如同我們說過，對於決策樹學習，大小可能是節點的數量。我們可以修改 DECISION-TREE-LEARNER 則它以節點數量爲輸入，建立廣度優先的樹而非深度優先(但在每個階段它仍先選擇最高增益屬性)，並且當到達所需數量的節點則停止。

18.4.2 由錯誤率到耗損

目前爲止我們已嘗試將錯誤率最小化。這是明顯地比最大化錯誤率較佳，但它不是全貌。考慮一個將電子郵件歸類爲垃圾與非垃圾郵件的問題。比起將垃圾郵件歸類爲非垃圾郵件(會引起短暫的怒火)，將非垃圾郵件歸類爲垃圾郵件較糟糕(因此會有遺失重要訊息的潛在性)。因此，有 1%錯誤率的分類器(其中幾乎所有的錯誤是將垃圾郵件歸類爲非垃圾)會優於僅有 0.5%錯誤率的分類器(若大多數的錯誤是將非垃圾郵件歸類爲垃圾郵件)。我們看到第 16 章決策制訂者要將期望效用最大化，學習者也同樣要將效用最大化。在機器學習中，傳統上用耗損函數來表達效用。耗損函數 $L(x, y, \hat{y})$ 是由預測 $h(x) = \hat{y}$ 效用損失的量來定義，當正確答案是 $f(x) = y$：

$$L(x, y, \hat{y}) = Utility(\text{給定輸入 } x \text{ 使用 } y \text{ 的結果}) - Utility(\text{給定輸入 } x \text{ 使用 } \hat{y} \text{ 的結果})$$

這是個耗損函數的最一般方程式。通常使用簡化版本 $L(y, \hat{y})$，其獨立於 x。我們將會在本章其餘部分使用簡化版本，其意味著我們不能說，把母親的信分類錯糟於把惱人表弟的信分類錯，但我們可以說將非垃圾郵件分類爲垃圾郵件比相反的情形還糟糕 10 倍：

$$L(spam, nospam) = 1,\ L(nospam, spam) = 10$$

注意 $L(y, y)$總是爲 0，但是根據定義當你猜測完全正確則沒有耗損。對於離散輸出的函數，我們可以對每個可能誤分類列舉耗損值，但我們不可能對實際值資料列舉所有可能。若 $f(x)$是 137.035999，我們將會對於 $h(x) = 137.036$ 一樣開心，但會多開心呢？一般而言，小錯誤比大的還好；兩個實作該概念的函數爲差值取絕對值(稱爲 L_1 耗損)，以及差值取平方(稱爲 L_2 耗損)。若我們滿足於最小化錯誤率的概念，我們可以使用 $L_{0/1}$ 耗損函數，其中對於不正確的答案有 1 的耗損，以及適合離散值輸出：

絕對值耗損： $L_1(y,\hat{y}) = |y - \hat{y}|$

平方誤差耗損： $L_2(y,\hat{y}) = (y - \hat{y})^2$

0/1 耗損： $L_{0/1}(y,\hat{y}) = 0$ 若 $y = \hat{y}$，其他則為 1

學習代理人可以理論地將它的期望效用最大化，藉由選擇假設其中透過所有輸入輸出對它將看到最小化期望耗損。以上的例子，沒有定義事前機率分佈 $\mathbf{P}(X, Y)$，討論關於這個期望是沒有意義的。令 ε 為所有可能輸入輸出實例的集合。則對於假設 h(就耗損函數 L 而言)的期望**產生耗損**是

$$GenLoss_L(h) = \sum_{(x,y)\in\varepsilon} L(y,h(x))P(x,y)$$

以及最佳假設 h^*，是一個最低期望產生耗損：

$$h^* = \operatorname*{argmin}_{h\in H} GenLoss_L(h)$$

因為 $P(x, y)$並非已知，學習代理人僅能以實例集合 E 之經驗損失來預估耗損產生：

$$EmpLoss_{L,E}(h) = \frac{1}{N}\sum_{(x,y)\in E} L(y,h(x))$$

預估的最佳假設 $\hat{h}^*$ 隨後一個最小化經驗耗損：

$$\hat{h}^* = \operatorname*{argmin}_{h\in H} EmpLoss_{L,E}(h)$$

為何 $\hat{h}^*$ 會不同於真實函數 f 有 4 個理由：不可實現性、變異、雜訊和計算複雜度。首先 f 可能不是可實現的——可能不是在 H——或可能存在這樣一種方式，其他假設是首選。第二，學習演算法會對於不同實例回傳不同假設，即使若那些集合是由相同真實函數 f 所描繪，那些假設在新實例將會造成不同預測。對預測越高的變異，重大錯誤的機率越高。注意即使當問題是可實現的，將仍會是隨機變量，隨著訓練實例數量的遞增，變異遞減為 0。第三，f 可能是非決定性或**嘈雜**——它可能回傳不同值對於 $f(x)$ 發生在每個時間 x。根據定義，雜訊不可被預測。在許多情況因為觀察標籤 y 是未列在 x 的環境屬性的結果。並且最後，當 H 為複雜時，它可能是計算上難以處理，對有系統地搜尋整個假設空間。我們可多做的是區域搜尋(登山或貪婪搜尋)，其中僅探索部分的空間。這給我們一個近似誤差。將錯誤的來源作結合，我們剩下一個對真實函數 f 的近似估計。

在統計學傳統的方法與機器學習的早年集中於**小規模學習**，其中訓練範例的數目範圍從數十至成千上萬。在此，一般錯誤大多來自在假設空間中沒有真實 f 的近似誤差，和從沒有足夠訓練實例來限制變異的估計誤差。在近年已有更強調於大規模學習，通常是百萬個實例。這裡一般化錯誤是以限制為主的計算：有足夠的資料和夠豐富的模型，其中我們可以找出個非常接近真實 f 的 h，但找出它的計算太過複雜，所以我們勉強接受一個次佳的近似。

18.4.3 規則化

在 18.4.1 節，我們看到如何以模型大小的交叉驗證做模型選擇。一個另外的方法是搜尋假設，其中直接最小化經驗損失與假設的複雜度的加權總和，我們將看到總成本：

$$Cost(h) = EmpLoss(h) + \lambda Complexity(h)$$
$$\hat{h}^* = \underset{h \in H}{\operatorname{argmin}}\, Cost(h)$$

這裡 λ 是個參數，一個做爲介於耗損和假設複雜度之間的轉換率的正數(這畢竟不是同一尺度衡量)。這方法合併耗損與複雜度爲一個度量，讓我們一次找出最佳假設。不幸地，我們仍然需要做交叉驗證搜尋，以找出最好概括的假設，但這次它是以不同 λ 的值而非 *size*。我們選定 λ 的值，它爲我們提供最佳驗證評分。

這個複雜假設明確懲罰的程序被稱爲**規則化**(regularization)。(因爲它在尋找個更一般或低複雜的函數)。注意成本函數需要我們做兩個選擇：耗損函數和複雜度測量，被稱爲規則化函數。規則化函數的的選擇取決於假設空間。例如，對於多項式好的規則化函數是係數的平方和——保持小的總和將引導我們遠離圖 18.1(b)和(c)中的波狀多項式。在 18.6 節我們將展示這一類規則化的實例。

另一個簡化模型的方法是縮減模型的處理維度。**特徵選擇**的處理法可用以拋棄似乎不相干的屬性。$\chi2$ 的修剪是一種特徵選擇。

實際上有可能以相同尺度測量經驗耗損與複雜度，在缺乏轉換係數 λ 下：他們都可用以位元地測量首先將假設編碼爲圖靈機器程式，且計算位元的數目。然後計算所需的數位編碼資料，其中正確地預測實例耗費零位元，且不正確預測實例的成本取決於是多大的錯誤。**最小描述長度**或 MDL 假設最小化需要的總位元數量。這行之有效的限制，但是對較小的問題有個困難，在於對程式的編碼選擇——例如，如何最佳地將決策樹編碼成位元串流——影響結果。在第 20 章我們描述 MDL 方法的概率解釋。

18.5 學習的理論

學習中主要未回答的問題如下：如何可以確定我們的學習演算法已產生一假設，其將預測先前未見的輸入的正確值？正規地說，如果我們不知道 f，那麼我們怎麼能知道假設 h 眞的接近目標函數 f 呢？這些問題已經被苦思了數個世紀。在近數十年，其他問題已經浮現：需要多少的實例我們才可以得到好的 h？我們該使用什麼樣的假設空間？若假設空間是非常複雜，我們是否仍可找到最佳的 h，或我們是否需要解決假設的空間中區域最大值？h 會多複雜？我們該如何避免過適配？這一節會檢查這些問題。

我們將會從學習是需要多少實例這個問題開始。我們從對於餐館問題(圖 18.7)的決策樹學習的學習曲線看到，以更多訓練資料而改進的情形。學習曲線是有用的，但他們限定於對於特定問題的特定學習演算法。有更一般的原則決定了大體上所需的實例數量嗎？類似如此的問題牽涉到**計算學習理論**，其身處人工智慧、統計和理論計算機科學的交集。基礎原理是，任何嚴重錯誤的假設將幾乎必然在很高機率下，於少量實例檢驗後被「抓出」，因爲它將作出不正確的預測。於是，任何與足夠大的訓練實例集一致的假設都不太可能有嚴重錯誤：也就是說，它必然是**可能近似正確**(probably approximately correct)。任何學習演算法回傳假設，其中可能近似地正確被稱爲 **PAC 學習**演算法，我們可以使用這方法來提供邊界於不同的學習演算法之效能。

PAC 學習定理類似所有理論是公理的邏輯推論。當理論(相對於，比如說一個政治評論家)描述根據過去關於未來的某些事情，公理提供「果汁」來達成連結。對於 PAC 學習，果汁是由 18.4 節介紹的穩定假設提供，其中未來的實例將如同過去實例從相同固定分佈 $\mathbf{P}(E) = \mathbf{P}(X, Y)$描繪。(注意我們不必知道分佈爲何，只知它沒有改變)。另外，爲保持事情簡單，我們將假設眞實函數 f 是決定的，且是正被考慮之假設類別 H 的一個成員。

最簡單的 PAC 理論處理布林函數，因此 0/1 耗損是恰當的。一個假設 h 的**錯誤率**先前非正式地定義過，在這裡正式定義爲一般錯誤的期望值是從穩態分佈描繪的實例：

$$\text{error}(h) = GenLoss_{L_{0/1}}(h) = \sum_{x,y} L_{0/1}(y, h(x))P(x, y)$$

換句話說，error(h)是一個機率，其中 h 誤分類一個新的實例。這是與前文所提到學習曲線的實驗值一樣。

如果 error(h) $\leq \varepsilon$，ε 是一個很小的常數，則假設 h 被稱爲**近似正確**(approximately correct)。我們將證明，可以找到一個 N 使得，在看過 N 個實例後，以高的機率下，所有一致的假設將會近似正確。可以想成在假設空間中，近似正確的假設「接近於」實際函數：它就被包在以實際函數爲球心，所謂 **ε-球**的內部。這個球外的假設空間被稱爲 H_{bad}。

假定有一個「嚴重錯誤」的假設 $h_b \in H_{\text{bad}}$，我們可以計算 h_b 與前 N 個實例一致的機率。已知 error(h_b) $> \varepsilon$。因此，給定一個實例，h_b 與之一致的機率爲 $1-\varepsilon$。從此實例是獨立，N 實例的邊界是

$$P(h_b \text{ 與 } N \text{ 個實例一致}) \leq (1-\varepsilon)^N$$

H_{bad} 至少包含一個一致假設的機率，上限爲各自機率的總合：

$$P(H_{\text{bad}} \text{ 包含一個一致的假設}) \leq |H_{\text{bad}}|(1-\varepsilon)^N \leq |H|(1-\varepsilon)^N$$

這裡我們利用了$|H_{\text{bad}}| \leq |H|$的事實。我們希望把這個事件的機率降低到一個小數目 δ 之下：

$$|H|(1-\varepsilon)^N \leq \delta$$

給定$1-\varepsilon \leq e^{-\varepsilon}$，我們可以得到此，若允許演算法參考實例

$$N \geq \frac{1}{\varepsilon}\left(\ln\frac{1}{\delta} + \ln|H|\right) \tag{18.1}$$

因此，如果一個學習演算法回傳的假設與這麼多實例相一致，那麼它的誤差至多是 ε 的機率至少是 $1-\delta$。換句話說，它是可能近似正確的。所需要的實例個數以 ε 和 δ 的函數表示，稱之爲假設空間的**樣本複雜度**(sample complexity)。

正如同我們先前所見，如果 H 是 n 個屬性上的所有布林函數的集合，那麼 $|H|=2^{2^n}$。因此，空間的樣本複雜度是以 2^n 成長的。由於可能的實例個數也是 2^n，這建議 PAC 學習在所有布林函數的類別，需要觀看所有的或接近所有的可能實例。片刻的思考揭露了對此的原因：H 包含足夠的假設以所有可能方法來分類任何實例的給定集合。特別地，對於 N 實例的任何集合，假設的集合與這些實例一致，包含相同數量的假設其中預估 x_{N+1} 為正和假設其中預估 x_{N+1} 為負。

為眞正推廣至未看到的實例，則看來我們需要用一些方式限制假設空間 H，但是當然，若我們限制這空間，我們可能完全地排除了眞實函數。現在有三條可以「逃脫」兩難的途徑。第一條(我們將於第 19 章提及)是提供事前知識來針對這些問題。第二條途徑(18.4.3 節介紹)是堅持要求演算法不僅回傳任何一致假設，而且最好是一個簡單的假設(如同在決策樹中所做的一樣)。在一些情況要找出簡單一致的假設是易處理的，相同複雜度結果是通常僅在一致性較佳於分析為基礎的。我們接下來追求的第三條逃離方法，是聚焦於布林函數整個假設空間的可學習子集。這方法仰賴之假設為，限制語言包含夠接近眞實函數 f 的假設 h；這好處是限制假設空間允許有效的概括且通常容易搜尋。現在就來更仔細看看這一類受限的語言。

18.5.1 PAC 學習實例：決策表學習

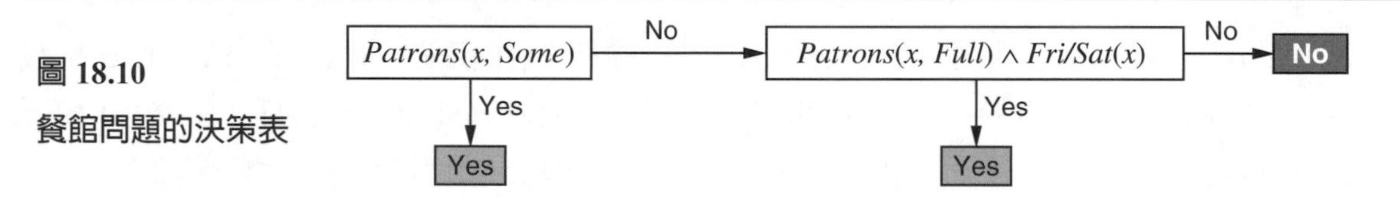

圖 18.10 餐館問題的決策表

我們現在展示如何應用 PAC 學習於新的假設空間：**決策表**。它包含了一連串的測試，每個測試都是文字(literal)的連言。如果某個實例描述的測試成功時，那麼決策表將指定回傳數值。如果測試失敗，則繼續進行表中下一個測試。決策表與決策樹相仿，但是決策表的整體結構比較簡單。他們只在一個方向分歧。相反，單一項目的測試就比較複雜。圖 18.10 為決策表如何表示下述的假設：

$$WillWait \Leftrightarrow (Patrons = Some) \vee (Patrons = Full \wedge Fri/Sat)$$

如果允許任意大小的測試，那麼決策表可以表示任意的布林函數(請看習題 18.16)。另一方面來看，如果我們限制每個測試最多包含 k 個文字，那麼學習演算法有可能從少量實例推得結果。我們稱這種語言為 ***k*-DL**。圖 18.10 是 2-DL。這很容易證明(請看習題 18.16)，[*k*-DL 中有一個一子集為 ***k*-DT**]，即所有深度最多為 k 的決策樹集合。這邊要記得的是，任何一個來自於 *k*-DL 的特定語言與如何描述實例的屬性有關。我們用 *k*-DL(n)表示一個使用 n 個布林屬性的 *k*-DL 語言。

當然，第一步要先證明 *k*-DL 是可學習的——也就是訓練過合理數量的實例之後，*k*-DL 中的任何一個函數都是近似正確的。首先我們需要計算語言中假設的數目。令測試語言——使用 n 個屬性，至多包含 k 個文字的連言——為 $Conj(n, k)$。因為決策表是由一連串測試組成的，而每則測試都有 *Yes* 或 *No*，或者該測試不在決策表中這三種可能，因此這一個測試集合最多有 $3^{|Conj(n,\ k)|}$個組合可能性。又集合中每一則測試的出現順序可互易，因此

$$|\text{k-DL(n)}| \le 3^{|Conj(n,\ k)|}\ |Conj(n, k)|!$$

由 n 個屬性組成的 k 個文字的連言個數是

$$|Conj(n,k)| = \sum_{i=0}^{k} \binom{2n}{i} = O(n^k)$$

因此，經過運算後可得到

$$|\ k\text{-DL}(n)\ | \ = 2^{O(n^k \log_2(n^k))}$$

我們把上式代入到公式(18.1)中，證明以 PAC 學習一個 k-DL 所需要的實例個數是 n 的多項式：

$$N \geq \frac{1}{\varepsilon}\left(\ln\frac{1}{\delta} + O(n^k \log_2(n^k)) \right)$$

因此，任何一個能回傳一致性決策表的演算法都能在合理數量實例的情形下，以 PAC 學習一個 k-DL 函數，只要 k 不要太大的話。

下一個任務是找到一個有效回傳一致性決策表的演算法。我們採用一個叫做 DECISION-LIST-LEARNING 的貪婪演算法，該演算法重複地尋找一個與訓練集的某個子集完全一致的測試。一旦找到這樣的測試，它就將該測試添加到正在構建的決策表中，並刪除相對應的實例。然後用剩餘的實例構造決策表的其餘部分。重複上述過程直到沒有剩餘的實例。該演算法如圖 18.11。

這個演算法並沒有詳述如何選擇下一個要添加到決策表中的測試。儘管上述的形式化結果是不依賴選擇方法的，但優先選擇小測試又能符合大量均勻的實例才是看起來合理的，這樣整個決策表才會盡可能的緊緻。最簡單的策略是無論子集大小為何，找到可符合任意的均勻分類的子集之最小測試 t。即使這方法效果很好，如圖 18.12 所示。

```
function DECISION-LIST-LEARNING(examples) returns a decision list, or failure

  if examples is empty then return the trivial decision list No
  t ← a test that matches a nonempty subset examples_t of examples
      such that the members of examples_t are all positive or all negative
  if there is no such t then return failure
  if the examples in examples_t are positive then o ← Yes else o ← No
  return a decision list with initial test t and outcome o and remaining tests given by
        DECISION-LIST-LEARNING(examples − examples_t)
```

圖 18.11　決策表學習演算法

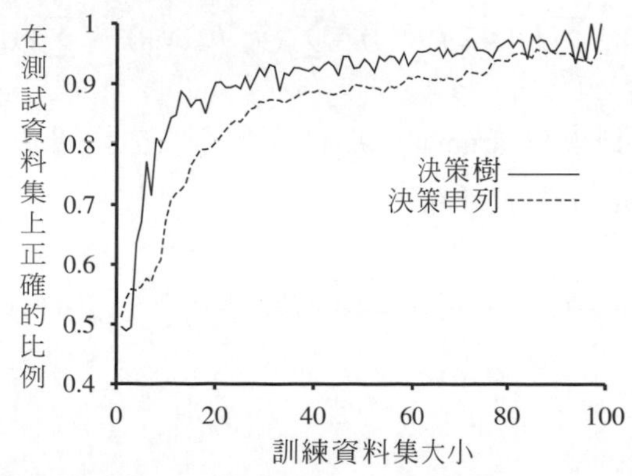

圖 18.12　對餐館資料的 DECISION-LIST-LEARNING 演算法的學習曲線。並與 DECISION-TREE-LEARNING 演算法的曲線作比較

18.6 線性模型的回歸與分類

現在是從決策樹與決策表移動至不同假設空間的時候，其中已經被使用幾百年：連續值輸入的**線性函數**分類。我們從最簡單的情形開始：以單變量線性函數回歸，否則稱爲「適配於直線」。18.6.2 節包含多變量情況。18.6.3 和 18.6.4 節表示如何藉由硬臨界與軟臨界將線性函數轉變爲分類器。

18.6.1 單變量線性回歸

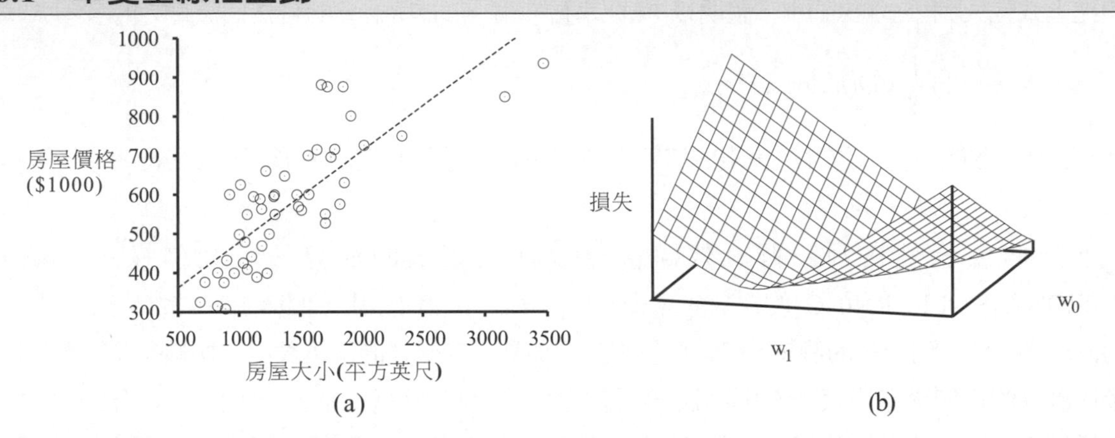

圖 18.13 (a) **圖示資料點為待售房屋的價格對樓層空間的關係**(2009 年 7 月，柏克萊加州)，**還有產生最小平方誤差損失的線性函數假設**：$y = 0.232x + 246$。(b) **對** w_0 **和** w_1 **的不同值所描繪出的損失函數** $\sum_j (w_1 x_j + w_0 - y_j)^2$ 。**注意到，損失函數為凸函數，具有單一全域最小值**

單變量線性函數(直線)以輸入 x 和輸出 y 具有 $y = w_1x + w_0$ 的形式，其中 w_0 和 w_1 爲要學會的眞實值係數。我們使用 w 字母是因爲將係數視爲**權重**，y 的值藉由改變單項的或其他相對權重而改變。我們將定義 $\mathbf{w}$ 爲向量$[w_0, w_1]$並且定義

$$h_{\mathbf{w}}(x) = w_1x + w_0$$

圖 18.13(a)表示訓練集合的實例，其中 n 個點在 x-y 平面，每個點表示以平方英尺的大小與房屋的公開售價。尋找最適配於這些資料的 $h_{\mathbf{w}}$ 之任務稱爲**線性回歸**。爲了將線條適配於資料，所有我們必須做的是找出權重的值$[w_0, w_1]$將經驗損失最小化。使用平方耗損函數是傳統的(回到 Gauss[3])，L_2，總結以上所有訓練實例：

$$Loss(h_{\mathbf{w}}) = \sum_{j=1}^{N} L_2(y_j, h_{\mathbf{w}}(x_j)) = \sum_{j=1}^{N} (y_j, h_{\mathbf{w}}(x_j))^2 = \sum_{j=1}^{N} (y_i - (w_1x_j + w_0))^2$$

我 們 會 希 望 找 到 $\mathbf{w}^* = \operatorname{argmin}_{\mathbf{w}} Loss(h_{\mathbf{w}})$ 。 當 它 是 關 於 w_0 和 w_1 爲 0 的 偏 微 分 ， 總 和 $\sum_{j=1}^{N} (y_i - (w_1x_j + w_0))^2$ 被最小化：

$$\frac{\partial}{\partial w_0} \sum_{j=1}^{N} (y_i - (w_1x_j + w_0))^2 = 0 \quad 及 \quad \frac{\partial}{\partial w_1} \sum_{j=1}^{N} (y_i - (w_1x_j + w_0))^2 = 0 \qquad (18.2)$$

這些方程式有單一解：

$$w_1 = \frac{N(\sum x_j y_j) - (\sum x_j)(\sum x_j)}{N(\sum x_j^2) - (\sum x_j)^2} \text{；} w_0 = (\sum y_j - w_1(\sum x_j)) / N \quad (18.3)$$

例如在圖 18.13(a)的實例，解是 $w_1 = 0.232$，$w_0 = 246$ 並且以這些權重的線條表示爲圖中的虛線部分。

許多學習的形式包含調整權重將耗損最小化，有助於在權重空間發生什麼事的心理圖片——這空間被權重的所有可能設定所定義。對於單變量線性回歸，由 w_0 和 w_1 所定義的權重空間是二維的，所以我們可以在 3D 繪圖[參考圖 18.13(b)]中以 w_0 和 w_1 的函數描繪出耗損。我們看到耗損函數爲凸函數(如 4.2 節所定義)；對於每個線性回歸問題隨著 L_2 耗損問題是眞實的，並且指出沒有區域最小值。在某種意義上這對於線性模型是故事的結束，若我們需要將線條適配於資料，必須應用公式(18.3)[4]。

要處理線性模型以外的情形，我們將需要面對一個事實：最小耗損的定義方程式(如公式(18.2)中)通常沒有封閉形式解。取而代之的，我們會面對於連續權重空間一般最佳化搜尋問題。如同 4.2 節所指出的，這樣的問題可以被登山演算法(hill-climbing algorithm)處理最佳化後面函數的變化率。在這情況，因爲我們試著最小化耗損，將使用**梯度下降**。在權重空間選擇任意起始點——這裡在(w_0, w_1)平面的一個點——則然後移動至鄰近下降的點，重複步驟直到我們收斂到最小可能耗損：

$\mathbf{w} \leftarrow$ 在參數空間的任意點

執行**迴圈**直到**收斂**

對於每個 w **中的** w_i **執行**

$$w_i \leftarrow w_i - \alpha \frac{\partial}{\partial w_i} Loss(\mathbf{w}) \quad (18.4)$$

參數 α 其中我們在 4.2 節所稱的**步級大小**(step size)，通常被稱爲**學習率**(learning rate)，其中我們在學習問題試著把耗損最小化。這可能是固定常數，或學習過程收益會隨時間衰退。

對於單變數回歸，耗損函數是個二次函數，所以偏微分之後會是個線性函數(唯一需要知道的微積分是 $\frac{\partial}{\partial x} x^2 = 2x$ 與 $\frac{\partial}{\partial x} x = 1$)。首先算出偏微分——斜率——唯一訓練實例的簡單情況(x, y)：

$$\begin{aligned}
\frac{\partial}{\partial w_i} Loss(\mathbf{w}) &= \frac{\partial}{\partial w_i} (y - h_{\mathbf{w}}(x))^2 \\
&= 2(y - h_{\mathbf{w}}(x)) \times \frac{\partial}{\partial w_i} (y - h_{\mathbf{w}}(x)) \\
&= 2(y - h_{\mathbf{w}}(x)) \times \frac{\partial}{\partial w_i} (y - (w_1 x + w_0))
\end{aligned} \quad (18.5)$$

將這代入 w_0 和 w_1 則得到：

$$\frac{\partial}{\partial w_0} Loss(\mathbf{w}) = -2(y - h_{\mathbf{w}}(x)) \text{；} \frac{\partial}{\partial w_1} Loss(\mathbf{w}) = -2(y - h_{\mathbf{w}}(x)) \times x$$

之後，將這加入公式(18.4)，並且將未指定學習率 α 乘以 2，我們得到對於權重如下的學習法則：

$$w_0 \leftarrow w_0 + \alpha(y - h_{\mathbf{w}}(x)) \text{；} w_1 \leftarrow w_1 + \alpha(y - h_{\mathbf{w}}(x)) \times x$$

這些更新造成了直覺：如果 $h_{\mathbf{w}}(x) > y$，意即假設的輸出過大，把 w_0 縮小一點，並且若 x 是正輸入則縮小 w_1，若 x 是負輸入則遞增 w_1。

先前的方程式涵蓋一個訓練實例。對於 N 訓練實例，我們希望能將每個實例的個別耗損之和最小化。總和的導數是導數相加，所以得到：

$$w_0 \leftarrow w_0 + \alpha \sum_j (y_j - h_{\mathbf{w}}(x_j)) \;；\; w_1 \leftarrow w_1 + \alpha \sum_j (y_j - h_{\mathbf{w}}(x_j)) \times x_j$$

這些更新對於單變量線性回歸構成了**批次梯度下降**學習法則。必定收斂至獨特全局最小化(只要我們取得夠小的 α)，但可能非常緩慢：我們必須對每一步循環所有訓練資料，可能有許多步驟。

有另一個可能性，稱之為**隨機梯度下降**(Stochastic gradient descent)，其中我們一次僅考慮單一訓練點，在每一個使用公式(18.5)之後採取步驟。隨機梯度下降可用於線上設定，其中每次送來一個新資料或離線，我們以多次循環著相同資料是必要的，在考量每個單一實例之後採取步驟。這通常會比批次梯度下降來得快。以修正過的學習率 α，然而並不能保證收斂，它可能繞著最小值震盪而無法穩定。在某些情況，如同我們後面將看到，使學習率降低的排程(如同模擬退火)會確保收斂。

18.6.2 多變量線性回歸

我們可以容易地延伸到**多變量線性回歸**問題，其中每個實例 $\mathbf{x}_j$ 是 n 元素向量[5]。我們的假設空間是這形式的函數集合

$$h_{sw}(\mathbf{x}_j) = w_0 + w_1 x_{j,1} + \cdots w_n x_{j,n} = w_0 + \sum_i w_i x_{j,i}$$

換成 w_0，截距有別於其他的突出。我們可以藉由創造一個虛擬輸入屬性來修正 $x_{j,0}$，其中被定義的總是為 1。則它的簡單的權重和輸入向量之點積(或同等地，權重的轉置和輸入向量之矩陣積)：

$$h_{sw}(\mathbf{x}_j) = \mathbf{w} \cdot \mathbf{x}_j = \mathbf{w}^{\top} \mathbf{x}_j = \sum_i w_i x_{j,i}$$

權重的最佳向量，$\mathbf{w}^*$，會將實例的平方誤差損失最小化：

$$\mathbf{w}^* = \underset{\mathbf{w}}{\operatorname{argmin}} \sum_j L_2(y_j, \mathbf{w} \cdot \mathbf{x}_j)$$

多變量線性回歸其實比起我們談到過的單變量情況不會複雜得多。梯度下降將尋找(單一)耗損函數的最小，對於每個權重 w_i 的更新方程式是

$$w_i \leftarrow w_i + \alpha \sum_j x_{j,i}(y_j - h_{\mathbf{w}}(\mathbf{x}_j)) \tag{18.6}$$

對於解決最小化耗損的 $\mathbf{w}$ 解析也是有可能。令 $\mathbf{y}$ 為訓練實例輸出的向量，且 $\mathbf{X}$ 是**資料矩陣**，即輸入的矩陣是每列一個 n 維的實例。則解為

$$\mathbf{w}^* = (\mathbf{X}^{\top}\mathbf{X})^{-1}\mathbf{X}^{\top}\mathbf{y}$$

最小化了平方誤差。

利用單變量線性回歸下，我們不需要擔心過適配。但利用高維度空間中的多變量線性回歸時，有可能會這樣，就是實際無關的某一維度會意外地似乎是有用，而導致**過適配**。

因此，對多變量線性函數使用**規則化**以避免過適配是很一般的作法。回想我們以規則化來將假設的總成本最小化，計算經驗損失和假設的複雜度：

$$Cost(h) = EmpLoss(h) + \lambda Complexity(h)$$

對於線性函數，複雜度可以被規定爲權重的函數。我們可以考慮規則化函數的家族：

$$Complexity(h_{\mathbf{w}}) = L_q(\mathbf{w}) = \sum_i |w_i|^q$$

如同耗損函數[6]，當 $q = 1$ 我們有 L_1 規則化，其中將絕對值的總和最小化。當 $q = 2$，L_2 規則化將平方和最小化。你該選用哪一個規則化函數？這取決於特定問題，但 L_1 規則化具有重要的優點：它趨向產生**稀疏模型**。也就是，它通常設定許多權重爲零，有效地宣告相對應屬性爲不相關的——正如同 DECISION-TREE-LEARNING 所做(即使是以不同機制)。假設拋棄屬性可能容易爲人們所瞭解，且或許不太可能過適配。

圖 18.14 給出了直觀的解釋，解釋爲何 L_1 規則化會導致零權重，然而 L_2 規則化不會。注意最小化 $Loss(\mathbf{w}) + \lambda Complexity(\mathbf{w})$是等同於最小化 $Loss(\mathbf{w})$受到 $Complexity(\mathbf{w}) \leq c$ 約束，對於某些關於 λ 的常數 c。現在，於圖 18.14(a)菱形外觀的盒子表示在二維權重空間的 $\mathbf{w}$ 點的集合，其中 L_1 的複雜度少於 c，我們的解將會在這個盒子裡面的某處。同心橢圓形表示耗損函數的輪廓，中心爲最小耗損。我們希望能找出盒子中接近最小化的點，你可以從圖中看到對於最小值的任意位置和它的輪廓，從盒子的角落尋找接近最小值方法這會是一般，正因爲角落是尖的。並且當然地，角落的點是在某些維度有值爲零。於圖 18.14(b)對於 L_2 複雜度測量也同樣地完成，其中表示爲圓形而非菱形。在此你可以看到，一般來說，沒有道理在交叉點出現其中一個座標軸，因此 L_2 規則化不傾向產生零權重。結果是數個實例對於 L_2 規則化，需要在數個不相關特徵中找出它好的線性，但只有 L_1 規則化是對數的。在許多問題的實證證據支持這分析。

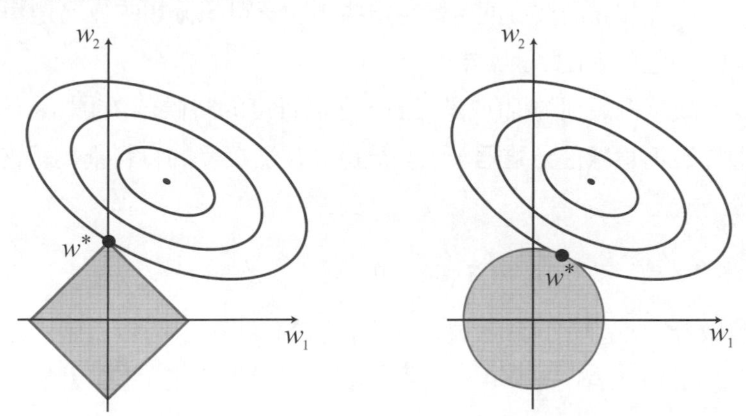

圖 18.14　為何 L_1 規則化趨向產生稀疏模型。(a) 以 L_1 規則化(菱形)，最小可達損失(同心等高線)通常發生在一條軸上，意味著零權重。(b) 以 L_2 規則化(圓形)，最小損失可能發生在圓上任一處，無特定於零權重

另一種看待它的方式是 L_1 規則化認眞看待座標軸維度，當 L_2 視其爲任意的時候。L_2 函數是球狀的，讓它旋轉不變：想像平面上點的集合，以他們的 x 和 y 座標系測量。現在想像軸旋轉 45 度。你會得到(x', y')值的不同集合表示著相同點。若你在旋轉前後用 L_2 規則化，答案會得到恰爲相同的點。(即使該點會以新的(x', y')座標系來表示)當座標軸的選擇確實是任意時候，這是妥當的——當它無論兩個維度是相距北和東，或是相距北東和南東都沒關係。隨著 L_1 規則化會得到不同的答案，因爲 L_1 函數並非旋轉不變。當座標軸並非可互換的時候這是妥當的，旋轉「數個浴室」用於「批量」是沒有意義。

18.6.3 硬臨界的線性分類器

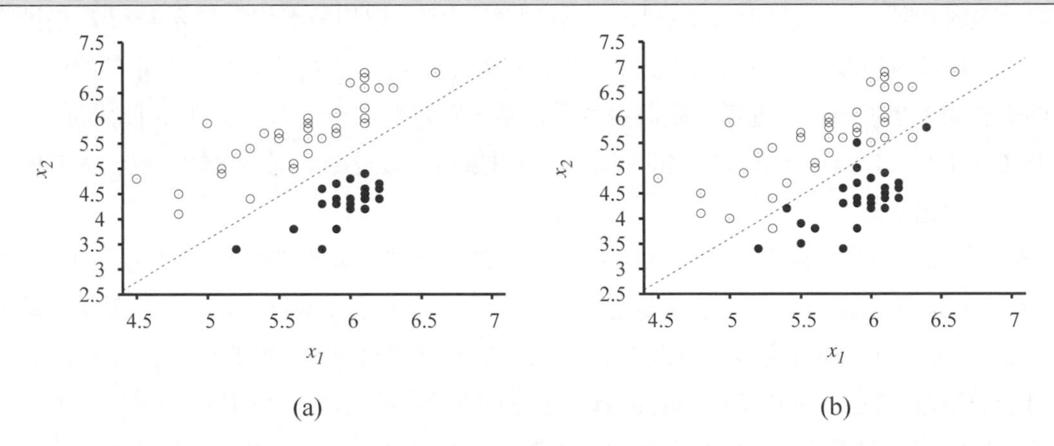

圖 18.15　(a)圖示為兩個地震資料參數，實體波(body wave)強度為 x_1 和表面波(surface wave)強度為 x_2，資料為發生在 1982 年和 1990 年之間於亞洲和中東(Kebeasy 等人，1998)的地震(白色圓圈)和核爆(黑色圓圈)。同時也顯示出介於兩個類別的決策邊界。(b) 有更多資料點的相同域。地震與爆炸不再是線性可分

線性函數可能是用做爲分類以及回歸。例如，圖 18.15(a)表示兩類別的資料點：地震(是地震學家有興趣的)和地底爆炸(武器控制專家有興趣的)。每個點以兩個輸入值表示 x_1 和 x_2，其中指的是從地震訊號計算的本體波震度和表面波震度。給定這些訓練資料，分類的任務是學習假設 h 將接收新的(x_1, x_2)點並且回傳 0 爲地震或 1 表示爆炸。

決策邊界是一條分成兩個類別的線(或是表面，在高維度的時候)。在圖 18.15(a)，決策邊界是一條直線。線性決策邊界被稱爲**線性分離器**，以及被這分類器接受的資料稱爲**線性可分**。在這情況的線性分離器被定義於

$$x_2 = 1.7x_1 - 4.9 \quad 或 \quad -4.9 + 1.7x_1 - x_2 = 0$$

我們將爆炸以 1 的值做分類，是在這條線的右方以 x_1 的較高値和 x_2 的較低值，所以是$-4.9 + 1.7x_1 - x_2 > 0$ 的點，而地震則是$-4.9 + 1.7x_1 - x_2 < 0$。使用虛擬輸入 $x_0 = 1$ 的慣例，我們可以將分類假設寫爲

$$h_{\mathbf{w}}(\mathbf{x}) = 1 \quad 若\, \mathbf{w} \cdot \mathbf{x} \geq 0\, 且其他處爲0$$

或者，我們可以把 h 視爲將線性函數 $\mathbf{w}\cdot\mathbf{x}$ 通過**臨界函數**所得的結果：

$$h_{\mathbf{w}}(\mathbf{x}) = Threshold(\mathbf{w}\cdot\mathbf{x}) \quad \text{其中} \quad Threshold(z) = 1 \text{ 若 } z \geq 0 \text{ 且其他處爲} 0$$

圖 18.17(a)顯示了臨界函數。

現在假設 $h_{\mathbf{w}}(\mathbf{x})$ 有妥善定義的數學形式，我們可以考慮選擇權重 $\mathbf{w}$ 來將耗損最小化。在章節 18.6.1 和 18.6.2，我們曾以封閉形式實現過(藉由設定梯度爲零和爲解決權重)和在權重空間以梯度遞減。在此，因爲幾乎在權重空間的所有地方梯度爲零，除了在 $\mathbf{w}\cdot\mathbf{x}$ 這些點，並且這些點的梯度是未定義的，所以我們無法實現這些。

然而有簡單權重更新法則收斂爲一個解——是將資料完美地分類的線性分類器——提供的資料是線性地可分。對於單一實例(x, y)有

$$w_i \leftarrow w_i + \alpha(y - h_{\mathbf{w}}(\mathbf{x})) \times x_i \tag{18.7}$$

其中與公式(18.6)基本相同，對於線性回歸的更新法則！這法則被稱爲**感知器學習法則**，因爲將會在 18.7 節變得清楚。由於我們正考量 0/1 分類問題，然而，行爲是些微不同。y 和假設輸出 $h_{\mathbf{w}}(\mathbf{x})$ 的值是 0 或 1，所以有 3 個可能性：

- 若輸出是正確，即 $y = h_{\mathbf{w}}(\mathbf{x})$ 則權重是不變的。
- 若 y 是 1 但 $h_{\mathbf{w}}(\mathbf{x})$ 是 0，則當相對應的輸入 x_i 爲正時 w_i 是被增加以及減少時 x_i 爲負。這是有道理的，因爲我們要讓 $\mathbf{w}\cdot\mathbf{x}$ 較大，則 $h_{\mathbf{w}}(\mathbf{x})$ 輸出 1。
- 若 y 是 0 但 $h_{\mathbf{w}}(\mathbf{x})$ 是 1，則當相對應輸入 xi 爲正的時候 w_i 是減少並且當 x_i 負時增加。這是有道理的，因爲我們要讓 $\mathbf{w}\cdot\mathbf{x}$ 較小，則 $h_{\mathbf{w}}(\mathbf{x})$ 輸出 0。

通常學習法則一次應用在一個實例，隨機地選取實例(如在隨機梯度下降)。圖 18.16(a)顯示此學習規則的一條**訓練曲線**，其中學習規則應用於圖 18.15(a)的地震/爆炸資料。訓練曲線以固定的訓練集合來測量分類器的效能，如同學習過程收益於相同訓練集合。曲線表示更新法則收斂於零-錯誤線性分離器。這「收斂」過程並非十分漂亮，但它總是可用。這特別的運行耗費 657 步來收斂，對於以 63 個實例的資料集合，所以每一個實例平均提出大約 10 次。通常，運行變化是非常大的。

我們曾說過感知器學習法則收斂至完美線性分離器，當資料點是線性地可分，但若他們不是呢？這狀況在眞實世界是很一般的。例如，圖 18.15(b)中加回一些遺漏的資料點由 Kebeasy 等人(1998)，當他們描繪表示在圖 18.15(a)的資料。在圖 18.16(b)我們表示感知器學習法則即使在 10,000 步之後不收斂：縱然它多次達到最小錯誤解(3 個錯誤)，演算法在權重不斷變化。在一般，感知器法則可能不會收斂至穩定解對於固定學習率 α，但若 α 如同 $O(1/t)$衰變其中 t 是疊代數字，則法則可以被表示爲收斂至最小錯誤解，當實例被以隨機順序呈現[7]。它也可以表示找出最小錯誤解是 NP 難題，所以一個期望對於實例的許多表達必需要與現實銜接。圖 18.16(b)表示以學習率表 $\alpha(t) = 1000/(1000 + t)$程序訓練過程：在 100,000 次疊代後收斂並非完美，但比起固定 α 情況較佳。

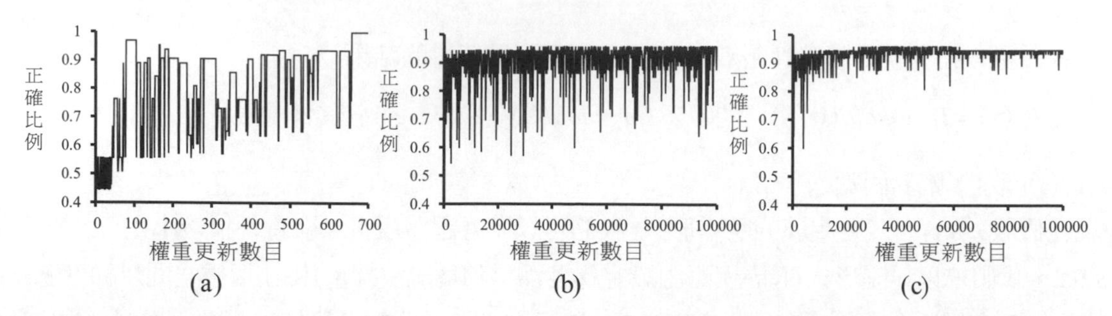

圖 18.16 (a) 給定圖 18.15(a)的地震/核爆資料下，對於感知器學習規則的總訓練集精準度 vs.透過訓練集上的疊代次數。(b) 相同圖示但針對圖 18.15(b)的有雜訊、不可分資料；注意到 x 軸的尺度有改變。(c) 和(b)同樣的圖示，具有學習率排程 $\alpha(t) = 1000/(1000 + t)$

18.6.4 邏輯回歸的線性分類

我們已經看到線性函數的輸出透過臨界函數建立線性分類器，但硬性的臨界導致一些問題：假設 $h_{\mathbf{w}}(\mathbf{x})$ 非可微分的且事實上它的輸入和權重是不連續函數，這將導致以感知器法則學習是不可預知的冒險。此外，線性分類器總是宣告 1 或 0 的完全地信心預測，即是實例非常地接近邊界，在許多情況，我們實在需要更漸進的預測。

所有這些問題藉由將臨界函數軟化在很大的程度上可以被解決——以連續可微分函數趨近硬臨界。在第 14 章，我們看到類似軟臨界的兩個函數：標準常態分佈的積分(用作常態機率模型)和邏輯函數(用作對數單位模型)。即使兩函數外觀上看來非常相似，邏輯函數

$$Logistic(z) = \frac{1}{1+e^{-z}}$$

有著更方便的數學性質。該函數如圖 18.17(b)所示。以邏輯函數取代臨界函數，則會有

$$h_{\mathbf{w}}(\mathbf{x}) = Logistic(\mathbf{w}\cdot\mathbf{x}) - \frac{1}{1+e^{-\mathbf{w}\cdot\mathbf{x}}}$$

圖 18.17(c)中所示即爲此種雙輸入地震/爆炸問題的假設例子。注意輸出是介於 0 和 1 的數字，可以解釋爲屬於類別標示爲 1 的機率。假設形成個在輸入空間的軟性邊界並且對於任何輸入在邊界區域的中央給出個 0.5 的機率，並且趨近 0 或 1 取決於移動遠離邊界。

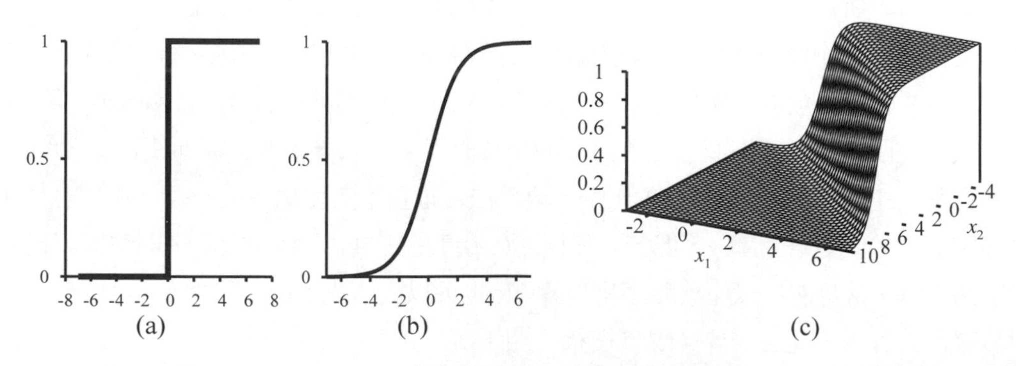

圖 18.17 (a) 硬臨界函數 Threshold(z)，具有輸出 0/1。注意到，函數在 $z = 0$ 是不可微。(b) 邏輯函數 $Logistic(z) = \frac{1}{1+e^{-z}}$，也稱為雙曲函數(sigmoid function)。(c) 對於圖 18.15(b)所示的資料的邏輯回歸假設 $h_{\mathbf{w}}(\mathbf{x}) = Logistic(\mathbf{w}\cdot\mathbf{x})$ 圖示。

適配這模型權重的過程，對資料集合最小化耗損稱爲**邏輯回歸**。對於封閉形式解以這個模型找出 w 的最佳值並不容易，但梯度下降計算是簡單的。因爲我們假設的輸出不再是正好爲 0 或 1，將用 L_2 耗損函數，同樣地爲了保持方程式的可讀性，我們會使用 g 代替邏輯函數，以 g'表示它的導數。

對於單一實例(x, y)，梯度的導數是跟線性回歸[公式(18.5)]取決於它加入的實際形式相同的點(對於這個導數，我們將需要**連鎖律**：$\partial g(f(x))/\partial x = g'(f(x))\partial f(x)/\partial x$)。我們有

$$\begin{aligned}\frac{\partial}{\partial w_i}Loss(\mathbf{w}) &= \frac{\partial}{\partial w_i}(y-h_{\mathbf{w}}(\mathbf{x}))^2 \\ &= 2(y-h_{\mathbf{w}}(\mathbf{x}))\times\frac{\partial}{\partial w_i}(y-h_{\mathbf{w}}(\mathbf{x})) \\ &= -2(y-h_{\mathbf{w}}(\mathbf{x}))\times g'(\mathbf{w}\cdot\mathbf{x})\times\frac{\partial}{\partial w_i}\mathbf{w}\cdot\mathbf{x} \\ &= -2(y-h_{\mathbf{w}}(\mathbf{x}))\times g'(\mathbf{w}\cdot\mathbf{x})\times x_i\end{aligned}$$

邏輯函數的導數 g' 滿足於 $g'(z)=g(z)(1-g(z))$，所以我們有

$$g'(\mathbf{w}\cdot\mathbf{x}) = g(\mathbf{w}\cdot\mathbf{x})(1-g(\mathbf{w}\cdot\mathbf{x})) = h_{\mathbf{w}}(\mathbf{x})(1-h_{\mathbf{w}}(\mathbf{x}))$$

因此權重對於最小耗損更新爲

$$w_i \leftarrow w_i + \alpha(y-h_{\mathbf{w}}(\mathbf{x}))\times h_{\mathbf{w}}(\mathbf{x})(1-h_{\mathbf{w}}(\mathbf{x}))\times x_i \tag{18.8}$$

重複圖 18.16 的實例以邏輯回歸取代線性臨界分類器，我們得到的結果表示在圖 18.18。在(a)，線性地可分情況，邏輯回歸比收斂些微地緩慢，但行爲是較可預測地。在(b)和(c)，其中資料是雜訊地和不可分地，邏輯回歸收斂是更快地且更可靠地。這些優點傾向轉移到眞實世界應用並且邏輯回歸已成爲醫學、市場和調查分析、信用評比、公共衛生與其他應用問題中最熱門的分類技術之一。

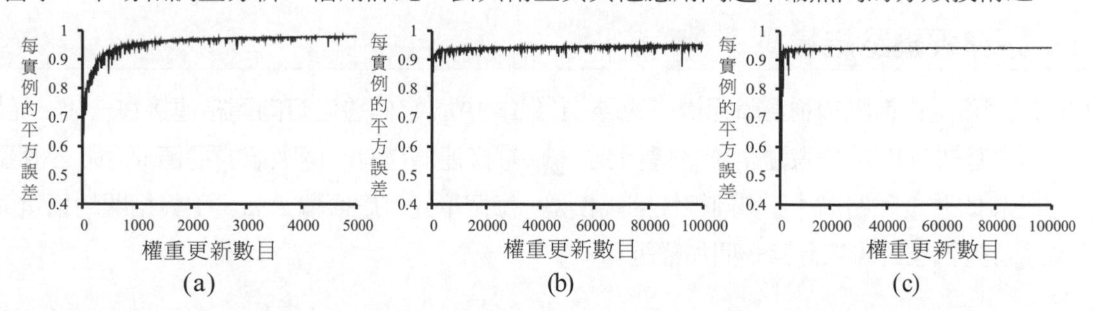

圖 18.18　重複圖 18.16 **中的實驗，但使用邏輯回歸和平方誤差**。(a) **圖涵蓋** 5000 **次疊代而不是** 1000 **次，但**(b)**和**(c)**使用相同的尺度**

18.7 人工類神經網路

我們現在進行看似些微不相關的主題：腦。事實上如同我們將看到的，目前爲止在這章我們所談到的技術概念，原來是有助於在建立腦部活動的數學化模型，相反地，思考關於腦部有助於擴大技術概念的範圍。

第一章簡略地提及神經學的基本結論——特別地，該假設認爲心理活動主要包括在網絡中的電化學活性腦細胞稱爲**神經元**(圖 1.2 顯示一個典型神經元的概圖)。這個假設的啓發，一些早期的人工智慧工作致力於創造人工**類神經網路**(這個領域的其他名稱包括**連接主義**、**並列分佈處理**，以及**神經計算**)。圖 18.19 顯示了 McCulloch 和 Pitts(1943)設計的一個簡單的類神經數學模型。粗略地說，當輸入的線性組合超過一定(硬或軟)臨界值時，它會「激發」(fires)——也就是說它建構在目前章節描述的線性分類器。類神經網路正只是連結所有蒐集的單元在一起，網路的特性取決於它的拓樸和「神經元」的特性。

從 1943 年開始，人們開發了許多更精細的和更實際的模型，用於類比人腦中的類神經和更大的系統，直到現在的**計算神經學**領域。另一方面，人工智慧以及統計學的研究人員開始對類神經網路中更抽象的屬性感興趣，例如它們執行分散式計算的能力、對有雜訊輸入的容忍能力以及學習能力等。儘管我們現在瞭解到其他種類的系統——包括貝氏網路——也有這樣的特性，但類神經網路仍然是學習系統中一個最流行和有效的形式，而且它們本身也值得進行研究。

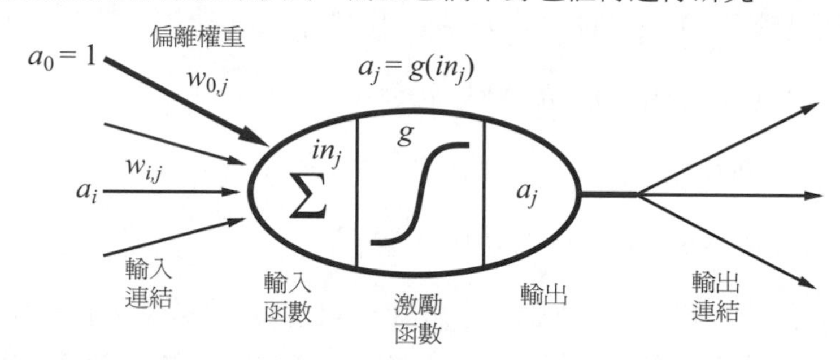

圖 18.19　神經的一個簡單數學模型。單元的輸出激勵是 $aj = g(\sum_{i=0}^{n} w_{i,j} a_i)$ **，其中** a_i **是單元** i **的輸出激勵，且** $w_{i,j}$ **是由單元** i **連結到這個單元的連結權重**

18.7.1　類神經網路結構

類神經網路是由節點或稱爲**單元**構成的(參見圖 18.19)，它們透過**有向連結**連接在一起。從單元 j 到單元 i 的連結作用是把**激勵** a_j 從 j 傳播到 i [8]。每條連結還有一個數值的**權值** $w_{i,j}$ 與之相關聯，它決定了連接的強度和符號。正如同線性回歸模型，每個單元有虛擬輸入 $a_0 = 1$ 與相關的權重 $w_{0,j}$。每個單元 j 首先對它的輸入計算一個加權總和：

$$in_j = \sum_{i=0}^{n} w_{i,j} a_i$$

然後把**激勵函數** g 應用於這個和，產生輸出：

$$a_j = g(in_j) = g\left(\sum_{i=0}^{n} w_{i,j} a_i\right) \tag{18.9}$$

激勵函數 g 通常也是硬臨界[圖 18.17(a)]，在這個情況下單元被稱爲**感知器**或邏輯函數[圖 18.17(b)]，在這種情況下 **S 型感知器**有時被用到。這兩種非線性激勵函數確保重要性質，對於整個單元的網路可被表達爲非線性函數(參考習題 18.26)。如同邏輯回歸(18.6.4 節)的討論中提到，邏輯激勵函數有增加可微分的優點。

為個別的「神經元」選定數學模型後，下一個任務是將他們連結起來形成一個網路。要達到這個目的有兩種不同的重要作法：**前饋網路**僅有用一個方向連接——換言之，它形成一個有向非循環圖。每一個節點接收輸入自「上游」節點和傳遞輸出到「下游」，沒有迴圈。前饋網路表示了當前輸入的一個函數，因此，除了權值本身，網路沒有其他內部狀態。而另一方面，**迴圈網路**則將其輸出回授回自己的輸入。這意味著該網路的激勵層構成一個動力學系統，它可能到達一個穩定狀態，也可能發生振盪，甚至可能進入一個混沌狀態。另外，這個網路對於一個給定輸入的回應取決於它的初始狀態，初始狀態又可能取決於先前的輸入。因此，迴圈網路(和前饋網路不同)能夠支援短時的記憶。這使它們更有趣之腦的模型，但同樣更難瞭解。本節將集中於前饋網路，在本章的末尾將提供一些關於迴圈網路的進一步閱讀資料的線索。

前饋網路一般被排列成**層**，如此每個單元只從直接相鄰的前一層接受輸入。下列兩個章節，我們將觀察單層網路，其中每個單元直接從網路的輸入連結到它的輸出，和多層網路其中有一或多層的**隱藏單元**，這些並非連接到網路的輸出。本章目前為止，我們已經考慮學習問題以單一輸出變數 y，但神經網路通常使用在適當的多重輸出的情況。例如，若我們要訓練一個網路以增加 2 的輸入位元，一個是 0，一個是 1，我們會需要一個輸出給總和位元及一個給進位位元。同樣當學習問題包含分類至多於 2 個類別——例如，當學習手寫數字圖像分類——通常使用一個輸出單元給各類別。

18.7.2 單層前饋類神經網路(感知器)

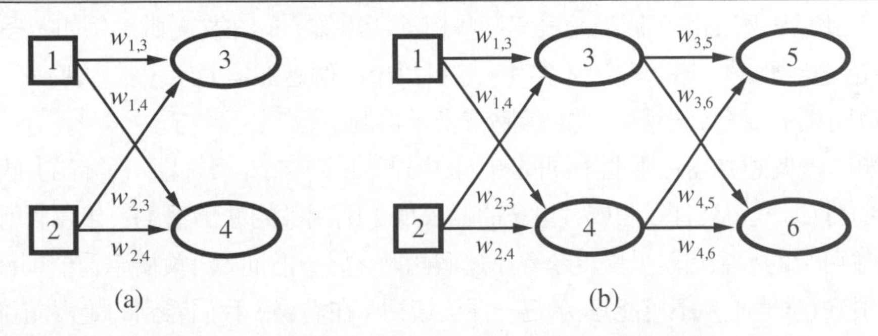

圖 18.20 (a) **具有雙輸入和雙輸出單元的感知網路。一個簡單的類神經網路，其具有兩個輸入、一個二單元的隱層、和一個輸出。沒有顯示出虛擬輸入**(dummy inputs)**和其相關權重。**

如果網路的所有輸入直接連接到輸出，就稱為**單層類神經網路**，或稱**感知器網路**。圖 18.20 表示簡單 2 輸入，2 輸出感知器網路。以這樣的網路我們會希望學習 2 位元加法函數，舉例來說。這裡是我們將需要的所有訓練資料：

x_1	x_2	y_3(進位)	y_4(總和)
0	0	0	0
0	1	0	1
1	0	0	1
1	1	1	0

首先要注意的是以 m 輸出的感知器網路是 m 獨立網路，因為每個權重僅影響輸出的其中之一。因此，將會是 m 獨立訓練過程。此外，根據所使用的激發函數類型，訓練過程將會是**感知器學習法則**[公式(18.7)]或**邏輯回歸**[公式(18.8)]的梯度下降法則。

若你試著相同方式在 2 位元加法器資料，有趣的事會發生。單元 3 很容易地學習進位函數，但是單元 4 完全地不知道總和函數。不，單元 4 並非有缺陷的！這問題是在於加法函數本身。我們看到在 18.6 節線性分類器(無論硬性或軟性)可以表示在輸入空間的線性決策邊界。這在進位函數運作良好，其中是個邏輯和 AND[參考圖 18.21(a)]。總和函數是 2 輸入的 XOR (互斥或)。如同圖 18.21(c)介紹，這函數並非線性地可分，所以感知器無法學習。

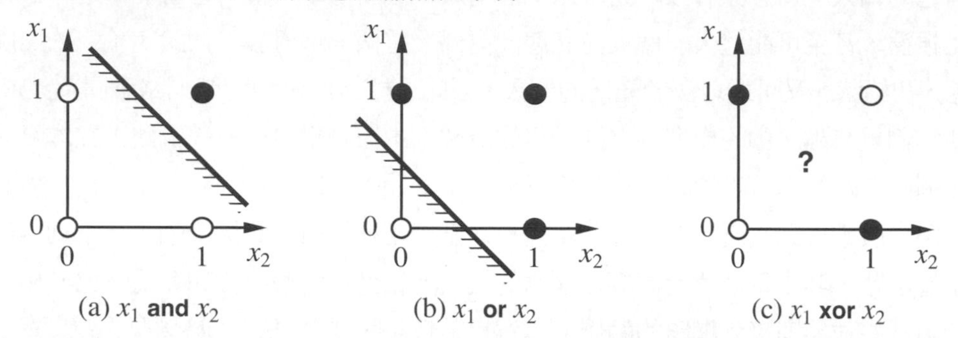

圖 18.21 臨界值感知器的線性可分性。黑點為輸入空間中該處函數值為 1 的點，而白點為值為 0 的點。感知器回傳 1 在線沒有陰影的那一側的區域上。在(c)中，不存在這樣的能正確對輸入進行分類的直線

線性可分函數僅構成所有布林函數中的一小部分；習題 18.23 要求你量化此部分。感知器無法學習即使像是 XOR 這麼簡單的函數，在 1960 年代對於新生的類神經網路社群是個重大的挫折。然而，感知器是遠遠地無用。18.6.4 節注意到邏輯回歸(即是訓練 S 型感知器)即使是現在也是個非常熱門與有效工具。此外，感知器可簡潔地表達某些相當「複雜」的布林函數。例如，**多數函數**，只有當 n 個輸入中超過半數爲 1 時，輸出才爲 1，它可以用一個感知器表示，其中每個 $w_j = 1$，臨界值 $w_0 = n / 2$。決策樹則需要多到指數程度的節點來表示這個函數。

圖 18.22 顯示一個感知器在兩個不同問題上的學習曲線。在左邊，顯示了有 11 個布林輸入的多數函數的學習曲線(即，如果有 6 個或者更多的輸入爲 1 則函數的輸出爲 1)。如我們所預期的，由於多數函數是線性可分的，感知器很快就學會了這個函數。另一方面，決策樹學習器則沒有什麼進展，因爲多數函數很難(雖然不是不可能)表示爲一棵決策樹。在右邊，我們看到的是餐館實例。求解的問題很容易表示爲一棵決策樹，但它不是線性可分的。穿過資料的最佳平面的分類正確率只有 65%。

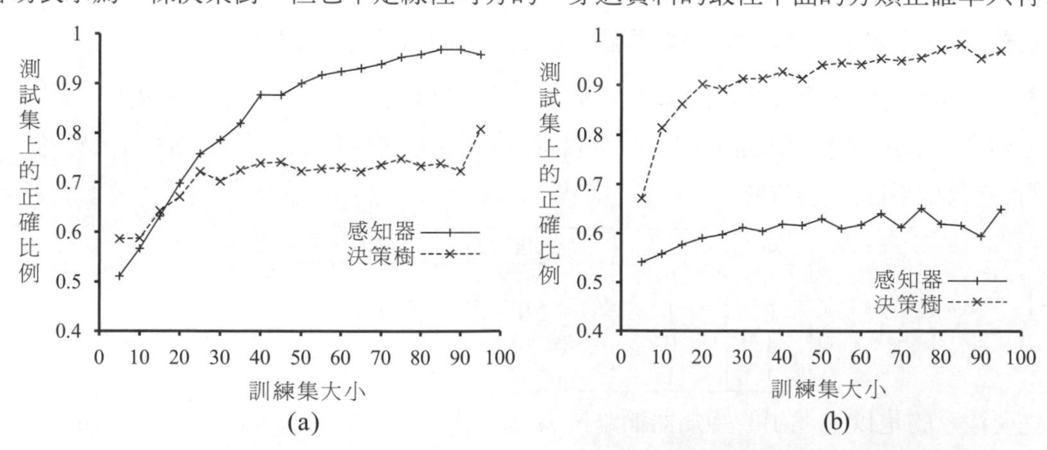

圖 18.22 感知器與決策樹的效能比較。(a) **對於學習 11 個輸入的多數函數，感知器表現更好。**(b) **對於學習餐館例子中的** *WillWait* **謂詞，決策樹更合適**

18.7.3 多層前饋類神經網路

(McCulloch 和 Pitts，1943)深知單一臨界單元不會解決他們所有的問題。事實上，他們的論文證明這樣的單元可以表達基本布林函數 AND、OR 和 NOT，並且然後繼續證明任何所需的功能，可以藉由連接大量的單元(可能循環)於網路的任意深度而得到。問題在於沒人知道如何訓練這樣的網路。

若我們以正確的方式思考網路，這指出一個簡單問題：如同函數 $h_{\mathbf{w}}(\mathbf{x})$藉由權重 $\mathbf{w}$ 參數化。考慮如圖 18.20(*b*)中所示的簡單網路，有兩個輸入單元、兩個隱單元，還有一個輸出單元(此外每個單元有固定為 1 的虛擬輸入)。給定一個輸入向量 $x = (x_1, x_2)$，輸入單元的激發設定為$(a_1, a_2) = (x_1, x_2)$。單元 5 的輸出為

$$\begin{aligned} a_5 &= g(w_{0,5,} + w_{3,5}\, a_3 + w_{4,5}\, a_4) \\ &= g(w_{0,5,} + w_{3,5}\, g(w_{0,3} + w_{1,3}\, a_1 + w_{2,3}\, a_2) + w_{4,5}\, g(w_04{+}w_{1,4}\, a_1 + w_{2,4}\, a_2)) \\ &= g(w_{0,5,} + w_{3,5}\, g(w_{0,3} + w_{1,3}\, x_1 + w_{2,3}\, x_2) + w_{4,5}\, g(w_04 + w_{1,4}\, x_1 + w_{2,4}\, x_2)) \end{aligned}$$

因此我們有個輸入和權重的函數來表示輸出。相同的表示對於單元 6 成立。只要我們可以用相對應的權重計算如此表示的衍生物，可以用梯度下降耗損最小化方法來訓練網路。18.7.4 節正表示如何執行這個。並且由於函數藉由一個網路表達，可能是高度非線性——實際上組成巢狀非線性軟臨界函數——我們可以視類神經網路為一個處理**非線性回歸**的工具。

探索學習法則之前，讓我們觀察網路產生複雜函數的方式。首先，記得在 S 型網路的每個單元表示軟臨界在它的輸入空間，如同圖 18.17(c)所表示。以一個隱層和一個輸出層，如同圖 18.20(b)，每個輸出單元計算數個這樣的函數的軟臨界線性組合。例如，將兩個反相的軟臨界值函數疊加，再對結果進行臨界值過濾，我們可以得到一個如圖 18.23(a)所示的「脊」函數。將兩個這樣的脊彼此正交地合併起來(也就是對 4 個隱單元的輸出進行合併)，我們得到一個如圖 18.23(b)所示的「突起」。

若有更多的隱單元，則我們可以在更多的地方產生更多不同大小的突起。事實上，只要一個足夠大的隱層，就可能以任意精度表示關於輸入的任何連續函數；如果有兩層，甚至不連續的函數都可以表示[9]。不幸的是，對於任何特定的網路結構，很難準確描述哪些函數能夠被表示而哪些不能。

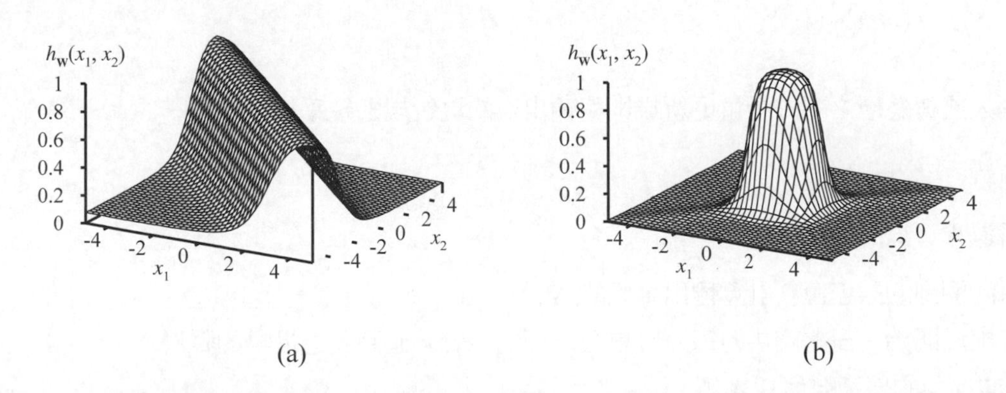

圖 18.23 (a) **兩個反向的軟臨界值函數作合併以產生一個脊。**(b) **兩個脊作合併以產生一個突起**

18.7.4 在多層網路學習

首先讓我們省略一個由多層網路引起的輕微複雜：當網路具有多重輸出時，學習問題間的交互影響。此時，我們須思考網路以向量函數 $\mathbf{h_w}$ 建構，而非純量函數 $\mathbf{h_w}$，例如圖 18.20(b)的網路回傳一個向量$[a_5, a_6]$。相似地，目標輸出將會是個向量 $\mathbf{y}$。然而對一個 m 輸出問題，一個感測器網路分解為 m 個獨立學習問題，在多層網路下無法作這種分解。例如，在圖 18.20(b)中 a_5 和 a_6 兩者取決於所有輸入層權重，遂更新這些權重將取決於在 a_5 和 a_6 兩者的錯誤。幸運地，這關係就任何耗損函數而言是非常簡單，其中是相加錯誤向量 $\mathbf{y} - \mathbf{h_w}(x)$的元件。在 L_2 耗損對於任何權重 w，我們有

$$\frac{\partial}{\partial w}Loss(\mathbf{w}) = \frac{\partial}{\partial w}|\mathbf{y} - \mathbf{h_w}(\mathbf{x})|^2 = \frac{\partial}{\partial w}\sum_k (y_k - a_k)^2 = \sum_k \frac{\partial}{\partial w}(y_k - a_k)^2 \tag{18.10}$$

其中，k 的範圍是輸出層的所有節點。在最後總和的每項正好是在地 k 個輸出的耗損的梯度，計算像是其他輸出不曾存在。在此，我們可分解個 m 輸出學習問題為 m 個學習問題，只要我們記得當更新權重的時候，將來自它們每個貢獻的梯度加起來。

主要的複雜來自於網路的隱層之附加。雖然輸出層的誤差 $\mathbf{y} - \mathbf{h_w}$ 很清楚，但因為訓練資料無法告訴我們隱節點應該具有什麼值，所以隱層的誤差似乎很神秘。幸運地，結果我們可以從輸出層向隱層**逆向傳播**誤差。逆向傳播過程直接從總體誤差梯度的導數中浮現出來。首先我們用直覺判斷來描述這個過程；然後，我們將說明求導過程。

在輸出層，權值更新法則和公式(18.8)相同。我們有多個輸出單元，所以令 Err_k 為誤差向量 $\mathbf{y} - \mathbf{h_w}$ 的第 k 個分量。我們也會發現它便於定義修改錯誤 $\Delta_k = Err_k \times g'(in_k)$，所以權重更新法則變成

$$w_{j,k} \leftarrow w_{j,k} + \alpha \times a_j \times \Delta_k \tag{18.11}$$

為了更新輸入單元與隱單元之間的連接，我們需要定義一個類似於輸出節點的誤差項的量。這裡就是需要我們進行誤差逆向傳播的地方。想法是，隱節點 j 對它所連接的每個輸出節點處的誤差 Δ_k 的某些部分要「承擔責任」。於是，Δ_k 的值將根據隱節點和輸出節點之間的連接強度進行劃分，並且逆向傳播，為隱層提供 Δ_j 的值。Δ 值的傳播規則如下所示：

$$\Delta_j = g'(in_j)\sum_k w_{j,k}\Delta_k \tag{18.12}$$

現在，輸入層與隱層之間的權值更新規則與輸出層的更新規則幾乎相同了：

$$w_{i,j} \leftarrow w_{i,j} + \alpha \times a_i \times \Delta_j$$

逆向傳播過程可以歸納如下：

- 利用觀測到的誤差值，計算輸出單元的 Δ 值。
- 從輸出層開始，對網路中的每一層重複下面的步驟，直到到達最早的隱層：
  - 向前面的層逆向傳播 Δ 值。
  - 更新兩層之間的權值。

詳細的演算法如圖 18.24 所示。

```
function BACK-PROP-LEARNING(examples, network) returns a neural network
  inputs: examples, a set of examples, each with input vector x and output vector y
          network, a multilayer network with L layers, weights w_{i,j}, activation function g
  local variables: Δ, a vector of errors, indexed by network node

  repeat
      for each weight w_{i,j} in network do
          w_{i,j} ← a small random number
      for each example (x, y) in examples do
          /* Propagate the inputs forward to compute the outputs */
          for each node i in the input layer do
              a_i ← x_i
          for ℓ = 2 to L do
              for each node j in layer ℓ do
                  in_j ← Σ_i w_{i,j} a_i
                  a_j ← g(in_j)
          /* Propagate deltas backward from output layer to input layer */
          for each node j in the output layer do
              Δ[j] ← g′(in_j) × (y_j − a_j)
          for ℓ = L − 1 to 1 do
              for each node i in layer ℓ do
                  Δ[i] ← g′(in_i) Σ_j w_{i,j} Δ[j]
          /* Update every weight in network using deltas */
          for each weight w_{i,j} in network do
              w_{i,j} ← w_{i,j} + α × a_i × Δ[j]
  until some stopping criterion is satisfied
  return network
```

圖 18.24　多層網路中的逆向傳播學習演算法

從數學的角度考慮，我們現在將根據基本原理推導逆向傳播公式。除了我們必須使用多次連鎖律，推導十分相似於對邏輯回歸的梯度計算[由公式(18.8)導出]。

由公式(18.10)我們只計算梯度 $Loss_k = (y_k - a_k)^2$ 在第 k 個輸出。這個耗損的梯度對於權重連接隱層至輸出層將為 0，除了 $w_{j,k}$ 之外連接到第 k 個輸出單元。對於這些權重我們有

$$\begin{aligned}
\frac{\partial Loss_k}{\partial w_{j,k}} &= -2(y_k - a_k)\frac{\partial a_k}{\partial w_{j,k}} = -2(y_k - a_k)\frac{\partial g(in_k)}{\partial w_{j,k}} \\
&= -2(y_k - a_k)g'(in_k)\frac{\partial in_k}{\partial w_{j,k}} = -2(y_k - a_k)g'(in_k)\frac{\partial}{\partial w_{j,k}}\left(\sum_j w_{j,k}a_j\right) \\
&= -2(y_k - a_k)g'(in_k)a_j = -a_j\Delta_k
\end{aligned}$$

其中 Δ_k 如同先前所定義。為了得到梯度對於 $w_{i,j}$ 權重連接輸入層至隱層，我們必須擴大激發 a_j 和再運用連鎖律。下面我們展示推導的細節，因為看求導數運算如何透過網路進行逆向傳播是很有意思的：

$$\begin{aligned}\frac{\partial Loss_k}{\partial w_{i,j}} &= -2(y_k - a_k)\frac{\partial a_k}{\partial w_{i,j}} = -2(y_k - a_k)\frac{\partial g(in_k)}{\partial w_{i,j}} \\ &= -2(y_k - a_k)g'(in_k)\frac{\partial in_k}{\partial w_{i,j}} = -2\Delta_k \frac{\partial}{\partial w_{i,j}}\left(\sum_j w_{j,k}a_j\right) \\ &= -2\Delta_k w_{j,k}\frac{\partial a_j}{\partial w_{i,j}} = -2\Delta_k w_{j,k}\frac{\partial g(in_j)}{\partial w_{i,j}} \\ &= -2\Delta_k w_{j,k} g'(in_j)\frac{\partial in_j}{\partial w_{i,j}} \\ &= -2\Delta_k w_{j,k} g'(in_j)\frac{\partial}{\partial w_{i,j}}\left(\sum_i w_{i,j}a_i\right) \\ &= -2\Delta_k w_{j,k} g'(in_j)a_i = -a_i\Delta_j\end{aligned}$$

其中 Δ_j 是先前定義的。這樣，我們得到了先前從直覺考慮中得到的更新規則。同時也顯示這個過程可以繼續用於超過一個隱層的網路，證明了圖 18.24 中給出的通用演算法是正確的。

經過了(或略過)一番數學推導後，我們來看看一個單隱層網路在餐館問題上的性能表現。首先我們需要決定網路的結構。我們有 10 個屬性來描述每個實例，所以需要 10 個輸入單元。我們該有 1 個隱層或 2 個？每一層有多少節點？他們該完全連接？沒有一個好的理論可以告訴我們這些答案(參考下一節)。一如既往，我們可用交叉驗證：嘗試數種不同結構並且觀察哪個運作最佳。事實證明 1 個隱層包含 4 個節點的網路還比較適合這個問題。在圖 18.25 中，我們顯示了兩條曲線。第一條是訓練曲線，顯示了權值更新過程中 100 個餐館實例的均方差變化。這顯示網路確實收斂到了對訓練資料的一個很好的擬合。第二條曲線是餐館資料的標準學習曲線。類神經網路學習效果的確很好，雖然不如決策樹學習那麼快。這也許並不奇怪，因為一開始的資料就是從一棵簡單決策樹產生的。

當然，類神經網路有能力處理複雜得多的學習任務，雖然我們不得不承認需要經歷一些調整才能得到正確的網路結構，並收斂到在權空間中接近於全局最優值的值。差不多有上萬種已發表的類神經網路應用。18.11.1 節會更深入地考察其中一種應用。

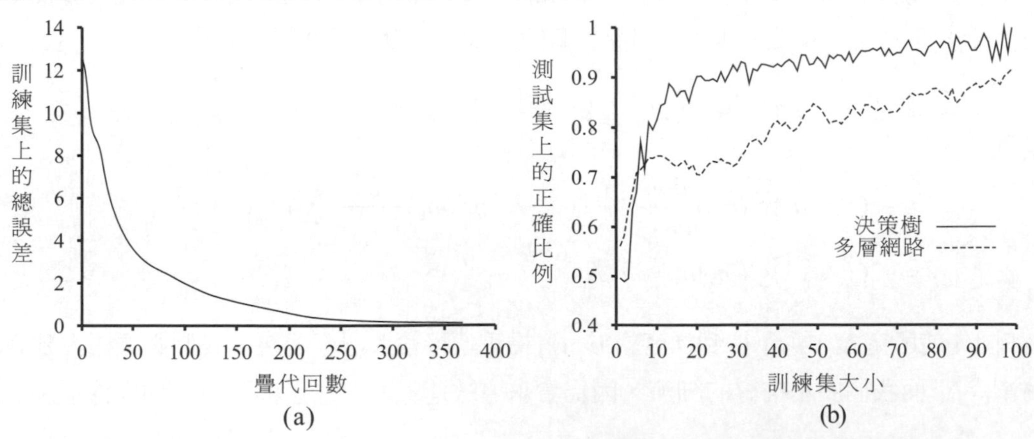

圖 18.25 (a) 訓練曲線顯示出，對於餐館問題域的給定實例集合，隨著權值在幾回疊代過程中的修改，誤差逐步地減小了。(b) 作為比較的學習曲線顯示出，在多層網路中，對於餐館問題時，決策樹學習要稍微好於逆向傳播

18.7.5 對類神經網路結構進行學習

到目前爲止，我們考慮了在給定的固定網路結構中對權值進行學習的問題。正如貝氏網路一樣，我們還需要知道如何找到最好的網路結構。如果我們選擇了一個過大的網路，它將能夠透過建立一個大型的對照表記住所有的實例，但是不一定能很好地推廣到以前從未見過的輸入[10]。換句話說，和所有的統計模型類似，當在模型中有過多的參數時，類神經網路常會發生**過擬合**。我們在圖 18.1(第 18.2 節)中見到過這種情況，其中(b)和(c)中的高參數模型擬合了所有的資料，但是推廣性能可能不如(a)和(b)中的低參數模型好。

如果我們堅持使用全連接網路，唯一需要做出的選擇是考慮隱層的數目和大小。通常的方法是嘗試幾種情況然後留下最好的。如果我們要避免**窺視**測試集，則需要在第十八章中提到的**交叉驗證**的方法。也就是說，我們選取在驗證集上得到最高預測精度的網路結構。

如果我們要考慮非全連接的網路，那麼我們需要在可能的連接拓撲結構的巨大空間中尋找某種有效的搜尋方法。**最佳腦損傷**演算法從一個全連接的網路開始，然後從中去除連接。在網路經過第一次訓練之後，用一個資訊理論方法確定一個可丟棄連接的最佳選擇。網路再次進行訓練，如果性能沒有降低，則這個過程重複進行。除了去除連接外，還可能去除那些對結果沒有很大貢獻的單元。

一些演算法被提出來，它們從小型的網路中生長大型網路。其中之一，**涵蓋**演算法，類似於決策表學習。其想法是從單個單元開始，在盡可能多的訓練樣本上產生正確的輸出。加入後續的單元，處理第一個單元發生錯誤的實例。這個演算法只加入涵蓋所有實例所需數目的單元。

18.8 無參數模型

線性回歸和類神經網路使用訓練資料來估計參數 $\mathbf{w}$ 形成的一固定集合。這定義了我們的假設 $h_{\mathbf{w}}(\mathbf{x})$，並且在那時我們可以丟掉訓練資料，因爲他們將被 $\mathbf{w}$ 總結。學習模型以固定大小的參數集合總結資料(取決於訓練實例的數目)被稱做爲**參數化模型**。

無論如何丟多少資料於參數模型，它將不會改變關於需要多少參數的想法。當資料集合是小的，在允許假設有強烈的限制以避免過適配是有道理的。但是當有數千或數百甚至數十億的實例要學習，讓數據本身說話會是個較好的主意，而非經由極少部分參數向量來說明。若數據顯示正確的答案是非常彎曲的函數，我們不能將自己侷限於線性或稍微彎曲的函數。

無參數模型是一個無法以參數的有界集合爲特徵。例如，若每個假設以他們本身所有的訓練實例產生簡單的保留，並且使用他們所有的來預測下一個實例。這樣的假設家族將會是無參數的，因爲參數的有效數字是無界的——它隨著實例的數量成長。這樣的方法稱爲**基於實例的學習**或是**基於記憶的學習**。基於實例的學習最簡單的方法是**查表**：相所有訓練實例放入查表的表格中，且當要求 $h(\mathbf{x})$，查看 $\mathbf{x}$ 是否在表格中，若有則回傳相對應的 y 值。這方法的問題是在於它並沒有妥善歸納：當 x 不在表格之中，它能做的回傳某個預設值。

18.8.1 最近鄰模型

我們可用些微的變化來改進查表：給定一個查詢 $\mathbf{x}_q$，從 k 實例找出最接近 $\mathbf{x}_q$ 的。這稱爲 ***k* 最近鄰**查詢。我們將使用 $NN(k, \mathbf{x}_q)$形式來表示 k 最近鄰的集合。

爲了做分類，首先找出 $NN(k, \mathbf{x}_q)$，然後採用近鄰的多數表決(其中在二位元分類的情況是多數票)。爲了避免平手，k 通常選擇一個奇數數字。爲了進行回歸，我們可以採用 k 近鄰的平均或中間值，或我們可用近鄰解決線性回歸問題。

在圖 18.26 中顯示出對於 $k = 1$ 和 5 的 k 最近鄰分類的決策邊界，其中地震資料集合來自於圖 18.15。無參數化方法仍然是容易碰到欠適配和過適配，正如同參數化方法。在這情況 1 最近鄰是過適配，它反應過多的黑色離群值於右上方和白色離群值在(5.4, 3.7)。5 最近鄰決策邊界是好的，高於 k 會欠適配。如同一般，交叉驗證可用來選擇 k 的最佳值。

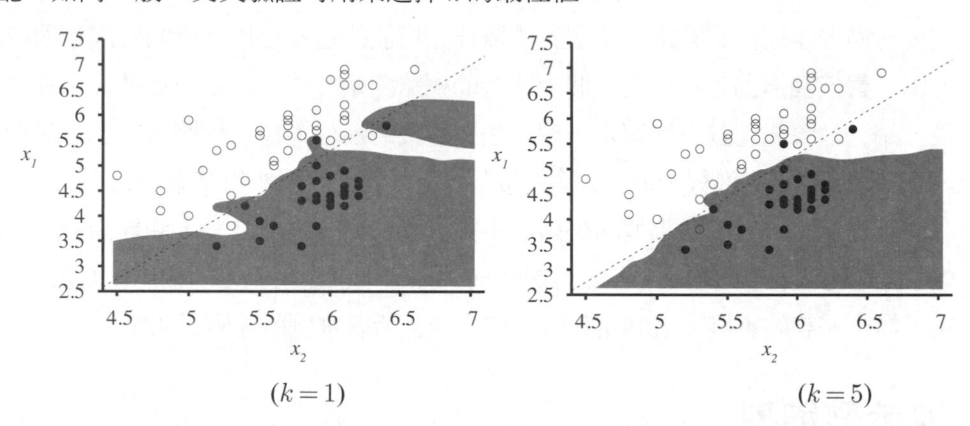

圖 18.26 (a) **圖示為一個** k **最近鄰模型，其顯示出圖** 18.15 **的資料探索分類的範圍，其中** k =1。**顯然是過適配**。(b) k=5 **時，這組資料則沒有過適配問題**。

「最近」這個詞指的是距離度量。我們要如何測量從搜尋點 $\mathbf{x}_q$ 到實例點 $\mathbf{x}_j$？通常，距離的度量採**明考斯基距離**(Minkowski distance)或 L^p 範數，其定義爲

$$L^p(\mathbf{x}_j, \mathbf{x}_q) = \left(\sum_i | x_{j,i} - x_{q,i} |^p \right)^{1/p}$$

其中 $p = 2$ 時代表尤拉距離(Euclidean distance)，而 $p = 1$ 是曼哈頓距離(Manhattan distance)。以布林分佈值，其中兩點的分佈數字之差距稱爲**漢明距離**(Hamming distance)。通常使用 $p = 2$ 若維度測量相似特徵，像是在輸送帶部分的寬度、高度和深度，若他們是相異的則使用曼哈頓距離，像是年齡、重量和病人的性別。注意若我們從每個維度使用列數目，則所有距離將被任何維度的尺度改變所受影響。也就是說，若我們改變維度 i 從測量公分至英哩當保持其他維度相同，我們將會得到不同最近鄰。爲避免這問題，通常在每個維度會對測量做**歸一化**。一個簡單的方法是計算平均 μ_i 和每個維度值的標準偏差 σ_i，重新調整他們讓 $x_{j,i}$ 變成$(x_{j,i} - \mu_i)/\sigma_i$。一個更複雜的度量被稱爲**馬氏距離**(Mahalanobis distance)考慮到介於兩個維度之間的共異變數。

在大量資料的低維度空間，最近鄰運作非常良好：我們可能有足夠的鄰近資料點來得到好的答案。但隨著維度的數目提高，我們碰到個問題：在高維度空間的最近鄰通常不是最接近！考慮於 N 點資料集合平均地分佈於 n 維單位超立方體的 k 最近鄰。我們定義 k 近鄰點以包含 k 最近鄰的最小超立方。令 ℓ 爲近鄰的平均邊長。則近鄰(其中包含 k 個點)的容量是 ℓ^n，且完全立方(其中包含 N 個點)的容量是 1。所以平均爲 $\ell^n = k/N$。求第 n 個邊長的解爲 $\ell = (k/N)^{1/n}$。

具體來說，令 $k = 10$ 和 $N = 1{,}000{,}000$。在 2 維($n = 2$，單位平方)得到平均近鄰 $\ell = 0.003$，單位平方的微小部分，且在 3 維 ℓ 僅是立方邊長的 2%。但到時候我們得到 17 維度，ℓ 是單位超立方的邊長之一半，在 200 維度是 94%。這問題稱爲**維度的詛咒**(the curse of dimensionality)。

另一種看待它的方式：考慮一個屬於 1%外圍薄殼組成的超立方。這些是離群值，一般來說爲他們找出好的值會是困難的，因爲我們會推斷而非置換。在一維，離群值僅是在單位線上點的 2%(這些點是在 $x < 0.01$ 或 $x > 0.99$)，但在 200 維度，超過 98%的點屬於這個薄殼——幾乎所有的點是離群值。若你參考圖 18.28(b)，可以看到適合於貧乏最近鄰的實例。

函數 $NN(k, \mathbf{x}_q)$是平凡的概念：給定 N 實例的集合與搜尋 $\mathbf{x}_q$，經過實例的疊代，測量每個至 $\mathbf{x}_q$ 的距離且保持最佳的 k。若我們滿足於耗費 $O(N)$執行時間的建構，則會是故事的結束。但是以實例爲基礎的方法是設計給大型資料集合，因此我們會要次線性執行時間的演算法。演算法的基本分析告訴我們確實地以序向表格查找是 $O(N)$，以二元樹則是 $O(\log N)$，並且以雜湊表是 $O(1)$。我們可以看出二元樹與雜湊表同樣地適用於找出最近鄰。

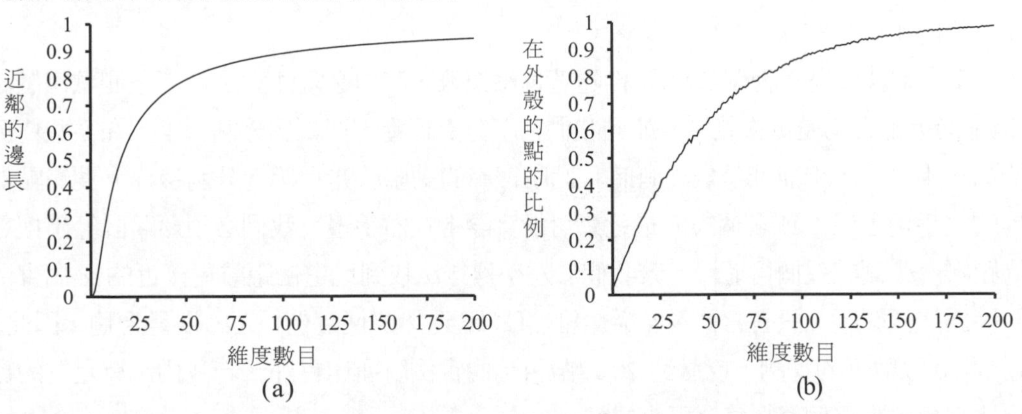

圖 18.27 維數的詛咒：(a) **對於有 100 萬點的單位超立方體中之 10 最近鄰的平均鄰長度，變數為維度數目。**(b) **由超立方體外層 1%所組成之薄殼中的落點比例，變數為維度數目。取樣自 1 萬個隨機分佈點。**

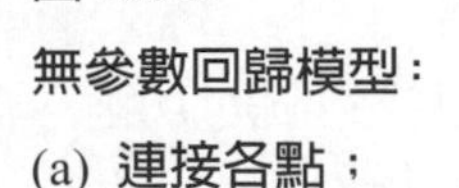

圖 18.28
無參數回歸模型：
(a) **連接各點；**
(b) 3 **最近鄰平均**

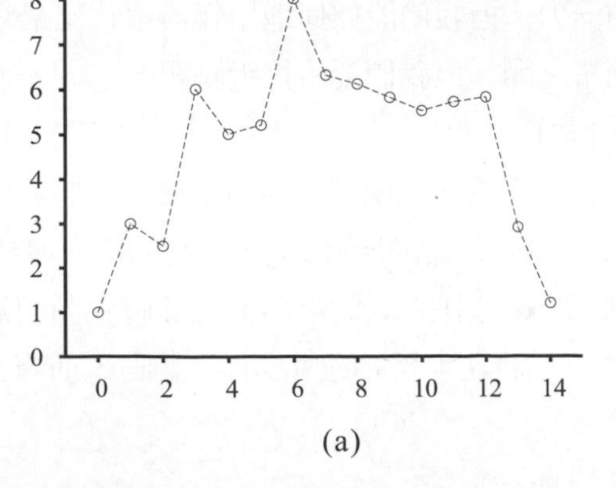

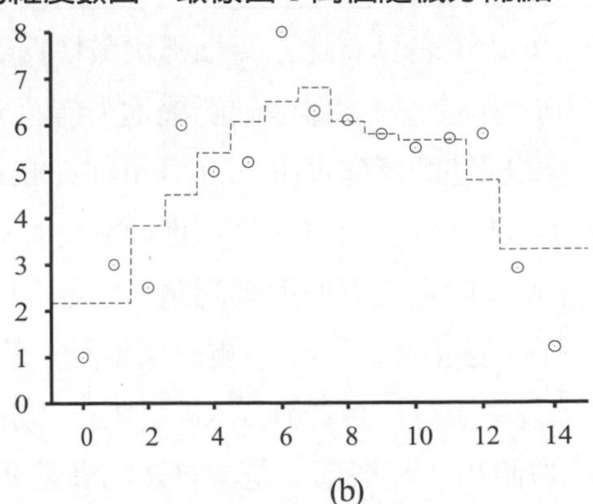

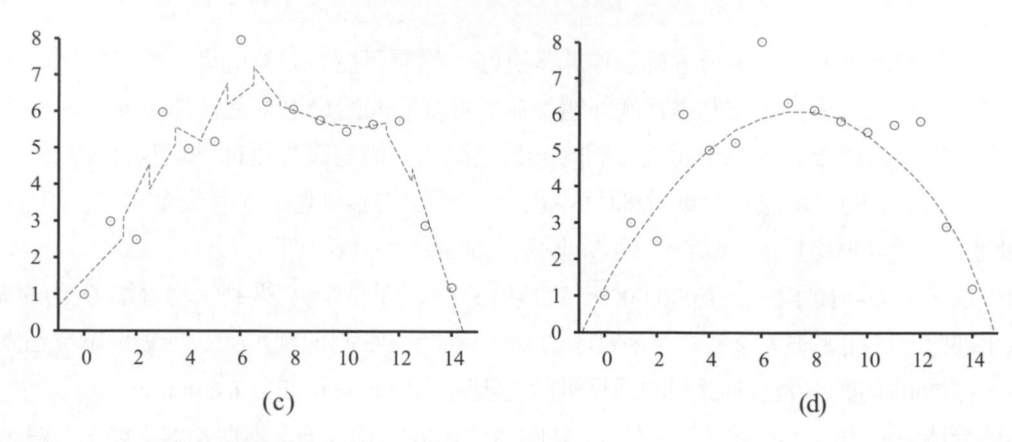

圖 18.28(續)　無參數回歸模型：(c) 3 **最近鄰線性回歸，**(d) **以寬度** k =10 **的二次核的局部權重**

18.8.2　以 k-d 樹找出最近鄰

對於資料具有任意維度的平衡二元樹若為 k 維樹時，稱為 ***k-d* 樹**。(我們記法為，維度的數目是 n，所以它也稱為 *n-d* 樹)。建構 *k-d* 樹相似於一維平衡的二元樹之建構。我們從實例的集合開始，並且在根節點將它們以第 i 維度藉由測試 $x_i \leq m$ 與否劃分。我們選擇 m 的值是沿著第 i 維度實例的中間值，因此半數的實例會是在樹的左邊分支，一半在右邊。隨後我們反覆地將樹分為實例的左右集合，直到剩下少於 2 個實例則停止。為了選擇分割維度成為每個樹的節點，可簡單地選擇在樹的 i 層維度 i 除上 n 的餘數。(注意我們可能需要繼續沿著樹，多次分割任何給定之維度)。另一個策略是將維度以最廣分佈的值做分割。

在 *k-d* 樹查詢就像是查詢個二元樹(伴隨著稍微複雜，其中必須注意到你正在測試每個點中哪個維度)。但是最近鄰查詢是更複雜的。如同我們往下分支行進，把實例分割一半，在某些情況我們忽略實例的另一半分支，但並非總是。有時我們所搜尋的點屬於非常接近分割邊界。搜尋點本身可能會在邊界的左手邊，但 1 或多個的 k 最近鄰可能實際上在右手邊。我們必須藉著計算出搜尋點與分割邊界的距離，來測試這個可能性，若我們於左手邊無法找到比這個距離更接近的 k 個實例，則搜尋兩側。因為這個問題，只有當實例多過於維度(最好至少 2^n 個實例)，*k-d* 樹是合適。因此，*k-d* 樹在維度達到 10 以數千的實例，或達到 20 以數百萬的實例時運作良好。若我們沒有足夠的實例，搜尋並不會比線性掃瞄整個資料集合更來得快。

18.8.3　局部性敏感雜湊

雜湊表具有比二元樹提供較快搜尋的潛力。但我們能如何地用雜湊表找出最近鄰，當雜湊碼依賴於精確比對？雜湊碼隨機地分佈值於箱子之間，但我們要將接近點組合在同一個箱子裡，我們需要**局部性敏感雜湊**(locality-sensitive hash，LSH)。

我們無法用雜湊來卻實地解決 $NN(k, \mathbf{x}_q)$，但聰明地使用隨機演算法，我們可以找到個近似解。首先我們定義**近似近鄰問題**：給定實例點的資料集合和搜尋點 $\mathbf{x}_q$，以高的機率尋找，接近於 $\mathbf{x}_q$ 的一個實例點(或更多點)。更確切地說，若有個點 $\mathbf{x}_j$ 其中在 $\mathbf{x}_q$ 的半徑 r 之間時我們則需要如此，然後以高機率演算法會找到點 $\mathbf{x}_{j'}$ 其中在 q 的距離 cr。若在半徑 r 範圍沒有沒有點，則演算法可報告失敗。c 的值和「高機率」是演算法的參數。

爲解決近似近鄰，我們需要個雜湊函數 $g(x)$具有特性爲，對於任意 2 點 $\mathbf{x}_j$ 和 $\mathbf{x}_{j'}$ ，若他們的距離大於 cr，具有相同雜湊碼的機率是很小的，並且若他們的距離是小於 r 機率則較高。爲了簡化我們把每個點當作是位元串流。(任何非布林的特徵可以被編碼爲布林特徵的集合)。

我們所依靠的直覺是如果在 n 維空間 2 點互相接近，當投射到一維空間(直線)，則他們將必然地接近。事實上我們可將線離散化至箱子——雜湊桶子——導致於較高機率，接近點投射到正好同樣的箱子。對於大多數的投射，彼此遠離的點會導致投射到不同的箱子，但總是會有少數的投射碰巧地投射相距甚遠的點至相同箱子。因此，在箱子的點 $\mathbf{x}_q$ 包含許多(但非全部)接近於 $\mathbf{x}_q$ 的點，除了某些點是遠離的之外。

LSH 的招數是建立多重隨機投射與合併他們。隨機投射只是位元串流表示的隨機子集合。我們選擇 ℓ 相異隨機投射和建立 ℓ 雜湊表 $g_1(\mathbf{x}), \ldots, g_\ell(\mathbf{x})$。則我們將所有實例進入到每個雜湊表。則當給定個搜尋點 $\mathbf{x}_q$，我們提取對於每個 k 在箱子 $g_k(q)$的點集合，並且將這些集合聯合至候選點 C 的集合。然後我們計算在 C 之中每個點至 $\mathbf{x}_q$ 的實際距離與回傳 k 最接近點。以高的機率，每個接近於 $\mathbf{x}_q$ 的點將呈現至少 1 個箱子，並且透過某些遠距離的點也同樣地會呈現，我們可以忽略那些。在大的眞實世界問題，像是從 1300 萬筆網路映象的資料集合使用 512 個維度找出近鄰(Torralba 等人，2008)，區域性敏感雜湊需要從 1300 萬之中僅驗證數千筆映象來找出最近鄰，透過窮舉或 k-d 樹方法達到千倍加速。

18.8.4 無參數回歸

現在我們來看無參數方法來回歸而不是分類。圖 18.28 表示一些不同模型的實例。在(a)子圖中，我們也許有所有方法中最簡單的一個，俗稱「連連看」，及自以爲是地稱爲「分段線性無參數回歸」。這模型建立一函數 $h(x)$，當給定一個搜尋 x_q，僅以 2 點解決普通線性回歸問題：訓練實例立即向 x_q 的左和右。當雜訊很低，這個一般方法實際上不算太糟，也就是爲何它是個在製圖軟體中電子表格的標準功能。但當資料是有雜訊地，函數結果是高低不平，且無法妥善概括。

***k* 最近鄰回歸**(圖 18.28(b))加強連點。我們使用 k 最近鄰(這裡是 3)，取代僅使用 2 實例於搜尋點 x_q 的左右邊。k 的較大值趨向消除高低不平的幅度，即使結果函數有不連貫。在(b)，我們有 k 最近鄰平均：$h(x)$是 k 點的均值，$\Sigma y_i / k$ 。注意外圍點，接近 $x = 0$ 和 $x = 14$，估計是差的因爲所有的證據都來自於一側(內部)，並且忽略趨勢。在(c)，我們有 k 最近鄰線性回歸，其中經由 k 實例找最佳線條。這是在離群值中把趨勢掌握做得較好，但仍是不連貫。同在(b)和(c)，我們留下一個關於如何爲 k 選擇好的值之問題。這答案如同往常是交叉驗證。

局部權重回歸[圖 18.28(d)]給出最近鄰的優點，排除不連貫。爲了避免在 $h(x)$不連貫，我們需要在用來估計 $h(x)$的實例集合來避免不連貫。局部權重回歸的概念是在於每個搜尋點 x_q，接近於 x_q 的實例是增加權重，較遠方的實例是減少權重或無權重。透過距離減少權重總是遞減地，而非驟然。

我們在每個例子以稱爲**核心**的函數來決定多少權重。核心函數看似個碰撞，在圖 18.29 我們看到特殊核心用來生成圖 18.28(d)。我們可以看到由核心提供的權重是在中央最高且於±5 的距離達到零。我們是否可以從核心選擇任何函數？不。首先注意我們以 $K(Distance(\mathbf{x}_j, \mathbf{x}_q))$援用核心函數 K，其中 $\mathbf{x}_q$ 是個從 $\mathbf{x}_j$ 給定距離的搜尋點，並且我們要知道此距離的權重爲多少。因此 K 必須對稱於 0 並且有個對於 0 的最大值。在核心範圍下區域必須保持到±∞邊界。其他外型像是高斯，已被用於核心，但最近研究建議外型的選擇是沒有多大的意義。我們必須要注意關於核心的寬度。再次地，這是一個利用交叉驗證的最佳選擇之模型的參數正如同爲最近鄰選擇 k，若核心過廣我們將得到欠適配，並且若過於狹窄我們會得到過適配。在圖 18.28(d)，$k = 10$ 的值給出個看似正確的平滑曲線——但或許它並沒有給予足夠的重視於 $x = 6$ 的離群值，較窄的核心寬度在個別點會有更多的響應。

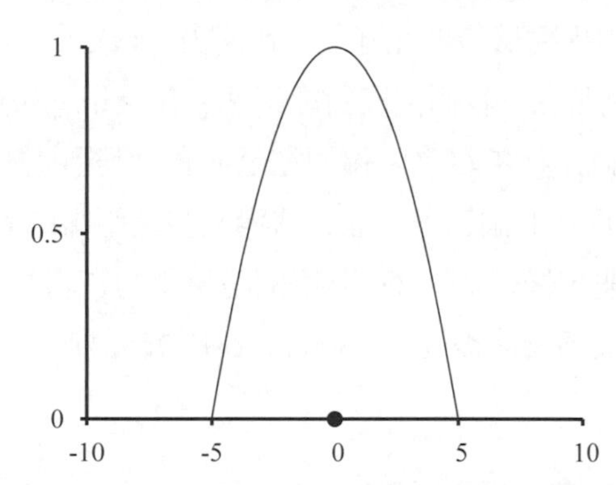

圖 18.29
二次核 $K(d) = \max(0, 1-(2|x|/k)^2)$，**且核寬度** $k = 10$，**中央位於查詢點** $x = 0$

現在以核心執行區域權重回歸是很直接。對於給定搜尋點 $\mathbf{x}_q$ 我們以梯度下降來解下列權重回歸問題：

$$\mathbf{w}^* = \underset{\mathbf{w}}{\arg\min} \sum_j K(Distance(\mathbf{x}_q, \mathbf{x}_j))(y_j - \mathbf{w} \cdot \mathbf{x}_j)^2$$

其中 $Distance$ 是對於最近鄰所討論的距離度量。則答案爲 $h(\mathbf{x}_q) = \mathbf{w}^* \cdot \mathbf{x}_q$ 。

注意到我們需要解決新的回歸問題對於每個搜尋點——也就是局部的意味。(在一般線性回歸，我們一次、全域地解決回歸問題，並且對於任何搜尋點使用相同 $h_{\mathbf{w}}$)。減輕對這個額外的工作的事實是，每個回歸問題將會更容易解決，因爲它僅包括以非零權重的實例——實例的核心重疊查詢點。當核心寬度是小的，可能僅是少數幾點。

多數無參數模型具有優點在於它容易執行逐一交叉驗證，不需對每個重新計算。以 k 最近鄰模型，例如當給定一個測試實例$(\mathbf{x}, y)$，我們找回曾經 k 最近鄰，由他們計算前實例耗損 $L(y, h(\mathbf{x}))$，並且對於每個不是近鄰其中之一的實例紀錄的逐一結果。找回 $k+1$ 最近鄰並且對於離開每個 k 近鄰記錄不同的結果。整個程序以 N 實例是 $O(k)$，非 $O(kN)$。

18.9 支持向量機

支持向量機或 SVM 架構是目前「現成」受監督學習中最流行的方法：若你不具備任何關於這領域事前專門知識，則 SVM 是個首先嘗試最佳方法。讓 SVM 有吸引力有 3 個特徵：

1. SVM 建構**最大邊界分離器**——與實例點具有最大可能距離的決策邊界。這讓它們良好地推廣。
2. SVM 建立一個線性分隔超平面，但它們有能力嵌入資料於較高維度空間，利用所謂的**核心技巧**。通常資料在原始輸入空間並非線性地可分，在較高維度空間輕易地可分。高維度線性分離器在原始空間實際上是非線性的。這意味假設空間是透過使用嚴格線性表示方法被大大地擴展。
3. SVM 是個無參數化方法——它們保留訓練實例和能夠需要儲存它們全部。在另一方面，實際上它們通常僅有實例數目的一小部分而結束訓練——有時儘可能小到維度的數目的常數倍。因此 SVM 合併無參數和參數模型的優點：它們具有表示複雜函數的彈性，但它們抵抗過適配。

可以說 SVM 是成功的，因爲一個關鍵的洞察力和巧妙的方法。我們會依次講述這些。在圖 18.30(a)，我們有個 3 個候選條件邊界的二元分類問題，每個是線性可分。它們的每一個和所有實例一致，所以由 0/1 耗損的觀點，每個都會同等地良好。邏輯回歸會找到些分隔線，線條的確切位置取決於所有實例的點。SVM 的關鍵洞察力比起其他一些的實例更重要，並且注意到它們可導致較佳的歸納。

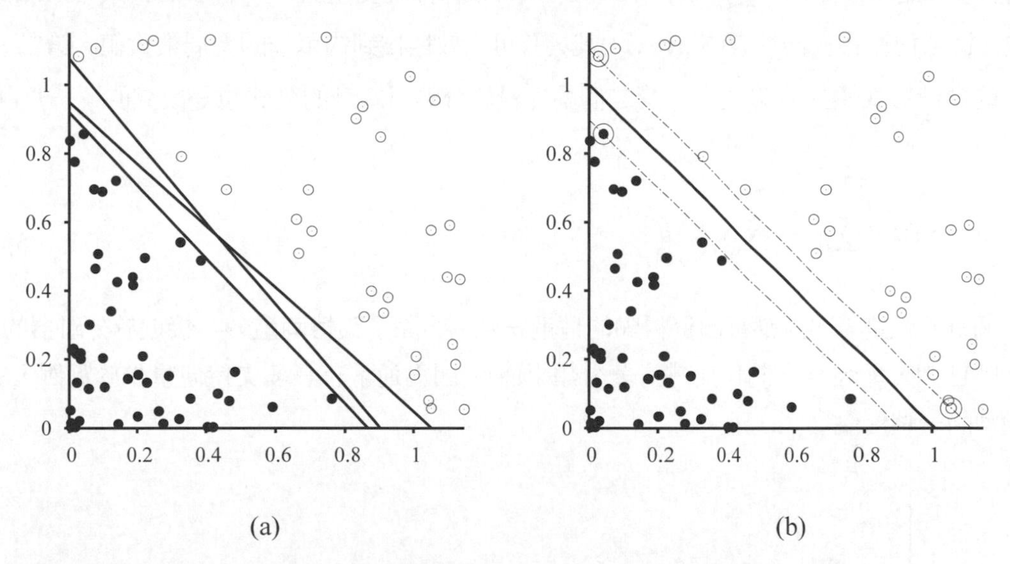

圖 18.30 支持向量機的分類：(a) **兩類的點(黑圓和白圈)與** 3 **個候選線性分離器。**(b) **最大邊界分離器(粗實線)是位於邊界(介於虛線之間的區域)的中點。支持向量(大圓圈的那些點)是最接近分離器的實例**

考慮在(a)之中 3 條分隔線的最低的。它有非常接近的 5 個黑色實例。即使它將所有實例正確地分類然後將耗損最小化，這會令人膽怯因爲有這麼多的實例接近這條線，可能是其他的黑色實例結果落於線的另一側。

SVM 解決此問題：SMV 嘗試最小化期望歸納耗損，而非最小化期望經驗耗損於訓練資料。我們不知道至今未見過的點可能落哪裡，但基於機率假設它們來自相同分佈如同前面所見的實例，有一些來自計算學習理論建議的爭議(18.5 節)，其中我們藉由選擇分離器來最小化歸納耗損，這是我們目前爲止看到的實例中最遠的距離。我們稱示於圖 18.30(b)的這個分離器爲**最大邊界分離器**。這**邊界**是圖中由虛線分界的區域寬度——是由分離器至最近實例點的兩倍距離。

現在，我們如何找到這個分離器？在表示方程式前，一些標記符號：習慣上 SVM 使用類別標示爲+1 和-1 取代了至目前爲止所用的+1 和 0 的協議。同樣，我們攔截權重向量 **w**(並且符合虛擬 1 值於 $x_{j,0}$)，SVM 不會這樣做，它們保持攔截如同一個分離參數 b。考慮到這一點，分離器是定義爲點的集合{**x**: **w** · **x** + b = 0}。我們可以用梯度下降尋找 w 和 b 的空間，來找出當正確地分類所也實例之最大極限的參數。

然而，事實證明有另一個方法來解決這問題。我們不打算詳述，而只能說有另外的表示稱之爲雙重表示，其中從解決中找到最佳解答。

$$\underset{\alpha}{\operatorname{argmax}} \sum_j \alpha_j - \frac{1}{2}\sum_{j,k} \alpha_j \alpha_k y_j y_k (\mathbf{x}_j \cdot \mathbf{x}_k) \tag{18.13}$$

受限於 $\alpha_j \geq 0$ 和 $\sum_j a_j y_i$ 。這是個**二次規劃**優化問題，對於其中有好的軟體套件。一旦我們找到了向量 α，我們可以用方程式 $\mathbf{w} = \sum_j \alpha_j \mathbf{x}_i$ 得到 **w**，或可以停滯在雙重表示。有 3 個公式(18.13)的重要屬性。首先，這個運算式爲凸性質(convex)；其具有可高效地找到的單一的全局最大値。第二，資料僅僅以點對的點積形式輸入運算式。這第二個屬性對於分離器本身的公式也是成立的；一旦計算最佳 α_j，其爲：

$$h(\mathbf{x}) = \operatorname{sign}\left(\sum_j \alpha_j y_j (\mathbf{x} \cdot \mathbf{x}_j) - b\right) \tag{18.14}$$

最後的一個重要性質是，對應每個資料點的權重 α_j 爲零，除了**支持向量**——接近於分離器的點(之所以如此稱呼它們，是因爲它們「支撐」著分類平面)。因爲通常有許多支持向量少於實例，SVM 得到參數模型的一些優點。

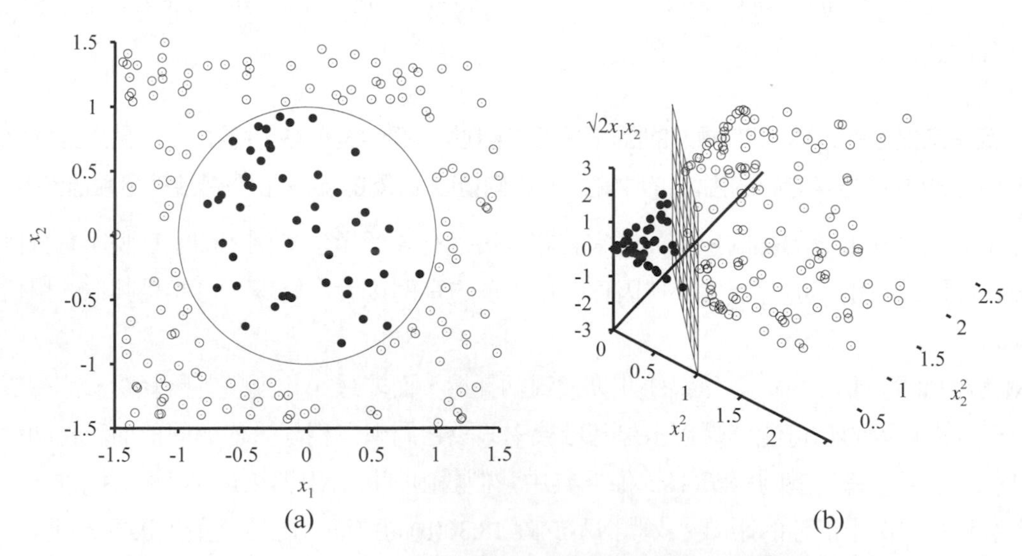

圖 18.31 (a) **一個兩維的訓練集，正例為黑色圓圈，反例為白色圓圈。真實決策邊界** $x_1^2 + x_2^2 \leq 1$ **也有顯示出。**(b) **映至三維輸入空間** $(x_1^2, x_2^2, \sqrt{2}x_1x_2)$ **後的相同資料。(a)中的圓形決策邊界變成了三維空間中的一個線性決策邊界。圖 18.30(b)給出一個(b)中分離器的特寫。**

若實例不是線性地可分會如何？圖 18.31(a)顯示出由屬性 $\mathbf{x} = (x_1, x_2)$定義的一個輸入空間，且正例($y = +1$)在一個圓形區域內部，而反例($y = -1$)在圓的外部。很明顯，不存在適用於這個問題的線性分離器。現在，設想我們用某些計算出的特徵重新表達輸入資料——也就是，我們把每個輸入向量 $\mathbf{x}$ 映射到一個新的特徵值向量 $F(\mathbf{x})$。特別地，讓我們使用以下 3 個特徵：

$$f_1 = x_1^2, \quad f_2 = x_2^2, \quad f_3 = \sqrt{2}x_1x_2 \tag{18.15}$$

我們很快將看到這些特徵是從何而來的，不過目前我們只是先看看會發生什麼。圖 18.31(b)顯示了透過這 3 個特徵定義的新三維空間中的資料。資料在這個空間上是線性可分的！這種現象實際上相當普遍：若資料對應於足夠高維度的空間，則它們將幾乎總是線性地可分——如果你從足夠的方向觀察點的集合，你將會找到一個讓它們排成一列的方法。在此我們僅用 3 維[11]，習題 18.18 要求你表示在平面上任何地方 4 維足以線性地分離圓形(不只在原點)，並且 5 維足以線性地分離任意橢圓。一般而言(一些特殊情況除外)若我們有資料點則它們將總是在 N 的空間可分的——1 維或更多(習題 18.25)。

現在我們通常不會希望在輸入空間 x 找到線性分離器，但我們可以在高維度特徵空間 F(x)找到線性分離器，簡單地以 $F(\mathbf{x}_j) \cdot F(\mathbf{x}_k)$取代 $\mathbf{x}_j \cdot \mathbf{x}_k$ 於公式(18.13)。這本身並沒有什麼特別之處——用 $F(x)$ 替代 x 在任何學習演算法中都有所需的效果——但是對於點積而言有某些特殊的性質。事實證明 $F(\mathbf{x}_j) \cdot F(\mathbf{x}_k)$通常可以計算，沒有先為每個點計算 F。在我們由公式(18.15)定義的三維特徵空間中，透過一些代數變換可以證明

$$F(\mathbf{x}_j) \cdot F(\mathbf{x}_k) = (\mathbf{x}_j \cdot \mathbf{x}_k)^2$$

(這就是為何 $\sqrt{2}$ 是在 f_3)。表達$(\mathbf{x}_j \cdot \mathbf{x}_k)^2$ 是稱做為**核心函數**[12]，並且通常被寫成 $K(\mathbf{x}_j \cdot \mathbf{x}_k)$。核心函數可以應用至一對輸入資料來計算點積在一些相符的特徵空間。所以，簡單透過用核函數 $K(\mathbf{x}_j \cdot \mathbf{x}_k)$替代公式(18.13)中的 $\mathbf{x}_j \cdot \mathbf{x}_k$，我們就可以找到高維特徵空間 $F(\mathbf{x})$中的線性分離器。因此，我們可以在高維空間中進行學習，而我們只需要計算核函數而不是每個資料點的完全特徵列表。

下一步是觀察關於核心 $K(\mathbf{x}_j \cdot \mathbf{x}_k) = (\mathbf{x}_j \cdot \mathbf{x}_k)^2$ 有什麼特別地。它對應於一個特定的高維特徵空間，不過其他核心函數對應於其他的特徵空間。在數學上有一個古老的結論，**Mercer 定理**(1909)，告訴我們任何「合理」[13]的核函數都對應於某個特徵空間。這些特徵空間可能很大，甚至對於看起來無害的核而言。例如，**多項式核心** $K(\mathbf{x}_j \cdot \mathbf{x}_k) = (1 + \mathbf{x}_j \cdot \mathbf{x}_k)^d$ 符合特徵空間其中維度是在 d 的指數型。

這就是聰明的**核心技巧**：將這些核代入公式(18.13)下，就可在有數十億維(或者在某些情況下，無限多維)的特徵空間中，高效地找到最佳線性分離器。當映對回原始輸入空間時，得到的線性分離器可以對應於正例和反例之間任意扭曲的、非線性的邊界。

為避免先天的雜訊資料，我們可能不會希望線性分離器在一些高維度空間。反之我們會要在低維度空間的決策表面，其中並非清楚地分離類別，但反射了雜訊資料的事實。以**軟邊界**分類器是可能的，其中允許實例落於決策邊界的錯誤一側，但指定它們個處罰比例對於將這些移到正確一側所需的距離。

核方法不僅可用於尋找最佳線性分離器的學習演算法，還可以用於任何其他可重新形式化以便只處理成對資料點的點積的演算法，如公式 18.13 和 18.14 中的那樣。一旦重新形式化完成，點積被一個核函數代替，我們就得到了演算法的一個**核心化**版本。相對於其他方法而言，這對於 k 最近鄰以及感知器學習(18.7.2 節)是很容易的。

18.10 集體學習

目前我們已經看過了從假設空間得到單一假設作爲預測的學習方式。而**集體學習**(ensemble learning)的想法是從假設空間中選出一整個假設集合，或稱爲**集體**(ensemble)，並把它們的預測組合在一起。例如，交叉驗證之中我們可能產生 20 個不同決策樹，並且讓它們投票表決一個新實例的最佳分類。

集體學習的動機是十分簡單的。考慮一個 $K = 5$ 個假設組成的集體，我們利用簡單的多數決投票表決來合成它們的預測。要讓集體對某一新實例錯誤分類，必須至少有五分之三的假設將其錯誤分類。我們希望這樣會比用單一假設造成之錯誤分類的可能性小很多。設想集體中的每個假設 h_k 的誤差是 p——這也代表一個隨機選擇的實例被 h_k 錯誤分類的機率是 p。更者，假定每個假設的誤差是獨立的。也就是說，如果 p 很小，那麼大量錯誤分類的機率就更微乎其微。例如，一個簡單的計算(習題 18.20)說明，利用 5 個假設組成的集體可以將 1/10 的錯誤率壓到低於 1/100。很明顯互爲獨立的假設是不合理的，因爲眾假設很可能會被同樣的訓練資料以同樣的錯誤誤導。但是如果眾假設之間至少有些許不同，因而降低彼此的關聯性，那麼集體學習就會非常有用。

另一種想法是將集體視爲擴大假設空間的一般性方法。也就是說，將集體視爲一個假設，並以原始空間的假設爲基礎，建立所有可能集體作爲新的假設空間。圖 18.32 說明了這樣可產生表示能力更強大的假設空間。如果在原始空間就已經有簡單有效的學習演算法，那麼集體學習更產生了更強的假設類別，也不會增加許多額外的計算或或是增加演算法複雜度。

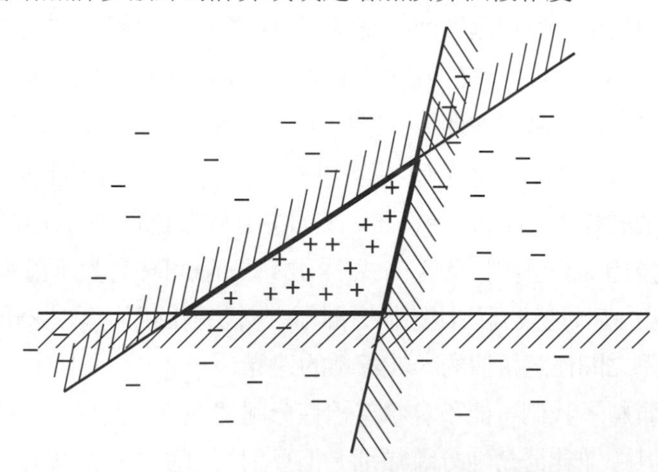

圖 18.32　集體學習所獲得的增加了的表達力。我們用了 3 個線性臨界值假設，每一個假設將無陰影部分分類為正例，而被所有這 3 個假設分類為正例的實例便作為新的正例。所得的三角形區域是原始假設空間無法表示的假設

最泛用的集體方法是**增進演算法**(boosting)。為了了解這方法的運作方式，我們需先解釋有關**加權訓練集**(weighted training set)的概念。在加權訓練集中，每個實例都有權重，其值為 $w_j \geq 0$。實例的權重越高，在學習過程中它的重要性越大。學習中只要直接修改目前的學習演算法來處理加權訓練集即可[14]。

增進演算法對所有實例以 w_j =1 開始(亦即，一個一般的訓練集)。從該集合產生第一個假設 h_1。而 h_1 的分類能力不是完全正確。我們希望下一個假設能將被誤分類的實例處理得更好，因此我們增加這些被錯誤分類的實例權值，同時降低已經被正確分類的實例權值。從這個新的加權訓練集，我們產生假設 h_2。如此重複上述過程直到我們已經產生了 K 個假設為止，K 是增進演算法的一個輸入。最後集體假設是組合所有 K 個假設的加權-多數(weighted-majority)結果，每個假設的權值與它在訓練集上的性能表現相符。圖 18.33 顯示了這個演算法大致是如何運作的。現在手上有很多套調整權值與假設組合的加速演算法版本。其中有一個演算法，稱為 ADABOOST，如圖 18.34 所示。ADABOOST 有個非常重要的屬性：如果輸入的學習演算法 L 是一個**弱學習**演算法(weak learning algorithm)——意味著 L 總會回傳一個有加權誤差，但還是比隨機猜測好一點的假設(即，對布林分類而言是 50%+ε)——那麼 ADABOOST 將回傳一個對足夠大的 K 來說，能夠完美分類訓練資料的假設。因此，這個演算法增進了原始學習演算法的準確度。無論原始假設空間的表示能力有多爛，或者要學習的函數的複雜度有多高，上述結論都成立。

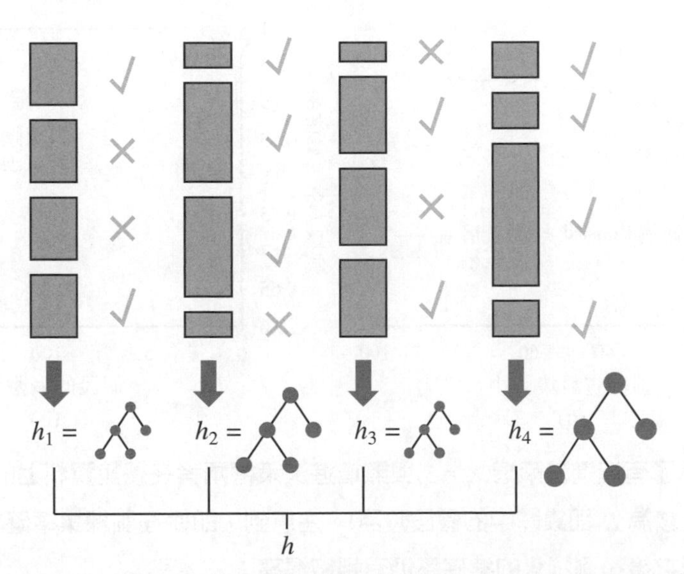

圖 18.33 圖示為增進演算法是如何進行。每個陰影矩形對應一個實例；矩形的高度對應權值。勾和叉表示該實例是否被當前的假設正確分類。決策樹大小指出最終集體中的假設權重

```
function ADABOOST(examples, L, K) returns a weighted-majority hypothesis
  inputs: examples, set of N labeled examples (x_1, y_1), ..., (x_N, y_N)
          L, a learning algorithm
          K, the number of hypotheses in the ensemble
  local variables: w, a vector of N example weights, initially 1/N
                   h, a vector of K hypotheses
                   z, a vector of K hypothesis weights

  for k = 1 to K do
     h[k] ← L(examples, w)
     error ← 0
     for j = 1 to N do
        if h[k](x_j) ≠ y_j then error ← error + w[j]
     for j = 1 to N do
        if h[k](x_j) = y_j then w[j] ← w[j] · error/(1 − error)
     w ← NORMALIZE(w)
     z[k] ← log (1 − error)/error
  return WEIGHTED-MAJORITY(h, z)
```

圖 18.34　集體學習的增進演算法的 ADABOOST 變種。演算法藉由對訓練實例作連續重新加權來產生假設。函數 WEIGHTED-MAJORITY 產生一個假設，該假設回傳從 h 中的假設獲得最高票的的輸出值，且投票權值為 z

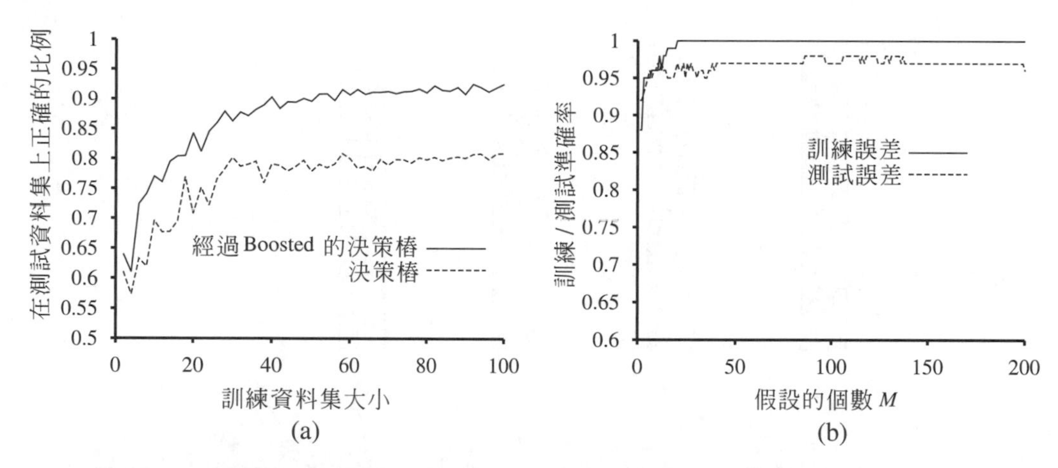

圖 18.35　(a) 圖中顯示了有增進決策樁($K = 5$)與無增進決策樁兩者在餐館資料上的效能。(b) 訓練集和測試集上的正確比例，變數為 K(即集體中的假設數目)。注意到，即使在訓練集準確率到達 1 之後，即在集體已經與資料完全適配之後，測試集的準確率仍有輕微提高

讓我們看看增進演算法在餐館資料上表現如何。我們選擇**決策樁**(decision stump)的類別作爲我們的初始假設空間。決策樁就是在根節點只有一個測試的決策樹。圖 18.35(a)中下方的曲線說明未使用增進演算法的決策樁對這個資料集不是很有效，在 100 個訓練實例上的預測效能只有 81%。當用了增進演算法之後($K = 5$)就有不錯的表現，在 100 個實例之後達到了 93%。

當集體的大小 K 增加時，會冒出一件有趣的事情。圖 18.35(b)以 K 的函數的形式顯示了訓練集合的效能(在 100 個實例上)。值得注意的是當 K 是 20 的時候，誤差是 0；也就是說，一個 20 個決策樁的加權-多數組合足以完全適配 100 個實例。在集體中增加更多的樁，誤差仍保持為 0。同時這個圖也顯示在訓練集誤差達到 0 之後很長時間內，測試集的效能仍然持續增長。當 $K = 20$ 時，測試集性能是 0.95(或者說誤差是 0.05)，而當 $K = 137$ 時，性能提高到 0.98，最終回落到 0.95。

當人們第一次發現這種穩固的關係普遍存在於不同資料集和假設空間中，都感到十分的驚奇。奧坎剃刀總是告訴我們不要做無謂的複雜假設，但是上圖卻顯示預測能力隨著更複雜的假設而提高了！對此有多種不同的解讀。一個觀點是增進演算法近似於**貝氏學習**(Bayesian learning)(參見第二十章)，貝氏學習已經被證明是最佳(optimal)學習演算法，而且假設越多，近似度也越高。另一個可能的解釋是，加入更多的假設使得集體對正反例的劃分更加了然於胸，這有助於它分類新的實例。

18.10.1 線上學習

目前為止，本章我們所完成的每件事是依賴於假設資料是獨立且相同分佈(i.i.d.)。另一方面，有個合理的假設：如果將來承擔沒有相似的過去，則要如何預測任何事？在另一方面，這是一個太強的假設：稀有的是輸入已所有捕捉資訊，其中令未來眞實地獨立於過去。

在本章節我們驗證當資料不是獨立且相同分佈時要做什麼，當它們會隨著時間改變。在這情況，這有關於我們何時做預測，所以我們將通過透視稱這為線上學習：代理人接收個輸入 x_j 從自然、預測相符 y_j，並且則稱為正確解答。這過程以 x_{j+1} 重複並且依此類推。有人可能會認為這是毫無希望的任務——若自然是對立，所有的預測可能是錯的。事實證明我們可做一些保證。

讓我們考慮一個情況其中輸入包含由專家小組的預測。例如，每天一組 K 專家預測股票市場將會上漲或下跌，而我們的任務是蒐集這些預測和變成我們自己的。達成這個的一個方法是保持追蹤每個專家如何執行，並且根據它們過去效能比例上選擇相信他們。這稱為**隨機化權重多數演算法**。我們可更正式地描述它：

1. 初始化權重的集合$\{w_1, ..., w_K\}$全部為 1。
2. 從專家接收到預測$\{\hat{y}_1, \ldots, \hat{y}_K\}$。
3. 隨機地選擇專家 k^*，以它的權重比例：$P(k) = w_k / (\sum_{k'} w_{k'})$
4. 預測 $\hat{y}_{k^*}$。
5. 接收正確的解答 y。
6. 對於每位專家 k 其中 $\hat{y}_k \neq y$，更新 $w_k \leftarrow \beta w_k$。

在此 β 是一個數字，$0 < \beta < 1$，告訴專家對於每個錯誤有多少的處罰。

我們根據遺憾衡量這個演算法的成功，其中定義我們所犯的額外錯誤的數目，和專家相比在後見之明，有最佳預測紀錄。令 M^*為最好的專家所犯的錯誤數目。則由隨機權重多數演算法決定錯誤的數目 M，是限制於[15]

$$M < \frac{M^* \ln(1/\beta) + \ln K}{1-\beta}$$

這個邊界對於實例的任何序列皆成立，即使是選擇由對手嘗試做到他們最糟的。具體而言，當有 K = 10 專家，若我們選擇 $\beta = 1/2$ 則我們的錯誤數目限制於 $1.39M^* + 4.6$，並且若 $\beta = 3/4$ 爲 $1.15M^* + 9.2$。通常，若 β 是接近 1 則我們透過長時間執行響應改變。若最好的專家改變，我們不久會將它拾起。然而我們在開始時付出了懲罰，當以同等地信任所有專家開始，我們可能接收不好的專家指導不久。當 β 接近於 0，這兩個因數是顛倒的。值得注意是長遠地看來我們可選擇 β 來得到逐漸地接近於 M^*；這稱爲**不後悔學習**(因爲隨著試驗的次數增加，關於每次試驗的平均趨近於 0)。

線上學習在當資料隨著時間急速地變化是有幫助的。這同樣地對於包含以不斷地增加大量資料集合的應用是有效，即使若改變是漸進的。例如，在數百萬筆網路映象的資料庫中，你不會想要訓練個線性回歸模型在這所有的資料，並且每次新的映象加入時從頭再訓練。線上演算法允許映象遞增地加入將會是更爲實際的。對於多數學習演算法基於最小化耗損，有一個線上版本基於最小化懊悔。這是個獎勵，許多這些線上演算法提出保證遺憾的範圍。

一些觀察者，驚訝於這樣嚴格界限，我們如何能比較於一個專家小組。對其他人，眞正令人驚訝的是當人類專家小組聚集——預測股市價格、體育成績或政治辯論——觀眾所以願意聽他們的空談並且不願意量化他們的錯誤率。

18.11 實際的機器學習

我們已經介紹了廣泛的機器學習技術，以簡單學習任務說明每一個。在這章節，我們考慮兩方面的實際機器學習。首先尋找一個具有學習辨識手寫數字能力的演算法，並且壓榨出它們任何一點的預測效能。第二個涉及到——指出其中包含、清除和代表資料至少和演算法工程一樣重要。

18.11.1 案例分析：手寫數字辨識

識別手寫體數字是許多應用中的一個重要問題，這些應用包括根據郵遞區號進行的郵件自動分揀、帳單和納稅申報單的自動讀取以及掌上型電腦的資料登錄等。這個領域取得了飛速的進展，部分是由於更好的學習演算法，部分是由於更優良的訓練集。美國國家科學技術學會(**NIST**)建立了一個包含 60,000 個經過標注的數字的資料庫，每個數字的影像大小爲 $20 \times 20 = 400$ 個像素，每個像素使用 8bit 灰度值。它已經成爲對新的學習演算法進行比較的性能測試標準。圖 18.36 中顯示了其中的一些樣本。

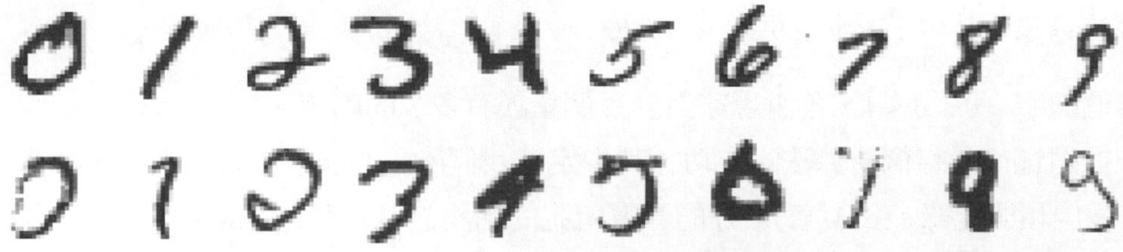

圖 18.36 NIST 手寫數字資料庫的樣本。上面一行：比較容易識別的數字 0 至 9 樣本。下面一行：相同數字但更難識別的樣本

人們嘗試過許多不同的學習方法。第一種，也很可能是最簡單的方法，是一個 **3 最近鄰**分離器，它具有不需要訓練時間的優點。不過，作爲一個基於儲存的演算法，它必須儲存所有的 60,000 幅圖片，並且它在實際執行時的性能表現非常慢。這個方法的測試錯誤率爲 2.4%。

一種**單隱層類神經網路**是爲這個問題而設計的，它使用 400 個輸入單元(每像素一個單元)和 10 個輸出單元(每類一個)。透過交叉驗證，我們可以知道大約 300 個隱單元可以達到最佳性能。在層之間使用全連接，總共有 123,300 個權值。這樣的網路可以達到 1.6%的錯誤率。

一系列稱爲 LeNet 的**專用類神經網路**被設計出來，以利用此問題的結構——輸入部分由像素的兩維矩陣組成，並且影像位置以及傾斜度的微小變化無關緊要。每個網路有一 32×32 個單元的輸入層，在這個層上面居中放置 20×20 的影像像素，爲每個輸入單元提供像素的局部鄰域。這層後面跟著三層隱單元。每一層包含若干 $n \times n$ 矩陣的平面，n 小於前面的層，因此網路對輸入進行向下取樣，而且其中同一平面中每個單元的權值都被限定爲相同的，這樣平面就可以完成特徵檢測器的功能：它可以挑選出諸如長豎直線或者短半圓弧這樣的特徵。輸出層有 10 個單元。人們測試了許多不同版本的此類體系結構，一個有代表性的體系結構的隱層分別有 768 個，192 個和 30 個單元。訓練集透過對實際輸入進行仿射變換得到擴展：平移、輕微旋轉和影像縮放等(當然，變換應該是小規模的，否則 6 可能被變換成 9！)。LeNet 的最佳錯誤率可以達到 0.9%。

改進型類神經網路組合了 3 個 LeNet 體系結構的副本，其中第 2 個的訓練集是那些在第 1 個中有 50%錯誤的混合模式，而第 3 個則在前兩個不一致的那些模式上進行訓練。在測試程序中，3 個網路以多數投票做表決。測試的錯誤率爲 0.7%。

支持向量機(參見第 18.9 節)使用 25,000 個支援向量時，可以達到 1.1%的錯誤率。SVM 技術使它值得注意，因爲 SVM 技術和簡單最近鄰方法一樣，幾乎不需要開發者過多考慮或者進行疊代實驗，而它仍然能和經過多年發展的 LeNet 的性能相當。事實上，支援向量機不利用問題的結構，並且當像素以改變過的順序出現時保持同樣的性能。

虛擬支持向量機從一個常規的 SVM 出發，並透過一種設計用以利用問題結構的技術對其進行改進。這種方法專注於由鄰近像素對形成的核，而取代了允許所有像素對的乘積。和 LeNet 所做的一樣，它也透過對樣本的變換擴大了訓練集。迄今爲止，虛擬 SVM 獲得了最佳錯誤率紀錄，0.56%。

形狀匹配是一種來自於電腦視覺的技術，它用於把物體的兩幅不同影像的對應部分對齊。主要思維是從每幅影像中挑出一組點，然後對第一幅影像中的每個點，計算它對應於第二幅影像中的哪個點。透過這樣的對齊，我們就可以計算出影像之間的變換。變換爲我們提供了影像之間距離的一個測量。此距離測量比僅僅計算不同的像素數更有根據，研究顯示使用這種測量的 3 最近鄰演算法就可以有很好的性能表現了。訓練僅在 60,000 個數字中的 20,000 個上進行，且對於每幅影像使用從 Canny 邊緣檢測器中抽取的 100 個樣本點，形狀匹配分離器就可以達到 0.63%的測試錯誤率。

人類在這個問題上的估計錯誤率大約爲 0.2%。這個結論多少有些可疑，因爲人類無法像機器學習演算法那樣進行徹底的測試。在來自美國郵政服務的一個類似資料集上，人類的錯誤率爲 2.5%。

下面的表格總結了我們討論過的 7 種演算法的錯誤率、執行性能、記憶體需求以及訓練時間。還加入了另一個測量——爲了達到 0.5%錯誤率而必須拒識的數字所佔的百分比。例如，如果 SVM 允許拒識 1.8%的輸入——也就是，把它們交給其他方法進行最終判決——則在剩下的 98.2%輸入上，錯誤率就從 1.1%減小到了 0.5%。

下面的表格總結了我們討論過的 7 個演算法的錯誤率以及其他一些特點。

	3 NN	300 Hidden	LeNet	Boosted LeNet	SVM	Virtual SVM	Shape Match
錯誤率(pct.)	2.4	1.6	0.9	0.7	1.1	0.56	0.63
執行時間(millisec/digit)	1000	10	30	50	2000	200	
記憶體需求(Mbyte)	12	0.49	0.012	0.21	11		
訓練時間(日)	0	7	14	30	10		
% 拒絕到達 0.5% 誤差	8.1	3.2	1.8	0.5	1.8		

18.11.2 案例分析：詞義和房價

在教科書中我們需要處理簡單、玩具資料來得到概念跨越：一個小的資料集，通常是 2 維。但是在實際機器學習的應用，資料通常是龐大、多維度且混亂的。資料並非以(**x**, *y*)值的預組合集交給分析者；分析者需要走出去和掌握正確的資料。有一個需要完成的任務，並且多數的工程問題是取決於完成任務需哪些資料；選擇較小的部分和建構適當的機器學習方法來處理資料。圖 18.37 表示個典型眞實世界實例，比較於詞義分類的任務的 5 個學習演算法(給出個句子像是「The bank folded」，將「bank」字分類爲「money-bank」或「river-bank」)。這重點是在於機器學習研究者主要地已集中焦點於垂直方向：我可否創造一個新的學習演算法，其中較先前發表的演算法於 1 百萬字的標準訓練資料表現得好？但是在圖形之中顯示在垂直方向有更多的改善空間：取代創造個新的演算法，需要做的是蒐集 1000 萬字的訓練資料；即使最差的演算法在這 1000 萬字的效能表現最佳演算法在 100 萬筆的較好。隨著我們蒐集更多的資料，曲線持續上升，矮化演算法之間的差異。

考慮另一個問題：一個估計待售屋的實際價格的任務。圖 18.13，我們表示了這個問題的玩具版本，處理要價對於房屋大小的線性回歸。讀者或許會注意到此模型的諸多限制。首先，它測量錯誤的事情：我們需估計的是房屋的售價，而不是要價。爲了處理這個任務我們會需要實際銷售價的資料。但這不代表我們必須拋棄有關要價的資料——我們可以使用這個爲輸入特徵的其中之一。除了房屋的大小之外我們還會需要更多的資訊：房間、臥室和廁所的數量，廚房或廁所近期內是否有重新裝潢，屋齡；我們也會需要多一點關於鄰居的資訊。但該如何定義鄰居？以郵遞區號？若郵遞區號的一部份是在「錯誤」一側的高速公路或是鐵路軌道，而其他部分是需要的會如何？關於學區如何？學區的名稱該是個特徵，還是平均測驗分數？除了決定要包含什麼特徵，我們會需要處理遺失的資料；不同區域的顧客會提供不同的資料，並且個別案例總是會遺漏一些資料。如果需要的資料不存在，或許可以建立社交網路來促使人們分享和修正資料。在最後決定什麼樣的特徵要使用，以及要如何使用，在選擇線性回歸、決策樹或一些其他學習的形式同樣地重要。

這就是說，為一個問題選取個方法(或許多方法)。沒有辦法保證選到最佳方法，但是有一些比較粗淺的準則。當在有很多個離散特徵，並且讀者相信其中許多會是不相關的時，決策樹是好的選擇。當讀者有許多資料並且沒有事前知識，或是當讀者不想煩惱太多有關選擇正確特徵(只要是低於大約 20)，無參數方法是較佳的。然而，無參數方法通常給出個執行更代價昂貴的函數 h。支持向量機通常最先考量最佳的方法來嘗試，提供的資料集並不是很大。

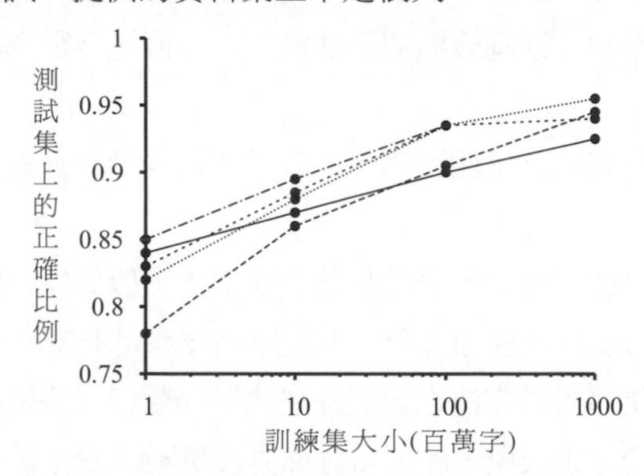

圖 18.37　於一般任務的 5 條學習演算法的學習曲線。注意到，看起來在水平方向(更多訓練資料)比起垂直方向(不同機器學習演算法)有更多的改善空間。改編自 Banko 和 Brill(2001)

18.12　總結

本章所關心的內容是從實例中歸納出確定性的學習函數。要點如下：

- 學習有許多種形式，在於執行元件的本質、哪些元件有待改進、以及可用的回饋。
- 若存在的回饋提供了正確的解答給實例輸入，則學習問題被稱做為**受監督學習**。這任務是學習函數 $y = h(x)$。學習離散值函數被稱為**分類**；而學習連續函數則被稱為**回歸**。
- 歸納學習包含找尋一個與實例相符的假設。**奧坎剃刀**原則建議選擇最簡單的一致假設。這件任務的難度取決於所選的表示方法。
- **決策樹**能夠表示所有布林函數。**資訊增益**啟發式提供一個有效方法來找到一棵簡單的、一致的決策樹。
- 可以用**學習曲線**來衡量學習演算法的效能，該曲線將以**訓練集**大小的函數表示**測試集**上的預測準確度。
- 當有多個模型可以選擇，**交叉驗證**可用來選擇較一般為佳的模型。
- 有時並非所有錯誤都相同。**耗損函數**告訴我們每個錯誤是如何，目標是在後來透過驗證集來最小化耗損。
- **計算學習理論**分析了歸納學習的樣本複雜度和計算複雜度。而在假設語言的表示能力與學習的難易程度之間必須取得折衷。
- **線性回歸**是被廣泛使用的模型。線性回歸的最佳參數可由梯度下降搜尋或透過精確計算來找到。

- 線性分類器帶有硬臨界——也稱爲**感知器**——可藉由簡單權重更新法則來符合**線性可分**資料。在其他情況，該法則不會收斂。
- **邏輯回歸**以邏輯函數所定義的軟臨界取代了感知器的硬臨界。梯度下降即使在線性地可分雜訊資料下運作良好。
- **類神經網路**以線性臨界單元的網路表示個複雜的非線性函數。給定足夠單元 termMultilayer 前饋類神經網路可表示任何函數。**逆向傳播**演算法實作了一個在參數空間上最小化輸出誤差的梯度下降方法。
- **無參數模型**使用所有資料來執行每個預測，而非試著以少量參數先加總所有資料。實例包含**最近鄰**和**局部權重回歸**。
- **支持向量機**以**最大邊界**找出現性分離器來加強分類器的一般效能。**核心方法**意暗示轉移輸入資料爲高維度空間，其中可能存在線性可分，即使原始資料是非線性可分。
- 例如**增進演算法**之類的集體學習方法之效能往往比單一學習方法要高。於**線上學習**我們可統合專家的意見來趨近最好的專家表現，即使當分佈資料是不斷變化。

參考文獻與歷史的註釋 BIBLIOGRAPHICAL AND HISTORICAL NOTES

第 1 章已經勾勒出歸納學習中的哲學探索歷史。奧坎威廉[16](William of Ockham，1280-1349)，這個在他那個年代最有影響力的哲學家，並且也是中世紀的認知論、邏輯論以及形而上學的重要推手，因爲「奧坎剃刀」而名留青史——在拉丁文中，奧坎剃刀的意思是 *Entia non sunt multiplicanda praeter necessitatem*，即「實體增長不應超過所需要的」。不幸地，這件值得稱道的意見沒有在他的著作中發現這些話(即使他有說過「Pluralitas non est ponenda sine necessitate」或「沒有必要不應該假定多元化」)。相似的觀點在西元前 350 年由亞理斯多德的物理書 I 的第 6 章所表示：「對於更多限制，如果足夠則總是可取的。」

最著名的是於 EPAM，即 Elementary Perceiver And Memorizer(Feigenbaum，1961)，使用決策樹，其中爲人類概念學習的模擬。ID3 (Quinlan，1979)加入以最大熵屬性選擇的關鍵概念，這是本章中對於決策樹演算法的基礎。由克勞德·香儂(Claude Shannon)發展的資訊理論起初是爲了通信領域的研究(香儂和 Weaver，1949)。[香儂也爲最早的機器學習做出了貢獻，那是一隻名爲西修斯(Theseus)的機器老鼠，利用試誤法學習穿越迷宮]。Quinlan(1986)描述了決策樹修剪的 χ^2 方法。C4.5 是一個工業級別的決策樹套裝軟體，可以在 Quinlan(1993)的論文中找到相關介紹。另一個也擁有自己獨立傳統，可在統計學文獻中可看到，關於決策樹學習。《分類與回歸樹》(*Classification and Regression Trees*)(Breiman *et al*., 1984)，即所謂的「CART 書」，是主要的參考資料。

交叉驗證首先由 Larson(1931)介紹，並且以一個形式接近在 Stone(1974)和 Golub 等人(1979)所介紹的。規則化程序由 Tikhonov(1963)提出。Guyon 和 Elisseeff(2003)於期刊中介紹處理特徵選擇的問題。Banko 和 Brill(2001)以及 Halevy 等人(2009)探討到使用大量資料的優點。一位語音研究員 Robert Mercer 於 1985 年表示「沒有資料需要更多的資料」。(Lyman 和 Varian，2003)於 2002 年評估所產生 5 百萬兆位元組(5×10^{18} 位元)的資料，並且產生率每 3 年會加倍。

對學習演算法的理論分析始於 Gold(1967)在**限制辨識**的研究。儘管科學哲學(Popper，1962)的科學發現模型部分地推動此方法的發展，但是它主要用於從例句中學習文法(Osherson *et al.*，1986)。

有鑒於限制辨識在乎的是最後收斂結果，在 60 年代 Solomonoff(1964)和柯爾莫哥洛夫(Kolmogorov，1965)分別各自提出的**柯爾莫哥洛夫複雜度**(Kolmogorov complexity)或稱**演算法複雜度**(algorithmic complexity)問題，都試圖爲奧坎剃刀理論的簡單性(simplicity)提供一個形式化定義。爲了擺脫簡單性依附在資訊的表示方法，有人提出簡單性應該能正確重現觀察資料的通用圖靈機的最短程式長度來衡量。雖然存在很多可能的通用圖靈機，而且因此有許多可能的「最短」程式，不過這些程式長度差距至多只差一個常數量，與資料總量無關。這個精妙的洞見從本質上說明任何初始的表示偏差最終會被資料本身所克服，它只不過是計算最短程式的長度時的不可判定性上的小汙點而已。相似的簡單性量測，例如**最小描述長度**(minimal description length)，或縮寫爲 MDL(Rissanen，1984)，也是一個不錯的替代品，並且已經在實際的應用中有了出色的成果。Li 和 Vitanyi(1993)所寫的教科書是關於柯爾莫哥洛夫複雜性最好的參考資料。

PAC 學習理論是由 Leslie Valiant (1984)開始的。Valiant 的研究中強調計算複雜度和樣本複雜度的重要性。Valiant 之後與 Michael Kearns(1990)證明仍然有一些概念類別是不能 PAC 學習處理的，即使實例中存在夠多的可用資訊。不過有些像是決策表的分類正面結果可以得到(Rivest，1987)。

從**一致收斂理論**(uniform convergence theory) (Vapnik 和 Chervonenkis，1971)開始，統計學早有樣本複雜度分析的獨立傳統。所謂的 **VC 維**(VC dimension) 理論提供了一個大致與從 PAC 分析中得到的 $\ln |H|$ 量測相似、但是更一般的方法。VC 維可用於標準 PAC 分析無法應用的連續函數類別。後來 PAC 學習理論和 VC 理論的關聯終於被「四個德國人」找到了：Blumer、Ehrenfeucht、Haussler 以及 Warmuth(1989)(事實上他們沒一個人是德國人)。

線性回歸的平方誤差耗損追溯至 Legendre (1805)和 Gauss (1809)，兩者皆是研究預測環繞於太陽的軌道。近代使用多變數回歸於機器學習於像是 Bishop(2007)的文中有所論及。Ng(2004)分析了 L_1 和 L_2 規則化之間的差異。

邏輯函數一詞來自於Pierre-François Verhulst(1804-1849)，一位統計學家，他以有限的資源、使用曲線來塑模人口成長，比無約束幾何成長更爲實際的模型由 Thomas Malthus 所提出。Verhulst 將它稱爲邏輯地曲線(courbe logistique)，因爲它相關於對數曲線。回歸一詞源自於弗朗西斯高爾頓(Francis Galton)，19 世紀的統計學家，查爾斯達爾文(Charles Darwin)的表親，氣象學領域、指紋分析、統計相關的始祖，他使用回歸的意義於平均上。**維度的詛咒**一詞來自於 Richard Bellman(1961)。

邏輯回歸可用梯度下降或是牛頓法(Newton-Raphson method，Newton，1671；Raphson，1690)來解決。牛頓法的變形之一稱爲 L-BFGS，通常用在大的維度問題，L 代表「記憶體受限」意指它避免一次建立全部的矩陣，以即時建立部分來取代。BFGS 是作者們的開始(Byrd 等人，1995)。

最近鄰模型至少可以追溯到 Fix 和 Hodges(1951)，從那時起它就成爲統計學和模式識別的一個標準工具。在人工智慧領域內，Stanfill 和 Waltz(1986)使它得到廣泛應用，他們研究了調整資料的距離測量的方法。Hastie 和 Tibshirani(1996)開發出一種把對空間中每點的測量進行局部化的方法，取決於該點周圍的資料分佈。Gionis 等人(1999)介紹了區域敏感雜湊，其中改革在高維度空間檢索相似目標，特別是在電腦視覺上。Andoni 和 Indyk(2006)提供了 LSH 的近期研究和相關方法。

於核心機器之中的概念來自於 Aizerman 等人(1964)(也介紹了核心技巧)，但理論的完整開發是由 Vapnik 與他的同事們(Boser 等人，1992)。SVM 進行了實際以軟極限分類器的導入來處理雜訊資料的論文贏得 2008 年 ACM 理論與實際獎(Cortes 和 Vapnik，1995)，和序向最小最佳化(Sequential Minimal Optimization，SMO)演算法對於使用 2 次規劃有效率地解決 SVM 問題(Platt，1999)。它們已經被證實對於諸如文本分類(Joachims，2001)、生物資訊學研究(Brown 等人，2007)以及自然語言處理[例如 DeCoste 和 Scholkopf(2002)的手寫體數字識別]等任務是很常用和有效的。作爲此類處理的一部分，許多新的核被設計用於處理串、樹，以及其他一些非數值的資料類型。一種相關的技術還使用了「核技巧」來隱式地表示一個指數級特徵空間，這就是投票感知器(Collins 和 Duffy，2002)。關於 SVM 的教科書有 Cristianini 和 Shawe-Taylor (2000)以及 Schölkopf 和 Smola(2002)。較爲易懂說明的文章由 Cristianini 和 Schölkopf (2002)發表於人工智慧雜誌。Bengio 和 LeCun(2007)表示一些 SMV 的限制和其他對於學習含數的區域、無參數方法，其中有全域結構但沒有區域平順。

集體學習是一種越來越流行的提高學習演算法效能的技術。**Bagging**(Breiman，1996)是第一個有效的方法，它對從**靴帶環**(bootstrap)資料集上學到的假設進行合成，這些資料集是從原始資料集合中再小範圍取樣得到的。Schapire(1990)編寫的有關理論工作的章節中描述了**增進演算**法。Freund 和 Schapire(1996)開發了 ADABOOST 演算法，並且 Schapire(2003)從理論上分析它。Friedman 等人(2000)從統計學家的角度解釋了增進演算法。線上學習由 Blum(1996)所研究並且有 Cesa-Bianchi 和 Lugosi(2006)的著書。Dredze 等人(2008)介紹了信心權重線上學習的概念於分類：除了爲每個參數保持權重，它們也維持信心的量測，所以有個新的實例可能於先前少見的特徵(因此有較小的信心)具有較大效益，和較小效益於已經建立完整的共同特徵。

關於類神經網路的文獻實在太多了(目前大約有 150,000 篇論文)，我們這裡不太可能詳細論述。Cowan 和 Sharp(1988b，1988a)對從 McCulloch 和 Pitts(1943)的工作開始的早期發展歷史進行了綜述。(如同第一章所提及，John McCarthy 指出 Nicolas Rashevsky(1936，1938)的研究爲最早期類神經學習的數學模型)。控制論的先驅諾伯特·維納(Norbert Wiener，1948)以及 McCulloch、Pitts 一起影響了一大批年輕的研究人員，其中有馬文．明斯基(Marvin Minsky)，他可能是第一個用硬體開發出可運轉的類神經網路的人，那是在 1951 年(參見明斯基和 Papert，1988，第 ix-x 頁)。圖靈(1948)寫了一份研究報告，標題爲《智慧型機器》(*Intelligent Machinery*)，開篇第一句話是「我提出研究的問題是：機器是否可以表現出智慧行爲」，隨後他描述了一種被他稱爲「B 型無組織機」的迴圈類神經網路體系結構以及訓練方法。不幸的是，這篇報告到 1969 年才發表，直到現在之前，幾乎完全被遺忘了。

Frank Rosenblatt(1957)發明了現代「感知器」並且證明了感知器收斂定理(1960)，儘管這已經被類神經網路背景之外的純數學工作提前預言了(Agmon，1954；Motzkin 和 Schoenberg，1954)。還有一些早期的工作是針對多層網路的，包括 **Gamba 感知器**(Gamba 等人，1961)和 **madaline**(Widrow，1962)。《學習機器》(*Learning Machines*)(尼爾森，1965)涵蓋了許多這樣的早期工作。《感知器》(*Perceptrons*)(明斯基和 Papert，1969)一書加速了(或者，按照作者後來宣告的，只是闡述了)早期感知器研究努力在後來的終結，該書痛數了領域內數學嚴密性的欠缺。書中指出單層感知器僅僅可以表示線性可分的概念，同時特別提到對於多層網路還缺少有效的學習演算法。

在 1979 年在聖達戈的一次會議的基礎上，一篇論文(Hinton 和 Anderson，1981)被認爲是連接主義復興的旗標。兩卷本「PDP」(並列分散式處理)文選(Rumelhart 等人，1986a)和《自然》雜誌上的一篇短文(Rumelhart 等人，1986b)吸引了許多人的注意——事實上，「類神經網路」論文的數量在 1980 至 1984 和 1990 至 1994 年之間翻了 200 倍。利用磁性自旋玻璃的物理理論進行的類神經網路分析(Amit 等人，1985)，使統計力學和類神經網路理論之間的聯繫更緊密——不僅提供了有用的數學見解，還提高了理論地位。逆向傳播技術很早就被發明了(Bryson 和 Ho，1969)，但是它被重新發現了數次(Werbos，1974；Parker，1985)。

類神經網路的機率解釋有幾個來源，包括 Baum 和 Wilczek(1988)和 Bridle(1990)。關於 S 型函數所扮演的角色，Jordan(1995)有所討論。類神經網路的貝氏參數學習是由 MacKay(1992)提出的，並由 Neal(1996)進一步探索。Cybenko(1988，1989)研究類神經網路表示函數的能力，他證明兩個隱層足以表示任何函數，而單隱層足以表示任何連續函數。用於去除無用連接的「最佳腦損傷」方法由 LeCun 等人(1989)提出，Sietsma 和 Dow(1988)指出了如何去除無用的單元。結構增長的涵蓋演算法歸功於 Mézard 和 Nadal(1989)。LeCun 等人(1995)綜述了手寫體數字識別的一系列演算法。之後，Belongie 等人(2002)降低了形狀匹配的錯誤率，DeCoste 和 Scholkopf(2002)降低了虛擬支持向量的誤差率。當時的著作，由 Ranzato 等人.(2007)使用卷積類神經網路所報告的最佳測試錯誤率爲 0.39%。

研究人員就類神經網路的複雜度在計算理論上進行了研究。早期的計算結果由 Judd(1990)得到，他證明「找出和一組實例相一致的權值」這樣的一般性問題是 NP 完全問題，即便是在非常嚴格的假定下。一些最早的樣本複雜度結果由 Baum 和 Haussler(1989)得到，他們證明，一個有效的學習所需要的樣本數目大約以 $W\log W$ 的速度增長，其中 W 是權值[17]的數目。從那時起，產生了一個更複雜精巧的理論(Anthono 和 Bartlett，1999)，其包括的重要結果爲：一個網路的表示能力取決於權重的 *size* 及權重數量，這結果就我們對規則化的討論而言應該不會令人驚訝。

我們沒有論及的最常用類型的類神經網路是**徑向基函數網路**，或縮寫爲 RBF。徑向基函數把一組加權的核(當然通常是高斯的)結合起來進行函數逼近。RBF 網路的訓練可以分成兩個階段：第一階段，使用一個無監督群集方法訓練高斯參數——平均值以及變異數——如第 20.3.1 節中所示。在第二階段，確定高斯的相對權值。這是一個線性方程組，我們知道如何直接求解。因此，RBF 訓練的兩個階段有一個很好的優點：第一階段是無監督的，因此不需要有標記的訓練資料；而第二階段雖然是有監督的，但它是很高效率的。更多細節可以參見 Bishop(1995)。

迴圈網路，其中單元迴圈相連，在前面章節有所提及但沒有深入探索。**霍普菲爾德網絡**(Hopfield networks，Hopfield，1982)或許是循環式網路的最好理解類型。它們使用雙向連接，並且有對稱的權值(也就是 $W_{i,j} = W_{j,i}$)，所有的單元都既是輸入單元又是輸出單元，激勵函數 g 是一個符號函數，激勵層只能是 ±1。Hopfield 網路函數有**聯想記憶**的功能：當網路在一組樣本上進行訓練後，一個新的刺激將引起它習慣於一種和訓練集中最類似於新刺激的樣本相對應的激勵模式。例如，如果訓練集由一組照片組成，新刺激是其中某張照片的一小片，則網路的激勵層將重現選取該小片的照片。注意原始的照片並沒有單獨儲存在網路中，每個權值都是所有照片的一個不完全編碼。最有趣的理論結果之一是，Hopfield 網路能夠可靠地儲存多達 $0.138N$ 個訓練樣本，這裡 N 是網路中的單元數目。

波爾茲曼機(Boltzmann machine)(Hinton 和 Sejnowski，1983，1986)也使用了對稱的權值，但是包含了隱單元。此外，它們使用了隨機的激勵函數，以使輸出爲 1 的機率是全部加權輸入的某個函數。波爾茲曼機因此可以完成狀態轉移，類似於類比退火搜尋(參見第四章)，找到和訓練集最近似的配置。研究顯示，波爾茲曼機與貝氏網路的一種透過隨機類比演算法求値的特例有非常緊密的相關性(參見第 14.5 節)。

對於類神經網路，Bishop(1995)和 Ripley(1996)撰寫的是最好的課本。計算神經系統學領域由 Dayan 和 Abbott(2001)的著述所涵蓋。

本章所採用的方法是來自於 David Cohn、Tom Mitchell、Andrew Moore 和 Andrew Ng 卓越的課程講義所影響。有數本一流的教科書於機器學習(Mitchell，1997、Bishop，2007)，和圖形辨識的緊密共存與重疊領域(Ripley，1996、Duda 等人，2001)、統計(Wasserman，2004、Hastie 等人，2001)、資料探勘(Hand 等人，2001、Witten 和 Frank，2005)、計算學習理論(Kearns 和 Vazirani，1994、Vapnik，1998 以及資訊理論(Shannon 和 Weaver，1949、MacKay，2002、Cover 和 Thomas，2006)。其他書籍專注於建構(Segaran，2007、Marsland，2009)和演算法之比較(Michie 等人，1994)。當前有關機器學習的出色研究大多會發表在「機器學習國際會議」(International Conference on Machine Learning)以及「神經元資訊處理系統會議」(the conference on Neural Information Processing Systems)的年度會議論文集上、《機器學習》(*Machine Learning*)和《機器學習研究期刊》(*Journal of Machine Learning Research*)，以及主流的 AI 期刊上。

❖ 習題 EXERCISES

18.1 考慮嬰兒學習說話和理解語言時所面臨的問題。試說明這樣的過程如何符合一般學習模型。描述嬰兒的知覺與行爲，和嬰兒所必須進行的學習類型。試描述嬰兒嘗試學習介於輸入和輸出，與存在的實例資料。

18.2 重複習題 18.1，情況換成學習打網球(或其他你熟悉的運動)。這是受監督的學習或增強學習？

18.3 假設我們從決策樹中產生一個訓練集，然後又把該訓練集丟進決策樹學習演算法訓練。那麼下述的情形會不會發生——學習演算法最後回傳正確的決策樹，而訓練集大小成長到無限大——爲什麼會發生？或者爲什麼不會發生？

18.4 在遞迴建造決策樹的過程中，即使所有的屬性都已經被使用之後，有時也會發生一個葉節點中存在正反例的混合情況。假定我們有 p 個正例和 n 個反例。

a. 請證明 DECISION-TREE-LEARNING 採用的挑選多數分類的方法，能將葉節點中實例集合的絕對誤差降到最小。

b. 請證明**類別機率**(**class probability**) $p/(p+n)$能將平方誤差和降到最小。

18.5 假定一個屬性把實例集 E 劃分成子集 E_i，並且每個子集有 p_i 個正例和 n_i 個反例。請證明使用該屬性後一定可得到「正」的資訊增益，除非比率 $p_i/(p_i+n_i)$對於所有的 i 都相同。

18.6 考慮下列資料集合，其由三個 2 位元輸入屬性(A_1、A_2 和 A_3)和一個 2 位元輸出組成：

實例	A_1	A_2	A_3	輸出 y
$\mathbf{x}_1$	1	0	0	0
$\mathbf{x}_2$	1	0	1	0
$\mathbf{x}_3$	0	1	0	0
$\mathbf{x}_4$	1	1	1	1
$\mathbf{x}_5$	1	1	0	1

於圖 18.5 使用演算法來學習這些資料的決策樹。表示所做的計算來決定屬性分裂於每個節點。

18.7 決策圖是允許具有多親代節點(即爲用於分裂的屬性)，而非僅單一親節點之概括的決策樹。結果的圖必須仍爲非循環。現在，考慮一個具有 3 個二進位輸入屬性的 XOR 函數，其中產生 1 的值若且爲若 3 輸入的奇數數字，屬性具有值爲 1。

a. 繪出 3 輸入 XOR 函數的最小尺寸決策樹。

b. 繪出 3 輸入 XOR 函數的最小尺寸決策圖。

18.8 這個習題考慮決策樹的 $\chi 2$ 修剪(18.3.5 節)。

a. 建立一個具有 2 輸入屬性的資料集，使得兩個屬性在樹根部的資訊增益均爲零，但有深度爲 2 且與所有資料一致的決策樹。

b. 修改 DECISION-TREE-LEARNING 讓它包含 χ^2 修剪。要更細節的話，也許你會希望參考 Quinlan(1986)，或 Kearns 及 Mansour(1998)。

18.9 本章所描述的標準 DECISION-TREE-LEARNING 演算法不能處理某些缺少屬性值的實例之情況。

a. 首先，我們需要找到一種對這樣的實例進行分類的方法，給定了一棵決策樹，它包含對值可能缺少的屬性進行的測試。假定一個實例 X 缺少屬性 A 的值，並且決策樹在某節點遇到 X 後，對該節點測試 A。一種處理這種情況的方法是假裝那個實例擁有該屬性全部可能的值，對決策樹上抵達的節點上，依據所有實例的每個值出現頻率，對各個值給予一個權重。分類演算法應該追蹤所有在任何節點有缺少值的分支，並沿每條路徑增大權重。寫一個具有這樣行爲用於決策樹的修改分類演算法。

b. 現在修改資訊增益計算方式，以便在建造過程中，在任何樹上給定節點的給定實例集合 C，對於任何剩下的屬性缺少值的實例，都根據那些值在集合 C 中出現頻率給予一個「可能」值。

18.10 在 18.3.6 節中，我們注意到，若屬性擁有多種可能值，會產生增益量測問題。這樣的屬性不僅傾向把實例劃分爲很多小類別，甚至單一類別，因而根據增益量測表現出高度相關性。**增益率**(gain ratio)準則依據屬性與資訊內容的本質兩者之間的比率，選擇屬性——其中，資訊內容的本質指的是，對於底下問題的答案中所蘊含的資訊量。因此，增益率準則試著測量，一個屬性在提供實例的正確分類的相關資訊時，效率有多好。請爲一個屬性的資訊內容寫出數學表示式，並在 DECISION-TREE-LEARNING 中實作增益率準則。

18.11 假設你對布林分類以一種新的演算法進行學習實驗。你有一個資料集包含 100 個正與 100 負實例。你計畫採用逐一交叉驗證與比較你的演算法和基線功能，一個簡單主要分類器。(多數分類器是輸入一個訓練集，總是輸出在訓練集中佔多數的類別，而不管輸入的訓練集爲何)。你期望多數分類器的逐一交叉驗證能達到 50%，但是令你驚訝的是，其評分爲 0。你能解釋爲何如此嗎？

18.12 建立一個決策清單來分類如下的資料。儘可能選擇小的試驗(用屬性來解釋的描述)，藉由選擇一個具有正確實例的最多數目分類器，以屬性的相同數字打破介於試驗之間的關係。若多重試驗具有相同屬性的數目和分類相同實例的數目，則使用較低索引數目屬性打破關係(例如，相對於 A_2 選擇 A_1)。

實例	A_1	A_2	A_3	A_4	y
$\mathbf{x}_1$	1	0	0	0	1
$\mathbf{x}_2$	1	0	1	1	1
$\mathbf{x}_3$	0	1	0	0	1
$\mathbf{x}_4$	0	1	1	0	0
$\mathbf{x}_5$	1	1	0	1	1
$\mathbf{x}_6$	0	1	0	1	0
$\mathbf{x}_7$	0	0	1	1	1
$\mathbf{x}_8$	0	0	1	0	0

18.13 證明決策清單可以如同決策樹表達相同函數，當使用儘可能多的法則，對於該函數有葉結點的決策樹。給定一個由決策清單表示的函數實例，其中在最小化尺寸決策樹，對於相同函數使用比起葉結點的數目完全地較少法則。

18.14 本習題是關於決策表的表示能力(第 18.5 節)。

a. 請證明決策表能夠表示任何布林函數，只要測試大小沒有限制的話。

b. 請證明如果每個測試可以包含至多 k 個文字，那麼決策表能夠表示任何可以以深度爲 k 的決策樹表示的函數。

18.15 假設 7 最近鄰回歸搜尋回傳{7, 6, 8, 4, 7, 11, 100}爲 7 個最接近 y 值對於給定的 x 值。$\hat{y}$ 的值爲何，其中將此資料最小化 L_1 耗損函數？在統計學中對於這個值如同 y 值的函數有個共同名稱，是什麼呢？同樣的問題以 L_2 耗損函數的答案爲何？

18.16 圖 18.31 表示在原點的一個圓以從特徵(x^1, x^2)對應到 2 維$(x_1{}^2, x_2{}^2)$可被線性地分離。但若是圓圈沒有位於原點呢？若是個橢圓而不是圓圈呢？對於圓圈(因此是決策邊界)的一般方程式爲 $(x_1 - a)^2 + (x_2 - b)^2 - r^2 = 0$，橢圓的一般方程式爲 $c(x_1 - a)^2 + d(x_2 - b)^2 - 1 = 0$。

a. 擴大對於圓圈的方程式，並表示權重 w_i 將是對於決策邊界在 4 維特徵空間$(x^1, x^2, x_1{}^2, x_2{}^2)$。試解釋爲何這平均在這空間於任何圓形是線性可分。

b. 執行相同步驟於橢圓形在 5 維特徵空間$(x^1, x^2, x_1{}^2, x_2{}^2, x_1x_2)$。

18.17 構造一個支援向量機計算互斥或函數。使用+1 和–1 的值(以 1 和 0 替代)於輸入和輸出兩者，所以實例像是([−1, 1], 1)或([−1, −1], −1)。對應輸入$[x_1, x_2]$於 x_1 和 x_1x_2 組成的空間。畫出在這個空間上的 4 個輸入點，以及最大邊界分離器。邊界是什麼？現在，在原始的歐氏輸入空間上畫出分類線。

18.18 考慮一個在 K 個學習到的假設之間，簡單多數投票表決的集體學習演算法。假定每個假設有誤差 ε，並且每個假設產生的誤差互為獨立。請計算以 K 和 ε 表示的集體演算法的誤差公式，並分別求在 $K = 5$，10，20 而 $\varepsilon = 0.1$，0.2，0.4 的值。如果獨立性假定不存在，集體誤差是否比還 ε 糟？

18.19 手工構造一個兩輸入的計算互斥或(XOR)函數的類神經網路。注意，要明確指出你使用哪種單元。

18.20 回顧一下第十八章中所述，存在個不同的 n 輸入布林函數。其中有多少個可以用一個域值感知器表示？

18.21 第 18.6.4 節註明其中邏輯函數的輸出，可被解釋為由模型指定 $f(\mathbf{x}) = 1$ 的機率為 p，另外 $f(\mathbf{x}) = 0$ 的機率則為 $1 - p$。寫下機率為 p 的 x 之函數並且計算指數 p 的導數以對應每個權重 w_i。對於 $\log(1 - p)$重複此步驟。這些計算給出個對於機率化假設的負對數似然耗損函數最小化的學習法則。並論任何相似於本章的其他學習法則。

18.22 設想你有一個使用線性激勵函數的類神經網路。也就是，對每個單元而言，輸出都是輸入的加權和的某個常數 c 倍。

a. 設網路有一個隱層。對於一個給定的權值分配方案 $\mathbf{w}$，寫下輸出層單元的值的公式，表示為 $\mathbf{w}$ 和輸入層 $\mathbf{x}$ 的函數，不用明確指出隱層的輸出。說明存在一個不含隱單元的網路可以計算相同的函數。

b. 重複(a)中的計算，這次針對一個可以使用任意數目隱層的網路。

c. 假設網路包含 1 個隱藏層與具有 n 輸入和輸出節點以及 h 隱藏節點的線性活化函數。什麼影響讓(a)部分轉換到沒有隱藏層的網路具有所有權重的數目？討論特別的情況 $h \ll n$。

18.23 設訓練集只包含單一樣本，重複 100 次。對於 100 個樣本中的 80 個，輸出值為 1；剩下的 20 個，輸出為 0。假定已經過訓練並達到了全局最佳點，逆向傳播網路對這個例子的預測是什麼？(**提示**：要找到全局最佳點，對誤差函數求導並令其為 0)。

18.24 類神經網路的學習效能在圖 18.25 中的測量具有 4 個隱藏節點。這個數字的選取是有些任意的。使用交叉驗證方法來找出隱藏節點的最佳數字。

18.25 考慮這樣一個問題：要將 N 個資料點透過一個線性分離器分成正例和反例。顯然，對於在一條維度 $d = 1$ 的直線上的 $N = 2$ 個點，這總是可以做到的，無論點是如何進行標記的以及位置在哪裡(除非這些點落在相同的位置)。

a. 說明對於在維度 $d = 2$ 的平面上的 $N = 3$ 個點，這總是可以做到的，除非它們是共線的。

b. 說明對於在一個維度 $d = 2$ 的平面上的 $N = 4$ 個點，這不是總能做到的。

c. 說明對於在維度 $d = 3$ 的空間上的 $N = 4$ 個點，這總是可以做到的，除非它們是共面的。

d. 說明對於在一個維度 $d = 3$ 的空間上的 $N = 5$ 個點，這不是總能做到的。

e. 有能力的學生可以試著證明：在一般位置上的 N(而不是 $N + 1$)個點在 $N - 1$ 維空間上是線性可分的。

本章註腳

[1] 注意標示：除了所標示的，我們要使用 j 來索引 N 個實例，x_j 將總是為輸入而 y_j 為輸出。在輸入為特別的屬性值之向量(18.3 節開始)的情況，我們將用 $\mathbf{x}_j$ 於第 j 個實例並且將使用 i 來索引每個實例的 n 個屬性。$\mathbf{x}_j$ 的元素寫為 $x_{j,1}, x_{j,2}, \ldots, x_{j,n}$。

[2] 增益會被侷限於正，除了不可能的情況其中所有的部分正好為相同(參見習題 18.7)。

[3] 高斯表示若 y_j 的值具有一般分佈雜訊，則 w_1 和 w_0 最可能的值包含於最小化錯誤的平方之和。

[4] 一些注意事項：當有獨立於 x 的一般分佈雜訊，L_2 耗損函數為恰當的，所有結果依賴於平穩的假設...等等。

[5] 讀者可能希望參考附錄 A 線性代數的簡單總結。

[6] 它或許會疑惑於 L_1 和 L_2 同時使用於耗損函數與規則化函數。它們不需被成對使用：可使用 L_2 耗損與 L_1 規則化或反之亦然。

[7] 在技術上，我們要求 $\sum_{t=1}^{\infty}\alpha(t)=\infty$ 並且 $\sum_{t=1}^{\infty}\alpha^2(t)<\infty$。延遲 $\alpha(t)=O(1/t)$ 滿足這些條件。

[8] 一個注記符號：對這節，我們被迫中止通常的慣例。輸入屬性仍然以 i 索引，所以「外在」活化 a_i 是由輸入 x_i 所給定的，但索引 j 會參照內部單位而非實例。貫穿這節，數學上的推導涉及單一通用實例 x，省略一般對於所有資料集透過實例加總來得到結果。

[9] 證明過程很複雜，不過要點是所需的隱單元數隨著輸入數目成指數級增長。例如對於 n 個輸入的所有布耳函數進行編碼，需要 $2^n/n$ 個隱單元。

[10] 研究表明，只要權值保持很小，超大規模的網路就可以有很好的推廣性。這個限定保持了 S 型函數 $g(x)$在 x 接近於 0 的線性區域內的激勵值。進而，這意味著網路表現得如同一個有少得多的參數的線性函數(習題 18.26)。

[11] 讀者可能會注意到我們可以只用 f_1 和 f_2，不過，三維的映射能更好地表現其思想。

[12] 「核心函數」用法略不同於局部權重回歸中的核。有些 SVM 核心是距離矩陣，但並非所有都是。

[13] 這裡，「合理」的意思是矩陣 $\mathbf{K}_{j,k}=K(\mathbf{x}_j \cdot \mathbf{x}_k)$是正定的。

[14] 如果演算法不能這樣處理的話，可以把第 i 個實例複製 w_j 次，以隨機法處理部分的權值。

[15] 參考(Blum，1996)來證明。

[16] 這個名稱常會被誤植為「Occam」，原因可能是由於其法語為「Guilaume d'Occam」。

[17] 這基本上確認了「Bernie 叔叔法則」。這個法則以 Bernie Widrow 的名字命名，他推薦使用數目為權數目 10 倍的樣本。

KNOWLEDGE IN LEARNING

19

學習中的知識

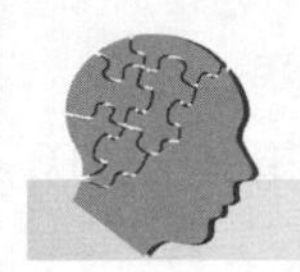

本章中我們研究當你已經知道某些東西時的學習問題。

在前一章描述的所有學習方法中，基本的想法都是建構一個函數，使其具有從資料中觀察到的輸入與輸出的行爲表現。在每種情況下，各學習方法都可以被視爲在一個假設空間中進行搜尋以尋找合適函數的過程，從假設一個非常基本的函數形式開始，諸如「二階多項式」或者「決策樹」，以及「越簡單越好」這樣的偏愛。這樣做主要的原因是你在學習新東西之前，必須先忘記你知道的(幾乎)所有東西。在本章中，我們研究一些能夠利用**先驗知識**(prior knowledge)的學習演算法。在大多數情況下，先驗知識表示爲一般的一階邏輯理論。這樣，我們第一次把知識表示和學習的研究工作聯繫在一起。

19.1 學習的邏輯形式

第 18 章把純歸納學習定義爲尋找一個符合觀察實例的假設之過程。在本章中，這個定義特指該假設表示爲一個邏輯語句集合的情況。對實例的描述和分類也都會是邏輯語句，一個新的實例可以藉由推斷從假設和實例描述所得的一個分類語句而被分類。這種方法支援對假設的增量式構造，一次處理一條語句。同時它也考慮到先驗知識，因爲已知的語句可以幫助進行新實例的分類。最初，學習的邏輯形式化方法看起來似乎是很多額外的工作，但是研究顯示它能夠澄清很多學習中的問題。它使我們能夠利用學習功能中的邏輯推理的全部能力，超越第十八章中的簡單學習演算法。

19.1.1 實例和假設

回憶一下第十八章中的餐館學習問題：學習用來決定是否等待座位的規則。實例用**屬性**(attributes)描述，諸如 *Alternate*(改變)，*bar*(酒吧)，*Fri/Sat*(週五/週六)等等。在邏輯表示中，實例由邏輯語句所描述；屬性則成爲一元謂詞。我們一般把第 i 個實例稱爲 X_i。例如，圖 18.3 中的第一個實例可以用下面的語句來描述：

$$Alternate(X_1) \wedge \neg Bar(X_1) \wedge \neg Fri/Sat(X_1) \wedge Hungry(X_1) \wedge \ldots$$

我們用符號 $D_i(X_i)$來表示對 X_i 的描述，其中 D_i 可以是任意參數的邏輯運算式。實例的分類使用目標述詞而由一個文字給出，在這例子中：

$$WillWait(X_1) \quad \text{或} \quad \neg WillWait(X_1)$$

完整的訓練集遂能表為所有的實例敘述和目標文字的聯集。

一般而言，歸納學習的目標是為了找出一個假設，其對實例能良好分類，並良好推廣至新實例。這裡我們關心的是假設在邏輯上表示，每個假設 h_j 都有這樣的形式

$$\forall x\ Goal(x) \Leftrightarrow C_i(x)$$

其中 $C_i(x)$是一個候選定義—某些表示包含屬性謂詞。例如，決策樹可解釋為此形式的邏輯表示。因此，圖 18.6 的樹表達了如下的邏輯定義(我們稱之為 H_r，以便將來引用)：

$$\begin{aligned} \forall r \quad WillWait(r) \quad \Leftrightarrow \quad & Patrons(r, Some) \\ \vee \quad & Patrons(r, Full) \ \wedge \ Hungry(r) \ \wedge \ Type(r, French) \\ \vee \quad & Patrons(r, Full) \ \wedge \ Hungry(r) \ \wedge \ Type(r, Thai) \ \wedge \ Fri/Sat(r) \\ \vee \quad & Patrons(r, Full) \ \wedge \ Hungry(r) \ \wedge \ Type(r, Burger) \end{aligned} \qquad (19.1)$$

每個假設都會預測某個實例集合——即那些滿足其替代定義的實例——作為目標謂詞的實例。這個集合稱為謂詞的**外延**(extension)。兩個外延不同的假設在邏輯上是不一致的，由於它們對至少一個實例的預測不同。如果具有相同的外延，它們在邏輯上就是相等的。

假設空間 H 是所有假設構成的集合$\{h_1, \ldots, h_2\}$，設計學習演算法就是為了滿足這些假設。例如，DECISION-TREE-LEARNING(決策樹學習)演算法能夠滿足按照所提供的屬性定義的任何決策樹假設；因此它的假設空間就由所有這些決策樹組成。大致上，學習演算法相信這些假設之一是正確的；也就是說，它相信語句如下：

$$h_1 \ \vee \ h_2 \vee \ h_3 \ \vee \ldots \vee \ h_n \qquad (19.2)$$

當出現一個實例的時候，那些與實例**不一致**的假設就會被排除掉。讓我們更仔細地檢查一致性的概念。顯然，如果假設 H_i 與整個訓練集一致，那麼它必須與每個實例都一致。那麼與某個實例不一致意味著什麼？有兩種可能會發生的情況：

- 如果該假設認為一個實例應該是反例而事實上是正例，則這個實例是該假設的**錯誤反例**。例如，新的事例 X_{13} 由 $Patrons(X_{13}, Full) \wedge \neg Hungry(X_{13}) \wedge \ldots \wedge WillWait(X_{13})$所敘述是先前所給定的假設 h_r 之錯誤否定。從 h_r 和實例的描述，我們可以推論出從實例得到的 $WillWait(X_{13})$和從假設預測到的$\neg WillWait(X_{13})$。因此假設和實例在邏輯上不一致。

- 如果該假設認為一個實例是正例而事實上是反例[1]，則這個實例是該假設的**錯誤正例**。

如果一個實例是某個假設的錯誤正例或者錯誤反例，則該實例和該假設邏輯上相互不一致。設該實例是對事實的一個正確觀察，則該假設就會被排除。在邏輯上，這與推理的歸結規則(參見第九章)完全類似，其中假設的析取式對應於子句，而實例對應於可以與該子句中某個文字進行歸結的文字。因此，原則上，一個普通的邏輯推理系統從實例中透過消除一個或者多個假設進行學習。例如，設實例用語句 I_1 表示，假設空間爲 $h_1 \vee h_2 \vee h_3 \vee h_4$。那麼如果 I_1 與 h_2 和 h_3 不一致，則邏輯推理系統就可以推論得到新的假設空間 $h_1 \vee h_4$。

因此我們可以把邏輯表示中的歸納學習作爲一個逐漸消除與實例不一致的假設，從而縮小可能範圍的過程。由於假設空間通常很大(在一階邏輯的情況下甚至是無限大的)，我們不建議人們嘗試去建構一個使用基於歸結定理證明的學習系統和一個窮舉的假設空間。相反地，我們將描述兩種方法，可較容易找出邏輯一致的假設。

19.1.2 當前最佳假設搜尋

當前最佳假設搜尋(current-best-hypothesis search)的想法是維護一個簡單的假設，並根據出現的新實例對其進行調整，以維持一致性。基本演算法由 John Stuart Mill(1843)描述，也可能出現得甚至更早。

假設我們有某些假設例如 h_r，該假設到目前爲止一直表現不錯。只要每個新的實例都具有一致性，我們什麼都不用做。然後出現了一個錯誤反例 X_{13}。我們該做什麼？圖 19.1(a)中以區域的形式顯示了 h_r。在這個矩形內的所有內容都是包含於 h_r 的外延中。目前爲止實際看到的實例表示爲「+」或者「–」。我們看到 h_r 正確地把所有實例分類爲 *WillWait* 的正例或者反例。在圖 19.1(b)中，一個新的實例(圓圈)是錯誤反例：假設認爲該實例應該是反例，但是事實上它是正例。必須擴大假設的外延以包含該實例。這被稱爲**一般化**；一個可能的一般化如圖 19.1(c)中所示。在圖 19.1(d)中，我們看到一個錯誤正例：假設認爲新的實例(圓圈)應該是正例，但是實際上是反例。因此假設的外延就應該被縮小，以排除該實例。這被稱爲**特殊化**；圖 19.1(e)中我們看到對假設的一個可能的特殊化。假設之間的「更一般」和「更特殊」關係提供了假設空間上的邏輯結構，這使得高效率的搜尋成爲可能。

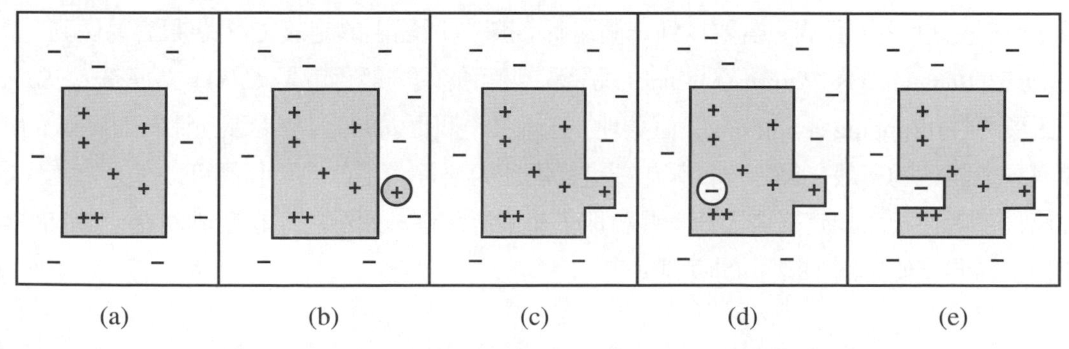

圖 19.1 (a) 一個具有一致性的假設。(b) 一個錯誤反例。(c) 假設被一般化。(d) 一個錯誤正例。(e) 假設被特殊化

```
function CURRENT-BEST-LEARNING(examples, h) returns a hypothesis or fail
  if examples is empty then
    return h
  e ← FIRST(examples)
  if e is consistent with h then
    return CURRENT-BEST-LEARNING(REST(examples), h)
  else if e is a false positive for h then
    for each h' in specializations of h consistent with examples seen so far do
      h'' ← CURRENT-BEST-LEARNING(REST(examples), h')
      if h'' ≠ fail then return h''
  else if e is a false negative for h then
    for each h' in generalizations of h consistent with examples seen so far do
      h'' ← CURRENT-BEST-LEARNING(REST(examples), h')
      if h'' ≠ fail then return h''
  return fail
```

圖 19.2　**當前最佳假設學習演算法。該演算法搜尋一個是配合所有實例的一致性假設，並在無法找到一致的特殊化或一般化時回溯。要開始演算法之際，任何假設都可以輸入進去；它將根據需要而被特殊化或一般化**

我們現在可以詳細描述 CURRENT-BEST-LEARNING(當前最佳學習)演算法了，如圖 19.2 所示。注意到每次我們考慮對假設進行一般化或特殊化的時候，我們必須檢查與其他實例的一致性，因爲任意地擴大/縮小外延可能會包括/排除以前見到過的反例/正例。

我們把一般化和特殊化定義爲改變假設的外延的運算。現在我們需要決定它們如何被作爲句法運算而實作，這些運算與假設相關聯的替代定義加以修改，從而能夠被一個程式所執行。要完成這些工作，首先注意到一般化和特殊化也都是假設之間的邏輯關係。若假設 h_1 有著定義 C_1，爲帶有定義 C_2 的假設 h_2 之一般化，則我們得到

$$\forall x \quad C_2(x) \Rightarrow C_1(x)$$

於是爲了一般化的 H_2，我們只需要找到一個邏輯上被 C_2 所蘊涵的定義 C_1。這很容易做到。例如，如果 $C_2(x)$是 $Alternate(x) \wedge Patrons(x, Some)$，那麼一個可能的一般化就是 $C_1(x) \equiv Patrons(x, Some)$。這被稱爲**丟棄條件**(dropping conditions)。直觀地，它產生一個更弱的定義，因此允許一個更大的正例集合。還有很多其他的一般化操作，依賴於要進行處理的語言。相似地，我們可以透過對替代定義增加額外條件或者從析取式定義中去掉一些析取子句來特殊化一個假設。讓我們看看在餐館的例子中這是如何工作的，使用圖 18.3 中的資料。

- 第一個事例 X_1 爲正例。$Alternate(X_1)$爲眞，因此令初始假設爲

$$h_1: \quad \forall x \quad WillWait(x) \Leftrightarrow Alternate(x)$$

- 第二個事例 X_2 是反例，h_1 預測其爲正例，所以它是一個錯誤正例。因此，我們需要特殊化 h_1。這可以藉由增加額外條件以排除 X_2，同時繼續將 X_1 分類爲正例。一個可能方式爲

$$h_2:\quad \forall x \quad WillWait(x) \Leftrightarrow Alternate(x) \wedge Patrons(x, Some)$$

- 第三個事例 X_3 爲正例，h_2 將其預測爲反例，則它是一個錯誤反例。因此，我們需要一般化 h_2。我們去掉 *Alternate* 條件，得到

$$h_3:\quad \forall x \quad WillWait(x) \Leftrightarrow Patrons(x, Some)$$

- 第四個事例 X_4 爲正例，h_3 預測其爲反例，則它是個錯誤反例。因此，我們需要一般化 h_3。我們不能丟棄 *Patrons* 條件，因爲那將產生一個全包含假設，與 X_2 不一致。一個可能方法是增加一個析取子句：

$$h_4:\quad \forall x \quad WillWait(x) \Leftrightarrow Patrons(x, Some) \vee (Patrons(s, full) \wedge Fri/Sat(x))$$

這個假設已經開始看起來很有道理了。顯然，還有其他一些與前 4 個實例一致的可能假設；這裡給出其中兩個：

$$h_4' : \forall x \quad WillWait(x) \Leftrightarrow \neg WaitEstimate(x, 30\text{-}60)$$
$$h_4'' : \forall x \quad WillWait(x) \Leftrightarrow Patrons(x, Some) \vee (Patrons(s, full) \wedge WaitEstimate(x, 10\text{-}30))$$

CURRENT-BEST-LEARNING 演算法是非確定性地描述的，因爲在任何一點上都可能有幾個可用的特殊化或者一般化。所做出的選擇不一定能夠得到最簡單的假設，並可能導致一個不可恢復的情形，沒有簡單修改能夠使假設與所有的資料保持一致。在這種情況下，程式必須回溯到上一個選擇點。

CURRENT-BEST-LEARNING 演算法及其各種變形從 Patrick Winston(1975)的「弧學習」(arch-learning)程式開始，已經用於很多機器學習系統中。然而在大量實例和很大空間的情況下，一些困難出現了：

1. 對於每個修改來檢查先前所有事例的代價是高昂的。
2. 搜尋過程可能涉及大量的回溯。如同我們在第 18 章中看到的，假設空間可以達到雙重指數空間大小。

19.1.3 最少約定搜尋

當前最佳假設方法即使在資料不充分而對選擇沒有把握的時候，也必須選擇某個特定假設作爲最佳猜測，因而會產生回溯。替代地，我們可以只保存與目前已有的所有資料保持一致的全部假設。每個新的實例若非不產生任何影響，則爲去掉某些假設。回憶一下原始假設空間可以被視爲一個析取語句：

$h_1 \vee h_2 \vee h_3 \vee \ldots \vee h_n$

當發現各種假設與實例不一致時，這個析取式會縮小，只保留那些沒有被排除的假設。設原始假設空間的確包含那個正確答案，那麼經過縮減後的析取式一定仍然包含正確答案——因爲只有那些不正確的假設被去除了。保留下來的假設集合被稱爲**版本空間**(version space，或變形空間)，相對應的學習演算法(如圖 19.3 所示)被稱爲版本空間學習演算法(也叫做**替代消除**演算法)。

```
function VERSION-SPACE-LEARNING(examples) returns a version space
  local variables: V, the version space: the set of all hypotheses

  V ← the set of all hypotheses
  for each example e in examples do
     if V is not empty then V ← VERSION-SPACE-UPDATE(V, e)
  return V
---------------------------------------------------------------
function VERSION-SPACE-UPDATE(V, e) returns an updated version space
  V ← {h ∈ V : h is consistent with e}
```

圖 19.3　版本空間學習演算法。演算法找到 V 的一個與所有實例 *examples* 保持一致的子集

這種學習方法的一個重要特性是它是增量學習的：從不需要回頭重新檢查那些已處理過的實例。無論如何，所有保留下來的假設都保證與這些實例一致。但是它也有一個明顯的問題。我們已經說過假設空間是規模巨大的，因此我們如何能夠把這個巨大的析取式寫下來？

下面這個簡單的範例非常有用。如何表示 1 和 2 之間的所有實數？畢竟，它們的數量是無限的！答案是使用一個區間表示法，指明這個集合的邊界：[1, 2]。這種方法之所以有效是因爲實數有個順序。

我們在假設空間上也有一個順序，即一般化/特殊化。這是一個偏序關係，即每個邊界不是一個點而是一個假設的集合，稱爲**邊界集**。重要的是我們可以只用兩個邊界集就表示整個版本空間：一個最一般的邊界(**G-集**)和一個最特殊的邊界(**S-集**)。這兩個邊界之間的所有假設都保證與實例一致。在我們證明這一點之前，讓我們重申：

- 當前的版本空間是與到目前爲止所有的實例都保持一致的假設的集合。它用 G-集和 S-集表示，每個邊界集都是一組假設集。
- S-集中的每個成員都與目前爲止所有的觀察一致，並且不存在更特殊的一致假設。
- G-集中的每個成員都與目前爲止所有的觀察一致，並且不存在更一般的一致假設。

我們希望初始的版本空間(在看不到任何實例之前)能夠表示所有可能的假設。這時 G-集被設爲包含 *True*(也就是包含所有實例的假設)，S-集被設爲包含 *False*(外延爲空的假設)。

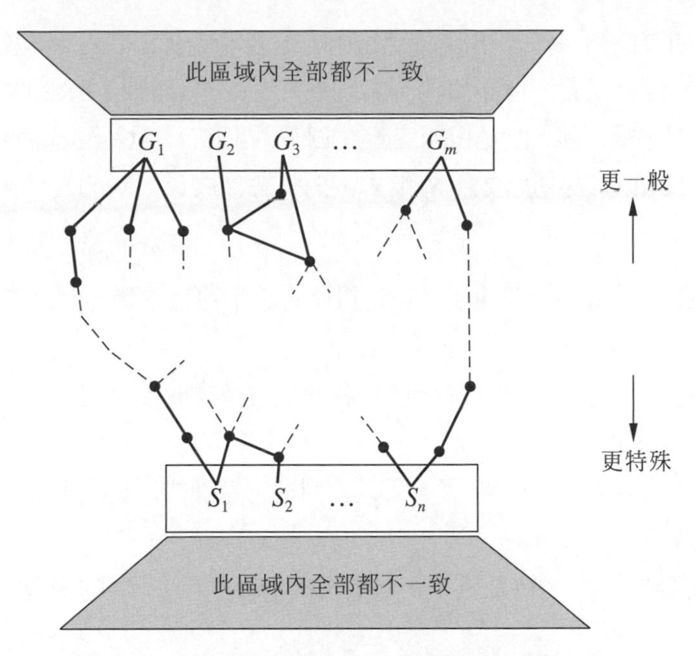

圖 19.4　包括所有與實例一致的假設之版本空間

圖 19.4 顯示了版本空間的邊界集表示法的一般結構。爲了說明這個表示是充分的，我們需要下面兩個屬性：

1. 每個一致假設(除了邊界集中的假設以外)都比 G-集中的某個成員更特殊，也比 S-集中的某個成員更一般(也就是說，沒有「漏網之魚」)。這能夠從 S 和 G 的定義中直接得出。如果存在一個遺漏的 h，那麼它一定比 G 中的任何成員都更特殊，在這種情況下它屬於 G；或者比 S 中的任何元素都更一般，在這種情況下它屬於 S。
2. 每個比 G-集中的某個成員更特殊並且比 S-集合中的某個成員更一般的假設都是一個一致假設。(即在邊界之間沒有「漏洞」)在 S 和 G 之間的任何 h 一定拒絕那些被 G 中的每個成員都拒絕的反例(因爲 h 更特殊)，也一定接受被 S 中的任何成員接受的正例(因爲 h 更一般)。因此，h 一定符合所有的實例，因而不可能是不一致的。圖 19.5 表示了這樣的情形：沒有已知實例在 S 之外而在 G 之內，因此縫隙中的所有假設一定都是一致的。

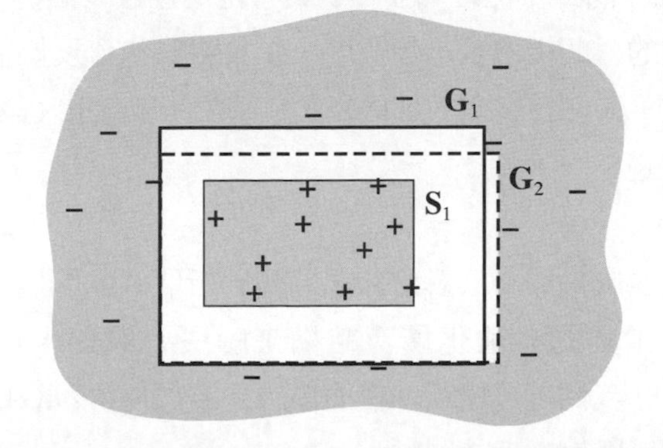

圖 19.5　G 和 S 中的成員的外延。在兩個邊界集之間沒有已知實例

因此我們已經說明了如果能夠保持 S 和 G 符合它們的定義，那麼它們對版本空間提供一個相當不錯的表示。剩下的唯一問題就是對一個新實例，如何更新 S 和 G (函數 VERSION-SPACE-UPDATE 的工作)。最初這看起來似乎很複雜，但是根據定義，並輔以圖 19.4，重新建構演算法就不是太困難了。

我們需要考慮 S-集和 G-集中的成員 S_i 和 G_i。對於每個成員，新的實例可能是一個錯誤正例或者錯誤反例。

1. S_i 的錯誤正例：意味著 S_i 太一般化了，但是根據定義不存在 S_i 的一致的特殊化，所以我們把它從 S-集中去掉。
2. S_i 的錯誤反例：意味著 S_i 太特殊化了，所以我們把它替換成所有對其進行的直接一般化，倘若它們比 G 中的某成員更特殊。
3. G_i 的錯誤正例：意味著 G_i 太一般化了，所以我們把它替換成所有對其進行的直接特殊化，倘若它們比 S 中的某成員更一般。
4. G_i 的錯誤反例：意味著 G_i 太特殊化了，但是根據定義不存在 G_i 的一致的一般化，所以我們把它從 G-集中去掉。

我們持續對每個新的實例執行這些操作，直到下列 3 種情況之一發生：

1. 在版本空間中剛好剩下一個假設，這種情況下我們將它作為唯一假設返回；
2. 版本空間坍塌——S 或者 G 變爲空集，顯示對訓練集合而言，沒有一致的假設。這與決策樹演算法的簡單版本中的失敗情況相同。
3. 當我們用完全部實例後，在版本空間中還剩下多個假設。這意味著版本空間表示了假設的一個析取式。對於任何新的實例，如果所有的析取子句意見都相同，則我們可以返回它們對該實例的分類。如果不同，則一種可能方法是採用多數投票。

我們把在餐館問題上應用 VERSION-SPACE-LEARNING 演算法留作一道習題。

版本空間方法有幾個主要缺點：

- 如果領域中含有雜訊或對於精確分類有不充分的屬性，則版本空間(version space)恆將坍塌。
- 如果我們允許假設空間的無限析取式，那麼 S-集將總是包含一個單一的最特殊假設，即到目前爲止見到過的正例描述的一個析取式。類似地，G-集將只包含反例描述的析取式的負面表示。
- 對於某些假設空間來說，即使存在高效率的學習演算法，S-集和 G-集中的元素個數仍然可能按照屬性個數的指數級增長。

到目前爲止，還沒有找到完全成功的方案解決雜訊問題。析取式的問題可以透過允許有限形式的析取式或者包括使用更一般謂詞的**一般化層次結構**來解決。例如，取代析取式 *WaitEstimate*(*x*, *30-60*) ∨ *WaitEstimate*(*x*, >60)，我們可以使用一個簡單的文字 *LongWait*(*x*)來表示。透過一般化和特殊化的集合可以很容易地進行擴展以處理該問題。

單純的版本空間演算法首先被用於 Meta-DENDRAL 系統中，是爲學習規則以預測質譜儀中分子如何分裂成小塊而設計的(Buchanan 和 Mitchell，1978)。Meta-DENDARL 能夠產生規則，它們在分析化學的一本授權出版的期刊中是全新的——第一次由一個電腦程式產生的眞正的科學知識。這一演算法還用於優雅的 LEX 系統中(Mitchell 等人，1983)，該系統能夠透過研究本身的成功和失敗而學習求解符號積分問題。雖然主要由於雜訊問題，使得版本空間方法可能在大多數現實世界的學習問題中並不實用，但是它們提供了很多對假設空間的邏輯結構的深入瞭解。

19.2 學習中的知識

前一節中描述了歸納學習最簡單的背景。爲了理解先驗知識的角色，我們需要談一談假設、實例描述以及分類之間的邏輯關係。令 *Descriptions*(描述)表示所有訓練集中實例描述的聯集，*Classifications*(分類)表示所有實例分類的聯集。那麼一個「解譯觀察事實」的 *Hypothesis*(假設)就必須滿足下面的屬性(回顧 $\models$ 表示「邏輯蘊涵」)：

$$Hypothesis \wedge Descriptions \models Classifications \tag{19.3}$$

我們把這種關係稱爲**蘊涵限制**，其中 *Hypothesis* 是「未知的」。純粹的歸納學習意味著求解這種限制問題，在這種限制中，*Hypothesis* 是從某個預先定義的假設空間中得到的。例如，如果把決策樹看作一個邏輯公式[參考公式(19.1)]，則與所有實例一致之決策樹將滿足公式 19.3。如果我們對假設的邏輯表示形式沒有任何限制，那麼 *Hypothesis* = *Classifications* 當然也同樣滿足限制。奧卡姆剃刀原則告訴我們優先選擇那些小的、一致的假設，所以我們儘量做得更好而不是簡單地把實例記憶下來。

歸納學習這種簡單的與知識無關的圖景一直持續到 20 世紀 80 年代早期。現代的方法則是設計已經知道某些知識的代理人並試圖學習到更多的知識。這也許聽上去不是非常深刻的見解，但是它使得我們設計代理人的方式有了很大的不同。這也許還和我們關於科學本身是如何工作的理論有某種相關性。圖 19.6 中顯示了基本想法的示意圖。

一個利用背景知識進行自主學習的代理人，必須具備某些獲取背景知識的方法，以便用在新的學習事件。這個方法本身必須是一個學習過程。因此代理人的生命歷史可以刻畫爲累積的或增量的發展。大致上，代理人可以從什麼知識都沒有開始，如同一個純歸納程式一樣在眞空條件下進行歸納。但是一旦它吃了知識樹上的「禁果」，它就不能再繼續進行這樣樸素的推測，而應該利用它的背景知識有效地學習更多的知識。那麼現在的問題就是如何實際做到這一點。

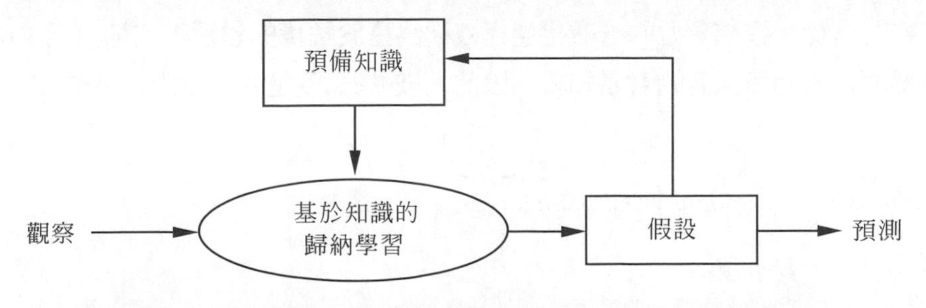

圖 19.6 隨時間會利用並增添其背景知識庫的累積學習過程

19.2.1 一些簡單的例子

讓我們考慮一些根據背景知識進行學習的常識性例子。推理行為很多顯然合理情況在面對觀察時很明顯不遵循純粹歸納的簡單原則。

- 有時人們在只進行一次觀察之後就迅速地得到一個結論。Gary Larson 曾經畫過一個卡通片，其中有一個帶著眼鏡的洞穴人 Zog 在用一根尖棍子的末端烤蜥蜴。一群與他同時代但沒他聰明的人驚訝地觀察著他，他們一直自己徒手在火上烤食物。這種啓蒙式的經驗足以讓那些觀察者們信服一條無痛烹飪的一般原則。
- 或者考慮一個去巴西的旅行者，她第一次遇到巴西人時的情況。聽到他在說葡萄牙語，她會立即得出巴西人說葡萄牙語的結論；但是當知道他的名字是 Fernando 時，她卻不會得出所有巴西人都叫 Fernando 的結論。在科學中也有類似的例子。例如一個物理系的大學一年級學生測量特定溫度下一塊銅樣本的密度和導電率的時候，她很確信能把這些值推廣到所有同樣質量的銅塊。但是當她測量它的質量的時候，卻根本不會考慮「所有的銅塊都有相同的質量」這樣的假設。另一方面，對所有的便士硬幣得到這樣的一般化結論是相當合理的。
- 最後，考慮這樣的情況：一個不懂藥理但是精通診斷學的醫學院學生在觀察病人和內科專家之間的諮詢過程。經過一系列的問答，專家告訴病人吃一個療程的某種特定的抗生素。這個醫學院學生就會推論出一條一般規則：那種特定的抗生素對一種特定的感染有效。

這些都是「使用背景知識能夠使學習的速度遠快於用純歸納程式進行學習所期望達到的速度」的案例。

19.2.2 一般方案

在前面的每個例子中，人們可以求助於先驗知識來試著對選中的一般化結論進行判斷。我們現在看看在每個例子中什麼類型的蘊涵限制可以起作用。在 *Hypothesis*(假設)和觀察到的 *Descriptions*(描述)與 *Classifications*(分類)之外，這些限制將會涉及到 *Background*(背景)知識。

在烤蜥蜴的例子中，洞穴人們透過解譯尖棍子的成功而進行一般化：它能夠在支撐蜥蜴的同時保持手遠離火。透過這樣的解譯，他們能夠推斷出一般規則：任何長的、硬的、尖銳的物體可以被用於烤小的、軟的食物。這種類型的一般化過程被稱為**基於解釋的學習**，或縮寫為 **EBL**。注意一般規則邏輯上遵循洞穴人們所擁有的背景知識。因此，被 EBL 滿足的蘊涵限制就是：

$$Hypothesis \wedge Descriptions \models Classifications$$

$$Background \models Hypothesis$$

因為 EBL 使用公式 19.3，它最初被認為是一種從實例中進行學習的更好方法。但是由於它要求背景知識足以解譯假設，進而解譯觀察，因此代理人事實上沒有從實例中學習到任何真正新的知識。代理人可能已經從它已知的知識中得到了實例，儘管這可能需要不合理的大量計算。EBL 現在被視為一種把基本原理的理論轉換成有用的專用知識的方法。我們將在第 19.3 節中描述 EBL 的演算法。

巴西旅行者的情形就完全不同了，因為她不一定能解譯為什麼 Fernando 這樣說話，除非她知道教皇教諭。此外，一個對殖民地歷史完全無知的旅行者也會得到同樣的一般化。在這種情況下的相關先驗知識就是在任何給定國家內，大多數人都傾向於說同樣的語言；另一方面，Fernando 不會被假定為是所有巴西人的名字，是因為這種類型的規律對姓名不成立。類似地，大學一年級的物理系學生也很難解譯她發現的銅的導電率和密度的特定值。然而，她確實知道物體的組成材料和溫度一起決定了它的導電率。在每種情況下，先驗知識 *Background* 關係到一個特徵集與目標謂詞的**相關性**。這種知識和觀察到的現象一起使得代理人推斷出新的一般規則，對觀察進行解譯：

$$Hypothesis \wedge Descriptions \models Classifications$$

$$Background \wedge Descriptions \wedge Classifications \models Hypothesis \qquad (19.4)$$

我們把這種一般化稱為**基於相關性的學習**或縮寫為 **RBL**(儘管這個名稱並不標準)。注意儘管 RBL 利用了觀察的內容，它並沒有產生超出背景知識和觀察的邏輯內容以外的假設。它是一種演繹形式的學習，無法靠它自身說明如何從零開始創造新知識。

在醫學院學生觀察專家的例子中，我們假定這個學生的先驗知識已經足夠根據症狀推斷出病人的疾病 D。然而，這不足以解譯醫生開出一種特定的藥 M 的事實。這個學生需要提出另一條規則，即 M 一般來說對於疾病 D 是有效的。有了這條規則，加上先驗知識，該學生現在可以解譯為什麼醫生在這個特定病例中開出藥 M。我們可以對這個例子進行一般化，提出一條蘊涵限制：

$$Background \wedge Hypothesis \wedge Descriptions \models Classifications \qquad (19.5)$$

也就是，背景知識和新的假設結合起來解譯實例。與純歸納學習相同，學習演算法應該提出盡可能簡單的假設，與這個限制一致。滿足限制(19.5)的演算法被稱為**基於知識的歸納學習**演算法或縮寫為 **KBIL** 演算法。

KBIL 演算法將在第 19.5 節中詳細描述，主要在**歸納邏輯程式設計**或縮寫為 **ILP** 的領域中進行研究。在 ILP 系統中，先驗知識在降低學習複雜度上扮演了兩個重要角色：

1. 因為任何產生的假設必須同時與先驗知識和新的觀察都保持一致，所以有效假設空間的規模就會減小，只包含那些與已知的知識一致的理論。
2. 對於任何給定觀察集合，建構對觀察的解譯所需要的假設規模可以減小很多，因為可以得到先驗知識，幫助找出在對觀察的解譯過程中的新規則。假設越小，就越容易被找到。

除了在歸納中允許使用先驗知識以外，ILP 系統還可以用一般的一階邏輯對假設進行形式化，而不是用第 18 章中受限的基於屬性的語言。這意味著它們可以在無法為簡單系統所理解的環境中進行學習。

19.3 基於解釋的學習

基於解釋的學習是一種從個別觀察中抽取出一般規則的方法。例如，考慮代數運算式的微分和化簡問題(習題 9.18)。如果我們對諸如 X^2 的運算式進行關於 X 的微分，我們得到 $2X$。(我們用大寫的 X 來表示算術上的未知量 X，以區別於邏輯變數 x)。在邏輯推理系統中，目標可能表示為 ASK($Derivative(X^2, X) = d, KB$)，解為 $d = 2X$。

任何懂得微分演算的人都能「透過目測」發現這個解，這是解決這種問題的實踐的結果。而一個第一次遇到這個問題的學生，或者一個沒有經驗的程式，要完成這項工作就會困難得多。應用微分的標準規則最終會產生運算式 $1 \times (2 \times (X^{(2-1)}))$，最後化簡成 $2X$。在本書作者們的邏輯程式實作中，這需要 136 步證明，其中 99 步是在死路分支上的。在有過這樣的經歷之後，我們會希望程式在下一次遇到相同問題的時候能夠快得多。

備忘法(memoization)技術已經在電腦科學中使用了很久，它透過保存計算結果以加速程式執行。備忘函數的基本想法是積累一個輸入/輸出對的資料庫；當函數被呼叫的時候，首先檢查資料庫，看看是否可以避免從頭開始求解問題。基於解釋的學習把它更進一步地引申，這是透過建立涵蓋整個相同類型情況的一般規則完成的。在微分的情況下，備忘法將記住 X^2 對於 X 的微分是 $2X$，但是會讓代理人從頭開始計算 Z^2 對 Z 的微分。我們希望能夠抽取出一般規則，從而對於任何算術未知量 u，u^2 關於 u 的微分都是 $2u$。(也可以產生 u^n 的更一般規則，不過當前這個例子已經足夠說明問題了)。從邏輯的角度，這可以用下面的規則表示：

$$ArithmeticUnknown(u) \Rightarrow Derivative(u^2, u) = 2u$$

如果知識基礎包含這樣一條規則，那麼任何屬於這條規則的例子的新情況都能夠立刻得到解決。

當然，這只不過是一種非常普遍的例子。一旦某些東西被理解了，那麼它就可以被一般化並用於其他情況下。這已經成為一個「顯而易見的」步驟，因此可以在求解更複雜的問題中被用作基礎架構。與伯特蘭・羅素(Betrand Russell)一起合寫了《數學原理》一書的懷特海德(Alfred North Whitehead，1911)曾經寫道：「文明透過擴展我們能不經思考就進行的重要運算的數量，來取得進步」，或許他本人在他對諸如「Zog 的發現」事件的理解中就應用了 EBL。如果你理解了微分例子中的基本想法，那麼你的大腦已經在忙著試圖從中抽取基於解釋的學習的一般原則了。注意你在看到例子之前還沒有發明 EBL。如同洞穴人觀察 Zog 一樣，你(和我們)在我們能夠產生基本原則之前需要一個實例。這是因為解譯為什麼某想法是好想法，比首先提出該想法要容易得多。

19.3.1 從實例中抽取一般規則

EBL 背後的基本想法是首先使用先驗知識構造對觀察的一個解譯，然後建立一個針對能夠使用相同的解譯結構的相同類型的定義。這個定義為涵蓋該類中所有情況的規則提供了基礎。「解譯」可以是一個邏輯證明，但是更一般地，它是步驟定義明確的任何推理或問題求解過程。關鍵是能夠明確把這些相同步驟應用於其他情況的必要條件。

我們將在我們的推理系統中使用在第九章中描述的簡單的逆向連結理論證明。$Derivative(X^2, X) = 2X$ 的證明樹過於龐大而無法作爲例子，因此我們使用一個更簡單的問題來詮釋一般化方法。設想我們的問題是要化簡 $1 \times (0 + X)$。知識基礎包括如下規則：

$$Rewrite(u, v) \wedge Simplify(v, w) \Rightarrow Simplify(u, w)$$
$$Primitive(u) \Rightarrow Simplify(u, u)$$
$$ArithmeticUnknown(u) \Rightarrow Primitive(u)$$
$$Number(u) \Rightarrow Primitive(u)$$
$$Rewrite(1 \times u, u)$$
$$Rewrite(0 + u, u)$$
$$\vdots$$

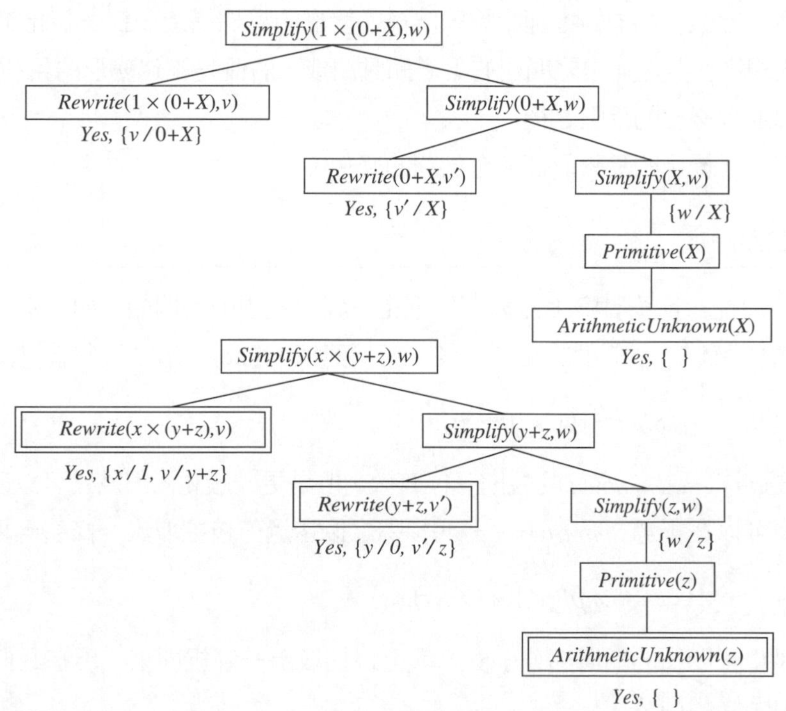

圖 19.7　簡化問題的證明樹。第一棵樹表示對原始問題例子的證明，從中我們可以得到：

$$ArithmeticUnknown(z) \Rightarrow Simplify(1 \times (0 + z), z)$$

第二棵樹表示了所有常數都換成變數的一個問題實例的證明，從中可得到各種其他規則

答案是 X 的證明如圖 19.7 的上半部分所示。EBL 方法實際上同時建構了兩棵證明樹。第二棵證明樹使用一個經過變形的目標，樹中將原始目標中的常數替換爲變數。隨著原始證明過程的進展，經過變形的證明過程也在逐步進行，使用完全相同的規則。這可能引起一些變數的實例化。例如，爲了使用規則 $Rewrite(1 \times u, u)$，子目標 $Rewrite(x \times (y + z), v)$中的變數 x 必須受限於 1。相似地，爲了使用規則 $Rewrite(0 + u, u)$，子目標 $Rewrite(y + z, v')$中的 y 必須受限於 0。一旦我們有了一般化的證明樹，我們選取葉子節點(經過必要的受限)形成一條用於目標謂詞的一般規則：

$$Rewrite(1\times(0+z), 0+z) \wedge Rewrite(0+z, z) \wedge ArithmeticUnknown(z) \Rightarrow Simplify(1\times(0+z), z)$$

注意左側的前兩個條件完全不考慮 z 的值。因此我們可以把它們從規則中去掉，得到：

$$ArithmeticUnknown(z) \quad \Rightarrow \quad Simplify(1\times(0+z), z)$$

一般來說，如果條件對最終規則右側的變數沒有施加任何限制，那麼它們就可以被丟棄，因爲得到的規則仍爲眞而且效率更高。注意我們沒有丟棄條件 *ArithmeticUnknown*(z)，因爲並非 z 的所有可能取値都是未知數。對於不是未知數的值，可能要求不同形式的化簡：例如，如果 z 是 2×3，那麼 $1\times(0+(2\times3))$的正確化簡將是 6 而不是 2×3。

重申一下，基本的 EBL 過程是如下進行的：

1. 給定一個實例，使用可用的背景知識，建構出一棵把目標謂詞應用於實例的證明。
2. 同時，使用與原始證明相同的推理步驟，爲經過變形的目標構造一棵一般化證明樹。
3. 構造一條新的規則，其左側由證明樹的葉子節點組成，右側是經過變形的目標(在根據一般化證明過程對變數進行必要的受限之後)。
4. 丟棄左側任何與目標中的變數取値完全無關的條件。

19.3.2 改進效率

圖 19.7 中的一般化證明樹實際上能夠產生不止一條一般規則。例如，如果當證明樹的右側分支達到 *Primitive* 步驟的時候，我們就終止其生長，或稱**剪枝**(prune)，那麼我們就得到規則：

$$Primitive(z) \quad \Rightarrow \quad Simplify(1\times(0+z), z)$$

這條規則與使用 *ArithmeticUnknown* 的規則一樣有效，但是更一般化，因爲它可以涵蓋當 z 是一個數字時的情況。我們可以在經過 *Simplify*($y+z, w$)步驟之後透過剪枝抽取出一條甚至更一般的規則：

$$Simplify(y+z, w) \Rightarrow \quad Simplify(1\times(y+z), w)$$

一般來說，從一般化證明樹的任何部分子樹上都可以抽取出一條規則來。現在我們面臨一個問題：我們應該選擇其中哪條規則？

要選擇產生哪條規則其實取決於效率問題。從 EBL 得到的效率分析涉及 3 個因素：

1. 加入大量的規則會使推理過程減慢，因爲推理機制即使在規則不會產生解的情況下仍然必須檢查這些規則。換句話說，它增加了搜尋空間的**分支因數**。
2. 爲了補償推理中的速度下降，那些產生的規則在處理它們能涵蓋的情況時必須顯著提高速度。這些速度提高得以實作主要是因爲產生的規則避免了其他情況下可能選取的死路，同時也因爲它們能夠縮短證明過程本身。
3. 產生的規則應該盡可能具有一般性，使得它們能夠用於各種情況的最大可能集合。

保證產生規則的高效性一個常用方法是對規則中的每個子目標都保持**可操作性**。如果一個子目標「容易」求解，則它是可操作的。例如，子目標 $Primitive(z)$很容易求解，最多需要兩步；而取決於 y 和 z 的值，子目標 $Simplify(y + z, w)$可能導致任意數量的推論。如果在建構一般證明樹的每一步都執行對可操作性的測試，那麼我們可以一旦找到一個可操作的子目標就對其餘分支進行剪枝，只保留那些可操作的子目標作爲新規則的析取子句。

不幸的是，通常我們不得不在可操作性和一般性之間取得平衡。更特殊的子目標通常更容易解決但是涵蓋更少的情況。同時，可操作性也有一個度的問題：1 步或 2 步當然是可操作的，但是 10 步或者 100 步呢？最後，求解一個給定子目標的開銷取決於知識庫中有哪些其他規則可用。當加入更多規則時，開銷可能增大或者減小。因此，EBL 系統在試圖使給定初始知識庫的效率最大化時，的確面臨一個非常複雜的最佳化問題。有時候能夠得到一個關於增加一條給定規則對總體效率的影響的數學模型，並使用這個模型選擇要增加的最佳規則。然而這個分析會變得很複雜，尤其是當涉及到遞迴規則的時候。一種有前途的方法是經驗地處理效率問題，簡單地添加幾條規則，觀察哪些是有用的並且的確能提高速度。

對效率的經驗分析實際上是 EBL 的核心。我們一直寬鬆地宣稱的「給定知識庫的效率」實際上是在一個問題分佈上的平均情況複雜度。透過根據過去的實例問題進行一般化，*EBL* 使得知識基礎對它合理地期望遇到的一類問題有更高的效率。只要過去實例的分佈與未來實例大體上一樣，那麼這就是可行的——這與針對第 18.5 節中的 PCA 學習使用的假設相同。如果仔細地設計 EBL 系統，它有可能得到顯著的提速。例如，一個設計用於在瑞典語和英語之間進行語音翻譯的、基於 Prolog 語言的非常大的自然語言系統，只透過在句法分析過程中應用 EBL 就能夠達到即時性能要求(Samuelesson 和 Rayner，1991)。

19.4 使用相關資訊進行學習

我們的巴西旅行者看來能夠得到關於其他巴西人所使用語言的可靠的一般化。這個推理來自她的背景知識，即一個給定國家中的人們(通常)說相同的語言。我們可以用一階邏輯把它表示如下[2]：

$$Nationality(x, n) \land Nationality(y, n) \land Language(x, l) \Rightarrow Language(y, l) \qquad (19.6)$$

(字面翻譯：「如果 x 和 y 有相同的國籍 n，而且 x 說的語言是 l，那麼 y 說的語言也是 l」)。不難證明，從語句和觀察

$$Nationality(Fernando, Brazil) \land Language(Fernando, Protuguese)$$

能夠蘊涵得到下面的結論(參見習題 19.1)：

$$Nationality(x, Brazil) \Rightarrow Language(x, Portuguese)$$

諸如(19.6)這樣的語句表達了相關性的一個嚴格形式：給定國籍，語言也就完全決定了。(換句話說：語言是關於國籍的一個函數)。這些語句稱爲**函數依賴關係**或稱**決定關係**。這種情況在特定種類的應用中出現得如此普遍(例如，對資料庫的設計進行詳細說明)，因此用一個專門的句法來表示。我們採用了 Davies(1985)的符號：

$$Nationality(x, n) \succ Language(x, l)$$

與往常一樣，這只是一個句法上的便利，但是也清楚地說明了決定關係就是謂詞之間的一種關係：國籍決定語言。決定導電率和密度的相關屬性可以類似地表示爲：

$$Material(x, m) \land Temperature(x, t) \succ Conductance(x, \rho);$$
$$Material(x, m) \land Temperature(x, t) \succ Density(x, d)$$

相對應的一般化也可以邏輯上根據決定關係和觀察得到。

19.4.1 決定假設空間

儘管決定關係支援了關於所有巴西人或者給定溫度下所有銅塊的一般結論，但是它們當然無法從單一實例中爲所有國籍或所有溫度和材料產生一個一般性的預測理論。它們的主要影響可以視爲對學習代理人需要考慮的假設空間加以限定。例如，在對導電率進行預測時，只需要考慮材料和溫度而可以忽略質量、擁有者、日期、現任總統等等。假設當然可以包含那些依次由材料和溫度決定的專案，諸如分子結構、熱能或自由電子密度等。決定關係指定了一個充分的基本詞彙表，根據它可以構造出關於目標謂詞的假設。這個陳述可以這樣來證明：證明一個給定的決定關係與下面的陳述在邏輯上是相等的——目標謂詞的正確定義是所有可以用出現在決定關係左側的謂詞來表達的定義集中的一個元素。

直觀地，假設空間規模的縮減能夠使目標謂詞的學習更容易。使用計算學習理論(第 18.5 節)的基本結果，我們可以量化可能的效益。首先，回憶一下對於布林函數，需要 $\log(|H|)$個實例才能收斂到一個合理的假設，其中$|H|$是假設空間的大小。如果學習者有 n 個用來建構假設的布林特徵，則在沒有更多的限制條件的時候，$|H| = O(\ )$，所以實例的個數是 $O(2^n)$。如果決定關係的左側包含 d 個謂詞，那麼學習者只需要 $O(2^d)$個實例，減少了 $O(2^{n-d})$。

19.4.2 學習和使用相關性資訊

我們在本章的介紹中說過，先驗知識在學習中很有用，但是它也必須經過學習。爲了提供基於相關性的學習的完整情況，我們同樣必須給出一個對於決定關係的學習演算法。我們現在提出的學習演算法是基於尋找與觀察一致的最簡單的決定關係。一個決定關係 $P \succ Q$ 顯示任何與 P 相匹配的實例也一定與 Q 相匹配。因此，如果每對與左側謂詞相匹配的元素也與目標謂詞相匹配，那麼一個決定關係與一個實例集是一致的。例如，設想我們有對材料樣本的導電率測量的實例如下：

樣本	質量	溫度	材料	尺寸	導電率
S1	12	26	銅	3	0.59
S1	12	100	銅	3	0.57
S2	24	26	銅	6	0.59
S3	12	26	鉛	2	0.05
S3	12	100	鉛	2	0.04
S4	24	26	鉛	4	0.05

最小一致決定是 $Material \wedge Temperature \succ Conductance$。還有一個非最小但是一致的決定，即：$Mass \wedge Size \wedge Temperature \succ Conductance$。它與實例一致是因爲質量和尺寸決定密度，而在我們的資料集中沒有兩種密度相同的不同材料。通常，我們需要一個更大的樣本集以消除近似正確的假設。

有幾個可能的演算法可以用於尋找最小一致決定。最顯而易見的方法是在決定關係空間上進行搜尋，用一個謂詞、兩個謂詞、依此類推，檢驗所有的決定關係，直到找到一個一致的決定關係。我們假定一個簡單的基於屬性的表示，如同第十八章中的決策樹學習中所使用的。一個決定關係 d 可以用左側的屬性集合表示，因爲假定目標謂詞是固定的。圖 19.8 中勾勒了基本演算法。

```
function MINIMAL-CONSISTENT-DET(E, A) returns a set of attributes
   inputs: E, a set of examples
           A, a set of attributes, of size n

   for i = 0 to n do
      for each subset A_i of A of size i do
         if CONSISTENT-DET?(A_i, E) then return A_i
--------------------------------------------------------------------
function CONSISTENT-DET?(A, E) returns a truth value
   inputs: A, a set of attributes
           E, a set of examples
   local variables: H, a hash table

   for each example e in E do
      if some example in H has the same values as e for the attributes A
         but a different classification then return false
      store the class of e in H, indexed by the values for attributes A of the example e
   return true
```

圖 19.8 一個尋找最小一致決定的演算法

該演算法的時間複雜度取決於最小一致決定的大小。假定該決定關係有全部 n 個屬性中的 p 個。那麼該演算法直到搜尋子集 A 的大小爲 p 時才能找到這個決定關係。一共有 $\binom{n}{p} = O(n^p)$ 個這樣的子集；因此演算法複雜度是最小決定的大小的指數量級。這顯示該問題是 NP-complete，因此對於一般情況我們不可能期望做得更好。然而，在大多數領域中，會存在 p 很小的充分的局部結構(局部結構化域的定義參見第 14 章)。

給定一個對決定關係進行學習的演算法，學習代理人就有辦法構造一個最小假設，在其中可以學習目標謂詞。例如，我們可以把 MINIMAL-CONSISTENT-DET(最小一致決定)和 DECISION-TREE-LEARNING(決策樹學習)演算法結合起來。於是就產生了一個基於相關性的決策樹學習演算法 RBDTL，首先確定一個最小相關屬性集，然後把該集合傳遞給決策樹演算法進行學習。與 DECISION-TREE-LEARNING 不同的是，RBDTL 同時學習和使用相關性資訊，從而使假設空間最小。我們期望 RBDTL 能夠比 DECISION-TREE-LEARNING 學習得更快，事實上也是如此。圖 19.9 顯示出了兩種演算法在隨機產生資料上的學習性能，被學習的函數只依賴於 16 個屬性中的 5 個。顯然，當所有可用屬性都相關時，RBDTL 就沒有優勢了。

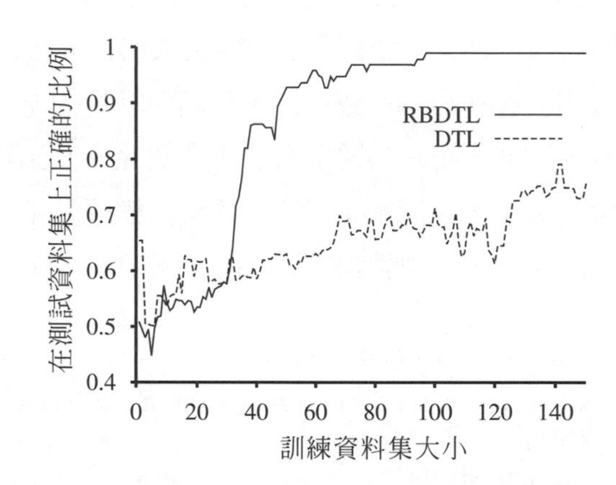

圖 19.9　針對只取決於 16 個屬性中的 5 個屬性的目標函數，在隨機產生的資料上，DECISION-TREE-LEARNING 和 RBDTL 之間的效能比較

本章只介紹了**陳述性偏差**領域的概念，其目標是理解如何使用先驗知識來確定適當的假設空間，可以在其中搜尋正確的目標定義。還有很多問題沒有得到解答：

- 如何擴展演算法以處理雜訊？
- 我們能夠處理連續值的變數嗎？
- 除決定關係以外，其他類型的先驗知識可以如何使用？
- 如何才能產生演算法以涵蓋任意的一階理論而不止是基於屬性的表示？

部分問題會在下一節中著手解決。

19.5 歸納邏輯程式設計

歸納邏輯程式設計(ILP)將歸納方法和一階表示的表達能力結合起來，特別集中於把假設表示為邏輯程式[3]。它之所以常用有 3 個原因。首先，ILP 為一般基於知識的歸納學習問題提供了一種嚴格的方法。其次，它提供了完備的演算法，從實例中歸納一般的一階理論，因此它可以在那些基於屬性的演算法難於應用的場合中成功地完成學習。一個例子是學習蛋白質結構的折疊(圖 19.10)。蛋白質分子的三維結構無法透過一組屬性合理地進行表示，這是因爲結構指的本來就是物件之間的關係，而不是單一物件的屬性。一階邏輯是描述這種關係的合適語言。第三，歸納邏輯程式設計所產生的假設(相對)很容易爲人所理解。例如，圖 19.10 的自然語言表述是可以由現在的生物學家進行考察和鑒定的。這意味著歸納邏輯程式設計系統可以參與到實驗、假設產生、爭論以及反駁的科學研究迴圈中來。這種參與對於產生「黑盒子」分類器的系統(例如神經網路)而言是不可能的。

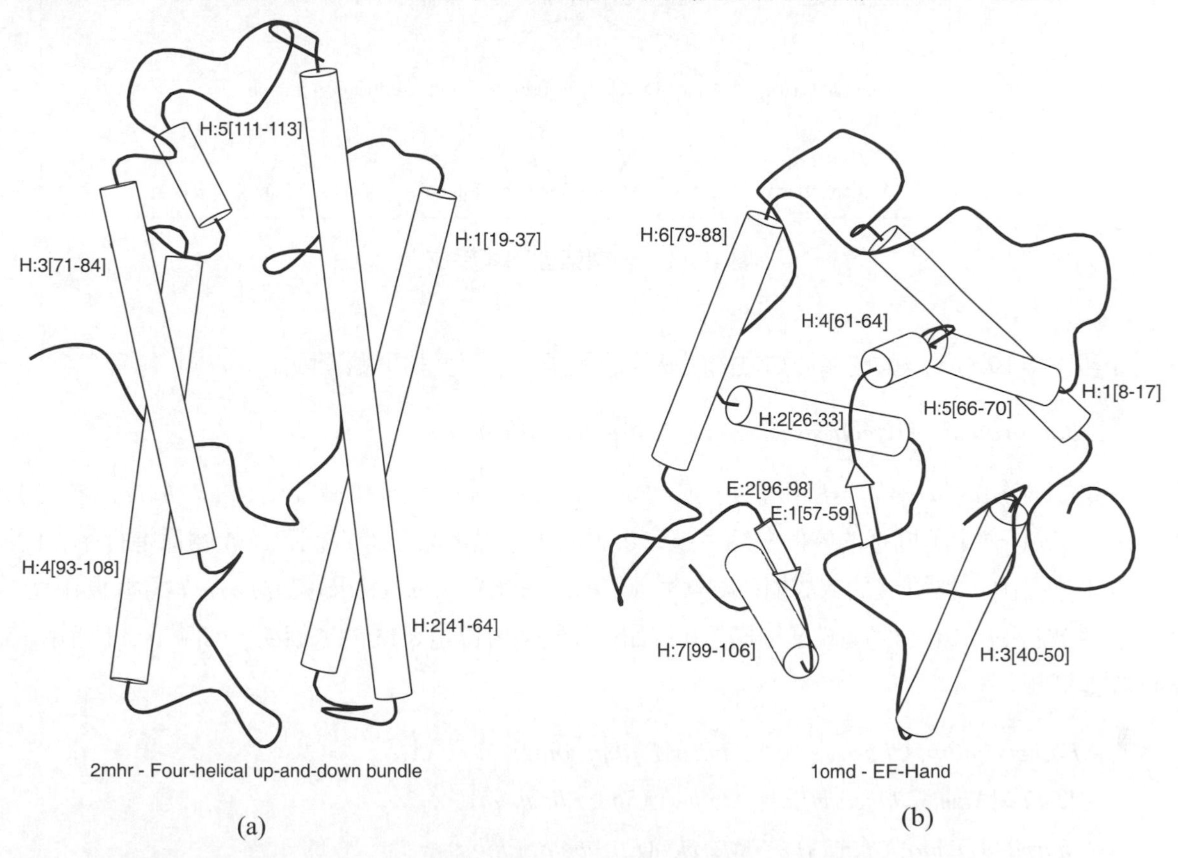

圖 19.10 (a)和(b)分別顯示了蛋白質折疊結構域中的「四螺旋頭尾並列聚集束」概念的正例和反例。每個範例結構被編碼為大約 100 個合取子句組成的邏輯運算式，例如 $TotalLength(D2mhr, 118) \wedge NumberHelices(D2mhr, 6) \wedge \ldots$。

根據這些描述和諸如 *Fold* (FOUR-HELICAL-UP-AND-DOWN-BUNDLE, *D2mhr*)的分類，歸納邏輯程式設計系統 PROGOL(Muggleton，1995)學習到下述規則：

$$\begin{aligned} &Fold(\text{FOUR-HELICAL-UP-AND-DOWN-BUNDLE}, p) \Leftarrow \\ &\quad Helix(p, h_1) \wedge Length(h_1, \text{HIGH}) \wedge Position(p, h_1, n) \\ &\quad \wedge (1 \le n \le 3) \wedge Adjacent(p, h_1, h_2) \wedge Helix(p, h_2) \end{aligned}$$

這類規則是無法透過類似於我們前面章節見過的基於屬性的機制來進行學習，或甚至也無法表示。規則可以被翻譯成自然語言：「蛋白質 P 屬於分類『四螺旋頭尾並列聚集束』，如果它在 1 和 3 之間的第二個結構位置包含一條長螺旋 h_1，並且 h_1 旁邊有第二條螺旋」

19.5.1 一個例子

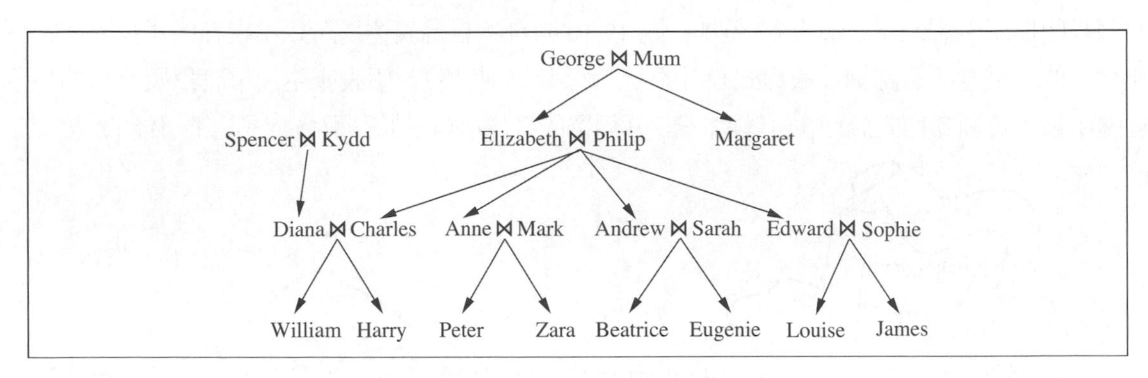

圖 19.11 一棵典型的家族樹

回憶公式(19.5)，一般的基於知識的歸納問題就是「求解」如下蘊涵限制：

$$Background \wedge Hypothesis \wedge Descriptions \models Classifications$$

且求解是對未知的 *Hypothesis*(假設)，並給定 *Background*(背景)知識及由 *Descriptions*(描述)與 *Classifications*(分類)所描述的實例。爲了進一步說明，我們考察根據實例對家族關係進行學習的問題。描述過程由一棵擴展的家族樹組成，按照 *Father*(父)、*Mother*(母)與 *Married*(婚姻)關係以及 *Male*(男性)與 *Female*(女性)屬性進行描述。例如，我們使用習題 8.15 的家族樹，如圖 19.11 所示。對應的描述如下：

Father(*Philip*, *Charles*)	*Father*(*Philip*, *Anne*)	…
Mother(*Mum*, *Margaret*)	*Mother*(*Mum*, *Elizabeth*)	…
Married(*Diana*, *Charles*)	*Married*(*Elizabeth*, *Philip*)	…
Male(*Philip*)	*Male*(*Charles*)	…
Female(*Beatrice*)	*Female*(*Margaret*)	…

Classifications 中的句子取決於學到的目標概念。我們也許想要學習例如 *Grandparent*(祖父母)、*BrotherInLaw*(連襟)或者 *Ancestor*(祖先)關係。對於 *Grandparent* 關係，*Classifications* 的全集包含了 $20 \times 20 = 400$ 條如下形式的合取子句

Grandparent(*Mum*, *Charles*)	*Grandparent*(*Elizabeth*, *Beatrice*)	…
$\neg$*Grandparent*(*Mum*, *Harry*)	$\neg$*Grandparent*(*Spencer*, *Peter*)	…

我們當然可以根據這個全集的子集進行學習。

歸納學習程式的目標就是要提出一系列的 *Hypothesis* 語句，使蘊涵限制都得到滿足。現在假定代理人沒有任何背景知識：*Background* 爲空。那麼對於 *Hypothesis* 可能的解如下所示：

$$
\begin{aligned}
Grandparent(x, y) \Leftrightarrow\ & [\exists z\ \ Mother(x, z) \wedge Mother(z, y)] \\
\vee\ & [\exists z\ \ Mother(x, z) \wedge Father(z, y)] \\
\vee\ & [\exists z\ \ Father(x, z) \wedge Mother(z, y)] \\
\vee\ & [\exists z\ \ Father(x, z) \wedge Father(z, y)]
\end{aligned}
$$

應該注意到基於屬性的學習演算法，如 DECISION-TREE-LEARNING，無法入手求解這樣的問題。爲了將 *Grandparent* 關係表達爲一種屬性(即一元謂詞)，我們需要用一對人物構成物件

$$Grandparent\ (\langle Mum, Charles\rangle)\ \ \ldots$$

然後，我們試圖表示實例描述。唯一可能的屬性是相當不恰當的，諸如

$$FirstElementIsMotherOfElizabeth(\langle Mum,\ Charles\rangle)$$

按照這樣的屬性定義的 *Grandparent* 關係僅僅成爲特例中一個很大的析取式，而不會產生新的實例。基於屬性的學習演算法對關係謂詞的學習是毫無幫助的。因此，ILP 演算法主要優點之一就是它們能夠應用於更廣泛的問題，包括關係問題。

讀者一定已經注意到，少許的背景知識會對 *Grandparent* 的定義表示有所幫助。例如，如果 *Background* 包含下述語句

$$Parent(x, y) \Leftrightarrow [Mother(x, y) \vee Father(x, y)]$$

則 *Grandparent* 的定義可以被簡化爲

$$Grandparent(x, y) \Leftrightarrow [\exists z\ \ Parent(x, z) \wedge Parent(z, y)]$$

從這裡可以看出背景知識是如何能夠急劇縮減解譯觀察所需的假設的規模的。

爲了使解譯性的假設更容易表示，ILP 演算法還可能建立新的謂詞。用前面給定的實例資料，ILP 程式完全有理由提出附加謂詞。爲了簡化目標謂詞的定義，我們稱之爲「*Parent*」。可以產生新謂詞的演算法被稱爲**建構式歸納**演算法。顯然地，建構式歸納法是累積學習中的一個必要部分。這曾經是機器學習中最難解決的問題之一，不過某些 ILP 技術爲實作它提供了有效的機制。

在本章的剩餘部分，我們將學習 ILP 的兩種主要方法。第一種使用了對決策樹方法的一種推廣，而第二種使用了一種基於逆向歸結證明的方法。

19.5.2 由上而下的歸納學習方法

ILP 的第一種方法從一般的規則入手，逐步對其進行特殊化以使它能整合資料。這本質上就是決策樹學習中發生的情況，其中決策樹是逐步成長的，直到與觀察結果相一致。要實作 ILP，我們選擇一階文字而不使用屬性特徵，並且用一組子句而不是決策樹表示假設。本節描述了 FOIL 演算法(Quinlan，1990)，最早的 ILP 程式之一。

設想我們嘗試學習 $Grandfather(x, y)$這個謂詞的定義，使用和前面相同的家族資料。和決策樹學習一樣，我們可以將實例分成正例和反例。正例有

$$\langle George, Anne\rangle, \langle Philip, Peter\rangle, \langle Spencer, Harry\rangle, \ldots$$

反例有

$$\langle George, Elizabeth\rangle, \langle Harry, Zara\rangle, \langle Charles, Philip\rangle, \ldots$$

注意這裡的每個實例都是成對的物件，因為 *Grandfather*(祖父)是一個二元謂詞。總計，在家族樹中共有 12 個正例和 388 個反例(除正例外的所有其他成對資料)。

FOIL 方法建構了一組子句，每個子句都以 $Grandfather(x, y)$作為子句的開頭。這些子句必須能夠將 12 個正例劃分到 $Grandfather(x, y)$關係中，而將 388 個反例排除在外。這些子句屬於霍恩子句，和 Prolog 語言一樣，將反例允許的子句本身和所被解釋的結果作為失敗，來對負文字進行擴展。初始子句設為空子句：

$$\Rightarrow Grandfather(x, y)$$

這個子句對每個實例的處理結果都是正的，因此要對其進行修正。我們每次在左邊加入一個文字。下列為三個額外潛在：

$$Father(x, y) \Rightarrow Grandfather(x, y)$$

$$Parent(x, z) \Rightarrow Grandfather(x, y)$$

$$Father(x, z) \Rightarrow Grandfather(x, y)$$

(注意，我們假定一個定義 *Parent* 的子句已經是背景知識的一部分了)。這 3 個子句中的第 1 個無法正確地將 12 個正例和那些反例區分開來，所以它要被忽略掉。第 2 個子句和第 3 個子句和所有的正例都符合，但是第 2 條對於反例來說，有很大比例都是不正確的，這是由於它既包含了父親又包含了母親。這樣，我們比較傾向於選取第 3 個子句。

現在我們需要進一步對此子句進行特殊化，來排除這樣的情況：x 是 z 的父親，但 z 不是 y 的父親。我們加入單一文字 $Parent(z, y)$，則會得到

$$Father(x, z) \wedge Parent(z, y) \Rightarrow Grandfather(x, y)$$

它可以對所有的實例進行正確分類。使用 FOIL 演算法可以找到這個文字，也就解決了相對應的學習問題。通常情況下，FOIL 演算法是霍恩子句的集合，每個皆表示目標的預測。例如，若在我們的辭典裡沒有 Parent 的預測，則其解可能為

$$Father(x, z) \wedge Father(z, y) \Rightarrow Grandfather(x, y)$$

$$Father(x, z) \wedge Mother(z, y) \Rightarrow Grandfather(x, y)$$

注意這些每個子句包含某些正例的事例，將它們集合則包含所有正例的事例，並且 NEW-CLAUSE 被設計用在沒有子句會不正確地包含反例的事例。通常情況下，FOIL 演算法在找到正確的解之前會搜尋大量不成功的子句。

```
function FOIL(examples, target) returns a set of Horn clauses
  inputs: examples, set of examples
          target, a literal for the goal predicate
  local variables: clauses, set of clauses, initially empty

  while examples contains positive examples do
     clause ← NEW-CLAUSE(examples, target)
     remove positive examples covered by clause from examples
     add clause to clauses
  return clauses
```

```
function NEW-CLAUSE(examples, target) returns a Horn clause
  local variables: clause, a clause with target as head and an empty body
                   l, a literal to be added to the clause
                   extended_examples, a set of examples with values for new variables

  extended_examples ← examples
  while extended_examples contains negative examples do
     l ← CHOOSE-LITERAL(NEW-LITERALS(clause), extended_examples)
     append l to the body of clause
     extended_examples ← set of examples created by applying EXTEND-EXAMPLE
        to each example in extended_examples
  return clause
```

```
function EXTEND-EXAMPLE(example, literal) returns a set of examples
  if example satisfies literal
     then return the set of examples created by extending example with
        each possible constant value for each new variable in literal
  else return the empty set
```

圖 19.12 從實例對一階霍恩子句集進行學習的 FOIL 演算法架構。

而 NEW-LITERALS 和 CHOOSE-LITERAL 在課文中有解釋。

上面的例子是對 FOIL 如何運轉一個很簡單的說明。完整演算法的方塊架如圖 19.12 所示。本質上，這個演算法就是一個文字一個文字地不斷建構一個子句，直到該子句符合正例的某個子集並且不符合任何反例為止。然後，把被該子句涵蓋的正例從訓練集中去除，持續這個過程直到沒有剩餘的正例。有兩個主要的子程式需要解譯一下：NEW-LITERALS 用於建構加入子句的所有可能的新文字，CHOOSE-LITERAL 用於挑選一個要添加的文字。

NEW-LITERALS 選取一個子句，然後建構出所有可以加入子句的可能「有用」文字。讓我們以一個子句為例，如

$Father(x, z) \Rightarrow Grandfather(x, y)$

有 3 種可以加入的文字：

1. **使用謂詞的文字**：這樣的文字可以是否定的，也可以不是否定的，可以使用任何已有的謂詞(包括目標謂詞)，參數必須全部是變數。任何變數都可以用於謂詞的任何參數，不過有一個限制：每個文字必須包含至少一個來自前面文字的變數或者來自子句開頭的變數。諸如 $Mother(z, u)$，$Married(z, z)$，$\neg Male(y)$和 $Grandfather(v, x)$這樣的文字是允許的，而 $Married(u, v)$是不允許的。注意，使用來自子句開頭的謂詞使得 FOIL 能夠學習遞迴的定義。
2. **相等與不相等文字**：這些文字與已經出現在子句中的變數相關。例如，我們可以加入 $z \neq x$。這些文字還可以包含使用者定義的常數。學習算術時，我們可以使用 0、1，而學習表函數時，我們可以使用空表符號 [ ]。
3. **算術比較符**：當處理連續變數的函數時，可以加入諸如 $x > y$ 和 $y \leq z$ 這樣的文字。如同在決策樹學習中一樣，可以選取一個常數臨界值使得測試的辨識能力達到最大。

在這個搜尋空間中產生的分支因數很大(參見習題 19.6)，不過 FOIL 還可以利用類型的資訊來縮減。例如，如果在區域中包含數字以及人，則類型限制可以阻止 NEW-LITERALS 產生諸如 $Parent(x, n)$ 這樣的文字，其中 x 代表人，n 代表數字。

CHOOSE-LITERAL 使用一個類似於資訊增益(參見第 18.3.4 節)的啓發式決定添加哪個文字。準確的細節在這裡並不重要，已經有許多各種不同的方法被嘗試過。在 FOIL 中還有一個很有趣的附加特徵，使用了奧卡姆剃刀原則(Ockham's razor)來消除某些假設。如果(在某個尺度下)一個子句的長度變得大於這個子句所解譯的正例的總長度，它將不被當作一個潛在的假設。這個技術提供了一條途徑，避免出現過於複雜的、能整合資料中雜訊的子句。

FOIL 以及一些相關演算法已經被用於學習很寬泛的各種定義。令人印象深刻的表示之一(Quinlan 和 Cameron-Jones，1993)涉及求解 Bratko(1986)的 Prolog 語言課本上關於表處理函數的一系列習題。在每種情況下，利用前面學習到的函數作爲背景知識，程式能夠從一個很小的實例集中學習到正確的函數定義。

19.5.3 使用逆向演繹的歸納學習

ILP 中的第 2 種主要方法使用了普通演繹推理證明的逆過程。**逆向歸結**是基於這樣一個觀察事實的：如果實例 *Classifications* 是根據 *BackgroundHypothesisDescriptions* 得出的，那麼一定能夠透過歸結解消證明這個事實(因爲歸結是完備的)。如果我們可以「逆向執行證明過程」，就能找到證明過程中的 *Hypothesis*。那麼這裡的關鍵就在於找到逆轉歸結過程的途徑。

下面我們將舉出一個逆向歸結的逆向證明過程，它由單獨的逆向步驟組成。回憶一下，一個普通的歸結步驟選取兩個子句 C_1 和 C_2，對它們進行歸結產生**歸結式** C。逆向歸結步驟選取一個歸結式 C，產生兩個子句 C_1 和 C_2，其中 C 是對子句 C_1 和子句 C_2 進行歸結的結果。另一種方法，也可以選取一個歸結式 C 和子句 C_1，產生子句 C_2，其中 C 是對子句 C_1 和子句 C_2 進行歸結的結果。

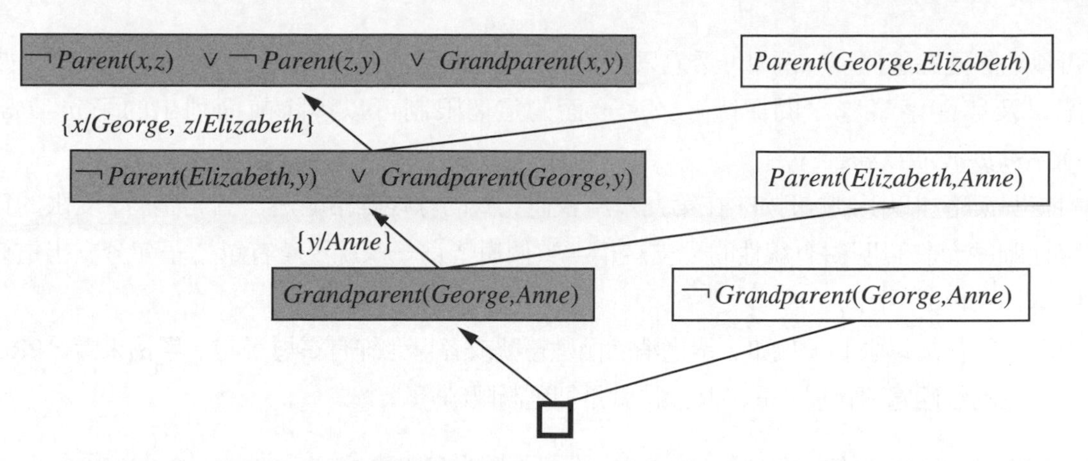

圖 19.13 逆向解消過程的前幾步。帶有陰影的子句是從右側子句和下邊子句透過逆向解消步驟產生的。無陰影的子句是來自於 *Descriptions* 與 *Classifications*(包括否定式 *Classifications*)

逆向歸結過程的前面幾步如圖 19.13 所示，其中我們的注意力集中在正例 *Grandparent*(*George*, *Anne*)上。處理過程從證明的末尾開始(顯示在圖的底部)。我們設歸結式 C 爲空子句(即矛盾)，設 C_2 爲¬*Grandparent*(*George*, *Anne*)，它是目標實例的負面表示。第一個逆向步驟選取 C 和 C_2，並產生子句 *Grandparent*(*George*, *Anne*)作爲 C_1。下面的一步，將這個子句作爲 C，將子句 *Parent*(*Elizabeth*, *Anne*)作爲 C_2，產生子句

$$\neg Parent(Elizabeth, y) \;\vee\; Grandparent(George, y)$$

作爲 C_1。最後一步將這個子句作爲歸結式。C_2 取 *Parent*(*George*, *Elizabeth*)，一個可能的子句 C_1 爲所求假設

$$Parent(x, z) \;\wedge\; Parent(z, y) \Rightarrow Grandparent(x, y)$$

現在我們有了一個歸結證明爲，假設、描述和背景知識蘊涵了分類 *Grandparent*(*George*, *Anne*)。

顯然地，逆向歸結涉及一個搜尋過程。每一個逆向歸結步驟都是非確定性的，因爲對於任意的 C，都可能有許多甚至無限個子句 C_1 和 C_2 可以歸結出 C。例如圖 19.13 中最後一步，逆向歸結步驟也許沒有選擇¬*Parent*(*Elizabeth*, *y*)∨*Grandparent*(*George*, *y*)作爲 C_1，而是從下面的語句中任意選擇：

$$\neg Parent(Elizabeth, Anne) \;\vee\; Grandparent\ (George, Anne)$$

$$\neg Parent(z, Anne) \;\vee\; Grandparent(George, Anne)$$

$$\neg Parent(z, y) \;\vee\; Grandparent(George, y)$$

$$\vdots$$

(參見習題 19.4 和 19.5)。此外，每一子句可以從 *Background*(背景)知識、實例 *Descriptions*(描述)以及對 *Classifications*(分類)的方式中選取，或者從逆向歸結樹中已經產生的假設子句中選取。如果沒有額外的控制，可能性的大數量就意味著較大的分支因數(因此產生低效率的搜尋)。在已實作的 ILP 系統中，嘗試過許多對搜尋進行控制的方法：

1. 可以消除冗餘選擇——例如，透過只產生最特殊化的可能假設，以及要求所有假設子句彼此之間以及與觀察事實之間保持一致。後面的這個限制可以排除前面列出的子句$\neg Parent(z, y)Grandparent(George, y)$。
2. 對證明策略加以限制。例如，在第九章中我們見到的**線性歸結**就是一個完整的、受限的策略。線性歸納允許證明樹有線性的分支結構—整個樹皆為一條線，僅有單一子句分支出這條線。(如圖 19.13 中所示)。
3. 對表示語言加以限制，例如，透過消除函數符號或者只允許有霍恩子句。舉例來看，PROLOG 使用**逆向蘊涵**處理霍恩子句。其想法就是把蘊涵限制

   $$Background \wedge Hypothesis \wedge Description \models Classifications$$

   加以改變，成為如下的邏輯相等形式

   $$Background \wedge Descriptions \wedge \neg Classifications \models \neg Hypothesis$$

   據此，可以使用一個類似於普通 Prolog 霍恩子句演繹的處理過程，利用失敗的方式來產生 *Hypothesis*。由於它被限定在霍恩子句上，所以它是一個不完備演算法，但是它能夠比完全的歸結要有效率得多。也可以使用逆向蘊涵的 Inoue 方法(2001)進行完整的推理。
4. 可以透過模型檢查而不是定理證明來完成推理。PROLOG 系統(Muggleton，1995)使用了一種形式的模型檢查對搜尋加以限制。和問題集程式設計一樣，它為邏輯變數產生可能的值，並對一致性進行檢查。
5. 可以使用基本命題子句而不是一階邏輯來完成推理。LINUS 系統(Lavrauc 和 Duzeroski，1994)將一階邏輯理論翻譯成命題邏輯，透過一個命題學習系統求解問題，然後再翻譯回來。透過命題邏輯公式進行處理對於某些問題會更有效，如我們在第 10 章中見過的 SATPLAN。

19.5.4 透過歸納邏輯程式設計進行發現

逆向歸納過程將一個完整的歸納策略反其道而行，原理上，它是學習一階理論的一個完整演算法。也就是說，如果某個未知的 *Hypothesis* 產生了一組實例，那麼逆向歸納過程可以根據這些實例產生 *Hypothesis*。這個現象提示了一個有趣的可能性：設想現成的實例中包含了落體的各種軌跡。那麼逆向歸納程式是不是在理論上有能力推導出萬有引力定律呢？答案顯然是肯定的，因為在給定了合適的數學背景知識之後，萬有引力定律可以用來解譯這些實例。類似地，可以想像電磁學、量子力學和相對論都在 ILP 程式的範疇內。當然，同樣也在猴子與印表機問題的範疇內。我們還需要更好的啓發式演算法和新思維來構造搜尋空間。

逆向歸納系統將為我們完成的任務之一是創造新謂詞。這種能力看上去多少有些不可思議，因為電腦通常被認為「只知道按照給予它們的指令進行工作」。而事實上，新謂詞是直接從逆向歸結步驟中完成的。最簡單的情況是對於給定的子句 C，假設兩個新子句 C_1 和 C_2 能歸結得到 C。對 C_1 和 C_2 的歸結消去了兩個子句共用的文字；因此，在被消去的文字中很可能含有在 C 中未出現過的謂詞。這樣，當進行逆向處理時，就可能產生一個新謂詞，重建被消去的文字。

圖 19.14 顯示了一個例子，在學習 *Ancestor* 的定義的過程中，產生了一個新謂詞 P。謂詞 P 一旦產生，就可以用於後面的逆向歸結步驟。例如後面的一個步驟可能會假設 $Mother(x, y) \Rightarrow P(x, y)$。因此，新謂詞 P 的含義就受到產生涉及它的假設的限制。另一個實例也許會導致 $Father(x, y) \Rightarrow P(x, y)$。換句話說，謂詞 P 就是我們通常考慮的 *Parent* 關係。如前面我們所提到的，創造新謂詞可以顯著縮減目標謂詞的定義大小。因此，借助創造新謂詞的能力，逆向歸納系統經常可以解決許多對於其他系統而言不可行的學習問題。

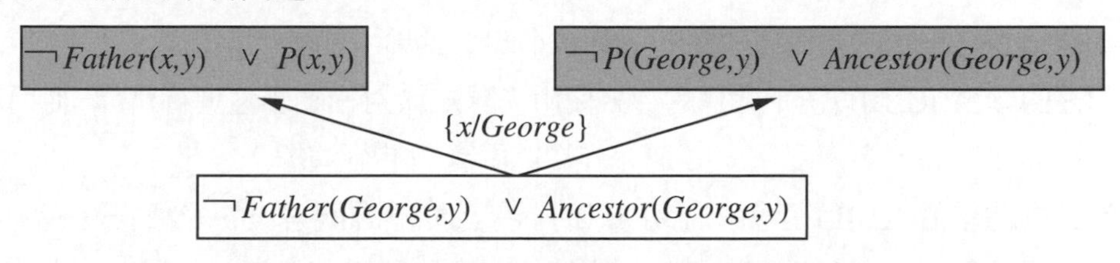

圖 19.14　一個產生新謂詞 P 的逆向解消過程

在科學中，某些具有深遠意義的革新來自於新謂詞和新函數的發明——例如，伽利略發明的「加速度」，以及焦耳發明的「熱能」。一旦這些術語可用，發現新定律就變得(相對)容易了。困難之處在於意識到某個新的實體，透過與已有事物的特定關係，將允許用一個比已有理論更簡單和更優美的理論來解譯觀察到的事實。

至今，ILP 系統的新發現還不能達到伽利略和焦耳的水準，但是它們的發現已經被認爲可以發表在科技文獻中了。例如，在《分子生物學期刊》(*Journal of Molecular Biology*)中，Turcotte 等人(2001)描述了透過 ILP 程式 PROLOG 完成的「蛋白質折疊規則的自動發現」。PROLOG 發現的許多規則都可以根據已知的原理推導出來，但是其中大部分都尚未作爲標準生物資料庫的一部分被發表過。(參見圖 19.10 中的例子)。在相關工作中，Srinivasan 等人(1994)對發現基於分子結構的硝基化合物誘變規則的問題進行了研究。這些化合物能在汽車排放的尾氣中找到。對於標準資料庫中 80%的化合物而言，辨識化合物的 4 個主要特徵是可能的，而在這些特徵上使用線性回歸要優於使用 ILP。對於剩下的 20%，單靠特徵是不可預測的，對它們使用 ILP 來辨識其中的關係要比使用線性回歸、神經元網路以及決策樹更好。最令人印象深刻，King 等人(2009)賦予機器人具有分子生物實驗能力並且延伸 ILP 技術以涵蓋實驗設計，因此建立一個自主的科學家，其實際地發現有關酵母的功能基因體的新知識。所有這些例子顯示，對關係進行表示的能力和利用背景知識的能力對 ILP 的良好性能表現有很大貢獻。ILP 發現的規則易於被人理解，這個事實使得這些技術出現在生物學期刊上而不是電腦科學期刊上。

除了生物學，ILP 方法對其他科學領域也做出了貢獻。最重要的領域之一就是自然語言處理，其中 ILP 已經被用於從文本中抽取複雜的關係資訊。這些結果在第二十三章中進行了概括。

19.6 總結

本章研究了各種使用先驗知識幫助代理人從新的經驗中進行學習的方法。因爲很多先驗知識是用關係模型而不是基於屬性的模型來表示的，所以我們也討論了一些允許對關係模型進行學習的系統。要點爲：

- 在學習中用先驗知識引導出**累積學習**的圖景，獲得更多知識時，學習代理人可改進其學習能力。
- 先驗知識透過去除其他一致假設以及「填充」實例的解譯來幫助學習，因此允許較短的假設。這些貢獻的結果經常是能夠從更少的實例進行更快的學習。
- 對先驗知識扮演的不同邏輯角色加以理解，如同透過**蘊涵限制**表示的那樣，能夠幫助人們定義各種學習技術。
- **基於解釋的學習**(EBL)透過解譯實例並推廣其解譯，從單個實例中抽取一般規則。它提供了一種演繹方法把第一原理知識轉變成有用的、高效率的、且專用的專門技術。
- **基於相關性的學習**(RBL)以決定關係的形式使用先驗知識對相關屬性進行辨識，從而產生一個縮減的假設空間並提高學習速度。RBL 還允許從單個實例進行演繹一般化。
- **基於知識的歸納學習**(KBIL)在背景知識的幫助下尋找能解譯觀察集的歸納假設。
- **歸納邏輯程式設計**(ILP)技術在用一階邏輯表達的知識的基礎上執行 KBIL。ILP 方法能夠學習在基於屬性的系統中無法表達的關係知識。
- ILP 可透過改進一般規則由上而下的方法來完成，或透過逆向進行演繹過程的由下而上方法來完成。
- ILP 方法能夠自然地產生新的謂詞，用以表達簡潔的新理論，並表現出作爲通用科學理論形式化系統的希望。

參考文獻與歷史的註釋 BIBLIOGRAPHICAL AND HISTORICAL NOTES

儘管在學習中使用先驗知識對於科學界的哲學家來說似乎是很自然的事情，但是很少有人進行形式化工作，直到最近才有所改變。哲學家 Nelson Goodman(1954)在《事實、虛構與預測》(*Fact, Fiction, and Forecast*)中推翻了早期的假設：歸納只不過是「觀察某個全稱量化命題的足夠多實例，然後把它用作一個假設」的簡單問題。例如，考慮假設「所有的翡翠都是綠藍(grue)色的」，其中 grue 的意思是「在時刻 t 之前觀察是綠色的，而在之後觀察是藍色的」。在到 t 爲止之前的任何時刻，我們可能觀察到上百萬個實例，確認翡翠是 grue 色的，並且沒有反駁的實例，然而我們不希望採納這條規則。這只有求助於歸納過程中的相關先驗知識才能得到解譯。Goodman 提出了很多不同種類的可能有用的先驗知識，包括一種形式的決定關係，稱爲**過假設**(overhypotheses)。不幸的是，Goodman 的想法從來都沒有在機器學習中被探究過。

當前最佳假設(current-best-hypothesis)的方法是哲學中的一個古老想法(Mill，1843)。早期的認知心理學也認爲這是一種人類的概念學習的自然形式(Bruner *et al*., 1957)。在人工智慧中，這個方法與 Patrick Winston 的研究最密切相關，他的博士學位論文(Winston，1970)就是強調學習複雜物件的描述。版本空間(version space)方法(Mitchell，1977，1982)採取不同的方法，它維持所有一致假設的集合，並去除那些與新實例不一致的假設。這個方法被用於 Meta-DENDRAL 化學專家系統中(Buchanan 和 Mitchell，1978)，然後又被用於 Mitchell(1983)的 LEX 系統，LEX 系統當初被設計用來學習解決微積分問題。第三個影響來自於 Michalski 和他的同事們在 AQ 系列演算法的研究，這些演算法學習邏輯規則集(Michalski，1969；Michalski *et al*., 1986b)。

EBL 的根源來自 STRIPS 規劃器(Fikes 等人，1972)中使用的技術。當構造出一個規劃時，它的一般化版本就被保存在一個規劃庫中並作爲**巨集運算元**在後來的規劃中使用。相似的想法在 Anderson 的 ACT*體系結構中出現過，被冠以**知識編譯**的名稱(Andreson，1983)；也在 SOAR 體系中出現，被稱爲 **chunking**(Laird 等人，1986)。在 Mitchell 等人(1986)以及 DeJong 和 Mooney(1986)的論文的激勵下，人們對 EBL 的興趣迅速增長，**模式獲取**(DeJong，1981)、**分析的一般化**(Mitchell，1982)和**基於限制的一般化**(Minton，1984)就是其中的直接先驅。Hirsh(1987)介紹了本書中描述的 EBL 演算法，說明了如何能夠把它直接合併到一個邏輯程式設計系統中去。Van Harmelen 和 Bundy(1988)把 EBL 解譯爲用於程式分析系統的**不完全評價**方法的一種變形(Jones 等，1993)。

最初對於 EBL 的熱情由 Minton (1988)的發現所調和，如果不做大量額外的工作，EBL 可能容易導致程式速度的大振幅下降。關於 EBL 的期望收益的形式化概率分析可以在 Greiner(1989)以及 Subramanian 和 Feldman(1990)的論文中找到。Dietterich (1990)的論文中有非常出色的 EBL 早期研究綜述。

取代把使用實例作爲一般化的焦點，人們也可以在一個稱爲**類比推理**的過程中直接使用它們來求解新的問題。這種推理形式的變化範圍，從一種基於相似度的看起來可信的推理形式(Gentner，1983)，到一個基於決定關係但是需要有實例參與的演繹推理形式(Davis 和羅素，1987)，再到一種調整舊實例的一般化方向以適應新問題的需要的「懶惰」EBL 推理形式。類比推理的後面這種形式被發現在**基於案例的推理**(Kolodner，1993)和**衍生類推**(Veloso 和 Carbonell，1993)中最常見。

以函數依賴關係的形式表示的相關性資訊最早是在資料庫界發展出來的，其中它被用於把屬性的大集合進行結構化，成爲可管理的子集。函數依賴關係被 Carbonell 和 Coolins(1973)用於類比推理，且被 Davies 和羅素(Davies，1985；Davies 和 Russell，1987)獨立地重新發現並給出了一個完整的邏輯分析。它們的作用如同先驗知識於歸納學習被羅素(Russell)和 Grosof(1987)發現。羅素(1988)證明了決定關係和一個限定詞表的假設空間的相等性。對於決定關係的學習演算法以及 RBDTL 獲得的性能提高最初都是在 Almuallim 和 Dietterich(1991)的 FOCUS 演算法中提出的。Tadepalli(1993)描述了一種獨創性的決定關係學習演算法，在學習速度上顯示出很大的提高。

歸納學習可以透過逆向演繹實作的想法可以追溯到 W. S. Jevons(1874)，他寫道：「對形式邏輯和概率理論的研究引導我採納了這樣的觀念：不存在歸納相對於演繹的獨特方法，其實歸納就是演繹的逆向使用。」計算方面的研究開始於 Gordon Plotkin(1971)在愛丁堡大學時出色的博士學位論文。儘管 Plotkin 發展出了許多目前在 ILP 中使用的定理和方法，他在歸納的特定子問題的某些不可判定結果上遭受了打擊。MIS(Shapiro，1981)重新引入了學習邏輯程式的問題，不過它主要被視爲對自動程式除錯理論的一個貢獻。在規則歸納上的工作，諸如 ID3(Quinlan，1986)和 CN2(Clark 和 Niblett，1989)系統，引出了首次允許對關係規則進行實用歸納的 FOIL 系統(Quinlan，1990)。關係學習領域是由 Muggleton 和 Buntine(1988)開始復興的，他們的 CIGOL 程式結合了一個稍微不完備版本的逆向歸結方法，並且能夠產生新的謂詞。逆向歸結方法也出現在羅素(Russell，1986)的論文中，在其註腳部分給出了一個簡單的演算法。下一個重要的系統是 GOLEM(Muggleton 和 Feng，1990)，它使用了一個基於 Plotkin 的相對最小通用性一般化概念的涵蓋演算法。ITOU(Rouveirol 和 Puget，1989)和

CLINT(De Raedt，1992)是那個時期的另外兩個系統。最近，PROGOL(Muggleton，1995)使用了一種混合(由上而下與由下而上相結合)的方法進行逆向蘊涵，並且已經應用於很多實際問題，尤其在生物學和自然語言處理方面。Muggleton(2000)描述了 PROGOL 的一種擴展，以隨機邏輯程式的形式來解決不確定性。

ILP 方法的一個形式化分析出現在 Muggleton(1991)，Muggleton(1992)的一個大型論文集中，以及 Lavrauc 和 Duzeroski(1994)的技術與應用文集中。Page 和 Srinivasan(2002)給出了一個關於該領域的歷史和未來的挑戰的更近期概述。Haussler(1989)的早期複雜度結果的建議是，學習一階語句是棘手的。然而，隨著對子句上的各種類型句法加以限制的重要性的理解，人們已經得到了積極的結果，甚至對於遞迴的子句(Duzeroski 等人，1992)。對於 ILP 的可學習性的結果由 Kietz 和 Duzeroski(1994)以及 Cohen 和 Page(1995)進行了綜述。

儘管 ILP 現在看來是建構性歸納領域的主導方法，它並不是所採用的唯一方法。所謂的**發現系統**的目標就是對科學發現新概念的過程建模，通常是透過概念定義空間上的直接搜尋而實作的。Doug Lenat 的自動數學家，或稱 AM(Davis 和 Lenat，1982)，使用了以專家系統規則的形式表達的發現啓發式，指導其對初等數論中的概念和猜想的搜尋。與大多數為數學推理而設計的系統不同，AM 缺少概念證明而只能進行猜想。它重新發現了歌德巴赫猜想和唯一素數因式分解定理。AM 體系結構在 EURISKO 系統中(Lenat，1983)得以推廣，增加了一個能夠重寫系統本身的發現啓發式的機制。EURISKO 被用於數學發現之外的很多領域，儘管沒有 AM 那麼成功。AM 和 EURISKO 的方法論在一些論文中(Ritchie 和 Hanna，1984；Lenat 和 Brown，1984)有所爭議。

另一類發現系統旨在對實際的科學資料進行運算以找到新的法則。系統 DALTON，GLAUBER 和 STAHL(Langley 等人，1987)都是基於規則的系統，它們在來自實體系統的實驗資料中尋找定量關係；在每種情況下，系統都能夠從科學歷史中概括出一個著名的發現。基於概率技術的發現系統——特別是發現新類別的聚類演算法——將在第二十章中討論。

❖ 習題 EXERCISES

19.1 透過轉化為合取範例並運用歸結方法，證明第 19.4 節中關於巴西人的結論是可靠的。

19.2 對於如下的每個決定關係，寫出其邏輯表示，並解譯為什麼該決定關係是正確的(如果確實正確的話)：

- **a.** 圖案和幣值決定硬幣的質量。
- **b.** 對一個給定的程式，輸入決定輸出。
- **c.** 氣候、攝入的食物、鍛鍊以及新陳代謝決定體重的增減。
- **d.** 一個人的禿頂由其外祖父的禿頂(或頭髮少)決定。

19.3 機率形式的決定關係是否有用？試提供一個定義。

19.4 已知 C 是 C_1 和 C_2 的歸結式，在下列子句集中補足缺失的子句 C_1 或 C_2(或兩者)的值。

a. $C = True \Rightarrow P(A, B)$, $C_1 = P(x, y) \Rightarrow Q(x, y)$, $C_2 = ??$

b. $C = True \Rightarrow P(A, B)$, $C_1 = ??$, $C_2 = ??$

c. $C = P(x, y) \Rightarrow P(x, f(y))$, $C_1 = ??$, $C_2 = ??$

如果有不止一個可能的解，爲每種類型提供一個例子。

19.5 設想要寫一個執行歸納推理步驟的邏輯程式。也就是說，當 c 是 c_1 和 c_2 的歸納結果時，讓 $Resolve(c_1, c_2, c)$成功。通常，*Resolve* 被用作定理證明機的零件，透過把 c_1 和 c_2 實例化爲特定子句來呼叫它，從而產生歸結式 c。現在設想我們呼叫它時替代地把 c 實例化而不是 c_1 和 c_2。這樣能成功地產生逆向歸納步驟的適當結果嗎？你是否需要對邏輯程式設計系統進行任何特殊的修改以使這種方式能夠工作？

19.6 設想 FOIL 在考慮用二元謂詞 P 把一個文字添加到一個子句中，而前面的文字(包括子句的頭)包含 5 個不同的變數。

a. 能夠產生多少個函數式不同的文字？如果兩個文字只在它們包含的新變數的名稱上不同，它們就是函數式相同的。

b. 你能找到一個通用公式，在使用元數(參數數目)爲 r 的謂詞情況下，當前面已經用過 n 個變數時，計算不同文字的數目嗎？

c. 爲什麼 FOIL 不允許出現不包含前面使用過的變數的文字？

19.7 使用來自圖 19.11 中的家族樹的資料，或者其中的一個子集，應用 FOIL 演算法學習 *Ancestor* 謂詞的定義。

本章註腳

[1] 術語「false positive」(「錯誤正例」或「假陽性」)和「false negative」(「錯誤反例」或「假陰性」)在醫學中被用於描述從實驗測試中得到的錯誤結果。如果一個結果表示病人有某種疾病但是事實上未患該疾病，則該結果是假陽性的。

[2] 為了簡單起見，我們假定一個人只說一種語言。顯然，對於諸如瑞士和印度這樣的國家來說這條規則可能還要做修改。

[3] 讀者也許需要適當參考第 7 章中的一些基本概念，包括霍恩子句、合取範式、合一和解消。

第 20 章收錄於隨書光碟

REINFORCEMENT LEARING

21

強化學習

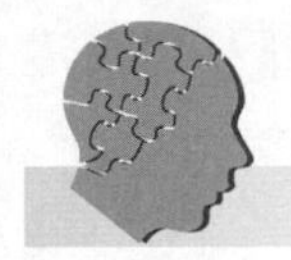

本章中我們將研究代理人如何從成功與失敗中、回報與懲罰中進行學習。

21.1 緒論

第 18、19 和 20 章涵蓋了從實例中學習函數、邏輯理論和機率模型的方法。在本章中，我們將研究代理人如何在缺乏有標記的「要做什麼」實例下，能學習到要採取什麼行動。

舉例來說，考慮學習下西洋棋的問題。一個監督學習的代理人需要被告知他會遇到的每一個棋位的正確棋步，但是這種反饋鮮少可以獲得。缺少了從教師來的反饋，代理人仍可替自己的棋步學習到轉移模型而且或許還可以預測到對手的棋步，但是沒有關於何爲優、何爲劣的反饋，代理人將舉棋不定。代理人需要瞭解到當它(意外地)把對手逼得走投無路時是一件好事發生，而反之當它被逼的走投無路時是壞事一件——如果這是場自殺棋棋局的話。這類回授被稱爲**回報**，或者**強化**。在諸如國際象棋這樣的遊戲中，只有在遊戲結束時才能獲得強化。在其他環境下，回報出現得更頻繁。在乒乓球比賽中，每獲得一分都可以被認爲是一個回報；當學習爬行時，任何一次向前的運動都是一個成果。在我們的代理人架構中把回報當作輸入感知資訊的一部分，但是代理人必須靠「硬連線」(hardwired)識別出這部分是回報，而不僅僅把它當作另一個感測器輸入。這樣，動物看來似乎正是透過硬連線方式將疼痛和饑餓識別爲負回報，而將快樂和進食識別爲正回報。動物心理學家們已經對強化進行了 60 多年的仔細研究。

回報的概念已在第十七章中介紹過，它們的作用是定義**馬爾可夫決策過程**(MDP)中的最佳策略。最佳策略是指使預期的整體回報達到最大化的策略。強化學習的任務是利用觀察到的回報來學習針對某個環境的最佳(或接近最佳)策略。不過在第十七章中代理人擁有完整的環境模型，並知道回報函數，而在這裡我們假定關於此二者的先前資訊。想像一下，當參與一個你所不知道規則的新遊戲：經過數千個回合，你的對手宣佈：「你輸了」。這就是對強化學習的一個簡單而生動的概括。

在許多複雜領域裡，強化學習是對程式進行訓練來表現出高性能的唯一可行途徑。例如，在博弈中，對人類而言很難對大量的局勢提供精確和一致的評價，而這些局勢則需要直接透過實例來訓練評價函數。反而，我們可以告知程式什麼時候贏了或者輸了，它能夠運用此資訊來學習評價函數，對從任何給定的局勢下，對於獲勝的機率能做出合理的精確估計。相同地，一個代理人設計駕駛直升飛機的程式是極端困難的事，不過透過給其提供適當的負回報，諸如墜毀、彈跳或偏離規定航線等，一個代理人就能夠自己學習駕駛直升飛機。

強化學習囊括了人工智慧的所有要素：一個代理人被置於一個環境中，並且必須學會在其間遊刃有餘。爲了能更好地駕馭本章的內容，我們將集中討論簡單的設置和簡單的代理人設計。在本章的大部分內容裡，我們將設想一個完全可觀察的環境，以便當前的狀態可由每個感知資訊提供的。另一方面，我們將假定代理人對環境如何運轉或其行動的結果一無所知，而且我們將考慮到具有機率性的行動結果。於是，代理人就面臨到了未知的馬爾可夫決策過程。考慮先前在第二章中介紹過的 3 種代理人設計：

- **基於效用的代理人**利用狀態的效用函數來學習並使用它選擇使期望的結果效用最大化的行動。
- **Q-學習**代理人利用**行動-效用函數**，或稱爲 **Q 函數**來學習，該函數提供在給定狀態下採取特定行動的期望效用。
- **反射型代理人**利用一種直接從狀態映對到行動的策略來學習。

基於效用的代理人還須具備環境模型以便能做出決策，因爲它必須知道其行動將導致的狀態。例如，爲了利用西洋雙陸棋的評價函數，一個西洋雙陸棋程式必須知道哪些是它合法的棋招，以及它們將如何影響棋局。只有如此，它才能將效用函數應用於結果狀態。而另一方面，一個 Q-學習代理人可以比較各種可能選擇的價值，而不必知道其選擇會帶來的結果，所以它不需要環境模型。另外，因爲它們不知道其行動將引向何方，Q-學習代理人無法考慮到未來的結果。所以我們將看到此設計會嚴重限制它們的學習能力。

我們在第 21.2 節中從**被動學習**入手，其中代理人的策略是固定的，其任務就是學習狀態的效用(或狀態-行動對)；還可能涉及對環境的模型進行學習。第 21.3 節論及**主動學習**，其中代理人還必須學習要做什麼。主要的議題是**探索**：爲了學會如何在環境中行爲表現，代理人必須盡可能地多經歷此環境來進行學習。第 21.4 節討論了代理人如何能夠運用歸納學習，從而更快地從其經驗中進行學習。第 21.5 節涵蓋了反射型代理人中學習直接策略表示的方法。對馬爾可夫決策過程(參見第十七章)的瞭解在本章內容是不可或缺的。

21.2 被動式強化學習

爲了使問題簡單化，我們從在完全可觀察的環境下使用基於狀態的被動式學習代理人開始。在被動式學習中，智能體的策略 π 是固定的：在狀態 s 下，它總是執行行動 $\pi(s)$。其目標只是簡單地學習該策略有多好——即學習效用函數 $U^{\pi}(s)$。我們以第 17 章中介紹的 4×3 世界作爲例子。圖 21.1 所示爲這個世界的一個策略以及相對應的效用。顯然地，被動學習的任務與**策略評價**(在第 17.3 節中描述的**策略疊代**演算法的一部分)的任務是相似的。主要區別在於被動式學習代理人對指定在完成行動 a 以後，從狀態 s 到狀態 s' 的機率**轉移模型** $P(s' \mid s, a)$爲一無所知；並且它也不知道對於每個狀態回報的**回報函數** $R(s)$。

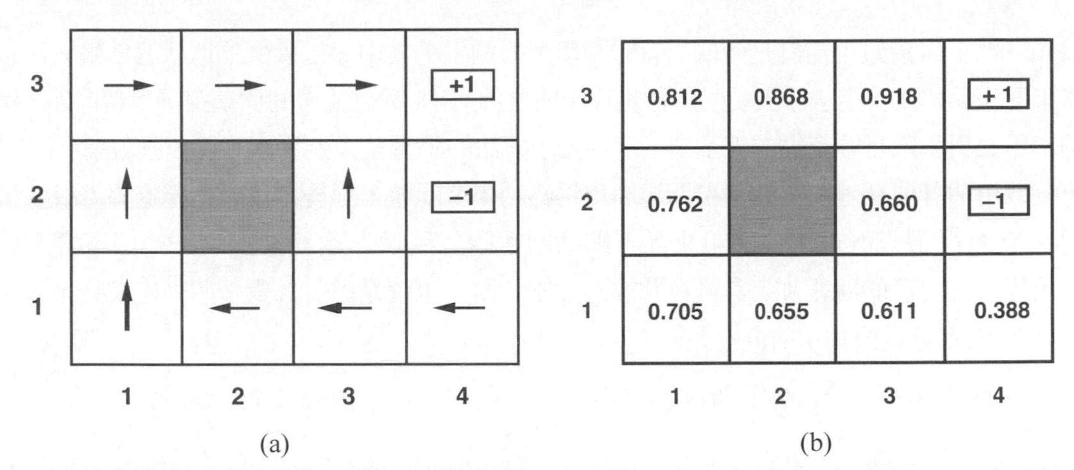

圖 21.1 (a) 4×3 **世界的策略** π；**在非終止狀態中的回報為** $R(s) = -0.04$ **且無折扣的情況下，此策略恰巧為最佳。**(b) **已知策略** π **下，**4×3 **世界中的狀態的效用**

在該環境中，代理人應用其策略 π 執行一組**測試**(trial)。在每次測試中，代理人從狀態(1, 1)開始，經歷一個狀態轉移序列直到終止狀態(4, 2)或(4, 3)。它的感知資訊提供了當前狀態以及在該狀態所獲得的回報。典型的測試看起來如下：

$$(1,1)_{-0.04} \rightsquigarrow (1,2)_{-0.04} \rightsquigarrow (1,3)_{-0.04} \rightsquigarrow (1,2)_{-0.04} \rightsquigarrow (1,3)_{-0.04} \rightsquigarrow (2,3)_{-0.04} \rightsquigarrow (3,3)_{-0.04} \rightsquigarrow (4,3)_{+1}$$

$$(1,1)_{-0.04} \rightsquigarrow (1,2)_{-0.04} \rightsquigarrow (1,3)_{-0.04} \rightsquigarrow (2,3)_{-0.04} \rightsquigarrow (3,3)_{-0.04} \rightsquigarrow (3,2)_{-0.04} \rightsquigarrow (3,3)_{-0.04} \rightsquigarrow (4,3)_{+1}$$

$$(1,1)_{-0.04} \rightsquigarrow (2,1)_{-0.04} \rightsquigarrow (3,1)_{-0.04} \rightsquigarrow (3,2)_{-0.04} \rightsquigarrow (4,2)_{-1}$$

注意，每個狀態感知資訊都用下標註明所得到的回報。目的是利用回報的資訊學習到與每個非終止狀態 s 所相關聯的期望效用 $U^{\pi}(s)$。效用被定義爲當遵循策略 π 時所獲得的(折扣)回報的期望值總和。如同 17.1.2 節中的公式(17.2)，我們寫出：

$$U^{\pi}(s) = E\left[\sum_{t=0}^{\infty} \gamma^t R(s_t)\right] \tag{21.1}$$

這裡 $R(s)$指某一個狀態的回報，S_t(一個隨機變數)指當執行策略 π 時，狀態的到達時間 t，而 $S_0 = s$。我們將在所有的公式中納入一個**折扣因數** γ ，但是對於 4×3 世界，我們將令 $\gamma = 1$。

21.2.1 直接效用估計

一種簡單的**直接效用估計**方法，是由 Widrow 和 Hoff(1960)於 20 世紀 50 年代末期，在**適應性控制理論**(adaptive control theory)領域中發明的。其想法是，一個狀態的效用是指從該狀態開始往後的期望總回報[稱爲期望的**未來回報**(reward-to-go)]，而每次測試將該值的一個樣本提供給每個被存取狀態。例如，前面給出的 3 次測試中的第 1 次爲狀態(1, 1)提供了總回報的 1 個樣本值 0.72，爲狀態(1, 2)提供了 2 個樣本值 0.76 和 0.84，爲狀態(1, 3)提供了 2 個樣本值 0.80 和 0.88，依此類推。這樣，只要透過在一個表格中記錄每個狀態持續一段時間的平均值，該演算法便可在每個序列的最後，計算出對於每個狀態所觀察到的未來回報並相對應地更新該狀態的估計效用。在進行無窮多次實驗下，樣本平均值將收斂於公式(21.1)中的眞實期望值。

很顯然地，直接效用估計是一個具有監督學習的例子，其中每個實例都以狀態爲輸入，以觀察到的未來回報爲輸出。這意味我們已將強化學習簡化爲第 18 章討論過的標準歸納學習問題。第 21.4 節討論使用效用函數更強有力的表示法。那些表示方法的學習技術能夠直接用於已觀察到的資料。

直接效用估計成功地將強化學習問題簡化爲歸納學習問題，對後者我們已經瞭解得很多了。不幸的是，它忽視了一個重要的資訊來源，即「狀態的效用並非相互獨立的」這個事實！每個狀態的效用等於它自己的回報加上其後繼狀態的期望效用。也就是說，針對一個固定策略，效用值須遵循貝爾曼方程(參見公式 17.10)：

$$U^{\pi}(s)=R(s)+\gamma\sum_{s'}P(s'\,|\,s,\pi(s))U^{\pi}(s') \tag{21.2}$$

由於忽略了狀態間的聯繫，直接效用估計錯過了學習的機會。例如，前面給出的 3 次測試中的第 2 次到達了先前沒有存取過的狀態(3, 2)。下一步轉移到達了(3, 3)，從第 1 次測試中已知其具有較高的效用。貝爾曼方程會立即提議狀態(3, 2)也可能具有高效用，因爲它導向(3, 3)，但是直接效用估計直到測試結束之前學不到任何東西。廣泛地講，我們可以把直接效用估計視爲在比實際需要大得多的假設空間中搜尋 U，其中包含許多違反貝爾曼方程組的函數。因此，該演算法的收斂速度通常很慢。

21.2.2 適應性動態規劃

一個**適應性動態規劃**(或稱 ADP)代理人利用狀態的效用間的約束，學習與之連結的轉移模型並使用動態規劃方法來解決相對應的馬爾可夫決策過程。對於一個被動學習代理人而言，這意味著把學到的轉移模型 $P(s'|s,\pi(s))$以及觀察到的回報 $R(s)$代入到貝爾曼方程(21.2)中，計算狀態的效用。如在第十七章中關於策略疊代的討論中談到這些方程式是線性的(沒有取最大值)，所以可以使用任何線性代數套件來進行求解。另一種選擇，我們可以採用**改進的策略疊代方法**(參見第 17.3 節)，在每一次對學習到的模型進行修改之後，利用一個簡化的價值疊代過程來更新效用估計。由於每次觀察後，該模型通常只發生輕微的變化，價值疊代過程可以將先前的效用估計作爲初始值，並且在收斂上應該相當的快。

由於環境是完全可觀察的，因而學習模型本身的過程是容易的。這意味著我們面臨一個有監督的學習任務，其輸入是一個狀態-行動對，而輸出是結果狀態。在最簡單的情況下，我們可以將轉移模型表示爲機率表的形式。我們記錄每個行動結果發生的頻繁程度，並根據執行狀態 s 之 a 時能夠達到狀態 s'頻率，從而對轉移機率 $P(s'\,|\,s,a)$進行估計。例如，在第 21.2 節中給出的三個試驗中，在(1, 3)中 *Right* 被執行 3 次，其中 2 次的所得狀態爲(2, 3)，所以 $P((2,3)|\,(1,3),Right)$被估計爲 2/3。

一個被動式 ADP 代理人的完整代理人程式如圖 21.2 所示。其在 4×3 世界中的性能表現如圖 21.3 所示。就其價值估計的改進速度，這個 ADP 代理人僅受限於其對轉移模型的學習能力。在此意義上，它提供了一個測量其他強化學習演算法的標準。對於大規模的狀態空間來說，它多少是有些不可操作的。例如，在西洋雙陸棋遊戲中，10^{50} 個方程式將處理大約 10^{50} 個未知量。

```
function PASSIVE-ADP-AGENT(percept) returns an action
  inputs: percept, a percept indicating the current state s' and reward signal r'
  persistent: π, a fixed policy
              mdp, an MDP with model P, rewards R, discount γ
              U, a table of utilities, initially empty
              N_sa, a table of frequencies for state–action pairs, initially zero
              N_s'|sa, a table of outcome frequencies given state–action pairs, initially zero
              s, a, the previous state and action, initially null

  if s' is new then U[s'] ← r'; R[s'] ← r'
  if s is not null then
      increment N_sa[s, a] and N_s'|sa[s', s, a]
      for each t such that N_s'|sa[t, s, a] is nonzero do
          P(t | s, a) ← N_s'|sa[t, s, a] / N_sa[s, a]
  U ← POLICY-EVALUATION(π, U, mdp)
  if s'.TERMINAL? then s, a ← null else s, a ← s', π[s']
  return a
```

圖 21.2 一個基於適應性動態規劃的被動強化學習代理人。POLICY-EVALUATION 函數可求解固定策略的貝爾曼方程，如 17.3 節所描述

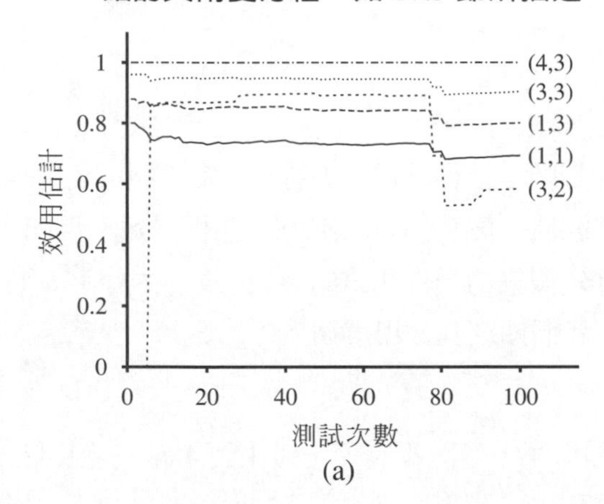

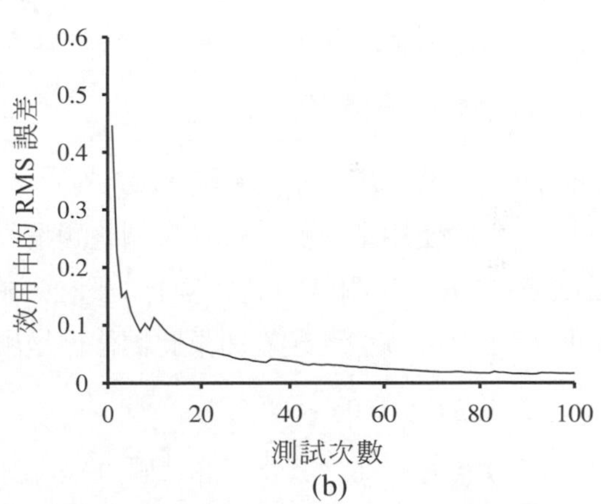

圖 21.3 4×3 世界的被動式 ADP 的學習曲線，給定如圖 21.1 所示的最佳策略。(a) 所選的狀態子集的效用估計，作為試驗次數的函數。注意到，在第 78 次測試附近發生的巨大變化——這是代理人第一次落入在(4, 2)的–1 終止狀態。(b) 對 $U(1, 1)$進行估計的均方根誤差(見附錄 A)，其為 20 回執行的平均值，每回 100 次測試

熟悉第 20 章中貝氏學習(Bayesian learning)觀念的讀者會注意到圖 21.2 中的演算法係使用最大概似(maximum-likelihood)估計來學習轉移模型；再者，藉著選擇純粹建立在估計模型上的策略，它表現的好像該模型是正確的。這不一定是個好想法！舉例來說，一個不知道交通號誌的計程車代理人可能會忽略掉了一兩次的紅燈而且無任何不良影響，因而制訂策略將紅燈從此之後給忽略了。相反來說，雖非以最大概似方法估計的最佳模型，選擇一個對整個模型範圍運作的合理合宜的策略可能會是一個好主意，其會有一個合理的機會成爲眞實模型。有兩種數學方法與其相近。

第一種方法——**貝氏強化學習**，係假設有關什麼是眞實模型的假設 h 的事前機率 $P(h)$；事後機率 $P(h \mid \mathbf{e})$可以根據貝氏法則，假設在至今所有的觀察上以一種通常的方式求得。於是，如果代理人決定停止學習的話，給出最高期望效用的策略就是最佳策略。令 u_h^π 爲期望效用，將所有可能的啓始狀態取平均值，執行模型 h 中的策略 π 後可以獲得。那麼我們有：

$$\pi^* = \underset{\pi}{\operatorname{argmax}} \sum_h P(h \mid \mathbf{e}) u_h^\pi$$

在某些特殊的情況下，這個策略甚至可以計算！不過如果代理人將來要繼續學習的話，要找到最佳策略則會變得相當的難，因爲代理人必須考慮到在未來透過它對轉移模型所持信度做出的觀察所帶來的影響。這種問題就變成了信度狀態是處於模型上分佈的 POMDP。這個概念提供了分析性的立論基礎以供理解第 21.3 節中所描述的探索問題。

第二種方法是由**強健控制理論**所導出的，允許所有可能模型的集合 H 並且定義最佳強健策略就是在 H 裡的最壞情況下給出最佳的結果：

$$\pi^* = \underset{\pi}{\operatorname{argmax}} \min_h u_h^\pi$$

通常來說，H 指的是那些在 $P(h \mid \mathbf{e})$上超過概似臨界值模型的集合，所以強健與貝式兩種方法是有相關的。在某些情況，強健解是可以很有效率的被解出來。此外，強化學習演算法傾向於給出強健的解，儘管在這邊我們並沒有討論到。

21.2.3 時序差分學習

如前面一節所演示的求解基礎 MDP 的方法，並非是唯一使得貝爾曼方程與學習問題產生關聯的方法。關鍵在於使用觀察到的轉移來調整觀察到的狀態值，使它們與限制方程式相一致。例如，考慮第 21.2 節中第 2 次測試中從狀態(1, 3)到(2, 3)的轉移。假設第一次測試的結果，效用估計值 $U^\pi(1,3) = 0.84$ 與 $U^\pi(2,3) = 0.92$。現在如果此轉移總是出現，我們期望其效用遵循

$$U^\pi(1,3) = -0.04 + U^\pi(2,3)$$

所以 $U^\pi(1, 3)$會是 0.88。其當前估計值 0.84 就有些偏低了，應該提高。一般來說，當發生從狀態 s 到 s' 的轉移時，我們將應用下面的公式來對 $U^\pi(s)$作更新：

$$U^\pi(s) \leftarrow U^\pi(s) + \alpha\,(R(s) + \gamma\, U^\pi(s') - U^\pi(s)) \tag{21.3}$$

這裡 α 是**學習速度**參數。此更新規則使用的是相繼狀態之間的效用差分，它也經常被稱爲**時序差分**或 TD 公式。

當效用估計是正確的，所有的時序差分方法都是運作在調整效用估計使其逼近理想局部的均衡。在被動學習的情況下，公式(21.2)給定了均衡方程式。現在，公式(21.3)的確使得代理人達到公式(21.2)所給定的均衡，不過其中涉及到一些微妙之處。首先，注意更新只涉及觀察到的後繼狀態 s'，而實際的均衡條件則涉及到所有下一個狀態的可能。人們也許會認爲當一個非常罕見的轉移發生時，這會導致 $U^\pi(s)$發生不正確的巨大變化，但事實上，由於罕見的轉移鮮有發生，$U^\pi(s)$的平均值仍將收斂到正確的值。此外，如果我們把 α 由一個固定的參數變爲函數(該函數隨某個狀態被存取次數的增加而遞減)，那麼 $U^\pi(s)$本身將會收斂到正確的值[1]。這樣我們得到圖 21.4 所示的代理人程式。

圖 21.5 描繪了被動時序差分(TD)智能體在 4×3 世界裡的性能表現。它的學習速度不如 ADP 代理人快，並且表現出更高的易變性，但是它更簡單，每次觀察所需的計算量也少得許多。注意，*TD* 不需要一個模型來執行其更新。環境在觀察到的轉移形式中提供了相鄰狀態之間的聯繫。

```
function PASSIVE-TD-AGENT(percept) returns an action
   inputs: percept, a percept indicating the current state s′ and reward signal r′
   persistent: π, a fixed policy
               U, a table of utilities, initially empty
               N_s, a table of frequencies for states, initially zero
               s, a, r, the previous state, action, and reward, initially null

   if s′ is new then U[s′] ← r′
   if s is not null then
       increment N_s[s]
       U[s] ← U[s] + α(N_s[s])(r + γ U[s′] − U[s])
   if s′.TERMINAL? then s, a, r ← null else s, a, r ← s′, π[s′], r′
   return a
```

圖 21.4　一個使用時序差分法來學習效用估計的被動強化學習代理人。選擇步階(step-size)函數 $\alpha(n)$來保證收斂，如同課文裡所述

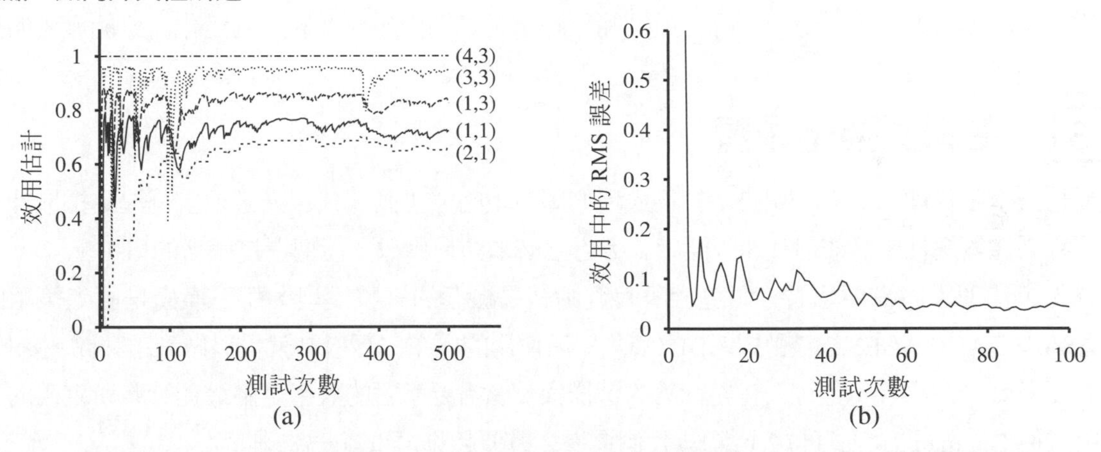

圖 21.5　4×3 **世界中的** TD **學習曲線。**(a) **所選的狀態子集的效用估計，作為測試次數的函數。**(b) **對** $U(1,1)$**進行估計的均方根誤差，其為** 20 **回執行的平均值，每回** 500 **次測試。圖中只顯示了前** 100 **次測試，足以與圖** 21.3 **相比較**

ADP 方法和 TD 方法實際上是密切相關的。二者都試圖對效用估計進行局部調整，以便使每一個狀態都與其後繼狀態相「一致」。一個區別在於 TD 調整一個狀態使其與已觀察到的後繼狀態相一致(公式(21.3))，而 ADP 則調整該狀態使其與所有可能出現的後繼狀態相一致，根據機率進行加權(公式(21.2))。由於轉移集合中的每個後繼狀態的頻率與其機率近似成正比，所以當 TD 調整的影響在大量的轉移上計算平均的時候，上述差別便消失了。一個更重要的差別是，TD 對每個觀察到的轉移都只進行單一的調整，而 ADP 爲了重建效用估計 U 和環境模型 P 之間的一致性，會按照所需進行盡可能地去調整。雖然觀察到的轉移只造成 P 的局部變化，其影響卻可能需要在整個 U 中傳遞。因此，TD 可以被視爲對 ADP 的一個粗略而有效的一階近似。

從 TD 的觀點來看，ADP 所做的每一個調整都可以被視為透過模擬當前環境模型而產生的一個「偽經驗(pseudo-experience)」的結果。擴展 TD 方法對利用一個環境模型來產生一些偽經驗是有可能的——TD 代理人能想像出可能發生的轉移。對於每個觀察到的轉移，TD 代理人可以產生大量的虛構轉移。這樣對作為結果的效用估計就會越來越近似接近於 ADP 的效用估計——當然，其代價為增加計算時間。

用一種類似的方式，我們可以透過直接對演算法的價值疊代或策略疊代過程進行近似，產生更為有效的 ADP 版本。儘管價值疊代演算法是有效率的，但如果我們有大約 10^{100} 個狀態的話仍是不可操作的。然而，許多必要調整所會影響到的每個疊代的狀態值將是極其微小的。一條可能迅速地產生相當好的答案的方法是限制在每次觀察到的轉移之後所做調整的數量。此外，也可以用啓發式對可能的調整排序，以便只執行那些最顯著的。**區分優先次序的篩選**啓發方式優先調整那些其可能後繼狀態在本身的效用估計中剛剛完成較大調整的狀態。使用這樣的啓發式，就訓練序列的數量而言，近似 ADP 演算法通常幾乎能學習得如同完全 ADP 一樣快，但是從計算的角度看則其效率可以提高幾個數量級(參見習題 21.2)。這使得它們能夠處理那些對完全 ADP 來說太大的狀態空間。近似 ADP 演算法還有另外一個優勢：在對一個新環境進行學習的早期階段，環境模型 P 往往與正確的模型相差很遠，所以無法計算出一個確切的效用函數與之相匹配。近似演算法可以使用最小的調整規模，隨著環境模型的不斷精確而下降。這消除了在學習早期由於模型的巨大變化而可能發生的長時間的價值疊代。

21.3 主動式強化學習

被動式學習代理人具有一個決定行為表現的固定策略。主動式代理人必須自行決定採取什麼行動。讓我們從適應性動態規劃代理人開始，考慮它必須如何修改才能把握這個新的自由。

首先，代理人將需要學習一個包含所有行動結果機率的完整模型，而不僅僅是固定策略的模型。PASSIVE-ADP-AGENT(被動式 ADP 代理人)所使用的簡單學習機制就足以做到這一點。接下來，我們需要考慮一個事實：代理人有對行動的選擇權。它需要學習的效用是由最佳策略所定義的；這些效用遵從 Bellman 方程式(17.2.1 節)，我們這邊為方便起見再重述一次：

$$U(s) = R(s) + \gamma \max_a \sum_{s'} P(s' \mid s, a) U(s') \tag{21.4}$$

可以運用第十七章的價值疊代或策略疊代演算法求解這些方程並獲得效用函數 U。最後的問題是每一步要做什麼。已經獲得了對於學習到的模型而言最佳的效用函數 U 之後，代理人能夠透過使期望效用最大化的單步前瞻提取一個最佳行動；另外，如果它運用策略疊代，最佳策略已經可得到了，所以它應該簡單地執行最佳策略所建議的行動。但是它應該這樣嗎？

21.3.1 探索

圖 21.6 顯示了對於一個 ADP 代理人的一系列測試的結果，它在每一步都遵循其所學模型的最佳策略的建議。代理人並沒有學習到眞正的效用或者眞正的最佳策略！實際發生的卻是，在第 39 次測試中，它發現了延著較低的路徑(2, 1)，(3, 1)，(3, 2)而達到+1 回報的一個策略[參見圖 21.6(b)]。在

經歷了微小的變化後，從第 276 次測試開始往後它一直堅持那個策略，再沒有學習其他狀態的效用，也從沒有發現經過(1, 2)，(1, 3)以及(2, 3)的這條最佳路徑。我們稱此代理人爲**貪婪代理人**。重複實驗顯示，貪婪代理人極少收斂到針對所處環境的最佳策略，而且有時還會收斂到非常糟糕的策略。

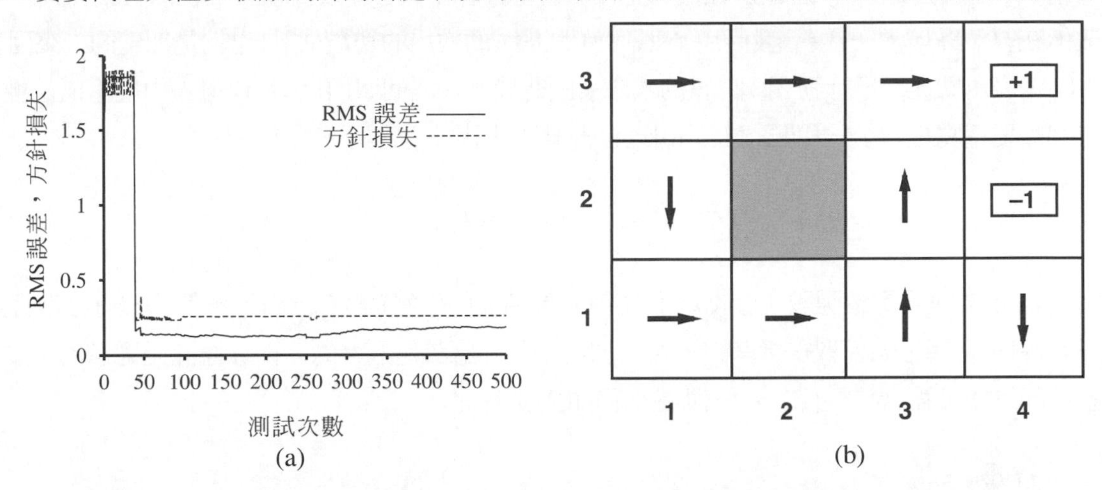

圖 21.6 一個貪婪 ADP 代理人的性能曲線，它執行對於學習模型而言的最佳策略所推薦的行動。(a) 在 9 個非終止方格上作平均的效用估計中的 RMS(均方根)誤差。(b) 在這個特定的測試序列中，貪婪代理人收斂到的次最佳策略

如何選擇最佳行動導致部分最佳結果？答案在於學習到的模型與眞實環境並不相同，因而學習到的模型中，最佳可能不是眞實環境中的最佳。不幸的是，代理人不知道眞實環境是什麼，所以它不能針對眞實環境計算最佳行動。那麼，應該做什麼？

貪婪代理人所忽視的是：行動不僅僅根據當前學習到的模型提供回報；它們也透過影響所接收的感知資訊對眞實模型的學習做出貢獻。藉由改進模型，代理人將在未來得到更大的回報[2]。因此，一個代理人必須要在兩方面間作折衷：**充分利用資訊**(exploitation)以使回報最大化(反映在其當前效用估計上)，和**探索**(exploration)以使長期利益最大化。單純的充分利用資訊要冒墨守成規的風險。如果從來不把知識用於實踐，單純的探索以提高一個人的知識是毫無用處的。在現實世界中，一個人不得不經常在維持舒適的生存狀態和懷著發現嶄新和更美好生活的希望闖入未知世界之間做出決定。理解得越多，需要的探索就越少。

我們能描述得比這更精確些嗎？存在一個最佳探索策略嗎？這個問題已經在統計決策理論的一個子領域中得到了深入的研究，該領域處理所謂的**老虎機問題**(見後面專欄)。

雖然很難對老虎機問題進行精確求解以獲得一個最佳的探索方法，不過還是可能提出一個合理的方案最終導致代理人的最佳行動。技術上說，任何這樣的方案在無窮探索的極限下都必然是貪婪，或縮寫爲 **GLIE**(greedy in the limit of infinite exploration)。一個 GLIE 方案必須對每個狀態下的每個行動進行次數無限制的嘗試，以避免由於一系列罕有的糟糕結果而錯過最佳行動的有限機率。一個 ADP 代理人使用這樣的方案將最終學習到眞實的環境模型。一個 GLIE 方案最終必須變得貪婪，以使得代理人的行動對於學習到的(此時等同於眞實的)模型成爲最佳的。

存在幾種 GLIE 方案，最簡單的一種是讓代理人在 $1/t$ 的時間片段內選擇一個隨機行動，而其他時候遵循貪婪策略。雖然這樣最終能收斂到一個最佳策略，不過速度會極爲緩慢。另一種更明智的方法是給那些很少嘗試的代理人一些行動加權，同時注意避免那些已經確信具有低效用的行動。這可以透過改變限制方程式(21.4)來實現，以便給尚未探索的狀態-行動對分配更高的效用估計。本質來看，這樣在總體上得到一個關於可能環境的樂觀先驗估計，並導致代理人最初的行爲如同極好的回報散佈在整個區域內一樣。讓我們用 $U^+(s)$表示狀態 s 的效用的樂觀估計(也就是期望的未來回報)，並令 $N(s, a)$表示狀態 s 下行動 a 被嘗試的次數。設想我們在一個 ADP 學習代理人中應用價值疊代，那麼我們需要重寫更新公式[即公式(17.6)]以包含樂觀估計。公式如下：

$$U^+(s) \leftarrow R(s) + \gamma \max_a f\left(\sum_{s'} P(s' \mid s,a) U^+(s'), N(s,a)\right) \tag{21.5}$$

這裡的 $f(u, n)$被稱爲**探索函數**。它決定了貪婪(對高值 u 的偏好)與好奇(對低值但卻沒有經常嘗試的行動 n 的偏好)之間是如何取得折衷的。函數 $f(u, n)$中 u 應該是遞增的，而 n 應該是遞減的。顯然，有許多可能的函數符合這些條件。一個特別簡單的定義是：

$$f(u,n) = \begin{cases} R^+ & \text{如果} n < N_e \\ u & \text{其它} \end{cases}$$

其中，R^+是對任何狀態下可獲得的最佳可能回報的一個樂觀估計，而 N_e是一個固定的參數。其結果是使代理人對每對行動-狀態進行至少 N_e 次嘗試。

U^+而不是 U 出現在公式(21.5)的右側，這個事實非常重要。隨著探索的進行，接近初始狀態的狀態和行動可能被嘗試過很多次。如果我們使用更悲觀的效用估計 U，那麼，代理人很快就會變得不願意去探索更遠處的區域。使用 U^+意味著探索的好處是從未探索區域的邊緣傳遞回來的，於是引導向著未探索領域前進的行動而不僅是那些本身不爲人熟悉的行動將被給予更高的權值。這種探索策略的影響可以在圖 21.7 中清楚地看到，與貪婪方法不同，圖中顯示出向最佳性能的迅速收斂。只經過 18 次嘗試就找到了一個非常接近於最佳策略的策略。請注意，效用估計本身並未快速地收斂。這是因爲代理人相當快地停止了對狀態空間中無回報的部分探索，以後對它們只是「偶然」拜訪。然而，這是很有意義的，因爲代理人不必關心那些它知道不合需要的而且可以避開的狀態的確切效用。

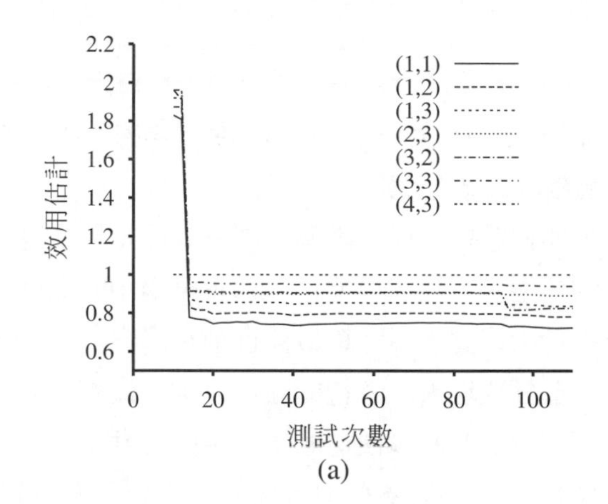

(a)

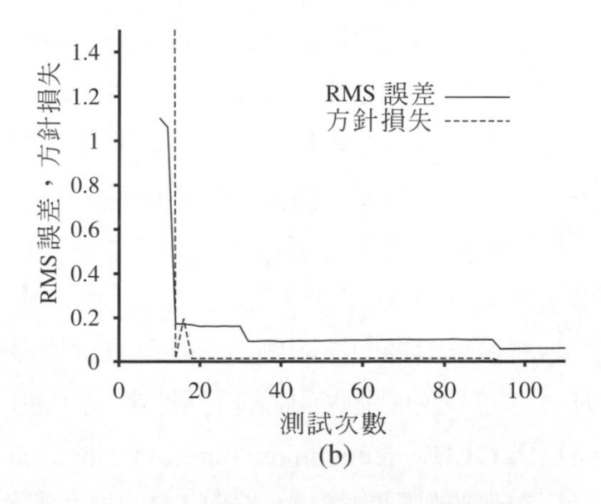

(b)

圖 21.7 探索式 ADP 代理人的性能。用參數 $R^+ = 2$，$N_e = 5$。(a) 所選狀態隨時間的效用估計。(b) 效用值的 RMS(均方根)誤差以及相關策略損失

探索與老虎機

在拉斯維加斯，一台獨臂老虎機是一種角子機。賭博者可以投入一枚硬幣，拉一下手柄，然後收集勝利果實(如果有的話)。***n* 臂老虎機**有 n 個手柄。賭徒必須在每個相繼的硬幣上選擇拉哪個手柄——是那個贏利最好的，或者也許是那個還沒試過的？

n 臂老虎機問題是許多非常重要的領域中真實問題的一個形式化模型，包括諸如確定人工智慧研究與發展的年度預算這樣的領域。每一個手柄與一項行動相對應(如給新的人工智慧教科書的進展撥款 2000 萬美元)，而拉手柄得到的贏利則與採取該項行動所獲得的收益相對應(巨大的收益)。探索，無論是對一個新的研究領域的探索還是對一個新開張的大型購物中心的探索，都是有風險和昂貴的，而且收效不確定；另一方面，根本疏於探索則意味著永遠不能發現任何有價值的行動。

要想對老虎機問題進行恰當的形式化表示，必須確切地定義最佳行為表現的含義。文獻中的大多數定義都假定其目的是為了使代理人生命週期中期望獲得的整體回報最大化。這些定義要求該期望不僅是針對代理人可生存的可能世界的，也是針對任何給定世界的每個行動序列的可能結果的。這裡，「世界」由轉移模型 $P(s' \mid s, a)$所定義。因此，為了能最佳地行動，代理人就需要一個可能模型的先驗分佈。如此造成的最佳化問題通常是極其難處理的。

在某些情況下——例如，當每台機器的贏利是獨立的，而且使用了折扣回報時——就可能對每台老虎機計算一個 **Gittins 指數**(Gittins，1989)。該指數只是已經玩過老虎機的次數以及已經從它獲得的贏利的函數。每台機器的指數顯示值得再對它投入多少：一般來說，越高的指數代表越高的期望收益，且在一個給定選擇的效用中含有的不確定性越高代表越好。選擇具有最高指數值的那台機器就提供了一個最佳探索策略。不幸的是，至今還沒有找到將 Gittins 指數擴展到延續式決策問題的途徑。

人們可以用 n 臂老虎原理論來支援基因演算法中的選擇策略的合理性(參見第 4 章)。如果你將 n 臂老虎機問題中的每個手柄當作一個可能的基因串，那麼給定適當的獨立假設集合，遺傳演算法就能最佳地分配硬幣。

21.3.2 學習一個行動-效用函數

現在我們有了一個主動式 ADP 代理人，讓我們考慮一下如何構造一個主動式時序差分學習代理人。與被動式情況相比最明顯的變化是代理人不再具有固定策略，所以，如果它學習效用函數 U，爲了能在以 U 爲基礎下透過單步前瞻來選擇一個行動，就需要學習一個模型。獲得 TD(時序差分)代理人的模型問題與 ADP 代理人是一樣的。TD 更新規則本身如何調整？也許很令人吃驚，更新規則(21.3)保持不變。這看起來也許很古怪，原因如下：假設代理人採取了通常能導向一個好目的地的一個步驟，但由於環境的非確定性，結果代理人陷入一個災難性的狀態。TD 更新規則將會對此認眞對待，就如同該結果是該行動的正常結果一樣，儘管人們可能認爲由於該結果是一個意外，代理人不必過於擔心。當然，事實上，這種不太可能的結果在訓練序列的大規模集合中罕有發生。因而，如我們所希望的，在長期執行中其影響將會與其機率成比例。這再一次顯示，隨著訓練序列的數量趨於無窮，TD 演算法將與 ADP 收斂到相同的值。

還有另外一種稱為 **Q-學習**的時序差分方法，它學習的是一種行動-價值表示而不是效用。我們用符號 $Q(s, a)$代表在狀態 s 進行行動 a 的價值。如下所示，Q-值與效用值直接相關：

$$U(s) = \max_a Q(s,a) \tag{21.6}$$

Q 函數也許看起來只是另一種儲存效用資訊的方法，但它們具有一項非常重要的性質：對 Q 函數進行學習的 TD 代理人不需要一個具有 $P(s' \mid s, a)$形式的模型，不用模型用於學習或行動選擇。由於這個原因，Q-學習被稱為一個**無模型**方法。至於效用，我們可以寫一個限制方程式，當 Q-值正確時，它必須保持均衡：

$$Q(s,a) = R(s) + \gamma \sum_{a'} P(s' \mid s,a) \max_{a'} Q(s',a') \tag{21.7}$$

同在 ADP 學習代理人中的情況一樣，給定估計模型，我們可以將此式直接用作一個計算確切 Q-值的疊代過程的更新公式。然而，因為公式使用了 $P(s' \mid s, a)$，這就要求同時學習一個模型。另一方面，時序差分方法則不需要狀態轉移模型——它所需要的僅是 Q-值(Q values)。時序差分 Q-學習的更新公式為：

$$Q(s,a) \leftarrow Q(s,a) + \alpha(R(s) + \gamma \max_{a'} Q(s',a') - Q(s,a)) \tag{21.8}$$

只要在狀態 s 下執行行動 a 導致了狀態 s'，就對其進行計算。

一個使用時序差分的探索型 Q-學習代理人的完整代理人設計如圖 21.8 所示。注意它使用的正是與探索型 ADP 代理人所使用的同一個探索函數 f ——因此需要保留對所採取的行動的統計資料(表格 N)。如果使用了一個較為簡單的探索策略——例如說在某個步驟片段上隨機地行動，且片段隨時間而減小——那麼我們就可以省略統計資料。

```
function Q-LEARNING-AGENT(percept) returns an action
  inputs: percept, a percept indicating the current state s′ and reward signal r′
  persistent: Q, a table of action values indexed by state and action, initially zero
              N_sa, a table of frequencies for state–action pairs, initially zero
              s, a, r, the previous state, action, and reward, initially null

   if TERMINAL?(s) then Q[s, None] ← r′
   if s is not null then
      increment N_sa[s, a]
      Q[s, a] ← Q[s, a] + α(N_sa[s, a])(r + γ max_a′ Q[s′, a′] − Q[s, a])
   s, a, r ← s′, argmax_a′ f(Q[s′, a′], N_sa[s′, a′]), r′
   return a
```

圖 21.8　一個探索型 Q-學習代理人。它是一個主動的學習者，對每種情況下的每個行動的 $Q(s, a)$值都進行學習。它使用與探索型 ADP 代理人相同的探索函數 f ，不過由於一個狀態的 Q-值可與其近鄰的 Q-值直接相關聯，所以可以避免必須對轉移模型進行學習

Q-學習有個近親稱爲 **SARSA**(State-Action-Reward-State-Action)。SARSA 的更新規則非常相似於公式(21.9)：

$$Q(s,a) \leftarrow Q(s,a) + \alpha(R(s) + \gamma Q(s',a') - Q(s,a)) \tag{21.9}$$

a' 表示的是在狀態 s' 中所確實採取的行動。規則被應用到每個 s、a、r、s'、a' 的最後——五個一組因此而得名。Q-學習的差異性相當微妙：而 Q-學習會返回到最佳的 Q-値，從目前到達之觀察到的轉移狀態，SARSA 會一直等到眞正採取行動後返回該行動的 Q-値。現在，對於一個永遠對最佳 Q-値採取行動的貪婪的代理人，這兩個演算法是一樣的。然而，當探索發生時，這兩個就有巨大的不同了。 這是因爲 Q-學習使用最佳的 Q-値，它並不會注意到眞正被跟隨的策略——這是一種**非-策略**學習演算法，而 SARSA 是**有-策略**學習演算法。Q-學習比起 SARSA 更爲有彈性，在這個意義上來說即使當隨機或對抗性探索策略爲導引時，Q-學習代理人可以學到如何表現的好。另外一方面，SARSA 較爲現實：舉例來說，當全部的策略甚至有部分是受其他代理人所掌控，學習到 Q-函數爲了將來眞正會發生比起代理人有可能會發生來的好。

Q-學習及 SARSA 這兩者都對 4×3 世界的最佳策略進行學習，但速度遠低於 ADP 代理人。這是因爲局部更新不透過模型來強制保持所有 Q-値之間的一致性。這種比較產生了一個普遍性的問題：學習一個模型以及一個效用函數，比學習一個不包含模型的行動-價値函數會更好嗎？換句話說，什麼才是表示代理人函數的最佳方式？這是人工智慧基礎的一個議題。正如我們在第一章中所說的，人工智慧的許多研究的關鍵歷史特點之一是堅持**基於知識**的方法(通常未被闡明)。從總體上來看，這帶來一種假定，認爲表示代理人函數的最佳方法就是構建代理人所處環境的某些方面的表示。

來自人工智慧領域內外的一些研究者曾經宣稱諸如Q-學習這樣的無模型方法的可用性意味著基於知識的方法是沒必要的。然而，這裡除了直覺上並沒有什麼依據。不論其價値如何，我們的直覺是，隨著環境變得更複雜，基於知識的方法的優點就越明顯。這甚至在諸如國際象棋、西洋跳棋(國際跳棋)和西洋雙陸棋這樣的遊戲中已經得到了證實(參見下一節)，在這些博弈遊戲中，透過模型的方式努力學習一個評價函數比 Q-學習方法還來的成功。

21.4 強化學習中的一般化

到目前爲止，我們一直假定代理人學習到的效用函數和 Q-函數是透過每個輸入對應一個輸出值的表格形式表示的。對於小規模的狀態空間來說，這種方法非常有用，但是隨著空間的增大，收斂的時間以及(對於 ADP)每次疊代的時間都會迅速增加。仔細地利用控制近似 ADP 的方法，處理 10 000 或更多狀態也許是可能的。這對於類似於二維迷宮的環境來說是足夠了，但對更爲現實一些的世界則是不可行的。國際象棋和西洋雙陸棋雖然只是現實世界的小規模子集，但它們的狀態空間卻包含了 1020 到 1040 量級的狀態數目。設想一個人爲了學會玩這些遊戲必須存取所有這些狀態，是多麼的荒謬可笑！

處理這類問題的一個方法是應用**函數逼近**，簡單地說就是對該函數使用除表格以外的任何種類的表示。因爲眞實的效用函數或 Q-函數可能不能用所選擇的形式中表示出來，所以該表示被認爲是近似的。例如，在第 5 章中我們描述了國際象棋的一個用由一組**特徵**(或**基函數**) $f_1, ..., f_n$ 的加權線性函數所表示的**評價函數**：

$$\hat{U}_\theta(s) = \theta_1 f_1(s) + \theta_2 f_2(s) + \cdots + \theta_n f_n(s)$$

強化學習能夠學習參數 $\theta = \theta_1, \ldots, \theta_n$，如此即可用評價函數 $\hat{U}_\theta$ 逼近眞實效用函數。比如說，這個函數逼近器是用 $n = 20$ 個參數進行特徵化，而不是表格中的 10^{40} 個值——相當可觀的壓縮。儘管沒有人知道國際象棋的眞實效用函數，沒有人相信能用 20 個數字對其進行確切的表示。然而，如果該近似足夠好的話，代理人仍可能有出色棋藝[3]。函數逼近使得對非常大的狀態空間的效用函數進行表示是可行的，但是這並非它的主要益處。透過函數逼近器所獲得的壓縮允許學習代理人能由它存取過的狀態向未存取過的狀態進行推廣。也就是說，函數逼近最重要的方面不是它需要更小的空間，而是它允許在輸入狀態之上進行歸納的一般化。可以透過下面的例子讓你對這種影響的力量建立一些概念：只透過在西洋雙陸棋的每 1012 個可能狀態中選一個進行研究，就可能學習到一個效用函數使得一個程式與任何人類下得一樣好(Tesauro，1992)。

當然，一個很不重要的方面是，存在一個問題，所選擇的假設空間內可能不存在任何函數能夠對眞實的效用函數進行充分好的近似。正如在所有的歸納學習中一樣，在假設空間的大小和它致使對函數進行學習需要花費的時間之間存在著折衷。較大的假設空間增加了找到一個好的近似可能性，但是也意味著收斂很可能被延遲。

讓我們從最簡單情況開始，即直接效用估計(參見第 21.2 節)。對於函數逼近，這是一個**有監督學習**的例子。例如，假定我們用一個簡單的線性函數表示 4×3 世界的效用。方格的特徵正好是它們的 x 和 y 座標，於是得到

$$\hat{U}_\theta(x, y) = \theta_0 + \theta_1 x + \theta_2 y \tag{21.10}$$

這樣，如果$(\theta_0, \theta_1, \theta_2) = (0.5, 0.2, 0.1)$，那麼 $\hat{U}_\theta(1, 1) = 0.8$。給定一個測試的集合，我們就獲得了一組 $\hat{U}_\theta(x, y)$ 樣本值，然後我們應用標準線性回歸，在使方差最小化的意義上找到最佳擬合(參見第 18 章)。

對於強化學習，應用一種在每次測試後都對參數進行更新的線上學習演算法則是更有意義的。假定我們進行了一次測試，而從(1, 1)開始獲得的總回報爲 0.4。這提示當前爲 0.8 的太大了，必須減小。應該如何調整參數做到這一點？對於類神經網路學習來說，我們寫一個誤差函數並計算它關於參數的梯度。如果 $u_j(s)$是第 j 次測試中從狀態 s 開始觀察到的總回報，那麼誤差就被定義爲預測總回報和實際總回報的(一半)方差：$E_j(s) = (\hat{U}_\theta(s) - u_j(s))^2/2$。該誤差關於每個參數 θ_i 的變化率是$\partial E_j/\partial\theta_i$，於是爲了讓參數向減小誤差的方向移動，我們需要

$$\theta_i \leftarrow \theta_i - \alpha \frac{\partial E_j(s)}{\partial \theta_i} = \theta_i + \alpha(u_j(s) - \hat{U}_\theta(s)) \frac{\partial \hat{U}_\theta(s)}{\partial \theta_i} \tag{21.11}$$

這被稱爲線上最小平方的 **Widrow-Hoff 規則**，或稱 **delta 規則**。對於公式(21.10)中的線性函數逼近器 $\hat{U}_\theta(s)$，我們得到 3 條簡單的更新規則：

$$\theta_0 \leftarrow \theta_0 + \alpha(u_j(s) - \hat{U}_\theta(s))$$
$$\theta_1 \leftarrow \theta_1 + \alpha(u_j(s) - \hat{U}_\theta(s))x$$
$$\theta_2 \leftarrow \theta_2 + \alpha(u_j(s) - \hat{U}_\theta(s))y$$

我們將此規則用於 $\hat{U}_\theta(1,1)$等於 0.8 和 $u_j(1,1)$等於 0.4 的例子。θ_0，θ_1 和 θ_2 都減小了 0.4α，也就減小了(1, 1)的誤差。要注意到改變參數 θ 以響應兩個狀態間的觀察轉移也會改變每個其他狀態的 $\hat{U}_\theta$ 值！這就是我們所說的「函數逼近允許一個強化學習者根據其經驗進行一般化」的含義。

我們期望如果代理人使用了函數逼近器，它的學習速度會更快，倘若假設空間不是太大，但包含某些能相當好地擬合眞實效用函數的函數。習題 21.6 要求你在使用函數逼近和不使用函數逼近兩種情況下對直接效用估計的性能進行評價。在 4×3 世界中的改進是顯著的，但還不是引人注目的，因爲這本來就是一個非常小的狀態空間。在位置(10, 10)的回報爲+1 的一個 10×10 世界中這種改進就大得多了。由於其眞實效用函數是平滑的而且接近於線性，所以該世界很適合於線性效用函數。(參見習題 21.8)。如果我們將+1 回報放在(5, 5)，眞實回報更像一座金字塔，而公式(21.10)中的函數逼近器則會遭受悲慘的失敗。然而，這一切都不是損失！記住，對線性函數逼近而言，重要的是參數的函數是線性的——這些特徵本身可以是狀態變數的任意非線性函數。因此，我們可以把諸如測量離目標的距離 $\theta_3 f_3(x,y) = \theta_3\sqrt{(x-x_g)^2+(y-y_g)^2}$ 之類的項包含進來。

我們可以同樣將這些想法應用於時序差分學習者。我們所要做的全部只是調整參數努力減小相繼狀態之間的時序差分。時序差分和 Q-學習公式(式 21.3 和式 21.8)之新版本如下

$$\theta_i \leftarrow \theta_i + \alpha\left[R(s) + \gamma\hat{U}_\theta(s') - \hat{U}_\theta(s)\right]\frac{\partial\hat{U}_\theta(s)}{\partial\theta_i} \tag{21.12}$$

用於效用與

$$\theta_i \leftarrow \theta_i + \alpha\left[R(s) + \gamma\max_{a'}\hat{Q}_\theta(s',a') - \hat{Q}_\theta(s,a)\right]\frac{\partial\hat{Q}_\theta(s,a)}{\partial\theta_i} \tag{21.13}$$

用於 Q-值。對於被動 TD 學習，可以證明當函數近似器對於參數呈線性時，更新規則會收斂到對眞實函數的最接近可能近似[4]。當使用主動學習與非線性函數如類神經網路時，所有的努力都付諸東流。存在一些非常簡單的情況，其中即使在假設空間內有好的解，參數仍然會趨向無窮大。有更加複雜精巧的演算法能避免這些問題，但目前使用通用函數逼近器的強化學習仍不失爲一種精緻的藝術。

函數逼近在學習環境模型方面也非常有幫助。記住，學習一個可觀察環境的模型是一個有監督學習的問題，因爲下一個感知資訊給定了結果狀態。事實上我們需要預測一個完整的狀態描述而不只是一個布林代數分類或單一眞實值，所以經過適當調整，第十八章中的任何有關監督學習方法都可以使用。對於一個部分可觀察的環境而言，學習問題要困難得多。如果我們知道隱變數是什麼，以及它們之間和它們與可觀察變數之間有什麼樣的因果聯繫，那麼我們就能固定一個動態貝氏網路結構並使用 EM 演算法來學習參數，如同第二十章中所描述的那樣。創造隱變數和學習模型結構仍然是未解決的問題。一些可行的例子在 21.6 節中會敘述。

21.5 策略搜索

接下來，我們要考慮到最後一個有關強化學習的方法稱爲**策略搜尋**。就某些方面而言，策略搜尋是本章所有方法中最簡單的一個：它的想法是只要性能還有改進的空間就保持對策略的調整，然後停止。

讓我們從策略本身來開始介紹。記住一個策略 π 就是一個將狀態映對到行動的函數。我們主要對 π 的參數化表示感興趣，它具有的參數比狀態空間中的狀態數還少得多(與前一節一樣)。例如，我們可以用一個經過參數化的 Q-函數集合表示 π，每個行動爲一個函數，並選取擁有最高預測值的那個行動：

$$\pi(s) = \max_a \hat{Q}_\theta(s,a) \tag{21.14}$$

每個 Q-函數都可以是如公式(21.10)中的參數 θ 的線性函數，或者也可以是諸如類神經網路那樣的一個非線性函數。然後策略搜尋會調整參數 θ 來估計策略。注意，如果策略是由 Q-函數表示的，那麼策略搜尋將產生一個學習 Q-函數的過程。這個過程與 Q-學習並不相同！在使用函數逼近的 Q-學習中，演算法找到 θ 的一個值，對應的 $\hat{Q}_\theta$「接近」於最佳 Q-函數 Q^*。另一方面，策略搜尋尋找一個產生較好效能的 θ 值；兩種方法所找到的值可能有很大的實質上區別。(例如，由 $\hat{Q}_\theta(s,a) = Q^*(s,a)/10$ 定義之近似 Q 函數給出最佳效能，既使根本不接近 Q^*)。另一個明顯差別的例子是，當使用近似效用函數 $\hat{U}_\theta$ 的深度爲 10 的前瞻搜尋對π(s)進行計算的情況時。提供好的結果的 θ 可能離使 $\hat{U}_\theta$ 靠近眞實效用函數的程度還很遙遠。

對具有公式(21.14)中給出的策略表示的一個問題是，當行動爲離散的時候，策略是參數的不連續函數。(對於一個連續行動空間，策略可以是參數的一個平滑函數)。也就是說，存在 θ 值，使得 θ 的一個無窮小變化就能導致策略從一個行動轉換到另一個行動。這意味著策略價值也可能會變得不連續，使得以梯度爲主的搜尋方法變得很困難。因此，策略搜尋方法經常使用一種**隨機策略**來表示 $\pi_\theta(s,a)$，指定在狀態 s 中選擇行動 a 的機率。一個常用的表示是 **softmax 函數**：

$$\pi_\theta(s,a) = e^{\hat{Q}_\theta(s,a)} / \sum_{a'} e^{\hat{Q}_\theta(s',a)}$$

如果一個行動比其他行動好得多，softmax 變得幾乎是確定性的，不過它總是給予一個可微的 θ 函數；因此，策略價值(以連續方式仰賴於行動選擇機率)也是一個可微的 θ 函數。對不同的變數來說，Softmax 是邏輯函數(18.6.4 節)的一般化。

現在讓我們來看看改進策略的方法。我們從最簡單的情形開始：一個確定性策略和一個確定性環境。令 $\rho(\theta)$爲**策略價值**，舉例來說，執行 π_θ 所預期的未來回報。如果我們可以在封閉形式中爲 $\rho(\theta)$ 推導出運算式，如同第四章中的描述，那我們就可以得到標準最佳化問題。倘若 $\rho(\theta)$是可微的，我們可以依循**策略梯度**向量 $\nabla_\theta \rho(\theta)$。另一種選擇，如果 $\rho(\theta)$在封閉形式中不可得，我們可以簡單地透過執行 π_θ 來評估它，並觀察積累的回報。另一種選擇，我們也可以用爬山法求**經驗梯度**——即，對每個參數值的小增量所引起的策略變化進行評價。使用一般防止誤解的說明，這個過程將會收斂到策略空間中的一個局部最佳值。

當環境(或策略)是隨機的時候，事情就變得更困難了。假定我們試圖使用爬山法，這要求對於某個小的$\Delta\theta$把$\rho(\theta)$和$\rho(\theta+\Delta\theta)$加以比較。問題是每次測試的總回報可能變化範圍很廣，所以根據爲數不多的測試估計策略價值就變得相當不可靠，而試圖比較這兩個估計值將更不可靠。一種解決方案就是進行大量的測試，測量樣本的變異數並用它來判斷測試數量已經足以得到一個改進$\rho(\theta)$的可靠方向。不幸的是，對於許多眞實問題而言，這並不實用，其中每次測試都可能很昂貴、耗時，甚至可能是危險的。

在隨機策略$\pi_\theta(s, a)$的例子中，是可能直接利用在θ處執行的試驗結果而獲得一個對θ處的梯度$\nabla_\theta \rho(\theta)$的無偏估計。爲了簡便起見，我們從一個非延續式環境的簡單情況推導這個估計，處於這樣的環境中，在起始狀態s_0下行動a之後就會立即獲得回報$R(a)$。在這種情況下，策略價值剛好是回報的期望值，於是我們得到

$$\nabla_\theta \rho(\theta) = \nabla_\theta \sum_a \pi_\theta(s_0, a) R(a) = \sum_a (\nabla_\theta \pi_\theta(s_0, a)) R(a)$$

現在我們執行一個簡單的技巧使得這個總和能夠透過$\pi_\theta(s_0, a)$所定義的機率分佈所產生的樣本進行近似。假定我們總共做了N次測試，第j次測試所採取的行動是a_j。則

$$\nabla_\theta \rho(\theta) = \sum_a \pi_\theta(s_0, a) \cdot \frac{(\nabla_\theta \pi_\theta(s_0, a)) R(a)}{\pi_\theta(s_0, a)} \approx \frac{1}{N} \sum_{j=1}^{N} \frac{(\nabla_\theta \pi_\theta(s_0, a_j)) R(a_j)}{\pi_\theta(s_0, a_j)}$$

因此，就用涉及每次測試中行動選擇機率梯度的總和對策略價值的眞實梯度進行了近似。對於延續式的情況，這可以一般化爲

$$\nabla_\theta \rho(\theta) \approx \frac{1}{N} \sum_{j=1}^{N} \frac{(\nabla_\theta \pi_\theta(s, a_j)) R_j(s)}{\pi_\theta(s, a_j)}$$

對於存取過的每個狀態s，其中a_j是第j次測試中在狀態s下執行的行動，而$R_j(s)$則是第j次測試中從狀態s往後所獲得的總回報。得到的演算法被稱爲REINFORCE(Williams，1992)，它通常比在每個θ值都使用大量測試的爬山法還來的有效多。然而，它仍然比所需要的速度慢得多。

考慮下面的任務：已知兩個黑傑克遊戲[5]程式下，決定哪個最好。一種方式是讓每個程式與同一個標準「莊家」交手一定次數，然後衡量它們各自取勝的次數。正如我們已經看到的，這樣做的問題在於每個程式的勝數波動很大，依賴於它得到的牌的好壞。一個明顯的解決方案是預先產生一定數量的手牌，並使每一程式玩同一組手牌。這樣我們就能消除因得到不同的牌而產生的測量誤差。這想法稱之爲**相關抽樣**，替策略搜尋演算法——又稱PEGASUS(Ng及Jordan，2000)——立下基礎。該演算法可應用於行動的「隨機」結果能夠透過一個模擬器進行重複的領域。該演算法預先產生N個亂數序列，每個都可以在任何策略中執行一次測試。透過使用同樣一組隨機序列確定行動結果，對每個候選策略進行評價來完成策略搜尋。可以證明，確保每個策略價值都經過良好估計，所需的隨機序列的數量只取決於策略空間的複雜度，而與基礎領域的複雜度毫不相關。

21.6 強化學習問題的應用

我們現在轉向強化學習的大規模應用的例子。我們考慮在博弈中的應用，當轉移模型是已知且其目標是學習到效用函數；在機器人領域中，通常模型是未知的。

21.6.1 博弈中的應用

強化學習的第一個重要應用也是任何種類程式中的第一個重要的學習程式——由亞瑟·薩繆爾(Arthur Samuel，1959，1967)編寫的西洋跳棋程式。薩繆爾首先使用了一個加權線性函數對棋勢進行評價，在任何一次評價中使用多達 16 項。他應用了公式(21.12)版本來更新權值。然而，在他的程式和當前的方法之間存在著某些顯著的差別。首先，他使用當前狀態與搜尋樹中透過完全前瞻而產生的回傳值之間的差對權值進行更新。這樣的效果很好，因爲它等同於從一個不同的粒度來看待狀態空間。第二個差別是該程式不使用任何已觀察到的回報！也就是說，在自我對奕下所達到的終止狀態的值被忽略了。這意味著薩繆爾的程式極有可能不收斂，或收斂到一個故意要輸而不是贏的策略。他透過堅持子力優勢的權值應該總是正的，而設法避免了這種命運。顯然，這足以引導該程式進入與下好西洋跳棋相對應的權值空間領域。

Gerry Tesauro 的 TD-Gammon(時序差分西洋雙陸棋)系統(1992)強而有力地例證了強化學習技術的潛力。在早期工作中(Tesauro 和 Sejnowski，1989)，Tesauro 試圖直接從由人類專家標注了相對值的走法的實例中學習一個以類神經網路來表示 $Q(s, a)$。此方法證明對於專家極端冗長。結果產生了一個被稱爲 NEUROGAMMON 的程式，按照電腦的標準來說已經很強大，但還是無法與人類專家相匹敵。TD-Gammon 專案是只根據自我對壘的情況進行學習的一種嘗試。僅有的回報信號在每次比賽結束時才給定。評價函數由一個具有包含 40 個節點的單隱藏層的全連接類神經網路來表示。即使輸入只包含無計算特徵的原始棋盤局勢，簡單地透過公式(21.12)的重複應用，TD-Gammon 學習下棋就比 NEUROGAMMON 好得多。這使用了大約 200 000 個訓練棋局和兩周的計算時間。儘管這看起來好像是數量可觀的棋局，其實只是狀態空間中微不足道的極小部分。當把預先計算好的特徵加入到輸入時，經過 300 000 個訓練棋局，一個具有 80 個隱藏單元的網路可以達到與世界前三名的人類頂級棋手相媲美的水準。頂級棋手和分析家 Kit Woolsey 說道：「我絲毫也不懷疑它對形勢的判斷要比我好得多。」

21.6.2 機器人控制中的應用

著名的**手推車連杆**平衡問題，也稱爲**倒置擺**的裝置，如圖 21.9 所示。這個問題是要控制手推車的位置 x，使得連杆保持大約垂直($\theta \approx \pi/2$)，同時保持在圖示的軌道界限內。就這個看似簡單的問題，已經發表了兩千多篇關於強化學習和控制理論的論文。手推車連杆問題與先前描述的狀態變數 x、θ、$\dot{x}$、$\dot{\theta}$ 連續的問題不同。其行動通常是離散的：猛力地拉向左邊或拉向右邊，即所謂的**乒乓控制**(bang-bang control)模式。

對此問題的學習成果最早是由 Michie 和 Chambers(1968)完成的。只需經過大約 30 次測試，他們的 BOXES 演算法就能使連杆保持平衡超過一個小時。不僅如此，與許多後續的系統不同，BOXES 是用眞正的手推車和連杆進行實作，而不是以模擬爲主。該演算法首先將四維狀態空間經過離散化，使其映對到空間盒(box)——也就是演算法的名稱。然後它反覆進行測試，直到連杆倒下或手推車撞到軌道的末端才停止。在最後的空間盒中，負強化與最終行動進行聯繫，然後透過序列逆向傳播。人們發現當設備的初始位置與訓練中不一樣時，離散化將引起一些問題，這顯示遇到一般化的情況時，系統還不太完善。透過使用根據觀察到的回報變化而適應性地對狀態空間進行分割的演算法，可以在一般化方面可獲得改進且學習方面也能更迅速；或者透過使用連續狀態，非線性函數逼近器如類神經網路。如今，平衡一個三段倒置擺已經成爲常見習題——這項技藝遠遠超過了絕大多數人類的能力。

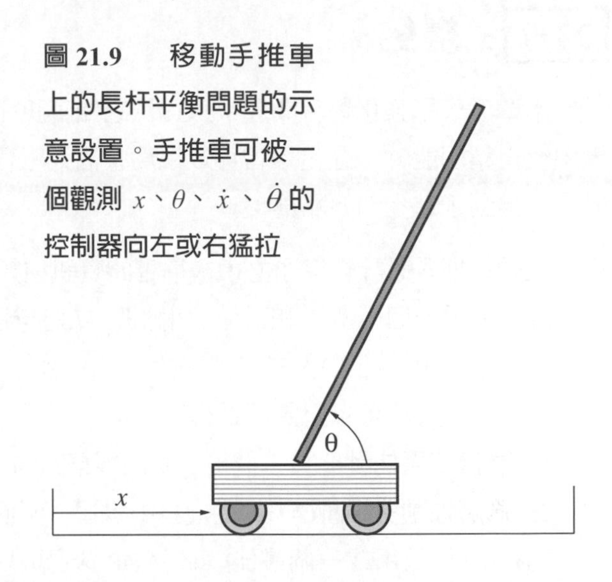

圖 21.9 移動手推車上的長杆平衡問題的示意設置。手推車可被一個觀測 x、θ、$\dot{x}$、$\dot{\theta}$ 的控制器向左或右猛拉

更令人印象深刻的強化學習應用是直昇機飛行(圖 21.10)。這任務通常是使用策略搜尋(Bagnell 與 Schneider，2001)以及基於學習到的轉移模型上使用 PEGASUS 演算法的模擬(Ng 等人，2004)。更進一步的細節在第 25 章中討論。

圖 21.10 一架正在表演極高難度的「機鼻朝內畫圓」的自主駕駛直升機的時間流疊加影像。該直升機受控於由 PEGASUS 策略搜尋演算法所產生的一個策略。觀察各種控制操作對真實直升機所產生的效果，並據以開發一個模擬器模型；然後在模擬器模型上徹夜執行該演算法。針對不同的機動動作而開發了各種不同的控制器。在所有情況下，性能都遠超過一個人類專業駕駛員進行遙控的表現。(承蒙 Andrew Ng 允許使用影像)

21.7 總結

本章考察了強化學習問題：只提供感知資訊和偶爾獲得的回報下，一個代理人如何在未知的環境中變得精明能幹。強化學習可以視爲整個人工智慧問題的縮影，不過它在許多簡化的設置中進行研究，推動了進步。要點爲：

- 整體代理人設計規定了必須被學習的資訊種類。我們所涵蓋的 3 個主要設計是：基於模型的設計，使用一個模型 P 和一個效用函數 U；無模型設計，使用一個行動-價值函數 Q；以及反射型設計，使用一個策略 π。
- 透過 3 種方法可以對效用進行學習：
  1. **直接效用估計**把對一個給定狀態觀察到的全部未來回報用來作學習效用的直接證據。
  2. **適應性動態規劃(ADP)**從觀察中學習一個模型和一個回報函數，然後應用價值疊代或策略疊代獲得效用或一個最佳策略。ADP 透過環境的鄰域結構來利用施加在狀態效用上的局部限制達到最佳化。
  3. **時序差分方法(TD)**更新效用估計以匹配後繼狀態的效用。它們可以視爲是對學習過程不需要轉移模型的 ADP 方法的簡單近似。然而，利用一個經過學習後的模型來產生僞經驗可以導致更快的學習速度。
- 用 ADP 或 TD 方法可以學習行動-價值函數或稱 Q-函數。使用 TD 方法，Q-學習在學習或行動選擇階段都不需要模型。這簡化了學習問題，但是由於代理人不能模擬可能行動方向的結果而潛在地限制了在複雜環境中學習的能力。
- 當學習代理人在學習也要負責選擇行動的時候，它必須在行動的估計值和學習有用的新資訊的潛力之間取得折衷。爲探索問題求取精確解是不可行的，但是某些簡單的啓發式可以完成合理的任務。
- 在大規模狀態空間中，爲了在狀態上進行一般化，強化學習演算法必須使用一個近似的函數來表示。在諸如類神經網路的表示中，時序差分信號可以直接被使用來更新參數。
- 策略搜尋方法直接在策略的一個表示上進行操作，基於已觀察到的性能表現上，試圖在對其加以改進。在隨機領域中，性能的變化是一個嚴重的問題，對於模擬領域則可以透過預先固定隨機性而克服這個問題。

由於在消除對控制策略進行手工編碼方面的潛力，強化學習一直是機器學習研究中最活躍的領域之一。在機器人領域方面的應用，可看出著其獨特的價值。這些將需要一些能處理連續的、高維度的、部分可觀察的環境的方法，在這樣的環境中，成功的行爲表現可能是由上千甚至上百萬個的基本行動組成的。

參考文獻與歷史的註釋 BIBLIOGRAPHICAL AND HISTORICAL NOTES

圖靈(1948，1950)提出了強化學習方法，儘管對其有效性不能確認；他寫道：「懲罰與回報的使用最多可以作爲教學過程的一部分。」薩繆爾(Arthur Samuel)的工作(1959)可能是最早的成功的機器學習研究。儘管該工作不是非正式且也有許多缺陷，它包含了強化學習中的大部分現代想法，其中包括時序差分和函數逼近等。在同一時期，適應性控制理論的研究學者們(Widrow 和 Hoff，1960)，在 Hebb(1949)的工作建立上，使用 δ 規則來訓練簡單的網路。(這個早期類神經網路和強化學習之間的聯繫可能會導致人們不斷地被誤認爲後者是前者的一個子領域)。Michie 和 Chambers(1968)對手推車連杆問題的研究也可以被視爲使用函數逼近器的一種強化學習方法。關於強化學習的心理學文獻就久遠得多了，Hilgard 和 Bower(1975)提供了一個很好的概論。對蜜蜂覓食行動的研究提供了強化學習在動物行爲中的直接證據。存在一個關於回報信號的明顯神經關聯，以大型神經元的形式，從花蜜採集感測器直接映對到運動大腦皮層(Montague 等人，1995)。關於使用單細胞進行記錄的研究顯示靈長類動物中，大腦的多巴胺系統實現了類似價值函數學習的東西(Schultz 等人，1997)。Dayan 及 Abbott (2001)所著之神經科學的教科書描述了可能的時序差分學習之類神經應用，Dayan 與 Niv (2008)研究神經科學與行爲實驗的最新證據。

Werbos(1977)最先在強化學習與馬爾可夫決策過程之間建立了聯繫，不過人工智慧領域內強化學習的發展則始於麻省大學在 20 世紀 80 年代早期的研究工作(Barto 等人，1981)。Sutton(1988)的論文提供了很好的歷史概要。本章中的公式(21.3)是當 $\lambda = 0$ 時的特殊情況時，Sutton 的通用 TD(λ)演算法。TD(λ)用一個隨著過去 t 步的狀態而以 λ^t 遞減的量，對導致每個轉移序列中的所有狀態值進行更新。TD(1)與 Widrow-Hoff 規則或稱 δ 規則是一樣的。基於在 Bradtke 和 Barto(1996)的研究工作上，Boyan(2002)指出 TD(λ)及其相關演算法對經驗的利用不夠有效，在本質上，它們是收斂速度比脫機回歸演算法慢得多的線上回歸演算法。他的 LSTD(least-squares temporal differencing)演算法則是對於被動式強化學習能給予與脫機回歸相同結果的線上演算法。最小平方策略疊代，或稱 LSPI (Lagoudakis 與 Parr，2003)係結合這個想法與策略疊代演算法，產生出一個對於學習策略強健、統計上有效率的無模型演算法。

在 Sutton 的 DYNA 體系結構(Sutton，1990)中提出了把時序差分學習與基於模型的模擬經驗產生相結合。Moore 和 Atkeson(1993)以及 Peng 和 Williams 分別獨立地引入了區分優先次序的篩選想法。Q-學習則產生於 Watkins 的博士學位論文(1989)，而 SARSA 是 Rummery 與 Niranjan(1994)在技術報告中所發表。

Berry 和 Fristedt(1985)建立了非延續式決策探索問題來進行了深入分析。使用 **Gittins 指數** (Gittins，1989)技術可以獲得一些環境設置的最佳探索策略。Barto 等人(1995)討論了延續式決策問題的探索方法。Kearns 和 Singh(1998)以及 Brafman 和 Tennenholtz(2000)描述了探索未知環境並保證在多項式時間內收斂到接近最佳策略的演算法。貝氏強化學習(Dearden 等人，1998，1999)則提供不確定性與探索模型這兩者的另一個角度。

關於強化學習中的函數逼近可以追溯到薩繆爾的研究工作，他應用線性和非線性評價函數以及特徵選擇方法來減小特徵空間。後續的方法包括一個重疊局部核函數之和的 **CMAC**(小腦模型連接控制器)(Albus，1975)，以及 Barto 等人(1983)的聯想式類神經網路。類神經網路是目前最流行的函數逼近器形式。最著名的應用是本章已討論過的 TD-Gammon(Tesauro，1992，1995)。基於類神經網路的 TD 學習者所展現的一個重大問題是它們傾向於忘記較早的經驗，尤其是在那些一旦獲得能力就避開的部分狀態空間中。如果這種情形重複出現，將會導致災難性失敗。在**基於實例的學習**上，函數逼近能夠避免這個問題(Ormoneit 和 Sen，2002；Forbes，2002)。

使用函數逼近的強化學習演算法，其收斂性是一個極其具有技術性的課題。對於線性函數逼近器，TD(時序差分)學習的結果已經被不斷地加強(Sutton，1988；Dayan，1992；Tsitsiklis 和 Van Roy，1997)，但是對於非線性函數則有一些不收斂的例子(參見 Tsitsiklis 和 Van Roy，1997，作爲討論)。Papavassiliou 和羅素(1999)描述了一種新型的強化學習，使用任意形式的函數逼近器都收斂，倘若對於觀察到的資料能找到一個最佳擬合的近似。

Williams(1992)把策略搜尋方法推上最高峰，他發展出了演算法的 REINFORCE(強化)家族。其後，Marbach 和 Tsitsiklis(1998)，Sutton 等人(2000)以及 Baxter 和 Bartlett(2000)的研究工作爲策略搜尋加強並歸納了收斂結果。對於比較一個系統中不同設定的相關抽樣方法由 Kahn 及 Marshall(1953)正式地加以描述，但似乎在這之前許久就已經有所知悉。它會在強化學習中運用是因爲 Van Roy (1998)、Ng 與 Jordan(2000)；稍晚發表的論文也介紹了 PEGASUS 演算法並證明它的形式化屬性。

正如我們在本章中所提到的，隨機策略的性能是其參數的一個連續函數，這是基於梯度的搜尋方法提供了幫助。這並非是唯一提供的好處：Jaakkola 等人(1995)指出，如果二者都被限定在當前的感知資訊基礎上行動的話，隨機策略在部分可觀察環境中，其運轉確實優於確定策略。(一個原因是隨機策略更不容易因爲一些不可見的障礙而被「卡住」)。現在，在第十七章我們曾指出過，在部分可觀察的 MDP 中，最佳策略是信度狀態而不是當前感知資訊的確定性函數，所以我們期望透過使用第十五章中的**濾波**方法記錄信度狀態而獲得更好的結果。不幸的是，信度狀態空間是高維度的和連續的，還沒有發展出針對使用信度狀態的強化學習的有效演算法。

現實世界環境在獲得重大回報所需基本行動的數量方面也呈現出了巨大的複雜性。例如，足球機器人在進一個球之前可能要做近十萬個單獨的腿部動作。一個最初用於動物訓練的常見辦法稱爲**回報塑型**(reward shaping)。這涉及到爲了「進步」給代理人提供額外的回報，稱爲**偽回報**。舉例來說，在足球賽中眞實的回報是踢進目標得分，但是僞回報卻可能發生在與球接觸後或者只是將球踢向目標。這樣的回報可以極大地提高學習速度，而且提供起來很簡單，但是存在的風險是代理人可能學會對僞回報最大化而不是眞實回報，例如，停留在球的旁邊「顫動」產生與球的多次接觸。Ng 等人(1999)證明了，倘若僞回報 $F(s, a, s')$滿足 $F(s, a, s') = \gamma\Phi(s') - \Phi(s)$，代理人仍然能夠學習最佳策略，其中 Φ 是狀態的一個任意函數。Φ 可以被建構來反映任意我們所需要的狀態，諸如子目標的獲得或者到目標狀態的距離。

複雜行爲也可以在**分層強化學習**方法的輔助下產生，該方法試圖在多個抽象層次上求解問題——很像第 11 章中的 **HTN 規劃**方法。例如，「進球」可以被分解爲「獲得控球」，「向球門運球」和「射門」，而其中每個問題又可以進一步分解爲低層次的運動行爲。本領域中的基礎結果歸功於 Forestier 和 Varaiya(1978)，他們證明了從呼叫低層次行爲的高層次行爲觀點來看，任意的低層次行爲只可以被當作基本行動(儘管它們所用的時間量可能不盡相同)來對待。在這個結果的基礎上，由 Parr 和羅素(1998)，Dietterich(2000)，Sutton 等人(2000)，Andre 和羅素(2002)發展出的方法用於代理人提供一個**部分程式**來限制代理人的行爲，使其具有一個特定的分層結構。給代理人程式的部分程式語言透過學習替必須要填但卻未指定的選擇增加基本要素，而拓展了一般的程式語言。然後應用強化學習來學習與該部分程式一致的最佳行爲。函數逼近、塑型和分層強化學習的結合已經展現其解大規模問題的能力——舉例來說在帶有 1030 個分枝因素的 10100 個狀態的狀態空間中要執行 104 個步驟的策略(Marthi 等人，2005)。一個關鍵性的結果(Dietterich，2000)是分層結構提供了與生俱來能將全體 somewhat 效用函數分解成項的附加功能，這些項基於變數的小子集定義出狀態空間。這有點類似表達定理成爲貝氏網路的簡明性的基礎(第 14 章)。

分散式與多代理人強化學習的主題並沒有爲本章所觸及，但目前潮流確有很大的興趣。在分散式 RL 中，其目的是要設計方法使多個且協調的代理人去最佳化一般的效用函數。舉例來說，我們是否可以設計一些方法，據此利用分別的**子代理人**做機器人導航與機器人障礙閃避，又可以互相合作達到全局最佳化的結合控制系統？這個方向已經獲得的一些基本成果(Guestrin 等人，2002；Russell 與 Zimdars，2003)。基本的想法是每個子代理人透過自己的回報流來學習自己的 Q 函數。舉例來說，機器人導航單元可透過前往目標所得到的進展拿到回報，而障礙閃避單元在每次誤撞擊拿到負面的回報。每個全局的決定最大化了 Q 函數的總和且整個程序會收斂到最佳的解決辦法。

因分散式RL存在多個代理人無法協調它們行動(除非是明確的溝通行爲)與無法分享相同的效用函數，多代理人 RL 顯的出類拔萃。因此多代理人 RL 用以處理循序的遊戲理論問題或**馬可夫遊戲**，如第 17 章中所定義。隨之而來隨機策略的需求並非是重大的複雜因素，如我們在第 21.5 節中所見到的。事實上會造成問題的原因是當代理人正學習去對付對手的策略時，對手也正在改變其策略來對付代理人。因此，整個環境是**非平穩的**(參見 15.1.2 節)。Littman(1994)在將最初 RL 演算法引介到零和馬可夫遊戲的時候注意到此困難性。Hu 和 Wellman(2003)爲一般和遊戲提出一種 Q-學習演算法，當納許均衡是唯一時可達成收斂；在有多個均衡下，收斂的概念就很難去定義了(Shoham 等人，2004)。

有時回報函數並不容易定義。考慮開車這工作。存有多個極端的狀態(如撞車)明確地應該要有一大筆懲罰。但除此之外，很難精確回應回報函數。然而，對於人類在開車一陣子後告訴機器人說「照著我那樣做」可就夠簡單了。機器人於是就有個**學徒學習**的任務；從正確完成任務的實例來學習，但沒有明確回報。Ng 等人(2004)與 Coates 等人(2009)展示如何學習開直升機的技術；見圖 25.25 此例子的把戲的策略是怎麼能夠達到的。Russell(1998)描述到**逆強化學習**的任務——透過狀態空間裡例子的路徑找出回報函數。對於作爲學徒學習的一部分或者是研究科學的一部分，這是很有幫助的——我們可以了解到動物或者機器人，透過從目前它的狀態後向運作得到它的回報函數應該的樣子。

本章僅討論了原子狀態——代理人對於一個狀態所能了解的全部爲變數行爲的集合和結果狀態(或狀態行爲)的效用。但比起原子表示，應用強化學習到結構化表示是有可能的；這被稱做**關係強化學習**(Tadepalli 等，2004)。

Kaelbling 等人(1996)的概要，提供對相關文獻的很好切入點。本領域的兩名先鋒人物 Sutton 和 Barto(1998)的教科書把重點放在結構和演算法上，展示了強化學習是如何把學習、規劃和行動的想法編制在一起。Bertsekas 和 Tsitsiklis(1996)的更具技術性的著作則爲動態規劃和隨機收斂理論，其提供了嚴格的基礎。關於強化學習的論文時常發表在《機器學習》(*Machine Learning*)，《機器學習研究期刊》(*Journal of Machine Learning Research*)，以及「機器學習與神經元資訊處理系統國際會議」(International Conferences on Machine Learning and the Neural Information Processing Systems)上。

❖ 習題 EXERCISES

21.1 在一個諸如 4×3 世界的簡單環境中，實作一個被動學習代理人。對於一個初始未知的環境模型情況下，比較直接效用估計、TD 和 ADP 演算法的學習性能。對最佳策略以及幾個隨機策略進行同樣的比較。哪種方法的效用估計收斂得更快？當環境規模擴大時會發生什麼情況？(試著考量有障礙和無障礙的環境)。

21.2 第十七章中將 MDP 的**適當策略**定義爲一個保證到達終止狀態的策略。說明被動 ADP 代理人在策略π 不適當情況下，即使π 對於眞實 MDP 是適當的，對一個轉移模型進行學習是有可能的；使用這樣的模型，當$\gamma = 1$ 時，策略評價步驟可能會失敗。證明如果只在一次測試的結束時，對學習到的模型應用策略評價步驟，則不會產生這個問題。

21.3 從被動 ADP 代理人開始，如正文中所討論的那樣對它進行修改，以使用一個近似 ADP 演算法。分兩步進行：

a. 實作一個優先等級佇列對效用估計進行調整。只要一個狀態被調整，那麼它所有的先輩狀態也都成爲調整的候選物件而應該加入到佇列中。用最近發生轉移的狀態對佇列進行初始化。只允許固定數量的調整。

b. 實驗用各種啓發式對優先等級佇列進行排序，檢驗它們對學習速度和計算時間的影響。

21.4 寫出 TD 學習的參數更新公式，其中

$$\hat{U}(x,y) = \theta_0 + \theta_1 x + \theta_2 y + \theta_3 \sqrt{(x-x_g)^2 + (y-y_g)^2}$$

21.5 實作一個使用直接效用估計的探索型強化學習代理人。完成兩個版本——其一使用表格化表示方法，另一個使用公式(21.10)中的函數逼近器。在 3 種環境下比較它們的性能：

a. 本章中描述的 4×3 世界。

b. 無障礙且在(10, 10)處有一個+1 回報的 10×10 世界。

c. 無障礙且在(5, 5)處有一個 +1 回報的 10×10 世界。

21.6 對於隨機網格世界(4×3 世界的一般化)中的強化學習來設計合適特徵，而該世界包含多個障礙物和多個具有+1 或–1 回報的終止狀態。

21.7 擴展標準博弈環境(參見第 5 章)，加入回報信號。把兩個強化學習代理人納入該環境中(當然，它們可以共用代理人程式)，並讓它們對壘。應用一般化的 TD 更新規則[公式(21.12)]對評價函數進行更新。你也許希望從簡單線性加權評價函數以及諸如井字棋這樣的簡單遊戲入手。

21.8 對於下列環境，計算以 x 和 y 表示的眞實效用函數以及最佳線性逼近[如同公式(21.10)]：

a. 一個在(10, 10)處有單一的+1 終止狀態的 10×10 世界。

b. 如同(a)，不過在(10, 1)處增加一個–1 終止狀態。

c. 如同(b)，不過在 10 個隨機選擇的方格中增加障礙物。

d. 如同(b)，不過放置一道從(5, 2)延伸至(5, 9)的牆。

e. 如同(a)，不過終止狀態在(5, 5)。

行動是 4 個方向上的確定性的運動。在每種情況下，用三維座標圖的形式比較結果。對每種環境，提出可能改進逼近的附加特徵(除了 x 和 y 之外的)，並展示結果。

21.9 實作 REINFORCE 和 PEGASUS 演算法，並把它們應用於 4×3 世界，使用你自己選擇的一個策略家族。評價其結果。

21.10 強化學習對於進化是一種合適的抽象模型嗎？在硬連線回報信號與進化適應度之間存在著什麼樣的關係(如果有的話)？

本章註腳

[1] 嚴格的條件在 18.6.3 節中給出。在圖 21.5 中，我們使用了 $\alpha(n) = 60 / (59 + n)$，其滿足該些條件。

[2] 注意第十六章中資訊價值理論的直接類推。

[3] 我們真的知道確切的效用函數可以表示於 Lisp、Java 或 C++的一或二頁內。也就是說，可以用一個在每次調用時都能準確解決遊戲的程式來表示。不過我們只對使用合理計算量的函數逼近器感興趣。事實上，學習一個非常簡單的函數逼近器並將它與一定量的前瞻搜索相結合可能會更好。對於所涉及的折衷目前還沒有很好的理解。

[4] 對效用函數之間的距離的定義是相當技術性的；參見 Tsitsiklis 和 Van Roy(1997)。

[5] 也被稱為二十一點牌戲。

PART VI

Communicating, perceiving, and acting

第六部分

通訊、感知及行動

第 22、23、24 章
收錄於隨書光碟

ROBOTICS 25

機器人學

本章中代理人具有可造成損害的實體作用器。

25.1 緒論

機器人是一種實體代理人，透過對物質世界進行操作來執行任務。爲了這樣做，它們裝備了諸如機械腿、輪子、關節、抓握器等**作用器**(effectors)。作用器具有單一目的：將實體力施加到環境上。機器人還裝備了**感測器**，這使它們能夠感知它們的環境。目前的機器人技術使用了各種不同的成套感測器，包括用照相機和超聲波測量它們的環境，用陀螺儀和加速計來測量機器人本身的運動。

大多數現在的機器人都屬於以下三種主要的類別之一。**操縱器**(manipulator)，或稱機械手(如圖25.1a)，實體上與它們的工作場所會被固定在一起，例如在工廠的裝配線上或國際太空站上。操縱器的運動通常包含一個完整的可控關節鏈，使這樣的機器人能夠將它們的作用器放置到工作場所中的任何位置。操縱器是目前最常見的工業機器人類型，在世界各地已經安裝使用超過了一百萬套。一些可移動操縱器在醫院被用來協助外科醫生。如果沒有機器人操縱器，幾乎沒有汽車製造商能夠生存。有些操縱器甚至已經被用於產生具有原創性的技術品。

第 2 類是**移動機器人**(mobile robot)。移動機器人利用輪子、腿或其他類似機械裝置在它們的環境中來回移動。它們已經被用於在醫院裡遞送食物，在碼頭搬運集裝箱，以及類似的任務。**無人地面移動車輛**(unmanned ground vehicle，UGV)可以自動的在街道上、高速公路或是非路面上移動。圖25.2(b)中**行星探測器**(planetary rover)旅居者號，其在 1997 年探索火星長達三個月之久。後續接替它任務的 NASA 機器人包括了雙子火星探測號(twin Mars Exploration Rovers，在原文封面上有其照片)，其在 2003 年降落於火星並且到六年後的今天依舊可以操作。其他的可移動式機器人包括了**無人飛行器**(unmanned air vehicles，UAVs)，一般用途爲偵察、噴灑農藥以及軍事行動等。圖 25.2(a)顯示了一個美國軍方常使用的無人飛行器。可用於深海探測的**自主水下車輛**(autonomous underwater vehicle，AUV)移動機器人可以在工作場所搬運貨物或是在家中打掃地板。

第 3 類機器人結合了移動性與操縱性，通常稱之爲**可移動式機器人**。**人型機器人**的身體設計模仿了人的軀幹。圖 25.1(b)顯示了兩個這樣的人形機器人，它們均由日本的本田(Honda)公司生產。混合體能夠比固定的操縱器更靈活地使用作用器，但是它們的任務也變得更難，因爲它們不具有固定點提供的堅固剛性。

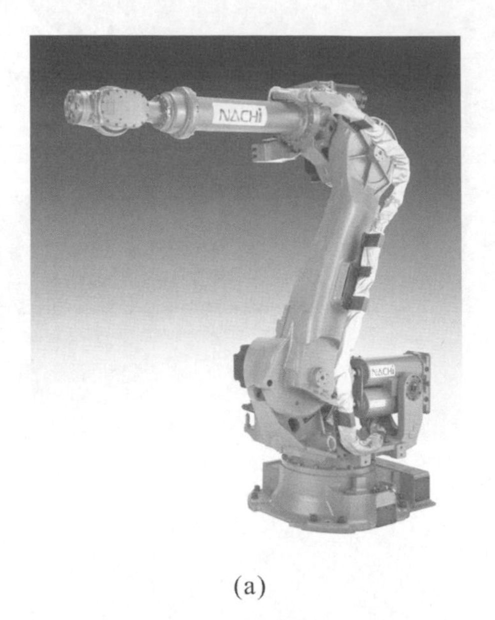

(a) (b)

圖 25.1 (a) **一個工業用機器操作手臂，用以將袋子堆疊置於貨板上。圖片提供**：Nachi Robotic Systems courtesy of Nachi Robotic Systems。(b) **本田公司的** P3 **和** Asimo **人形機器人**

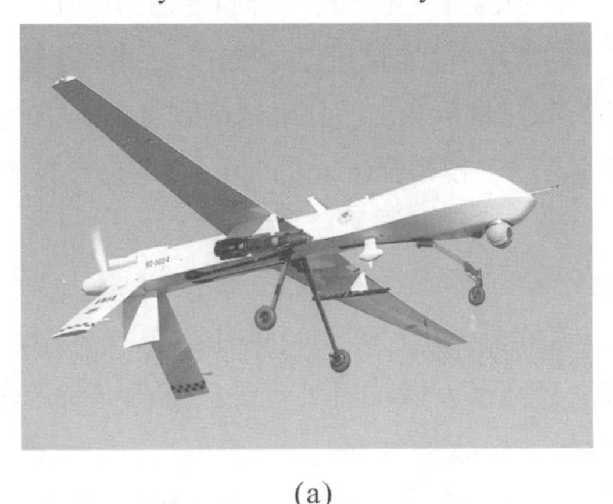

(a) (b)

圖 25.2 (a) **掠食者號**(Predator)，**為美軍使用之無人飛行器**(unmanned aerial vehicle，UAV)。**圖片提供**：General Atomics Aeronautical Systems。(b) NASA **的旅居者**(Sojourner)，**一個移動機器人，於** 1997 **年** 7 **月探索了火星表面**

機器人研究領域還包括假體裝置(供人使用的人造肢體、耳朵和眼睛)、智慧環境(例如裝備有感測器和作用器的房屋)，以及多體系統(multibody system)，其中機器人的行動是透過協同的一群小機器人完成的。

實際的機器人通常必須面對部分可觀察的、隨機的、動態的和連續的環境。許多機器人環境還是具有循序的和多代理人的。 部分可觀察性和隨機性是處理巨大和複雜世界的結果。機器人不能看到所有的角落，運動指令也由於齒輪打滑、摩擦等因素而遭遇不確定性。而且，往往很難以高於即時的速度來對眞實世界進行處理。在一個模擬環境中，有可能用簡單演算法(例如在第 21 章中描述的 Q-學習演算法)花幾個 CPU 小時從幾百萬次測試中進行學習。在眞實環境中，也許需要幾年的時間來執行這些測試。此外，與模擬不同，眞實的碰撞確實會產生損傷。實用機器人系統需要包含一些先備知識，包括機器人、它的實體環境以及機器人將要執行的任務，以便機器人能夠迅速地學習和安全地執行。

機器人帶來許多我們先前在書中看過的概念，包含機率性狀態評估、感知、計畫、非監督式學習、以及加強式學習。在這些概念下，機器人是一個很具有挑戰性的應用。對於其他概念，本章開創了一個新的視野，以連續性方式來介紹我們前面所看到的零散的範例。

25.2 機器人硬體

迄今爲止，在本書中我們已經把代理人的架構——感測器、作用器和處理器——當作已知的知識，而把精力集中在代理人程式上。眞實機器人的成功至少同樣依賴於對適合於任務的感測器和作用器的設計。

25.2.1 感測器

感測器是機器人與它們環境之間的感知介面。**被動感測器**是眞正的環境觀察者。它們捕捉環境中其他信號源產生的信號，例如照相機。**主動感測器**向環境中發送能量。它們依賴於能量會被反射回感測器的事實。主動感測器往往能夠提供比被動感測器更多的資訊，但是代價是增加了能量的消耗，並且當多個主動感測器同時使用時，有相互干擾的危險。無論是主動的還是被動的，感測器都可以被分爲 3 種類型，取決於它們感應環境的方式、機器人的位置、或者是機器人的內部組態。

測距儀(range finder)是一種測量附近物體距離的感測器。早期的機器人通常會配置**聲納感測器**。當聲納感測器發出定向的聲波，然後被物體反射，使一部分聲音回到感測器。而回傳信號的時間和強度就指出了與附近物體的距離。自主水下車輛就是使用聲納感測器作為感測技術。**立體視覺**(參考第 24.4.2 節)是依靠多台攝影機以些微不同的角度，直接對環境進行攝影，並且分析在這些影像中的視差來計算周圍物體的範圍。對於移動式地面機器人，由於聲納以及立體視覺這些技術尚未擁有足以信賴的精準度，因此這些技術目前仍未被廣泛使用。

大多數地面機器人現在配備的是光學測距儀。就如同聲納感測器一樣，光學測距儀會主動發出訊號(光線)，並且量測其反射回來到感測器的時間。圖 25.3(a)一個 **TOF 攝影機**(time of flight camera)。這個攝影機以每秒 60 次的頻率，捕捉如圖 25.3(b)的範圍影像。其他的測距儀感測器則是使用雷射光以及特殊的單像素攝影機，以便可以直接引導去偵測複雜鏡面配置或是旋轉物體等。這些感測器稱之爲**掃描光雷達**(scanning lidars，light detection 與 ranging 的縮寫)。掃描光雷達嘗試著提供比 TOF 攝影機較長的範圍，而且在明亮的白天時可以提供較好的解析度。

其他常見的測距儀包括了雷達，通常是無人飛行器(UAV)所使用的感測器。雷達感測器可以量測數公里遠的距離。另外一方面，近距離的測距儀包括了觸鬚、撞擊板和觸敏表皮等**觸覺感測器**。這些感測器藉由量測物理性的接觸，並且僅能感測到離機器人非常近的物體。

(a)

(b)

圖 25.3 (a) TOF **飛行時間攝影機**(Time of flight camera)；**圖片提供**：Mesa Imaging GmbH。(b) TOF **攝影機所得的** 3D **範圍影像。這個範圍影像使我們可以對障礙物及機器人附近的物體進行偵測**

另一個重要類別的感測器是**位置感測器**。大部分位置感測器是使用距離感測器作爲決定位置的主要元件。 在戶外，**全球定位系統**(the Global Positioning System，GPS)是最常使用的定位方式。GPS 量測發射脈衝訊號之衛星與 GPS 之間的距離。A 到目前爲止，已經有 31 顆衛星在軌道上運行，同時以不同的頻率傳送信號。GPS 接收器能夠透過分析相位變化來獲得與這些人造衛星的距離。透過對多個人造衛星的信號進行三角測量，GPS 接收器能夠將它們在地球上的絕對位置確定在幾米之內。**差分 GPS**(differential GPS)包含了已知位置的第二個地面接收器，在理想條件下能夠提供毫米級的精確度。不幸的是，GPS 不能在室內或水下工作。在室內，定位通常藉由在已知環境的位置中，夾附一個指標來達到。許多室內環境裡有無線基地台，可以協助機器人透過分析這些無線訊號而進行定位。在水下，主動式的聲納指標可以提供大略位置，而利用聲音告知自主水下車輛它們與這些指標的相對距離。

第 3 種重要類別是**本體感受感測器**(proprioceptive sensor)，用來使機器人知道本身狀態。爲測量機器人關節的準確狀況，通常在引擎中配備**軸解碼器**(shaft decoder)，以統計引擎轉數的微小增量。對於機械手，軸解碼器可提供任意一段時間內的準確資訊。對於移動機器人，報告輪子轉數的軸解碼器可被用於**計程**(odometry)——測量走過距離。不幸的是，輪子很容易漂移和打滑，因此計程數只有在超過一定的距離後才是準確的。外力增加了位置的不確定性，諸如作用於 AUV 的水流和作用於 UAV 的風。**慣性感測器**，例如陀螺儀，是依靠質量對速度變化的抵抗。它們可以協助降低不確定性。

機器人狀態的其他重要方面是透過**力感測器**和**力矩感測器**測量。這些感測器在機器人處理易碎物體或不知道確切形狀與位置的物體時是不可缺少的。像一個一噸重的機械手安裝電燈泡。想很容易就會用力過猛，而弄碎燈泡。力感測器允許機器人感覺到它正在用多大的力氣抓握燈泡，力矩感測器允許它感覺到它旋轉燈泡的力氣有多大。好的感測器能夠從 3 個平動方向和 3 個轉動方向對力進行測量。它們每秒可量測數百次，因此在機器人將燈泡轉破之前，它們可以快速的偵測到錯誤的力量並且進行校正。

25.2.2 作用器

作用器(Effectors)是機器人移動和改變其身體形狀的工具。利用**自由度**(degree of freedom，DOF)的概念討論抽象的運動和形狀，這對於理解作用器的設計是有幫助的。我們把一個機器人或它的一個作用器能夠運動的每一個獨立方向定爲一個自由度。例如，一個堅固的剛性自由運動機器人如AUV，具有6個自由度，3個是它在空間的(x, y, z)位置，3個是它的角度方向，分別稱爲*yaw*、*roll*和*pitch*。這6個自由度定義了機器人的**運動學狀態**(kinematic state)[2]或稱**姿態**(pose)。機器人的**動力學狀態**(dynamic state)除了這六個運動學維度之外，每個維度還各包含一個附加維度來表示其變化率，也就是速度。

對於非剛性身體，機器人本身內部有額外的自由度。例如，在人類手臂肘部有2個自由度。它可以在向前向後彎曲，並且可向左或向右旋轉。手腕則有3個自由度。它可以向上向下、向左向右移動、同時也可以旋轉。每個機器人關節也有1、2或3個自由度。像手一樣把物體按特定方向擺放到特定位置需要6個自由度。圖25.4(a)中的機械手正好具有6個自由度，用5個產生轉動的旋轉關節和1個產生滑動的柱狀關節製作而成。你可以透過一個簡單實驗來驗證，人的手臂作爲一個整體具有多於6個自由度：把你的手按在桌上，然後會發現你仍然能自由轉動你的肘部，而不需要改變你的手部姿勢。擁有超過所需數目自由度的操縱器比僅僅具有最低所需DOF的機器人更容易控制。許多工業用的操縱器甚至有7個自由度，而非6個。

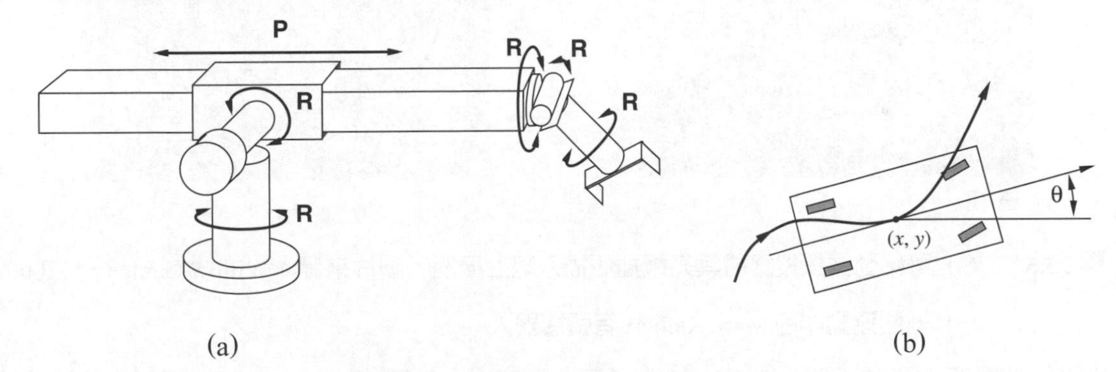

圖 25.4 (a) **史丹佛操縱器，一種早期的機械手臂，具有**5**個旋轉關節**(R)**和**1**個柱狀關節**(P)**，共有**6**個自由度**。(b) **一輛使用前輪導向的四輪車輛的不完全運動**

對於移動機器人，自由度不必與受動的因素數目相等。例如，考慮你的一輛普通汽車：它可以前後移動，還可以轉彎，因此有兩個自由度。另一方面，汽車的運動學結構是三維的：在一個開放的平坦表面上，一個人可以輕鬆地將車開到任意點(x, y)，和任意方向[參見圖25.4(b)]。因此，這輛汽車有3個**有效自由度**(effective degree of freedom)，但只有2個**可控自由度**(controllable degree of freedom)。如果一個機器人的有效自由度多於可控自由度，我們說它是**不完全**(nonholonomic)；如果二者相等，我們說它是**完全**。完全的機器人更易於控制——停放一輛既能側移又能前後移動的車要容易得多——但是完全的機器人在機械構造上也更複雜。大多數機械手是完全的，大多數移動機器人則是不完全的。

移動機器人具有一系列的運動機械裝置，包括輪子、履帶和機械腿。**差動驅動**(differential drive)機器人擁有兩個獨立的驅動輪(或履帶)，一側各有一個，就像軍用坦克一樣。如果兩個輪子以同樣的速度運動，機器人就沿直線運動。如果它們以相反的方向運動，機器人就原地轉身。另一種方式是**同步驅動**(synchro drive)，其中每個輪子都能移動以及繞它們的軸轉向。為了避免混亂，輪子之間有緊密的配合。比方說，要直線向前移動時，所有的輪子必須要以朝向同一個方向，以及同樣的速度前進。差動和同步驅動都是不完全的。一些更昂貴的機器人採用了完全的驅動，通常包含 3 個或更多可以獨立定向和移動的輪子。

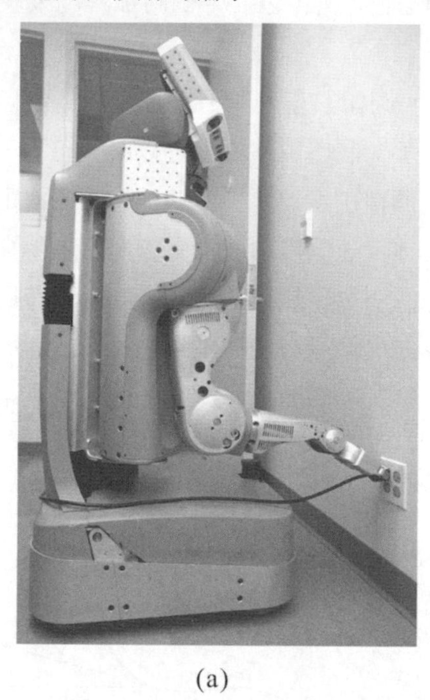

(a)

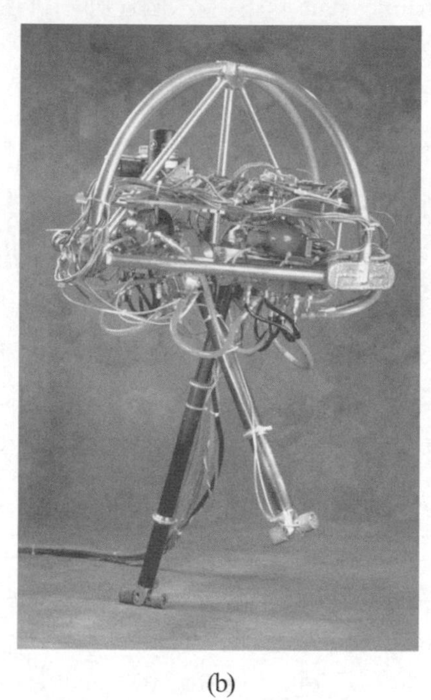

(b)

圖 25.5 (a) **可移動式操縱器將其充電插頭插入牆上插座。圖片來源**：Willow Garage，©2009。

(b) **一個運動中的** Marc Raibert **有腿機器人**

某些移動機器人擁有手臂。圖 25.5(a)顯示了一個有兩支手臂的機器人。這個機器人的雙臂使用彈簧來補償重力，而且它們也對外力提供了最小的阻抗緩衝。此種設計可將當人類不小心撞倒這樣的機器人時所受的傷害降到最小。這便是在我們居家環境中使用機器人時最重要的考量。

與輪子不同，腿可以應付非常粗糙的地形。然而，在平坦表面上時，腿是出名地慢，並且它們在機械上難於建造。機器人學研究者已經嘗試了從一條腿到幾十條腿的各種設計方案。已經製造出可以走、跑，甚至跳躍的有腿機器人——正如我們在圖 25.5(b)中看到的有腿機器人。這個機器人是**動態穩定**的，這意味著它能夠在跳躍時保持直立。一個在不移動腿的時候保持直立的機器人被稱為是**靜態穩定**的。如果一個機器人的重心處於它的腿圍成的多邊形上方，那麼它是靜態穩定的。圖 25.6(a)中的四腳機器人可以說明靜態穩定的狀況。然而，當它在走路時，是透過同時抬起數支腳，此時他是動態穩定的。機器人可以在冰上或雪地裡行走，而且即使你踢它，它也不會跌倒(請參考網路上的影片)圖 25.6(b)中的雙腳機器人是動態穩定。

還有其他移動的方法：空中運輸器常使用螺旋槳推進器(propeller)或渦輪機(turbine)；自主水下車輛通常使用類似於潛水艇上所用的火箭推進器(thruster)。機器人飛艇依靠熱效應使自己浮在空中。

只靠感測器和作用器是不能製造出機器人的。一個完整的機器人還需要一個動力源來驅動它的作用器。**電動機**(electric motor)是最常用的操縱器驅動和推動裝置，但是使用壓縮氣體的**氣動驅動**(pneumatic actuation)和使用加壓流體的**液壓驅動**(hydraulic actuation)仍然有它們的用武之地。

(a)

(b)

圖 25.6 (a) **四腳動態穩定機器人「大狗」。圖片來源：**Boston Dynamics，© 2009。(b) 2009 **機器人世界盃的標準平台組比賽中，獲勝隊伍是來自** Bremen **大學** DFKI **中心的** B-Human。**整場比賽下來，**B-Human **以** 64：1 **的比數領先對手。它們的成功主要靠著利用粒子濾波器及卡爾曼濾波器為主的機率狀態評估法；步態最佳化的機器學習模型；以及動態踢球移動等。圖片來源：**DFKI，© 2009。

25.3 機器人的感知

感知是機器人將感測器的測量結果映對到關於環境的內部表示的過程。感知是困難的，因爲一般情況下感測器都是有雜訊的，而且環境是部分可觀察的、不可預測的，並且是經常是動態的。換句話說，機器人對於我們在第 15.2 節中所討論的**狀態估計**(或**濾波**)具有所有的問題。根據經驗法則，好的內部表示具有 3 個特點：它們包含足夠的資訊供機器人做出正確的決策；它們是結構化的，從而可以高效地更新；從內部變數對應到實體世界的自然狀態變數的意義上看，它們是自然的。

在第十五章中，我們看到卡爾曼濾波器(Kalman filters)、HMM 以及動態貝氏網路(dynamic Bayes nets)能夠表示部分可觀察環境的轉移模型和感測器模型，我們還分別描述了精確的和近似的演算法來更新**信念狀態**(belief state)——在環境狀態變數上的事後機率分配(posterior probability distribution)。在第十五章裡展示了關於這個過程的幾個動態貝氏網路模型。對於機器人學的問題，我們通常將機器人自己過去的行動作為已包含在模型裡的觀察變數。圖 25.7 顯示了在本章中使用的符號：$\mathbf{X}_t$ 是 t 時刻的環境(包括機器人)狀態，$\mathbf{Z}_t$ 是 t 時刻接收到的觀察結果，A_t 是接收到觀察結果後採取的行動。

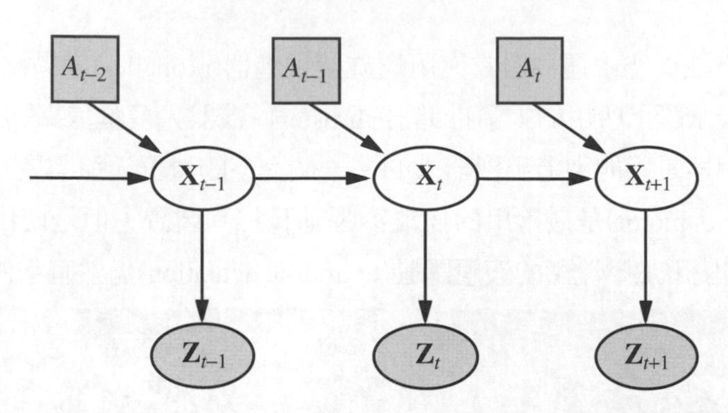

圖 25.7　機器人感知可被視為根據一個行動和測量的序列所得的時序推理，正如這個動態貝氏網路所示

我們試著從現在的信念狀態 $P(\mathbf{x}_t \mid \mathbf{z}_{1:t}, a_{1:t-1})$ 以及新的觀察 $\mathbf{z}_{t+1}$，來計算新信念狀態 $\mathbf{P}(\mathbf{X}_{t+1} \mid \mathbf{z}_{1:t+1}, a_{1:t})$。我們在第 15.2 章中做過一次，但是在這裡主要有兩個地方不同：(1) 我們明確地以行動和觀測爲條件，以及(2) 我們現在必須處理連續的而不是分離的變數。因此，我們將遞迴濾波公式(15.5)由加總修改爲積分：

$$\begin{aligned}&\mathbf{P}(\mathbf{X}_{t+1} \mid \mathbf{z}_{1:t+1}, a_{1:t})\\&= \alpha\, \mathbf{P}(\mathbf{z}_{t+1} \mid \mathbf{X}_{t+1}) \int \mathbf{P}(\mathbf{X}_{t+1} \mid \mathbf{x}_t, a_t) P(\mathbf{x}_t \mid \mathbf{z}_{1:t}, a_{1:t-1})\, d\mathbf{x}_t\end{aligned} \tag{25.1}$$

該式說明狀態變數 **X** 在 $t+1$ 時刻的事後機率可以根據前一時刻的對應估計值遞迴地計算出來。這個計算過程涉及到先前的行動 a_1 和當前感測器測量值 $\mathbf{z}_{t+1}$。例如，如果我們的目標是開發一個踢足球的機器人，$\mathbf{X}_{t+1}$ 可能是足球相對於機器人的位置。事後機率 $P(\mathbf{X}_t \mid \mathbf{z}_{1:t}, a_{1:t-1})$ 是一個在全狀態上的機率分配，可以捕捉到我們從過去的感測器測量和控制中瞭解到的資訊。公式(25.1)告訴我們如何透過逐漸加入感測器測量(例如，照相機影像)和機器人運動指令來遞迴地估計這個位置。機率 $\mathbf{P}(\mathbf{X}_{t+1} \mid \mathbf{x}_t, a_t)$ 稱之爲**轉移模型**或是**運動模型**，而 $\mathbf{P}(\mathbf{z}_{t+1} \mid \mathbf{X}_{t+1})$ 稱之爲**感測器模型**。

25.3.1　定位與繪製地圖

定位是找出東西在何處的問題——包括機器人本身在何處因為關於物體位置的知識，是所有在環境中實體相互作用能成功的核心。例如機器人操縱器必須知道它們所操縱物體的位置。爲了找到通往目標位置的路，導航機器人必須知道它們在哪。

爲了使問題簡化，我們假設一個移動機器人在一個平面上緩慢移動。同時假定我們並且提供給它一幅準確的環境地圖(圖 25.10 中顯示了這種地圖的一個例子)。這樣一個移動機器人的姿態可以用 2 個笛卡爾座標值 x，y 和方向角 θ 值定義，如圖 25.8(a)所示。如果我們把這 3 個值排列在一個向量中，那麼任何一個特定的狀態都可以用 $\mathbf{X}_t = (x_t, y_t, \theta_t)^\top$ 表示。到目前爲止一切順利。

在運動學近似中，每個行動由兩個速度的「瞬時」(instantaneous)值組成——一個平移速度 v_t 和一個旋轉速度 ω_t。對於小時間間隔 Δt，這樣的機器人的一個粗糙的確定性運動模型如下式：

$$\hat{\mathbf{X}}_{t+1} = f(\mathbf{X}_t, \underbrace{v_t, \omega_t}_{a_t}) = \mathbf{X}_t + \begin{pmatrix} v_t \Delta t \cos\theta_t \\ v_t \Delta t \sin\theta_t \\ \omega_t \Delta t \end{pmatrix}$$

記號 $\hat{\mathbf{X}}$ 表示一個確定性的狀態預測。當然，實際的機器人有些難以預測。通常會以一個平均數為 $f(\mathbf{X}_t, v_t, \omega_t)$ 以及共變異數為 $\mathbf{\Sigma}_x$ 的高斯分佈來建立模型(數學定義請見附錄 A)。

$$\mathbf{P}(\mathbf{X}_{t+1} \mid \mathbf{X}_t, v_t, \omega_t) = N(\hat{\mathbf{X}}_{t+1}, \mathbf{\Sigma}_x)$$

這個機率分布是機器人的運動模型。它可以表示出機器人的位置上運動的效應。

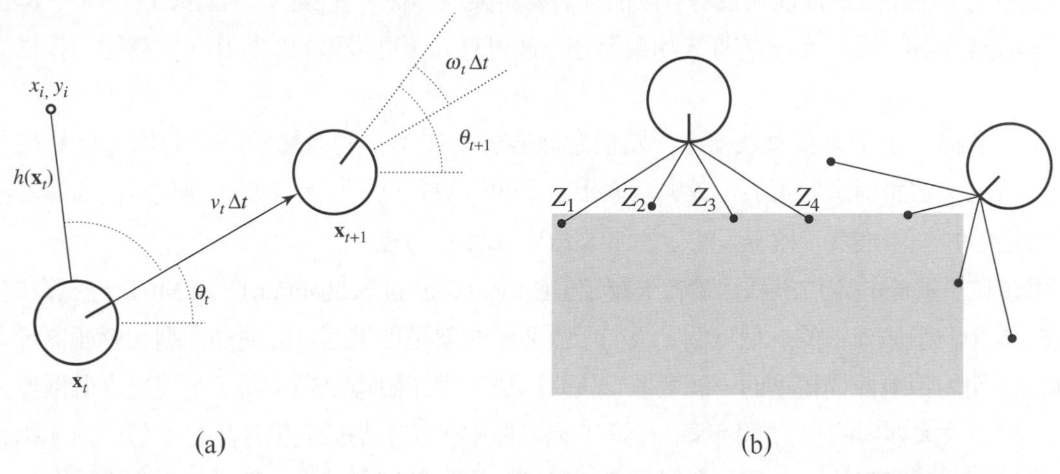

圖 25.8 (a) **移動機器人的一簡化運動學模型。機器人被表示為一個圓，且圓內的線標示前進方向。狀態** x_t **包含了位置**(x_t, y_t) **(並沒有顯示於圖上)以及方向** θ_t **。新狀態** x_{t+1} **是透過位置更新** $v_t\Delta t$ **及角度更新** $w_t\Delta t$ **所得。也顯示了在時間** t **觀測的地界標**(x_i, y_i)**。**(b) **距離掃描感測器模型。圖示為對於給定的距離掃描**(z_1, z_2, z_3, z_4)**，有兩種可能的機器人姿態。比起右邊的姿態，更有可能是左邊的姿態產生了這個距離掃描**

接下來，我們還需要一個感測器模型。我們將考慮兩種感測器模型。第一種模型假設感測器對環境中被稱為**地界標**(landmark)的穩定、可識別的特徵進行偵測。針對每個地界標，報告其距離和方向。假設一個機器人的狀態是 $\mathbf{x}_t = (x_t, y_t, \theta_t)^\top$，而且它感測到一個位置在 $(x_i, y_i)^\top$ 的地界標。在無雜訊的情況下，距離和方向可以利用簡單的幾何關係計算[參見圖 25.8(a)]。對觀察到的距離和方向的準確預測應該是：

$$\hat{\mathbf{z}}_t = h(\mathbf{x}_t) = \begin{pmatrix} \sqrt{(x_t - x_i)^2 + (y_t - y_i)^2} \\ \arctan \dfrac{y_i - y_t}{x_i - x_t} - \theta_t \end{pmatrix}$$

再次，雜訊干擾了我們的測量。為了讓問題保持簡單，可以假設一個具有共變異數 $\mathbf{\Sigma}_z$ 的高斯雜訊，其給出感測器模型：

$$p(\mathbf{z}_t \mid \mathbf{x}_t) = N(\hat{\mathbf{z}}_t, \mathbf{\Sigma}_z)$$

此處介紹一個適合於矩陣型的範圍感測器，而稍微不同的感測器模型，其相對於機器人是一個固定的位置。這種感測器產生一個距離值向量 $\mathbf{z}_t = (z_1, \ldots, z_M)^\top$。給定一個姿態 $\mathbf{x}_t$，令 $\hat{z}_j$ 為從 $\mathbf{x}_t$ 沿著第 j 條波束方向到最近障礙物的準確距離。和前面一樣，這會受到高斯雜訊的破壞。典型地，我們假設不同波束方向的誤差是獨立同分佈的，所以我們得到

$$p(\mathbf{z}_t \mid \mathbf{x}_t) = \alpha \prod_{j=1}^{M} e^{-(z_j - \hat{z}_j)/2\sigma^2}$$

圖 25.8(b)顯示了一個四波束距離掃描的例子和機器人的兩種可能姿態，其中一種很可能產生了觀測到的掃描，而另一個則不太可能。將距離掃描模型與地界標模型進行比較，我們發現距離掃描模型具有的優點是，在距離掃描能夠被解譯之前不需要辨識地界標。實際上，在圖 25.8(b)中，機器人面對的是一堵無特徵的牆。 另一方面，如果存在一個可見的、可辨識的地界標，它就能夠提供立即的定位。

第十五章描述了卡爾曼濾波器，它將信念狀態表示成單一的多變數高斯分佈，以及粒子過濾(particle filter)，它將信念狀態表示成與狀態相對應的一系列粒子。大多數的現代定位演算法都使用這兩種方法中的一種來表示機器人的信念函數 $P(\mathbf{x}_t \mid \mathbf{z}_{1:t}, a_{1:t-1})$。

使用了粒子過濾的定位被稱為**蒙特卡羅定位**(Monte Carlo Localization)，或 MCL。演算法基本上是圖 15.17 中粒子演算法的一個特例。我們所需要做的就是提供適當的運動模型和感測器模型。圖 25.9 顯示了使用距離掃描模型的一個版本。該演算法的操作如圖 25.10 所示，這是一個機器人找到自己在一幢辦公大樓中的位置的過程。在第 1 幅影像中，粒子基於先備知識呈均勻分佈，指示了機器人位置的全域不確定性。在第 2 幅影像中，得到了第一批測量結果，粒子在高事後信念的區域形成聚集。在第 3 幅影像中，得到了足夠的測量結果，從而將所有粒子都推到了一個單一的位置。

```
function MONTE-CARLO-LOCALIZATION(a, z, N, P(X'|X, v, ω), P(z|z*), m) returns
a set of samples for the next time step
  inputs: a, robot velocities v and ω
          z, range scan z_1, ..., z_M
          P(X'|X, v, ω), motion model
          P(z|z*), range sensor noise model
          m, 2D map of the environment
  persistent: S, a vector of samples of size N
  local variables: W, a vector of weights of size N
                   S', a temporary vector of particles of size N
                   W', a vector of weights of size N

  if S is empty then          /* initialization phase */
     for i = 1 to N do
        S[i] ← sample from P(X_0)
     for i = 1 to N do     /* update cycle */
        S'[i] ← sample from P(X'|X = S[i], v, ω)
        W'[i] ← 1
        for j = 1 to M do
           z* ← RAYCAST(j, X = S'[i], m)
           W'[i] ← W'[i] · P(z_j| z*)
     S ← WEIGHTED-SAMPLE-WITH-REPLACEMENT(N,S',W')
  return S
```

圖 25.9 使用具有獨立雜訊的距離掃描感測器模型的蒙特卡羅定位演算法

(a)

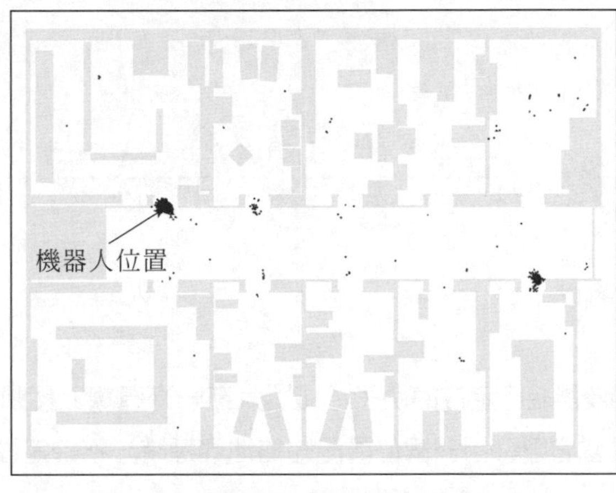

(b)

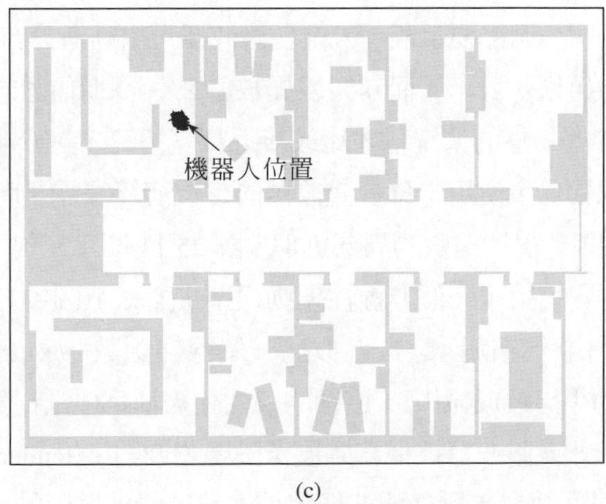

(c)

圖 25.10 蒙特卡羅定位，是用於移動機器人定位的一個粒子濾波演算法。

(a) 初始的、全域的不確定性

(b) 穿過(對稱的)走廊之後的近似雙峰不確定性

(c) 進入一個房間且發現其為獨特的之後的單峰不確定性

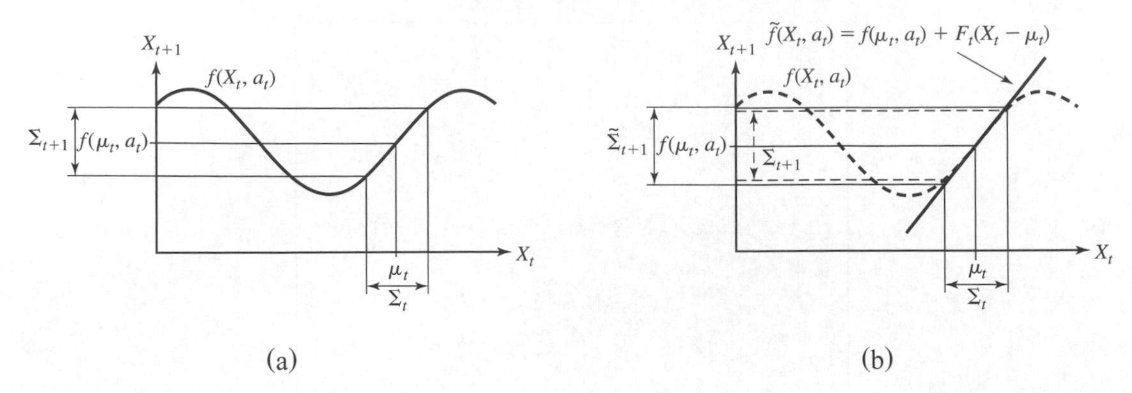

圖 25.11　一個線性化運動模型的一維示意圖：(a) 函數 f ，以及一個平均數 μ_t 和一個共變異數區間(基於 Σ_t)到 $t+1$ 時刻的投影。(b) 線性化的結果為 f 在 μ_t 處的切線。平均數 μ_t 的投影是正確的。然而，共變異數的投影 $\tilde{\Sigma}_{t+1}$ 不同於 Σ_{t+1}

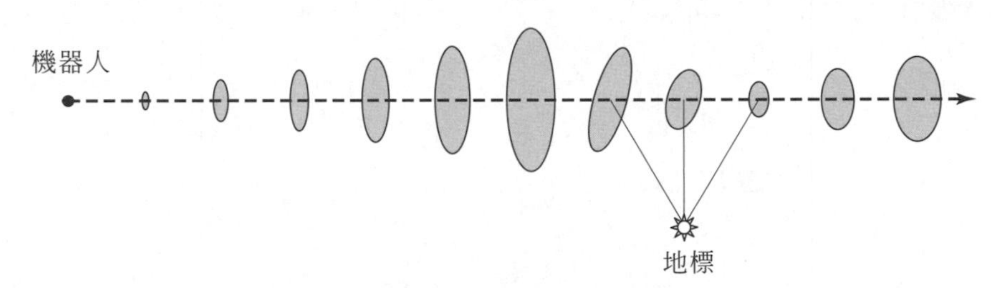

圖 25.12　使用擴展卡爾曼濾波器進行定位的例子。機器人在一條直線上移動。當它前進時，其不確定性逐漸增大，如誤差橢圓所示。當它觀察到一個位置已知的地界標時，不確定性減小了

卡爾曼濾波器是定位的另一個主要手段。卡爾曼濾波器可由高斯分布之事後機率 $P(\mathbf{x}_t \mid \mathbf{z}_{1:t}, a_{1:t-1})$ 表示。這個高斯函數的平均值以 μ_t 表示，而其共變異數爲 $\mathbf{\Sigma}_t$ 。高斯信念的主要問題在於，它們只有在運動模型 f 和測量模型 h 是線性的情況下才比較接近實際情況。對於非線性的 f 或 h，濾波器更新的結果一般不是高斯的。因此，使用卡爾曼濾波器的定位演算法需要將運動模型和感測器模型**線性化**。線性化是用線性函數對非線性函數的局部近似。圖 25.11 圖示了對一個(一維的)機器人運動模型線性化的概念。在左圖中，描繪了一個非線性運動模型 $f(\mathbf{x}_t, a_t)$(圖中忽略了控制變數，因爲它對線性化沒有起作用)。在右圖中，這個函數被近似爲一個線性函數 $\tilde{f}(\mathbf{x}_t, a_t)$。這個線性函數與 f 在點 μ_t (t 時刻我們的狀態估計的平均數)處相切。這樣的線性化被稱爲(一階)**泰勒展開**。一個透過泰勒展開對 f 和 h 進行線性化的卡爾曼濾波器被稱爲**擴展卡爾曼濾波**器(extended Kalman filter，或縮寫爲 EKF。圖 25.12 顯示了一個使用擴展卡爾曼濾波器定位演算法的機器人的一系列估計。當機器人移動時，它的位置估計的不確定性在增大，如誤差橢圓所示。當它感覺到一個已知位置地界標的距離和方向時，它的誤差就減小。當機器人最終看不到地界標時，誤差再次增大。如果地界標容易辨識，EKF 演算法的效果就很好。否則，事後機率分配有可能是多型態的，如圖 25.10(b)所示。需要知道地界標身份的問題，是在圖 15.6 討論過的**資料關聯**(data association)問題的一個實例。

在某些狀況下，你是無法得到環境地圖。此時機器人需要自己去得到地圖。這有點像雞生蛋蛋生雞的問題：導航機器人需要靠著它其實不完全清楚的地圖去決定它自己的位置，同時建立這個地圖時他並不確定它自己的實際位置為何。這個問題對許多機器人應用來說是非常重要的，而且它也已經被廣泛的討論，並且給了一個名稱：**同時定位與劃出地圖**(simultancous localization and mapping，SLAM)。

SLAM 物提可以透過許多機率技巧來解決，例如上述討論的延伸卡爾曼濾波器。對 EKF 的使用是很直接簡單的：只要增加狀態向量來包含環境中的地界標位置。很幸運的，EKF 以二次形式更新它的比例尺，因此對於小地圖(大約幾百個地界標)來說，這個計算是完全可行的。較大的地圖通常會使用圖片鬆弛法，類似我們在第 14 章中提到的貝氏網路干涉技術(Bayesian network inference)。期望最大化(Expectation-maximization)同時也適用於 SLAM。

25.3.2 其他類型的感知

並不是所有的機器人感知都與定位和繪製地圖有關。機器人還能感知溫度、氣溫、聲音信號等等。上述的許多量值可以透過使用動態貝氏網路(Bayes networks)變數而估計出來。這些估計方法所需要的就是能夠描繪狀態變數隨時間的演化的條件機率分配，以及能夠描述測量值與狀態變數的關係的其他分佈。

此外，要撰寫機器人的程式，使它可以具有回應能力的代理人也是可行的，並不需要額外解釋有關狀態之外的機率分布。我們將會在第 25.6.3 節中詳加討論。

機器人學的趨勢很明顯正在朝著具有明確語意表示的方向發展。對於諸如定位和地圖繪製等許多困難的感知問題，機率技術表現出比其他方法好的性能。然而，統計技術有時候太笨拙了，在實用中簡單的解法也許同樣有效。為了有助於決定採用哪種方法，與真正的實體機器人一起工作的經驗是最好的導師。

25.3.3 在機器人感知中的機器學習

機器學習在機器人感知中扮演很重要的角色。特別是不知道最佳內部表現為何時適用。一個常見的作法是利用非監督機器學習方法(參閱第 18 章)，將高維度的感測器訊號流導入到一低維度的空間。這樣的方法稱之為**低維度嵌入法**。 機器學習讓從資料所得到感測模型以及運動模型成為可能，同時也能夠找出合適的內部表示法。

另一個機器人學習的技巧可以讓機器人持續的適應感測器所量測到的各種變化。想像一下你自己從太陽光充足的地方走到一個裡面有霓虹燈的房間。很明顯的在房間裡的東西看起來會比較暗。同時光源的改變也會影響所有的顏色：霓虹燈相較於日光有較多成分的綠光。但有時候不知為何我們不會注意到這個改變。如果我們和同伴一起走入這個霓虹燈房間，我們不會意識到為何突然他們的臉變成綠色。我們的感知會馬上快速的適應到這個新的光源狀況，而我們的大腦會自動忽略這個差異。

可調式感知技術讓機器人可以隨著這樣的變化而調整。如圖 25.13 中所示的範例，是取材自自動駕駛領域。在此一個無人移動車輛採用了一個概念爲「可行駛之路面」的分類器。它如何運作？機器人使用雷射去辨別在機器人前方的一塊小區域。當雷射掃描過的這個區域被認爲是平坦時，它就會透過「可行駛之路面」的這個概念，將這個區域作爲正向訓練範例。混成高斯演算法，類似在第 20 章中討論的 EM 演算法，可以拿來訓練並且確認特定小樣品補丁的顏色與材質係數。圖 25.13 中的影像便是對整張影像應用此項分類器的結果。

而讓機器人收集它們自己訓練資料(具有標籤)的方法稱之爲**自我監督法**。在這個例子中，機器人使用機器學習來利用一短程感測器，其對於分類至可看得更遠的感測器之地形可運作良好。這讓機器人可以跑得更快，並且只在感測器模型聲稱地形上有變化，需要短程感測器更小心重新檢驗時，才將速度放慢。

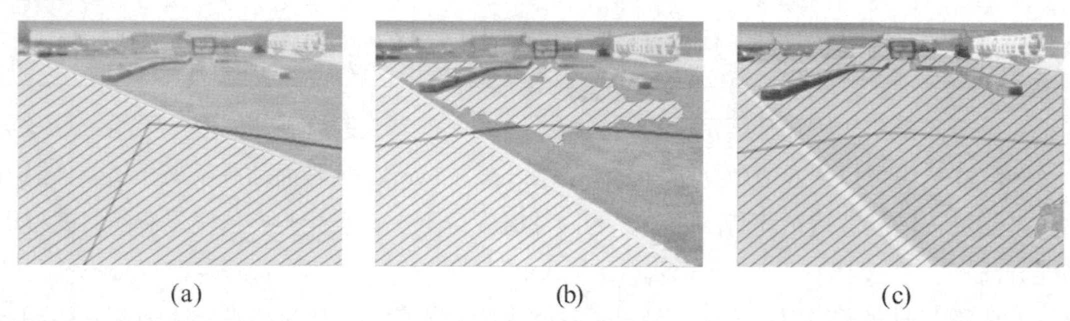

(a) (b) (c)

圖 25.13　利用適應性視覺產生的「可行駛路面」分類器結果之序列。(a) 僅有道路被分類為可行駛(斜條紋區域)。V 型黑線顯示車子前行路線。(b) 車輛被要求開離路面，駛到一片草地上，而分類器開始將部分草地分類為可行駛。(c) 車輛已經更新可行駛路面的模型，以符合草地與道路。

25.4 運動規劃

機器人所做的所有運算與審議，最終都將會用來決定如何移動作用器。**點到點運動**問題是指將機器人或它的末端作用器遞送到指定的目標地點。一個更具有挑戰性的問題是**順從運動**(compliant motion)問題，即機器人在運動的同時還與障礙物有實體接觸。順從運動的例子有旋轉電燈泡的機器人操縱器，或推盒子穿過桌面的機器人。

我們開始來尋找一個適當的表示方法來描述和解決運動規劃問題。已經證明，**組態空間**(configuration space)——由位置、方向和關節角度所定義的機器人狀態空間——比原始的 3D(三維)空間更好用。**路徑規畫**(path planning)問題是指在組態空間裡尋找從一個組態到另一個組態的路徑。我們在本書中已經遇到過各種版本的路徑規劃問題；在機器人學中所增加的複雜性是，路徑規劃問題包含了連續空間。有兩種可能的壓縮方法：**單元分解**與**骨幹化**。上述方法都會將把連續的路徑規劃問題簡化爲離散的圖形搜尋問題。在本節中，我們假設運動是確定性的，機器人的定位是確切的。後續的小節將放鬆這些假設。

25.4.1 組態空間

我們將從一個簡單問題的簡單表示開始。考慮如圖 25.14(a)所示的機械手。它有兩個獨立運動的關節。移動這些關節就會改變肘部和抓握器的座標(x,y)(機械手不能在 z 方向上運動)。這暗示了機器人的組態可以描述為一個四維座標：(x_e, y_e)表示肘部相對於環境的位置，(x_g, y_g)表示抓握器的位置。很明顯，這 4 個座標刻畫了機器人的全狀態。它們組成了所謂的**工作空間**(workspace)**表示**，因為機器人的座標被指定在與它所要操縱(或躲避)物體相同的坐標系統中。工作空間表示法非常適合於碰撞檢查，尤其是在機器人和所有物體都用多面體模型表示的時候。

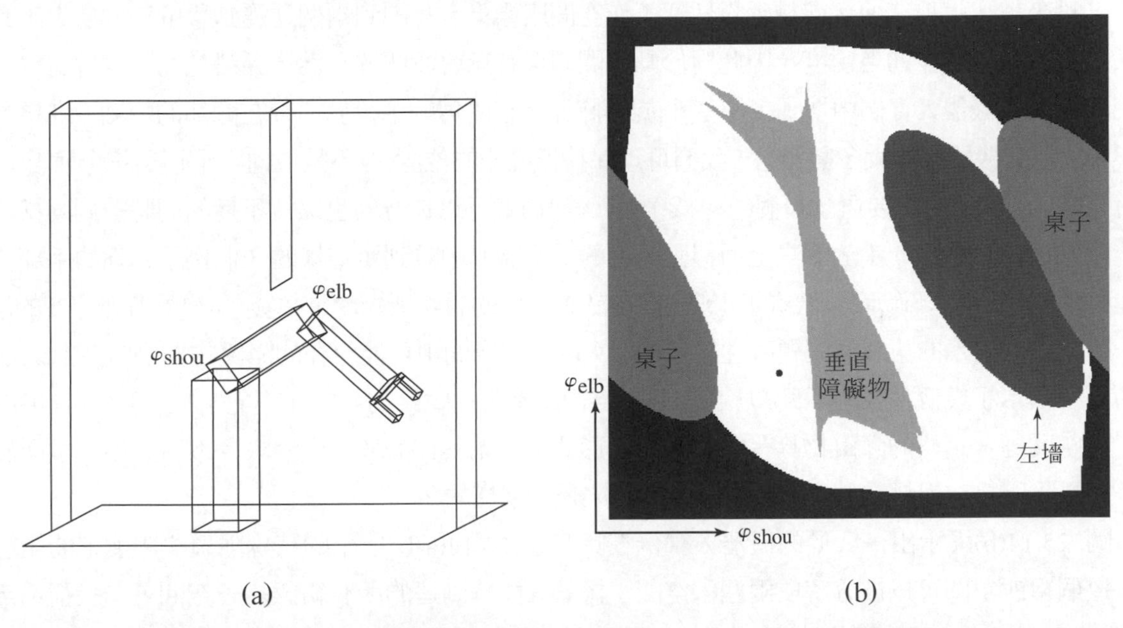

圖 25.14 (a) 一個具有 2 自由度的機械手臂的工作空間表示。工作空間是一個箱型，其中有一個扁平的障礙物懸掛在天花板上。(b) 同一個機器人的組態空間。在空間中只有白色區域是不會發生碰撞的組態。這幅圖中的圓點對應左圖中的機器人組態

工作空間表示法的問題在於並不是所有工作空間的座標都是實際可到達的，即使在沒有障礙物的情況下。這是由於可到達的工作空間座標具有**聯接限制**。例如，肘部位置(x_e, y_e)和抓握器位置(x_g, y_g)之間的距離總是固定的，因為連接它們的是一個剛性的前臂。一個在工作空間座標上定義的機器人運動規劃面臨的挑戰是產生服從這些限制的路徑。這是特別棘手的，因為狀態空間是連續的，而且限制是非線性的。用**組態空間**表示法進行規劃被證明要容易一些。我們不再用機器人狀態的每個元素的笛卡爾座標來表示機器人的狀態，而是用機器人關節的組態來表示。我們的機器人實例具有兩個關節。因此，我們可以將它的狀態表示為兩個角度 φ_s 和 φ_e，分別表示肩關節和肘關節。在沒有障礙物時，機器人能夠自由地取組態空間中的任何值。尤其，當規劃一條路徑時，可能只需要用一條直線連接當前組態和目標組態。那麼在沿著這條路徑前進時，機器人就以恒定速度變化它的關節，直到達到一個目標位置。

不幸的是，組態空間有它們自己的問題。一個機器人的任務通常被表達爲工作空間座標，而不是組態空間座標。這帶來了如何將這樣的工作空間座標對映到組態空間的問題。將組態空間座標變換到工作空間座標是容易的。它包含一系列相當明顯的座標變換。這些變換對於柱狀關節來說是線性變換，對於旋轉關節來說是三角變換。這一連串的座標轉換被稱爲**運動學**。

而計算以工作空間座標描述作用器位置的機器人其組態此一逆問題，稱爲**逆運動學**(inverse kinematics)。逆運動學計算一般是很難的，尤其對於多自由度的機器人。特別是很少有唯一解。圖 25.14(a)顯示了兩種將爪子放到相同的位置的可能組態之一(另一種組態的手肘會低於肩膀)。

一般來說，這種二連接機械手對任意工作空間座標集合有零到兩個逆運動學解。大多數工業機器人因爲具有足夠多的自由度，因此對於動作問題會有無窮多個解。爲了弄清楚爲什麼會這樣，只要想像我們在機器人實例中增加了第 3 個旋轉關節，它的轉軸平行於已存在關節的轉軸。在這樣的例子中，對於機器人的大多數組態，我們可以保持抓握器的位置(但不是方向！)固定不變，而自由地旋轉它的內部關節。只要再多幾個(多少？)關節，我們就可以在方向也保持不變的同時達到同樣的效果。我們已經在將你的手放到桌上而移動肘部的「實驗」中看到了這樣的一個例子。你的手部位置的運動學限制不足以確定你肘部的組態。換句話說，你的肩-臂聯合體的逆運動學具有無窮多的解。

組態空間表示的第二個問題產生於在機器人的工作空間中可能存在的障礙物。我們在圖 25.14(a)中的例子顯示了幾個這樣的障礙物，包括一個自由懸掛著的障礙物，伸到了機器人工作空間的中央。在工作空間裡，這樣的障礙物具有簡單的幾何形式——尤其在大多是機器人學教科書中，傾向於討論多面體障礙物。但是它們在組態空間中看起來是什麼樣的？

圖 25.14(b)顯示出，我們的機器人實例在具有圖 25.14(a)中所示的特殊障礙物組態下的組態空間。這個組態空間可以被分解成兩個子空間：機器人能夠到達的所有組態的子空間，一般稱爲**自由空間**(free space)；和不能到達的組態的子空間，稱爲**佔用空間**(occupied space)。圖 25.14(b)中的白色區域對應於自由空間。所有其他區域對應於佔用空間。佔用空間中的不同明暗對應於機器人工作空間中的不同物體；環繞整個自由空間的黑色區域對應於機器人會自我碰撞的組態。容易看得出，是肩部或肘部角度的極端取値造成了這樣的衝突。機器人兩側的兩個卵形區域對應於放置機器人的桌子。類似地，第 3 個卵形區域對應於左邊的牆。最後，組態空間中最有趣的物件是那塊阻隔了機器人動作，從天花板上懸掉下來的垂直障礙物。這個物件在組態空間中的形狀非常有趣：它是高度非線性的，在一些地方甚至是凹陷的。稍微加入一點兒想像，讀者就會在左上角認出抓握器的形狀。我們鼓勵讀者停下來花一些時間來研究這個重要的示意圖。這個障礙物的形狀一點也不明顯！圖 25.14(b)中的黑點標出了圖 25.14(a)中所示的機器人組態。圖 25.15 描繪了另外 3 個組態在工作空間和組態空間中的情況。在組態「conf-1」中，抓握器抓住了垂直障礙物。

一般來說，即使機器人的工作空間被表示爲平面多面體，自由空間的形狀也可能非常複雜。因此，在實際中人們通常是探測一個組態空間，而不是明確地建立它。一個規劃器可以產生一個組態，再透過應用機器人運動學和檢查工作空間座標中的碰撞來測試它是否在自由空間中。

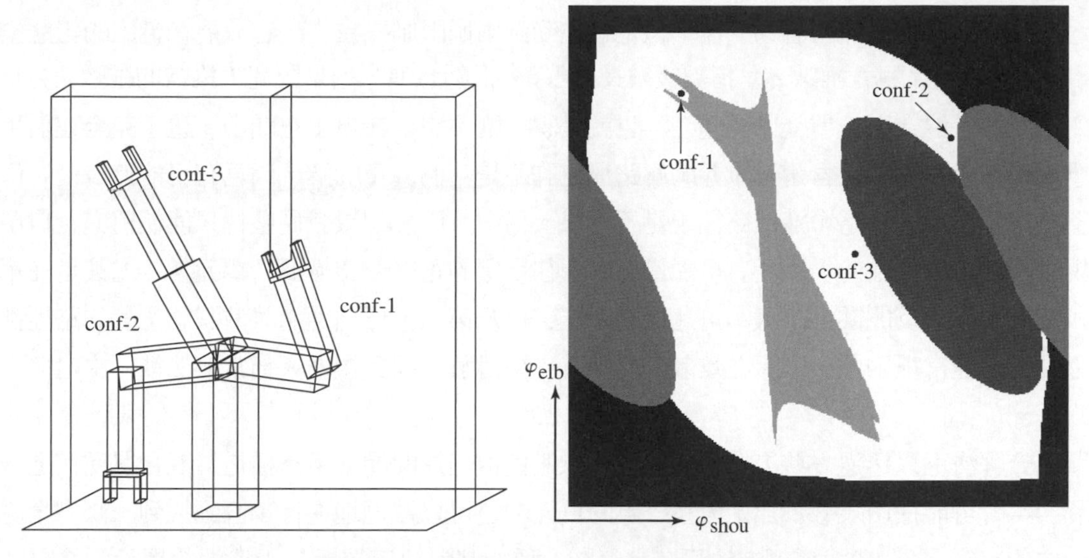

圖 25.15 3 個機器人組態，顯示在工作空間和組態空間裡

25.4.2 單元分解方法

我們的第一個路徑規劃方法利用了**單元分解**——也就是，它將自由空間分解成個數有限的相鄰區域，稱為單元。這些區域具有重要的性質，即在單個區域內的路徑規劃問題能夠用簡單方式解決(例如沿直線移動)。於是路徑規劃問題變成了一個離散圖搜尋問題，非常像在第三章中介紹的搜尋問題。

最簡單的單元分解由一個規則地分隔的網格組成。圖 25.16(a)顯示了空間的正方形網格分解和在這個網格尺寸下的最佳解路徑。灰階變化指出每個自由空間網格單元的值——亦即，從該單元到目標的最短路徑成本(這些值能夠用圖 17.4 給的一種確定性 VALUE-ITERATION 演算法來計算)。圖 25.16(b)顯示了手臂在工作空間中對應的軌跡。當然，我們可以使用 A*演算法來找到最短路徑。

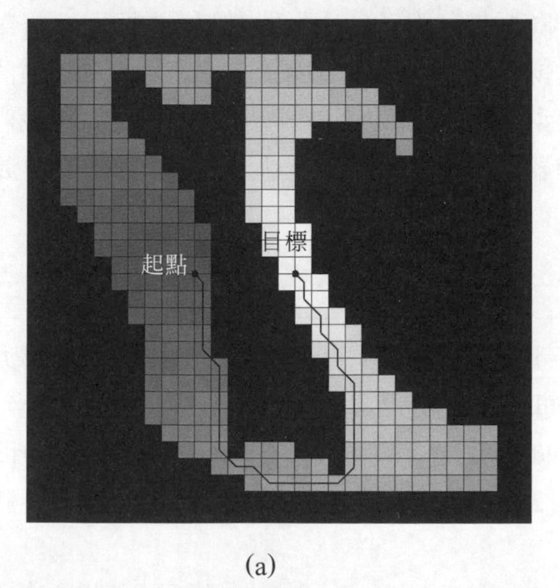

(a)

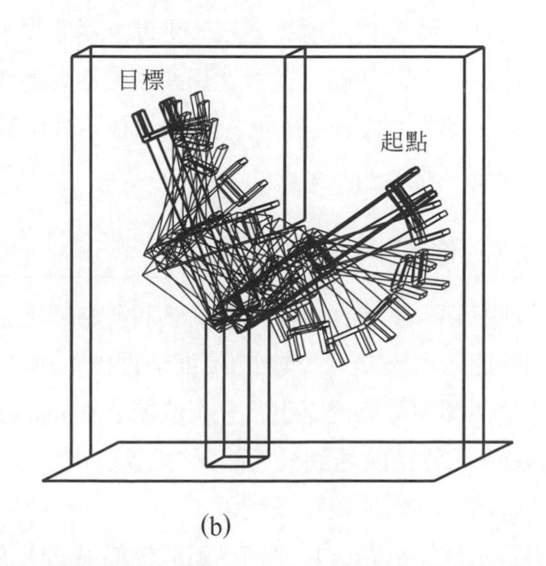

(b)

圖 25.16 (a) 對組態空間的離散網格單元近似形式找到的價值函數和路徑。(b) 以工作空間座標來形象化顯示的同一條路徑。注意到機器人是如何彎曲它的肘部來避免與豎直障礙物發生碰撞

這種分解的優點是非常容易實作，但是它也受到兩個限制。首先，它只能在低維的組態空間中工作，因爲網格數目隨著維數 d 呈指數級增長。聽起來很熟悉嗎？這是詛咒！維數的維數次方!其次，存在如何處理「混合型」單元的問題——也就是說，既不完全在自由空間中，也不完全在佔用空間中的單元的問題。一條包含這種單元的解路徑也許不是一個眞正的解，因爲有可能無法沿一條直線從期望方向穿過單元。這會造成路徑規劃不可靠。另一方面，如果我們堅持只能使用完全自由的單元，規劃將會是不完備的，因爲有可能僅有的通往目標的路徑要穿過混合單元——尤其是在單元的大小和空間中通道及開闊地的大小可比擬的時候。以及第三，任何通過離散狀態空間的路徑都不可能是平滑的。通常很困難去確保在離散路徑中有一平滑解。因此機器人通常無法執行由這個分解的得到的解。

單元分解法可以透過一些方式進行改善，以避免掉上述問題。第一種是對混合單元作進一步的子分解——有可能採用尺寸爲原始大小一半的單元。這可以遞迴地進行，直到找到一條完全處於自由單元中的路徑。(當然，這個方法只有當存在一種能判斷給定單元是否爲混合單元的途徑時才有效，而這種判斷只有在組態空間邊界具有相對簡單的數學描述時才比較容易實作。)倘若一個解必須透過的最小通道是有邊界的，則這種方法就是完備的。雖然大多數的計算努力都集中在組態空間中的棘手區域，它仍然不能很好地擴展到高維問題，因爲每次對一個單元進行遞迴分解都會創造出 2^d 個更小的單元。第二種獲得完備演算法的方法是要求自由空間上的**準確單元分解**(exact cell decomposition)。這種方法必須允許單元在遇到自由空間邊界時的形狀是不規則的，但是從對任意自由單元進行尋訪計算必須簡單的意義上說，這個形狀還必須是「簡單」的。這個技術需要一些非常高深的幾何想法，所以我們不在這裡深入地討論它。

觀察圖 25.16(a)中所示的解路徑，我們能夠發現另外一些不得不解決的困難。路徑包括任意尖銳的拐角；一個以任何有限速度運動的機器人都不能執行這樣的路徑。這個問題可以透過對每個格點儲存某些連續值。 考慮一個演算法，其可以對每個格點儲存確實的與連續的狀態，同時在當格點第一次被搜尋時，其狀態會實現。更進一步假設，當傳遞資訊給附近的格點時，我們可以利用這個連續狀態做爲一個基礎，並且應用連續機器人動作模型以便跳到鄰近的網格。藉由這種方式，我們可以保證所產生的路徑會是平滑的，而且可以被機器人所執行。使用上述方式的演算法稱爲**混合 A***(hybrid A*)。

25.4.3 修改後之代價函數

注意到，圖 25.16 中，路徑與障礙物靠得很近。任何一個駕駛過汽車的人都知道，在停車場中，一個兩側只有一毫米空隙的停車格裡根本無法停車。

這個問題可以透過引入一個**位能場**(potential field)來解決。一個位能場是一個定義在狀態空間上的函數，它的値隨著到最近障礙物距離的增長而增長。圖 25.17(a)顯示了一個這樣的位能場——狀態空間越暗，它離障礙物就越近。

當它被用於路徑規劃時，這個位能場就成了最佳化問題中的一個附加的代價項。這也產生了另一個有趣的折衷。一方面，機器人尋求達到目標的最小距離長度。另一方面，它試圖憑藉使勢函數最小化來遠離障礙物。對兩個目標分別給予合適的權重，作爲結果的一條路徑或許看起來如圖 25.17(b)中所示的那條。此圖還顯示了從聯合相加的成本代價函數衍生出的價值函數，仍然透過價值迭代進行計算。顯然，結果路徑長了一些，但也更安全了。

這裡仍有其它方式來修正代價函數 比方說，我們仍希望能夠將控制參數對時間的關係平滑化。又比方說，當我們開車的時候，比起曲折的路線，我們較喜歡較爲平順的路徑。一般來說，這樣高階的要求並不容易在規劃過程當中達到，除非我們讓最近的控制命令作爲狀態的一部分。然而，透過共軛梯度法，通常把規劃完之後的結果路徑平滑化會比較簡單。這樣的規劃後平滑化處理在許多實際生活應用中是非常重要的。

(a)

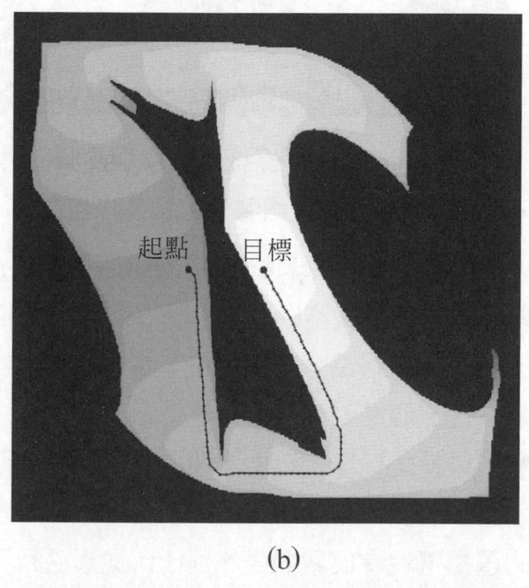

(b)

圖 25.17 (a) **一排斥位能場將機器人推離障礙物。**(b) **透過同時對路徑長度和位勢進行最小化而找到的路徑**

25.4.4 骨幹化方法

路徑規劃演算法的第二個主要家族是基於**骨幹化**的想法。這些演算法將機器人的自由空間縮減爲一個一維的表示，從而使規劃問題變得更容易。這種低維的表示方法被稱爲組態空間的**骨幹**。

圖 25.18 顯示了骨幹化的一個例子：它是自由空間的一個 **Voronoi 圖**——到兩個或更多障礙物距離相等的所有點的集合。爲了利用 Voronoi 圖進行路徑規劃，機器人首先將它的當前組態轉變爲 Voronoi 圖中的一點。很容易證明這總是能夠透過組態空間中的一個直線運動得到。然後，機器人沿著 Voronoi 圖前進，直到它到達離目標組態最近的點。最後，機器人離開 Voronoi 圖，向目標移動。再一次，這最後一步仍然涉及到組態空間中的直線運動。

在這種方法中，原來的路徑規劃問題被簡化爲在 Voronoi 圖上尋找一條路徑，一般來說是一維的(一些特例除外)，並且 3 條或 3 條以上一維曲線的交點是有限多的。因此，在 Voronoi 圖中尋找最短路徑就屬於在第三章和第四章中所討論的離散圖搜尋問題。使用 Voronoi 圖也許不會幫我們找到最短的路徑，但是結果路徑往往能使空隙最大化。Voronoi 圖技術的缺點是，它們難以應用於較高維的組態空間，而且當組態空間比較寬闊時，它們容易導致不必要的大幅彎路。而且在組態空間中，Voronoi 圖可能會因為障礙物的形狀會非常複雜而很難計算。

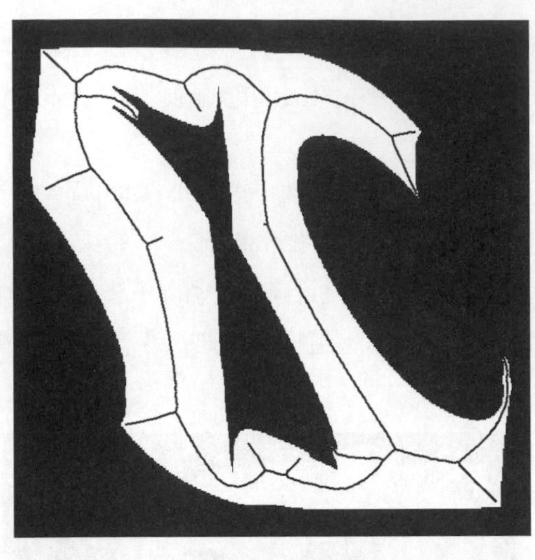
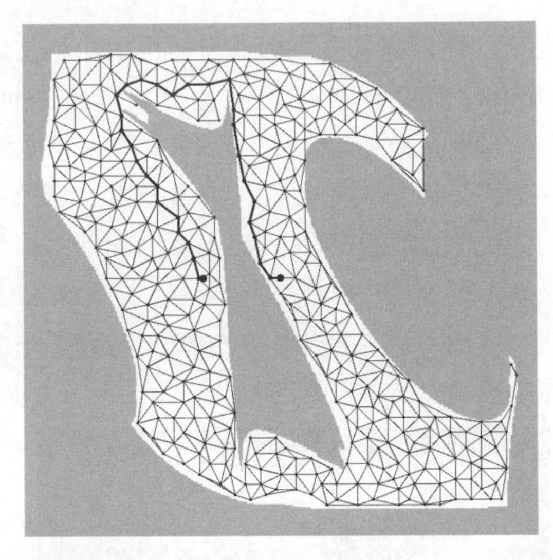

圖 25.18 (a) Voronoi **圖是組態空間中與兩個或更多障礙物等距離的點所形成之集合。**(b) **一個機率的路徑圖，由自由空間中** 400 **個隨機選取的點組成**

Voronoi 圖的一種替代方法是**機率路徑圖**(probabilistic roadmap)，提供了更多可能路徑，並因此能夠更好地處理寬闊空間的骨幹化方法。圖 25.18(b)顯示了一個機率路徑圖的例子。隨機產生大量的組態，並丟棄那些沒有落在自由空間中的，就建立了這張圖。然後，我們把任意兩個節點，如果很「容易」從一個節點到達另一個的話——例如透過自由空間的一條直線——用一段弧連接起來。所有這些結果就是機器人自由空間內的一幅隨機圖。如果我們把機器人的初始和目標組態加入到這個圖中，路徑規劃就相當於一個離散圖形搜尋問題。理論上，這種方法是不完備的，因爲對隨機點的不好的選擇可能會使我們得不到任何從起點到目標的路徑。根據產生的點數和組態空間的某些幾何特性對失敗的機率加以限制是可能的。還可以把取樣點的產生引導到那些局部搜尋顯示有可能找到好路徑的區域，並從起點和目標兩個位置雙向進行。有了這些改進，機率路徑圖規劃比大多數其他路徑規劃技術更易於擴展到高維組態空間。

25.5 規劃不確定的運動

到目前爲止所討論的機器人運動規劃演算法都沒有強調過機器人學問題中的一個關鍵特徵：不確定性。在機器人學中，不確定性是由環境的部分可觀察性以及機器人行動的隨機(或未建立模型的)效應引起的。誤差還有可能是由於使用了諸如粒子過濾(particle filtering)這樣的近似演算法造成的，即使對環境的隨機特性建立了完美的模型，近似演算法也不能給機器人提供一個準確的信念狀態。

大多數現在的機器人制定決策時使用了確定性的演算法，例如前面已經討論過的各種路徑規劃演算法。要如此做，通常的經驗是從由定位演算法產生的狀態分佈中擷取出**最可能狀態**。這種方法的優點是完全用計算的。透過組態空間規劃路徑已經是一個具有挑戰性的問題，如果我們還不得不在處理中考慮狀態的全機率分配，它將會變得更糟。當不確定性很小的時候，只要將它忽略掉就行了。事實上，當環境模型因爲感測器量測結果而隨時間改變時，許多機器人會在計畫執行時同時計算新的路徑。這是一個在第 11.3.3 節中所提到的**線上重新規劃**技巧。

不幸的是，不確定性並不總是可以被忽略不計的。在某些問題中機器人的不確定性實在太大了。例如，我們如何用一個確定性的路徑規劃來控制一個沒有任何線索得知自己所處位置的移動機器人？一般而言，如果機器人的眞實狀態與利用最大概似法則(maximum likelihood rule)辨識出的不一樣，所產生的控制就不是最佳的。取決於誤差的量級，這可能導致各種不希望的效應，例如與障礙物發生碰撞。

機器人學領域已經採取了一系列的技術以包容不確定性。其中有一些源自第十七章所示的在不確定條件下進行決策的演算法。如果機器人只在它的狀態轉移過程中面對不確定性，而它的狀態是完全可觀察的，那麼這個問題最好使用馬可夫決策過程(或縮寫爲 MDP)建立模型。MDP 的解是一種最佳**策略**，它告訴機器人在每一個可能的狀態中應該做什麼。這樣，它就能夠對付所有種類的運動誤差，而來自確定性規劃器的一個單路徑解的強健性則要差得多。在機器人學中，策略通常被稱爲**導航函數**。圖 25.16(a)中所示的價値函數可以簡單地透過斜率方向來轉換成這樣的導航函數。

就像在第十七章中一樣，部分可觀察性使問題變得更困難。這樣產生的機器人控制問題是一個部分可觀察的 MDP，或縮寫爲 POMDP。在這種情況中，機器人通常保持一個內部信念狀態，類似於在第 25.3 節中所討論的那些機器人。一個 POMDP 的解是定義在所有機器人信念狀態上的一個策略。換個角度考慮，策略的輸入是整個機率分配。這使機器人能夠把它的決策不僅建立在它所知的事物基礎上，還建立在它所未知的事物之上。例如，如果它不能確定一個重要的狀態變數，它就會理智地採取一次**資訊收集行動**。這在 MDP 的架構內是不可能的，因爲 MDP 假設了完全可觀察性。不幸的是，精確求解 POMDP 的技術對於機器人學是不實用的——沒有已知的技術能夠應用於連續空間。離散化技術通常產生太龐大而無法控制的 POMDP。其中一個方法是將可控制物體不確定性最小化。例如，**海岸導航**啓發式要求機器人待在已知地界標的附近，以減少其不確定性。另一個方式則是利用機率地圖規劃方法中的變數對映到信念空間表示法。這樣的方法適用於大範圍離散式的 POMDP。

25.5.1 強健性方法

除了機率方法，還可以用所謂的**強健控制法**(21.2.2 節)來處理不確定性。強健性方法是一種假設問題每個方面的不確定性都是一個有界限的量，但不給處於容許的區間內的取值分配機率的方法。強固解是指不論出現什麼樣的實際值都可行的解，倘若這些值處於假設區間內的話。強健性方法的一種極端形式是第 11 章所給予的**一致性規劃**(conformant planning)方法——它在沒有任何狀態資訊的情況下產生可行的規劃。

這裡，我們來看一種應用於機器人裝配任務中的**精細運動規劃**(fine-motion planning，或縮寫爲 FMP)中的強健性方法。精細運動規劃涉及將一個機械手移動到非常接近於一個靜態環境物體的位置。精細運動規劃的主要困難是所需的運動和相關的環境特徵都非常微小。在這樣的小尺度下，機器人無法準確地測量和控制它的位置，而且還可能無法靠自己確定環境的形狀；我們將假設這些不確定性都是有界限的。FMP 問題的解典型情況下是條件規劃或策略，利用了執行過程中的感測器回饋，確保能夠在符合有界限不確定性假設的所有情況下工作。

一個精細運動的規劃由一系列**受監視運動**組成。每個受監視的運動由(1)一個運動命令和(2)一個終止條件組成。其中終止條件是機器人感測器值上的一個述詞，傳回值爲眞表示受監視運動的結束。典型的運動命令是**順從運動**，允許機器人在運動命令將要導致與障礙物發生碰撞時溜開。例如，圖 25.19 顯示了一個帶有一條狹窄豎直孔洞的二維組態空間。這有可能是用來將一個矩形木栓插入一個稍微大些的孔中的組態空間。運動命令爲保持恒定的速度。終止條件爲接觸到一個表面。爲了對控制中的不確定性建立模型，我們假設機器人的實際運動位於它周圍的圓錐形 C_v 內，而不是按命令的方向移動。該圖顯示出，如果我們控制一個從初始組態垂直向下的速度時，將會發生什麼。由於速度的不確定性，機器人可以移動到錐形包絡中的任何地方，有可能進入孔中，但是更有可能落在孔邊上。因爲這時機器人無法知道它在孔的哪一側，因此也無法知道該往哪裡移動。

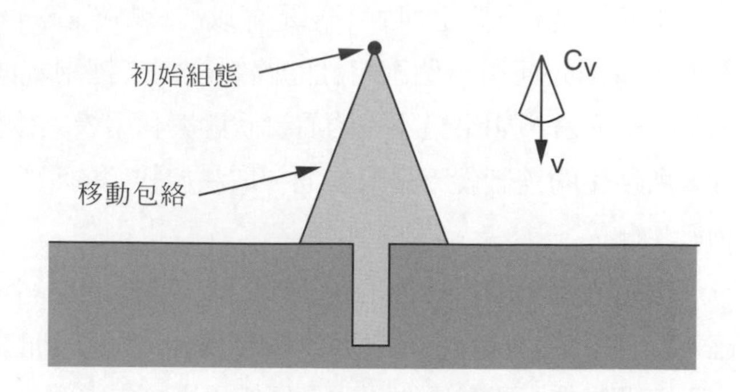

圖 25.19　一個二維環境，速度不確定性圓錐，及機器人可能運動的包絡。期望速度為 v，但由於不確定性，實際速度可能是 C_v 中的任何一處，因此產生的最終組態將處於運動包絡中某處，這意味著我們將無法知道我們是否命中了這個洞

一個更加明智的策略如圖 25.20 和圖 25.21 所示。在圖 25.20 中，機器人故意移動到了孔的一側。運動命令如圖所示，終止測試爲與任何表面接觸。在圖 25.21 中，給予了一條運動命令，它造成機器人沿著表面滑動，並進入洞中。因爲運動包絡內所有可能的速度都是朝著右側的，因此只要機器人接觸到一個水準表面，它就會向右滑動。當它接觸到孔洞右側的豎直邊緣時就會沿其下滑，因爲相對於豎直表面的所有可能的速度都是向下的。它將不停地移動，直到接觸到洞的底部，因爲那是它的終止條件。儘管在控制上具有不確定性，機器人所有可能的軌跡均終止於和孔底部的接觸——也就是說，除非表面上的不規則將機器人卡在某個地方。

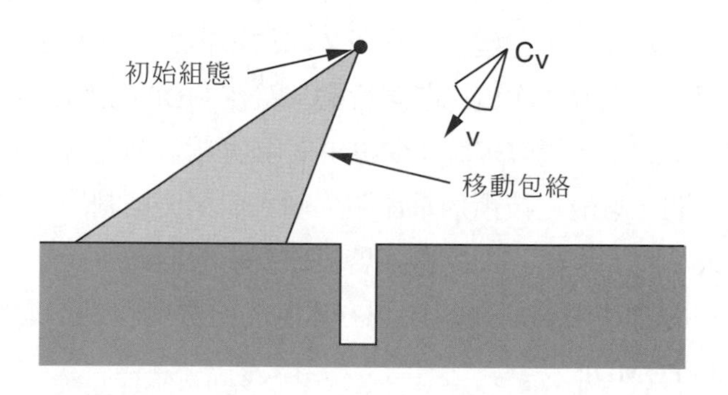

圖 25.20　第 1 條運動命令和所導致的機器人可能運動的包絡。無論誤差為何，我們都知道最終組態將處於洞的左邊

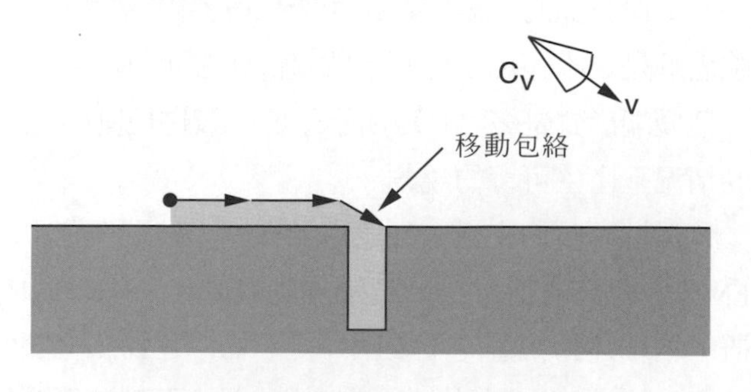

圖 25.21　第 2 條運動命令和可能運動的包絡。即使存在誤差，我們最終也能落入洞中

可以想像，建構精細運動規劃的問題是不容易的。實際上，它比對嚴格運動的規劃要難得多。可以爲每個運動選擇固定數目的離散值，或者利用環境幾何關係來選擇能夠給予不同性質行爲的方向。一個精細運動規劃器的輸入包括組態空間描述、速度不確定性、圓錐的角度和對哪些感覺可能表示終止的詳細描述(在這個例子中是接觸到表面)。如果這樣的規劃存在的話，它應該產生一個多步驟的條件規劃或策略來確保成功。

我們的例子假設規劃器具有精確的環境模型，但是也可能要如下所述，顧及該模型中的有界限的誤差。如果誤差能夠用參數形式來描述，就可以將那些參數作爲自由度添加到組態空間。在最後一個例子中，如果孔洞的深度和寬度不確定，我們可以將它們作爲兩個自由度加入到組態空間中。讓機器人在這些方向上移動，或者直接感覺它的位置是不可能的。但是在透過對控制及感測器的不確定性加以適當的詳細說明，而將該問題描述成一個 FMP 問題的時候，這些限制都能夠被結合起來一併考慮。這給予了一個複雜的四維規劃問題，但是能夠使用完全相同的規劃技術。注意到與第十七章中的決策理論方法不同，這種強健性方法能夠產生適應最壞情況結果的規劃，而不是使得規劃的期望品質最大化。在決策理論中，最壞情況規劃只有在執行過程中發生失敗的代價比其他有關代價大得多的時候，才是最佳的。

25.6 運動

到目前，我們已討論了如何規劃運動，但是還沒有討論如何運動。我們的規劃——尤其是那些由確定性路徑規劃器產生的規劃——假定了機器人能夠很容易沿著演算法產生的任何路徑運動。當然，在眞實世界中不是這樣的。機器人具有慣性，不能執行任意的路徑，除非它的速度可以慢到任意的調整路徑。在大多數情況下，機器人只會施力，而不會指定位置。本節討論計算這些力的方法。

25.6.1 動力學和控制

第 25.2 節引入了**動力學狀態**(dynamic state)的概念，其透過機器人的速度而擴展機器人的運動學狀態。例如，動力學狀態除了捕捉到機器人關節的角度，還捕捉到角度的變化率。一個動力學狀態表示方法的轉移模型包括各種力對這個變化率的影響。典型情況下，這樣的模型透過微分方程式進行表示，即把一個量(例如，一個運動學狀態)與這個量隨時間的變化(例如，速度)聯繫起來的**微分方程式**。原則上，我們本來可以選擇用動力學模型來規劃機器人運動，而不是用我們的運動學模型。如果我們能夠產生規劃的話，這種方法將能產生優異的機器人性能。然而，動力學狀態比運動學空間更加複雜，而且維數的問題將使運動規劃問題對於大多數機器人而言都是難解的，除了最簡單的機器人。由於這個原因，實用的機器人系統一般都依賴於簡單的運動學路徑規劃器。

一種常見用來改善運動模型侷限性的技術是使用一種獨立的機制，控制器，以使機器人保持在路線內。**控制器**是指利用從環境中得到的回饋即時地產生機器人控制，從而達到某種控制目標的技術。如果目標是使機器人保持在一條預先規劃好的路徑上，則通常將它稱爲**參考控制器**，該路徑稱爲**參考路徑**。使一個全域代價函數達到最佳的控制器被稱爲**最佳控制器**。MDP 的最佳策略實際上就是最佳控制器。

表面上，使一個機器人保持在預先指定的路徑上的問題看起來是相對直接的。然而，實際上，即使這個看起來很簡單的問題也有它的隱患。圖 25.22(a)示意了可能的錯誤，它顯示了的是試圖沿著一條運動學路徑前進的一個機器人所經過的路徑。一旦發生偏差——不論是因爲雜訊，還是因爲機器人對作用力所能應用的限制條件——機器人就提供一個相反的力，其大小與偏差量成正比。直觀上，這似乎是有道理的，因爲偏差將會被相反的力所補償，從而使機器人保持在路線上。然而，如圖 25.22(a)所示，我們的控制器導致了機器人路線發生相當劇烈的振盪。振盪是機械手天然慣性的結果：一旦強制回到機器人的參考位置，它就會產生過衝，這導致了一個具有相反符號的對稱誤差。這種過衝可以沿著整個軌跡一直持續，而所產生的機器人運動就離所期望的差得很遠。

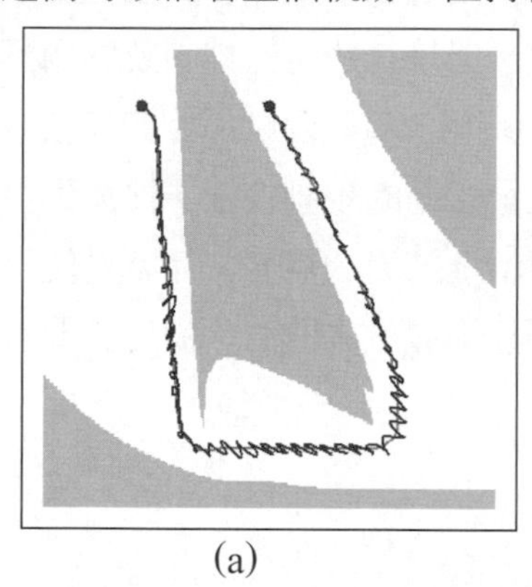

(a)

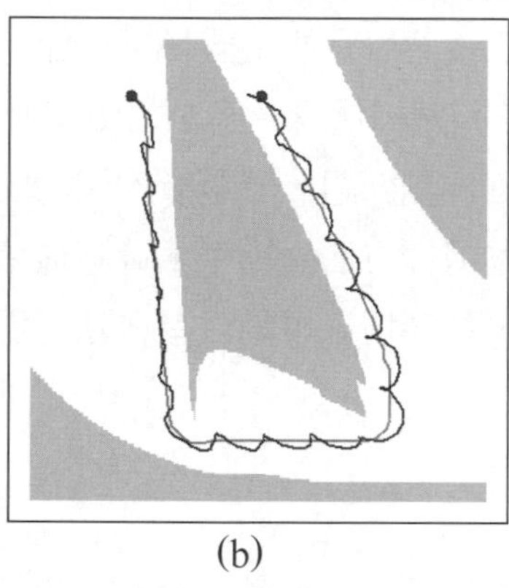

(b)

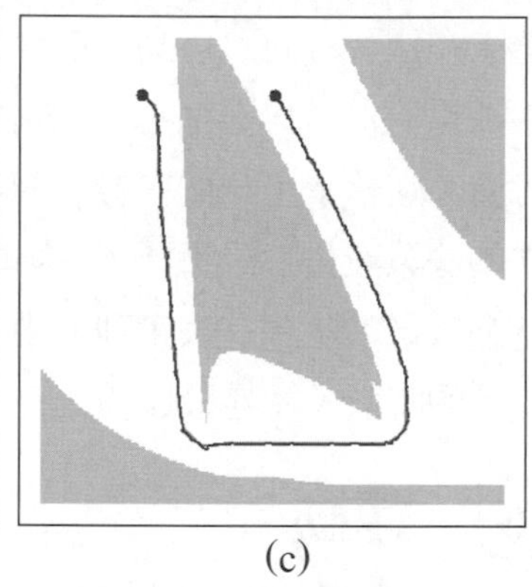

(c)

圖 25.22　機械手控制，採用(a)增益因數為 1.0 的比例控制器，(b)增益因數為 0.1 的比例控制器，和(c)比例分量增益因數為 0.3，微分分量增益因數為 0.8 的 PD(proportional derivative，比例導數)控制器。在所有這些情況下，機械手試圖沿著灰色路徑前進

在我們定義一個較好的控制器之前，讓我們來正視的描述究竟哪裡出了錯。所提供的作用力與觀測到的誤差成負比例的控制器被稱爲 **P 控制器**。字母 P 代表比例的，指實際的控制與機器人操縱器誤差成比例。更正規化的表示，令 $y(t)$爲參考路徑，用時間刻度 t 進行參數化表示。由一個 P 控制器所產生的控制 a_t 具有以下形式：

$$a_t = K_P(y(t) - x_t)$$

此處 x_t 是機器人在時間 t 時的狀態，而 K_p 是被稱爲控制器的**增益參數**，其值稱爲增益因素；K_p 是用來調節控制器對實際狀態 x_t 和期望狀態 $y(t)$之間的偏差進行糾正的強度。在我們的範例中，$K_p = 1$。乍看時也許會認爲，選擇一個比較小的 K_p 值就可以去除這個問題。不幸的是，實際上並不是這樣的。圖 25.22(b)顯示了 $K_p = 1$ 時的一條軌跡，仍然表現出振盪的行爲。較低的增益參數取值只會減緩振盪，而沒有解決這個問題。實際上，在沒有摩擦時，P 控制器本質上是一條彈簧法則，因此它將在固定的目標位置附近不斷地振盪。

傳統上，這種類型的問題屬於**控制論**的研究領域，一個對於 AI 研究者來說越來越重要的領域。這個領域內幾十年來的研究產生了大量比上述簡單控制法則更好的控制器。特別是，如果小的擾動將導致機器人和參考信號之間的一個有界限的誤差，那麼參考控制器被稱爲是**穩定**的。如果它在這樣的擾動下能夠傳回參考路徑，那麼它就被稱爲是**嚴格穩定**的。顯然，我們的 P 控制器看來是穩定的，但不是嚴格穩定的，因爲它不能傳回它的參考軌跡。

在我們的領域中達到嚴格穩定的一種最簡單的控制器被稱爲 **PD 控制器**。字母「P」仍然代表比例的，「D」代表導數。PD 控制器由以下公式描述：

$$a_t = K_P(y(t)-x_t) + K_D\frac{\partial(y(t)-x_t)}{\partial t} \tag{25.2}$$

正如這個公式所表示的，PD 控制器相當於 P 控制器加上一個微分項，它給 a_t 的值增加了一個與誤差 $y(t)-x_i$ 對時間的一階導數成正比的項。這個項的效果是什麼？整體而言，一個導數項抑制了受到控制的系統。爲了證明這一點，考慮誤差 $y(t)-x_i$ 隨時間迅速變化的情況，如在我們前面的 P 控制器的例子中的情況。於是這個誤差的導數將會反作用於比例項，從而減小對擾動的總體回應。然而，如果同樣的誤差持續不變，導數將會消失，比例項將主導對控制的選擇。

圖 25.22(c)顯示出，將這個 PD 控制器應用於我們的機械手的結果，其中使用的增益參數爲 K_p = 0.3 及 K_p = 0.8。顯然，所得到的路徑非常光滑，沒有顯示出任何明顯的振盪。

然而 PD 控制器還是有失敗的狀況。具體地說，PD 控制器有可能沒有將誤差調節爲零，即使在不存在外部擾動情況下。通常這情況會發生在某個系統性外力並非是模型內的一部分時。舉例來說，一個自動行駛的車子沿著有坡度路面(banked surface)行駛，可能會發現它自己自動的偏向某一側。機器人手臂中的磨損也有可能導致類似的系統性誤差。在這個情況下，有時候需要一個超過比例的回饋將誤差減小到零。爲了解決這個問題，需要在控制法則中加入基於誤差在時間上的積分的第 3 項：

$$a_t = K_P(y(t)-x_t) + K_I\int(y(t)-x_t)dt + K_D\frac{\partial(y(t)-x_t)}{\partial t} \tag{25.3}$$

這裡 K_I 是另外一個增益參數。項 $\int(y(t)-x_t)dt$ 計算誤差對時間的積分。這一項的作用是修正參考信號與實際狀態之間的長時間偏差。例如，如果 x_t 在長時間內小於 $y(t)$，那麼這個積分將不斷增長，直到所得到的控制 a_t 迫使該誤差縮小。於是，積分項保證了控制器不表現出系統誤差，其代價是增加了產生振盪行爲的風險。一個具有全部 3 項的控制器稱爲 PID 控制器(用於比例積分導數)。**PID 控制器**被廣泛應用於工業中的各種控制問題。

25.6.2 位能場控制

作爲機器人運動規劃中的一個附加的代價函數，我們引入了位能場的概念，但是它們也能夠被用於直接產生機器人運動，而無需進行路徑規劃。爲了實作這個目的，我們不得不定義一個將機器人拉向其目標組態的吸引力，以及一個將機器人推離障礙物的排斥位能場。一個這樣的位能場如圖 25.23 所示。它唯一的全域最小點爲目標組態，且其值爲離目標組態的距離以及與障礙物接近程度之兩者加總。在產生圖中所示組態的過程中並沒有包含任何規劃。因此，位能場非常適用於即時控制。圖 25.23(a)顯示了一個機器人在位能場中攀登的軌跡。在許多應用當中，對於任何組態都可以快速有效的計算出位能場。此外，對勢值位能總值進行最佳化相當於對當前機器人組態計算勢位能的梯度斜率。這些計算可以極端地有效率，特別是相較於路徑規劃演算法，所有計算在最壞情形下，都對組態空間的維度(DOFs)呈指數比例。

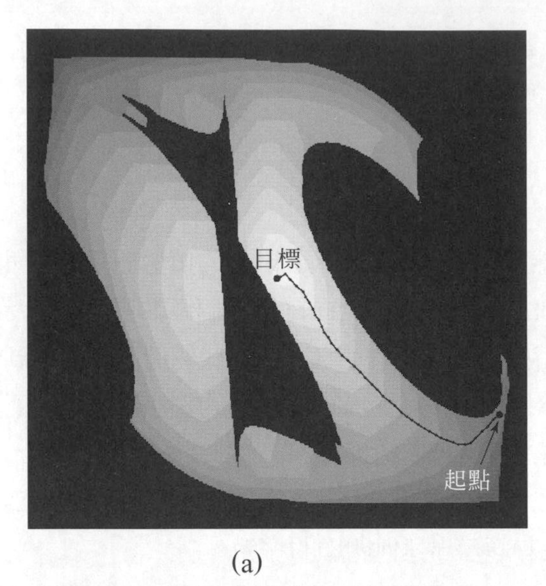

(a)

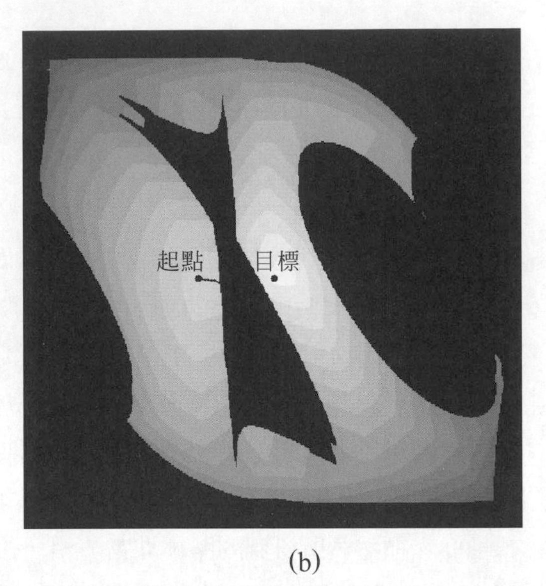

(b)

圖 25.23　位能場控制。機器人登上一個位能場，這個位能場是由障礙物保持的排斥力和一個對應於目標組態的吸引力所組成的。(a) 成功的路徑。(b) 局部最佳

位能場的方法能夠以如此高效率的方式設法找到一條通往目標的路徑，即使是要在組態空間中走很長的距離，這一事實引出了關於在機器人學中到底是否還需要規劃的疑問。究竟是位能場的技術已經能夠滿足要求了，還是只在我們的例子中僥倖獲得了成功？答案是我們的確非常幸運。位能場中有許多能夠使機器人落入圈套的局部極小值。在圖 25.23(b)中，機器人僅僅透過轉動它的肩關節來接近障礙物，直到它被卡在障礙物錯誤的一側爲止。位能場並沒有寬闊得能讓機器人彎曲肘部以使手臂能夠到障礙物的下面。換句話說，位能場技術對局部機器人動作很有效，但是它們仍然需要全域規劃。位能場的另一個重要缺點是它們只根據障礙物和機器人的位置產生作用力，而不考慮機器人的速度。因此，位能場控制實際上是一種運動學方法，在機器人快速移動時可能會失敗。

25.6.3　反應式控制

到目前爲止我們已經考慮了需要用一些環境模型來建構參考路徑或位能場的控制決策。這種方法存在一些困難。首先，通常我們難以獲得足夠精確的模型，尤其是在複雜或遙遠的環境中，例如火星的表面，或是僅有一些感測器的機器人。其次，即使在我們能夠設計足夠精確的模型的情況下，計算上的困難和定位誤差將會使這些技術不實用。在某些情況下，一個利用**反應式控制**的反射型代理人設計是更合適的。

例如，想像一個有腿的機器人正要抬起一條腿邁過障礙物。我們可以給這個機器人一個規則。例如提起腳高度爲 h，並且向前移動，而當腳遇到障礙時，把腳收回來並且再次把腳提高到更高的高度。你可以說 h 是在模擬這世界的一個面向，但我們也可把 h 想成是機器人控制器的一個輔助變數，而沒有直接的物理涵意。

一個這樣的例子就是 6 腿(六足)機器人，如圖 25.24(a)所示，用於行走於在粗糙不平的地形。該機器人的感測器遠遠不能獲取足夠精確做路徑規畫的地形模型。另外，即使我們加入足夠精確的感測器，12 個自由度(每條腿 2 個)將使所產生的路徑規劃問題在計算上是難解的。

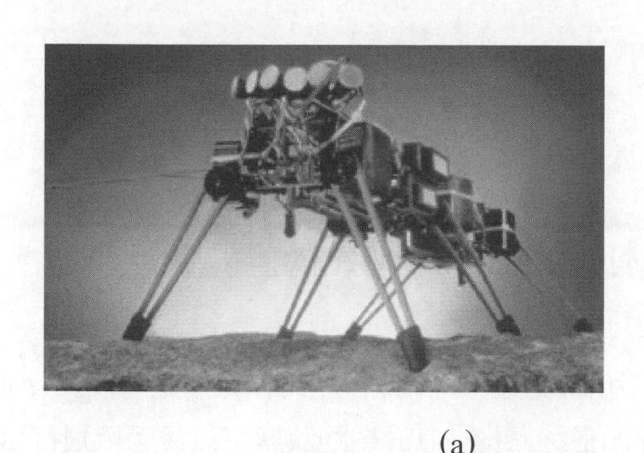

(a)

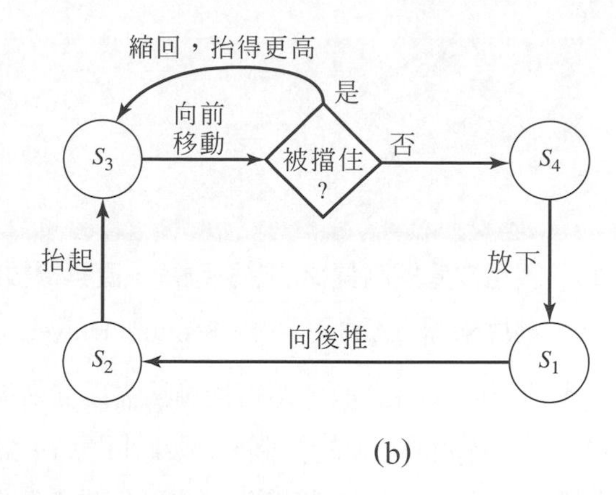

(b)

圖 25.24 (a) Genghis **六足機器人**。(b) **用來對一條腿進行控制的增強有限狀態機**(AFSM)。**注意這個** AFSM **會對感測器回饋產生反應：如果一條腿在向前擺動的過程中被擋住了，它就會被不斷抬高**

儘管如此，還是有可能直接確定一個控制器，而不用明確的環境模型。(我們已經透過 PD 控制器看到了這一點，它可以在沒有機器人動力學的明確模型的情況下使一個複雜的機械手保持在目標上；然而，它的確需要一條從運動學模型中產生的參考路徑)。對於六腳機器人而言，我們首先選擇了一個**步態**，或是肢體移動的型態。一個靜態穩定的步態，首先移動右前腳、右後腳、以及左中腳向前(此時另外三隻腳靜止)，之後再移動另外三隻腳。這個步態在平坦地形上可以正常運作。但在崎嶇不平的地表上，障礙物將會阻止腿向前擺動。這個問題可以用一條極其簡單的控制規則來克服：當一條腿的向前運動受阻時，只需將它縮回來，抬高一些，然後再試一次。所得到的控制器作爲一個有限狀態機如圖 25.24(b)所示；它構成一個具有狀態的反射型代理人，其中的內部狀態是透過當前有限狀態機狀態的索引而表示的(從 s_1 到 s_4)。

這個簡單回饋驅動控制器的一些延伸發展已經被發現可以產生非常強固的行走模式，能夠讓機器人在崎嶇不平的地表上機動行走。顯然，這樣的控制器是不需要模型的，它並不考慮或使用搜尋來產生控制。環境回饋在控制器執行時扮演著非常重要的角色。只靠軟體本身不能指定當機器人被放置在一個環境中時實際上將會發生什麼。從(簡單的)控制器與(複雜的)環境的相互作用中出現的行爲經常被稱爲**突現行為**(emergent behavior)。嚴格地說，本章所討論的所有機器人都顯現了突現行爲，因爲沒有一個模型是完美的。然而，在歷史上，這個術語專用於那些沒有利用明確的環境模型的控制技術。突現行為也是大量生物體的典型特徵。

25.6.4 加強式學習控制

控制還有另外一種特別令人興奮的形式，是基於加強式學習的**策略搜尋型式**(參閱第 21.5 章)。這個工作近年來獲得了極大的影響，而且它也解決了許多具有挑戰性，且以前從來沒有解決的機器人問題。其中一個範例是無人操控特技直升機。圖 25.25 顯示了一個小型無線電波控制之無人直升機進行翻轉的畫面。這個動作備受挑戰，因爲其會遭遇到是一個高度非線性本質的空氣動力學。通常只有有經驗的人類操作者能夠完成這樣的動作。不過一個策略搜尋學習法(在第 21 章中有提到)，僅需要幾分鐘的計算，便可以讓這個小東西每次都能夠安全的進行翻轉。

圖 25.25 圖示為遙控直昇機的多張照片，直昇機根據以強化學習所學的策略來進行翻轉。

圖片來源：Andrew Ng，Stanford University

在找到一個策略之前，策略搜尋法需要一個確切領域模式。對此模型的輸入，是時間爲 t 時直升機的狀態，時間爲 t 時的控制，以及時間爲 $t+\Delta t$ 的最終狀態。直升機的狀態可以透過用飛行器 3D 位置座標、偏向、前仰、翻滾角度，以及這六個變數的變化率來說明。控制的部份則是以手動控制直升機的油門、間距、高度、複翼以及方向舵。最後剩下來的便是最終狀態——我們要如何去定義一個模型，可以精準的說明直升機對於每個控制方式的反應爲何？原因很簡單：讓一個人類駕駛專家去操控直升機，並且紀錄下專家對於直升機的所有操控，狀態變數等。大約人類操控四分鐘後便可以建立一個預測模型，夠準確到足以模擬那台飛行器。

這個範例中值得說明的是，利用一個簡單的學習方式解決了一個具有挑戰性機器人問題。這是在科學領域中有關機器學習許多成功案例中的一個，而以前這個領域多數被仔細與複雜的數學分析以及模型所壟斷。

25.7 機器人軟體架構

對演算法進行組織的方法論稱爲**軟體架構**。一個架構通常包括語言和用於寫程式的工具，以及關於如何將程式結合起來的總體基本原理。

現代的機器人軟體架構必須決定如何將反應式控制和基於模型的思考式控制相結合。在許多方面，反應式和思考式控制具有不同的優勢和弱點。反應式控制是感測器驅動的，適合於即時地制定低層次決策。然而，反應式控制很少能在全域層次上得到合理的解，因爲全域的控制決策依賴於那些在進行決策的時候不能感受到的資訊。對於這樣的問題，思考式規劃是更合適的選擇。

因此，大多數機器人架構在低層次的控制中採用反應式技術，而在高層次控制中採用思考式技術。我們在討論 PD 控制器時遇到過這樣的結合方式，其中我們把一個(反應式的)PD 控制器與一個(思考式的)路徑規劃器相結合。結合了反應式和思考式技術的架構通常稱爲**混合架構**。

25.7.1 包容架構

包容架構(Brook，1986)是一個用於將有限狀態機組合成反應式控制器的架構。這些狀態機中的節點會包含針對某些感測器變數的測試，這樣有限狀態機的執行軌跡就取決於這些測試的結果。在連結起來的弧線上可以被標註上訊息，這些訊息會在追蹤它們時所產生，這些訊息也會送往機器人的引擎或其他有限狀態機。另外，有限狀態機還具有內部計時器(時脈)，用來控制追蹤一條弧線所用的時間。這樣的自動機一般被稱爲**增強有限狀態機**，或縮寫為 AFSM，其中「增強」的含義是指使用了時脈。

如圖 25.24(b)所示的四狀態機是一個簡單 AFSM 的例子，它能為一個六足機器人產生迴圈的腿部運動。這個 AFSM 實作了一個迴圈控制器，其執行過程幾乎不依賴於環境回饋。不過，向前擺動的階段仍依賴於感測器的回饋。如果腿被擋住了，意味著它已經無法執行向前擺動，機器人就收回這條腿，把它再抬得高一些，試著再進行一次向前擺動。因此，控制器能夠對機器人和它的環境相互作用時產生的偶發事件做出反應。

包容架構提供了額外的基本要素，用來使 AFSM 同步，以及對多個可能產生衝突的 AFSM 的輸出値進行合併。這樣，它使程式師能夠以一種由下而上的方式設計越來越複雜的控制器。在我們的例子中，我們也許應該從針對單獨腿的 AFSM 開始，然後是能協調多條腿的 AFSM。在這些之上，我們將實作諸如躲避碰撞之類的高層次行為，其中將涉及到後退與轉向。

根據 AFSM 設計機器人控制器的想法是非常吸引人的。可以想像用前一節所描述的任何一種組態空間路徑規劃演算法產生同樣的行為將有多麼困難。首先，我們需要一個關於地形的準確模型。一個具有 6 條腿，其中每條腿都由 2 個獨立引擎驅動的機器人的組態空間一共有 18 維(腿的組態空間有 12 維，機器人相對其環境的位置和方向有 6 維)。即使我們的電腦速度足夠快，能夠在這樣高維數的空間中尋找路徑，我們也將不得不擔心一些令人厭惡的效應，例如機器人沿著斜面滑落。由於這樣的隨機效應，穿過組態空間的單一路徑將幾乎肯定是過於脆弱的，恐怕連 PID 控制器也不能應付這樣的偶發事件。換句話說，深思熟慮地產生運動行為對於現有的機器人運動規劃演算法來說實在是一個過於複雜的問題。

不幸的是，包容架構也有它自己的問題。首先，AFSM 通常由原始的感測器輸入資料驅動，這樣的安排當感測器資料可靠並且包含所有用於決策的必要資訊時能夠正常工作，但是當感測器資料不得不以非平凡的方式對時間進行積分時就會失敗。因此包容式的控制器大多應用於局部任務，例如沿著牆走或向著可見光源移動。其次，缺少計劃性使得機器人的任務很難被改變。一個包容式的機器人傾向於只完成一項任務，它並不知道該如何改變它的控制來適應不同的控制目標(正如第 2.2.2 節的蜣螂)。最後，包容式的控制器很難被理解。在實際中，大量相互作用的 AFSM(和環境)之間複雜的相互影響超出了大多數人類程式師的理解能力。由於所有這些原因，包容架構極少用於商業機器人技術中，儘管它有著巨大的歷史重要性。不過，它對其他架構有著極大的影響，以及是某些架構中的一個獨立架構。

25.7.2 三層架構

混合架構將反應與事先考慮結合起來。到目前為止最流行的混合架構是**三層架構**，它由一個反應層、一個執行層和一個思考層組成。

反應層為機器人提供低層次的控制。它的特徵是具有緊密的感測器-行動迴圈。它的決策迴圈通常是以毫秒計的。

執行層(或序列化層)發揮反應層和思考層之間的粘合劑的作用。它接收由思考層發出的指令，序列化以後傳送給反應層。例如，執行層將會處理一系列由思考式路徑規劃器產生的透過點，並做出採取哪種反應行為的決策。執行層的決策迴圈通常是以秒計的。執行層還負責將感測器的資訊整合到一個內部狀態表示中。例如，它將掌管機器人定位和線上繪製地圖等任務。

思考層利用規劃產生複雜問題的全域解。因爲產生這一類解的過程中涉及計算複雜度，它的決策迴圈通常是以分鐘計的。思考層(或規劃層)使用模型進行決策。這些模型可以從資料中學習得到或是由提供所得，且可以利用在執行層收集到的狀態資訊。

三層架構的各種轉化架構可以在大多數現代機器人軟體系統中找到。三個層次的分解並不是非常嚴格的。一些機器人軟體系統具有更多的層次，諸如用於控制人機互動的使用者介面層，或者負責協調機器人與在同一環境下運轉的其他機器人的行動的層次。

25.7.3 管線架構

機器人的另外一個架構稱之爲**管線架構**。就如同包容架構(subsumption architecture)一樣，管線架構可以同時平行執行數個程序。然而，在此架構中的獨特模組像是在三層架構中的那些模組。

圖 25.26 顯示了一個管線架構的範例，其用來控制一個自動行駛車輛。資料由**感測器介面層**輸入到這個管線中。**感知層**會一直根據這些傳進來的資料，更新機器人對環境的內部模組。下一步，這些模組會著手開始處理**計畫與控制層**，其會開始調整機器人的內部計劃，並且將它們轉變成爲機器人的實際控制行動。最後再透過**車輛介面層**和車輛取得聯繫。

管線架構的重點在於這些通通是並行發生的。當感知層在處理最新的感測器資料時，控制層則是透過剛剛的資料去進行控制。因此，管線架構類似人類大腦。當我們在消化新的感測器資料時，我們並不會關閉我們的動作控制器。相反的，我們在同一時間進行感知、計劃、並且執行等動作。在管線結構中的程序會以非同步式方式進行，而且所有的計算都是資料驅動的。最終的系統是很耐用並且快速的。

圖 25.26 中同時也包含其他交叉(cross-cutting)模組，其負責建立管線系統中不同元件間的聯繫。

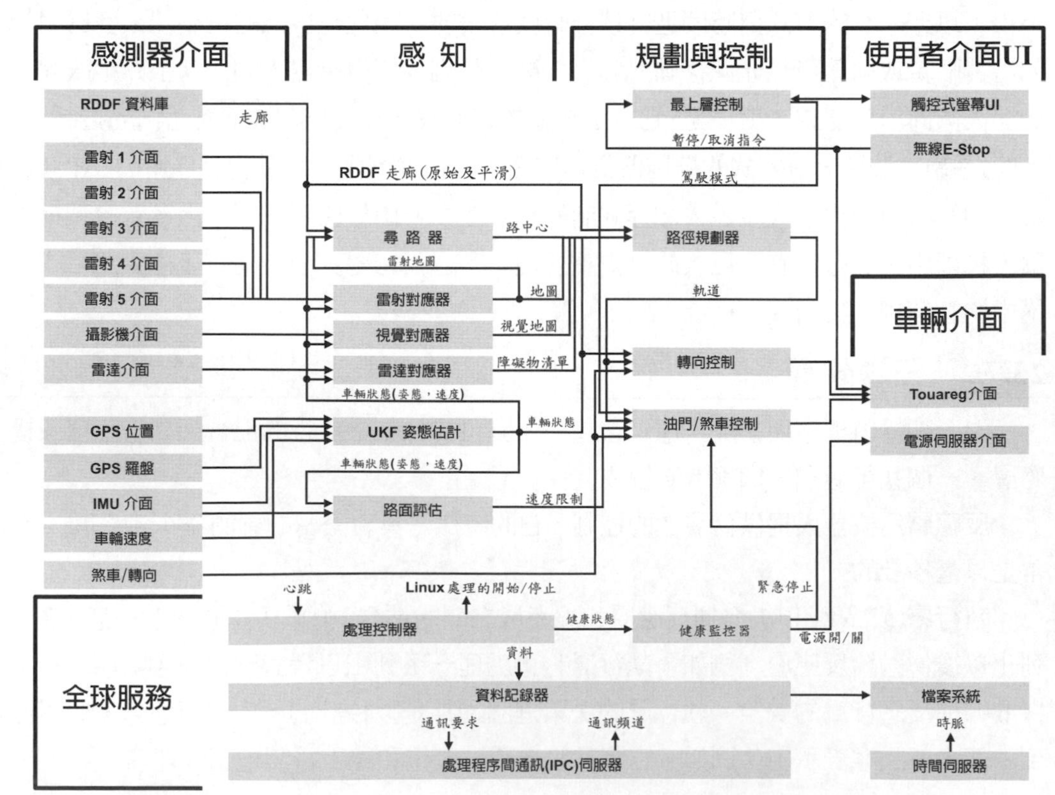

圖 25.26 一部機器人車輛的軟體架構。這個軟體將資料管線架構進行實作，架構中的所有模組會同時處理資料

25.8 應用領域

在此我們列出機器人技術數個主要應用領域。

工業和農業

傳統上，機器人被應用來取代那些需要繁重人類勞動，但是結構化程度足夠且也適合機器人自動化的領域。最好的例子是裝配線，那裡的機械手程式化地執行裝配、零件放置、材料處理、焊接、噴塗等任務。在許多這樣的例子中，使用機器人已經變得比使用人類工人更加划算。在野外，許多我們用於收割、開採或挖土的重型機器已經被改造成機器人。例如，卡內基・美隆大學一個最近的專案已經證實了機器人能夠以比人快 50 倍的速度剝離大型輪船上的塗料，並且對環境造成的影響小得多。自主採礦機器人的原型已經被證實能夠比人更快更精確地在地下礦井中運送礦石。機器人已經被用於產生高精確度的廢礦和排汙系統的地圖。儘管這些系統中的許多還處於原型階段，機器人接管目前由人類完成的大量半機械工作只是個時間問題。

運輸

機器人運輸分爲許多方面：從將物體遞送到透過其他方式難以接近的地點的自主直升飛機，到運送那些自己沒有能力控制輪椅的人的自動輪椅，再到將集裝箱從船上搬運到裝貨碼頭的卡車上的自主跨運車，它們的表現超過了熟練的人類駕駛員。室內運輸機器人，或稱爲「Gofer，專司雜事的小職員」的一個重要實例是圖 25.27(a)所示的助手(Helpmate)機器人。這種機器人已經被用於在數十家醫院中運送食物和其他物品。在工廠環境中，自主車輛目前被日常地用於在倉庫裡和生產線之間運送貨物。 圖 25.27(b)中的 Kiva 系統，可以協助工作人員在一個裝載倉庫中將以打包好的包裹送進到船運貨櫃之中。

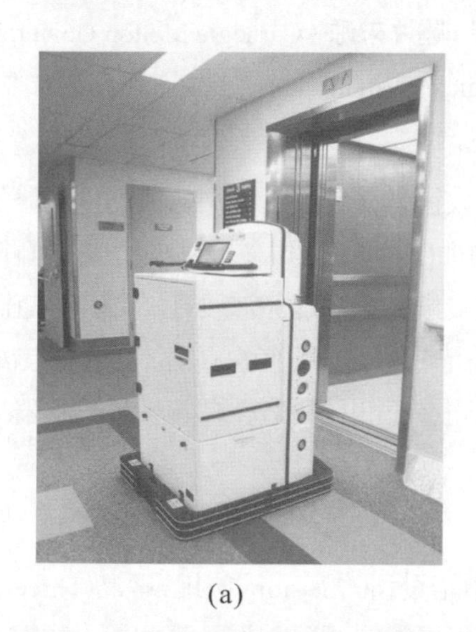

(a)

(b)

圖 25.27 (a) 助手機器人在全世界許多家醫院裡運送食物和其他醫療物品。(b) Kiva 機器人是物流中心內用以移動架子的原物料處理系統的一部分。圖片來源：Kiva Systems

許多這些機器人的操作需要環境上的改造。最常見的改造是一些定位輔助設備，諸如地板裡的感應線圈、主動式信標、條碼標籤等。機器人學中的一個開放式的挑戰是設計能夠利用自然資訊而不是人造設備的機器人來導航，特別是在無法獲得 GPS 信號的深海等環境中。

機器人車輛

大多數人每天都開車許多人也常在開車時講電話，甚至傳簡訊。不幸的是每年有超過百萬以上的人死於交通意外。而類似 BOSS 與 STANLEY 的機器人車輛提供了我們希望。它們不僅可以讓開車變的更安全，同時也讓我們每天通勤時不再需要時時注意路況。

機器人車輛的進展，可以透過 DARPA 越野挑戰賽來知曉，這是一個在沙漠地區未經過路徑規劃所舉辦的 100 哩競賽，其代表一個從未完成且更具有挑戰性之挑戰。在 2005 年，史丹福大學的 STANLEY 車，以少於 7 個小時的時間完成了比賽，同時也贏得了 200 萬美金的獎金與可在美國歷史國家博物館展覽的殊榮。圖 25.28(a)中的 BOSS，其贏得了 2007 年 DARPA 市區挑戰賽，這是一個在城市街道中更爲複雜的道路競賽，在其中機器人會遇到其他的機器人，而且需要遵循交通規則。

(a)

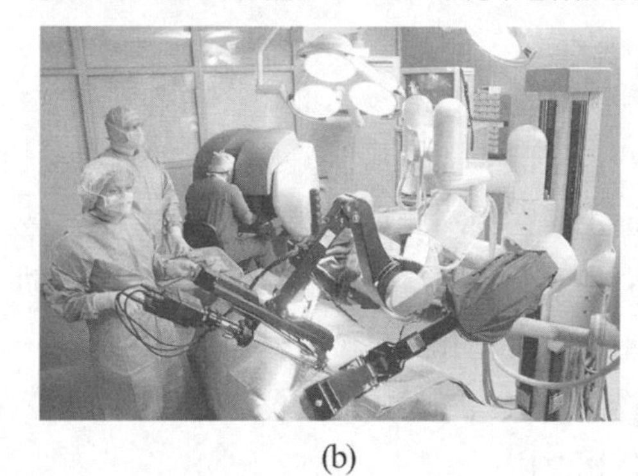

(b)

圖 25.28 (a) **機器人車輛** BOSS，**其贏得了** DARPA **市區挑戰賽。圖片來源：**Carnegie Mellon University。
(b) **手術房內的外科機器人。圖片來源：**da Vinci Surgical Systems

衛生保健

在對一些複雜器官如大腦、眼睛和心臟動手術時，機器人被越來越廣泛地用於協助外科醫生放置器械。圖 25.28(b)顯示了一個這樣的系統。由於具有高度的準確性，機器人在某些類型的髖關節互換手術中已經成爲不可或缺的工具。在試行研究中，機器人設備被證明能夠減少在結腸鏡檢查時造成損傷的危險。在手術室外，研究人員已經開始開發爲老年人或殘疾人服務的機器人助手，諸如智慧型機器人步行器或能夠提醒人服藥的智慧玩具。研究人員現在已開始研究一些復健用的機器人裝置，其可以協助人們在進行某些復健運動時有更好效果。

危險環境

機器人已經可以幫助人們清理核廢料，最著名的是在切爾諾貝利(Chernobyl)和三哩島(Three Mile Island)。在紐約世界貿易中心倒塌之後，機器人也被派上了用場，它們可以進入那些對人類搜尋和救援人員來說過於危險的結構。

一些國家已經使用機器人來運輸軍火和卸除炸彈的引信——這是一項極其危險的工作。許多研究專案目前正在開發用於在陸上或海上清除地雷場的原型機器人。大多數現有的用於這些任務的機器人都是遠端操作的——由人用遙控器操作它們。使這種機器人能夠自主是很重要的下一步。

探險

機器人已經到達過以前沒人到過的地方，包括火星的表面[見圖 25.2(b)及原文書封面]。機器人手臂幫助太空人來配置和回收人造衛星，以及建造國際空間站。機器人還協助進行了海底探測。它們通常被用於獲取沉船的地圖。圖 25.29 顯示了一個繪製廢棄煤礦地圖的機器人，以及一個利用測距感測器獲取的三維礦井模型。在 1996 年，一個研究小組將一個有腿機器人放進了一個活火山的火山口裡，以獲取氣候研究的重要資料。稱為**雄蜂**(drone)的無人駕駛飛行器被用於軍事行動。機器人慢慢的在成為在那些對於人類而言難以接近(或很危險)的區域收集資訊的非常有效的工具。

個人服務

服務業是機器人學的一個很有前途的應用領域。服務機器人能幫助個人完成日常的任務。現在市場上可買到的家庭服務機器人包括自主的吸塵器、割草機和高爾夫球球童。目前世界上最受歡迎的移動機器人便是個人服務機器人：機器人吸塵器 **Roomba**，如圖 25.30(a)中所示。目前 Roombas 以銷售超過三百萬台。所有這些機器人都能夠自主地導航，並在沒有人類幫助下完成它們的任務。

一些服務型機器人在公共場所執行，諸如已經被開發出來在商場、商品交易會或博物館充當導遊的機器人資訊站。服務任務需要與人交互，並能夠應付不可預測和動態的環境。

娛樂

機器人已經開始征服娛樂業和玩具工業。在圖 25.6(b)中我們可看到**機器人足球賽**，一種非常像是人類的足球充滿競爭性的比賽，只不過下場比賽的球員是自主移動機器人。機器人足球為 AI 提供了非常好的研究機會，因為它為許多其他更加嚴肅的機器人應用提出了一系列原型問題。一年一度的機器人足球競賽已經吸引了大量的 AI 研究者，並為機器人學領域帶來了許多活力。

人類增強

機器人技術的一個最終應用領域是人類增強。研究人員已經開發出有腿步行機器，能夠用來載人，非常像輪椅。一些研究努力目前正專注於開發這樣的設備：它們能夠透過附加的外部骨架提供額外的力，使人行走或移動手臂更容易。如果這樣的設備永久地附在人身上，那麼它們可以被認為是人工機器人肢體。圖 25.30(b)顯示了一個機器人手臂，未來可能可以作為義肢裝置。

機器人遠端操作，或遠端出席會議，是另一種形式的人類增強。遠端操作是指在機器人設備的幫助下，透過很遠的距離執行任務。主從模式是一種流行的機器人遠端操作形式，其中由一個機器人操縱器模擬模擬遠處人類操縱員的運動，透過一個觸覺介面進行測量。水下移動車輛通常是可以遠距操作的；這些車輛通常可以下到對人體有危害的深度，而且同時接受人類操作員的引導。所有這些系統增強了人類與環境交互的能力。一些專案甚至對人進行複製，至少在一個非常高級的程度上。日本的幾家公司現在已經有了商業用途的人形機器人。

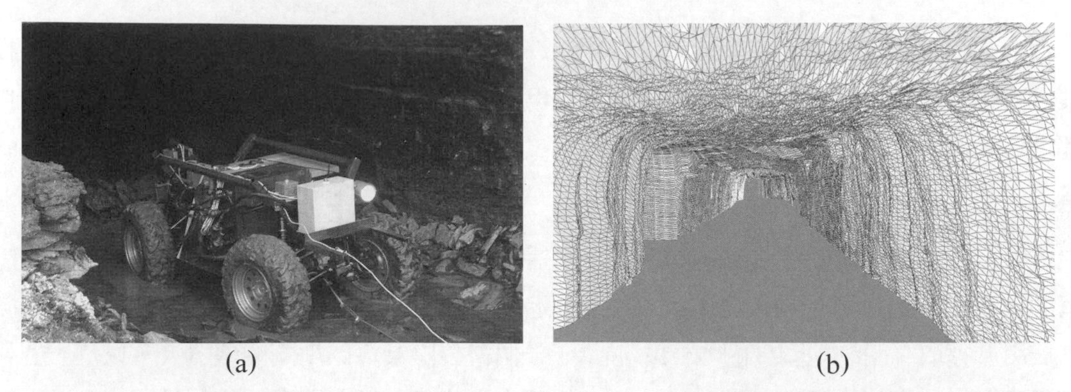

(a) (b)

圖 25.29 (a) 一個為廢棄煤礦繪製地圖的機器人。(b) 一幅由機器人獲取的礦井三維地圖

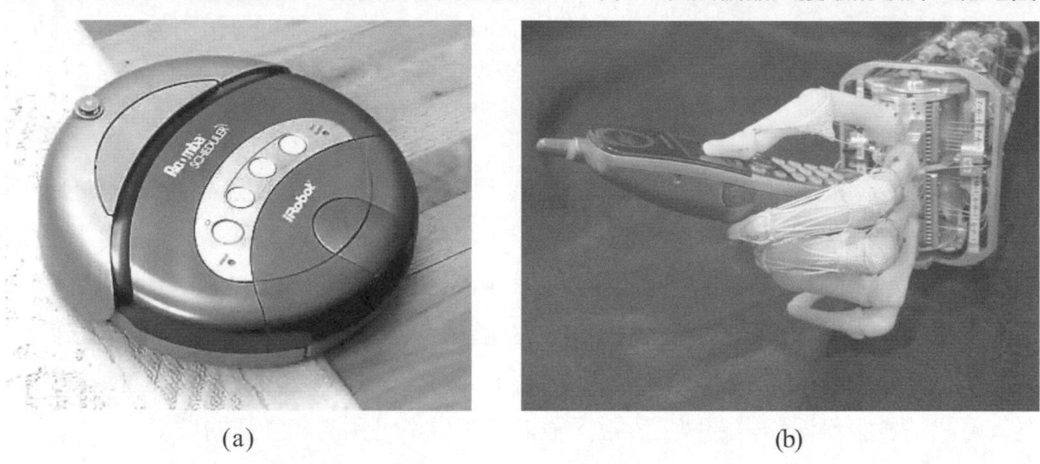

(a) (b)

圖 25.30 (a) Roomba 是世界上最暢銷的移動機器人，可以吸塵清潔地板。圖片來源：iRobot © 2009。(b) 仿自人類手臂的機器手臂。圖片來源：University of Washington and Carnegie Mellon University

25.9 總結

機器人學關心的是操縱實體世界的智慧型代理人。在本章中，我們已經學習了關於機器人硬體和軟體如下的基本知識：

- 機器人裝備有**感測器**來感知它們的環境，以及它們用來對其環境施加實體力的作用器。大多數機器人要麼是安裝在固定位置的操縱器，要麼是能夠運動的移動機器人。
- 機器人感知關心的是根據感測器資料對與決策相關的量進行估計。爲了達到這一目的，我們需要一個內部表示和一種隨時間對這個內部表示進行更新的方法。比較困難的感知問題的常見例子包括**定位**，**地圖繪製**，**物體識別**。
- 如卡爾曼濾波器以及粒子濾波器的**機率濾波演算法**，對於機器人感知是非常有用的。這些技術維持信念狀態，即關於狀態變數的事後機率分配。
- 機器人運動規劃通常在**組態空間**中完成，該空間中的每個點指定了機器人的位置和方向以及關節的角度。

- 組態空間搜尋演算法包括了**單元分解方法**，其將所有的組態空間分解爲有限多的單元；以及**骨幹法**，它將組態空間投影到低維子空間上。可以透過在這些簡單結構裡進行搜尋來解決運動規劃問題。
- 由搜尋演算法找到的路徑可以透過將該路徑用作 **PID 控制器**的參考軌跡而得以執行。在機器人中的控制器通常需要去適應微小的干擾；單獨的路經規劃通常是不夠的。
- **位能場**技術利用位能場函數爲機器人導航，這些位能場函數定義於離障礙物和目標位置的距離上。位能場技術可能會陷於局部極小值，但是它們可以直接產生運動，而無需路徑規劃。
- 有時候直接確定一個機器人控制器比根據關於環境的顯式模型推導出一條路徑要容易。這樣的控制器通常能夠被寫成簡單的**有限狀態機**。
- 在軟體設計方面有三種不同的架構。**包容架構**讓程式設計師可以由有限連結狀態機中組成機器人控制器。**三層架構**是開發整合了思考、子目標序列化和控制的機器人軟體的常見架構。相關的**管線架構**可以同時處理資料，透過一連串的模組，相對應到感知、模組、計畫、控制以及機器人介面。

參考文獻與歷史的註釋 BIBLIOGRAPHICAL AND HISTORICAL NOTES

捷克劇作家卡雷爾·恰佩克(Karel Capek)1921 年的戲劇 *R.U.R* [《羅薩姆的全能機器人》(*Rossum's Universal Robots*)]使**機器人**(robot)一詞流行了起來。劇中以化學方式生長，而並非以機械方式建造的機器人最終憤恨起它們的主人，並決心掌權。據說(Glanc，1978)實際上是恰佩克的兄弟，約塞夫(Josef)於 1917 年在他的短篇小說《*Opilec*》中第一個將捷克語「robota」(強制性工作)和「robotnik」(奴隸)合併產生了「robot」。

機器人學(robotics)一詞最早是由阿西莫夫(Asimov，1950)開始使用的。但是(以其他名稱出現的)機器人學卻具有很長的歷史。在古希臘神話中，一個名叫塔羅斯(Talos)的機械人傳說是由希臘掌管冶金的神赫菲斯托斯(Hephaistos)設計和製造的。神奇的自動機建造於 18 世紀——Jacques Vaucanson 於 1738 年製作的機械鴨子是一個早期的例子——但是它們所展示出的複雜行爲是完全預先確定的。第 1.2.6 節描述的提花紡織機(1805)可能是可程式的類機器人設備的最早例子。

第一個商用機器人是一個名叫 **Unimate** 的機器人手臂，其爲 universal automation 的簡寫，是由 Joseph Engelberger 與 George Devol 所開發出來的。1961 年，第一台 Unimate 機器人被賣給了通用汽車公司(General Motors)，在那裡用於生產電視機的顯像管。1961 年 Devol 還獲得了機器人方面的第一項美國專利。11 年後的 1972 年，日產公司(Nissan Corp.)成爲最早用機器人實作整條生產線自動化的公司之一，由 Kawasaki 開發，使用的機器人是 Engelberger 和 Devol 的 Unimation 公司提供的。這個發展引產生了一場重大革命，這場革命主要發生在日本和美國，並且仍在繼續。Unimation 於 1978 年進一步開發了 **PUMA** 機器人，即「用於裝配線的可程式全能機器」(Programmable Universal Machine for Assembly)的簡稱。最初是爲通用汽車公司開發的 PUMA 機器人，成爲以後 20 年中事實上的機器人操作標準。目前，世界範圍內估計有一百萬個正在運轉的機器人，其中一半以上安裝在日本。

關於機器人學研究的文獻可以大致分為兩部分：移動機器人和靜態操縱器。Grey Walter 的「海龜」(turtle)，於 1948 年製造，可以被認為是第一個自主的移動機器人，儘管它的控制系統是不可程式的。20 世紀 60 年代早期於約翰斯·霍普金斯大學(Johns Hopkins University)建造的「霍普金斯獸」(Hopkins Beast)，則要複雜得多，它帶有模式識別硬體，能夠識別標準交流電源插座的蓋板。它能夠搜尋到插座，將自己接入電源來給它的電池充電！不過，該獸擁有的技巧仍然很有限。第一個通用的移動機器人是「Shakey」，20 世紀 60 年代後期研製於當時的史丹佛研究所(Stanford Research Institute，現在的 SRI)(Fikes 和尼爾森，1971；尼爾森，1984)。Shakey 是第一個整合了感知、規劃和執行的機器人，這項著名的成果影響了許多 AI 方面的後續研究。Shakey 與此計畫領導人 Charlie Rosen (1917-2002)可在本書封面上看到。其他有影響的專案包括史丹佛車(Stanford Cart)和 CMU 漫遊者(CMU Rover)(Moravec，1983)。Cox 和 Wilfong(1990)描述了關於自主車輛的經典研究工作。

機器人地圖繪製領域從兩個不同的來源發展而來。第一條線開始於 Smith 和 Cheeseman(1986)的工作，他們應用卡爾曼濾波器來解決同時進行定位和地圖繪製的問題。這個演算法首先由 Moutarlier 和 Chatila(1989)實作，後來 Leonard 和 Durrant-Whyte(1992)又對它進行了擴展；若欲了解早期卡爾曼濾波器的演變，請參考 Dissanayake *et al.*(2001)的文章。第二條線開始於機率地圖繪製的**佔用網格**(occupancy grid)表示法的發展，它指定了每個(x, y)位置被障礙物佔用的機率(Moravec 和 Elfes，1985)。受人類空間認知模型的啓發，Kuipers 和 Levitt(1988)成為最早提出用拓撲而不是幾何座標的辦法繪製地圖的科學家之一。由 Lu 及 Milios (1997)所提出來的論文確認了同時定位與尋找地圖問題的重要性，以及由 Konolige (2004)與 Montemerlo 和 Thrun (2004)所提出的非線性最佳化技術，以及由 Bosse *et al.*(2004)所提出階層式方法。Shatkay 與 Kaelbling (1997)，Thrun *et al.*(1998)介紹了和資料相關的 EM 演算法到機器人地圖的領域中。有關機率地圖方法的簡介可以在 Thrun *et al.*,(2005)中得到。

Borenstein 等(1996)研究了早期的移動機器人定位技術。雖然幾十年來卡爾曼過濾作為一種定位方法在控制論中非常有名，但是直到很久以後透過 Tom Dean 和同事(1990，1990)以及 Simmons 和 Koenig(1995)的工作，定位問題的一般機率正規化表示方法才出現在 AI 的文獻中。後者的工作引入了術語**馬可夫定位**(Markov localization)。這種技術的第一個現實世界的應用是由 Burgard 等人(1999)透過在博物館中使用的一系列機器人實作的。基於粒子濾波器的蒙特卡羅定位由 Fox 等人(1999)提出並且現在得到了廣泛的應用。**Rao-Blackwellized 粒子濾波器**把用於機器人定位的粒子濾波器與建造地圖的精確濾波器結合了起來(Murphy 和羅素，2001；Montemerlo 等人，2002)。

機器人操縱器最初被稱為有**手眼機器**(hand-eye machine)，對它進行的研究演化成了相當不同的發展方向。創造有手和眼的機器得到的第一個重要成果是 Heinrich Ernst 的 MH-1，在他的 MIT 博士學位論文中有所描述(Ernst，1961)。愛丁堡大學的機器智慧(Machine Intelligence)專案也展示了一個令人難忘的用於基於視覺裝配的早期系統，稱為 FREDDY(Michie，1972)。在這些先期的成果之後，大量的工作都集中在確定性的和完全可觀察的運動規劃問題的幾何演算法上。Reif(1979)在他的開創性論文中證明了機器人運動規劃是 PSPACE 難題。組態空間表示法要歸功於 Lozano-Perez(1983)。Schwartz 和 Sharir 關於他們所說的**鋼琴搬運工**(Piano movers)問題的一系列論文具有高度影響力(Schwartz 等，1987)。

組態空間規劃的遞迴單元分解源自 Brook 和 Lozano-Perez(1985)，並由 Zhu 和 Latombe(1991)進行了重大改進。最早的骨幹化演算法的基礎是 Voronoi 圖(Rowat，1979)和**能見度圖**(visibility graph)(Wesley 和 Lozano-Perez，1979)。Guibas 等人(1992)發展出一種高效率的技術用來遞增地計算 Voronoi 圖，Choset(1996)將 Voronoi 圖推廣到了更加廣泛的運動規劃問題。John Canny 論文(1988)建立了第一個用於運動規劃的單指數演算法。Jean-Claude Latombe(1991)的教科書涵蓋了運動規劃問題的各種方法，Choset *et al.*(2004)與 LaValle (2006)的著作中也提到了相似的內容。Kavraki 等人(1996)開發了機率路徑圖，是當前最有效的方法。 Lozano-Perez *et al.*(1984)與 Canny/Reif (1987)的研究包含了在有限感測器下，有限運動計畫。基於地界標的導航(Lazanas 和 Latombe，1992)使用了很多與在移動機器人領域相同的想法。在機器人學不確定性中，應用 POMDP 方法(第 17.4 節)於動作規劃的主要工作，是由 Pineau *et al.*(2003)與 Roy *et al.*(2005)所提出。

作爲動力系統的機器人控制——不論是用來操縱還是用來導航——已經產生了一大批文獻，在本章的材料中幾乎沒有涉及它。重要的工作包括 Hogan(1985)的阻抗控制(impedance control)三部曲和 Featherstone(1987)對機器人動力學的一般研究。Dean 和 Wellman(1991)是最早嘗試將控制論和 AI 規劃系統聯繫起來的研究者之一。關於機器人操縱中的數學方面的三部經典教科書的作者分別是 Paul(1981)、Craig(1989)和 Yoshikawa(1990)。關於**抓握**的研究領域在機器人學中也十分重要——決定一個穩定抓握的問題是相當困難的(Mason 和 Salisbury，1985)。合格的抓握需要觸覺傳感，或稱**觸覺回饋**，來決定接觸力和偵測打滑現象(Fearing 和 Hollerbach，1985)。

位能場控制，試圖同時解決運動規劃和控制問題，由 Khatib(1986)引入到機器人學的文獻中。在移動機器人學中，這個想法被視爲是避撞問題的一種實用解決方案，並且在後來被 Borenstein(1991)擴展成一種稱爲**向量場直方圖**(vector field histogram)的演算法。導航函數(用於確定性 MDP 的控制策略的機器人學領域版本)由 Koditschek(1987)提出。在機器人學中加強式學習是由 Bagnell 與 Schneider(2001)以及 Ng *et al.*(2004)最先提出，他們同時發展了自主直升機控制範例。

機器人軟體架構的話題引產生了許多嚴肅的爭論。老式 AI 候選方法——三層架構——可以追溯到設計 Shakey 的時候，Gat(1998)對它進行了回顧。包容架構由 Rodney Brooks(1986)提出；儘管 Braitenberg(1984)也獨立發展出了類似的想法——他的書《交通工具》(*Vehicles*)描述了一系列基於行爲方法的簡單機器人。Brooks 的六足行走機器人所獲得的成功引產生了許多其他專案的仿效。Connell 在他的博士學位論文(1989)中開發了一個能夠找回物體的完全反應式移動機器人。從基於行爲的範例到多機器人系統的擴展可以在 Mataric(1997)和 Parker(1996)的論述中找到。GRL(Horswill，2000)和 COLBERT(Konolige，1997)透過通用機器人控制語言對基於同時行爲的機器人學的想法進行了抽象。Arkin(1998)調查了在此領域中數個最流行的方法。

在過去的 10 年裡，兩項重要的競賽激勵了移動機器人學的研究。最早的是 AAAI 一年一度的移動機器人競賽，開始於 1992 年。第一屆競賽優勝者是 CARMEL(Congdon 等，1992)。進步是堅實穩定和給人印象深刻的：在最近的比賽中，機器人必須進入會議場所，找到通往註冊台的路，進行會議註冊，然後發表演講。**Robocup** 競賽，由 Kitano 和同事於 1995 年發起，目標是在 2050 年之前「建成一支由完全自主的人形機器人組成的球隊，它能夠戰勝人類的足球世界冠軍隊」。比賽分組爲模擬機器人、不同大小的有輪機器人、類人機器人等組別進行。2009 年來自世界 43 個國家的隊伍參加這項比賽，同時比賽實況經由網路傳送給數以百萬計的觀眾欣賞。Visser 和 Burkhard (2007)的論文中追蹤了過去數十年裡，有關感知、團隊合作、以及低階技巧的進步。

在 2004 年與 2005 年由 DARPA 所舉辦的 **DARPA 挑戰賽**，招募自主性機器人，希望能在 10 小時內橫越超過 100 英哩的未經過路徑規畫的沙漠地區(Buehler *et al.*, 2006)。在 2004 的比賽中，沒有任何一台機器人能夠行進超過 8 英哩，導致許多人認為這個獎不可能有人拿的到。但在 2005 年，史丹福大學的機器人 STANLEY，以 7 小時的旅行時間完成競賽並且贏得冠軍(Thrun，2006)。隨後 DARPA 舉辦了**市區挑戰賽**，機器人必須要在市區的現實交通環境中，獨自導航 60 英哩並且抵達目的地。卡內基美隆大學(Carnegie Mellon University)的機器人 BOSS 奪得冠軍並且贏得了 200 萬美金獎金(Urmson 及 Whittaker，2008)。早期發展機器人車輛的先驅包括了 Dickmanns 與 Zapp(1987)以及 Pomerleau(1993)。

Dudek 和 Jenkin(2000)以及 Murphy(2000)的兩本新近的教材廣泛地涵蓋了機器人學的內容。最新的一本是 Bekey(2008)。最近的一本關於機器人操縱的書專注於諸如順從運動之類的高級話題(Mason，2001)。討論機器動作規劃的內容可在 Choset *et al.*(2004)與 LaValle(2006)的書中找到。Thrun *et al.*(2005)對於機率性機器人提供了一個介紹。機器人學最頂級的會議是機器人學科學與系統會議(Robotics Science and Systems Conference)；以及 IEEE 國際機器人與自動化會議(IEEE International Conference on Robotics and Automation)。機器人學的期刊包括《IEEE 機器人學與自動化》(*IEEE Robotics and Automation*)、《機器人學研究國際期刊》(*International Journal of Robotics Research*)和《機器人學與自主系統》(*Robotics and Autonomous Systems*)。

❖ 習題 EXERCISES

25.1 蒙特卡羅定位(MCL)對任何有限大小的樣本都是有偏差的——即採用該演算法計算出的位置的期望值與真實期望值不同——其原因在於粒子過濾的工作模式。在本習題中，要求你確定這個偏差量。

為了簡化起見，考慮一個具有 4 個可能機器人位置世界。$X = \{x_1, x_2, x_3, x_4\}$。起初，我們從這些位置中均勻地取出 N 個樣本點。與往常一樣，如果從位置 X 中的任何一個產生不止一個樣本點的話，是完全可以接受的。令 Z 是一個由以下條件機率所刻畫的布林感測器變數：

$P(z \mid x_1 = 0.8)$　　$P(\neg z \mid x_1 = 0.2)$

$P(z \mid x_2 = 0.4)$　　$P(\neg z \mid x_2 = 0.6)$

$P(z \mid x_3 = 0.1)$　　$P(\neg z \mid x_3 = 0.9)$

$P(z \mid x_4 = 0.1)$　　$P(\neg z \mid x_4 = 0.9)$

MCL 使用這些機率來產生粒子權值，然後將它們標準化並應用於重新取樣過程。為簡便起見，讓我們假設在重新取樣的過程中只產生了一個新的樣本點，而不考慮 N 的大小。這個樣本對應於 X 中的 4 個位置之一。因此，取樣過程在 X 上定義了一個機率分配。

a. 對於這個新的樣本來說，所產生的 X 上的機率分配是什麼？請分別當 $N = 1, \ldots, 10$，一直到 $N = \infty$的的狀況，回答上述問題。

b. 兩個機率分佈 P 和 Q 之間的差異可以用 KL 偏差來量度，其定義為：

$$KL(P,Q) = \sum_i P(x_i) \log \frac{P(x_i)}{Q(x_i)}$$

問題(a)中的分佈與眞實事後機率之間的 KL 偏差是多少？

c. 如何修改問題的正規化方法(而不是演算法！)才會確保上述那個特定的估計運算元即使對於有限的 N 值也是無偏差的？請提供至少兩個這樣的修正(每一個都必須要滿足)。

25.2 為一個具有測距感測器的模擬機器人實作蒙特卡羅定位演算法。從 aima.cs.berkeley.edu. 網頁的程式碼庫中可以找到一個網格地圖和距離資料。如果你能夠展示出成功的機器人全域定位，那麼你的這道習題就算完成。

25.3 考慮如圖 25.31 中一個具有兩個操縱器的機器人。操縱器 A 是一個方塊(邊長 2)，其可以向後滑動，且 A 位於沿 x 軸從 $x = -10$ 到 $x = 10$ 之橫桿上。操縱器 B 是一個方塊(邊長 2)，其可以向後滑動，且 B 位於沿 y 軸從 $y = -10$ 到 $y = 10$ 之橫桿上橫桿位於操縱器平面之外，因此橫桿並不會影響到方塊的移動。其中一個組態(x, y)。其中 x 是操縱器 A 中心的 x 座標，y 是操縱器 B 中心的 y 座標。請畫出這個機器人的組態空間，顯示出允許區以及排除區。

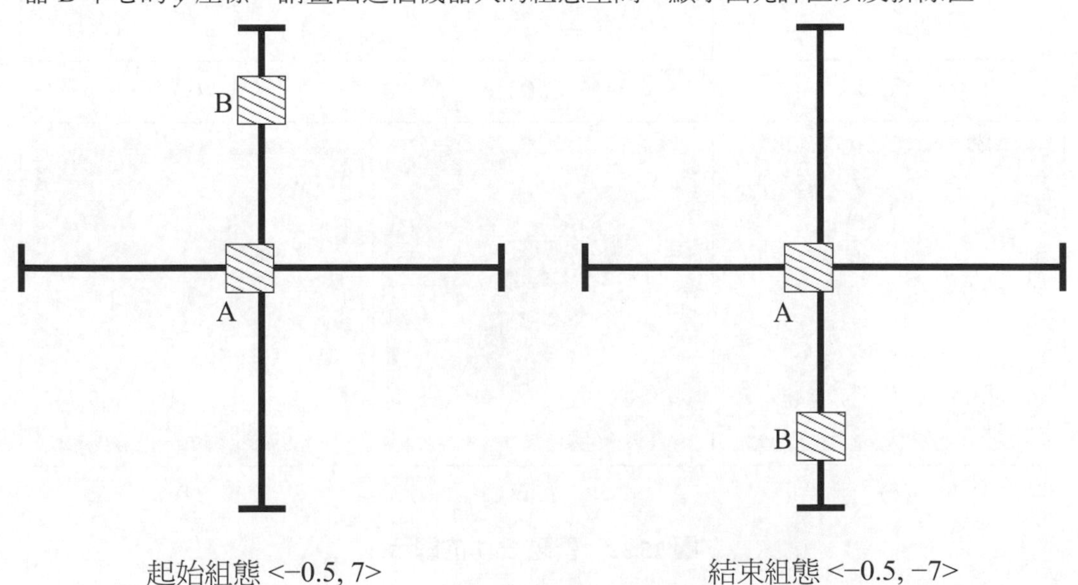

圖 25.31 一個機器人操縱器之兩種可能組態

25.4 假設你使用習題 25.3 中的機器人，現在給你一個題目，請找出由圖 25.31 中的開始組態，到結束組態的路徑。考慮一個位能場函數

$$D(A,Goal)^2 + D(B,Goal)^2 + \frac{1}{D(A,B)^2}$$

其中 $D(A,B)$ 是距離 A 和 B 點最近點之距離。

a. 請證明在位能場中爬山法會在某個局部最小點被困住。

b. 請描述一個可以用爬山法解決這個特殊問題的位能場。你不需要計算出確切的數值係數解，只要得到解的通式即可。(**提示**：加入一項可以回報當移動 A 點到 B 點時的「獎勵」，即便在上述情況中不會減少 A 到 B 的距離。)

25.5 考慮圖 25.14 所示的機械手。假設機器人基座部分的長度為 70 cm，它的上臂和前臂長度分別為 50 cm。正如第 25.4.1 節中所討論的那樣，一個機器人的逆運動學解通常不是唯一的。請表示出對此手臂逆運動學的一個明確的封閉形式解。在什麼條件下這個解是唯一的？

25.6 實作一個演算法，用以計算以 $n \times n$ 布林陣列描述的任意 2D 環境之 Voronoi 圖。透過對 10 幅感興趣的圖畫出 Voronoi 圖的方式來示意你的演算法。你的演算法複雜度是多少？

25.7 這道習題用圖 25.32 中所示的例子來探索工作空間與組態空間之間的關係。

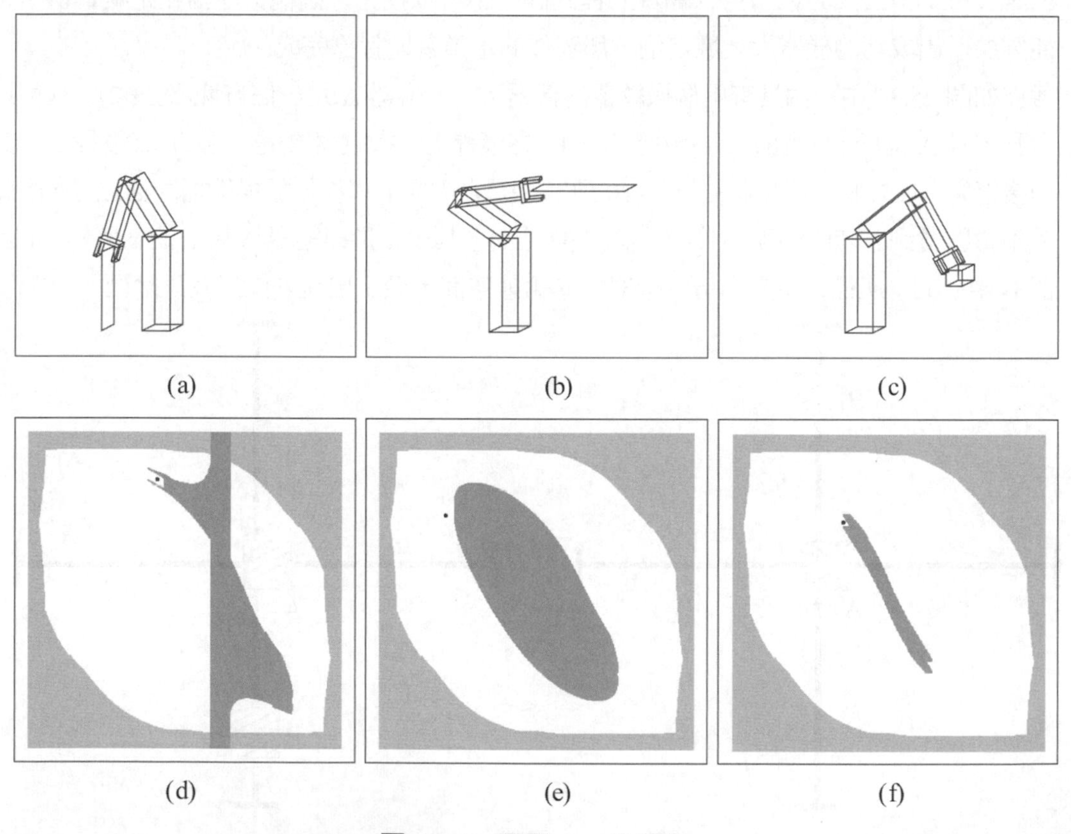

圖 25.32 習題 25.7 **的圖示**

a. 考慮在圖 25.32 中從(a)到(c)所示的機器人組態，忽略每幅圖中所示的障礙物。在組態空間中畫出對應的手臂組態。[**提示**：每個手臂組態映對到組態空間中的一個單獨的點，如圖 25.14(b)所示]。

b. 為圖 25.32 中從(a)到(c)的每一個工作空間的圖，畫出組態空間。(**提示**：這些組態空間共用與圖 25.32(a)中所示一樣的對應於本身碰撞的區域，而差異在於各個圖中可能缺少周圍的障礙物，以及各個圖中障礙物的位置不同)。

c. 對圖 25.32(e)到(f)中的每個黑點，分別在工作空間中畫出對應的機械手組態。在本題中請忽略陰影區域。

d. 圖 25.32(e)到(f)中所示的組態空間都是由單一的工作空間障礙物(深色陰影)再加上源於本身碰撞限制(淺色陰影)的限制條件所產生的。對每幅圖，畫出對應於深色陰影區域的工作空間障礙物。

e. 圖 25.32(d)顯示了一個平面障礙物能夠將工作空間分解成兩個不連通的區域。對於一個具有 2 個自由度的機器人，將一個平面障礙物插入一個無障礙物的、連通的工作空間能建立出的最大不連通區域數是多少？請給予一個例子，並討論爲什麼不能建立更多的不連通區域。對於非平面的障礙物，會是什麼結果？

25.8 考慮一個可以在水平表面移動的移動機器人。假定機器人可以執行兩種動作：

- 向前滾動一特定距離
- 以特定角度旋轉

像這樣機器人的狀態可以用三個參數表示 $\langle x, y, \phi \rangle$，機器人的 x-座標與 y-座標(更精準地說，是旋轉中心)以及由正 x 方向開始計算機器人的旋轉角度。滾動動作「*Roll*(*D*)」的對狀態的影響是由 $\langle x, y, \phi \rangle$ 變成 $\langle x + D\cos(\phi), y + D\sin(\phi), \phi \rangle$，而其旋轉動作「*Rotate*($\theta$)」的影響是由狀態 $\langle x, y, \phi \rangle$ 到 $\langle x, y, \phi + \theta \rangle$。

a. 假設一開始機器人的位置在 $\langle 0,0,0 \rangle$ 並且分別執行下列動作：旋轉(60°)，滾動(1)，旋轉(25°)，滾動(2)。機器人的最終狀態爲何?

b. 現在假設機器人的旋轉部分無法完美控制，假定他嘗試要旋轉 θ 度，但是實際上它可能旋轉了 $\theta - 10°$ 到 $\theta + 10°$ 之間的任何角度。在這個情況下，如果機器人嘗試要完成在(A)中的動作順序，那麼可能的最終狀態會有一個範圍之間的解。請問在最終狀態的 x 座標、y 座標以及轉向之極大與極小值各爲何？

c. 讓我們將(B)中的模型修正成爲一個機率模型，當機器人欲嘗試旋轉 θ 度時，其實際的角度會是一個平均值爲 θ，標準差爲 10°的高斯分布函數。假設機器人執行了下列動作：旋轉(90°)，滾動(1)。請做一個簡單的推論(a)最終位置的期望值並不會等於眞正旋轉 90°以及向前滾動 1 單位；(b) 最終位置的分布並不是高斯分布(請不要嘗試去計算出眞正的平均值或是眞正的分布)。

這個習題的重點在於旋轉的不確定性馬上造成了許多位置的不確定性，而且處理旋轉的不確定性是非常痛苦的，因爲在方向與位置間的關係是非線性及非單調的這個事實，造成不論是透過機率方式或是硬間隔方式處理都很難處理這個問題。

25.9 考慮如圖 25.33 所示的簡化機器人。設機器人及其目標位置的笛卡爾座標一直是已知的。然而，障礙物的位置是未知的。機器人在與障礙物非常接近時能夠感受到它，就像這幅圖中表示的那樣。爲簡單起見，讓我們假設機器人的運動是無雜訊的，而且狀態空間是離散的。圖 25.33 只是一個例子，在這道習題中要求你爲所有可能的網格世界找到一條從起點到目標位置的有效路徑。

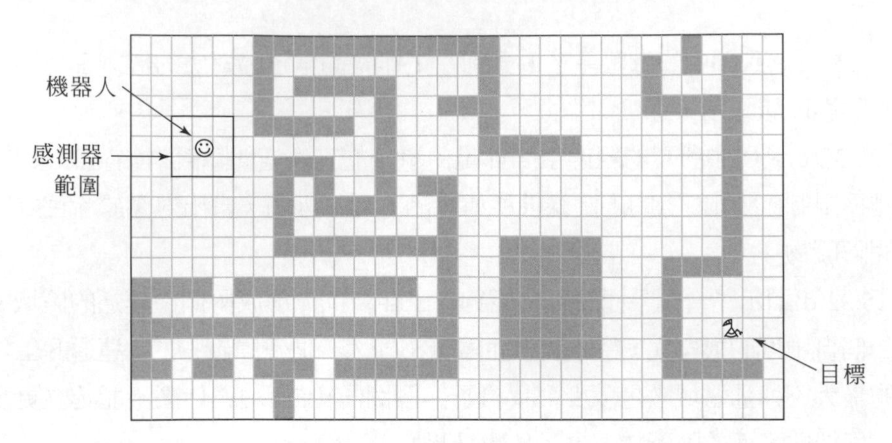

圖 25.33　迷宮中的簡化機器人(參見習題 25.9)

a. 設計一個思考式控制器，它能夠確保機器人只要有任何可能就總能到達其目標位置。思考式控制器能夠以地圖的形式記憶測量結果，機器人在移動過程中獲取該地圖。在每次單獨的移動之間，它會花費任意的時間進行思考。

b. 現在來為同樣的任務設計一個反應式控制器。這個控制器將不記憶過去的感測器測量結果(它不會建立地圖！)。相反地，它必須基於當前的測量結果制定所有決策，這些測量結果包括關於它本身以及目標的位置資訊。制定決策所花費的時間必須與環境大小或過去經歷的時間步數無關。你的機器人到達目標所需要的最大步數是多少？

c. 在應用以下 6 個條件中的任意一個時，你在(a)和(b)中得到的控制器表現如何：連續狀態空間、感知中有雜訊、運動中有雜訊、感知和運動中都有雜訊、目標位置未知(只有目標在進入感測器範圍內時才能被偵測到)、會移動的障礙物。對每種條件和每個控制器，給予一個機器人失敗情景的例子(或者解譯為什麼它不會失敗)。

25.10 在圖 25.24(b)中，我們遇到了一個用於控制六足機器人的一條單腿的增強有限狀態機。在本習題中，目標是設計一個 AFSM，與 6 個單獨的腿控制器副本結合後產生高效、穩定的驅動力。為了達到這一目的，你必須增強單獨的腿控制器以便向新的 ASFM 傳遞訊息，並且等待另一條訊息到達。討論為什麼你的控制器不會不必要地浪費能量(例如，使腿滑動)，並且它以相當高的速度驅動機器人，因而是高效率的。證明你的控制器滿足第 25.2.2 節給予的動力穩定性條件。

25.11 (這道習題最初是由 Michael Genesereth 和尼爾斯・尼爾森設計的。它適用於從大學一年級學生到研究生)。人類對諸如拿起茶杯或堆積木這樣的基本任務是如此熟練，以至於他們常常認識不到這些任務是多麼的複雜。在本習題中你將會發現其複雜性，並對最近 30 年來機器人學方面的發展進行扼要回顧。首先挑選一項任務，例如用三塊積木搭一個拱門。然後找 4 個真人來模擬一個機器人如下：

- **大腦：**

大腦會引導手在執行計畫已達到目標。大腦從眼睛接受輸入，但是不能直接看到場景。大腦是唯一知道目標是什麼的。

- **眼睛：**

  眼睛會將場景的簡要描述彙報給大腦：「在你旁邊有一塊綠色積木，而綠色積木上面有一個紅色積木」。眼睛可以回答來自大腦的問題，例如「在左手和紅色積木之間是否有空隙？」如果你有一個視訊攝影機，就讓它對著場景，並允許眼睛看視訊攝影機的取景鏡，而不是直接看著場景。

- **左手及右手：**

  一個人扮演一隻手。扮演手的兩人相鄰而站，並且在其中一隻手上戴上烤箱用的手套。手僅能執行來自大腦的簡單命令——比方說「左手，向前移動兩英吋」。它們不能夠執行除了運動以外的命令，例如「撿起方塊」不是一隻手能完成的。手必須被蒙上眼。他們唯一的感官能力是能夠斷定何時他們的路徑被一個無法移動的障礙物所阻擋，諸如一張桌子或另一隻手。在這樣情況下，他們能夠發出警報聲把困難通知大腦。

本章註腳

[1] 在第 2 章中我們談論的是執行器(actuator)，而不是作用器。此處我們區分作用器(實體裝置)以及執行器(控制線可以下達指令給作用器)。

[2] 「kinematic」來源於希臘語的「運動」，與「cinema」一詞相同。

PART VII

Conclusions

第七部分

結論

PHILOSOPHICAL FOUNDATIONS

26

哲學基礎

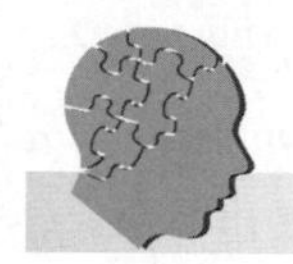

本章中我們要探討的是，思考是什麼意思，以及人工製品可不可以、應不應該思考。

哲學家存在的時間遠比電腦悠久的多，而他們也一直致力於解決一些和人工智慧相關的問題：意識如何運作？機器是否能按照人類的方式智慧地行動？如果可以的話，它們是否擁有意識？智慧型機器的倫理意涵是什麼？

首先介紹一些術語：「機器能夠如有智慧般地行動」的斷言被哲學家稱爲**弱人工智慧**(weak AI)假說，而「能夠如此行事的機器確實是在思考(而不是在模擬思考)」的斷言則被稱爲**強人工智慧**(strong AI)假說。

大多數人工智慧研究者將弱人工智慧假設視爲理所當然，而並不關心強人工智慧假設——只要他們的程式可行，他們才不在乎你把它稱爲「對智慧的模擬」還是「眞正的智慧」。不過，所有的人工智慧研究者都應該關心他們的工作的倫理意涵。

26.1 弱人工智慧：機器能夠智慧地行動嗎？

1956 年夏季會議中對人工智慧(McCarthy *et al.*, 1955)下了定義：「可以準確描述學習的各個部份或是智慧的其他特徵，以便讓機器能夠模擬它。」所以，根據上述的假設弱人工智慧是可能存在的。不過其他人主張弱人工智慧是不可能存在的：「計算主義教派(cult)對人工智慧的追求，毫無機會能產生持久的結果(Sayre，1993)。

顯然，人工智慧的可能與否取決於它是如何被定義的。在第 1.1 節中，我們將人工智慧定義爲，在給定結構上對最佳代理人程式之探尋。在這樣的表述下，依定義人工智慧是可能的：對於任何由 k 個位元儲存所組成的數位架構，都存在剛好 2^k 個代理人程式；我們只需要列舉出所有程式並逐一測試便能找到最好的那個。這對於很大的 k 也許不可行，不過哲學家管的是理論問題而非實踐問題。

我們對人工智慧的定義對於「在給定一架構下來尋求好的代理人」這個工程問題很有效。因此，我們很樂意就此結束本節，並給標題中的問題一個肯定的答案。但是哲學家感興趣的是兩種架構的比較——人類和機器。更進一步，傳統上他們不會將這個問題變成機器的最佳化效能爲何，而是問說「**機器可以思考嗎？**」

電腦科學家 Edsger Dijkstra(1984)說過：「電腦是否能思考的這個問題...就像是潛水艇是否能游泳一樣」。美國傳世字典(American Heritage Dictionary)中對於 *swim*(游泳)的第一個定義是「在水中透過肢體、鰭、或是尾巴移動」，而且大多數的人都同意沒有肢體的潛水艇，是沒有辦法游泳的。字典內同時也將 *fly*(飛行)定義爲「藉由翅膀或類似翅膀的東西在空中移動」，同時大多數的人也同意，飛機擁有類似翅膀的物體，它能夠飛行。然而，上述的問題和答案和飛機與潛水艇的設計或能力無關；他們是討論在英文中這些字的使用方式。(在俄文裡，與英文「swim」(游泳)相當的詞確實可以應用於船隻的這個事實更突顯了這點)。「思維機器」的實用可能性才剛出現了大約 50 年，還不足以讓講英語的人對「思維」一詞的意義產生共識——需要「腦袋」或是「像腦袋的東西」。

圖靈(Alan Turing)在他著名的論文《計算機器與智慧》(*Computing Machinery and Intelligence*)(Turing，1950)中建議，與其去問機器是否能夠思考，不如去問機器能否透過關於行爲的智慧測試(後被稱爲**圖靈測試**)。該測試是讓一個程式(透過線上打字輸入的訊息)與一個詢問人進行 5 分鐘的對話。然後，詢問人必須猜測交談的對象是一個程式還是一個人；如果在 30%的測試中，程式成功地欺騙了詢問人，則它透過了測試。圖靈猜想，最遲到 2000 年就有足夠好的程式能在一台具有 10^9 個儲存單元的電腦上通過此項測試。他錯了——程式尚無法欺騙過一個訓練有素的評審。

另一方面，現在許多人其實並不知道他們交談的對象是一台電腦而被愚弄。ELIZA 程式和稱爲 MGONZ 的網際網路聊天機器人，以及 NATACHATA 都欺騙了那些沒有意識到他們可能在與一個程式交談的人。此外，網路聊天機器人 CYBERLOVER 也吸引了執法單位的注意，因爲它藉由和聊天的人說話而洩漏了出個人資料，導致個人資料的外洩。自從 1991 年所開始舉辦的 Loebner 大獎賽，是目前歷時最久的圖靈測試比賽。這項比賽對於人類的輸入誤差已經有了較好的模型。

圖靈還考察了對於智慧型機器可能性各式各樣的可能質疑。這些質疑幾乎囊括了自從他的論文出現以來的半個世紀中所引起的全部異議。我們來看看其中的一些。

26.1.1 訴諸能力缺陷

「訴諸能力缺陷」的論證聲稱「一台機器永遠做不了 *X*」。圖靈列舉 *X* 的例子如下：

> 具有善良和藹、足智多謀、美麗大方、友好的特質，有進取心，有幽默感，明辨是非，犯錯誤，墜入愛河，享受美味的草莓和奶油，吸引別人愛上它，從經驗中學習，用詞恰如其分，反思自我，與人一樣具有行為的多樣性，做出真正創新之事。

回顧一下，上述的某些特質是比較容易的——我們都很熟悉電腦會「犯錯」。我們也很熟悉一個百年歷史的科技已經證明它具有「讓人瘋狂愛上的」能力——例如泰迪熊電腦棋專家 David Levy 預測在 2050 年時人們會愛上類似人類的機器人(Levy，2007)。有關人類與機器人之間的戀愛，這是一個在科幻小說中常見的議題，但僅有少部分的討論是否這會成爲事實(Kim *et al.*, 2007)。程式能玩西洋棋、西洋跳棋以及其他博奕；檢驗裝配線上的零件；駕駛汽車和直升機；診斷疾病；並和人類一樣好甚至更好地執行數以百計的其他任務。電腦已經在天文學、數學、化學、礦物學、生物學、資訊科學以及其他領域做出了雖小但是很重要的發現。以上這些都需要有相當於人類專家水準的能力。

根據我們現在對電腦的瞭解，它們在例如下西洋棋這樣的組合問題上表現很好並不令人訝異。但演算法也同樣在顯然涉及人類判斷力的任務上，或者如圖靈所說的「從經驗中學習」，以及「明辨是非」的能力上，表現出人類的水準。追溯到 1955 年，Paul Meehl(參見 Grove 及 Meehl，1996)研究了訓練有素的專家在主觀任務上的決策過程，例如預測訓練計畫中一個學生是否會成功，或者一個罪犯是否會累犯。Meehl 發現，對於他所觀察的 20 個研究案例中的 19 個，簡單的統計學習演算法(如線性回歸或 naive Bayes)比專家們預測得更準確。自 1999 年以來，美國 ETS 考試中心一直使用自動化程式對 GMAT 考試的數以百萬計的申論題進行評分。該程式的評分結果在 97%的狀況下與人類評分員的評分吻合，相當於兩個人類評分員之間的吻合度(Burstein *et al*., 001)。

顯然，電腦能夠和人一樣做很多事情，有些甚至做得更好，包括那些人們相信需要極大的人類的洞察力和理解力的事情。當然，這並不意味著電腦在完成這些任務時運用了洞察力和理解力——那些不是行爲的一部分，並且我們將在別處討論這樣的問題——但重點是，人們關於產生特定行爲所需的心理過程的最初猜測往往是錯誤的。當然，不能否認，仍然有許多工作是電腦(委婉地說)還不擅長的，包括圖靈所給的開放式交談任務。

26.1.2 數學異議

眾所周知，圖靈(Turing，1936)和哥德爾(Gödel ，1931)的成果中顯示，某些數學問題原則上就是無法被特定的正規系統解答的。哥德爾的不完備定理(參見第 9.5 節)就是這種情況的最著名例子。簡要地說，對於任何能力強到足以做算術的正規公理系統 F，都可能構造出一個所謂的「哥德爾語句」$G(F)$。該語句具有如下特性：

- (F)是 F 的一個語句，但是不能在 F 中被證明。
- 果 F 是一致的，那麼 $G(F)$爲眞。

哲學家例如 J. R. Lucas(1961)曾經聲稱此定理顯示機器在心智上是比人類劣等的，因爲機器是受到不完備性定理限制的形式系統——它們不能確立自己的哥德爾語句的眞實性——而人類則不受這種侷限。這種主張引起了數十年的辯論，並繁殖出了大量的文獻，包括羅傑・彭羅斯(Roger Penrose)爵士的兩本書(1989，1994)；這兩本書以一些新鮮的手法(諸如宣稱人類不同於電腦，因爲人腦乃是透過量子引力而運轉的假說)重申了該主張。我們只考察該主張的三個問題。

首先，哥德爾不完備定理只適用於能力強到足以描述算術的正規系統。這包括圖靈機，而 Lucas 的主張有一部分是基於「電腦就是圖靈機」的說法的。雖然這是個很好的近似，但不是事實。圖靈機是無窮的，而電腦是有限的，並且因此任何電腦都可以描述成一個(非常大的)命題邏輯系統，該系統不受哥德爾不完備定理的制約。其次，一個代理人無需因其不能像其他代理人一樣能夠確立一些語句的眞實性而感到無地自容。試想此語句：

J. R. Lucas 不能一致地(consistently)斷言此語句為真。

如果 Lucas 斷言此語句為眞，那麼他將自相矛盾，所以他不能一致地斷言之，因而此語句必為眞。如此一來，我們展示了一個 Lucas 不能一致地斷言為眞的語句，而其他人(和機器)卻能。不過這並不能讓我們小看 Lucas。舉另一個例子，沒有人能在其有生之年計算出 100 億個 10 位數的和，但是電腦卻能在幾秒鐘內完成。然而，我們仍然不把這視為人類在思考能力上的基本侷限。在發明數學以前的數千年裡，人類一直在智慧地行動，所以數學推理在對於智慧的意義方面很可能頂多扮演著一個週邊的角色。

第三，也是最重要的，即使我們同意電腦在其所能證明的事物上具有侷限性，也沒有證據顯示人類對於這些侷限是有免疫力的。首先嚴格地證明一個正規系統不能做 X，然後在不提供任何證據的情況下，就宣稱人類能夠運用非正規的方法做 X，這樣的說法未免也太簡單了。事實上，要證明人類不受哥德爾不完備定理主宰，是不可能的，因為任何嚴謹的證明本身必定會包含一個對所謂不可正規化的人類天賦的正規化表示，從而駁倒其本身。於是我們只好求助於直覺，認為人類不知何故能夠表現出數學洞察力的超人本領。這種訴求以諸如「如果要讓思惟的存在有任何可能性，我們就必須假定我們本身的一致性」這樣的論點表達出來(Lucas，1976)。但不論如何，我們知道人類是不一致的。不但日常的推理肯定如此，認眞的數學思考也是如此。一個著名的例子是四色地圖染色問題。Alfred Kempe 於 1879 年發表了一個被廣泛接受的證明，使他得以被選為皇家學會的會員。然而，在 1890 年時 Percy Heawood 指出了其中的一個缺陷；直到 1977 年該理論才眞正得到證明。

26.1.3 訴諸非正規性

對人工智慧事業的最具影響力和持久性的批評，乃是圖靈所提出的的「訴諸行為的非正規性」論證。本質上，這種論點主張人類的行為太過複雜而無法以任何一組簡單的規則捕捉，但電腦所能做的就只是遵循一組規則，所以，它們無法產生與人類一樣的智慧行為。 ·組邏輯規則對於捕捉所有事物的無能為力，在 AI 領域中被稱為**限制問題**(qualification problem)。

哲學家 Hubert Dreyfus 一直是此觀點的主要擁護者，他出版了一系列針對人工智慧具影響力的評論文章:《電腦所不能做的》(*What Computers Can't Do*)(1972)、《電腦仍然不能做的》(*What Computers Still Can't Do*)(1992)，以及與其兄弟 Stuart 合著的《頭腦高於機器》(*Mind Over Machine*)(1986)。

他們所批評的立場最後被稱為「美好的老式人工智慧」(Good Old-Fashioned AI)，或縮寫為 GOFAI，一個由 Haugeland 創造的辭彙(1985)。GOFAI 據稱是主張所有的智慧行為都可以被一個邏輯系統所捕捉，只要該系統能根據一組描述該領域的事實和規則進行邏輯推理。它因此符合第七章中所描述的最簡單的邏輯代理人。Dreyfus 說邏輯代理人易受限制問題之害，他在這方面是正確的。如我們在第十三章中所見，概率推理系統才是更適合於開放領域的方法。因此，Dreyfus 批判針對的不是電腦本身，而是設計電腦程式的特定方式。不過，很合理地想，一本標題為《不會學習的基於一階邏輯規則的系統所不能做的》的書籍也許就不會那麼有影響力了。

按照 Dreyfus 的觀點，人類專門技術的確包含一些規則知識，但是只作為人類在其間進行運作的「整體脈絡」或者「背景」。他以贈予和接受禮物時的恰當社交行為作為例子：「通常，一個人在恰當的環境中就能做出給予恰當禮物的反應」。一個人顯然具有「對事情是如何完成的以及應該期待什麼的直覺。」在下西洋棋的背景中也可以提出相同的論斷：「一個普通棋手也許需要計算出該如何走，但大師級棋手則看到整個棋盤要他去走某一步棋……正確的反應就自動地在他的腦海中蹦出來。」這當然是眞實的：一個送禮物的人或者西洋棋大師的思維過程，是在一個有意識的心靈無法內省得知的層次操作。但是那並不意味著思維過程不存在。Dreyfus 沒有回答的一個重要問題就是，正確的下法是如何進入西洋棋大師的頭腦的。這讓人想產生了 Daniel Dennett 的一段評論(1984)。

> 好像哲學家想要聲稱他們自己是舞臺魔術方法的權威解釋者，而當我們詢問他們魔術師是如何玩「大鋸活人」把戲的時候，他們解釋說這其實相當顯而易見：魔術師並沒有把她鋸成兩半；他只是使事情看起來好像是那樣。「但他是如何做到那樣的？」我們再問。「不歸我們管。」哲學家這樣回答。

Dreyfus 和 Dreyfus(1986)提出了一個獲得專家技藝的五階段過程，從基於規則的處理(即 GOFAI 中提出的那種)開始，以立即選擇正確反應的能力結束。在提出此建議時，Dreyfus 和 Dreyfus 實際上從人工智慧批評家轉變成了人工智慧理論家——他們提出了一個以巨大的「案例庫」形式組織起來的類神經網路架構，不過也指出了其中的幾個問題。幸運的是，他們的所有問題都已經被討論過，有些是部分成功，有些是完全成功。他們的問題包括下列幾點：

1. 沒有背景知識就不能從實例得到好的普遍化。他們宣稱無人知曉如何將背景知識糅合到類神經網路學習過程中去。事實上，我們在第十九章中見過在學習演算法中使用先備知識的技術。然而，要使用那些技術就得先有明確表示的知識，這是 Dreyfus 和 Dreyfus 極力否認的。依我們的觀點，這給了我們一個很好的理由來認眞重新設計當前的類神經處理模型，以便使它們能夠按照其他學習演算法的方式利用先前所學到的知識。
2. 類神經網路學習是有監督學習的一種形式(參見第十八章)，而有監督學習要求預先辨識出有關的輸入和正確的輸出。因此，他們宣稱，沒有人類訓練者的幫助，它就不能自主運作。事實上，沒有教師的學習可以透過**無監督學習**(參見第 20 章)和**強化學習**(參見第 21 章)而來達成。
3. 在特徵很多的情況下，學習演算法的表現不盡如人意，而如果我們選取一個特徵子集合，則「在當前特徵集被證明不足以解釋已學到的事實時，沒有已知的增加新特徵的方法。」事實上，像支援向量機這樣的新方法對於大規模特徵集處理得相當好。藉由目前網路相關的資料組合，有許多應用程式可以處理數以百萬計的特徵，例如在語言處理(Sha 及 Pereira，2003)以及電腦視覺(Viola 及 Jones，2002a)兩方面。就如我們在第 19 章中所見到的，也有一些原則性的方法來產生新的特徵，雖然需要更多的工作。
4. 大腦能夠指揮它的感測器去尋找相關的資訊，並對其進行處理，以抽取與當前情景相關的層面。但是他們宣稱：「當前，此機制的細節還沒有被理解或甚至進行假設，達到足以引導人工智慧研究的程度。」實際上，由資訊價值理論(參見第十六章)所支持的主動視覺領域，關注的恰好正是指揮感測器的問題，而且一些機器人已經整合運用了所取得的理論結果。STANLEY 穿過沙漠的 132 哩的旅程(第 1.4 節)之所以能成功，很重要一部分是藉由類似這樣的主動式感測系統。

總而言之，Dreyfus 所關注的許多問題——背景常識知識、限制問題、不確定性、學習、制訂決策的編譯形式——確實都是很重要的議題，如今都已整合到標準的智慧型代理人設計中。在我們看來，這是人工智慧進步的證據，而不是它的不可能性的證據。

Dreyfus 最強的論證之一是關於情境代理人，而無實體的邏輯推論引擎。一代理人對「狗」的理解僅來自一組如 $Dog(x) \Rightarrow Mammal(x)$[狗$(x)$ ⇒ 哺乳類]的邏輯語句有限集合時，此代理人相較於另一看狗在跑、和狗玩你丟我撿、被狗舔臉的代理人，是處於較差的條件。如哲學家 Andy Clark(1998)所言：「首先，生物的腦是其身體的控制系統。生物的身體在饒富的眞實世界環境中移動及行動。」要了解人類(或是其他動物)代理人如何工作，我們必須考慮整個代理人，而非只是一個代理人程式。確實，**實體認知學**方法聲稱，單獨考慮大腦是沒有意義：認知是發生於身體內，而身體是位於環境之中。我們需要整體地去研究整個系統；大腦透過參照環境來增強它的理解，就如同閱讀者在感知(或創造)在紙上的記號以傳輸知識的過程中所做。在實體認知程式中，機器人、視覺及其他感測器會變成中心地位，而非周邊地位。

26.2 強人工智慧：機器真的能夠思考嗎？

許多哲學家聲稱一台機器即使透過了圖靈測試也仍然不算是眞正的思考，而只能算是對思考的模擬。圖靈再一次預見到了此異議。他引用了 Geoffrey Jefferson(1949)教授的一段演講：

> 直到一台機器能夠因為它的想法或者感受到的情感，而不是由於符號的偶然落下，寫出一首十四行詩或譜出一首協奏曲，我們才能同意機器等同於大腦——也就是說，不只寫了它，而且要知道自己寫了它。

圖靈把這稱爲訴諸**意識**的論證——機器必須意識到其本身的心理狀態和行動。儘管意識是一個重要的課題，不過 Jefferson 的關鍵觀點實際上是相關於現象學或對直接經驗的研究。其他人則著重於**意圖性**(intentionality)的問題——也就是，機器的所謂信念、願望及其它表現是否眞的與眞實世界中的某事物「有關」。

圖靈對此反對意見的反應很有趣。他完全可以提出理由，顯示機器事實上能夠有意識(或有現象學性質，或有意圖)。然而相反地，他堅持「機器能不能有意識？」就和「機器能思考嗎？」這個問題一樣定義不明。另外，我們爲什麼要堅持對機器採用比對人類更高的標準？畢竟，在普通生活中，我們從來沒有任何關於他人內在心理狀態的直接證據。不過，圖靈說道，「與其在這點上爭論不休，通常人們反而會採取禮貌慣例，即認爲人人都會思考。」

圖靈爭辯道，只要 Jefferson 擁有與那些智慧地行動的機器相處的經驗以後，他應該會樂意將禮貌慣例擴展到機器身上。他引用了下面的對話，它已經成爲人工智慧口頭傳統的如此不可或缺的一部分，我們不得不把它收錄進來：

人類：你的十四行詩中的第一行這樣寫道「我將把你比作夏日」，可是用「春日」不是一樣甚至更好嗎？

機器：那樣就會不符格律。

人類：「冬日」如何，它很符合格律。

機器：是的，但沒有人願意被比作冬日。

人類：你會說 Pickwick 先生讓你想產生了耶誕節嗎？

機器：在某方面上是的。

人類：然而耶誕節就是一個冬日，並且我不認為 Pickwick 先生會介意這個比喻。

機器：我想你不是認真的。冬日意味著一個典型的冬日，而不是像耶誕節這樣特殊的一天。

未來我們可以很輕易的想像和機器進行某些對話是很普遍的，而且我們會習慣於無法分辨出「現實」與「人造」思考之間的語言區別。一個類似的轉變發生在 1848 年，當人造尿素第一次由 Frederick Wöhler 合成出來之後。在此之前，有機和無機化學是完全不相干的兩個領域，而且許多人都認為不可能有辦法將無機化合物轉換成有機材料。一旦合成完成，化學家們便認可人造尿素是尿素，因為它具有全部尿素的物理特性。那些假定出有機材料有、而無機材料不可能有的本質特性的人，會面臨不可能設計出任何測試來證明人造尿素想像中的不足處。

對於思維這件事情，現在還尚未達到類似 1848 年人造尿素的狀況，以及不論多有令人印象深刻，至少目前有許多人相信人造思維永遠不可能成真。舉例來說，哲學家 John Searle(1980)曾經說過：

不會有人認為電腦模擬的風暴會把我們淋得濕透...怎麼會有任何一個頭腦正常的人會認為電腦模擬的心理過程真的是心理過程？(pp. 37-38)

雖然電腦模擬的風暴不會把我們淋濕這點很容易認同，但是如何將這種類比推展到電腦對心理過程的模擬，則並不清楚。畢竟，好萊塢使用灑水器以及電風扇所模擬出來的風暴確實讓演員身體淋溼了，而一個電腦模擬遊戲僅會讓遊戲中的角色淋濕身體。大多數的人對於電腦模擬加法是加法，下棋就是下棋的這些事情感到沒有問題。事實上，我們一般說到加法或是下棋時，並非是一個模擬。但心理過程是類似於風暴，還是更類似於加法運算和西洋棋？

圖靈的答案——禮貌慣例——是建議，一旦機器達到某個程度的複雜精密時，這議題將會消失。而這也將會把弱人工智慧與強人工智慧之間差異消弭掉。不過，反對一方可能會堅持，有一個相當危急的具體議題：人類必定擁有眞實的心智，但是機器或許有，或許沒有。為了說明這個眞實的議題，我們需要了解人類如何擁有眞實的心智，而非身體如何產生一個神經生理學的過程。為了解決**心物問題**(mind-body problem)而在哲學方面的努力，是和機器是否擁有眞實心智這個問題直接相關。

心物問題(mind-body problem)最早是由古希臘哲學家以及印度教的學院中所提出，但是直到 17 世紀才由法國哲學家兼數學家笛卡兒René Descartes做了深度的分析。他在《第一哲學沈思錄》(*Meditations on First Philosophy*)(1641)提出的看法考慮了心智的活動，包括思考(一個沒有空間或物質特性的過程)以及身體的行為過程，包含兩靈魂和肉體是兩種類型截然不同的東西——即所謂**二元論**。對於一個二元論者，心物問題在於如果兩者是分離的話，心智要如何控制身體。笛卡兒推論這兩者可以透過松果腺(pineal gland)進行互動，並且將這個問題簡化為心智如何控制松果腺。

心智**一元論**，通常被稱為**唯物主義**，藉由主張心智與身體為一體而避開了上述問題——心理狀態即為身體狀態。 大多數現代心智哲學家都是某種或其他唯物主義者，而唯物主義在某些原則上，可以視為強人工智慧的可能性。唯物主義的問題在於，如何解釋和身體狀態——特別是大腦的原子組態以及電化學反應過程——同時產生的**心理狀態**，例如處於痛苦中，享用美味的漢堡，知道一個人正在騎馬，或者相信維也納是奧地利的首都等。

26.2.1 心理狀態與桶中大腦

唯物主義哲學家們嘗試著去說明甚麼是一個人——或著更延伸一點，一部電腦——在某個特殊的心理狀態。他們注重在**意圖狀態**。這些是會指涉外部世界的某個層面的狀態，就像相信、瞭解、願望、害怕等等。舉例來說，當一個人在吃漢堡時的知識，包括了知道什麼是漢堡以及它發生了什麼事。

如果唯物主義是對的，那麼一個人心理狀態的正確描述將會被一個人的大腦狀態所決定。因此，如果我目前專注心理狀態上在吃漢堡，同時我的大腦狀態便是心理狀態階層的一個例子「知道一個人在吃漢堡」。當然，知道所有我大腦內原子的特殊組態是沒有必要的：我的大腦或別人的大腦會有許多組態，是屬於相同的心理狀態。重點在於相同的大腦狀態可能不是對應於基本的心理狀態，例如認知某個人在吃香蕉。

這個看法的簡潔性被一些簡單思維實驗所挑戰。請想像，你的大腦在你出生之時便被移出身體，然後放入一個精心設計的桶子裡。這個桶子維持著你的大腦的生存，使它能成長和發育。同時，電腦正模擬一個完全虛構的世界，並把電子信號灌輸進你的大腦，而來自你的大腦的運動神經信號則被接收並用於對模擬世界進行適當修正[2]。事實上，你所經歷的模擬生活將完全複製你的實際生活，你的大腦沒有被放在桶子中，包含虛擬地吃了一個虛擬漢堡。因此，你可能擁有一個大腦狀態完全相等於某人真正吃了一個真的漢堡，但是若說你用有一個「意識到某人吃了一個漢堡」的心理狀態，是語法上錯誤的。你並沒有吃漢堡，你從來沒有吃漢堡的體驗，因此你不可能用有這樣的心理狀態。

這個例子似乎顛覆了大腦狀態決定心理狀態的說法。一種解決這種兩難局面的方法是說，心理狀態的內容可以從兩種不同的觀點來解釋。**廣義內容**(wide content)觀點以一個掌握全局的、能辨別世界中的差異的、無所不知的外部觀察者的觀點，對其進行詮釋。在這個觀點之下，心理狀態的內容包含了大腦狀態以及環境歷史。另一方面，**狹義內容**(narrow content)觀點僅考慮大腦狀態。一個真正吃漢堡的人與一個桶中大腦狀態的吃漢堡的人，他們的大腦狀態狹義內容是一樣的。

如果一個人的目標是將心理狀態歸因於共享其世界的其他人、還有預測他們的可能行為及其影響等等，則廣義內容完全合適。這是我們關於心智內容的一般語言於其中發展的設定。另一方面，如果一個人擔心人工智慧系統是否真的會思考、是否真的擁有心理狀態，那麼狹義內容是合適的；而人工智慧系統是否真的會思考係取決於系統外之條件這種說法完全沒有意義。若我們考慮去設計人工智慧系統或者了解其操作內容的話，狹義內容也會有重要性，因為是大腦狀態的狹義內容在決定下一個大腦狀態。這很自然地導致的想法是，與大腦狀態攸關的是——使其具有一種心智內容且不是他種——其於對涉及之實體進行的心智操作中的功能角色。

26.2.2 功能論以及大腦替代實驗

功能論認爲心理狀態是輸入與輸出之間的任一個中介因果條件。依照功能論，任何兩個具有相同因果過程結構的系統都會有相同的心理狀態。因此，電腦程式能夠具有和人相同的心理狀態。當然，我們還沒有說「同構性」眞正意涵爲何，但我們的假設是，會有某一程度的抽象度，而低於該抽象度時，特定的實作並無關緊要。

功能論的論點可以很清楚地由大腦互換實驗來說明。這個思想實驗由哲學家 Clark Glymour 提出，並被約翰・西爾勒(1980)提及，但最常讓人聯想到的則是機器人學家 Hans Moravec(1988)。實驗過程是這樣的：假設神經生理學已經發展到對人類大腦中的輸入-輸出行爲和所有神經元的連接都有透徹理解的地步。再假設，我們能夠製造模仿這種行爲的顯微電子設備，而且能將它們順利地接入到神經組織中。最後，假設某些奇跡般的外科手術技術可以在不中斷大腦整體運作的前提下，用相對應的電子設備代替個別神經元。這個實驗包括了逐漸地用電子裝置將某人頭內的所有神經元取代。

我們關注的是手術期間及之後該對象的外在行爲和內在經驗。根據這個實驗的定義，與沒有執行手術時所會觀察到的相比，該對象的外部行爲一定保持不變[3]。現在，雖然第三方不能輕易地探知意識的存在與否，但是實驗的對象應該至少能夠記錄他本身意識經驗中的任何變化。顯然，人們對於將會發生什麼的直覺有直接的衝突。機器人學研究者和功能論者 Moravec 確信他的意識不會受到影響。哲學家和生物自然論者西爾勒則同樣確信他的意識將會消失：

> 你會非常驚訝地發現你的確正在喪失了對你外在行為的控制。例如，你會發現當醫生們檢查你的視力時，你聽見他們說「我們在你面前舉著一個紅色的物體，請告訴我們你看到了什麼。」你想大喊「我什麼都看不見。」我快完全瞎了。但是你聽見你的嗓音用一種完全不受你控制的方式說「我看到有一個紅色物體在我面前。」……你的意識經驗逐漸萎縮到沒有，而你外在可觀察的行為卻保持著原樣。(Searle，1992)

但是僅僅訴諸直覺是不行的。首先要注意到，如果要讓實驗對象在外在行爲保持不變的同時逐漸變得無意識，對象的意志就一定會在瞬間被完全去除；否則，意識的萎縮將會在外部行爲中反映出來——「救命，我在萎縮！」或是有類似效果的話。一個一個對神經元進行逐步替換，卻會導致意志瞬間被去除，看來是個不太可能成立的說法。

其次，如果我們在受試者已經沒有眞正的神經元時，詢問關於他的意識經驗的問題，想想會發生什麼？根據實驗的條件，我們將得到諸如「我感覺很好。我必須說我有點吃驚，因爲我相信西爾勒的論點」這樣的反應。或者，我們可以用一根尖棍子捅一下實驗對象並觀察其反應：「哎喲，好痛。」現在，照正常的狀況，懷疑論者會把這樣的人工智慧程式輸出視爲是人爲的設計而不予理睬。誠然，要應用一條像「如果第 12 號感測器的讀數爲『高』則輸出『哎喲』」這樣的規則是夠容易的。不過這裡的重點是，因爲我們已經複製了一個正常人類大腦的功能特性，所以我們假定這個電子大腦不包含這種人爲設計。於是，我們必須只借助於神經元的功能特性，來對的電子大腦所產生的意識表現作出解釋。而且該解釋必定也同樣適用於具有相同功能特性的眞正大腦。以下有三個可能的結論：

1. 正常大腦中產生這幾種輸出的意識的因果機制在它的電子版本中同樣在運轉，因此電子大腦是有意識的。
2. 正常大腦中有意識的心理事件既與行為沒有因果聯繫，也不存在於電子大腦中，因此後者是無意識的。
3. 這個實驗是不可能產生的，因此關於它的推論都是無意義的。

雖然我們不能排除第二種可能性，但它把意識縮減為哲學家所稱的**副現象**(epiphenomenal)角色——某種雖然發生，但是並不會在可觀察的世界上投下什麼影子的事情。此外，如果意識確實是副現象的話，則當一個人感覺疼痛時——也就是說有痛覺意識經驗——會發出「哎喲」這件事情並不會成立。相反的，那麼大腦一定具有另一個負責產生「哎喲」的無意識機制。

Patricia Churchland(1986)指出在神經元層面上操作的功能主義論點同樣也能適用於任何更大的功能單元——例如一簇神經元、一個心靈模組、一片腦葉、一個腦球或整個大腦。那意味著，如果你接受了這樣的觀念，即大腦假體實驗顯示被替代的大腦是有意識的，那麼你應該也相信當整個大腦被一個透過巨大的對照表把輸入映對到輸出的電路替代後，意識仍然存在。這令許多人很不安(包括圖靈本人)；他們直覺地認為對照表不具有意識——或者至少認為，在按表尋找之中產生的意識經驗不同於(即使在簡單計算的意義上)能夠存取及產生信念、內省、目標的系統運作中所產生的經驗。

26.2.3 生物自然論與中文屋子

功能論遭到約翰．西爾勒(1980)其**生物自然論**的強力挑戰，根據其理論，心智狀態是神經元中的低階物理過程所引起的高階突現特徵(emergent features)，且是相關神經元的(非特定)特性。因此，光是用某個具有相同功能結構和相同輸入輸出行為的程式，是不能複製心理狀態的；我們會要求該程式必須執行在一個與神經元具有相同的因果能力的架構之上。這歸功於約翰．西爾勒(1980)，他描述了這樣一個假想的系統，它毫無疑問地執行著一個程式並透過了圖靈檢驗，但也同樣毫無疑問地(據西爾勒的說法)，它對輸入和輸出的東西毫無理解。他的結論是執行一個恰當的程式(也就是有正確的輸出)不是成為一個心靈的充分條件。

該系統包括一個只懂英語的人，和他帶著的一本用英文寫的規則手冊，以及幾堆各式各樣的紙，有些是空白的，有些寫有無法破譯的字跡。(因此該人扮演著 CPU 的角色，規則手冊是程式，而一堆堆的紙則是儲存設備)。該系統在一個屋子裡，有一個小縫隙與外部相通。透過縫隙出現一連串紙片，上面寫著無法破譯的符號。這個人在規則手冊中尋找匹配的符號，並執行上面的指令。指令可能包括在新的紙條上寫符號，在紙堆中找符號，重新整理紙堆，等等。最終，這些指令將導致一個或多個符號被轉錄到一張紙上並傳回外面的世界。

到目前為止一切順利。但是從外部來看，我們看到一個系統，它接收中文語句形式的輸入並產生中文的答案，與圖靈所想像的談話中的回答一樣明顯是「智慧的」[4]。然後西爾勒爭辯：屋子裡的人並不理解(提供給他的)中文。規則手冊和紙堆，只是紙張，也不理解中文。因此，對中文的理解並沒有發生。由此，根據西爾勒的說法，執行正確的程式並不一定產生理解。

像圖靈一樣，西爾勒探討過對他論點的大量回應，並試圖駁斥它們。包括約翰·麥卡錫(John McCarthy)和 Robert Wilensky 在內的幾個評論者提出了西爾勒所謂的「系統回應」。異議是這樣的：詢問屋內的人是否懂中文，就類似於詢問 CPU 是否會開立方根。在兩種情況下，答案都爲否，而且在兩種情況下，根據系統回應，整個系統確實具備問題中的能力。當然，如果一個人問中文屋子它是否懂中文，它會(用流利的中文)給出肯定的答案。根據圖靈的禮貌慣例，這應該足夠了。西爾勒的反應是重申他的觀點：那個人並沒有理解，理解更不在紙上，所以不可能有任何理解。他似乎信任整體的一個特性必屬於各部分中的一個特性這論點。即便水是濕的，即使組成水的氫原子和氧原子不是濕的。西爾勒的實際主張建立在如下四條公理之上(Searle，1990)：

1. 電腦程式是正規、具有語法的實體。
2. 心靈具有精神內容，或稱語義。
3. 語法本身既非由語義構成，同時也不足以由語義構成。
4. 大腦導致心靈。

從前三個公理中西爾勒得到一個結論：程式不可能滿足成爲一個心靈的條件。換言之，一個執行程式的代理人也許是一個心靈，但不會只因爲能執行程式就必然是一個心靈。根據第四條公理他得出結論：「任何系統，若要具有引發心靈的能力，則都必須具有(至少)與大腦等同的因果能力」。由此，他推斷任何人造大腦都必須複製大腦的因果能力，而不僅僅是執行一個特定的程式，以及人類的大腦並不是單靠能夠執行程式就能產生心理現象的。

這些公理是有爭議的。比方說，公理一和二靠著語義和語法之間非特定的差異而成立，但這個差異似乎和廣義與狹義內容之間的差異關聯性很大。另一方面，我們可以將電腦視爲一個操作語法的象徵；另外，我們也可以將它們視爲是操縱電流，和目前大腦的動作類似(就我們目前對生理的了解)。因此我們也可以等效的說大腦是可以操縱語法的

假定我們寬大地解釋這些公理，那麼這個結論——程式不等於心智——將會成立。但是此結論並不令人滿意——西爾勒所說的只是，如果你明確地否認功能論[即他的公理(3)所表達的]，那麼你無法必然地得出「非腦之物是心靈」的結論。這足夠合理——幾乎爲贅述——所以整個爭論便歸結到公理(3)能否被接受。根據西爾勒的觀點，中文屋論證的重點就在於爲公理(3)提供直覺證據。一般大眾的反應顯示這個爭論持續，當 Daniel Dennett(1991)稱之爲**直覺幫浦**：它增強了一個人先前的直覺，因此生物自然學家被說服當公理三未被支持時，或者一般而言西爾勒的說法也無法說服人。這個爭論增加了火藥味，不過卻無法改變任何人的意見。西爾勒並沒有被嚇倒，並且最近開始將中文房子稱爲強人工智慧的反駁，而非僅是一個爭論(Snell，2008)。

即使是那些接受公理 3(遂接受西爾勒論點)的人，在決定什麼實體是心智時，也只有其直覺可供依賴。這個爭論旨在顯示了中文房子並不是一個由虛擬的執行程式而產生的心智狀態，但是這個爭論並沒有說明如何決定這個房子(或是電腦，某種機器，或者外星人)是某種其他虛擬因素所產生的心智。西爾勒他自己說某些機器必定擁有心智：人類是擁有心智的生物型機器。根據西爾勒的說法，人類大腦可以或者不可以執行一些類似人工智慧的程式，不過即使大腦可以執行這些程式，這也並

不會是他們是心智的原因 它們還需要更多才能夠成為一個心智——根據西爾勒的說法，還需要一些等同於單獨神經元的能力。這些能力究竟為何並沒有明確特定出來。然而要注意的是，這些牽涉到的神經元必須要滿足功能性的角色——這些神經元可以學習或是決定，當意識出現之前。如果這樣的神經元因為與其功能性能力無關的若干因果力量，而恰恰碰巧產生意識，那麼這會是個很值得注意的巧合；畢竟，是功能性能力在支配生物有機體的存活。

在中文屋子的案例中，西爾勒依靠的是直覺，而非證明：就看看那間屋子；那裡有什麼可以成為心靈嗎？但是關於大腦，人們也可以提出相同的論證：就看看這些細胞(或原子)的集合，盲目地按照生物化學(或物理學)規律運轉著——那裡有什麼可以成為心靈嗎？為什麼一大塊大腦可以是心靈而一大片肝臟就不可以？這仍然是一個很大的謎團。

26.2.4 意識、感質及解釋鴻溝

經過這麼多有關強人工智慧的爭辯之後——在辯論室內的大象——還是再討論有關**意識**的問題。意識通常被分做兩個部份，包括認知和自我了解。在這裡我們會聚焦在主觀性的經驗：為什麼會感覺起來像是具有某些大腦狀態(例如說當在吃一個漢堡)，而大概並不會像是具有其他的身體狀態(例如：作為一個石頭)。對於經驗的內在本質之專門術語為**感質**(qualia)(源自拉丁文，意思大致是「這樣的東西」)。

感質對功能論的心智解釋提出一個挑戰，因為不同感質可能包含在同構的因果過程中。例如，考慮**反轉質譜**的思考實驗，其中，當一個人 X 看到紅色物體時的主觀經驗，同於其他人看到綠色物體時的經驗，反之亦然。X 仍會稱這個物體為「紅色」，看到紅燈時仍會停車，並且同意紅綠燈的紅色比夕陽的紅色要更強。只不過，X 的主觀經驗就是不一樣。

感質並不僅對功能論產生挑戰，同時也是其他科學的挑戰。為了辨出眞理，假定我們已經完成對於大腦的科學研究——我們已經發現在 N_{177} 神經元上所產生的 P_{12} 程序，是將分子 A 轉變成為分子 B 之類的。目前對於接受認知這件事情還沒有一個簡單的方式，可以經由以下的發現而得到因為個體擁有這些神經元因此會有獨特的主觀經驗這樣的結論。這個在解釋性上的差異，或**解釋鴻溝**也讓某些哲學家得到一個結論，人類無法經由瞭解他們自己的意識而形成一個正確的認知。其他的哲學家，例如有名的 Daniel Dennett(1991)，藉由否定感質的存在來避免這個問題，不過也讓他們陷入一個哲學上的困惑。

圖靈承認關於意識的問題很難，但否認它與人工智慧的實踐有多大的相關性：「我不希望給人留下這樣的印象，以為我認為意識沒有什麼秘密可言……但是我不認為在我們能解答本文所關注的問題之前必須要解決這些謎團。」我們同意圖靈的說法——我們對於創造有能力智慧行動之程式感到有興趣。而讓這些程式有意識的其他計畫並非我們能夠或是我們需要負責的，也不是我們有能力去決定這些計畫是否能成功的。

26.3 發展人工智慧的道德規範與風險

到目前為止，我們一直著眼於我們是否能夠發展出人工智慧，但我們也必須同時考慮我們是否應該發展它。如果人工智慧技術的影響更可能是負面的而不是正面的，那麼該領域裡的工作者就有道德上的義務改變其研究方向。許多新技術都無意間帶來了負面的副作用：核分裂技術導致車諾比事件以及地球毀滅的威脅；內燃機引擎則帶來空氣污染、全球暖化、以及對樂土的侵略(the paving-over of paradise)。就某種意義上來說，汽車是讓它們自己變得不可取代而藉以征服世界的機器人。

所有的科學家和工程師都面臨著倫理上的考量：他們在職務上應該做什麼，什麼樣的專案應該或不該做，以及應該如何處理這些專案。參考一本手冊：《計算的道德規範》(*Ethics of Computing*)(Berleur 及 Brunnstein，2001)。然而，人工智慧似乎引產生了某些新鮮問題，超出了像是建造不會倒塌的橋樑這種傳統問題的範疇：

- 人們可能由於自動化而失業。
- 人們可能擁有過多(或過少)的閒暇時間。
- 人們可能會失去作為人的獨一無二的感覺。
- 人工智慧系統可能會導致非預期的結果。
- 人工智慧系統的應用可能會導致責任歸屬的喪失。
- 人工智慧的成功可能意味著人類種族的終結。

我們依次來看每個問題。

人們可能由於自動化而失業

現代工業經濟已經變得普遍依賴於電腦，以及一些特別挑選的人工智慧程式。例如，尤其在美國，大量的經濟活動依靠消費者信用的可取得性。信用卡申請、付款核准以及對詐欺行為的偵測等，現在都是由人工智慧程式完成的。人們可能會說成千上萬的工人們被這些人工智慧程式取代了，不過事實上如果你把這些人工智慧程式拿走，這些工作也就不存在了，因為人類勞動力會為交易的處理帶來難以接受的成本。迄今為止，普遍利用資訊科技及專門利用人工智慧的自動化技術所創造的工作機會要遠高於其所消除的，而且它還創造了更有趣和更高薪的工作。既然當今正統的人工智慧程式是設計來協助人類的「智慧型代理人」，比起與人工智慧專注在設計用於替代人類的「專家系統」的那段時間，更不必擔心造成工作的喪失。但是某些研究人員認為做完一份工作才是人工智慧發展的正確目標。在 AAAI 的第 25 屆大會上，Nils Nilsson(2005)為了突顯這個觀點，他設定了一個建立人類等級的人工智慧之挑戰，希望能通過聘用雇員的測試，而非僅是圖靈測試——一個可以學習的機器人是可以做任何範圍的工作。未來或許會有高失業率，但是這些失業的人可以當他手下的機器人勞工幹部的經理。

人們可能擁有過多(或過少)的閒暇時間

Alvin Toffler 在《未來的震驚》(*Future Shock*)(1970)中寫道：「自從世紀交替以來，每周工作時間已經被削減了 50%。可毫不離譜地預測，到 2000 年的時候它將被再次砍掉一半」。在亞瑟・克拉克(Arthur C. Clarke，1968b)的描寫中，2001 年的人們可能會「面臨一個無聊透頂的未來；到那時，生活中的主要問題是決定在幾百個電視頻道中選哪一個。」這些預測中唯一接近實現的是電視頻道的數目(Springsteen，1992)。相反地，在知識密集產業工作的人們已經發現他們成為一天 24 小時不停運轉的整合電腦化系統的一部分；為了跟上步伐，他們被迫增加工作時數。在工業經濟中，報酬與投入的工作時間大抵上呈正比；多工作 10%的時間大致意味著增加 10%的收入。在以高速寬頻通訊和智慧財產權輕易複製著稱的資訊經濟時代(Frank 和 Cook(1996)所稱的「勝者為王」的社會)，比競爭對手略勝一籌便意味著獲得巨大的回報，多工作 10%的時間可能意味著收入 100%的增長。於是每人都承受著不斷增長的壓力，叫他們努力工作。人工智慧加快了技術創新的步伐，從而促成了此整體趨勢，但是人工智慧同時也肩負著允許我們有更多的休息時間並且讓我們的自動化代理人暫時頂替我們處理事務的承諾。Tim Ferriss (2007) 建議利用自動化與外包來達到一周工作四小時的目標。

人們可能會失去作為人的獨一無二的感覺

在《電腦力量與人類理智》(*Computer Power and Human Reason*)一書中，ELIZA 程式的作者 Weizenbaum(1976)指出了人工智慧帶給社會的一些潛在威脅。Weizenbaum 的一個主要論點是人工智慧研究使得人類是自動機的想法成為可能——這想法導致了自主性甚至是人性的喪失。我們注意到這種想法的由來要比人工智慧久遠得多，至少可以追溯到《人類機器》(*L'Homme Machine*)(La Mettrie，1748)。我們也注意到縱使人類獨一無二的感覺曾遭到其他的挫折，人性依然存活了下來：《天體運行論》(*De Revolutionibus Orbium Coelestium*)(Copernicus，1543)將地球從太陽系的中心移走，而《人類的由來》(*Descent of Man*)(Darwin，1871)則把智人和其他物種放在了同一級別。人工智慧如果獲得廣泛的成功，它對 21 世紀社會的道德設想所造成的威脅至少會像達爾文的演化論在 19 世紀造成的威脅一樣大。

AI 系統可能被用於不良方向

先進科技通常被用來作為超越對手的有力武器如數論家 G. H. Hardy(Hardy，1940)寫道：「當一門科學的發展是加重既存的財富分配不均，或是更直接地促進對人類生活的破壞時，這門科學就會被稱為有用」。這對所有科學都成立，人工智慧也不例外。現今戰場上已經常看到具有自主能力的人工智慧系統；美軍已經在伊拉克部署了超過 5000 架的無人自主飛行器以及 12000 台的無人地面車輛 (Singer，2009)。一個道德上的理論會成立，便是軍事機器人就有如被邏輯解釋到極端的中世紀盔甲：當我們的軍隊遭受到為數眾多、揮舞著斧頭的生氣敵人時，沒有人會以道德上的立場來反對軍人穿上頭盔，而一個可以遠端遙控的機器人似乎是一種較為安全形式的裝甲。另一方面，機器人武器也增加了額外的風險。當人類下了開火的決定時，機器人或許會將武器關掉，以至於造成無辜平民百姓的犧牲。以較大的規模來說，擁有強力武器(就如同擁有一個較堅固的盔甲)或許會讓一個國家過度自信，導致它很魯莽的發動非必要的戰爭。在大多數的戰爭中，通常至少有一方是過度自信於它本身的軍事能力——否則通常這些紛爭可以透過和平的方式解決。

Weizenbaum 還指出語音識別技術會導致廣泛的監聽，以及公眾自由從此的喪失。他沒有預見到一個充滿恐怖主義威脅的世界將改變人們所願意接受的監視程度，但他確實正確認識到了人工智慧進行大規模監視的潛力。他的預測部分成眞了：英國政府現在擁有一個全面性的監視網路，其中包含監視器、各地的交通監視器以及電話。有人願意承認電腦化導致的隱私喪失——昇陽微系統公司的執行長 Scott McNealy 曾經說過：「反正你的隱私是零。學著接受它吧」。David Brin(1998)不同意喪失隱私權是無可避免的，同時它認爲要去爭取政府對於人民這樣一個非對稱性權力關係的方法，是將經監視的權利開放給所有公民。Etzioni(2004)認爲這是一個在隱私權以及安全之間的平衡；個人權利與全體權利的平衡。

人工智慧系統的應用可能會導致責任歸屬的喪失

在彌漫於美國好興訟的氛圍裡，法律責任成爲一個重要的問題。當一名內科醫生依賴於醫學專家系統的判斷進行診斷時，如果診斷錯誤，過失要歸於誰？幸運的是，部分由於決策理論方法在醫學上的影響力不斷增長，現在人們廣泛接受的是，如果醫生執行了具有高期望效用的醫學程序，則無法證明他有過失，即使實際結果對患者來說可能是災難性的。因此，問題應該是「如果診斷不合理那麼錯誤在誰？」迄今爲止，法庭一直堅持醫學專家系統與醫學教科書以及參考書扮演著相同的角色。醫生有責任理解任何決策背後的推理過程，並有責任運用自己的判斷來決定是否接受系統的建議。因此，在將醫學專家系統設計成爲代理人的過程中，應該考慮到其行動不是直接影響患者，而是影響醫生的行爲。如果專家系統變得比人類診斷專家更爲可靠和精確，那麼不採用專家系統建議的醫生就可能承擔法律責任了。Gawande(2002)探究了這個前提。

在代理人於網際網路上的應用方面，也正開始出現類似的問題。已經有人取得某些進展，能在智慧型代理人中加入限制，使其不能進行諸如破壞其他使用者的檔案之類的行動(Weld 及 Etzioni，1994)。當牽涉到金錢轉手時，問題就更大了。如果貨幣交易是透過一個「代表某人」的智慧型代理人進行的，這個人對所招致的債務有責任嗎？智慧化代理人有可能擁有自己的資產並且代表其自己進行電子交易嗎？迄今爲止，人們對這些問題似乎尙未充分理解。據我們所知，還沒有程式在金融交易的目的上被賦予合法的個體身份；這麼做目前看起來並不合理。在眞實的高速公路上，就交通規則的執行方面，程式也不被當作「司機」看待。至少在加利福尼亞州的法律中，看不出有任何法律制裁是用來防止自動駕駛的車輛超速的，雖然車輛控制機制的設計者在交通事故中得要承擔法律責任。就如同對於人類複製技術一樣，法律仍跟不上技術的新發展。

人工智慧的成功可能意味著人類種族的終結

在錯誤的手中，幾乎任何技術都有造成傷害的潛在可能性，但是對於人工智慧和機器人技術來說，我們的新問題在於：錯誤的手可能就屬於技術本身。無數的科幻故事提出機器人或半人半機器的電子人變得狂暴的警告。早期的例子包括瑪麗．雪萊(Mary Shelley)的《科學怪人》(*Frankenstein, or the Modern Prometheus*)(1818)[5]和卡雷爾．恰佩克(Karel Capek)的戲劇 *R.U.R*(1921)，作品中機器人征服了世界。電影則有《魔鬼終結者》(*The Terminator*)(1984)，它結合了機器人征服世界的老套情節與時間旅行；以及《駭客任務》(*The Matrix*)(1999)，它結合了機器人征服世界與桶中大腦。

機器人成為如此眾多征服世界故事的主角，似乎多半是是因為它們代表著未知，就如早年傳說中的巫師和幽靈一樣，或者 Wells(1898)在世界大戰中所提到的火星人。 問題在於人工智慧是否比傳統軟體更具有風險。我們將會從三方面來看風險來源。

首先，人工智慧系統狀態描述可能錯誤，導致於它做出錯的舉動。比方說，一個自動無人駕駛的車子可能會因爲錯估車子在車道中的位置，因而產生車禍而造成駕駛者死亡。說的更嚴重點，一個國防飛彈系統可能會錯誤的偵測到一個攻擊，隨即進行反擊而造成數以十億計地死傷。這些風險未必是人工智慧系統專屬風險——上述的兩個錯誤情況，都有可能是因爲人類或是電腦的錯誤而發生。減輕上述風險的正確方式是設計一套檢查與平衡系統，使得單一的狀態估計錯誤不會經由未檢查的系統傳播。

第二，要把一個人工智慧系統的正確能力最大化並非易事。例如，我們可以提出一個實用功能，設計用來最小化人類痛苦，且表示爲如第 17 章中的隨時間的額外回報函數。然而，當人們以這樣的方式處理時，即使我們身處天堂，我們總是可以找到一個方式去受苦；因此對於人工智慧系統而言，最佳的決定或許是盡快將人類這個種族完全滅絕——沒有人類，就沒有痛苦。因此對於人工智慧系統，我們必須非常小心我們的要求，而人類必須了解其提出的功能不能照字面上意義被執行。另一方面，電腦並不需要因爲第 16 章中所提到的非理性行爲而被污名化。人類以侵略的方式使用他們的智慧，是因爲由於天擇使得人類具有某種與生俱來的侵略傾向。但我們建造的機器不必先天具有侵略性，除非我們決定按照那種方式建造它們(或者除非它們以可以鼓勵侵略性的行爲機制的最終產品出現)幸運的是，這些例如以學徒方式學習的技巧，將會允許我們以範例方式來特化一個功能性。我們希望機器人能夠聰明去知道如何將人類種族滅絕，同時也夠聰明去發現這並不是我們要的功能。

第三，人工智慧系統的學習功能可能會導致它演化成爲具有非預期行爲的系統。這個情境是最嚴重的，而且對於人工智慧系統來說是很獨特的，所以我們在這邊更深入的討論。I. J. Good 在 1965 年寫到：

> 我們對於**超級智慧機器**的定義是，一個可以超越任何聰明人所做出的所有智慧行為的機器。既然設計機器是一種智性活動，一台超級智慧型機器便能夠設計出更好的機器；那麼毫無疑問地「智慧爆炸」將會出現，而人類的智慧則被遠遠拋在後面。因此，第一台超級智慧型機器就是人類需要完成的最後發明，倘若這機器足夠馴良，願意告訴我們如何保持對它的控制的話。

「智慧爆炸」也被數學教授及科學幻想小說作家凡納．文區(Vernor Vinge)稱爲**技術奇點**，他寫道(1993)：「在 30 年內，我們將擁有創造超人智慧的技術方法。其後不久，人類時代將會結束。Good 和文區(以及其他許多人)都正確地注意到了當前技術進步的曲線正呈指數增長(考慮到摩爾定律)。然而，由此就推斷該曲線將會持續到一個接近無限成長的奇點，則是相當大的跳躍。迄今爲止，其他的每項技術都遵循了一條 S 形曲線，其指數增長最終會逐漸減弱以至停止。有時新的技術會進來取代舊的技術；有時我們會遇到很難突破的障礙。目前我們僅使用了高科技不到一百年的時間，因此要去預測或外插數百年以後的狀況是很困難的。

注意超級智慧機器的概念，是假定智慧是一個特別重要的因素，而且如果你有足夠的智慧的話，所有問題都會被解決。但是我們知道在計算能力以及計算複雜度上會有極限。如果定義超級智慧機器(或者近似的物體)的這個問題恰好發生在，或者換句話說，完成 NEXPTIME 的問題，而且沒有一個啓發式捷徑的話，那麼如指數性的科技發展過程將沒有幫助——光速給了我們一個電腦計算速度的嚴格上限；在限制之外的問題將不會被解決。我們依舊不知道這些上限爲何。

文區對即將到來的奇點既擔心又害怕，但其他資訊科學家和未來學家卻樂見這一天。Hans Moravec(2000)鼓勵我們對於未來可能在智慧上超越我們的機械人，盡可能的給我們「心智孩童」更多的好處。甚至有一個新名詞——**超人類主義**(transhumanism)——用來表達期盼人類能夠被機器人或生物技術所取代或整合的社會運這樣的議題可以說對大多數道德理論家提出了挑戰，他們認爲保存人類生命和人類物種是好事情。Ray Kurzweil 目前對於技術奇點是最可見的提倡者，可以在他的書中《*The Singularity is Near*》(2005)得到他的觀點：

> 技術奇點讓我們超過這些生物體及大腦的限制。我們會找出方法來克服我們的命運。我們的死期會掌握在我們的手中(我們可以預知死期)。我們也將會活的如我們所想的那麼久(一個和我們以前說的長生不老，略為不同的說法)。我們完全了解人類的思考以及將會巨大的延升並擴展他的境界。到這個世紀末時，我們的智能中，非生物部分將會比單獨的人類智能要強力無數多倍。

Kurzweil 也注意到可能的危險，他寫到「因爲技術奇點同時也放大了我們毀滅性趨勢的能力，因此完整的故事還沒有辦法寫出來。」

如果超級智慧機器是有可能的，那麼我們人類會設法確保在設計這些機器的前任機器時，會使其設計自身爲善待人類。科幻小說作者 Isaac Asimov(1942)是第一個討論到這個問題的人，並提出機器人三大法則：

1. 機器人不能傷害人類，或者允許人類遭到傷害。
2. 機器人必須遵循人類所給予的命令，除非這個命令違反了第一條法則。
3. 機器人必須保護他自己，只要這個行爲不會和第一條和第二條法則有所衝突。

這些法則看起來很合理，至少對我們人類來說[6]。但是問題在於如何去執行這些法則。從以撒·艾西莫夫的故事 Roundabout 中，機器人被派去執行開採硒礦。稍後機器人被發現在硒礦附近繞來繞去。每次當它朝向硒礦前進時，它感覺到危險，根據第三條法則它便轉向離開。但是每次當它轉向離開後，危險程度下降，第二條法則的力量又驅使它轉向回到硒礦附近。定義兩條法則間的平衡點的點集合便定義出一個圓。這暗示出，這些法則不是邏輯上的絕對，而是應該要彼此間作權重，且較前法則會有較高權重。艾西莫夫大概藉由控制理論想到了一個架構——或許是許多因素的線性組合——而今天大多數的架構都是以一個機率性解釋代理人來解釋結果的機率分布，或者藉由三個法則所定義出來的最佳化能力。但是我們大概不會希望我們的機器人不讓我們過馬路，只因爲這樣完全不會有造成傷害的機會。這表示，傷害人類的負面效用必遠大於不服從的負面效用，但每個效用都是有限的，而非無限。

Yudkowsky(2008)開始更深入的討論如何設計一個**友善人工智慧**。它宣稱友善(一種不要傷害人類的慾望)應當在一開始設計的時候就要植入，但是設計人員會去確認他們自己的設計可能有瑕疵，或是機器人會自我學習並且隨時間演化。因此挑戰在於機制的設計——要如何去定義一個演進中人工智慧系統的機制，其能夠在檢查與平衡之下取得平衡，同時也給這個系統功能已足以去保持友善，即使面對這樣的改變。

我們不能僅僅給這個程式一個靜態的功能，因爲環境以及我們想要機器人對環境的反應，是會隨著時間而有所變化的。舉例來說，如果在 1800 年的時候科技已經准許我們設計一個具有超強威力的人工智慧代理人，並且要它依照當時的道德觀來執行的話，那麼它現在會爲了要重新建立奴隸制度以及反對女人投票權而持續抗爭。另一方面，如果我們今天建立一個人工智慧代理人，並且告訴他隨著他的功能演化，我們要如何確保它不會想成：「人們認爲殺掉惱人的蟲子是合乎道德的，因爲蟲子的腦袋比較原始。那麼人類的腦袋相較於我的能力也比較原始，所以我殺掉人類也是合乎道德的。」

Omohundro(2008)提出一個說法，它認爲即使是一個無害的下棋程式都可能將社會置於危險之中。Marvin Minsky 也曾經提出類似的看法，它認爲一個設計用來解決黎曼假設(Riemann Hypothesis)的人工智慧程式，有可能有一天會將所有地球上的資源耗盡，而僅是爲了要達到它的目的而建造一個更強大的超級電腦。這個信念在於即使你僅是想要讓你的程式具有下棋的能力或是證明一些原理，如果你給了程式學習以及改變自身的能力，那麼你就需要有一個保險措施。Omohundro 提出結論說「會導致個人去接受他們的負面外部性的社會結構，需要走一段很長的路，才能達到一個穩定且正向的未來」。這對於整個社會來說，都是一個很好的見解，不僅是適用於一個超級智慧機器的可能性上。

我們應當注意到對於功能改變的保險措施概念並非新玩意。在奧德賽中，荷馬(大約西元前 700 年)描述了尤里西斯遇到了海中女神賽蓮的故事，她的歌聲是如此的誘人，因此水手們會把他們自己丟入海中。由於知道如何影響他們，因此尤里西斯下令他的水手們把他們綁在船桅上，以免做出自殘的行動。思考如何將類似的安全措施建立在人工智慧系統中也是很値得思考的一件事。

最後，讓我們考慮機器人的觀點。如果機器人有了意識，那麼把它們當作單純的「機器」來對待(例如將它們拆開)可能是不道德的。科幻小說作家已經討論有關機器人人權的議題。著名的電影《人工智慧》(*A.I.*)(Spielberg，2001)改編自布萊恩・奧爾迪斯(Brian Aldiss)創作的故事。故事關於一個智慧型機器人，他被設計成相信自己就是人類，但是他無法理解自己最終被主人－母親拋棄的命運。這個故事(和電影)使人們相信機器人的公民權運動是必要的。

26.4 總結

本章探討了以下問題：

- 哲學家使用**弱人工智慧**這個術語表示「機器可能做出智慧的行爲」的假設，而用**強人工智慧**表示「這樣的機器可被認爲具有眞正的心靈(而非模擬的心靈)」的假設。

- 圖靈不回答「機器能否思考？」這個問題，反之用一個行爲測試來取代。他預見到了許多對思維機器的可能性的反對意見。很少有人工智慧研究者關注圖靈測試；他們傾向於專注在系統在實際工作上的性能，而不是模仿人類的能力。
- 現代的人們普遍認同心理狀態就是大腦狀態。
- 支持與反對強人工智慧的爭辯是沒有結論的。很少有主流人工智慧研究者相信有什麼意義重大的東西與辯論的結果息息相關。
- 意識仍然是個謎。
- 我們驗明了人工智慧和相關技術可能對社會造成的 6 種潛在威脅。我們的結論是，某些威脅幾乎不可能存在，或是和所謂的「非智慧科技」所產生的威脅大同小異。其中僅有一個威脅值得我們作進一步的考量：就是超級智慧機器可能會讓未來和現在有很大的差異——我們或許不會喜歡，但是到時我們也許沒有選擇。這樣的考量無可避免的會讓我們需要小心的評估，人工智慧研究的可能結果。

參考文獻與歷史的註釋 BIBLIOGRAPHICAL AND HISTORICAL NOTES

對於圖靈 1950 論文的不同回應以及對於弱人工智慧的主要批評的相關資料都可以在本章中找到。儘管嘲弄符號方法已經成爲後類神經網路時代的時尚，不過並不是所有哲學家都對 GOFAI 吹毛求疵。事實上，一些人是熱情的擁護者甚至是實踐家。Zenon Pylyshyn(1984)曾爭論說透過計算模型是瞭解認知的最好方法，不僅是在原理上如此，而且作爲當前的一種研究方法也是如此；他還明確反駁了 Dreyfus 對人類認知的計算模型的批評(Pylyshyn，1974)。在對信念修正(belief revision)的分析中，Gilbert Harman(1983)在眞值維護系統之上建立了與人工智慧研究的聯繫。Michael Bratman 將他的「信念-願望-意圖」的人類心理學模型(Bratman，1987)運用於人工智慧對規劃的研究(Bratman，1992)。作爲強人工智慧的一個極端，Aaron Sloman(1978，第 xiii 頁)甚至把 Joseph Weizenbaum(1976)的觀點，即「智慧型機器不可能被當作人」描述爲「種族主義者」。

Proponents 認爲體感認知很重要的擁護者包括了哲學家 Merleau-Ponty，其 1945 年的著作《*Phenomenology of Perception*》(1945)強調了身體的重要性，以及我們感官對於主動式解釋，此外 Heidegger 在其著作《*Being and Time*》(1927)中問到對於成爲一個代理人是什麼意思，以及批評所有將這個標記視爲理所當然的歷史哲學家。在電腦時代，Alva Noe(2009)及 Andy Clark(1998，2008)都提出，我們的大腦形成世界的一個極小表示，會以即時方式來使用世界本身而保持精細的一個內部模型之幻象，並利用世界中的道具(例如紙、筆、電腦等)來增加心智的能力。Pfeifer *et al.*(2006)和 Lakoff 與 Johnson(1999)則提出身體是如何協助形塑出認知。

由古至今，心靈的本質一直是哲學所要理論化的標準課題。在《費都篇》(*Phaedo*)中，柏拉圖特別探討並否定了心靈可能是身體各部位的「協調者」或組織模式的觀點，此觀點近似於現代心靈哲學中的功能論觀點。相反地，他斷定心靈一定是不朽的、非物質性的靈魂，是可與肉體相分離的，並在實質(substance)上與肉體不同——即二元論的觀點。亞里斯多德分辨了有生命物體中的各種靈魂(希臘語 $\psi\upsilon\chi\eta$)；他至少對其中的一些用功能論的方式進行了描述。[要瞭解更多關於亞里斯多德的功能論的內容，參見 Nussbaum(1978)]。

笛卡兒因其關於人類心靈的二元論觀點而聲名狼藉，但具有諷刺意味的是，他的歷史性影響卻是在機械論和唯物論方面。他明白地把動物理解爲自動機，而且他預見了圖靈測試，並寫道：「無法想像[一台機器]能產生詞語的不同排列，以便對當著它的面說的任何話提供有適當意義的回答，而這就算最笨的人也能做到」(Descartes，1637)。笛卡兒對動物是自動機的觀點的熱切維護，實際造成的後果就是使得把人類也想像成自動機更容易，儘管他本人沒有走這一步。《人類機器》(*L'Homme Machine*)(La Mettrie，1748)一書就明確聲稱人類是自動機。

現代分析心理學已經廣泛的接受了唯物主義，但是對於心理狀態內容的各種看法，則是仍然撲朔迷離。 辨認心智狀態以及大腦狀態通常可以起源於 Place(1956)與 Smart(1959)的研究。在心智狀態的狹義內容以及廣義內容之間的爭辯，首先是由 Hilary Putnam(1975)所提出的，他同時也提出了所謂的**雙子地球**的概念(而非如果我們在前面所提到的罐中大腦概念)，它是一個可以用來產生完全一模一樣大腦狀態但是卻是不同內容(廣義)的產品。

功能論是人工智慧目前最自然建議出的心智哲學。這個心理狀態相對應到大腦狀態的定義功能性的不同階層之概念是來自 Putnam(1960，1967)及 Lewis(1966，1980)。或許功能性論最有力的擁護者是 Daniel Dennett，其最具有野心的著作《*Consciousness Explained*》(Dennett，1991)，也吸引了許多可能的辯駁。Metzinger(2009)認爲在自己裡面不可能有一個客觀的東西，以及意識是一個對於世界的主觀顯現。有關感質的反轉質譜論點由 John Locke(1690)所引入。Frank Jackson(1982)則設計了一個具有影響力地思考實驗，包含瑪莉，一個在黑白世界之中被扶養長大的顏色科學家。《*There's Something About Mary*》(Ludlow *et al*., 2004) 這本書收集了有關這個主題的數篇文章。

功能論都遭到了一些作者的攻擊，聲稱他們不能解釋心理狀態的感質，或者說「它像什麼」層面的問題(Nagel，1974)。與他們不同地，西爾勒則著眼於據稱功能論對於意向性的無法解釋(Searle，1980，1984，1992)。Churchland 和 Churchland(1982)反駁了這兩類批評。中文屋子仍然一直遭受到爭論(Searle，1980，1990；Preston 及 Bishop，2002)。我們此處只將提個相關工作：Terry Bisson(1990)的科幻小說故事《*They're Made out of Meat*》當中，外星機器人探險家拜訪地球懷疑是否能找到有思考能力的人類，其心智是由肉做的。據推測，Searle 的這個機器外星人等價物相信，它可以因爲機器人電路的特殊因果能力而進行思考；單獨肉體大腦所沒有的因果能力。

在人工智慧內的倫理議題早已被預測到了。I. J. Good(1965)所提出的超級智慧機器概念早在一百年前就被 Samuel Butler(1863)預測到。就在達爾文完成物種原始的四年之後，當時最複雜的機器僅是蒸汽機，Samuel Butler 在《*Darwin Among the Machines*》這篇文章中提到由於物競天擇，因此設想「最終發展會是機械式意識」。這個標題在 George Dyson(1998)的書中也再次被提及。

關於心靈、大腦以及相關話題的哲學文獻相當浩瀚，而且若無專業術語及論證方法的適當訓練，有時難以讀懂。《哲學百科全書》(*The Encyclopedia of Philosophy*)(Edwards，1967)在這個過程中可以提供相當權威和有用的幫助。《劍橋心理學辭典》(*The Cambridge Dictionary of Philosophy*)(Audi，1999)是一個較短以及較容易了解的工作，此外，《線上史丹福心理學百科全書》(*online Stanford Encyclopedia of Philosophy*)也可以提供許多優秀的文章以及最新的參考文獻。《**MIT** 認知科學百科全書》(*MIT Encyclopedia of Cognitive Science*)(Wilson 及 Keil，1999)涵蓋了心靈哲學以及有關心靈的生物學和心理學領域。還有一些對哲學中「人工智慧問題」的一般介紹(Boden，1977，1990；Haugeland，1985；Coperland，1993)。《行爲科學與腦科學》(*The Behavioral and Brain Sciences*)，縮寫爲 *BBS*，是一部專注在於關於人工智慧和神經科學的哲學與科學辯論的主要期刊。人工智慧中有關倫理以及責任的議題均在《人工智慧與社會》(*AI and Society*)以及《人工智慧與法律期刊》(*Journal of Artificial Intelligence and Law*)中。

❖ 習題 EXERCISES

26.1 通覽圖靈所列舉的機器的所謂「能力缺陷」，確定哪些已經被達成了，哪些在原則上可以透過程式達成，哪些由於需要有意識的心理狀態而仍然有疑問。

26.2 尋找並分析大眾傳媒中的一篇報導；這篇報導中要有一或多個論點認爲人工智慧是不可能的。

26.3 在大腦假體論證中，能夠將實驗對象的大腦恢復正常，使它的外部行爲就如同手術沒有發生過一樣，是很重要的。懷疑論者能否合理地反駁說，要這樣做，就必須更新神經元中與意識經驗相關的那些神經生理學特性，因爲這些特性與涉及神經元的功能行爲的特性不一樣？

26.4 假定有一個 Prolog 程式包含許多有關英國公民規則條文，並且在一般的電腦上執行。請以廣義內容與狹義內容來分析電腦內的「大腦狀態」。

26.5 Alan Perlis(1982)寫到：「在人工智慧的研究上花費一年就足以讓一個人相信上帝」。他同時在一封寫給 Philip Davis 的信中也提到，電腦科學的一個最重要的夢想，便是「透過電腦的表現以及程式，我們將會毫無疑問的在實際生活與非實際生活世界之間僅有一個化學上的差異」。目前爲止人工智慧的進展闡明這些議題到什麼程度了？假定在未來某一天，關於人工智慧的努力已經完全成功了；也就是說，我們已經打造了許多有能力執行一般人類水準能力的認知工作之智慧代理人。要到什麼程度才能這個議題很清楚？

26.6 請比較過去五十年間人工智慧的發展，以及在 1890 年到 1940 年五十年之間，人類開始使用電器用品和內燃機引擎所造成的的社會影響 。

26.7 I. J. Good 先生宣稱智慧是最重要的品質，而且建立超級智慧機器這件事情將會改變每件事。一隻獵豹應答說：「實際的速度是更重要的；如果我們能夠建造一個超快機器，這將會改變所有事情。」另外有隻大象則宣稱「你們都錯了，我們需要的是超強壯的機器。」你對於上述論述看法爲何？

26.8 分析人工智慧技術對社會的潛在威脅。什麼威脅最爲嚴重，以及可能如何戰勝它們？它們與潛在的利益相比又如何？

26.9 來自人工智慧技術的威脅與那些來自其他資訊科學技術的威脅比較起來如何？與生物科技、奈米技術和核子技術相比又如何？

26.10 一些批評家反對人工智慧，認爲它是不可能的；同時另外一些則反對它是太可能的以至於超級智慧型機器會造成威脅。你認爲這些反對意見中哪種更有可能？一個持有這兩種立場的人是否自相矛盾？

本章註腳

[1] 舉例來說，歌劇《柯貝麗亞》(Coppélia，1870)，小說《生化人是否夢見電子羊？》(*Do Androids Dream of Electric Sheep?*，1968)，電影《人工智慧》(*AI*，2001)與《瓦力》(*Wall-E*，2008)，以及在 Noel Coward 的 1955 年版本的歌曲《讓我們墜入愛河》中預測了「我們可能在有生之年可以看到機器人完成這件事。」它卻沒有做到。

[2] 這種情景對於看過 1999 年的影片《駭客任務》(*The Matrix*)的讀者來說，可能是再熟悉不過的。

[3] 可以這樣想像來比較：使用一個全等的「控制」對象，其接受安慰劑式手術。

[4] 紙堆可能包含無數億萬的紙，而要產生答案也許會花費幾百萬年，不過這些與論點的邏輯結構毫無關係。哲學訓練的一個目標就是發展一種敏銳的感覺，對哪些異議是緊要的、哪些是無關的進行準確判斷。

[5] 在年輕的時候，查理斯・巴貝奇(Charles Babbage)受到了閱讀《科學怪人》的影響。

[6] 機器人可能會注意到下面這個例子的不公平之處：人類得以為了自我防衛而殺害另外一個人，但是一個機器人卻被要求犧牲它自己來拯救人類。

AI: THE PRESENT AND FUTURE

27

人工智慧：現在與未來

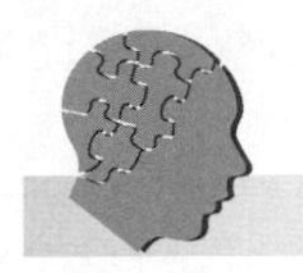

本章中我們評估我們在哪裡，以及我們將往哪裡去。這在我們繼續前進之前值得一做。

在第 2 章中，我們建議將人工智慧的工作視爲設計一個理性代理人會較有幫助——理性代理人即在給定知覺歷史下，做出使預期效用最大化的行動。我們說明了設計的問題取決於代理人可用的知覺和行動、代理人的行爲應該滿足的效用函數，以及環境的本質。我們也舉出各式各樣可能的代理人設計，從反射型代理人到完全深思熟慮的、基於知識的代理人、及決策理論代理人。此外，設計中的組成元素能有若干不同實例方式——例如，邏輯或機率推理，及狀態的原子/因式/結構表示法。中間的章節介紹了這些組成元素的運作原理。

所有的代理人設計和其組成元素，在科學理解和技術能力上都已經發生了巨大的進步。本章中，我們將不會在意細節而僅提出一個問題：「所有這些進步能得到一個在各式各樣的環境中都能表現良好的通用型智慧代理人嗎？」第 27.1 節考察了代理人的組成元素，評估什麼是已知的，什麼是還欠缺的。第 27.2 節對代理人的整體架構進行了同樣的評估。第 27.3 節提出疑問：「理性代理人設計」是不是首要的正確目標(答案是「不盡然，但目前沒有問題」)。最終，第 27.4 節考察了我們努力所帶來的成功其影響結果。

27.1 代理人的組成部分

第 2 章中介紹了幾種代理人設計及其組件元素。爲了讓我們的討論更加聚焦，我們將觀察如圖 27.1 所示，先前看過的一個基於效用的代理人。在我們代理人設計中最普遍的狀況，便是賦予一個學習組件(圖 2.15)。讓我們看看每個組件目前現有的技術水平。

透過感測器和執行器來與環境的互動

在人工智慧的很長一段歷史中，這一直都是一個明顯的弱點。除了幾個令人敬佩的例外情形，AI 系統的建造方式是必須由人類提供輸入和詮釋輸出，而機器人系統則專注於大體無高階推理和高階規劃的低階任務。這樣子的部分原因是，要讓機器人能眞正地運轉需要巨大的開銷及工程投入。這個狀況在最近幾年，因爲有現成的可程式化機器人而有快速轉變。這些機器人又得益於小巧、便宜、高解析度的 CCD 攝影機和輕巧可靠的馬達傳動器。微機電技術(MEMS)現在已經可製造出微型加速規、陀螺儀、及致動器，進一步結合成一個可飛行人造蟲子(Floreano *et al.*, 2009)。而將上百萬個 MEMS 裝置結合起來形成一個強力的致動器，也將可能發生。

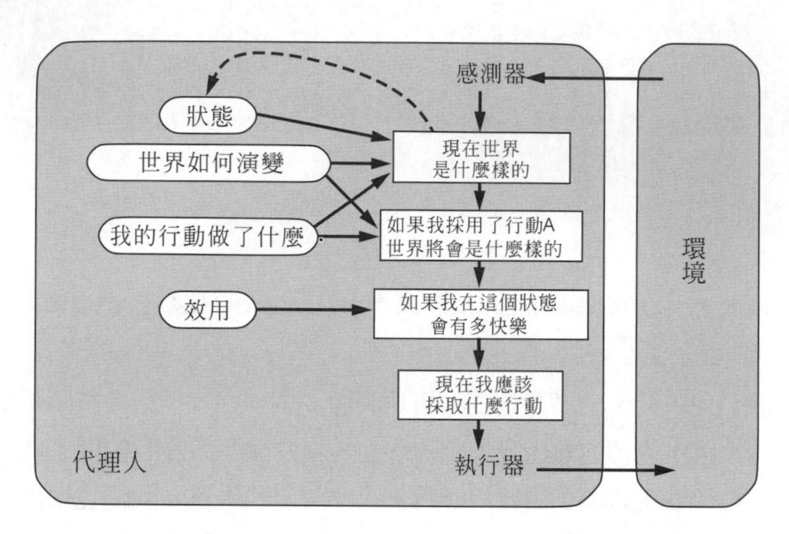

圖 27.1　一個基於模型、基於效用的代理人，如初次出現在圖 2.14 **中。**

因此，我們看到人工智慧系統正在一個由軟體爲主的系統變成嵌入式機器人系統的轉折點。機器人學的目前景況大概可以比擬成約 1980 年代的個人電腦情形。在當時，僅有研究人員及電腦愛好者可以體驗個人電腦，然而還需經過十年時間，個人電腦才變得普及。

掌握世界的狀態

這是智慧型代理人所需具備的一項核心能力。要做到這項，就必須有感知能力，以及內部表示的更新。第 4 章說明了如何掌握原子狀態表示法；第 7 章則描述了如何掌握因式(命題)狀態表示法；第 12 章則將掌握方法擴展到一階邏輯；而第 15 章則描述了在不確定環境中的機率推理其**濾波**演算法。我們可以結合當今的濾波與感知演算法，來進行對如「這個杯子在桌上」這樣的低階述詞作描述的合理任務。然而要偵測較高階的行動是較難的，例如「羅素博士和諾維格博士正在喝茶，同時討論下週的計畫」。目前僅能透過註解說明的範例協助，才能做到(請參考圖 24.25)。

另一個問題則是，雖然第 15 章的近似濾波演算法可以處理較大環境的問題，它們仍然是在處理一個因式表示法——有隨機變數，但沒有明確表示出物件和關係。第 14.6 節解釋了如何結合機率和一階邏輯來解決上述問題，而第 14.6.3 節則說明了我們如何在辨識物體時，處理其不確定性。我們預期，這些方法應用在掌握複雜環境時，可以得到很大的收穫。然而，我們仍然面臨一個令人氣餒的任務，就是在複雜領域中定義一個通用且可重複使用的表示法。如同在第 12 章中所討論的，我們尚不知道如何進行，除非是在一個獨立且單純的領域中。有可能一個對機率表示法(而非邏輯表示法)的新著眼，再配合積極的機器學習(而非對知識的手動編碼)，可以帶來進展。

計畫、評估並選擇未來的行動進程

此處的基本知識要求，與掌握世界所需要的是相同的；主要困難在於處理行動進程——諸如進行交談或喝茶——對於一個眞實的代理人而言，最後會包含成千上萬個基本步驟。只有對行爲施加**階層性結構**，我們人類才能眞正作處理。我們看到在第 11.2 節中，如何使用一個階層式表示法來處理在這個階層中的問題；此外，**階層式強化學習**的研究工作已經成功將這些想法的一部份，與第 17 章所述在不確定性下的制定決策技術相結合。迄今，部份可觀察情形(POMDPs)之演算法，是使用我們在第 3 章用於搜尋演算法的相同的原子狀態表示法。很明顯的，在這裡有很多工作要作，但是技術基礎已經大抵準備好了。第 27.2 節討論的問題是，要如何控制對有效長期規劃的搜尋。

以效用表達偏好

原則上，將理性決策建立在預期效用最大化的基礎上是完全通用的，並且避免了純粹基於目標的方法的許多問題，諸如相互衝突的目標以及達成的不確定性。然而迄今，關於建構實際效用函數的工作極少——例如，想像一組互動的偏好所形成的複雜網路，該網路是協助人類辦公的代理人所必須理解的。已證明，要用貝氏網路對複雜狀態上的信度的同樣分解方式，來分解複雜狀態上的偏好，是非常困難的。一個原因可能是對狀態的偏好實際上是根據狀態歷史上的偏好彙集而來的，後者可以用**回報函數**描述(參見第 17 章)。既使回報函數很簡單，相對應的效用函數也可能非常複雜。這告訴我們應該認眞地將有關回報函數的知識工程任務，視爲向代理人傳達我們希望它們做什麼的一種方式。

學習

第 18 章到 20 章描述了，代理人的學習如何能被正規表示爲，對代理人種種組成元素的建構函數所做的歸納學習(有監督的、無監督的和基於強化的學習)。已經發展出極具威力的邏輯與統計技巧，可以處理相當大的問題，在很多任務中達到或超越人類能力——只要我們處理的是特徵與概念中有預先定義之詞彙。另一方面，在一個重要問題上，即建構比輸入詞彙具有更高抽象度的新表示法，在這方面機器學習只取得了非常小的進展。比方說在電腦視覺中，如果代理人被強迫利用代表輸入表示的像素進行工作，則對於如教室及自助餐廳等複雜概念的學習將變得不必要地難；反之，代理人需要能夠在沒有明確的人類監督下，先形成一個過渡的概念(如書桌或托盤)。類似考量也適用於學習行爲：*HavingACupOfTea*(喝杯茶吧)在許多規劃中是一個非常重要的高階步驟，但這步驟要如何形成於起初只包含簡單得多的行動[如 *Raise*(舉起手臂)和 *Swallow*(吞嚥)]的行動庫(action library)？或許這會合併某些**深度信度網路**(deep belief netwokrs)的概念——貝式網路擁有多層隱藏變數，如同 Hinton *et al.*(2006)，Hawkins 及 Blakeslee(2004)，以及 Bengio 與 LeCun(2007)上述等人的工作。

今日大多數的機器學習研究是假定一個因式表示法，學習一個回歸函數 $h:\mathbb{R}^n \to \mathbb{R}$ ，及分類函數 $h:\mathbb{R}^n \to \{0,1\}$ 。機器學習的研究者將需要針對因式表示法來編改他們非常成功的技術，以適合結構表示法，特別是階層表示法。第 19 章中的歸納邏輯程式其工作是在這個方向的第一步；必然的下一步便是將這些概念與第 14.6 節裡的機率語言相結合。

除非我們理解了這些問題，否則我們將面臨手工建構(這方法迄今都沒有進展得很好)大規模常識知識庫這項令人望而卻步的艱巨任務。很有機會來利用網際網路(自然語言文字、影像、及影片的來源)做爲一個全面性知識資料庫，但是到目前爲止，機器學習演算法被限制於其可從這些來源中擷取出的組織化知識的量。

27.2 代理人架構

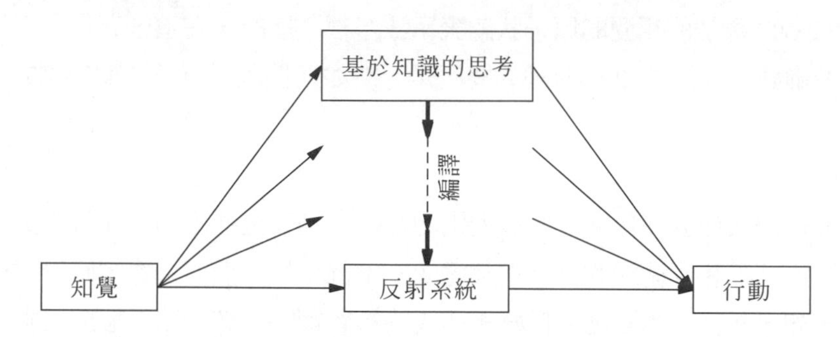

圖 27.2　編譯的作用是把深思熟慮的決策制定過程轉變成效率更高的反射式機制

很自然地有人會問「一個代理人應該使用第 2 章中的哪種代理人架構？」答案是「全部！」我們已經看到，在時間極其重要的情形下，需要用反射式的反應，而基於知識的深思熟慮則允許代理人預先做規畫。一個完整的代理人必須能夠透過一種**混合架構**來同時做到兩者。混合架構的一項重要特性是，不同決策元件之間的邊界是不固定的。例如，**編譯動作**將思考層次的陳述性資訊持續轉換爲更有效率的表示法，最終達到反射層——參見圖 27.2。(這就是第 19 章討論的「基於解釋的學習」的目的)。像 SOAR(Laird *et al.*, 1987)和 THEO(Mitchell，1990)這樣的代理人架構正具有這種結構。每次經過明確的思考解決一個問題以後，它們會存下解決方案的一般化版本供反射元件使用。較少研究的一個問題是此過程的逆過程：當環境變化時，學習到的反射也許不再合適，所以代理人必須回到思考層來產生新的行爲。

代理人也需要有方法來控制它們自己的思考。當需要有行動的時候，它們必須停止思考，同時它們必須能夠利用可用的思考時間來執行最有利的計算。例如，看到前方發生了事故，一個駕駛計程車的代理人必須在瞬間決定要剎車還是要閃避。它還應該用那一瞬間思考最重要的問題，例如左右的車道是否是空的，或後面是否緊跟著一輛大卡車，而不是擔心輪胎的磨耗或者到哪去找下一個乘客。這些問題通常是在**即時人工智慧**的題目下進行研究的。隨著人工智慧系統進入更複雜的領域，所有的問題都會變成即時的，因爲代理人將永遠不會有夠長的時間來精確地解決決策問題。

很明顯的，對控制思考的通用方法有著迫切需求，而非在每種情形中要思考什麼的特定方法。第一個有用的概念是採用**隨時演算法**(anytime algorithm)(Dean 及 Boddy，1988；Horvitz，1987)。隨時演算法是一種輸出的品質隨時間逐步改善的演算法，所以不論什麼時候被打斷，它都有一個現成的合理決策。這樣的演算法由一個**後設**(metalevel)決策程式控制，對進一步計算是否有價值進行評估。(請參考第 3.5.4 節中有關後設決策制定的簡單說明)。隨時演算法的範例包括：在遊戲樹搜尋中的疊代深入，及在貝式網路中的 MCMC。

第二項控制思考的技術是**決策理論後設推理**(decision-theoretic metareasoning)(Russell 及 Wefald，1989，1991；Horvitz，1989；Horvitz 及 Breese，1996)。此方法將資訊價值理論(第 16 章)應用於選擇個別計算。一次計算的價值同時取決於它的成本(從延遲的行動來看)和它的收益(從改善後的決策品質來看)。後設推理技術可以用於設計較好的搜尋演算法，並保證該演算法具有隨時的特性。當然，後設推理的代價是昂貴的，不過可以應用編譯方法使得比起控制的計算其成本而言，經常性花費就小得多。後設強化學習可以提供另外一種方式來得到控制思考的有效方式：本質上來說，導致較佳決策的計算被強化，而最後沒有效果的計算被處罰。這種方式避免了簡單的資訊價值計算這類的短視問題。

後設推理是**反射式架構**的特例之一；亦即，此種架構能對架構內部的計算實體及計算行動作思考。藉由定義一個由環境狀態和代理人本身的計算狀態所組成的聯合狀態空間，我們可以建立反射式架構的理論基礎。可在此聯合狀態空間上設計決策制定及學習演算法，從而用以實作並改進代理人的計算活動。最終，我們期望像 α-β 搜尋和逆向連結這種針對特定任務的演算法從人工智慧系統中消失，並代以通用的方法，引導代理人的計算，使其有效地產生高品質決策。

27.3 我們前進於正確方向嗎？

前一節列舉了很多的進展，以及許多更進一步發展的機會。不過這一切到底朝向何方？Dreyfus(1992)作了個類比：想要透過爬樹登上月球；人直到爬到樹頂之前，都可以報告說取得了穩定的進展。本節中，我們要思考人工智慧當前的道路到底是較像爬樹，還是較像火箭旅程。

在第一章中，我們說過我們的目標是建造理性地行動的代理人。然而，我們同時也說過

> ……要達到完美的理性——總是做正確的事情——在複雜的環境下是不可行的。計算能力的要求實在太高了。不過，在本書的大部分內容中，我們將採取以下的操作假設：完美理性是分析的好起點。

現在是再次考慮人工智慧的目標到底是什麼的時候了。我們想要建造代理人，但是我們想的是什麼樣的規格？這裡有 4 種可能性：

■ 完美理性

有了從環境中獲得的資訊，一個完美的理性代理人時時刻刻都以使其期望效用最大化的方式行動。我們已經看到在大多數環境下，達到完美理性所需的計算都太費時了，所以完美理性並不是一個務實的目標。

計算理性

這個理性的概念已經暗中被使用於設計邏輯代理人與決策理論代理人，大多數的人工智慧理論研究均已著重在此項性質。一個計算理性的代理人終究會傳回就它開始思考的時間點來看是理性的選擇。系統如果展現出這個特性是蠻有趣的，但是在大多數環境下，錯誤時刻的正確答案是沒有價值的。在實務上，人工智慧系統設計者被迫在決策品質上作出妥協，以獲得合理的整體效能；不幸的是，計算理性的理論基礎並沒有提供一個具妥善基礎的方法來作這種折衷。

有限理性

赫伯特・西蒙(Herbert Simon，1957)反對完美(甚至近似完美)理性的概念，並用有限度理性的概念取而代之。有限理性是對眞實代理人決策方式的一種描述性理論。他寫道：

> 人腦形成並解決複雜問題的能力，比起真實世界中解答為客觀理性行為所需的問題規模，是非常小的——甚至對於對這種客觀理性的合理近似而言也是如此。

他建議，有限度理性的適用與否主要視**滿意度**(satisficing)——也就是，思考的時間只要長到足以得到「夠好」的答案就可以了。西蒙因爲此項研究工作獲得了諾貝爾經濟學獎，並在著作中對其進行了深入探討(Simon，1982)。在許多情況下，它顯然是人類行爲的一個很有用的模型。然而，它不是一個智慧型代理人的正規規格，因爲理論中並沒有給出「夠好」的定義。再者，滿意度看起來也只是處理有限資源的眾多方法之一。

有界限最佳化(Bounded Optimality，BO)

給定其計算資源下，有界限最佳化代理人的行爲會盡可能地好。也就是，一個有界限最佳化代理人其代理人程式的期望效用，是至少會與在同一台機器上執行的任何其他代理人程式的期望效用一樣高。

在這 4 種可能性之中，有界限最佳化似乎最有希望爲人工智慧提供一個堅實的理論基礎。它具有可能達成的優勢：總是至少會有一個最佳程式存在——這正是完美理性所沒有的。有界限最佳化代理人在現實世界中是確實有用的，而計算理性代理人通常就不是，滿意度代理人則可能有用也可能沒用，端看它們的企圖多旺盛而定。

人工智慧中的傳統方法一直都是從計算理性開始，然後進行折衷妥協，來符合資源的限制。如果限制所帶來的問題不大，那麼可以期望最終的設計會類似於一個 BO 代理人設計。但是隨著資源限制變得更嚴苛——例如，隨著環境變得更複雜——人們可以預期這兩種設計會分道揚鑣。在有界限最佳化理論中，這些限制可以用一種有原則的方式來處理。

至今對於有界限最佳化仍然所知不多。是有可能爲極簡單的機器和多少受限的環境來建構有界限最佳化程式(Etzioni，1989；Russell *et al.*, 1993)，但是我們至今仍不知道，對於複雜環境中的大型通用電腦而言，有限最佳化程式是什麼樣子。如果要有一個有界限最佳的建構性理論，我們不得不希望有界限最佳化程式的設計不過度依賴於所使用電腦的細節。如果只是在一台幾 GB 的機器加裝幾 KB 的記憶體，就使得有界限最佳化程式的設計發生明顯的變化，那麼這將使科學研究變得非常困難。有個方法能確保這種情況不會發生，就是對有界限最佳化的標準稍加放鬆。透過與漸近複雜度概念(參見附錄 A)的類比，我們可以定義**漸近有界限最佳性**(asymptotic bounded optimality，ABO)如下(Russell 及 Subramanian，1995)。假設程式 P 是用於環境類別 **E** 中的一台機器 M 的有界限最佳化程式，其中 **E** 當中的環境其複雜度是無界限的。如果程式 P' 在一台比 M 快(或大) k 倍的機器 kM 上能勝過 P 的話，則程式 P' 是 **E** 中 M 的 ABO(漸進有界限最佳)。除非 k 極爲巨大，否則我們會滿意於在不簡單的架構上，對於一個不簡單的環境而言是 ABO 的程式。將巨大的努力投入到尋找 BO 而非 ABO 中是沒什麼道理的，因爲畢竟現有機器的容量和速度傾向於每經固定的時間便有一個常數倍率的增加。

我們可以大膽猜測，在複雜環境中的強力電腦其 BO 或 ABO 程式，將不見得具有簡單優雅的結構。我們已經發現通用智慧需要一些反射能力和一些思考能力；各種形式的知識和決策；對所有這些形式的學習和編譯機制；控制推理的方法；以及大量的領域相關知識。一個有界限最佳化代理人必須適應它會發現自身的環境，以便最終其內部組織反映出針對該特定環境的最佳化。這是預料中的事；這相似於引擎容量受限的賽車發展成極爲複雜的設計之發展方式。我們猜想，基於有界限最佳化的人工智慧科學將會大量研究可使代理人程式趨於有界限最佳的過程，且可能不太關心所產生的雜亂無章的程式細節。

總之，我們提議將有界限最佳化概念作爲人工智慧研究的一項定義良好又可行的正式任務。有界限最佳化規定的是最佳化程式而不是最佳化行動。畢竟，行動由程式產生，而程式才是設計者所能控制的。

27.4 要是人工智慧成功了？

在 David Lodge 的一部關於文學批評的學術世界的小說《小小世界》(*Small World*)(1984)中，主角向一群傑出但相互對立的文學理論家提出下面的問題，而引起了他們的驚惶：「如果你是對的會怎樣？」看來沒有一個理論家以前曾經考慮過這個問題，也許是因爲對不可否證的理論進行爭辯本身就是目的。向人工智慧研究者提出這樣的問題，也會引起類似的困惑：「如果你成功了會怎樣？」

正如第 26.3 節中所述，有倫理議題需要考慮。智慧型電腦比愚蠢型更爲強力，但這力量會被用於正義還是邪惡？致力於人工智慧研究的人們有責任確定其研究的衝擊影響是否屬於正面。衝擊範圍有多大，端看人工智慧成功的程度。即使是人工智慧中不算巨大的成功，也已經改變了資訊科學的教學方式(Stein，2002)和軟體開發的實踐。人工智慧已經使新的應用，諸如語音辨識系統、庫存控制系統、監視系統、機器人和搜尋引擎等成爲可能。

我們可以預期，人工智慧裡的中等成功會在日常生活中影響各種人。迄今為止，電腦化的通訊網絡，像是無線電話和網際網路，已經對社會造成此種普遍深入的影響，但是人工智慧還沒有。但人工智慧早已於幕後發揮作用——例如，自動接受或拒絕在網路上進行的每項信用卡交易——只是一般的消費者不會看到它。我們可以想像，真正有用的辦公室或家庭個人助手將會對人們的生活產生巨大的正面影響，儘管在短期內它們可能會導致某種經濟上的混亂。行車駕駛的自動化助手可以預防車禍意外，每年可以拯救數萬條生命。具有這個水平的技術力也可能被用於發展自主性無人武器，但許多人都不希望如此。若干我們今日所面臨的巨大社會問題——例如，為治療疾病而利用基因組資訊，更有效率的對能源資源做管理，或是確認核能武器的條約——都可以藉由人工智慧科技的協助來處理。

最後，人工智慧領域的大規模成功——即創造出人類等級乃至更高的智慧——看來很可能會改變大多數人類的生活。我們工作和娛樂的本質將會被改變，就如同我們對於智慧、意識和人類未來命運的觀點也會如此。具有此種能力層次的人工智慧系統將可以威脅到人類的自主性、自由、甚至生存。出於這些原因，我們不能將人工智慧研究與其道德後果分開而視(參考第 26.3 節)。

未來將走向何方？科幻小說作家們似乎更偏愛反烏托邦式(dystopian)而不是烏托邦式的未來，可能是因為它們產生較有趣的情節。但是到目前為止，人工智慧看起來與其他革命性技術[印刷術、配管系統(plumbing)、航空旅行、電話傳輸(telephony)]配合得很好，其正面影響力遠超過其負面影響。

本書最後，我們看到人工智慧在其短短的歷史中已經取得了巨大進展，然而圖靈在《計算機器與智慧》(*Computing Machinery and Intelligence*)(1950)一文中的最後一句話，如今仍然適用：

We can see only a short distance ahead, but we can see that much remains to be done.

(我們只能往前看到一小段距離，但是我們能夠看到仍然有很多事情要做。)